T0297995

CAMBRIDGE LIBRARY COLLECTION

Books of enduring scholarly value

Botany and Horticulture

Until the nineteenth century, the investigation of natural phenomena, plants and animals was considered either the preserve of elite scholars or a pastime for the leisured upper classes. As increasing academic rigour and systematisation was brought to the study of 'natural history', its sub-disciplines were adopted into university curricula, and learned societies (such as the Royal Horticultural Society, founded in 1804) were established to support research in these areas. A related development was strong enthusiasm for exotic garden plants, which resulted in plant collecting expeditions to every corner of the globe, sometimes with tragic consequences. This series includes accounts of some of those expeditions, detailed reference works on the flora of different regions, and practical advice for amateur and professional gardeners.

Flora Capensis

The Swedish botanist Carl Peter Thunberg (1743–1828), a physician and pupil of Linnaeus, carried out his most important work in South Africa and Japan. Having studied in Amsterdam and Leiden, he was asked to go plant-hunting in areas where the Dutch East India Company's trading activities were opening up territory for scientific exploration. In 1771 he travelled to South Africa as a ship's doctor, spending three years searching for, classifying and propagating plants, while at the same time becoming fluent in Dutch, as only the Dutch were allowed to enter Japan, his ultimate destination. Having acquired many Japanese specimens, he continued his travels and returned to Sweden in 1779. Three fascicles of this influential reference work in Latin on the South African flora were issued between 1807 and 1813. Reissued here is the full version edited by the Austrian botanist Josef August Schultes (1773–1831) and published in 1823.

Cambridge University Press has long been a pioneer in the reissuing of out-of-print titles from its own backlist, producing digital reprints of books that are still sought after by scholars and students but could not be reprinted economically using traditional technology. The Cambridge Library Collection extends this activity to a wider range of books which are still of importance to researchers and professionals, either for the source material they contain, or as landmarks in the history of their academic discipline.

Drawing from the world-renowned collections in the Cambridge University Library and other partner libraries, and guided by the advice of experts in each subject area, Cambridge University Press is using state-of-the-art scanning machines in its own Printing House to capture the content of each book selected for inclusion. The files are processed to give a consistently clear, crisp image, and the books finished to the high quality standard for which the Press is recognised around the world. The latest print-on-demand technology ensures that the books will remain available indefinitely, and that orders for single or multiple copies can quickly be supplied.

The Cambridge Library Collection brings back to life books of enduring scholarly value (including out-of-copyright works originally issued by other publishers) across a wide range of disciplines in the humanities and social sciences and in science and technology.

Flora Capensis

Sistens plantas promontorii Bonae Spei Africes

CARL PETER THUNBERG
EDITED BY J.A. SCHULTES

CAMBRIDGE
UNIVERSITY PRESS

University Printing House, Cambridge, CB2 8BS, United Kingdom

Cambridge University Press is part of the University of Cambridge.
It furthers the University's mission by disseminating knowledge in the pursuit of
education, learning and research at the highest international levels of excellence.

www.cambridge.org
Information on this title: www.cambridge.org/9781108067799

© in this compilation Cambridge University Press 2014

This edition first published 1823
This digitally printed version 2014

ISBN 978-1-108-06779-9 Paperback

Selected botanical reference works available in the
CAMBRIDGE LIBRARY COLLECTION

al-Shirazi, Noureddeen Mohammed Abdullah (compiler), translated by
Francis Gladwin: *Ulfáz Udwiyeh, or the Materia Medica* (1793)
[ISBN 9781108056090]

Arber, Agnes: *Herbals: Their Origin and Evolution* (1938)
[ISBN 9781108016711]

Arber, Agnes: *Monocotyledons* (1925) [ISBN 9781108013208]

Arber, Agnes: *The Gramineae* (1934) [ISBN 9781108017312]

Arber, Agnes: *Water Plants* (1920) [ISBN 9781108017329]

Bower, F.O.: *The Ferns (Filicales)* (3 vols., 1923–8) [ISBN 9781108013192]

Candolle, Augustin Pyramus de, and Sprengel, Kurt: *Elements of the Philosophy
of Plants* (1821) [ISBN 9781108037464]

Cheeseman, Thomas Frederick: *Manual of the New Zealand Flora*
(2 vols., 1906) [ISBN 9781108037525]

Cockayne, Leonard: *The Vegetation of New Zealand* (1928)
[ISBN 9781108032384]

Cunningham, Robert O.: *Notes on the Natural History of the Strait of Magellan
and West Coast of Patagonia* (1871) [ISBN 9781108041850]

Gwynne-Vaughan, Helen: *Fungi* (1922) [ISBN 9781108013215]

Henslow, John Stevens: *A Catalogue of British Plants Arranged According to
the Natural System* (1829) [ISBN 9781108061728]

Henslow, John Stevens: *A Dictionary of Botanical Terms* (1856)
[ISBN 9781108001311]

Henslow, John Stevens: *Flora of Suffolk* (1860) [ISBN 9781108055673]

Henslow, John Stevens: *The Principles of Descriptive and Physiological Botany*
(1835) [ISBN 9781108001861]

Hogg, Robert: *The British Pomology* (1851) [ISBN 9781108039444]

Hooker, Joseph Dalton, and Thomson, Thomas: *Flora Indica* (1855)
[ISBN 9781108037495]

Hooker, Joseph Dalton: *Handbook of the New Zealand Flora* (2 vols., 1864–7) [ISBN 9781108030410]

Hooker, William Jackson: *Icones Plantarum* (10 vols., 1837–54) [ISBN 9781108039314]

Hooker, William Jackson: *Kew Gardens* (1858) [ISBN 9781108065450]

Jussieu, Adrien de, edited by J.H. Wilson: *The Elements of Botany* (1849) [ISBN 9781108037310]

Lindley, John: *Flora Medica* (1838) [ISBN 9781108038454]

Müller, Ferdinand von, edited by William Woolls: *Plants of New South Wales* (1885) [ISBN 9781108021050]

Oliver, Daniel: *First Book of Indian Botany* (1869) [ISBN 9781108055628]

Pearson, H.H.W., edited by A.C. Seward: *Gnetales* (1929) [ISBN 9781108013987]

Perring, Franklyn Hugh et al.: *A Flora of Cambridgeshire* (1964) [ISBN 9781108002400]

Sachs, Julius, edited and translated by Alfred Bennett, assisted by W.T. Thiselton Dyer: *A Text-Book of Botany* (1875) [ISBN 9781108038324]

Seward, A.C.: *Fossil Plants* (4 vols., 1898–1919) [ISBN 9781108015998]

Tansley, A.G.: *Types of British Vegetation* (1911) [ISBN 9781108045063]

Traill, Catherine Parr Strickland, illustrated by Agnes FitzGibbon Chamberlin: *Studies of Plant Life in Canada* (1885) [ISBN 9781108033756]

Tristram, Henry Baker: *The Fauna and Flora of Palestine* (1884) [ISBN 9781108042048]

Vogel, Theodore, edited by William Jackson Hooker: *Niger Flora* (1849) [ISBN 9781108030380]

West, G.S.: *Algae* (1916) [ISBN 9781108013222]

Woods, Joseph: *The Tourist's Flora* (1850) [ISBN 9781108062466]

For a complete list of titles in the Cambridge Library Collection please visit:
www.cambridge.org/features/CambridgeLibraryCollection/books.htm

CAROL. PET. THUNBERG,

Eqv. Reg. Ord. Wasab, Med. et Bot. Prof. Acadd. et Societt.
Litt. LXII. Membr. et Corresp.

FLORA CAPENSIS,

SISTENS

PLANTAS PROMONTORII BONAE SPEI

A F R I C E S,

SECUNDUM

SYSTEMA SEXUALE EMENDATUM

REDACTAS AD

CLASSES, ORDINES, GENERA ET SPECIES,

CUM

DIFFERENTIIS SPECIFICIS, SYNONYMIS

ET

DESCRIPTIONIBUS.

EDIDIT ET PRAEFATUS EST

I. A. SCHULTES,

M. D. Cons. reg. Prof. Therap. Hist. nat. et Bot. p. o. pll. Acadd. et
Socc. Sod.

STUTTGARDTIAE
SUMTIBUS J. G. COTTAE.
AMSTELODAMI, in Officina Muller et Soc.
LONDINI, in Officina Treuttel et Wurtz.
LUTETIAE PARISIORUM, in Officina Treuttel et Wurtz.
1825.

MAIESTATI. REGIAE.

FRIDERICAE. WILHELMINAE. CAROLINAE.

AVGVSTISSIMAE.

BAVARORVM. REGINAE.

SVB.

CVIVS. IMPERIO.

CLEMENTISSIMO.

HORTORVM. CVLTVRA.

PRIMVM.

PER. BAVARIAM. EXSVRGERE.

INCEPIT.

P. H. D. V. S.

EDITORES.

SS. FF.

PRAEFATIO AUCTORIS.

Caput bonae spei extremus dicitur ille angulus Africae, qui usque ad latitud. 33 gr. 35 min. sub. gr. 55. min. 2 longitudinis, secundum Observationes Domini de la Caille, sese extendit in hemisphaerio australi.

A *Bartholomaeo* Dias, Lusitano, primum detectum fuit hoc promontorium circa annum 1487, quod post aliquot annos iterum visit *Vasco* de Gama. Belgae vero, seculo uno cum dimidio deinde elapso, ex consilio Chirurgi van Riebeck, sedes suas heic fixerunt Europaeorum omnium primi, insignem sibi per merces ab Hottentottis acquirentes, in vicinia portus, regionem, ubi fortalitium, Nosocomium, Hortum culinarem et aedificia varia exstructa sensimque magis magisque amplificata fuerunt. Ex hisce tam parvis initiis maxima illa Colonia, pulcherrima urbs, pagi populosi et villae plurimae postea longe lateque extensae excreverunt, secundum observationes D. Barrow, inter gr. Latitudinis 35 et 30, Longitudinis 18 et 29.

SOLUM.

Solum heic, ut in tota Africa, aridum et in genere sterile; arenosum, argillaceum, et non parum montosum.

Oras omnes *maritimas* legit arena profunda, saepe mobilis, verno tempore ex pluvia hiemali plerumque inundatas, aestate exsuccas, et omni fere aquâ atque incolis destitutas.

Carro appellantur loca deserta et argillacea, quae interiores regiones promontorii, Zonae instar, transverse percurrunt; constant argillâ cum ochra ferri mista et sale muriatico, sterilissima omnium, hieme parum pluviâ irrigata, aestate sole ardenti exusta, animalibus et incolis orba, ac nil, nisi succulentas plantas alentia, aquâ salitâ enutritas.

Montes, tam sparsi hinc inde, quam juga cohaerentia,
illa quidem quandoque insignia formantes, semper e SO in
NW suam servant extensionem, uti Venti hisce in terris
regnantes. In altum sua plus vel minus attollunt cacumina,
nubes attrahunt pluviamque et rivulos subjacentibus villis
subministrant, et regiones proximas summopere fertiles reddunt, in vallibus nonnunquam sylvis atque in proclivis et
planitie variis fruticibus ornati.

Rivuli, e montibus decurrentes, majores sunt vel minores. Sunt quidem, qui toto anno aquam salubrem ferunt; plurimi vero torrentes cito pluviâ intumescunt, ac
cito deinde subsidunt, nec raro omnino exsiccantur.

C L I M A.

Calor aestate intensus non raro vegetabilia annua adu-
rit et annonae caritatem atque graminis penuriam pecoribus causare solet, idque eo magis, quo parcior fuerit pluvia hiemalis et ventus SO simul vehementior saevire ac sata
devastare solet. Mense Aprili et Majo cerealia terrae man-
dantur; Decembri et Januario incidit messis et uvae maturantur.

Frigus sub hieme nunquam intolerabile occurrit, nec
camino domum calefacere unquam est necesse. In interioribus tamen, illis quidem versus Septentrionem altioribus,
uti et montosis regionibus frigus evadit non modo intensum,
sed terra nonnunquam pruinâ montesque nive teguntur, in
summis cacuminibus per septimanas et menses quandoque
non dissoluto.

Intensius frigus persentitur mense Augusti vel Septembris, maxime mane et vesperi, imprimis dum simul ventus fortiores et coelum pluviosum. Hyems respectu frigoris mensibus Septembris vel Octobris in Suecia respondet, a
medio Maji ad medium mensis Augusti saevit, procellis ex
NW et imbribus contiguis saepe horrida et viti subinde noxia. Major tamen semper est frigoris gradus locis eleva-
tioribus et montosis, ubi vitis culturam vel non admittit,
vel fruticem, etiam adultiorem, gelu laesum habet. Regiones frigidiores habentur imprimis *Koude Bockeveld,
Roggeveld, Lange Kloof* et *Sneeberg.*

BOTANICI et *COLLECTORES,*
qui ipsi hocce promontorium salutarunt.

HEURNIUS, *Justus,* Sacerdos in Indiam Orientalem abiturus, primus omnium Florae Capensis plantas legit fratrique suo *Olt.* HEURNIO, Professori Leidensi transmisit. Numerus quidem plantarum exiguus fuit, cum brevi heic versatus excursiones suas eo tempore vix ultra viciniam montis Tabularis extendere potuisset; sed singulares hujus regionis gazae non modo rarissimae fuerunt, sed summam quoque Botanicis Europaeis admirationem excitarunt.

HERMANNUS, *Paulus,* Medicus in Insula Ceilona futurus, sub itinere Floram capensem salutavit, primusque Botanicus plantas Capenses attente lustravit, et insigne herbarium collegit, licet brevior heic mora, nec ultra habitationes colonum exspatiari ausus fuerit.

OLDENLANDUS, *Henric. Bernh.,* Danus, alter Botanicus fuit, qui Capenses, postea BURMANNI herbarium exornantes, plantas conquisivit.

HARTOGIUS, *Johannes,* Medicus, Thule hujus meridionalis plantas sedulâ manu legit, et insigniter herbarium Burmannianum auxit. Harum Catalogum recensuit *Joh.* BURMANNUS in Thesauro Ceilanico.

KOLBE, *Petrus,* Germanus, in diffusa sua Historia Capitis bonae spei, Plantarum Capensium Catalogum inseruit, Tom. 1. p. 283. edit. holl. ipse Botanices minime gnarus.

AUGE, *Andreas,* Germanus et Hortulanus in Horto culinario Societatis, plures annos vitam heic transegit et jussu Gubernatoris TULBAGH, plurima itinera ad interiora regionis loca, plantas colligendi caussa, instituit. Ex ejus iteratis collectionibus ditati fuerunt Horti botanici foederati Belgii, imprimis Amstelaedamensis et Leidensis, nec non herbaria europaea, maxime BURMANNI, ROYENI, LINNAEI, BERGII, aliorum.

GRUBB, *Michaël,* Svecus, e China redux, promontorium bonae spei vidit, eamque collectionem plantarum, numeratâ pecuniâ ab AUGE sibi acquisivit, quam in Libro de Plantis Capensibus elegantissime descripsit Illustr. BERGIUS.

KOENIG, Danus, sub itinere suo in Malabariam, brevi
in Promontorio bonae spei commoratus, indefessâ operâ
ptantas plures legit, quas cum illustr. LINNAEO communicavit. quaeque in Mantissis describuntur.

BANKS, *Joseph*. Anglus et SOLANDER, Dan., Svecus,
iter periculosum in Terras incognitas et circum Orbem su-
scipientes, in transitu hoc promontorium adscenserunt atque non paucos regionis thesauros aliis suis ditissimis et
splendidis collectionibus addiderunt.

THUNBERG, *Carol. Petrus,* Svecus, occasione, quam
in Florae meae japonicae praefamine indicavi, ad hasce
Australis orbis oras perductus, ab Anno 1772 usque ad
Annum 1775, omnis generis Naturalia, praecipue vero
Florae Capensis dilectissimas copias sedulâ et indefessâ
manu quaesivi, collegi, examinavi et descripsi. Hunc in finem
plura suscepi itinera, saepius molestiarum et periculi plena;
inprimis vero quotannis ad remotiores regiones. itinere
per plures menses producto, penetravi; atque sic per

Dunas arenosas, *Rivos* infidissimos,

Carro aridissimas, *Campos* andulatos,

Littora falsa, *Colles* lapidosas,

Alpes altas, *Praecipitia* montium,

Fruteta spinosa, *Sylvasque* inconditas,

pericula vitae adii, feroces gentes et bruta prudenter elusi,
Thule: hujus australis gazas speciosas detegendi gratia lae-
tus cucurri, sudavi et alsi. Quid vero Ego, pro virili
parte et facultatibus exiguis, efficere potui; quid in augmentum Florae pulcerrimae et ditissimae conferre valui,
sequentes loquentur paginae. Sunt quidem illa non pauca,
quae mihi contigit per triennium detegere nova; sed plura
sine dubio effici potuissent, si feliciori sub sidere melius
fuissem auxiliis promissis suffultus. Nescio enim, quo
casu infelici id mihi contigit infortunii, ut fere semper
conatus meos laudandos viderem frustratos, meque ipsum
non modo non exhortatum, sed ubique dejectum et omni
modo penuriâ pressum. Ingenue enim fateri non erubes-
cam, pauperiorem Florum amorem nunquam peregrinasse,
nunquam ardentiori zelo fuisse accensum. Utrique Gu-
bernatori hujus Promontorii D. TULBAGH et RHEEDE van

OUDS HOORN summopere commendatus, *Illum* Fautorem ad meum adventum dudum mortuum inveni, *Hunc* cum navibus postea accedentem inanimem lugere fui coactus, atque sic omni exoptato per biennium destitutus subsidio, mutuatis pecuniis et omnigenâ parsimoniâ, miserando omnino et vix fide digno apparatu, remotissimas oras adii, non sine omni fructu revertens. Quid itaque in augmentum Amabilis Scientiae alea qualiscunque mea conferre valuit, id non laetioribus circumstantiis, sed potius vigori corporis et animi, in juvenili adhuc aetate florentissimo, atque zelo in Scientiae incrementum ardentissimo, obstaculis quibusvis fatigari nescio, adscribendum erit. Plantarum illas species, quae meo ad has oras adventû, Anno 1772, ignotae Botanicis erant Europaeis, *litteris cursivis* notavi *). licet plures earum jam dudum descriptae in variis Botanicorum Celeberrimorum Operibus occurrant. Nimis forsan timidus fui in novis Generibus et quandoque speciebus condendis, naturae non volens turbare Ordines, sed, quantum fieri potuit, indagare et sequi.

SPARRMAN, *Andreas*, Svecus, eodem mecum tempore huc adveniens, in regionibus montium Capensium et imprimis Bay falso insignem collectionem herbarum fecit. Mox vero Illustres Peregrinatores, Patrem et filium, D. FORSTEROS secutus, Australium Terrarum Floras salutatum ivit, Hinc rediens, anno 1776, interiora Africes loca peragravit, Zoologiam imprimis illustravit ac ingens reportavit herbarium Capense, Vir de Historia naturali bene meritus et laetioribus fatis dignus, illustrissimus certe nostri aevi Peregrinator.

SONNERAT, *Gallus*, COMMERSONII ante Comes, ex Indiis in Patriam revertens, sub mora aliquot hebdomadum, opera fatigari nescia, plantarum in monte Tabulari et adjacentibus collibus florentium sat magnam copiam, me ubique fideli comite, corrasit.

MASSON, *Franciscus*, Anglus, hortulanus a Rege Magnae Britanniae huc missus, anno 1772 brevius cum

---

*) Harum litterarum nullum neque in classibus 5 prioribus jamjam typis editis, neque in subsequentibus, nunc primum impressis, in Ms. vestigium ullum. Editor.

D. OLDENBURG iter instituit. Deinde annis 1773 et 1774
mecum interiora Africes versus Orientem et Septentrionem
imprimis peragravit, plantarum praecipue semina, bulbos
et succulentos caules, in Angliam mittendos, attulit, eisque mirum in modum, Hortum *Kewensem* laudabiliter
ditavit. Postea Caput bonae spei iterum visit, longinqua
instituit itinera et nova non pauca detexit.

OLDENBURG, Svecus, a memet incitatus et eruditus,
in Campis Urbem circumjacentibus comes saepe meus indefessus Anno 1772 fuit, et eodem anno iter cum D.
MASSON instituens, plantarum copiam collegit. Anno 1774
insulam Madagascar adiit, ubi Febri malignâ correptus
diem obiit supremum.

FORSTER, *Joh. Reinh.* Pater et Filius, *Georg.* Anno
1772 et 1775, sub itineris ad Terras australes brevi heic
morâ, quantum occasio tulerit, Florae Capensis gazas
conquisiverunt.

MONSSON, *Anna,* Britanna, Florum et Insectorum
amore ducta, cum marito carissimo in Bengalam iter su-
scipere non recusavit. In hocce promontorio commorans,
quovis fere die, me et Massonio comitibus, in urbis vici-
niis frequentes et operae pretio dignas instituit excursiones botanicas, curiosa varia congessit atque suâ inter Bo-
tanophilos carâ memoria optime se dignam reddidit,

PATERSON, *Wilhelm.* Anglus, circa 1773 per aliquod
tempus, sub sua commoratione, longinquiora suscepit itinera, variaque nova et valde curiosa in patriam suam
transmisit.

A U C T O R E S,
qui de Plantis Capensibus scripserunt.

Pauci sunt, qui Florulas vel Monographias hujus regionis
Vegetabilium dederunt; plures, qui in Operibus suis Descriptiones plantarum Capensium sparsas immiscuerunt, ut
taceam illos, qui in Actis Eruditorum plures vel pauciores delineationes reliquerunt. Praecipui de plantis capensibus Scriptores-sunt:

BREYNIUS, *Jacob.* qui edidit
Exoticarum aliarumque minus cognitarum Plantarum
Centuriam primam. Gedan. 1678. Fol. c. Icon. aen.

PRAEFATIO AUCTORIS. XI

Prodromum fasciculi rariorum Plantarum, cura *Joh. Phil. Breynii.* Gedan. 1739. 4. c. Tabb. aen.

HERMANNUS, *Paul.* a quo habemus
Horti Academici Lugduno-Batavi Catalogum. Lugd. 1687. 8. c. Icon. aen.
Paradisum Batavum. Lugd. 1698. 4. c. Icon. aen.
Praeter haec Catalogus plantarum africanarum exstat in Appendice ad J. BURMANNI Thesaurum ceilanicum, Amst. 1737. 4. et
Paradisi Batavi Prodromus extat in TOURNEFORTII Schola Botanica, 1699. 12.

PLUKENETIUS, *Leonard.* non paucas depinxit in
Operibus omnibus Botanicis, in sex Tomos divisis, continentibus Phytographiam, Almagestum, Almagesti Mantissam et Amaltheum. Lond. 1720. 4. cum Tabb. aeneis.

COMMELINUS, *Johan.* evulgavit
Horti Amstelodamensis Plantarum Descriptiones et Icones. Amst. Folio 1697 atque

COMMELINUS, *Caspar.*
Plantas Horti Amstelaedamensis Rariores et Exoticas, Lugd. 1706. 4. c. Tabb. aen. nec non
Praeludia Botanica. Lugd. 1703. 4. c. Tabb. aen.
Horti Amstelodamensis Plantarum Descriptiones et Icones. Pars altera. Amstel. 1701. fol. c. Icon. aen.

BOERHAAVE, *Herman.* etiam divulgavit
Indicem alterum Plantarum, quae in Horto Academico Lugduno Batavo aluntur. Part. 1 et 2. Lugd. 1720. 4. c. Icon. aen. imprimis Protearum.

BURMANNUS, *Joan.* imprimendas curavit
Decades X Plantarum Africanarum. Amstelod. 1738 — 1739. 4. c. Tabb. aeneis et
Monographiam Wachendorfiae Amst. 1757. fol. c. T.
et BURMANNUS, *Nicol. Laur.*
Specimen Inaugurale de Geraniis. Lugd. 1759. 4. c. T.

LINNÉ, *Carol.* pat. communicavit
Hortum Cliffortianum. Amst. 1737. fol. c. T. aen.
Mantissam 1 et 2. Holm. 1767 et 1771. 8.

Dissertationes de Flora Capensi, de Plantis africanis, de
Aphyteia, Centurias 1 et 2 Plantarum; recusas in
Amoenitat. Academicis.
et LINNÉ, *Carol.* fil.
Supplementum Plantarum. Brunsw. 1781. 8. ubi plures
occurrunt Centuriae specierum novarum, quas cum
Auctore, post meum in Patriam reditum, benevo-
lentissime communicavi.
BERGIUS, *Petr. Jon.*
Descriptiones Plantarum e Capite bonae spei. Stockh.
1767. 8. c. T. aen.
HOUTUYN, *Mart.* novas descripsit et delineavit, in
Natuurlyke Historie. P. 2: e. Amstelod. 8. 1773 — 1783.
Volum. 14.
de la ROCHE, *Dan.* pro Gradu ventilavit
Dissertationem: Descriptiones Plantarum aliquot nova-
rum. Leid. 1766. 4. c. Tabb. aen.
AITON, describit plures capenses in
Horto Hewensi. Lond. 1787. 8.
JACOVINUS, *Nic.* Ioseph. cultas in
Horto Schönbrunnensi plures plantarum species descrip-
sit, pinxit, in
Horto Vindobonensi. Vol. 3. 1770. 6. fol.
Plantarum Rariorum Vol. 3. 1781 93. fol. T. col.
Monographia Oxalidis, iconibus illustrata. Vien. 1794.
4. Tabb. coloratis.
MASSON, *Francis.* splendidum opusculum exhibuit,
Stapeliae novae. Lond. 1796. fol. Tabb. color.
EGO non pauca publici juris feci . scilicet
Prodromum Plantarum Capensium. P. 1. 1794. c. Tab.
3. aen. P. 2. 1800. Upsal. 8.
Dissertationes de Protea, Oxalide, novis Generibus Plan-
tarum, de Iride, Ixia, Gladiolo, Aloë, Medicina
Africanorum, Erica, Ficu, Museo Naturalium Aca-
demiae Upsaliensis, de Moraea, Restione, Herman-
nia, Diosmate, Drosera, Melanthio, Hydrocotyle,
Arctotide, Aspalatho, Blaeria, Antholyza, Brunia,
Phylica, Thesio; praeter omnes, quae in variis Actis
Scientiarum insertae sunt, vel Monographias vel
sparsas descriptiones.

Plantae in Colonia cultae et mansuetae.

Ut exstaret, quaenam plantae vere indigenae sunt, exclusi omnes, quae aliunde advenae jam sponte crescunt, pleraeque vel circum Urbem in vicinia ejus, vel in hortis, vel etiam aliis locis Colonum cultis, licet jam laete vigeant, floreant et multiplicentur. Ejusmodi plantae cultae et mansuetae in Capite bonae spei plurimae jam occurrunt, huc vel ex India orientali, vel ex Europa allatae. Harum nonnullae adeo mansueverunt, ut regionis incolas facile quisque crederet: aliae tantum coluntur, quarum numerus variare solet, quandoque minui, quandoque augeri. Quae mihi heic obvenerunt peregrinae, enumeratas sistere debui, volui, ne cum vere indigenis confunderentur, nec in ipsa Flora illas inserere opus haberem:

Canna indica.
Amomum Zingiber.
        curcuma.
Chionanthus ceilanica.
Veronica officinalis.
        Anagallis.
Lemna gibba.
Iris germanica.
        susiana.
        florentina.
Ficus carica.
Typha latifolia.
Panicum miliaceum.
Alopecurus monspeliensis.
Phalaris aquatica.
Agrostis rubra.
        stolonifera.
Poa annua.
Briza media.
        virens.
        maxima.
Aira aquatica.
Bambusa arundinacea.
Arundo phragmites.

Lolium temulentum.
Secale cereale.
Hordeum vulgare.
Avena sterilis.
        sativa.
Triticum hibernum.
        Spelta.
        repens.
Zea Mais.
Cucurbita Melopepo.
        lagenaria.
        Citrullus.
Cucumis Melo.
        sativus.
Plantago major.
Urtica urens.
        dioica.
Morus nigra.
Betula Alnus.
Poterium Sanguisorba.
Anagallis arvensis.
Convolvulus Batatas.
Datura Stramonium.

Solanum sodomeum.
    tomentosum.
    Lycopersicum.
    insanum.
    nigrum.
    pseudocapsicum.
    tuberosum.
Nicotiana Tabacum.
    rustica.
Mirabilis dichotoma.
Gardenia florida.
Coffea arabica.
Nerium Oleander.
Capsicum grossum.
    annuum.
Gomphrena globosa.
Achyranthes aspera.
Amaranthus albus.
    sanguineus.
    caudatus.
Viola tricolor.
Corrigiola littoralis.
Chenopodium ambro-
    sioides.
    murale.
Cannabis sativa.
Vitis vinifera.
Beta rubra.
    Cicla.
Pimpinella Anisum.
Coriandrum sativum.
Anethum graveolens.
    Foeniculum.
Pastinaca sativa.
Scandix Cerefolium.
Apium Petroselinum.
Alsine media.
Sambucus Ebulus.
Bromelia Ananas.
Musa paradisiaca.

Narcissus Tazetta.
Hyacinthus orientalis.
    botryoides.
Agave americana.
    vivipara.
Yucca gloriosa.
Allium Cepa.
    Porrum.
    Schoenoprasum.
Tulipa Gesneriana.
Lilium candidum.
Acorus Calamus.
Ribes rubrum.
    nigrum
    Grossularia.
Rumex aquaticus.
    Acetosella.
Oenothera parviflora.
Populus alba.
Laurus nobilis.
    Camphora.
Aesculus Hippocastanum.
Quercus Robur.
Tamarindus indica.
Ruta graveolens.
Fagus Castanea.
Portulaca oleracea.
Dianthus Caryophyllus.
    carthusianorum.
Agrostemma Coronaria.
    Githago.
Lychnis dioica.
Scleranthus annuus.
Arenaria rubra.
Spergula pentandra.
Cerastium aquaticum.
    viscosum.
Euphorbia peplus.
    helioscopia.
Sempervivum arboreum.

Myrtus communis.
Cactus ficus.
Psidium pomiferum.
Eugenia Jambos.
Prunus Cerasus.
 armeniaca.
 domestica.
Pyrus communis.
 Cydonia.
 Malus.
Amygdalus communis.
 persica.
Punica Granatum.
Rosa gallica.
Fragraria vesca.
Arum esculentum.
Delphinium Consolida.
 Ajacis.
Aquilegia vulgaris.
Papaver somniferum.
Anemone coronaria.
Ranunculus aquatilis.
Nepeta Cataria.
Verbena bonariensis.
Rosmarinus officinalis.
Satureja hortensis.
Hyssopus officinalis.
Thymus hortensis.
Teucrium Marum.
Origanum Majorana.
Cochlearia Armoracia.
Raphanus sativus.
Cheiranthus incanus.
Thlaspi bursa.
Sisymbrium Nasturtium.
Brassica oleracea.
 Rapa.

Passiflora coerulea.
Melia Azedarach.
Ricinus communis.
Thuja occidentalis.
Juniperus communis,
Pinus sylvestris.
 pinea.
Althaea ficifolia.
Malva sylvestris.
Fumaria officinalis.
Lupinus luteus.
Pisum sativum.
Ervum Lens.
Vicia Faba.
 sativa.
Phaseolus vulgaris.
 Max.
Lotus jacobaeus.
Trifolium angustifolium.
 repens.
Citrus Aurantium.
 medica.
 decumana.
Scorzonera hispanica.
Lactuca sativa.
Sonchus oleraceus.
Tragopogon porrifolium.
Cichorium Intybus.
Cynara Scolymus.
Carthamus tinctorius.
Artemisia pontica.
Carduus marianus.
Centaurea Benedicta.
Tagetes patula.
 erecta.
Calendula officinalis.

Veronica Anagallis crescit in fossis rivulorum circum Urbem Cap et alibi, etiam in remotis regionibus, cultis tamen, sic ut seminibus ex Europa allatis heic spontanea reddita sit. Floret Octobri.

Lemna gibba crescit in aquis rivuli prope Cap.

Ficus caricae frutex, ex Europa huc allatus, ob fructus venales, multum hic loci a colonis colitur.

Typha latifolia occurrit in rivulis infra Constantiam; floret Majo et sequentibus mensibus. Observante D. de BRETON, seminum lanugo cum Gossypio mixta vestibus pertexendis inservit.

Agrostis stolonifera crescit in collibus juxta Urbem. Culmi filiformes, articulati, geniculo inflexi, bipedales.

Poa annua, crescens hinc inde locis cultis et in collibus urbem circumjacentibus.

Avena sterilis hinc inde occurrit. ex Europa allata. Maximas interdum calamitates Colonis quibusdam adfert, quorum agros triticeos omnino deperdit, a·vehementissimis ventis·agitata semina vix adhuc matura disseminans.

Arundo phragmites dicitur a Colonis Vaderlands Riet, crescens in fossis prope Cap et alibi in fluviis, vulgaris. Folia latiora heic gerit, quam in Europa.

Triticum repens, hinc inde jam spontaneum occurrit, e cujus radicibus mundificantia sibi decocta parare sciunt Incolae.

Triticum hybernum ubique et communissime colitur a Colonis omnibus, maxime propius Cap, a sato usque triginta et ultra utplurimum semina, eaque ponderosa, colligentibus.

Triticum Spelta rarius coli solet.

Hordeum vulgare pro cerevisia colitur atque pro alendis pecoribus gramine recenter dissecto.

Betula Alnus in fossis inter Taffelberg et Leuweberg alibique prope Cap jam laete viget, ex Europa allata.

Anagallis arvensis in collibus sabulosis prope Urbem floret mensibus Julii et Augusti.

Nicotiana Tabacum saepius, *rustica* parcius colitur a rusticis ab urbe remotius habitantibus.

Solanum sodomeum, insanum et *tomentosum* circum Cap et alibi in collibus floret Julio et insequentibus mensibus.

Achyranthes aspera prope Paradys, in fossis infra Taffelberg et prope Cap copiose crescens floret Majo.

Chenopodium murale in latere occidentali infra Taffelberg floret Julio et Augusto.

Chenopodium ambrosioides juxta plateas in ipsa urbe et in hortis floret Januario atque sequentibus mensibus.

Corrigiola littoralis crescit prope urbem et alibi, florens Julio et subsequentibus mensibus.

Anethum graveolens juxta plateas Urbis et fossas ejus, prope hortos et villas, per semina sine dubio ex Europa huc advena crescit sua sponte.

Agave Americana ex Europaeo quodam horto botanico forsan huc primum translata in collibus infra Taffelberg et Duyvelsberg apricis hodie crescit spontanea et floret quotannis, scapis suis elatis speciosa.

Populus alba inter Taffelberg et Leuwekopp in fossa montis crescentem inveni, ex Europa primum allata.

Quercus Robur colitur in urbe ante domos pro ornamento, et alibi spontanea quoque obvenit. In Horto Societatis sepes vivas formal.

Scleranthus annuus in lateribus Leuwestaart inque collibus prope urbem floret Julio et Augusto, ad finem hyeme vergente.

Arenaria rubra in littore prope portum floret Majo et sequentibus mensibus.

Spergulam pentandram in arvis et hortis prope Cap, Drakensteen, Roode Sand, Constantiam alibique inveni florentem Junio et sequentibus sub media hyeme mensibus.

Agrostemma Githago inter *Triticum satum* juxta Fransche Hoek et alibi, ex Europa advena. Versu finem anni floret.

Lychnis dioica rarius in summo latere Taffelberg reperitur.

Cerastium aquaticum et *viscosum* in collibus prope Cap crescunt et flores aperiunt Julio atque Augusto;

Euphorbia Peplus, Colonis Hundekruyd dicitur, atque tam in, quam extra hortos urbis et Colonum vulgaris occurrit, florens Majo et sequentibus mensibus hyemalibus.

Punica granatum juxta urbem et apud rusticos in hortis ob fructum sapidum colitur.

Amygdalus persica et *communis* vulgaresa luntur in hortis Urbis et villarum proximarum Colonum, ob fructus venales.

Eugenia Jambos, arbor ex India, fructifera culta occurrit in nonnullis hortis.

Laurus camphora rarior heic loci culta.

Laurus nobilis in horto Societatis et alibi sepes vivas, altissimas, flexiles et formosissimas format. Flores ejus sunt hermaphroditi staminibus 9, 11, usque pluribus.

Cactus ficus spontaneus quandoque et etiam pro sepibus vivis cultus occurrit.

Myrtus communis in hortis Europaeorum sepes vivas pulcherrimas et flexiles formans floret mense Aprilis.

Passiflora caerulea juxta Cap crescit et culta et spontanea reddita.

Ricinus communis in hortis Europaeorum et colitur et occurrit sponte. Incolis frutex dicitur Oly-boom. Etiam in Krakakamma, longius a Cap, regione multum deserta crescentem inveni. Floret Septembri et sequentibus mensibus. Oleum seminum leniter laxans alvum solvit.

Malva sylvestris a Cap usque ad Swellendam vulgaris occurrit, semper tamen in vicinia villarum et habitationum colonum. Floret Septembri et Octobri.

Artemisia pontica ad rivulos infra latus orientale Taffelberg et infra Constantiam provenit, floretque mense Aprilis et Maji.

In Hortis Europaeorum tam in ipsa urbe, quam in Coloniae villis, et quoque extra hortos sponte crescentes inveni plantas extraneas sequentes, scilicet:

Euphorbiam Helioscopiam, quae floret Junio, Julio.

Brizam mediam, virentem et *maximam,* florentes Octobri et sequentibus mensibus.

Airam aquaticam, florentem Februario.
Plantaginem majorem valde communem et mediâ aestate florentem.
Daturam Stramonium, florentem Julio.
Solanum nigrum, quod quoque obvenit in Leuweberg, infra Paardeberg et alibi. Floret Augusto et sequentibus mensibus. Succus hujus pro unguentis ad fananda ulcera exprimitur a Colonis.

Cannabim sativam, quae in quibusdam oris ab urbe remotis culta occurrit, etiam a nonnullis Hottentottis, qui plantam cum *Tabaco* mixtam, ut fortius inebriet, fumare solent.

Praeterea intra et extra hortos urbis crescunt *Thlaspi bursa; Vicia sativa,* florens Julio et interdum pro nutrimento equorum-culta, atque *Carduus marianus* vulgaris.

Trifolium angustifolium colles amat capenses, florens Novembri et Decembri, atque
Trifolium repens plateas ipsas urbis, florens Majo, Junioque. Caulis decumbens, repens, glaber. Folia obcordata, nervosa, glabra.
Sisymbrium Nasturtium, florens Januario, et
Sonchus oleraceus, in vinetis imprimis frequens, florens a Junio usque in Augustum. Variat heic, uti alibi foliorum figurâ et magnitudine.

L O C A.

et *habitationes* plantarum indicavi, ut Hortulanis Solum innotesceret uti et *Tempus florendi,* si forsan quid circa culturam in Hortis Europaeis utilitatis adferre possit. Loca vero ipsa heic explicare eo minus necesse duxi, quo accuratius illa in ITINERARIO meo fusius descripsi.

U S U M

Herbarum, Fruticum, Arborum, earumque partium semper indagare annisus fui, breviterque ad finem descriptionum adferre volui, tam oeconomicum, quam medicum.

b *

SYSTEMATICUM

Ordinem eundem heic secutus fui, ac in FLORA mea *Japonica,* adeoque exclusi Classes GYNANDRIAE, MONOECIAE, DIOECIAE et POLYGAMIAE. Negare quidem non volo, etiam plures Classes in Systemate sexuali minoris esse momenti. ENNEANDRIA pauca, POLYADELPHIA pauciora adhuc, HEPTANDRIA paucissima genera comprehendit. Plures quoque circa MONADELPHIAM et DODECANDRIAM observationes adferri possent; has tamen omnes Classes sancte servare volui, quamdiu Scientiae addiscendae et promovendae non obfuerint.

Sic Plantarum, quas vir juvenis olim collegi, jam Senex ultra Sexagenarius, Tibi B. L. exhibeo descripsiones, dudum ante quindecim annos pro prelo paratas. Prodibit, D. V. haec Flora sensim, parvis fasciculis comprehensa, plurium annorum indefessus labor et virilis aetatis, inter plurima alia negotia Academica, curae atque lucubrationes.

Upsaliae d. 17. Octobr. 1806.

———————

PRAEFATIO EDITORIS.

Florae hujus classes duae priores impressae fuerant in Fasciculo I. Voluminis I., qui *Upsaliae* MDCCCVII. litt. Joh. Frid. *Erdmann* pp. 144 comparuit. Classis tertiae Ordo I. Fasciculo II. ejusdem voluminis absolvebatur et prodibat *Upsaliae* MDCCCXI. typ. *Stenhammar* et *Palmblad*, reg. Acad. Typograph., qui etiam, anno demum MDCCCXIII., Fasciculo III., a pag. 587 ad 578, Ordines reliquos Classis tertiae impresserant cum Classe quarta. Quinta Classis in Voluminis II. Fasciculo. I., pagg. tantum 248, nonnisi manca, omissa nempe CRASSULA, typis evulgata fuerat *Hafniae* MDCCCVIII. apud Gerh. *Bonnier*. A. CRASSULA ad MUCOREM usque quidquid in praesente editione continetur, ex ipso illustriss. auctoris MS., ab eodem reviso, typis nunc demum mandatum fuit.

Ratio, quam in curanda editione hacce Florae Capensis, ab illustrissimo auctore, nunc jam venerando octogenario et professore jubilaeo, nobis benigne concessa, ab illustriss. L. B. *Cotta de Cottendorf* amice commissa, secuti fuimus, haec erat, ut

I. textum Classium quinque priorum ad *Crassulam* usque infeliciter pluribus locis impressum, ex MS. illustr. auctoris emendatiorem et locupletiorem redderemus, posteriorum vero nondum typis mandatarum ex schedulis MS. auctoris omni solertia et industria ederemus. Hinc

II. nulla, quod passim in pluribus operum botanicorum editionibus fieri nunc solet, interpolatione, ne minima quidem, contaminaremus. ita. ut hic mentem auctoris sinceram intelligas, nullis additionibus obscuratam.

III. in Lectorum usum commodiorem

a. Synopsin generum ad normam Systematis Linneani, ab illustriss. auctore emendati, fronti operis praefiximus.

b. characterem generis cujusvis, e quo hic species recensentur, specierum enumerationi praeposuimus ita, ut nullos novos, etiamsi emendatiores, generum characteres intrudamus, sed illos tantum vocaremus in medium, quos aut auctor ipse in novis suis generibus statuit, aut quos laudavit ad suas species ille, quem instar synonymi adduxerat.

c. repetita in descriptione ex diagnosi verba suppressimus, ne bis eadem proferantur. Ubi fors in diagnosi alii, quam in descriptione, characteres occurrunt, notulam passim adjecimus, ne videamur in revisione MSi obdormivisse.

d. generibus speciebusque numeros suos praefiximus.

e. indicem adjecimus specierum, ibique ab aliis, neo ab illustrissimo auctore, laudata ad species Thunbergianas synonyma adnotavimus cum asterisco.

Cum inventis facile sit addere, ex editione nostra Systematis Vegetabilium plantas capenses, post illustrissimum auctorem nostrum in promontorii bonae spei detectas, nec ab illo recensitas, in commodum peregrinatorum proxime enumerabit 'filius.

Nec inutile juvenibus, nec ingratum viris senibusque fore duximus, si, „quid virtus et quid sapientia possit," ex illis, quae nobis de vita, rebus gestis et scriptis illustrissimi Commendatoris Caroli *Thunberg*, qui

„multorum providus urbes

Et mores hominum inspexit, latumque per aequor

Dum sibi, dum sociis reditum parat, aspera multa

Pertulit, adversis rerum immersabilis undis"

tam ex sui ipsius, quam amicorum suorum litteris innotuerunt, paucis hic subjungemus.

Junecopiae in Smolandia, Sueciae provincia, mercatore patre, natus est Carol. Petrus *Thunberg* 11ª Novembris 1743., ibique in schola triviali prima studiorum fundamenta omni magistrorum suorum suffragio feliciter jecit. Anno aetatis suae 18ᵛᵒ, 1761., Upsaliae adiit universitatem, ubi, post indefessa novem annorum studia, anno 1770. Medicinae Licentiatus, anno 1772. Medicinae Doctor rite promotus fuerat. Anno 1767, praeside divo a *Linne*, pro exercitio, disputavit *de venis resorbentibus,* et, pro gradu, anno 1770., *de Ischiade,* praeside D. P. *Sidrèn.*

Eodem, quo Doctor Medicinae promotus fuerat, anno per Daniam et Belgium iter instituit Parisias ad celeberrimos tunc in hac urbe Chirurgiae et artis obstetriciae magistros. Reversus anno subsequente, 1771., per Belgium, ibique Magister Chirurgiae et Medicus navalis constitutus, adiit promontorium bonae spei. ubi, per annos tres commoratus, non tantum vicinas urbi regiones, sed bonam Hottentottorum Caffrorumque ditionis partem haud sine periculis peragravit, pluresque tunc temporis novas priusque incognitas plantarum et animalium species detexit. Miseriarum, quas ibidem perpessus est, meminit ipse in praefatione ad Floram capensem. Anno 1775. in Javam e promontorio vela dedit, et a Batavia in Japoniam munere ornatus Medici Legationis Batavae., Postquam ibidem per menses 16 et ultra commorasset, instituto in Jedo, imperatoris aulam, cum Legato batavo itinere, in Javam reversus insulae hujus dimidiam fere partem perlustrabat, haud paucos ibidem naturae thesauros colligens. Ceilonam invisit anno 1777., orasque dimidiae hujus fere insulae peragravit, unde demum, salutato iterum notissimo sibi promontorio h. spei, in Belgium anno 1778, feliciter rereversus, et Britanniam salutatus, per Belgium et Germaniam rediit ad patrios lares.

Interea anno 1777. Demonstrator Botanices Upsaliae nominatus fuerat, et, cum anno 1780. Linnaei equitis filius iter ad exteros fecisset, hujus interea vices gessit tantis omnium laudibus, ut placuisset regi, illum, honorario academico aucto etiam plus duplo, Professorem constituere extraordinarium, et, anno 1784., post Linnaei filii obitum, Professorem Medicinae et Botanices de-

signare, ornare subsequente anno insignibus regii ordinis de Wasa, cujus, e singulari regis gratia, anno 1815.
factus est Commendator.

Regum tamen dulcissimae suae patriae in se munificentiâ eâ, quae decet virum ingenuum et liberalem,
ratione, non in suum, sed in patriae, in scientiarum,
in generis humani commodum utebatur : itaque illi con-
tigerat, magni. regis Gustavi III. favore, non tantum
universitati Upsaliae novum et ampliorem hortum bota-
nicum cum caldariis frigidariisque, sed etiam Museum,
et auditorium elegantissimum aliaque plura conciliare.

Si vero, ut Flaccus ait, „sapiens et rex“, regiâ
sane munificentiâ noster etiam Commendator e suis patriam universitatem ditavit thesauris, quippe qui herbarium suum plantarum circiter 24 millia continens, semina quam plurima. mineralia plura, mammalia 230,
aves 680, amphibia 150, pisces 207, insecta 5000. vermes 65, conchylia et corallia 1115, avium ova 70, ni-
dos 8, crania 20 Academiae upsaliensi dono dedit. Adeo
verum illud: „beatius dare quam accipere“: nec ullibi
generosior viget amor patriae, quam in regnis mutuâ
regentûm et regnatorum fide constitutis, e quibus nobi-
lissima Suecia, cui orbis terrarum genuinam et veram
evangelicam religionem debet, primum et antiquissimum
est regnum. Ingenuo huic amori patriae venerabilis
nunc jam fere octogenarii, qui tanto licet annorum pon-
dere pressus, etiamnum praeest Orphico, Horto. Museo,
lectionibus, respondet mutuus etiam civium, imprimis, popularium suorum Smolandorum, amor, quorum in-
spector, ut aiunt, nationis per annos triginta et ultra fuit,
et qui in memoriam officii, sancte pureque praestiti,
nummum excudi curaverunt venerandi senis effigie exor-
natum.

Neque tamen Upsaliae soli indulgebat, sed etiam
Museo Holmensi et Lundensi, et pluribus popularium
suorum collectionibus privatis, et neque his tantum, sed
etiam exterorum, ut mirum non sit, „si“ ut verbis
utar viri suecici, „forsan nemo hucusque e meis popu-
laribus tanto numero et amicorum inter exteros et Aca-
demiarum Societatumque litterariarum, in ʻquarum gre-

miﬂm receptus est, gloriari poterit, quam noster C. P.
Thunberg. "*).

*) Academiae et Societates Scientiarum, quarum Diplomatibus honora-
tus fuit Thunberg, sunt sequentes:
1. Imperialis Naturae Curiosorum. 177. — 2. Nidrosiensis Norvegiae
(Trondhjem) 1772. 17. Oct. —. 3. Lundensis physiographica.
1773. 8. Dec. — 4. Upsaliensis litteraria. 1777. — 5. Holmensis
Acad. Scient. 177— — 6. Harlemensis. 1781. 21.Maj. — 7. Amstelodamensis. 1781. 4. Aug. — 8. Holmensis Patriot. Oeconom.
1782. 16. Mart. — 9. Monspeliensis. Scient. 1784. 1. Julii. —
10. Parisiensis Agriculturae. 1785. 7. Julii. — 11.·Zelandica Vlis-
singensis. 1785. — 12. Berolinensis Naturae Scrutatorum. 17— —
13. Edinburgensis Naturae Studiosorum. 1786. 4. Maj. — 14.
Edinburgensis Medicinae. 17— 15. Florentina. 1787. 7. Febr.
— 16. Parisiensis Scientiar. Corresp. 1787. 5. Sept. — 17. Hallensis Naturae Scrutator. 1787. 12. Maj. — 18 Londinensis.Scien-
tiarum. 1788. — 19. Londinensis Linnaeana. 1788. 8. Mart. —
20. Londinensis Medica. 1789. — 21. Batavica (in Insula Java.)
17. — 22. Parisiensis Historiae Naturalis. 1791. 7. Jan. — 23.
Philadelphica. 1791. 15. April. — 24. Hafniensis Historiae Naturalis. 1792. 8. Jun. — 25. Turicensis (Zürich) Physica. 1793.
2. Febr. — 26. Jenensis physica. 1793. 14. Jul. — 27. Göttingensis physica. 1797. 7. Januar. — 28. Holmensis pro Scient.
commun. Social. 1797. 5. Apr. — 29. Hafniensis Litterat. Scandi-
nav. 1797. 14. Sept. — 30. Madritensis Medica. 1798. 22. Jan.
— 31. Parisiensis Medica. 1798. — 32. Aboënsis Öconomica.
1798. 31. Dec. — 33. Petropolitana Imperialis. Scient. 1801. 15.
April. — 34. Monspeliensis Medica. 1801. 9. Thermid. — 35.
Göttingensis Phytographica. 1802. — 36. Nancyensis Scientiar.
1802. 22. Sept. — 37. Parisiensis Instit. Nation. 1804. 23. Jun.
— 38. Göttingensis Scientiar. 1804. 24. Nov. — 39. Moscovien-
sis des Naturalistes. 1805. 18. Sept. — 40. Parisiensis, Medicale
d'Emulation. 1806. 21. Jul. — 41. Wetterauiensis Histor. Naturalis. 1808. — 42. Amstelodamensis Reg. Scient. et artium. 1809. —
43. Gorenkensis phytographica. 1810. 8. Jan. — 44. Petropolitana
imperialis Acad. Medico Chirurg. 1810. 1. Febr. — 45. Holmensis
reg. Colleg. Sanitatis , Memb. honorar. 1811. 16. Maj. — 46. Holmensis Acad. Agricult. 1812. 5. Dec. — 47. Holmensis Medica.
1813. 19. Oct. — 48. Upsaliensis Öconomica. 1813. 31. Dec. —
49. Holmensis Biblica. 1814. 13. Sept. — 50. Monachiensis (Mün-
chen) Scientiarum. 1808: 1. Apr. — 51. Erlangensis, physico
Medica. 18. — 52. Wermelandica Öconomica, Honorarius. 1815.
15.Mart. — 53. Westmannica Öconom. Honorarius. 1816. 21. Sept.
— 54. Örebroënsis Öconom. Honorarius. 1816. 5. Nov. — 55.
Marburgensis Scient. Natur. 1817. 13. Sept. — 56. Upsaliensis
Biblica. 1813. — 5ᵃ. Calmariensis Öconomica. 1818. 6. Oct. —
58. Gothoburgensis Scientiarum. 1818. 16. Dec. — 59. Londinensis Scientiae Horticulturalis. 1819. 4. Maj. — 60. Petropolitana Societ. pharmaceut. Honorarius. 1819. 29. Mart. — 61. Lip-
siensis Naturae Scrutatorum Honorarius. 1819. 7. Nov. — 62.
Junecopensis Öconomicae Honorarius. 1821. 18. Jan.

Orbus olim, et utinam sero, descendet quo Tullus
dives et Ancus, uxore jam diu praecessâ; attamen non
orbus filiis, quos ingenio suo sibi genuit non inter po-
pulares suos tantum, sed etiam inter Germanós nostros,
Danosque et Britannos et ultimos Scythas et Americanos.
E Ceilonae quoque incolis discipulos aluit.

Qui cum venerabili nostro seni diutius versati sunt,
eundem nobis staturâ corporis mediocri esse, semper-
que sanum vixisse narrant; temperamento gaudere sanguineo, unde morum suorum suavitas et affabilitas, et,
quae magnorum semper virorum fuit comes, modestia,
quâ gratus omnibus, carus amicis, quorum, licet plures numeret, nullum deseruit unquam. Nescit enim,
justus potius quam severus, irasci aut persequi odio. Uti
denique in longis periculosisque suis itineribus per omnes orbis antiquioris plagas sub praesente periculo semper se prudenter audacem, sic domi laboris patientissi-
mum numerosissimis suis et operosis operibus compro-
bavit, quorum sequentia nobis innotuerunt:

1.) Iter in Japoniam per Europam, Africam, Asiam.
P. I — IV. 1788 — 93. *suecice.* (Prostat versio *gallica* in 8 et 4: *germanica*, 4 vol.; *anglica*, 4 vol. c.
tab.) — 2. Oratio introductoria in Acad. Scient.
Holm. de nummis japonicis. 8. 1779 c. tab.. (versio
belgica 1780; germanica 1784.) — 3. Oratio renunciat.
Rectoratus. 1784 (versio germanica 1785.) 4.) Oratio
funebris in obitum Doct. Montin. 1791. — 5.) Oratio
inaugural. novi Horti Upsal. 1807. — 6.) Flora japonica. Lips. 1784. 8. c. 39 tab. — 7.) Prodromus
Florae capensis. P. I et II. c. tab. — 8.) Flora capensis. Fasc. 1. 2. 3. — 9.) Icones plantarum japonica-
rum. Dec. I. — V. c. tab. aeneis; (restant Decades
plures ineditae, uti et: — Icones plantarum capensium Centuria ined. tabular. elegantissimi colorata-
rum) — 10.) Mammalia Sueciae. 8. suecice. — 11.)
Programmata academica plurima.

Opuscula varia in diversis Societ. et Acad. Actis impressa:

I. *In Actis Reg. Acad. Scient.* HOLMENS.

1. Casus Cerussae, in Cibo usurpatae. 1773. 1. Qu. p. 29. — 2. Hydnora Africana. 1775. 1. Qu. p. 67. c. Tab. — 3. Pneumora. 1775. 3. Qu. p. 254. c. Tab. — 4. Rothmannia. 1776. 1 Qu. p. 65. c. T. — 5. Radermachia. 1776. 3. Qu. p. 250. — 6. Observationes in Hydnoram africanam. 1777. 2. Qu. p. 14. c. T. — 7. Bezoar equinum. 1778. 1. Qu. p. 27. — 8. Ehrharta. 1779. 3. Qu. p. 216. c. T. — 9. de Cinnamomo Ceilanico. 1780. 1. Qu. p. 55. (Translatum in Actis Vlissingensibus. Tom. 12. part. 1. p. 296.) — 10. Weigela japonica. 1789 2. Qu. p. 137. c. T. — 11. Fontes calidae in Africa et Asia. 1781. 1. Qu. p. 78. — 12. Insecta duo incognita. 1781. 2. Qu. p. 168. — 13. Noctua Serici. 1781. 3. Qu. p. 240. c. T. — 14. Nucis Moschatae duae species. 1782. 1. Qu. p. 46. c. T. — 15. Observationes Ornithologicae. 1782. 2. Qu. p. 118. — 16. Fagraea ceilanica. 1782. 2. Qu. p. 132. c. T. — 17. Usus Olei Cajoputi. 1782. 3. Qu. p. 223. — 18. Nipa. 1782. 3. Qu. p. 231. — 19. Licuala. 1782. 4. Qu. p. 284. — 20. Houttuynia cordata. 1783. 2. Qu. p. 149. c. T. — 21. de Asteriis Observationes. 1783. 3. Qu. p. 224. — 22. Ceilonae insulae Mineralia et lapides pretiosi. 1784. 1. Qu. p. 70. — 23. Loxiae capenses. 1784. 4. Qu. p. 286. — 24. Albuca. 1786. 1. Qu. p. 57. — 25. Orchides. 1786. 4. Qu. p. 254. — 26. Lacertae novae. 1787. 2. Qu. p. 123. c. T. — 27. Testudines tres spec. 1787. 3. Qu. p. 178. c. T. — 28. Willdenowia. 1790. 1. Qu. p. 26. c. T. — 29. Pisces japonici duo. 1790. 2. Qu. p. 106. c. T. — 30. Wahlbomia indica. 1790. 3. Qu. p. 215. c. T. — 13. Gobius patella et Silurus lineatus. 1791. 3. Qu. p. 190. [T. 6. — 32. Callionymus japonicus et Silurus maculatus. 1792. 1. Qu. p. 29. T. 1. — 33. Perca sexlineata et picta. 1792. 2. Qu. p. 141. T. 5. — 34. Perca trilineata et septemfasciata. 1793. — 35. Ostrea gigas. 1793. — 36. Piscium duae spec. japonicae. 1793. 37. — — — contin. 1793. — 38. Cyanella. 1794. — 39. Toxicodendrum. 1796. — 40. Cordyle. 1797. — 41. Tortrices. 1797. — 42. Aves Svecici. 1798. — 43. Nucis Moschatae novae species. 44. Oedmannia. — 45. Triacus. — 46. Ptyocerus et Ripidius. — 47. Boa variegata. 1807. — 48. Variationes Avium. 1808. — 49. Hydnora tetrandra. 1808. — 50. Sphex figulus. 1808. — 51. Placenta Sella. 1809. — 52. Pneumonae species. 1810. — 53. Blattae novae. species. 1810. — 54. Antilopa monticola. 1811. — 55 Viverra felina. 1811. — 56. Nidus (avis) Hirundinis edul. 1812. — 57. Gnatocerus et Thaumacera. 1814. — 58. Gladiolus Sparrmannl. 1814. — 59. Felis borealis. 1815. c. T. — 60. Bruchi species novae. 1816. — 61. Platalea pygmaea. 1816. — 62. Dasypus multicinctus. 1818. — 63. Mydas gigantea. 1818. p. 246. T. 9. — 64. Tetrapteryx capensis. 1818. p. 242. T. 8. — 65. Simia albifrons. ♂. ♀. 1818. p. 65. T. 3. 4. — 66. Hyaena brunea. 181. — 67. Blechnum simplex et Mortensia speciosa. 1821.

XI, *Parisiens, Societ. Medic. d'Emulation.*

1. Avenae Capenses. 1810. c. fig.

XII. *Parisiens, Institut. gallici.*

1. Carices japonicae. 7. 1810. c. fig.

XIII. *Societ. Nancyens.*

1. Carices capenses. 4. 1810. c. fig.

XIV. *Hafniensis Histor. Natur. Societ.*

1. Dahlia crinita. Tom. 2. P. 1. p. 133. Tab. 4. 17. — 2. Rohriae species novae Tom. 3. P. 1. p. 97. Tab. 4—13. 17. — 3. Gorteriae species. — 4. Rohriae species 6. — 5. Gladioli. — 6. Convolvuli.

XV, *Londinensis Linnean. Soc.*

1. Dillenia. vol. 1. p. 198. Tab. 3. 1791. — 2. Observationes in Floram japonicam. vol. 2. p. 326. 1794. — 3. Chironiae. c, Tab. 2. — 4. Lycia capensia. c. Tab. 4.

XVI. *Hallensis Soc.*

1. Oenanthis species capenses. 18.

XVII. *Gorengkensis Soc. phytograph.*

1. Gramina capensia. 1811. c. T. — 2. Trachelium, Samolus, Polemonium, Roëlla. 1811. c. T. 4. — 3. Lobeliae capenses. 1811. c. fig. 11. — 4. Rhamni capenses. 1812. c. fig. 2 color. — 5. Solana capensia. c. fig. 2 color. 1812, — 6. Celastri novae species capenses. 1812. c. fig. 5 color,

XVIII. *Moscoviens, imper, Litter.*

1. Lucani Monographia. Tom. 1. p. 183. Tab. XII. — 2. Poae capenses. Tom. 3. p. 43—48. Tab. IV. V. VI. VII.

XIX. *In Schraderi Journal.*

1. Genera duo nova Plantar. capens. vol. 1. p. 317. — 2. Diosma. — 3. Asperifoliae. c. T. 1.

XX. *Roemeri Archiv botan.*

1. Connarus decumbens. 1. B. p. 1. T. 1. — 2. Nova plantarum genera, 2. B. p. 1. —

XXI. *Weberi Journal.*

1. Ixiae 5, Restiones 5, Diosmae 5, Cynanchi species c. Tab. — 2. Orchideae capenses. Beyträge 2. B. p. 1. 1813.

XXII. *Petropolitana Acad. Scient.*

1. Caenopteris. Nov. Act. T. 9. p. 157. Tab. D. E. F. G. — 2. Fumariae 4 species novae. ibid. T. 12. p. 101. Tab. A. B. C. D.

— 3. Contortae. ibid. Tom. 14. p. 5o3. Tab. 9. — 4. Hermas. ibid. T. 14. p. 527. Tab. 11. 12. — 5. Proteae novae. ibd. T. 15. p. 458. T. 3. 4. 5. 6. 1806. — 6. Galii species capenses. Memoir. Tom. 1. p. 326. Tab. VII. VIII. IX. X. — 7. Lilia japonica. — ibd: Tom. 3. p. 200. Tab. III. IV. V. — 8. Mammalia capensia. ibd. T. 3. p. 299. — 9. Campanulae capenses. ibd. T. 4. p. 364. T. 5. 6. 7. — 10. Colcoptera ròstrata capensia. ibd. T. 4. p. 376. — 11. Hemipterorum Maxillosorum Genera. ibd. T. 5. p. 211. T. 3. 1815. — 12. Colcoptera capensia clavâ fissil. ibd. T. 6. p. 395. — 13. Descriptiones 4 spec. novarum Proteae. ibd. T. 6. p. 546. T. 14. 15. 16. 17. 1818. — 14. Colcoptera capensia clavâ solidâ et perfoliatâ. ibd. T. 7. p. 362. — 15. Ursus brasiliensis. ibd. T. 7. p. 400. Tab. 15. — 16. Insecta Ichneumonidea. 1811. — 17. Piprae novae species. 1821. c. fig. color. — 18. Species novae e Rutelae genere. 1821. c. fig. color. — 19. Trachyderes Sex novae species c. fig. 5. color. —

XXIII. Societ. Scient. Gothoburgens.

1. Pantophthalmus tabacinus. nov. Act. vol. 3. p. VII. Tab. color. 1819. — 2. Tapera brasiliensis. nov. Act. 1819. p. 1. c. Tab. col. — 3. Rhederostra. 1821. c. Tab. col.

XXIV. Academ. Oeconom. Holmens.

1. Arbores, frutices et herbae exoticae, quae clima Sveciae ferunt. 1816.

XXV. Societ. Oeconom. Upsaliens.

1. Plantationes arborum. 1816. Act. 1. fasc. p. 48. — 2. Gramina, culturae idonea. 1819. ibd. p. 70. — (3. 4.) Compendium priorum 1 et 2. 18. — 3. Vermes arboribus fructiferis noxiæ. 1817. p. 58. 2. fasc. — 4. Gramina, quae, utiliter coli possunt. 1817. p. 43. — 5. de Mure terrestri, Arboribus noxio. 1817. p. 25. fasc. 3. — 6. Fiorin-gramen. 1817. p. 40. fasc. 3.

Dissertationes Academicae Upsalienses,

1780.

1. Gardenia. c. T. 2.

1781.

2. Protea. c. T. 5. — 3. Oxalis. c. T. 2. — 4. Nova Plantar. Ge-
nera. P. 1. c. T. — 5. P, II. c. T. 1782. — 6. P. III. c. T.
1783. — 7. P. IV. c. T. 1784. — 8. P. V. c. T 1784. — 9.
P. VI. 1792. — 10. P. VII. 1792. — 11. P. VIII. 1798. — 12.
P. IX. 1798. — 13. P. X. 1800. — 14. P. XI. 1800. — 15. P.
XII. 1800. — 16. P. XIII. 1801. — 17. P. XIV. 1801. — 18.
P. XV. 1801, — 19. P. XVI. 1801. — 20. Novae Insector. spec.
P I. c. T. — 21. P. II. c. T. 1783. — 22. P. III. c. T. 1784.
— 23. P. IV. c. T. 1784. — 24. P. V. c. T. 1789. — 25. P. VI.
c. T. 1791.

1782,

26. Iris. c. T. 3.

1783.

27. Ixia. c. T. 2.

1784.

28. Gladiolus. c. T. 2. — 29. Insecta Svecica. P. I. c. T. — 30.
P. II. c. T. 1791. — 31. P. III. 1792. — 32. P. IV. c. T. 1792.
— 33. P. V. 1794. — 34. P. VI. 1794. — 35. P. VII. c. T.
1794. — 36. P. VIII. 1794. — 37. P. IX. 1795.

1785.

38. Aloë. — 39. Medicina Africanorum. — 40. Erica. c. T. 6.

1786.

41. Ficus. c. T.

1787.

42. Museum Naturalium Academiæ Upsal. P. I. — 43. P. II. — 44.
P. III. — 45. P. IV. c. T. — 46. P. V. — 47. P. VI. c. T. 1788.
— 48. P. VII. 1789. — 49. P. VIII. 1789. — 50. P. IX. 1791.
— 51. P. X. 1791. — 52. P. XI. 1792. — 53. P. XII. 1792. —
54. — P. XIII. 1792. — 55. P. XIV. 1793. — 56. P. XV. 1794.
— 57. P. XVI. 1794. — 58. P. XVII. 1794. — 59. P. XVIII.
1794. — 60. P. XIX. 1796. — 61. P. XX. 1796. — 62. P. XXI.
1797 — 63. P. XXII. 1797. — 64. P. XXIII. 1804. — 65. P.
XXIV. 1804. — 66. P. XXVI. 1804. — 67. P. XXVI. 1805. —
68. P. XXVII. 1810. — 69. P. XXVIII. 1811. — 70. P. XXIX.
1819. — 71. P. XXX. 1820. — 72. P. XXXI. 1820. — 73. P.
XXXII. 1820. — 74. P. XXXIII. ult. 1821. — 75. Append P. I.
1791. — 76. P. II. 1791. — 77. P. III. 1794. — 78. P. IV. 1796.
— 79. P. V. 1797. — 80. P. VI, 1798. — 81. P. VII. 1798. —

1802.

132. Aspalathus. P. I. — 133. P. II. — 134. Observationes in Hist. Natur. Smolandiæ. — 135. Blæria. — 136. Observationes in Pharmacop. suecicam.

1803.

137. Horti Upsaliens. Plantæ cultæ. P. I. — 138. P. II. — 139. P. III. — 140. P. IV. — 141. P. V. — 142. P. VI. — 143. P. VII. ult. — 144. Antholyza.

1804.

145. Reformanda Pharmac. suec. P. I. — 146. P. IV. — 147. P. V. — 148. P. VI. — 149. P. VII. — 150. P. VIII. 1809. — 151. P. IX. 1809. — 152. ult. P. X. 1810. — 153. Remedia Epispastica. — 154. De Veneficiis per Arsenicum. — 155. Brunia. — 156. Phylica.

1806.

157. Thesium. — 158. De Sedibus materiarum in plantis. P. I.

1807.

159. Betula. c. T.

1808.

160. Dracæna. c. T.

1811.

161. Borbonia. c. T. — 162. Cinchona. P. I. — 163. P. II. — 164. Observationes in Diætam parcam.

1813.

165. De Styrace. c. T. — 166. Geographia plantarum cultarum. — 167. De utilitate plantarum suecicarum. — 168. De Rubo. c. T.

1815.

169. Flora Runsteniensis. P. I. — 170. P. II. — 171. P. III. — 172. P. IV. 173. ult. P. V. — 174. De Ricino.

1816.

175. De Narcoticis.

1817.

176. De Entozois humanis. P. I. — 177. P. II. — 178. Daphne. retusa. — 179. Plantarum Brasiliens. Decas. 1. c. T. 2. — 180. II. 1818. — 181. ult. III. 1821. T. col. — 182. De Viribus et usu Atropæ belladonnæ.

CONSPECTUS GENERUM.

CLASSIS I.

MONANDRIA.

MONOGYNIA.

a. *Flores hermaphroditi.*

I. SALICORNIA. *Cal.* ventricoulosus, integer. *Pet.* o. *Semen* 1.

b. *Flores dioici.*

II. DAHLIA. *Cal.* squama. *Cor.* 1 - phylla. *Caps.* 1 - locularis.

III. PHELYPAEA. *Cal.* o. *Cor.* 6 - partita. *Pist.* 1.

CLASSIS II.

DIANDRIA.

MONOGYNIA.

a. *Flores hermaphroditi.*

α. *Stamina a pistillis paulisper remota.*

ạ. *Flores regulares.*

IV. OLEA. *Cor.* 4 - fida: laciniis subovatis. *Drupa* monosperma.

V. JASMINUM. *Cor.* 5 - 8 - fida, hypocrateriformis. *Bacca* dicocca. *Semina* solitaria, arillata.

b. *Flores irregulares.*

XV. ANCISTRUM. *Cal.* 4 - phyllus. *Cor.* o. *Stigma* multipartitum. *Drupa* exsucca.

β. *Stamina ad pistillum inserta. ORCHIDEAE.*

VI. ORCHIS. *Nectarium* corniforme pone florem.

XIII. LIMODORUM. *Nectarium* monophyllum, concavum, pedicellatum, intra petalum infimum.

VII. DISA. *Spatha* 1 - valvis. *Petala* 3, tertium minus, bipartitum, basi gibbosum.

VIII. SATYRIUM. *Nectarium* scrotiforme s. inflato - didymum pone florem.

c *

X. PTERYGODIUM. *Cor.* subringens, 5-petala; petalis lateralibus exterioribus horizontalibus concavis. *Labellum* medio styli inter loculos remotos antherae insertum. *Stigma* posticum. *Swartz.*

XI. DISPERIS. *Cor.* ringens, 5-petala; petalis lateralibus exterioribus horizontalibus subcalcaratis. *Labellum* e basi styli genitalibus connexum. *Anthera* velo spirali tecta. *Swartz.*

IX. CORYCIUM. *Cor.* ringens, 4-petala, petalis erectis, lateralibus basi ventricosis. *Labellum* apici styli supra antheram adnatam insertum. *Swartz.*

XII. CYMBIDIUM. *Cor.* erecta vel patens. *Labellum* basi concavum, ecalcaratum, laminâ patulâ. *Anthera* opercularis, decidua. *Pollen* globosum.

h. *Flores dioici.*

XIV. SALIX. *Masc.* Amenti squamae. *Cor.* o. Glandula baseos nectarifera.
Fem. Amenti squamae. *Cor.* o. Stylus bifidus. *Caps.* 1-locularis, 2-valvis. *Sem.* papposa.

DIGYNIA.

XVI. GUNNERA. *Amentum* squamis unifloris. *Cal.* et *Cor.* o. Germen bidentatum. *Styl.* 2. *Sem.* 1.

CLASSIS III.

TRIANDRIA.

MONOGYNIA.

a. *Flores superi.*

XVII. VALERIANA. *Cal.* o. *Cor.* 1-petala, basi hinc gibba. *Sem.* 1.

XVIII. FICUS. *Receptaculum* commune turbinatum, carnosum, connivens, occultans flosculos vel in eodem, vel in distincto. ♂. *Cal.* 3-partitus. *Cor.* o. *Stam.* 3. ♀. *Cal.* 5 partitus. *Cor.* o. *Pist.* 1. *Sem.* 1.

XX. MOMORDICA. *Monoica.* ♂. *Cal.* 5-fidus. *Cor.* 5-partita. *Filamenta* 3. ♀. *Cal.* et *Cor.* ut in ♂. *Stylus* 3-fidus. *Pomam* elastice dissiliens.

XXI. CUCUMIS. *Monoica.* ♂. *Cal.* 5-dentatus. *Cor.* 5-partita. *Filamenta* 3. ♀. *Cal.* et *Cor.* ut in ♂. *Pistillum* 3-fidum. *Pomi* semina arguta.

XIX BRYONIA. *Monoica.* ♂. *Cal.* 5-dentatus. *Cor.* 5-partita. *Filamenta* 3. ♀. *Cal.* et *Cor.* ut in. ♂. *Stylus* 4-fidus. *Bacca* subglobosa, polysperma.

XXIV. RUSCUS. *Dioica* plerumque ♂. *Cal.* 6-phyllus. *Cor.* o. *Nectarium* centrale, ovatum, apice perforatum.

♀. *Cal. Cor. Nectarium* ♂. *Stylus* 1. *Bacca* 3-locularis. *Sem.* 2.

XXXII. Iris. *Cor.* 6-petala, inaequalis. *Petala* alterna, geniculato-patentia. *Stigmata* 3, cuculato-bilabiata.

XXXI. Moraea. *Cor,* 6-partita, inaequalis: laciniis erectis. *Stigmata* 3.

XXV. Antholyza. *Cor.* tubulosa, irregularis, recurvata. *Caps.* infera.

XXVI. Gladiolus. *Cor.* monopetala, tubulosa: tubo curvato; limbo 6-partito: laciniis suprema et infima extra vel intra laterales.

XXIX. Witsenia. *Cor.* 6-partita, cylindrica. *Stigma* emarginatum.

XXVII. Ixia. *Cor.* tubulosa, tubo filiformi recto, limbo 6-partito, campanulato, aequali. *Stigmata* 3, simplicia.

XXVIII. Galaxia. *Cor.* 1-petala, 6-fida. *Stam.* monadelpha.

XXX. Dilatris. *Cal.* o. *Cor.* 6-partita, hirsuta. *Filamentum* tertium reliquis. minus. *Stigma* simplex.

b, *Flores inferi.*

XXXIII. Wachendorfia. *Cor.* 6-petala, inaequalis. *Caps.* trilocularis.

XXXIV. Xyris. *Cor.* 3-petala, aequalis, crenata. *Glumae* 3-valv.es in capitulum.

XXII. Tragia. *Monoica.* ♂. *Cal.* 3-partitus. *Cor.* o.
♀. *Cal.* 5-partitus. *Cor.* o. *Stylus* 3-fidus. *Caps.* tricocca, 3-locularis. *Sem.* solitaria.

XXIII. Acharia. *Monoica.* ♂: *Cal.* diphyllus. *Cor.* 1-petala, trifida.
♀. *Cal.* et *Cor.* ut in ♂. *Caps.* 1-locularis, trivalvis, 1-sperma.

c, *Flores graminei, valvulis glumae calycinae.*

a. *hermaphroditi.*

XXXX Scirpus. *Glumae* paleaceae, undique imbricatae. *Cor.* o. *Semen* 1, imberbe.

XXXXI. Cyperus. *Glumae* paleaceae, distiche imbricatae. *Cor.* o. *Semen* 1, nudum.

XXXIX. Schoenus. *Glumae* paleaceae, univalves, congestae. *Cor.* o. *Semen* 1, subrotundum inter glumas.

β. *monoici.*

XXXVIII. Carex. ♂. *Amentum* imbricatum. *Cal.* 1-phyllus. *Cor.* o.
♀. *Amentum Cal. Cor.* ut in ♂. *Nectarium* inflatum, 3-dentatum. *Stigmata* 3. *Sem.* triquetrum, intra Nectarium.

γ *dioici.*

XXXVI. Willdenowia. *Cal.* multiglumis. *Cor.* 6-petala. ♀. *Nux* 1-locularis.

XXXV. ELEGIA. ♂. *Cal.* 6·glumis, inaequalis. *Cor.* o.
        ♀. *Caps.* 3·locularis.

XXXVI. RESTIO. *Flores* intra strobilum collecti ovatum vel oblongum, multiflorum.

DIGYNIA.

a. *Flores graminei:*

a. uniflori vagi.

XXXXII. PANICUM. *Cal.* trivalvis, valvulâ tertiâ minimâ.

XXXXIII. ARISTIDA. *Cal.* bivalvis. *Cor.* univalvis, aristis 3 terminalibus.

XXXXIV. ALOPECURUS. *Cal.* bivalvis. *Cor.* univalvis.

XXXXV. PHALARIS. *Cal.* bivalvis, carinatus, longitudine aequalis,
corollam includens.

XXXXVI. AGROSTIS. *Cal.* bivalvis, uniflorus, corollâ paulo minor.
Stigmata longitudinaliter hispida.

LIX. DACTYLIS. *Cal.* bivalvis, compressus; alterâ valvulâ majore
carinatâ.

XXXXVII. STIPA. *Cal.* 2·valvis, uniflorus. *Cor.* valvulâ exteriore
aristâ terminali, basi articulatâ.

LII. PEROTIS. *Cal.* o. *Cor.* 2 valvis: valvulae aequales aristatae,
lanugine involucratae.

XXXXIX. ANDROPOGON. *Polygamus.* *Hermaphrod.* *Cal.* gluma
uniflora. *Cor.* gluma· basi aristata. *Stam.* 3. *Styl.* 2.
Sem. 1.

β. subiflori vagi.

LIII. MELICA. *Cal.* 2·valvis, biflorus. *Rudimentum* floris inter
flosculos.

LI. HOLCUS. *Polygamus.* *Hermaphrod.* *Cal.* gluma 1 2·flora.
Cor. gluma aristata. *Stam.* 3. *Styli* 2. *Sem.* 1.
♂. *Cal.* gluma 2·valvis. *Cor.* o. *Stam.* 3.

LIV. ISCHAEMUM. *Polygamum.* *Hermaphrod.* *Cal.* gluma 2·flora.
Cor. 2·valvis. *Stam.* 3. *Styli* ·2. *Sem.* 1.
♂. *Cal.* et *Cor.* ut in ♀. *Stam.* 3.

LV. APLUDA. *Polygama.* *Cal.* gluma communis, bivalvis: flosculo
femineo sessili, masculisque pedunculatis.
♀. *Cal.* o. *Cor.* bivalvis. *Styl.* 1. *Sem* 1 tectum.
♂. *Cal.* o. *Cor.* bivalvis. *Stam.* 3.

L. CHLORIS. *Polygama.* Flores unilaterales. *Cal.* bivalvis, 2·6·
florus, flore altero sessili hermaphrodito, altero pedi-
cellato masculo.
♀. *Cal.* o. *Cor.* bivalvis. *Arista* terminalis. *Stam.* 3.
Styl. 2. *Sem.* 1.
♂. *Cal.* o. *Cor.* 1·2·valvis, aristata. *Stam.* 3.

γ. Flores multiflori vagi.

LVI. BRIZA. *Cal.* 2 valvis, multiflorus. *Spica* disticha, valvulis cordatis, obtusis: interiore minutâ.

LVII. POA. *Cal.* 2 valvis, multiflorus. *Spicula* ovata: valvulis margine scariosis, acutiusculis.

LVIII. FESTUCA. *Cal.* 2 valvis. *Spicula* oblonga, teretiuscula, glumis acuminatis.

LX. BROMUS. *Cal.* 2 valvis. *Spicula* oblonga, teres, disticha: arista infra apicem.

LXI. AVENA. *Cal* 2-valvis, multiflorus: aristâ dorsali contortâ.

XXXXVIII. ANTHISTIRIA. *Polygama. Cal.* 1-3-4-valvis, 3-7-florus, flore *hermaphrodito* solitario centrali sessili, masculis 2 pedicellatis, reliquis, si adsunt, sessilibus.
☿. *Cal.* o. *Cor.* bivalvis. *Arista* e basi germinis. *Stam.* 3. *Styl.* 2. *Sem.* 1.
♂. *Cal.* o. *Cor.* bivalvis, mutica. *Stam.* 3.
δ. *flores spicati, receptaculo subulata.*

LXIII SECALE. *Cal.* oppositus, bivalvis, biflorus, solitarius.

LXIV. TRITICUM. *Cal.* bivalvis, solitarius, subtriflorus. *Flos* obtusiusculus, acutus.

LXV HORDEUM. *Cal.* lateralis, bivalvis, uniflorus, ternus.

LXII. ROTTBÖLLIA. *Rhachis* articulata, teretiuscula, in pluribus filiformis. *Cal.* ovato-lanceolatus, planus, simplex s. bipartitus. *Flosculi* alterni in rhachi flexuosa.

LXVI. CYNOSURUS. *Cal.* bivalvis, multiflorus: receptaculum proprium unilaterale, foliaceum.

TRIGYNIA.

LXVII. HOLOSTEUM. *Cal.* 5-phyllus. *Pet.* 5. *Caps.* 1-locularis, subcylindrica, apice dehiscens.

LXVIII. MOLLUGO. *Cal.* 5-phyllus. *Cor.* o. *Caps.* 3-locularis, 3-valvis.

CLASSIS. IV.

TETRANDRIA.

MONOGYNIA.

a. *Flores monopetali.*

α. *monospermi superi.*

LXXVI. SCABIOSA. *Cal.* communis polyphyllus; *proprias* duplex, superus. *Receptaculum* paleaceum, s. nudum.

LXXVII. STILAE. *Polygama. Hermaphrod.* Cal. exterior 3-phyllus, interior 5-dentatus, cartilagineus. Cor. infundibuliformis, 5-fida. Stam. 4. Sem. 1, calyce interiore calyptratum.
Masc. similis. Cal. interior o. Fructus o.

β. *monocarpi.*
α. *inferi.*

LXXX. SCOPARIA. Cal. 4-partitus. Cor. 4-partita, rotata. Caps. 1-locularis, 2-valvis.

LXXXI. PLANTAGO. Cal. 4-fidus. Cor. 4-fida: limbo reflexo. Stamina longissima. Caps. bilocularis, circumscissa.

LXXXII. BUDDLEJA. Cal. 4-fidus. Cor. 4 fida. Stan. ex incisuris. Caps. 2-sulca, 2 locularis, polysperma.

LXXXIII. PENAEA. Cal. 2-phyllus. Cor. campanulata. Styl. 4-angularis. Caps. 4-gona, 4-locularis, 8-sperma.

b. *superi.*

LXXVIII. PAVETTA. Cor. 1-petala, infundibuliformis. Stigma curvum. Bacca disperma.

LXXIX. OLDENLANDIA. Cor. 1-petala. Cal. 4-partitus. Caps. bilocularis, infera, polysperma.

γ. *dicocci.*

LXXXIV. RUBIA. Cor. campanulata. Baccae 2 monospermae.

LXXXV. GALIUM. Cor. plana. Sem. 2 subrotunda.

b. *Flores tetrapetali.*
α. *inferi.*

LXX. FAGARA. Cal. 4-fidus. Cor. 4-petala. Caps. bivalvis, monosperma.

LXXII. SCHREBERA. Cal. 5-fidus. Cor. 4-petala. Drupa disperma.

LXIX. PROTEA. Cor. 4-petala, petalis subinde vel basi vel apice cohaerentibus. Antherae lineares vel oblongae, insertae petalis infra apicem. Cal. proprius o. Sem. 1 superum nudum.

LXXV. MONETIA. Cal 4-fidus. Pet. 4. Germen superum. Bacca.

LXXXVII. LAUROPHYLLUS. Dioica. ♂. Cal. subtetraphyllus. Cor. o. ♀. Germen superum.

β. *superi.*

LXXI. CURTISIA. Cal. 4-fidus. Pet. 4. Germen inferum. Bacca 1-sperma.

LXXIII. SERPICULA. Monoica. ♂. Cal. 4-dentatus. Cor. 4-petala. ♀. Cal. 4-partitus. Nux tomentosa.

LXXIV. MONTINIA. Dioica. ♂. Cal. 4-partitus. Cor. 4-petala. ♀. ut in ♂. Stigmata 2. Caps. 2-locularis.

c. *Flores incompleti.*

  a. *superi.*

LXXXVI. CAVANILLA. *Dioica.* ♂. *Cal.* 4-phyllus. *Cor.* o.
  ♀. *Stylus* radiatus. *Nux.*

LXXXIX. VISCUM. *Dioicum.* ♂. *Cal.* 4-partitus. *Cor.* o. *Fila-*
  menta o. *Antherae* calyci adnatae.
  ♀. *Cal.* 4-phyllus, superus. *Cor.* o. *Stylus* o. *Bacca*
  1 sperma. *Sem.* cordatum,
  β. *inferi.*

LXXXVIII. ALCHEMILLA. *Cal.* 8-fidus. *Cor* o. *Sem.* 1.

XC. PARIETARIA. *Polygama. Hermaphrod. Cal.* 4-fidus. *Cor.* o.
  Stam. 4 *Styl.* 1. *Sem.* superum, elongatum.
  ♀. *Cal.* 4-fidus. *Cor.* o. *Stam.* o. *Stylus* 1. *Sem.* 1,
  superum elongatum.

XCI. URTICA. *Monoica. Cal.* 4-phyllus. *Cor.* o. *Nectarium* centrale, cyathiforme.
  ♀. *Cal.* 2-valvis. *Cor.* o. *Sem* 1, nitidum.

XCII. BRABEJUM. *Polygama.* ♀. *Amenti* squama. *Cor.* 4-partita,
  superne revoluta. *Stam.* 4. *Pist.* 1, stigmatibus 2.
  Drupa subrotunda. *Semen* globosum.
  ♂ *Amenti* squamae 3-florae. *Cor.* 4-partita. *Stam.*
  4 fauci inserta. *Stylus* bifidus, abortiens.

DIGYNIA.

XCIV. ANTHOSPERMUM. *Polygama. Cal.* 4-partitus. *Cor.* o.
  Stam. 4. *Pist.* 2. *Germ.* inferum.
  ♀ et ♂ in eadem vel distincta planta.

XCIII. CUSCUTA. *Cal.* 4-5-fidus. *Cor.* 1-petala. *Caps.* 2-lo-
  cularis.

TRIGYNIA.

XCV. MYRICA. *Dioica.* ♂ *Amenti* squama lunata. *Cor.* o.
  ♀ ut in ♂. *Styli* 2(!) *Bacca* 1-spermà.

XCVI. BOSCIA. *Cal.* 4-dentatus. *Cor.* 4-petala. *Caps.* 4-locularis.

TETRAGYNIA.

XCVII. ILEX. *Cal.* 4-dentatus. *Cor.* rotata. *Stylus* o. *Bacca* 4-
  sperma.

XCVIII. POTAMOGETON. *Cal.* o. *Pet.* 4. *Stylus* o. *Sem.* 4.

CLASSIS V.

PENTANDRIA.

MONOGYNIA.

a. *Flores monopetali.*

  α. *inferi.*

    a. *monospermi.*

CVI. PLUMBAGO. *Cor.* infundibuliformis. *Stamina* squamis basin corollae claudentibus inserta. *Stigma* 5-fidum. *Sem.* 1, oblongum, tunicatum.

  b. *tetraspermi.* ASPERIFOLIAE.

CV. ECHIUM. *Cor.* irregularis, fauce nudâ.

XCIX. HELIOTROPIUM. *Cor.* hypocrateriformis, 5-fida, interjectis dentibus; fauce nudâ.

C. LITHOSPERMUM. *Cor.* infundibuliformis, fauce perforatâ, nudâ. *Cal.* 5-partitus.

CI. BORAGO. *Cor.* rotata: fauce radiis clausâ.

CII. CYNOGLOSSUM. *Cor.* infundibuliformis, fauce clausâ fornicibus. *Semina* depressa, interiore tantum latere stylo affixa.

CIII. ANCHUSA. *Cor.* infundibuliformis, fauce clausâ fornicibus. *Semina* basi insculpta.

CIV. MYOSOTIS. *Car.* hypocrateriformis, 5-fida, emarginata: fauce clausâ fornicibus.

  c. *angiospermi.*

CVIII. ANAGALLIS. *Cor.* rotata. *Caps.* circumscissa.

CVII. MENYANTHES. *Cor.* hirsuta. *Stigma* bifidum. *Caps.* 1-locularis.

CIX. RETZIA. *Cor.* cylindrica, extus villosa. *Stigma* bifidum. *Caps.* 2-locularis.

CX. CONVOLVULUS. *Cor.* campanulata, plicata. *Stigmata* 2. *Caps.* 2-locularis: loculis dispermis.

CXXII. DATURA. *Cor.* infundibuliformis, plicata. *Cal.* tubulosus, angulatus, plicatus. *Caps.* 4-valvis.

CXLIII CHIRONIA. *Cor.* rotata. *Pistillum* declinatum. *Stamina* tubo corollae insidentia. *Antherae* demum spirales. *Pericarpium* biloculare.

CXVII. LOBELIA. *Cal.* 5-fidus *Cor.* 1-petala, irregularis. *Antherae* cohaerentes. *Caps.* infera 2-3-locularis

CXVI. POLEMONIUM. *Cor.* 5-partita, fundo clauso valvis staminiferis. *Stigma* 3-fidum. *Caps.* 3-locularis, supera.

CXI. IPOMOEA. *Cor.* infundibuliformis. *Stigma* capitato-globosum. *Caps.* 3-locularis.

CXLI. Carissa. *Cor.* 1 -petala. *Stigma* bifidum. *Bacca* 2 -locularis. *Semina* solitaria.

CXXXII. Myrsine. *Cor.* semi-5-fida, connivens. *Germen* corollam replens. *Bacca* monosperma, nucleo 5-loculari.

CXXVIII. Cestrum. *Cor.* infundibuliformis. *Stamina* denticulo in medio. *Bacca* 1-locularis, polysperma.

CXXIII. Solanum. *Cor.* rotata. *Antherae* subcoalitae, apice poro gemino dehiscentes. *Bacca* 2-locularis.

CXXIV. Physalis. *Cor.* rotata. *Stamina* conniventia. *Bacca* intra calycem inflatum, 2-locularis.

CXXV. Atropa. *Cor.* campanulata. *Stamina* distantia. *Bacca* globosa, 2-locularis.

CXXVI. Lycium. *Cor.* tubulosa, fauce clausâ. *Filamentorum* barba. *Bacca* 2-locularis, polysperma.

β. *superi.*

CXV. Samolus. *Cor.* hypocrateriformis. *Stam.* munita squamulis corollae. *Caps.* 1-locularis, infera.

CXIII. Roella. *Cor.* infundibuliformis, fundo clauso valvulis staminiferis. *Stigma* bifidum. *Caps.* 2-locularis, cylindrica, infera.

CXIV. Trachelium. *Cor.* infundibuliformis. *Stigma* globosum. *Caps.* 3-locularis, infera.

CXII. Campanula. *Cor.* campanulata, fundo clauso valvis staminiferis. *Stigma* 3-fidum. *Caps.* infera, poris lateralibus dehiscens.

CXVIII. Scaevola. *Cor.* 1-petala, tubo longitudinaliter fisso. *Limbo* 5-fido laterali. *Drupa* infera, 1-sperma. *Nux* 2-locularis.

CXXVII. Serissa. *Cor.* infundibuliformis, fauce ciliatâ, laciniis limbi subtrilobis. *Bacca* infera, trisperma.

CXXI. Lonicera. *Cor.* 1-petala, irregularis. *Bacca* polysperma, 2-locularis, infera.

CXXXVI. Gardenia. *Antherae* sessiles medio sui in ore tubi corollae. *Stigma* clavatum. *Bacca* seminibus imbricatis.

b. *Flores pentapetali.*

a. *inferi.*

CXXXIV. Rhamnus. *Cal.* tubulosus. *Cor.* squamae stamina munientes, calyci insertae. *Bacca.*

CXXXIII. Ceanothus. *Petala* 5 saccata, fornicata. *Bacca* sicca, 3-locularis, 3-sperma.

CXLVII. Celastrus. *Cor.* 5-petala, patens. *Cap.* 3-angularis, 3-locularis. *Sem.* calyptrata.

CXLII. Vitis. *Petala* apice cohaerentia, emarcida. *Bacca* 5-sperma, supera.

CXXIX. Römeria. *Cal.* 5-phyllus. *Cor.* 5-petala. *Stigmata* 3.

CXLVIII. Diosma. *Caps.* monosperma. *Nectariam* germen coronans. *Semen* arillatum.

CXXXV. Calodendrum. *Cal.* 5-partitus. *Cor.* 5-petala. *Nectarium* 5 phyllum. *Caps.* 5-locularis.

CXX. Impatiens. *Cal* 2-phyllus. *Cor.* 5-petala, irregularis, nectario cucullato. *Caps.* supera, 5-valvis.

CXIX. Viola. *Cal.* 5-phyllus. *Cor.* 5-petala, irregularis, postice cornuta. *Antherae* cohaerentes. *Caps.* supera, 3-valvis, 1-locularis.

CXXXVIII. Brunia. *Flores* aggregati. *Filamenta* unguibus petalorum inserta. *Stigma* bifidum. *Semina* solitaria, bilocularia.

CXXX. Olinia. *Cal.* 5-dentatus. *Petala* 5, squamis totidem ad basin. *Stigma* subbifidum, pentagonum. *Drupa* in fundo calycis.

β. *superi.*

CXXXI. Plectronia. *Petala* 5, calycis fauci inserta. *Bacca* disperma, infera.

CXXXVII. Phylica. *Perianthium* 5-partitum, turbinatum. *Petala* o. *Squamae* 5, stamina munientes. *Caps.* tricocca, infera.

CXXXIX. Stavia. *Cor.* supera, 5-petala. *Stam.* calyci inserta. *Stylus* bifidus.

CXLVI. Strelitzia. *Cor.* 3-petala. *Nectarium* hastatum. *Caps.* 3-locularis.

ç. *Flores incompleti.*

α. *inferi.*

CXLIV. Achyranthes. *Cal.* 5-phyllus. *Cor.* o. *Stigma* 2-fidum. *Sem* solitaria.

CXLV. Amaranthus. ♂. *Cal.* 3-5-phyllus. *Cor* o. *Stam.* 3-5. ♀. *Cal. Cor.* ut in ♂. *Styli* 3! *Caps.* 1-locularis, circumcissa. *Sem.* 1.

β. *superi.*

CXL. Thesium. *Cal.* 1-phyllus, cui stamina inserta. *Nux* infera, 1-sperma.

DIGYNIA.

a. *Flores incompleti.*

CLXI. Chenopodium. *Cal.* 5-phyllus, 5-gonus. *Cor.* o. *Sem.* 1, lenticulare, superum.

CLX. Herniaria. *Cal* 5-partitus. *Cor.* o. *Stam.* 5 sterilia. *Caps.* monosperma.

CLIX. Salsola *Cal.* 5-phyllus. *Cor.* o. *Caps.* 1-sperma. *Sem.* cochleatum.

b. *Flores monopetali, omnes inferi.*

CXLIX CEROPEGIA. Contorta. *Folliculi* 2 erecti. *Semina* plumosa. *Corollae* limbus connivens.

CL. ECHITES. Contorta. *Folliculi* 2 longi, recti. *Semina* comâ instructa. *Cor.* infundibuliformis, fauce nudâ.

CLI. PERGULARIA. Contorta. *Nectarium* ambiens genitalia cuspidibus 5 sagittatis. *Cal.* hypocrateriformis.

CLVI. STAPELIA. Contorta. *Nectarium* duplici stellulâ tegente
genitalia.

CLIV. CYNANCHUM. Contorta. *Nectarium* cylindricum, 5-dentatum.

CLII. PERIPLOCA. Contorta. *Nectarium* ambiens genitalia, fila-
ménta 5 exserens.

CLV. APOCYNUM. Contorta. *Cor.* campanulata. *Filamenta* 5, cum
staminibus alterna.

CLIII. ASCLEPIAS. Contorta. *Nectaria* 5 ovata, concava, corniculum exserentia.

CLVII. GENTIANA. *Cor.* monopetala. *Caps.* 2-valvis, 1-locularis,
receptaculis 2, longitudinalibus.

c. *Flores pentapetali.*

a. *inferi.*

CLVIII. LINCONIA. *Petala* 5, foveolis nectarii basi insculpta.
Caps. seminifera, 2-locularis.

β. *superi.*

CLXII. VAHLIA. *Cal.* 5-phyllus. *Cor.* 5-petala. *Caps.* infera, 1-
locularis, polysperma.

UMBELLATAE.

a. *involucro universali partialique.*

CLXX. ARCTOPUS. *Polygama.* ♂. *Umbella composita. Involucra* 5-phylla. *Cor.* 5-petala. *Stam.* 5. *Pist.* 2 abortientia.

ANDROG. *Umbella simplex. Involucrum* 4, partitum,
spinosum, maximum, continens flosculos masculos in
disco plurimos, femineos 4 in radio.

♂. *Petala* 5. *Stam.* 5.
♀. *Petala.* 5. *Styli* 2. *Sem.* 1, 2-loculare, inferum.

CLXV. HERMAS. *Polygama.* ♀. *Umbella terminalis* involucro universali et partiali. *Umbellulae* radiis truncatis,
centrali florifero. *Pet.* 5. *Stam.* 5 sterilia. *Sem.* bina
suborbiculata. ♂. *Umbellae lateralis* involucro
universali partialique; umbellulae multiflorae. *Pet.* 5.
Stam. 5, fertilia.

CLXIII. CUSSONIA. *Cal.* 1-phyllus, subdentatus. *Cor.* 5-petala.
Involucrum. o. *Semina* bilocularia.

CLXVI. HYDROCOTYLE. *Umbella* simplex. *Involucrum* 4-phyllum. *Petala* integra. *Semina* semiorbiculato-compressa.

CLXVIII. SANICULA. *Umbellae* confertae, subcapitatae. *Fructus* scaber. *Flores* disci abortientes.

CLXIX. ASTRANTIA. *Involucra* partialia, lanceolata, patentia, aequalia, longiora, colorata. *Flores* plurimi, abortientes.

CLXVII. OENANTHE. *Flosculi* difformes, in disco sessiles, steriles. *Fructus* calyce et pistillo coronatus.

CLXXI. CAUCALIS. *Cor.* radiatae, disci masculae. *Petala* inflexo-emarginata. *Fructus* setis hispidus. *Involucra* integra.

CLXXII. LASERPITIUM. *Fructus* oblongus, angulis membranaceis. *Petala* inflexa, emarginata, patentia.

CLXXIII. PEUCEDANUM. *Fructus* ovatus, utrinque striatus, alā cinctus. *Involucra* brevissima.

CLXXIV. CONIUM *Involucella* dimidiata, subtriphylla. *Fructus* subglobosus, 5-striatus, utrinque crenatus.

CLXIV. BUPLEURUM. *Involucra* umbellulae majora, 5-phylla. *Petala* involuta. *Fructus* subrotundus, compressus, striatus.

CLXXX. SIUM. *Fructus* subovatus, striatus. *Involucrum* polyphyllum. *Petala* cordata.

CLXXV. BUBON. *Fructus* ovatus, striatus, villosus.

b. *involucris partialibus, universali nullo.*

CLXXVII. SESELI. *Umbellae* globosae. *Involucrum* foliolo uno alterove. *Fructus* ovatus, striatus.

CLXXVI. CHAEROPHYLLUM. *Involucrum* reflexum, concavum. *Petala* inflexo-cordata. *Fructus* oblongus laevis.

c. *involucro plane nullo.*

CLXXVIII. SMYRNIUM. *Fructus* oblongus, striatus. *Petala* acuminata, carinata.

CLXXXI. ANETHUM. *Fructus* subovatus, compressus, striatus. *Petala* involuta, integra.

CLXXIX. PIMPINELLA. *Fructus* ovato-oblongus. *Petala* infera. *Stigmata* subglobosa.

TRIGYNIA.

CLXXXV. CORRIGIOLA. *Cal.* 5-phyllus. *Pet.* 5. *Sem.* 1, triquetrum.

CLXXXII. RHUS. *Cal.* 5-partitus. *Pet.* 5. *Bacca* 1-sperma.

CLXXXIII. CASSINE. *Cal.* 3-partitus. *Pet.* 5. *Bacca* 3-sperma.

CLXXXVI. PHARNACEUM. *Cal.* 5-phyllus. *Cor.* o. *Caps.* 3-locularis, polysperma.

CLXXXIV. CLUTIA. Dioica, gynandra. ♂. *Cal.* 5-phyllus. *Cor.* 5-petala.
♀ *Cal.* et *Cor.* ut in ♂. *Styli* 3. *Caps.* 3-locularis. *Sem.* 1.

PENTAGYNIA.

CXC. CRASSULA. *Cal.* 5-phyllus. *Pet.* 5. *Squamae* 5 nectariferae ad basin germinis. *Caps.* 5.

CLXXXVIII. LINUM. *Cal.* 5 phyllus. *Pet.* 5. *Caps.* 5-valvis, 10-locularis. *Sem.* solitaria.

CLXXXIX. DROSERA. *Cal.* 5 fidus. *Pet.* 5. *Caps.* 1-locularis, apice 5 valvis. *Sem.* plurima.

CLXXXVII. STATICE. *Cal.* 1-phyllus, integer, plicatus, scariosus. *Pet.* 5. *Sem.* 1, superum.

CLASSIS VI.

HEXANDRIA.

MONOGYNIA.

a. *Flores calyculati: calyce corolláque instructi, absque spathis.*

CXCI. COMMELINA. *Cor.* 6-petala. *Nectaria* 3 cruciata, filamentis propriis inserta (s. *Antherae* steriles).

CXCII. FRANKENIA. *Cal.* 5-fidus, infundibuliformis. *Petala* 5. *Stigma* 6-partitum. *Caps.* 1 locularis, trivalvis.

CXCIII. LORANTHUS. *Germen* inferum. *Cal* o. *Cor.* 6-fida, revoluta. *Stam.* ad apices petalorum. *Bacca* 1-sperma.

b. *Flores spathacei s. glumacei.*

CXCV. HAEMANTHUS. *Involucrum* 6-phyllum, multiflorum. *Cor.* 6-partita, supera. *Bacca* trilocularis

CXCIV. STRUMARIA. *Cor.* supera, 6-petala. *Nectarium* intra stamina, plicatum.

CXCVI. CRINUM. *Cor.* infundibuliformis, monopetala, 6-partita.

CCI. MAUHLIA. *Cor.* infera, 6-partita; limbo aequali. *Capsula* trilocularis.

CXCIX. TULBAGIA. *Cor.* infundibuliformis, limbo 6-fido. *Nectarium* coronans faucem, 3-phyllum: foliolis bifidis, magnitudine limbi. *Caps.* supera.

CCXIII. ALLIUM. *Cor.* 6-partita, patens, *Spatha* multiflora. *Umbella* congesta. *Capsula* supera.

CC. MASSONIA *Cor.* 6-petala, nectario inserta. *Nectarium* inferum. *Caps.* trilocularis.

CXCVIII. HYPOXIS. *Cor.* 6-partita, persistens, supera. *Caps.* basi angustior. *Cal.* gluma bivalvis.

c. *Flores nudi.*

CCVIII. LANARIA. *Cor.* 6-partita, lanata. *Stigma* 3-fidum. *Capsula* 3-locularis.

VLIII CONSPECTUS GENERUM.

CXCVII. GETHYLLIS. *Cor.* 6-partita, tubo filiformi. *Germen* inferum. *Bacca* oblonga, polysperma.

CCIII. ALOE. *Cor.* erecta, ore patulo, fundo nectarifero. *Filamenta* receptaculo inserta.

CCII. VELTHEIMIA. *Cor.* tubulosa, 6-dentata. *Stam.* tubo inserta. *Caps.* membranacea, trialata, loculis monospermis.

CCXII. SANSEVIERA. *Cor.* 6-fida, laciniis erectis. *Germen* superum. *Bacca.*

CCIX. HYACINTHUS. *Cor.* campanulata: pori 3 melliferi germinis.

CCXI. ZUCCAGNIA. *Cor.* monopetala, 6-partita: laciniae exteriores tres longiores.

CCV. EUCOMIS. *Cor.* infera, 6-partita, persistens, patens. *Filamenta* basi in nectarium adnatum connata.

CCVII. ANTHERICUM. *Cor.* 6-petala, patens. *Capsula* ovata.

CCX. LACHENALIA. *Cor.* 6-partita: laciniis tribus exterioribus brevioribus. *Germen* superum. *Caps.* 3-locularis.

CCIV. ORNITHOGALUM. *Cor.* 6 petala, erecta, persistens, supra medium patens. *Filamenta* alterna, basi dilatata.

CCVI. ERIOSPERMUM. *Cor.* 6 petala, campanulata, persistens. *Filamenta* basi dilatata. *Caps.* 3-locularis. *Semina* lanâ involuta.

CCXIV. CYANELLA. *Cor.* 6-petala: petalis 3 inferioribus propendentibus. *Stamen* infimum declinatum, longius.

CCXVII. ASPARAGUS. *Cor.* 6-partita, erecta: petalis 3 interioribus apice reflexis. *Bacca* trilocularis, trisperma.

CCXVI. TULIPA. *Cor.* 6-petala, campanulata. *Stylus* nullus.

CCXV. ALBUCA. *Cor.* 6-petala: interioribus difformibus. *Stam.* 6, tribus sterilibus. *Stigma* cinctum cuspidibus tribus.

d. *Flores incompleti.*

CCXIX JUNCUS. *Cal.* 6-phyllus. *Cor.* o. *Caps.* 1-locularis.

CCXVIII. EHRHARTA. *Cal.* biglumis. *Cor.* duplex. *Nectarium* pateriforme.

TRIGYNIA.

CCXX. MELANTHIUM. *Cor.* 6-petala. *Filamenta* ex elongatis unguibus corollae.

CCXXI. TRIGLOCHIN. *Cal.* 3-phyllus. *Pet.* 3, conformia. *Stylus* o. *Caps.* basi dehiscens.

CCXXII. RUMEX. *Cal.* 3-phyllus. *Pet.* 3, conniventia. *Semen* 1, triquetrum.

CCXXIII. SMILAX. ♂ et ♀ *Cal.* 6-phyllus. *Cor.* o. ♀. *Styli* 3. *Bacca* 3-locularis. *Semina* 2.

CLASSIS VII.

HEPTANDRIA.

MONOGYNIA.

CCXXIV. LIMEUM. *Cal.* 5 phyllus. *Pet.* 5 aequalia. *Caps.* globosa, bilocularis.

CLASSIS VIII.

OCTANDRIA.

MONOGYNIA.

a. *Flores completi.*

CCXXVI. GRUBBIA. *Involucr.* bivalve, triflorum. *Cor.* 4-petala, supera. *Bacca* 1-locularis.

CCXXVIII. EPILOBIUM. *Cal.* 4-fidus. *Pet.* 4. *Caps.* oblonga, infera. *Sem.* papposa.

CCXXVII. OENOTHERA. *Cal.* 4-fidus. *Pet.* 4. *Caps.* cylindrica, infera. *Sem.* nuda.

CCXXVIII. ERICA. *Cal.* 4-phyllus. *Cor.* 4-fida. *Filamenta* recoptaculo inserta. *Antherae* bifidae. *Caps.* 4-locularis.

b. *Flores incompleti.*

CCXXX. GNIDIA. *Cal.* infundibuliformis, 4-fidus. *Pet.* 4, calyci inserta, parva. *Sem.* 1, subbaccatum.

CCXXIX. PASSERINA. *Cal.* o. *Cor.* 4-fida. *Stam.* tubo imposita. *Sem.* 1 corticatum.

CCXXXI. STRUTHIOLA. *Cor.* o. *Cal.* tubulosus: ore glandulis 8. *Bacca* exsucca, monosperma.

CCXXXII. DODONAEA. *Cal.* 4-phyllus. *Cor.* o. *Caps.* 3-locularis, inflata. *Sem.* bina.

DIGYNIA.

CCXXXIV. WEINMANNIA. *Cal.* 4-phyllus. *Cor.* 4-petala. *Caps.* bilocularis, birostris.

CCXXXIII. GALENIA. *Cal.* 4-fidus. *Cor.* o. *Caps.* subrotunda, 2-sperma.

TRIGYNIA.

CCXXXV. POLYGONUM. *Cor.* o. *Cal.* 5-partitus. *Sem.* 1 nudum.

CCXXXVI. FORSKOHLEA. *Cal.* 5-phyllus, corollà longior. *Petala* 10 spathulata. *Pericarp.* o. *Sem.* 5, lanà connexa.

CLASSIS IX.

ENNEANDRIA.

MONOGYNIA.

CCXXXVII. CASSYTA. *Cor.* calycina, 6-partita. *Nectarium* glandulis 3, truncatis, germen cingentibus. *Filamenta* interiora glandulifera. *Drupa* 1-sperma.

DIGYNIA.

CCXXXVIII. MERCURIALIS. *Dioica. Masc. Cal.* 3-partitus. *Cor.* o. *Stam.* 9. 's. 12. *Antherae* globosae, didymae. *Fem. Cal.* 3-partitus. *Cor.* o. *Styli* 2. *Caps.* dicocca, 2-locularis, 1-sperma.

CLASSIS X.

DECANDRIA.

MONOGYNIA.

a. *Flores polypetali irregulares.*

CCXXXIX. CASSIA. *Cal.* 5-phyllus. *Petala* 5. *Antherae* supernae. 3, steriles; infimae rostratae. *Legumen.*

b. *Flores polypetali aequales.*

CCXL. SCHOTIA. *Cal.* 5-fidus. *Pet.* 5, calyci inserta, lateribus invicem incumbentia, clausa. *Legumen* pedicellatum.

c. *Flores monopetali aequales.*

CCXLI. CODON. *Cor.* campanulata, 10-fida. *Cal.* 10-partitus. *Caps.* polysperma.

d. *Flores incompleti.*

CCXLII. AUGEA. *Cal.* 5-partitus. *Cor.* o. *Nectar.* 10-dentatum. *Caps.* 10-locularis.

DIGYNIA.

CCXLIII. TRIANTHEMA. *Cal.* sub apice mucronatus. *Cor.* o. *Stam.* 5-10. *Germen* retusum. *Caps.* circumscissa.

CCXLIV. ROYENA. *Cal.* urceolatus. *Cor.* 1-petala, limbo revoluta. *Caps.* 1-locularis, 4-valvis.

CCXLV. CUNONIA. *Cor.* 5-petala. *Cal.* 5-phyllus. *Caps.* bilocularis, acuminata, polysperma. *Styli* flore longiores.

CCXLVI. DIANTHUS. *Cal.* cylindricus, 1-phyllus: basi squamis 4. *Petala* 5 unguiculata. *Caps.* cylindrica, 1-locularis.

TRIGYNIA.

CCXLVII. Silene, *Cal.* ventricosus. *Pet.* 5 unguicalata, coronata
ad faucem. *Caps.* 3 - locularis.

CCXLVIII. Kiggelaria. *Dioica.* *Masc. Cal.* 5 - partitus. *Cor.* 5-
petala: glandulae 5 trilobae. *Antherae* apicibus perforatae. *Fem. Cal.* et *Cor.* maris. *Styli* 5. *Caps.* 1-
locularis, 5 - valvis, polysperma.

PENTAGYNIA.

CCL. Cotyledon. *Cal.* 5 - fidus. *Cor.* 1 petala. *Squamae* nectariferae 5, ad basin germinis. *Caps.* 5.

CCXLIIX. Bergia. *Cal.* 5 - partitus. *Pet.* 5. *Caps.* globosa, torulosa, 5 - locularis, 5 - valvis: valvulis petaloideis. *Sem.*
plurima.

CLASSIS XI.

DODECANDRIA.

MONOGYNIA.

CCLI. Portulaca. *Cal.* 2 - fidus. *Cor.* 5 - petala. *Caps.* 1 - locularis,
circumscissa, aut trivalvis.

CCLII. Lythrum. *Cal.* 12 - fidus. *Petala* 6, calyci inserta. *Caps.* 2-
locularis, polysperma.

DIGYNIA.

CCLIII. Euclea. *Dioica. Masc. Cal.* 5 - dentatus. *Cor.* 5 - petala. *Stam.* 15. *Fem. Cal.* et *Cor.* maris. *Germen* superum. *Styli* 2. *Bacca* bilocularis.

TRIGYNIA.

CCLV. Menispermum, *Dioica. Masc.* *Petala* 4 exteriora, 6 inte_
riora. *Stam.* 16. *Fem. Cor.* maris. *Stam.* 8 sterilia
Baccae binae, monospermae.

CCLIV. Reseda. *Cal.* 1 phyllus, partitus. *Petala* laciniata. *Caps.* ore
dehiscens, 1 - localaris.

CCLVI. Euphorbia. *Cor* 4 - 5 - petala, calyci insidens. *Cal.* 1 - phyllus,
ventricosus. *Caps.* tricocca.

TETRAGYNIA.

CCLVII, Aponogeton. *Cal.* amentum. *Cor.* o. *Capsulae* trispermae.

POLYGYNIA.

CCLVIII. Sempervivum. *Cal.* 12 - partitus. *Pet.* 12. *Caps.* 12, poly·
spermae.

d *

CLASSIS XII.

ICOSANDRIA.

MONOGYNIA.

CCLIX. Myrtus. *Cal.* 5-fidus, superus *Pet* 5. *Bacca* 2-3-sperma.

PENTAGYNIA.

CCLX. Tetragonia. *Cal.* 4-5-partitus. *Pet.* o. *Drupa* infera, 4-5-gona, 4-5-locularis.

CCLXII. Mesembryanthemum. *Cal.* 5-fidus. *Pet.* numerosa, linearia. *Caps.* carnosa, infera, polysperma.

CCLXI. Aizoon. *Cal.* 5-partitus. *Pet.* o. *Caps.* supera, 5-locularis, 5-valvis.

POLYGYNIA.

CCLXIII. Geum. *Cal.* 10-fidus. *Pet.* 5.- *Sem.* aristâ geniculatâ.

CLASSIS XIII.

POLYANDRIA.

MONOGYNIA.

a. *Flores hermaphroditi.*

CCLXVI. Papaver. *Cal.* diphyllus. *Cor.* 4-petala. *Caps.* 1-locularis, sub stigmate persistente poris dehiscens.

CCLXV. Capparis. *Cal.* 4-phyllus, coriaceus. *Pet.* 4. *Stam.* longa. *Bacca* corticosa, unilocularis, pedunculata.

CCLXIX. Sparrmannia. *Cal.* 4-phyllus. *Cor.* 4-petala, reflexa. *Nectaria* plura, torulosa. *Caps.* angulata, 5-locularis, echinata.

CCLXVII. Nymphaea. *Cal.* 4-5-phyllus.. *Cor.* polypetala. *Bacca* multilocularis, truncata.

CCLXX. Grewia. Gynandra. *Cal.* 5-phyllus. *Petala* 5, basi squamâ nectariferâ. *Bacca* 4-locularis.

b. *Flores polygami.*

CCLXVIII. Chrysitrix. *Hermaphrod.* *Gluma* bivalvis. *Cor.* e paleis numerosis, setaceis. *Stam.* multa, intra singulas paleas singula. *Pist.* 1. *Masc.* ut in *Hermaphrodito. Pist.* o.

CCLXXI. Mimosa. *Hermaphrod.* *Cal.* 5-dentatus. *Cor.* 5 fida. *Stam.* 5 seu plura. *Pist.* 1. *Legumen.* *Masc.* *Cal.* et *Cor.* *Hermaphroditi.* *Stam.* 5-10, plura.

c. *Flores dioici.*

CCLXIV. Zamia. *Masc.* Amentum strobiliforme, squamis subtus tectis polline. *Fem.* Amentum strobiliforme in utroque margine. *Drupa* solitaria.

DIGYNIA.

CCLXXII. Cliffortia. *Masc.* *Cal.* 3 -phyllus, superus. *Stam.* fere
30. *Fem.* *Cal.* ut in *Masc.* *Cor.* o. *Styli* 2. *Caps.*
bilocularis. *Sem.* 1.

TRIGYNIA.

CCLXXIII. Hypericum. Polyadelpha. *Cal.* 5-partitus. *Pet.* 5. *Fila-*
menta multa in 5 phalanges basi connata.

POLYGYNIA.

CCLXXIV. Calla. *Spatha* plana. *Spadix* tectus flosculis. *Cal.* o.
Pet. o   *Baccae* polyspermae.
CCLXXIX. Piper. *Cal.* o. *Cor.* o, *Bacca* monosperma.
CCLXXV. Atragene. *Cal.* 4-phyllus. *Pet.* 12. *Semina* caudata.
CCLXXVI. Clematis. *Cal.* o. *Pet.* 4. *Sem.* caudata.
CCLXXVIII. Ranunculus. *Cal.* 5-phyllus. *Pet.* 5, intra ungues poro
mellifero. *Sem.* nuda.
CCLXXVII. Adonis. *Cal.* 5-phyllus. *Petala* quinis plura, absque nec-
tario. *Sem.* nuda.

CLASSIS XIV.

DIDYNAMIA.

GYMNOSPERMIA.

a. *Calyces subquinquefidi.*

CCLXXX. Mentha. *Cor.* subaequalis, 4-fida, laciniâ latiore emarginatâ.
Stamina erecta, distantia.
CCLXXXI. Sideritis. *Stamina* intra tubum corollae. *Stigma* brevius
involvens alterum.
CCLXXXII. Teucrium. *Corollae* labium superius ultra basin 2-partitum,
divaricatum ubi stamina.
CCLXXXIII. Phlomis. *Cal.* angulatus. *Corollae* labium superius incum-
bens, compressum, villosum.
CCLXXXIV. Galeopsis. *Corollae* labium superius subcrenatum, forni-
catum; labium inferius supra bidentatum.
CCLXXXV. Stachys. *Corollae* labium superius fornicatum; labium in-
ferius lateralibus reflexum: laciniâ intermediâ majore emarginatâ. *Stamina* deflorata, versus latera reflexa.
CCXXXVII. Marrubium. *Cal.* hypocrateriformis, rigidus, 10.-striatus.
Corollae labium superius quadrifidum, lineare, rectum.
CCXXXVI. Verbena. *Cor* infundibuliformis, subaequalis, curva. *Caly-*
cis unico dente truncato. *Sem.* 2-seu 4, nuda. *Stam.* 2 4.

b. *Calyces bilabiati.*

CCLXXXVIII. PLECTRANTHUS. *Cor.* resupinata. *Nectariam* calcaratum. *Stamina* simplicia.

CCLXXXIX. OCIMUM. *Calyx* labio superiore orbiculato; inferiore quadrifido. *Corollae* resupinatae alterum labium 4 - fidum, alterum indivisum. *Filamenta* exteriora basi processum emittentia.

CCXC. SALVIA. *Cor.* inaequalis. *Filamenta* transverse pedicello affixa.

ANGIOSPERMIA.

a. *Calyces bifidi.*

CCXCI. OROBANCHE. *Cal.* 2 - fidus. *Cor.* ringens. *Capsula* 1 - locularis, 2 - valvis, polysperma. *Glandula* sub basi germinis.

CCCII. HEBENSTREITIA. *Cal.* 2 - emarginatus, subtus fissus. *Cor.* 1 - labiata: labio adscendente, 4 - fido. *Stamina* margini limbi corollae inserta. *Caps.* 2 - sperma.

CCXCIII. ACANTHUS. *Cal.* bifolius, bifidus. *Cor.* 1 - labiata, deflexa, 3 - fida. *Caps.* bilocularis.

CCXCII. ALECTRA. *Corolla* campanulata. *Filamenta* barbata. *Caps.* bilocularis.

b. *calyces trifidi.*

CCXCIV. HALLERIA. *Cal.* 3 - fidus. *Cor.* 4 - fida. *Filamenta* corollâ longiora. *Bacca* infera, 2 - locularis.

c. *calyces quadrifidi.*

CCXCVIII. SELAGO. *Cal.* 5 - fidus. *Cor.* tubus capillaris; limbus subaequalis. *Sem.* 1 - 2.

CCXCV. RHINANTHUS. *Cal.* 4 - fidus, ventricosus. *Caps.* 2 - locularis, obtusa, compressa.

CCXCVI. BARLERIA. *Cal.* 4 - partitus. *Stam.* 2 longe minora. *Caps.* 4 - angularis, 2 - valvis, elastica absque unguibus. *Sem.* 2.

CCXCVII. LANTANA. *Cal.* 5 - partitus. *Cor.* campanulata, 5 - fida: lobo infimo majore. *Rudimentum* filamenti 5 - ti. *Stigma* lanceolatum. *Caps.* 4 - locularis.

d. *calyces quinquefidi.*

CCCVI. LIMOSELLA. *Cal.* 5 - fidus. *Cor.* 5 - fida, aequalis. *Stam.* per paria approximata. *Caps.* 1 - locularis, 2 - valvis, polysperma.

CCCV. LINDERNIA. *Cal.* 5 - partitus. *Cor.* ringens, labio superiore brevissimo. *Stamina* 2 inferiora dente terminali antherâque sublaterali. *Caps.* 1 - locularis.

CCCIX. HEMIMERIS. *Cal.* 5 - partitus. *Cor.* rotata: lacinia una major, obcordata. *Fossula* laciniarum nectarifera.

CCCVII. SIBTHORPIA. *Cal.* 5 - partitus. *Cor.* 5 - partita, aequalis. *Stamina* paribus remotis. *Caps.* compressa.

CCCIV. RUELLIA. *Cal* 5 - partitus. *Cor.* subcampanulata. *Stamina* per paria approximata. *Caps.* dentibus elasticis.

CCCIII. Justicia. *Cor.* ringens. *Caps.* bilocularis, ungue elastice dissiliens. *Stamina* antherâ singulari.

CCXCIX. Buchnera. *Cal.* 5-dentatus obsolete. *Corollae* limbus 5-fidus,
aequalis: lobis cordatis. *Caps.* bilocularis.

CCCI. Erinus. *Cal.* 5-phyllus. *Cor.* limbus 5-fidus, aequalis, lobis
emarginatis, labio superiore brevissimo, reflexo. *Caps.* bi
locularis.

CCC. Manulea. *Cal.* 5-partitus. *Corollae* limbo 5-partito, subulato,
laciniis superioribus magis connexis. *Caps.* bilocularis, polysperma.

CCCVIII. Antirrhinum. *Cal.* 5-phyllus. *Corollae* basis deorsum prominens, nectarifera. *Caps.* 2-locularis.

CCCX. Gerardia. *Cal.* 5-fidus. *Cor.* bilabiata: labio inferiore tripartito.: lobis emarginatis: medio tripartito. *Caps.* bilocularis,
dehiscens.

e. *calyces multifidi.*

CCCXI. Hyobanche. *Cal.* 7-phyllus. *Cor.* ringens, labio inferiore
nullo. *Caps.* 2-locularis, polysperma.

CCCXII. Thunbergia. *Cal.* duplex; exterior diphyllus; interior multipartitus. *Caps.* globosa.; rostrata, bilocularis.

f. *Polypetali.*

CCCXIII. Melianthus. *Cal.* 5-phyllus: folio inferiore gibbo. *Petala* 4,
nectario infra infima. *Caps.* 4-locularis.

CLASSIS XV.

TETRADYNAMIA.

SILICULOSAE.

Siliculâ apice emarginatâ.

CCCXIV. Peltaria. *Silicula* integra., suborbiculata, compresso-
plana, non dehiscens.

CCCXV. Lepidium. *Silicula* emarginata, cordata, polysperma: valvulis carinatis, contrariis.

SILIQVOSAE.

a. *Calyx clausus foliolis longitudinaliter conniventibus.*

CCCXVI. Lunaria. *Silicula* integra, elliptica, compresso-plana,
pedicellata: valvis dissepimento aequalibus, parallelis,
planis. *Cal.* foliolis saccatis.

CCCXIX. Chamira. *Calyx* basi cornutus! *Glandula* extra stamina
breviora.

CCCXVII. Cheiranthus. *Germen* utrinque denticulo glandulato.
Cal. clausus: foliolis duobus basi gibbis. *Semina* plana.

b. *Calyx hians foliolis superne distantibus.*

CCXXI. CARDAMINE. *Siliqua*-elastice dissiliens valvulis revolutis. *Stigma* integrum. *Cal.* subhians.

CCXXII. CLEOME. *Glandulae* nectoriferae 3, ad singulum sinum calycis singulae, excepto infimo. *Petala* omnia adscendentia. *Siliqua* unilocularis, bivalvis.

CCCXX. SISYMBRIUM. *Siliqua* dehiscens valvulis rectiusculis. *Calyx* patens. Corolla patens.

CCCXVIII. HELIOPHILA. *Nectaria* 2 recurvata versus calycis basin vesicularum.

CLASSIS XVI.

MONADELPHIA.
TRIANDRIA.

CCCXXIII. HYDNORA. *Cal.* magnus, infundibuliformis, semitrifidus. *Pet.* 3, fauci tubi calycis inserta, illoque breviora.

CCCXXIV. PHYLLANTHUS. *Monoica. Masc. Cal.* 6-partitus, campanulatus. *Cor.* o. *Fem. Cal.* 6-partitus. *Cor.* o. *Styli* 3, bifidi. *Caps* 3-locularis. *Sem.* solitaria.

TETRANDRIA.

CCCXXV. THUIA. *Monoica. Masc. Cal.* amenti squama. *Cor.* o. *Stam.* 4. *Fem. Cal.* strobili: squama biflora. *Cor.* o. *Pist.* 1. *Nux* 1, cincta alà emarginatà.

CCCXXVI. CISSAMPELOS. *Dioica. Masc. Cal.* 4-phyllus. *Cor.* o. *Nectarium* rotatum. *Stam.* 4, filamentis connatis. *Fem. Cal.* monophyllus, ligulato-subrotundus. *Cor.* o. *Styli* 3. *Bacca* 1-sperma.

PENTANDRIA.

CCCXXVII. HERMANNIA. *Cor.* cucullata! *Caps.* 5-locularis.

OCTANDRIA.

CCCXXVIII. AITONIA. *Monogyna. Cal.* 4-partitus. *Cor.* 4-petala. *Bacca* sicca, 4-angularis, 1-locularis, polysperma.

DECANDRIA.

a. *Monogyna.*

CCCXXX. GERANIUM. *Monogyna. Stigmata* 5. *Fructus* rostratus, 5-coccus.

CCCXXXII. EHEBERGIA. *Nectarium* sertiforme, cingens germen. *Bacca* 5-sperma, seminibus oblongis.

CCCXXXIII. Tribulus. *Cal.* 5. partitus. *Pet.* 5, patentia. *Styl.*
o. *Caps.* 5, gibbae, spinosae, polyspermae.

CCXXXIV. Zygophyllum. *Cal.* 5-phyllus. *Petala* 5. *Nectarium*
decaphyllum, germen tegens. *Caps.* 5-locularis.

b. Pentagyna.

CCCXXIX. Grielum. *Cal.* 5-fidus. *Pet.* 5. *Filamenta* persistentia.
Pericarpia 5, monosperma.

CCCXXXI. Oxalis. *Cal.* 5-phyllus. *Pet.* unguibus connexa, *Caps.*
angulis dehiscens, 5-gona.

c. Monoicae.

CCCXXXV Acalypha. *Masc. Cal.* 3-4-phyllus. *Cor.* o. *Stam.* 8
16. *Fem. Cal.* 3-phyllus. *Cor.* o. *Styli* 3. *Caps.* 3-cocca,
3 locularis. *Sem.* 1.

CCCXXXVI. Croton. *Masc. Cal.* cylindricus, 5. dentatus. *Cor.*
5-petala. *Stam.* 10-15. *Fem. Cal* polyphyllus. *Cor.* o
Styli 3, bifidi. *Caps.* 3-locularis. *Sem.* 1.

d. Dioica.

CCCXXXVII. Taxus. *Masc. Cal.* 3-phyllus, gemmae. *Cor.* o. *Stam.*
multa. *Antherae* peltatae, 8-fidae. *Fem. Cal.* 3-phyl-
lus, gemmae. *Cor.* o. *Stylus* o. *Sem.* 1, calyculo baccato,
integerrimo.

POLYANDRIA.

CCCXXXVIII. Sida. *Cal.* simplex, angulatus. *Stylus* multipartitus.
Caps. plures, 1-spermae.

CCCXL. Malva. *Cal.* duplex: exterior triphyllus. *Arilli* plurimi,
monospermi.

CCCXXIX. Hibiscus. *Cal.* duplex: exterior polyphyllus. *Caps.*
5-locularis, polysperma.

CLASSIS XVII.

DIADELPHIA.

HEXANDRIA.

CCCXLI. Fumaria. *Cal.* diphyllus. *Cor.* ringens. *Filamenta*
membranacea, singula *Antheris* 3.

OCTANDRIA.

CCCXLII. Polygala. *Cal.* 5-phyllus: foliolis 2 alaeformibus, coloratis. *Legumen* obcordatum, biloculare.

DECANDRIA.

a. Stamina omnia connexa.

CCCXLIII. Erytrhina. *Cal.* bilobatus: 1/1. *Cor.* vexillum longissimum, lanceolatum.

CCCXLVII. Lebeckia. *Cal.* 5-partitus, laciniis acutis, sinubus rotundatis. *Legumen* cylindricum, polyspermum.

CCCXLVIII. Rafnia. *Cal.* ringens, labio superiore bifido, inferiore divaricato trifido, dente medio angustiori. *Legumen* lanceolatum, compressum.

CCCLV. Lupinus. *Cal.* bilabiatus. *Antherae* 5 oblongae, 5 subrotundae. *Legumen* coriaceum.

CCCXLIV. Wiborgia. *Cal.* 5-dentatus, sinubus rotundatis. *Legumen* turgidum, falcatum, acutum.

CCCLII. Sarcophyllus. *Cal.* campanulatus, 5-partitus, regularis. *Legumen* acinaciforme, acutum.

CCCXLV. Borbonia. *Stigma* emarginatum. *Cal.* acuminato-spinosus. *Legumen* mucronatum.

CCCXLVI. Oedmannia. *Cal.* bilabiatus: labium superius bifidum, inferius setaceum.

CCCLIII. Aspalathus. *Cal.* 5-fidus: lacinià superiore majore. *Legumen* ovatum, muticum, subdispermum.

CCCLIV. Ononis. *Cal.* 5-partitus; laciniis linearibus. *Vexillum* striatum. *Legumen* turgidum, sessile. *Filamenta* connata, absque fissurà.

CCCLI. Crotalaria. *Legumen* turgidum, inflatum, pedicellatum. *Filamenta* connata cum fissurà dorsali.

CCCL. Hypocalyptus. *Cal.* apice ante explicationem auctus calyptrà calyciformi, caducà. *Legumen* compressum, stylo longo persistente.

b. Stigma pubescens.

CCCLXIV. Colutea. *Cal.* 5-fidus. *Legumen* inflatum, basi superiore dehiscens.

CCCLVI. Phaseolus. *Carina* cum staminibus styloque spiraliter tortis.

CCCLVII. Dolichos. *Vexilli* basis callis 2, parallelis, oblongis, alas subtus comprimentibus.

CCCLXV. Lathyrus. *Stylus* planus, supra villosus, superne latior. *Cal.* laciniae superiores 2 breviores.

CCCLXVI. Vicia. *Stigma* latere inferiore transverse barbatum.

Legumina submonosperma (nec priorum).

CCCLXVII. Psoralea. *Cal.* punctis callosis adspersus, longitudine *Leguminis* 1-spermi.

CCCLXVIII. Melilotus. *Cal.* tubulosus, 5 dentatus. *Cor.* decidua. *Carina* adpressa. *Legumen* oligospermum, dehiscens, calyce longius.

CCCLXIX. Trifolium. *Cal.* tubulosus, 5-dentatus. *Cor.* persistens. *Carina* adpressa. *Legumen* oligospermum, evalve, calyce tectum.

CCCLX. Hallia. *Cal.* 5-partitus, regularis. *Legumen* monospermum, bivalve.

d. *Lomentum in articulos secedens.*

CCCLXI. Hedysarum. *Cor.* carina transverse obtusa. *Legumen* articulis monospermis.

CCCLIX. Coronilla. *Cal.* 2-labiatus, 2/3: dentibus superioribus connatis. *Vexillum* vix alis longius. *Legumen* isthmis interceptum.

e. *Legumen uniloculare polyspermum (nec priorvm).*

CCCLXX. Trigonella. *Vexillum* et *Alae* subaequales, patentes, formâ corollae 3-petalae.

CCCLVIII. Glycine. *Cal.* bilabiatus. *Cor.* carina apice vexillum reflectens.

CCCLXII. Indigofera. *Cal.* patens. *Cor.* carina utrinque calcari subulato, patulo! *Legumen* lineare.

CCCXLIX. Liparia. *Cal.* 5-fidus: lacinia infima elongata. *Cor.* alae inferius bilobae. *Staminis* majoris dentes 3 breviores. *Legumen* ovatum.

CCCLXIII. Galega. *Cal.* dentibus subaequalibus, subulatis. *Legumen* striis obliquis, seminibus interjectis.

CCCLXXII. Medicago. *Legumen* compressum, cochleatum. *Carina* corollae a vexillo deflectens.

CLASSIS XVIII.

SYNGENESIA.

AEQUALIS. (HERMAPHRODITA Thunb.)

a. *Semiflosculosi.*

CCCLXXX. Scorzonera. *Receptaculum* nudum. *Pappus* plumosus. *Cal.* imbricatus: squamis margine scariosis.

CCCLXXIV. Crepis. *Recept.* nudum. *Cal.* calyculatus: exterior deciduus. *Pappus* plumosus, stipitatus.

CCCLXXV. Lactuca. *Recept.* nudum. *Cal.* imbricatus, cylindricus, margine membranaceo. *Pappus* capillaris, stipitatus. *Sem.* laevia.

CCCXXXVI. SONCHUS. *Recept.* nudum. *Cal.* imbricatus, ventricosus. *Pappus* capillaris.

CCCLXXIII. HYOSERIS. *Recept.* nudum. *Cal.* subaequalis. *Pappus* sessilis, paleaceo-aristatus, capillari cinctus, aut ejus loco calyculus, capillarem pappum includens.

CCCLXXVII. ROHRIA. *Recept.* favosum. *Cal.* polyphyllus, imbricatus: foliola interiora longiora. *Pappus* polyphyllus: foliola linearia, inaequalia, cuspidata, ciliata, corollá breviora °).

b. Capitati.

CCCLXXXVI. PTERONIA. *Recept.* paleis multipartitis. *Pappus* subplumosus. *Cal.* imbricatus.

CCCLXXVIII. STOBAEA. *Recept* hispidum, favosum. *Pappus* paleaceus. *Cor.* flosculosa. *Cal.* imbricatus, squamis dentato-spinosis.

CCCLXXIX. CYNARA. *Cal.* ventricosus, imbricatus: squamis carnosis, emarginatis, cum acumine.

c. Discoidei.

CCCLXXXV. STAEHELINA. *Recept.* brevissime paleaceum. *Pappus* ramosus. *Antherae* caudatae.

CCCLXXXVII. ATHANASIA. *Recept.* paleaceum. *Pappus* paleaceus, brevissimus. *Cal.* imbricatus.

CCCLXXXIX. TARCHONANTHUS. *Recept.* pilosum. *Pappus* pilosus. *Cal.* 1-phyllus, semiseptemfidus, turbinatus.

CCCLXXXIV. EUPATORIUM. *Recept.* nudum. *Pappus* plumosus. *Cal.* imbricatus, oblongus: *Stylus* semibifidus, longus.

CCCLXXXIII. CHRYSOCOMA. *Recept.* nudum. *Pappus* capillaris, sessilis. *Cal.* hemisphaericus, imbricatus. *Stylus* vix flosculis longior.

CCCLXXII. CACALIA. *Recept.* nudum. *Pappus* capillaris, longissimus. *Cal.* cylindricus, oblongus, basi tantum subcalyculatus.

CCCLXXXVIII. PENTZIA. *Recept.* nudum. *Pappus* margo membranaceus, lacerus. *Cal.* imbricatus, hemisphaericus.

CCCLXXXI. ETHULIA. *Recept.* nudum. *Pappus* o.

°) Div. *Willdenow* ROHRIAM hanc eum *Schrebero* BERCKHEYAM dixit, et *Syngenesiae frustraneae* inseruit sequente charactere: *Recept.* paleaceum. *Sem.* pilosa. *Pappus* paleaceus. *Cal.* imbricatus. *Cor.* radii hermaphroditae, staminibus castratis.

CONSPECTUS GENERUM. LXI

SUPERFLUA.

a. Discoidei.

CCCXCII. ARTEMISIA. *Recept.* subvillosum vel nudiusculum. *Pappus* o. *Cal.* imbricatus: squamis rotundatis, conniventibus. *Cor.* radii o.

CCCXCI. TANACETUM. *Recept.* nudum. *Pappus* o. *Cal.* imbricatus, hemisphaericus. *Cor.* radii trifidae, lineari-ligulatae, interdum o.

CCCCXII. COTULA. *Recept.* subnudum. *Pappus* marginatus. *Corollulae* disci 4-fidae, radii fere nullae.

CCCXCVIII. BACCHARIS. *Recept.* nudum. *Pappus* capillaris. *Cal.* imbricatus, cylindricus. *Flosculi* feminei hermaphroditis immisti.

CCCXCVI. CONYZA. *Recept.* nudum. *Pappus* capillaris. *Cal.* imbricatus, subrotundus. *Cor.* radii trifidae.

CCCXCIII. GNAPHALIUM. *Recept.* nudum. *Pappus* plumosus vel capillaris. *Cal.* imbricatus: squamis marginalibus, rotundatis, scariosis, coloratis.

CCCXCIV. ELICHRYSUM. *Recept.* nudum. *Pappus* pilosus vel plumosus. *Cal.* imbricatus, radiatus, radio colorato.

b. Semiflosculosi, subbilabiati.

CCCXCV. DENEKIA. *Recept.* nudum. *Pappus* nullus. *Cal.* imbricatus. *Cor.* radii bilabiatae.

CCCCVI. PERDICIUM. *Recept.* nudum. *Pappus* capillaris, sessilis. *Corollulae* bilabiatae.

c. Radiati.

CCCCX. MATRICARIA. *Recept.* nudum. *Pappus* o. *Cal.* hemisphaericus, imbricatus: squamis marginalibus solidis, acutiusculis.

CCCCXI. LIDBECKIA. *Recept.* nudum. *Pappus* o. *Sem.* angulata, articulo styli infimo persistente. *Cor.* radii plurimae. *Cal.* multipartitus.

CCCCIX. CHRYSANTHEMUM. *Recept.* nudum. *Pappus* marginatus. *Cal.* hemisphaericus, imbricatus: squamis marginalibus membranaceis.

CCCC. ARNICA. *Recept.* nudum. *Pappus* capillaris. *Corollulae* radii filamentis 5 sine antheris.

CCCXCIX. INULA. *Recept.* nudum. *Pappus* capillaris. *Antherae* basi in setas 2 desinentes.

CCXCVII. ERIGERON. *Recept.* nudum. *Pappus* capillaris. *Cor.* radii lineares, angustissimae.

CCCCI. CINERARIA. *Recept.* nudum. *Pappus* capillaris. *Cal.* simplex, polyphyllus, aequalis. (Flores radiati.)

LXII CONSPECTUS GENERUM.

CCCCII. DORIA. Character generis CINERARIAE. (Flores flosculosi.)

CCCCIV. SENECIO. *Recept.* nudum. *Pappus* capillaris longus. *Cal.* conicus, calyculatus: squamis apice sphacelatis. (Flores flosculosi).

CCCCIII. JACOBAEA. Character generis SENECIONIS. Flores radiati.

CCCCV. ASTER. *Recept.* nudum. *Pappus* capillaris. *Corollae* radii plures, quam 10. *Cal.* imbricati squamae inferiores patulae.

GCCCVII. LEYSERA. *Recept.* subpaleaceum. *Pappus* paleaceus: disci etiam plumosus. *Cal.* scariosus.

CCCXC. RELHANIA. *Recept.* paleaceum. *Pappus* membranaceus, cylindricus, brevis. *Cal.* imbricatus, scariosus. *Cor.* radii plurimae.

CCCCXIII. AMELLUS. *Recept.* paleaceum. *Pappus* capillaris. *Cal.* imbricatus. *Corollulae* radii indivisae.

CCCCVIII. ROSENIA. *Recept.* paleaceum. *Pappus* capillari-paleaceus. *Cal.* imbricatus, scariosus:

FRVSTRANEA.

CCCCXIV. GORTERIA. *Recept.* nudum. *Pappus* simplex. *Cor:* radii ligulatae. *Cal.* imbricatus: squamis spinosis.

CCCCXV. LAPEIROUSIA. *Recept.* nudum, papilloso-scabrum. *Pappus* o, nisi margo tenuis. *Corollae* discoideae.

CCCCXVI. OSMITES. *Recept.* paleaceum. *Pappus* obsoletus. *Cor.* radii ligulatae. *Cal.* imbricatus, scariosus.

NECESSARIA.

CCCCXVII. CHORISTEA. *Recept.* setosum. *Pappus* paleaceus, polyphyllus. *Cal.* duplex, exterior subtriphyllus, interior polyphyllus. *)

CCCXXI. OTHONNA. *Recept.* nudum. *Pappus* subnullus. *Cal.* 1-phyllus, multifidus, subcylindricus.

CCCCXXII. HIPPIA. *Recept.* nudum. *Pappus* o. Semina marginibus latissimis. *Cal.* hemisphaericus, subimbricatus. *Corollulae* radii 10, obsoletae, subtrifidae.

CCCCXX. OSTEOSPERMUM. *Recept.* nudum. *Pappus* o. *Cal.* polyphyllus. *Drupae* subglobosae, coloratae, tandem osseae, congregatae, 1-loculares.

CCCCXVIII. CALENDULA. *Recept.* nudum. *Pappus* o. *Cal.* polyphyllus, subaequalis. *Sem.* disci ut plurimum membranacea.

*) Hanc divus *Willdenow* sub DIDELTA in FRUSTRANEA.

CCCCXIX. Arctotis. *Recept.* villosum vel paleaceum. *Pappus co-rona* subpentaphylla. *Cal.* imbricatus: squamis intimis apice scariosis.

CCCCXXIII. Eriocephalus. *Recept.* subvillosum. *Pappus* o. *Cal.* 10-phyllus, aequalis. *Radii* flosculis 5.

SEGREGATA.

CCCCXXVI. Stoebe. *Calyculus* 1-florus. *Corollae* tubulosae, hermaphroditae. *Recept.* nudum. *Pappus* plumosus.

CCCCXXIV. Oedera. *Calyces* multiflori. *Corollulae* tubulosae, hermaphroditae: una alterave feminea ligulata. *Recept.* paleaceum. *Pappus* paleis pluribus.

CCCCXXV. Sphaeranthus. *Calyces* multiflori. *Coroll.* tubulosae, hermaphroditae et obsolete femineae. *Recept.* squamosum. *Pappus* o.

CCCCXXVII. Corymbium. *Cal.* diphyllus, uniflorus, prismaticus. *Cor.* 1-petala, regularis. *Sem.* 1 infra corollulam, lanatum.

CLASSIS XIX.

CRYPTOGAMIA.

FILICES.

a. **Fructificationes spicatae:**

CCCCXXVIII. Equisetum. *Clava* ovato-oblonga, multivalvis: *Fructificationes* peltatae, intus dehiscentes.

CCCCXXIX. Onoclea. *Spica* disticha: *Fructificationibus* 3-5-valvibus.

CCCCXXX. Ophioglossum. *Spica* disticha, articulata: articulis transversim dehiscentibus, subglobosis.

CCCCXXXI. Osmunda. *Spicae* ramosae: *Fructificationibus* subglobosis, sessilibus, transverse dehiscentibus.

b. **Fructificationes frondosae in pagina inferiori:**

CCCCXXXII. Acrostichum. *Fructificationes* discum totum frondis inferius tegentes.

CCCCXXXVIII. Polypodium. *Fructificationes* per inferiorem frondis partem in globulos dispositae.

CCCCXXXVII. Asplenium. *Fructificationes* in lineas rectas subparallelas in pagina inferiori frondis congestae.

CCCCXXXV. Blechnum. *Fructificationes* in lineis 2 costae frondis approximatis, parallelis.

CCCCXXXIV. Schizaea. *Spicae* unilaterales, flabellatim aggregatae. *Capsulae* subturbinatae, sessiles, vertice radiatim striatae, poro oblongo latere hiantes. *Indusium* continuum e margine inflexo spicae formatum.

CCCCXXXIII. Pteris. *Fructificationes* in lineam digestae subtus cingentem frondis marginem.

CCCCXXXIX. Adiantum. *Fructificationes* in maculis ovatis, terminalibus, sub replicato frondis margine.

CCCCXLII. Trichomanes. *Fructificationes* solitariae, turbinatae, stilo setaceo terminatae, margini frondis ipsi insertae.

CCCCXXXVI. Caenopteris. *Fructificationes* in lineolis submarginalibus lateralibus membranâ exterius dehiscente tectis.

CCCCXL. Gleichenia. *Sori* subrotundi e capsulis 3 ♀. 4 stellatim positis, immersis compositi. *Capsulae* longitudinaliter hiantes. *Indusium* nullum.

CCCCXLI. Hymenophyllum. *Sorus* marginalis *receptaculo* cylindraceo insertus. *Indusium* bivalve, sorum includens.

MUSCI.

CCCCXLIII. Sphagnum. *Flos* masculus? clavatus: antheris planis. *Capsulae* in eadem planta operculatae, sessiles sine calyptra integra: ore laevi.

CCCCXLIX. Bryum. *Gemmae* saepe axillares, nunc in alia, nunc in eadem planta cum *capsulis* calyptrâ munitis, pedunculo terminali ex tuberculo exeunti insidentibus.

CCCCXLV. Funaria. *Gemmae capsulae*que in eadem planta. *Peristoma* internum ciliis 16 membranaceis, planis.

CCCCXLVI. Dicranum. *Gemmae capsulae*que in diversa planta: illis capitatis, harum peristomate simplici: peristomatis dentibus 16.

CCCCXLVII. Trichostomum. *Gemmae* in eadem planta cum capsulis sparsae: *peristoma* 16-dentatum, simplex.

CCCCXLVIII. Tortula. *Gemmae* in eadem planta cum capsulis; *peristoma* 16 dentatum, praeter dentes ciliis spiraliter convolutis munito.

CCCCL. Neckera. *Gemmae capsulaeque* in diversa planta. *Peristomatis* interni cilia apice libera.

CCCCLI. Hypnum. *Gemmae* in alia ut plurimum planta. *Capsula* pedunculo laterali ex perichaetio prodeunti insidentes; *peristomate exteriori* 16-dentato.

CCCCXLIV. Jungermannia. *Scyphuli* vesiculiferi *squamulae* gemmiferae laterales, aut *capitula* pulverulenta. *Capsula* pedunculata, nuda, 4-valvis: seminibus subrotundis.

ALGAE.

CCCCLIII. Marchantia. *Capsula* sessilis, campanulata. *Gemma* peltata, pedunculata.

CCCCLII. Targionia. *Cal.* bivalvis, compressus, fovens in fundo capsulam subglobosam, polyspermam.

CCCCLIV. Lichen. *Gemmae* vel pulverem subtilissimum inorganicum referentes, vel receptaculis elevatis nitidis farinae crustae frondisve immixtis contentae.

CCCCLV. Ulva. *Gemmae* vel *Gongyli* rotundi in membrana diaphana.

CCCCLVII. Fucus. *Globuli* carpomorphi vel semina graniformia sub punctis perforatis latentia.

CCCCLVI. Conferva. *Fibrae* simplices aut ramosae, intra quas *gemmae* globulosae.

AGARICI.

CCCCLVIII. Agaricus. *Fungus* subtus lamellosus.

CCCCLIX. Merulius. *Fungus* subtus venosus.

CCCCLX. Boletus. *Fungus* subtus porosus.

CCCCLXI. Cyathus. *Fungus* campanulatus, cylindricusve, capsulas lentiformes intus gerens.

CCCCLXII. Peziza. *Fungus* saepe concavus, sine capsulis aut seminibus nudo oculo conspicuis.

CCCCLXIII. Clavaria. *Fungus* elongatus, subsolidus, in superficie omni fructificans.

Flora Capensis. e

CCCCLXIV LYCOPERDON. *Fungus*: Fila seminifera cum thecae parietibus internis connexa.

CCCCLXV. SPHAERIA *Fangus:* Thecae subrotundae seminibus nudis gelatinosis repletae.

CCCCLXVI. MUCOR. *Fangus* fugax: capitula rorida primum diaphana, demum opaca, stipitibus simplicibus· ramosisve affixa.

FLORA CAPENSIS.

Classis I.

MONANDRIA.

MONOGYNIA.

I. SALICORNIA.

Cal. ventriculosus, integer. Petala o. *Sem.* 1.

1. **S.** (*fruticosa*) fruticosa, erecta, articulis subaequalibus, obtusis, approximatis. *Prodr. Plant. Cap.* p. 1. SALICORNIA *fruticosa. Linn.* Spec. Plant. p. 5. Syst. nat. ed. **XV.** p. 52. *Will'd.* Tom. 1. Part. 1. p. 24.

Hollandis Caput bonae spei incolentibus: Zee korall. *Crescit ad littora urbis Cap, praesertim ad Zoutrivier. Floret Martio.*
Caulis fruticosus, tripedalis, totus glaber. *Rami* et ramuli oppositi, inferne teretes, superne tetragoni, erecti, adultiores reflexi, articulati: articuli, compressi, sensim superne dilatati, lineam longi, semilineam lati: *Perianthium* 1-phyllum, 4-fidum. *Corolla* nulla. *Filamentum* unicum, filiforme, erectum, breve, viride. *Anthera* tetragona, quadrisulca, obtusa, erecta, flava, calyce duplo longior. *Stylus* sub anthera, albus, plumosus, longitudine antherae. *Stigma* simplex, acutum.

Obs. Quidam flores feminei videbantur versus apicem caulis, et quaedam antherae absque pistillo, adeoque planta monoica. *Usus:* Ramuli foliosi, carnosi, cum aceto et oleo olivarum, instar Lactucae, saepe comeduntur, etiam ut antiscorbuticum remedium, suntque salsi, non tamen ingrati saporis.

II. DAHLIA.

Cal. squama. Cor. 1-*phylla. Caps.* 1-*locularis. Nov. Plant. Genera ed. Götting.* Vol. 1. p. 108.

1. **D.** (*crinita.*) *Prodr. Capens.* p. 1. Act. Societ. Hist. Natur. Hafniens. Tom. 2. Vol. 1. p. 133. Tab. 4.

Crescit in Sylvis Houtniquas. Floret Novembri et insequentibus mensibus. Frutex exiguus, ramulosus. Rami alterni, tere-

tes, inferne glabri, apice tomentosi. *Ramuli* ferrugineo-tomentosi a villo denso, longiori. *Folia* opposita, petiolata, ovata, acuminata, integra, parallele-nervosa, glabra, supra viridia, subtus pallidiora, pollicaria et ultra. *Petioli* tomentosi, ferruginei, vix unguiculares. *Flores* dioici, in ramulis terminales, capitati, in receptaculo communi aggregati.

III. P H E L Y P A E A.

Cal. o. *Cor.* 6 - *partita. Pist.* 1. *Nova Plant. Gener.* ed. *Götting.* 1799. 8°. Vol. 1. p. 91.

1. P. (*sanguinea.*) Prodrom. Plantar. Capens. p. 1.

Africanis: *A a r d r o o s.* *Crescit in campis demersis sabulosis inter Urbem Cap. et seriem montium, sub fruticibus parasitica. Floret Julio, Augusto, Septembri, Octobri.*

Caulis simplex, totus tectus ▪quamis imbricatis, erectus, sensim parum incrassatus, pollicaris usque digitalis. *Folia* nulla, sed potius squamae oblongae, obtusissimae, glabrae; intus concavae, extus convexae; sparsae, adpressae, floribus quoque instar bractearum interspersae, pollicares, inferiores sensim minores; omnes praesertim apice incarnatae. *Flores* solitarii vel saepius aggregati, carnosi, sanguinei, masculini et feminei distincti in distincto individuo. *Bracteae* binae, suboppositae, obtusae, concavae, sanguineae, glabrae, capsulae insertae, corollà breviores, unguiculares.

Classis II.

DIANDRIA.

MONOGYNIA.

IV. OLEA.

Cor. 4-*fida: laciniis subovatis.* *Drupa monosperma.*

1. O. (*europaea.*) foliis lanceolatis; paniculâ trichotomâ. *Prodr. Cap.* p. 2. OLEA *europaea.* *Linn.* Spec. Plant. p. 11. *Willd.* T. 1. P. 1. p. 44. Syst. Veg. XIV. p. 57. PHIL-LYREA foliis longis subtus flavis, fructu deciduo. *Burman.* *Dec. Afr.* p. 237. tab. 83. f. 2.

Africanis Belgis: Wilde Olyven. Crescit prope urbem *Cap* in collibus, ad *Drakenstein* alibique, in fossis lateris occidentalis montis tabularis vulgaris. *Floret Julio.* Fructum maturum inveni mense *Aprili, Majo.*

Arbor excelsa; *rami* et *ramuli* teretes, superne subtetragoni, punctis elevatis scabri, glabri, cinerei, erecti. *Folia* decussata, petiolata, obtusa cum acumine, integra, frequentia, erecta; supra viridia, sulco longitudinali; subtus cinerea, nervo crasso; internodiis longiora, bipollicaria. *Petioli* supra plani sulco longitudinali, subtus convexi, lateribus subdecurrentes, semiunguiculares. *Flores* ex axillis foliorum paniculati. *Panicula* ternato-supradecomposita, pedunculis oppositis tetragonis. *Bracteae* oppositae, deciduae, pedicellis breviores. *Perianthium* 1-phyllum, 4-dentatum, glabrum, corollâ brevius: *dentes* acuti, erecti, breves. *Corolla* 1-petala, rotata, alba. *Limbus* 4-partitus, patens: *laciniae* ovatae, concavae, obtusae. *Filamenta* duo, ori tubi inserta, alba, brevissima. *Antherae* majusculae, ovatae, intus planae, extus convexae, didymae. *Germen* superum, glabrum. *Stylus* brevissimus, fere nullus. *Stigma* parum incrassatum, subbifidum. *Drupa* vix carnosa, magnitudine pisi. *Usus:* fructus diarrhoeis sistendis adbibetur.

2. O. (*capensis.*) foliis ovatis, integris; paniculâ terminali, trichotomâ, decompositâ. *Prodr. Cap.* p 2. OLEA *capensis.* *Linn.* spec. Plant. p. 11. Syst. Veg. XIV. p. 57. *Willd.* T. 1. P. 1. p. 45. *Berg.* Plant. Capens. p. 1.

Africam incolentibus Hollandis: Buckuhout et Witte Bucku. Crescit in sylvis ad *Paradys, Houtniquas* et alibi. *Floret Januario, Februario*

1 *

4 DIANDRIA. MONOGYNIA. V. Jasminum.

Arbor excelsa, crassa. *Rami* et *ramuli* tetragoni, pun
ctis elevatis scabri, cinerascenti virides. *Folia* opposita,
petiolata, acuta, crassa, sempervirentia, erecta; supra subrugosa, viridia, nervosa; subtus laevia, enervia, pallide viridia; utrinque glabra, longitudine internodiorum, pollicaria
et ultra. *Petioli* crassiusculi, semiteretes, lateribus subdecurrentes, brevissimi. *Flores* in ramulis terminales, paniculati,
parvi. *Panicula* ternato supradecompo ita, patula. *Pedunculi* communes tetragoni, oppositi, glabri, foliis breviores; proprii brevissimi, bracteati. *Bracteae* subulatae, minimae, calyce breviores. *Perianthium* 1 phyllum, brevissimum,
4dentatum: dentes acuti, erecti *Corolla* 1 petala, infera, alba.
Tubus brevissimus, ut fere nullus. *Limbus* 4 partitus: laciniae
ovatae, obtusae, calyce duplo longiores, patentes. *Filamenta*
duo, opposita, subulata, corollâ breviora. *Antherae* cordatae,
majusculae, flavae, didymae, incumbentes, sulcatae. *Germen*
superum. *Stylus* subulatus, cylindricus vel subtetragonus, corollâ brevior. *Stigma* simplex, obtusum, flavum vel fuscum.
Drupa subrugosa, glabra, calyce persistente cincta, magnitudine pisi. *Usus:* Lignum album, ponderosum pro sellis fabricandis rusticis Africanis inservit.

V. JASMINUM.

Cor. hypocrateriformis, 5-8 *fida. Bacca dicocca. Semina solitaria, arillata.*

1. J. (*capense.*) foliis oppositis, ternatis, ovatis, acuminatis;
caule erecto, angulato *Prodr. Capens.* p. 2. Jasminum an-
gulare. *Willd.* Spec Plant. T. 1. P. 1 p. 36.

*Crescit in sylva ad rivulum Zeeko Rivier, et Zonder End.
Floret Novembri, Decembri, Januario.*
    Arbor circiter orgyalis, tota glabra. *Rami* et *ramuli* decus-
sati, angulati, erecto patentes. *Folia* petiolata. *Foliola* lateralia breviter, intermedium longe petiolulata; omnia subretusa
cum acumine, integra, nervosa, pollicaria, lateralibus paulo
minoribus. *Flores* terminales, paniculati, albidi. *Panicula* trichotoma decomposita erecta

2. J. (*glaucum*) foliis oblongis, mucronatis. *Prodr. Cap.*
p. 2. Jasminum africanum foliis solitariis, floribus vulgatiori
similibus. *Commelin. Pl. Rar tab.* 5. fig. 5. Nyctanthes
glauca. Linn. Suppl Syst. p. 81. Syst. Veg. XIV. p. 56.
Willd. Spec. Plant. T. 1. P 1. p. 37.

*Crescit in Lange kloof, ad magnum rivulam Zonder End et
juxta B rederivier. Floret Decembri.*
    Frutex erectus, glaber, fere orgyalis. *Rami* et *ramuli* sub-
oppositi, teretes, superne compressi, laxi, glabri, erecti. *Folia* opposita, breviter petiolata, acuminata, integra, glabra,
pollicaria. *Flores* terminales, paniculati, albi *Panicula* simplex et composita, trichotoma. *Corollae* tubus striatus, pollicaris: *Limbus*, 6-vel 7-partitus.

VI. ORCHIS.

Nectarium corniforme pone florem.

1. O. (*speciosa*.) labello 5 - partito, laciniis flexuosis; corollis 7 - petalis; foliis ovatis. *Prodr. Cap.* p. 4. Orchis *speciosa. Linn.* Suppl. Syst. nat. p. 401. Syst. Veget. XiV. p. 809.

Crescit prope rivulos plures, ut Kafférkuyls-rivier, Krum-rivier, Zeeko rivier et in Musselbaij. Floret Octobri, Novembri, Decembri.

Caulis foliis vaginantibus tectus, superne bracteis ornatus, teres, glaber, pedalis, crassitie digiti. *Folia* subradicalia, vaginantia, ovato - oblonga, acuta, integra, glabra, patentia, circiter 4 l. 5, bipollicaria vel ultra, superioribus sensim minoribus. *Bracteae* alternae, sub floribus sessiles, ovatae, acuminatae, integrae, concavae, albidae, pollicares.' *Flores* plurimi, sparsi, speciosi. *Corolla* subringens. *Labium* superius (s. galea) erectum, perpendiculare, ovatum, concavo - fornicatum, dorso carinatum, utrinque lineis duabus elevatis striatum, virescens, constans petalis tribus, quorum medium ovatum, tricariuatum; duo lateralia linearia cum medio laeviter cohaerentia. *Labium* inferius constat petalis quatuor lateralibus, quorum duo exteriora cordato - emarginata, lobo posteriori acuminato, venoso - reticulata, supra lineâ triplici, subtus sulcis totidem virescentibus: duo interiora lineari - lanceolata, subfalcata, erecta, teneriora, basi labello connata. *Labellum* inter petala labii inferioris assurgens, versus medium 5 - partitum: *laciniis* adscendentibus, inferioribus linearibus rectis, superioribus lanceolato - falcatis, apice flexuosis; intermediâ filiformi, breviori. *Calcar* ad basin labelli subtus productum, sublineare, dependens, versus apicem obtusum, paululum dilatatum, longitudine capsulae, sesquipollicare, virescens. *Anthera* stylo brevi adnata, erecta, gibba, ovata cum acumine brevissimo, bilocularis. *Massae* pollinis oblongae, granulatae, pedicellatae; pedicellis antrorsum arcuatis, marginibus membranaceis cuculli semiaperti insertis, glandulâ terminatis, (hinc cucullus quasi bicornutus.) *Stigma* anticum inter basin cuculli et meatum in cornu, convexum. *Capsula* pollicaris et ultra, basi torta, lineis sex elevatis angulata.

2. O. (*pectinata*) labello multipartito, laciniis capillaribus; folio orbiculato, ciliato. *Prodr. Cap* p. 4. Orchis *Burmanniana. Linn.* Suppl. p. 1334. Syst. Veg. XII. p. 674. Arethusa *ciliaris: Linn.* Suppl. p. 405. Syst. Veg. XIV. p. 817.

Crescit prope urbem Cap, et in Roode Sand, in montium lateri-bus. Floret Octobri, Novembri, Decembri.

Bulbi duo, ovati, indivisi, albi, magnitudine pisi. *Scapus* simplex, teres, villosus, uniflorus, erectus, purpureus, palmaris. *Folium* radicale, amplexicaule, integrum, crassiusculum, patens, margine reflexo; subtus pallidius ven sum; supra laete viride, margine tenuissime ciliatum. *Bractea* sub basi capsulae convoluta, acuta, villosa, viridis, capsula dimidio brevior. *Corolla* submonopetala, subringens, viridis. *Laciniae* tres exteriores galeam formantes, basi supra germen in tubum brevem gibbum coalitae, lanceolatae, concavae, obtusae, intus glabrae, extus villosae, lineatae, laterales subinde reflexo-patentes, media erecta. Duae interiores e basi styli, laterales lanceolatae, erectae, subfornicatae, concavae, galeam simul formantes, apice filiformi erecto auctae, albidae, lineâ sesquialterâ longitudinali caeruleâ. *Labellam* cum laciniis lateralibus exterioribus basi connatum, concavo tubulosum, laminâ multipartita seu laciniae 5, quarum singula (exceptâ intermediâ integrâ lineari) iterum 4-6-partita, lacinulis linearibus patentibus, pollicaribus, supra albis, subtus caeruleis. *Fanx* tubi lineolis punctisque tenuissimis caerulescentibus. *Calcar* e basi Labelli subtus productum, obtusum, curvum, tubo corollae connatum, albovirescens, longitudine dimidiâ capsulae. *Anthera* stylo elongato erecto connata, oblonga, cum acumine brevi, bilocularis. Massae pollinis clavatae, pedicellis erectis, longitudine styli, ad basin ejus insertis. *Stylus* intra tubum corollae continuatus, illoque postice coalitus. *Stigma* intra tubum, postice situm, convexum, ad apicem germinis. *Capsula* oblonga, basi attenuata, curva, villosa, striata.

3   O. *(hispida.)* labello tripartito, laciniis linearibus; foliis binis, rotundis, hispidis. *Prodr. Cap.* p. 4. Orchis *hispidula. Linn.* Suppl. p. 401. Syst. Veg. XIV. p. 809.

Crescit in arenosis depressis extra C a p, in summitate Taffelberg et rupibus lateris occidentalis ejusdem montis. Floret Septembri et sequentibus mensibus usque ad Januarium.

    Bulbus rotundus, indivisus, fibris cinctus, magnitudine pisi. *Folia* radicalia duo, amplexicaulia, cordata, plana, integra, squamis hispida, inferius subpollicare, superius quadruplo minus. *Scapus* teres, erectus, simplex, viridis, hispidus pilis longis albis reflexis, palmaris. *Flores* virides, glabri, spicâ digitali. *Bractea* sub singulo flore ovata, acuta, supra glabra, subtus piloso-hispida, erecta, longitudine capsulae. *Corolla* 5-petala: tria exteriora, quorum unum posterius, duo lateralia paulo minora, ovata, erecta, concava, extus pilosa: duo interiora lineari-lanceolata, duplo l. triplo longiora, glabra, cum supremo galeam formantia. *Labellum* latiusculum, concavum, erectum, longitudine petalorum interiorum, infra medium tripartitum: laciniae lineam longiores, mediâ paullo longiore. *Calcar* e basi labelli inter petala lateralia exter. descendens, teres, leviter curvum, capsulâ brevius. *Columna* genitalium brevissima, cui *Anthera* coalita, ovata, latiuscula. *Stigma* anticum, sub anthera pone meatum in calcar, concavum. *Capsula* ovata, tortâ, pilosa, lineam longa.

4.   O. *(secunda.)* labello quinquepartito, laciniis filiformibus; foliis ovatis, glabris; spicâ secundâ. *Prodr. Capens.* p. 4.

Scapus flexuoso-erectus, villosus, spithamaeus. *Folia* radicalia

duo, amplexicaulia, acuta, nervosa, subreticulata, integra, pollicaria. *Flores* spicati, secundi; spicâ digitali. *Corolla* 5·pc-
tala: tria exteriora subaequalia, ovata,² concava, glabra, erecta:
duo interiora triplo longiora, lanceolato-linearia, erecta, apice
diyergentia. *Labellum* latum, concavum, infra medium quinque-
partitum, laciniis linearibus, binis brevioribus; intermediis
duplo longioribus. *Calcar* e basi labelli conicum, attenuatum,
curvatum, capsulâ brevius. *Genitalia* ut in O. *hispida.*

VII. D I S A.

Spatha 1-*valvis.* *Petala* 3, *tertium minus, bipartitum,
basi gibbosum.*

1. D. (*grandiflora.*) galeâ acutâ, erectâ; calcare conico,
nutante; labello lineari, obtuso; caule subbifloro. Satyrium
grandiflorum. Prodr. Capens. p. 4.⁃ Orchis africana flore singulari herbaceo. *Ray. hist.* v. 3. p. 585. Disa *uniflora.*
Berg. Pl. Cap. 3 8. T. 4. f. 7. Disa *grandiflora. Linn.*
Suppl. p. 406. Syst. Veg. XIV. p. 817.

*Crescit in summitate montis Tabularis. Floret Februario,
Martio.*

Folia subradicalia, alternatim scapum vaginantia, ensiformia,
supra canaliculata, subtus carinata, venosa, integra, glabra,
spithamaea. *Caulis* vel Scapus curvato-erectus, uniflorus, raro
biflorus, rarius triflorus, glaber, pedalis. *Flos* solitarius duo
vel tres, sanguineus, magnus, speciosus,. nutans. *Biaetea*
ovato oblonga, acuminata, longitudine capsulae. *Corolla* b-
resupinata, pentapetala. Petala tria exteriora, quorum *unun*
posticum (situ anticum) seu galea ovata, valde concava, alba
venis sanguineis, calcare postico conico, recto vel leviter incurvo, capsulâ breviore; *duo* lateralia oblongo-ovata, acuminata, erecto-patentia: *duo* interiora stylo ad latera longitudinaliter inserta, galeâ inclusa, rhombea, concava, flavescentia,
purpureo maculata. *Labellum* inter petala duo exteriora ante
stigma insertum, erectiusculum. *Anthera* oblonga, acuminata,
stylo adnata, intra galeam cum petalis interioribus suberecta;
bilocularis. *Massae* pollinis oblongae, acuminatae, podicellis
lobo albido ex stylo ad latera antice utrinque exserto adfixis.
Stigma anticum infra antheram inter lobos styli, globosum.

2. D. (*cornuta.*) galeâ obtusâ; calcare conico, deflexo,
petalis interioribus bidentatis; labello obovato, plano, velutino.
Orchis *cornuta. Linn.* Spec. pl. p. 1330 Syst. Veg XIV.
p. 807. Satyrium *cornutum.* Prodr. Cap. p. 5.

*Crescit prope Cap in dunis, inque collibus Houtniquas. Floret
Octobri, Novembri et sequentibus mensibus usque in Februa-
rium.*

Bulbus indivisus, fibris cinctus. *Caulis* crassus, foliis inferne.
floribus superne totus tectus, pedalis, crassitie digiti. *Folia*
alterna, vaginantia, disticha, ensiformia, convoluta, integra,
approximata, patula, circiter sex, palmaria. *Vag n ie* foliorum

albae, maculis purpureis. *Florum* spica spithamaea, laxiuscula,
sensim florens. *Bractea* sub singulo flore ovata, acuminata,
concava. longitudine floris. *Corolla* subresupinata. Galea
magna, fornicata, horizontalis, apice emarginata, viridi-lutea,
dorso purpurascente; calcare postico horizontali, attenuato,
longitudine galeae, virescente; *Petala* lat. exteriora lato-ovata,
subemarginata cum acumine brevissimo, longitudine galeae,
alba; interiora lateribus styli inserta, intra galeam recondita,
e basi lata medio angustiora, falcata, recurva, apice dilatata,
bidentata, denticulo exterióre longiore; alba margine antico
purpureo, apice virescente. *Labellum* petalis exterioribus incumbens et dimidio brevius, basi album, apice atrum. *Anthera* obovata, in galeam reclinata. *Stigma* globosum. *Capsula*
torta, triangularis, sexstriata.

3. D. (*macrantha.*) galeâ acutâ, erectâ; calcare conico,
porrecto; petalis interioribus retusis; labello oblongo, acuto,
carinato.

Caulis et folia ut in DISA *cornuta.* Spica densior, floribus *cornutae*
fere majoribus. *Corollae* galea horizontalis *), fornicata, postice
calcarata: *Calcar* attenuatum, galeâ brevius. *Petala* lat. exteriora parva, in galea recondita, basi rotundata, medio falcato-
curvata, postice angulata, apice dilatata, retusa, crenulata, venosa. *Labellum* integrum, glabrum, erectiusculum. *Genitalia*
ut in D. *cornuta.*

4. D. (*longicornis.*) galeâ obtusâ, supinâ; calcare germine
longiore, deflexo; labello lanceolato, obtuso; caule unifloro.
Prodr. Capens. p. 4. DISA *longicornis Linn.* Suppl. p. 406.
Syst. Veget. XIV. p. 817.

*Crescit in Taffelberg in praeruptis summitatis montis ad latus
sinistrum Floret Januario, Februario.*

Folia radicalia, scapum inferne vaginantia, circiter quinque,
lanceolata, inferne sensim attenuata, acuta, integra, nervosa,
recurvato-patentia, supra viridia, subtus pallidiora, scapo breviora, digitalia vel palmaria. *Scapus* teres, erectus, glaber,
vaginis membranaceis tectus, spithamaeus. *Flos* terminalis, solitarius, nutans, caeruleus. *Bractea* spathacea, dimidiam capsulam a latere inferiori amplexans, lanceolata, acuta, concava,
membranacea, capsulâ brevior. *Corolla* resupinata. *Galea* (petalum anticum) suborbiculata, ampliata, integra, horizontaliter
patens, venis ramosis reticulata, saccata, calcarata: *Calcar*
cylindricum, sensim e basi ampliore angustatum, curvatum,
obtusum, venosum, capsulâ duplo longius, dependens. *Petala*
lat. exteriora ovato-oblonga, acuta, concaviuscula, venoso-
reticulata, erecta, aequalia; interiora ad basin styli inserta,
sublinearia, apice sensim attenuata, obtusa, a latere exteriore
dente obtuso magno decurrente aucta, intra saccum galeae curvata et recondita, exterioribus longiora. *Labellum* inter petala
exteriora insertum, illis consimile sed brevius et angustius,
erectiusculum. *Anthera* stylo adnata, obovata, in galeam recli-

*) In diagnosi erecta. *Editor.*

nata. *Stigma* globosum ad basin labelli. *Capsula* cylindrica, incurva, sexstriata, glabra.

5. **D.** (*sagittalis.*) galeâ apice dilatátâ trilobâ, calcare nutante subulato; labello lanceolato undulato. Orchis *sagittalis. Linn.* Suppl. p. 399. Syst. Veg. XIV. p. 807. Satyrium *sagittale.* Prodr. Cap. p. 5.

Crescit in Collibus Houtniquas. Floret Novembri.
Bulbi oblongi, magni, indivisi. *Folia* radicalia plura, lato-lanceolata, integra, glabra, pollicaria usque digitalia. *Scapus* incurvato erectus, vaginis tectus, palmaris. *Vaginae* membranaceae, acuminatae. *Flores* plures in spica digitali laxa, patuli. *Bracteae* sub floribus reflexae *Corolla* subresupinata. *Galea* suberecta, concava, carinata, lobis lateralibus lunatis, intermedio minimo acuto, venosa, postice basi calcarata: *Calcare* conico, longitudine galeae. Petala lateralia exteriora oblonga, obtusa cum acumine, leviter concava; interiora ad latera styli inserta, galeâ obumbrata, basi latiuscula, superne lineari-lanceolata, flexuosa, galeae fere aequalia. *Labellum* integrum, pet. inter. paullo latius, deflexum. *Anthera* obovata, reclinata. *Stigma* globosum.

6. **D.** (*bifida.*) galeâ obtusâ, calcare adscendente apice bifido; petalis interioribus labelloque lanceolatis acutis. Satyrium *bifidum.* Prodr. p. 5.

Crescit in Cap. b. Spei interioribus regionibus.
Scapus teres, erectus, glaber, pedalis. *Folia* nulla mihi visa. *Vaginae* in scapo alternae, convolutae, ferrugineae, unguiculares. *Flores* terminales, secundi, erecti, bracteis sub singulo flore acuminatis, capsulâ multoties brevioribus. *Corollae* galea oblonga, fornicata, erecta, postice versus basin exserens. *Calcar* cylindricum, horizontale l. parum adscendens, apice extimo bifidum, unguioulare. Petala lat. exteriora oblonga, obtusiuscula, carinata, patentia; interiora galea tecta, recurva, basi latiuscula, erecta. *Labellum* indivisum, integrum, petalis exterior: consimile. *Anthera* oblonga, minuta, inter petala interiora reclinata. *Stigma* ad basin labelli, globosum.

7. **D.** (*flexuosa.*) galeâ obtusiusculâ; calcare obtuso porrecto; petalis interioribus apice linearibus acutis, labello ovato-acuminato crispo; caule flexuoso. Orchis *flexuosa. Linn.* Amoen. Acad. 6. Spec. Plant. 2. p. 1331. Satyrium *flexuosum.* Prodr. p. 5.

Crescit in arenosis depressis et vere inundatis campis Groene Kloof et Swartland, inter Cap et Drakenstein atque Stellenbosch. Floret a Junio usque in Octobris mensem.
Caulis teres, glaber, erectus, spithamaeus et ultra. *Folia* radicalia plura, ovata, basi attenuata, obtusa, integra, glabra, subtus pallidiora, patentia, unguicularia; spathae similia, lanceolato-cucullata, erecta. *Flores* terminales, tres vel quatuor, erecti. *Bractea* sub singulo flore, capsulâ brevior. *Corollae* galea ovata, obtusa, antice concava, postice convexa, margini

bus reflexis, unguicularis, basi calcarata: *Calcar* leviter subin-
curvum s. deflexum, teres, dorso sulcatum, emarginatum, album. *Petala* lat. exteriora ovata, dorso convexa, carinâ rufescente, antice concava, marginibus inflexis subcrispis, cry-
stàllino-alba, unguicularia; interiora sub galea inclusa, lineari-
acuminata, basi latiora, intus concava, extus, alba, subincur-
vata, crocea, lineâ subovatâ fuscâ. *Labellum* basi latum, intus
valde concavum, extus convexum, medio contractum, e medio
ad apicem oblongo-attenuatum, marginibus crispis, croceum,
striis supra obliquis fuscis; longitudine petalorum exteriorum.
Anthera obovata, in concavitate baseos galeae reclinata.

8. D. (*torta.*) galeâ acuminatâ; calçare conico obtuso
adscendente; petalis interioribus bidentatis; labello oblongo
apice subulato convoluto; caule flexuoso. Orchis *flexuosa.*
Linn. Suppl p. 398. Syst. Veg. XIV. p. 807-808. Satyrium *tortum.* Prodr. p. 5.

*Crescit in arenosis depressis et vere inundatis campis Groene Kloof
et Swartland, nec non inter Cap et Drakenstein atque
Stellenbosch. Floret Septembri, Octobri.*
Bulbus indivisus, oblongus, piso minor. Folia radicalia
plura, ovata, inferne attenuata, acuta, integra, glabra, patentia, unguicularia; caulina spathacea, alterna. Caulis teres,
glaber, palmaris. Flores terminales, duo, tres l. quatuor, subsecundi, cernui. Corolla resupinata. Galeâ oblonga, fornicata,
apice setacea, basi postice dilatata in Calcar longitudine galeae,
horizontale l. leviter adscendens. Petala lat. exteriora oblongo-
lanceolata, galea fere longiora, erecta, conniventia; interiora
minima, lanceolata, postice rectangulata, apice acuminata, den-
tidulo anteriore longiore, in galea recondita. Labellum pet.
ext. fere longitudine, basi ovatum, medio contractum, apice
sensim attenuatum, leviter carinatum. Anthera oblonga, petalis
interioribus basi amplexa, intra basin galeae reclinata. Similis
D. *flexaosae*, sed corolla diversissima.

9. D. (*draconis.*) galeâ obtusâ erectâ apice dilatatâ; calcare subulato germine longiore, nutante; labello lineari obtuso; spicâ fastigiatâ, bracteis reticulato-nervosis. Orchis
Draconis Linn. Suppl. p. 400. Syst. Veg. XIV. p. 807.
Satyrium *draconis.* Prodr. p. 5.

*Crescit in Roggeveld, Fransche Hoek; alibi. Floret No-
vembri, Decembri.*
Bulbus indivisus, rotundatus, magnitudine fabae. Scapus
teres, totus vaginatus bracteis, erectus, pedalis. Bracteae foliaceae, alternae, membranaceae, reticulatae, imbricatae, acutae, albidae. Flores terminales, fastigiati. Corolla subresupinata. Galea patens, obovata, concava, alba, basi ventricosa,
calcarata: Calcar longissimum, 1-2 pollicare, prope galeam di-
latàtum, album, purpureo-striatum, sensim elongatum, filiforme, curvatum, virescens, capsula longius. Petala lat. exteriora lineari oblonga, apice obtusa, acumine subulato, concava, erecta, flavescenti-alba, extus carina viridi, venosa; in-

teriora lineari-oblonga, basi latiuscula, apice obtusa, leviter
emarginata; erecta, conniventia, exterioribus breviora, flavescenti-alba, intus striis margineque antico purpureis; galea obvoluta. *Labellum* apice dilatatum, patens, leviter deflexum,
longitudine petalorum inter. tertiam lineae partem latum, album. *Anthera* obovata, intra basin galeae reclinata, flavescens. *Stylus* brevissimus. *Stigma* globosum, fuscum. *Germen*
elongatum, lineare, basi attenuatum, pedunculum mentiens.

10. D. (*ferruginea*.) galeâ acùminatâ, dorso conicâ; calcare subulato, deflexo: petalis interioribus cuspidatis, labello
lanceolato obtuso; spicâ ovatâ multiflorâ. Satyrium *ferrugi-*
neum. Prodr. p. 5,

Crescit in frontispicio montis Tabularis. Floret Aprili.
Bulbum et folia videre mihi non contigit. *Scapus* teres,
striatus, incurvato-erectus, vaginatus, pedalis. *Vaginae* plures, alternae, membranaceae, cuspidatae, glabrae. *Spica* pollicaris, rarior. *Bracteae* vaginis similes sub singulo flore.
Corolla resupinata. *Galea* fornicata, saccata sacco in *Calcar*
postice prodeunte, basi amplius, apice subulatum, capsulâ fere
longius. *Petala* lat. exteriora ovato-lanceolata, setaceo-cuspi-
data, concava, patula; interiora minuta, linearia, stylo ad latera inserta. *Labellum* inter petala exteriora, illisque brevius,
concavnm, erectiusculum. *Anthera* oblonga, cum pet. int. in
galea reclinata. *Stigma* globosum.

11. D. (*tenella*.) galeâ acutâ; calcare porrecto acuto; petalis interioribus rhombeis; labello lineari-obtuso; foliis subfiliformibus flexuosis. Orchis *tenella. Linn.* Suppl. p. 400.
Syst. Veg. XIV. p. 817. Satyrium *tenellum*. Prodr. p. 5.

Crescit in campis arenosis, locis inundatis inter urbem Cap et se-
riem magnam montium. Floret Junio et sequentibus men-
sibus.
Bulbus ovatus, indivisus, magnitudine pisi minoris. *Folia*
radicalia plura, lineari filiformia, glabra, caule paulo breviora. *Caulis* l. Scapus filiformis, bracteolis foliaceis vaginatus, erectus, digitalis. *Flores* terminales, plurimi, minuti, rubri. *Corollae* galea ovata, fornicata, acuminata, basi calcarata: *Calcar* conico-subulatum, longitudine galeae. *Petala* lat.
exteriora oblonga, patentia; interiora minuta, acuta, erecto-
conniventia intra galeam. *Labellum* lineari-oblongum, integrum, patens, longitudine pet. interiorum. *Anthera* oblonga,
versus fundum galeae reclinata. *Stigma* globosum, ad basin
labelli.

12. D. (*barbata*.) galeâ acutâ basi conicâ; calcare sub-
porrecto acuto; labello ovato multipartito, laciniis linearibus;
foliis lineari-filiformibus. Orchis *barbata. Linn.* Suppl. p.
399. Syst. Veg. XIV. p. 807. Satyrium *barbatum*. Prodr.
p 5.

Crescit prope fluvios Halbeljaus et Zeeko-rivier, nec non in
Hottentots Hollands-berg. Floret Decembri.

Folia radicalia plurima, glabra, scapo breviora, spithamaea
et ultra *Scapus* teres erectus, glaber, pedalis. *Vaginae* in
scapo alternae et bracteae sub floribus amplexicaules, ovatae,
acutae, membranaceae. *Flores* versus summitatem scapi spicati, duo usque octo, subnutantes *Corolla* subresupinata.
Galea ovata, magna, fornicata, acuminata, cinerea venis caerulescentibus, erecta, basin versus postice conica, in *Calcar*
breve producta. *Petala* lat. exteriora oblonga, acuta, patentia,
planiuscula, caerulescentia, unguicularia; interiora lateribus
styli adfixa, intra fornicem galeae recondita, erecta, antrorsum
falcata, galeâ triplo breviora; basi latiora, rotundata, obtusa,
purpurea; medio angustiora, linearia, alba margine fusco; apice
demum dilatata, virescentia venis purpureis, subbifida; dente
anteriore longiore acuto, posteriore obtuso crenato. *Labellam*
patens, magnitudine galeae, semipollicare, basi purpureum,
ultra medium multipartitum, laciniis saepe ramosis, instar bar-
bae capillaribus brevibus; flavum striis tristibus. *Anthera* albida, obovata, inter pet. interiora in galca reclinata. *Stigma*
convexum, purpurascens, nitidum.

13. D. (*lacera.*) galea obtusiuscula; calcare porrecto;
labello oblongo concavo, apice laciniato.

Folia et *Scapus*, ut in D. *barbata*. *Flores* albidi. *Corolla* subresupinata. *Galea* subrotundo-ovata, concava, obtusa cum acumine, venosa, e basi angustiore calcarata: *Calcar* teretiuscu-
lum, longitudine dimidiâ galeae, rectum, obtusum. *Petala* lat.
exteriora oblonga cum acumine, concava; interiora intra galeam stylo ad latera antherae inserta, ovata, falcata, obtusa,
basi latiora, venosa. *Labellum* pet. ext. longitudine, venosum,
laciniis lineari filiformibus brevibus. *Anthera* oblonga, versus
calcar galeae reclinata.

14. D. (*cernua.*) galeâ acutâ; calcare oblongo compresso
nutante; petalis interioribus acuminatis; labello lineari; foliis
lineari-lanceolatis, basi subequitantibus.

Bulbus indivisus, oblongus, difformis, radiculis numerosis. *Caulis* erectus, foliosus, pedalis et ultra. *Folia* vaginantia, per totam longitudinem carinâ leviter compressa striata, rigida, sub-
coriacea, margine membranacea, glabra; versus spicam sensim
minora, vaginaeformia. *Spica* florum pedalis, apice cernua,
viridi lutea, floribus approximatis. *Bracteae* ovato-lanceolatae,
acutae, concavae, glabrae, erectae, longitudine florum. *Corolla* subresupinata. *Galea* erecta, fornicata, infima basi producta in *Calcar* subinflatum, venosum. *Petala* lat. exteriora
ovato-lanceolata, acuta, concava, longitudine galeae, erecto-
patentia; interiora galeâ tecta, e basi lata lanceolato-acuminata, falcata, venosa. *Labellum* obtusum, longitudine fere pet.
exter. *Anthera* obovata, versus fundum galeae valde reclinata.

15. D. (*physodes.*) galeâ obtusâ; calcare su rotundo inflato; petalis interioribus retusis emarginatis; labello lin-ari;
foliis lanceolatis distichis undulatis. SATYRIUM *cernuum.*
Prodr. Cap. p. 5.

Crescit infra Montem Paarl. Floret Septembri, Octobri.
Bulbus indivisus, rotundus, fibrillis cinctus, magnitudine
pruni. *Caulis* erectus, inanis, foliosus, pedalis et ultra.
Folia
vaginantia, caulina, alterna, ensiformia, basi equitantia, concava, subtus obsolete carinata, acuta, integra, glabra, spithamaea, vix nervosa, interdum punctis purpureis notata. Vaginae purpurascentes. *Spica* florum pedalis, apice cernua, floribus parum densis. *Bracteae* ovato-lanceolatae, acutae, concavae, erectae, longitudine florum, viridi-lutescentes. *Corolla*
subresupinata. *Galea* erecta, fornicata, emarginata, basi postice calcarata. *Calcar* gibbum, subtus concavum, subdidymum,
dependens. *Petala* lateralia exteriora ovata, obtusa, patenti-
reflexa; interiora galeâ tecta, erecta, sublinearia, basi latiora,
concava, apice emarginata, crassiuscula, galeâ breviora, saturate purpurea. *Labellum* dependens, sub stigmate insertum, obtusum integrum, longitudine pet·ext., purpureum. *Anthera* magna,
obovata, intra·concavitatem petal. interiorum, versus basin galeae reclinata. Pollen flavum. *Stigma* globosum. *Capsula* oblonga, torta, lineis 3 elevatis, 6-sulcata, glabra, 1-locularis,
unguicularis.

16. D (*cylindrica.*) galeâ obtusâ; calcare obtuso, porrecto, labello lineari, apice latiori obtuso; spicâ cylindricâ;
foliis oblongis nervosis. Satyrium *cylindricum.* Prodr. Pl.
Cap. p. 5.
Bulbus oblongus, indivisus. *Caulis* teres, glaber, erectus, pedalis. *Folia* alternatim vaginantia, acuta, glabra, pollicaria l.
ultra; superiora angustiora. *Spica* florum subcylindrica, digitalis, apice attenuata. *Bracteae* lanceolatae, erectae, longitudine
florum. *Flores* minuti, numerosissimi. *Corolla* subringens.
Galea fornicata, ovata, postice calcarata : *Calcar* breve. *Petala*
lateralia exteriora ovato-lanceolata, vix acuta, patentia; interiora lanceolata, erecta, galeâ tecta. *Labellum* lineari-oblongum s. basi attenuatum, apice obovatum, integrum. *Anthera*
erecta, inter pet. int., ovata, didyma. *Stigma* ut in reliquis,
globosum, pone basin labelli.

17. D. (*rufescens.*) galeâ obtusâ erectâ; calcare subulato, germine longiore, nutante; labello lanceolato obtuso;
spicâ laxâ; foliis ensiformibus. Satyrium *rufescens.* Prodr.
fl. Cap. p. 5.
Crescit in arenosis Groene Kloof. Floret Septembri.
Bulbus ovatus, fibris cinctus, magnitudine fabae. *Caulis* carnosus, teres, glaber, foliosus, spithamaeus, usque pedalis.
Folia alternatim vaginantia, disticha, inferne attenuata, basi
dilatata, acuminata, venosa, lineam lata usque pollicem fere,
digitalia. *Florum* spica subsecunda, interrupta, digitalis usque
spithamaea. *Bracteae* ovatae, cucullatae, acuminatae, glabrae,
capsulâ breviores. *Corolla* resupinata, purpurascens. *Galea*
concava, fornicata, suberecta, postice basi calcarata. *Calcar*
dependens, filiformi subulatum. *Petala* lateralia exteriora oblonga, obtusa, patentia, galeâ vix breviora. Interiora galeâ

inclusa, basi latiora, angulata, apice angustiora, obtusa. *La-bellum* dependens, lineari lanceolatum, integrum, longitudine fere pet. exteriorum. *Anthera* parva, obovata, versus basin galeae reclinata. *Stigma* globosum.

18. D. (*maculata.*) galeâ obtusiusculâ, supinâ saccatâ; petalis interioribus linearibus; labello lanceolato obtuso; scapo unifloro. Prodr. p. 4. Disa *maculata. Linn.* Suppl. p. 407. Syst. Veg. XIV. p. 817.

Crescit prope Winterhoek in Rode Sand, sub praeruptis montium lateribus. Floret Octobri.

Folia radicalia, circiter sex, oblongo - ovata, acuta, utrinque attenuata, integra, glabra, patentia, subtus pallidiora, semi-pollicaria. *Scapus* teres, filiformis, flexuosus, erectus, totus fere vaginatus, palmaris usque spithamaeus. *Vaginae* tres vel quatuor, alternae, membranaceae, rufo - maculatae. *Bractea* vaginis similis, capsulâ brevior. *Flos* solitarius, nutans, cae-ruleus. *Corolla* resupinata. *Galea* (s. petalum posterius situ in-ferius) saccata l. medio dorso postice in cornu brevissimum obtusissimum prominens. *Petala* lateralia exteriora aequalia, oblonga, obtusa cum acumine, erecto - patentia, venosa; inte-riora recurvato hamata, basi styli inserta, intra saccum re-condita, laete caerulea. *Labellum* inter petala exteriora ante stigma insertum, pet. ext. brevius, erectiusculum. *Anthera* stylo connata, ovata, obtusa, cum pet. interioribus in sacco galeae reclinata, alba. *Stigma* globosum.

19. D. (*secunda.*) galeâ acutâ erectâ, calcare conico bre-vissimo porrecto; labello subfiliformi; caule flexuoso; flori-bus secundis. Disa *racemosa. Linn.* Suppl. 406. Syst. Veg. XIV. p. 817. Satyrium *secundum.* Prodr. p. 4.

Crescit prope Fransche Hoek. Floret Februario.

Bulbum adicis et folia non vidi. *Scapus* teres, flexuoso-erectus, glaber, vaginatus, pedalis et ultra. Vaginae alternae, remotae. *Flores* e medio scapo, alterni, circiter 6, subnutantes, purpurei, magni. *Corolla* Galea concava, fornicata, apice acuta, venoaa, subpollicaris, postice calcarata: *Calcar* abbre-viatum. *Petala* lat. exteriora lato - ovata, acuta, patentia, ve-nosa, pollicaria; interiora stylo sub anthera inserta, oblonga, falcata, acuta, erecta, unguicularia, in galea recondita. *La-bellum* lineare l. subfiliforme, petalis exter. dimidio brevius. *Anthera* oblongo - lanceolata, acuta, inter pet. interiora in ga-lea reclinata. *Stigma* globosum ad basin labelli sub anthera.

20. D. (*excelsa.*) galeâ suberectâ acutâ, calcare conico abbreviato, petalis interioribus apice dentatis, labello oblon-go; caule multifloro. Orchis *tripetaloides. Linn.* Suppl. p. 398. Syst. Veg. XIV. p. 807. Satyrium *excelsum.* Prodr. p. 5.

Crescit in collibus Houtniquas, prope rivos in Langekloof et Krumrivier. Floret Novembri.

Folia radicalia circiter sex s. plura, lanceolata, acuta, erecta,

glabra, digitalia. *Scapus* filiformis, striatus, glaber, erectus, raro
flexuosus, bipedalis, vaginis alternis. *Spica* rara, palmaris et
ultra, floribus 20-3o, subdistichis, purpurascentibus. *Corolla*
subresupinata. *Galea* fornicata, postice saccata seu Calcare
brevissimo obtuso porrecto praedita. *Petala* lat. exteriora
ovato-lanceolaia, patula, longitudine galeae; interiora minima,
intra cavum galeae recondita, lanceolato-falcata s. incurvata,
stylo inserta. *Labellum* integrum, concavum, leviter margine
undulatum, longitudine petal. exteriorum. *Anthera* stylo connata, ovata, minuta, cum pet. int. in galeam reclinata. *Stigma*
globosum.

21. D. (*venosa.*) galeâ erectâ acutâ venosâ; calcare conico abbreviato porrecto; petalis interioribus apice integris;
labello subfiliformi; scapo paucifloro; foliis glaucis.

Folia radicalia plura, lanceolata, glabra, bipollicaria. *Scapus* pedalis et ultra, teres, glaber, striatus, erectus, vaginis alternis
remotis. *Flores* bini, tres l. quatuor, D. *excelsae* triplo majores. *Corolla* ut in D. *excelsa*; sed petala exteriora lato ovata,
acuta, simul ac galea venosa; interiora lanceolato falcata, integra. *Labellum* lineari filiforme, longitudine petalorum exteriorum, deflexum. *Cetera* ut in D. *excelsa*, at majora.

22. D. (*spathulata*.) galeâ erectâ acutâ; calcare conico
obtuso brevissimo; labello petiolato, apice dilatato, trifido;
foliis linearibus. Orchis *spathulata*. *Linn*. Suppl. p. 3g6.
Syst. Veg XIV. p. 807. Satyrium *spathulatum*. Prodr. p. 5.

Africanis Incolis: Moder Haartslag. Crescit in Collibus prope
villam Mosselbank juxta Mosselbanks rivier, prope Ribeck-Casteel, Piketberg, in Roode Sand, et prope urbem Cap. Floret Septembri, Octobri.
Bulbi indivisi, rotundi, fibris cincti, piso majores, albi.
Folia radicalia plurima, caniculata, versus apicem parum dilatata, obtusa, scapo triplo breviora, erecta, striata, glabra,
digitalia. *Scapus* teres, erectus, glaber, purpureus, uniflorus
l. biflorus, spithamaeus. *Vaginae* duae in scapo et *Bracteae*
sub singulo flore consimiles, amplexicaules, ovato oblongae,
acumin**a**tae, glabrae, membranaceae, unguiculares. *Corolla*
subresupinata. *Galea* ovata, fornicata, inferne attenuata, postice cornuta, alba, apice purpurascens, venis saturate purpureis. *Calcar* abbreviatum, porrectum. *Petala* lateralia exteriora horizontaliter patentia, ovata, acuta, apice convoluto
flexo, alba venis purpureis; interiora in galea inclusa, stylo inserta, reflexa, basi ovata, obtusa, medio angustata, apice dilatata, bifida, extus alba, intus striis tenuissimis caeruleis; lacinia anterior acuta, minima; posterior duplo latior, obtusa.
Labellum longissimum, dependens, proboscidem elephantis referens, a basi usque sub apicem lineare, supra sulcatum, virescens, pollicare. Apex cucullatus; lamina cordata, subtri-
loba, virescens venis viridibus saturatioribus; lobis acuminatis. *Anthera* parva, ovata, in galea reclinata. *Stylus* crassus,
incarnatus, fasciâ violaceâ. *Stigma* globosum, ante insertionem labelli, purpureum. *Capsula* multisulcata, glabra.

23. D. (*melaleuca.*) galeâ acutâ subreclinatâ concavâ ecalcaratâ; labello lineari obtuso; spicâ fastigiatâ; foliis linearilanceolatis. Serapias *melaleuca.* Prodr. p. 3. Ophrys bivalvata. *Linn.* Suppl. p. 403. Syst. Veg. XlV. p. 814.
Crescit in planitie *frontis Montis Tabularis*, et locis depressis jaxta Hexrivier. Floret Februario.
Caulis teres, flexuoso-erectus, vaginatus, palmaris usqne pedalis. *Folia* alterna, vaginantia, lanceolata, patentia, pollicaria. *Plores* fastigiati, tres l. plures. *Bracteae* foliis similes, sed breviores. *Corolla* subresupinata. *Galea* ovata, basi attenuata, superne gibba, apice acuta, alba carinâ dorsali viridi. *Petala* lateralia exteriora oblonga, obtusa, basi latiora, antice productiora, concaviuscula, alba carinâ dorsali viridi, sub apice in spinulam exeunte. *Petala* interiora styli lateribus superne inserta, lato-linearia, concava, basi anteriore producta, apice obtusa, subtruncata, subcrenata, horizontali-erecta, fusca vel atropurpurascentia, basi et apice albida. *Labellum* sub stigmate insertum, subpetiolatum, linearilanceolatum, acutiusculum, concavum, fuscum, basi et apice album; deflexum. *Anthera* oblonga, apice styli adnata, inter petala interiora leviter reclinata. Massae polliuis lineares ex globulis obovatis catenulatis flavis, pedicellatae, pedicellis sinubus antherae ad basin insertis. *Stylus* erectus, latiusculus. *Stigma* globosum, nitidum, antice ad basin styli. *Capsula* linearioblonga, basi attenuata, tricarinata, sulcata, glabra. *Petala* exteriora subinde apice colorata, tunc petala interiora alba. *Flos* omnino ecalcaratus, species tamen DISAE genuina videtur, ob directionem et situm partium consimilem. Loco calcaris galea dorso quasi ventricosa.

24. D. (*patens.*) galeâ acuminatâ, erecto-patente, concavâ, ecalcaratâ; labello filiformi; caule subbifloro; foliis setaceis. Serapias *patens.* Prodr. p. 3. Ophrys *patens. Linn.* Suppl. p. 404. Syst. Veg. XIV. p. 814.
Crescit in planitie *frontis*, in summo cacumine Taffelberg. Floret Januario.
Balbi duo, petiolati, ovati, carnosi, albidi, magnitudine pisi. *Caulis* simplex, rarius bifidus, foliis tectus, teres, flexuosoerectus, uniflorus l. biflorus, palmaris. *Folia* alternatim vaginantia; radicalia lineari-setacea; basi, marginibus, apiceque rubicunda, internodiis longiora, unguicularia; caulina breviora. *Flos* unicus vel terminales duo, perpendiculares, flavi. *Bractea* spathacea, foliis similis, germen amplectens eoque brevior. *Corolla* patens. *Galea* perpendicularis, cordato-ovata, integra, basi attenuata, unguicularis, intus tota flava, extus flava dorso rubicundo. *Petala* lateralia exteriora lanceolata, falcata, acuta, oblique perpendiculariter erecta, longitudine galeae, intus flava, extus rufescentia dorso viridi, basi latiora anticeque angulo fere recto obtuso producta. *Petala* interiora stylo, sub apice inserta, erecta, lanceolata, falcata, concaviuscula, ultra lineam longa, tota flava. *Labellum* inter petala lateral. ext. ante stigma insertum, lineari-filiforme, dependens, flavum, longitudine fere

capsulae. *Anthera* ex apice styli oblonga, acuminata, sinubus
basi antice productis corniculorum instar, quibus pedicelli pollinis inseruntur. *Stigma* ad basin styli inter petala lateralia
exteriora. *Singularis* floris situ perpendiculari.

25. D. (*filicornis.*) galeâ acuminatâ erecto - patente concavâ ecalcaratâ, labello filiformi; spicâ ovatâ multiflorâ; foliis lineari - lanceolatis. Orchis *filicornis*. *Linn.* Suppl.
p. 400.

Caulis foliosus, teres, erectus, multiflorus, semipedalis. *Folia*
alternatim vaginantia, subimbricata, lanceolata s. lineari - lanceolata, concava, erecta, papillosa, basi apiceque rufescentia.
Spica subovata. *Flores* 5 — 6, perpendiculares, flavi, bracteolis spathaceis suffulti. *Corolla* ut in D. *patenti: Galea* cordato-
ovata, acuta, perpendiculariter erecta. *Petala* lateralia exteriora ovato lanceolata, acuta, basi latiora, antice producta
angulo magis rotundato quam in priori. Petala interiora lineari oblonga, obtusa. *Labellum* lineari-filiforme, deflexum,
capsulâ fere brevius. *Genitalia* ut in praecedenti. *Diversa* ut
videtur a D. *patenti*, cujus varietatem sub Serapiade *patenti*
existimavi. Una cum D. *melaleuca* et *patenti* absentiâ Calcaris
a caeteris speciebus *Disae* discrepat, cum quibus vero habitu
et situ genitalium omnes conveniunt.

VIII. S A T Y R I U M.

Nectarium scrotiforme, s. *inflato - didymum pone florem.*

1. S. (*cucullatum.*) foliis radicalibus binis cordato subrotundis concavis; vaginis scapi remotis cucullatis subretusis;
floribus cernuis. Orchis *bicornis. Linn.* Sp. Plant. p. 1330.
Syst. Veg. XIV. p. 807. *Hout.* Nat. Hist 2 D. 12 St. p. 455.
t. 86. f. 1. Satyrium *bicorne.* Prodr. p. 6.

*Africanis incolis: Roode Trewa. Crescit in Collibus prope ur-
bem Cap, in Groene Kloof, Swartland et alibi locis arenosis, vere inundatis. Floret Augusto, Septembri.*
Bulbi indivisi, oblongi, villosi. *Folia* radicalia, ovato - subrotunda, basi vaginata, amplexicaulia, arcuato - nervosa, crassiuscula, margine membranacea, subtus pallidiora. *Scapus* pedalis, erectus, teres, purpureo - maculatus, inanis, vaginatus.
Vaginae 2 — 3, apice apertae, ovatae, rigidiusculae, nervosae.
Spica bi vel tri - pollicaris, erecta, floribus alternis, distinctis,
purpureis. *Bracteae* sub singulo flore sessiles, lanceolatae, integrae, glabrae, reflexae, longitudine floris. *Corolla* submonopetala, subringens, seu petala 5, basi coalita. *Tria* exteriora,
quorum unum superius magnum s. galea ovato - subrotunda fornicata, apice producto obtuso, acute carinata, postice basi bicalcarata. *Calcaria* cylindrico - subulata, deflexa, parum curva,
germine fere longiora. *Petala* duo lateralia linearia, obtusa,
integra. *Duo* interiora paullo minora, linearia, obtusa, stylo
petalisque exterioribus ad basin accreta. *Labellum* petalis interioribus consimile, sed longius, illisque basi connatum. *An-*

thera globosa, didyma, scrotiformis, versus apicem styli adnata, bilocularis, loculis prope stigma dehiscentibus. *Stylus*
elongatus, superne dorso gibbus, sub galea reconditus, apice
dilatatus, concavus, excisus. *Stigma* infra apicem dilatatum,
supra insertionem antherae concavum.

Obs. SATYRIA pleraque *Linn.* ad alia genera jure relata; nomen generi-
cum antiquum pro Orchidibus Capensibus duplici calcare donatis retinui;
genus a caeteris sui ordinis variis notis certe distinctissimum. Plures di-
stinctas species sub eodem nomine specifico olim comprehensas fuisse, non
est quod dubitemus; Hujus itaque mutare non abs re fore judicavi.

2. S. (*erectum.*) foliis radicalibus ovatis, vaginis scapi
approximatis cucullatis carinatis membranaceis; floribus galeâ
calcaribusque subrectis. ORCHIS *cornuta. Hout.* Nat. Hist.
2 D. 12 St. p. 256. t. 86. f. 2.

Africanis Incolis: Geele Trewa. Bulbi indivisi, ovati. *Folia* radicalia duo, subopposita, lato · ovata, convoluto · cucullata, integra, nervosa, glabra, palmaria et ultra. *Scapus* teres, glaber, erectus, purpureo · maculatus, vaginatus. *Vaginae* apice
obliquae, ovatae, acutae, nervosae. *Spica* elongata, 3 · 4 · pollicaris, multiflora. *Flores* flavo aurantiaci l. pallidi, erecti,
numerosi, bracteis sessilibus oblongis acutis concavis subreflexis suffulti. *Corolla* ut in S. *cucullato*, sed galea apice obtusa
erecta, vel minus quam in S. *cucullato* cernua: calcaribus
rectioribus, capsulâ fere brevioribus.

3. S. (*foliosum.*) foliis ovatis acutis concavis approximatis, basi cucullatis, floribus bracteisque erectis.

Bulbi oblongi. *Caulis* semipedalis, teres, fóliosus. *Folia* alterna,
superiora sensim minora subconcava, basi vaginanti · cucullata,
integra, nervosa, glabra, extus pallidiora, rigidula. *Spica*
erecta floribus numerosis, parvis, erectis (nec cernuis), pallide
purpurascentibus, bracteis ovato · lanceolatis, sessilibus, longitudine florum, erectis, infimis deflexis, nervosis. *Corollae* rotundatae, calcaribus germine duplo longioribus.

4. S. (*bracteatum.*) foliis ovatis trinervibus; floribus spicatis; bracteis lato · ovatis reflexis; calcaribus brevissimis rotundatis. *Prodr. Cap.* p. 6. OPHRYS *bracteata. Linn.* Suppl.
p. 403. Syst. Veg. XIV. p. 814.

*Crescit in montibus Ribeck Casteel et Picketberg, prope ri-
vulos in praeruptis montium lateribus. Floret Octobri.*

Bulbus rotundus, indivisus, fibris cinctus. *Caulis* simplex,
erectus, teres, glaber, purpureus, foliosus, palmaris. *Folia*
alterna, amplexicaulia, acutiuscula, remota; inferiora majora,
pollicaria, superiora circiter quatuor, minora. *Spica* florum
digitalis. *Bracteae* acutae, glabrae, flore longiores. *Corolla*
submonopetala. *Galea* lato · ovata, obtusa, fornicata, basi bicalcarata seu potius bicallosa, intus striis octo purpureis. *Petala* lateralia exteriora falcata, obtusa, deflexa; interiora breviora cum labello lanceolato obtuso leviter cohaerentia; omnia
alba, striâ purpureâ. *Calcaria* galeae. *Anthera* subrotunda,

didyma, stylo curvato, sub apice ejus dilatato ovato concavo inserta, illoque tecta. *Stigma* in concavitate apicis styli supra antheram. *Capsula* ovata, depressiuscula, angulata, glabra, albo - purpurascens, lineam longa.

5. S. (*striatum.*) foliis ovatis cucullatis; floribus spicatis, bracteis rhombeis erectis; galeâ excisâ; calcaribus brevibus ovatis. *Prodr. Cap.* p. 6.

Crescit in Picketberg prope rivulos. Floret Octobri.

Bulbus ovatus, indivisus, fibris cinctus. *Caulis* teres, erectus, glaber, purpureus, palmaris. *Folia* caulina circiter tria, alterna, amplexicaulia, acuminata, erecta, remota, glabra, unguicularia. *Spica* florum ovata, vix pollicaris. *Bracteae* foliis similes, superiores sensim minores. *Corolla* sub-monopetala, alba. *Galea* latissima, fornicata, erectiuscula, obtusa, subexcisa, dorso sulcata, intus striis quinque purpureis, basi postice *Calcaria* duo (s. callos) oblonga obtusa virescentia emittens. *Laciniae* exteriores laterales oblongae, apice latiores, patentideflexae, striis obsoletis purpureis lineatae; interiores lanceolatae obtusae subfalcatae, striâ duplici purpureâ. Tertia intermedia (seu labellum) basi convoluta, oblonga, obtusa, apice erecta, striâ triplici purpureâ. *Anthera* stylo versus apicem latiorem ovatum incurvum margine revoluto adnata, subrotunda, didyma, purpurascens. *Stigma* supra Antheram, ut in praecedenti. *Capsula* ovata, depressa, striata, glabra. *Primo* intuitu similis videtur S. *bracteato*, magnitudine, colore et striis corollae; differt vero. *a*) Bracteis erectis, nec reflexis. *b*) Spicâ florum breviori, pauciflorâ. *c*) Galeâ corollae latâ, excisâ nec integrâ, acutâ, Calcaribus prominentioribus.

6. S. (*bicallosum.*) foliis ovatis nervosis; floribus spicatis; bracteis lanceolato-setaceis erectis; galeâ excisâ; calcaribus brevissimis rotundatis. *Prodr.* p. 6.

Crescit in Monte Paardeberg. Floret Octobri.

Bulbus ovatus, indivisus, fibris cinctus. *Caulis* teres, erectus, glaber, palmaris. *Folia* caulina circiter quinque, amplexicaulia, lato-ovata, glabra, erecto-patentia, pollicaria. *Flores* albidi. *Bracteae* lanceolatae, erecto-imbricatae, acuminatae, glabrae, flore longiores, unguiculares, superioribus sensim brevioribus. *Corolla* submonopetala. *Galea* lata, fornicata, apice inflexo excisa, basi bicalcarata s. bicallosa, intus maculis tribus purpureis. *Laciniae* laterales exteriores ovatae, obtusae, leviter falcatae; interiores minores, cum intermedia (labello) latiore ovata obtusa cohaerentes. *Calcaria* (s. Calli) virescentia. *Anthera* stylo apice latiori membranaceo bifido inserta, obcordata. *Stigma* inter antheram et partem dilatatam styli. *Capsula* obovata, depressiuscula, angulata, glabra, angulis minutissime muricatis, albo-rufescens, vix semiunguicularis.

7. S. (*pumilum.*) foliis ovatis acutis; scapo brevissimo; floribus subquaternis; calcaribus brevibus oblongis. *Prodr. Cap.* p. 6.

Crescit in monte Picketberg dicto, prope rivulos. Floret Octobri

Bulbus indivisus, oblongus, fibris cinctus, magnitudine pisi.
Scapus foliis tectus, pollicaris. *Folia* quatuor, vaginanti-am-
plexicaulia, concaviuscula, glabra, patula, approximata, unguicularia usque pollicaria. *Flores* terminales, approximati. Bractea
sub singulo flore lato ovata, acuminata, concava, erecta, glabra, flore longior, foliis brevior. *Corolla* submonopetala, viridis. *Galea* ovata, acuminata, valde fornicata, postice basi
bicalcarata, dorso striis quinque elevatis, intus purpureo-
punctata. *Calcaria* obtusa, albida. *Laciniae* laterales exteriores lanceolatae, acuminatae; duae interiores anteriores subfalcatae et una intermedia (labellum) oblonga, inter se cohaerentes, labium inferius obovatum planiusculum simul mentientes.
Anthera didyma, stylo columnari curvato versus apicem antice
adnata, corniculis duobus minutis pallidis porrectis. *Stigma*
prope apicem acuminatum, concavum. *Capsula* multisulcata,
viridis.

IX. CORYCIUM.

Cor. ringens, tetrapetala, petalis erectis, lateralibus basi
ventricosis. *Labellum* apici styli supra antheram adnatum insertum.

1. C. (*Orobanchoides.*) foliis ensiformibus distichis.
Prodr. p. 6. Satyrium *Orobanchoides. Linn.* Suppl. p. 402.
Syst. Veg. XIV. p. 812.
*Crescit in arenosis Swartlandiae et prope Cap. Floret Sep-
tembri, Octobri.*
Bulbi indivisi, oblongi, fibris cincti. *Caulis* teres, erectus,
pedalis, carnosus. *Folia* vaginantia, alternatim caulem vestientia, circiter quinque usque decem, integra, erecto-patentia,
glabra, subspithamaea. *Spica* florum cylindrica, densa, digitalis et ultra. *Bractea* sub singulo flore solitaria, ovata, acuta,
nervosa, glabra, longitudine floris. *Corolla* tetrapetala, subringens. *Petala* duo exteriora, quorum unum superius s. posterius, angustius, retusum, subexcisum, leviter connexum ga-
leamque formans cum duobus interioribus lateralibus ovatis valde
concavis apice retusis basi ventricosis, calcaria duo postica
brevissima obtusa referentibus. Alterum exterius inferius, obcordatum, concavum, galea paullo minus, erectum. *Labellum*
apici styli supra antheram insertum, basi attenuatum; lamina
replicata. patenti, apice bifurcata. *Anthera* medio stylo sub
labello adnata, didyma, loculis remotiusculis. *Stylus* brevis,
crassus, basi angustior, apice obtusus, alulis duabus falcatis
ad latera deflexis, antheram postice tegentibus. *Stigma* convexum; posticum (versus galeam) infra antheram.

Obs. Genus a *Satyrio* abunde differt petalis lateralibus basi subcalcaratis
et conformatione columnae genitalium. *Hoc et* sequentia bina genera,
secundum observationes recentiores amicissimi Swartzii in *Act. Holm.*
anno 1800 evulgatis, utpote a congeneribus bene distincta, lubenter
admisi.

2. C. (*crispum.*) foliis basi cucullatis, superne attenua-

tis, subundulato-crispis. Orchis coccinea, foliis serratis, in
capreolum abeuntibus. *B u x b. Cent.* 3. *p.* 7. *tab.* XI. Arethusa *crispa.* Prodr. Cap. p. 3.

*Crescit in arenosis prope C a p, in G r o e n e K l o o f et S w a r t l a n d.
Floret S e p t e m b r i, O c t o b r i.*

Bulbus indivisus, rotundus, fibris cinctus, magnitudine fabae.
Caulis teres, erectus, glaber, totus foliis tectus, crassitie digiti, spithamaeus. *Folia* alterna, frequentia, amplexicaulia, basi
lata, subcucullata, sensim attenuata, subundulata, integra, lineata, glabra, infima subtus purpureo maculata, inferiora tripollicaria, superiora sensim minora. *Spica* densa, palmaris,
sensim florens, bracteis vestita, floribus viridibus ore purpureo. *Bracteae* ovatae, obtusae cum acumine, concavae,
virides, nervis saturatioribus. *Corolla* tetrapetala. *Unum* posticum lanceolatum, obtusum, antice carinatum, dorso sulcatum,
gibbum; cum petalis *duobus* lateral. majoribus ovatis, apice
truncatis, cucullato-concavis, basi saccatis leviter cohaerens,
galeam quasi efficiens; omnia viridia, margine antico purpureo.
Quartum anticum, ovato-subrotundum, subacutum, erectum.
Labellum ex apice styli basi angustius: lamina dilatata, obtusa,
excisa, viridi. *Anthera* stylo medio adnata, purpurascens, didyma; loculis distinctis, apice dehiscentibus. *Stylus* crassus, brevis,
teres, apice gerens alulas duas ad latera deflexas, lineares,
convexas, nervosas, apice retusas, canaliculatas, fuscas, antheram postice obtegentes. *Stigma*: tuberculum convexum, posticum. *Capsula* columnaris, inferne angustata, multistriata, torta,
glabra, unguicularis.

3. C. (*vestitum.*) foliis oblongis cucullato-vaginantibus
venoso-reticulatis. Ophrys *volucris.* Prodr. Cap. p. 2.

Crescit in dunis prope P i c k e t b e r g et V e r l o o r e n V a l l e y.
Caulis foliis vaginatus, erectus, digitum crassus, pedalis.
Folia frequentia, totum caulem tegentia, purpureo-maculata,
superiora sensim breviora. *Spica* cylindrica floribus approximatis, digitalis. *Bracteae* membranaceae, foliis similes. *Corolla*
tetrapetala: *supremum* angustum, basi attenuatum, concavum,
apice latius, obtusum, excisum, cum *lateralibus* binis ovatis
concavis basi ventricoso-saccatis cohaerens: *quartum* anticum,
ovato-rotundatum, excisum: Omnia erecta. *Labellum* ex apice
styli, praecedenti conforme. *Alulae* styli longitudine ejus, lanceolatae, obtusae, deflexae. *Loculi* Antherae magis quam in
cacteris contigui.

O b s. Ne cum Ophryde *Volueri L i n n.* (quae Pterygodium *volucre* (vid.
infr.) confundatur, nomen specificum in aliud, habitum plantae exacte in-
dicans, mutavi.

4. C. (*bicolor.*) foliis lineari-ensiformibus convolutis.
Ophrys *bicolor.* Prodr. Cap. p. 2.

Bulbus fibrosus. *Caulis* teres, carnosus, vaginatus, erectus, glaber, pedalis. *Folia* alterna, vaginantia, subundulata, glabra,
caule breviora. *Spica* florum densa, pollicaris. *Bracteae* ovatae, acutae, concavae, longitudine florum. *Corolla* tetrapetala,
lutea. *Petalum* superius oblongum, concavum, erectum, cum

binis *lateralibus* erectis ovatis concavis acutis basi ventricoso-saccatis galeam formans: *quartam* anticum obovatum, basi attenuatum, apice retuso-excisum. *Labellum* ex apice styli, horizontale, seu adscendens, basi attenuatum, apice dilatatum, exciso bifidum. *Anthera* ut in C. *Orobanchoide* et *Crispo*. *Stylus* apice dilatatus, vertice rotundato, laciniis utroque latere lunatis, stylo brevioribus. *Stigma* ut in praecedentibus.

X. PTERYGODIUM.

Cor. 5-*petala*, *subringens*, *petalis lateralibus exterioribus horizontalibus concavis*. *Labellum medio styli inter loculos remotos antherae insertum. Stigma posticum.*

1. P. (*catholicum*.) foliis subternis oblongis acuminatis; spica secunda, labello subhastato lanceolato: stylo acuminato. Ophrys *catholica.* '*Linn.* Spec. Pl. 2. p. 1344. Ophrys *alaris. Linn.* Suppl. p. 404. Syst. Veg. XIV. p. 804. Arethusa *alaris.* Prodr. Fl. Cap. p. 3.

Crescit juxta et extra urbem Cap inque Swartland. Floret Augusto, Septembri.

Bulbus indivisus, rotundus, fibris cinctus, magnitudine pisi. *Caulis* teres, carnosus, glaber, pallide virescens punctis minutissimis purpureis sparsis, erectus, di-vel triphyllus, spithamaeus et ultra · *Folia* caulina, plerumque duo, rarius tria, subcucullata, amplexicaulia, obtusa cum acumine, margine lineisque purpurascentibus, integra, glabra, erecta; inferius majus, bipollicare; versus radicem vagina una alterave aphylla. *Flores* 1, 2 usque 7, viridi-flavescentes, secundi, majusculi. *Bractea* foliis similis, sed multo minor. *Corolla* subringens, 5-petala, fornicata, flavescens. *Galea* s. petalum supremum ovato-lanceolatum, acuminatum, subfornicatum, purpureo maculatum, cohaerens cum petalis duobus *lateralibus* interioribus triangularibus, angulo exteriore obtuso rotundato, apice acutis, fornicato-concavis, superne subexcisis. *Petala* duo exteriora anteriora lato-lanceolata, acuminata, basi valde concava, subsaccata, superiora amplectentia, demum reflexo-patentia, virescentia. *Labellum* versus basin styli inter loculos antherae insertum, acuminatum, basi attenuatum, supra sulcato-concavum, lineam longum. *Anthera* basi styli inserta, loculis ab invicem divergentibus, saccatis, antheras duas mentientibus. *Stylus* brevis, latiusculus, superne sensim attenuatus, apice acuminato incurvo viridi, (sub galea recondito) lateribus marginato-crenulatus, basi utrinque dente notatus. *Stigma* convexum, inter loculos antherae sub labello. *Capsula* columnaris, curva, inferne attenuata, subangulata, multistriata, glabra, viridis.

Varietas α) *major*, floribus luteis et purpureis. (O. *catholica* L.) β) *minor*, uniflora, biflora et triflora, foliis binis vix undulatis. (Ophrys *alaris*) Prodr. Cap.

2. P. (*volucris*.) foliis ternis ovatis; labello hastato; stylo apice obcordato. Ophrys *volucris. Linn.* Suppl. p.

403　Syst. Veg. XIV. p. 814. Ophrys *triphylla*. Prodr. Cap.
p. 2.

Crescit in collibus prope Mosselbanks-rivier, Paardeberg, Ribeck-Casteel. Floret Septembri, Octobri.

Bulbus indivisus, ovatus, fibris cinctus, magnitudine pisi. Caulis teres, carnosus, fragilis, glaber, foliosus, spithamaeus, viridis. Folia caulina tria, alterna, subcucullato amplexicaulia, lato-ovata, obtusa, nervosa, erecto patentia; infimum radicale, maximum, palmare; medium (in medio caule) pollicare; supremum minimum, unguiculare. Flores albo virentes, spicâ digitali. Bracteae lato-lanceolatae, acutae, virides. Corolla subringens, 5 petala. Galea ex petalo supremo lineari obtuso erectiusculo, et duobus lat. interioribus obovatis obtusissimis erectis excisis: laciniâ exteriori latissimâ inflexâ, interiori cum petalo supremo leviter cohaerente. Duo lateralia exteriora ovata, acuta, concava, verticalia. Labellum prope basin styli insertum, laciniis lateralibus canaliculatis, anteriorique acutis patentibus. Anthera suprà labellum stylo adnata; loculis ad latera styli divergentibus, oblongis. Stylus brevis, apice dilatatus, excisus. Stigma posticum. Capsula torta, viridis, glabra, semiunguicularis.

3. P. (*caffrum.*) foliis subquinis oblongis; labello maximo bilobo. Ophrys *Caffra*. Prodr. Cap. p. 2. *Linn.* Syst. Veg. XIV. p. 814.

Crescit prope Montem Paarl in arenosis depressis, inque Monte Paardeberg et ejus depressis arenosis. Floret Octobri.

Bulbus indivisus, fibris cinctus, rotundus, magnitudine pisi. Caulis erectus, foliosus, glaber, spithamaeus. Folia amplexicaulia, oblongo ovata, cucullato-concava, nervosa, glabra, circiter quinque, pollicaria. Flores flavo virescentes, spicâ digitali multiflorâ. Bracteae ovato-oblongae, acutae, concavae, erectae, glabrae, longitudine capsulae. Corolla 5-petala, subringens. Galea ovato obtusa, cum petalis duobus interioribus lat. ovato-lunatis fornicem formans. Duo lat. exteriora anteriora, patentia, verticalia, ovata, acuta, basi concava. Labellum medio stylo insertum, transversum, dependens: lamina lata, biloba; lobis aequalibus ovatis obtusissimis, acumine medio brevissimo interjecto. Anthera stylo infra insertionem labelli adnata, loculis ad latera remotis oblongis, apice obtusis, basi cohaerentibus. Stylus crassus, apice ovatus, obtusus; antice superne excavatus. Stigma posticum ad basin loculorum antherae, convexum. Affine S. alato (vid. infer.) sed differt labello distinctius bilobo integroque nec crenato.

4. P. (*inversum.*) foliis subdistichis lanceolato-ensiformibus, spica densa. Ophrys *inversa*. Prodr. Cap. p. 2.

Crescit in Swartland, infra Ribeck-Casteel, inque regionibus Picketberg. Floret Septembri, Octobri.

Bulbus indivisus, ovatus, fibris cinctus, magnitudine fabae. Caulis teres, crassus, foliis tectus, pedalis. Folia amplexicaulia, disticha, convoluta, striata, glabra, circiter octo, spithamaea, superioribus brevioribus. Flores virides, cernui l. quasi resu-

pinati, spica spithamaea. *Bracteae* lato-lanceolatae, acutae,
concavae, virides, glabrae, capsulá longiores. *Corolla* 5 petala, subringens. *Galea* ex petalo supremo lanceolato, concavo
et duobus inter. lat. maximis, obovatis, concavis, leviter ad
latera connexis; duo lat. exteriora anteriora (situ postica) deflexa, ovato-lanceolata verticalia, basi concava, prioribus breviora. *Labellum* medio stylo adnatum, parvum, subspathula-
tum, basi angustius, medio replicatum. *Anthera* stylo adnata,
loculis remotis ad latera laoelli. *Stylus* brevis, apice latiusculus, compressus, crassus, obtusus, excisus, nigro-striqtus.
Stigma posticum infra loculos Antherae. *Odor* ingratus Agarici.

5. P (*alatum.*) foliis frequentibus lato-lanceolatis; labello
trifido crenulato, laciniâ mediâ brevissimâ acutâ. Ophrys
alata. Prodr. p. 2. *Linn.* Suppl. p. 404. Syst. Veg. XIV.
p. 813.

Crescit prope Cap. Floret Augusto, Septembri.
Bulbus indivisus, globosus, fibris cinctus, magnitudine pisi.
Caulis subteres, striatus, glaber, foliosus, palmaris. *Folia* subconcava, sulco longitudinali, subtus carinata, integra, erecto-
patentia; inferiora majora, superiora minora. *Flores* alterni,
subpedunculati, flavo-virescentes. *Bracteae* foliis similes, ovatae, acutae, integrae, glabrae. longitudine germinis. *Corolla*
subringens, 5-petala. *Unam* superius erectum, ovatum, concavum,
carinatum, cum duobus *lateralibus* rhombeis, viridibus, alaeformibus, fuscis, tenuioribus galeam formans; dao anteriora, ovata,
obtusa, lineata, glabra, patenti-reflexa, leviter concava. *La-*
bellam medio stylo intra loculos antherae basi adnatum, laminâ
tripartitâ: *laciniae* laterales ovatae, obtusissimae, patentes, crenulatae; media lanceolata, angustissima, subtus carinata, supra
sulcata. *Anthera* infra medietatem styli adnata, loculis divergentibus oblongis, apice dehiscentibus, basi prope stigma connexis. *Stylus* elongatus, basi latus, medio angustior, planus,
dorso gibbus, apice dilatatus obtusus, antice foveâ duplici cavus. *Stigma* posticum (versus galeam) ad basin dorsi antherae,
concavum, glabrum. *Capsula* ovata, striato-angulata, glabra.

6. P. (*atratum.*) foliis frequentibus lineari-setaceis.
Ophrys *atrata.* Prodr. p. 2. *Linn.* Mant. p. 121. Syst. Veg.
XIV. p. 814.

Crescit in arenosis Swartlandiae. Floret Septembri,
Octobri.
Bulbi fasciculati, simplices, teretes, longi, tomentosi. *Caulis*
carnosus, teres, erectus, spithamaeus, usque pedalis. *Folia*
sparsa, basi latiora, linearia, apice setaceo, incurva, glabra,
pollicaria usque tripollicaria. *Floram* spica patula, oblonga,
pollicaris usque tripollicaris. *Bracteae* foliis similes, unguiculares, longitudine florum. *Corollae* 5-petalae, subringentes.
Galea lanceolata, erecta, planiuscula, cum duobus sup. interioribus unguiculatis dimidiato-oblongis, acutis, concavo-navi-
cularibus fornicem formans; duo lat. inferiora ovato-lanceolata,
concava, patula. *Labellam* stylo insertum, subpedicellatum; lamina cordato-spathulata, subrotunda, crenulata, primum re-

plicata, demum deflexa patens.   *Anthera* stylo versus summitatem inserta, loculis duobus corniformibus s. ovato-conicis,
erectis, ad latera styli divergentibus, antice nudis, postice pro-
cessibus styli tectis; basi cohaerentibus, margine extus dehiscentibus. Massa pollinis flava.   *Stylus* brevis, basi attenuatus.
Stigma posticum, tuberculis binis convexis.

XI· DISPERIS.

Cor. 5-*petala, ringens; petalis lateralibus exterioribus horizontalibus., subcalcaratis.   Labellum e basi styli
genitalibus connexum.   Anthera velo spirali tecta.*

1. D. (*capensis.*) scapo ovato diphyllo unifloro; foliis
lanceolatis. Arethusa *capensis.* Prodr. p. 3. *Linn.* Suppl.
p. 405. Syst. Veg. XIV. p. 817.

*Crescit in Leuwekop, in Collibus infra Taffelberg et urbem,
inque summitate montis Tabularis.   Floret Julio, Augusto.*
Bulbus carnosus, globosus, indivisus.   *Caulis* herbaceus, teres, erectus, latere altero striatus, glaber, spithamaeus l. paullo
longior.   *Folia* caulina duo l. tria, cucullato amplexicaulia,
acuta, integra, glabra, erecta, longitudine circiter internodii,
bipollicaria, supra trisulcata, subtus carinâ lineisque duabus
elevatis, longe vaginantia, inferne hirta.   *Flos* terminalis, solitarius, subperpendicularis.   *Bractea* germini subjecta, foliis
omnino similis, sed minor.   *Corolla* subringenti-fornicata, 5-
petala, viridi-purpurascens.   *Galea* (s. petalum supremum) sac-
cato-fornicata, oblonga, dorso superne compresso: apice filiformi antice sulcato, erecto, galeâ paullo breviori.   *Petala* duo
interiora superiora latere exteriori leviter cum galea connata et
fornicem formantia, recta, lunato-rhombea, longitudine galeae,
alba, margine saturate purpureo; apice producto subulato, margine
(prope galeam) ciliata, ciliis intra marginem purpureis, virescentibus; duo exteriora anteriora lateraliter patentia, verticalia,
ovata sacco prominulo s. calcare obtuso brevi; apice filiformi-
setacea, reflexa.   *Labellum* erectum, sulco Antherae insertum,
sed longius, apice replicato sub galea recondito, basi lineari;
lamina lanceolata, acuminata, supra hirta: lacinula obovata,
minima, crenulata, latere anteriori acuta.   *Anthera* oblonga,
stylo adnata, erecta, antice *velo* tecta, margine utroque foramine dehiscens, lacinulam cartilagineam spiralem circumflexam
exserens, apice pedunculis polliniferis adglutinata.   *Stylus* brevissimus, obtusus.   *Stigma* anticum, infra antheram, convexum.
Capsula obovata, angulato-striata, glabra.   *Semina* plurima,
globosa, glabra.

2. D. (*villosa.*) scapo diphyllo unifloro; bracteâ germine-
que villosis; foliis cordato-ovatis, subtus glabris, ciliatis.
Arethusa *villosa.* Prodr. p. 3. *Linn.* Suppl. p. 405. Syst.
Veg. XIV. p. 817.

*Crescit in collibus prope urbem Cap.   Floret Augusto, Sep-
tembri.*

Bulbus rotundus, indivisus. *Caulis* teres, villosus, erectus, palmaris, raro spithamacus. *Folia* caulina, duo, ovato-subrotunda, obtusa, integra, margine tenuissime ciliata, patentia, semiunguicularia; infimum subpetiolatum petiolo brevi, vaginanti; superius infra medium subcucullatum, amplexicaule. *Flos* terminalis, flavescens, solitarius, bini vel tres. *Bractea* foliis similis, subtus villosa, venis ramosis. *Corolla* subringenti-fornicata, 5-petala. *Galea* depressa, oblongo-fernicata, carinata, villosa, cum petalis duobus interioribus parvis subtriangularibus obtusis connata, intus maculâ viridi notatâ. *Petala* duo inferiora horizontaliter patentia, rhombea, apice saccata, sacco brevi obtuso. *Labellum* supra basin styli insertum, lineare, obtusum, longitudine petalorum interior., erecto-patens, viride. *Anthera* depressa, oblonga, gibba, subdidyma, velo cucullato tecta, foraminibus duobus antice dehiscens, lacinulas duas membranaceas contortas exserens. Massae pollinis granulosae, flavae, pedicellatae: pedicellis apici lacinularum adglutinatis. *Stylas* brevis, crassus. *Stigma* anticum, concavum infra antheram. *Capsula* columnaris, striato-angulata, inferne attenuata, villosa, unguicularis.

3. D. (*secunda.*) scapo diphyllo multifloro; foliis linearibus; floribus secundis. Orchis *circumflexa. Linn.* Spec. Pl. 2. p. 1344. Syst. Veg. XIV. p. 814. Arethusa *secunda.* Prodr. Cap. p. 3.

Crescit prope urbem Cap. Floret Augusto et sequentibus mensibus.

Bulbi circiter tres, globosi, indivisi, magnitudine pisi. *Caulis* simplex, indivisus teres, glaber, ruber, clevato-striatus, palmaris et ultra. *Folia* alterna, sessilia, canaliculato-concava, glabra, erecta, caule breviora. *Flores* quatuor l. quinque. *Bracteae* ad basin singuli floris simplices, basi latae, apice attenuatae, concavae, erectae, inferioribus sensim majoribus, glabrae. *Corolla* fornicata, subringens, 5-petala. *Galea* valde gibba, apice acuta, virescens marginibus rufescentibus, connexa cum petalis duobus interioribus, concavis, apice acuto inflexo, ovatis, latere interiore rectiore, virescentibus, intus striis maculisque saturate viridibus: duo lat. exteriora virescentia, subverticalia, ovata, apice acuto reflexo, medio versus latus exterius saccata, sacco obtuso brevi. *Labellum* stylo a basi ad apicem ejus adnatum, lineare, superne laminâ ovato-concavâ, acutâ, erecto-patenti. *Anthera* stylo inferne adnata, subcordata, velo antice tecta foramine duplici aperto, singulo lacinulam spiralem viridem exserente. Massae pollinis oblongae, flavae, granulatae, pedicellis e singulo loculo antherae cum lacinulis spiralibus connexis. *Stylas* basi latiusculus, superne attenuatus, linearis, antice canaliculatus, apice sub galea curvatus. *Stigma* concavum, anticum, horizontaliter patens, infra lacinulas spirale: *Capsula* clavata, torta, lineis elevatis subangulata.

XII. C Y M B I D I U M.

*Cor. 5. petala erecta vel patens. L ab e l l u m basi conca-
vum ecalcaratum, lamina patula. A n t h e r a opercularis decidua. P o l l e n globosum.*

1. **C.** *(tabulare.)* folio radicali lineari; scapo paucifloro;
floribus spicatis cernuis; lamina labelli trifida. Satyrium *Tabulare. L i n n.* Suppl p. 403. Syst. Veg. XIV. p. 811. Serapias *Tabularis,* Prodr. Fl. Cap. p. 3.
*Crescit in planitie m o n t i s t ab u l ar i s prope frontem. Floret Ja-
nuario.*
Radix bulbosa. *Folium* radicale solitarium (nec plura mihi
visa) patens, glabrum, digitale. *Scapus* flexuoso erectus, striatus, vix pedalis. *Vaginae* in scapo binae vel tres. *Flores* circiter quinque. *Bractea* sub singulo flore lanceolata, capsula
brevior. *Corolla* irregularis, virescens, pentapetala: tria exteriora consimilia, ovata, obtusa, venosa, concava, erecta, unguicularia; lateralia basi antice ad latera labelli parum producta; duo interiora vix angustiora, subpatentia. *Labellum* totum flavum, reliquis petalis latius et paulo brevius, convoluto-
concavum, obtusissimum, tripartitum: Laciniae ovatae, integrae; intermedia concava, subinde brevior, excisa. *Anthera*
styli apici inserta, convexa, decidua. Massae pollinis croceae.
Stylus latus, erecto-inflexus, dorso convexus, antice concavus,
glaber. *Stigma* fovea antica concava, subinfundibuliformis.
Capsula subclavata, striata, hexagona, glabra. *Unicam* tantum
specimen hucusque repertum fuit.

2. **C.** *(aculeatum.)* foliis radicalibus subternis ensiformibus striatis; scapo vaginato; spica ovata. Satyrium *aculeatum. L i n n.* Suppl. p. 402. Syst. Veg. XIV. p. 811. Serapias *aculeata.* Prodr. Fl. Cap. p. 3.
*Crescit in summo T a ff e l b e r g in planitie frontis. Floret Ja-
nuario.*
Balbi subglobosi, plures cohaerentes, albi, piso majores.
Folium radicale solitarium (raro tria) striato-plicatum, glabrum,
longitudine scapi. *Scapus* filiformis, flexuoso erectus, digitalis.
Vaginae membranaceae, inflatae, subcucullatae, *Flores* aggregati, spica subrotunda vel ovata, bracteolis sub floribus lanceolatis. *Corolla* 5-petala; C. *tabulari* omnibus partibus dimidio minor. *Petala* tria exteriora subaequalia, erecta, flava; la-
teralia-basi antice paullo producta. Duo interiora exterioribus
consimilia, vix breviora. *Labellum* basi parum gibbum; lamina
trifida, lacinia intermedia superne aculeis albis purpureisque
muricata. *Anthera* ut in C. *Tabulari.* *Stylus* inferne purpureo-
striatus. *Capsula* striata, hexagona angulis alternis minoribus,
subclavata.

3. **C.** *(pedicellatum.)* foliis ensiformibus nervosis; scapo
vaginato; floribus subracemosis pedicellatis nutantibus. Satyrium *Capense. L i n n.* Spec. Pl. 2. Satyrium *Pedicellatum.*

Linn. Suppl. p. 402. Syst. Veg. XIV. p. 812. Serapias pedicellata. Prodr. Fl. Cap. p. 3.

Crescit prope Zeeko-rivier et alibi. Floret Decembri.

Bulbus indivisus, ovatus, magnitudine fabae, superiori parte
fibris albis crassis praeditus. *Folia:* radicale unum alterumve,
basi vaginantia, inferne attenuata, a medio ensiformia, glabra,
multistriata, nervis tribus exstantibus flavescentibus, longitudine
scapi. *Scapus* pedalis et ultra, teretiusculus, laxus, vaginis remotis, longis laxis cucullatis, fauce obliquis. *Flores* racemosi,
plures (10 — 12) cernui. *Bracteae* lineari-lanceolatae, longitudine pedicellorum. Pedicelli longitudine fere germinis. *Corolla*
5-petala, subaequalis: petala tria exteriora ovato-lanceolata,
acutiuscula, patenti-erecta; posticum vix concavum nec carinatum; lateralia basi oblique antice producta, angulata, labellum
inferne amplectentia; duo interiora subaequalia. *Labellum* basi
inter pet. lat. exteriora prominens, calcar brevissimum mentiens; lamina triloba; lobis oblongis patentibus, intermedio longiore subconcavo venoso, supra sulcato, ramentis brevissimis
obsito. *Anthera* stylo brevi erecto apice inserta, mobilis, decidua. *Globuli* pollinis sphaerici, flavi.

4. C. (*giganteum.*) foliis ensiformibus subrecurvis equitantibus; scapo tereti; floribus spicatis remotis; labello hastato. Satyrium *giganteum, Linn.* Suppl. p. 402 Syst. Veg.
XIV. p. 811. Limodorum *giganteum.* Prodr. Fl. Cap. p. 4.

*Crescit juxta Zeeko-rivier, prope ostiam maris. Floret De-
cembri.*

Radix parasitica, fibrosa. *Folia* radicalia, carnosa, recurvata, integra, glabra, scapo breviora, pollicem lata. *Scapus*
subangulatus *), striatus, glaber, erectus, sensim attenuatus,
pedalis, bipedalis et ultra. *Vaginae* in scapo alternae, lanceolatae, concavae, reflexae, striatae, virides, unguiculares. *Florum* racemus **) multiflorus, digitalis usque spithamaeus. *Corolla* 5-petala, patula. *Petala* subaequalia; tria exteriora lato-
ovata, acuta, patentia, striata, flavescentia, unguicularia; duo
interiora vix angustiora. *Labellum* basi subtus gibbum, album,
nec calcaratum, superne purpureo striatum; laciniis lateralibus
seu basees deltoideis obtusis albis utrinque productis; intermediâ majori, oblongâ, integrâ, subtus concavâ, flavâ, supra convexâ, striatâ, flava: disco longitudinaliter plicato, limbo undulato. *Anthera* terminalis, opercularis, stylo insidens. *Stylus*
crassus, dorso convexus, antice sulcatus, albo-virescens. *Stigma:*
fovea antice impressa, obliqua, prope antheram. *Flos* corollam pentapetalam fere regularem repraesentat.

XIII. LIMODORUM.

*Nectarium monophyllum, concavum, pedicellatum, in-
tra petalum infimum.*

1. L. (*longicorne.*) foliis equitantibus subensiformibus

---

*) In diagnosi: *teres. Editor.*
**) In diagnosi: *flores spicati. Editor.*

obtusis; floribus secundis; calcare filiformi longissimo. *Prodr.*
p. 3. Epidendrum *Capense. Linn.* Suppl. p. 407.
Crescit in sylvis prope Swartkops-rivier. Parasitica arborum.
Radix fasciculata, fibris filiformibus plurimis. *Folia* radicalia
plurima, equitantia seu obverse amplexicaulia, basi articulata,
oblonga seu subensiformia, obtusiuscula, substriata, integra,
glabra, digitalia. *Scapi* solitarii, duo l. plures, teretes, flexuoso-erecti, vaginati, glabri, digitales usque spithamaei. *Vaginae* membranaceae, breves. *Flores* plurimi in spica saepe palmari. *Bracteae* ovatae, acutae, membranaceae, brevissimae.
Corolla pentapetala, tota crystallino-alba, subringens: *Petala*
tria exteriora, quorum supremum lanceolatum, erectum, apice
recurvum, unguiculare; duo lateralia patentia apice reflexo,
supremo similia, sed margine inferiori dentem obtusum exserentia: duo interiora exterioribus paullo breviora et angustiora,
aequalia, lanceolata, acuta, erecto patentia, apice reflexo. *Labellum* lanceolatum, acutum, patens, dependens, longitudine petali supremi, basi callis duobus lateralibus; subtus inferne calcaratum. *Calcar* cylindricum, sensim attenuatum, rectum, album, obtusum, pollicare. *Anthera* margini postice apicis styli
inserta, convexa, opercularis, mobilis, decidua. *Stylus* crassus, dorso convexus, viridis, antice cavus. *Stigma:* fovea in
parte superiori styli sub anthera antice producta. *Variat* foliis
angustioribus lineari-lanceolatis.

2. L. (*triste.*) foliis ensiformibus erectis; scapo ramoso;
floribus racemosis subcampanulatis; calcare obtuso germine
breviori. *Prodr. Cap.* p. 4. Limodorum *Capense. Berg.*
Cap. p. 347. Satyrium *Capense. Houtt.* Nat.Hist. 2 D. 12 St.
p. 502. T. 86. f. 3. Satyrium *triste. Linn.* Suppl. p. 402.
Syst. Veg. XIV. p. 811.
*Crescit juxta Zeeko-rivier et in summo Hottentots Hol-
lands-berg. Floret Decembri, Januario.*
Radix fibrosa, fibris filiformibus albis. *Folia* radicalia, plura,
acuta, equitantia, serrulata, multinervia, nervis quinque exstantibus luteis, glabra, scapo duplo breviora, pedalia. *Scapus*
subcompressus, striato-angulatus, glaber, erectus, apice ramosus, bipedalis. *Rami* alterni, laxi. *Bracteae* in scapo et in singulo flore membranaceae, spathaceae, basi latae, lanceolatae.
Pedunculi capillares, capsula longiores. *Corolla* 5-petala, cam-
panulatam mentiens. *Petala* tria exteriora, aequalia, lanceolata, erecta, fusca l. tristia, unguicularia; duo interiora prioribus omnino similia. *Labellum* obovatum, trifidum, dorso vi-
rescenti-fuscum, intus concavum, marginibus membranaceis inflexis striisque elevatis crenulatis albis; obtusum, erectum, petalis paullo longius, basi calcaratum. *Calcar* virescens. *Anthera* styli apici inserta, convexa, opercularis, decidua. *Stylus*
dorso convexus, antice concavus-planus, virescens. *Stigma* an
ticum prope antheram, concavum. *Variat* 1mo magnitudine et
ramis scapi. 2do florum maculis purpureis.

3. L. (*barbatum.*) foliis ensiformibus subfalcatis equitan-

tibus; scapo flexuoso; spicâ ovatâ; laminâ labelli subtrilobâ; calcare obtuso. *Prodr. p.* 4. SERAPIAS *Capensis.* Linn. Mantiss. p. 293. Syst. Veg. XlV. p. 816.

Folia radicalia plura, usque septem, reflexa, striata, glabra, integra, scapo duplo breviora. *Scapus* compressus, glaber, vaginis vestitus, erectus, spithamaeus vel paullo ultra. *Vaginae* alternae, membranaceae, erectae, sesquipollicares. *Flores* terminales, subfastigiati, albidi, plures, spicam ovatam referentes. *Bracteae* unguiculares. *Corolla* 5-petala, subregularis, patens. Petala tria exteriora ovato-lanceolata, acuta, unguicularia; duo interiora parum angustiora. *Labellum* concavum, lamina trilobâ: lobis lateralibus minoribus; intermedio ovato, disco striato subbarbato; basi calcaratum. *Calcar* teres, germine brevius.

4. L. (*hians.*) foliis linearibus equitantibus; scapo paucifloro; corollis cernuis; labello trilobo; calcare longitudine germinis. *Prodr. Cap.* p. 3. SATYRIUM *hians.* Linn. Suppl. p. 401. Syst. Veg. XlV. p. 8:2.

Radix subtuberosa; radiculis teretibus albidis rigidis simpliciusculis. *Folia* radicalia, subquaterna, lineari ensiformia, acuta, striata, lineata, integra, glabra, erecta, spithamaea. *Vaginae* supraradicales, folia et scapum cingentes. *Scapus* distinctus, pedalis, teres, erectus, glaber striatus remote vaginatus: Vaginis tribus l. quatuor cucullatis, carinatis, acutis, striatis, membranaceis. *Flores* terminales, quatuor s. quinque, cernui, brevissime pedicellati. *Bracteae* sub singulo flore acutae, breves. *Corolla* 5-petala, subregularis, patens. Petala tria exteriora, quorum posticum lanceolatum, obtusum, carinatum; lateralia oblonga, obtusa, angulo obtuso basi antice producta: duo interiora ovata, latiuscula. *Labellum* inter petala exteriora lateralia adscendens, carinatum, oblongum; lobi laterales parvi, ovati, intermedio longitudine petalorum; ovato-obcordatum, striatovenosum, basi subtus productum in *Calcar* teres, obtusum, longitudine fere germinis, leviter antrorsum curvum. *Anthera* ex apice styli, rotundata, decidua. *Stylus* erectus, superne incrassatus, antice excavatus. *Stigma* concavum. *Capsula* cylindracea.

XIV. SALIX.

MASC. *Amenti squamae. Cor.* o. *Glandula baseos nectarifera.*
FEM. *Amenti squamae. Cor.* o. *Stylus bifidus. Caps.* 1-*locularis,* 2-*valvis. Sem. papposa.*

1. S. (*aegyptiaca.*) foliis serratis lanceolatis ovatis venosis glabris exstipulatis. *Prodr. Capens.* p. 6. SALIX *aegyptiaca.* Linn. Syst. Nat. XlV. p. 879. Spec. Plant. p. 1444.

Crescit prope rivos in Rode Sand. *Floret Septembri, Octobri.*
Fratex orgyalis, cortice purpurascente, glabro. *Rami* et ramuli alterni, erecto-patentes, laxi. *Folia* brevissime petiolata,

alterna, mucronata, serrulata margine parum reflexo, supra viridia, subtus glauca, patentia, subpollicaria. *Flores,* quos masculos tantum vidi, spicati, tetrandri. *Spicae* compressae, pollicares. *Calycis* squamae albo-tomentosae.

2. S. (*capensis.*) foliis ramorum serratis ramulorum integris lanceolatis glabris, ramis divaricatis pendulis.
*Crescit prope rivulos in montiam proclivis in Hantum. Deflorait
Octobri, Novembri.*
Arbor orgyalis, ramosissima, glabra. *Rami* et ramuli alterni,
laxi, longissimi. *Folia* breviter petiolata, alterna, lanceolata,
mucronato-acuta, difformia: alia longiora, subhirsuta et serrata;
alia breviora, integra, glabra; patentia, unguicularia, pollicaria et ultra. *Flores masculi* axillares, in spicis (amentis) cylindricis, pollicaribus, antheris exsertis. *Flores* feminei, in ultimis ramulis racemosi, distincti. *Racemus* subpollicaris. *Capsulae* bivalves, glabrae. *Differt* a S. *babylonica.* 1. foliis ramulorum integris, minoribus. 2. foliis potius pulverulentis glaucis,
quam villosis.
O b s. Mas frutex erectus, ramosus, glaber. *Rami et ramuli* filiformes.
Folia ut in femina.

3. S. (*mucronata.*) foliis integris glabris oblongis mucronatis subtus glaucis. *Prodrom. Capens* p. 6.
Arbor orgyalis, tota glabra, cortice purpureo, rugoso. *Rami* et
ramuli alterni, patulo-erecti, subflexuosi, virgati. *Folia* in ultimis ramulis alterna, petiolata, elliptico-oblonga, obtusa cum
acumine setaceo, margine incrassato subrevoluto, supra viridia,
reticulato venosa, patentia, unguicularia usque pollicaria. *Petioli* brevissimi. *Flores,* quos femineos tantum vidi, in ultimis
ramulis terminales, spicati, erecti. *Squamae* calycis albo tomentosae. *Differt* a S. *integra:* 1. foliis cuspidatis. 2. ramis
striatis nec laevibus. 3. foliis inferne sensim attenuatis et breviter pedunculatis.

4. S. (*hirsuta.*) foliis integris utrinque hirsutis exstipulatis ovatis mucronatis. *Prodrom. Capens.* p. 6.
Arbor orgyalis cortice rugoso, purpurascente, glabro. *Rami* et
ramuli alterni, erecti, virgati. *Folia* in ultimis ramulis brevissime petiolata, obovata, obtusa cum acumine, utrinque albo-
hirsuta, unguicularia. *Flores,* quos masculos tantum reperi,
spicati, 5-6andri. *Spicae* cylindricae, foliis breviores. *Calycis*
squamae lanatae. *Differt* a. S. *lanata:* hirsutie, quodque major;
ab *aarita:* stipulis nullis.

XV. ANCISTRUM.

Cal. 4-*phyllus. Cor.* o. *Stigma multipartitum. Drupa
exsucca, hispida,* 1-*locularis.*

1. A. (*decumbens.*) foliis pinnatis hirsutis, fructibus tomentosis armatis. *Prodr. Capens.* p. 6. AGRIMONIA *decum-*

bens. Linn. Syst. Veg. XIV. p. 448. Suppl. p. 251. Ancistrum *latebrosum. Willd.* Spec. T. I-V. P. I. p. 155.
Crescit in Roggeveld. Floret Novembri, Decembri.
Caules plures, radicales, flexuoso erecti, striati, villosi, palmares. *Folia radicalia* plurima, pinnata, hirsuta, diffusa, digitalia: *pinnae* impares, aequales dentatae, obovatae; *caulina* alterna, vaginantia, remota, similia, minora. *Flores* in summitate
caulium spicati

D I G Y N I A.

XVI. G U N N E R A.

Amentum squamis unifloris. Cal. o.   *Cor.* o.   *Germen bidentatum. Styl.* 2. *Sem.* 1.

1. G. (*perpensa.*) Prodr. Cap. p. 6. *Linn.* Mantiss. p.
121. Syst. Veget. XIV. p. 819.

*Crescit ad latera rivulorum in Swartland, Warme Bockeveld,
Roode Sand, infra Taffelberg, in Lange Kloof. Floret
Septembri, Octobri, Novembri, Decembri.*
Folia radicalia, inaequalia, cordata, sublobata, reniformia,
serrata, venosa, tenuissime villosa, palmam usque pedem ampla. *Petioli* compressi, striati, villosi, pedales. *Scapus* compressus, striatus, sensim attenuatus, villosus, longitudine petiolorum vel ultra. *Flores* in scapo a medio ad apicem conden-
sati, paniculati, sensim in scapo excrescente florentes, minuti.
Panicula composita, pedalis, racemulis versus apicem magis
coarctatis et brevioribus, flosculis brevissime pedicellatis absque
corolla et calyce. *Filamenta* nulla; sed *antherae* duae, sessiles
in germine, ovatae, didymae, sulcatae, flavae.   *Germen* glabrum. *Styli* duo, patuli, purpurascentes, antheris multo breviores. *Bacca* vel Drupa ovata, glabra, pistillis persistentibus
coronata, succulenta, monosperma. *Semen* unicum, lentiforme,
glabrum.

Classis III.

TRIANDRIA.

MONOGYNIA.

XVII. VALERIANA.

Cal. o. *Cor.* 1-*petala, basi hinc gibba, supera.* *Sem.* 1.

1. **V.** (*capensis.*) floribus triandris; foliis pinnatis: foliolis ovatis dentatis.

Crescit in Montium convalliis pone Lange Kloof. *Floret Decembri.*

Caulis articulatus, striatus, erectus, totus glaber, pedalis et ultra. *Folia* opposita, petiolata, bi- seu trijuga, spithamaea. *Pinnae* alternae, acutae, unguiculares: impari majori. *Petioli* amplexicaules. *Flores* paniculati, plurimi. *Panicula* supradecomposita, trichotoma, fastigiata. *Bracteae* sub trichotomia pedunculorum binae, oppositae, lanceolato-setaceae, vix unguiculares. *Flores* et *Semina* omnino ut in V. *officinali.* *Usus* radicis, licet rarior in Epilepsia Colonis notus. *Differt* manifeste a V. *officinali,* cui simillima videtur, pinnis brevioribus et dentatis.

XVIII. FICUS.

Receptaculum commune turbinatum, carnosum, connivens, occultans flosculos vel in eodem, vel in distincto. *MASC. Cal.* 3-*partitus.* *Cor.* o. *Stam.* 3. *FEM. Cal.* 5-*partitus.* *Cor.* o. *Pist.* 1. *Sem.*

1. **F.** (*cordata.*) foliis subcordatis ovatis acutis glabris coriaceis; caule fruticoso erecto. FICUS *cordata.* *Thunberg* Dissert. de Ficu p. 8. cum figura.

Crescit in Hantum et juxta Heeren logement.

Frutex mediocris, totus glaber, ramosus. *Rami* teretes, subrugosi, cinerei, erecto patentes, ramulosi. *Folia* versus apices ramorum et ramulorum approximata, obsolete cordata, integra, venosa venis reticulatis, patentia, sesquipollicaria. *Petioli* teretes, unguiculares. *Fructus* sessiles, versus apices ramorum et ramulorum in axillis foliorum approximati, globosi, magnitudine pisi.

2. F. (*capensis.*) foliis ovatis acutis glabris serratis, fructibus pedunculatis glarbis.   F*i*cus *capensis.* *Thunb.* Dissert. de Ficu p. 13.

Africanis incolis: Wilde Vygeboom. *Crescit in sylvis Esse-bosch, prope Zeelo-rivier, Pisangrivier et alibi. Fructus maturat Decembri.* *Arbor* excelsa, vasta, glabra. *Radix* perennis, fibrosa in tenellis ficubus sub terra sessilibus. *Rami* patentes. *Folia* ovato-oblonga, sinuato-dentata, supra viridia, subtus pallidiora, nervosa, patentia, digitalia. *Pedunculi* semiteretes, pollicares. *Fructus* sparsi, turbinati, magnitudine avellanae et ultra.

XIX. BRYONIA.

Masc. Cal. 5-*dentatus. Cor.* 5-*partita. Filamenta* 3. *Fem. Cal. et Cor. ut in* ♂. *Stylus* 4-*fidus. Bacca subglobosa, polysperma.*

1. B. (*scabra.*) foliis cordatis angulatis dentatis, supra çalloso-punctatis, subtus piloso-scabris; floribus umbellatis. B. *scabra* Syst. p. 870. Suppl. p. 425.

Caulis flexuosus, scandens, angulatus, sulcatus, pilosus. *Folia* alterna, petiolata, subquinqueloba, acuta, dentata; supra papilloso-scabra papillis crystallinis; subtus pallidiora, valde villosa, tenuissime papillosa, pollicaria et ultra. *Petioli* villosi, subpapillosi, pollicares. *Flores* plurimi. *Pedunculus* communis axillaris, pilosus, pollicaris. *Pedicelli* circiter 12, breves. *Corollae* extus hirsutae.

2. B. (*punctata.*) foliis cordatis angulatis dentatis, supra callosis, subtus pilosis; pedunculis unifloris.

Caulis scandens, striatus, villosus. *Folia* alterna, petiolata, acute dentata, mucronata, supra papilloso-scabra, subtus hirsuta, non manifeste papillosa, pollicaria. *Petioli* hirsuti, folio breviores. *Flores* axillares, pedunculati. *Pedunculi* solitarii, vel bini, lineam longi. *Bacca* globosa, glabra, impresso-punctata.

3. B. (*cordata.*) foliis cordatis scabris denticulatis; floribus axillaribus geminis.

Caulis decumbens, filiformis, sulcatus, glaber, simplex. *Folia* alterna, petiolata, ovata, acuta, obsolete serrulata, papilloso-scabra imprimis supra, glabra, pollicaria. *Petiolus* longitudine folii. *Pedunculi* capillares, bini, uniflori, folio breviores. *Baccae* glabrae, magnitudine pisi.

4. B. (*triloba.*) foliis trilobis, supra laevibus, subtus scabris.

Caulis angulatus, sulcatus, glaber, scandens, ramosus ramis alternis, brevibus. *Folia* alterna, petiolata, lobi angulati, integri, obtusi cum mucrone minimo; subtus valde muricata, pallidiora; inferiora majora, superiora sensim minora. *Petiolus* striatus, unguicularis. *Cirrhi* axillares.

5. B. *(angulata.)* foliis quinqueangulatis, utrinque scabris; floribus subumbellatis.

Caulis striatus, angulatus, glaber, scandens, ramosus. *Folia* alterna, petiolata, angulata, 5-loba; lobi obtusi cum mucrone minimo; integra, utrinque muricata, subtus pallidiora, inferiora sesquipollicaria, superiora minora. *Petioli* glabri, striati, semipollicares. *Cirrhi* axillares. *Flores* ex axillis foliorum, umbellati. *Pedunculus* pollicaris, raro uniflorus, saepius umbellato-paniculatus. *Pedicelli* capillares, unguiculares. *Similis* B. *grandi*, sed minor foliis et imprimis floribus.

6. B. *(africana.)* foliis angulatis quinquelobisque glabris, margine scabridis. Bryonia *africana*. Linn. Syst. veg. XIV. p. 870. Sp. Pl. p. 1438.

Crescit in Houtbay prope littus inter frutices. Floret Aprili, Majo.
Caulis sulcato-angulatus, glaber, ramosus, scandens. *Rami* similes, elongati. *Folia* alterna, petiolata; infima cordata, indivisa, subangulato-dentata, majora; superiora 5-lobata; suprema triloba, minora; lobi angulati. *Petioli* sulcati, pollicares. *Flores* subpaniculati. *Pedunculi* axillares, capillares, pollicares. *Pedicelli* unguiculares.

7. B. *(laevis.)* foliis cordatis, serratis, laevibus; floribus axillaribus, subumbellatis.

Caulis striatus, glaber, volubilis. *Folia* alterna, petiolata, palmata, glabra, subpalmaria; lobi quinque, serrati, acuti, laterales minores. *Petioli* pollicares vel ultra. *Flores* pedunculati. *Pedanculi* pollicares et ultra, capillares, uniflori vel umbelliferi.

8. B. *(acutangula.)* foliis angulatis integris laevibus glabris.

Crescit prope Zeeko-rivier.
Florentem non vidi. *Caulis* sulcato-angulatus, flexuoso-scandens, glaber, subsimplex. *Folia* alterna, saepe plura ex articulis, petiolata, cordata, lobis acutis integris, inferiora palmaria, superiora minora. *Petioli* striati, glabri, sesquipollicares.

9. B. *(quinqueloba.)* foliis 5-lobis denticulatis, supra scabris; pedunculis unifloris.

Crescit in sylvis Krakakamma. Floret Decembri.
Caulis angulatus, sulcatus, scandens. *Folia* alterna, subsessilia, cordata, supra papilloso-scabra, subtus laevia, glabra, palmaria, superioribus sensim minoribus; lobi divaricati sinubus rotundatis, ovatis: denticulati versus apicem, obtusi cum mucrone setaceo; laterales minores subangulati. *Petioli* vix ulli vel brevissimi. *Cirrhi* axillares. *Flores* axillares, solitarii. *Pedunculus* unguicularis. *Similis Sisyoidi Garcini:* differt vero 1. foliis. 2. floribus umbellatis.

10. B. *(digitata.)* foliis digitatis: laciniis linearibus, bilobis, scabris; floribus umbellatis.

3 *

Caulis volubilis, sulcato-angulatus, glaber. *Folia* petiolata. Lobi
quinque, simplices vel bifidi, obtusi, glabri, papilloso-scabri,
pollicares. *Petioli* unguiculares. *Flores* axillares, minimi, sub.
umbellati.

11. B. (*dissecta.*) foliis digitatis, subtus scabris: laciniis
pinnatifidis; floribus umbellatis.

Caulis sulcato angulatus, glaber, scandens. *Folia* alterna, petiolata, digitato-quinquepartita, supra glabra, subtus papilloso-
scabra, pollicaria; Lobi dentati, pinnatifidi. *Petioli* vix unguiculares. *Flores* axillares. *Pedunculi* unguiculares; pedicelli brevissimi.

XX. MOMORDICA.

Masc. *Cal.* 5 *fidus.* *Cor.* 5-*partita.* *Filamenta* 3.
Fem. *Cal.* et *Cor.* ut in ♂. *Stylus* 3-*fidus.* *Pomum*
elastice dissiliens.

1. M. (*lanata.*) foliis ternato-pinnatifidis, scabris; pepone lanato.

Crescit (in dunis) prope Cap *locis arenosis.* *Floret* *April i.*
Caulis sulcatus, angulatus, villosus, decumbens. *Folia* alterna,
petiolata, lobato-ternata, usque quinata: lobis oblongis, obtusis, sinuato-pinnatifidis; utrinque scabra; imprimis subtus pa-
pilloso-hispida, palmaria. *Petioli* pollicares, hispidi. *Cirrhi*
axillares. *Flores* axillares, brevissime pedunculati, solitarii.
Pepo ovatus, totus lanâ densa involutus.

XXI. CUCUMIS.

Masc. *Cal.* 5-*dentatus.* *Cor.* 5-*partita.* *Filamenta* 3.
Fem. *Cal.* 5-*dentatus.* *Cor.* 5-*partita.* *Pistillum*
trifidum. *Pomi semina arguta.*

1. C. (*prophetarum.*) foliis cordatis, quinquelobis, denticulatis, obtusis; pepone globoso, spinoso-muricato. C. *Pro-*
phetarum. *Linn.* Syst. p. 100.

Folia subtus valde papilloso-scabra.

2. C. (*africanus.*) foliis sinuato-lobatis; caule angulato;
pepone ovali echinato. Cucumis *africanus.* *Linn.* Syst. Veg.
XIV. p 100. Suppl. p. 423.

Caulis sulcato angulatus, glaber, decumbens. *Folia* alterna, petiolata, triloba et quinqueloba, sinubus rotundatis, utrinque villosa, subtus imprimis aculeato hispida, pollicaria. Lobi angulati, dentati. *Petioli* aculeato hispidi, digitales. *Flores* oppositifolii, pedunculati *Pedunculi* similes petiolis, uniflori, laxi,
digitales. *Pepo* oblongus, totus echinatus.

3. C. (*colocynthis.*) foliis multifidis; pepone globoso glabro. C. *Colocynthis.* *Linn.* Syst. p. 100.

Crescit in Carro, in Bockefelt et Roggefeldt, prope Goudrivier alibique. Floret Novembri, Decembri. *Caulis* angulatus, sulcatus, piloso hispidus, decumbens. *Folia* alterpa, petiolata, incisa, lobato-pinnatifida, supra viridia, subtus pallidiora, utrinque scabra, imprimis subtus albo papillosa, palmaria; lobi rotundati sinuati maculati. *Nervi,* imprimis medius, aculeati. *Petiolus* cauli similis, palmaris et ultra. *Cirrhi* axillares, fissi. *Flores* axillares, solitarii, petiolati. *Pedunculus* hispidus, brevissimus, nutans. *Fructus* ovatus, hirsutus.

XXII. T R A G I A.

Masc. Ca l. 3 - partitus. Cor. o.
Fem. Ca l. 5 - partitus. Cor. o. Stylus 3-fidus. Caps. 3 - cocca, 3 - locularis. Sem. solitaria.

1. T. (*villosa.*) foliis cordatis, crenatis, subtus hirsutis; caule scandente.

Crescit in Sylvis Houtniquas. Floret Novembri, Decembri. *Caulis* herbaceus, teres, villosus, parum ramosus. *Rami* alterni, elongati, similes. *Folia* alterna, petiolata, acuta, crenis magnis; supra glabra, viridia; subtus incana, hirsuta villo adpresso albido; inaequalia, patentia, unguicularia, pollicaria et ultra. *Petioli* teretes, folio paulo longiores, villosi. *Flores* axillares, spicati, monoici. *Differt* a T. *capensi:* 1. foliis subtus hirsutis. 2. caule scandente nec volubili.

2. T. (*capensis.*) foliis cordato-ovatis, dentatis, hispidis; caule volubili; involucro pectinato.

Crescit in Sylvis. Floret Novembri, Decembri. *Caulis* filiformis, infra glaber, supra hirtus. *Folia* alterna, petiolata, acuta, supra viridia, subtus pallida, glabra. venosa pilis hispidis sparsis in nervis, pollicaria. *Petioli* foliis paulo breviores. *Flores* racemosi, masculi et feminei distincti. *Involucra* feminea 5-partita, hispida. *Capsulae* globosae, extus hispidae, triloculares. *Semina* globosa, glabra, rugosa.

XXIII. A C H A R I A.

Masc. Cal. diphyllus. Cor. 1 - petala, trifida.
Fem. Cal. et Cor. ut in ♂. Caps, 1 - locularis, trivalvis, monosperma.

1. A. (*tragodes.*)

Crescit prope van Stades rivier, inque aliis interioris Africae regionibus. Floret Decembri, Januario. *Caulis* herbaceus, mox ramosus, glaber, palmaris usque pedalis. *Rami* alterni, aggregati, angulati, flexuoso-erecti, virgati, ramulosi. *Folia* alterna, petiolata, inciso-trifida, tenuissime pubescentia, pollicaria. Lobi obovati, inciso-dentati. *Flores* monoici, pedunculati, axillares, reflexi, masculi superiores, feminei inferiores. *Pedunculi* solitarii, uniflori, brevissimi.

---

*) In diagnosi: *pepo globosus, glaber. Editor.*

XXIV. RUSCUS.

Masc. Cal. 6-*phyllus.* C o r. o. *N e c t a r i u m centrale,*
ovatum, apice perforatum.
Fem. Cal. Cor. *Nectar. maris.* Stylus 1. Bacca 3-
locularis. Sem. 2.

1. R. (*volubilis.*) foliis ovato - oblongis, multinervosis.
Crescit in Sylvis Houtniquas.
Flores non vidi. *Caulis* volubilis, filiformis, angulatus, spiralis, glaber. *Folia* brevissime petiolata, alterna, subcordata,
acuta, integra, glabra, tenuia, subdiaphana, unguem lata.

2. R. (*reticulatus.*) scandens; foliis ovatis, multinervibus
reticulatis; floribus pedunculatis solitariis. *Prodr. p.* 13.
Crescit in sylvis. *Fructus maturat Decembri.*
Caulis teres, scandens, tenuissime striatus, glaber, parum
ramosus, ramis brevibus similibus. *Folia* brevissime petiolata,
alterna, acuta, integra, nervis elevatis reticulata, glabra, pollicem lata et paulo longiora. *Flores* axillares. *Pedunculus* filiformis, subuniflorus, nutans, vix pollicaris. *Bacca* globosa.

XXV. ANTHOLYZA.

C o r. *tubulosa, irregularis, recurvata.* Caps. *infera.*

1. A. (*lucidor.*) foliis basi filiformibus, apice linearibus,
nervosis; 'spicâ oblongâ disticha. *Prod. p.* 7. Antholyza *lucidor. Linn.* Suppl. Syst. p. 96. Syst. Veg. XIV. p. 88.
Crescit in campis sabulosis prope Constantiam. *Floret Aprili.*
Radix profunde insidens scapo basi squamato. *Scapus* teres,
articulatus, flexuoso-erectus, glaber, laevis, pedalis. *Folia*
radicalia circiter tria, inde lineari-ensiformia, flaccida, glabra,
longitudine scapi. *Bracteae* in scapo ad singulum articulum
solitariae, foliaceae, basi latae, inde filiformi-setaceae, convolutae palmares. *Flores* terminales, spicati purpurei. *Spica*
imbricata floribus approximatis plurimis. *Spatha* ovata, brun-
nea, glabra, longitudine dimidiâ tubi. *Corolla* 1 petala, ringens,
purpurea: tubus duplex, inferne filiformis, supra genu cylindricus, curvus. Limbi labium inferius paulo brevius, reflexum.

O b s. Valde affinis Gladiolis ob limbum subaequalem.

2. A. (*aethiopica.*) foliis ensiformibus, utrinque attenuatis, nervosis, spicâ oblongâ distichâ. *Prod. p.* 7. Antholyza *aethiopica. Linn.* Spec. Plant. p. 54. Ej. Syst. Veget.
XIV. p. 87.
Crescit ad latera rivulorum in sylvis Houtniquas et alibi rarius.
Floret Novembri, Decembri.
Scapus teres absque articulis, glaber, erectus, pedalis usque
bipedalis. *Folia* elliptico-ensiformia, seu basi attenuata et versus apicem angustata, erecto-patula, circiter quatuor, longitudine fere scapi. *Bracteae* in scapo paucae, lanceolato-seta-

ceae, breves. *Flores* terminales, spicati, purpurei. *Spica* saepe pauciflora, floribus remotis. *Spatha* oblonga, acuta, tubo
brevior. *Corolla* 1-petala, ringens, purpurea. *Tubus* basi
filiformis, dein cylindricus, curvatus. *Limbi* labium superius
fornicatum, erecto-patens, inferius longe brevius, reflexum.
Obs. Distineta 1. a *Cunonia*: foliis ensiformibus, utrinque attenuatis, sed
basi tamen non filiformibus ; 2. a *lucidor*: *a.* scapo non articulato. *b.*
bracteis paucis, brevibus. *c.* foliis basi non filiformibus. *d.* spicâ minus
donse imbricatâ. *e.* corollâ magis ringenti et inaequali.

3. A. (*nervosa.*) foliis ensiformibus glabris quadrinervi-
bus, spicâ oblongâ distichâ. *Prod. p.* 7.

Folia radicalia circiter tria vel quatuor, acuta, integra, nervis quatuor flavescentibus exstantibus notata, erecta, longitudine
fere scapi. *Scapus* teres, flexuosus, erectus, glaber, pedalis
et ultra. *Flores* distichi, approximati, incarnati, cernui in
spica ovata, subfastigiata. *Spathae* ovatae, brunneae, tubo
multo breviores. *Tubus* corollae basi filiformis, dein cylindricus, curvatus. Limbus bilabiatus, labio inferiori, paulo breviori reflexo. *Differt* foliorum nervis exstantibus, elevatis.

4. A. (*cunonia.*) foliis ensiformibus glabris striatis, spicâ
oblongâ distichâ. *Prodr.* p. 7. Antholyza *cunonia*. *Linn.*
Spec. Pl. p. 54. Mant. p. 320. System. veg. XIV. p. 87.

*Crescit prope urbem Cap et alibi ad latera fossarum. Floret Majo
et sequentibus mensibus usque in Septembris mensem.*
Scapus simplex, foliis fere totus vaginatus, teres, erectus,
glaber, pedalis et ultra. *Folia* scapum obverso margine vaginantia, alterna, acuta, erecta, tenuissime striata, interjectis
plurimis nervis flavescentibus, tenuissimis, lineâ mediâ majori
in carina, pollicem fere lata, scapo breviora, superioribus
sensim brevioribus. *Flores* distichi vel secundi, purpurei, cernui, remoti in spica digitali. *Spatha* bivalvis, oblonga, acuta,
viridis margine rufescente, concava, glabra, tubo filiformi
breviar. *Corolla* monopetala, supera, purpurea striis flavis.
Tubus cylindricus, striato-angulatus, basi filiformis, curvatus.
Limbus basi prope tubum inflatus, curvatus, inferne compresso carinatus; apice ringens, 6-partitus: lacinia suprema longissima, curvata, fornicata, obtusa; duae laterales superiores
patentes; inferiores tres profundius divisae, reflexae. *Filamenta* tria, adscendentia, curvata, basi limbi inserta, filiformia,
sensim attenuata, sulco longitudinali exarata, corollâ longiora,
alba. *Antherae* oblongae, erectae, *Germen* inferum, 6-angu-
latum, glabrum. *Stylus* filiformis, longitudine staminum eisque
tenuior. *Stigma* simplex. *Capsula* obovata, obsolete trigona,
6 striata obtusa, trivalvis, trilocularis. *Semina* plurima, ovata,
glabra.

5. A. (*ringens.*) foliis ensiformibus plicatis; spicâ secundâ; spathis lanceolatis glabris. *Prod.* p. 7. Antholyza
ringens. *Linn.* Spec. Pl. p. 54. Syst. Veget. XIV. p. 87.

Crescit extra Cap et alibi, in Swartland et prope Constan-

*tiam, saepe prope vias, in campis depressis sabulosis. Floret
Julio, Augusto, Septembri.*
Bulbus profunde insidens, magnitudine juglandis. *Scapus* profundus sub arena, supra brevissimus, saepe vix pollicaris, totus foliis vestitus, villosus dichotomus, flexuosus. *Folia* plura,
usque decem, obverse vaginantia, acuta, sulcis interjectis profundis, lineis elevatis flavescentibus pluribus notata, erecta,
glabra, longitudine totius plantae seu a vaginis spithamaea.
Flores plurimi, approximati, secundi erecti, purpurei, magni
et speciosi. *Rhachis* flexuosa, hirsuta. *Bracteae* lanceolatae,
acutae cum cuspide, striatae, glabrae, basi villosae, erectae,
sesquipollicares. *Corolla* monopetala, ringens, incarnata. Labium superius longius, erectum; inferius horizontale. Rictus
amplissimus. *Stamina* erecta, intra labium superius inclusa.

6. **A.** (*plicata.*) foliis ensiformibus plicatis; spicis secundis; spathis ovatis villosis. *Prod. p.* 7. Gladiolus *imbricatus? Linn.* Spec. Pl. p. 52. Suppl. Syst. p. 96. Syst. Veget. XIV p. 87.
*Crescit in dunis prope littas maris infra Verlooren Valley.
Floret Octobri.*
Bulbus profunde insidens. *Scapus* sub terra profundus, supra
flexuosus, subangulatus, hirsutus, polystachyus, erectus, pedalis.
Folia vaginantia, equitantia acuta, nervis flavescentibus exstantibus notata, tenuissime villosa, erecta, scapo breviora. *Flores*
erecti, purpurei. *Spicae* plurimae, sex vel septem, alternae,
patenti erectae, multiflorae, imbricatae, rachide villosâ *Spathae*
apice ferrugineae, sublacerae, tenuissime striatae, tubo paulo
breviores, unguiculares. *Corollae* tubus curvatus, cylindricus.
Labium superius erecto patens, longius; inferius paulo brevius.
Rictus mediocris. Differt ab A. *ringente*, cui valde similis et
affinis: 1. scapo multo altiore. 2. spicis florum longe pluribus. 3. corollis angustioribus fauce minus divaricatâ. 4. foliis
et spathis villosis.

XXVI. GLADIOLUS.

*Cor. monopetala, tubulosa: tubo curvato; limbo 6-par-
tito: laciniis supremâ et infimâ extra vel intra laterales.*
* *Monostachyi, scapo simplici:*

1. G (*merianus.*) corollis cernuis cylindricis, tubo duplici, limbi laciniis ovatis; foliis ensiformibus glabris. Antholyza *meriana. Linn.* Syst. Veg. XIV. p. 87. Spec. Plant.
p. 54. Gladiolus *Merianus.* Diss. de Gladiolo p. 14. Prod.
p. 7. Gladiolus *tubulosus. Jacq.* Rar. Icon. vol. 2. fasc. 13.
tab. 2.
*Crescit prope Valsrivier et alibi. Floret Augusto, Septem-
bri, Octobri.*
Scapus simplex, teres, striatus, inferne foliis vaginatus, flexuoso-erectus, spithamaeus. *Folia* plura, usque quatuor, obverso margine vaginantia, obliqua, parum striata nervo medio utrin-

que elevato, integra, marginata, scapo breviora. *Flores* quatuor, usque octo, alterni, cernui, purpurei. *Corollae* tubus basi fili- formis striatus, sensim ampliatus, geniculato reflexus, inde inflato - cylindricus, laevis, nutans; a basi ad genu unguicularis, a genu ad limbum pollicaris. Limbus campanulatus: laciniae obtusissimae cum acumine, concavae, aequales, semiunguiculares: suprema extra laterales proximas; infima intra laterales inferiores. *Obs.* Gladiolis in genere *Radicem* bulbosam; *bulbum* tunicatum, oarnosum, globosum; *flores* spicatos esse.

2. G. (*merianellus.*) corollis cernuis, tubo duplici, limbi laciniis ovatis; foliis ensiformibus pilosis. Antholyza *merianella. Linn.* Syst. Veg. XIV. p. 87. Gladiolus *merianellus.* Diss. nostra de Gladiolo p. 14. Prod. p. 7.
Crescit in summitate montium inter Nordhoek et Bayfals. Floret Februario, Martio, Aprili.
Scapus simplex, inferne rectus, superne flexuosus, vaginatus, sesquipedalis. *Folia* unum vel duo, longe vaginantia, vaginis striatis, scapo breviora. *Flores* tres vel quatuor, secundi, cernui, flavo incarnati. *Corollae* tubus inferne filiformis, geniculatus, inde cylindricus, curvus. Limbi laciniae subrotundae.

3. G. (*watsonius.*) corollis cernuis, tubo duplici, limbi laciniis oblongis; foliis linearibus glabris. Gladiolus *Watsonius.* Diss. de Gladiolo. p. 14. Prod. p. 8. Jacq. Ic. 2. fasc. 9. t. 9. Gladiolus *recurvus. Hout.* Nat. Hist. 2 D. 12 St. p. 49. T. 79. f. 1.
Incolis: Zuykerkan. Crescit ad latera montium, praecipue in Leuwestaart, juxta Constantiam et alibi. Floret a mense Majo usque in Augustum.
Scapus simplex, teres, foliis vaginatus, erectus, pedalis et ultra. *Folia* circiter tria, longe vaginantia, vaginis striatis, lineari-lanceolata acuminata, striata, scapo breviora, superioribus sensim brevioribus. *Flores* tres vel quinque, subsecundi, cernui, purpurei. *Corollae* tubus basi filiformis, dein cylindricus, geniculatus, curvatus, sesquipollicaris. Limbi laciniae acutae.

4. G. (*communis.*) corollis cernuis, secundis, tubo simplici spathis breviore; foliis ensiformibus multinervibus. Gladiolus *communis. Linn.* Syst. Veg. XIV. p. 86. Spec. Plant. p. 52. Dissert. nostr. de Gladiolo. p. 13. Prod. p. 8.
Crescit in campis arenosis.
Scapus teres, foliis ultra medium vaginatus, glaber, erectus, sesquipedalis. *Folia* obversa, alternatim vaginantia, novemnervia, glabra, inferiora sensim breviora, scapo multo breviora, pollicem lata. *Flores* alterni, cernui, subsecundi, purpurei, plures. *Tubus* curvus, rictu usque ad tubum.

5. G. (*carneus.*) corollis suberectis distichis, tubo pathis aequali; foliis ensiformibus multinervibus. Gladiolus

carneus. La Roche Dissert. p. 3o. t. 4. *Jacq.* Rar. 2. f.
7. t. 5.

Scapus flexuosus, erectus, ramosus, uti et *Folia* omnino ut in G.
communi. *Flores* subdistichi, erecti, curvi, ringentes, rictu
non omnino ad apicem spathae extenso.

6. G. *(exscapus.)* tubo corollae filiformi, spathis longiore;
foliis filiformibus *) trinervibus.

    Scapus brevis, simplex, erectus, flexuosus, glaber, palmaris
usque spithamaeus. *Folia* duo radicalia, lineari-ensiformia, vaginantia vaginis multistriatis, margine et medio costà flavescenti;
glabra, scapo breviora; caulina duo, similia, breviora. *Flores*
alterni, usque 6, erecti, albi. *Spathae* lanceolatae, convolutae,
glabrae, laeves, parum acutae, bipollicares. *Tubus* corollae
erectus, apice ampliatus et cernuus, tripollicaris. Limbi laciniae lancéolatae, obtusae.

7. G. *(tristis.)* corollis cernuis, tubo simplici; foliis linearibus trinervibus bisulcis. GLADIOLUS *tristis. Linn.* Spec.
Plant. p. 53. Syst. Veg. XIV. p. 86. Diss. n. de Gladiolo. p.
11. ae. *Jacq.* Rar. 2. f. 13. 't. 14.

    *Europaeis, Caput bonae spei incolentibus: Africaner. Crescit in
collibus prope urbem Cap et extra in campis sabulosis, juxta
Drakenstein et alibi. Floret a Majo usque in Augusti
mensem.*
    Scapus simplex, vaginatus, erectus, glaber, crassitie culmi
tritici, pedalis et ultra. *Folia* alternatim vaginantia, acuta,
striata, glabra, integerrima, superiora sensim breviora, circiter duo vel tria. *Corollae* tubus curvus. *Limbus* subinflatus:
laciniae ovatae, concavae, acuminatae, apice patulae; suprema
latior, intra proximas laterales, profundius divisa, subfornicata: infima angustissima extra laterales proximas. *Color* corollae
tristis, varius in variis individuis.

8. G. *(brevifolius.)* aphyllus; corollâ curvâ, incarnatâ;
spathis cuspidatis, laevibus, longitudine tubi. GLADIOLUS *tristis.* I. K. Diss. de Gladiolo p. 12. GLADIOLUS *brevifolius.*
Jacq. Rar. 2. fasc. 13. t. 4.

    Crescit juxta urbem Cap.
    Scapus filiformis, simplex, erectus apice cernuus et flexuosus,
glaber, pedalis usque bipedalis. *Folia* sub florescentia nulla,
sed, tantum vaginae, longae, multistriatae, duae vel tres.
Flores alterni subsecundi, 4 usque 8 et 10, incarnati, cernui.
Spathae basi latae, apice valde angustato, glabrae, unguiculares. *Corolla* cernua, tubo curvato, immaculata, subpollicaris.

9. G. *(laevis.)* corollâ curvâ lutescente; spathis laevibus,
tubo longioribus, folio lineari bisulco longiori. GLADIOLUS
tristis. d. *luteus.* Dissert. de Gladiolo. pag. 12.

_____

    *) Anne potius *lineari-ensiformibus*, ut in discriptione? *Editor.*

Scapus simplex, erectus, glaber, apice flexuosus, pedalis.
Folia radicalia duo, vaginantia, apice attenuata, glabra, nervis nitidis bisulca; infimum scapo longius, alterum brevius.
Caulinum unicum supra medium, apice valde attenuatum, adhuc brevius. *Flores* cernui, secundi, bini vel tres, lutescentialbidi *Spathae* convolutae, obversae, lanceolatae, nervosae, glabrae exterior tubo paulo longior, corollam fere adaequans; inferior paulo brevior, longitudine circiter tubi. *Corolla* albida, carinis extus stria duplici purpurea; laciniis intus purpureo-striatis.

10. G. (*tenellus.*) corollâ curvâ luteâ; spathis striatis tubum aequantibus; folio lineari bisulco longiori. Gladiolus *tristis* f. et h. *lutens.* Diss. de Gladiolo p. 12. Gladiolus *tenellus.* J a c q. Pl. Rar. vol. 2. fasc. 10. tab. 6.

Bulbus carnosus, tunicatus, magnitudine pisi. *Scapus* simplex, filiformis, erectus, apice flexuosus, glaber, subpedalis. *Folia* radicalia duo, vaginantia, parum apice ultimo acuta, glabra, vaginis multisulcata, a medio ad apicem bisulca nervis glabris; infimum scapo longius, alterum paulo brevius. Caulinum in medio, adhuc brevius, simile, sed magis attenuatum. *Flores*, solitarius vel bini, erecti, lutescentes. *Spathae* obversae, convolutae, lanceolatae, glabrae, multistriatae nervis elevatis flavescentibus, corollâ breviores, tubum subaecquantes. *Corollae* magis erectae, campanulatae, tubo parum curvato: laciniis tribus inferioribus purpureo-striatis.

11. G. (*elongatus.*) corollâ virescente; spathis laevibus longitudine tubi; foliis quatuor linearibus bisulcis. Gladiolus *tristis* e. Diss. de Gladiolo. p. 12. Gladiolus *tristis.* J a c q. Rar. 2. fasc. 10. t. 7.

Scapus teres, simplex, erectus, superne flexuosus, bipedalis vel paulo ultra. *Folia* radicalia quatuor, inferne vaginantia, glabra, bisulca superne, inferne sexsulca, scapum aequantia. Supra medium scapi foliola unum vel duo spathaeformia, lancea, acuminata, laevia, glabra, subpollicaria. *Flores* alterni, erecti, septem vel octo. *Spathae* lanceolatae, vix tubo longiores. *Corolla* parva, semipollicaris.

12. G. (*inflatus.*) corollâ campanulatâ violaceâ; spathis ovatis nervosis tubum aequantibus; folio lineari bisulco. Gladiolus *tristis.* m. n. Diss. de Gladiolo p. 12.

Scapus simplex, filiformis, erectus, apice flexuosus, glaber, subpedalis. *Folia* radicalia duo, basi latiora, vaginantia, multistriata; apice linearia, parum attenuata; bisulca, glabra, infimum vix scapo longius, alterum brevius. Caulinum simile, sesquipollicare. *Flores* bini vel tres, usque quatuor, subsecundi, curvi, inflato-campanulati, tubo brevi curvo, incarnati vel purpurei, sesquipollicares. *Spathae* valde latae, convolutae, acutae, glabrae, laeves.

13. G. (*hastatus.*) corollâ campanulatâ maculâ hastatâ; spathis laevibus tubo longioribus, foliis linearibus bisulcis.

Gladiolus *tristis*. o. Diss. de Gladiolo p. 13. Gladiolus *angustus*. *Jacq.* Rar. 2. fasc. 9. t. 5.

Scapus simplex, erectus, apice subflexuosus, glaber, pedalis, basi vaginatus vagina duplici, striatâ, glabrâ. *Folia* radicalia duo, glabra, basi latiora striis pluribus, apice linearia bisulca, scapo paulo breviora. Caulinum versus apicem simile bipollicare. *Flores* circiter tres. Spathae convolutae, ovatae, obtusae, glabrae, nervosae, longitudine dimidiâ corollae. *Corolla* albo incarnata, laciniae ovatae, inferior intermedia maculâ hastatâ. Tubus brevissimus.

14. G. (*gracilis.*) corolla curvâ coeruleâ; spathis longitudine tubi; foliis linearibus multistriatis. Gladiolus *tristis:* g. punctatus. Diss. de Gladiolo p. 12. Gladiolus *gracilis.* *Jacq.* Rar. 2. fasc. 14. t. 2.

Crescit in collibus infra Taffelberg extra urbem satis copiose.
Scapus simplex, filiformis, apice flexuosus, erectus, glaber, pedalis usque bipedalis. *Folia* praeter vaginas duas, radicalia duo, apice acuta et attenuata, glabra, infimum scapo paulo brevius, alternum adhuc brevius. Caulinum simile, acutius, usque tripollicare. *Flores* 1 usque 4, cernui, subsecundi. *Spathae* ovato oblongae, acutae, glabrae, laeves. *Corolla* caerulescens: infimae tres laciniae medio albae lineis punctisque caeruleis.

15. G (*punctatus.*) corollis curvis; spathis laevibus tubo longioribus; folio ensiformi tricostato. Gladiolus *tristis.* q. Diss. de Gladiolo p. 13. Gladiolus *permeabilis. La Roche* Diss. p. 27. t. 2. Gladiolus *punctatus. Jacq.* Rar. 2. f. 13. t. 10.

Crescit in insula Paarden-eyland juxta portum. Floret Junio.
Scapus simplex, erectus, teres, inferne vaginatus vaginis glabris, striatis, purpureo maculatis, tripedalis. *Folia* radicalia duo, vaginantia vaginis multistriatis, glabris; apice laevia, marginata margine et costâ mediâ flavescentibus, plana, attenuata, scapum subaequantia. Caulinum supra medium, multistriatum, scapo brevius, spithamaeum. *Flores* plures, usque movem, secundi, cernui, pollicares. *Spathae* lanceolato oblongae, obtusiusculae, glabrae. *Corolla* tristis, subcampanulata tubo sensim ampliato, vix lineam longo. Limbus inflatus, extus albus lincâ mediâ purpureâ: lacinia suprema latior, intus alba; laterales superiores albae, apice extus intusque purpurascentes, intus medio flavae striis purpureis; infima alba, apice utrinque purpurascens. *Singularis* est haec species folio infimo crassiusculo, lineari, intra marginem utrinque sulco profundo exarato; reliqua folia spathae similia, convoluta, spathis longiora.

16. G. (*cordatus.*) corollâ curvâ incarnatâ maculâ cordatâ; spathis laevibus tubo brevioribus; foliis ensiformibus nervosis. Gladiolus *tristis.* p. Diss. de Gladiolo p. 13.

Scapus simplex, erectus, apice flexuosus, teres glaber, pedalis. *Folia* plura usque 4, vaginantia, plana apice attenuata, marginata costis tribus, quarum media major, flavescentibus, glabra; infimum scapo longius, reliqua sensim breviora. *Flores* 1, 2 usque 5, alterni, campanulati, cernui, bipollicares. *Spathae* oblongae, acutae, nervosae, glabrae, tubo paulo breviores, subpollicares. *Corolla* albido-incarnatâ, laciniis infimis maculâ cordatâ, purpureâ. Tubus curvus, sensim ampliatus, sesquipollicaris.

17. G. (*grandis.*) corollâ curvâ purpureo-striatâ, tubo simplici ampliato; folio ensiformi-attenuato multistriato. GLADIOLUS *tristis.* c. grandis. Diss. de Gladiolo. p. 12.

Scapus simplex, teres, laevis, glaber, flexuoso-erectus, pedalis vel ultra. *Folium* radicale unicum, apice valde attenuatum, multinervosum, glabrum, erectum, scapum aequans; caulina sub floribus bracteiformia, circiter duo, obversa, convoluta, ensiformia, attenuata, laevia, glabra, corollam subaequantia. *Flores* bini, magni, cernui. *Spatha* intra bracteam, similis, sed brevior. *Corollae* tubus curvatus, sensim ampliatus in limbum campanulatum albido-flavescentem: laciniae tres superiores intus lineâ duplici purpureâ, extus purpureo-multistriatae; inferiores intus sulco medio flavescente, apice purpurascente.

18. G. (*laccatus.*) corollis curvis incarnatis; spathis laevibus; foliis ensiformibus nervosis bisulcis. GLADIOLUS *tristis.* l. Diss. de Gládiólo p. 12. GLADIOLUS *laccatus.* Jacq. Rar. 2. fasc. 13. t. 3.

Scapus simplex, erectus, apice flexuosus, glaber, pedalis, inferne vaginatus vaginis duabus vel pluribus hirsutis, obtusis. *Folia* radicalia unum vel duo, vaginantia, attenuata, striata nervis elevatis 5 vel 7 lutescentibus, villosa; infimum scapo brevius, alterum adhuc brevius. Caulinum supra medium simile, pollicare. *Flores* bini, usque quatuor, incarnati tubo curvo, immaculati, pollicares. *Spathae* lanceae, acutae, nervosae, glabrae, vix tubo longiores.

19. G. (*dichotomus.*) folio lineari longiori; scapo bis bifido, quadrifloro.

Scapus teres, glaber, erectus, pedalis. *Folium* radicale, lineari-filiforme, apice setaceo, glabrum, scapo longius, erectum. *Flores* quatuor, terminales in apice scapi bis dichotomi. *Bracteae* lineari-setaceae.

20. G. (*montanus.*) corollae ringentis tubo spathae obtusae aequali; foliis ellipticis nervosis. GLADIOLUS *montanus.* Dissert. de Gladiolo. p. 8. c. figura. Prod. p. 8. *Linn.* Syst. Veg. XIV. p. 66. Suppl. Syst. p. 95.

Crescit in summitate montis tabularis prope frontem. Floret Februario, Martio, Aprili.
Scapus teres, flexuoso erectus, virescens, glaber, pedalis. *Folia* integra, trinervia, glabra, palmaria usque spithamaea. *Floram* tubus spathis brevior, corollis spathisque obtusis.

Corollae limbus ringenti bilabiatus; labium superius tripartitum maculâ purpureâ; inferius profundius tripartitum.

21. G. (*flexuosus*.) corollae ringentis tubo spathâ acutâ longiore, scapo flexuoso. Gladiolus *flexuosus*. *Linn*. Suppl. Syst. p. 96. Syst. Veg. XlV. p. 87. Diss. nostr. de Gladiolo. p. 9. cum figura. Prod. p. 8.

Floret Februario et sequentibus mensibus.
Scapus teres, erectus, glaber, pedalis. *Folia* nulla sub florescentia. *Spathae* oblongo-lanceolatae, acuminatae, glabrae, tubo corollae breviores, pollicares. *Florum* spica ovata, 4-5 flora. *Corolla* albido-incarnata: tubus spatha duplo longior; limbus ringens.

22. G. (*recurvus*.) corollae limbo reflexo; spicâ secundâ; foliis linearibus. Gladiolus *recurvus*. *Linn*. Syst. Veg. XIV. p. 86. Mantiss. p. 28. Dissert. N. de Gladiolo. p. 9. Prod. p. 8.

Crescit in campis arenosis extra Cap. Floret Majo, Junio, Julio, Augusto.
Scapus striatus, foliis fere totus vaginatus, curvatus, palmaris. *Folia* tria vel quatuor, vaginantia, alternantia, striata, glabra, scapo breviora. *Flores* tres vel quatuor, secundi, cernui, extus rubri, intus albi, limbi laciniis reflexis. *Corollae* tubus filiformis, virescens, spathâ brevior: limbi laciniae lanceolatae, concavae, patenti-reflexae.

Obs. 1. Ixiae *falcatae* nimis affinis. 2. Vesperi florens odorem spargit caryophyllorum debilem.

23. G. (*falcatus*.) corollae limbo patenti; folio lanceolato falcato. Gladiolus *falcatus*. *Linn*. Suppl. Syst. p. 95. Syst. Veg. XlV. p. 87. Dissert. Nostr. de Gladiolo. p. 10. cum figura. Prod. p 8.

Crescit in interioribus Capitis bonae spei regionibus. Floret Octobri, Novembri, Decembri.
Scapus compressus, striatus, glaber, flexuosus, palmaris. *Folium* unum vel duo, obverse amplexicaule, ovato-lanceolatum, obtusiusculum, integrum, striatum, glabrum, pollicare vel paulo ultra. Folium spathaceum in medio scapo. *Spathae* virides, obtusae, tubo multo breviores. *Corolla* caerulea.

Obs. Ixiae *excisae* affinis.

24. G. (*crispus*.) corollae erectae limbo campanulato; floribus secundis; foliis crispis. Prod. p. 8. Gladiolus *crispus*. *Linn*. Suppl. Syst. p. 94. Svst. Veg. XlV. p. 86. Dissertr. nost. de Gladiolo. p. 10. c. figura. *Jacq*. Rar. 2. f. 14. t. 3.

Crescit in Montibus Roode Sand et Piketberg. Floret Octobri, Novembri, Decembri.
Scapus teres, flexuoso-erectus, glaber, spithamaeus usque pedalis. *Folia* circiter quatuor, ensiformia, glabra, scapo bre-

viora. *Flores* quatuor, usque novem, spathis brevissimis obtusis. *Corollae* albo-incarnatae. *Tubus* sesquipollicaris.

25. G. (*equitans.*) scapo compresso; corollâ campanulatâ tubo brevissimo; foliis ensiformibus marginatis multinervibus. *Scapus* simplex; erectus, flexuosus, pedalis. *Folia* circiter quatuor, equitantia, vaginantia, multinervosa nervis et margine crasso flavescentibus, glabra, scapo breviora; infimum latius latitudine plus quam pollicari, subfalcatum, patens; alterum erectum; 3 et 4 tenuiora et breviora. *Flores* alterni, purpurei. *Spathae* oblongae, convolutae, acutae, pallidae, margine et carinâ purpureis, laeves, glabrae, corollâ longiores.

26. G. (*spicatus.*) corollis erectis; spicâ imbricatâ disticha; bracteis lanceolatis; foliis linearibus. Gladiolus *spicatus*. *Linn.* Syst. Veg. XIV. p. 86. Spec. Pl. pag. 53. Diss. nostr. de Gladiolo. p. 15. Prod. p. 8. Ixia *alopecuroidea*. *Linn.* Suppl.' Syst. p. 92.

Crescit in summis montibus Hottentots Hollandsberg. Floret Decembri, Januario.

Scapus simplex, teres, vaginatus, erectus, spithamaeus. *Folia* quatuor, alternantia, longe vaginantia, glabra, inferiora sensim breviora. *Flores* distichi, imbricati, caerulei, circiter duodecim parium in spica pollicari. *Spathae* lanceolatae, acutae. *Differt* a G. *alopecuroide* floribus majoribus; spicâ breviori, sed latiori ovatâ; scapo simplici; a G. *triticeo*, foliis latioribus et spathis acutis.

27. G. (*triticeus.*) corollis erectis, spicâ imbricatâ distichâ, bracteis truncatis, foliis linearibus.

Omnino similis G. spicato, sed in hoc bracteae truncatae, et folia lineari-filiformia.

** *polystachyi, scapo ramoso;*

28. G. (*alopecuroides.*) spicâ imbricatâ distichâ; foliis ensiformibus nervosis. Gladiolus *alopecuroides*. *Linn.* Syst. Veg. XIV. p. 86. Spec. Pl. p. 54. Diss. nostr. de Gladiolo. p. 15. Prod. p. 8. Phalangium *spicatum*. *Houl.* Nat. Hist. 2. D. 12 St. p. 115. Tab. 80 fig. 1.

Crescit prope Cap, Svellendam, in Carro et saepe in viis. Floret Octobri et sequentibus mensibus.

Radix plurimis bulbillis constans. *Scapus* foliis vaginatus, teres, flexuoso-erectus, apice polystachyus; spicis alternis, virgatis; spithamaeus. *Folia* duo vel tria, alternatim longe vaginantia, linearia, striata, glabra, scapo breviora, superioribus sensim brevioribus. *Flores* imbricati, distichi, minimi. *Spicae* lineares, erectae, digitales. *Spathae* margine membranaceae, albae. *Corollae* tubus vix spathis longior. *Variat* scapo simplici et ramoso; corollis albis et caeruleis.

29. G. (*alatus.*) corollae laciniis lateralibus latissimis: foliis ensiformibus multistriatis brevioribus. Gladiolus *ala-*

tus. Linn. Spec. Pl. p. 53. Syst. Veg. XIV. p. 86. Dissert.
nostr. de Gladiolo. p. 16. 23. Prod. p. 8.

*Crescit in Groene Kloof, Svartlandiae collibus arenosis, Bo-
ckeveld, alibique. Floret Augusto, Septembri, Octobri.*

Scapus compressus, flexuosus, erectus, striatus, simplex et
ramosus, palmaris usque pedalis. *Folia* alternatim vaginantia,
striata, glabra, superioribus sensim brevioribus. *Flores* alterni
vel subsecundi, magni, tres usque septem. *Rachis* flexuosa,
torta. *Spathae* tubo corollae longiores, integrae, virides.
Laciniae duae limbi corollae multo latiores.

Obs. Ob magnos et speciosos flores inter pulcherrimos merito numeratur.

30. G. (*speciosus.*) corollae laciniis lateralibus latissimis;
foliis lineari-ensiformibus quinquestriatis longioribus. Gladiolus *alatus. Jacq.* Rar. 2. f. 13. t. 8.

Planta spithamaea, glabra. *Folium* radicale erectum, lineari-
ensiforme, quinque nervosum, scapo duplo longius; caulinum
brevius, septem-nervosum. *Corolla* incarnata, ut in *alato.*

31. G. (*virescens.*) corollae laciniis lateralibus latissimis
striatis; foliis linearibus bisulcis longioribus.

Similis prioribus, sed scapus ramosus vel simplex, flexuosus,
spithamaeus. *Folium* radicale scapo duplo longius, lineare,
apice setaceo, bisulcum, glabrum; caulina breviora. *Flores*
spicati, ringentes, tristes seu venis viridibus striati, petalis
lateralibus latioribus.

32. G. (*bicolor.*) corollâ ringente; spathis lacero-arista-
tis; foliis ensiformibus glabris. Gladiolus *bicolor.* Diss.
nostr. de Gladiolo. p. 16. c. figura, Prod. p. 8. *Jacq.* Rar.
2. fasc. 13. t. 6.

*Crescit in collibus Groene Kloof Floret Augusto, Septem-
bri, Octobri.*

Scapus subramosus, angulatus, striatus, sulco utrinque profundo exaratus, basi foliis vaginatus, glaber, flexuoso erectus,
spithamaeus. *Folia* alternatim vaginantia, obversa, obtusa cum
acumine, integra, striata, scapo duplo breviora. *Spicae* duae;
altera uniflora, tenuior; altera triflora, crassior, longitudine
dimidiâ scapi. *Rachis* angulata, flexuosa, glabra. *Spatha* membranacea, apice lacerato-partita laciniis acutis, venosa, basi
grisea, apice ferruginea. *Corollae* tubus filiformis, sensim
ampliatus, superne inflatus, spathâ duplo longior, flavus. Limbi
laciniae flavae; suprema major, concava, ovata, obtusa, pallide
flava, apice caerulea: laterales inferiores lanceolatae, convolutae, flavae, ultimo apice caeruleo: infima brevior, parum a
reliquis separata, extra-laterales collocata: Omnes basi linea
duplici purpureâ in ore tubi.

Obs. Affinis Ixiae *bulbiferae* respectu spatharum.

33. G. (*anceps.*) scapo ancipiti; spathis crispis. Gladiolus *anceps. Linn.* Suppl. Syst. p. 94. Syst. Veg. XIV. p. 86.

Dissert. nostr. de Gladiolo. p. 17. c. figura. Prod. p. 8.
IXIA *Fabricii. La Roche* Dissert. p. 18.

*Crescit in Svartland et regionibus Saldanae baij. Floret Au-
gusto, Septembri, Octobri.*

Scapus ramosus, dentatus, spithamaeus, glaber. Latera acuta
et dentes purpurascentes. Rami simplices, altérni, ancipites,
dentati. *Folia* semiamplexicaulia, obversa, curvata, ensiformia,
nervoso-striata. Folia spathacea latere inferiore crispato-den-
tata, ramis breviora, glabra, digitalia. *Flores* alterni. Spatha
exterior fere duplo major, obtusa, apice purpurea, compressa,
striata, margine crispo dentata ut in foliis, unguicularis. Corollae tubus filiformis, sensim ampliatus, spathâ multo longior,
pallide caeruleus; limbi laciniae caerulescentes.

34. G. (*bracteatus.*) scapo ancipiti; corollae laciniis ovatis; spathis ovatis imbricatis. GLADIOLUS anceps. β. Diss. de
Gladiolo. p. 18.

Scapus compressus, ramosus, erectus, glaber, spithamaeus.
Rami alterni, similes, breves. *Folia* sub ramis, sessilia, convoluta, ensiformia, obtusa, multi-nervosa, glabra, patentia
vel subrecurvato-falcata, digitalia. *Flores* imbricati, plurimi,
ante anthesin tecti spathis. *Spathae* rhombeae, acutae, convolutae, integrae, glabrae, unguiculares. *Corolla* alba. Tubus
filiformis, erectus, apice geniculatus, dein ampliatus in limbum
nutantem: laciniae obtusae.

35. G. (*Fabricii.*) scapo ancipiti; laciniis corollae filiformibus. IXIA *Fabricii. La Roche* Diss. p. 18. *)

Rami compressi, divaricati, erecti, virgati. *Folia* radicalia
circiter tria, ensiformia, acuta, obversa, vaginantia, multinervosa, glabra; infimum magis ensiforme, longius, scapo paulo
brevius; alterum digitale, tertium brevius. Folia sub ramis
similia, angustiora, unguicularia, obversa carinâ laevi, integrâ. *Flores* in ramis alterni, erecti, plures, albi. *Spathae*
ovatae, obtusiusculae, glabrae, lineam longae. *Tubus* filiformis, pollicaris. Limbi laciniae lineares.

36. G. (*Sparrmanni*).

*Habitat in Cap b. spei. Pr. SPARRMANN, peregrinator illustris,
qui, postquam gradam austr. latid.* 71. *vidisset, Africam australem
pervagavit, Botanicam et Zoologiam hujus regionis illustravit.*
Radix bulboso tuberosa. *Scapus* teres, ramosus, glaber, flexuoso erectus, inferne foliis vaginatus, palmaris usque pedalis. *Rami* alterni, filiformes, cauli similes, divaricato-patentes palmares. *Folia* equitantia, elliptico-ensiformia, subfalcata, erecta, nervosa, integra, sensim attenuata, glabra, inaequalia, nervosa, scapo paulo breviora. *Flores* in apice scapi
et ramorum, sessiles, secundi, erecti, plures vel pauciores, 2
usque 6. *Rhachis* deflexa. *Corollae* albo-caerulescentes, pollicares. *Tubus* filiformis. *Limbus* regularis, 6-partitus, campanu-

_____
*) Synonymon hosce supra ad GL. *ancipitem* laudabatur. *Editor.*

latus. *Spathae* brevissimae, obtusae. GLADIOLO *junceo* valde similis, sed major, et satis distinctus foliis ensiformibus. °)

37. G. (*junceus.*) floribus secundis, foliis lanceolatis. GLADIOLUS *junceus. Linn.* Suppl. p. 94. Syst. Veg. XIV. p. 86. Diss. nostr. de Gladiolo. p. 18. Prod. p. 8. GLADIOLUS *floribundus Jacq.* Rar. 2. f. 13.

Crescit in Lange Kloof. Floret Octobri, Novembri, Decembri.

Scapus saepius ramosus, flexuosus, erectus, palmaris. *Rami* teretes, striati, divaricati. *Folia* 4-6, ovato-oblonga, subundulata, glabra, scapo breviora. *Flores* 4-7, erecti, caerulescentes. *Bracteae* brevissimae, tubo corollae multo breviores.

38. G. (*laxus.*) polystachyus, floribus terminalibus subsolitariis; foliis lineari-ensiformibus, scapum aequantibus.

Scapus filiformis, uti tota planta glaber, debilis, flexuoso-erectus, pedalis. *Rami* divaricati, scapo similes. *Folia* elliptica, sive lineari-ensiformia, nervosa. *Flores* terminales solitarii, rarius duo. *Tubus* capillaris, rectus, pollicaris. *Limbi* laciniae lineares. *Capsula* subglobosa, glabra, trilocularis. Similis GL. *Sparrmanni* foliis, *Fabricii* flore.

39. G. (*setifolius.*) foliis lineari-setaceis. GLADIOLUS *setifolius. Linn.* Suppl. Syst. p. 96. Syst. Veg. XIV. p. 87. Dissert. nostr. de Gladiolo. p. 18. Prod. p. 8.

Crescit in campis sabulosis. Floret Augusto et sequentibus mensibus.

Scapus polystachyus, rarissime simplex, flexuoso-erectus, glaber, palmaris: ramis teretibus, erectis. *Folia* circiter tria, sensim breviora; infimum longissimum, scapum aequans. *Flores* alterni, albi, ringentes, tubo spathis vix longiore.

40. G. (*marginatus.*) spicâ longissimâ; floribus alternis cernuis; foliis ensiformibus multinervibus marginatis. GLADIOLUS *marginatus. Linn.* Suppl. p. 95. Syst. Veg. XIV. p. 86. Diss. nostr. de Gladiolo. p.18. Prod. p. 8. ANTHOLYZA *caryophyllacea. Hout.* Nat. Hist. 2. D. 12. T. 79. f. 3. G. *merianus. Jacq.* Rar. 2. f. 13. t. 2.

Crescit in summo Taffelberg et aliis altis montibus, in collibus montium a Cap usque ad Houtniquas, locis graminosis et arenosis, vulgatissimus. Floret Decembri, Januario.

Scapus simplex et polystachyus, sublignosus, foliis vaginatus, teres, glaber, strictus, crassitie fere digiti, pedalis usque quadripedalis. *Folia* vaginantia, scapo breviora, semipollicem lata, in medio et margine venâ crassâ flavescente marginata, venisque elevatis minoribus flavescentibus lineata, glabra, erecta; inferiora longiora, pedalia et ultra; superiora bre-

viora, adpressa, spithamaea. *Flores* magni. *Spica* floribus alternis, digitalis usque pedalis, rhachi flexuosâ.
Variat: 1. floribus albis. 2. fl. dilute rubris. 3. fl. sanguineis. 4. fl, purpureis. *Distinguitur* facile a ceteris: scapo longo, crasso, erecto, stricto; spicâ longissimâ, subramosâ, pedali et ultra; foliis margine incrassatis.

41. G. (*glumaceus.*) foliis ensiformibus multinervibus marginatis; tubo filiformi spathis breviore. GLADIOLUS marginatus. Ɛ. Diss. de Gladiolo. p. 19.
Scapus teres, erectus, apice ramosus, foliis vaginatus, bipedalis. *Folia* duo vel tria, vaginantia, attenuata, glabra, nervis crassis flavescentibus, scapo breviora. *Spica* florum elongata, spithamaea et ultra; laterales breves. *Spathae* membranaceae, convolutae, lanceae, acuminatae, tubo longiores, unguiculares. *Corolla* purpurascenti-caeruleâ, campanulatâ, tubo brevissimo.

42. G. (*augustus.*) floribus secundis; spathis acutis; foliis ensiformibus. GLADIOLUS *Augustus*. *Breyn.* Icon. tab. 7. f. 2? *Linn.* Syst. Veg. XIV. p. 86. Spec. Plant p 53. Dissert. nostr. de Gladiolo. p. 19. Prod. p 8. GLADIOLUS *liliaceus*? *Hout.* Nat. Hist. 2. D. 12 st. p. 55. t. 79. f. 2.
Crescit in Campis sterilissimis Carro. Floret Octobri, Novembri, Decembri.
Scapus simplex vel subramosus, teres, vaginatus, elevato-lineatus, glaber, flexuoso-erectus, pedalis. *Folia* vaginantia vaginis longis, elevato-lineata lineis albis, integra, glabra, scapo breviora, superiora sensim minora. *Flores* adscendentes; spicâ longâ simplici vel duabus palmaribus. *Rhachis* angulata, flexuosa, torta, glabra. *Spathae* virides, longitudine tubi corollae, ramis breviores, pollicares. *Limbi* corollae laciniae saepius undulatae.

43. G. (*undulatus.*) foliis ensiformibus; laciniis limbi undulatis; tubo spathis longiori. GLADIOLUS *undulatus* Linn. Syst. Veg. XIII. p. 77. Mant. p. 27. *Jacq* Rar. 2. f. 7. t. 6.
Scapus simplex rarius, saepius superne polystachyus, erectus, flexuosus, pedalis usque bipedalis. *Folia* circiter duo, inferne vaginantia, glabra, multinervia, apice attenuata, scapo breviora. *Flores* bini usque octo, secundi. *Spathae* convolutae, oblongo lanceolatae, acutae, glabrae, laeves, pollicares, tubo breviores. *Corolla* tubulosa; tubus filiformis, rectus, apice ampliatus, bi- vel tripollicaris; Limbus campanulatus laciniis lineari-caudatis. Differt a GL. *augusto:* laciniis corollae caudatis, undulatis.

44. G. (*longiflorus*) tubo corollae longissimo; spathis obtusis foliisque linearibus glabris. GLADIOLUS *longiflorus*. *Linn.* Suppl. Syst. p. 96. Syst. Veget. XIV. p. 87. Diss nostr. de Gladiolo. p. 19. Prod. p. 8. IXIA *paniculata.* *La Roche*

4 *

Diss. p. 26. tab. 1. Ixia *longiflora*. *Bergii* Plant. Capens.
p. 7.

*Crescit in Lange Kloof, Svartlandiae arenosis et in He-
lena Bay. Floret cum priore.*

Scapus teres, simplex et polystachyus, erectus, glaber, pedalis et ultra. *Folia* 3-4, nervosa, scapo breviora. *Flores* alterni, plurimi, approximati, coerulei. *Bracteae* membranaceae,
striatae, brevissimae: obtusae. *Tubus* corollae pollicaris, usque bipollicaris, apice ampliatus, curvus, erectus.

Obs. Facies Ixiae, sed tubus curvus et situs limbi ut in Gladiolis.

45. G. (*ixioides.*) tubo corollae longissimo; spathis laceris; foliis ensiformibus multinervibus. Gladiolus *longiflorus.*
Jacq. Rar. 2. f. 14. t. 4 et 5.

Similis valde G. *longifloro;* sed *Folia* multo latiora, breviora. *Tubus* corollae rectior, palmaris, et limbus minus campanulatus. *Facies* potius Ixiae.

46. G. (*spathaceus.*) spathis membranaceis aristatis glabris; foliis ensiformibus plicatis hirsutis. Gladiolus *spathaceus. Linn.* Suppl. p. 96. Syst. Veg. XIV. p. 87. Dissert.
nostr. de Gladiolo. p. 22. Prod. p. 9.

*Crescit in Boeckland et siccis regionibus Hantum. Floret Octo-
bri et sequentibus mensibus.*

Scapus vaginatus, superne polystachyus, spithamaeus. *Folia*
nervosa, villosa, scapi longitudine. *Flores* albidi, tubo corollae spathis multo longiore. *Spicae* imbricatae, plurimae, digitales. *Spathae* saepe lacerae.

Obs. Similis Gladiolo *tubifloro* et *plicato;* sed differt spathis.

47. G. (*gramineus.*) scapo laxo; spicis capillaribus flexuosis; foliis ensiformibus glabris. Gladiolus *gramineus.
Linn.* Suppl Syst. p. 95. Syst. Veg. XIV. p. 86. Dissert.
nostr. de Gladiolo. p. 22. Prod. p. 9. Jacq. Rar. 2. f. 7. t. 8.

*Crescit prope Cap, in collibus Groene Kloof et juxta Berg-
rivier. Floret ab Octobri ad finem usque anni.*

Scapus filiformis, subcompressus, sulcatus, flexuosus, scandens, glaber, polystachyus, longissimus. *Folia* 3-4, tenuia,
scapo breviora. *Flores* in ramis capillaribus flexuosis sparsi,
minimi, albi. *Spatha* obtusa cum acumine carinato, virescens,
margine membranaceo albo. *Corolla* subcampanulata: Tubus
brevissimus, virescens, spathis brevior; limbi laciniae ovatae,
aristatae, concavae, subaequales: suprema paulo brevior extra
laterales superiores: infima paulo angustior intra laterales inferiores. Omnes carina extus virescente, intus linea purpurea,
semiunguiculares. Arista lineam longa, caerulescens. *Corolla*
decidua situ laciniarum refert Gladiolum, licet tubus brevissimus. *Capsula* obcordata, retusa.

Obs. Primo intuitu gramen diceres, corolla tamen Gladioli.

48. G. (*tubiflorus.*) tubo corollae longissimo : spathis fo-

liisque ellipticis plicatis hirsutis. Gladiolus *tubiflorus. Linn.*
Suppl. p. 96. Syst. Veg. XIV. p. 87. Dissert. nostr. p. 20.
cum figura. Prod. p. 9. *Jacq.* Rar. 2. f. 9. t. 10.
*Crescit in Svartland.   Floret Augusto, Septembri,
Octobri.*
Radix profunda. *Scapus* brevissimus, saepe. vix pollicaris, foliis involutus, ramosus, hirtus. *Folia* plurima, circiter 6 et
ultra, elliptica seu lineari-ensiformia et utrinque attenuata,
nervosa, subplicata, pilosa, erecta, scapo longiora. *Bracteae*
oblongae, hirsutae, apice ferrugineae, pollicares. *Flores* alterni, innarnati. *Tubus* corollae filiformis, apice ampliatus, curvus, spathis multoties longior.

Obs. 1. Facies Ixiae, sed limbus corollae Gladioli. 2. Affinis Antholyzis villositate et foliis.

49. G. (*plicatus.*) floribus secundis ; spathis foliisque
ensiformibus plicatis hirsutis. Ixia *flabellifolia. La Roche*
Dissert. p. 24. Ixia *iridifolia.* Ibid. p. 24. Gladiolus *plicatus. Linn.* Syst. Veget. XIV. p. 86. Spec. Plant p. 53.
Dissert. nostr. de Gladiolo. p. 20. Prod. p. 9. *Jacq.* Rar.
2. f. 9. t. 7. Ixia *villosa.* Jacq. Rar. 2. f. 7. t. 11. Ixia *ru-
brocyanea. Jacq.* Rar. 2. f. 7. t. 12.

*Europaeis Africae promontorium australe inhabitantibus: Babia-
ner. Crescit in collibus infra latus occidentale Leuvebild juxta
littus maris, prope urbem Cap, in Svartland, Roode Sand
et alibi omnium vulgatissimus.   Floret a Majo usque in Octobris mensem.*

Bulbus magnitudine avellanae, fibrosus fibris longis, parum
profunde insidens. *Scapus* teres, villosus, simplex vel ramosus. *Rami* alterni, villosi, brevissimi, inferiores longiores.
Folia circiter sena, margine obverso vaginantia, obtusa, crassiuscula, nervosa nervis a latere interiori productis, villosa,
mollia, erecta, apice obliqua, scapo paulo longiora, digitalia.
Flores erecti, alterni vel saepius secundi. *Spathae* villosae in
rhachi flexuosa. *Corolla* monopetala, subcampanulata. Tubus
spathis longior. Limbus bilabiato-ringens : laciniae tres inferiores magis connexae, suprema profundius divisa. Lacinia suprema extra laterales proximas curvata, latior ; laterales superiores paulo augustiores, obtusae cum acumine ; laterales inferiores
reliquis paulo breviores vel subaequales obtusae ; infima extra laterales proximas, obtusa cum acumine ; omnes laciniae, praesertim inferne, margine crispae. *Antherae* dorso convexae, sulcatae,
basi fissae ; apice obtusae, subbifidae, caerulcae vel albidae.

Obs. 1. *Variat* colore violaceo, violaceo et albido, purpureo corollisque
totis luteis ; antheris violaceis et corollis albidis ; floribus paucis et plurimis alternis, secundis ; scapis brevissimis et altioribus, simplicibus et
ramosis, erectis et divaricatis. 2. *Folia* flabelliformia saepe finduntur
apice, ut in Areca. 3. *Affinis* Antholyzis florescentiá, Wachendorfiae foliis, Ixiae corollis. Usus. 1. Bulbi edules Hominibus, Simiis, Gliribus, uti plures e Gladioli, genere. Tunicis liberati eduntur vel

erudes vel cocti, sapidi et nutriantes, 2. Colitur in hortis magnatum, ob florum varietates et speciosas formas.

50. G. (*ringens.*) foliis plicatis: corollâ ringente; spathis hirsutis. GLADIOLUS *plicatus.* α. ε. &. GLADIOLUS *Sulphureus.* *Jacq.* Rar. 2. fasc. 9. t. 8.

Bulbus tunicatus, alte insidens, magnitudine avellanae. *Scapus* brevior vel longior, palmaris usque subpedalis, flexuosus, superne villosus, compressus, raro simplex, saepissime poly-stachyus. *Folia* obversa, subpetiolata, ensiformia, plicato-ner-vosa, hirsuta, digitalia usque spithamaea, scapum subaequantia. *Corollae* caeruleae, plus minus albidae vel saturatiores, vel fla-vescentes, semper laciniis limbi divaricato-ringentibus. *Spa-thae* ovatae, convolutae, apice membraneae et obtusae, totae valde hirsutae, longitudine tubi. *Differt a G. plicato* corollae tubo filiformi et limbo campanulato.

51. G (*secundus.*) foliis plicatis hirsutis; corollâ rin-gente ; spathis glabris.

Scapus profunde descendens, flexuosus, polystachyus, teres, glaber, spithamaeus. *Folia* obversa, subpetiolata, plicato-mul-tinervia, plura usque sex, scapo multo breviora. *Flores* in ramis flexuosis plurimi, usque 15, secundi, caerulei. *Spathae* membranaceae, striatae, apice lacerae, brunneae, vix semiun-guiculares. *Corollae* tubus filiformis, vix spathis longior, am-pliatus in limbum ringentem.

XXVII. IXIA.

Cor. tubulosa: tubo filiformi recto, limbo 6-partito, cam-panulato, aequali, *Stigmata* 3, simplicia.

1. I. (*minuta.*) scapis unifloris brevioribus; foliis laevi-bus. IXIA *minuta. Linn.* Suppl. p. 92. Syst. Veg. p. 83. Dissert. nostr. de Ixia. p. 6. cum figura. Prod. p. 9.

Crescit prope Cap in collibus rarius, etiam extra Zoutrivier locis arenosis inundatis. Floret Majo et sequentibus mensibus.
Bulbus globosus, magnitudine pisi. *Folia* vaginâ inclusa, li-nearia, supra concava, subtus convexa, glabra, erecta, longi-tudine scaporum, unum pro singulo scapo. *Scapus* raro uni-cus, saepius 2-4 vel plures, simplices; teretes, erecti, uni-flori, glabri, pallide purpurascentes, bracteati, pollicares. *Bracteae* paulo supra medium duae, oppositae, lineari-filifor-mes, erectae, lineam vix longae. *Calyx* nullus, nisi bracteae. *Corollae* tubus albus striis purpureis: Limbi laciniae supra con-cavae, niveae, subtus albae striâ duplici purpureâ, longitudine tubi, seu lineam dimidiam longae. *Capsula* virescens striis pur-pureis. *Facies* tota HYPOXIDIS *minutae,* ut nisi inspiceres sta-mina, stigma et bulbum, eandem diceres.
Obs. IXIIS in genere radicem esse bulbosam. *Bulbus* saepe estue a radi-mentis foliorum priorum annorum reticulatus, intus solidus. *Florescentia* spicata. *Bulbi* saepe edules.

2. I. (*radians.*) foliis filiformibus scapoque striato erecto;

corollâ bicolori. Ixia *bulbocodium.* Diss. de Ixia. p. 6. Nro. 6. 7.

Scapus filiformis, flexuoso-erectus, glaber, palmaris usque epithamaeus, simplex et ramosus. *Folia* alternatim vaginantia, filiformi-linearia, bisulca, glabra; scapi breviora; radicalia longiora. *Vaginae* inflatae, striatae, glabrae. *Flos* terminalis, grandis. *Corolla* limbo ovato apice caeruleo, medio arcu albido, basi 'purpureâ maculâ saturatiori. *Spathae* glabrae, longitudine tubi. *Var.* corollâ coeruleâ fundo luteo.

3. 1. (*crocea.*) foliis filiformibus scapoque striato erecto; corollae limbo oblongo, acuto. Ixia *bulbocodium.* Dissert. de Ixia p. 6. Nro. 5.

Media inter *radiantem* et *bulbocodium*, uniflora et biflora. *Scapus* filiformis, striatus, glaber, palmaris. *Folium* radicale filiformi lineare, bistriatum, vix reflexum, scapo longius; caulina plura, similia, breviora. *Corolla* campanulata, magna, lutea, limbi laciniis oblongis acutis.

4. I. (*bulbocodium.*) foliis linearibus bisulcatis trinervibus reflexis; scapo ramoso; floribus cernuis. Ixia *bulbocodium.* *Linn.* Syst. Veg. XIII. p. 76. XIV. p. 83. Mantis. p. 320. Spec. Pl. p. 51. Diss. nostr. de Ixia p. 6. Prod. p. 9. Ixia *bulbocodium.* Jacq. Rar. 2. f. 7. t. 9. Ixia *chloroleuca.* Jacq. Rar. 2. f. 15. t. 2. Ixia *quadrangula* et *bulbocodiodes.* La Roche Dissert. p. 16, et 19.

Crescit in Leuveberg, in collibus infra Duyvelsberg inter urbem et fortalitium copiose, ut et alibi. Floret Junio, Julio, Augusto, Septembri.

Bulbus ovatus, glaber, subtruncatus, fibrillosus. *Scapus* trigonus, inferne vaginatus, glaber, palmaris, vel spithamacus. *Folia* acuta, crassiuscula, glabra; infimum longissimum, scapo longius saepe duplo vel ultra, laxum, reflexum; reliqua circiter duo vel tria, longitudine scapi, erecta. *Flores* in scapi ramis terminales, sensim florentes. *Spatha* exterior ovata, viridis; interior lanceolata, acuta, membranacea, capsulam vaginans. *Corollae* tubus brevissimus: limbi laciniae intus flavae striis tribus fuscis, extus flavo-virescentes. *Filamenta* pubescentia. *Stigmata* sex, reflexa. *Differt* a reliquis Ixiis: stigmatibus sex et foliis sulcatis.

Variat. 1. petalis tribus interioribus flavis; tribus exterioribus viridibus. 2. petalis tribus interioribus albo flavis: tribus exterioribus virescentibus. 3. petalis tribus interioribus caeruleo-albis; tribus exterioribus virescentibus.

5. I. (*reflexa.*) foliis ensiformibus reflexis quinquenervibus; scapo ramoso; floribus erectis. Ixia *bulbocodium.* Diss nostr. de Ixia p. 6.

Scapus foliis vaginatus, palmaris, usque spithamaeus, in pedunculos plures superne divisus. *Folium* infimum scapo longius, valde falcato-recurvatum; caulina falcata, recurva, bre-

viora. Omnia ensiformia, equitantia quinquenervia et quadri-
sulcata, glabra.

6. I. (*humilis.*) foliis sulcatis erectis longioribus; floribus secundis; scapo subramoso. Ixīa *humilis.* Dissert. nostr.
de Ixīa. p. 8. Prodr. p. 9. *Linn.* Syst. Veg. XIV. p. 84.
*Crescit in Piketberg et collibus circum Cap. Floret Augusto
et sequentibus mensibus.*
Bulbus profunde insidens, glaber, magnitudine avellanae.
Scapus simplex vel ramosus, filiformis, erectus, palmaris usquo
spithamaeus. Folia duo vel tria, linearia, multisulcata, glabra,
scapo longiora. Flores subracemoso-spicati, tres usque octo
in rachide flexuosa. Spathae viridos, truncatae.

7. I. (*bicolor.*) foliis ensiformibus multinervibus reflexis;
scapo ramoso; corollis luteis basi caeruleis.
Scapus filiformis, flexuoso-erectus, glaber, foliis paulo
longior, palmaris vel spithamaeus. Folia integra, glabra. Flores alterni, unus usque quatuor. Corollae limbus totus luteus;
tubo apice caeruleo, basi lutescente. Spathae glabrae.

8. I. (*pilosa.*) foliis linearibus pilosis brevioribus; flori-
bus alternis. Ixīa pilosa. *Linn.* Suppl. p. 92. Syst. Veget.
XIV. p. 84. Dissert. nostr. de Ixia p. 8. Prod. p. 9.
*Crescit in collibus circum Cap, satis copiose. Floret Junio et inse-
quentibus mensibus.*
Bulbus globosus, fibrosus, glaber, magnitudine vix pisi. Folia acuminata, subterna, erecta, striata, scapo duplo breviora.
Scapus simplex, teres, erectus, glaber, multiflorus, superne obscure purpurascens, palmaris et ultra. Flores subnutantes.
Corolla extus rufescens, intus alba. Limbi laciniae concavae;
tres interiores albae; tres exteriores intus albae, extus purpu-
reo-virescentes margine albo. Antherae lineares, basi bifidae,
dorso supra basin insertae, flavae. Stigmata erecto-inflexa,
hirta, alba. Capsula sexsulcata. Vesperi ab hora quarta flores
odoros aperit horologium hoc Florae capensis; clausi vero plu-
viam praesagiunt instantem.

9. I. (*hirta.*) foliis ensiformibus hirtis brevioribus; floribus secundis. Ixīa hirta. Dissert. nostr. de Ixia. p. 9. Prod.
p. 9. *Linn.* Syst. Veg. XIV. p. 48. Ixīa *inflexa. La Roche* Disp. p. 15.
*Crescit in arenosis humidis Cap bonae spei. Floret Augusto
et sequentibus mensibus.*
Scapus simplex, inflexo-erectus, glaber. Folia striata, villosa,
scapo breviora. Flores saturate caerulei. Spathae integrae.
Obs. Valde similis J. secundae, sed differt foliis valde villosis, pilis
albidis.

10. I. (*secunda.*) foliis elliptico-ensiformibus brevioribus; scapo villoso scabro. Ixīa secunda. Dissert. nostr. de
Ixia p. 9. Prod p. 9. *Bergii* Pl. Capens. p. 6. *La Roche*

Disp. p. 17. *Linn.* Syst. Veg. XIV. p. 84. Ixia *flexuosa?*
Linn Spec. Plant. p. 51. Ixia *scillaris?* *Linn.* Syst. Veg.
XIII. p. 76. Spec. Pl. p. 52.

Incolis: Zydebloem. Crescit *in collibus juxta Groene Kloof*
et Boode Sand, atque in arenosis Svartland. Floret *Au-*
gusto, Septembri, Octobri.
Bulbus deorsum imbricatus, durus, magnitudine pisi. *Folia*
ensiformia, inferne attenuata, glabra, nervosa nervo medio
crassiori, erecta, scapo duplo breviora. *Scapus* teres, flexuosus, erectus, raro simplex, saepius ramosus ramis flexuoso patulis, spithamacus, usque pedalis. *Flores* secundi in rhachi
flexuosa, rarius pauci, saepius 4, 5 vel 6, erecti, caerulei
Spathae basi virides, apice brunneae, integrae. *Variat* scapo
simplici et ramoso, paucifloro et multifloro.

Obs. Singularis planta non scapo modo, sed rachi imprimis flexuosis. Dignoscitur ab aliis optime scapo villoso scabro.

11. I. (*monanthos.*) foliis lineari-ellipticis aequalibus;
scapo flexuoso ramoso.

Bulbus magnitudine pisi. *Scapus* filiformis, flexuoso-erectus,
palmaris vel paulo ultra, uniflorus vel ramosus. *Folia* circiter
tria, filiformi-linearia, elliptica, scapum aequantia, erecta, trinervia, glabra. *Flores* caerulei. *Similis* J. *secundae*, sed minor,
debilior, foliis augustissimis et flore majore.

12. I. (*crispa.*) foliis linearibus crispis brevioribus; floribus alternis. Ixia *crispa. Linn.* Suppl. p. 91. Syst. Veg.
XIV. p. 84. Diss. nostr. de Ixia p. 9. cum figura, Prod. p. 9.
Crescit in collibus Boode 'Sand et juxta Picketberg. Floret
Augusto, Septembri, Octobri.
Bulbus ovatus. *Folia* circiter quinque, lineari-lanceolata,
acuta, marginibus pulcherrime crispa, glabra, nervo longitudinali crasso, scapo plus duplo breviora. *Scapus* simplex vel ramosus, teres, glaber, flexuosus, erectus, multiflorus, subpedalis. *Flores* remoti. *Spatha* exterior tridentata, nervis totidem
striata; interior bidentata nervis duobus. *Corollae* tubus virescens: limbi laciniae caeruleae. *Antherae* extremitate alterá affixae, inflexae. *Stigmata* reflexo-patentia, apice clavata.
Variat: 1. scapo simplici et ramoso. 2. corollis caeruleis et
albis.

13. I. (*cinnamomea.*) foliis lanceolatis crispis brevioribus; floribus alternis. Ixia *cinnamomea. Linn.* Suppl. p.
92. Syst. Veg. XIV. p. 84. Diss. nostr. p. 10. c. figura. Prod.
p. 9.
Europaeis in Capite bonae spei incolis: Caneelbloem et avond-
bloem-caneelbloem. Crescit *in collibus Leuvestaart, sa-*
tis vulgaris. Floret *Augusto, Septembri, Octobri.*
Bulbus conicus, deorsum imbricatus, truncatus margine acuto
fibroso, glaber, magnitudine pisi. *Scapus* simplex, teres, flexuoso erectus, viridi-purpureus, glaber, spithamaeus. *Folia*
radicalia duo margine obverso vaginantia, obtusa, subfalcato-

reflexa, nervo medio elevato, margine crispo undulata, scapo
triplo breviora, digitalia; *cotyledonis* unicum, amplexicaule, ovatum, obtusum, apice reflexum, integrum, glabrum, unguiculare; *caulina* duo, spathaeformia, remota: inferius convoluto-
vaginans vaginâ longâ, apice compressum, obversum, saepe
crispum, glabrum, pollicare, usque tripollicare; superius unguiculare. *Flores* secundi *) , erecti, tres usque novem. *Ra-*
chis flexuosa, glabra. *Spatha* exterior concava, obtusa cum acumine, glabra, viridis apice purpurascente, tubo paulo brevior,
lineam longa; interior subaequalis, apice tenuior, bifida. *Co-*
rollae tubus parum ampliatus, subcurvatus; purpurascens, subunguicularis. Limbi laciniae tres interiores totae albae; tres
exteriores intus albae, extus purpurascenti-striatae. *Antherae*
erectae, dorso supra basin insertae, lineari-subulatae, limbo
breviores, flavae. *Capsula* sexstriata.

Obs. 1. Florum spica refert GLADIOLUM *recurvum;* differt corollâ regulari.
 ». Foliis crispis similis est IXIAE *crispae;* differt vero foliis lanceolatis,
latioribus. *Usus:* flores vesperi sese horâ 4 aperientes odorem spargunt
suavem, ideoque in domibus servantur.

14. I. (*corymbosa.*) foliis lanceolatis crispis brevioribus; scapo ancipiti. *Caryophyllus* monomotapensis, nervosis Bupleuri foliis, intus cavis, flore caeruleo, cauliculis secundum longitudinem alatis. *Pluk.* alm. p. 87. t. 275. f. 1.
IXIA *corymbosa. Linn.* Spec. Pl. p. 51. Syst. Veg. XIV. p.
84. Diss. nostr. de Ixia p. 11. Prod. p. 9. *Hout.* Nat. Hist.
2. D. 12. st. p. 18. Tab. 77. f. 1. *Jacq.* Rar. 2. f. 15. t. 8.
IXIA *imbricata. de la Roche* Disp. p. 17.

Crescit in sabulosis et ipsis viis Svartlandiae. Floret Augusto,
Septembri, Octobri.
Bulbus ovatus, truncatus, reticulatus. *Folium radicale* unicum, ensiforme, crispum, striatum, recurvatum, glabrum, digitale, scapo duplo brevius; *caulina* unum vel duo, spathaeformia, amplexicaulia, striata, decurrentia, minora. *Scapus* inferne simplex, superne paniculatus, striatus, glaber, flexuosus,
erectus, spithamaeus. *Rami* dichotomi, compressi, fastigiati.
Flores in ramis subumbellato-fasigiatis terminales. *Spatha* viridis apice obtuso rubicundo. *Corollae* tubus sensim ampliatus,
longitudine spathae. Limbi laciniae lanceolatae. *Stigmata*
apice globosa. *Variat* flore albo et caeruleo.

15. I. (*linearis.*) foliis linearibus brevioribus; scapo sim-
plici erecto. IXIA *linearis. Linn.* Suppl. p. 92. Syst. Veg.
XIV. p. 84. Dissert. nostr. de Ixia p. 12. Prod. p. 9. *Jacq.*
Rar. 2. f. 15. t. 5.

Crescit in campis arenosis inter Cap et Stellenbosch. Floret
Augusto, Septembri, Octobri.
Bulbus ovatus, fibrosus, laevis, magnitudine avellanae. *Sca-*
pus teres, glaber, palmaris, spithamaeus et ultra, *Folia* circi-

_____
*) In diagnosi supra: *alterni. Editor.*

ter tria; infimum longe vaginans, lineare, utrinque convexum
lineâ media elevatâ, angustissimum, vix lineam dimidiam latum,
erectum, parum apice attenuatum, integrum, glabrum, scapo
paulo brevius, raro aequale. Superiora duo spathacea, brevissima. *Flores:* raro unicus, plerumque duo vel tres, secundi.
Spatha convoluta, lanceolata, acuta, striata, glabra: exterior
major, longitudine corollae. *Corollae* tubus albidus. Limbi
laciniae obtusae cum acumine, unguiculares. *Stigmata* revo-
luto-patentia, purpurascentia. *Capsula* vix angulata, sexstriata.

16. I. (*capillaris.*) foliis linearibus brevioribus ; scapo
polystachyo; spathis scariosis. IxiA *capillaris.* *Linn.* Suppl.
p. 92. Syst. Veg. XIV. p. 84. Dissert. nostr. de Ixia p. 12. cum
figura. Prod. p. 9.
Floret Augusto, Septembri, Octobri.
Bulbus reticulatus, fibrosus, magnitudine avellanae. *Folia*
nervosa, glabra, scapo dimidio breviora. *Scapus* teres, apice
divisus, capillaris, erectus, bipedalis; rami pedicelliformes,
uniflori. *Flores* in ramis terminales vel in apice scapi alterni,
sessiles, erecti, albidi, venoso-reticulati. *Spathae* venis fuscis,
dentatae.

Obs.   Flores in hac specie videntur pedunculati; sed rami uniflori.

17. I. (*setacea.*) foliis linearibus brevioribus; scapo flexuoso glabro. IxiA *setacea.* Dissert. nostr. de Ixia p. 13. *Linn.*
Syst. Veg. XIV. p. 84. Prod. p. 9.
*Crescit in collibus montium prope urbem Cap. Floret Junio, Ju-
lio, Augusto.*
Folia acuta, angustissima, scapo breviora, lineâ mediâ elevatâ, glabra, subterna; in medio scapo folium breve, spathis
simile. *Scapus* filiformis, erectus, pauciflorus, ruber, simplex,
ramosus vel bifidus, digitalis. *Spatha* subinflata, viridis, valde
concava, striata, glabra, longitudine tubi, semiunguicularis.
Corollae limbi laciniae tres exteriores intus albae, extus rubro-
striatae, tres interiores totae albae. *Stylus* staminibus longior,
corollâ brevior, filiformis, albus. *Similis* est *J. maculatae,* limbi
basi fuscâ; sed differt: 1. quod multoties minor. 2. quod ramosa. 3. foliis lineari-angustis.

18. I. (*scillaris.*) foliis linearibus brevioribus secundis;
rhachi flexuosâ. IxiA *scillaris.* Dissert. nostr. de Ixia. p. 13.
Prod. p. 9. *Linn.* Syst. Veg. XIV. p. 85. *Hout.* Nat. Hist.
2. D. 12. St. p. 25. t. 77. f. 2.
*Crescit in collibus groene Kloof, Duyvelsberg, Leuve Kop
et alibi. Floret Augusto, Septembri, Octobri.*
Scapus teres, erectus, glaber, vaginatus, ramosus, pedalis.
Rami filiformes, nudi, flexuosi, laxi, glabri, floriferi. *Folia*
longe vaginantia, circiter tria, crassiuscula, vix lineam dimidiam lata, striâ duplici profundâ, scapo breviora, spithamaea.
Flores secundi, remoti. *Rhachis* multiflora, floribus saepe decem. *Spatha* exterior paulo major, glabra, striata, basi viridis; apice cinerea, membranacea, integra; interior basi viri-

dis, apice membranacea, bifida, cinerea. *Corollae* tubus brevissimus, flavo-virescens. Limbi laciniae concavae, flavae, tribus exterioribus dorso purpurascentibus. *Stigmata* involuta,
villosa, flavescentia. *Capsula* obsolcte trigona, sexsulcatá. *Semina* subreniformia.

19. I. (*aristata.*) foliis linearibus brevioribus, spathis ari-
stato-dentatis. IXIA *aristata*. Dissert. nostr. de Ixia p. 14.
Linn. Syst. Veg. XIV. p. 85. IXIA *campanulata*. *Hout*.
Nat. Hist. 2. D. 17. p. 42. f. 78. f. 4.
Floret Augusto, Septembri, Octobri.
Bulbus reticulatus, magnitudine avellanae. *Scapus* simplex,
teres, erectus, glaber, palmaris, pedalis et ultra. *Folia* circiter quatuor vel quinque, quinquenervia nervo medio et marginibus crassioribus, acuta, erecta, glabra, scapo dimidio breviora. *Flores* secundi, rarissime unicus, rarius duo, saepe
quinque usque novem in rhachi vix flexuosâ. *Spathae* submembranaceae. *Corollae* albo-incarnatae.

20. I. (*reticulata.*) monostachya; foliis equitantibus,
ensiformibus, scapo brevioribus; floribus spicatis alternis.

Scapus simplex, filiformis, erectus, pedalis. *Folia* nervosa,
nervis tribus magis exstantibus, flavis, acuta, glabra, circiter
5, unguem lata, patulo-erecta. *Flores* spicati, alterni, circiter quatuor. *Spatha* brunea. *Corolla* campanulata, alba, venis
caeruleis reticulata; tubus brevis.

21. I. (*pendula.*) foliis lineari-ensiformibus brevioribus;
scapo polystachyo; spicis pendulis. IXIA *pendula*. *Linn*.
Supplem. p. 91. Syst. Veg. XIV. p. 85. Diss. nostr. de Ixia.
p. 15. Prod. p. 9.

*Crescit in regione Krumrivier prope ipsam fluvium et in locis ad-
jacentibus humidis copiose. Floret Octobri et sequentibus mensibus.*

Radix moniliformi-articulata; articuli plurimi, orbiculati, depressi, approximati, carnosi, rufescentes. *Folia* radicalia inferne scapum vaginantia, acuta, striata, glabra, pedalia et ultra. *Scapus* teres, erectus, glaber, inferne crassitie calami
scriptorii, superne divisus: ramis capillaribus, nutantibus, flexuosis; orgyalis. *Spathae* membranaceae, lacerae. *Corollae* in
ramis alternae, magnae, incarnatae, tubo brevi.

Obs.   Omnium Ixiarum altissima, speciosa corollis magnis, cernuis.

22. I. (*bulbifera.*) foliis ensiformibus brevioribus; spa-
this membranaceis setaceo-laceris. IXIA *bulbifera*. *Linn*.
Spec. Plant. p. 51. Syst. Veget. XIV. p. 85. Diss. nostr. de
Ixia. p. 15. Prod. p. 10   IXIA *monanthos de la Roche*
Disp. p. 21. IXIA *uniflora*. *Jacq*. Rar. 2. f. 7. t. 10. *Mil-
leri* Icon. t. 237. f. 3. IXIA *roseá*. *Linn*. Mant. p. 27.

*Europaeis in Africa australi incolis: Vluweelbloem. Crescit
in Roode Sand copiosissime, in collibus Leuvestaart rarius,*

in arenosis Svartland, alibi. Floret *Augusto, Septembri, Octobri.*

Scapus simplex vel ramosus, subcompressus, striatus, glaber, inferne foliis vaginatus, palmaris usque pedalis. *Folia* nervoso-striata; disticha, erecta, glabra,, scapo breviora, spithamaea. *Flores* tres vel plures, magni, rhachi flexuosâ. *Spatha* nervoso-reticulata, grisea, apice fusca, lacera, filamentoso aristata. *Corollae* tubus brevis, lineam longus. Limbus ultra medium, non vero ad tubum usque angustiorem, 6-partitus: Laciniae magnae, ovato-oblongae, obtusae, patentes. *Antherae* lineares, longae, intus convexae, extus lamellosae, albae. *Capsula* sexstriata.

Variat: 1. flore purpureo, pulcherrimo in Roode Sand. 2. flore rubro alboque variegato. 3. flore flavo. 4.,scapo brevissimo et simplici. 5. scapo altiori et ramoso. 6. scapo bulbifero, culta.

Obs. In hortis culta alta, ramosaque evadit et tunc saepissime bulbos in axillis foliorum gerit.

23. I. (*erecta.*) foliis ensiformibus multinervibus brevioribus; scapo polystachyio; floribus distichis immaculatis. Ixia *erecta. Berg.* Plant. Cap. p. 5. Dissert. nostr. de Ixia p. 16. Prod. p. 10. *Linn.* Syst. Veg. XIV. p. 85. Ixia *thyrsiflora. de la Roche* Disp. p. 20.

Crescit infra *Duyvelsberg*, in collibus *groene Kloof*, arenosis *Svartland et alibi* vulgaris. Floret *Augusto et* sequentibus mensibus.

Bulbus magnitudine avellanae. *Folia* circiter tria vel quatuor, erecta, glabra, scapo duplo breviora. *Scapus* teres, glaber, erectus, pedalis usque bipedalis. *Rami* alterni, capillares, erecti, digitales. *Flores* in scapo et ramis spicati, unguiculares. *Rhachis* flexuosa, digitalis. *Spathae* submembranaceae, subaristatae.

24. I. (*polystachya.*) foliis linearibus quinquenervibus brevioribus; scapo polystachyo; floribus distichis immaculatis. Ixia *polystachya. Linn.* Sp. Pl. p. 51. Syst. Veg. XIII. p. 76. *Jacq.* Rar. Icon. vol. 2. fol. 9. t. 11.

Similis omnino J. *erectae*, sed folia longe augustiora et quinquenervia. *Variat* scapo simplici et ramoso.

25. I. (*coccinea.*) foliis lineari-ensiformibus, multinervibus subaequalibus; scapo polystachyo; floribus immaculatis.

Bulbus magnitudine nucis avellanae. *Folia* acuta, glabra, erecta, scapum subaequantia, erecta. *Scapus* simplex vel ramosus, teres, erectus, spithamaeus et ultra. *Flores* distichi, purpurei. *Spathae* scariosae, acuminatae.

26. I. (*maculata.*) foliis ensiformibus; scapo polystachyo; floribus alternis; corollis basi maculatis. Ixia *maculata. Linn.* Mant. p. 320. Syst. Vegetab. XIV. p. 35. Diss. nostr. de Ixia. p. 16. Prod. p. 10.

*Crescit in promontorio australi Africes vulgatissima et maxime va-
rians in diversis locis; imprimis vero* 2 *et* 3 *prope B e r g r i v i e r;*
4 *et* 5 *in collibus prope G r o e n e K l o o f;* 1, 2 *et* 3 *in arenosis
S v a r t l a n d. Ploret A u g u s t o et insequentibus mensibus.*
Bulbus avellana nuce duplo major. *Folia* tria, quatuor vel
quinque, multinervia, scapo duplo breviora. *Scapus* saepius
simplex vel polystachyus, teres, erectus, spithamaeus usque
pedalis et ultra. *Rami* filiformes, erecti vel patentissimi. *Florum* spicae terminales, rhachi flexuosâ. *Spathae* membranaceae,
basi griseae, apice bruneae, sublacerae. *Corolla* supra os tubi
maculâ obscurâ in basi limbi.

O b s.   Adeo similis J. *erectae*, ut vix quidquam aliud differat, quam macula
corollae.
Variat: 1. corollâ albidâ.   2. corollà flavâ.   3. corollâ flavâ apicibus purpureis.   4. corollâ albo - caerulescente.   5. corollâ caeruleâ.

27. I. (*viridis.*) foliis linearibus multinervibus brevioribus; scapo polystachyo; corollis spicatis maculatis. Ixia *maculata.* Diss. nostr. de Ixia p. 16. XV. Prod. p. 10.

Crescit in R o o d e S a n ḍ, ad rivos, speciosissima planta.
Bulbus magnitudine nucis avellanae. *Scapus* erectus, simplex
et ramosus, inferne foliis vaginatus, bipedalis usque quadripedalis. *Folia* lineari-ensiformia, glabra, erecta, scapo paulo
breviora. *Flores* spicati, terminales in spica pedali, distichi,
virides maculâ baseos nigrâ.

28. I. (*scariosa.*) foliis ensiformibus obtusis falcatis multinervibus brevioribus; bracteis scariosis acutis.

Scapus erectus, polystachyus, superne ramis flexuosis. *Folia*
prope radicem circiter tria, equitantia, glabra, scapo duplo
breviora. *Flores* caerulei corollae tubo luteo. *Bracteae* nervosae.

29. I. (*elliptica.*) foliis ellipticis glabris; scapo ramoso;
floribus secundis.

Scapus angulatus, glaber, erectiusculus. *Folia* basi valde attenuata, dein obovata, acuta, integra, digitalia, scapo multo-
ées breviora. *Flores* sessiles, plures, caerulei. *Rhachis* flexuosa.

30. I. (*squalida.*) foliis lineari-lanceolatis glabris; laminis limbi excisis; scapo ramoso.

Scapus flexuoso-erectus, glaber. *Flores* alterni, sessiles, toti
lutei venis fuscis. *Limbi* laciniae obovatae, obtusae, excisae.
Spathae glabrae, apice bruneae.

31. I. (*fenestrata.*) foliis ensiformibus acutis nervosis
glabris scapo brevioribus; floribus alternis. Ixia *fenestrata.*
J a c q. Rarior. 2. fasc. 10. T. 8.

Scapus simplex, flexuoso-erectus, glaber, pedalis. *Folia* integra, scapo duplo breviora, vix unguem lata. *Flores* purpurei, immaculati. *Limbus* obtusus. *Spathae* glabrae, tubo paulo
breviores.

32. I. (*crocata*.) foliis ensiformibus brevioribus; floribus secundis; corollis basi hyalino - fenestratis. IXIA *crocata*. *Linn.* Spec. Plant. p. 52. Syst. Veget. XIV. p. 85. Diss. nostr. de Ixia. p. 17. Prod. p. 10. IXIA *Milleri*. *Berg.* Plant. Capens. p. 8.

Crescit cis et trans Svellendam, usque ad Vischrivier, satis vulgaris. Floret *Octobri, Novembri et Decembri.*

Bulbus avellana paulo major. *Folia* circiter quinque, reflexo-subfalcata, multinervia, pollicaria usque digitalia, scapo duplo vel saepe triplo breviora. *Scapus* simplex vel ramosus, subcompressus, flexuosus, erectus, glaber, palmaris usque spithamaeus. *Rami* nudi, scapo similes, patentissimi. *Bracteae* basi griseae, apice ferrugineae, subdentato lacerae. *Flores* campanulati, speciosi tubo brevi, aurantiaci maculâ supra os tubi pallidiori hyalinâ; raro duo vel pauci, saepius quinque vel septem.

Variat: 1. scapo simplici, brevi, paucifloro et maculâ atrâ supra fenestram. 2. scapo alto, polystachyo, multifloro.

Obs. Haec omnium IXIARUM facile pulcherrima, uti ceterae culta magis ramosa et speciosa evadit.

33. I. (*lancea*.) foliis ensiformibus brevioribus; floribus secundis; scapo simplici flexuoso. IXIA *lancea*. Diss. nostr. de Ixia p. 18. Prod. p. 10. *Linn.* Syst. Veg. XIV. p. 85.

Crescit infra Piketberg. Floret *Augusto, Septembri, Octobri.*

Bulbus rudimentis foliorum dense involutus, avellanâ major. *Folia* circiter tria vel quatuor, lanceolato - ensiformia, marginibus et nervo medio crassioribus, marginibus revolutis, tenuissime striata, glabra, erecta; digitalia. Folium unum vel duo spathaeformia in scapo. *Scapus* teres, hinc inde compressus, erectus, glaber, foliis duplo longior. *Flores* circiter sex, albo-purpurascentes. *Spathae* cinereae, apice ferrugineae, obtusae, integrae.

34. I. (*pentandra*.) foliis ensiformibus brevioribus; floribus pentandris. IXIA *scillaris?* *Linn.* Spec. Plant. p. 52. *Linn.* Syst. Veget. XIII. p. 76. IXIA *pentandra*. *Linn.* Supplem. p. 92. Syst. Veg. XIV. p. 85. Diss. nostr. de Ixia. p. 18. Prod. p. 10. IXIA *scillaris*. *Hout.* Nat. Hist. 2. D. 12 St. p. 25. T. 77. f. 2.

Crescit extra urbem Cap, prope Groene Kloof in collibus. Floret *Augusto, Septembri, Octobri.*

Scapus simplex vel ramosus, teres, flexuosus, glaber, pedalis. *Folia* striata, glabra, scapo multoties breviora. *Florum* spica longa, interrupta, flexuosa. *Spathae* membranaceae, sexlineatae, longitudine tubi; exterior major, carinata, tridentata. *Corollae* tubus virescens, brevis: limbi laciniae purpureae. *Filamenta* saepius tria, rarius quinque et quatuor, ori tubi inserta, limbo duplo breviora, filiformia, albida. *Antherae* ovatae, incumbentes seu horizontaliter nutantes, subcompressae, didymae, flavae. *Stigmata* tria saepius, rarius vero 4 et 5, reflexo-patula, filamentis paullo breviora, obtusa, plumosa, lineam longa. *Capsula* trigona, sexsulcata. *Variat* floribus triandris tribus stigmatibus; tetrandris stigmatibus 4; et pentandris stigmatibus 5.

Obs. E filamentis 4 saepe bina connata inveni in unum corpus cum stigmatibus 4, antheris separatis vel connatis.

35. I. (*falcata.*) foliis ensiformibus reflexo-falcatis, brevioribus. IxiA *falcata. Linn.* Suppl. Syst. p. 92. Syst. Veget. XIV. p. 85. Dissert. nostr. de Ixia p. 19. cum figura. Prod. p. 10. *Jacq.* Rar. 2. f. 10. t. 9.

Europaeis africae Incolis: Avondbloem. Floret Junio usque in Octobris mensem. Crescit in collibus circa urbem.

Bulbus conicus, deorsum imbricatus, truncatus margine acuto fibroso, magnitudine pisi. *Scapus* simplex et ramosus, glaber, superne purpurascens, multiflorus. *Folia* disticha, striata, glabra; scapo duplo breviora. *Flores* alterni, unus, duo vel plures. *Corollae* tubus ruber; Limbi laciniae tres interiores rotundatae; albae, exteriores intus albae, extus rubrae. *Stigmata* flexuoso-involuta, hirta.

Variat scapo simplici et ramoso, palmari et spithamaeo; *floribus* alternis et secundis; rhachi vix flexuosâ et valde flexuosâ. *Usus:* flores horâ 4 sese aperientes suavem odorem spargunt pluviamque clausi praesagiunt.

36. I. (*excisa.*) foliis ovatis brevioribus; floribus secundis; scapo flexuoso. IxiA *excisa. Linn.* Suppl. p. 92. Syst. Veg. XIV. p. 85. Diss. nostr. de Ixia. p. 19. cum figura. Prod. p. 10.

Crescit in collibus montium prope urbem Cap. Floret Augusto, Septembri, Octobri.

Bulbus globosus, fibrillosus, glaber, piso minor. *Folia* radicalia duo, obtusa, glabra, margine interiori amplexantia ibique pro scapo excisa, patentia, semipollicaria. Referunt folium unicum, bifidum. Folium infra medium scapi spathas referens, solitarium. *Scapus* teres, erectus, glaber, uniflorus et multiflorus, digitalis et palmaris. *Spatha* glabra apice obtuso, subcrenato; exterior viridis, tubo brevior. *Corollae* tubus ruber. Limbi laciniae obtusissimae, patentes; extus rufescentes, rubro striatae; intus albae, rubro-striatae. *Antherae* bruneae, erectae. *Stigmata* parva, revoluta, hirta.

Obs. Rarissime scapus medio ramulum edit uniflorum.

XXVIII. GALAXIA.

Cor. 1-*petala*, 6 *fida. Stam. monadelpha.*

1. G. (*ovata.*) foliis ovatis. IxiA *Galaxia. Linn.* Suppl. Syst. p. 93. GALAXIA *ovata. Linn.* Syst. Veget. XIV. p. 609. Dissert. Nostr. Nov. Plant. Gener. P. I. pag. 51. cum figura. Prod. p. 10.

Crescit copiose circa urbem Cap, in collibus. Floret a Junio ad Septembris mensem.
Radix filiformis, descendens, bulbo affixa, seu bulbus profunde insidens, ovatus, reticulatus. Bulbilli saepe plures, conglomerati. *Scapus* nullus, nisi qui descendit ad bulbum. *Folia* radicalia, congesta, vaginantia, ovato oblonga, obtusa, supra sulco longitudinali, plana, margine subcartilaginea, glabra, pollicaria. *Corolla* valde fatua, variat colore flavo, purpureo, violaceo; vesperi se claudit, uti et sequens, corollâ fatiscendo involutâ ante horam quartam.
Variat: 1. corollis totis flavis, saepissime. 2. corollis violaceis.
Horologii instar Florae horam quartam et pluviosam tempestatem indicat.

Obs. Staminum filamenta in hoc Genere, uti in *Ferraria* et *Sisyrinchio*, tota, atque in *Moraeis* et *Iridibus* capensibus basi, connata inveniuntnr in cylindrum, adeoqué omnia monadelpha, sic ut Stylum mentianlur, cui Antherae insertae. Me tamen judice, neque ad Monadelphiam reducenda sunt *Galaxia*, *Ferraria*, *Sisyrinchium*, neque ad Gynandriam, cum tubus staminum aciculâ longitudinaliter apertus, inclusum Pistillum liberum satis demonstret: neque in plura Genera lacerandae *Moraeae* et *Irides* Capitis bonae spei, quibus filamenta plus minus, uti etiam in *Hermanniis* et *Lobeliis*, coalita sunt

2. G. (*graminea.*) foliis lineari-filiformibus. Ixia *fugacissima. Linn.* Suppl. Syst. p. 94. Galaxia *graminea. Linn.* Syst. Veg. XIV. p. 609. Dissert. nostr. Plant. Gen. P. I. p. 51. c. figura. Prodr. p. 10.
Crescit in collibus inter Cap et Taffelberg et ubique circum urbem copiose. Floret Junio, Julio, Augusto.
Radix ut in priori. *Folia* radicalia, fasciculata, ad singulum florem bina, basi latiora, inde linearia, apice setacea, integra, canaliculata, glabra, pollicaria vel bipollicaria. *Flores* radicales inter folia vaginantia, fasciculati, sessiles: tubo longo, capillari, longitudine foliorum. *Color* corollae saepius flavus; a frigore vespertino circa horam quartam, (quam itaque horologii instar indicat) fatiscit, contrahitur, vixque aperit iterum florem, nisi calidis a sole splendente diebus.
Variat: 1. corollis totis flavis. 2. tubo flavo, limbo violaceo.

Obs. Difficile siccantur hae species, cum a frigore vel minimo humidae evadunt et corollae apicem primo, dein limbum totum contrahunt crispando. Nec consorvantur vel exsiccantur, nisi in libro bene inclusae teneantur, usque dum semisiccatae fuerint; tum separandae erunt: alias chartae ita adglutinantur, ut separari sine laceratione nequeant.

XXIX. WITSENIA.

Cor. 6-partita, cylindrica. *Stigma* emarginatum.

1. W. (*maura.*) caule subsimplici, foliis ensiformibus marginatis. Antholyza *maura. Linn.* Syst. Veg. XIII. p. 78. Syst. XIV. p. 83. mant. p. 175. Witsenia *maura. Thunb.* Dissert. Nov. Plant. Gen. P. 2. p. 33. 34. Prod. p. 7.

Crescit in montium lateribus ad Nordhoek et Bayfallo. Floret Aprili, Majo.
Radix lignosa. *Caulis* anceps, inferne aphyllus, a casu foliorum subarticulatus, glaber, superne foliis vestitus, saepius simplex, raro bifidus, erectus, bipedalis. *Folia* alterna, sessilia, equitantia, subfalcata, lineata, erecta, imbricata, glabra, spithamaea. *Flores* terminales, capitati. *Capitula* duo, tria vel quatuor, alterna, squamosa, subbiflora. *Squamae* seu bracteae alternae, oblongae, acutae, concavae. ferrugineae glabrae; exteriores breviores, unguiculares; interiores longiores, pollicares.

2. W. (*ramosa.*) caule ramoso; foliis linearibus striatis. Ixia *fruticosa. Linn.* Suppl. p. 93. Syst. Veg. XIV. p. 53. *Thunb.* Diss. de Ixia p. 5. c. fig. Prod. p. 9.

Crescit in Montibus Platte Kloof et juxta rivier Zonder End sitis. Floret Octobri et sequentibus mensibus.
Caulis suffruticosus, totus glaber et foliis tectus, palmaris vel paulo ultra. *Folia* apice attenuata, subfalcata, tenuissime striata, dense imbricata, pollicaria usque bipollicaria. *Flores* terminales, caerulei. *Spathae* membranaceae. *Corolla* tubulosa, caerulea *Tubus* flavus, capillaris, semipollicaris.

Obs. Facies Witseniae, Corolla Ixiae.

XXX. DILATRIS.

Cal. o. *Cor.* 6 - *partita, hirsuta. Filamentum tertium reliquis minus. Stigma simplex.*

1. D. (*corymbosa.*) petalis ovatis; paniculâ hirsutâ. Dilatris *corymbosa. Berg.* Pl. Capens. p. 9. tab. 3. f. 5. *Thunb.* Act. Nat. Scrut. Berol. p. Prod. p. 10. Ixia *hirsuta. Linn.* Mantiss. p. 27, 320, 511. Wachendorfia *umbellata. Linn.* Syst. Veg. XIII. p. 80. Dilatris *umbellata. Linn.* Syst. Veget. XIV. p. 93. Suppl. p. 101.

Crescit ad latera montium prope Platte Kloof, inque campis sabulosis inter Cap et Hottentots Holland copiose. Floret Decembri, Januario.
Radix carnosa, rubra, sublignosa, fibrosa. *Caulis* sublignosus, teretiusculus, villosus, foliosus, simplex, pedalis. *Folia radicalia* plura, amplexicaulia, ensiformia, integra, striata, glabra, caule breviora; *caulina* alterna, tria seu quatuor, margine obverso vaginantia, lanceolata, acuta, erecta, villosa, pollicaria et ultra. *Flores* paniculati; *panicula* subfastigiata. *Bracteae* ad basin pedunculorum sessiles, lanceolatae, acutae, villosae, pedunculis breviores. *Pedunculi* subdichotomi, villosi, pollicares; pedicelli uniflori. *Corolla* 6 petala, supera, purpurea. Petala obtusa, concava, nervosa, extus hirsuta, intus glabra, ereototo-patentia, persistentia, semiunguicularia. *Filamenta* tria, germini inserta, subulata: duo longitudine corollae, tertio paulo breviore. *Antherae* subrotundo-lunulatae, emarginatae, hino planae, inde didymae, bisulcatae, flavae, unicâ in filamento breviori paulo majore. *Germen* inferum, hirsutum. *Stylus* fili-

formis, staminibus paulo brevior, purpureus. *Stigma* simplex,
obtusum. *Capsula* subglobosa, hirsuta, trivalvis, trilocularis.
Semina in singulo loculamento solitaria, orbiculata, compressa,
glabra.

2. D. (*viscosa.*) petalis linearibus, paniculâ villoso - vis-
cidâ. DILATRIS *viscosa.* *Thunb.* Act. Nat Scrutat. Berol.
p. Prod. p 10. *Linn.* *Suppl.* p. 101. Syst. Veg. XIV. p. 93.
*Crescit in summitate Taffelberg prope frontem. Floret Janua-
rio, Februario.*

Caulis suffruticosus, teretiusculus, simplex, foliosus, pedalis,
uti tota planta, exceptis foliis radicalibus, hirsutus: pilis densis, patentibus, rufescentibus, apice glandulosis, glutinosis.
Folia radicalia plura, vaginantia, falcato ensiformia, striata,
glabra, caule multo breviora; caulina alterna, tria seu quatuor,
amplexiceulia, erecta, pollicaria. *Bracteae* sublineares, pedunculis breviores. *Petala* extus villoso viscida, ceterum ut
in priori *Filamenta* subulata, subaequalia, longitudine corollae. *Radix,* Flores, Pedunculi, Stamina, Pistillum, Capsula
ut in priori.

3. D. (*paniculata.*) petalis lanceolatis, caule paniculato.
DILATRIS *paniculata.* *Thunb.* Act. Nat. Scrutat. Berol. p.
Prod. p. 10. *Linn.* Suppl. Syst. p. 101. Syst. Veg. XIV.
p. 94.
*Crescit in arenosis regionibus Saldanhae bay et Svartland.
Floret Octobri et sequentibus mensibus.*

Caulis suffruticosus, simplex, striatus, erectus, uti tota planta,
hirsutus: pilis densis, patentibus, rufescentibus, glandulosis,
viscosis; pedalis. *Folia* radicalia ut in priori, sed caule paulo
breviora, spithamaea vel ultra; caulina alterna, pauca, amplexicaulia, lanceolata, acuta, pollicaria vel ultra. *Flores* a medio caule ad apicem paniculati. *Bracteae* foliis similes, lanceolatae, longitudine pedunculi. *Pedunculi* alterni, bifidi, erecti,
pollicares. Pedicellii breves, subquadriflori. *Petala* purpureo-
flavescentia, acuta, concava, intus glabra, extus villosa, erecto-
patentia, unguicularia. *Filamenta* purpurea, corollâ duplo
breviora; tertio breviore, *Antherae,* Germen, Stigma ut in
prioribus. *Stylus* staminibus paulo longior, purpureus. *Capsula* omnium hirsutissima.

XXXI. M O R A E A.

Cor. 6 - *partita, inaequalis: laciniis erectis. Stigmata 3.*

1. M. (*melaleuca.*) scapo ancipiti; foliis linearibus subfalcatis; flore subsolitario. MORAEA *lugens.* *Linn.* Syst. Veget. X V. p. 93. *Thunb.* Diss. de Moraea p. 5. tab. 1.

*Crescit in Campo infra Paarlberg latere occidentali inter frutices,
in Paardeberg summis lateribus atque in campis arenosis circumjacentibus, prope Ribeck Kastel et alibi. Floret Septembri, Octobri.*

68   TRIANDRIA MONOGYNIA.   XXXI. Moraea.

Radix carnosa, fibrosa. *Scapus* simplex, articulatus, erectus, glaber, pedalis usque bipedalis. *Folia* radicalia plura, equitantia, lineari ensiformia, erecta, striata, glabra, duas lineas lata, scapo triplo breviora; caulina spathacea juxta articulos alterna, sensim breviora; inferiora tripollicaria; superiora pollicaria. *Flores* terminales, solitarius vel plerumque duo, raro tres, erecti. *Spatha* bivalvis: valvulae oppositae, lanceolatae, acutae, concavae, virides, glabrae, erectae, apice membranaceae, unguiculares. *Corolla* sub-1-petala, ad basin fere 6-partita, inaequalis, patens, facile fatiscens. Petala tria majora, obovata, obtusa, subemarginata, concava, basi alba, versus apicem caerulea, pollicaria; tria minora, ceteris multo breviora et angustiora, ovata, obtusa, concava, basi alba, a medio ad apicem atra. *Filamenta* tria, subulata, erecta, alba, brevissima. *Antherae* lineares, flavae, lineam longae. *Stylus* filiformis, erectus, albus, longitudine petalorum minorum. *Stigma* multipartitum, caerulescens. *Capsula* oblonga, glabra, trigona, trilocularis.

2. M. (*spiralis.*) scapo ancipiti articulato; foliis erectis; floribus alternis subsecundis. Moraea *spiralis. Linn.* Syst. Veget. XIV. p. 93. *Thunb.* Dissert. p. 6.

Scapus glaber, erectus., pedalis vel paulo ultra. *Folia* radicalia, linearia, acuta, striata, scapo vix breviora; caulina alterna, spathaeformia. *Flores* laterales. *Spathae* bruneae, concavae, acuminatae, subbiflorae, longitudine corollae. *Corolla* 6 petala, post florescentiam spiraliter convoluta. Petala subaequalia, campanulato patentia, ovata, obtusa, extus albo-virentia, intus alba, pollicaria; ungues crassi, intus albi maculá cordatá purpureá. *Filamenta* tria, filiformia, alba, corollá breviora. *Antherae* oblongae, sulcatae, erectae, croceae. *Stylus* filiformis, albus, staminibus longior. *Stigma* simplex, truncatum, villosum, violaceum.

3. M. (*africana.*) scapo ancipiti; foliis distichis; floribus capitatis; spathis membranaceo-laceris. Moraea *africana. Linn.* Syst. Veg. XIV. p. 93. *Thunb.* Dissert. p. 7.

Crescit in collibus prope urbem et in campis extra illam, circum Constantiam et alibi. Floret communiter Augusto, Martio et sequentibus mensibus.
Radix fibrosa. *Scapus* simplex vel saepius ramosus, articulatus, glaber, erectus, digitalis usque spithamaeus. *Folia* radicalia, equitantia, lineari-ensiformia, striata, erecta, scapo breviora; caulina spathaeformia, similia. *Flores* terminales, caerulei. *Spathae* binae, oppositae, concavae, basi et dorso fuscae, apice et margine membranaceae, albae, multipartito-lacerae laciniis setaceis. *Stigma* simplex.

4. M. (*pusilla.*) scapo ancipiti; foliis distichis; flore subsolitario. Moraea *pusilla. Thunb.* Diss. p. 7.

Radix fibrosa. *Scapus* simplex, erectus, uniflorus vel biflorus, palmaris. *Folia* radicalia, equitantia, lineari-lanceolata, subfalcata, striata, glabra, scapo breviora. *Spathae* naviculares, integrae, longitudine floris. *Corolla* 6-petala, caerulea, post florescentiam spiraliter convoluta. Petala alterna, angustiora. *Capsula* oblonga, trigona, trivalvis, trilocularis.

5. M. (*dichotoma.*) scapo ancipiti; foliis falcatis; spathis membranaceis integris.

Scapi e radice cespitosa plures, compressi, erecti, glabri, spithamaei. *Rami* alterni, divaricato - erecti, scapo similes. *Folia* inferiora lineari-ensiformia, acuta, integra, glabra, digitalia; superiora, in scapo et rarius breviora. *Flores* terminales, circiter tres, caerulei. *Spathae* scariosae, niveae.

6. M. (*bermudiana.*) scapo ancipiti; foliis distichis; floribus capitato - umbellatis; spathis membranaceis. Sisyrinchium *bermudiana. Linn.* Syst. Veget. XIV. p. 820. *Thunb.* Dissert. p. 7.

Crescit in Montibus inter Hottentots Hollands Kloof et Houthoek. Floret Decembri.

Scapus simplex, saepius ramosus, glaber, spithamaeus. *Rami* divaricati, scapo similes, apice geniculati. *Folia* basi et circa genicula plura, amplexicaulia, lineari-ensiformia, striata, glabra, erecta, longitudine ramorum. *Flores* in ramis terminales, umbellati. *Spathae* foliis similes, integrae. *Pedunculi* teretes, uniflori, glabri, unguiculares. *Corolla* 1-petala, ad basin fere 6-partita: laciniae oblongae, obtusae, cuspidatae, basi luteae, apice caeruleae. *Filamenta* tota in cylindrum connata, alba, corollâ dimidio breviora. *Antherae* trigonae, erectae, luteae. *Stylus* filiformis, intra cylindrum staminum. *Stigma* clavatum, apice bifidum: laciniae erectae, subulatae. *Capsula* ovata, glabra, 3-locularis.

Obs. 1. Corollam 4-partitam semel inveni. 2. Stamina omnino monadelpha; ut observavit Dom. Cyrillo.

7. M. (*gladiata.*) scapo foliisque compressis; spicâ laterali solitariâ involucro duplo breviore. Moraea *gladiata. Linn.* Syst. Veg. XIV. p. 93. *Thunb.* Dissert. p. 8.

Crescit infra latus orientale et occidentale Montis tabularis, rarior. Floret Junio.

Scapus simplex, nudus, enodis, tenuissime striatus, glaber, rigidus, erectus, tripedalis vel ultra. *Florum* capitula terminalia: floribus alternis, pedunculatis. *Pedunculus* hirtus, uniflorus. *Spathae* plures, imbricatae, inaequales, naviculares, striatae, apice compressae, glabrae, extima duplo longior. *Corolla* subhexapetala, patens, flava. *Stigmata* tria, simplicia, patentia. *Capsula* ovata, obtusa, glabra, trigona, trivalvis, trilocularis.

8. M. (*aphylla.*) scapo foliisque compressis, spicâ laterali solitariâ involucro multoties breviore. Moraea *aphylla. Linn.* Syst. Veg. XIV. p. 93. *Thunb.* Dissert. p. 9. tab. 2.

Scapus aphyllus, enodis, striatus, glaber, erectus, pedalis et ultra. *Florum* capitula medio in scapo lateralia; floribus pe-

dunculatis, luteis. *Involacrnm* e scapo continuatum, capitulo
florum decies longius, curvatum.

9. M. (*filiformis.*) scapo foliisque compressis subfiliformibus; flore solitario terminali. Moraea *filiformis. Linn.*
Syst. Veg. XIV. p. 93. *Thunb.* Dissert. p. 9. tab. 1.

Scapus subfiliformis, enodis, simplex, erectus, striatus, glaber, pedalis. *Folia* radicalia, filiformia, striata, flcxuosoerecta, duo vel tria, scapo breviora. *Involucrum* seu spatha
extima flore duplo brevius; reliquae spathae alternae, glabrae.
Corolla 6·petala, infimâ basi connata, lutea. Petala patentia,
alterna angustiora. *Filamenta* tria, lutea, corollà breviora.
Stylus ereclus, flavus, filamentis brevior. *Stigmata* tria, filiformia, patentia, lutea. *Capsula* ovata, obtusa, trigona, glabra, trivalvis, trilocularis.

10. M. (*spathacea.*) scapo foliisque teretibus; spicis lateralibus aggregatis. Moraea *spathacea. Linn.* Syst. Veg.
XIV. p. 92. *Thunb.* Dissert. p. 9. tab. 1.

*Crescit in collibus infra Taffelberg et Duyvelsberg copiosissime
atque alibi, taediosissima ambulantibus, quos folia dependentia illaqueant. Floret Julio communiter et sequentibus mensibus, per
totam fere annum florem unam vel alterum aperiens.*

Scapus striatus, glaber, enodis, erectus, semiorgyalis. *Folia*
radicalia, striata, primum erecta, dein dependentia, scapo
longiora. *Florum* capitula subterminalia e spicis aggregatis involucro brevioribus. *Spathae* glumaceae, acutae. *Corolla* 6 petala, vix basi connata; Petala aequalia longitudine, sed alterna
duplo angustiora, oblonga, obtusa, medio venâ elevatâ, patentia, flava, unguicularia. *Filamenta* tria, subulata, petalis
multo breviora *Antherae* globosae, sulcatae, incurvae, flavae.
Stylus filiformis, filamentis brevior. *Stigmata* tria, erecto-patentia, obtusa, flava, filamentis longiora. *Capsula* obovata, obtusa, glabra.

11. M. (*flexuosa.*) scapo tereti articulato; folio reflexo
subundulato nervoso. Moraea *flexuosa. Linn.* Syst. Veg.
XIV. p. 93. *Thunb.* Dissert. p. 10.

*Crescit ubique vulgaris prope Bergrivier, Vier en tuintig
rivieren, Olyfantsrivier, et a Roode Sand usque ad
Houtniquas. Floret Octobri, Novembri, Decembri,
Januario.*

Radix bulbosa. *Scapus* simplex et ramosus, striatus, erectus,
glaber, pedalis et ultra. *Folium* radicale unum, raro duo, lineare, striatum, scapo brevius; ramea similia. *Flores* alterni
in scapi rhachi flexuosa. *Spathae* oblongae, apice acutae, laccrae. *Corolla* 6·petala. Petaia vix basi connata, subaequalia. Ungues brevissimi, vix lineam longi, parum dilatati,
erecti. Laminae ovatae, obtusae cum acumine, concavae, lineâ longitudinali elevatâ, patentes, unguiculares; supra flavae;
subtus tres alternae virescentes. *Filamenta* tria, subulata,
erecta, flava, unguibus duplo longiora. *Antherae* lineares, incurvae, flavae. *Stylus* simplex, longitudine unguium. *Stigmata*

sex, filiformia, erecto patentia, obtusa, duo semper approximata; flava, filamentis paulo longiora. *Usus:* Bulbi comedun
duntur ab incolis cocti

12. M. (*collina.*) scapo tereti; folio dependente; laciniis
corollae subaequalibus. Moraea *collina. Th u n b.* Dissert.
p. II.

*Crescit juxta urbem copiosissime et alibi vulgaris. Floret Junio et
sequentibus mensibus.*

Radix bulbosa, fibrosa, ovata, striata. *Scapus* ramosus, erectus, multiflorus, glaber, pedalis. *Rami* alterni, compressi,
spathis involuti, glabri, uniflori, bipollicares, ex eodem centro
circiter tres, inaequales. *Folium* unicum, ensiforme, inferne
vaginans, integrum, striatum, glabrum, concavum, scapo duplo
longius. *Spatha* bivalvis, pedunculos vaginans, lanceolata, longe
acuminata, concava, striata, glabra, viridis, subaequalis, pollicaris. *Corolla* sub - 6 - petala, erecta. Petala oblonga, obtusa,
aequalia, patentia. Laminae carneae vel flavae, extus lineà ni-
grà. Ungues crassiores, basi connati, incarnati vel viridi - flavescentes, angustati: tribus exterioribus basi foveà nectariferà.
Filamenta tria, tota connata in cylindrum, corolla duplo breviora. *Antherae* lineares, emarginatae, intus planae, extus trisulcatae, flavae; dente utrinque unico. *Germen* inferum, ovatum, trisulcatum, glabrum. *Stylus* trigonus, trisulcatus, staminibus paulo longior, superne incrassatus, flavescens. *Stigmata* tria, trigona, subclavata, cucullato - bilabiata: labium exterius truncatum, emarginatum, interius bipartitum; laciniae
acutae, breves, inflexae. *Capsula* oblonga, trisulcata, sensim
crassior, glabra, pollicaris, trivalvis, trilocularis. *Semina* plurima, globosa, glabra.

O b s. 1. Variat flore flavo et aurantiaco. 2. Differt a reliquis Moracis corollà
regulari et aequali; convenit autem stigmatibus bilabiatis, petalis exterioribus foveà nectariferà et staminum filamentis connatis. 3. Convenit cum
Iridibus stigmatibus bilabiatis labio interiore bipartito : differt vero corollà
regulari, aequaliter patenti. 4. Scapus uniarticulatus ad medium usque
folio vestitus videtur esse simplex, eum plurimi pedunculi cum floribus la-
teant intra spathas imbricatas sensimque floreant; sed revera est ramosus
ramis dichotome alternis, qui apice iterum dividuntur in duos, tres vel quatuor ramulos vel potius pedunculos inaequales, quorum unus vel duo simul florem aperiunt, interdum plures.

13. M. (*polyanthos.*) scapo tereti; foliis flexuoso - erectis; laciniis corollae alternis minoribus. ' Moraea *polyanthos.*
Linn. Syst. Veg. XIV. p. 92. *Th u n b.* Diss. p. 12.

Crescit in regione Koré rivier et alibi.

Scapus articulatus, paniculatus, erectus, pedalis. *Rami* et
ramuli filiformes, erecti, geniculati. *Folium* radicale lineare,
striatum, erectum, curvatum, scapo longius; ramea similia.
Flores in ultimis ramulis capillaribus solitarii, bini vel tres.
Corolla 6 - petala, regularis, caerulea. Ungues sensim latiores,
erecti. Laminae ovatae, obtusae, patentes. Petala tria alterna
paulo angustiora et breviora. Ungues interne lineà flava, ex-

tus viridi. *Stigmata* tria, vix bilabiata sed bifida. *Antherae* lineares, flavae.

14. M. (*coerulea.*) scapo tereti; foliis distichis; florum capitulis alternis; spathis membranaceis integris. Moraea *caerulea. Thunb.* Dissert. p. 12. t. 2.

Crescit in montibus quà itur ab Houtniquas ad Lange Kloof, et in collibus circum urbem. Floret Octobri, Novembri in montibus et prope Cap Septembri, Augusto.
Scapus simplex, striatus, glaber, erectus, bipedalis. Folia radicalia plurima, equitantia, linearia, striata, glabra, erecta, scapo breviora. Flores laterales, alterni, spicato - capitati, plurimi. Capitula pedunculata, pedunculis teretibus unguicularibus. Spathae universales naviculares, acuminatae, longitudine spicae; partiales ovatae, margine membranaceae. Corolla 6 petala, caerulea. Petala ovata, obtusa, concava, venosa, erectopatentia, glabra, alterna paulo angustiora. Filamenta tria, corollae basi inserta, subulata, caerulea, brevissima. Antherae oblongae, obtusae, basi bifidae, extus sulcatae, intus laeves, lateraliter insertae, flavae, longitudine fere corollae. Germen inferum, triangulare, glabrum. Stylus filiformis, subulatus, caeruleus, longitudine staminum, corollà brevior. Stigma simplex, obtusum, trigonum. Capsula oblonga, trigona, sensim inferne attenuata, glabra, trivalvis, trilocularis.

15. M. (*umbellata.*) scapo tereti striato; florum spicis umbellato paniculatis; involucris diphyllis longissimis. Morara *umbellata. Thunb.* Dissert. p. 13.

Crescit juxta Picketberg. Floret Augusto, Septembri.
Scapus glaber, erectus, simplex, pedalis. Flores terminales, umbellato paniculati; in spatharum apicibus solitarii, bini vel tres, pedunculati, caerulei. Involucra duo sub umbella linearia, striata; alterum brevius, acuminatum, umbellà paulo longius; alterum lineare, reflexum, longitudine scapi.

16. M. (*crispa.*). scapo tereti articulato; folio convoluto crispo reflexo. Moraea *crispa. Thunb.* Diss. p. 13.

Crescit in Roggefeldt.
Scapus simplex, spithamaeus. Folium radicale, solitarium, lineare, undulatum, hinc inde margine crispum, longitudine scapi. Flores terminales, pedunculati, pauci, caerulei.

17. M. (*ovata.*) scapo tereti simplici; foliis ovatis.

Crescit in Namaquas juxta Koks fontein. Masson.
Caulis simplex, flexuoso - erectus, striatus, glaber, vix spithamaeus. Folia alterna, sessilia, concava, acuta, integra, nervosa, glabra, unguicularia. Flores terminales, plures.

18. M. (*undulata.*) scapo ramosissimo; foliis vaginantibus carnosis; corollà crispâ. Ferraria *undulata. Linn.* Spec. Plant. p. 1353. Syst. Vegetab. XIV. p. 820. *Thunb.* Diss. p. 14.

Crescit in littore ad Leuwestaart prope urbem, extra Groote

Battery, prope Bergrivier, alibi. Floret Augusto, Septembri.
Radix bulbosa. Bulbus **solidus**, carnosus, orbiculatus, depressus, laevis, fibrillosus, magnitudine rapae minoris. Bulbi saepe tres vel plures moniliformi-articulati, approximati. *Scapus* ramosus, totus foliis spathiformibus tectus, teres, glaber, carnosus, sublignosus, erectus, pedalis vel bipedalis. *Rami* alterni, distichi, inferiores longiores, superiores sensim breviores, virgati, iterum ramulosi. *Folium* radicale unicum, vel pauca, obverso margine vaginans, lineare, utrinque medio lineâ elevatâ carinatum, integrum, striatum, glabrum, erectopatens, longitudine scapi, duas lineas latum. Ramea inferiora ramorum basin amplexantia, disticha, vaginâ latâ margine obverso vaginantia, tandem compressa, radicali similia, patentia, obtusa, striata, glabra, carnosa, palmaria usque spithamaea. *Ramulorum* et suprema spathacea, convoluto-vaginantia vaginâ latâ, disticha, approximata, imbricata, ultimo apice compressa, striata, glabra, carnosa, inflata, pollicaria vel paulo ultra. Margines vaginarum omnium tenues, membranacei, albi. Vaginae pollicem latae. *Flores* in ultimis ramulis bini, pedunculati, intra folia spathacea reconditi, sensim florentes. *Pedunculi* trigoni, glabri, brevissimi. *Spatha* simplex, foliacea, nec perianthium aliud. *Corolla* 6-petala, inaequalis. Ungues basi connati, dilatati, extus convexi sulco medio, geniculati genu non barbato. Laminae patentes, apice reflexae, ovatae, acuminatae, obtusae, lineâ supra elevatâ, subtus sulco longitudinali, margine omni cartilagineo crispae, unguem latae; tres alternae paulo angustiores. Petala omnia carnoso-fragilia, fatiscentia, pollicaria. Color subtus pallide flavus nigredine pellucente; supra tristis seu ex purpureo fuscus, unguibus purpureis fasciis lineisque transversis. Margo pulcherrime crispus, subolivaceus. *Filamenta* tria, ultra medium in cylindrum purpureo-maculatum connata, apice linearia, marginata, patentia, stigmatibus subjecta, longitudine unguium. *Antherae* ovatae, compressae, incumbentes, subcordatae, subtus fuscae, supra fulvae. *Germen* inferum. *Stylus* filiformis, albus, cylindro staminum inclusus, ejusque longitudine. *Stigmata* tria, bifida fere ad basin: laciniae lineares, patentes, filiformi-multifidae filis apice flavescentibus, purpureae, divaricatae, lineam longae. *Capsula* oblonga, trigona angulis obtusis, glabra, trisulca, trivalvis, trilocularis. *Semina* plurima, ovata, glabra. *Differt* ab IRIDIBUS: stigmatibus neque bilabiatis, neque petaliformibus; petalis omnibus patentibus. *Convenit* cum GALAXIIS: staminibus monadelphis et stigmatibus filiformi-multipartitis.

Variat petalis supra albis, purpureo-variegatis et punctatis. *Corolla* colore et crispaturâ refert araneam majorem. *Facile* decidunt corollae et difficile siccantur. *Petala* margine densissime crispa uti et pulcherrime. *Intima* spatha tenuissima et pellucida est. *Planta* tota carnosa, glabra et subdiaphana. *Odor* parum ingratus, debilis. *Tristis* et cadaverosus corollae color Muscas, ut sibi insideant, allicit instar Stapeliae. *Circa* horam quartam vespertinam, ante occasum solis, flores claudit et iterum horâ nonâ matutinâ aperit.

XXXII. I R I S.

C o r. 6-*petala*, *inaequalis. P e t a l a alterna, geniculato-patentia. S t i g m a t a 3, cucullato - bilabiata.*

1. I. (*ciliata.*) barbata; foliis ensiformibus ciliatis. Iris *ciliata.* Diss. nostr. de Iride. p. 8. *Linn.* System. Veget. XIV. p. 88.

Crescit in collibus prope urbem. Floret Augusto et sequentibus mensibus.

Radicis bulbus ovatus, fibrosus, reticulatus, magnitudine avellanae. *Scapi* plures, quorum plurimi vaginis foliorum reconduntur et unicus floret; hic foliis vaginatus totus, simplex, compressus, debilis, albus, glaber, erectus, uniflorus, palmaris. *Folia* radicalia circiter sena, basi convoluta, scapum ad summum apicem alternatim vaginantia, acuminata, erecto patentia vel recurva, nervosa, glabra, integra, scapo subacqualia, interioribus sensim brevioribus magisque convolutis. *Corolla* lutea. Petala minora obovata. *Stigmatis* labium interius bifidum: laciniae setaceae, longitudine stigmatis. *Capsula* trigona, trisulca.

2. I. (*minuta.*) barbata; foliis ensiformibus glabris, scapo unifloro, petalis oblongis acutis. Iris *minuta. Thunb.* Diss. de Iride p. 8. *Linn.* Syst. Veg. XIV. p. 88.

Crescit in proclivis Leuwestaart prope urbem Cap. Floret Augusto, Septembri.

Bulbus radicis ovatus reticulatus, magnitudine pisi majoris. *Scapus* simplex, foliis vaginatus, erectus, palmaris. *Folia* circiter quatuor, alternatim vaginantia, subfalcato-reflexa, integra, scapum aequantia, superiora sensim breviora. *Corolla* lutea. Petala minora lanceolata.

3. I. (*compressa.*) barbata; foliis ensiformibus glabris; scapo paniculato compresso. Iris *compressa. Thunb.* Dissert. de Iride p. 12. *Linn.* Syst. Veget. XIV. p. 89.

Crescit in interioribus regionibus Hottentottorum, in sylva prope Zeekorivier et alibi. Floret Octobri, Novembri.

Scapus frutescens, glaber, dichotomus, articulatus, decumbens, apice erectus, bracteatus, pedalis et ultra *Rami* alterni, elongati, scapo similes, uniflori. *Bracteae* seu spathae in scapo et ramis alternae, compressae carinâ acutâ, glabr e, apice membranaceae, pollicares, internodiis breviores. *Folia* alterna, acuta, nervosa, scapo breviora, pedalia. *Corolla* alba. Ungues petalorum majorum parum dilatati, intus barbati, flavopunctati; Genu maculâ flavâ; Laminae obtusae. Petalorum minorum ungues duplo angustiores, immaculati; Laminae oblongae, obtusae, erectae. *Filamenta* basi infimâ connata, subulata, alba. *Stigmata* albido-caerulescentia: labium exterius crenulatum; interius bifidum: laciniae lanceolatae, erectae, petalis breviores.

4. I. (*tripetala.*) barbata; folio ¨lineari longiori; scapo

unifloro; petalis alternis subulatis. Iris *tripetala*. *Thunb.*
Diss. de ride p. 13. *Linn.* Syst Veg. XIV. p. 89.

Crescit in collibus prope Cap, juxta Picketberg et alibi rarius.
Floret Augusto, Septembri.

Bulbus striatus, globosus, fibrillosus. *Folium* unicum, vaginans, canaliculatum, glabrum, nervosum, laxum, dependens,
scapo duplo longius. *Scapus* simplex, erectus, teres, geniculatus, subuniflorus, glaber, pedalis. Genicula bracteis spathiformibus amplexata. *Flos* terminalis, solitarius. *Spatha* bivalvis, pedunculum amplexans: inferior brevior, acuta, glabra,
unguicularis vel ultra. Intra latet flos inexplicatus cum bracteis duabus tenuissimis, lineari - oblongis. *Corolla* caerulea genu
flavescente. Ungues petalorum majorum latiores, lineares, intus caeruleo punctati, barbati basi foveâ nectareâ; laminae
ovatae, acutae, caeruleo albae, genu barbato. Petalorum minorum ungues angustissimi, extus convexi, infra genu saepe
dentibus duobus oppositis: laminae geniculato patentes, lineari-
subulatae. Ungues omnes basi connati, germini inserti. *Fi-*
lamenta longitudine dimidiâ tubi, basi connata. *Antherae* flavescentes. *Germen* ovatum, sexsulcatum. *Stylus* trigonus, incrassatus, glaber. *Stigmata* linearia; labium exterius obtusum:
interius longissimum, acutum, longitudine fere laminarum.

5. I. (*tricuspis*.) barbata; folio lineari; scapo subtrifloro;
petalis alternis trifidis. Iris *tricuspis*. *Thunb.* Diss. de Iride
p. 14. *Linn.* Syst Veg. XIV. p. 89. Vieusseuxia *aristata.*
Hout. Nat Hist. 2. D l. t. 80. f. 1.

Crescit in collibus infra Duyvelsberg copiose, in Swartland
et prope Bergrivier. *Floret Augusto et sequentibus*
mensibus.

Bulbus magnitudine avellanae. *Scapus* simplex, teres, geniculatus, erectus, uniflorus vel biflorus, sesquipedalis. *Folium*
unicum, nervosum, erectum, apice dependens, scapo longius,
bipedale. *Laminae* petalorum majorum albae, suborbiculatae
cum acumine, pollicares: ungues extus virides, intus flavi, ni-
gro-punctati. Petala minora multoties breviora et minora, ungues extus convexi, virides, intus concavi, fusco punctati, longitudine majorum, sed augustiores: Laminae trifidae; laciniae
lanceolatae, divaricatae, lineam longae, intermediâ paulo longiori, albae fusco punctatae. *Stigmatis* labium interius bifidum: laciniae ovatae, obtusae, laminis petalorum majorum duplo breviores, albae, erectae.

Variat 1. corollâ purpureâ, violaceâ, flavâ et albâ; 2. laminis petalorum majorum subrotundis et ovatis, pollicaribus, flavis; 3. genu maculâ magnâ caeruleâ circulo violaceo et maculâ
croceâ, saepe obsoletâ.

6. I. (*plumaria*.) barbata; foliis linearibus; scapo multifloro; stigmatibus setaceo-multifidis. Iris *plumaria*. *Thunb.*
Diss. de Iride p. 15. 28. *Linn.* System. Vegetat. XIV. p. 89.

Crescit infra Duyvelsberg, juxta urbem in collibus. *Floret Au-*
gusto et sequentibus mensibus

Scapus geniculatus, flexuosus, erectus, apice ramosus, bracteatus, palmaris usque spithamaeus. *Folium* lineare, reflexo-
patens, scapo brevius. *Petala* basi connata: ungues majorum
obovati, extus virescentes margine tenuiori caeruleo; intus dilute caerulei. Genu maculâ flavâ tridentatâ, lineâ duplici barbatâ. Laminae obtusae, violaceae, unguiculares: alternae paulo
angustiores et breviores. *Antherae* antice croceae, apice et
dorso nigrae. *Stigmata* dilute caerulea, laminis petalorum breviora, cucullato-bilabiata. Labium exterius lineare, apice se-
taceo-aristato setis quinque vel sex brevibus, incurvum; interius brevius, setaceo-multifidum instar petalorum *Dianthi
plumarii*. *Rarissime* scapus occurrit uniflorus; saepius ramosus est ramis unifloris atque trifloris.

7. I. (*spathacea.*) imberbis; foliis ensiformibus, rigidis;
scapo tereti, bifloro; spathis longissimis. Iris *spathacea.*
Thunb. Diss de Iride p. 17. *Linn.* Syst. Veg. XIV. p. 90.

*Crescit in Houtniquas regionibus prope Wolfwekraal, inque
Lange Kloof prope Keurbooms rivier.* Hottentottis:
Nokha. Floret Novembri, Decembri.

Scapus simplex, multiflorus, pedalis. *Folia* duo vel unicum,
a medio ad apicem sensim valde attenuata, marginata, nervosa,
striata, glabra. *Spathae* similes foliis, sed latiores, apice membranaceae, spithamaeae. *Flores* lutei.

8. I. (*ramosa.*) imberbis; foliis ensiformibus; scapo paniculato, multifloro. Iris *ramosa. Thunb.* Diss. de Iride p.
18. *Linn.* Syst. Veg. XIV. p. 90.

*Crescit in arenosis Svartlandiae. Floret Augusto, Sep-
tembri.*

Scapus inferne teres, digitum crassus, superne ramosissimus.
Rami subtrichotomi, paniculati, compresso-angulati, flexuosi,
glabri. *Folia* radicalia ensiformia, longe vaginantia, nervosa,
apice attenuata, glabra, longitudine circiter scapi. Ramea
sensim breviora et in spathas abeuntia. *Flores* lutei, minuti.
Bracteae seu spathae ad ramificationes ovatae; acutae, membranaceae, ramis et pedunculis breviores.

9. I. (*angusta.*) imberbis; folio filiformi-lineari, erecto,
glabro; scapo glabro subunifloro; spathis obtusis. Iris *angusta. Thunb.* Diss. de Iride p. 19. *Linn.* Syst. Veg. XIV.
p. 91.

*Crescit in collibus infra Duyvelsberg et Leuwekop. Floret
Augusto, Septembri.*

Bulbus ovatus, tunicatus, glaber, fibrosus, magnitudine avellanae. *Scapus* teres, erectus, subsimplex, vaginatus, articulatus, spithamaeus vel paulo ultra. *Folium* scapum inferne
longe vaginans, acuminatum, striatum, scapo longius. *Flores*
terminales, unicus vel duo, erecti, sensim florentes. *Spatha*
exterior glabra, viridis, apice rubro, pollicaris; interiores
tenuissimae, albae. *Ungues* petalorum majorum flavi, margine
albido, utrinque purpureo-punctati. Genu laeve, croceum,
circulo purpureo. Laminae ovatae, obtusae, patentes, polli-

cares, intus flavae, extus purpureo-nervosae. Petala minora
lanceolata, obtusa, flava, extus fusco et purpureo striata, sensim in ungues attenuata. Ungues omnes basi connati. *Stigmatum* labium interius bifidum: laciniae oblongae acutae, interiori
latere rectae, exteriori productae, erectae, flavae. *Capsula*
acute trigona, obtusa.

10. I. (*setacea.*) imberbis; folio filiformi-lineari, erecto,
glabro; scapo glabro, unifloro; spathis acutis membranaceis.
Iris *setacea. Thunb.* Diss. de Iride p. 20. cum figura. *Linn.*
Syst. Veg. XIV. p. 91.
Crescit in collibus rarior. Floret Augusto et sequentibus mensibus.
Scapus filiformis, saepius simplex, uniflorus: raro divisus,
triflorus, erectus palmaris usque spithamaeus. *Folium* saepius
unicum, rarius duo, apice cernuum, scapo duplo longius. *Flores* caerulei, minuti.

11. I. (*pavonia.*) imberbis; folio lineari, glabro; scapo
subunifloro. Iris *pavonia. Thunb.* Diss. de Iride p. 21. cum
figura. *Linn.* Syst. Veg. XIV. p. 92.
*Crescit in collibus Svartlandiae et alibi inter frutices rarior.
Floret Augusto, Septembri.*
Scapus teres, articulatus, villosus, simplex, subbiflorus, pedalis. *Folium* unicum, subcanaliculatum, striatum, villosum ,
scapi longitudine. *Spathae* acutae, striatae, glabrae, bipollicares. *Pedunculi* subancipites, uniflori, glabri. *Petala* omnia
basi coalita; tria exteriora multoties majora, ovata, obtusa, integra; tria interiora multo angustiora et dimidio breviora, lanceolata, acuta. *Nectaria* tria intra petala majora: singulum foliolum ovatum, obtusum, petaliforme ad basin. *Filamenta* ultra medium connata in cylindrum, lineari-subulata, corollâ
multoties breviora, purpurascentia. *Antherae* stigmatibus adpressae, aurantiacae lineis duabus fuscis. *Stigmata* longitudine
staminum. *Capsula* trigona. *Pulcherrimus* flos corollâ auran-
tiacâ: basi maculis punctisque nigris et supra basin maculâ
cordatâ caeruleâ, cujus basis est tomentoso-nigra.

12. I. (*crispa.*) imberbis; foliis linearibus crispis. Iris
crispa. Thunb. Diss. de Iride p. 22. cum figura. *Linn.*
Syst. Veg. p. 92.
Crescit in collibus prope urbem Cap. Floret Augusto.
Scapus sulcatus, flexuosus, superne divisus, palmaris vel ultra.
Folia radicalia, alterna, lineari-attenuata, reflexa, scapo aequalia
vel longiora. *Flores* terminales, alterni, inferiores pedunculati,
tres vel quatuor. *Corolla* 6-petala. Petala alterna majora; laminae
ovatae, obtusae, venosae, unguiculares. Genu imberbe, luteum, tenuissime punctatum. Alterna minora, paulo angustiora,
majoribus vix breviora, consimilia, patentia. *Antherae* ovatae,
nigrae. Pollen a latere exteriore fulvum. *Stigmatis* labium

exterius brevissimum, luteum; interius bifidum, luteum: laciniae lanceolatae, acutae, longitudine petalorum.
Variat: petalis incarnatis, caeruleis et luteis venis sanguineis.

13. I. (*papilionacea.*) imberbis; foliis linearibus, reflexis,
hirtis. Iris *papilionacea. Thunb.* Diss. de Iride p. 23. cum
figura. *Linn.* Syst. Veg. XIV. p. 92.

*Crescit in collibus prope Cap, vulgaris. Floret Junio, Julio,
Augusto*
Bulbus ovatus, tunicatus, magnitudine pisi majoris. *Scapus* erectus, pilosus, divisus, multiflorus, palmaris. *Folia* alternantia,
ensiformia, convoluta, flexuoso recurvata; extus lineata, pilosa;
intus pubescentia, longitudine scapi vel paulo longiora; superiora breviora, suprema spathaeformia. *Spathae* binae, vaginantes, foliis similes, pilosae. *Pedunculi* trigoni, ex eodem
centro bini tres vel quinque, incrassati, glabri, inaequales,
sensim florentes. *Ungues* petalorum majorum latiores, basi foveâ nectariferâ, viridi-variegati. *Laminae* ovatae, acutae.
Genu imberbe circulo viridi. Minorum petalorum ungues lineares; laminae ovato-oblongae, acutae. *Ungues* omnes basi
connati. *Stigmatum* labium interius bifidum: laciniae oblongae,
acutae.

Varietates sunt plures: 1. Corolla tota flava: genu circulo
viridi. 2. Petalis et pistillis intus rubris; genu macula flava:
circulo fusco. 3. Petalis tribus majoribus totis flavis: genu
circulo viridi; petalorum trium minorum laminis pistillorumque
labiis internis sanguineis.

Obs. *Differt* ab Iride *ciliata:* 1. foliis totis hirtis. 2. laminis alternis
ovatis.

14. I. (*edulis.*) imberbis; folio lineari, pendulo, glabro;
scapo glabro, multifloro. Iris *edulis. Thunb.* Diss. de Iride
p. 24. *Linn.* Syst. Veg. XIV. p. 92.

*Hollandis, Capitis bonae spei incolis: Uijentjes. Crescit in areno-
sis Gröene kloof, Swartland, campis depressis extra urbem
Cap, in collibus Duyvelsberg et alibi vulgatissima. Floret a
Julio usque in Novembris mensem.*
Scapus profunde radicatus, teres, flexuosus, superne divisus,
pedalis. *Folium* scapum inferne longe vaginans, erectum, apice
dependens, scapo triplo longius. *Flores* solitarii vel plures,
alterni, subsecundi. *Petala* basi connata. *Filamenta* subulata,
alba, basi, uti corolla, connata. *Antherae* antice sulcatae,
flavae vel albae. *Stigmatis* labium exterius obtusum, integrum;
interius bifidum: laciniae lanceolatae, acutae, latere altero
producto crenulatae, erecto-inflexae, longitudine petalorum
minorum.

Variat 1. Corollâ caeruleâ, in qua ungues petalorum majorum intus fusco-striati; genu imberbe, fusco striatum; laminae
crenulatae, pollicares. Petala minora lineari-lanceolata, obtusa, emarginata, unguibus majorum paulo longiora, majoribus
duplo angustiora. 2. Corollâ albâ. 3. Corollâ luteâ, in qua
ungues petalorum majorum obovati, extus virescentes lateribus

flavis; intus flavi maculis flavo virentibus, villosi. Laminae oblongae, obtusae, flavae, pollicares. Genu imberbe, croceum maculâ flavâ. Petala minora luteâ. *Usus:* Bulbi eduntur tam a Simiis, quam ab Incolis cocti.

15. I. (*tristis.*) imberbis; foliis linearibus, glabris; scapo hirto, ramoso. Iris *tristis.* *Thunb.* Diss. de Iride p. 25. *Linn.* Syst Veg. XIV p. 92.

Crescit infra Duyvelsberg prope urbem Cap. Floret Julio, Augusto et seqnentibus mensibus.

Scapus divisus, erectiusculus, multiflorus, spithamaeus. *Rami* seu pedunculi flexuosi, patentissimi, hirsuti, uniflori usque triflori. *Folia* alterna, ensiformi linearia, undulata, nervosa, apice dependentia, scapo longiora. *Petala* minora dimidio angustiora, ovato-lanceolata. Tubus virescens, basi connatus. Laminae omnes tristes seu triste rufescentes, carinâ rubrâ. Genu imberbe, lacte luteum. *Antherae* caeruleae. *Stigmatis* labium interius bifidum: laciniae lanceolatae, carinâ intus caeruleae, laminis paulo breviores.

16. I. (*polystachya.*) imberbis; foliis linearibus, planis; scapo glabro ramoso. Iris *polystachya.* *Thunb.* Diss. de Iride p. 25. *Linn.* Syst. Veg. XIV. p. 92.

Crescit inter Vischrivier et Söndags rivier. Floret Decembri, Januario.

Scapus teres, superne ramosus, articulatus, multiflorus, pedalis et ultra. *Folia* alternantia, apice setaceo-attenuata, nervosa, erecta, scapum acquantia. *Flores* magni, speciosi, caerulei, genubus luteis. *Spathae* apice scariosae, lacerae. *Differt* ab IRIDE *ramosa:* scapo ramoso, pedunculis simplicibus.

17. I. (*viscaria.*) imberbis; foliis linearibus, planis, scapo viscoso. Iris *viscaria.* *Thunb.* Diss. de Iride p. 26. *Linn.* Syst. Veg. XIV. p. 92.

Crescit in arenosis Saldanhae bay. Floret Augusto, Septembri.

Folia pauca, alterna, erecta, scapo longiora. *Scapus* teres, glaber, articulatus, flexuoso-erectus, superne ramosus, glutinosus, purpurascens, pedalis. *Pedunculi* alterni, flexuosi, glutinosi, uniflori. *Laminae* petalorum majorum ovatae, obtusae, unguiculares. Genu imberbe, albidum. Petala minora similia, sed paulo angustiora, et breviora. Ungues extus et intus albido-virescentes. *Stigmatis* labium interius bifidum; laciniae lanceolatae, laminis majorum duplo breviores; exterius bifidum, duplo brevius.

18. I. (*bituminosa.*) imberbis; foliis linearibus, spiralibus; scapo viscoso. Iris *bituminosa.* *Thunb.* Diss. de Iride p. 26. cum figura. *Linn.* Syst. Vegetab. XIV. p. 92.

Crescit prope Bergrivier, Vierentvintig rivieren et alibi. Floret Augusto, Septembri.

Scapus articulatus, flexuoso-erectus, superne ramosus, gluti-

nosus, pedalis et ultra. *Folium* unicum, lineare, apice attenuatum, spirale, striatum, glabrum, scapo brevius. *Spathae*
articulos vaginantes, striatae, glabrae. *Flores* in pedunculis
solitarii. *Pedunculi* e vaginis cum scapo duo, filiformes, flexuosi, patentes, viscosi, pollicares et ultra. *Corolla* tota uni-
color, flava, reflexa. Petala tria majora obtusa. Genu imberbe, rubro punctatum. *Stigmata* lutea: labium exterius minimum; interius bifidum: laciniae lanceolatae, acutae, longitudine petalorum minorum vel unguiculares.

Obs. Corollae ungues in IRIDIBUS Capensibus parum, quandoque infima
basi tantum connati; Filamenta vero plerumque basi plus minus in cylindrum connata inveniuntur. Minime vero ab IRIDE, genere valde naturali, separandae erunt.

XXXIII. WACHENDORFIA.

Cor. 6-*petala, inaequalis, infera. Caps. trilocularis.*

1. W. (*thyrsiflora.*) scapo subsimplici; paniculâ coarc-
tatâ; foliis ensiformibus, quinquenervibus, plicatis, glabris.
WACHENDORFIA *thyrsiflora. Linn.* Syst. Veg. XIV. p. 94.
Ejusd Spec. Plantar. p. 59.

*Crescit in arenosis et inundatis Groene kloof et Svartland.
Floret Septembri, Octobri.*
Radix carnosa. *Folia* equitantia, integra, nervosa, nervis
quinque majoribus, erecta, scapo breviora, pollicem lata.
Scapus erectus, nec ramosus nisi in panicula coarctata, superne,
uti et pedunculi, tomentosus, bipedalis. *Flores* paniculati, aurantiaci. *Panicula* pedalis et ultra. *Bracteae* sub pedunculis
lanceolatae.

2. W. (*paniculata.*) scapo polystachyo; paniculâ patenti;
foliis ensiformibus, trinervibus, plicatis, pilosis. WACHEN-
DORFIA *paniculata. Linn.* Syst. Veg pag 94. Ejusd. Spec.
Plant. p. 59.

*Crescit in arenosis Groene kloof et Svartland cum priori, et
infra Duyvelsberg rarior. Floret Augusto, Septembri,
Octobri.*
Folia utrinque attenuata, nervosa nervis tribus vel quatuor
majoribus, erecta, pollicem lata, scapo breviora *Scapus* ramosus ramis patentibus, divaricatis; hirtus, pedalis et ultra.

3. W. (*hirsuta.*) scapo polystachyo; paniculâ patenti;
foliis ensiformibus, trinervibus, plicatis, villosis.

*Crescit in arenosis campis Svartlandiae et Saldanhae baij.
Floret Septembri, Octobri.*
Folia pauca, versus apicem attenuata, hirsuta villo albo,
erecta, scapum aequantia. *Scapus* erectus, hirsutus, superne
paniculatus. *Flores* cernui purpurei

4. W. (*tenella.*) scapo subpolystachyo; paniculâ patenti;
foliis linearibus, trinervibus, glabris.

*Crescit inter Lange Valley et Heeren Logement atque alibi
in danis extra Cap. Floret Augusto et sequentibus mensibus.*
Scapus herbaceus, erectus, hirsutus, superne parum ramosus,
pedalis. *Folia* lineari-elliptica, utrinque attenuata, erecta, scapum subaequantia, duas lineas lata.. *Flores* paniculati, purpurei. *Panicula* parum ramosa.

O b s. Multo minor et tenerior est praecedentibus, speciebus, et satis distincta
foliis angustioribus.

5. W. (*graminea.*) scapo polystachio; paniculâ patenti;
foliis ensiformibus, canaliculatis, glabris. WACHENDORFIA
graminifolia. *Linn.* Syst. Veg. XIV. p. 94.
Crescit prope rivos juxta Drakenstein. Floret Junio.
Scapus erectus, subtomentosus, supra paniculatus, crassitie
calami. *Folia* integra. *Florum* panicula subfastigiata floribus
luteis. *Planta* obscura et dubia, semel tantum inventa.

XXXIV. X Y R I S.

*Cor. 3-petala, aequalis, crenata. Glumae 3-valves in
capitulum. Caps. supera.*

1. X. (*capensis.*) capitulo ovato, foliis linearibus brevissimis.
*Crescit in montibus prope Verkeerde Valley. Floret De-
cembri.*
Scapus filiformis, simplex, solitarius, erectus, tenuissimo
striatus, glaber, pedalis et ultra. *Folia* pauca, radicalia, glabra, scapo multoties breviora. *Flores* terminales, capitati.
Capitulum acutum: squamae imbricatae, ovatae, obtusae, glabrae.
Corolla monopetala, tripartita, lutea. *Tubus* brevis. *Limbi* laciniae ovatae, concavae, lineam longae. *Filamenta* tria, brevia, linearia barbâ interjectâ luteâ. *Antherae* ovatae. *Stylus*
filiformis. *Stigmata* tria, incrassata, revoluta, albida.

O b s. Corolla in hac, uti et in MORAEIS, basi coalita. *Differt a X. indica,*
cui valde similis: 1. quod longe tenerior. 2. foliis linearibus brevissimis
nec ensiformibus. 3. scapo unico e radice, nec pluribus. 4. capitulo
ovato, acuto, nec globoso.

XXXV. E L E G I A.

♂. *Cal. 6-glumis, inaequalis. Cor.* 0.
♀. *Caps. 3-locularis.*

1. E. (*juncea.*) *Linn.* Mant. p. 292. RESTIO *elegia.*
Linn. Syst. Veg. XIV. p. 882. RESTIO *thyrsifer. Rottb.*
Gramin. p. 1, Tab. 3. f. 5.
*Crescit in collibus montium prope Cap, in summitate Taffelberg
et alibi. Floret Januario et sequentibus aestatis mensibus.*
Culmus simplex, rarius ramosus, teres, aphyllus, articulatus,
glaber, erectus, pedalis et ultra. *Stipulae* articulos vaginantes,
magnae, ovatae, rigidae, erectae, glabrae, flavae margine mem-

Flora Capensis. 6

branaceo, deciduae, pollicares. *Florum* spicae paniculatae, alternae, bracteatae, erectae, plurimae, a medio saepe culmo ad apicem. *Bracteae communes* sessiles, ovato-oblongae, acutae, concavo planae, erectae, rigidae, glabrae, flavae, margine membranaceae, spicis longiores, deciduae; inferiores remotiores et majores, superiores approximatae et minores; *partiales* lanceolatae, acutae, minimae. *Spicae* ovatae.

XXXVI. WILLDENOWIA.

Dioica: Cal. multiglumis. Cor. 6-petala. Nux 1-locularis.

1. W. (*striata*.) culmo dichotomo aphyllo striato; ramis teretibus; floribus terminalibus, solitariis.

Culmus fruticescens, ramosus, raro trichotomus, saepissime dichotomus, teres articulatus, glaber, erectus, bipedalis et ultra. *Rami* striati. *Vaginae* articulorum et ramificationum ovatae, glabrae, fuscae. *Folia* nulla. *Flores* erecti, magnitudine pisi, dioici. *Squamae* calycinae circiter decem, raro duodecim vel pauciores, sparsim imbricatae, aequales, oblongae, acuminatae, bruneae margine membranaceo, glabrae, unguiculares. *Corolla* hexapetala, in basi fructus inserta. Petala rotundata, membranacea, alba, drupa multoties breviora eique adpressa. *Styli* duo, brevissimi, lati, basi fissi, flavi. *Stigmata* brevia, obtusa, brunea, tomentosa. *Drupa* ovata, nigra, punctata, 1-locularis vel bilocularis.

2. W. (*teres*.) culmo dichotomo, aphyllo, laevi; ramis teretibus; floribus terminalibus solitariis.

Culmus fruticosus, ramosissimus, articulatus, trichotomus et dichotomus, teres, glaber, erectus, pedalis et ultra. *Rami* culmo similes, subfastigiati. *Vaginae* ramificationum et ramorum ovatae, glabrae, fuscae, unguiculares. *Flores* erecti, dioici. *Squamae* calycinae circiter sex, ovatae, aristatae, griseae, glabrae. *Corolla* 6 petala, basin fructus cingens. Petala aequalia, rotundata, emarginata, membranacea, nitida, brevissima. *Stylus* unicus, brevissimus. *Stigmata* duo, simplicia, attenuata, plumosa, purpurascentia. *Drupa* dura, ovata, atra, glabra, unilocularis. *Differt* a W. *striata:* 1. squamis floris paucioribus. 2. culmo laevi et magis ramoso. 3. stigmatibus longis, attenuatis. 4. drupâ laevi.

3. W. (*compressa*.) culmo dichotomo, folioso, laevi; ramis compressis; floribus terminalibus solitariis.

Culmus frutescens, erectus, glaber, trichotomus et dichotomus, bipedalis et ultra. *Rami* compressi vel semiteretes, virgati. *Vaginae* ramificationum ovatae, acuminatae. *Folia* in ramulis, ramis similia, filiformi-setacea. *Flores* erecti, magnitudine pisi, dioici. *Squamae* calycinae imbricatae, ovatae, acuminato-aristatae, glabrae, margine membranaceae. *Corolla* 6 petala, 1 basin fructus cingens. Petala ovata, acuta, membranacea, longitudine fructus. *Stylus* unicus. *Stigmata* tria, plumosa. *Drupa* ovata, compresso anceps, obtusa, cinerea.

XXXVII. R E S T I O.

Dioica. Flores intra strobilum collecti ovatum vel oblongum, multiflorum.

1. R. (*imbricatus.*) culmo simplici aphyllo; spicâ oblongâ compressâ. Restio *imbricatus.* *Thunb.* Dissert. de Restione p. 9. fig. 1.

Culmus teres, articulatus, erectus, bipedalis et ultra. *Stipulae* articulos vaginantes. *Spica* solitaria, terminalis, ovato-oblonga, brunea, glabra, erecta, pollicaris. Squamae imbricatae apice patulo, oblongae, acutae, concavae, glabrae, imprimis versus apicem bruneae. *Calyx* compressus, inaequalis, 6 glumis: glumae duae exteriores naviculares, obversae; majores; quatuor interiores lanceolatae. *Stylus* unicus.ı *Stigmata* duo, clavata, altero latere plumosa.

2. R. (*vaginatus.*) culmo simplici aphyllo; spicis alternis erectis; squamis acuminatis. Restio *vaginatus.* *Thunb.* Dissert. p. 10.

Culmus et vaginae ut in antecedente. *Spicae* subsessiles in rhachide flexuosa, oblongae, tres vel quatuor. Squamae imbricatae apice patulo, concavae, ovatae, glabrae, bruneae margine membranaceo pallidiore lacero. *Spicas* ante explicationem florum tantum, nec flores vidi.

Obs. Aliqua hujus similitudo quidem est cum RESTIONE *distachyo* Dn. *Rottböllii;* at tamen distinctus ob spicas plures et squamas spicarum lato-ovatas, concavas, acuminatas, laeves, laceras.

3. R. (*elongatus.*) culmo simplici, aphyllo; spicis alternis, erectis, ramosis.

Culmus teres, erectus, laevis, quadripedalis. *Spicae* pedunculatae, ovatae, non involucratae. *Squamae* lacerae, obtusiusculae. *Differt* a R. *vaginato:* 1. culmo altiori, laevi nec punctato rugoso. 2. spicis ramosis, pedunculatis.

4. R. (*aristatus.*) culmo simplici, aphyllo; spicis terminalibus, obovatis, erectis; squamis aristatis. Restio *aristatus.* *Thunb.* Dissert. p. 10. fig. 4.

Culmus ut in prioribus. *Spicae* in Mare solitaria vel duae approximatae, turbinatae; in Femina usque quinque, oblongae. Squamae dense imbricatae, ovatae, concavae, setaceo-aristatae, glabrae, bruneae. ♂. Calyx 6 glumis: glumae aequales, obovatae seu inferne attenuatae, acutae, ferrugineae, unguiculares. *Filamenta* capillaria, alba, longitudine corollae. *Antherae* lineares, fuscae, flavo-striatae. ☿. Stylus unicus, brevis. *Stigmata* duo, patentia, plumosa.

5. R. (*cernuus.*) culmo simplici, aphyllo; spicis turbi-
6 *

natis, pendulis; squamis obtusis cum acumine. Restio cernuus. *Linn.* Syst. Veg. XIV. p. 882. *Thunb.* Dissert. p.
10. fig. 2.

Crescit in collibus infra Taffelberg, latere orientali.

Culmus filiformis, articulatus, erectus, glaber, bipedalis et
ultra. *Folia* nulla, sed in articulis vaginae oblongae, obtusae.
Spicae tres, quatuor vel quinque, pedunculatae, obtusae, cernuae, magnitudine pisi. *Pedunculi* capillares. *Squamae* imbricatae, rotundatae, bruneae, glabrae. *Calyx* subaequalis, compressus, 6-glumis: glumae lanceolatae, acutae, glabrae. *Filamenta* tria, brevissima. *Antherae* lineares, flavae. *Flores* femineos non vidi.

6. R. (*umbellatus.*) culmo simplici, aphyllo; spicis umbellatis, ovatis; squamis oblongis, obtusis. Restio *umbellatus. Thunb.* Diss. p. 17. fig. 3.

Culmus ut in R. *cernuo.* *Spicae* tres vel plures, umbellâ simplici vel composita, obovatae, obtusae, patentes, piso majores. *Pedunculi* capillares. *Squamae* sexfariam imbricatae, concavae. bruneae margine pallidiore, glabrae. *Calyx* et stamina
omnino ut in R. *cernuo.* *Differt* a R. cernuo, cui valde similis: 1. spicis pluribus, umbellatis, ovatis. 2. squamis spicarum oblongis, obtusis.

7. R. (*nutans.*) culmo simplici, aphyllo; spicis cylindricis, cernuis; squamis laceris, acuminatis.

Culmus teres, bipedalis et ultra. *Spicae* paniculatae, nutantes, glabrae, oblongae, unguiculares.

8. R. (*spicigerus.*) culmo simplici aphyllo; spicis oblongis, hexagonis; squamis lanceolatis, apice patulis. Restio
spicigerus. Thunb. Dissert. p. 11. fig. 5. 6.

Culmus teres, fruticescens, articulatus, glaber, erectus; bipedalis et ultra. *Folia* nulla, sed in singulo articulo stipula
vaginans, pollicaris. ♂. *Spicae* a medio fere culmo ad apicem,
umbellatae, plurimae, subcylindricae, erectae, subpollicares;
umbellae subpaniculatae, patenti-cernuae. *Squamae* sexfariam
imbricatae concavae, subcarinatae, bruneae, glabrae. *Pedunculi*
trigoni, glabri,[1] laxi, flexi. *Calyx* aequalis, 6 glumis: glumae lanceolatae, glabrae. *Filamenta* brevissima. *Antherae* oblongae,
longitudine calycis. ♀. *Spicae* a medio culmo ad apicem racemosae, erectae, obtusae, bruneae, glabrae, subhexagonae,
crassitie fere digiti, unguiculares usque pollicares. *Squamae*
sexfariam imbricatae, lato-lanceolatae apice acuto patulo, concavae, subcarinatae, bruneae, glabrae. *Pedunculi* trigoni, stricti,
glabri. *Calyx* inaequalis, compressus, concavus, 6-glumis:
glumae duae exteriores majores, naviculares, obversae; interiores quatuor lanceolatae, minores. *Stylus* unicus. *Stigma*
simplex, plumosum.

9. R. (*acuminatus.*) culmo simplici, aphyllo; paniculâ

simplici erectâ; squamis aristatis Chondropetalum *nudum.*
Rottb. Gram. p. II. t. 3. f. 3. ♀. *Thunb.* Diss. p. 13.

Culmus ut in plurimis praecedentibus. *Spicae* subpaniculatae,
erectae, ovatae, bracteatae *Pedunculi* in articulo singulo tres
vel plures inaequales, flore intermedio sessili. *Squamae* sub
singulo flore ovatae, acuminato aristatae, glabrae, bruneae.
Calyx aequalis, 6 glumis: glumae concavae, ovatae, obtusae,
glabrae, minimae. *Filamenta* brevissima. *Antherae* ovatae,
fuscae. *Feminam* non vidi.

10. R. (*lectorum.*) culmo simplici, aphyllo; spicis racemosis, subsecundis; glumis fuscis, nitidis. Chondropetalum
deustum. Rottb. Gram. p. 10. t. 3. f. 2. ♂. Restio *lecto-*
rum. Linn. Supplem. Syst. p. 425. Ejusd. Syst. Veget. XIV.
p. 882. *Thunb.* Diss. p. 13.

Crescit in campis sabulosis extra Cap et alibi vulgaris.
Culmi e radice plures, filiformes, subcompressi, glabri., laeves, erecti, articulati, bipedales et ultra. *Vaginae* articulorum
nigrae, acutae, glabrae, deciduae. *Spicae* subpaniculatae, adpressae, plurimae in summitate. *Spiculae* culmi pedicellatae,
glomeratae, subsecundae, trigonae, acutae. *Squamae* trifariam
imbricatae, concavae, ovato-lanceolatae, acutae, exteriores
nigrae, interiores bruneae. *Stigmata* plumosa; marem non vidi.
Usus: Domibus obtegendis communissime in tota colonia Capitis bonae spei. Europaeis inserviunt culmi, tecta a vehemen-
tissimis ventibus, ibi vulgaribus et per integrum fere annum
saevientibus, sarta efficientes.

11. R. (*parviflorus.*) culmo simplici aphyllo; paniculâ
erectâ; squamis rotundatis, membranaceis. Restio *parviflorus.*
Thunb. Dissert. p. 13.

Culmus ut in praecedentibus plurimis. *Paniculae* terminales,
aggregatae. *Spicae* ovatae, obtusae, erectae, strobiliformes.
Squamae concavae, margine membranaceo-albidae, glabrae.
Calyx subaequalis, 6-glumis: Glumae oblongae, interiores al-
bidae, exteriores bruneae, minimae. *Filamenta* brevissima.
Antherae ovatae, exsertae, didymae, ferrugineae, flavo-striatae.
Feminam non vidi.

12. R. (*erectus.*) culmo simplici aphyllo; paniculâ erectâ
involucratâ; spathis imbricatis lanceolatis.

Culmus ut in plurimis antecendentibus. *Panicalae* spicarum alternae, tres vel quatuor, erectae, patentes. *Pedunculi* et pedicelli compressi, bracteati. *Bractea* seu spatha in basi singuli pedunculi, pedicelli et flosculi, acuta, glabra, parva. ♂.
Calyx 6-glumis: glumae aequales, lanceolatae, glabrae. *Fila-*
menta brevissima. *Antherae* oblongae. *Flores* femineos non vidi.

13. R. (*argenteus.*) culmo simplici, aphyllo; paniculâ.
erectâ; squamis lanceolatis, scariosis. Restio *argenteus.*
Thunb. Diss p. 14.

Culmus ut in praecedentibus. *Spicae* racemosae, alternae,

seu e gemmis racemi plures, inaequales: spiculis sessilibus et
pedunculatis, erectis, ovalis. *Squamae* imbricatae, totae scariosae, argenteo nitentes, acuminatae. ♂. *Calyx* aequalis, 6-
glumis: glumae lanceolatae, acuminatae, concavae, glabrae.
Feminam videre non contigit.

14. R, (*scariosus.*) culmo simplici, folioso; squamis spicarum lanceolatis, scariosis. THAMNOCHORTUS *fruticosns.*
Berg. Plant. Capens. p. 353. tab. 5. fig. 8. *Thunb.* Diss.
p. 15.

Crescit in collibus infra latus orientale Taffelberg.
Culmus teres, fruticescens, tenuissime villosus, erectus, pedalis et ultra. *Folia* e vaginis plura, dichotome ramosa; laciniae paniculatae, filiformi-capillaceae, stipulatae stipulis argenteis laceris. *Florum* spicae in mare paniculato-umbellatae, patentes, oblongae; in femina racemosae et subsessiles, ovatae,
crassiores et breviores. *Squamae* imbricatae, totae scariosae
carinâ obscuriore, argenteae, unguiculares. *Calyx* compressus,
inaequalis, 6-glumis: glumae duae exteriores majores, naviculares, compressae, obversae, acutae, margine membranaceae;
interiores quatuor lanceolatae. Calyx feminini floris duplo latior. *Stylus* unicus. *Stigma* simplex, plumosum.

15, R. (*thamnochortus.*) culmo simplici, folioso; paniculâ patenti; squ mis lanceolatis, margine scariosis. RESTIO
dichotomus. *Rottb.* Gram. p. 2. t. 1. f, 2. ♂. *Thunb.* Diss,
p. 115.

Calmus basi decumbens, radice repente squamosâ, solitarius
vel plerumque plures, teretes, erecti, glabri, pedales et ultra.
Folia per totum culmum sparsa, e vaginis alterna, dichotome
ramosa laciniis subulatis, stipulata stipulis argenteis, patentia.
Panicula terminalis, in mare patens, e spicis ovatis, ferrugineis, nitidis; in femina spicae racemosae. *Squamae* imbricatae,
ovatae, acuminatae, ferrugineae, glabrae, margine argenteoscariosae. ♂. *Calyx* 6 glumis, parum compressus, subaequalis: glumae lanceolatae; exteriores duae paulo longiores, obversae. ♀. *Calyx* compressus, latior quam in mare.

16. R. (*fruticosus.*) culmo simplici, folioso; paniculâ
composità; squamis scariosis, laceris. RESTIO *fruticosus.*
Thunb. Dissert. p. 16.

Culmus basi squamosus, teres, vaginatus, fruticescens, glaber, erectus, simplex seu superne paniculatus, tripedalis et
ultra. *Vaginae* alternae, setaceo-acuminatae, lacerae, fuscae.
Folia heic ut in R. *thamnochorto*, sed magis protracta et elongata. *Flores* a medio sere culmo ad apicem paniculati. *Pedunculi* communes subcompressi, inaequales, glabri. *Bracteae*
singulos flores vestientes, acuminatae, scariosae, lacerae. *Explicatos* flores non vidi, sic ut partes fructificationis examinare
non licuerit. Differt a R. *thamnochorto*, quod strobilus heic
nullus.

17. R. (*triflorus.*) culmo simplici, folioso; spicis alter

nis, sessilibus. Restio *triflorus*. *Rottb.* Gram. p 3. t. 2. f. 2. ♂. *Thunb.* Dissert. p. 16.

Culmi e radice caespitosa plures, filiformes, laxi, glabri, erecti, pedales vel paulo ultra. *Folia* radicalia plura, pauciora in culmo, filiformia vel capillaria, articulata, vaginata, dichotome sed rarissime divisa, erecta, culmum subaequantia. *Spicae* terminales, plerumque tres, rarius plures, ovatae. *Squamae* imbricatae, ovatae, acutae, bruneae margine membranaceo. *Flores* non vidi. Diversus certe a R. *simplici Forsteri*.

18. R. (*bifidus*.) culmis simplicibus, bifidisque, filiformibus, aphyllis; spicis erectis.

Culmi simplices, raro bifidi, rarius bis bifidi, erecti, pedales et ultra. *Spicae* terminales, unica vel binae, ovatae. *Squamae* ovatae, acuminatae, glabrae.

19. R. (*cuspidatus*.) culmo ramoso, folioso, tereti; stipulis scariosis; squamis aristatis.

Culmus basi decumbens, superne ramosus, flexuoso-erectus, glaber, pedalis. *Folia* in supremo culmo, trigona, unita vaginis stipularibus scariosis. *Spicae* duae vel tres, terminales, ovatae, glabrae.

20. R. (*tetragonus*.) culmo ramisque tetragonis; spicis alternis. Restio *tetragonus*. *Thunb.* Dissert. p. 17.

Culmus fruticescens, angulis acutis, aphyllus, glaber, erectus, bipedalis et ultra. *Rami* alterni, pauci, aphylli, erecti, floriferi. *Vaginae* articulorum oblongae, acutae, membranaceae. *Spicae* in ramis et ramulis sessiles vel terminales, ovatae, acutae. *Squamae* imbricatae, ovatae, acutae, glabrae, bruneae margine pallidiore. *Calyx* 6-glumis: glumae lanceolatae; exteriores duae obversae, majores, lanceolatae, carinâ ciliatae; interiores tenuissimae minores. *Filamenta* brevissima. *Antherae* oblongae.

21. R. (*squamosus*.) culmo ramoso, tereti; ramis alternis, squamosis; spicis globosis, erectis.

Culmus erectus, pedalis et ultra. *Rami* similes, subfastigiati. *Squamae* loco foliorum in culmo et ramis alternae, ovatae, erecto-patulae; brevissimae. *Spicae* terminales in ramulis, piso minores. *Calycis* squamae trigonae, acutae, glabrae.

22. R. (*triticeus*.) culmo dichotomo, aphyllo, erecto; ramis teretibus; spicis alternis. Restio *triticeus*. *Rottb.* Gram. p. 7. t. 3. f. 1. ♂. ♀. *Thunb.* Dissert. p. 17.

Crescit in campis sabulosis prope Cap.

Culmus trichotomus et dichotomus, teres, glaber, papillosus punctis albis parum scabris, bipedalis et ultra. *Rami* filiformes, culmo similes. *Vaginae* ramificationum ovatae, obtusae cum acumine, fuscae. *Spicae* circiter quinque, ovatae. *Squamae* imbricatae, ovatae, concavae, acutae, uniflorae, glabrae. *Calyx* subaequalis, 6-glumis: glumae exteriores parum majo-

88   TRIANDRIA. MONOGYNIA.   XXXVII. Restio.

res, obversae, lanceolatae; interiores paulo angustiores, albidae. *Filamenta* tria, capillaria, albida, longitudine calycis.
Antherae oblongae, didymae. *Styli* duo, setacei, villosi, longitudine calycis.

23. R. (*glomeratus*.) culmo dichotomo, aphyllo, laevi;
paniculâ glomeratâ Restio *glomeratus*. *Thunb.* Diss. p. 18.
Calmus. teres, erectus, pedalis et ultra. *Rami* similes. *Flores* terminales, paniculati, spicis glomeratis. *Squamae* ovatae,
acuminatae, flavescentes, fusco-irroratae, glabrae. *Flores* nunquam vidi explicatos.

24. R. (*incurvatus*.) culmo dichotomo, aphyllo, striato;
spicis imbricato-aggregatis. Restio *incurvatus*. *Thunb.*
Diss. p. 18.
Culmus teres., frutescens, glaber, bipedalis et ultra. *Rami*
alterni, similes, recurvi. *Vaginae* ovatae, acuminatae. *Spicae*
in ultimis ramis aggregatae, sessiles, imbricatae. *Squamae*
ovatae, acuminatae, glabrae. *Flores* non vidi.

25. R. (*digitatus*.) culmo dichotomo, aphyllo; ramis teretibus; spicis ternis, oblongis. Restio *digitatus*. *Thunb.*
Diss. p. 18.
Crescit in montibus Hottentots Holland. Floret Julio.
Culmus erectus, glaber, pedalis et ultra. *Rami* compressi,
geniculati, dichotomi, glabri, fastigiati. *Vaginae* ramificationum lanceolatae, glabrae. *Spicae* circiter tres, terminales, glabrae, ferrugineae, unguiculares. *Squamae* laxe imbricatae, sub-
inflato concavae, ovatae, obtusae. ♂. *Calyx:* squamulae minutissimae, tenuissimae, albidae intra singulam spicae squamam.
Filamenta tria, brevia. *Antherae* ovatae.

26. R. (*verticillaris*.) ramis verticillatis; paniculâ compositâ. Restio *verticillaris*. *Linn.* Syst. Veg. XIV. p. 881.
Thunb. Diss. p. 19. fig. 7.
*Crescit prope margines rivulorum in Rode Sand infra Winter-
hoek, in Attaquas kloof alibique. Floret Augusto et sequentibus mensibus.*
Culmus frutescens, teres, articulatus, laevis, glaber, erectus,
crassitie calami, orgyalis. *Rami* plurimi, filiformes, simplices
et dichotomi, articulati, glabri, erecti, internodiis pluries longiores. *Folia* nulla, sed vaginae sub verticillis et in articulis
sessiles, ovatae, coriaceae, glabrae, deciduae, sensim minores
in ramis. *Panicula* patens; spicis in ultimis ramificationibus
flexuosis sessilibus, ovatis, minutis. *Squamae* ovatae, obtusae,
margine membranaceae, glabrae, ferrugineae. *Calyx* aequalis,
6-glumis: glumae lanceolatae. ♂. *Filamenta* tria brevissima.
Antherae ovatae. ♀. *Styli* duo vel tres. *Stigmata* duo vel tria,
setacea, villosa.

2*. R. (*scopa*.) culmo dichotomo, folioso; ramis compressis; paniculae spicis conglomeratis. Restio *scopa*.
Thunb. Diss. p. 19.

Calmus ut in R. *paniculato.* *Rami* terminati in folia setacea, fusci. *Folia.* in ramis sparsa eosque terminantia, compressa, setacea, erecta, fastigiata, fusca. *Flores* in ramulis paniculatis, glomerati. *Squamae* ovatae, concavae, acuminato - aristatae, flavescentes, fusco - irroratae, imbricatae, interiores sensim minores. *Partes* floris et fructificationis non vidi.

28. R. (*virgatus.*) culmo dichotomo, folioso; ramis compressis; spicis paniculatis, pendulis. Restio *virgatus.* R o t t b. Gram. p 5. t. 1. f. 2. ♂. *T h u n b.* Diss. p. 20.

Calmus frutescens, glaber, erectus, trichotomus et dichotomus, bipedalis et ultra. *Rami* compressi vel semiteretes, dichotomi, terminati in folia, erecti, fastigiati. *Vaginae* ramorum et ramulorum oblongae, acuminatae. *Folia* in ultimis ramulis filiformi - setacea. *Florum* spicae paniculâ patenti, ovatae, acutae. *Squamae* imbricatae, ovatae, obtusae, bruneae, glabrae, lacerae. *Calyx* 6 - glumis: glumae exteriores obversae, lanceolatae, parum majores; interiores quatuor tenuissimae, pellucidae. *Filamenta* brevissima. *Antherae* ovatae, bruneae, luteo - striatae. *Femineos* flores videre non licuit.

29. R. (*paniculatus.*) culmo dichotomo, folioso; ramis compressis; spicis sessilibus alternis, erectis. Restio *paniculatus.* R o t t b. Gram. p. 4. t. 2. f. 3. ♂. *T h u n b.* Diss. p. 20. Restio *paniculatus. L i n n,* Syst. Veget. XIV. p. 881.

Culmus ut in R. *virgato.* *Rami* dichotomi, compressi seu semiteretes, virgato - paniculati, glabri. *Folia* in ramis dichotome ramosa, setacea, curvata, vaginis membranaceis basi cincta. *Spicae* in ramorum apicibus dichotomis ovatae. *Squamae* imbricatae, ovatae, vix acutae, concavae, ferrugineae margine albo, membranaceo. ♂. *Calyx* 6 - glumis: glumae ut in R. *virgato.* Differt a. R. *virgato*: 1. foliis capillaceis curvatis. 2. spicis sessilibus alternis erectis. 3. squamis obtusis.

30. R. (*dichotomus.*) culmo dichotomo, folioso, decumbente; ramis teretibus; spicis solitariis alternisque. Schoenus capensis. *L i n n.* Spec. Plant p. 64. Restio *vimineus.* R o t t b. Gram. p. t. 2. f. 1. Restio *dichotomus. L i n n.* System. Veget. XIV. p. 881. *T h n n b.* Diss. p. 21.

Incolis: B e e s e m r i e t. *Crescit in lateribus et fossis montium prope Cap.*

Culmus teres, flexuoso erectus, glaber, papillosus, saepe capillaris, ramosissimus. *Rami* filiformes, dichotomi, subfastigiati, papillosi, culmo similes. *Vaginae* ramificationum ovatae, acutae. *Folia* in ramis sparsa, dichotome ramosa, filiformi-subulata, curvata. *Spicae* in apicibus ramulorum usque quinque, oblongae, erectae, glabrae. *Squamae* imbricatae, oblongae, acutae, concavae. ♂. *Calyx* 6 glumis: glumae subaequales, lanceolatae; exteriores duae obversae, parum majores; interiores tenuiores. *Filamenta* tria, calyce breviora *Antherae* ovatae, fuscae.

Variat: 1. culmo magis vel minus decumbente. 2. ramis

filiformibus vel capillaribus. 3. spicis solitariis vel pluribus alternis.

XXXVIII. C A R E X.

♂. *Amentum imbricatum.* *Cal.* 1 - *phyllus.* *Cor.* o.
♀. *Amentum, Cal. Cor. ut in ♂. Nectarium infla-tum,* 3 - *dentatum. Stigmata* 3. *Sem. triquetrum, intra nectarium.*

1. C. *(clavata.)* spicis simplicibus obovatis androgynis: suprema mascula, inferioribus femineis; culmo trigono.
Culmus erectus, glaber, striatus, pedalis. *Folia* in culmo alternantia, vaginantia, ensiformia, integra, multistriata, convoluta, glabra, unguem lata, culmo breviora. *Spicae* plures, duae vel tres, usque quatuor, pedunculatae, simplices, pollicares: terminalis clavata, aphylla, mascula; inferiores folio multoties longiore instructae. *Squamae* imbricatae, bruneae; dorso virides, striatae.

2. C. *(vesicaria.)* spicis masculis pluribus, femineis pedunculatis; capsulis inflatis, acuminatis, glabris. Carex *vesicaria. Linn.* Syst. Veg. XIV. p. 845. Spec. Plantar. p. 1388.
Culmus trigonus, erectus, striatus, glaber, bipedalis et ultra. *Folia* ensiformia, vaginantia, integra, multistriata, glabra, subtus pallida. *Spicae* masculae una vel duae, lineari-oblongae, bruneae, terminales, pollicares et ultra; femineae plures, cylindricae, remote pedunculatae, cernuae, bipollicares: squamae ovatae, acuminatae, glabrae, bruneae dorso virescente. *Capsulae* ovatae, bifidae.

3. C. *(spartea.)* spicis androgynis, racemosis: culmo trigono, striato, filiformi, ramoso; foliis brevissimis. Carex *indica. Schkuhr.* Caric. p. 37. T. Bb. 86.
Radix flexuosa. *Folia* radicalia plurima, linearia, apice attenuato-setacea, nervosa nervo medio crassiori, culmo breviora; in culmo alterna. *Culmus* glaber, debilis, erectiusculus, bipedalis. *Spicae* terminales, aggregatae, apice masculae, basi femineae, unguiculares.

4. C. *(capensis.)* spica composita, spiculis androgynis: inferioribus bractea longiori instructis; culmo compresso. Carex *capensis. Prodr.* Fl. Cap. p. 14.
Culmus striatus, erectus, glaber, spithamaeus usque pedalis. *Folia* ensiformia, integra, nervosa, glabra, culmo juniore longiora, adultiore breviora. *Spica* oblonga, composita e spiculis pluribus glomeratis distinctis, glabris. *Bracteae* foliaceae, spicis longiores, superioribus sensim minoribus et brevioribus. *Similis* valde C. *arenariae*, sed satis distincta culmo compresso.

5. C. *(glomerata.)* spica composita, spiculis androgynis bractea longiori horizontali distinctis; culmo trigono.

Culmus erectus, striatus, glaber, pedalis. *Folia* glabra, erecta,
breviora. *Spicae* glomeratae in capitulum ovatum, bracteâ distinctae, patentes, glabrae. *Bracteae* foliaceae, reflexae vel
horizontales, spicis paulo longiores. *Similis* valde C. *arenariae;* sed distincta videtur: 1. spicis magis conglomeratis. 2.
bracteis brevioribus, paucioribus, patentibus.

XXXIX. S C H O E N U S.

G l u m a e paleaceae, univalves, congestae. Cor. o. Sem.
1. *subrotundum inter glumas.*

1. S. (*filiformis.*) culmo tereti capillari; capitulo oblongo; involucro triphyllo.

Culmus solitarius vel plures e radice, laxi, erecti, striati,
glabri, pedales vel ultra. *Folia* radicalia, plurima, capillacea,
striata, glabra, erecta, culmum aequantia. *Capitulum* solitarium,
glabrum, unguiculare. *Involucrum* triphyllum, raro diphyllum
vel tetraphyllum, inaequale: folia basi lata; ovata, apice setacea, striata, carinata, glabra: infimum capitulo longius, saepe
palmare, patens; reliqua sensim breviora. *Glumae* imbricatae,
ovatae, acuminatae, carinatae, integrae, glabrae, bruneae.

2. S. (*striatus.*) culmo tereti; capitulo ovato; involucro
triphyllo.

*Crescit in collibus prope urbem C a p et alibi. Floret M a j o,
J u n i o.*

Culmus filiformis, striatus, glaber, erectus, spithamaeus.
Folia radicalia, filiformia, striata, glabra, brevia. *Capitulum*
compositum e pluribus spicis, distinctis foliis bracteatis seu involucris. *Involucra* circiter tria, basi lanceolata, apice setacea,
erecta; extimum capitulo multoties longius, intimum capitulo
vix longius. *Glumae* lanceolatae, glabrae, striatae, dorso virides, margine integrae, bruneae. *Differt* a S. *nigricante:*
glumis striatis et involucris tribus.

3. S. (*capitellum.*) culmo tereti; capitulo ovato; involucro diphyllo.

Culmus striatus, glaber, erectus, basi foliis vaginatus, pedalis. *Folia* basin culmi vaginantia, pauca, convoluto-filiformia,
striata, glabra, curva, culmo triplo breviora. *Capitulum* terminale, saepe solitarium, raro tria alterna. *Involucrum* diphyllum, raro triphyllum, glabrum: foliola ovata, concava, apice
setaceo-acuminata, erecta, extimum capitulo triplo longius,
intimum vix longius. *Glumae* ovatae, acuminatae, concavae,
integrae, imbricatae, glabrae, bruneae.

4. S. (*scariosus.*) culmo tereti; capitulo oblongo; involucro monophyllo; glumis margine scariosis. Scirpus *trigy-
nus. L i n n.* Syst. Veget. XIV. p. 98.

Culmus filiformis, striatus, erectus, glaber, spithamaeus.
Folia radicalia plurima, convoluto-teretia, striata, glabra,
curva, culmo breviora, basi vaginâ membranaceâ latâ albâ in-

voluta. *Capitulum* glabrum. *Involucrum* solitarium, lanceolatum, concavum, apice cuspidatum, spica vix longius. *Glumae*
imbricatae, oblongae, cuspidatae. *Stylus* unicus. *Stigmata*
duo vel tria, setacea.

5. S. (*nigricans.*) culmo tereti; capitulo ovato; involucro
monophyllo. Schoenus *nigricans*. *Linn*. Syst. Veg. XIV. p.
95. Spec. Plant. p. 64.

*Crescit prope Cap, in collibus et ad latera montium. Floret Junio
et sequentibus mensibus.*

Culmus filiformis, striatus, glaber, erectus, spithamaeus, usque pedalis. *Folia* radicalia filiformia, striata, glabra, erecta,
culmo breviora. *Capitulum* terminale. *Involucrum* extimum ovatum, concavum, setaceo-acuminatum, capitulo duplo longius.
Intra hoc a latere interiori aliud involucrum ovatum, concavum, acutum, sed absque mucrone. *Glumae* lanceolatae, naviculares carinâ acutâ, glabrae, bruneae margine albido.

6. S. (*aggregatus.*) culmo tereti, striato, aphyllo; spiculis terminali aggregatis.

Radix fibrosa. *Folia* radicalia plura, culmum inferne vaginantia, filiformia, glabra, erecta, culmo duplo breviora. *Culmus* filiformis, glaber, erectus, bipedalis vel ultra. *Capitulum*
terminale, conglomeratum e spiculis pluribus, sessilibus, bruneis, glabris, semiunguicularibus. *Involucrum* subdiphyllum,
vix capitulo longius.

7. S. (*tristachyus.*) culmo tereti, articulato, laevi; capitulis tribus terminalibus. Schoenus *tristachyus*. Prod. Cap.
p. 16.

Culmus filiformis, simplex, erectus, pedalis. *Capitula* ovata,
glabra, laevia, magnitudine pisi.

8. S. (*cuspidatus.*) culmo tereti; spicis paniculatis, involucris brevioribus. Scirpus *cuspidatus*. *Rottb*. Gram. p. 66.
tab. 18. f. 3.

Culmi saepius plures e radice caespitosa, basi vaginis bruneis cincti, filiformes, striati, glabri, erecti, pedales. *Folia*
radicalia plura, basin culmi vaginantia, convoluto-filiformia,
striata, glabra, curvata, breviora. *Spicae* terminales, plures,
oblongae, glabrae, involucratae, bruneae. *Involucra* sub spicis setacea, longiora, erecta. *Glumae* lanceolatae, naviculares,
glabrae, bruneae.

9. S. (*aristatus.*) culmo tereti, aphyllo; spicis aggregatis; involucro monophyllo; glumis cuspidatis.

Culmus tenuissime striatus, bipedalis et ultra. *Spicae* plures,
terminales, involucratae. *Involucrum* exterius erectum, spicis
duplo longius, basi concavo vaginans, lanceolatum; interius
simile, longitudine spicarum. *Glumae* circiter sex, exteriores
ovatae, concavae; interiores lanceolatae; omnes integrae, glabrae, ferrugineae.

10. S (compar.) culmo tereti, aphyllo; spicis aggregatis; involucris monophyllis, brevioribus; glumis acutis. Schoenus compar. Linn. Syst. Veg. XIV. p. 95. Rottböll. Gram. p. 65. tab. 18. fig. 4.

Culmus striatus, glaber, pedalis et bipedalis. Spicae plures, subumbellatae, involucratae, glabrae. Involucrum singulum sub spicis solitarium, lineare, striatum, glabrum, erectum, longitudine spicarum; infimum palmare, spicis triplo longius, erecto-patens. Glumae ovato-lanceolatae, naviculares; subdistichae, integrae, flavescentes apicibus bruneis.

11. S. (flexuosus.) culmo tereti, folioso; spicis paniculatis; glumis mucronatis.

Crescit in summitate Taffelberg. Floret Aprili.

Culmus unicus e radice, articulatus, flexuosus, striatus, glaber, erectus, pedalis. Folia plurima radicalia, basi lata vaginantia, canaliculato-subteretia, flexuosa, acuta, laevia, glabra, culmo breviora. Ad singulum articulum folium vaginans simile, sed brevius vaginâ nigricante. Spicae plurimae, coarctatae, fusco-bruneae, glabrae, involucratae. Involucra ad exitum singulum spicarum foliacea, inferiora longiora, spicas aequantia. Glumae imbricatae, ovatae, concavae, glabrae, integrae.

12. S. (capillaceus.) culmo tereti, folioso; spicis subracemosis; glumis cuspidatis; foliis capillaribus.

Culmi e radice caespitosa plures, filiformi-articulati, striati, erecti, glabri, bipedales. Folia radicalia plurima, semiteretia, striata, glabra, laxa, flexuosa, erecta, culmum subaequantia; in culmo similia vaginâ nigrâ. Spicae erectae, fusco-ferrugineae, glabrae, involucratae. Involucrum singulum sub ramificatione racemorum foliaceum, setaceo-acuminatum, spicis vix longius. Glumae imbricatae, lanceolatae, acuminatae, integrae.

13. S. (ustulatus.) culmo tereti, folioso; spicis racemosis; glumis aristatis. Schoenus ustulatus. Linn. Syst. Veg. XIV. p. 95. Rottb. Gram. p. 93. tab. 18. fig. 1.

Crescit prope Cap in collibus alibique. Floret Majo et sequentibus mensibus.

Radix ovata, reticulata, foliis fasciculatim exeuntibus. Culmus articulatus, striatus, glaber, erectus, bipedalis et ultra. Folia radicalia fasciculata, filiformia, striata, laxa, erecta, culmo breviora; in culmo alterna, basi longe vaginantia, filiformia, striata, glabra, brunea, internodiis longiora, culmo paulo breviora. Involucra setaceo-acuminata, ferruginea, spicis paulo longiora. Flores spicato-subpaniculati. Spicae compositae, oblongae, bracteatae. Spiculae lanceolatae, coarctatae. Pedunculi e singulis vaginis saepius duo, laxi, submembranacei, longitudine spicae. Glumae circiter sex, imbricatae, lanceolatae, setaceo-aristatae, concavae, carinatae, striatae, integrae, glabrae, bruneae. Aristae trigonae, rectae, glumâ ipsâ duplo et saepe multoties longiores. Filamenta tria, filiformia, pellucida, tenera, longitudine corollae, receptaculo inserta. *Antherae* lineares, striatae, exsertae, tortae, flavae, deciduae. *Germen* superum, glabrum. *Stylus* filiformis, glaber, longitudine filamentorum. *Stigmata* tria, capillaria, flexuosa, patentia. *Semen* unicum, ovato-oblongum, glabrum.

14. S. (*spicatus.*) culmo tereti, capillari; capitulis spicatis, involucratis.

Culmus laxus, erectus, striatus, glaber, sesquipedalis et ultra. *Folia* radicalia plura aggregata, capillaria, striata, glabra, laxa, culmo breviora. *Florum* capitula glomerata. *Spica* e capitulis constans; subcylindrica, secunda, digitalis, nutans. *Involucrum* singulum sub glomerulis capitulorum solitarium, filiforme, infimum palmare, reliqua sensim breviora, circiter quatuor. *Glumae* ovatae, integrae vel sublacerae, carinatae, concavae, acuminatae, glabrae, bruneae, margine membranaceae.

15. S. (*bulbosus.*) culmo tereti, filiformi; spicis racemosis, secundis: involucris solitariis. Schoenus *bulbosus*. *Linn.* Syst. Veg. XIV. p. 95.

Radix repens. *Culmus* unus vel plures, curvatus, erectus, striatus, glaber, palmaris usque pedalis. *Folia* radicalia plurima, filiformia, striata, erecta, basi vaginâ albâ membranaceâ involutâ, culmum aequantia. *Spicae* versus apicem culmi secundae, cernuae, solitariae, binae, raro plures aggregatae, ovatae, acutae, glabrae. *Involucra* aliquot, solitaria sub spicis, filiformia, inferiora palmaria, superiora sensim breviora. *Glumae* imbricatae, ovatae, acuminatae, integrae, concavae, carinatae, bruneae, glabrae.

16. S. (*inanis.*) culmo tereti, aphyllo; spicis paniculatis; glumis acutis. Schoenus *inanis*. Prodrom. Fl. Cap. p. 16. *Willd.* Sp. Pl. p. 265. Soc. phytogr. Gorenkens. V. 1.

Crescit juxta rivulos.
Culmus enodis, inanis, laevis, vix conspicue striatus, erectus, crassitie pennae, bipedalis. *Spicae* plurimae, paniculatae paniculâ patenti. *Involucrum* infimum commune lanceolatum, concavum, acuminatum, laeve, paniculâ multoties brevius, unguiculare; partialia sub ramificationibus sensim breviora. *Spiculae* in ultimis pedunculis sessiles, duae vel tres, oblongae, bruneae. *Glumae* ovatae, concavae, integrae, mucronatae. *Usus:* e culmis flexilibus Hottentotti varia utensilia pro lacte conservando et domibus tegendis contexere sciunt.

17. S. (*glomeratus.*) culmo trigono, folioso; capitulis paniculatis; glumis ciliatis. Schoenus *glomeratus*. *Linn.* Syst. Veg. XiV. p. 96. Ejusd. Sp. Pl. p. 65.

Crescit in fossis prope Cap.
Culmus striatus, glaber, erectus, bipedalis et ultra. *Folia* vaginantia, ensiformia, carinata, integra, laevia, glabra, breviora. *Florum* capitula ovata, glabra, bracteata. *Pedunculi* trigoni, subserrati. *Bracteae* foliaceae, vaginantes, acuminatae, ciliatae, capitulis longiores. *Glumae* lanceolatae, carinatao.

18. **S.** *(thermalis.)* culmo trigono, folioso; capitulis lateralibus; glumis integris aristatis. Schoenus *thermalis.* Linn. Syst. Veg. XIV. p. 96. Rottb. Gram. p. 63. tab. 10. fig. 2.

Crescit in Taffelberg, montibus rode Sand, Swarteberg et alibi, semper in summis montibus. Floret'Octobri.
Culmus rigidus, striatus, erectus, foliis vaginatus, bipedalis et ultra. Folia vaginantia, ensiformia, acuminata, rigida, integra margine revoluto, carinata, breviora; in culmo angustiora et breviora. Capitula seu spicae florum plures, subracemosae, glabrae, bruneae, involucratae. Involucra universalia foliis similia; partialia lanceolata; omnia integra, cuspidato-aristata, concava, laevia, floribus paulo longiora. Stigmata tria, capillaria, plumosa.

19. **S.** *(laevis.)* culmo trigono, folioso; capitulis lateralibus; glumis mucronatis; spiculis ovatis.

Culmus striatus, bipedalis et ultra. Folia vaginantia, convoluta, carinata, integra, laevia, glabra, culmum aequantia. Capitula quatuor vel quinque, glomerata, pedunculata, ovata, vix foliosa. Brateae seu glumae extimae majores et longius cuspidatae; reliquae glumae ovatae, submarginatae, mucronatae, integrae. Spiculae plurimae, glomeratum capitulum constituentes.

20. **S.** *(lanceus.)* culmo trigono, folioso; spicis paniculatis, lateralibus; glumis spiculisque lanceolatis.

Culmus tenuissime striatus, glaber, erectus, bipedalis. Folia vaginantia, linearia, convoluta, carinata, integra, glabra, breviora. Florum paniculis alternis, vix foliosis. Spiculae acutae, concavae, integrae, flavescenti-bruneae.

XXXX. SCIRPUS.

Glumae paleaceae, undique imbricatae. *Cor.* o. *Semen* 1, imberbe.

1. **S.** *(setaceus.)* culmo capillari; capitulo ovato, solitario; involucro monophyllo. Scirpus *setaceus.* Linn. Syst. Veg. XIV. p. 99. Ejusd. Sp. Pl. p. 73. Rottb. Gram. p. 47. tab. 15. fig. 4. 5. 6.
Crescit prope urbem Cap, in collibus et alibi.

2. **S.** *(natans.)* culmo compresso, folioso, flexuoso erecto; spicis duabus lateralibus.
Crescit in aquis.
Calmi glabri, palmares, usque spithamaei. Folia subvaginantia, glabra, flaccida, culmo breviora. Spicae sub apice setaceo, ovatae, inaequales, glabrae. Seta terminalis, spicis duplo longior, erecta.

3. S. (*hystrix.*) culmo capillari; capitulo subdistachyo;
glumis acuminatis, squarrosis; involucro monophyllo.

*Crescit circa rivulos infra T,affelberg latere occidentali, in Lan-
gekloof et alibi. Floret Junio et sequentibus mensibus.*

Calmi e radice fibrosa plures, sulcati, glabri, pollicares usque digitales. *Folia* radicalia plura, capillaria, striata, culmo
breviora. *Capitulum* solitarium rarius, tristachyum raro, saepius distachyum, terminale, globosum. *Involucram* lanceolatum, acuminatum, patens, capitulo duplo longius. *Glumae* imbricatae, basi ovatae, apice acuminatae, striatae, glabrae apicibus reflexis.

4. S. (*marginatus.*) culmo capillari; capitulo tristachyo;
glumis integris, glabris; involucro monophyllo.

Culmus teres, striatus, erectus, glaber, palmaris. *Folia* radicalia pauca, culmum inferne vaginantia, capillaria, glabra,
culmo breviora. *Capitulum* terminale, raro monostachyum vel
distachyum, saepius tristachyum, glabrum, horizontale, involucratum. *Spiculae* ovatae, acuminatae. *Involucrum* setaceum,
erectum, capitulo duplo longius. *Glumae* imbricatae, ovatae,
naviculares, parum acutae, striatae, integrae, bruneae margine albo.

5. S. (*trispicatus.*) culmo angulato, aphyllo; spicis tribus, terminalibus. Scirpus *trispicatus. Linn.* Syst. p. 19.
Suppl. p. 103.

Folia nulla, sed vaginae imbricatae, ferrugineae, striatae,
rugosae, glabrae, palmares. *Culmus* subtetragonus, sulcatus
angulis marginatis, erectus, glaber, pedalis vel ultra. *Spicae*
subternae, aggregatae, teretes, oblongae, obtusae, unguiculares;
glumis ovatis, glabris.

6. S. (*antarcticus.*) culmo capillari; capitulo fasciculato,
rotundato; glumis glabris; involucro monophyllo. Scirpus
antarcticus. Linn. Syst. Veg. XIV. p. 101. Scirpus *barbatus. Rottb.* Gram. p. 52. t. 17. f. 4.

Culmus teres, aphyllus, striatus, glaber, palmaris. *Folia* radicalia, plura, capillaria, culmo breviora. *Capitulum* terminale, compressum, glabrum, conglomeratum e spicis pluribus
lanceolatis, fastigiatis. *Involucram* setaceum, longitudine capituli. *Glumae* lanceolatae, acutae, carinatae.

7. S. (*vaginatus.*) culmo filiformi; capitulis lateralibus,
alternis, involucro brevioribus.

Calmus striatus, curvus, palmaris. *Folia* radicalia plurimâ,
vaginâ membranaceâ albâ involuta, capillaria, culmo duplo breviora. *Capitula* circiter tria, ovata. *Involucrum* sub singulo
capitulo solitarium, filiforme, erectum, capitulis duplo longius.
Glamae ovatae, carinatae, integrae, glabrae, ferrugineae.

8. S. (*lacustris.*) culmo tereti; spicis subumbellatis, oblongis; involucro monophyllo; glumis acutis. Scirpus *lacu-*

stris. *Linn.* Syst. Veg. XIV. p. 99. Ejusd. Spec. Plant.
p. 72.

Culmus aphyllus, inanis, laevis, erectus, pedalis, usque orgyalis. *Spicae* umbellatae. Umbella simplex vel composita.
Spiculae glabrae. *Involucrum* umbellâ brevius. *Glumae* ovatae,
concavae, integrae, ferrugineae.

O b s. In Capite bonae spei longe tenerior est, quam in Europâ, umbella-
que magis simplex.

9. S. (*truncatus.*) culmo tereti; capitulo glomerato,
globoso; involucro diphyllo; foliis linearibus.

Crescit prope van Stades rivier. Floret Decembri.
Culmus filiformis, aphyllus, striatus, glaber, erectus, spithamaeus. *Folia* radicalia, fasciculata, plurima, truncata, supra
concava, subtus convexa, margine membranacea, utrinque
striata, glabra, patentia, culmo triplo breviora. *Capitulum*
terminale, e spicis pluribus arcte connexis glomeratum, involucratum. *Involucrum* subdiphyllum: foliolum exterius capitulo
vix longius. *Glumae* ovatae, concavae, integrae.

10 S. (*laciniatus.*) culmo tereti; capitulo triangulari;
glumis ovatis, ciliatis; involucro diphyllo.

Culmus filiformis, profunde striatus, glaber, laxus, erectus,
pedalis. *Folia* radicalia plura, filiformia, obtusa, striata, erecta,
culmo triplo breviora. *Capitulum* terminale, glomeratum,
subtriangulare, cernuum. *Involucra* foliacea duo, alterum longitudine capituli, alterum duplo longius, filiforme. *Glumae*
concavae, obtusae, striatae, lacero - ciliatae, bruneae ciliis
albis.

11. S. (*tristachyos.*) culmo capillari; capitulo tristachyo;
glumis integris; involucro diphyllo. Scirpus *tristachyos.*
Linn. Syst. Veg. p. 99. *Rottb.* Gram. p. 48. tab. 13. f. 4.
Crescit in collibus circa Cap.
Culmus teres, striatus, erectus, glaber, palmaris et-ultra.
Folia radicalia plurima, capillaria, striata, erecta, culmo duplo breviora. *Capitulum* glabrum, involucratum. *Spiculae* ovatae, obtusae. *Involucrum* dorsale erectum, filiforme, capitulo
longius; anterius simile, vix capitulo longius, horizontale vel
parum reflexum. *Glumae* ovato - lanceolatae, glabrae, sub-
striatae.

12. S. (*holoschoenus.*) culmo tereti; capitulis globosis,
pedunculatis, sessilibusque; glumis acutis; involucro diphyllo.
Scirpus *holoschoenus. Linn.* Syst. Veg. XIV. p. 99. Spec.
Plant. p. 72.

Culmus aphyllus, inanis, laevis, glaber, erectus, pedalis et
ultra. *Capitula* glomerata, plurima. *Involucrum* umbellae longitudine; alterum erectum, alterum reflexum. *Glumae* ovatae,
integrae, glabrae, ferrugineae, margine albo.

13. S. (*maritimus.*) culmo trigono; spicis subumbellatis;

glumis lacero trifidis; involucro diphyllo.   Scirpus *mariti-mus*. *Linn*. Syst. Veg. XIV. p. 100. Spec. Plant. p. 74.

Crescit in fossis in ipsa urbe et alibi rarius.
Culmus inferne foliis vaginatus, striatus, glaber, erectus, pe-dalis et ultra. *Folia* ensiformia, convoluta, carinata, integra, culmum aequantia. *Spicae* terminales, aggregatae, 2, 4, 5, 6; spiculae oblongae, ferrugineae. *Involucrum* exterius palmare, interius capitulo paullo longius. *Glamae* ovatae, concavae, membranaceae, integrae, trifidae, cuspide intermediâ et carinâ virescentibus.

14. S. (*membranaceus.*) culmo tereti; capitulo angulato; glumis ovatis, membranaceis; involucro diphyllo.

Culmus aphyllus, striatus, glaber, pedalis. *Folia* nulla vidi. *Capitulum* terminale, ovatum, 3.vel 5-angulatum, e totidem spiculis glomeratum, glabrum. *Involucrum* triphyllum: foliola lanceolata, cuspidata, capitulo longiora, extima duplo longiora, vel ultra. *Glamae* latae, obtusae, concavae, striatae, margine scariosae, albidae, vix lacerae.

15. S. (*hottentottus.*) cu'mo trigono, folioso; capitulo globoso; glumis hirtis; involucro triphyllo. Scirpus *hotten-tottus*. *Linn*. Syst. Veg. XIV. p. 101.

Culmus foliorum vaginis tectus, striatus, inferne glaber su-perne pilosus, erectus, pedalis. *Folia* vaginantia, ensiformia, convoluta, pilosa, erecta, culmo breviora. *Capitulum* termi-nale, totum hirtum. *Involucrum* foliis simile, pilosum, capituli longitudine, foliis interioribus minimis. *Glamae* imbricatae, ovatae, cuspidatae.

16. S. (*intricatus.*) culmo trigono; umbellâ simplici; spi-cis oblongis, squarrosis; involucro triphyllo. Scirpus *intri-catus*. *Linn*. Syst. Veg. XIV. p. 101.

Culmus erectus, basi foliis vaginatus, pollicaris. *Folia* circi-ter tria, radicalia, basi vaginantia, ensiformia, integra, glabra, longitudine culmi. *Florum* capitula umbellata, circiter tria vel quatuor, oblonga, squarrosa; intermedium sessile. *Involucrum* patens: foliola ensiformia. umbella longiora; tertio breviore. *Glamae* lanceolatae, acutae, carinatae, reflexae, integrae.

17. S (*pilosus.*) culmo compresso; capitulo ovato; glu-mis lanceolatis, ciliatis; involucro tetraphyllo.

Culmus striatus, glaber, erectus, spithamaeus vel palmaris. *Folia* radicalia, glomerata, plurima, vaginantia, convoluta, ca-rinata, margine et carinâ ciliata, culmo breviora. *Capitulum* terminale, involucratum, erectum. *Involucri* foliola circiter quatuor, foliis similia, reflexa, extimum bi-vel tripollicare, reliqua sensim breviora. *Glamae* acuminatae, tenuissime stria-tae, flavae margine virescente.

18. S. (*radiatus.*) culmo tereti; capitulo hemisphaerico; involucro polyphyllo. Schoenus *radiatus*. *Linn*. Syst. Veg. XIV. p. 95.

Crescit in summitate montium inter Nordhoek et Bayfals, in Hottentotshollandskloof et alibi. Floret Augusto.
Radix repens, fibrosa. *Culmus* solitarius, striatus, erectus, glaber, palmaris. *Folia* radicalia, plurima, linearia, canaliculata, subfiliformia, curvata, laevia, culmo longiora. *Florum* capitulum compositum e capitulis vel spiculis plurimis, involucris distinctis. *Involucrum* circiter octophyllum, e foliis inter capitula sparsis, lanceolatis, concavo-canaliculatis, integris, glabris, obtusiusculis, exterioribus sensim majoribus et longioribus.

19. S. (*fastigiatus.*) culmo filiformi; capitulo convexo, compresso; glumis extimis mucronatis; involucro nullo.
Culmus basi vaginatus, striatus, erectus, digitalis. *Folia* radicalia, plurima, vaginata vaginâ ferrugineâ, filiformi-capillaria, culmum subaequantia. *Capitulum* terminale, compositum e spicis circiter septem sessilibus, unguiculare *Involucrum* nullum, nisi glumae exteriores. *Spiculae* ovatae, compressae, glabrae. *Glumae* naviculares, ovatae, glabrae, margine subciliatae; exteriores cuspidatae mucrone et carinâ viridibus; interiores obtusae.

XXXXI. CYPERUS.

Glumae paleaceae, distiche imbricatae. Cor. o. Semen 1, nudum.

1. C. (*prolifer.*) culmo tereti; capitulo globoso, prolifero. Scirpus *prolifer. Rottb.* Gram. p. 55. tab. 17. fig. 2.
Crescit in fossis prope Cap.
Culmus striatus, erectus, glaber, spithamaeus. *Folia* nulla, sed vaginae baseos culmum cingunt. *Capitulum* terminale, e fasciculo spicularum glomeratum, proliferum seu umbelliferum. *Umbellae* pedunculi duo, tres vel quatuor, basi vaginis vestiti, culmo similes, curvati, pollicares usque digitales. *Capitula* globosa. *Spiculae* lanceolatae, laeves. *Glumae* lanceolatae, integrae; bruneae.

2. C. (*minimus*) culmo capillari; spicâ solitariâ geminâque; involucro monophyllo. *Gramen* parvum aethiopicum, tenuissimis foliis, spica simplici et gemella. *Plükenet.* fol. 176. tab. 300. fig. 4. Cyperus *minimus. Linn.* Syst. Veg. XIV. p 96. Ejusd. Spec. Plant. p. 66. Cyperus *tenellus. Linn.* Syst. Veg. XIV. p. 96. Suppl. p. 103.
Crescit prope Cap, in Svartland, Langekloof et alibi, locis aquosis. Floret Octobri et sequentibus mensibus
Calmi plurimi, aggregati, striati, glabri, laxi, pollicares usque digitales. *Folia* radicalia, capillaria, culmo breviora. *Spicae* terminales, interdum tres, ovatae, compressae, serratae, nutantes, glabrae, lineam longae. *Involucrum* culmum terminans, setaceum, spicâ brevius, deciduum. *Glumae* distichae, imbricatae, naviculares, acutae, striatae, glabrae.

7 *

3. C. (*marginatus.*) culmo tereti, aphyllo; umbellâ compositâ; spiculis oblongis, bruneis.

Calmus glaber, erectus, pedalis et ultra. *Umbellae* pedunculatae et subsessiles, plures *Involucram* diphyllum: folia lanceolata, brevissima, vix lineam longa. *Pedunculi* unguiculares. *Spiculae* aggregatae, subsessili-capitatae, plurimae, lanceolatae, serratae, compressae, glabrae, marginibus glumarum albis, unguiculares.

4. C. (*textilis.*) culmo tereti; umbellâ decompositâ involucro dodecaphyllo laevi breviore; spiculis oblongis.

Incolis: *Mattjes Goed.* Crescit in rivulis hinc inde, interioribus regionibus satis vulgaris.

Calmus aphyllus, inanis, laevis, erectus, bipedalis et ultra. *Umbella* composita, involucrata; Umbellae omnes iterum umbellatae: intermediae brevius pedunculatae, laterales magis patentes, pedunculis digitalibus. *Spiculae* parvae, acutae, serratae lineam longae. *Glumae* naviculares apice acuto patulo, ferrugineae margine albo. *Involucrum* circiter dodecaphyllum, erectum, umbella triplo vel quadruplo longius, subaequale: foliola ensiformia, concava, laevia, margine tenuissime subserrata. *Usus:* e culmis hujus Hottentotti storeas pertexere sciunt, quibus domunculas suas obtegunt. Differt a C. *flabelliformi Rottb.* culmo tereti, laevi, alias simillimus.

5. C. (*hirtus.*) culmo trigono aphyllo; umbellâ simplici; involucro triphyllo; foliis filiformibus hirtis.

Radices setaceae, fasciculatae, plurimae. *Folia* radicalia, plurima, lineari filiformia, pilosa, pollicaria. *Culmi* plures, capillares, erecti, inaequales, longitudine foliorum vel paullo breviores. *Umbellae* circiter 6-florae cum flore centrali sessili. *Involucrum* 3-vel 4-phyllum. *Spiculae* ovatae glumis acuminatis.

6. C. (*pulcher.*) culmo trigono; umbellâ decompositâ, involucro subhexaphyllo breviore; spiculis ovatis.

Crescit juxta rivulos.

Culmus basi foliosus, striatus, erectus, glaber, supra tenuissime subserratus, laxus, bipedalis. *Folia* basin culmi vaginantia, circiter quatuor, linearia, attenuata, integra, convoluta, carinata, striata, glabra, laxa, culmo longiora. *Pedunculi* trigoni, inaequales, unguiculares usque digitales. Pedicelli ex umbellis quasi proliferi, inaequales, capillares, trigoni, lineam longi usque unguiculares. *Spiculae* plures, aggregatae, sessiles, serratae, glabrae, vix lineam longae. *Glumae* naviculares, ovatae, acutae, carinà viridi, margine tenuissimo, membranaceo, albo. *Involucrum* 5-phyllum vel 7-phyllum, inaequale, umbellâ triplo usque sextuplo longius, erectum vel reflexum. Foliola ensiformia, carinata, tenuissime subserrata, interioribus brevioribus et angustioribus.

7. C. (*ligularis.*) culmo trigono; umbellâ compositâ involucro polyphyllo serrato breviore; spiculis cylindricis. CYPE-

RUS *ligularis*. *Linn.* Syst. Veg. XIV. p. 97. Ejusd. Spec. Plant. p. 70. *Rottb.* Gram. p. 35. t. 11. f. 2.

Calmus basi foliosus, striatus, glaber, erectus, pedalis et ultra. *Folia* radicalia, tria seu quatuor, basin culmi vaginantia, convoluta, integra, striata, muricata, longitudine culmi. *Umbella* patens. *Spicae* umbellae cylindricae et triangulares, oblongae, obtusae, crassitie digiti, compositae e spiculis plurimis lanceolatis, imbricatis: intermediae brevius pedunculatae, pedunculis unguicularibus vel pollicaribus; laterales iterum umbellatae pedunculis palmaribus et ultra, umbellulis breviter pedicellatis. *Glumae* naviculares, acutae, glabrae, ferrugineae, carinâ marginequo albidis. *Involucrum* foliola circiter sex vel octo, alterna, sessilia, ensiformi-linearia, attenuata, carinata, muricata, margine carinâque serrata, patentia vel reflexa; exteriora umbellâ triplo longiora, interioribus sensim brevioribus et angustioribus.

Obs. Potius forsan ad SCIRPUM referendus erit.

8. C. (*alopecuroides*.) culmo trigono; umbéllâ decomposita; involucro polyphyllo, serrato, breviore; spiculis cylindricis. CYPERUS *alopecuroides*. *Rottb.* Gram. p. 38. fig. 2.

Calmus, Folia et Glumae omnino, ut in C. *ligulari*. *Pedunculi* intermedii breves, laterales sensim longiores, usque spithamaei, glabri. *Pedicelli* sparsi, patentes; inferiores longiores, unguiculares; superiores sensim breviores. *Spicae* subcylindricae, obtusae, bruneae, terminales, sessiles, pollicares; laterales spiculae horizontales, minores. *Involucrum* universale ut in C. *ligulari;* partiales pauciores, lanceolatae, setaceae, erectae, serratae, longitudine umbellulae. Summa hujus cum priore affinitas et similitudo, ut vix quid, praeter umbellam ampliorem et magis compositam, differat.

9. C. (*corymbosus*.) culmo trigono, aphyllo; umbellâ decompositâ involucro breviore; spicis linearibus. CYPERUS *corymbosus*. *Rottb.* Gram. p. 42. tab. 7. fig. 4.

Crescit in fossis juxta urbem.

Calmus striatus, glaber, erectus, pedalis et ultra. *Folia* nulla vidi. *Umbella* patens. *Pedunculi* intermedii breviores, unguiculares; laterales laxi, palmares. *Spiculae* breviter pedicellatae, alternae, acutae, glabrae, bruneae, unguiculares. *Glumae* naviculares, obtusae, dorso et margine albidae. *Involucrum* triphyllum, erectum vel reflexum, umbellâ paulo longius; foliolis sensim brevioribus, linearibus, integris, carinatis, glabris.

10. C. (*lanceus*.) culmo trigono, folioso; umbellâ compositâ involucro duplo breviore; spiculis oblongis. CYPERUS *lanceus*. *Prod.* Flor. Capens. 1. p. 18.

Crescit prope urbem Cap, in fossis.

Calmus inferne foliis tectus, striatus, glaber, erectus, spithamaeus usque pedalis. *Folia* radicalia tria vel quatuor, lineariensiformia, convoluta, integra, glabra, culmo breviora. *Um-*

bellae pedunculi medii breves; laterales longiores, patentes, pollicares. *Spiculae* glabrae, serratae, unguiculares. *Glumae* naviculares, compressae, bruneae, carinâ viridi. *Involucrum* triphyllum: foliola ensiformia, erecto-patentia; infimum umbellâ duplo longius; reliqua breviora.

11. C. (*polystachyos.*) culmo trigono; umbellâ composità convexâ; involucris quinis; spiculis lanceolatis. Cyperus *polystachyos. Rottb.* Gram p. 39. tab. 11. fig. 1. *Pluke-net.* Phythogr. tab. 416. fig. 6.

Crescit in fossis juxta Cap.
Culmus basi foliosus, striatus, erectus, spithamaeus usque pedalis. *Folia* radicalia, circiter quatuor, culmum basi vaginantia, ensiformia, integra, glabra, culmo triplo breviora. *Umbella* coarctata. *Umbellulae* mediae breviter pedunculatae, erectae; laterales longius pedunculatae, patentes, pedunculis umbellâ brevioribus. *Spiculae* subserratae, sesquilineam longae. *Glumae* naviculares, carinatae. *Involucrum* 4- vel 6-phyllum: foliola ensiformia, integra, glabra: extimum umbellâ duplo longius, reliqua sensim breviora, summa vix umbellis longiora.

12. C. (*laevigatus.*) culmo trigono; capitulo glomerato, globoso; involucro diphyllo; glumis obtusis. Cyperus *laevigatus. Linn.* Syst. Veg. XIV. p. 96. Cyperus *laevigatus. Rottb.* Gram. p. 19. t. 16. f. 1.

Crescit in fossis aquarum, in ipsa urbe Capensi. Floret Junio, Julio.
Culmus aphyllus, inanis, laevis, glaber, erectus, pedalis. *Folia* nulla observavi. *Capitulum* terminale vel sublaterale, e plurimis spiculis sessilibus, involucratum. *Spiculae* ovatae, laevigatae, albidae. *Glamae* ovatae, concavae, integrae, laeves. *Involucri* foliolum alterum e culmo continuatum, trigonum, erectum, capitulo triplo longius, alterum reflexum, capitulo vix longius vel saepe brevius.

D I G Y N I A.

XXXXII. P A N I C U M.

Cal. 3-*valvis: valvulâ tertiâ minimâ.*

1. P (*Alopecuroides.*) spicâ cylindricâ; involucro polyphyllo villoso Panicum *alopecuroideum. Linn.* Spec. Plant. p. 92. Cenchrus *alopecuroides.* Prodr. p. 24. Alopecurus *indicus. Linn.* Syst. Veg. XIV. p. 108.

Culmus striatus, erectus, superne villosus uti et rhachis, crassitie calami, bipedalis. *Folia* vaginantia, ensiformia, glabra, ore vaginarum ciliata, culmo longiora. *Spica* crassitie digiti, spithamaea. *Flores* sessiles, solitarii vel bini, cincti fasciculo setarum polyphyllo, hirto, longiori.

2. P. (*geniculatum.*) racemo spicato simplici; florum involucro polyphyllo scabro; culmo geniculato. Panicum *hordeiforme. T h u n b.* Flor. Japon. p. 46. Cenchrus *geniculatus.* Prodr. p. 24.

Crescit in collibus et fossis circum Cap et alibi.

Culmus subpedalis. *Folia* ensiformia, subulato-acuminata, striata, glabra, ore margineque vaginarum villoso ciliata, culmo paulo breviora. *Racemus* cylindricus, digitalis. *Flores* brevissime pedunculati. *Involucrum* fasciculatum, setaceum: setae flexuosae, scabrae, flore triplo vel quadruplo longiores, purpurascentes.

3. P. (*hordeiforme.*) racemo spicato simplici; florum involucro polyphyllo scabro; culmo erecto. Panicum *hordeiforme. T h u n b.* Flor. Jap. p. 46. Cenchrus *hordeiformis.* Prodr. p. 24.

Culmus tripedalis. *Folia* ensiformia, convoluta, attenuata, ore sed vix vaginis ciliata, striata, glabra. *Racemus* cylindricus, spithamaeus. *Flores* brevissime pedunculati, solitarii *Involucrum* setaceum, *setae* flexuosae, scabrae, flavescentes, flore triplo longiores vel ultra.

4. P. (*galli.*) spicis alternis; floribus secundis; glumis hispidis aristatis; rhachi pentagonâ. Panicum *crus galli Linn.* Spec. Pl. p. 83. System. Veget. XIV. p. 105. *Willd.* Spec. 1: 1. p. 317.

Culmus striatus, glaber, erectus, pedalis et ultra. *Folia* pilis raris sparsis villosa, neque ore neque vaginis ciliata. *Spicae* sessiles, simplices, distichae, compressae, unguiculares usque pollicares. *Flores* sessiles, vix pedunculati. *Glumae* ciliatoscabrae, *aristis* scabris, triplo longioribus. *Diversum* quidem videtur a P. *galli* europaeo, spicis compressis et floribus secundis; sed merito ab illo separari non debet.

5. P. (*filiforme.*) racemis spicatis digitatis linearibus, floribus binis, altero subsessili. Panicum *filiforme. Linn.* Syst. Veg. XIV. p. 106. Spec. Plant. p. 85. *Willd.* Spec. 1: 1. p. 343.

6. P. (*dactylon.*) spicis digitatis subquaternis secundis; culmo sarmentoso. Panicum *dactylon. Linn.* Syst. Veg. XIV. p. 106. Spec. Plant. p. 85. *Willd.* Sp. 1: 1. p. 3,2. Gramen geniculatum foliis brevibus, aculeos mentientibus, maderaspatanum, forte arundo graminea, aculeata (Prosp. Alp. exot.) *Plukenet.* Phyt. tab. 189. f. 3.

Crescit prope Cap, in omnibus collibus et in ipsis fere plateis, vulgatissimum.

Radices fibrosae. *Culmus* radicans, ramosus, teres, fruticans. *Rami* alterni, simplicissimi; raro ad folia seu in axillis ramuli duo, parvi, foliosi, internodiis paulo longiores. *Folia* vaginantia, approximata, disticha, supra canaliculata, infra carinata, maculá ad basin utrinque oblongá, alba, glabra, vaginis pilosis, margine tenuissime ciliata; basi membranaceá, supra pilosa. *Pedunculi* axillares, solitarii vel bini, alterni, inferne foliosi, supra aphylli, erecti, geniculati, glabri, palmares. *Spicae* saepissime tres, interdum quatuor, rarius duae, patentierectae, pollicares. *Flores* secundi, inferiori rhachis lateri insidentes, sessiles, alterni, imbricati. *Glumae* tres, dorsali minori, ovatae, acutae, concavae, virides, margine tenuiore albescente. *Filamenta* tria, hyalina, calyce longiora. *Antherae* didymae, virescentes vel rubrae. *Styli* duo, calyce duplo breviores. *Stigmata* conica, penicilliformia, purpurea.

7. P. (*deustum.*) paniculá patenti; floribus solitariis; glumis glabris apice purpureis. Panicum *deustum. Willd.* Spec. 1: 1. p. 347.

Culmus simplex, teres, striatus, erectus, bipedalis vel paulo ultra, superne et juxta articulos villosus. *Folia* alternatim vaginantia, ensiformia, seu inferne subcordata, superne valde attenuata, integra, tenuissime punctata et pilosa: *vaginae* margine longe ciliatae. *Panicula* florum erecto patens, virgata, glabra. *Pedunculi* angulati, striati, flexuosi, tenuissime villosi et rarius serrulati, uniflori pedicellis subunguicularibus. *Flores* magnitudine, seminis secalis, ovati, acuti. *Glumae* lineis tribus viridibus, omnes sub apice purpureo-maculatae.

8. P. (*caudatum.*) paniculá subspicatá coarctatá: floribus solitariis; glumis glabris acutis.

Crescit in collibus juxta urbem C ap, inque insulis Java et Ceilona.

Culmus simplex, teres, striatus, glaber, erectus, pedalis usque tripedalis. *Folia* longe vaginantia, lineari-ensiformia, attenuata, striata, glabra. *Panicula* cylindrica, erecta, longissima, spithamaea usque pedalis. *Racemi* breves pedunculis capillaribus, unifloris. *Glumae:* extima brevissima, reliquae acutae.

XXXXIII. A R I S T I D A.

Cal. bivalvis. Cor. univalvis: aristis 3, terminalibus.

1. A. (*hystrix·*) paniculá trichotomá patenti; aristis aequalibus glabris; calyce aequali. Aristida *hystrix. Linn.* Syst. Veg XIV. p. 124. *Willd.* Spec. 1: 1. p. 459. *Pluk.* Phytog tab. 193. f. 3. bona.

Culmi aggregati e radice caespitosa, teretes, glabri, erecti, simplices, pedales. *Folia* radicalia longiora et culmi breviora, convoluto teretia, striata, curvata, glabra, breviora. *Pedunculi* capillares, glabri. *Calycis* glumae aequales, lanceolatae, glabrae, corollá breviores. *Corolla* glabra, triaristata: *Aristae* basi tortae, subaequales, divaricatae, pollicares.

2. A. (*vestita.*) paniculá trichotomá patenti; aristis

aequalibus, glabris ; calyce inaequali. *Prodrom. capensis.* p. 19.

Culmus simplex , totus imprimis inferne lanatus lanâ albidâ, erectus, pedalis et ultra. *Folia* alternatim vaginantia vaginis lanatis, convoluta, subulata, striata, glabra, subreflexa, breviora. *Panicula* ampla pedunculis capillaribus, subreflexis. *Calyx* biglumis, glaber, uniflorus : *glumae* inaequales : altèrâ duplo longiore, corollam aequante ; lanceolato-subulatae, concavae. *Arista* triseta, subaequalis, intermediâ parum longiori, divaricata, glabra, purpurascens. *Diffent* a priori : 1. culmo lanato. 2. calyce inaequali. 3. paniculâ ampliori.

3. A. (*capensis.*) paniculâ trichotomâ patenti ; aristis omnibus villosis. Avena *capensis. Linn.* Syst. Veget. XIV. p. 122. *Willd.* Spec. 1: 1. p. 460.

Culmus simplex, vel basi interdum ramosus, striatus, glaber, erectus, pedalis et ultra. *Folia* longe vaginantia, convoluto-filiformia, striata, glabra, culmo breviora. *Panicula* ampla. *Pedunculi* et pedicelli capillares, glabri. *Pedicelli* uniflori, longitudine calycis. *Calyx* biglumis, aequalis : *glumae* lanceolatosubulatae, concavae, uniflorae, glabrae, longitudine corollae, fuscescentes, basi purpurascentes, unguiculares. *Corolla* univalvis, longitudinaliter connivens, basi extus hirsuta, albida, terminata apice aristis tribus. *Aristae* divaricatae, setaceae, enodes, corollâ longiores, apice glabrae, subpollicares, intermediâ paulo longiori. *Villus* albus, patens. *Filamenta* tria, brevissima', fundo corollae affixa. *Antherae* lineares, utrinque sulcatae, bifidae, rufescentes, longitudine dimidiâ corollae. *Differt* ab A. *adscensionis :* aristis hirsutis. *americana :* floribus pedunculatis. *plumosa :* aristis omnibus villosis et culmo nudo.

XXXXIV. A L O P E C U R U S.

Cal. 2-*valvis. Cor.* 1-*valvis.*

1. A. (*capensis.*) spicâ cylindricâ ; glumis glabris muticis. *Prodrom. Cap.* p. 19.

Crescit in collibus circum urbem Cap.

Culmus vaginatus, teres, glaber, erectus, palmaris. *Folia* radicalia plurima, lineari-filiformia, glabra , culmo duplo breviora. *Spica* utrinque parum attenuata, pollicaris. *Glumae* lanceolatae, acutae, integrae.

2. A. (*echinatus.*) paniculâ spicatâ, ovatâ ; glumis punctatis, ciliatis ; culmo geniculato. Alopecurus *echinatus. Prodr.* p. 19.

Crescit in collibus rarius.

Radix fibrosa. *Culmus* filiformis, glaber, palmaris. *Folia* lineari-filiformia, setaceo-acuminata, punctato-scabra, pilosa, erecta, culmo longiora. *Panicula* coarctato-spicata, unguicularis. *Calyx* biglumis, uniflorus : *glumae* concavae, lamellatae, setaceo-aristatae: aristae purpureae, punctato-scabrae et ciliatae. *Corolla* calyce brevior.

XXXXV. PHALARIS.

C a l. 2 - *valvis, carinatus, longitudine aequalis, corollam includens.*

1. P. (*capensis.*) paniculâ spicatâ, ovatâ; glumis integris; culmo geniculato, decumbente. *Prodrom. Cap.* p. 327.

Crescit in hortis Europaeorum in urbe Cap.

Culmus teres, glaber, basi decumbens, ramosus, articulatus, articulis omnibus geniculatis, inflexus, apice capillaris, pedalis et ultra. *Folia* patentia, brevissima. *Panicula* glabra, unguicularis. *Glumae* ovatae, acutae, tricarinatae. *Differt* a. P. *canariensi,* cui valde similis: 1. culmo ramoso, decumbente, geniculato. 2. spicis minoribus.

2. P. (*dentata.*) spicâ subpaniculatâ, cylindricâ; glumis serratis; culmo geniculato. *Willd.* Spec. 1: 1. p. 327.

Crescit in Bockland.

Radix fibrosa. *Culmi* e radice plures, aggregati, inflexi, erecti, filiformes, laeves, glabri, palmares et paulo ultra. *Folia* vaginantia, tenuissime villosa, breviora. *Spica* pollicaris usque digitalis. *Glumae* ovatae, concavae, glabrae, bimarginatae vel cinctae, intra marginem lineâ duplici aut triplici elevatâ, viridi, sinuato serratae.

XXXXVI. AGROSTIS.

C a l. 2 - *valvis, uniflorus, corollâ paulo minor. Stigmata longitudinaliter hispida.*

1. A. (*spicata.*) paniculâ spicatâ, cylindricâ, mutica; culmo nutante. *Willd.* Spec. 1: 1. p. 373.

Crescit in collibus argillaceis circum urbem.

Radix fibrosa. *Culmus* simplex, filiformis, striatus, glaber, curvatus, spithamaeus. *Folia* radicalia plura, convoluta, ensiformia, acuminato setacea, nervosa, glabra, breviora. *Panicula* obtusa, glabra, digitalis. *Spiculae* inferne remotae, apice glomeratae, oblongae, adpressae, unguiculares. *Pedicelli* flexuosi, uti et rhachis, glabri. *Calyx* biglumis: *glumae* concavae, ovatae, obtusae, albidae, tenuissimae, glabrae, corollâ duplo breviores, *Corollinae* valvulae lanceolatae, glabrae, muticae.

XXXXVII. STIPA.

C a l. 2 - *valvis, uniflorus. Cor.* valvulâ exteriore aristâ terminali, basi articulatâ.

1. S. (*capensis.*) aristis basi pilosis; paniculâ spicatâ; foliis ensiformibus. *Prodrom. cap.* p. 19.

Culmus simplex, articulatus, glaber, erectus, bipedalis.

Folia nervosa, glabra.   *Panicula* palmaris et ultra.   *Aristae* valde
tortiles, inferne hirsutae pilis albis, geniculatae, apice setaceae,
glabrae, tripollicares.   *Differt* a S. *tenaci,* cui similis: 1. foliis
planis.   2. aristis basi pilosis, nec lanatis.

2. S. (*spicata.*) aristis basi pilosis; racemo spicato, secundo. Stipa *spicata. Linn.* Syst Veget. XIV. p. 121.
Willd. Spec. 1: 1. p. 442.

Culmi e radice repente plures, filiformes, glabri, articulati
articulis barbatis,·bipedales et ultra. *Folia* ensiformi·linearia,
glabra, breviora. *Racemus* digitalis. *Flores* secundi, basi barbati fasciculo pilorum albidorum. *Glumae* ciliatae, subpilosae.
Aristae basi villosae, apice glabrae, geniculatae, pollicares.

XXXXVIII. A N T H I S T I R I A.

Cal. 1-3-4-*valvis,* 3-7-*florus, flore hermaphrodito
solitario centrali sessili, masculis 2 pedicellatis, reli-
quis si adsint sessilibus.*
♀. *Cal.* o.   *Cor.* bivalvis.   *Arista e basi germinis.*
Stam. 3.   *Styl.* 2.   *Sem.* 1.
♂. *Cal.* o.   *Cor.* bivalvis, mutica.   *Stam.* 3

1. A. (*imberbis.*) aristis basi pilosis; paniculâ fastigiatâ
bracteis basi barbatis. Stipa *arguens.* Prod. Cap. p 20.
Linn. Syst. Veg. XIV. p. 121. *Hout.* Nat. Hist. P. 2. tab. 92.
Anthistiria *imberbis. Willd.* Sp.·Pl. 4: 2. p. 900.

Crescit in interioribus regionibus graminosis.

Culmus articulatus, glaber, erectus, bipedalis. *Folia* ensiformia,
integra, carinata, glabra, breviora. *Paniculae* coarctatae, fascicu-
lato·subçapitatae. *Pedunculi* capillares, flexuosi. *Bracteae* sub singula panicula et singulo flosculo solitariae, lanceolatae, naviculares,
acuminatae, glabrae, floribus duplo longiores. *Aristae* inferne tenuissime pilosae, apice glabrae, setaceae, geniculatae, pollicares et
ultra.

2. A. (*hispida.*) racemosa, calycibus trifloris pilosis.
Avena *hispida. Linn.* Syst. Veg. XlV. p. 122. *Willd.*
Spec. Plantar. 1: 1. p. 451.

*Crescit in Krum·rivier, Langekloof, trans Swellendam,
et alibi locis graminosis. Floret Novembri, Decembri.*

Culmus simplex, vaginatus, striatus, glaber, erectus, pedalis. *Fo·
lia* longe vaginantia, ensiformia, villosa, culmo duplo breviora. *Flores* terminales, vel in capitulo solitario rarius, vel pluribus racemosis. *Racemus* triflorus, usque quadriflorus. *Pedunculi* capillares, ge-
niculato·inflexi, inferne glabri, superne incrassati, pilosi, pollicares.
Calyx quadriglumis: *glumae* lanceolatae, setaceo·acuminatae, piloso-
hispidae, villo albo, punctis nigris scabrae, unguiculares. *Arista*
tortilis, glabra, floribus quadruplo longior.

XXXXIX. A N D R O P O G O N.

Hermaphrod. Cal. gluma uniflora. Cor. gluma basi aristata. Stam. 3. Styl. 2. Sem. 1.

1. A· (*hirtum.*) paniculae spicis conjugatis; calycibus hirsutis. Andropogon *hirtum. Linn.* Syst. Veg. XIV. p. 904. Spec. Plant.· p. 1482.
Crescit in collibus prope et extra urbem.
Culmus erectus, pedalis usque tripedalis. *Panicula* coarctata, spicata *spicis* geminis, hirsutis. *Aristae* geniculatae, spicis duplo longiores.
O b s. Hirsuties in Capensi specimine minor, quam in speciminibus Indiae orientalis.

2. A. (*ischaemum.*) paniculae spicis digitatis: flore sessili, aristato, pedunculatis muticis; pedunculis pilosis. Andropogon *ischaemum. Linn.* Syst Veg. XIV. p. 904. Spec. Plantar. p. 1482. *Willd.* Sp. 4: 2. p. 521.
Crescit in interioribus regionibus. Floret Decembri.
Culmus simplex, erectus, glaber, pedalis usque tripedalis. *Folia* glabra, brevia. *Panicula* solitaria, terminalis, vel plures digitatae; racemi lineares, inaequales, pollicares et ultra. *Flores* bini vel tres e singulis dentibus racemorum; altero sessili, saepe intermedio, aristato; altero solitario vel binis pedunculatis, muticis. *Pedunculi* et pedicelli hirsuti pilis longis, albis. *Calycis* glumae acutae, glabrae, purpurascentes.

3. A. (*villosum.*) spicis digitatis; floribus aristatis sessili pedunculatoque; calyce culmoque villoso. *Prodrom. Cap.* p. 20.
Crescit in interioribus regionibus graminosis.
Culmus simplex, articulatus, geniculato-inflexus; inferne foliis vaginatus,·glaber, superne hirsutus,· pedalis et ultra. *Folia* vaginantia, ensiformia, villosa, breviora. *Spicae* terminales, tres, quatuor. vel quinque; lineares, digitales. *Flores* in singulo spicae dente duo, altero sessili, altero breviter pedunculato, adpressi. *Calycis* glumae et pedunculi hirsuti. *Aristae* tortiles, geniculatae, flore multo longiores. *Differt* ab A. ischaemo, cui similis: calyce, culmo et foliis hirsutis.

4. A. (*schoenanthus.*) paniculae spicis conjugatis, oblongis; rhachi pubescente; flosculis sessilibus, aristatis. Andropogon *schoenanthus. Linn.* Syst. Veg. XIV. p. 904. *Willd.* Spec. 4: 2. p. 915.
Crescit in Langekloof, Krumrivier et alibi. Floret Novembri, Decembri.

5. A. (*insulare.*) paniculâ laxâ; floribus geminis, muticis; calycibus lanatis. Andropogon *insulare. Linn.* Syst. Veg. XIV. p. 904. Spec. Plant. p. 1480.
Crescit in interioribus regionibus graminosis.

L. Chloris. TRIANDRIA. DIGYNIA. 109

L. C H L O R I S.

Flores unilaterales. *Ca l.* bivalvis, 2-6-*florus,* flore
altero sessili hermaphrodito, altero pedicellato masculo.
♀. *Cal.* o. *Cor.* bivalvis. *Arista* terminalis. *Stam.* 3.
Styl. 2. *Sem.* 1.
♂. *Cal.* o. *Cor.* 1-2-*valvis* aristata. *Stam.* 3.

1. C. (*falcata.*) spicâ secundâ falcatâ; calyce lanceolato
integro; corollâ ciliatâ. *Melica falx. Linn.* Syst. Veget.
XIV. p. 113. Supplem. p. 109.

*Crescit in Houtniquas collibus, in Langekloof et alibi. Floret
Novembri, Decembri.*
Radix perennis. Culmus simplex, erectus, glaber, pedalis usque
bipedalis. *Folia* convoluto-filiformia, glabra, spiralia, erecta, culmo
breviora; in culmo vaginantia, brevia. *Spica* vel solitaria, vel binata
floribus unilateralibus, compressa, pollicaris usque, digitalis. *Calyx*
biglumis, subtriflorus, inaequalis: *gluma* exterior longior, navicularis: lanceolata, integra, glabra, bracteiformis, cinerea margine tenuiore albido; interior duplo minor, similis. *Corolla* inferioris floris
major, bivalvis: *valvula* exterior maxima, obovata, excisa, concava,
dorso carinata, margine et-carinâ albo-ciliata, caerulescens, interiorem valvulam includens et obumbrans; interior angustissima, lanceolata, carinata, paulo brevior; reliqui flores sensim minores absque ciliis; ultimo sterili seu rudimento.
Obs. Ad MELICAM referri non potest ob flores spicatos in receptaculo unilaterali. Praeterea totus habitus est CYNOSURI.

2. C. (*petraea.*) spicis digitatis, senis, secundis; calycis
glumâ alterâ aristatâ; corollâ ciliatâ. Chloris *petraea.*
Willd. Spec. Plant. 4: 8. p. 924.

Crescit in collibus Houtniquas. Floret Novembri.
Radix perennis, cespitosa. *Culmi* saepius plures e radice, simplices, inferne subcompressi, superne filiformes, striati, glabri, erecti,
pedales. *Folia* prope radicem aggregata, disticha, linearia, patentia,
digitalia, in culmo vaginantia, adpressa, brevia. *Spicae* terminales,
plerumque sex, raro septem vel quinque, lineares, compressae floribus unilateralibus, falcatae, sesquipollicares. *Calyx* bracteiformis, biglumis, subtriflorus; *gluma* exterior ovata, obtusa, bifida, carinata,
aristata, integra, glabra, brunea, flore brevior: *arista* setacea,
recta, longitudine floris; interior concava, obtusa, mutica, ceterum similis. *Corolla* floris inferioris et majoris major, ovata,
obtusa, concava, margine membranaceo-albida, tenuissime ciliata,
brunea.

LI. H O L C U S.

Hermaphrod. Cal. gluma 1-2-*flora. Cor.* gluma aristata. *Stam.* 3. *Styli* 2. *Sem.* 1.
Masc. Cal. gluma 2-*valvis. Cor.* o. *Stam.* 3.

1. H. (*caffrorum.*) glumis villosis; seminibus compressis, inermibus. *Prodrom. Cap.* p. 20.

Africanis incolis: Cafferskorn, Maquaskorn. *Crescit cultus apud Caffros et rarius ab-incolis europaeis. Floret Aprili,* Maja.

Culmus teres, striatus, glaber erectus, orgyalis. *Folia* vaginantia, lata, ensiformia, acuminata, integra, glabra, culmum aequantia. *Panicula* amplissima, patens, *Rhachis* angulata, subvillosa. *Pedanculi* subverticillati, angulati, flexuosi, villosi. *Pedicelli* alterni, pedunculis similes. *Glumae* ovatae, obtusae, inermes, totae flavescentes. *Styli* penicilliformes. *Aristas* nunquam observavi. *Usus:* pro pàne inservit Caffris et aliis nonnullis Hottentottis.

2. H. (*capillaris.*) glumis bifloris, glabris; flosculo hermaphrodito, mutico; masculo aristato. *Prodrom. Capens.* p. 20.

Culmi e radice plurimi, inaequales, basi decumbentes, geniculati, erecti, glabri, digitales, usque pedales. *Folia* vaginantia, pilosa, brevissima. *Vaginae* inflatae, longae, striatae, villosae, ciliatae. *Panicula* trichotoma, amplissima, patentissima. *Pedunculi* et pedicelli capillares, flexuosi, glabri. *Glumae* lanceolatae, naviculares; carina subvillosa. *Differt* eo ab Holco *molli* europaeo, quod pedunculi et pedicelli glabri, nec villosi.

3. H. (*avenaceus.*) glumis glabris; seminibus hirsutis, aristatis; paniculà spicatà. *Prodrom. Cap.* p. 29.

Crescit in Bockeveld.

Culmus teres, striatus, glaber, erectus, pedalis et utra. *Folia* vaginantia, convoluto filiformia, glabra, patentia, culmo vix breviora; *vaginae* longae, striatae, glabrae, ore lanatae. *Panicula* palmaris. *Calyx* biglumis, biflorus: *Glumae* naviculares, lanceolatae, acuminatae, unguiculares. *Corolla* utraque tota albo-villosa, calyce brevior, aristata: *arista* inferne tortilis, geniculata, apice setacea, tota glabra, calyce paulo longior.

4. H. (*setifolius.*) glumis bifloris, muticis, acutis; foliis filiformi-setaceis.

Culmus filiformis, erectus, glaber, simplex, pedalis et ultra. *Folia* alterna, vaginantia, glabra, inferne filiformia, superne setacea, flexuosa, erecta, culmo breviora. *Panicula* patens, glabra. *Florescentia* fere exacta mihi visa.

5. H. (*serratus.*) glumis pubescentibus; spicis alternis; foliis serratis. Holcus *serratus.* Linn. Syst. Veg. XIV. p. 031. Thunb. Prodrom. Capens. p. 931.

Crescit in interioribus campis graminosis. Floret Novembri.

Culmus basi decumbens, mox inferne ramosus, tandem erectus, filiformis, striatus, glaber, pedalis. *Folia* inferne approximata, superne nulla, alternatim vaginantia, disticha, lanceolata, striata, glabra, pollicaria. *Flores* spicati: *spicae* parvae. *Calyx* biflorus, subtriglumis: *gluma* extima minima ut in Panico, reliquae ovatae; omnes concavae, obtusae. *Corolla* subbivalvis, valvulis glabris. *Arista* nulla, nec in flosculo hermaphrodito, neque in masculo.

O b s. Singularis est flos hujus calyce triplici, uti etiam in Holco *spicato,* forsan potius ad Panicum reducendus imprimis ob fasciculum floris setaceum.

6. H. (asper.) glumis glabris ; paniculâ coarctatâ; foliis serratis. *Prodrom. Cap.* p. 20.

Crescit in summis lateribus montiam urbis.

Florentem nunquam inveni, sed semper post florescentiam. *Culmus* basi vel simplex, vel parum ramosus, erectus, glaber, pedalis. *Folia* vaginantia, ensiformia, attenuato - acuminata, striata, pilosa, muricata, globulis marginalibus serrata, flexuosa, culmo breviora. *Panicula* ovata. *Pedunculi* et pedicelli dichotomi, capillares, glabri. *Calyx* biglumis: *glumae* naviculares, lanceolatae, subaristatae.

LII. PEROTIS.

Cal. o. *Cor.* 2. *valvis*: *valvulae aequales aristatae, lanugine involucratâ.*

1. P. (*latifolia.*) paniculâ spicatâ; foliis laevibus. Sacchiarum *spicatum. Linn.* Syst. Veget XIV. pag. 103. Spec. Plant. p. 79.

Crescit inter frutices in collibus infra Taffelberg, latere orientali, et in regionibus Constantiae. Floret Majo.

LIII. MELICA.

Cal. 2 *valvis*, 2-*florus.* *Rudimentum floris inter flosculos.*

1. M. (*decumbens.*) corollis hirsutis; floribus racemosis, nutantibus; culmo decumbente. *Prodrom. Capens.* p. 21.

Culmus filiformis, basi decumbens, curvato - erectus, glaber, spithamaeus. *Folia* in medio culmo aggregata, alternatim vaginantia, convoluto-teretia, apice setacea, disticha, glabra, culmo breviora. *Racemus* flexuoso erectus, digitalis. *Flores* circiter sex vel septem, secundi, cernui. *Pedunculi* capillares, incrassati, geniculati, pilosi, flore breviores. *Calyx* lanceolatus, concavus, muticus, glaber. *Corolla* tota villosa, mutica, calyce paulo longior.

2. M. (*racemosa.*) corollis hirtis; racemis cernuis; culmo erecto. *Prodrom. Capens.* p. 21.

Culmus simplex, filiformis, striatus, glaber, bipedalis. *Folia* filiformi-setacea, glabra, brevia. *Racemi* circiter quatuor, vix paniculati, remoti. *Pedunculi* et pedicelli capillares, flexuosi, glabri *Flores* circiter septem, inferiores pedunculati, superiores sessiles, secundi, cernui. *Calyx* biglumis, glaber: *Glumae* inaequales, oblongae, acutae, corollâ paulo breviores. *Corollae* hirsutae, acutae.

LIV. ISCHAEMUM.

Hermaphrod. *Cal.* gluma 2-flora. *Cor.* 2-valvis. *Stam.* 3. Styl. 2. Sem. 1.

Masc. *Cal.* et *Cor.* ut in priore. *Stam.* 3.

1. I. (*aristatum.*) seminibus aristatis. Ischaemum aristatum. *Linn.* Syst. Vegetab. XIV. p 906. Spec. Plant. p. 1487.

LV. A P L U D A.

Cal. gluma communis bivalvis: *flosculo femineo sessili*,
masculisque pedunculatis.
♀. *Cal.* o *Cor.* bivalvis. *Styl.* 1. *Sem.* 1, tectum.
♂. *Cal.* o. *Cor.* bivalvis. *Stam.* 3.

1. A. (*aristata.*) foliis lanceolatis; floribus masculis muticis; sessili aristato. Apluda *aristata. Linn.* Syst. Veg. XIV·
p. 9 Plant. p. 1487.
Crescit in campis interioris Africae graminosis.

LVI. B R I Z A.

Cal. 2-valvis, *multiflorus.* Spica disticha, valvulis cordatis, obtusis: interiore minutá.

1. B (*geniculata.*) spiculis ovatis; calyce floribus breviore; culmo geniculato. *Prodrom. Capens.* p. 21.
Crescit in interioribus regionibus.
Culmi e radice plures, teretes, articulati, geniculato-inflexi,
glabri, ralmares usque spithamaei. *Folia* alternatim vaginantia,
subulata, patentia, glabra, sesquipollicaria. *Panicula* patens, multiflora. *Pedunculi* et pedicelli bini et alterni, capillares, flexuosi, glabri. *Spiculae* compressae, glabrae floribus
circiter quatuordecim. *Calyx* spiculis brevior, longitudine corollae.

2. B. (*capensis.*) spiculis ovatis decemfloris; paniculâ
coarctatâ Poa *brizoides. Linn.* Syst. Veg. XIV. p. 115.
Prod. Cap p. 21.
Crescit in montibus.
Radix fibrosa. *Culmus* inferne geniculatus, striatus, glaber,
erectus, pedalis. *Folia* radicalia aggregata et caulina vaginantia,
ensiformia, attenuata, striata, glabra, culmo triplo breviora.
Rhachis flexuosa, glabra. *Pedunculi* capillares, glabri. *Spiculae*
compressae, obtusae, inaequales. *Calyx* biglumis, multiflorus,
floribus 7, 11, 13 vel 15; Glumae muticae, concavae, carinatae,
glabrae. *Corolla* bivalvis: *valvulae* ovatae, muticae, trinerves,
glabrae.

LVII. P O A.

Cal. 2-valvis, *multiflorus.* Spicula ovata: valvulis
margine scariosis, acutiusculis.

1. P (*filiformis.*) paniculâ patenti; spiculis acutis quadrifloris; foliis filiformibus. *Prod. Cap.* p. 21.
Culmus filiformis, geniculatus, erectus, striatus, glaber, pe-

LVII. Poa.   TRIANDRIA. DIGYNIA.   113

dalis et ultra. *Folia* radicalia plurima, convoluto-filiformia,
apice setacea, curvata, glaura, breviora *Panicula* ante florescentiam subcontracta, oblonga; sub florescentia patens, tri ho-
toma, palmaris *Pedunculi* et pedicelli capillares, flexuosi, inaequales, glabri. *Spiculae* triflorae et glabrae.

2 P (*striata.*) paniculâ patenti; spiculis ovatis subde-
cemfloris; culmo repente *Prodrom. Cap.* p. 22.

*Crescit ad margines Goudsrivier et in Cannaland. Floret
Septembri, Octobri.*

Radicis fibrae plurès in culmo, capillares, pollicares usque
spithamaeae. *Culmus* omnino decumbens, squamis imbricatus,
radicans, ramosus. *Rami* e culmi pagina superiori alterni,
frequentissimi, imbricati foliis, curvati, erecti, semipollicares.
Folia in ramis imbricata, vaginantia, oblonga, obtusa, supra
concava, subtus convexa, utrinque striata, glabra, patentia,
recurva, semiunguicularia. *Calmus* florifer ex apice ramorum,
gesiculato-inflexus, erectus, filiformis, striatus, glaber, palmaris. *Panicula* pedunculis alternis: pedicellis brevissimis,
glabris. *Spiculae* compressae, glabrae.

3. P. (*sarmentosa.*) paniculâ coarctatâ; spiculis lanceolatis, decemfloris; culmo sarmentoso. *Prodrom. Cap.* p. 21.

Crescit in collibus sparsim.

Culmus basi decumbens, radicans, articulatus, geniculatus,
erectiusculus, glaber, palmaris usque pedalis vel ultra. *Folia*
sessilia in articulis, sursum vaginantia, dein geniculata, patentia, lineari subulata, glabra; vaginae ore ciliatae. *Panicula*
contracta, digitalis, spicis inferioribus remotis, superioribus
densioribus. *Spiculae* compressae, acutae, serratae, glabrae,
unguiculares.

4. P. (*racemosa.*) paniculâ coarctatâ; spiculis ovatis 9-
floris; pedunculis br vissimis. *Prodrom. Capens.* p.' 21.

Culmus basi geniculato-inflexus, dein erectus, filiformis,
glaber, spithamaeus. *Folia* radicalia, plura, ensiformia, plana;
in culmo subulata, brevissima; omnia glabra. *Panicula* oblonga, contracta. *Pedunculi* et pedicelli flexuosi, glabri, brevissimi. *Spiculae* obtusae, subinflatae fere ut in BRIZA, circiter
9-vel 10 florae, glabrae, pedicellis longiores, lineam longae.

5 P. (*glomerata.*) paniculâ spicatâ glomeratâ; spiculis
quadrifloris; corollis ciliatis. *Prodrom. Capens.* p. 22.

Calmus filiformis, geniculatus, erectus, glaber, pedalis. *Folia* radicalia plura, filiformia, glabra, palmaria; in culmo alterna,
similia, breviora. *Panicula* cylindrica, composita e glomerulis
pluribus subinterruptis, pollicaris. *Calyx* glaber, quadriflorus
spiculis ovatis. *Corollinae* valvulae ovatae, naviculares, basi
dorsi ciliatae.

6. P. (*cyperoides.*) paniculis spicato-glomeratis; spiculis
11 floris; culmo ramoso; foliis subulatis. *Prodrom. Cap.*
p. 22.

Flora Capensis.   8

Crescit extra Cap in dunis. et alibi rarius.
Culmus inferne ramosus;, decumbens, curvatus, erectus, teres, laevis, glaber; superne aphyllus, pedalis. *Folia* culmum
inferne vaginantia, vaginis inflatis, convoluto-subulata, rigidi-
uscala uti et culmus, erecto-patula, glabra, pollicaria vel
paulo ultra. *Vaginae* ore villosae. *Paniculae* alternae, tres
vel quatuor, spicato-glomeratae vel subcapitatae, glabrae.
Pedunculi et pedicelli glabri, brevissimi. *Spiculae* oblongae,
acutae, serratae, unguiculares.

7. P. (*spinosa.*) spicis pedunculatis sparsis; ramis spinescentibus; culmo ramoso. FESTUCA *spinosa.* *Linn.* Syst.
Veg. XIV. p. 119. *Willd.* Sp. 307. Prodr Cap. p. 22.

Crescit in Carro pone Bockeveld, et in Hantum. *Floret
Octobri.*
Culmus ramosissimus, paniculatus, fruticescens, rigidus, inferne teres, superne compressus, glaber, pedalis et ultra.
Rami alterni, subangulati, ramulosi. *Ramuli* alterni, depressi,
subulati, spinescentes, horizontaliter patentes, glabri, pollicares *Folia* in culmo et ramis vaginantia vaginis inflatis, glabra.
Spiculae in ramulis pedunculatae, trium parium, suboppositae,
pendulae, lanceolatae, acutae, serratae, compressae, glabrae,
circiter decemflorae, unguiculares.

LVIII. F E S T U C A.

*Cal.-bivalvis. Spicula oblonga, teretiuscula, glumis acu-
minatis.*

1. F. (*bromoides.*) paniculâ secundâ; spiculis erectis;
calycis valvulâ alterâ acuminatâ. FESTUCA *bromoides.* *Linn.*
Sys. Veg. XLV. p 118. Spec. Plant. p 110.

Crescit in arenosis Swartlandiae. Floret Octobri
Culmus capillaris, palmaris. *Folia* capillaria, brevia. *Calycis* glumae inaequales: altera brevior, subfiliformis; altera longior, aristato acuminata. *Corollinae* valvulae subscabridae, aristatae. Aristae setaceae, subscabridae, longitudine spicularum.

LIX. D A C T Y L I S.

Cal. bivalvis, compressus; alterá valvulá majore carinatá.

1. D. (*laevis.*) paniculâ coarctatâ; glumis laevibus. DAC-
TYLIS *laevis.* *Willd.* Spec. Pl. 1: 1. p. 08.

Crescit in Swartland Floret Septembri, Octobri.
Culmus erectus. striatus, bipedalis. *Folia* vaginantia, ensiformia, plana, striata, patentia, breviora. *Panicula* contracta,
subspicata, palmaris, constans e spiculis ovatis, compressis,
laevibus, plurimis. *Spiculae* oblongae, circiter sexflorae. *Glumae* lanceolatae, acutae, tenuissime vixque manifeste villosae;
calycinis paulo brevioribus, laevibus. DACTYLIS *glomerata* ab
hac distinguitur glumis ciliatis.

2. D. (*villosa*.) paniculâ spicatâ; glumis villosis. *Prodrom. Cap.* p: 22.

Culmus teres, glaber, striatus, erectus, pedalis vel ultra.
Folia radicalia et in culmo 'alterna, vaginantia, lineari filiformia, glabra, brevia. *Florum* panicula coarctata, digitalis.
Rhachis et pedunculi villosi. *Spiculae* quadri- vel quinqueflorae, ovatae. *Calyx* et corollae tenuissimae, totae extus pubescentes. *Differt* a DACTYL. *glomerata*, glumis pubescentibus
nec ciliatis.

3. D. (*serrata*) paniculâ coarctatâ;'glumis carinâ serrulatis. *Prodrom. Cap.* p. 22.

Culmus erectus, glaber, striatus, bipedalis. *Folia* longe vaginantia, vaginis striatis, attenuata, breviora. *Flores* paniculati: panicula palmaris. *Spiculae* ovatae, compressae, laeves.
Calyx 5 florus, subaequalis, biglumis: *glumae* naviculares, carinatae, lanceolatae, glabrae, carinâ glumae alterius tenuissi
mae et vix manifeste serrulata. *Corolla* bivalvis: *valvula* exterior paulo major; ambae naviculares, lanceolatae, carinâ serrulatae.

4. D. (*ciliaris*.) paniculâ spicatâ, involucratâ ovatâ; glumis ciliatis. DACTYLIS *ciliaris. Linn.* Syst. Veg XIV. p. 116.

Radix fibrosa. *Culmi* e radice plures, usque septem, caril-
lares, simplices, inferne geniculato inflexi, striati, pubescentes, erecti, inaequales, pollicares usque palmares. *Folia* vaginantia, filiformia, tenuissime villosa, erecta, culmo longiora;
floral simile, setaceum vaginâ ventricosa, spicâ duplo longius.
Panicula arcte glomerata, oblonga, obtusa, constans e pluribus spiculis compressis, erecta, unguicularis. *Calyx* biglumis,
circiter quadriflorus: *glumae* naviculares, albae margine purpureo, dorso punctis elevatis, ciliis albis. *Corolla* lutea margine purpureo, concava, ovata, acuta, imprimis inferne ciliata
barbâ albâ.

5. D. (*hispida*.) paniculâ spicatâ, ovatâ, nudâ; calyce
hispido; geniculi, barbatis. *Prodrom. Cap.* p. 22.

Crescit in Swartland. *Floret Septembri, Octobri.*
Radix fibrosa. *Culmus* e radice solitarius, duo vel tres filifor
mes, geniculato inflexus, erectus, purpurascens, glaber, sub
pedalis. *Folia* radicalia plura, filiformia, glabra, digitalia, in
culmo subulata, patentia, vaginarum ore pilis albis barbata,
pollicaria. *Panicula* absque involucro, ovato-subrotunda, e
pluribus spiculis glomerata, semipollicaris. *Pedunculi* et pedicelli glabri, brevissimi. *Calyx* biglumis, biflorus: *Glumae* lanceolatae, naviculares, extus purpurascentes, pilis albis undique
hispidae; altera giumâ longior, carinata, longius acuminata.
Corolla tota glabra.

LX. BROMUS.

*Cal. bivalvis. Spicula oblonga, teres, disticha: arista
infra apicem.*

8*

1. B. (*mollis.*) paniculâ erecto-patenti; spicis ovatis, foliisque villosis; aristis rectis. Bromus *mollis*. *Linn.* Syst. Veg XIV. p 114. Spec. Piant. p. 112.

Crescit in arenosis Saldanhabay et '*Groene kloof* Floret *Septembri. Octobri.*

Radix fibrosa. *Calmus* simplex, teres, striatus, erectus, palmaris usque pedalis *Folia* longe vaginantia, ensiformia, plana, nervosa, utrinque villosa, imprimis vaginis hirsuta, longitudine fere culmi. *Panicula* patens floribus erectis; pedunculis primum verticillatis, dein superius trichotomis, ultimo binis, capillaribus, glabris, inaequalibus. *Spiculae* oblongo ovatae, compressae, sexflorae, unguiculares. *Calyx* biglumis, navicularis, lanceolatus, acuminatus, non aristatus, corolla brevior, villosus. *Corollinae* valvulae naviculares, lanceolato-acuminatae, sub apice aristatae, totae villosae; arista setacea, corolla paulo longior.

2. B. (*pectinatus.*) paniculâ patenti; spicis ovatis, glabris; corollae valvulâ interiori ciliatâ muticâ. *Prodrom. Capens.* p. 22.

Crescit et floret cum priori.

Culmus simplex, erectus, glaber, bipedalis. *Folia* pauca, plana, nervosa, utrinque villosa. *Panicula* spiculis erectis, primum pedunculis umbellatis, dein tri-botomis capillaribus, flexuosis, scabris, inaequalibus. *Spiculae* oblongae, compressae, glabrae, circiter 9-florae, unguiculares. *Calyx* biglumis, navicularis, subulatus, tenuissime scabridus: *gluma* exterior paulo longior, valvulis corollinis brevior. *Corollinae* valvulae exteriores lanceola ae, acuminatae, sub apice aristatae, naviculares, lineis elevatis nervosae, tenuissime scabrae: *arista* recta, longitudine corollae. *Valvula* interior concava, lanceolata, mutica, obtusa, diaphana, alba, marginibus lateralibus viridibus, brevior, glabra marginibus ciliatis; ciliis albis remotis, patentibus.

LXI. AVENA.

Cal. 2-*valvis, multiflorus: aristâ dorsali contortâ.*

1. A. (*aristidoides.*) paniculâ trichotomâ; calycibus bifloris; corollis bifidis aristatis. *Prodrom. Capens.* p. 22.

Crescit in interioribus regionibus. Floret Novembri.

Calmus simplex, erectus, glaber, pedalis vel ultra. *Folia* radicalia plura, basi villosa, attenuato-setacea, striata, glabra, vaginis ciliatis, breviora. *Florum* panicula erecto-patens. *Pedunculi* capillares, glabri. *Calyx* biglumis, subaeqralis, *glumae* naviculares, lanceolatae, setaceo-acuminatae, glabrae, unguiculares. *Corolla* bivalvis, pilosa; *valvula* interior tenuior, mutica; exterior bifida, setaceo-acuminata, dorso aristata: arista tortilis, glabra, flore quadruplo longior.

Obs. Corolla quasi triaristata Aristidam refert, in hac et sequenti specie.

2. A. (*triseta.*) paniculâ trichotomâ; calycibus bifloris;

corolli triaristatis : aristis lateralibus basi villosis brevioribus.
Prodrom. Capens. p. 22.

Culmi solitarii, duo vel tres e radice, filiformes, striati,
glabri, geniculato-erecti, vix pedales. *Folia* convoluto-subulata, pilosa, brevissima. *Florum* panicula parum ampla. *Pedunculi* capillares, e globulo exeuntes. *Calyx* biglumis aequalis: glumae lanceolatae, aristato acuminatae, concavae, pilosae,
unguiculares, corolla duplo longiores. *Corolla* glabra, apice-
pilosa, *Aristae* calyce longiores; intermedia triplo longior, geniculata, glabra.

O b s. Nonnullae AVENAE capenses corollam habent bifidam laciniis setaceis,
adeoque triaristatam, unde valde ARISTIDIS similes; distinguuntur vero
calyce bifloro vel multifloro.

3. A (*pallida.*) paniculâ trichotomâ; calycibus bifloris;
corollis triaristatis; aristis nudis, intermediâ longiori. *P r o -
d r o m C a p e n ş.* p. 22.

*Crescit prope Verkeerde Valley. Floret Novembri, De-
cembri.*

Radix fibrosa. *Culmus* teres, articulatus, erectus, glaber,
pedalis. *Folia* radicalia plurima et in culmo vaginantia, lineari subulata, seu e basi ad medium lineari, inde attenuata,
integra, villosa, articulis longiora, culmo breviora. *Flores*
paniculati. *Panicula* patens. *Pedunculi* et pedicelli capillares,
purpurascentes, glabri: basi pilosâ, globosâ. *Calyx* biglumis,
glaber; *Glumae* aequales; lanceolatae, acutae, subaristatae,
concavae, extus carinatae, glabrae, albidae carinâ viridi corollâ longiores *Corolla* calyce minor, *aristae* glabrae, laterales capillares, tenuissimae, brevissimae, erectae, albae; intermedia setaceo-subulata, geniculato reflexa, duas lineas longa
seu corollâ triplo longior, purpurea. *Filamenta* tria, capillaria, alba, brevissima. *Antherae* cruciatae, flavae. *Styli* duo,
brevissimi. *Stigmata* patentia, villosa, purpurea, longitudine
filamentorum.
Varietas β. foliorum vaginis hirsutis, major, panicula ampliori.

4. A. (*antarctica.*) paniculâ coarctatâ; calycibus quadrifloris; corollis bifidis, aristatis. *Prodrom. Capens.* p. 22.

Culmus erectus, glaber, pedalis et ultra. *Folia* convoluto-
subfiliformia, glabra, breviora. *Florum* panicula subspicata,
palmaris. *Calyx* biglumis, inaequalis: *glumae* naviculares, lanceolatae, acuminatae, glabrae, alterâ longiore. *Corolla* bivalvis, basi pilosa: *valvula* altera minor, mutica; altera longior,
bifida, setaceo acuminata; arista floribus longior.

5. A. (*elephantina.*) paniculâ compositâ; calycibus quadrifloris; corollis pilosis, bifidis, ari-tatis. *Prodrom.
Cap.* p. 23.

*Incolis Europaeis: Olyfants-Gras. Crescit in arenosis Swart-
landiae et alibi. Floret Septembri, Octobri.*
Culmus erectus, glaber, orgyalis. *Folia* longe vaginantia,

ensiformia, setaceo-acuminata, striata, glabra: vaginae striatae,
glabrae. *Panicula* supradecomposita, palmaris. *Calyx* biglumis, aequalis. *glumae* lanceolatae, acutae, glabrae. *Corolla*
tota pilosa: *valvula* altera bifida, setaceo-acuminata, aristata.
Arista valde tortilis spiraliter, glabra, geniculata, flore triplo
longior.

6. A. (*lupulina.*) paniculâ coarctatâ; calycibus quadrifloris; corollis villoris ari tatis; culmo erecto. Avena *lupulina.*
Linn. Syst. Veget XIV. p. 22.

Culmus simplex, striatus, glaber, pedalis. *Folia* radicalia
plura, convoluto-subfiliformia, basi lanata, supra striata, glabra, breviora; in culmo brevissima vaginis inflatis. *Florum*
panicula ovata, pollicaris. *Pedunculi* brevissimi, subnulli. *Calyx* biglumis, lanceolatus, glaber. *Corollae arista* calyce longior.

7. A. (*purpurea.*) paniculâ coarctatâ: calycibus quadrifloris; corollis villosis aristatis: culmo decumbente. Avena
purpurea. Linn. Syst. Veget. X.V. p. 122.

Crescit in Roggeveld.
Culmi plures e radice, capillares, purpurei, glabri, basi decumbentes, curvato-erecti, palmares *Folia* radicalia aggregata, filiformia, glabra, culmo multoties breviora; in culmo
vaginantia, brevissima. *Florum* panicula ovata, unguicularis.
Calyx biglumis, glaber; *glumae* lanceolatae, acutae, concavae,
purpurascentes. *Corolla* bivalvis, pellucida, alba, brevior;
valvula altera excisa, aristata: *arista* supra basin inserta, tortilis, geniculata, calyce longior.

LXII. ROTTBOELLIA.

Rhachis articulata, teretinscula, in pluribus filiformis.
Cal. ovato-lanceolatus, planus, simplex s. bipartitus.
Flosculi alterni in rhachi flexuosa.

1. R. (*dimidiata.*) spicâ dimidiatâ, compressâ, lineari;
latere exteriori, flosculoso. Rottboellia *dimidiata. Linn.*
Syst. Veg. XIV. p 124.

*Crescit hinc inde in collibus prope Cap et juxta Swartkopsri-
vier. Floret Augusto, Decembri.*
Culmus brevissimus, decumbens.

LXIII. SECALE.

Cal. oppositus, bivalvis, biflorus, solitarius.

1. S. (*cereale*) glumis lanceolatis, ciliatis subscabris.
Secale *cereale. Linn.* Syst. Veg. XIV. p. 124. Spec. Plant.
p. 124.

*Crescit sponte in Roggeveld, regione montosa, ab hoc gra-
mine nomen suum adepta. Incolis Wilde Rogg.*

LXIV. T R I T I C U M.

Cal. bivalvis, solitarius, subtriflorus. Flos obtusiusculus, acutus.

1. T (*distichum.*) calycibus quadrifloris, glabris, muticis; floribus distichis; foliis filiformibus. *Thunb. Prodrom.* *Capens.* p. 23

Crescit in littore extra Cap.

Radix perennis, repens. *Culmi* e, radice plures, assurgentes, striati, glabri, pedales. *Folia* vaginantia vaginis striatis, convoluto fiiformia, incurva, glabra, culmi fere longitudine. *Flores* spicati. Spiculae distichae, patulae, glabrae, unguiculares. *Calyx* biglumis, navicularis, laevis, quadriflorus vel subquinquellorus. *Corollae* laeves, muticae valvulâ exteriori majori.

LXV. H O R D E U M.

Cal. lateralis, bivalvis, uniflorus, ternus.

1. H. (*capense.*) flosculis lateralibus masculis; involucris scabris.

Incolis europaeis: wilde Garst. Crescit in arenosis Swartland, et Saldanhabay, inque Roggeveld. Floret Septembri et sequentibus mensibus
Culmi e radice plures, erecti, pedales. *Folia* lanceolato-ensiformia, glabra, brevissima *Flores* in singulo pedicello terni, involucrati, laterales abortientes. Involucra setacea. *Differt* ab H. *murino* involucris scabris, nec ciliatis.

LXVI. C Y N O S U R U S.

Cal. 2-valvis, multiflorus: receptaculum proprium unilaterale, foliaceum.

1. C. (*uniolae.*) spicâ solitariâ, disticho secundâ; calyce multifloro, mucronato; corollis basi villosis. Cynosurus *Uniolae. Linn. Syst. Veget. XIV. p. 117.*

Crescit in graminosis campis.
Radix fibrosa, cespitosa. *Culmi* simplices, e radice plures, filiformes, erecti, spithamaei usque sesquipedales. *Folia* filiformia, glabra, curva, breviora; in culmo plura, vaginantia. *Spica* disticha, oblonga, erecta, floribus secundis bifariis, vix pollicaris *Rhachis* flexuosa *Calyx* biglumis, aequalis, quadriflorus usque novem florus: *glumae* ovatae, valde concavae, acuminato-subaristatae, glabrae. *Corolla* bivalvis, inaequalis: *valvula* exterior ovata, obtusa, concava: basi extus pilosa, integra, interiorem angustiorem includens.

2. C. (*paniculatus.*) spicâ compositâ, ovatâ; calyce multifloro: glumâ alterâ mucronatâ; corollis basi pilosis. *Prodrom. Capens.* p. 23.

Culmus simplex, glaber, erectus, pedalis. *Folia* vaginantia, glabra, breviora. *Spica* ovato oblonga, e spiculis lateralibus coarctatis. *Calyx* biglumis, subaequalis, circiter sexflorus : *glumae* ovatae, concavae, glabrae; exterior mucronata. *Corollae* valvulae exteriores ovatae, concavae, interiorem angustiorem includentes, acutae, basi extus hirsutae.

T R I G Y N I A.

LXVII. H O L O S T E U M.

Cal. 5 - *phyllus. P e t.* 5. *C a p s.* 1 - *locularis, subcylindracea, apice dehiscens.*

1. H. (*tetraphyllum.*) caule ramoso, decumbente ; foliis quaternis. POLYCARPON *tetraphyllum. Linn.* Syst. Veg X V. p. 129. Spec. Plant. p. 131.
Crescit prope Cap, ad latera fossarum. Floret Majo et sequentibus mensibus.
Similis omnino europaeo.

LXVIII. M O L L U G O.

Cal. 5 - *phyllus. Cor.* o. *C a p s.* 3 - *locularis, 3 - valvis.*

1. M. (*hirta.*) decumbens, villosa ; foliis obovatis.

Radix filiformis, annua   *Caulis* nullus, sed rami decumbentes, diffusi. filiformes, uti tota planta villosi. *Folia* verticillata, quaterna vel plura, inaequalia, petiolata, obtusa, integra, semiunguicularia. *Flores* verticillati, brevissime pedunculati.

Classis IV.

TETRANDRIA.

MONOGYNIA.

LXIX. PROTEA.

Cor. 4-*petala, petalis snbinde vel basi vel apice cohaeren-tibus. Antherae lineares v. oblongae, inse tae petalis infra apicem. Cal. proprius o. Sem.* 1 *superum, nudum.*

1. P. (*plumigera.*) foliis trifidis filiformibus; caule erecto; capitulis plumosis.

Caulis frutescens, erectus, glaber, ramosus. *Folia* simplicia, bifida vel trifida, patentia, glabra, pollicaria. *Capitula* globosa, terminalia, nuce avellanâ maiora. Differt a *decumbente* caule erectiusculo, capitulis hirsutissimis.

2. P. (*decumbens.*) foliis trifidis, filiformibus; caule decumbente. PROTEA *decumbens. Thunb.* Dissert. de Protea. p. 14. tab. 1. *Linn.* Syst. Veget. XIV. p. 39.

Crescit in campis sabulosis.

Fruticulis filiformis, angulatus, parum ramosus, glaber, sanguineus, decumbens, pedalis. *Rami* in apice caulis, circiter quatuor, alterni, cauli similes. *Folia* simpliciter trifida, secunda, erecta, glabra, remota. digitalia, internodiis longiora. *Pinnae* in medio folio oppositae, folio similes, lobo medio paulo breviores. *Florum* capitula in apicibus caulis et ramorum terminalia, magnitudine pisi maioris. *Perianthium* commune imbricatum, glabrum, squamis ovatis, acutis. *Corolla* sericea.

3. P. (*florida.*) foliis trifidis, filiformibus; caule erecto; capitulis solitariis, bracteis obvallatis. PROTEA *florida. Thunb.* Dissert. p. 15. tab 1. *Linn.* Syst. Veg. XIV p. 136.

Crescit in montibus Fransche hoek. Floret Januario et sequentibus mensibus.

Fratex teres, erectus, purpureus, totus excepto calyce glaber, pedalis et ultra. *Folia* sparsa, apice glandulosa, inferiora, pinnata, superiora trifida, erecta, palmaria. *Pinnae* oppositae, subtrijugae, pollicares, sensim breviores. *Florum* capitula terminalia, pedunculata. *Pedunculi* plures, alterni, erecto patuli, bracteati, uniflori, inaequales, pollicares usque palmares.

Bracteae in pedunculis inferne sparsae, lanceolatae; superne aggregatae, flores obvallantes; majores oblongae; omnes acutae, integrae, membranaceae, purpurascentes, pollicares *Perianthium* imbri atum; *squamae* lanceolatae, membranaceae, glabrae, ciliatae ciliis flavescentibus longis imprimis versus apices.

4 P. (*cyanoides.*) foliis trifido-pinnatis, filiformibus; caule erecto; capitulis solitariis, nudis. Protea *cyanoides.* *Thunb.* Dissert. p. 15. 45. *Linn.* Syst. Veget. XIV. p. 136.

Frutex teres, erectus, simplex vel ramosus, glaber. *Rami* subverti illati, cauli similes, inaequales. *Folia* simpliciter trifida, rarius bis trifila, acuta, glabra, frequentia, erecta, pollicaria et ultra. *Pinnae* oppositae. consimiles. *Florum* capitula in apicibus caulis et ramorum terminalia, magnitudine eirciter nucis avellanae. *Perianthium* commune imbricatum, ferrugineum, glabrum: *squamis* lanceolatis, superioribus ciliatis ciliis albis. *Corolla* intus purpurascens, extus tota lanata pilis longis densisque albis.

5. P. (*patula.*) foliis trifido-pinnatis, filiformibus; caule erecto; capitulis aggregatis. Protea *patula. Thunb.* Dissert. p. 16. *Linn.* Syt. Veg. XIV. p. 133.

Frutex filiformis, erectus, glaber, ramosus, pedalis. *Rami* umbellati, glabri vel pubescentes, inaequales, patentes, ramulosi' ramulis filiformibus. *Folia* rarissime bipinnata, callosoacuta, frequentia, glabra, patula, pollicaria. *Florum* capitula in ramis et ramulis terminalia, subsessilia, sensim florentia, magnitudine pisi. *Perianthium* commune imbricatum: *squamae* ovatae, acuminatae, glabrae. *Corolla* niveo-tomentosa.

6. P. (*coarctata.*) foliis filiformibus triternatis; caule ramisque erectis; calycibus brevissimis, obtusis.

Pr. *patula* differt ramis divaricato-patulis, calycinis squamis acuminatis. *Caulis* frutescens, glaber, ramosus. *Rami* pauci versus summit tem, erecto-coarctati, glabri. *Folia* trifida, glabra. *Capitula* terminalia, hirsuta, alba. *Calycinae squamae* brevissimae.

7. P. (*sphaerocephala.*) foliis bipinnatis filiformibus; pedunculis capitulis brevioribus; squamis calycinis ovatis basi villosis. Protea *sphaerocephala. Thunb.* Dissert. p. 16. 47. *Linn.* Syst. Veg. XIV p. 136.

Frutex teres, flexuosus, erectus, rigidus, fusco-purpureus, simplex, superne totus tectus foliis, inferne aphyllus, pedalis, crassitie ca'ami anserini. *Folia* flexuosa, erecta, glabra, frequentia. pollicaria. *Pinnae* circiter quatuor, oppositae. *Pinnalae* alternae, subfastigiatae, apice acutae, rufescenti-glandulo ae. *Florum* capitula in apice caulis terminalia, pedunculata, aggregata, magnitudine fere nucis avellanae *Pedunculi* rufescentes. hirti, unillori, inferiores horizontales, superiores erecti, capitulis duplo breviores. *Perianthium* commune imbricatum: *squamis* latia, acuminatis, rufescentibus. *Corolla* argentea, pilis longis imbricatis.

8. P. (*serraria.*) foliis bipinnatis, filiformibus, hirtis; pedunculis capitulis longioribus; squamis caly‹inis. ovatolan eolatis, hirtis Protea *serraria.* Th u n b. Dissert. p. 17. 46. *Linn* Syst. Veg. XIV. p. 136.

Crescit in collibus infra latus orientale Taffelberg, inque summis montium cacuminibus inter Cap et Bayfalso, aliorumque Floret Aprili et sequentibus mensibus.

Frutex teretiusculus, flexuosus, erectus, ramosus, purpureus, glaber, biaedalis et ultra. crassitie vix calami columbini. *Rāmi* alterni, flexuosi, filiformes, subfastigiati, ceterum cauli similes, rarius ramulosi, erecti, patuli. *Folia* erecto patula, frequentia, internodiis longiora, pollicaria. *Pinnae* circiter tres, oppositae *Pinnulae* alternae, glanduloso-acutae. *Florum* capitula in ramis terminalia, pedunculata, fastigiata, aggregata, magnitudine pisi *Pedunculi* filiformes, alterni, laxi, villosi, superiores sensim breviores. *Perianthium* commune polyphyllum, hirsutum, brevissimum: *squamis* lanceolatis. *Corolla* extus hirta

Variat: α. foliis omnibus glabris. β. foliis inferioribus glabris, superioribus hirtis. γ. foliis inferioribus hirtis, superioribus hirsutissimis.

9. P. (*candicans.*) foliis trifido-bipinnatis, filiformibus, sericeis; capitalis subspicatis; bracteis ovatis, acuminatis.

Crescit in interioribus provinciis

Frutex erectus, superne ramosus, totus sericeo tomentosus, bipedalis et ultra. *Rami* subverticillati, parum ramulosi. *Folia* trifido-subbipinnata, argentea. *Capitula* subsessilia, spicata, vix pisi magnitudine. *Bracteae* subquaternae. *Corolla* apice valde hirsuta.

10. P. (*triternata.*) foliis bipinnatis, filiformibus, glabris; pedunculis capitulis longioribus; squamis calycinis, lanceolatis, hirtis. Protea *triternata.* Th u n b. Diss. p. 18. *Linn.* Syst. Veg. XIV. p 136.

Fruticulus subangulatus, superne flexuosus, simplex, glaber, sesquipedalis et ultra. *Folia* triternata, versus apicem caulis frequentia, erecta, spithamaea. *Pinnae* oppositae, acutae, apice glandulosae. *Pinnulae* alternae *Florum* capitula terminalia, pedunculata, aggregata, magnitudine pisi majoris. *Pedunculi* alterni, flexuosi, cernui, uniflori et biflori, tomentosi, pollicares. *Bractea* ad basin pedunculi subulata, glabra. *Perianthium* commune polyphyllum. *Squamae* uti et paleae flores distinguentes. *Corolla* lanata pilis argenteis.

11. P. (*glomerata.*) foliis bipinnatis, filiformibus, pedunculo communi elongato; pedicellis capitulis longioribus. Protea *glomerata.* Thunb. Dissert. p. 18. 46. *Linn.* Syst. Veg. XIV. p. 136.

Fruticulus teres, erectus, purpureus, glaber. *Folia* in apice caulis aggregata, glabra, sesquidigitalia *Pinnae* circiter quatuor, alternae, consimiles, apicibus calloso-rufescentibus.

Pinnulae circiter binae, alternae, pinnis similes. *Pedunculus* communis ex apice caulis continuatus, aphyllus, teres, purpurascens, glaber, spithamaeus; interdum pedunculi plures ex apice caulis. *Pedunculi* proprii versus apicem peduncui communis alterni, uniflori vel biflori. *Bracteae* sub pedunculis subulatae, glabrae. *Florum* capitula magnitudine pisi majoris. *Perianthium* commune polyphyllum, glabrum: *squamis* ovatis, acuminatis. *Paleae* flores distinguentes squamis calycinis similes. *Corolla* extus hirsuta.

12. P. (*erecta.*) foliis bipinnatis, filiformibus, glabris; capitulo terminali, sessili, globoso.

Fratex totus, excepto capitulo, glaber. *Caulis* teres erectus, virescenti-bruncus, spithamaeus et ultra. *Folia* sparsa, pinnata et bipinnata, tri-et quadrijuga, pinnulis sensim brevioribus, erecta, palmaria. *Capitulum* foliis cinctum, solitarium, sericeo-tomentosum, magnitudine Cerasi majoris. *Differt* a P. *phylicoide:* 1. capitulo solitario, minori, tomentoso nec lanato. 2. caule simplici, nec ramoso.

13. P (*phylicoides.*) foliis bipinnatis, filiformibus, capitulis terminalibus solitariis, lanatis. Protea *phylicoides.* *Thunb.* Diss p 19. 47. *Linn.* Syst. Veg. XIV. p. 137.

Fruticulus teres, erectus, fuscus, glaber, inferne a casu foliorum tuberculatus, superne ramosus, pedalis et ultra, crassitie calami scriptorii. *Rami* subumbellati, subfastigiati, hirti. *Folia* inferiora glabra, superiora hirta, frequentia, erecta, pollicaria. *Pinnae* circiter tres, oppositae. *Pinnulae* alternae, subulatae, apice rufescentes. *Florum* capitulum in ramis ovatum, nuce avellanà majus. *Perianthium* commune polyphyllum: *squamis* lanceolatis, extus hirtis, intus glabris. *Corolla* lanata pilis densis, griseis.

14. P. (*lagopus.*) foliis bipinnatis, filiformibus; capitulis spicatis, aggregatis. Protea *lagopus.* *Thunb.* Dissert. p. 19. 47. *Linn.* Syst. Veg. XIV. p. 137.

Fratex teres, erectus, inaequalis, cinereus, inferne aphyllus, glaber, superne ramosus. *Rami* subverticillati, erecti, hirti. *Folia* inferiora glabra, superiora villosa, pollicaria. *Pinnae* tres, oppositae *Pinnulae* alternae, acutae, apice glandulosae, rufescentes, fastigiatae. *Florum* capitula in ramis terminalia. *Spicae* solitariae, sessiles, oblongae, acutae, villosae villo densissimo albo, erectae, digitales: *capitulis* aggregatis, quadrifloris. *Diversa* omnino est a P. *spicata* capitulis suis aggregatis et spi à conicà, sessili, hirsutissimà.

15. P. (*spicata.*) foliis bipinnatis filiformibus; capitulis spicatis distinctis. Protea *spicata.* *Thunb.* Diss. p. 20. 47. *Linn.* Syst. Veg. XIV. p. 37.

Fruticulus teres, erectus, ramosus, purpureus, tenuissime tomentosus, bipedalis et ultra, crassitie calami scriptorii *Rami* verticillati, quaterni, cauli similes *Folia* glabra, suprema sericea, frequentia, pollicaria. *Pinnae* tres, oppositae. *Pinnu-*

lae alternae, acutae, apicis glandulâ oblongâ flavescente. *Flo-rum Spicae* versus apicem caulis et ramorum plures, pedun-culatae, virgatae, erectae, digitales: *Capitulis* sparsis, remotis, quadriflori. *Pedunculi* spicae sparsi, tomentosi, multiflori, pollicares et ultra. *Perianthium* commune tetraphyllum, to-mentosum, erectum, absolutâ florescentiâ patentissimum: *squa-mis* ovatis, acutis, concavis, corollâ brevioribus. *Corollae* qua-tuor, extus tenuissime tomentosae, sub apice barbatae.

16. P. (*villosa.*) foliis trifido-pinnatis, filiformibus, pilo-sis; capitulis terminalibus; caule prolifero erecto.

Crescit in montibus.

Frutex erectus, totus pilosus, proliferus, rufescens, bipeda-lis et ultra, ramosus. *Rami* terni, quarterni, verticillato-proli-feri, ramulis simplicibus. *Folia* acuta, imbricata, pollicaria. *Capitula* in ramulis solitaria, globosa, hirsuta nuce avellanâ majora. *Squamae* calycinae extus hirsutae.

17. P (*spathulata.*) foliis inferioribus pinnatis, filiformi-bus; superioribus spathulatis.   Protea *spathulata.* Thunb. Dissert. p. 44. t. 5. *Linn.* Syst. Veg. XIV. p. 142.

Frutex erectus, glaber, ramosus, bipedalis et ultra. *Rami* bini vel terni, flexuoso-erecti, glabri, purpurascentes. *Folia* superiora obtusa, vaginantia, integra, obsolete striata, subcu-cullata, glabra, imbricata, unguicularia. *Petioli* teretes, foliis breviores. *Florum* capitula in apicibus ramorum aggregata. *Perianthium* commune subtetraphyllum, quadriflorum, tomen-tosum. *Corollae* lanatae, vix unguiculares.

18. P. (*sceptrum.*) foliis inferioribns bip:nnatis; superio-ribus tr fidis, integri que. Protea *sceptrum.* Thunb. Dissert. *Linn.* Syst. Veg. XIV. p. 137.

Crescit in summis montibus Hottentots Holland et alibi. Flo-ret Ianuario et sequentibus mensibus.

Frutex teres, erectus, glaber, ramosus, bipedalis et ultra, crassitie calami anserini. *Rami* subverticillati, erecti, glabri. *Folia* inferiora filiformia, pinnis et pinnulis alternis, fastigiatis, sulcatis, apice glandulosis, tripollicaria. *Intermedia* inferne attenuata, obovato-oblonga, trifida, apice glandulosa, polli-caria. *Superna* petiolata, obovato-oblonga, apice glandulosa, pollicaria. *Omnia* frequentia, imbricata, avenia, glabra. *Flo-rum* capitula in ramorum apicibus spicata; *spicae* sessiles, ob-longae, argenteo-albae, tripollicares, capitulis aggregatis *Pe-rianthium* commune quadriflorum, tomentosum: *squamis* ovatis. *Corolla* argentea, fere pollicaris.

19. P. (*crinita.*) foliis quinquedentatis, glabris; caule erecto; capitulis subternis, terminalibus. Protea *crinita.* Thunb. Dissert p. 21. 47. *Linn.* Syst. Veg. XIV. p. 127.

Frutex teres, erectus, villosus, bipedalis et ultra. *Folia* sessilia, ovata, obtusissima, integra, apice 5-dentata, rarius indivisa et 3-dentata dentibus callosis, glabra, basi villosa, venosa, erecto-patentia, pollicaria vel paulo ultra. *Florum*

capitula brevissime pedunculata, duo vel tria, aggregata, magnitudine fere juglandis. *Perianthium* commune imbricatum:
squamis lanceolatis, intus glabris, extus tenuissime villosis,
apice barbatis. *Corolla* cylindrica, villosa, purpurascens, unguicularis. *Differt* a P. *conocarpa:* florum capitulis pluribus et
minoribus; squamis calycinis lanceolatis, longis; corollis brevioribus pilis brevibus.

20. P. (*conocarpa.*) foliis quinque-dentatis glabris; caule
erecto; capitulo terminali.   Protea *conocarpa.* Thunb.
Dissert. p. 22. 47. *Linn.* Syst. Veg. XIV. p 137.
Africanis incolis: Kreupelboom, Goudboom, Brandhout-
boom.

Frutex teres, erectus, ramosus, tripedalis et ultra, crassitie
calami *Rami* pauci, alterni. *Folia* sessilia, oblonga, obtusa,
integra, apice dentata dentibus callosis quinque, rarius septem,
tribus vel nullis, erecto patentia, glabra, basi villosa, bipollicaria. *Florum* capitulum solitarium, magnitudine pyri. *Perianthium* commune imbricatum; *squamae* ovatae, acuminatae,
glabrae, cili tae *Corolla* filiformis, hirsuta pilis longis flavis,
pollicaris. *Variat:* 1. caule glabro et villoso. 2. foliis 7 dentatis, 5 dentatis, 3. dentatis et indivisis in diversis arboribus,
saepe in eodem ramo. *Usus:* Lignum et radix pro foco usitata.

21. P. (*elliptica*) foliis ellipticis, tridentatis, glabris;
caule erecto; capitulo terminali. Protea *elliptica.* Thunb.
Dissert. p 22.

Frutex flexuosus, erectus, villosus. *Folia* elliptica, 3-den-
tata, raro 4-dentata, erecto patula, digitalia. *Florum* capitulum
solitarium, magnitudine pyri. *Perianthium* commune imbricatum, tomentosum. *Corollae* longae, hirsutae.

22. P. (*hypophylla.*) foliis tridentatis, glabris, secundis;
caule decumbente, capitulo terminali. Protea *hypophylla.*
Thunb. Dissert. p. 23. 8. *Linn.* Syst. Veg XIV. p. 137.
Crescit in campis arenosis extra Cap. Floret Junio et sequentibus
mensibus.
Frutex teretiusculus, purpurascens, glaber, simplex, decumbens, pedalis et ultra, crassitie calami columbini. *Folia* elliptico-lanceolata, obtusa cum acumine, indivisa, apice tridentata, dentibus callosis, inferne integra, erecta, avenia, palmaria. *Florum* capitulum solitarium, magnitudine juglandis.
Perianthium commune imbricatum, tomentosum; squamis ova-
tis, [2] acutis. *Corolla* filiformis, villosa, pollicaris. *Differt* facile
ab aliis caule decumbente foliisque secundis erectis.

23. P. (*cucullata.*) foliis tridentatis glabris; capitulis lateralibus. Protea *cucullata.* Thunb. Dissert. p. 23. 49.
Linn. Syst. Veg. XIV. p. 137.
Crescit juxta rivos in vasto illo campo arenoso inter urbem et seriem proximam montium. Floret Augusto et sequentibus mensibus.

Frutex teretiusculus, nodulosus, simplex, tomentosus, erectus, crassitie calami anserini, quadripedalis. *Folia sessilia;* infra medium latiora, ovata, integra; supra angustiora, linearia, dentibus callosis, avenia, frequentia, imbricata, sesquipollicaria. *Florum* capitula in axillis foliorum superiorum sessilia 5 flora. *Perianthium* commune imbricatum, parum villosum; *squamae* inferiores ovatae, acutae, duplo breviores; superiores oblongae, acuminatae, corolla duplo breviores. *Corollae* filiformes, inferne pubescentes, superne dense villosae, pollicares. *Dignoscitur* facile capitulis lateralibus, angustis.

24. P. (*tomentosa.*) foliis tridentatis tomentosis. Protea *tomentosa. Thunb.* Dissert. p. 24. *Linn.* Syst. Veg. XIV. p. 138.

Totus frutex incano-tomentosus, caule tereti, simplici, erecto, bipedali et ultra. *Folia* linearia, integra, apice tridentata, rarissime 5-dentata, dentibus callosis, frequentia, erecta, pollicaria et sesquipollicaria. *Florum* capitulum solitarium, terminale, vel duo, magnitudine fere juglandis. *Perianthium* commune imbricatum; *squamis* ovatis, acutis. *Corollae* tenuissime pubescentes, unguiculares. *Dignoscitur* facile eo, quod tota tomentosa.
Variat foliis angustioribus et lateribus.

25. P (*heterophylla.*) foliis tridentatis integrisque; caule decumbente. Protea *heterophylla. Thunb.* Dissert. p. 24. *Linn.* Syst. Veg XIV. p 138.

Frutex teretius-ulus, inaequalis, fuscus, glaber, decumbens, apice ramosus, pedalis. *Rami.* alterni, pubescentes, divaricati. *Folia* oblonga. inferne attenuata, acuta, integra, bidentata et tridentata dentibus callosis, glabra, frequentia, incumbentia, unguicularia. *Florum* capitulum in ramis terminale, solitarium, magnitudine nucis avellanae majoris. *Perianthium* commune imbricatum, tomentosum; *squamis* lanceolatis, intus glabris. *Corolla* villosa, unguicularis.

26. P. (*pinifolia*) foliis filiformibus; floribus racemosis, ecalyculatis, glabris Protea *pinifolia. Thunb.* Di sert. p. 25. 50. *Linn.* Syst Veg. XIV. p 38.

Crescit in montibus prope Plattekloof, Hottentots Hollandsberg, *alibi. Floret media aestate* Decembri *et sequentibus mensibus.*
Frutex totus glaber, teres, erectus, ramosus, bipedalis et ultra. *Rami* verticillati, cauli similes. *Folia* subcanaliculata, acuta, apice glandulosa, frequentia, erecto incurva, bipollicaria. *Florum* racemi fasciculati, terminales, fastigiati. *Bracteae* subulatae. *Pedunculi* angulati, brevissimi. *Corolla* exacte 4-petala. *Petala* linearia. *Antherae* corollae medio insertae, lineares, circumflexae.

27. P. (*racemosa.*) foliis filiformibus; floribus racemosis, calyculatis, tomentosis. Protea *racemosa. Thunb.* Dissert. p. 25. *Linn.* Syst. Veget. XIV. p. 138.

Frutex teres, erectus, ferrugineus, glaber, ramosus, tripedalis, crassitie vix calami columbini. *Rami* bini, terni, quaterni, filiformes, erecti, cauli similes. *Folia* acuta, frequentia,
erecta. inferiora glabra, suprema sericea, pollicaria. *Flores*
in ramis terminales. *Racemi* digitales. *Pedunculi* capillares,
breves, glabri, uniflori. *Calyx* uniflorus, triphyllus; foliis
ovatis, acutis, villosis. *Corolla* tota hirsuta lanâ densa, lineam
longa
Obs. Haec unica est species omnium notarum Protearum, quae unico tantum flore gaudet intra calycem, dum reliquis duo, quatuor vel plures
sunt flores intra calycem communem Hac nota characteristica optime distinguitur a P. *caudata* et *incurva*, quibus alias primo intuitu similis.

28. P. (*incurva*.) foliis filiformibus, incurvis glabris; capitellis racemoso - spicatis, tomentosis. Protea *incurva.*
Thunb. Dissert. p. 26. tab. 3. *Linn.* Syst. Veg. XIV. p. 138.

Frutex teres, erectus, rufescens, glaber, superne ramosus,
bipedalis et ultra *Rami* verticillati, inaequales, cauli similes·
Folia sparsa, pollicaria *Florum* capitula subsessilia, tomentoso-incana. *Perianthium* commune 4-phyllum, 3-florum vel
4-florum.

29. P (*caudata*.) foliis filiformibus, hirtis; capitulis subsessilibus, spicatis. Protea *caudata.* *Thunb.* Dissert. p.
26. tab. 2.

Frutex teres, erectus, rufescens, glaber, superne ramosus,
circiter tripedalis *Rami* erecti, cauli similes. *Folia* erecta,
inferiora apice glandulosa; superiora hirsuta; imbricata, unguicularia *Florum* capitula in spicâ cylindricâ, erectâ, ᵃdigi-
tali. *Perianthium* commune 4-phyllum, rarius 1-florum, raro
triflorum, saepius biflorum: foliola ovata, acuminata, villosa,
inaequalia. *Corolla* hirsuta. · *Valde* similes et affines sunt hae
tres species, *racemosa*, *incurva* et *caudata*, ut obiter intuenti
varietates tantum videantur. Differunt vero *incurva* 1. a *racemosa*: α. calycibus quadrifloris. β. foliis magis incurvis. 2.
a *caudata*: a. foliis longioribus, incurvis. b. capitulis racemosis, remotis. *caudata* a *racemosa*: α. capitulis sessilibus. β.
calycibus 4-phyllis, 2 floris et 3 floris. ᵧ. spica strobiliformi,
longa. δ foliis brevioribus, secundis, patulis.

30 P. (*bracteata*.) foliis filiformi canaliculatis; capitulo
terminali; bracteis multifidis. Protea *bracteata.* *Thunb.*
p. 27. 50. tab. 1. *Linn.* Syst. Veg. XIV. p. 138.

Radix filiformis, descendens, radiculis fibrosis. *Frutex* totus
glaber, teres, rugosus, simplex, rarius bifidus, erectus, fuscus, pedalis. *Folia* filiformia, subcanaliculata, secunda, frequentia, tripollicaria *Florum* capitulum solitarium, magnitudine juglandis. *Perianthium* nullum, sed receptaculum commune obvallatum foliis trigonis et bracteis alternis integris,
pinnatifidis. *Corolla* cohaerens inferne, subtetragona, apice
4-fida; limbo patenti, glabro, intus farcto pappo denso albo,
corollâ breviore. *Haec* convenit cum P *pinifolia* et *aulaceæ*
calyce nullo; cum *umbellata* bracteis multifidis.

31. P. (*comosa.*) foliis inferioribus filifòrmibus, superioribus lanceolatis; capitulo terminali. Protea *comosa. Thunb.*
Diss. p. 28. *Linn.* Syst. Veget. XIV. p. 138.

Frutex teres, a casu foliorum nodulosus, erectus, fuscus,
totus glaber, ramosus, pedalis et ultra, crassitie pennae anse-
rinae. *Rami* verticillàto-quaterni, fastigiati, erecti, cauli similes. *Folia'* inferiora obtusa, incurvato erecta; superiora elliptico lanceolata, obtusa cum acumine, aventa, comosa, omnia frequentia, sesquipollicaria. *Flores in* cono terminali, solitario, magnitudine juglandis.

32. P. (*purpurea.*) foliis linearibus, recurvis; capitulis
terminalibus, cernuis;, caule decumbente. Protea *purpurea.*
Thunb. Diss p. 28. 51. *Linn.* Syst. Veg. XIV. p. 138.

Crescit in campis arenosis extra urbem.
Frutex teres, subfiliformis, rugosus, bruncus, ramosissimus,
decumbens, totus glaber, bipedalis. *Rami* sparsi, suhumbel-
lati, pubescentes, ramulosi, cauli similes. *Ramuli* supremi fastigiati. *Folia* lineari-subulata, supra sulcata, subtus convexa,
mutica, integra, frequentia, imbricata, patenti recurva, semiunguicularia. *Florum* capitula in ramis et ramulis soliteria,
magnitudine pisi. *Perianthium* commune polyphyllum, imbricatum, tomentosum; *squamae* exteriores minutae, ovatae, brevissimae, inferiores lanceolatae, capitulo longiores. *Corollae* ferrugineae, minutae.

33. P. (*prolifera.*) foliis subulatis, adpressis; caule prolifero. Protea *prolifera. Thunb.* Dissert. p. 29. tab. 4.
Linn. Syst. Veg. XIV. p. 138.

Crescit in summis montibus Hottentots Holland. Floret a Ja-
nuario usque ad Junii mensem.
Frutex erectus, tenuis, glaber, proliferus, bipedalis. *Rami* erecti,
foliis tecti, cauli similes. *Folia* frequentia, subimbricata, glabra,
unguicularia. *Florum* capitula in divaricatione et apicibus ramorum
terminalia, magnitudine pisi.

34. P. (*corymbosa.*) foliis lineari-subulatis, adpressis;
ramulis verticillatis, subfastigiatis. Protea *corymbosa. Thunb.*
Diss. p. 29 51. tab. 2. *Linn.* Syst. Veg. XIV. p. 139 Protea *brnniades. Linn.* Suppl. p. 117. Syst. Veg. XIV. p. 142.

Crescit in campis sabulosis prope Breede Rivier. Floret Sep-
tembri et insequentibus mensibus vernalibus.
Frutex teres, erectus, ramosus, totus glaber, quadripedalis et
ultra. *Rami* aggregato-subverticillati, plurimi, breves, subfastigiati,
erecto-patuli, digitales, internodiis breviores. *Folia* linearia. supra
plana, subtus convexa, acutiuscula, frequentia, imbricata, unguicularia. *Florum* capitula in ramis et ramulis terminalia, solitaria,
magnitudine pisi minoris. *Perianthium* commune polyphyllum, corolla brevius. *Corollae* luteae, minutae. *Semen* obovatum, compressum margine acuto, infra attenuatum, apice obtusum, villosum,
cavum nucleo albo, non dehiscens.
Variat perianthio tomentoso.

35. P. (*nana.*) foliis lineari - subulatis; capitulo terminali; calyce colorato. Protea *nana. Thunb.* Dissert. p. 3o. 5i. *Linn.* Syst. Veg. XIV. p. 13g.

Crescit in montibus Roode Sand. Floret vere, a mense Augusto usque ad Deeembris mensem.

Frutex teres, erectus, ramosus, totus, exceptâ corollâ, glaber, bipedalis, crassitie pennae. *Rami* subterni, erecto-patentes, apice filiformes, cernui. *Folia* lineari trigona, acuta, frequentia, subimbriata, semipollicaria. *Florum* capitulum in ramis solitarium, cernuum, magnitudine pruni. *Perianthium* commune imbricatum; *squamae* exteriores ovatae, virescentes, unguiculares; interiores oblongae, acutae, purpureae, patentes, pollicares. *Corollae* lanâ aureâ extus tectae, unguiculares *Floribus* Rosam referentibus statim noscitur species haec rara et elegans.

36 P (*odorata.*) foliis lineari - subulatis, mucronatis; capitulis terminalibus; calyce glabro.

Caulis fruticosus, fuscus, glaber, flexuoso - erectus, ramulosus. *Rami* et Ramuli trichotomi, similes *Folia* inferne attenuata, glabra, integra, erecta, falcato - incurva, pollicaria et ultra. *Capitula* in ramis et ramulis solitaria, glabra, nucis avellanae magnitudine. *Calycis* foliola lanceolata, cinerea, glabra. *Corollae* villosae.

37. P. (*lanata.*) foliis trigonis, adpressis; capitulo terminali, lanato. Protea *lanata. Thunb.* Diss. p. 3o. tab. 3. *Linn.* Syst. Veg. XIV. p 13g.

Frutex filiformis, erectus, debilis, glaber, foliis tectus, ramosus, bipedalis. *Rami* bini, inaequales, cauli similes. *Folia* linearia, supra plana, subtus convexa, acutiuscula, imbricata, glabra, unguicularia. *Florum* capitulum in ramis sericeum, magnitudine fere juglandis. *Perianthium* commune polyphyllum; squamis lanceolatis. *Corollae* extus pilis argenteis totae lanatae et barbatae, unguiculares.

38. P. (*torta.*) foliis linearibus, obliquis, callosis. Protea *torta. Thunb.* Dissert. p. 3i. *Linn.* Syst. Veg. XIV. p. 13g.

Frutex teres, suberectus, laevis, ramosus, totus glaber, bipedalis et ultra. *Rami* verticillato - quaterni, incurvati, inaequales, cauli similes. *Ramuli* in apicibus verticillati, brevissimi. *Folia* obtusiuscula, integra, erecto - patula, frequentia, semipollicaria. *Florum* capitula in ramulis terminalia, magnitudine pisi. *Perianthium* commune imbricatum, tomentosum, brevissimum. *Corollae* argenteae.

39. P. (*alba.*) foliis linearibus, sericeo - tomentosis. Protea *alba. Thunb.* Dissert. p. 3i. *Linn.* Syst. Veg. XIV. p. 13g.

Fratex teres, erectus, ramosus, totus argenteo - tomentosus. *Rami* umbellati, circiter sex, filiformes, inaequales, erecti. *Folia* obtusa, sericea, erecto - imbricata, pollicaria. *Florum* capitula in divaricatione ramorum et apicibus terminalia, tota argenteo - lanata, foliis obvallata, magnitudine pisi.

40. P. (*aulacea.*) foliis ellipticis; floribus racemosis, ecalyculatis. Protea *aulacea. Thunb.* Dissert. p. 31. tab. 2. *Linn.* Syst. Veg. XIV. p. 139.

Crescit in montibus Platte kloof. Floret media aestate, Decembri et sequentibus mensibus. Frutex teres, erectus, parum ramosus, prolifer, totus glaber, 3-vel 4-pedalis, crassitie calami. *Rami* subverticillati, striati, erecto-patentes. *Folia* sessilia, obtusa cum acumine, integra, avenia nervo medio solitario, erecta, caulem tegentia, approximata, internodiis multo longiora, digitalia. *Florum* racemi terminales, subumbellati, fastigiati, oblongi, cernui, sensim florentes, pollicares. *Pedunculi* rugosi, vix lineam longi. *Bracteae* sub singulo pedunculo lanceolatae, canaliculatae, albae, erectae, longitudine pedunculi et dimidii floris. *Perianthium* nullum omnino. *Corolla* 4 petala. *Petala* linearia, acuta, canaliculata, aequalia, erecta, glabra, alba, unguicularia. *Antherae* medio petali insertae, lineares, spirales, albae.

41. P. (*umbellata.*) foliis ellipticis: capitulis terminalibus; bracteis multifidis. Protea *umbellata. Thunb.* Diss. p. 52. *Linn.* Syst. Veg. XIV. p. 139.

Crescit in summo Taffelberg. Floret Decembri et sequentibus mensibus. Frutex teres, erectus, ramosus, totus glaber, bipedalis et ultra. *Rami* inferius in caule rariores, versus apicem frequentes, umbellati, fastigiati. *Folia* ut in P. *aulacea. Florum* capitula in ramis solitaria, obvallata foliis et bracteis, magnitudine nucis avellanae majoris. *Perianthium* nullum, sed bracteae in receptaculo communi alternae, pinnatifidae. *Corolla* ut in P. *bracteata.*

42. P. (*linearis.*) foliis ellipticis; capitulo terminali tomentoso. Protea *linearis. Thunb.* Dissert. p. 33. tab. 4. *Linn.* Syst. Veget. XIV. p. 139.

Crescit in regionibus Parl et Drakenstein, locis arenosis. Floret Junio et subsequentibus mensibus. Frutex teres, erectus, ramosus, purpureus, quadripedalis. *Rami* teretes, longi, simplices, striati, foliosi, glabri. *Folia* sessilia, linearia, inferne sensim attenuata, basi subtus callosa, obtusa apice callo rufescente, integra margine parum reflexo, supra convexiuscula, sub-rugosa, subtus concava, frequentia, erecta, digitalia et ultra. *Florum* capitulum subsolitarium, conicum, magnitudine pomi mediocris. *Perianthium* commune polyphyllum, imbricatum: squamae latae, ovatae, acutae, intus totae glabrae, extus pubescentes, basi tomento denso albo. *Receptaculum* villosum villo albo denso. *Corollae* tubus compressus; Limbus 2-partitus, laciniis linearibus; altera latior, apice 3-fida, cujus apicibus stamina inseruntur et stigma reflexum ante explicationem; altera triplo angustior, integra: utraque villosa, stylo dimidio brevior. *Haec* convenit cum P. *connocarpa, totta* et aliis calyce imbricato et pistillis longissimis.

43. P. (*hirsuta.*) foliis ellipticis hirsutis; capitulo terminali tomentoso.

Totus frutex hirsuto-subtomentosus. Caulis teres, erectus, ramo-

9*

sus, bipedalis et uitra. *Rami* filiformes, simplices, spithamaei. *Folia* sparsa, mucronata, integra, nervosa, erecta, unguicularia. *Capitulum* in singulo ramo solitarium, globosum, ferrugineo-tomentosum, Ceraso paulo majus.

4 *P.* (*scolymus.*) foliis lanceolatis acutis capituloque terminali rotundo glabris. Protea *scolymus.* *Thunb.* Diss. p. 33. 51. *Linn.* Syst. Veg. XIV. p. 139.

Frutex erectus. rugosus, ramosus, totus glaber, tripedalis. *Rami* subverticillati, erecti. cauli similes. *Folia* inferne attenuata, glandulâ terminali, integra, erecto-patula, frequentia, digitalia. *Florum* capitula in ramis solitaria, ovata, foliis obvallata, magnitudine pruni. *Perianthium* commune imbricatum; squamae exteriores ovatae, interiores oblongae, concavae, obtusae. *Corolla* purpurascens. *Receptaculum* ferrugineo tomentosum.

45. P. (*mellifera.*) foliis lanceolato-ellipticis capituloque terminali oblongo glabris; caule erecto. Protea *mellifera.* *Thunb.* Dissert. p. 34. 52. *Linn.* Syst. Veg. XIV. p. 139.

Africanis incolis: Zuykerbosches, Zuykerboom et Tulpboom. Crescit in collibus et campis infra-Taffelberg, extra urbem et infra Constantiam, saepe copiosissime. Floret imprimis autumno, Martio et sequentibus mensibus.

Arbuscula erecta, ramosa, tota glabra, orgyalis vel paulo ultra. *Rami* sparsi, erecti, ramulosi. *Folia* inferne attenuata, lanceolata, obtusiuscula, integra, avenia, frequentia, patula, digitalia. *Florum* capitulum ovato-oblongum, ferrugineum, bituminosum, magnitudine ovi anserini. *Perianthium* commune imbricatum; squamae infimae minutae, ovatae; superiores oblongae; supremae lanceolatae, erectae, concavae, digitales.

Obs. Cum sequenti specie haec confusa fuit, licet distinctissima caule arboreo, ramoso, multifloro; foliis planis; cono oblongo, bituminoso, glabro, nitido *Usus:* Florum capitula, tempore florescentiae, saepe dimidia replentur succo aquoso molleo, qui ab insectis et impuritatibus filtratione purificatus et leni igne inspissatus syrupum praebet eximium, propinandum in Tussi et morbis aliis pectoris.

46. P. (*repens.*) foliis lanceolato-ellipticis capituloque ovato glabris; caule decumbente. Protea *repens.* *Thunb.* Dissert. p. 34. 52. *Linn.* Syst. Veg. XIV. p. 139.

Crescit in campis arenosis extra Cap, inter frutices. Floret Aprili et sequentibus mensibus.

Frutex totus glaber, flexuosus, decumbens, vix palmaris, subramosus ramis binis vel tribus. *Folia* in apice caulis et ramorum aggregata, sessilia, saepe convoluta, integra, margine cartilaginea, scabra, erecta, spithamaea. *Florum* capitulum terminale, solitarium, rotundum, foliis obvallatum, magnitudine Pruni. *Perianthium* commune imbricatum; squamae exteriores minutae, ovatae, obtusae; interiores lanceolatae. *Corolla* villosa villo albo.

Obs. Haec longe a priori diversissima radice repente; caule brevissimo, subsimplici, unifloro; foliis linearibus, marginatis; capitulo ovato, minuto, minime viscoso.

47. P. *(prostrata.)* foliis ellipticis callosis capitulisque villosis; caule decumbente.

Frutex teres, decumbens, uti totus frutex villosus. *Rami* versus apicem caulis sparsi, valde villosi, erecti, uniflori, pollicares. *Folia* sparsa, approximata, apice callosa, integra, subtriata, patentia, pollicaria *Florum* capitula in ramis terminalia, subrotunda, tomentosa, Juglande dimidio minora. *Styli* exserti, clavati, corollâ duplo longiores.

48. P. *(laevis.)* foliis lanceolatis, glabris, laevibus, imbricatis; capitulis terminalibus; involucro brevi.

Folia in hac laevia, imbricata; in *conifera* rugosa. *Rami* in hac pauci, subdichotomi, elongati; in *conifera* sparsi, flexuosi. *Caulis* fruticosus, totus glaber, subdichotomus. *Rami* subfastigiati, elongati, tecti. *Folia* sessilia, oblonga, obtusiuscula, unguicularia. *Capitula* glabra. *Involucra* laevia.

49. P. *(obtusata.)* foliis lineari - oblongis obtusis glabris, caule decumbente.

Caulis fruticosus, teres, pulverulentus, rufescens, parum ramosus. *Folia* sparsa, sessilia, inferne linearia; superne obovata, obtusissima, integra, rugosa, secunda, pollicaria. *Florum* capitulum in ramis et apice caulis terminale, tomentosum, magnitudine Avellanae.

50. P. *(obliqua.)* foliis ellipticis glabris callosis obliquis; capitulo caulino terminali. Protea *obliqua. Thunb.* Dissert. p. 35. *Linn.* Syst. Veg. XIV. p. 140.

Frutex teres, erectus, glaber, bipedalis et ultra. *Rami* filiformes, erecti. sparsi, inaequales, pubescentes. *Folia* sessilia, lanceolata, acuta glandulâ terminali, integra, erecto-patula, frequentia, glabra vel tenuissime tomentosa, semipollicaria. *Florum* capitulum solitarium, magnitudine Pruni. *Perianthium* commune imbricatum; squamae exteriores ovatae, acutae, glabrae; interiores oblongae, pilosae.

51. P. *(parviflora.)* foliis ellipticis, callosis, obliquis; capitulis terminalibus ramulorum glabris. Protea *parviflora. Thunb.* Diss. de Protea 35. 53. tab. 4. *Linn.* Syst. Veg. XIV. p. 140.

Frutex teres, erectus, ramosissimus, tripedalis. *Rami* sparsi, filiformes, flexuosi, virgati, ramulosi. *Ramuli* versus summitates ramorum alterni, frequentes. *Folia* lanceolata, inferne angustata, glandulâ obtusâ terminata, integra, erecta, unguicularia. *Florum* capitulâ in apicibus ramulorum subtetragona, magnitudine Piperis. *Pedunculi* nulli, nisi ramuli apice floriferi. *Perianthium* commune imbricatum; squamae quadrifariam positae, ovatae, obtusae, concavae, glabrae.
Variat caule et foliis glabris et incano-subtomentosis.

52. P. *(virgata.)* foliis ellipticis, acutis, callosis, obliquis; capitulis terminalibus glabris, subrotundis.

Caulis fruticosus, erectus, glaber, ramosissimus. *Rami* verticillati, elongati. *Ramuli* superne alterni, virgati. *Folia* sessilia, sparsa, approximata, integra. glabra, erecta. pollicaria. *Capitula* in ramulis solitaria, ovata, obtusa, Piso majora. *Calyx* glaber, corolla hirsuta. *Differt* a *parvifolia*: foliis acutis, capitulisque non oblongis sed globosis *et* majoribus.

53. P. (*daphnoides.*) foliis ellipticis, callosis, inferioribus sericeo villosis; capitulo globoso calyceque glabris.

Frutex erectus, albo - hirsutus, subsimplex. pedalis et ultra. *Folia* sparsa, sessilia, apice calloso - integra, imbricata, pallida, sesquipollicaria; superiora glabra; inferiora mollissimis pilis hirsuta. *Bracteae* foliis latiores, glabrae, pallidae. *Capitulum* solitarium, terminale, nucis moschatae magnitudine.

54. P. (*pallens.*) foliis ellipticis, glabris, acutis, callosis; capitulo terminali involucrato, involucro longo, acuto, pallido. Protea *pallens. Thunb.* Dissert. p. 36. 53. *Linn.* Syst. Veg. XIV. p. 140.

Crescit in collibus infra montes prope urbem et alibi vulgaris. Floret Junio et sequentibus mensibus.

Frutex erectiusculus, subangulatus, glaber, ramosus, pedalis vel paulo, ultra. *Rami* sparsi, divaricati, simplices, aequales, erecti, cauli similes. *Folia* caulina et ramea sparsa, sessilia, lanceoláta, inflexa, subdecurrentia, inferne parum attenuata, integra, obtusiuscula, apice callosa, pollicaria vel ultra. *Bracteae* conum obvallantes foliis subsimiles, corícavae, erectae apice patulo et calloso, albidae. conotriplo longiores. *Florum* conus in ramis terminalis, ovatus, glaber, sessilis. *Perianthii* communis squamae imbricatae, ovatae, acutiusculae, concavae; inferiores majores, glabrae, superiores sericeo - tomentosae. *Receptaculum* nudum. *Corolla* tetrapetala. Petala linearia, obtusa, lineam longa; unguibus albis, villosis; laminis patentibus, flavescentibus. *Filamenta* nulla. *Antherae* 4, infra apicem petalorum sessiles, ovatae, didymae, flavae. *Germen* superum, bilobum, glabrum. *Stylus* filiformis, incrassatus, flavescens, longitudine corollae. *Stigma* clavatum, obtusum, flavicans.

55. P. (*venosa.*) foliis ellipticis, glabris, venosis, obtusis, glandulâ mucronatis; capitulo terminali, oblongo; bracteis lanceolatis, coloratis.

Frutex simplex, erectus, villoso tomentosus, pedalis et ultrâ. *Folia* alterna, sessilia, glandula terminali mucronata, integra, basi subtus et margine inferne villosa, imbricata, bipollicaria et ultra. *Bracteae* pallidae, glabrae, capitulo longiores, foliis breviores. *Capitulum* solitarium, cylindricum, bracteis et foliis obvallatum.

56. P. (*truncata.*) foliis obovatis, acuminatis, glabris, capitulis terminalibus truncati, hirsutis; bracteis brevioribus.

Frutex totus exceptis capitulis glaber. filiformis, flexuoso - erectus, ultimo apice ramosus pedalis, et ultra. *Folia* sparsa, sessilia, inferne attenuata, integra, erecto - patula, unguicularia, *Capitula* in apice ramorum solitaria, globosa, tomentosa, magnitudine Pisi, bracteis obvallata. *Bracteae* foliáceae foliis similes, capitulo dimidio longiores.

57. P. (rugosa.) follis ellipticis, acutis, callosis, glabris; capitulo terminali foliis obvallato; caule calycibusque hirsutis.

Folia sessilia, alterna, integra, rugosa, imbricata, pollicaria. *Capitulum* foliis longioribus vix coloratis pbvallatum, solitarium, globosum, nucis avellanae magnitudine. *Calycis* squamae imprimis apice hirsutae.

58. P. *tennifolia.*) foliis lineari - ellipticis, callosis, glabris; capitulis terminalibus globosis, glabris.

Frutex glaber, purpurascens, erectiusculus, apice ramulosus, pedalis et ultra. *Rami* in summitate alterni, simplices, rarius ramulosi. *Folia* linearia, vix apice latiora, integra, acuta cum callo, curva, unguicularia. *Capitula* solitaria, folus non pbvallata, Pisi magnitudine. *Corollae* hirsutae,

59. P. (*pyramidalis.*) foliis elliptico - oblongis, obtusis, callosis; ramis subfastigiatis; capitulis terminalibus, globosis, glabris,

Frutex erectus, glaber, summo apice ramosus, pedalis et ultra. *Rami* alterni, simplices. *Folia* inferne valde attenuata, obovato - oblonga, obtusa cum callo, integra, glabra, laevia, imbricata, pollicaria. *Capitula* solitaria, obtusa, nucis avellanae magnitudine *Bracteae* rameae et capitulum pbvallantes, pallidiores. *Calycis* squamae ciliatae.

Protea *palllens.* γ.

60. P. (*conifera.*) foliis ellipticis, glabris, acutis, callosis; capitulo terminali involucrato; involuco longo, acuto, concolore. Protea *conifera. Thunb.* Dissert. p. 37. 53. *Linn.* Syst. Veg. XIV. p. 140.

Frutex erectus, ramosus, tripedalis et ultra *Rami* verticillati, flexuoso - erecti, foliosi, ramulosi. *Folia* elliptico lanceolata, acuta glandulá terminali, integra, concava, subrugòsa, frequentia, erecta, pollicaria. *Florum* conus in ramis terminalis, ovatus, solitarius, tomentosus, magnitudine pisi. *Valde* affinis P, *pallenti*, a qua difficile distinguitur; diversae vero videntur hae species; 1. quia in P. *pallenti* rami sparsi et simplices, folia magis lanceolatá, conus florum glaber et bracteae coloratae. 2. quia in P. *conifera* rami verticillati iterumque ramulosi, folia elliptica, conus florum tomentosus et folia floralia concolora.

61. P. (*levisanus,*) foliis ellipticis, glabris, obtusis; capitulo terminali, involucrato; involucro brevi, obtuso. Protea *levisanus. Thunb.* Dissert. p. 37. 54. *Linn.* Syst. Veg. XIV. p. 140.

Crescit in campis arenosis extra urbem. Floret Septembri, usque in Decembris mensem.

Frutex totus glaber, erectiusculus, ramosus, pedalis. *Rami* verticillato proliferi, sex circiter vel pauciores, inaequales, erecti, apice nutantes, iterum ramulosi. *Folia* spathulata seu inferne attenuata, superne latiora, obtusa cum acumine, integra, avenia, erecto - patula, unguicularia. *Florum* capitula in ramulis solitaria, lanata, fo liis obvallata, magnitudine Pisi.   *Perianthium* commune tomentosum.

62   P. (*strobilina*.) foliis elliptico-oblongis capituloque terminali glabris. Protea *strobilina*. *Thunb*. Dissert. p. 38. 54. *Linn*. Syst. Veg. XIV. p. 140.

Frutex erectus, ferrugineus, pubescens. *Folia* sessilia, ovata, subretusa, glandulâ terminata, concaviuscula, integra, patentia, reflexa, sesquipollicaria. *Florum* conus solitarius, magnitudine Pruni.

63. P. (*imbricata*.) foliis lanceolatis, glabris, striatis, imbricatis; capitulo terminali. Protea *imbricata*. *Thunb*. Dissert p. 38. tab. 5. *Linn*. Syst. Veg XIV. p. 149.

Frutex totus, exceptis ramis et corollis, glaber, erectus, ramosus, tripedalis et ultra. *Rami* bini vel terni, filiformes, erecti, inaequales, pubescentes. *Folia* sessilia, lanceolata, vel oblonga, glandula terminata, integra, rugosa, basi adpressa, apice patula, ramos tegentia, semiunguicularia. *Florum* capitula in ramis solitaria. rarius bina, oblonga, magnitudine juglandis minoris.   *Perianthium* commune imbricatum, squamae lanceolatae, acutae, glandulosae, unguiculares. *Corolla* extus lanâ flavescente tota tecta.

64.   P. (*verticillata*.) foliis ellipticis, sericeis; ramis verticillatis; caule erecto.

Totus frutex argenteo-sericeus.   *Caulis* inferne aphyllus, fuscus, ramosus. bipedalis et ultra. *Rami* et ramuli erecti.   *Folia* sparsa, sessilia, integra, erecto-subimbricata, argentea, unguicularia. *Capitula* in apicibus ramulorum solitaria, sessilia, foliis cincta, globosa, argentea, Piso paulo majora.

65.   P. (*sericea*.) foliis lanceolatis, sericeis; ramis filiformibu ; caule decumbente. Protea *sericea*. *Thunb*. Diss. p. 39. *Linn*. Syst. Veget. XIV. p. 140.

Fruticulus teres, decumbens, ramosus, caule glabro.   *Rami* curvati, erectiusculi, sparsi, inaequales, glabri.   *Folia* integra, erecta, tota sericeo-tomentosa, unguicularia. *Florum* capitula in ramis terminalia, solitaria, rarius aggregata, subcernua, magnitudine Pisi minoris.   *Perianthium* commune imbricatum, glabrum: squamis lanceolatis.   *Corolla* luteo-tomentosa, vix unguicularis.

66.   P. (*saligna*.) foliis lanceolatis, sericeis; caule fruticoso; capitulis oblongis, involucratis. Protea *saligna*. *Thunb*. Dissert. p. 39. 55. *Linn*. Syst. Veg XIV. p. 140.

Frutex teres, erectus, striatus, purpurascens, inferne simplex, glaber, ramosus, quadripedalis. *Rami* alterni, aggregati, breves, virgati. cauli similes. *Folia* acuta, apice glandulosa, integra, tenuissime argenteo-tomentosa, erecta, vix pollicaria. *Florum* capitula in ramis terminalia, foliis obvallata, solitaria, magnitudine Pisi.

Obs. Folia argentea quidem sunt huic speciei, sed longe tamen distincta est a P. argentea; haec enim frutex, illa arbor; haec minor omnibus partibus, minus quoque nitida est.

67.   P. (*argentea*.) foliis lanceolatis, argenteo-tomento-

sis, ciliatis; caule arboreo; capitulis globosis. Protea *argentea. Thunb*. Diss. p. 40. 55. *Linn*. Syst. Veget. XIV. p. 141.

Africanis incolis: *Silfverboom, Witteboom. Crescit ad latera Taffelberg, Constantiam, Witteboom, Paradys, Herstenbosches, alibique; etiam in hisce locis saepius plantatur et elegantes sylvas format. Floret Septembri et pluribus aliis mensibus.*

Arbor tota tomentosa, ramosissima, crassitie femoris, orgyalis et ultra. *Rami* et ramuli teretes, rugosi, a casu foliorum tuberculati, flexuosi, erecto-patentes. *Folia* sessilia, acuta, apice glandulosa, integra, nitentia, patentia, frequentia, digitalia. *Florum* conus terminalis, rotundus, magnitudine Pruni, sensim increscens in magnitudinem Pomi majoris. *Perianthii* communis et coni squamae ovatae, obtusae, tomentosae. *Corollae* argenteo tomentosae, vix unguiculares. *Usus:* 1. arbor plantata pro ornamento. 2. lignum pro igne alendo, uti et strobili.

68. P. (*acaulis.*) foliis oblongis capituloque globoso glabris; caule decumbente, brevissimo. Protea *acaulis. Thunb*. Dissert. p. 40. 56. Prod. p. 27. *Linn*. Syst. Veget. XIV. p. 141.

Crescit in collibus planis infra Taffelberg et alibi. Floret Septembri et sequentibus mensibus.

Fruticulus totus glaber caule rarius ramoso, fusco, bipollicari. *Rami* subverticillati, nodulosi, rugosi, inaequales, diffusi, palmares. *Folia* sparsa, inferne attenuata, venosa, integra, marginata, inaequalia, inferiora decidua, terminalia persistentia, pollicaria usque palmaria. *Florum* capitulum terminale, solitarium, magnitudine Juglandis. *Perianthium* commune imbricatum; squamae exteriores ovatae; interiores oblongae, obtusae.

69. P. (*myrtifolia.*) foliis oblongis, glabris; capitulis terminalibus aggregatis. Protea *myrtifolia. Thunb*. Diss. p. 41. Prod. p. 27. *Linn*. Syst. Veget. XIV p 41.

Frutex totus glaber caule tereti, erecto, purpureo, ramoso, tripedali. *Rami* alterni vel terni, filiformes, laxi, flexuosi, patentes, alternatim ramosi, inaequales, purpurascentes apicibus parum villosis. *Folia* sessilia, obtusa, apice glandulosa, basi obliqua, integra, patentia, unguicularia. *Florum* capitula in ramis et ramulis solitaria, magnitudine Pisi. *Perianthium* commune imbricatum; squamae exteriores minores, lanceolatae, apice nigrae; interiores majores, ovatae, obtusae, subciliatae. *Corollae* extus albo hirsutae.

70. P. (*grandiflora.*) foliis oblongis, venosis, capituloque hemisphaerico glabris; caule arboreo. Protea *grandiflora. Thunb*. Dissert. p. 41. 56. Prod. p. 27. *Linn*. Syst. Veg. XIV. p. 141.

Africanis incolis: Waageboom, Waagenboom. Crescit in Duyvelsberg, infra Taffelberg et Steenberg, prope viam ad.Houtbay, in montibus Houde Bockeveld, alibique communis. Floret Aprili et sequentibus mensibus.

Arbor tota glabra, erecta, ramosa, orgyalis vel ultra. *Folia* sessilia, obtusa, integra, patentia, digitalia.   *Florum* capitulum terminale. solitarium, fastigiatam, magnitudine pugni.   *Perianthium* commune imbricatum; squamae exteriores ovatae, sensim majores; interiores oblongae, obtusae.   *Corollae* tomentoso-albae.
O b s. Haec et P. cynaroïdes speciosae sunt capitulis maximis; distinguuntur invicem : 1. *grandiflora:* faliis lanceolatis, sessilibus; caule arboreo, ramoso, albo.   2. *cynaroïdes :* foliis subrotundis petiolatis; caule
frutescente, vix ramoso, humili. *Usus :* 1. Cortex adstringens sistendae
Diarrhoeae inservit. 2. Lignum pro igne foci alendo adhibetur.

71. P. (*glabra*) foliis oblongis, aveniis, capituloque hemisphaerico g abris; caule fruticoso PROTEA *glabra. Thunb.*
Dissert. p. 42. Prod. p. 27. *Linn.* Syst. Vegetab. XIV.
p. 1,1.

Fratex totus glaber.   *Folia* sessilia, apice glandulosa, integra,
crassa, erecta, pollicaria.   *Florum* capitulum terminale, solitarium,
magnitudine Pomi.

72. P. (*macrocephala.*) foliis lanceolatis, villosis; caule
hirsuto; calycis squamis spathulatis, ciliatis.

Fratex simplex, curvato-erectus, totus valde hirsutus, pedalis et
ultra. *Folia* alterna, sessilia, apice glabriuscula, integra, imbricata,
digitalia. *Capitulum* terminale, maximum, oblongum, totum hirsutum. *Calycis* squamae interiores oblongae, obtusae, margine ciliatae
ciliis ferrugineis.

73. P (*reticulata.*) foliis lanceolatis, glabris venosis;
caule glaoro; calycis squamis glabris.

Frutex simplex, erectus, pedalis et ultra. *Folia* sparsa, sessilia,
callo obtusiusculo, integra, valde venosa venis elevatis reticulatis,
erecto-patentia, digitalia. *Capitulum* terminale, solitarium, glabrum,
Pisi magnitudine. Supremae squamae margine vix vel parum ciliatae.
Corollae sericeae, unguiculares.

74. .P. (*scabrida*) foliis lanceolatis, marginatis, glabris,
subscabridis; caule glabro; calycis squamis sub apice barbatis.

Frutex erectus, glaber, simplex, pedalis et ultra. *Folia* sparsa,
sessilia, integra, fusca nervo medio et margine incrassato-luteis, callis inconspicuis scabrida, imbricata, approximata, sesquidigitalia.
Capitulum terminale, solitarium, oblongum. *Calycis* squamae inferiores ovatae, interiores oblongae, tomentosae, extus infra apicem
nigro hirsutae, margine barbá ferrugineá longiori.

75 P. (*marginata.*) foliis oblongis, calloso-acutis, marginatis, glabris; caule villoso; calycis squamis extus nigro-
barbatis.

Frutex rigidus, hirsutus, simplex, erectus, pedalis et ultra. *Folia* sparsa, subpetiolata vel basi angustata, nervosa, nervo medio et
marginali flavescentibus viridia, erecta, sesquidigitalia. *Capitulum*
terminale, solitarium, oblongum, maximum. *Squamae* calycinae tomentosae; exteriores ovatae acutae; interiores lineares, apice extus
et margine nigro barbatae.

76. P. (*speciosa*.) foliis obovato - oblongis, obtusis; caule glabro; squamis calycinis obtusis, tomentosis: summis apice ferrugineo - barbatis. PROTEA *speciosa. Thnnb.* Dissert. p. 42. 56. Prod. p. 27. *Linn.* Syst. Veg. XIV. p 141.

Incolis africanis: -Kreupelbosches. Crescit in collibus infra Taffelberg sub fronte et lateribus, vulgaris. Floret Aprili et sequentibus mensibus.

Arbor erecta, ramosa, orgyalis: caule tereti, villoso. *Folia* inferne attenuata, integra, marginata, nervosa, coriacea, patentia, glabra, palmaria, vix conspicue villosa. *Florum* capitulum terminale, ovatum, magnitudine ovi anserini. *Perianthium* commune imbricatum; *squamae* omnes tomentosae; exteriores ovatae; intermediae oblongae; interiores lineari-oblongae; inferne angustiores, extus apice villo longo ferrugineo barbatae. *Corollae* filiformes, hirsutae. *Usus:* 1. Flores succum melleum suppeditant eâdem fere copiâ ac bonitate, atque P. *mellifera*, utilem in variis morbis pectoris. 2. Lignum et radix in culina igni alendo inserviunt.

77. P. (*totta*.) foliis ovatis, glabris, callosis; capitulo ovato; corollis cylindricis hirtis. PROTEA *totta. Thnnb.* Diss. p. 42. 57. Prod. p. 27. *Linn.* Syst. Veg XIV. p. 141.

Frutex teres, erectus, villosus. *Folia* sessilia, ovato oblonga, obtusa, glandulâ rubrâ terminata, integra, raro 3 dentata, erectopatula, pollicaria. *Florum* capitulum terminale, sblitarium, magnitudine Pyri. *Perianthium* commune imbricatum, glabrum; squamae ovatae, acutae, ciliatae, corollâ multoties breviores. *Corollae* filiformes, villosae, pollicares.

78. P. (*ovata*.) foliis ovatis, obtusis, integris, glabris; capitulo terminali; squamis calycinis ovatis glabris.

Caulis fruticosus, teres, rufescens, glaber, erectus, ramosus. *Rami* alterni, erecti, cauli similes, subfastigiati. *Folia* sparsa, sessilia, integerrima, plana, erecto patula, pollicem lata, sesquipollicaria. *Capitulum* floris grande, solitarium, glabrum. *Calycinae squamae* imbricatae, ovatae, glabrae.

79. P. (*hirta*.) foliis ovatis, glabris; floribus lateralibus. PROTEA *hirta. Thunb.* Dissert. p. 43. 57. Prod. 27. *Linn.* Syst. Veget. XIV. p. 141.

Africanis Incolis: Kreupelboom. Crescit in campis infra Taffelberg prope villas subjacentes et alibi juxta rivos Floret Aprili et sequentibus mensibus; etiam Augusto et mensibus insequentibus.

Frutex teres, erectus, villosus, tripedalis et ultra. *Folia* sessilia, glandulâ obtusâ terminata, integra, rarius ciliata, tenuissime nervosa, imbricata, pollicaria. *Florum* capitula infra apicem lateralia in axillis foliorum solitaria, circiter 8 flora. *Perianthium* commune imbricatum; squamae sensim longiores, oblongae, acutae, luteo sanguineae, splendentes, subpollicares. *Corollae* filiformes, villosae, perianthio paulo breviores. *Pistilla* corolla duplo longiora, curva, glabra. *Usus:* Lignum quandoque igne alendo materiam praebet.

80. P. (*pubera*.) foliis ovatis capitulisque terminalibus tomentosis. Protea *pubera*. *Thunb*. Diss. p. 43. 58. Prod. p. 27. *Linn*. Syst. Veget. XIV. p. 141.

Frutex erectus, villosus, apice ramosus, bipedalis. *Rami* versus apicem subverticillati, inaequales, patuli, cauli similes. *Folia* sessilia, glandulâ obtusâ terminata, integra, imbricata, unguicularia. *Florum* capitula raro solitaria, saepe plura aggregata, magnitudine nucis avellanae majoris. *Perianthium* commune hirsutum; squamae lanceolatae. *Corolla* villis lanata, unguicularis. *Variat* foliis ovatis et oblongis.

81. P. (*divaricata*.) foliis ovatis, hirtis; capitulis terminalibus; ramis divaricatis. Protea *divaricata*. *Thunb*. Diss. p. 44. Prod. p. 27. *Linn*. Syst. Veget. XIV. p. 142.

Frutex teres, flexuosus, pubescens, ramosus, pedalis et ultra. *Rami* verticillati, terni vel quaterni, filiformes, ramulosi, pubescentes. *Folia* sessilia, ovato-subrotunda, integra, villosa, rugosa, imbricata; inferiora reflexa, lineam longa. *Florum* capitula in ramulis solitaria, cernua magnitudine Pisi. *Corollae* argenteae.

82. P. (*nitens*.) foliis ovatis, uni-callosis; argenteis, integris.

Folia sessilia, nervosa, integerrima, apice obtusiusculo unicallosa, argenteo-tomentosa, nitida, pollicaria.

83. P. (*cynaroides*.) foliis subrotundis, petiolatis, glabris. Protea *cynaroides*. *Thunb*. Dissert. p. 44. 58. Prod. p. 28. *Linn*. Syst. Veget. XIV. p. 142.

Crescit in summitatibus montium variorum, ut in Taffelberg, in montibus prope Rode Sand et Platte kloof, alibique. Floret a Januario usque in Junii mensem
Fruticulus teres, erectus, simplex, rugosus, vix pedalis. *Folia* integra, marginata, venosa, patentia, digitalia. *Petiolus* semiteres, rugosus, glaber, pollicaris. *Florum* capitulum terminale, ovatum, fastigiatum, erectum, magnitudine fere capitis infantis. *Perianthium* commune imbricatum; squamae sensim majores, oblongae, acutae, tomentosae. *Corollae* albo-tomentosae.

84. P. (*cordata*.) foliis cordatis. Protea *cordata*. *Thunb*. Dissert. p. 45. tab. 5. Prod. p. 28. *Linn*. Syst. Veget. XIV. p 142.

Crescit in montibus Hottentotts Holland et in montibus summis prope Rivier Zonder End. Floret Septembri et sequentibus mensibus
Fruticulus totus glaber; caulis decumbens, simplex, teres, striatus, spithamaeus. *Folia* alterna, sessilia, subrotunda, integra, marginata, 9 nervia, erecta; inferiora majora, palmaria; superiora sensim breviora. *Capitulum* floris subradicale, ovatum, truncatum. *Perianthium* commune imbricatum; squamae ovatae, sensim majores; oblongae, erectae, obtusae. *Pappus* semen obvallans, purpurascens.

LXX. F A G A R A.

Cal. 4 - *fidus.* *Cor.* 4-*petala.* *Caps.* bivalvis, monosperma.

1. F. (*capensis.*) foliis pinnatis: pinnis ovatis, obtusis, erectis; ramis aculeatis, flexuosis. *Prod.* p. 28.

Africanis incolis; Wilde Cardimom. Crescit in *Musselbaij*, prope *Zeekorivier*, in sylvis *Houtniquas* et alibi. Floret *Octobri, Novembri.*
Frutex suborgyalis, ramosissimus. *Rami* alterni, rugosi, cinerei, erecti. *Folia* pinnata cum impari, circiter 5-juga. *Pinnae* oppositae, subsessiles, tenuissime crenatae; utrinque glabrae virides; supra punctatae; unguiculares, inferiores sensim minores. *Flores* paniculati, albi. *Capsula* punctata, brunea, magnitudine Piperis. *Semen* unicum, atrum. *Usus:* Fructus aromaticus, maturus Novembri et Decembri, pro aromate incolis quandoque inservit. *Similis* F. *piperitae* foliis, aculeis, floribus, baccis; differt: ⋅ 1. floribus et baccis majoribus. 2. foliis rotundioribus, tenuissime crenatis. 3. ramis rugosis, crassioribus.

2. F. (*armata.*) foliis pinnatis: pinnis crenatis; ramis petiolisque aculeatis. *Prod.* p. 28.

Frutex glaber, ramosus. *Rami* rugosi, flexuosi, purpurascentes. *Folia* pinnata cum impari. *Pinnae* multijugae, superne sensim majores, oppositae, sessiles, ovatae, tenuissime crenatae, utrinque glabrae, virides, striatae, semiunguiculares. *Petioli* inter pinnas aculeis basi flavescentibus, apice purpurascentibus. *Flores* et fructus non vidi.

LXXI. C U R T I S I A.

Cal. 4-*fidus.* *Pet.* 4. *Germen* inferum. *Bacca* 1-sperma.

1. C. (*Jaginea.*) Prodr. p. 28. Sideroxylon foliis acuminatis dentatis, fructu monopyreno flavo. *Burman. Dec. afric.* p. 35. t. 83.

Incolis Africanis: *Assagay-hout, Assagayboom.* Crescit in *Prom. bonae spei sylvis,* prope *Paradys, Groot Vadersbosch,* juxta *Buffeljagts rivier, Stades rivier* et alibi. Floret *Decembri, Januario.*
Arbor excelsa, ramosissima. *Rami* decussati, teretes, cinerei, glabri, erecti. *Ramuli* similes, purpurascentes, ultimi tomentosi. *Folia* opposita, petiolata, ovato-oblonga, acuta, basi integra, a medio ad apicem serrata, nervosa, supra viridia, subtus pallidiora, glabra, patentia et reflexa, pollicaria usque palmaria. *Petioli* uti et venae subtus ferrugineo-tomentosi, unguiculares. *Flores* paniculati, plurimi, minimi. *Panicula* trichotoma, supradecomposita, tota cinereo-tomentosa. *Pedunculi* et pedicelli oppositi. *Bracteae* oppositae, lanceolatae. *Usus:* Lignum arboris flavescens, durum, compactum Hottentottis pro manubriis lancearum *Assagaij* dictarum inservit; etiam pro trabibus Incolis utile.

LXXII. SCRREBERA.

Cal. 5-*fidus.* *Cor.* 4-*petala.* *Drupa disperma.*

1. S. (*schinoides.*) Prod. p. 28. HARTOGIA *capensis.*
Thunb. Diss. Nov. Plant. Gener. P. 5. p. 35. cum tab.
Linn Syst. Nat. XIV. et Supplem. SCHREBERA *schinoides.*
Act Ups. Nov. vol. 1 p. 91. 5 f. 1.

    Africanis: Smalblad. Crescit in Groot Vadersbosch et sylvis juxta Rivier Zonder End. Floret Januario.

    Arbor ramosissima, orgyalis, tota glabra. *Rami* alterni, teretes, rugosi, cinerei, glabri. *Ramuli* similes, laxi. *Folia* opposita, elliptica, obtusa, emarginata, serrata, inferne integra, glabra, nervosa, patentia, digitalia. *Petiolus* semiunguicularis. *Flores* paniculati, paniculis axillaribus, cernuis.

LXXIII. SERPICULA.

♂. *Cal.* 4-*dentatus.* *Cor.* 4-*petala.*
♀. *Cal.* 4-*partitus.* *Peric. nux tomentosa.*

1. S. (*repens.*) foliis alternis. Prod. p. 28. SERPICULA
repens. Linn. Syst. Veg. XIV p. 8,8. Mantiss. p. 124. LAU-
REMBERGIA *repens. Berg.* Plant. Capens. p. 350. tab. 5. f. 10.

    Crescit in collibus infra Taffelberg prope rivulos; Mas in Verlooren Valley, Langekloof et alibi. Floret ♀ Martio, Aprili; ♂ Novembri, Decembri.

    Radix fibrosa. *Caulis* filiformis, decumbens, pilosus vel hispidus. *Rami* alterni, cauli similes. *Folia* subsessilia; maris ovata, trifida, villosa; feminae lanceolata, saepius integra, rarius trifida, scabrida, unguicularia. *Flores* semper dioici, masculi et feminei in distincta planta, axillares, saepius plures; masculi pedunculati, erecti; feminei sessiles, 3 usque 5. *Pedunculi* capillares, uniflori, foliis breviores. ♂. *Perianthium* 1-phyllum, 4 dentatum, villosum, minimum: laciniae ovatae, acutae, erectae. *Corolla* 4-petala. *Petala* linearia, obtusa, concava, extus villosa, aequalia, erecta, decidua. *Filamenta* 4, capillaria, brevia. *Antherae* lineares, tetragonae, 4 sulcatae, obtusae, erectae, longitudine corollae. *Pollen* flavum. ♀. *Calyx* et corolla nulla *Nectarium:* Anguli 8, fructum undique cingentes, persistentes, bitorulosi, rotundati, obtusi, nivei. *Germen* inferum. *Stylus* crassus, brevis, albus, hirsutus, persistens. *Stigma* vix observandum. *Nux* globosa, undique cincta nectario octogono, coronata stylo plumoso, unilocularis.

    Obs. 1. Videntur esse styli 4 toti plumosi, connati, stigmatibus minime distinguendis. 2. Valde affinis SERPICULA est ANTHOSPERMIS, floribus masculis; differt vero floribus femineis absque calyce et corolla fructuque diverso.

LXXIV. MONTINIA.

♂. *Cal.* 4-*partitus.* *Cor.* 4 petala. ♀ ut in ♂. *Stigmata* 2. *Caps.* 2-*locularis.*

1. M. (*acris.*) Prod. p. 28. MONTINIA *caryophyllacea.*

Thunb. Act. Lundens. T. 1. p. 108. Dissert. Nov. Plantar. Gener. P. 1. p. 27. Montinia *acris.* *Linn.* System. Veget. XIV. p. 883.

Incolis: P e p e r - B o s c h e s. *Crescit in campis arenosis depressis snepe ad vias, inter frutices.* *Floret Augusto et sequentibus mensibus.*

Radix descendens, longa, lignosa, alba, filiformi fusiformis, spithamaea *Caulis* fruticosus, angulatus angulis plurimis acutis, cicatricibus foliorum sparsis; erectus, ramosus, glaber, pedalis et ultra. *Rami* alterni, cauli similes, parum ramulosi, virides *Folia* alterna, petiolata, ovata, obtusa, nervosa, integra, crassiuscula, glabra, erecta, unguicularia. *Petioli* basi nodosi, subdecurrentes, glabri, brevissimi. *Flores* pedunculati, solitarii, terminales, masculi et feminei in distincta planta. *Usus:* totus frutex acris, Capris tamen edulis.

LXXV. M O N E T I A.

Cal. 4 -*fidus.* *Pet.* 4. *Germen superum.* *Bacca.*

1. M. (*barlerioides.*) Prod. p. 28. Monetia *barlerioides.* *Heritier.* Nov. Stirp. Fasc. 1. p. 1. tab. 1.

Crescit in Musselbaij et sylvis rarius, etiam trans Camtous rivier. *Floret Novembri, Decembri, Januario.*

Frutex erectus, totus glaber, tri - vel quadripedalis. *Rami* et Ramuli oppositi, tetragoni, cinerei, spinosi, divaricati. *Spinae* verticillatae, quaternae, tereti subulatae, pungentes, horizontaliter patentes; pollicares, supremis tenerioribus et brevioribus. *Folia* opposita sub spinis, petiolata, ovata, acuta, mucronata mucrone pungente, integra, glabra, horizontaliter patentia vel reflexa, petiolis pluries longiora, pollicaria. *Flores* axillares, glomerati, breviter pedunculati.

LXXVI. S C A B I O S A.

Cal. communis *polyphyllus;* proprius duplex *superus.* *Recept.* paleaceum s. nudum.

1. S (*rigida.*) corollis quadrifidis, inaequalibus; calycis squamis obtusis; foliis oblongis, serratis, scabris. Scabiosa *rigida.* *Linn.* Mant. p. 328. System. Veget. XIV. p. 143. Prod. p. 28.

Crescit infra latera Taffelberg prope Constantiam. *Floret Decembri.*

Caulis frutescens, erectus, ramosus. *Rami* oppositi, elongati, superne aphylli, teretes, hispidi, incurvato - erecti. *Folia* in caule et in inferiori parte ramorum frequentia, opposita, amplexicaulia, inferiora ovato - oblonga, superiora lanceolata, margine revoluto, venosa, rigida, pollicaria. *Florum* capitula in ramis terminalia, solitaria, nuce avellanà majora. *Calyx* imbricatus; squamae ovatae, concavae, glabrae, subciliatae. *Corollae* laciniâ tertiâ paulo majore, albae.

144 TETRANDRIA. MONOGYNIA. LXXVI. Scabiosa.

2. S. (*trifida.*) corollis quadrifidis, aequalibus; calycis squamis obtusis; foliis linearibus, integris, trifidisque. Scabiosa *attenuata. Linn.* Syst. Veget. XIV. p. 144. Supplem. p. 118. Prod. p. 28.

Crescit prope villam du P r è juxta flavium. Floret D e c e m b r i.
Caulis herbaceus, simplex, filiformis, tenuissime villosus, superne aphyllus, erectus, pedalis. *Folia* opposita, amplexicaulia, rarius trifida, glabra, pollicaria. Axillae foliis brevioribus onustae. *Florum* capitulum terminale, solitarium, magnitudine avellanae. *Calyx* imbricatus: squamae ovatae, cinereae, marginibus purpurascentes. *Corollae* albae.

3. S. (*humilis.*) corollis quadrifidis, inaequalibus; calycis squamis obtusis; foliis linearibus, dentato - pinnatifidis. *P r o d.* p. 28.

Crescit in K r u m r i v i e r. Floret N o v e m b r i.
Caulis simplex, subaphyllus, filiformis, striatus, glaber, erectus, uniflorus, palmaris. *Folia* radicalia, aggregata, denticulato pinnatifida, glabra caule breviora. *Florum* capitulum solitarium. *Calycis* squamae imbricatae, ovatae, pubescentes, cinereae, apice purpurascentes. *Corollae* albae.

4. S. (*decurrens.*) corollis quadrifidis, inaequalibus; calycis squamis ovatis; foliis pinnatifidis: pinnis divergentibus. *P r o d.* p. 28.

Caulis herbaceus, simplex vel ramosus, sulcatus, pedalis. *Folia* radicalia, plura, petiolata, lyrato-pinnatifida: pinnis superne sensim majoribus, decurrentibus, dentatis; superiora pinnatifida pinnis integris; glabra spithamaea. *Pedunculi* elongati, aphylli. *Florum* capitula terminalia, solitaria, juglande minora. *Calycis* squamae villosae, brevissimae. *Corollae* albae.

5. S. (*ustulata.*) corollis quadrifidis, aequalibus; calycis squamis acutis; foliis lyratis, dentatis. *P r o d.* p. 29

Crescit in B o c k l a n d s B e r g. Floret N o v e m b r i et sequentibus mensibus.
Caulis herbaceus, striato angulatus, ramosus, glaber, pedalis usque bipedalis. *Rami* inferiores alterni, superiores oppositi, cauli similes, aphylli. *Folia* opposita, amplexicaulia, petiolata petiolis inferne nudis, lobis ovatis, serrata serraturis magnis, extimo lobo maximo, glabra, palmaria supremis foliis longe minoribus. *Florum* capitula in ramis terminalia, solitaria, juglandis fere magnitudine. *Calyx* imbricatus: squamae ovatae, concavae, villosae, albae, apice purpurascentes. *Corollae* albae.

6. S. (*scabra.*) corollis quadrifidis, aequalibus; calycis squamis obtusis; foliis pinnatifidis, scabris, rigidis. *P r o d.* p. 29. Scabiosa *scabra. Linn.* Syst. Veg. XIV. p. 144. Suppl. p. 118.

Crescit in collibus inferioribus montium prope Z o e t e m e l k s valley. Floret D e c e m b r i, J a n v a r i o.
Caulis herbaceus, simplex, rarius ramosus, teres, tenuissime vil-

losus, flexuoso-erectus, superne aphyllu , uniflorus, rarius triflorus,
pedalis et ultra. *Folia* opposita, amplexicaulia, pinnis denticulato-
pinnatifidis reflexis, piloso-scabra, erecta, apice tantum subpinnatifida, pollicaria. *Florum* capitula terminalia, solitaria, magnitudine
avellanae. *Calycis* squamae imbricatae, ovatae, apice purpurascentes. *Corollae* albae.

7. S. (*acaulis.*) corollis quinquefidis, radiantibus; calycis
squamis lanceolatis, brevioribus; foliis obovatis, incisis.
Prod. p. 29.

Caulis herbaceus, subsimplex vel vix inferne ramosus, aphyllus,
flexuoso-erectus, villosus, spithamaeus. Infra medium pedunculi duo,
breves. *Folia* radicalia, plura, inferne sensim longius attenuata in
petiolos lineares, obtusa, inferne integra, superne inciso serrata,
piloso hispida, digitalia. Hisce interspersa folia pinnatifida, rariora.
Floram capitulum terminale, solitarium. *Calycis* squamae pilosae,
subciliatae, capitulo breviores. *Corollae* inaequales albae.

8. S. (*africana.*) corollis quinquefidis, aequalibus; caule
fruticoso; foliis simplicibus, incisis. *Prod.* p. 29. Scabiosa
africana. Linn. Syst. Veg. XIV. p. 146. Spe . Plant. p. 145.

*Crescit in campis et collibus extra urbem, et alibi vulgaris. Floret
Julio et sequentibus mensibus.*

Caulis frutescens, subangulatus rigidus, inferne foliosus, superne
aphyllus, villosus. *Folia* prope basin caulis aggregata, opposita,
amplexicaulia, inferne attenuata, obovata, obtusa, crispa. eroso-
dentata, villosa, pollicem lata. digitalia. *Folioa* infra pedunculos
lanceolata, indivisa. *Pedunculi* solitarii vel bini, uniflori. *Flores*
terminales, magnitudine fere juglandis. *Calycis* squamae lanceolatae,
villosae, capitulo breviores. *Corollae* radiantes *), albae.

9. S. (*maritima.*) corollis quinquefidis, radiantibus; calycis squamis lanceolatis, longioribus; foliis infimis lyratis,
summis pinnatifidis. *Pod.* p. 29 Sc-biosa *maritima?*
Linn. Spec. Plant. p. 144. Syst. Veget XIV. p. 145.

Caulis herbaceus, erectus, hispidus, pedalis *Rami* oppositi, cauli
similes, superne aphylli. *Folia* infima digitalia: lobus extimus subrotundus, incisus; lateralia alterna, dentata; superiora pinnatifida:
laciniis lanceolatis, rarius incisis; suprema rarissima, lanceoata.
Omnia pilosa, patentia. *Flores* in ramis elongatis terminales, solitarii. *Calycis* squamae aequales, pilosae, capitulo paulo longiores.
Corollae inaequales, albae.

10. S. (*ochroleuca.*) corollis quinquefidis, radiantibus;
foliis bipinnatis: pinnis linearibus. *Prod.* p. 29. Scabiosa
ochroleuca. Linn. Syst. Veget. XIV. p. 146 Spec. Plant.
p. 146.

Caulis herbaceus, ramosus, erectus. *Rami* filiformes, elongati,
glabri. *Folia* glabra, superiora pinnata, suprema simplicia. *Flores*
terminales, solitarii. *Calycis* squamae lanceolatae, villosae, capitulo
breviores. *Corollae* albae.

*) In diagnosi corollae *aequales*. *Editor.*

LXXVII. STILBE.

Hermaphrod. Cal. exterior 3-*phyllus; interior* 5-*denta-tus, cartilagineus. Cor. infundibuliformis,* 5 - *fida. Stam.* 4. *Sem.* 1, *calyce interiore calyptratum. Masc. similis. Cal. interior* o. *Fructus* o.

1. S. (*ericoides.*) foliis quaternis; spicis erectis. *Prod.* p. 29. Selago *ericoides. Linn.* Mantiss. p. 87. Stilbe *ericoides. Linn.* Mant. p. 305. Syst. Veg XIV. p. 919.

Caulis fruticosus, flexuoso erectus, ramosus, glaber, pedalis. *Rami* subverticillati. filiformes, ramulosi, cauli similes. *Ramuli* subverticillati, fastigiati. *Folia* lanceolata, imbricata, integra margine revoluto, apice patentia, glabra, vix unguicularia, ramos totos et ramulos tegentia. *Flores* spicati, spica oblonga. *Calyx* 4-fidus. *Corolla* 4-fida, fauce villosa.

2. S. (*cernua.*) foliis quaternis; spicis cernuis. *Prod.* p. 29. Stilbe *cernua. Linn.* Syst. Veg. XIV. p. 919. Suppl. p. 411.

Crescit in summis montibus Duyvelsberg et Taffelberg. Floret Aprili, Majo, Junio.

Caulis fruticosus, erectus, glaber, pedalis. *Rami* alterni, ramulosi, pauci. *Ramuli* subverticillati, fastigiati. *Folia* lineari-lanceolata, integra, margine revoluto, patentia vel reflexa, glabra. *Stamina* corollà longiora. *Differt* a S. *pinastra:* foliis quaternis, reflexis; spicis cernuis. S. *ericoide:* foliis magis rotundis; spicis cernuis, rotundis; floribus albis, nec rubris.

3. S. (*pinastra.*) foliis senis; spicis erectis. *Prod.* p. 29. Selago *pinastra. Linn.* Spec. Plant. p. 386. Stilbe *pinastra Berg.* Plant. Cap. p. 30. tab. 31. fig. 6. *Linn.* Syst. Veget. XIV. p 919.

Crescit in summis montibus Taffelberg, Duyvelsberg, Hottentots Holland, aliis. Floret Decembri, Januario, Februario, Martio Semina matura sunt Julio.

LXXVIII. PAVETTA.

Cor. 1-*petala, infundibuliformis, supera. Stigma curvum. Bacca disperma.*

1. S. (*caffra.*) foliis obovatis; floribus subumbellatis; calycibus setaceo aristatis. *Prod.* p. 29. Pavetta *Caffra. Linn.* Syst. Veget. XIV. p. 153. Suppl. p. 122. Pavetta *corymbosa. Houtt.* Natuurl. Histor. P. 2. tab. 40.

Crescit in sylvis Krakakamma. Floret Decembri.

Frutex orgyalis, totus glaber. *Rami* et Ramuli decussati, cinereo albidi. *Folia* opposita, in apicibus ramulorum aggregata, inferne attenuata, obtusiuscula, integra, glabra, inaequalia, pollicaria usque bipollicaria. *Flores* subumbellato paniculati. Umbellae in ramulis terminales. *Calyx* 4-partitus, longitudine dimidià tubi. *Corolla* tubulosa, 4 fida, alba. *Antherae* ori tubi insertae. *Stylus* corollâ longior stigmate clavato.

LXXIX. OLDENLANDIA.

Cor. 1-*petala.* *Cal.* 4-*partitus.* *Caps.* 2-*locularis*, in-*fera*, *polysperma.*

1. O. (*Capensis.*) floribus verticillatis, pedunculatis; foliis linearibus. *Prod.* p. 29. Oldenlandia *capensis. Linn.* Syst. Veget. XIV. p 16. Supplem. p 128.

Crescit in marginibus fluvii Hoopmans-rivier, locis, sabulosis et depressis. Floret Decembri, Januario.

Radix fibrosa, annua. *Caulis* decumbens, ramosus, totus villosus. *Rami* diffusi, inaequales. *Folia* opposita, integra, glabra, curva, unguicularia vel paulo ultra. *Flores* ex axillis foliorum pedunculati. *Pedanculi* plures, simplices, foliis breviores. *Perianthium* 4-phyllum, rarius 5-phyllum, persistens: *Laciniae* lanceolatae, acutae, patentes, ciliatae, longitudine fere corollae. *Corolla* 1-petala, tubulosa, alba, facile decidua *Tubus* cylindricus, rectus. *Limbus* 4-partitus: laciniae ovatae, obtusae, concavae, patulae, extus sub apice ciliatae, longitudine tubi, semilineam longae. *Os* tubi villis conniventibus, albis clausum. *Filamenta* 4 tubo infra villas inserta, alba, brevissima. *Antherae* ovatae, albidae. *Germen* inferum, didymum, glabrum. *Stylus* filiformis, erectus, albus, longitudine tubi corollae. *Stigma* clavatum, albidum. *Capsula* ovata, supra plano convexa, didyma, glabra, calyce persistente coronata, 4-valvis, 2 locularis. *Semina* plurima. *Differt* ab O. *umbellata:* 1. pedunculis unifloris. 2. caule decumbente.

LXXX. SCOPARIA.

Cal. 4-*partitus.* *Cor.* 4-*partita*, *rotata.* *Caps.* 1-*locu-laris*, 2-*valvis polysperma.*

1. S. (*arborea.*) foliis lanceolatis, alternis, integris; paniculâ trichotomâ; caule arboreo. *Prod.* p. 28. Scoparia *arborea. Linn.* Syst. Veg. XIV p. 15-. S ppl. p. 125.

Africanis Incolis: Wilde Vlier. Crescit juxta Buffeljagts-rivier prope Riet-Valley, juxta Zeekorivier et alibi. Floret Novembri, Decembri.

Arbor excelsa, crassa, erecta, ramosissima. *Rami* alterni, angulati. *Folia* decussata, petiolata, supra glabra; subtus tomentoso-incana, digitalia. *Petioli* brevissimi *Flores* paniculati, minimi. *Panicula* supradecomposita. *Perianthium* 1-phyllum cinereum, persistens, 4 partitum: *laciniae* ovatae, acutiusculae, erectae. corollâ breviores. *Corolla* 1 petala, alba, raro purpurascens. *Tubus* cylindricus, longitudine calycis. *Limbus* 4 partitus: laciniae ovatae, obtusae, patentes. *Os* villosum, croceum. *Filamenta* 4, infra os tubi inter lacinias corollae inserta, limbo corollae longiora, alba. *Antherae* rotundatae, minutae, albae. *Germen* superum. *Stylus* filiformis, albus, corollâ paulo brevior. *Stigma* simplex, obtusum. *Capsula* ovata, 4-valvis, 1-locularis, apice bi vel quadri-fariam dehiscens.

10*

Obs. Differre videtur a SCOPARIA capsulâ 4-valvi, sic ut novum potius Genus constitueret. *Similis* OLEAE foliis, SAMBUCO florum panicula.

LXXXI. PLANTAGO.

Cal. 4-*fidus.* *Cor.* 4-*fida: limbo reflexo.* *Stamina lon-gissima.* *Caps.* 2-*locularis, circumscissa.*

1. P. (*capensis.*) foliis ellipticis; spicâ floribus distinctis. *Prod.* p. 29.

Crescit in Hortis Europaeorum prope urbem.

Caulis simplex, aphyllus, striatus, glaber, erectus, pedalis. *Folia* radicalia, plurima, integra, glabra, spithamaea. *Florum* spica spithamaea: floribus remotis. *Similis* P. *lanceolatae,* diversa vero spicâ interruptâ.

2. P. (*hirsuta.*) foliis linearibus, ciliatis; spicâ cylindrica; caule hirsuto. *Prod.* p. 29.

Crescit prope Verlooren Valley. Floret Novembri et sequentibus mensibus.

Caules radicales, saepius duo, aphylli, teretes, villosi, incurvi, pedales. *Folia* radicalia, plura, obtusiuscula, villoso-subciliata, caule dimidio breviora. *Spica* villosa, digitalis.

3. P. (*Loeflinnii.*) foliis linearibus, subdentatis; caule tereti; spicâ ovatâ; bracteis carinatis, membranaceis. PLANTAGO *Loeflingii. Linn.* Syst. Veget. XIV. p. 156. Spec. Plant. p. 166. Prod. p. 30.

Crescit in cultis prope urbem.

LXXXII. BUDDLEJA.

Cal. 4-*fidus.* *Cor.* 4-*fida.* *Stam. ex incisuris.* *Caps.* 2-*sulca,* 2-*locularis, polysperma.*

1. B. (*incomta.*) foliis fasciculatis, ovatis, canis; racemis terminalibus; ramis flexuosis, rigidis. *Prod.* p. 30. BUDDLEJA *incomta. Linn.* Syst. Veg. XIV. p. 154. Supplem. p. 123.

Crescit in summo Roggeveld. Floret Novembri, Decembri.

Frutex vix pedalis caule rigido, cinereo. *Rami* sparsi, foliis tecti. *Folia* obtusa, sericeo-cana, integra, minuta. *Flores* racemosi in ramulis, albi.

2. B. (*virgata.*) foliis lineari-oblongis, obtusis, integris; racemis terminalibus; ramis virgatis, erectis. *Prod.* p. 30. BUDDLEJA *virgata. Linn.* Syst. Veg. XIV. p. 154. Suppl. p. 123.

Crescit in Carro infra Roggeveld prope rivos. Floret Novembri, Decembri.

Frutex fere orgyalis, erectus, glaber, ramosissimus. *Rami* filiformes, suboppositi, elongati, laxi, cinereo-cani. *Folia* opposita.

sericeo-incana, unguicularia usque pollicaria. *Flores* in ramis racemosi.

LXXXIII. P E N A E A.

Cal. 2-*phyllus.* *Cor.* campanulata. *Styl.* 4-angularis.
Caps. 4-gona, 4-locularis, 8-sperma.

1. P. (*myrtilloides.*) floribus terminalibus; foliis lanceolatis. *Prod.* p. 3o. Penaea *myrtoides.* *Linn.* Syst. Veget.
XIV. p. 154. Supplem. p. 122.

Arbuscula erecta, tota glabra, pedalis et ultra. *Rami* subumbellati, ramulis iterum subumbellatis, fastigiatis. *Folia* opposita, sessilia, integra, glabra, imbricata, erecta, supra sulco, subtus lineâ
elevatâ, unguicularia. *Bracteae* subcordatae, acutae, integrae, glabrae. *Flores* lutei.

2. P. (*fruticulosa.*) floribus terminalibus; foliis ovatis,
glabris; bracteis obovatis. *Prod.* p. 3o. Penaea *fruticulosa.*
Linn. Syst. Veget. XIV. p. 154. Suppl. p. 121.

*Crescit in collibus arenosis et campo infra Taffelberg prope ur-
bem et juxta Constantiam. Floret Maijo.*
Fruticulus erectus, glaber, ramosissimus, palmaris usque pedalis.
Rami et Ramuli dichotomi, teretes, ultimi filiformes, cinereo-rufescentes, erecti, subfastigiati. *Folia* opposita, subsessilia, oblonga,
obtusa, integra, imbricato-erecta, lineam longa. *Bracteae* glabrae,
virides. *Flores* aggregati.

3. P. (*formosa.*) floribus terminalibus; foliis ovatis, glabris; bracteis oblongis.

Crescit in Fransche Hoek montibus.
Frutex erectus, totus glaber, parum ramosus ramis alternis, erectis. *Folia* decussata, sessilia, obtusiuscula, integra, margine pallido,
imbricata, semipollicaria. *Flores* in ramis terminales, aggregati, rufescentes, uti et bracteae. *Corollae* pollicares. *Bracteae* sanguineae.

4. P. (*mucronata.*) floribus terminalibus; foliis cordatis,
acuminatis, glabris. *Prodrom.* p. 3o. Penaea *mucronata.*
Linn. Syst. Veg. XIV. p. 154. Spec. Plant. p. 162.

*Crescit in campo arenoso et collibus infra Taffelberg. Floret
Majo, Junio, Julio.*
Frutex glaber. *Rami* et Ramuli dichotomi, et trichotomi erecti,
fastigiati. *Folia* sessilia, integra, imbricata, apice patentia, semiunguicularia. *Flores* aggregati.

5. P. (*squamosa.*) floribus terminalibus; foliis rhomheo-
cuneiformibus, glabris. Penaea *squamosa.* *Linn.* Syst. Veg.
XIV. p. 154. Spec. Plant. p. 162.

Crescit prope cacumen Dayvelsberg. Floret Maijo.
Fruticulus erectus, glaber, pedalis. *Rami* et Ramuli dichotomi,
inaequales. *Folia* opposita, sessilia, rhombea, acuta, integra, imbricata, vix unguicularia. *Flores* rubri.

6. P. (*acuta.*) floribus terminalibus; corollae laciniis acutis; foliis ovatis, acutis.

Caulis fruticosus, cinereus, glaber, erectus, ramulosus. *Rami* et Ramuli sparsi. filiformes, similes, fastigiati. *Folia* alterna, sessilia, integra, glabra, erecta, subimbricata, lineam longa. *Flores* subses-iles, umbellati. *Tubus* corollae cylindricus, purpurascens, glaber, unguicularis: laciniae ovatae, acuminatae. *Differt* a P. *squamosa* laciniis corollae non obtusis, sed acutis, et tubo longiori, angustiori.

7. P (*sarco olla.*) floribus terminalibus; foliis rhombeoovatis: bracteis coloratis. Penaea *fucata. Linn.* Sy t. Veg. XIV. p. 154. Mantiss. p. 199. *Willd.* Spec. Plant. 1. 2. p. 627. Penaea *Sarcocolla. Linn.* Syst. Veg. per *Gmel.* 1. p. 249. Prod. p. 30. Spec. Plant. *Willd.* 1. 1. P. 2. p. 626. Penaea *tetragona. Berg.* Plant. Cap. p. 25.

Crescit in montibus Hottentots Holland; inter fossam et Houthoek, collibus quoque infra latus occidentale Taffelberg. Floret Decembri; etiam Julio.

Fruticulus erectus, glaber, rigidus, pedalis. *Rami* pauci, dichotomi, rugosi, cinereo-fusci. *Folia* opposita, sessilia, rhombea, acuta, integra, glabra, imbricata, unguicularia. *Bracteae* cuneatae, purpureae, glabrae, glutinosae, foliis majores. *Flores* fasciculati, lutei.

8. P. (*marginata.*) floribus lateralibus; foliis cordatis, marginatis. Penaea *marginata. Linn.* Mant. p. 198. Syst. Veg. p. 219.

Frutex erectus, ramosus, glaber, tripedalis et ultra. *Rami* subverticillato-terni, cinerei, nodulosi a casu foliorum, flexuoso-erecti, parum ramulosi. *Folia* decussata. brevissime petiolata, subcordata, ovata, acuta, integra, margine crassiori marginata, glabra, imbricata, vix unguicularia. *Flores* in summitate ramorum et ramulorum laterales et terminales.

9. P. (*lateriflora.*) floribus lateralibus; foliis ovatis, glabris. *Prod.* p. 30. Penaea *lateriflora. Linn.* Syst. Veg. XIV. p. 154. Mant. 199.

Crescit in montibus prope Zoete Melks valley, juxta sylvam. Floret Decembri, Januario.

Frutex erectus, glaber, pedalis. *Rami* pauci, subtrichotomi, elongati, foliis tecti. *Folia* opposita, subsessilia, apice attenuata, obtusiuscula, integra, imbricata, semipollicaria *Flores* inter folia, lutei *Bracteae* quatuor. *Stamina* incisuris corollae inserta. *Stigma* capitatum, bisulcatum.

10. P. (*tomentosa.*) floribus lateralibus; foliis ovatis, tomentosis. *Thunb.* Prodrom. p. 30.

Frutex erectus, pedalis. *Rami* sparsi, cinerei, superne tomentosi, virgati. *Folia* opposita, sessilia, obtusa, integra, imbricata, lineam longa. *Flores* sub apice ramulorum.

LXXXIV. R U B I A.

Cor. 1-*petala*, *campanulata*. *Baccae* 2, *monospermae*.

1. P. (*cordifolia.*) foliis quaternis, cordatis. Rubia cordifolia. *Linn.* Syst. Veg. XIV. p. 152. Mant. p. 197. *Thunb.*
Prod. p. 30.

Crescit juxta van Stades rivier. *Floret Decembri, Januario.*

Caulis herbaceus, debilis, adscendens, tetragonus angulis hispidis.
Rami alterni, cauli similes. *Folia* petiolata, acuta, serrato-scabra.
Petioli tetragoni angulis hispidis, longitudine foliorum.

2. R. (*laevis.*) tota glabra, foliis saepissime quaternis.

LXXXV. G A L I U M.

Cor. 1-*petala*, *plana.* *Sem.* 2 subrotunda.

1. G. (*rotundifolium.*) foliis quaternis, subrotundo-ova-
tis, trinervibus, hispidis; caule decumbente; fructibus hispidis.
Galium rotundifolium. *Willd.* Spec. Plant. Tom. 1. P. 2.
p. 596.

2. G. (*tomentosum.*) foliis quaternis, hispidis; floribus
paniculatis; ramis tomentoso-albis. Galium maritimum. Prod.
Flor. Capens. p. 30.

*Crescit in regionibus Swellendam, inter frutices scandens. Flo-
ret Octobri.*

Caulis herbaceus, scandens, glaber, ramosissimus, tetragonus, angulis tenuissime hispido-serratis. *Rami* trichotomi uti et ramuli copiosissimi, pilis albis densissime tecti, ultimi capillares. *Flores* pedunculis dichotomis, capillaribus, villosis. *Folia* oblonga, serrato-
scabra, glabra, reflexa, unguicularia.

Obs. Galia difficillime distinguuntur, cum variare solent numero foliorum
in ejusdem plantae caule, ramis et ramulis. Praeterea species, ante no-
tae plures non bene, neque determinatae characteribus certis et sufficien-
tibus, neque semper satis descriptae.

3. G. (*capense.*) foliis senis, linearibus, glabris; caule
frutescente, erecto. *Prodr.* p. 30.

*Crescit prope Dorn-rivier, in Carro pone Bockeveld alibi-
que. Floret Decembri.*

Radix perennis. *Caulis* basi frutescens; mox valde ramosus. *Rami* plurimi, subradicales, elongati, rarius ramulosi, flexuoso-erecti,
teretes, striati, tenuissime pubescentes, pedales. *Ramuli* oppositi,
brevissimi, altero longiori, floriferi. *Folia* rarius octona, saepius
sena, lineari-lanceolata, subtus sulcata, margine revoluto, carinata,
patentia, unguicularia; superiora sensim breviora et minora. *Flores*
in ramulis subdichotomi, albi. *Fractus* laevis, glaber.

4. G. (*mucronatum.*) foliis senis, linearibus, mucronatis,
glabris; caule pubescente debili. *Prod.* p. 30.

Caules plures e radice, herbacei. *Rami* alterni, tetragoni, pubescentes, fastigiati, palmares. *Folia* mucrone albo, margine revoluto serrato - scabra, patentia vel reflexa, lineam longa. *Flores* in
apicibus ramulorum pauci. *Fructas* glaber. *Tota* planta siccatione
nigrescit.

5. G. (*expansum.*) foliis senis, linearibus, mucronatis,
glabris; ramis divaricatis, pubescentibus; paniculâ trichotomâ.
Prod. p. 30.

Floret Octobri. Novembri.

Caulis herbaceus, tetragonus, laevis, tenuissime villosus, laxus, pedalis et ultra. *Rami* oppositi, similes, patentissimi et reflexi. *Folia*
rarius quina, integra margine revoluto, reflexa, lineam longa. *Panicula* patens pedunculis capillaribus. *Corollae* albae. *Fructas*
laevis.

6. G. (*asperum.*) foliis senis, oblongis, serratis; caule
hispido, piloso; floribus paucis. *Prodrom.* p. 40.

Caulis herbaceus, tetragonus, angulorum denticulis cartilagineis reflexis asper, totus pilis albis contortis tectus, flexuoso - erectus, pedalis et ultra. *Rami* alterni, similes, patentes, pauci. *Folia* obovato-
oblonga acuta, margine cartilagineo replicato serrulata, glabra, patenti - reflexa, unguicularia. *Flores* in ramulis paucissimi. *Fructus*
glabri.

7. G. (*glabrum.*) foliis senis, oblongis, serratis: caule
hispido, glabro; floribus paniculatis. *Prodrom.* p 30

Caulis herbaceus, tetragonus, angulis serratis, flexuoso - erectus, pedalis et ultra. *Rami* alterni, pauci. *Folia* obovato oblonga acuta,
margine replicato serrulata, glabra, patentia, unguicularia. *Floram*
paniculae laterales et terminales, decompositae. *Corollae* albae. *Fructas* laeves. *Similis* priori; sed caulis glaber et panicula ampla.

8. G. (*horridum.*) foliis suboctonis, linearibus, aculeato-
serratis, reflexis; caule tetragono, aculeato, suffruticoso.

Caulis erectus glaber, angulis aculeatis, scabridus, parum ramosus, bipedalis et ultra. *Folia* acuta, glabra, marginibus aculeato-
serrata, carinata, bipollicaria superioribus brevioribus. *Flores* et semina non vidi.

LXXXVI. CAVANILLA.

Dioica. ♂. *Cal.* 4-*phyllus.* *Cor.* o.
♀. *Stylus radiatus.* *Nux.*

1. C. (*scandens.*) *Thunb.* Prodrom. p. 31.
Crescit in Grootvaders Bosch. Floret Januario.
Caulis frutescens, teres; inferne glaber, cinereus; superne
punctato scaber, hirsutus, scandens, flexuosus. *Rami* alterni,
similes, sensim filiformes. *Folia* alterna, petiolata, oblonga,
obtusa, subsinuata, denticulata, hirsuta, supra viridia, subtus
ferruginea, patentia, bipollicaria. *Petioli* villosi, unguiculares.
Flores sexu distincti in distincta planta.

LXXXVII. LAUROPHYLLUS.

Dioica. ♂. *C a l. subtetraphyllus. C o r.* o.
♀. *G e r m e n superum.*

1. L. (*capensis*) Prodrom. p. 31.

Crescit in H o u t n i q u a s k l o o f. Floret J a n u a r i o.
Arbor erecta, glabra tota. *Rami* teretes, rugosi, brunei.
Ramuli angulati. *Folia* alternatim sparsa, petiolata, oblonga,
acutiuscula, serrata, basi et apice integra, supra viridia, subtus pallida, parallelo nervosa nervis ramosi margine revoluta, sempervirentia, erecta, digitalia. *Petioli* trigoni, vix
pollicares. *Flores* paniculati, minuti, videntur esse dioici.
Panicula amplissima, supradecomposita. *Pedunculi* et pedicelli
compressi, sensim breviores *Bractea* solitaria vel binae, calyci subjectae, lanceolatae, concavae, glabrae, cinereo-flavescentes.

Nota. In Schedula adjecta Miscellaneis auctoris legimus : ,,LAUROPHYLLUS
capensis? Caulis arboreus, sesquiorgyalis. Folia sempervirentia. *Cal.*
5-dentatus, laciniae ovatae, obtusae, erectae, virides, quartam partem
lineae longas. *Cor.* 5-petala. Petala laciniis calycis inserta, linearia,
longitudine laciniarum calycis, reflexa, pallide viridia. *Stam.* filamenta
5, filiformia, erecta, alba, lineam longa. *Antherae* ovatae, didymao,
flavae. *Bracteae* sub floro binae, alternae, subulatae, erectae. *G e r m.*
inferum?'' Editor.

LXXXVIII. ALCHEMILLA.

C a l. 8-*fidus. C o r.* o. *S e m.* 1.

1. A. (*capensis.*) foliis lobatis; racemis lateralibus. *P r o d.*
p. 31.

Crescit in collibus et lateribus T a f f e l b e r g versus orientem et
alibi prope rivulos. Floret M a i j o.
Caulis herbaceus, filiformis, decumbens, uti tota planta hirsutus, spithamaeus et ultra. *Rami* alterni, diffusi, similes cauli.
Folia alterna, petiolata, subrotunda, crenata, unguicularia,
petiolo longiora. *Stipulae* ad basin petioli duae, oppositae,
amplexicaules, subrotundae, crenatae, minimae. *Flores* in
axillis foliorum tres vel quatuor collecti in involucro communi
4-partito: *laciniis* bifidis. *Perianthium* 1-phyllum, 8 partitum:
laciniis alternis majoribus. *Corolla* nulla. *Filamenta* 4. laciniis calycis minoribus inserta, breviora. *Antherae* globosae.
Germen ovatum. *Stylus* brevissimus seu subnullus stigmate globoso. *Semen* calyce inclusum.

LXXXIX. VISCUM.

Masc. Cal. 4-*partitus. C o r.* o. *F i l a m e n t a* o. *An-*
t h e r a e calyci adnatae.
Fem. C a l. 4-*phyllus, superus. S t y l u s* o. *C o r.* o.
B a c c a 1-*sperma. S e m. cordatum.*

154   TETRANDRIA. MONOGYNIA. LXXXIX. Viscum.

1. **V.** (*capense.*) caule aphyllo, subtetragono, rugoso;
floribus verticillatis, sessilibus. Viscum *capense. Linn.* Syst.
Veg. XIV. p 883. Suppl. p. 426. Prod. p. 31.

*Crescit in Paarden Eyland et alibi, parasiticum in arboribus,
praesertim in Rhoë. Floret Septembri, Octobri.*
Caulis fruticosus, tetragonus, angulis obtusis, ramosissimus,
erectus articulatus articulis unguicularibus. *Rami* et ramuli
decussati, cauli similes, aphylli, erecto-patentes. *Flores* subseni, sensim florentes, divici. ♂. *Perianthium* 4-phyllum, vi-
ridi-lutescens, lineam longum: *laciniae* ovatae, acutiusculae,
erectae, apice patentes. *Corolla* semiquadrifida, erecto-patens,
alba. *Filamenta* nulla. *Antherae* sessiles, 2, 3 seu 4, ovatae,
intus planae, extus carinato-convexae, papulosae, flavescentes,
calyce breviores. ♀. *Stylus* simplex, brevis, crassiusculus.
Stigmata duo. *Bacca* infera, globosa, sessilis, matura alba.
Bracteae verticillo florum approximatae, duae, oppositae, connatae, ovatae, acutiusculae, virides.

Obs. Tota planta fragilissima rore tenuissimo glauco tecta, glabra; 2. in
mare calyx visus 2-phyllus, corollâ duplo brevior; 3. interdum corolla
nulla adfuit. 4. Disseminantur baccae edules ab avibus.

2. **V.** (*rotundifolium.*) foliis rotundatis; floribus subverticillatis, pedunculatis. Viscum *rotundifolium. Linn.* Syst.
Veg. XIV. p. 883. Supplem. p. 426. Prod. p. 31.

Floret Decembri.
Radix in arborum ramis parasitica. *Tota* planta fragilis, glabra, ramosissima, spithamaea vel ultra. *Caulis* et rami hexagoni, articulati, glabri. *Rami* oppositi, patenti-erecti, similes. *Folia* opposita, sessilia, acuta, patenti-erecta, semiunguicularia, longitudine fere internodiorum *Flores* ad articulos masculi et feminei in distincto individuo. *Pedunculi* triflori,
breves. *Bracteae* minutae, oppositae. ♂. *Calyx* nullus. *Corolla* 4-petala.

Obs. Florem masculinum in eodem ramo cum floribus femineis observavi,
sed rarissime.

3. **V.** (*pauciflorum.*) foliis ovatis, obtusis, incanis; floribus sparsis, solitariis. Viscum *pauciflorum. Linn.* Syst.
Veget. XIV. p. 883. Suppl. p. 426. Prod. p. 31.

Crescit in Carro infra Bockland. Floret Septemori.
Caulis parasiticus, fruticosus, glaber, striatus, curvatus, pedalis. *Rami* alterni, similes, patenti-reflexi. *Folia* alterna,
sessilia, oblonga, integra, patentia, unguicularia. *Flores* brevissime pedunculati.

4. **V.** (*obscurum.*) foliis ellipticis, glabris; caule fruticoso. *Prod.* p. 31.

Crescit prope Slangrivier, juxta villam Clute.
Caulis parasiticus, rugosus, cinereus, glaber, erectus, pedalis et ultra. *Rami* alterni, similes, erecto-patentes. *Folia*
opposita, avenia, integra, patentia, inaequalia, unguicularia
usque pollicaria. *Flores* non vidi.

XC. P A R I E T A R I A.

Hermaphrod. Cal. 4-fidus. Cor. o. *Stam.* 4. *Styl.* 1.
Sem. 1, *superum, elongatum.*
Fem. Cal. 4 *fidus. Cor.* o. *Stam.* o. *Stylus* 1. *Sem.* 1,
superum, elongatum.

1. P (*lanceolata.*) foliis ovato-lanceolatis, integris, pilosis; caule debili, decumbente.
Radix fibrosa. *Caulis* filiformis, striatus, pilosus, inferne parum ramosus, pedalis. *Rami* oppositi, flexuosi. *Folia* alterna, petiolata, nervis imprimis pilosa, inaequalia, unguicularia et ultra. *Flores* axillares, sessiles.

2. P. (*capensis.*) foliis oppositis, serratis; ramis diffusis; floribus sessilibus. *Prod.* p. 51.
Crescit in Groot Vaders Bosch. Floret Januario
Radix fibrosa. *Caulis* vix ullus; sed Rami plures, radicales, subsimplices, tetragoni, sulcati, villosi, spithamaei. *Folia* petiolata, ovata, acuta, serraturis obtusis, villosa, patentia, unguicularia. *Flores* in axillis. *Stylus* villosus stigmate simplici. *Differt* a P. *urticaefolia*: foliis subcordatis; serraturis rotundatis, pilis sparsis, ramis diffusis et floribus sessilibus.

XCI. U R T I C A.

Masc. Cal. 4-*phyllus. Cor.* o. *Nectarium centrale, cyathiforme.*
Fem. Cal. 2-*valvis. Cor.* o. *Sem.* 1, *nitidum.*

1. U. (*capensis.*) foliis alternis, cordato ovatis, crenatis; floribus axillari subspicatis; ramis diffusis. *Urtica capensis. Linn.* Syst. Veg. XIV. p. 850. Suppl. p. 417. Prod. p. 31.
Crescit in sylvis.
Caulis debilis, glaber, striatus, erectiusculus, spithamaeus. *Rami* alterni, similes, capillares. *Folia* petiolata, subcordata, ovata, obtusa, crenata seu obtuse serrata, tenuissime pubescentia, punctato-scabrida, patentia, petiolo paulo longiora, unguicularia. *Flores* axillares, saepe in spica foliosa sparsi.

2. U. (*Caffra.*) foliis alternis, cordato-ovatis; serratis; floribus axillaribus, sessilibus; caule debili, erectiusculo. *Prod.* p. 31.
Crescit in sylvis.
Radix parum fibrosa, annua. *Caulis* basi decumbens, flexuoso-erectus, tenuissime villosus, spithamaeus. *Rami* alterni versus basin caulis, debiles, incurvo-erecti, simplices. *Folia* petiolata, subcordata, ovata, acuta, acuta serrata, pubescentia, subtus pallidiora, inaequalia, pollicaria. *Petioli* laxi, duplo breviores. *Flores* pauci, circiter tres. *Differt* a priori: foliis majoribus, acutioribus, acutiusque serratis; petiolis longioribus. *Pauci* sunt limites inter *Parietarias, Boehmerias* et *Urticas*, quae forsan unicum Genus naturale.

XCII. BRABEJUM.

♂. *Amenti squamae 3-florae.* Cor. *4-partita.* Stam.
4 fauci inserta. Stylus *bifidus, abortiens.*
♀. *Amenti squama.* Cor. *4-partita, superne revoluta.*
Stam. *4.* Pist. *1, stigmatibus 2.* Drupa *subrotunda.* Semen *globosum.*

1. B. (*stellatum.*) Thunb. Prod. Pl. Cap. p. 31. BRA-
BYLA *Capensis.* Linn. Mantiss. p. 137. BRABEJUM *stellatifo-
lium.* Linn. Syst. Veget. XIV. p. 919. Houtt. Natuurl.
Histor. P. 2. tab. 37.

Incolis Africanis: Wilde Castanies. *Crescit juxta rivos varios,
ad* Parl, Buffeljagts, Zonder End *et alios.* Floret Decembri.

Arbor orgyalis, erecta, ramosissima. *Rami* teretes, rigidi,
fusco-purpurascentes, striati, inferne glabri apicibus villosis.
Folia verticillata, circiter sena, petiolata, lanceolata, a medio
ad apicem serrata serraturis remotis, glabra, subtus reticulata,
rigida, semper virentia, palmaria. *Petioli* brevissimi, vix unguiculares. *Flores* racemosi. *Racemi* axillares, subverticillati,
digitales. *Pedunculi* teretes, tomentosi. *Pedicelli* capillares,
sparsi et subverticillati, villosi, vix unguiculares. *Calyx* nullus. *Corolla* 4-petala, alba. *Petala* revoluta, decidua. *Filamenta* 4, capillaria, unguibus petalorum inserta, petalis longiora. *Germen* setoso-villosum. *Stylus* filiformis, staminibus
paulo longior. *Stigma* simplex, clavatum. *Drupa* ovata, villosa. *Usus:* fructus edules.

DIGYNIA.

XCIII. CUSCUTA.

Cal. *4-5-fidus.* Cor. *1-petala.* Caps. *2-locularis.*

1. C. (*africana.*) pedunculis unifloris; corollis quinquefidis. CUSCUTA *americana.* Prod. p. 32.

Crescit in arboribus variis parasitica et aggregata.
Pedunculi capillares, glabri. *Calyx* 5-fidus, brevissimus.
Filamenta 5, incisuris corollae inserta, laciniisque ejus aequalia.

LCIV. ANTHOSPERMUM.

HERMAPHR. Cal. *4-partitus.* Cor. *0.* Stam. *4.* Pist. *2.*
Germen *inferum.*
MASC. *et* FEM. *in eadem vel distincta planta.*

1. A. (*galopina.*) foliis oppositis, oblongis, glabris.
Thunb. Prod. p. 32. GALOPINA *circaeoides.* Thunb. Diss.

Nov. Plant. Gener. P. 1. pag. 3. *Linn.* Syst. Veget. XIV.
p. 166.

Crescit in sylvis Houtniquas, Groot Vadersbosch aliisque.
Floret Decembri, Januario.

Caulis herbaceus, simplex, rarius ramosus, teres, ruber,
glaber, debilis, erectus, circiter bipedalis. *Rami* alterni, patentes, cauli similes. *Folia* petiolata, acuta, integra, subtus
pallida, pollicaria et paulo ultra. In axillis foliorum alia folia
minora, similia. *Flores* terminales, paniculati. *Panicula* laxa,
diffusa. *Pedunculi* et pedicelli oppositi, capillares, glabri, bracteati. *Bracteae* duae, oppositae, setaceae.

2. A. (*lanceolatum.*) foliis lanceolatis, glabris. *Prod.*
p. 32. Anthospermum *herbaceum. Linn.* Syst. Veget. XIV.
p. 919. Supplem. p. 140.

Caulis fruticescens, totus glaber. *Rami* teretes, purpurascentes, glabri, elongati, pedales et ultra. *Ramuli* oppositi, similes, patentes. *Folia* verticillata, subsena, inaequalia, sessilia, lanceolata seu elliptica, integra, laevia, patentia, pollicaria. Minora ex axillis. *Flores* axillares. *Differt* ab A. *aethiopico*: foliis latioribus et longioribus.

3. A. (*aethiopicum.*) foliis linearibus, glabris. Anthospermum *aethiopicum. Linn.* Syst. Veget. XIV. p. 919. Spec.
Plantar. p. 1511. Prod. p. 32.

Crescit in collibus prope urbem et alibi vulgare. Floret toto fere
anno.

Caulis fruticosus, totus glaber, ramosissimus, bipedalis et ultra.
Rami et Ramuli oppositi, frequentes, cinerei, flexuoso-erecti,
virgati. *Folia* opposita, sessilia, aggregato-subverticillata, integra margine revoluto, patentia, lineam longa. *Flores* axillares, verticillati, sessiles. *Styli* duo, plumosi, calyce duplo
longiores. *Varietas* monstrosa occurrit caule articulato, foliis ad articulos aggregatis plurimis verticillatis.

4. A. (*ciliare.*) foliis ovatis, ciliatis, hispidis. Anthospermum *ciliare. Linn.* Syst. Veget. XIV. p. 919. Spec. Plantar. p. 1512. Prod. p. 32.

Crescit in collibus prope urbem alibique. Floret Janio, Julio.

Caulis fruticosus, flexuoso-erectus, ramosissimus, glaber,
palmaris usque pedalis. *Rami* sparsi, ramulosi, angulati, foliis
et floribus tecti. *Folia* verticillata, sena, sessilia, approximata,
internodiis vix longiora, margine revoluto, pilis albis hispida,
patentia, supra sulcata, subtus carinata, lineam longa. *Flores*
axillares, bini, vel quatuor; sessiles, longitudine foliorum,
masculini et feminei in distincto frutice. ♂. *Perianthium* 1-
phyllum, semiquadrifidum: laciniae lanceolatae, elastice dissi-
lientes, reflexae. *Corolla* nulla, nisi calyx rufescens. *Filamenta*
4, receptaculo inserta, capillaria, longitudine calycis. *Antherae*
ovato-lineares, flavae. *Receptaculum* seu Germen sterile, didymum uti capsula, inferum, ovatum, obtusum, glabrum. ♀.
Calyx ut in mare, sed minor. *Corolla* nulla. *Germen* inferum,

didymum, ovatum. *Stigmata* duo, longa, filiformia. *Capsula* ovata, glabra, didyma, facile separanda, cohaerens.

O b s. Flores hermaphroditos nunquam inveni, sed semper dioicos.

5. A. (*scabrum.*) foliis convolutis, canaliculato - subulatis, scabridis. *Prod.* p. 32.

Caulis infimâ basi fruticosus, brevissimus, mox vero ramosissimus. *Rami* plurimi, aggregati, alterni, longi, ramulosi, virgati, filiformes, cinerei, glabri, erectiusculi, spithamaei vel ultra. *Folia* opposita, connata, subtrigona, acuta, apice parum recurvo cartilagineo, margine tenuissime serrulato - scabra, in apicibus ramorum et ramulorum approximata, patula, glabra, unguicularia. *Flores* versus summitates,laterales. *Differt* a prioribus, quod folia convoluta, nec revoluta; serraturae saepe obsoletae. *Singularis* caeterum species mihi visa est: 1. Staminibus quinque. 2. Calyce 6-partito angulato.

T R I G Y N I A.

XCV. M Y R I C A.

Masc. Amenti squama lunata. Cor. o.
Fem. ut in mare. Styli 2. *Bacca* 1-*sperma.*

1. M. (*cordifolia.*) foliis cordatis, sessilibus, serratis. Myrica *cordifolia. Linn.* Syst. Veget. XIV. pag. 884. Spec. Plant. p. 1454. Prod. p. 32.

Crescit prope littora maritima in dunis, ut in Houtbay, juxta Musselbay et alibi vulgaris.

Frutex erectus, ramosissimus, cinereo - fuscus, glaber, quadripedalis vel ultra. *Rami* sparsi, aggregato - subverticillati, incurvi. *Folia* alterna, undulato - dentata, obtusiuscula, glabra, rigida, oblique imbricata, vix unguicularia. *Flores* axillares, distincti in diverso frutice, masculi spicati, feminei solitarii subpedunculati. *Bacca* globosa, albo - farinosa. *Usus:* E farina glutinosa Baccarum coctione Ceram cinereo - virentem extrahunt Hottentotti et Rustici hollandici, quae illis edulis instar casei. Ilis vero ad candelas conficiendas quandoque inservit.

2. M. (*aethiopica.*) foliis ellipticis, dentatis, infimis integris. Myrica *aethiopica. Linn.* Syst. Veget. XIV. p. 884. Mantiss. p. 298. Prod. p 32.

Frutex erectus, ramosissimus, glaber, quadripedalis et ultra. *Rami* alterni, punctati, cinereo fusci, erecti *Folia* alterna, petiolata, frequentia, integra et sinuato - dentata, dentibus duobus usque quatuor et quinque in singulo latere, glabra, rigida, erecta, petiolis multo longiora, digitalia. *Flores* masculi spicati in axillis, feminei solitarii. *Baccae* globosae, albo - farinosae. *Usus:* hujus idem est, ac M. *cordifoliae.*

3. **M.** (*quercifolia.*) foliis oblongis, opposite sinuatis. Myrica *quercifolia. Linn.* Spec. Plant. p. 1453. Syst. Veg. XIV. p. 884. Prod. p. 32.

Frutex erectus, glaber, quadripedalis. *Rami* et Ramuli subverticillati, nodulosi, cinereo-fusci, curvato-erecti. *Folia* alterna, attenuata in petiolos, obovato-oblonga, obtusiuscula, sinuato-pinnatifida pinnis oppositis, punctis aureis adspersa, glabra, pollicaria et ultra.

XCVI. B O S C I A.

Cal. 4-*dentatus. Cor.* 4-*petala. Caps.* 4 *locularis.*

1. **B.** (*undulata.*) *Thunb.* Prod. p. 52.

Arbor tota glabra, orgyalis. *Rami* alterni, teretes, cinerei, rugosi, erecto-patentes. *Ramuli* similes, sensim tenuiores. *Folia* sparsa, petiolata, ternata, raro binata, rarius simplicia inferne in ramulis. *Foliola* elliptica, sessilia, acuta, raro obtusa vel excisa, integra, undulata, tenuissime parallelo-nervosa, nervo medio crasso notata subtus, utrinque laevia et glabra, digitalia inferioribus minoribus. *Petiolas* filiformis, supra sulcatus, longitudine folioli. *Flores* in ramulorum apicibus paniculati, minutissimi, cinerei. *Similis* Rhoi, diversa fructificatione.

T E T R A G Y N I A.

XCVII. I L E X.

Cal. 4 *dentatus. Cor. rotata. Stylus* o. *Bacca* 4-*sperma.*

1. **I.** (*crocea.*) foliis oblongis, serratis: serraturis ciliato-spinosis.

Incolis: Geelhout et Safranhout. Crescit in sylvis Houtniquas.

Arbor maxima et excelsa; ligno croceo, duro. *Rami* et Ramuli teretes, punctato asperi, cinerei, glabri. *Folia* opposita, petiolata, acuta, coriacea, rigida, sempervirentia, nervosa, glabra, duas pollices lata, palmaria. *Flores* nunquam mihi videre contigit, sed hujus generis esse conjicio. *Usus:* E ligno arboris satis duro conficiuntur thecae, tabulae et variae aliae res.

XCVIII POTAMOGETON.

Cal. o. *Petala* 4. *Stylus* o. *Sem.* 4.

1. **P.** (*natans*) foliis oblongo-ovatis, petiolatis. Potamogeton natans *Linn.* Spec. Plant. p. 182. Syst. Veg. XIV. p. 168. Prodr. p. 32.

Crescit in fluvio Zeekorivier, et Verkeerde valley. Floret Decembri.

Classis V.
PENTANDRIA.
MONOGYNIA.

XCIX. HELIOTROPIUM.

C o r. hypocrateriformis, 5-fida, interjectis dentibus: fauce nudâ.

1. H. (*supinum.*) foliis ovatis plicatis tomentosis; caule decumbente. *Prodrom. Fl. Cap.* p. 33. HELIOTROPIUM su-*pinum. Willd.* Spec. Fl. T. 1. P. 2. p. 742.

Crescit locis arenosis.
    Radix fusiformi-filiformis, alte descendens. *Caulis* ramis al-ternis, vel nullus; sed tunc rami diffusi, uti tota planta tomen-tosi et pilosi. *Folia* opposita, petiolata, integra, obtusa, venis profundis subplicata, incana, unguicularia. *Petioli* foliis triplo breviores. *Flores* spicati, albidi. *Spica* revoluta, sensim ex-crescens.

2. H. (*capense.*) foliis ovatis, plicatis, tomentosis; caule fruticoso, erecto.

    Caulis frutescens, teres, tomentosus, ramosus, subpedalis. *Rami* alterni, similes, erecti, apice cernui. *Folia* opposita, petiolata, integra, obtusa, inaequalia, semipollicaria. *Petioli* brevissimi. *Spicae* conjugatae, terminales in pedunculis elon-gatis.

C. LITHOSPERMUM.

C o r. infundibuliformis, fauce perforatâ, nudâ. Cal. 5-partitus.

1. L. (*scabrum.*) seminibus laevibus; foliis lanceolatis, papilloso-scabris, hirsutis. *Prodr.* p. 34.

    Caulis herbaceus, erectus, superne ramosus, papilloso-sca-ber, totus hirsutus, pedalis. *Rami* alterni versus apicem, flo-riferi. *Folia* alterna, sessilia, integra margine revoluto, erecta, nervo medio crasso, utrinque cartilagineo-papillosa, pollica-ria, superioribus sensim minoribus. *Flores* racemosi in ramis ex axillis foliorum. *Pedicelli* brevissimi. *Corolla* alba. *Semina* glabra, alba.

2. L. (*papillosum.*) seminibus rugosis; foliis lanceolato-ovatis, papillosis, hirsutis. *Prod.* p. 34.

Crescit in Lange Kloof prope Wolfwekraal. Floret No-vembri.

Caulis herbaceus, apice parum ramosus, filiformis, hirsutus uti tota planta, erectiusculus, palmaris. *Rami* bini vel terni, floriferi, cauli similes. *Folia* alterna, sessilia, inferiora ovato-oblonga, superiora lanceolata, obtusa, integra margine revo-luto, crystallina, villosa, unguicularia, sensim minora. *Flores* racemosi in axillis foliorum, albi.

CI. B O R A G O.

Cor. rotata : fauce radiis clausá.

1. B. (*africana.*) foliis oppositis alternisque, ovatis, pi-loso-hispidis. *Prodrom.* p. 34. BORAGO *Africana· Linn.* Spec. Plant. p. 197. System. Vegetab. per *Gmelin*, p. 321. *Willd.* Spec. Pl. 1. 2. p. 777.

Crescit in Carro infra Bockland, juxta rivulos. Floret Septembri, Octobri.

Caulis herbaceus, sulcato-angulatus, glaber sed hispidus acu-leis cartilagineis albis, flaccidus, erectus apicibus cernuis, pe-dalis et ultra. *Folia* inferiora majora, superiora breviora et minora, ovato-oblonga, vel ovato-acuminata, integra, papillis albis piliferis utrinque et margine aspera. *Petioli* brevissimi. *Flores* terminales, racemosi. *Pedunculi* et calyces hispidi.

CII. C Y N O G L O S S U M.

Cor. infundibuliformis, fauce clausá fornicibus. Semina depressa, interiore tantum latere stylo affixa.

1. C. (*hispidum.*) foliis oblongis, obtusis, setoso-hispi-dis; staminibus corollá brevioribus. *Prod.* p. 34.

Crescit in Lange Kloof. Floret Novembri.

Caulis herbaceus, villoso hispidus setis cinereis, reflexis, erectus, superne ramosus, pedalis. *Rami* alterni, floriferi, cauli similes. *Folia* subradicalia, sessilia, integra, utrinque hi-spida papillis albis setigeris, digitalia; caulina pauca, alterna, minora; suprema lanceolata acuta. *Flores* in ramulis seu pe-dunculis alterni, paniculati, minuti, rufescentes. *Pedunculi* et *pedicelli* setosi, uti et *calyx.* *Differt* a C. *officinali:* foliis angu-stioribus, scabris, nec mollibus tomentosis, et floribus minoribus.

2. C. (*hirsutum.*) foliis lanceolatis, villoso-hispidis; se-minum aculeis uncinatis. *Prod.* p. 34.

Crescit in Roggeveld. Floret Septembri et sequentibus men-sibus.

Caulis herbaceus, teres, erectus, hirsutus, superne ramosus, pedalis et ultra. *Folia* alterna, sessilia, integra, papilloso-hir-suta, erecta, digitalia, sensim breviora. *Flores* in ramulis seu pedunculis divaricatis hirsutis racemosi. *Pedicelli* unguiculares, hirsuti uti et calyx. *Semina* depressa.

3. C. (echinatum.) foliis lanceolatis, obtusis, papillosis, hirsutis; seminibus subconicis, uncinato-aculeatis. *Prodrom. Flor. cap. p.* 34.

Crescit in Roggeveld. Floret Septembri, Octobri.
Caules e radice plures, suffruticosi, erecti, parum ramosi, subfastigiati, filiformes hirsuti, palmares. *Rami* pauci, dichotomi, cauli similes. *Folia* inferne sparsa, integra, villosa, papilloso scabra, unguicularia. *Flores* e medio caulium ad apicem spicati, secundi. *Semina* conica, echinata: aculeis longis, rectis, apice uncinatis. *)

4. C. (muricatum.) foliis ovatis, villosis, scabris; seminibus calloso-muricatis. *Prod. Fl. cap.* p. 34.

Crescit in Roggeveld.
Caulis basi suffruticosus et decumbens; mox ramosus, filiformis, erectiusculus, flexuosus, setosus, spithamaeus et ultra. *Rami* et *Ramuli* alterni, capillares, flexuoso-erecti, cauli similes. *Folia* alterna, sessilia, inferiora cordato-ovata, superiora ovata, obtusiuscula, integra, villosa et punctato-scabra, unguicularia. *Flores* versus apicem racemosi.

5. C. (papillosum.) caule glabro, angulato; foliis linearibus, papilloso-scabris; ramis spicisque elongatis. Echium papillosum *Fl. cap. ed. hafn.* p. 8.

Caulis fruticosus, subglaber, vel tenuissime pilosus, erectus, ramosus, bipedalis et ultra. *Rami* cauli similes, alterni, apice iterum ramulosi. *Folia* alterna, remota, sessilia, undique papilloso scabra, vix pubescentia, pollicaria. *Flores* in ramulis spicati, secundi. *Spicae* subfasciculatae, digitales.

CIII. ANCHUSA.

Cor. infundibuliformis, fauce clausâ fornicibus. *Semina* basi insculpta.

1. A. (officinalis.) foliis lanceolatis, calloso-villosis; spicis imbricatis secundis. *Prod.* p. 34. Anchusa officinalis. *Linn.* Spec. Pl. p. 191. Syst. Veget. XIV. p. 191. *Willd.* Spec. Plant. 1. 2. p. 756.

Crescit in montium collibus inter Hottentots Holland et Swellendam. Floret Decembri.
Caulis herbaceus, angulatus, subsulcatus uti tota planta, albo-callosus et villoso-hispidus, erectus, pedalis et ultra. *Rami* nulli, nisi pedunculi floriferi. *Folia* alterna, sessilia, oblongo-lanceolata, acuta, integra, utrinque albido-callosa, hirsuta, sensim minora. *Flores* spicati, caerulei, secundi. *Spicae* dichotomae, revolutae, sensim florentes elongati. *Calyces* cinereo-villosi.

---

*) I. In schedula autographa auctoris adjacente legimus: „ECHIUM echinatum erit LAPPULA (ECHINOSPERMUM) echinatum." Cum vero non existat ECHIUM echinatum, hoc de CYNOGLOSSO echinate valere videtur. Editor.

2. A. (*capensis.*) foliis lanceolatis, callosis, villosis; racemis trichotomis. *Pro.l r. Ca p.* p. 34.

Crescit in Swartland et regionibus Saldanhabay arenosis.
Floret Septembri, Octobri.

Caulis herba eus, sulcatus. scaber, hirsutus, erectus, simplex, pedalis, usque bipedalis. *Rami* nulli, nisi pedunculi floriferi. *Folia* alterna, sessilia, angusto lanceolata, attenuata, calloso-scabra, erecta, bipollicaria, sensim minora et breviora. *Pe-dunculi* floriferi alterni, foliis a latere inserti, superne aggregati. *Flores* racemosi, caerulei. *Racemus* flore medio solitario, compositus. *Pedicelli* breves uti et calyces cinereo-villosi. *Differt* ab A. *officinali*, cui valde similis: 1. foliis longe angustioribus. 2. florum racemo trichotomo-supradecomposito. 3. corollis minoribus.

CIV. MYOSOTIS.

Cor. hypocrateriformis, 5 *fida*, emarginata: *fauce clausá fornicibus.*

1. M. (*scorpioides.*) seminibus laevibus; foliis oblongis, inferne attenuatis, villoso-scabris. *Prod.* p. 34. Myosotis *scorpioides. Linn.* Spec. Pl. p. 188. Syst. Veget. p. 184. *Willd.* Spec. Plant. 1. 2 p. 746.

Crescit in arenosis Swartland. Floret Septembri.
Variat foliis majoribus et minoribus, magis vel minus hirsutis.

CV. ECHIUM.

Cor. irregularis, *fauce nudá.*

1. E. (*angustifolium.*) foliis lineari-lanceolatis, papilloso-scabris; floribus terminalibus.

Frutex erectiusculus; glaber, bipedalis. *Rami* sparsi, cauli similes, incurvi, virgati, ramulosi ramis filiformibus. *Folia* in superioribus ramis et ramulis alterna, approximata, sessilia, integra, margine, rarius pagina, papillis minutissimis albis, patentia, pollicaria. *Corollae* pistillo exserto breviores.

2. E. (*laevigatum.*) caule glabro; foliis lanceolatis ciliato-spinosis. *Prodrom.* p. 33. Echium *laevigatum. Linn.* Spec. Pl. p. 199. Syst. Veg. XIV. p. 190. *Willd.* Spec. Pl. 785.

Crescit in koude Bockeveld. Floret Octobri, Novembri.
Caulis subsimplex, fruticescens, subtrigonus, erectus, pedalis et ultra. *Folia* sessilia, alterna, utrinque glabra, subtus pallidiora, margine costáque mediá versus apicem ciliato spinosa spinis albo-cryst llinis, erecta, pollicaria, superioribus sen im minoribus. *Flores* versus apicem in spicis racemosis albi. *Corollae* caerulescentes, staminibus breviores.

3. E. (*glabrum.*) caule glabro; foliis lanceolatis, glabris, margine scabris. *Prodr.* p. 33.

11 *

Crescit in lateribus Taffelberg et Stenberg, orientem versus.
Floret Junio, Julio.
Frutex totus glaber, erectus, pedalis et ultra. *Caulis* subrugosus, purpurascens. *Rami* alterni, similes cauli, subfastigiati. *Folia* sessilia, ovato lanceolata, margine papilloso-scabra vel tenuissime ciliata, erecta, subpollicaria. *Corollae* albae, staminibus paulo longiores.

4. E. (*trichotomum.*) caule glabro, subtrichotomo; ramis tomentosis; foliis lanceolatis, imbricatis, tomentosis.
Prodr. p. 33.
　Caulis fruticosus, rugosus, purpurascens, erectus, ramosus,
pedalis et ultra. *Rami* omnes trichotomi, erecto-patuli; inferiores glabri, superiores albo-tomentosi, fastigiati. *Folia* in
caule et inferioribus ramis decidua; in ramis supremis sessilia,
alterna, frequentia, subimbricata, apice patula, integra, villoso-tomentosa, vix unguicularia. *Flores* in ramulis terminales, spicati. *Spicae* secundae, revolutae, breves. *Corolla* alba,
longitudine staminum. *Stylus* corollâ longior, exsertus.

5. E. (*hispidum.*) caule glabro; ramis apice foliisque lanceolatis piloso-hispidis. *Prodr.* p. 33.
　Caulis fruticosus, rugosus, fuscus, pedalis et ultra. *Rami*
alterni, basi glabri, erecti, fastigiati. *Folia* alterna, sessilia,
integra, utrâque paginâ et margine piloso-hispida pilis raris albis, patentia vel subrevoluta, unguicularia. *Flores* terminales
in racemis spicatis. *Calyces* albo-villosi. *Corolla* alba, stamina
includens.

6. E. (*strigosum.*) caule glabro; foliis lanceolatis papil-
loso-pilosis; floribus spicatis terminalibus.
　Caulis fruticosus. teres, incurvato-erectus, parum ramosus,
pedalis et ultra. *Folia* sparsa, sessilia, subfalcata, papillosa
papillis albis pilosis, unguicularia vel paulo ultra. *Flores* pauci,
caerulei. *Calyx* pilosus. *Differt* ab E. *trigono*, cui folia trigona, papillosa, margine pilosa; huic vero plana, undique papilloso-scabra, pilosa.

7. E. (*verrucosum.*) caule villoso; foliis lineari-lanceolatis, pilosis, subtus verrucoso scabris:·floribus spicatis.
　Caulis fruticosus, erectus. *Folia* sparsa, sessilia, acuta; supra pilosa, laevia; subtus verrucoso-tuberculata, pilosa; erecta,
pollicaria et ultra. *Flores* parvi. *Calyx* extus totus villosus.

8. E. (*incanum.*) caule villoso; foliis lineari-ensiformibus. sericeo-tomentosis; racemo spicato, lineari. *Prod.* p. 33.
*Crescit in Swartlandiae arenosis. Floret Septembri, Oc-
tobri.*
　Caulis simplex, herbaceus, teres, tenuissime erectus, pedalis.
Folia sessilia, alterna, integra, tenuissime cinereo-tomentosa,
inferiora spithamacea, superiora sensim breviora, suprema pollicaria. *Florum* racemus coarctatus, lineari-cylindricus, incano-
tomentosus, digitalis usque spithamacus, erectus. *Calyces* albo-
villosi.

9. **E.** (*paniculatum.*) caule pubescente; ramis angulatis; foliis lanceolatis; piloso-hispidis. *Prodr.* p. 33.

Crescit prope Verkeer de Valley. Floret Septembri, Octobri, Novembri.

Caulis frutescens, erectus, uti et rami tenuissime pubescens, bipedalis et ultra. *Rami* alterni, elongati, fastigiati, inferne teretes, superne trigoni. *Ramuli* in summitate ramorum alterni, aggregati, fastigiati, floriferi, digitales. *Folia* sessilia, alterna, undique utrâque paginâ, imprimis vero costâ et marginibus piloso-hispida, pilis albis crystallinis glandulis affixis, erecto-patentia, subpollicaria. *Flores* in ramulis racemosi, albi.

10. **E.** (*fruticosum.*) caule foliisque oblongis sericeis; spicis alternis pedunculatis. *Prodr.* p. 33. Echium *fruticosum*. *Linn.* Spec. Plant. p. 199. Syst. Veg. XIV. p. 189. *Willd.* Spec. Plant. 1. 2. p. 181.

Crescit prope Kap, in Bay falso et alibi, vulgare. Floret Majo et sequentibus mensibus hiemalibus.

Caulis fruticosus, flexuoso-erectus, parum ramosus, a casu foliorum nodosus, tenuissime villosus seu sericeo-tomentosus. *Rami* alterni, divaricati, breves, cauli similes. *Folia* sessilia, alterna, inferne angusta, superne obovato-oblonga, obtusa, integra, tenuissime papillosa, et villoso-argentea, imbricata, internodiis longiora, sesquipollicaria. *Florum* spicae plures, in axillis foliorum, breves, sericeae. *Corolla* calyce sericeo paulo longior, staminibus inclusis.

11. **E.** (*spicatum.*) caule villoso; foliis ensiformi-ellipticis., villosis; spicâ compositâ, lineari-oblongâ. *Prod.* p. 33.

Crescit in arenosis Swartlandiae. Floret Septembri, Octobri.

Radix carnosa, purpurascens. *Caules* duo vel plures, simplices, compresso angulati, incurvato-erecti, purpurascentes, spithamaei. *Folia* radicalia longitudine caulis florentis vel paulo breviora; caulina sessilia, alterna, lanceolato-elliptica; omnia integra, albo-villosa, patentia. *Florum* spica albo-villosa, erecta, pollicaris usque palmaris. *Calyces* argenteo-villosi. *Corolla* albida, staminibus exsertis brevior.

Obs. Pili absque glandulis.

12. **E.** (*caudatum.*) caule villoso; foliis oblongis, setaceo-hispidis; spicâ compositâ, ovato-oblongâ. *Prod.* p. 33.

Crescit in arenosis regionibus Saldanhabay. Floret Septembri, Octobri.

Caulis simplex, angulatus, purpurascens, curvato-erectus, pedalis. *Folia* radicalia, elliptica seu oblonga, utrinque attenuata, imprimis inferne, ut fere petiolata, longitudine caulis, pollicem lata; caulina sessilia, alterna, lanceolato oblonga, erecta, pollicaria, suprema sensim minora; omnia integra, utrinque papillosa et piloso-hispida pilis albis prope marginem imprimis frequentibus. *Florum* spica villosa pollicem lata, digitalis et ultra. *Spiculae* subverticillatae. *Calyces* albo-tomentosi. *Corollae* minutae staminibus exsertis.

166   PENTANDRIA, MONOGYNIA.   CV. Echium.

13. E. (*capitatum*.) caule villoso; foliis lanceolatis, calloso pilosis; spicis paniculatis. *Prodr.* p. 33. Echium capitatum. *Linn.* Mantiss. p. 42. Syst. Veget. XIV. p. 189. *Willd.* Spec Pl. 1. 2. p 85.

Crescit in arenosis Groen kloof et Swartland. Floret Septembri, Octobri.

Caulis frute cens purpurascens, flexuoso-erectus, pedalis et ultra. *Rami* alterni, filiformes, cauli similes. *Folia* sessilia, integra, papillosa et piloso hispida pilis albis, erecta, pollicaria. *Florum* spicae plurimae: *Peduncali* albo-tomentosi, uti et Calyces. *Corollae* minutae staminibus exsertis.

14. E. (*scabrum*.) caule villoso; foliis lanceolatis, scabris, pilosis; floribus spicatis secundis.

Caulis fruticosus, cinereo villosus, erectus, pedalis et ultra. *Rami* cauli similes, subfastigiati. *Folia* alterna, sessilia, acuta, undique scabra ex papillis frequentissimis pilosis; subtus costâ carinatâ; pollicaria. *Flores* coerulei. *Calyx* basi imprimis villosus.

15. E. (*argenteum*.) caule foliisque lanceolatis acutis sericeo villosis; spicâ terminali, simplici, foliosâ: *Prodr,* p. 33. Echium argenteum. *Linn.* Mantiss. Plant. p. 203. Syst. Veg. XIV. p. 199. per *Gmelin* 322. *Willd.* Spec. Plant, 1. 2. p. 783

Crescit in Swartland. Floret Octobri.

Caulis fruticosus, dense villoso-subtomentosus, erectus, pedalis et ultra. *Rami* pauci, elongati, simplices, cauli similes. *Folia* sessilia, alterna, integra margine revoluto, utrinque pilosa pilis albis decumbentibus, tenuissime papillosa, erecta, subpollicaria, superiora breviora. *Flores* alterni, sessiles in axillis foliorum superiorum, formantes spicam erectam. *Corolla* coerulea staminibus inclusis.

16. E. (*trigonum*.) caule villoso; foliis oblongis, canaliculato-trigonis, piloso hispidis. *Prodr.* p. 33.

Caulis frutescens, villoso hispidus, spithamaeus vel ultra. *Folia* sessilia, alterna, obtusa, integra, supra canaliculata, subtus carinata, utrinque callosa callis pilisque albis, imbricata, unguicularia. *Flores* terminales, spicati. *Stamina* inclusa.

CVI. PLUMBAGO.

Cor, infundibuliformis. *Stamina* squamis basin corollae claudentibus inserta. *Stigma 5-fidum. Sem.* 1. oblongum, tunicatum.

1. P. (*capensis*.) foliis petiolatis, oblongis, integris, subtus glaucis, caule erecto. *Prodr.* p. 33.

Crescit prope Kaboljaus-rivier et trans Kamtous rivier. Floret Novembri, Decembri.

Caulis frutescens, flexuosus, striato-angulatus, glaber, purpurascens, pedalis et ultra. *Rami* alterni, pauci. *Folia* opposita, breviter petiolata, obtusa, inferne magis attenuata, supra viridia, erecta, inaequalia, pollicaria. *Flores* terminales, spicati, plurimi. *Calycis* apices ciliato-glandulosi. *Corolla* tubulosa, alba, pollicaris.

CVII. MENYANTHES.

Cor. hirsuta. Stigma bifidum. Caps. 1-locularis.

1. M. (*capensis.*) foliis ovatis, caule paniculato. *Prodr.* p. 34.
Crescit in Krum-rivier et in summo Taffelberg, prope rivos. Floret Novembri et sequentibus mensibus.
Radix fascicularis. *Caulis* laxus, erectus, glaber, pedalis et ultra. *Rami* nulli, sed pedunculi axillares, elongati. *Folia* radicalia, longe petiolata, obtusa, integra, glabra, erecta, pollicaria. *Petioli* glabri, palmares. *Flores* in pedunculis lateralibus et terminalibus paniculati, lutei, minuti.

2. M. (*indica.*) foliis cordatis undulato-crenatis, petiolis floriferis. *Prodr.* p. 34. MENYANTHES *indica. Linn.* Spec. Pl. p. 207. Syst. Veget. XIV. p. 194.
Crescit in rivulis Houtniquas, Krumrivier aliisque. Floret Novembri, Decembri mediâ aestate.

CVIII. ANAGALLIS.

Cor. rotata. Caps. circumscissa.

1. A. (*arvensis.*) foliis ovatis, caule decumbente. *Prod.* p. 34. ANGALLIS *arvensis. Linn.* Spec. Plant. p. 211.
Crescit in collibus sabulosis extra urbem Kap et alibi. Floret Julio, Augusto et sequentibus mensibus.

CIX. RETZIA.

Cor. cylindrica, extus villosa. Stigma bifidum. Caps. 2-locularis, polysperma.

1. R. (*capensis.*) *Act. Lundens.* P. 1. p. 55. tab. 1. fig. 2. Nov. Plant. Gener. P. 1. p. 4. Prodr. Flor. cap. p. 34. *Linn.* Supplem. Pl. p. 18. et 138. Syst. Veg. XIV. p. 196. *Willd.* Spec. Plant. 1. 2. p. 843.
Crescit in summis montibus inter Hottentots Hollands kloof et Houthoek. Floret Decembri et Januario.
Radix perennis. *Fratex* rigidus, erectus, ramosus, quadripedalis. *Rami* pauci, cauli similes, scabri, pilosi, fusci, breves. *Folia* verticillata, quaterna, sessilia, lineari-lanceolata, obtusa, integra; superne unisulcata, convexa, punctata; subtus bisulcata, convexa, glabra; imbricata, sesquipollicaria. *Flores* terminales, sessiles, aggregati, erecti. *Bracteae* lanceolatae,

basi latae, intus concavae, extus carinatae, acuminatae, hirsutae, bipollicares, interioribus minoribus et brevioribus.

CX. CONVOLVULUS.

Cor. campanulata, plicata. *Stigm.* 2. *Caps.* 2-locularis: loculis dispermis.

1. C. (*Falckia.*) foliis cordatis, excisis; caule sarmentoso. Convolvulus *Falckia.* Prod. p. 35. Falckia *repens.* Nov. Plant. Gener. P. 1. p. 17.

Crescit prope urbem Kap,'in collibus extra Fortalitium, prope Swarte Valley, juxta Valsrivier et alibi. Floret Au gusto et sequentibus mensibus vernalibus usque ad anni finem. Caulis frutescens, teres fusco cinereus, glaber, decumbens, radicans, flexuosus. *Rami* alterni, filiformes, erecti, vix pollicares. *Folia* sparsa, petiolata, cordato-spathulata, obtusa, integra, glabra, unguicularia. *Petioli* filiformes, longitudine ramorum. *Flores* pedunculati pedunculis vix foliis longiores. *Stamina* quinque et sex.

2. C. (*crispus.*). foliis ovatis, crispis; floribus solitariis; caule filiformi.

Caulis herbaceus, elongatus, vix ramosus, decumbens vel scandens, vix nisi tenuissime pubescens. *Folia* alterna, petiolata, acuta, margine undulato crispa, tenuissime pubescentia, subsecunda, pollicaria. *Petioli* folio paulo breviores. *Flores* ex axillis foliorum. *Pedunculi* uniflori, longitudine folii. *Corolla* ampla, rubra. *Calyx* glaber, tubo brevior.

3. C. (*radicans.*) foliis hastatis, glabris; floribus axillaribus, solitariis; caule radicante.

Caulis herbaceus, decumbens, flexuosus. *Folia* petiolata, pollicaria et ultra. *Petiolus* folio brevior. *Flores* ex axillis foliorum pedunculati. *Pedunculus* uniflorus, petiolo longior, folio brevior. *Corolla* albida. *Differt* a C. *serpente* foliis exacte hastatis.

4. C. (*filiformis.*) foliis hastatis: lobo medio filiformi, elongato; pedunculis solitariis unifloris.

Caulis herbaceus, decumbens, flexuoso volubilis, filiformis, parum ramosus, glaber, angulatus. *Folia* sparsa, petiolata; hastae minimae; lobus intermedius filiformi-linearis, varians. *Flores* alterni, pedunculati, solitarii. *Pedunculus* folio longior.

5. C. (*sagittatus.*) foliis hastatis sagittatisque; pedunculis unifloris; caulibus prostratis. *Prodr.* p. 35.

Crescit in Carro. Floret Novembri, Caules saepius plures e radice, herbacei, filiformi-capillares, parum ramosi, toti tenuissime villosi, spithamaei et pedales. *Rami* alterni, simplices; cauli similes. *Folia* alterna, petiolata, infima hastata, superiora sagittata: auriculis recurvis; lanceolata, acuta, integra; infima breviora, unguicularia; superiora pollicaria. *Petioli* capillares, unguiculares. *Flores* axillares, solitarii. *Pedunculi* longitudine foliorum, rarius longiores, filiformes, incrassati, bracteati. *Bracteae* binae, supra medium pedunculi insertae, lancolata, minutae. *Calyx* subvillosus. *Stigmata* duo. *Capsula* grabra. *Semina* quatuor, trigono-lentiformia, laevia, obscure purpurea, magnitudine Milii.

6. C. (*hastatus.*) foliis hastatis: lobis semibifidis; pedunculis subbifloris; caule decumbente, villoso. *Prodrom. Flor. capens.* p. 35.

Floret Octobri.

Caules plerumque bini e radice, filiformes, simplices, tenuissime villosi, pedales et ultra. *Folia* alterna, petiolata, lanceolata, obtusa cum acumine, integra, glabra, pollicaria: Lobi laterales bifidi. *Petioli* foliis duplo breviores, capillares. *Flores* axillares. *Pedunculi* ex axillis foliorum, teretes, sensim incrassati, raro uniflori, saepius biflori, glabri, foliis longiores, digitales. *Bracteae* sub flore binae, minutae. *Calyx* glaber.

7. C. (*cordifolius.*) foliis cordatis, hastatis, dentatis; pedunculis bifido-umbellatis; caule volubili. *Prod.* p. 35.

Crescit prope Vals-rivier. Floret Decembri.

Caulis filiformis, simplex, tenuissime cinereo-villosus. *Folia* alterna, petiolata, acuminata, dentato-serrata, supra glabriuscula, subtus villosa, pollicaria. Lobi subtridentati. *Petioli* foliis breviores, cinereo-villosi. *Flores* axillares. *Pedunculi* filiformes, fructiferi reflexi, villosi, biflori et dichotome multiflori, foliis longiores, sesquipollicares. *Pedicelli* capillares, breves. *Bracteae* sub pedicellis setaceae. *Calyces* glabri. *Stigma* bifidum, obtusum. *Semina* trigona, obscure purpurascentia.

8. C. (*trilobus.*) foliis cordatis, villosis, trilobis; lobis ovatis, acutis; pedunculis unifloris; caule volubili. *Prodr.* p. 35.

Crescit prope Zecko-rivier. Floret Novembri.

Caulis totus, uti et tota planta, hirsutus, simplex. *Folia* alterna, petiolata, supra cinereo-hirsuta, subtus albo-sublanata. Lobi laterales, basi rotundati: medius in medio dilatatus, acutus: omnes subaequales. *Petioli* foliis paulo breviores. *Flores* axillares, solitarii. *Pedunculus* simplex, filiformis, digitalis. *Bracteae* binae sub flore, minutae. *Corolla* magna, campanulata, purpurascens.

9. C. (*althaeoides.*) foliis sericeis, inferioribus cordatis, dentatis; superioribus quinquelobatis; supremis palmàtis; pedunculis subbifloris; caule decumbente, volubili. *Prodr.* p. 35. CONVOLVULUS *althaeoides. Linn.* Spec Plant. p. 222. Syst. Veget. XIV. p. 202.

Crescit in campis gramineis trans Swellendam, juxta Swellendam, in Musselbay et alibi. Floret Octobri, Novembri.

Caulis teres, prostratus vel flexuosus. *Folia* alterna, petiolata, nervosa, varie dissecta, unguicularia et pollicaria. *Petioli* foliis breviores.. *Stigmata* duo, oblonga vel filiformia. *Plures* hujus occurrunt varietates, quarum praestantiores sunt: a. foliis tomentosis: inferioribus cordatis, dentatis, indivisis; superioribus quinquelobo-palmatis; pedunculis bifloris. b. foliis palmatis: lobis septenis, dentatis; pedunculis trifloris. c. foliis villosis: inferioribus cordatis, incisis; superioribus palmato-septempartitis: laciniis dentatis; pedunculis subunifloris. d. foliis hirsutis, palmatis: lobis septenis inciso-pinnatifidis; pedunculis unifloris.

10. C. (*multifidus.*) foliis palmatis: lobis septenis, linearibus, integris; pedunculis unifloris; caule decumbente. *Prodrom.* p. 35.

Crescit trans Luris rivier. Floret Decembri.
Caulis herbaceus, filiformis, uti tota planta cinereo-tomentosus, pedalis. *Rami* pauci, alterni, cauli similes. *Folia* alterna, petiolata, unguicularia Lobi septeni vel noveni, filiformes, laterales breviores. *Flores* axillares, solitarii *Pedunculi* filiformes, foliis duplo longiores. *Stigmata* duo, filiformia. *Affinis* C. *Althaeoidi*, sed satis diversus videtur.

CXI. IPOMOEA.

Cor. infundibuliformis. *Stigma* capitato-globosum. *Caps.* 3-locularis.

1. I. (*simplex.*) foliis lanceolatis, integris; floribus solitariis. *Prodr.* p. 36.

Crescit inter Luris rivier et Gaigebosch. Floret Decembri.
Caulis herbaceus, filiformis, totus glaber, vix palmaris. *Rami* pauci, alterni, cauli similes. *Folia* alterna, elliptica, patentia, glabra, pollicaria. *Flores* terminales. *Stigma* capitatum.

CXII. CAMPANULA.

Cor. campanulata, *fundo clauso valvis staminiferis.* *Stigma* 3-fidum. *Caps.* infera, poris lateralibus dehiscens.

1. C. (*capillacea.*) foliis lineari-filiformibus, integris, glabris; floribus alternis; calycibus laevibus. *Prodr.* p. 38. *Memoir. de Petersb.* T. 4. p. 364. Tab. 5. 6. 7. CAMPANULA capillacea. *Linn.* Suppl. p. 139. Syst. Veg. XLV. p. 206. LICHTFOOTIA subulata. *Willd.* Sp. Pl. 888. *Herit.* sert. ang. 4. T. 5.
Caulis brevissimus, teres, prope radicem ramosus totus glaber, erectus. *Rami* subradicales, plures, filiformes, flexuoso-erecti, glabri, simplices, pedales. *Folia* sparsa, margine revoluta, erecta, in axillis foliolis onusta, patula, unguicularia. *Flores* terminales, subracemosi, caerulei. *Pedunculi* capilla-

res, cernui, uniflori. *Calyx* glaber laciniis setaceis. *Stigma* trifidum.

2. C. (*linearis.*) foliis linearibus, integris; glabris; calycibus hispidi ; caule erecto. *Prod.* p. 38. Campanula linaris *Linn.* Suppl. p. 140. Syst. Veg. XIV. p. 207. *Willd.* Spec. Pl. 1. 2. p. 895.

Crescit in sabulosis prope Heeren logement. Floret Octobri.
Caulis herbaceus, annuus, simplex, filiformis, flexuoso erectus, glaber, purpurascens, palmaris. *Folia* alterna, marginata, patula, ramosa unguicularia. *Flores* subpaniculati, albi. *Pedunculi* et *pedicelli* capillares, floriferi cernui, fructiferi erecti. *Bracteae* foliis similes. *Calyx* et *Capsulae* hispidae pilis albis.

3. C. (*sessiliflora.*) foliis linearibus, integris, glabris; ramis cernuis; floribus subsessilibus. *Prodr.* p. 38. Campanula sessiliflora. *Linn.* Suppl. p. 139. Syst. Veget. XIV. p. 210. *Willd.* Sp. 1. 2. p. 896.

Caulis herbaceus, teres, erectiusculus, pedalis. *Rami* propo radicem saepe aggregati, elongati, subsimplices, subangulatofiliformes, purpurascentes, tenuissime villosi, apice nutantes. *Folia* sparsa, sessilia, margine reflexo, patentia vel reflexa, unguicularia. *Flores* versus summitates axillares, alterni. *Stigma* trifidum,

4. C. (*bracteata.*) foliis trigonis, acutis, integris; floribus terminalibus sessilibus; bracteis ciliatis.

Caulis fruticescens, teres, cinereus, pubescens, flexuosoerectus, ramosus, pedalis et ultra. *Rami* alterni, simplices, subsecundi, similes, digitales. *Folia* sessilia, alterna, axillaribus foliolis onusta, lineari-trigona, reflexa, glabra, lineam longa. *Flores* in apice ramorum subsolitarii, obvallati bracteis. *Bracteae* ovatae, acuminatae.

5. C. (*adpressa.*) foliis lanceolatis, dentatis, ciliatis; caule erecto; panicula decomposita. *Prodr.* p. 38. Campanula adpressa *Willd.* Sp. 1. 2. p. 905.

Caulis teres vel ex foliis decurrentibus striato-angulatus, simplex, totus glaber, pedalis et ultra. *Folia* sparsa, sessilia, decurrentia, margine revoluta, basi ciliata ciliis albis, recurvata, unguicularia. *Flores* in superiori caule aphyllo paniculati. *Paniculae* alternae, supradecompositae. *Pedanculi* filiformes, erecti. *Pedicelli* capillares.

6. C. (*subulata.*) foliis lanceolatis, trigonis, ciliatis; floribus paniculatis; caule erecto. *Prodr.* p. 38.

Crescit in montibus prope Hexrivier. Floret Octobri, Novembri.
Caulis herbaceus, filiformis, purpurascens, glaber, ramosus, sesquipedalis. *Rami* sparsi, elongati, capillares, glabri, superne aphylli. *Folia* sessilia, subfasciculata, trigono-lanceolata, subulato-acuta, marginata, basi ciliata, apice reflexo-pa-

172 PENTANDRIA. MONOGYNIA. CXII. Campanula.

tentia, inaequalia, unguicularia. *Flores* terminales. *Pedunculi* et *pedicelli* capillares, glabri, divaricati. *Corollae* minutae calycibus glabris.

7. C. (*hispidula.*) foliis lanceolatis ramisque diffusis hispidis. *Prodr.* p. 38. Campanula *hispidula. Linn.* Suppl. p. 142. Syst. Veg. XIV. p. 208. *Willd.* Spec. Plant. 1. 2. p. 906.

Crescit in Swartlandiae collibus sabulosis. Floret Septembri.

Caulis herbaceus, uti tota planta hispidus, brevissimus, saepe vix pollicaris, interdum palmaris. *Rami* vel nulli, vel rari e radice, et simplices, vel ramosi et ramulosi, teretes, scabri, cinereo-purpurascentes. *Folia* alterna, sessilia, integra margine reflexo, margine et costâ ciliata ciliis albis. *Flores* terminales, erecti, caerulei et albi. *Laciniae* calycis similes foliis, longitudine corollae. *Antherae* lineares, sagittatae, erectae. *Stigma* trifidum. *Capsulae* valde hispidae ciliis cartilagineis, niveis.

8. C. (*paniculata.*) foliis lanceolatis, undatis, hirtis; caule angulato, hispido; floribus racemosis. *Prodr.* p. 38. Campanula *paniculata. Linn.* Suppl. p. 139. Syst. Veg. XIV. p. 210. *Willd.* Spec. Pl. 1. 2. p. 906.

Caulis basi suffruticosus, totus pilis albis hispidus, erectiusculus, pedalis. *Rami* paniculati, patentes, ramulosi ramulis sensim capillaribus, flexuosis. *Folia* alterna, sessilia, integra, marginata, villosa, unguicularia. *Flores* in ramulis ultimis vel pedunculis racemosis terminales, albi. *Calycis* laciniae linearisetaceae, hirtae. *Stigma* trifidum. *Variat* foliis subdenticulatis et glabris.

9. C. (*cinerea.*) foliis lanceolatis, integris, glabris; caule lanato; floribus terminalibus, solitariis. *Prodrom.* p. 39. Campanula *cinerea. Linn.* Suppl: p. 139. Syst. Veg. XIV. p. 208. *Willd.* Spec. Plant. 1. 2. p. 906

Crescit trans Swellendam in campis gramineis. Floret Octobri, Novembri, Decembri.

Caulis basi suffruticosus, teres, cinereo-tomentosus, pedalis. *Rami* aggregato-sparsi, similes cauli, inaequales, patulo erecti. *Folia* subfasciculata, sessilia, margine revoluto, imbricata, unguicularia. *Flores* in apicibus ramorum subsessiles, albi solitarii. *Calyx* hirsutus. *Stigma* trifidum.

10. C. (*ciliata.*) foliis lanceolatis, ciliatis; floribus solitariis; caule glabro.

Caulis subsimplex, filiformis, erectus, apice ramosus, debilis, pedalis. *Folia* glomerata, acuta, ciliata margine revoluto, glabra, lineam longa. *Flores* in ramis terminales.

11. C. (*unidentata.*) foliis lanceolatis, denticulatis, glabris; caule simplici; floribus racemosis. *Prodr.* p. 39. Campanula *unidentata. Linn.* Suppl. p. 139. Syst. Veget. XIV. p. 206. *Willd.* Spec. Plant. 1. 2. p. 897.

Caulis herbaceus, filiformis, purpurascens, glaber, erectus, apice cernuus, foliis tectus, pedalis et ultra. *Folia* sparsa, sessilia, subhastata, margine reflexa, infra medium utrinque dento unico armata, imbricata, adpressa, unguicularia. *Flores* in summitate caulis, coerulei. *Racemus* coarctatus. *Pedunculi* capillares, uniflori, usque triflori. *Bracteae* foliis similes sed minores et saepe integrae. *Stigma* trifidum. *Differt* a C. *tenella* foliis adpressis utrinque unidentatis et caule erecto.

12. C. (*fasciculata.*) foliis ovatis, denticulatis, glabris: caule frutescente; floribus glomeratis. *Prod.* p. 39. Campanula *fasciculata*. *Linn.* Suppl. p. 139. Syst. Veg. XIV. p. 210. *Willd.* Spec. 1. 2. p. 897

Caulis teres, subfiliformis, cinereo-purpurascens, hirtus, erectus, subsimplex, pedalis et ultra. *Rami* apicis pauci, breves. *Folia* per totum caulem sparsa, e foliolis axillaribus minoribus glomeratis subfasciculata, sessilia, integra et utrinque unidentata, marginata, margine reflexa, undulata, recurvatoimbricata, semiunguicularia. *Flores* in ramis terminales, aggregato-subpaniculati. *Stigma* trifidum.

13. C. (*tenella.*) foliis ovatis, integris denticulatisque, glabris; caule decumbente, floribus terminalibus, solitariis. *Prodr.* p. 39. Campanula *tenella*. *Linn.* Suppl. p. 141. Syst. Veg. XIV. p. 207. Lightfootia *oxycoccoides*. *Herit.* Sert. Anglic. 4. T. 4. *Willd.* Spec. Pl. 1. 2. p. 915.

Crescit in proclivis infra montem Taffelberg, vulgaris. Floret Januario et proximis mensibus.

Caulis herbaceus, filiformis, uti tota planta glaber, subpedalis. *Rami* sparsi, capillares, patulo diffusi. *Folia* sparsa, sessilia, integra saepius, raro unidentata in utroque latere, marginata, reflexa, vix lineam longa. Interdum axillae aliis foliis onustae. *Flores* in ramulis pedunculati. *Pedunculi* a ramulis continuati, capillares. *Calyx* angulatus, glaber. *Stigmata* tria, revoluta, capitata.

14. C. (*undulata.*) foliis lanceolatis, undatis, glabris; floribus racemosis; caule calycibusque glabris. *Prodr.* p. 39. Campanula *undulata*. *Linn.* Suppl. p. 142. Syst. Veg. XIV. p. 207. *Willd.* Spec. 1. 2. p. 895.

Crescit in Swartland, juxta Bergrivier, alibi. Floret Septembri, Octobri.

Caulis herbaceus, inferne a foliis decurrentibus angulatus, simplex, erectus, bipedalis. *Folia* alterna, sessilia, marginata, pilis raris albis adspersa, patentia, pollicaria. *Flores* in caule terminales, subracemosi, erecti, coerulei. *Pedunculi* subpollicares et *calyces* glabri. *Variat* ramis dichotomis, elongatis.

15. C. (*capensis.*) foliis lanceolatis, dentato-undatis, hirtis; floribus solitariis, terminalibus; calycibus hispidis. Campanula *capensis*. *Linn.* Spec. Plant. p. 240. Syst. Veg. XIV. p. 210. *Willd.* Spec. 1. 2. p. 915. *Thunb.* Prodr. Fl. cap. p. 39. Act. Petrop.

Crescit in Swartlandiae arenosis. Floret Septembri et insequentibus mensibus.

Caulis herbaceus, basi decumbens, dein erectus, subsimplex; striatus, uti tota planta hirsutus, apice aphyllus, nutans, pedalis. *Folia* alterna, sessilia, utrinque hirsuta, patentia, pollicaria. *Flores* in caule elongato cernui. *Calyx* valde hispidus villis albis. *Valde* affines sunt C. *capensis* et *undulata*, sed tamen omnino distinctae.

16. C. (*cernua*.) foliis oblongis, undatis, hirtis; floribus terminalibus, cernuis; calycibus, glabris. *Prod.* p. 39. CAM-PANULA *cernua. Willd.* Sp. 1. 2. p. 907.

Caulis herbaceus, capillaris, vix ramosus nisi pedunculis elongatis, hirtus, erectus, spithamaeus. *Folia* alterna, inferne attenuata, obtusa, undata et undato - dentata, vel subintegra, villosa, erecto - patentia, unguicularia. *Flores* solitarii, albi. *Pedunculi* alterni, plures, capillares, flexuosi, striati, glabri, palmares. *Differt* a C. *dichotoma:* α. caule simplici saepe vel alternatim ramoso. β. calycis sinubus erectis.

17. C. (*procumbens*.) foliis ovatis, crenatis, glabris; caule decumbente; floribus axillaribus, solitariis. *Prodrom. p.* 39. CAMPANULA *procumbens. Linn.* Suppl. p. 141. Syst. Veg. XIV. p. 211. *Willd.* Spec. 1. 2. p. 915.

Crescit prope Kap urbem, in fossis aquosis Floret Majo.

Caulis herbaceus, tenellus, cum ramis diffusus, totus glaber. *Rami* capillares, digitales vel ultra. *Folia* opposita, subsessilia, ovato - subrotunda, obtusissima, obsolete crenata, reflexa, semiunguicularia. *Flores* erectiusculi. *Peduncali* capillares, uniflori. *Stigma* trifidum..

18. C. (*stellata*.) foliis ternis, linearibus, integris; floribus axillaribus, pedunculatis.

Caulis fruticescens, teres, fuscus, totus glaber, ramosus, erectiusculus, palmaris *Rami* alterni, simplices, curvato - erecti. *Folia* sessilia, acuta, imbricata, unguicularia. *Flores* in summitate ramorum solitarii. *Pedunculus* capillaris, flexuosus, pollicaris.

CXIII. ROELLA.

Cor. infundibuliformis, fundo clauso valvulis staminiferis, Stigma bifidum. Caps. 2 - locularis, cylindrica, infera.

1. R. (*tenuifolia*.) foliis linearibus, ciliatis. TRACHELIUM *tenuifolium. Linn.* Suppl. p. 143. Syst. Veg XIV. p. 212. *Thunb.* Prodr. p.¹38.

Crescit in summitate montis inter Hottentots Hollands Kloof et Hout-hoek. Floret Decembri, Januario.

Caules e radice descendente plures, breves, fusci, nodulosi, herbacei, hirti, ramosi. *Rami* similes cauli, alterni, foliis imbricatis tecti, curvato-erecti, digitales. *Folia* sessilia, frequentissima, imbricata, lanceolata, cartilagineo-ciliata, unguicularia. *Flores* inter folia versus apicem caulis sparsi, coerulei et albidi. *Stigma* bifidum

2. R. (*spicata*.) foliis lanceolatis, ciliatis; floribus terminalibus, aggregatis. *Prod* p. 38. Roella *spicata*. *Linn.* Suppl. p. 143. Syst. Veg. XIV. p. 211. *Willd.* Spec. 1. 2. p. 919.

Caulis fruticulosus, brevissimus, inferne ramosus et parum decumben. *Rami* inferne sparsi, frequentes, simplices, elongati, curvate erecti, spithamaei. *Folia* e gemmis fasciculata, sessilia, integra et breviter ciliata, patentia apice reflexo, glabra, vix lineam longa. *Flores* in apicibus ramorum et ramulis supremis albi. *Stigmata* duo, revoluta.

3. R. (*ciliata*.) foliis lanceolatis, ciliatis; floribus solitariis, terminalibus. *Prod.* p 38. Roella *ciliata* et *reticulata*. *Linn.* Syst. Veget. XIV. p. 211. Spec. Pl. p. 241. eadem.

Crescit in collibus infra montes urbis Kap, et alibi vulgaris. Floret ultimis anni mensibus, usque in Majum.

Radix perennis. *Caulis* fruticosus, ramosus, humilis, vix palmaris. *Rami* subradicales, divaricato-diffusi vel incurvi, villosi, ramulosi. *Folia* sparsa, sessilia, glabra, margine ciliata, pilis cartilagineis niveis, erecta, unguicularia. Axillae onustae foliolis aggregatis, integris, ut ramos totos fere tegant. *Flores* coerulei, magni, campanulati.

Obs. Roella *ciliata* et *reticulata* videntur mihi unam tantum constituere speciem, quod etiam ex specimine *reticulatae* in Herbario Celeb. *Burmanni* patet.

4. R. (*squarrosa*.) foliis ovatis, dentatis, ciliatis; floribus terminalibus aggregatis. *Prod* p. 68. Roella *squarrosa*. *Linn.* Suppl. p. 143. Syst. Veg. XIV. p. 211. *Willd.* Spec. 1. 2. p. 918.

Crescit in fossa magna frontis Taffelberg versus cacumen. Floret Januario.

Caulis herbaceus, statim a radice ramosissimus. *Rami* radicales, plurimi, simplices curvato-erecti, spithamaei. *Folia* sparsa, ramos tegentia, sessilia, ciliis raris cartilagineis niveis, recurvato-squarrosa, vix lineam longa. *Flores* in summitatibus ramorum.

5. R. (*muscosa*.) foliis ovatis, dentatis, reflexis, glabris; floribus terminalibus, solitariis. *Prod.* p. 38. Roella *muscosa*. *Linn.* Suppl. p. 143. Syst. Veg. XIV. p. 211. *Willd.* Spec. 1. 2. p 98.

Crescit in fossa frontis Taffelberg. Floret a Januario ad Junium

Caulis herbaceus, tenellus, mox a radice ramosus. *Rami* filiformes et capillares, toti tecti foliis retrorsum imbricatis, diffusi glomerati. *Folia* alterna, frequentia, utrinque attenuata.

vix lineam longa. *Flores* in ramulis, coerulei. *Stigmata* duo, recurva. *Differt* a R. *squarrosa*, cui valde similis: 1. quod multoties minor et herbacea; 2. foliis sessilibus, basi non spi-noso-ciliatis.

CXIV. TRACHELIUM.

Cor. infundibuliformis. Stigma globosum. Caps. trilo-cularis infera.

1. T. (*diffusum.*) foliis lineari-subulatis; ramis diffusis. Trachelium *diffusum. Thunb.* Prod. p. 38. Act. Gorengk. 1811. *Linn.* Suppl. p. 143. Syst. Veg. XIV. p. 212. *Willd.* Spec. 1. 2.p. 926.

Crescit in lateribus montium prope Hexrivier. Floret De-cembri.
Caulis totus glaber, herbaceus, filiformis. *Rami* alterni, lon-gi, divaricati, flexuosi, flavescenti virescentes; ultimi ramuli floriferi reflexi. *Folia* sessilia, inferne sparsa, integra, supra sulcata, subtus margine reflexa, erecta, unguicularia. *Flores* in ultimis ramulis terminales, paniculati, minuti.

CXV. SAMOLUS.

Cor. hypocrateriformis. Stam. munita squamulis corol-lae. Caps. 1-*locularis, infera.*

1. S. (*Valerandi.*) foliis ovato-orbiculatis; caule decum-bente. Samolus *Valerandi. Thunb.* Prod. p. 38. Act. Go-rengk. 1811. *Linn.* Syst. Veg. XIV. p. 212. *Willd.* Spec. 1. 2. p. 927.

Crescit in fossis aquosis montis Robbeberg, in sylvis Houtni-quas, Grootvaders bosch, alibique. Floret Novembri, Decembri.
Planta glabra, decumbens, ramis diffusis, simillima europaeae.

2. S. (*porosus.*) foliis radicalibus obovatis, caulinis lan-ceolatis; caule punctato-scabro, erecto. Campanula *porosa. Thunb.* Prod. p. 39. *Linn.* Suppl. p 142. Syst. Veg. XIV. p. 207. *Willd.* Spec. T. 1. P. 2. p. 85.

Crescit in locis maritimis sabulosis prope Masselbay, Houtni-quasbay, Verlooren Valley, Valsrivier et alibi. Floret Octobri, Novembri.
Caulis herbaceus, striatus, ramosus, papillis eminentibus scaber, pedalis. *Rami* alterni, virgati, erecti, cauli similes. *Folia* infima obovata, inferne angustiora; superiora lanceolata. in-tegra, glabra; infima unguicularia; reliqua, sensim minora. *Flo-res* a medio caulis racemosi. *Pedunculi* bracteâ instructi, filifor-mes, erecti, uniflori. *Perianthium* monophyllum, viride, gla-brum, profunde, 5-partitum: laciniae lanceolatae, acutae, erec-tae, corollâ breviores. *Corolla* 1-petala, tubulosa, subcam-panulata; Tubus subinflatus, superne parum angustatus, longi-

tudine calycis. Limbus 5-partitus: laciniae lanceolatae, acutae, patentes, longitudine lineae. *Nectarii* lamina 5, petaliformia, inter lacinias corollae inserta, lineari-subulata, patentia, alba, corollae laciniis paulo breviora. *Filamenta* 5, ori tubi inserta, subulata, alba, erecta, laciniis corollae breviora. *Antherae* ovatae, cornutae, flavae *Germen* superum ovatum, glabrum. *Stylus* filiformis, staminibus brevior. *Stigma* simplex, obtusum. *Capsula* ovata, glabra, calyce persistente obvoluta, unilocularis. *Semina* plurima, minutissima, globosa, glabra.

CXVI. POLEMONIUM.

Cor. 5-*partita*, *fundo clauso valvis staminiferis. Stigma* 3-*fidum. Caps.* 3-*locularis, supera.*

1. P. (*campanuloides.*) foliis lanceolatis, glabris. *Prod.* p. 35. *Act. Gorengk.* 1811. Polemonium *campanuloides. Linn.* Syst. Veg. XIV. 206. Suppl. p. 139. *Willd.* Sp c. 1. 2. p. 887.

Caulis teres, erectus, ramosus, totus glaber, pedalis et ultra. *Rami* alterni, incurvo erecti, simplices, caule breviores. *Folia* alterna, sessilia, lineari-lanceolata, integerrima, marginata, infimâ basi subciliata, internodiis longiora, pollicaria. *Flores* in caule et ramis terminales, coerulescentes. *Perianthium* 1-phyllum, glabrum, erectum, ad basin 5 partitum: laciniae lineari lanceolatae acutae, erectae, corollâ paulo breviores, persistentes. *Corolla* 1-petala, campanulata, magna, infera, 5 partita *Germen* superum, calycis laciniis inclusum et obtectum totum, glabrum, obtusum, oblongum, subcylindricum. *Stigmata* duo, compressa, obtusa, patula. *Differt* a Campanula *persicifolia:* caule ramoso et foliis integris marginatis.

2. P. (*roelloides.*) foliis lanceolatis, ciliatis. *Prodr.* p. 35. Polemonium *roelloides. Linn.* Suppl. p. 139. Syst. Veg. XIX. p. 205. *Willd.* Spec. 1. 2. p. 887

Caulis teres, inferne ramosus, villoso scaber, flexuoso-erectus, pedalis et ultra. *Rami* alterni, divaricato patuli, apice aphylli, capillares, ramulosi. *Folia* alterna, sessilia, margine revoluto marginata, scabrida, pluribus foliolis in axillis onusta, internodiis longiora, apice reflexa, lineam longa. *Flores* in ramulis sessiles et terminales, coerulei. *Perianthium* 1-phyllum, glabrum ad basin 5-partitum: laciniae lineari lanceolatae, acutae, erectae, corollâ paulo breviores. *Corolla* 1 petala, campanulata, infera, 5-fida. *Germen* superum, totum inclusum et tectum laciniis calycis persistentibus. *Stigmata* bina, patula, compressa.

CXVII. LOBELIA.

Cal. 5-*fidus. Cor.* 1-*petala, irregularis. Antherae cohaerentes. Caps. infera* 2-3-*locularis.*

☼ *foliis integris:*

1. **L.** (*setacea.*) foliis filiformi-setaceis, glabris; pedunculis axillaribus, unifloris. *Act. Gorengk.* 18 1. f. 11.

Caulis herbaceus, seu plures e radice filiformes, glabri, erecti, palmares. *Folia* alterna, erecta, unguicularia. *Flores* in summo caule axillares, pedunculati, solitarii, nutantes. *Pedunculi* capillares, longitudine foliorum.

2. **L.** (*linearis.*) foliis linearibus, glabris. *Prodr.* 39.

Crescit in fronte Bocklandsberg, prope Paardeberg. Floret Octobri et sequentibus mensibus.

Caules e radice plures, teretes, rugoso-striati, glabri, simplices, erecti. spithamaei. *Folia* alterna, sessilia, plana, patentia, pollicaria. *Flores* in axillis foliorum solitarii, pedunculati, coerulei. *Pedunculus* folio duplo brevior.

3. **L.** (*simplex.*) foliis linearibus, villosis. *Prodr.* p. 39. LOBELIA *simplex. Linn.* Syst. Veg. XIV. p. 800.

Radix annua. *Caulis* herbaceus, filiformis, simplex, erectus parum pilosus, palmaris. *Folia* alterna, sessilia, margine reflexo incrassata, unguicularia. *Flores* laterales et terminales, pedunculati, solitarii, coerulei. *Pedunculi* capillares, foliis longiores. *Calyx* lineari lanceolatus, villosus.

4. **L.** (*scabra.*) foliis linearibus., marginatis, scabris.

Caulis filiformis, debilis, flexuoso-erectus, hirtus, parum ramosus. *Folia* sparsa, sessilia, acuta, margine revoluto subsecunda, scabrida, patula, unguicularia. *Flores* axillares, pedunculati, solitarii. *Pedunculi* flexuosi, villosi, folio duplo longiores. *Corolla* et *calyx* hirti.

5. **L.** (*pinifolia.*) foliis lanceolatis, subtrigonis, glabris. LOBELIA *pinifolia. Linn.* Spec. Pl. p. 1318. Syst. Veg. XIV. p. 800. *Willd.* Spec. Plant. 1. 2. p. 937. *Thunb.* Prod. p. 39. Act Gorengk.

Crescit in montium lateribus prope Kap urbem, et alibi. Floret Majo et sequentibus mensibus.

Caulis frutescens, teres, fuscus, a casu foliorum nodulosus, flexuoso-erectus, glaber, superne ramosus, spithamaeus usque pedalis. *Rami* in superiori caulis parte dichotomi vel subverticillati, breves, subfastigiati, foliis tecti. *Folia* sessilia, sparsa, in ramis et ramulis conferta, acuta, supra concava, subtus carinata, imbricata, pollicaria, superioribus sensim minoribus. *Flores* in apicibus ramorum terminales, bini vel plures, pedunculati. *Pedunculi* breves, pilosi villo albo, uti et calyx et corolla extus.

6. **L.** (*depressa.*) foliis oblongis, glabris; caule decumbente. LOBELIA *depressa. Thunb.* Prod. p. 39. Act. Gorengk, *Linn.* Suppl. p. 395. Syst. Veg. XIV. p. 802. *Willd.* Spec. Plant. 1. 2. p. 940.

Crescit locis arenosis extra urbem Kap, et in collibus infra Taf-felberg.
Radix annua, fibrosa. *Caulis* filiformis, glaber, albus, ter-rae adpressus. *Rami* sparsi, frequentes, capillares, diffusi, glabri, flexuosi. *Folia* alterna, breviter petiolata, ovato ob-longa, obtusa, lineam longa. *Flores* ex axillis foliorum solita-rii, pedunculati, minuti. *Pedunculi* capillares, uniflori, folio duplo longiores. *Corolla* albida.

7. L. (*hirsuta.*) foliis ovatis, hirsutis; caule erecto, fru-ticoso. LOBELIA *hirsuta.* Prodr. p. 39. Act. Gorengk. *Linn.* Suppl. p. 395. Syst. Veg. XIV. p. 802. *Willd.* Spec. Plant. T. 1. P. 2. p. 951.

Caulis fuscus, *hirtus*, spithamaeus. *Rami* sparsi, filiformes, patentes, hirsuti. *Folia* alterna, sessilia, obtusa; supra sulco exarata, glabra; subtus carinata, pilis raris albis: margine re-voluto patentia, vix unguicularia. *Flores* terminales, sessiles, coerulei. *Pedunculi* e ramis continuati, elongati, filiformes, rarissime pilosi; apice flexuosi, cernui; uniflori vel biflori. *Calyx* et *Corolla* extus hirsuta.

Obs. Caulis, interdum Rami, sunt elongati, flexuoso-diffusi. Folia inte-gra sunt, licet a ciliis e margine replicato denticulata appareant.

** *foliis dentatis; caule decumbente:*

8. L. (*volubilis.*) foliis linearibus, integris dentatisque; caule volubili. *Prod.* p. 39. Act. Gorengk. LOBELIA *volubi-lis. Linn.* Suppl. p. 396. Syst. Veg. XIV. p. 801 CYPHIA *volubilis. Willd.* Spec. 2. 2. p. 952.

Herba tota glabra. *Radix* annua, fibrosa. *Caulis* herbaceus, filiformis, vix ramosus. *Folia* alterna, sessilia, remota, mar-gine revoluto incrassata, axillis minoribus foliolis onusta, pa-tentia, pollicaria. *Flores* ex axillis foliorum, pedunculati, so-litarii. *Pedunculi* capillares, flexuosi, uniflori. *Corolla* ringens, subpentapetala. *Stamina* 5, filamentis coalitis, antheris liberis.

9. L. (*tenella.*) foliis linearibus, dentatis; caule flexuoso-erecto; pedunculis longioribus. *Prodr.* p. 40. LOBELIA *tenella. Linn.* Mantiss. p. 120. Syst. Veg. XIV. p. 802.

Crescit in collibus prope Musselbay copiose. Floret Octobri, Novembri.
Caules herbacei, basi decumbentes, angulati, teneri, glabri, rarius ramosi, palmares usque pedales. *Rami* similes cauli, elongati. *Folia* alterna, sessilia, lateribus decurrentia, ellip-tico lanceolata, acuta, margine reflexo incrassata, utrinque dente unico acuto armata, rarius duobus serrata, glabra, pa-tentia, unguicularia. *Flores* pedunculati, solitarii, coerulei. *Pedunculi* ex axillis foliorum superiorum uniflori, erecti, digi-tales. *Calyx* et Corolla extus tenuissime villosa. *Variat in* eodem caule foliis integris, unidentatis et bidentatis.

10. L. (*Erinus.*) foliis lanceolatis, glabris; pedunculis folio longioribus. *Prodr.* p. 40. Act. Gorengk. LOBELIA

12*

180   PENTANDRIA. MONOGYNIA.   CXVII. LOBELIA.

Erinus. Linn. Spec. Pl. p. 321. Syst. Veg. XIV. p. 802.
Will l. Spec. 1. 2. p. 948.

Caulis simplex, herbaceus, filiformis, flexuoso - erectus, elongatus, glaber. *Folia* sessilia, basi integra, apicem versus serrata, patentia, unguicularia et pollicaria. *Flores* axillares, pedunculati, solitarii. *Pedunculi* filiformes, apice incrassati, glabri, florentes erecti, fructiferi geniculato-horizontales, folio duplo longiores. *Variat:* caulibus pluribus radicalibus foliisque villosis.

11. L. (*erinoides.*) foliis lanceolatis, glabris; pedunculis folio brevioribus. *Prodr.* p. 40 Act. Gorengk. LOBELIA *Erinoides. Willd.* Sp. 1. 2. p. 949.

Crescit in collibus extra urbem Kap, et alibi.

Caulis herbaceus, filiformis, glaber flexuosus, erectus. *Rami* cauli similes, alterni, pauci *Folia* inferne attenuato-subpetiolata, serrata, patentia, pollicaria *Flores* axillares, solitarii, coerulei. *Pedunculi* ex axillis foliorum, uniflori, folio duplo breviores.

12. L. (*lutea,*) foliis lanceolatis, serratis; floribus subsessilibus. *Prodr.* p. 40. Act. Gorengk. LOBELIA *lutea.* Linn. Spec. P p 1322. Syst. Veg. X V. p. 802. *Willd.* Spec. 1. 2. p. 950.

Crescit in collibus arenosis prope Kap vulgatissima et alibi. Floret Majo, Junio.

Caules herbacei, saepius plures e radice, decumbentes, apice flexuoso erect, filiformes, glabri vel tenuissime villosi, digitales usque pedales. *Rami* pauci, cauli similes. *Folia* alterna, sessilia, acuta, serraturis circiter quinque utrinque, glabra; saepe secunda, patentia, unguicularia. *Flores* in apicibus caulium et ramorum subspicati, lutei. *Antherae* leviter cohaerentes, apice albo-hirsutae.

13. L. (*crenata.*) foliis lanceolatis, crenatis; caule volubili. *Prodr.* p. 39. *Act. Gorengk.*

Caulis herbaceus, filiformis, decumbens uti tota planta glaber, parum ramosus. *Folia* alterna, breviter petiolata, crenato serrata, patentia, axillis interdum foliolis duobus onustis, inaequalia pollicaria et ultra; inferiora acuta, superiora minora et obtusa. *Flores* alterni, axillares ex axillis foliorum superiorum, solitarii, pedunculati. *Pedunculi* uniflori, capillares, vix longitudine foliorum.

14. L (*anceps.*) foliis obovatis lanceolatisque; caule ancipiti. *Prodr* p. 40. *Act. Gorengk.* LOBELIA *anceps. Willd.* Sp. 1. 2. p. 949.

Caulis herbaceus, alato-anceps, simplex, glaber, flexuosus, decumbens, spithamaeus. *Folia* inferiora petiolata, obtusa, crenata, supra glabra, subtus pubescentia, unguicularia, vel paulo ultra; superiora sessilia, decurrentia, lanceolata, obtusa, serrata, glabra, erecta, unguicularia, supremis sensim mino-

ribus. *Flores* ex axillis foliorum superioribus, solitarii, coerulei. *Pedunculi* capillares uniflori, folio paulo longiores.

15. L. (*repens.*) foliis obovatis, dentatis cauleque villosis *Prodr.* p. 40. *Ac Gorengk.*

*Crescit locis arenosis extra urbem. Floret Januario et Fe-
bruario.*

Caulis simplex vel plures radicales, herbacei, filiformes,
rugosi, tenuissime pubescentes, flexuosi, decumbentes, palmares et ultra. *Folia* subpetiolata, obtusa, obsolete dentata,
subtus imprimis tenuissime hirsuta, superiora magis inferne
attenuata, patentia, unguicularia. *Flores* versus apicem ramorum axillares, pedunculati, coerulei. *Pedunculi* solitarii, uniflori, folio breviores.

16. L. (*patula.*) foliis ovatis, sinuato-dentatis, villosis;
caulibus prostratis. *Prodr.* p 40. *Act. Gorengk.* Lo-
balia *patula. Linn.* Suppl. p. 395. Syst. Veg. XIV. p. 801.
Willd. Spec. 1. 2. p. 944.

*Crescit in Lange kloof et aliorum montium vallibus. Floret
Novembri et sequentibus mensibus.*

Caules e radice saepe plurimi vel mox ramosi, filiformes,
apice capillares, elongati, simplices vel remote dichotomi,
patentissimi et diffusi, rugosi, glabri, pedales et ultra. *Folia*
pauca in inferiori parte caulium, alterna vel ex axillis bina
aut tria, petiolata, ovata vel oblonga; acuta, patentia, unguicularia usque pollicaria; folia superiora lanceolata *Petiolus*
semipollicaris. *Flores* alterni, remoti, pedunculati, cernui.
Pedunculi solitarii, capillares, foliolo longiores.

17. L. (*thermalis.*) foliis ovatis, serratis; caulibus decumbentibus, piloso-hispidis *Prodr.* p. 40. *Act Gor.*

*Crescit in regionibus thermarum prope rivum Elephantis (oly-
fants rivier) orientalis, in ipso saepe rivulo aquae calidae.
Floret Januario, Februario.*

Caules plures e radice vel mox ramosus, herbaceus ramis
alternis diffusis; valde hirsutus pilis densis, albis, strigosis;
apice erectus. *Folia* sessilia, alterna, utrinque attenuata, acuta,
argute serrata, supra glabra, subtus piloso hispida, erecto-
patentia, unguicularia. *Flores* axillares, solitarii, lutei. *Pedunculi* folio breviores et calyx hirsuto strigosus pilis albis.

18. L. (*pubescens.*) foliis ovatis, denticulatis; caule angulato, decumbente. *Act. Gorengk.*

Caulis flexuosus, uti tota planta villosus, brevis, ramosus.
Rami alterni, flexuosi, apice erecti *Folia* inferiora ovata,
petiolata, alterna, villosa, unguicularia; superiora elliptica
Flores in apicibus ramorum racemosi, albi. *Pedunculi* solitarii
uniflori.   ,

19. L. (*pygmaea.*) foliis rotundatis, serratis, caulibus-
que decumbentibus, hirsutis. *Prodr.* p. 40. *Act. Gor.*

Crescit in rimis horizontalibus montis Ribeck Kastel. Floret
Octobri, Novembri.
    Caulis herbaceus, tenerrimus, ramosus, tenuissime villosus.
Rami capillares, diffusi, cauli similes. *Folia* alterna, petiolata,
orbiculata, serraturis argutis, utrinque tenuissime villosa,
lineam longa. *Petioli* capillares, hirti, folio paùlo longiores.
Flores axillares, pedunculati. *Pedunculi* ex axillis foliorum,
solitarii, uniflori, capillares, hirti, foliis duplo longiores.
Corolla alba.

    20. L. (*minuta.*) foliis rotundatis, lobatis: lobis obtusis;
pedunculis unifloris. *Prodr.* p. 40. *Act. Gor.* Lobelia
minuta. Linn. Mantiss. p. 292. Syst. Veg. XIV. p. 801.
Willd. Spec. 1. 2. p. 947.
    Crescit in rimis rupium summorum et in ipsa planitie frontis Taf-
    felberg. Floret Februario, Martio, Aprili.
        Caulis herbaceus, capillaris, tenerrimus, glaber, erectus, vix
    pollicaris. *Folia* alterna, petiolata, triloba glabra, lineam
    longa. *Petioli* folio longiores. *Flores* axillares, pedunculati,
    albi. *Pedunculi* capillares, foliis longiores. *Corolla* nivea.

        °°° *foliis dentatis; caule erecto.*

    21. L. (*cinerea.*) foliis linearibus, dentato-spinosis, to-
mento is; floribus sessilibus. *Prod.* p. 40. *Act. Gor.*
    Crescit in Roggeveld. Floret Novembri et sequentibus men
    sibus.
        Radix annua, subfusiformis, longe descendens, simplex, lae-
    vis. *Caules* plures e radice, erecto-patentes, teretes, laeves,
    glabri, albi, inaequales, subsimplices, vix palmares. *Folia*
    alterna, sessilia, acuta, margine incrassata, patentia apice re-
    flexo, inferiora glabra, superiora cinereo-tomentosa, unguicu-
    laria. *Flores* subracemoso-terminales, albi. *Calyx* cinereo-
    tomentosus.

    22. L. (*tomentosa.*) foliis linearibus, dentatis, tomento-
sis; pedunculis longissimis. *Prodr.* p. 40. *Act. Gor.* Lobelia *tomentosa. Linn.* Syst. Veg. XIV. p. 800. *Willd.*
Spec. 1. 2. p. 943.
    Crescit in montibus Lange kloof. Floret Novembri
        Caulis frutescens, teres, fuscus, pubescens, ramosus. *Rami*
    alterni, subfastigiati. *Folia* sessilia, dentato-pinnatifida, ob-
    tusa patenti-imbricata, unguicularia. *Flores* terminales, rarius
    bini, saepius solitarii. *Pedunculi* e ramis elongati, filiformes,
    erecti, glabri, palmares usque spithamaei. *Corolla* coerulea,
    extus uti et calyx hirsuta.

    23. L. (*debilis.*) foliis linearibus, denticulatis, glabris.
Lobelia *debilis.* Prod. p. 40. Act. Gorengk. *Linn.* Suppl.
p. 395. Syst. Veg. XIV. p. 801. *Willd.* Spec. 1. 2. p. 946.
    Radix annua, bifida vel trifida, alte descendens. *Caules* e
    radice plures, herbacei, filiformes, flexuoso-erecti, glabri, sub-
    simplices, palmares. *Folia* alterna, sessilia, remote denticu-

lata, margine reflexo incrassata, patentia, unguicularia. *Flores* terminales, solitarii, coerulei. *Pedunculi* e caulibus continuati, aphylli, flexuoso-erecti. *Calyx* et *Corolla* extus tenuissime villosa.

24. L. (*secunda.*) foliis obovatis, lanceolatisque, dentatis, glabris; racemo secundo. *Prodr.* p. 40. *Act. Gor.* Lo-belia *secunda. Linn.* Suppl. p. 395. Syst. Veg. XIV. p. 801. *Willd* Suec. 1. 2. p. 943.

Crescit locis arenosis, vere inundatis extra Kap. Floret Janna-rio, Februario.

Radix fasciculato fibrosa, annua. *Caules e radice* plures, herbacei, filiformes, tenuissime striati et pubescentes, erecto-incurvi, simplices, palmares usque spithamaci. *Folia* inferiora obovata, attenuato-petiolata, obsolete denticulata, obtusa, pa-tula, unguicularia; superiora sessilia, inferne magis attenuata, lanceolata, saepius integra, rarius dentata, erecta, vix ungui-cularia, sensim minora. *Flores* racemosi ex axillis foliorum. *Pedunculi* solitarii, uniflori, folio breviores. *Corolla* alba et *calyx* extus pubescentes.

25. L. (*fervens.*) foliis ovato-oblongis, serratis, glabris; pedunculis unifloris.

Radix fibrosa, *annua. Caulis* herbaceus, erectiusculus, sub-ramosus, glaber, spithamaeus. *Folia* alterna, sessilia, infe-riora ovato-oblonga, tenuissime serrata, unguicularia usque pollicaria; superiora lanceolata, serrata. *Flores* ex axillis fo-liorum superiorum solitarii, pedunculati, coerulei. *Pedunculi* folio duplo breviores

26. L. (*bifida.*) foliis ovatis, dentatis, glabris; caule bi-fido. Lobelia *bifida. Prod.* p. 40. *Act. Gorengk.*

Crescit in monte Bockland, prope marginem montis. Floret Novembri.

Radix annua, tenuissima. *Caulis* herbaceus, filiformi-capil-laris, pubescens, erectus, simplex, apice bifidus, rarius bis bifidus, pollicaris usque digitalis. *Folia* radicalia subpetiolata, obovata, denticulata, vix conspicue pubescentia, lineam longa; caulinum solitarium, vel bina alterna, erecta, minuta. *Flores* terminales, solitarii, coerulei. *Bractea* lanceolata in dichoto-mia caulis.

27. L. (*bellidifolia.*) foliis ovatis, dentatis, hirsutis; caule simplici. *Prodr.* p. 40. *Act. Gorengk.* Lobelia *bellidi-folia. Linn.* Suppl. 396. Syst. Veg. XIV. p. 800. *Willd.* Spec. 1. 2. p. 941.

Radix tenuis, annua. *Caulis* herbaceus, filiformis, erectus, pilis albis hirtus, palmaris. *Folia* inferiora petiolata, pilis albis, patula, unguicularia; superiora magis lanceolata, sessilia, acutiora, minora. *Flores* in summo caule laterales et termina-les, solitarii. *Pedunculi* capillares, flexuosi, folio longiores. *Corolla* coerulea.

28. **L.** (*phyteuma.*) foliis oblongis, crenatis; caule erecto.
LOBELIA *Phyteuma.* Prodr. p. 39. Act. Gorengk. *Linn.*
Spec. Plant. p. 1319. Syst. Veg. XIV. p. 800.

Radix annua. *Caulis* scapiformis, teres, striatus, glaber,
simplex, flexuoso erectus, palmaris usque pedalis. *Folia* radicalia, breviter petiolata, seu inferne attenuata, obtusa, villosa, patentia, pollicaria et ultra. *Flores* subspicati, plurimi,
alterni. *Bracteae* sub singulo flore ovatae, acutae, dentatae,
reflexae, supremae ciliatae. *Filamenta* connata antheris liberis, hirsutis.

*** *foliis laciniatis pinnatifidis:*

29. **L.** (*triquetra.*) foliis lanceolatis, dentato-pinnatifidis;
caule glabro. *Prodr.* p. 40. Act. Gorengk. LOBELIA *trique-*
tra. Linn. Syst. Veg. XIV. p. 800. *Willd.* Sp. 1. 2. p. 941.
LOBELIA *comosa. Linn.* Spec. Pl. p. 1323.

Crescit in collibus infra latus orientale Taffelberg. Floret Ju-
nio, Julio.
Caules herbacei, basi saepe decumbentes, erecti, simplices
vel apice ramosi, pedales et ultra. *Rami* alterni, pauci, subaphylli. *Folia* alterna, sessilia, dentata, saepius dentato-
pinnatifida, glabra, pollicaria. *Flores* in supremo caule et ramis alterni, pedunculati, saepe subfastigiati, coerulei. *Pedun-*
culi inferiores longiores, superiores sensim breviores.

30. **L.** (*coronopifolia.*) foliis oblongis, dentato-pinnatifi
dis; caule hirto. *Prod.* p. 40. *Act. Gorengh.* LOBELIA
coronopifolia Linn. Spec. Pl. p. 1312. Syst. Veg. XIV. p.
802 *Willd.* Spec. 1. 2. p. 952.

Crescit in collibus infra Taffelberg ubique vulgatissima. Floret
Martio et sequentibus mensibus.
Caulis suffruticosus, erectiusculus, brevis, hispidus, pollicaris usque palmaris. *Folia* frequentia, subpetiolata, serrato-
pinnatifida, hispida pilis albis, erecto patentia, pollicaria. *Pe-*
dunculi ex apice caulis elongati, aphylli, glabri, erecti, uniflori, raro biflori. *Flores* coerulei.

31. **L.** (*bulbosa.*) foliis pinnatis: pinnis linearibus. *Prod.*
p. 39. *Act. Gorengk.* LOBELIA *bulbosa. Linn.* Spec.
Pl. p. 1319. Syst. Veg. XIV. p. 800. CYPHIA *bulbosa. Berg.*
Pl. cap p. 172.

Crescit in collibus infra Taffelberg, et quidem imprimis ad la-
tus occidentale, in Leuweberg, et inter urbem Kap atque se-
riem montium proximam longam. Floret Julio, Augusto.
Radix fibrosa, annua, descendens, bulbo terminata. *Caulis*
saepe simplex, raro ramosus; ramis parvis ex inferiori caule,
saepe versus apicem aggregatis; erectus, palmaris usque spithamaeus. *Folia* pinnatifida, glabra. Pinnae inaequales, lanceolatae; suprema folia saepe simplicia. *Filamenta* coalita antheris liberis. *Corollae* petala cohaerentia, facile tamen separanda.

32. L. (cardamines.) foliis pinnatis: pinnis ovatis, dentatis. Lobelia cardamines. Prodr. p. 39. Act Gorengk.

Crescit in campis sabulosis extra urbem Kap.

Caulis scapiformis, simplex, striatus, villosus, erectus, palmaris et ultra. *Folia* radicalia, petiolata, pinnatifida, digitalia. Pinnae utrinque attenuatae, dente uno alterove notatae; ultima triloba; villosae. *Flores* racemosi pedunculis brevissimis. *Filamenta* connata. *Antherae* liberae, hirsutae.

33. L. (incisa.) foliis inciso subpinnatifidis; caule aphyllo. Lobelia incisa. Prod. p. 39. Act. Gorengk.

Crescit extra urbem, in collibus.

Radix annua, descendens. Caulis scapiformis, simplex, sulcatus, villosus, erectus, spithamaeus et ultra. *Folia* radicalia, petiolata, villosa, pollicaria petiolis pollicaribus. *Flores* racemosi pedunculis brevissimis. *Corolla* bilabiata, albo-incarnata. Petala tria superiora cohaerentia, facile separanda, apice recurvo patentia: duo inferiora pendulo-reflexa; omnia lanceolata. *Filamenta* ad medium connata, villosa, brevissima. *Antherae* ovatae, extus villosae, non connatae. *Stylus* filiformis, longitudine filamentorum. *Stigma* laterale, capitatum, obtusum, pateriforme.

34. L. (digitata.) foliis digitatis; caule volubili. *Act.* Gor. Lobelia cyphia. Prodr. p. 39. *Linn.* Syst. Veg. per Gmel. p. 357.

Hottentotis: Barup. Crescit in campis arenosis inter Kap et Drakenstein, in collibus infra Duyvelsberg, alibique. Floret Junio; Julio, Augusto.

Radix bulbosa, carnosa. Caulis filiformis, glaber, simplex, striatus. *Folia* alterna, sessilia, digitato-pinnata. Pinnae lineares, supra sulco; subtus costa longitudinali, marginibusque reflexis; patentes, glabrae, tertiam lineae partem latae, pollicares. *Flores* in summo caule, alterni, pedunculati. *Pedunculi* filiformes, patentes, striati, glabri, purpurascentes, uniflori, semiunguiculares. *Bractea* sub pedunculo foliacea, ovata, foliis similis, longitudine pedunculi. *Perianthium* 1-phyllum, 5-partitum. Laciniae ovatae, convexae, acutae, erectae, glabrae, persistentes, lineam dimidiam longae. *Corolla* 1-petala, ringens. Labium inferius fere ad basin superioris divisum, leviter cohaerens basi, limbo tripartitum: laciniae lanceolatae, acutae, concavae, patentes, a medio ad basin cohaerentes, divisibiles. Labium superius a basi ad medium divisibile, cohaerens limbo bipartito: laciniae reflexae, reliquis similes, unguiculares. *Corolla* albido-coerulea, vere 5-petala est, sed petala, tria inferiora et duo superiora invicem cohaerent, facile separanda usque ad basin. *Filamenta* basi connata in unum corpus, apice subulata, alba, longitudine dentium calycis. *Antherae* separatae, oblongae, olivaceae, dorso albo-pilosae, erectae. *Germen* superum, glabrum. *Stylus* filiformis, brevis, longitudine filamentorum, erectus virescens. *Stigma* simplex, obtusum, obliquum, barbatum. *Capsula* subrotunda, angulata, glabra, bivalvis, bilocularis. Cyphiae Genus, a Celeb. *Bergio* constitutum, cum Lobeliis idem est, licet stamina fuerint monadelpha. *Usus:* Radix ab Hottentottis saepe comeditur.

CXVIII. SCAEVOLA.

Cor. 1-*petala*: *tubo longitudinaliter fisso. Limbo* 5-*fido, laterali. Drupa infera* 1 *sperma. Nux* 2-*locularis.*

1. S. (*Lobelia.*) foliis obovatis, glabris, integris. *Willd.* Sp. I. 2. p. 955.
Crescit in Musselbay ad littus maris. Floret Octobri, Novembri.

CXIX. VIOLA.

Cal. 5-*phyllus. Cor.* 5-*petala, irregularis, postice cornuta. Antherae cohaerentes. Caps. supera,* 3-*valvis,* 1-*locularis.*

1. V. (*decumbens.*) caule decumbente, ramoso; foliis linearibus, integris. *Prod.* p 41. Viola *decumbens. Linn.* Suppl. p. 397. Syst. Veg. XIV. p. 803. *Willd.* Spec. I. 2. p. 1168.
Crescit in summis montibus Hottentots Holland. Floret Majo, Junio.
Radix perennis, repens, filiformis. *Caules* e radice saepe plures, basi decumbentes, simplices, raro ramosi, apice recti, filiformes, fusco-brunei, tenuissime pubescentes, palmares. *Folia* alterna, sessilia, approximata, imbricato-patentia, lineari-lanceolata, glabra, subtus convexa, pollicaria. *Flores* terminales, pedunculati. *Pedunculi* ex apice caulium, solitarii vel plures, flexuoso-erecti, glabri, digitales. *Corolla* coerulea, intus lutea. *Nectarium* cornutum, longitudine calycis.

2. V. (*capensis.*) suffruticosa, caule erecto; foliis obovatis, serratis. Viola *capensis.* Prod. p. 40. *Linn.* Syst. Veg. XIV.
Crescit in sylva Galgebosch. Floret Decembri.
Radix perennis. *Caules* e radice plures, basi suffrutescentes, simplices, filiformes, curvato-erecti, tenuissime pubescentes, digitales usque palmares. *Folia* brevissime petiolata, obtusiuscula, obsolete serrata, margine revoluta, utrinque tenuissime pubescentia, patentia, unguicularia. *Flores* ex axillis foliorum, pedunculati, solitarii. *Pedunculi* filiformes, flexuoso-erecti, uniflori. *Perianthium* 5-phyllum: laciniae inferiores naviculares, conniventes; dorsalis carinata, solitaria; laterales planae, parum latiores, omnes ovatae, acutae, tenuissimae, pubescentes, vix lineam longae. *Corolla* 5-petala, irregularis, albida.- Petala duo superiora oblonga, venosa, calyce vix longiora; duo lateralia falcata; infimum majus et difforme: unguis linearis, geniculatus, canaliculatus, lineam longus, seu calyce longior: lamina subcordata, rotundata, patens, fere unguicu-

laris. *Filamenta* 5, alba, antheris liberis, flavis. Cornu nullum.

3. V. (*tricolor.*) caule decumbente, stipulis pinnatifidis. Prodr. p. 40.

CXX. IMPATIENS.

Cal. 2-*phyllus. Cor.* 5.-*petala, irregularis, nectario cucullato. Caps. supera,* 5-*valvis.*

1. I. (*capensis.*) pedunculis solitariis, unifloris; foliis ovatis: crenis piliferis. *Prodr.* p. 41.

Crescit in sylvulis. Floret Novembri.
   Caulis herbaceus, tener, pellucidus, glaber, debilis, erectus, simplex, spithamaeus usque pedalis. *Folia* alterna, petiolata, utrinque attenuata, acuminata acumine obtuso, crenata, rarissime villosa, diaphana, unguicularia usque sesquipollicaria. *Flores* laterales, pedunculati. *Pedunculi* ex axillis foliorum superiorum capillares, laxissimi, pollicares et ultra. *Nectarium* flore longius, unguiculare.

2. I. (*bifida.*) pedunculis solitariis, unifloris; foliis oblongis, serratis; nectariis longissimis, bifidis. *Prodr.* p. 41.

   Caulis herbaceus, tener, glaber, simplex, erectus, palmaris. *Folia* alterna, petiolata, utrinque attenuata, digitalia. *Flores* axillares, pedunculati. *Pedunculi* capillares, laxissimi, digitales. *Nectarium* cornutum, flore multoties longius, pollicare, curvatum.

CXXI. LONICERA.

Cor. monopetala, irregularis. Bacca polysperma, 2-*locularis, infera.*

1. L. (*bubalina.*) capitulis terminalibus, pedunculatis; foliis oblongis, integris, glabris. *Prod.* p. 41. Lonicera *bubalina. Linn.* Suppl. p. 146. Syst. Veg. XIV. p. 216.

Africanis: Buffelshoren. Crescit in sylvis Houtniquas, trans Krumrivier et aliis. Floret Octobri, Novembri.
   Caulis fruticosus, cinereo-fuscus, erectus, ramosus, tripedalis vel ultra. *Rami* oppositi, teretes, cauli similes, flexuoso-erecti. *Folia* opposita, petiolata, ovato-oblonga, supra glabra, subtus tenuissime villosa, erecta, policaria usque palmaria. *Petioli* vix semiunguiculares. *Flores* in ramulis terminales, vel in alis foliorum pedunculati, capitati, quatuor et ultra, involucrati. *Involucri* foliola ovata, acuta, brevissima. *Perianthium* 1-phyllum tubulosum, tubo brevius, persistens, 5-partitum: laciniae lanceolatae, acutae, erectae, semiunguiculares. ' *Corolla* 1-petala, subinfundibuliformis, tubulosa. — Tubus cylindricus, medio parum ventricosus, pollicaris, piloso-scaber pilis minutissimis adpressis albis. Limbus aequalis. 5-partitus: laciniae lanceolatae, acutae, curvato-patentes, lineam

longae. *Color* corollae coccineus. *Filamenta* medio tubo Corollae inserta, brevissima, subnulla *Antherae* quinque, lineares, medio suo affixae, subsessiles, ere tae, semiunguiculares.
Germen inferum, sertiforme, glabrum. *Stylus* filiformis, corollâ
vix longior. *Stigma* clavato oblongum, simplex, obtusum.
Capsula turbinata, retusa, pilosa, bilocularis, calyce coronata.
Semina in singulo loculamento solitaria, nigra, glabra.

CXXII. D A T U R A.

*Cor. infundibuliformis, plicata. Cal. tubulosus, angula-
tus, plicatus. Caps. 4-valvis.*

1. D. (*stramonium.*) pericarpiis spinosis, erectis, glabris; foliis ovatis, glabris. *Prodr.* p. 35 Datura stramonium. *Linn.* Spec. Pl. p. 255. Syst. Veg. XiV. p. 220.

*Crescit juxta Kap, extra et in Hortis Europaeorum, forsan ex
Europa advena. Floret Julio.*

CXXIII. S O L A N U M.

*Cor. rotata. Antherae subcoalitae, apice poro gemino
dehiscentes. Bacca 2-locularis.*

1. S. (*nigrum.*) caule inermi, herb ceo; foliis ovatis, integris dentatisque; racemis distichis, nutantibus. Prod. p. 36.
Solanum *nigrum. Linn.* Spec. Pl. p. 266. Syst. Veg. XIV.
p. 224. *Willd.* Spec. Pl. l. 2. p. 1035.

*Incolis Europaeis: Nacht-schade. Crescit in cultis intra Hor-
tos, in Leuweberg sponte, inque Paardeberg et alibi intra
Coloniae limites. Floret Augusto et sequentibus mensibus.
Caulis subangulatus, flexuoso-erectus, totus tenuissime villosus,
pedalis. Rami alterni, flexuosi, cauli similes. Folia alterna,
petiolata, sinuato-dentata, unguicularia usque pollicaria. Petioli foliis breviores. Flores sparsi, in ramis inter foliorum in-
terstitia racemosi, albidi. Racemus cernuus, biflorus, quadriflorus. Usus: Succus pro unguentis ad sananda ulcera exprimitur a Colonis.*

2. S. (*lycopersicum.*) caule inermi. herbaceo: foliis pinnatis: pinnis incisis, villosis; racemis aphyllis. Solanum *lycopersicum. Prod.* p. 36. Act. Gorengk.' *Linn.* Spec. Pl.
p. 265. Syst. Veg. XIV. p. 224. *Willd.* Spec. l. 2. p. 1033.

*Herba tota tenuissime·pubescens, non tomentosa, crescit in confiniis
urbis, forsan ex Europa allata.*

3. S. (*quadrangulare.*) caule inermi., frutescente, tetragono; foliis ovatis, integris angulatisque; floribus paniculatis.
Prodr. p. 36. Act. Gor. Solanum *quadrangulare. Linn.*
Suppl. p. 14⁻. Syst. Veg. XIV. p. 224. *Willd.* Spec. I. 2.
p. 1032.

Crescit in Hottentots Holland prope littus maris, juxta Zeeko-

valley, in Houtbay juxta littus portus, et alibi. Floret De-cembri et sequentibus mensibus ad Majum.

Caulis bipedalis et ultra. *Rami* alterni, tetragoni, scabridi, curvato-erecti, parum ramulosi. *Folia* alterna, petiolata, obtusiuscula,. utrinque glabra, tenuissime scabra, erecto patula, inaequalia, unguicularia, usque bipollicaria; in eodem saepe ramo integra et angulato-dentata. *Petioli* depressi, unguiculares. *Flores* terminales, coerulescentes. *Pedicelli* capillares.

4. S (*bracteatum*.) caule inermi, fruticoso, tetragono; foliis ovatis, serratis; racemis foliosis. *Act. Gor.* 1812.

Caulis rigidus, glaber, angulis crispis, ramosus. *Rami* similes, divaricati. *Folia* in petiolos breves attenuata. acuta, glabra, inaequalia, pollicaria et ultra. *Flores* in ramis racemosi, bracteati *Pedunculi* ex axillis bractearum, simplices, rarius bifidi. *Bracteae* foliis similes, covolutae, serrulatae, vix unguiculares, pedunculo paulo breviores. *Calycis* laciniae acutae. *Baccae* nigrae. *Simile* S. quadrangulari, sed diversum calyce, inflorescentiâ et foliis.

5. S. (*insanum*.) caule aculeato, herbaceo; foliis tomentosis; pedunculis pendulis. Prod. p. 36. Solanum *insanum. Willd.* Spec I. 2. p. 1037.

Crescit in collibus extra urbem Kap, et alibi.

6. S. (*mammosum*.) caule aculeato, herbaceo; foliis incisis, dentato-lobatis, villosis; pedunculis lateralibus, unifloris. *Prodr.* p 36. Solanum *mammosum. Linn.* Spec. Pl. p. 267. Syst. Veg. XIV. p. 225.

Crescit prope Buffeljagts rivier juxta Compagn Post, inter arbusta. Floret Novembri, Decembri.
Caulis uti tota planta villosus, aculeis flavescentibus inaequalibus frequentissimis horridus. *Rami* cauli omnino similes. *Folia* alterna, petiolata, ·subcordata, oblonga, sinubus rotundatis lobisque dentato-angulatis, utrinque villosa et in nervis aculeis longis flavis armata, erecta, palmaria. *Petioli* villosi, aculeis longis horizontalibus armati, bipollicares. *Flores* in medio ramorum, pedunculati. *Pedunculi* capillares, plerumque tres,.subsimplices, villosi, aculeati, cernui, pollicares. *Calyx* hirtus, aculeatus. *Corolla* coerulea.

7. S. (*tomentosum*.) caule aculeato, fruticoso; foliis cordatis, repandis, tomentosis; floribus solitariis. *Prod.* p. 36. Solanum *tomentosum. Linn.* Spec. Pl. p. 269. *Willd.* Spec. I. 2. p. 1045.

Crescit circum Kap urbem, in collibus, alibique. Floret Julio et sequentibus mensibus hiemalibus.

8. S. (*niveum*.) caule aculeato, fruticoso; foliis ovatis, subtus tomentoso-niveis, integerrimis: paniculâ decomposi â. *Prod.* p.36. *Act. Gorengk.* Solanum *giganteum. Willd.* Spec. T. I. P. 2. p. 1046.

Crescit prope sylvam Essebosch et alibi sponte Cultum quoque vidi in urbe Kap. Floret Decembri, Januario et sequenti bus mensibus.

Radix perennis. *Caulis* bipedalis, adultus orgyalis, crassitie brachii, aculeatus, erectus, totus-, pulverulento - tomentosus, niveus. *Rami* alterni, cauli similes, aculeis flavescentibus. *Folia* alterna, petiolata, utrinque attenuata, acuminata, indivisa, nervosa; adulta palmaria usque spithamaea, supra glabra; superiora digitalia, niveo - subtomentosa; suprema sensim minora, supra subtusque imprimis niveo-tomentosa; pollicem usque palmam lata; erecta; summa approximata, inermia. *Petioli* tomertosi, inermes,' foliis multo breviores. *Panicula* florum lateralis, supradecomposita. *Pedunculi* et *pedicelli* dichotomi, trichotomi, sensimque racemosi, cernui, nivei. *Calyx* totus densissime et corolla extus parum pulverulento - niveae. *Baccae* glabrae

Obs. Valde simile S. verbascifolio et subinermi; sed distinctum aculeis, tomento, floribus.

9. S. *(capense.)* caule aculeato, fruticoso; foliis pinnatifido-sinuatis, aculeatis, glabris: laciniis integris, obtusis. P r o d r. p. 37.' *A c t. G o r è n g k.* Solanum *capense. L i n n.* Mant. p. 46. Syst. Veg. XIV. p. 226. *Willd.* Spec. I. 2. p. 1044.

Crescit inter Krumrivier et Zeekorivier in campis graminosis. Floret Novembri, Decembri.

Radix perennis. *Caulis* erectiusculus, totus glaber, ramosissimus, vix pedalis. *Rami* sparsi, teretes, virides, flexuosi, incurvati, aculeati: aculeis flavescentibus, recurvis, frequentissimis. *Ramuli* similes. *Folia* sparsa, petiolata, ovata, incisopinnata sinubus rotundatis, obtusa, utrinque glabra; subtus juxta nervum dorsalem, rarius supra aculeata., patentia, ungui-cularia; Lobi alterni, obtusi, integri. *Petioli* foliis duplo breviores, aculeati. *Flores* laterales. pedunculati. *Pedunculi* solitarii, inermes, uniflori et biflori, cernui. *Calyx* aculeatus. *Corolla* coerulea. *Bacca* glabra.

CXXIV. PHYSALIS.

Cor. rotata.. Stam. conniventia. Bacca intra calycem inflatum, bilocularis.

1. P. *(arborescens.)* caule fruticoso, villoso; foliis ovatis, villosis; floribus axillaribus, cernuis. *Prodr.* p. 3-. Physalis *arborescens. Linn.* Spec. Pl. p. 161. Syst. Veg. XIV. p. 222. *Willd.* Spec. Pl. I. 2. p. 1020.

Crescit inter Visch-rivier et Söndags-rivier. Floret Decembri, Januario, Februario.

Caulis frutescens, teres, rugosus, erectus, infra glabriusculus, supra villosus, bipedalis et ultra. *Rami* alterni, pauci, villosi, erecti. *Folia* alterna, petiolata, acuta, integra, venosa, tenuissime villoso - pulverulenta, pollicaria. *Petioli* foliis duplo breviores. *Flores* in divaricatione ramorum et in axillis foliorum, solitarii et aggregati, tres vel quat or. *Pedunculi* tomentosi, uniflori, lineam longi. *Calyces* pubescentes.

2. P (*tomentosa*.) caule fruticoso. tomentoso; foliis elliptico - oblongis, tomentosis; floribus lateralibus, aggregatis. *Prod.* p. 37.

Crescit juxta Slange-rivier. Floret Septembri et sequentibus mensibus.

Caulis teres, erectus, totus omnibus partibus, imprimis ramis et foliis subtus tomentosis, bipedalis et ultra. *Rami* alterni, pauci, elongati, subsimplices. *Folia* alterna; petiolata, oblongo ovata, seu elliptica, obtusiuscula, integra, erecta, pollicaria et sesquipollicaria. *Petioli* unguiculares *Flores* per ramos in omnibus axillis foliorum pedunculati, cernui, albi. *Pedunculi* tres, usque sex, tomentosi, uniflori, refl xi, lineam longi *Calyces* angulati, inflati. *Differt* a PH. *curassavica* foliis oblongis.

CXXV. ATROPA.

Cor. campanulata. *Stam.* distantia. *Bacca* globosa, 2 - locularis.

1. A (*solanacea*.) caule fruticoso; foliis ovatis, integris; pedunculis unifloris. *Prodr* p. 37. ATROPA *solanacea.* *Linn.* Mantiss. p. 205. Syst. Veg XIV. p. 221. *Willd.* Spec. I. 2. p. 1018.

Crescit in Paarden-Eyland in arenosis extra Kap. Floret Aprili, Majo, Junio.

Caulis frutescens, totus inermis et glaber, subtetragonus, cinereus, erectus, bipedalis et ultra. *Rami* alterni, tetragoni, cinerei, (punctis) callis (elevatis) a casu foliorum scabridi, erecti, parum ramulosi. *Folia* sparsa, petiolata, obtusiuscula, glabra, erecto-patentia, pollicaria. *Petioli* foliis paulo breviores. *Flores* in axillis foliorum versus summitates ramorum solitarii et aggregati. *Pedunculi* capillares, petiolis paulo longiores. *Calyx* glaber. *Corollae* albidae.

CXXVI. LYCIUM.

Cor. tubulosa, fauce clausa. *Filamentorum* barba. *Bacca* 2-locularis polysperma.

1. L. (*rigidum.*) spinosum, foliis fasciculatis, linearibus; rarius trictis; pedunculis revissimis. *Prod.* p. 37.

Crescit in regionibus urbis Kap et alibi. Floret hieme, mensibus Julii et Augusti.

Caulis fruticosus, rigidus, omni parte glaber. *Rami* teretes, flexuosi, stricti, rugosi, angulati, cinerei, divaricato patuli, apice spinescentes. *Ramuli* alterni, spinescentes, horizontales; pollicares. *Folia* in ramis et ramulis spinescentibus obtusa, integra, inferne magis attenuata,

unguicularia. *Flores* e fasciculis foliorum pedunculati, solitarii, cernui. *Pedunculi* flore et foliis breviores. *Differt* a L.
afro, floribus imprimis brevissime pedunculatis.

2. L. (*tetrandrum*.) spinosum, foliis ovatis, obtusis; ramis angulatis; corollis quadrifidis. *Prodr.* p. 37. I.ycium
tetrandrum. *Linn.* Supp₁. p. 150. Syst. Veg. XlV. p. 228.
Willd. Spec. I. 2. p. 1058.

Crescit inter Leuwestaart et littus juxta Kap Floret Junio.
Caulis fruticosus, totus glaber. *Rami* subtetragoni, cinerei,
rigidi, nodulosi. *Ramuli* alterni, similes, horizontales, spinescentes. *Folia* fasciculata in ramis et ramulis e gemmis sparsis,
integra, inferne attenuata, lineam longa. *Flores* albi, e fasciculis foliorum solitarii, brevissime pedunculati. *Calyx* et
Corolla quadrifidae. *Stamina* quatuor.

3. L. (*barbarum*.) spinosum; foliis lanceolatis; ramis laxis; calycibus bifidis. *Prodr.* p. 37. Lycium *barbarum*.
Willd Sp. I. 2. p. 1059

*Crescit in Carro inter Roggeveld et Bockeveld. Floret
Novembri, Decembri.*
Caulis fruticosus, totus glaber, debilis. *Rami* alterni, teretes, cinerei, laxissimi, spinosi spinis alternis horizontalibus,
flexuosi, subsimplices. *Folia* e gemmis sub spinis, elliptica
seu·lanceolata, utrinque attenuata, acuta, integra, patentissima,
sesquipollicaria. *Flores* e fasciculis foliorum solitarii, pedunculati pedunculis capillaribus.

4. L. (*cinereum*.) spinosum; foliis lanceolatis, glabris;
ramis spinescentibus; pedunculis brevissimis. *Prod.* p. 37.
Lycium *cinereum*. *Willd.* Sp. I. 2. p. 1059.

Caulis fruticosus, cinereus, glaber, teres, rigidus, erectus, ramulosus, tripedalis et ultra. *Rami* et *ramuli* cauli
similes, sparsi, patentes, spinescentes. *Folia* sparsa, fasciculata, integra, patentia, lineam longa. *Flores* e fasciculis foliorum, pedunculati, solitarii. *Pedunculi* longitudine foliorum.

5. L. (*horridum*.) spinosum; foliis obovatis, carnosis,
glabris; ramis spinescentibus; pedunculis brevissimis. *Prodrom.* p 37.

*Crescit in maritimis prope Verlooren Valley, Saldanhabay
et alibi. Floret Septembri, Octobri, Novembri.*
Radix perennis. *Caulis* fruticosus, ramosissimus, rigidus,
tripedalis. *Ramuli* sparsi, nodulosi, patentes, apice spine·cen-
tes. *Folia* e nodis fasciculata, 3, 5 seu 7, sessilia, inferne
attenuata, ovata, obtusissima, crassa, integra, patula; supra
planiuscula, viridia; subtus convexa, alba lineâ viridi, semiunguicularia, inaequalia. *Flores* e nodis foliorum pedunculati,
solitarii, patuli. *Pedunculus* teres, glaber, lineam longus.
Perianthium 1-phyllum, erectum, glabrum, viride, corollâ
brevius, .dentatum. *Corolla* 1 petala, tubulosa, alba; tubus

sensim ampliatus, calyce duplo longior; limbus 4-fidus: laciniae ovatae, obtusae, patentes, basi stria obsolete purpureâ, duplici. *Filamenta* quatuor, subulata, tubo medio inserta corollâ breviora, basi villosa. *Antherae* ovatae, flavae. *Germen* superum, glabrum.

CXXVII. S E R I S S A.

C o r. *infundibuliformis, fauce ciliata, laciniis limbi subtrilobis.* B a c c a *infera, trisperma.*

1. S. (*capensis.*) Lycium *barbatum.* Prodr. Fl. Cap. p. 37. Linn. Suppl. p. 50. Syst. Veg. XIV. p. 228. Serissa *foetida.* Willd. Sp. Pl. I. 2. p. 1061.

Crescit in collibus infra montes urbis Kap, et alibi. Floret Augusto ot sequentibus mensibus.

Caulis fruticosus, totus glaber, bipedalis et ultra. *Rami* alterni, divaricati, flexuosi, rugosi, cinerei, ramulosi. *Folia* opposita, petiolata, ovata, acuminata saepe, vel obtusiuscula, integra, supra viridia, subtus pallida, pollicaria et ultra. *Petioli* unguiculares. *Flores* axillares. *Pedunculi* capillares. *Stipulae* vel bracteae albo ciliatae. *Bacca* didyma, compressa, excisa, bisulca, bilocularis.

CXXVIII. C E S T R U M.

C o r. *infundibuliformis.* S t a m i n a *denticulo in medio.* B a c c a 1 - *locularis, polysperma.*

1. C. (*venenatum.*) foliis lanceolato-oblongis, coriaceis; floribus sessilibus. P r o d r. p. 35.

Hollandis Africam incolentibus: Gift-boom. Crescit in Houtniquas sylvis et aliis.

Arbor orgyalis. *Rami* teretes, purpurascentes, scabridi. *Ramuli* ultimi sulcati. *Folia* opposita, petiolata, acuminata, integerrima margine reflexo, sempervirentia, nervosa, glaberrima, digitalia. *Petioli* semiteres, supra sulcati, brevissimi, vix lineam longi. *Flores* in axillis foliorum glomerati, subsessiles. *Perianthium* 1-phyllum, profunde 5-partitum: laciniae ovatae, acutae, erectae, virides, tubo multoties breviores. *Bracteae* minutae, duae vel tres ad basin calycis, brevissimae. *Corolla* 1 petala, tubulo a Tubus cylindricus, sensim ampliatus, 5-striatus, glaber, rectus, albo-sanguineus, unguiculáris. Limbus 5 partitus, patens: laciniae alternatim incumbentes, ovatae, acutae, margine inflexo, albae, supra villosae, lineam longae. Os villosum, villo albo. Basis tubi virescens. *Filamenta* 5, tubo infra os inserta, brevissima, alba *Antheae* ovatae, erectae, flavae striâ fuscâ. *Germen* superum, obtusum, glabrum. *Stylus* filiformis, albus, longitudine fere tubi. *Stigma* capitatum, obtusum, simplex. *Odor* floris Jasmini *Usus:* Decocto Corticis, ad Gelatinae consistentiam redacto Hottentotti tela sua venenata reddunt.

CXXIX. ROEMERIA.

Cal. 5-phyllus. Cor. 5-petala. Stigmata 3. Diss. acad. ed. Gott. I. p. 123.

1. R. (*argentea.*) foliis ovatis, retusis, tomentosis. *Burmanni Decad. Afric.* T. 92. f. 1. Sideroxylon *argenteum. Prod.* p. 36.

Incolis Europaeis: Melkbom, Klipp-hout. Crescit jaxta Montes Paarl, in Lange kloof, prope Kap, alibi.
Caulis fruticosus, bipedalis et ultra. *Rami* rugosi, cinerei, subtomentosi *Folia* sparsa, frequentia, petiolata, ovato-oblonga, exciso-fissa, integra, parallelo nervosa, utrinque sed imprimis subtus albo-tomentosa, sesquipollicaria. *Petioli* semiteretes, lineam longi. *Flores* in summitatibus ramorum racemosi. *Pedunculi* sparsi, breves.

2. R. (*inermis.*) foliis ovatis, retusis, glabris. Sideroxylon *inerme.* Prodr. p. 36. *Linn.* Spec. Pl. p. 278. Syst. Veg. XIV. p. 232.

Crescit prope Kap. Floret Junio, Julio.
Caulis fruticosus, ramosus, totus glaber, bipedalis et ultra. *Rami* alterni, flexuoso-erecti, scabridi, fusco-cinerei, ramulosi ramis ultimis subangulatis. *Folia* alterna, petiolata, obtusa, saepe exciso-retusa, integra margine reflexo, coriacea, sempervirentia, pollicaria et sesquipollicaria. *Petioli* brevissimi, subnulli. *Flores* in axillis foliorum pedunculati, minuti. *Pedunculi* angulati, bifidi, lineam longi. *Calyx* 5-phyllus: foliola ovata, obtusa, glabra, corollà breviora. *Petala* 5, ovata, obtusissima, concava, semi-lineam longa. *Filamenta* calyci inserta vel basi corollae. *Stylus* unicus.

3. R. (*melanophlea.*) foliis lanceolato-oblongis; floribus pedunculatis. Sideroxylon *Melanophleum. Prodr.* p. 36. *Linn* Mant. p. 48. Syst. Veg. XIV. p. 232.

Hollandis Incolis: Bucku-hout, Roode Bucku. Crescit prope Kap, in sylvis ad Rivier-Zonder End, Grootvaders-bosch aliisque.
Caulis fruticosus, totus omni parte glaber. *Rami* teretes, rugosi, fusci. *Folia* versus apices ramorum aggregata, alternantia, brevissime petiolata, elliptica seu lanceolato-oblonga, obtusiuscula, integra margine reflexo, subparallelo-nervosa, patentia, inferne decidua, digitalia vel longiora. *Flores* in axillis foliorum minuti. *Pedunculi* rugosi, brevissimi, saepe aggregati.

CXXX. OLINIA.

Cal. 5-dentatus. Petala 5, squamis totidem ad basin. Stigma subbifidum, pentagonum. Drupa in fundo calycis. Röm. Arch. II. 1. p. 4.

1. O. (*cymosa.*) Sideroxylon *cymosum.* Prodr. p. 36. *Linn.* Suppl. p. 152. Syst. Veg. XIV. p. 232.

Crescit in fossis montis Tabularis ad latus occidentale. Floret Julio, Augusto.

Frutex totus glaber, laevis, inermis, orgyalis. *Rami* decussati, tetragoni, patentes, cinerei. *Folia* decussatim opposita, petiolata, ovata, integra margine parum reflexa; supra viridia, lucida; subtus pallidiora; pollicaria et sesquipollicaria. *Petioli* depressi lineam longi, sensim in folium dilatati. *Flores* in supremis axillis paniculati, albi. *Panicula* supradecomposita. *Pedunculi* et pedicelli tetragoni, sensim breviores. *Calyx* tubuloso-subcampanulatus, glaber lineam longus, 5 dentatus: dentes rotundati, brevissimi. *Corolla* 5-petala: petala apici calycis inserta, linearia, obtusa, alba, intus supra basin subvillosa, lineam dimidiam longa, patentia *Nectaria* squamulae 5, raro 6, obtusae, petalo insertae, antheris supcrimpositae, subconcavae, supra convexiusculae, pallide flavescentes. *Filamenta* 5, raro 6, brevissima, fere nulla, calyci sub nectariis inserta. *Antherae* parvae, globosae, didymae, flavae, inflexae. *Corolla* cum calyce videtur formare corollam 1-petalam. 5-partitam. *Germen* superum, concavum, glabrum. *Stylus* brevissimus. *Stigma* incrassatum, obtusum, bifidum. *Fructus* in fundo calycis. *Odor* florum gratus.

Obs. In fundo calycis nidulat saepe pupa Chermis vel Cicadae.

CXXXI. PLECTRONIA.

Pet. 5, *calycis fauci inserta. Bacca 2-sperma, infera.*

1. P. (*ventosa.*) Prodrom. p. 44. *Linn.* Mantiss. p. 52. Syst. Veget. XIV. p. 242.

Crescit in sylvis variis, Grootvadersbjsch et aliis. Floret Januario.

Folia opposita et alternatim sparsa, saepe obtusa.

CXXXII. MYRSINE.

Cor. semi-5-fida, connivens. Germen corollam replens. Bacca 1-sperma, nucleo 5-loculari.

1. M. (*africana.*) foliis ellipticis, acutis. *Prod.* p. 36. *Linn.* Spec. Pl. p. 285. Syst. Veg. XIV. p. 236.

Crescit in collibus prope urbem Kap, et alibi in montibus, valde vulgaris. Floret Augusto et aliis mensibus pro diverso loco.

Caulis fruticosus, totus glaber, erectus, ramosissimus, quadripedalis. *Rami* sparsi, teretes, cinereo-fusci. *Ramuli* filiformes, virgati, similes. *Folia* sparsa, petiolata, ovata, serrata, supra viridia, subtus pallida, frequentia, semiunguicularia. *Petioli* foliis breviores. *Flores* in axillis glomerati, tetrandri et pentandri.

2. M. (*retusa.*) foliis obovatis, apice tridentatis.

Caulis fruticosus, totus glaber, ramosus. *Rami* alterni et sparsi, erectiusculi. *Folia* alterna, approximata, brevissime

13*

petiolata, obtusissima, integra, margine parum reflexo et apice tenuissime denticulata, dentibus usque 5, crassa et rigida, sub-imbricata superne, unguicularia. *Flores* axillares.

CXXXIII. C E A N O T H U S.

Petala 5 *saccata, fornicata. Bacca sicca, 3-locularis, 3-sperma.*

1. C. (*africanus.*) foliis lanceolatis, enerviis; stipulis sub-rotundis. *Prod.* p. 42. Ceanothus *africanus, Linn.* Syst. Veg. XIV. p. 236. *Willd.* Spec. I. 2. p. 1115.

Crescit satis vulgaris in variis sylvis, trans Goudsrivier, prope Stoningklipp copiose, juxta Kap et alibi non infrequens. Floret Augusto et sequentibus mensibus.

Caulis fruticosus, erectus, totus glaber, orgyalis. *Folia* alterna, petiolata, retusa, serrata, glabra; subtus pallidiora, venosa, pollicaria.

CXXXIV. R H A M N U S.

Cal. tubulosus. Cor. squamae stamina munientes, calyci insertae. *Bacca.*

1. R. (*tetragonus.*) mermis; foliis ovatis, integris, sessi-libus; ramis tetragonis. *Prod.* p. 44. Act. Gorengk. 1812. c. fig. Rhamnus *tetragonus. Linn.* Suppl. p. 153. Syst. Veg. XIV. p. 233. *Willd.* Spec. Pl. I. 2. p. 1095.

Crescit in variis sylvis. Floret Novembri usque in Januarium.

Frutex erectus, glaber, orgyalis vel ultra. *Rami* oppositi, elongati, divaricato patuli, *Ramuli* similes ramis. *Folia* opposita, subdecussata, acuta, glabra, nervosa, patentia, pollicaria. *Flores* in ramulis terminales, subpaniculati. *Stylus* unicus stigmatibus tribus. *Bacca* ovata, glabra, calyce coronata, infera, unilocularis, monosperma.

2. R. (*celtifolius.*) inermis; foliis ovatis, serratis, glabris; floribus axillaribus, solitariis. *Prod.* p. 44. Celtis foliis subrotundis, dentatis, flore viridi, fructu luteo. *Burman. Afric.* p. 242. tab. 88. Ejusd. *Prodrom. Afric.* p. 27.

Crescit prope rivulum Valsrivier et alibi. Floret Octobri, Novembri.

Caulis arboreus, erectus, inermis, ramosissimus, orgyalis. *Rami* et ramuli alterni, foliis deciduis tuberculati, inermes, glabri, erecti. *Folia* alterna, petiolata, acuta, supra saturate viridia, impresso-venosa, subtus pallidiora venis elevatis, erecta, pollicaria; suprema minora. *Petioli* subtrigoni, glabri, semiunguiculares. *Flores* pedunculati, erecti. *Pedunculus* fili-formis, subpubescens, semiunguicularis. *Perianthium* mono-phyllum, subcampanulatum, viride, 5-dentatum: dentibus acutis. *Corolla* nulla, et squamae calycis nullae. *Filamenta* basi calycis inserta, calyce breviora. *Germen* superum, ovatum. *Stylus* simplex, erectus, staminibus brevior. *Stigmata* tria, patula.

3. R. (*capensis.*) armatus; aculeis solitariis, recurvis; foliis cordatis, excisis, glabris; umbellis axillaribus. Prod. p. 44. Rhamnus *capensis. Willd.* Sp. I. 2. p. 1101.

Crescit in Grootvadersbosch aliisque sylvis. Floret Januario.

Arbuscula erecta, glabra, ramosissima. *Rami* et ramuli decussati, divaricato-erecti, obsolete angulati, cinerei, aculeati. *Folia* opposita, petiolata, ovata *), obtusissima, integra, subtus, pallidiora, inaequalia, erecto-patentia, unguicularia usque pollicaria. *Petioli* lineam longi. *Flores* subumbellato-aggregati. *Umbellae* pedunculatae. *Perianthium* 1-phyllum, tubulosum. Tubus ovatus, brevis, viridis, glaber, subangulatus. Limbus 5-partitus: laciniae ovatae, acutae, rufescentes, erectae. *Corolla* nulla, nisi calycis limbus, qui secedit et decidit exactâ florescentiâ. *Filamenta* nulla, sed squamae 5, divisuris limbi calycis insertae, brevissimae, bifidae. *Antherae* ovatae, squamis intrusae. *Germen* superum, convexiusculum, glabrum. *Stylus* simplex, brevissimus. *Stigmata* plerumque duo, raro tria, obtusa. *Bacca* subglobosa, glabra, calyce cincta, bilocularis.

CXXXV. CALODENDRUM.

Cal. 5-*partitus. Cor.* 5-*petala. Nectarium* 5-*phyllum. Caps.* 5-*locularis.*

1. C. (*capense.*) Nov. Plant. Gener. P. 2. p. 41. 42. 43. Prodr. p. 44. 'Pallasia. *Houttuyn* Nat. Hist. P II. Tab. 22. Dictamnus *capensis. Linn.* Suppl. p. 232. Syst. Veg. XIV. p. 397.

Incolis Africanis: Wilde Kastanien. Crescit in sylva Grootvadersbosch dicta trans Swellendam. Floret Decembri, Januario.

Arbor excelsa, valde crassa. *Rami* et ramuli oppositi vel terni, cicatricibus foliorum scabri, striati, teretes, fusci, divaricati. *Folia* decussata, petiolata, ovata, obtusa, integra, parallelo-nervosa, sempervirentia, supra viridia, subtus pallida, palmaria. *Petioli* crassi, breves, supra plani, subtus convexi, lineam longi. *Flores* paniculati, terminales. *Pedunculi* breves, villosi, oppositi cum impari.

CXXXVI. GARDENIA.

Antherae sessiles medio sui in ore tubi corollae! Stigma clavatum. Bacca seminibus imbricatis.

1. G. (*Thunbergia.*) inermis; corollis obtusis; calyce te-

---

*) Supra in diagnosi *cordata. Editor.*

reti; foliis ovatis, acutis. THUNBERGIA *capensis. Montin.*
Act. Stockholm 1773. p. 288. T. 11. GARDENIA *Thunbergia.*
Dissertat. de G rdenia p. 13. Prod. p. 41. *Linn.* Suppl. p.
162. *Willd.* Spec. I. 2. p. 1226.

Hollandis Caput bonae spei incolentibus: Wilde Katjepin. Coli-
tur in Horto Societatis ob elegantiam florum. Crescit in sylvis
prope van Stades rivier et alibi rarius. Floret Januario
et sequentibus mensibus.

Caulis arboreus, glaber, ramosissimus, biorgyalis. *Rami*
alterni, teretes, rudimentis foliorum annulati, cinerei, glabri,
erecti, ramulosi. *Folia* verticillata terna, vel quaterna, petiolata, utrinque acuminata, integra, concava, subundulata,
parallelo nervosa, glabra, notata glandulis pilosis in axillis
nervorum paginae inferioris, patentia, inaequalia, internodiis
longiora, bipollicaria et ultra. *Petioli* breves, sensim dilatati in
folium, subtus callosi, glabri, lineam longi. *Stipulae* intrafoliaceae, vaginantes; obtusae, membranaceae. *Calyx* cylindricus, superne ampliatus, glaber, apice oblique dehiscens, coronatus 'foliolis 4 vel 6 petiolatis, cucullatis; intus villosus,
melleque madidus, tubo corollae triplo brevior. *Corolla* coriacea, alba, tubulosa, speciosa. Tubus cylindricus, parum
incurvatus, obsolete striatus, sensim paulo ampliatus, glaber,
palmaris. Limbus septem usque novem-partitus: laciniae ovatae obtusae, margine reflexae, integrae, imbricatae, patentes,
pollicares. Os tubi villosum, sulcatum. Raro limbus corollae
8 - vel 10-partitus, cum Antheris totidem. *Antherae* 7,
8 vel 10, saepissime vero 9, adeoque numero valde variantes,
semper plures, quam 5. *Germen* planum, coronatum tuberculis rotundatis melliferis, glabrum. *Stylus* inferne filiformis,
glaber; superne clavatus, villosus, tubo corollae longior. *Stig-*
ma oblique truncatum, sulcatum, sulcorum marginibus reflexis,
raro quadrisulcatum. *Bacca* ovata, subrugosa, glabra, virescens;
dein albida, 1-locularis, 5-valvis, polysperma, magnitudine
ovi gallinacei, per annos persistens, lignosa, dura, nec decidua, nec dehiscens. Pulpa vix ulla. *Semina* lenticularia, imbricata, in singula plica solitaria. *Sensim* per plures menses
flores suas explicat. *Odor* corollae parum ingratus, Daturae
similis, sed debilior. *Lignum* durum clavis fabricandis inservit.

2. G. (*Rothmannia.*) inermis; corollis acutis, subcampanulatis; calyce glabro; foliis oblongis, acutis. ROTHMAN-
NIA *capensis.* Act. Stockholm. 1776. p. 65, T. 2. GARDENIA
Rothmannia. Dissert. de Gardenia p. 19. *Linn.* Suppl. p.
165. Syst. Veg. XIV. p. 252. *Willd.* Spec. I. 2. p. 1228.

Crescit in sylva Grootvadersbosch dicta, et in sylvis juxta
fluvium Zonder End. Floret Januario, Februario.

Caulis arboreus, erectus, ramosus, sesquiorgyalis. *Rami* et
ramuli oppositi, subangulati, striati, scabri, erecti, ferruginei.
Folia opposita, brevissime petiolata, integra, nervosa, glabra,
supra laete viridia, subtus pallidiora, semper virentia, notata
subtus glandulis pilosis in axillis nervorum, digitalia. *Stipulae*
intrafoliaceae, subulatae, breves. *Flores* in ramulis termina-

les, solitarii, sessiles. *Calyx* cylindricus, obsolete pentagonus, erectus, intus pilosus, corollâ triplo brevior, 5 - partitus: laciniâe filiformes, acutae, erectae, semiunguiculares. *Corolla* extus albido - flavescens, intus triste flava maculis purpuicis. Limbus 5 partitus: laciniae ovatae, acuminatae, reflexae, unguiculares. *Antherae* quinque, rarius sex cum calyce 6 - fido et Corolla sexfida. *Germen* convexiusculum, inaequale, angulatum, glabrum. *Stylus* filiformis, sensim incrassatus, albus, longitudine fere corollae. *Bacca* ovata, carnosa, costis circiter 12 obsoletis angulata, glabra, bivalvis, unilocularis, polysperma, pulposa, magnitudine Pyri minoris, immatura viridis, matura nigra, siccata altero-latere dehiscens deque arbore decidens. Pulpa fusca, mollis instar pulpae Tamarindorum. *Semina* lentiformia, imbricata, brunea, in singula plica solitaria. *Flos* et tota planta siccatione nigrescit. *Flores* vesperi et nocte fragrantes. *Lignum* pro Axibus currorum expetitum et usitatum est.

CXXXVII. PHYLICA.

Perianthium 5 - partitum, turbinatum. Petala o. *Squamae 5 stamina munientes. Caps. tricocca, infera.*

1. P. (*glabrata.*) foliis lanceolatis, subtus tomentosis; capitulis lanatis. *Dissert. de Phylica.*

Caulis fruticosus, teres, cinereo - fuscus, erectus, vix villosus, ramosus. *Rami* et ramuli sparsi, approximati, subfastigiati, superne pubescentes. *Folia* sparsa, brevissime petiolata, acuta; supra obsolete scabra, viridia; margine revoluta; patula, unguicularia. *Capitula* terminalia, globosa, magnitudine pisi. *Corollae* albae, lanatae.

2. P. (*ericoides.*) foliis lanceolatis, glabris; ramis subumbellatis; capitulis terminalibus, tomentosis. Phylica *ericoides.* Prodr. p. 44. *Linn.* Spec. Pl. p. 283. Syst. Veget. XIV. p. 235. *Willd.* Spec. I. 2. p. 1108.

Crescit in campis sabulosis extra Kap, urbem, vulgaris. Floret Majo, Junio.
Frutex erectus, cinereo - fuscus, tenuissime subvillosus, tripedalis et ultra? *Rami* et ramuli per intervalla umbellato - aggregati. fastigiati, erecti. *Folia* sparsa, in ramis et ramulis frequentia, breviter petiolata, obtusiuscula, supra plana, subtus sulcata, margine reflexo, erecta, lineam longa. *Flores* in ramulis terminales, capitati. *Capitula* albo - tomentosa, piso minora.

3. P. (*parviflora.*) foliis lanceolatis, acutis, scabris; ramis virgatis; capitulis terminalibus tomentosis. *Prodr.* p. 44. Phylica *parviflora. Linn.* Mantiss. p. 209. Syst. Veget. XIV. p. 235. *Willd.* Spec. I. 2. p. 1113.

Crescit in campis arenosis extra urbem Kap, valde vulgaris. Floret Junio et sequentibus mensibus.

Frutex erectus, fuscus, scaber, glaber, spithamaeus, usquo
pedalis et ultra. *Rami* sparsi, aggregati, ramulosi.. *Ramuli*
sparsi. ultimi brevissimi, filiformes, pubescentes. *Folia* sparsa,
breviter petiolata, acutiuscula, subpilosa, subtus sulcata, margine reflexa, patentia, vix lineam longa. *Flores* in ultimis ramulis terminales, capitati. *Capitula* albo-tomentosa, minima.

4. P. (*lanceolata.*) foliis lanceolatis, subtus tomentosis;
capitulis terminalibus, hirsutis. *Prod.* p. 44. *Willd.* Spec.
I. ? p. 1108.

Crescit in collibus inter alias frutices, extra urbem Kap
    Caulis suffruticosus, suberectus, teres, foliosus, glaber,
apice ramosus, palmaris. *Rami* breves, alterni, cauli similes,
ramulosi. *Folia* sparsa, sessilia, lineari-lanceolata, breviter
petiolata; supra convexa, viridia, glabra; subtus albo-tomentosa, marginibus reflexa; erecto-patentia, subsecunda seu ad
alterum latus flexa, frequentia, internodiis multo longiora, pollicaria. *Petioli* breves, adpressi, pallidi, semiunciales. *Flo-*
res in ramulis capitati. *Capitula* albo-tomentosa, magnitudine
pisi. *Receptaculum* commune. flores colligens in capitulum
monophyllum bracteatum. *Corolla* 1-petala, tubulosa, extus
albo-hirsuta, intus glabra, persistens. Tubus ovatus, brevis.
Limbus 5 fidus: laciniae ovatae, acutae, aequales, erectae,
longitudine tubi, intus carinatae, extus apice valde hirsutae.
Nectarium: squamulae cucullatae ore obliquo, laciniis-limbi insertae. *Differt* a Phylica *eriophora*, cui similis.

5. P. (*strigosa.*) foliis linearibus, hirsutis; capitulis terminalibus, lanatis. *Prod.* p. 44. Phylica *bicolor. Linn.*
Mant. p. 208. Syst. Veg. XIV. p. 235. *Willd.* Sp. I. 2. p. 1108.

Frutex erectus, fuscus, nodoso-scaber, inconspicue pubescens, bipedalis et ultra, ramulosus. *Rami* et ramuli per intervalla subumbellati, erecti, subfastigiati, hirsuti. *Folia* linearia seu lineari-lanceolata, obtusiuscula, margine revoluta, subtus albo tomentosa, inferiora supra scabra, superiora hirsuta
pilis cinereis, erecto-patentia, unguicularia, brevissime petiolata *Capitala* florum in ramulis cinereo-albida, valde hirsuta
seu lanata, magnitudine pisi majoris.

6. P. (*eriophoros.*) foliis lanceolatis, acutis, subtus to-
mentosis; capitulis terminalibus, tomentosis. *Prodr.* p. 44.
Phylica *eriophoros. Willd.* Spec. I. 2. p. 1109. *Berg.*
Cap. p. 52.

Caulis fruticosus, cinereo-fuscus, erectus, ramosus. *Rami*
sparsi, flexi, cauli similes, ramulosi. *Ramuli* sparsi et subverticillati, fastigiati, pubescentes. *Folia* sparsa, brevissime petiolata, scabriuscula; supra sulcata, viridia; margine reflexa,
patula, unguicularia. *Flores* terminales, capitati. *Calyx* albo-
subtomentosus.

7. P. (*stipularis.*) foliis lineari-lanceolatis, stipulatis;
capitulis terminalibus. *Prod.* p. 44. Phylica *stipularis. Linn.*
Mant. p. 208. Syst. Veg. XIV. p. 235. *Willd.* Sp. I. 2. p. 1110.

Crescit in collibus infra Taffelberg et alibi vulgaris. Floret Majo.
Frutex erectus, cinereus, nudoso-scaber, bipedalis et ultra.
Rami sparsi et oppositi, teretes, albo-tomentosi, erecto-patentes, ramulis similibus. *Folia* brevissime petiolata, sparsa, linearia, acutiuscula, supra convexa, subtus tomentosa, margine
reflexa, patentia, unguicularia. *Petioli* adpressi, tomentosi.
Flores in ultimis ramulis terminales. *Capitula* saepe terna, tomentosa, piso majora.

8. P. (*imberbis.*) foliis lanceolatis, villosis; capitulis terminalibus. *Prod.* p. 44. Phylica *imberbis. Linn.* Mant. p.
209. *Willd.* Sp. I. 2. p. 1109.

Caulis frutescens, erectus, ramulosus. *Rami* et ramuli subumbellati, pubescentes. *Folia* subsessilia, sparsa, obtusiuscula, margine revoluta, pubescentia, imbricato-erecta, unguicularia. *Flores* in ultimis ramulis terminales, capitati. *Capitula* tomentosa, magnitudine pisi.

9. P. (*trichotoma.*) foliis trigonis, obtusis, glabris; capitulis terminalibus, hirsutis; caule trichotomo.

Crescit in campis, rarius occurrens.
Frutex erectus, hirtus, trichotomus, tripedalis vel ultra.
Rami trichotomi, hirti, iterum trichotome ramulosi, erecto-patuli, laxi. *Folia* sparsa, breviter petiolata, integra, patulo-
imbricata, lineam longa. *Capitula* magnitudine pisi.

10. P. (*secunda.*) foliis linearibus, mucronatis, glabris;
capitulis terminalibus hirsutis. *Prod.* p. 44.

*Crescit in collibus prope urbem Kap, inter frutices, infra Con-
stantiam et alibi. Floret Junio.*
Caulis fruticosus, suberectus, -teres foliosus vel aphyllus,
apice ramosus, fuscus, glaber, palmaris vel spithamaeus. *Rami* subverticillato-terni vel alterni, cauli similes, iterum ramulosi. *Ramuli* breves, subfastigiati, floriferi. *Folia* sparsa,
petiolata, supra convexa, viridia, subtus albo-tomentosa, margine reflexa, erecto-patentia, subsecunda seu ad alterum latus
flexa, internodiis multo longiora, semipollicaria. *Petioli* breves, adpressi, pallidi, lineam dimidiam longi. *Flores* in ramulis terminales, capitati. *Capitula* albo-tomentosa, magnitudine pisi. *Receptaculum* commune in capitulum colligens flores.
Corolla 1-petala, turbinata, persistens, extus villosa. Limbus semiquinquefidus: laciniis sublanceolatis, erectis, acutis,
aequalibus, longitudine tubi, intus carinatis, extus apice valde
hirsutis. Tubus ovatus, brevis. *Nectaria*: squamulae 5, cucullatae ore obliquo, laciniis limbi insertae. *Diversa* a P. *eriophora* foliis inferne attenuatis, mucronatis et magis planis.

11. P (*pinea.*) foliis lanceolatis, mucronatis, subtus tomentosis; floribus spicatis.

Frutex flexuoso-erectus, ramulosus. *Rami* et ramuli sparsi,
tomentosi. *Folia* sparsa, brevissime petiolata; supra viridia,
glabra; subtus albo-tomentosa marginibus revolutis; unguicularia, superioribus sensim minoribus. *Flores* terminales.

12. P. (*villosa.*) foliis linearibus, superioribus villosis; floribus racemosis. *Prod.* p. 44. *Willd.* Spec. I. 2. p. 1109.
Crescit in Monte Piket-berg. Floret Augusto et sequentibus mensibus.

Frutex erectus, nodulosus, fusco-cinereus, bipedalis et ultra. *Rami* et ramuli, subumbellati, fastigiati, erecto-patentes, supremi tenuissime pubescentes. *Folia* sparsa, petiolata, acuta, margine revoluta; subtus sulcata; inferiora glabra, scabriuscula; patentia, semiunguicularia. *Petioli* tomentosi. *Flores* in ramulis ultimis. *Pedunculi* uniflori, villosi, foliis breviores. *Calyx* extus valde hirsutus.

13. P. (*hirsuta.*) foliis lanceolatis, acutis, hirsutis; racemo folioso. *Prod.* p. 44.

Caulis fruticosus, totus pilis mollibus longis hirsutus, teres, rufescens, erectus, ramosus, tripedalis et ultra. *Rami* sparsi, valde hirsuti, virgati, parum ramulosi. *Folia* alterna, brevissime petiolata, inermi-acuminata; supra convexiuscula, viridia; subtus tomentosa margine revoluto; erecto patentia, unguicularia. *Flores* spicati seu racemosi, a medio ad apices ramorum in axillis foliorum.

14. P. (*pinifolia.*) foliis subtrigonis, obtusis, glabris; floribus spicatis. *Prodr.* p. 41. Phylica pinifolia. *Linn.* Suppl. p. 153. Syst. Veget. XIV. p. 235. *Willd.* Spec. I. 2. p. 1110.
Crescit prope rivulos montium vulgaris. Floret Octobri, Novembri

Caulis fruticosus, cinereus, erectus, glaber, ramulosus. *Rami* et ramuli alterni, cauli similes; supremi filiformes et frequentiores, erecto-patuli, tenuissime villosi, foliosi. *Folia* sparsa, sessilia lineâ decurrente, trigona, apice nigra, integra, supra plana, leviter sulcata; subtus obsolete carinata; patula et reflexa, unguicularia. *Flores* in ramulis terminales. *Spicae* unguiculares, in ramulis paniculatae. *Calyx* apice membranaceus. *Corolla* flavescens.

15. P. (*racemosa.*) foliis ovatis, glabris; floribus racemosis. *Prodr.* p. 45. Phylica racemosa. *Linn.* Mant. p. 209. Syst. Veg. XIV. p. 235. *Willd.* Spec. I. 2. p. 1112.
Crescit in summitate montis Rode Sand juxta Waterfall prope ipsam rivum et alibi. Floret Septembri, Octobri.

Frutex erectus, fusco-cinereus, totus glaber, bipedalis et ultra. *Rami* sparsi, aggregati, cauli similes. *Ramuli* filiformes, sparsi, frequentissimi, ultimi sensim breviores et brevissimi, erecto-patentes, virgati. *Folia* in ramis et ramulis frequentissima, omnium brevissime petiolata, obtusa, plana, integra, laevia, imbricato-erecta, suprema minora, lineam longa. *Flores* in ultimis ramulis paniculatis albi, glabri, racemulis ovatis.

16. P. (*imbricata.*) foliis ovatis, cordatis, glabris; flori-

bus racemosis. *Prodr.* p. 45. Beckea *cordata*. *Burman.* Prod. Afric. p. 12. *Willd.* Spec. Plant. I. 2. p. 1112.

Frutex erectus, fusco-ferrugineus; hirtus, pedalis et ultra. *Rami* et ramuli filiformes, aggregato-subverticillati, hirti, erecto patuli, virgati. *Folia* sparsa, brevissime petiolata, obtusiuscula, rarius subciliata, imbricata, lineam longa. *Flores* in ultimis ramis paniculatis albidi, glabri.

17. P. (*plumosa.*) foliis lineari-lanceolatis, subpubescentibus; bracteis lanatis; spicâ oblongâ. *Prodr.* p. 45. Phylica *plumosa*. *Linn.* Spec. Pl. p. 283. Syst. Veget. XIV. p. 235 *Willd.* Spec I. 2. p. 1109.

Crescit in collibus infra Taffelberg et alibi. *Floret Majo, Janio, Julio.*

Frutex erectiusculus, debilis, cinereo-fuscus, pedalis et ultra. *Rami* et ramuli alterni, pauci, remoti, flexuoso-erecti. *Folia* sparsa, approximata, breviter petiolata, acuta; supra obsolete sulcata, viridia, subtus albo-tomentosa marginibus reflexis, subsecunda, patentia, unguicularia vel paulo longiora. *Flores* in ramulis terminales, spicati, bracteis cincti. *Bracteae* seu folia suprema lineari-lanceolata, villo cinereo-albo, floribus multo longiores, patentes, unguiculares.

18. P. (*capitata.*) foliis lineari-lanceolatis, villosis; bracteis lanatis; capitulis terminalibus. *Prodr.* p. 45. Phylica *capitata*. *Willd.* Spec. I. 2. p. 1109.

Crescit in collibus, montibus, rarior. *Floret mediâ in his terris aestate.*

Frutex flexuoso-erectus, subsimplex vel rarius ramosus, rufescens, infra pubescens, supra hirsutus, ramosus, pedalis et ultra. *Rami* pauci, alterni, cauli similes, breves. *Folia* subsessilia, lanceolata, acuta, imbricata, apice patula, subtus tomentosa margine revoluto, sesquiunguicularia. *Capitula* globosa, magnitudine castaneae. *Bracteae* capitulum obvallantes, lanceolatae, pollicares.

19. P. (*rosmarinifolia.*) foliis ellipticis, subtus tomentosis; floribus racemosis.

Caulis fruticosus, erectus, pubescens, ramosus, bipedalis et ultra. *Rami* sparsi, simplices, filiformes, tomentosi, virgati, breves. *Folia* alterna, brevissime petiolata, acuta, integra margine revoluto, supra glabra, subtus albo-tomentosa, patentia, inaequalia, unguicularia, usque pollicaria. *Flores* in axillis foliorum, sessiles.

20. P. (*paniculata.*) foliis ovatis, mucronatis; supra nitidis; racemis paniculatis. *Willd.* Spec. I. 2. p. 1112.

Frutex basi decumbens, dein erectus, ramosus. *Rami* flexuoso-erecti, laxi, interdum reflexi, supremi virgati. *Folia* breviter petiolata, acuta, integra; supra glabra, viridia; subtus albo tomentosa, reflexa, inaequalia, unguicularia. *Flores* in ultimis ramulis axillares inter folia.

21. P. (*globosa.*) foliis ovatis, concavis, glabris; capitulis solitariis.

Frutex erectus, ramosus. *Rami* pauci, alterni, simplices, villosi. *Folia* sparsa, breviter petiolata, integra, supra concava, subtus carinata, imbricata, lineam longa. *Capitula* terminalia, magnitudine pisi.

22. P. (*buxifolia.*) foliis cordato - ovatis, obtusis, subtus tomentosis; capitulis terminalibus. *Prodr.* p. 45. PHYLICA *buxifolia. Linn.* Spec. Pl. p. 283 Syst. Veg. XIV. p. 235. *Willd.* Spec. I. 2. p. 1111.

Crescit in collibus infra Montem Tabularem, in ipso Monte Taffelberg, Leuweberg et Duyvelsberg, alibique. Floret Junio et sequentibus mensibus.

Frutex erectus, cinereo - fuscus, bipedalis et ultra. *Rami* et ramuli sparsi, saepe verticillati, erecto - patentes, subfastigiati, infra villosi, supra tomentosi. *Folia* sparsa, frequentia, petiolata; supra plana, muricata, pubescentia; subtus margine revoluta, albo - tomentosa; inferiora majora, superiora minora, subunguicularia. *Petioli* foliis multoties breviores, tomentosi. *Capitula* nuce avellana majora, tomentosa. PHYLICA *cordata, dioica* et *buxifolia* valde similes et affines sunt.

23. P. (*callosa.*) foliis cordato - ovatis, acutis, subtus tomentosis; capitulis terminalibus. *Prodr.* p. 45. *Willd.* Spec. I. 2. p. 1112.

Frutex erectus, pedalis et ultra. *Rami* sparsi, flexuoso-erecti, virgati, pubescentes. *Folia* subsessilia, cordata, oblonga; supra scabra, fusca; subtus albo - tomentosa, margine revoluta, patenti - reflexa, unguicularia. *Capitula* magnitudine pisi.

24. P (*spicata.*) foliis ovatis, acuminatis, subtus tomentosis; spicis cylindricis. *Prod.* p. 45. PHYLICA *spicata. Linn.* Suppl. p. 153. Syst. Veg. XIV. p. 235. *Willd.* Sp. I. 2. p 1111.

Crescit in Monte Paardeberg. Floret Augusto.

Frutex erectus, cinereo - villosus, pedalis et ultra. *Rami* pauci, versus summitates aggregati, subumbellati, subsimplices, purpurascentes, cinereo - pubescentes. *Folia* sparsa, breviter petiolata, sagittato - ovata; supra viridia, tenuissime villoso-scabra; subtus albo tomentosa.; integra margine revoluto, imbricato - erecta, unguicularia. *Spicae* terminales, lanatae, digitum crassae, pollicares.

CXXXVIII. BRUNIA.

Flores aggregati. Filamenta unguibus petalorum inserta. Stigma 2 - *fidum. Sem. solitaria, bilocularia.*

1. B. (*laevis.*) foliis linearibus, convexis, incurvis; capitalis terminalibus. *Dissert. de Brunia.*

Frutex erectus, ramulosus. *Rami* et ramuli breves, subternati. *Folia* sparsa, sessilia, obtusa, integra, imbricata, laevia, subtomentosa, vix lineam longa. *Capitulam* tomentosum, nuce avellanà majus.

2. B. (*nodiflora.*) foliis trigonis., incurvis, acutis; floribus in ramis lateralibus terminalibus. *Prodr.* p. 41. Brunia *nodiflora. Linn.* Sp. Pl. p. 288. Syst. Veg. XIV. p. 240. *Willd.* Spec. I. 2. p. 1141.

Crescit in collibus infra montes prope Hap Dalgalissima, in Groene Kloof, Swartland et alibi. Floret Junio et insequentibus mensibus.

Caulis fruticosus, fere orgyalis, erectus, ramosus. *Rami* cinereo fusci, glabri, teretes, remote foliosi, ramulosi. *Ramuli* sparsi, et subverticillati, patenti-erecti, foliis imbricatis tecti. *Folia* sessilia, quinquefariam imbricata, acutiuscula, integra, glabra, internodiis, longiora, has: latiora, vix lineam longa. *Florum* capitula globosa, hirsuta.

3. B. (*globosa.*) foliis trigonis, incurvis;. capitulo terminali.

Frutex erectus, ramulosus. *Rami* filiformes, erecti, foliis tecti. *Folia* quinquefariam subverticillata, acuta, imbricata, villosa, vix lineam longa. *Capitulum* glabrum, nuce fere majus.

4. B. (*deusta.*) foliis trigonis, apice nigris, glabris; capitulis terminalibus.

Frutex erectus, cinereo-fuscus, glaber, superne ramosus, pedalis et ultra. *Rami* sparsi, frequentes, filiformes, erecti, subfastigiati, parum ramulosi. *Folia* sparsa, brevissime petiolata, obtusa, imbricato-patula, vix semilineam longa. *Capitula* glabra, magnitudine pisi.

5. B. (*lanuginosa.*) foliis trigonis, patulis, apice fuscis; capitulis globosis, fastigiatis. *Prodr.* p. 41. Brunia *lanuginosa. Linn.* Spec. Pl. p. 288. Syst. Veget. XIV. p. 240. *Willd.* Spec. I. 2. p. 1142.

Crescit prope Cap et alibi in montibus. Floret Augusto et sequentibus mensibus.

Caulis fruticosus, erectus, tripedalis et ultra. *Rami* teretes, cinerei, scabri, flexuosi. *Ramuli* sparsi, frequentes, virgati, supremi fastigiati, laxi, foliis tecti. *Folia* sessilia, vix petiolata, apice fusco callosa obtusa, supra unisulcata, subtus bisulca, glabra, imbricata, apice patula, lineam longa. *Flores* in ramulis supremis terminales, globosi, magnitudine pisi.

6. B. (*comosa.*) foliis trigonis, glabris, patulis; capitulis terminalibus et axillari-sessilibus.

Caulis fruticosus, totus excepto flore glaber, teres, a casu foliorum nodulosus, erectus, ramulosus, tripedalis et ultra. *Rami* et ramuli verticillati, quaterni et terni, fastigiati, cauli similes. *Folia* sparsa, brevissime petiolata, obtusa, apice ustulato, integra, patentia, lineam longa. *Petioli* folio quadruplo

206   PENTANDRIA. MONOGYNIA. CXXXVIII. BRUNIA.

breviores, adpressi, pallidi. *Capitula* in ramulis solitaria, magnitudine pisi. *Calyx* pallidus. *Flos* hirsutus lanugine densa.

7. B. (*capitella.*) foliis trigonis, glabris, ustulatis; capitulis terminalibus et axillaribus.

Frutex erectus, glaber, ramulosus, tripedalis et ultra. *Rami*
et ramuli verticillati, tres et quatuor, filiformes, scabri, erecti,
fastigiati. *Ramuli* ultimi tomentosi *Folia* sparsa, et subverticillata, patentia, lineam longa. *Capitula* in ramulis hirsuta,
magnitudine pisi.

8. B. (*verticillata.*) foliis trigonis, obtusis, glabris; capitulis terminalibus; ramulis verticillatis, fastigiatis. Prod. p 41.
BRUNIA *verticillata.* *Linn* Suppl p. 156. Syst. Veget. XIV.
p. 241. *Willd.* Spec. I. 2. p. 11 2.

*Crescit in summitate montis Rode Sand supra Waterfal' Flo-
ret Octobri.*
Caulis fruticosus, erectus, glaber, tripedalis et ultra. *Rami*
et ramuli verticillati, fastigiati, erecti, foliis imprimis superne
tecti. *Folia* sparsa, petiolata, recta, erecto-imbricata, obtusa
apice nigro, integra, vix lineam longa. *Petioli* flavescentes,
adpressi, foliis duplo breviores. *Capitula* in ramulis terminalia, piso minora.

9. B. (*squarrosa.*) foliis lanceolatis, ustulatis, reflexis;
capitulis hirsutis, terminalibus.

Frutex erectus, glaber, ramosus. *Rami* rufescentes, inferne
glabri, superne tomentosi, flexuoso-erecti, laxi, simplices.
Folia brevissime petiolata, subquaterna, acuta, apice ustulato,
glabra, unguicularia. *Capitula* aggregata, piso minora.

10. B. (*alopecuroidea.*) foliis trigonis, acutis, glabris;
capitulis lateralibus, globosis, glabris.

Frutex erectus, glaber, ramosus, pedalis. *Folia* sparsa, incurva, imbricata, lineam longa. *Capitula* subracemosa in ultimis ramulis, piso duplo minora.

11. B. (*laxa.*) foliis trigonis, glabris; floribus spicatis,
glabris.

Crescit in interioribus provinciis.
Frutex erectus, glaber, ramosus, bipedalis. *Rami* sparsi,
aggregati, filiformes, parum ramulosi, laxi, virgati, glabri.
Folia sparsa, obtusa, frequentia, adpressa, imbricata, lineam
longa. *Flores* in apicibus ramulorum albidi.

12. B. (*paleacea.*) foliis trigonis, apice fuscis; paleis capitulorum coloratis. Prod. p. 41. BRUNIA *paleacea.* *Linn.*
Mant. p. 559. Syst. Veg. XIV. p. 240. *Willd.* Spec. I. 2.
p. 1142.

Caulis fruticosus, erectus, bipedalis et ultra, ramulosus.
Rami et ramuli sparsi, erecti, foliis tecti. *Folia* sessilia, apice
acuto parum incurva, quinquefariam imbricata, subvillosa, in-

ternodiis longiora, lineae longitudine. *Flores* in ramis supremis terminales. *Bracteae* et paleae trigonae, apice fusco acutae, erectae, coloratae, capitulo longiores.

13. B. (*abrotanoides.*) foliis lanceolatis, glabris, squarrosis; capitulis subfastigiatis. Prodr. p. 41. Brunia *abrotanoides. Linn.* Spec Pl. p. 288. Syst. Veget. XIV. p. 240.
Willd. pec. l. 2. p 1143.

Caulis fruticosus, cicatricibus foliorum scaber, teres, striatus glaber, ramosus. *Rami* sparsi, supremi, subfastigiati, foliis tecti, infra glabri, superne pilosi. *Folia* sparsa, frequentia, brevissime petiolata, apice fusca, recurvato-squarrosa, internodiis longiora, subcarinata, integra, lineam longa. *Flores*
in ramulis terminales, capitati, magnitudine pisi.

14. B. (*microphylla.*) foliis ovato-trigonis, carnosis, glabris; capitulis terminalibus; ramis divaricatis.

Crescit in interioribus et remotioribus provinciis.

Frutex erectus, fuscus, ramulosus, pedalis. *Rami* alterni,
cauli similes. *Ramuli* aggregati, plurimi, incurvi, subfastigiati,
brevissimi, iterum ramulosi. *Folia* sessilia, laevia, dense imbricata, brevissima. *Capitula* villosa, alba, piso minora.

15 B (*phylicoides.*) foliis ovatis, convexis, imbricatis;
capitulis terminalibus, hirsutis.

Caulis fruticosus, totus foliis tectus, flexuoso-erectus, ramulosus. *Rami* et ramuli verticillati, villosi, breves. *Folia* sessilia, obtusa, crassa, extus convexa, villosa, lineam longa.
Capitula lanata, magnitudine pisi.

CXXXIX. S T A V I A.

Cor. supera 5-petala. *Stam.* calyci inserta. *Stylus*
bifidus.

1. S. (*glutinosa.*) foliis lineari-lanceolatis, trigonis, patulis; radio calycis colorato, capitulo longiore. *Prod.* p. 41.
Brunia *glutinosa. Linn.* Mant. p. 210. Syst. Veg. XIV. p.
240. Stavia *glutinosa. Willd.* Spec. l. 2. p. 1144. Dahl.
Dissert. p. 17.

*Crescit in summo Taffelberg satis copiose cum sequenti Floret
Majo et Junio.*

Caulis fruticosus, erectus, glaber, tripedalis et ultra. *Rami*
et ramuli subverticillati, teretes, fusco-purpurascentes, incurvato erecti, subfastigiati, glabri. *Folia* sparsa, in ramulis frequentiora, petiolata, integra, acuta apice saepius fusco, patentia, inferiora glabra, superiora villosa, unguicularia. *Petioli*
flavescentes, foliis pluries breviores. *Flores* terminales in ramulis, magnitudine fere Cerasi. *Radius* foliolis trigonis, pa-
tulo-reflexis, flavescentibus, apice deustis, capitulo longioribus.

2. S. (*radiata.*) foliis lanceolato-trigonis, patulis; calycis radio colorato, capitulo breviore. *Prod.* p. 41. Phylica

radiata. Linn. Spec. Pl. p. 283. Brunia *radiata. Linn.*
Syst. Veg XIV. p. 240. Stavia *radiata. Dahl.* Dissert. p.
15. *Willd.* Spec. I. 2. p. 1144.

Crescit in campis arenosis inter urbem *Kap*, et montium series, in
summo etiam *Taffelberg*, copiosissime. Floret *Majo, Junio*,
ceterisque mensibus.

Caulis fruticosus, inferne simplex, superne magis magisque
ramosus, erectus, bipedalis et paulo ultra. Rami trichotomi,
fusco-cinerei, scabri, glabri. Ramuli trichotomi et superne
dichotomi, filiformes, laxi, inferne glabri, superne villosi,
erecti, subfastigiati. Folia sparsa, petiolata, acuta apice fusco,
subimbricato-approximata, apice patula, inferiora glabra, superiora villosa, lineam longa. Flores terminales, in supremis
ramulis, piso minores. Calycis radius albus: apice foliolis patulis, deustis, capitulo brevioribus. Usus: pro foco alendo lignum.

CXXXX. THESIUM.

Cal. 1 - phyllus, cui stamina inserta. *Nux infera*, 1-
sperma.

1. T. (*spinosum.*) foliis subulatis, spinosis; floribus axillaribus. *Prod.* p. 45. *Dissert. de Thesio.* Thesium spinosum. *Linn.* Suppl. p. 161. Syst. Veg. XIV. p. 250. *Willd.*
Spec. I. 2. p. 1217.

Crescit in *Saldanha bay, juxta Companies post.* Floret
Septembri, Octobri.
Frutex totus glaber, teres, cinereo-albus, decumbens.
Rami alterni, cauli similes. Ramuli secundi, angulati, ultimi
filiformes, flexuosi, virides, frequentes, diffusi, iterum ramulosi. Folia sparsa, frequentia, sessilia, trigona, spinâ terminali flavescente, horizontaliter patentia, vix lineam longa. Flores in axillis foliorum pedunculati, solitarii. Nux globosa, cinerea, unilocularis.

2. T. (*imbricatum.*) foliis trigonis, acutis, serrato-scabris; floribus terminalibus, solitariis.

Caulis fruticosus, rigidus, flexuosus, fuscus, scaber, ramosus, palmaris vel ultra parum. Rami alterni, flexuosi seu retroflexi, cauli similes, iterum ramulosi, subfastigiati. Folia
sparsa, sessilia, glabra, imbricato-patula, frequentia, semilineam longa. Flores in ramulis.

3. T. (*fragile.*) foliis trigono-ovatis; caule angulato, floribus axillaribus. *Prodr* p 45. Thesium *fragile. Linn.*
Suppl. p. 162. Syst. Veg. XIV. p. 250. *Willd.* Spec. I. 2.
p. 1215.

Crescit in *Saldanha bay*, et arenosis *Helenae bay.* Floret
Septembri.
Fruticulus totus glaber, erectus, virescens, angulatus angulis pallidioribus, fragilis, pedalis vel ultra. Rami et ramuli
sparsi, superne frequentiores, erecto-patentes, cauli similes.

Folia sparsa, sessilia, remota, inermia, integra, dorso decurrentia, minutissima, vix lineam dimidiam longa. *Flores* in ramulis in axillis foliorum sessiles, minuti.

4. T. *(spicatum.)* foliis ovato - trigonis; caule erecto'; floribus imbricato - spicatis. Thesium *spicatum. Linn.* Mant. p. 214. *Willd.* Sp. I. 2. p. 1214.

Caulis frutescens, subangulatus, prolifer. *Folia* subulata laevia, minutissima. *Spica* obovata, pollicaris.

Obs. Caulis in hoc strictior, quam in *funali.*

5. T. *(scabrum.)* foliis trigonis imbricatis, scabris; caule tereti floribus terminalibus. *Prod.* p. 45. Thesium *scabrum. Linn.* Sp. Pl. p. 302. Syst. Veget. XIV. p. 249. *Willd.* Sp. I. 2. p. 1215.

Crescit in summo Monte Middelste Roggefeld. Floret Septembri, Octobri.

Frutex teres, fuscus, flexuoso - erectus, a casu foliorum nodosus, parvus, spithamaeus, ramulosus. *Rami* et ramuli cauli similes, divaricato patentes, sensim breviores, summi fastigiati. *Folia* frequentissima, subverticillata, sessilia, trigono - subulata, ciliato - scabra, apice patula, vix lineam longa.

6. T. *(capitatum.)* foliis trigonis, mucronatis, laevibus; capitulis terminalibus; bracteis ciliatis. *Prod.* p. 46. Thesium *capitatum. Linn.* Spec. Pl. p. 302. Syst. Veg. XIV. p. 249. *Willd.* Spec. I. 2. p. 1214.

Crescit in lateribus Taffelberg. Floret Augusto et sequentibus mensibus.

Frutex erectus, teres, fuscus, nodulosus, bipedalis et ultra. *Rami* subumbellato - aggregati, elongati, striati. *Ramuli* versus apices ramorum aggregati, subumbellati, virgati. *Folia* sparsa, frequentia, sessilia, decurrentia, trigono - lanceolata, integra, inferiora reflexa, suprema imbricato - patula, unguicularia. *Flores* in apicibus ramulorum spicati. *Spica* subglobosa. *Bracteae* ovatae, margine membranaceae. *Corollae* barbatae.

7. T. *(funale.)* foliis lineari - lanceolatis, acutis; ramis striatis, elongatis; floribus subspicatis.. *Prod.* p 45. Thesium *funale. Linn.* Spec. p. 302. *Willd.* Sp. I. 2. p. 1213.

Crescit in collibus prope Kap, infra Taffelberg, inque ejus lateribus prope Constantiam, alibique. Floret Majo, Junio.

Fruticulus brevissimus, ramis filiformibus, laxis, rarius ramosis apice, teretibus, tenuissime striatis, patenti - erectis, glabris, spithamaeis. *Folia* sparsa, remota, sessilia, lanceolata, basi adpressa, apice patentia, integra, glabra, lineam longa vel ultra. *Flores* in ramis subverticillato - aggregati. *Spica* vel densa, vel remotis floribus interrupta, bracteata, pollicaris et ultra. *Bracteae* ovatae, acutae. *Corollae* barbatae.

Obs. Valde affinia sunt T. funale et spicatum, sic ut mihi videantur unum

*) Supra ovato - trigona. *Editor.*

idemque, varians: 1. caulibus elongatis et apice ramosis; 2. spicâ den-
siori et tenniori.

8. T. (*frisea.*) foliis lineari-lanceolatis; caule decumbente; floribus spicatis. *Pro.d.* p. 46. Thesium *frisea. Linn.*
Mant. p. 213. Syst. Veget. XIV. p. 249. *Willd.* Spec. I. 2.
p. 1213.

*Crescit in maritimis sabu losis prope exitum Verlooren Valley.
Floret Octobri.*

Radix descendens, longa, fibrosa. *Planta* tota carnosa, decumbens, apicibus florentibus erectis. *Caules* e radice plurimi,
filiformes, ramosi et simplices, saepe radicantes, palmares usque pedales. *Rami* alterni, elongati, teretes, obsolete striati,
prostrati, glabri, rarius ramulosi. *Folia* alterna, subpetiolata,
valde crassa, subtus convexa, supra plana, oblongo-lanceolata,
integra, frequentia, patentia, unguicularia. *Petiolas* brevissimus vel vix ullus. *Spicae* florum terminales, ovatae. *Corolla*
barbata.

9. T. (*strictum.*) foliis lanceolatis, decurrentibus; floribus terminalibus, subumbellatis. *Prodr.* p. 45. Thesium
strictum. Likn. Mant. p. 214. Syst. Veget. XIV. p. 249.
Willd. Spec. I. 2. p. 1214.

*Crescit in collibus prope urbem inque montibus variis. Floret Au-
gusto et sequentibus mensibus.*

Fruticulus erectus, fuscus, totus glaber, pedalis et ultra.
Rami sparsi, elongati, subsimplices vel apice ramulosi, subangulati, fusci, subfastigiati. *Folia* remota, sparsa, sessilia, integra, glabra, supra plana, subtus convexa, basi adpressa, apice
patula, lineam longa. *Flores* in apicibus ramorum subumbellati, vel paniculati. *Nux* globosa, cinerea, reticulata. *Multum*
variat: 1. foliis frequentioribus et remotis. 2. caule magis vel
minus paniculato.

10. T. (*linealum.*) foliis lanceolatis, remotis; ramis striatis, erectis. Prod. p. 45. Thesium *linealum. Linn.* Suppl.
p. 162. Syst. Veg. XIV. p. 250. *Willd.* Sp. I. 2. p. 1212.

Crescit in Carro infra Bockland. Floret Octobri.

Caulis fruticosus, totus glaber, striatus, aphyllus, erectus,
pedalis et ultra. *Rami* et ramuli alterni, cauli similes; divaricato-patuli, foliosi, virentes. *Folia* sparsa, sessilia, ultima lanceolato-subulata, integra, glabra, erecto-patentia, lineam
longa.

11. T. (*paniculatum.*) foliis lanceolatis, remotis; ramis
angulatis, diffusis; floribus terminalibus. *Prodr.* p.45. Thesium *paniculatum. Linn.* Mant. p. 51. Syst. Veg. XIV. p.
250. *Willd.* Spec. I. 2. p. 1215.

Crescit in Monte Bockland. Floret Septembri, Octobri.

Fruticulus totus decumbens, brevis, ramulosus. *Rami* et ramuli alterni, copiosissimi, paniculati, filiformes, et capillares,
subangulato-striati, pubescenti-scabridi, rufo-fuscescentes.

Folia sparsa, sessilia, inermia, reflexo-patentia, lineam longa. *Flores* in ultimis ramulis terni vel plures, sessiles.

12. T. (*squarrosum.*) foliis lanceolatis, reflexis; flor bus axillaribus, pedunculatis. *Prodr.* p 46. Thesium *squarrosum. Linn.* Suppl. p. 162. Syst. Veget. XIV. p. 250. *Willd.* Spec. I. 2. p. 1213.

Crescit in interioribus Africae regionibus.

Frutex erectus, totus glaber, teres, cinereus, pedalis *Rami* et ramuli sparsi, frequentes, filiformes, striati, paniculati, virgati. *Folia* sparsa, sessilia, acuta, integra, patentia et reflexa, vix lineam longa. *Flores* solitarii, breviter pedunculati.

13. T. (*triflorum.*) foliis lanceolatis; caule angulato; pedunculis trichotomis. *Prodr* p. 46. Thesium *triflorum. Linn.* Suppl. p. 162. Syst.- Veget. XIV. p. 250. *Willd.* Spec. I. 2. p 1216.

Crescit in Kraka Kama. Floret Novembri, Decembri.

Frutex erectus, totus glaber, pedalis. *Rami* sparsi, subsecundi, angulati, patentes. *Folia* ovato-lanceolata, acuta, plana, integra, glabra, patentia, unguicularia, superioribus sensim minoribus. *Flores* in ramis alterni, paniculati. *Panicula* trichotoma, divaricata.

14. T. (*euphorbioides.*) foliis ovatis, acutis, carnosis; ramis dichotomis; floribus terminalibus. *Prodr.* p. 46. Thesium *euphorbioides. Linn.* Mant. p. 214. Syst. Veg. XIV. p. 250. *Willd.* Spec. I. 2. p. 1216.

Crescit in montibus prope Platte Kloof, Hottentots Hollandsberg et aliis. Floret Decembri, Januario.

Frutex erectus, totus, glaber fusco rufescens angulatus, pedalis et ultra. *Rami* cauli similes, dichotome alterni, erecti. *Folia* alterna, sessilia, subrotundo-ovata, integra, plana, imbricata, unguicularia. *Flores* in ramis subpaniculati. *Panicula* triflora. *Bracteae* foliis similes. *Nuces* angulatae.

15. T. (*colpoon.*) foliis ovatis, mucronatis; ramis trichotomis; paniculis terminalibus. *Prodr.* p. 46. Thesium *colpoon. Linn.* Suppl. p. 161. Syst. Veg. XIV. p. 250. *Willd.* Spec. I. 2. p. 1216.

Crescit in collibus infra Taffelberg versus occidentem et alibi, satis vulgare. Floret Majo et sequentibus mensibus.

Frutex erectus, totus glaber, bipedalis et ultra. *Rami* trichotomi uti et ramuli, compresso-angulati, erecti, virescentes. *Folia* petiolata, acuminata, integra, plana, erecto-patula, pollicaria. *Petioli* trigoni, vix lineam dimidiam longi. *Flores* in apicibus ramulorum paniculati. *Panicula* trichotoma, decomposita. *Nux* ovata, laevis.

CXLI. CARISSA.

Cor. 1-*petala. Stigma bifidum. Bacca* 2-*locularis. Sem. solitaria.*

14*

1. C. (*Arduina.*) spinis bis bifidis. Arduina *bispinosa.*
Linn. Mant. p. 52. Syst. Veget. XIV. p. 236. *Willd.* Spec.
I. 2. p. 1117.

Hottentottis: No m Nom. *Crescit inter frutices in montibus et
collibus variis, vulgaris. Floret Novembri et sequentibus
mensibus.*
Caulis fruticosus, totus glaber, quadripedalis vel paulo ultra.
Rami et ramuli oppositi, teretes, virides, divaricati; ultimi
ramuli compressiusculi. *Spinae* oppositae, rigidae, tereti - subulatae, virides, divaricati, pollicares; superioribus minoribus.
Folia opposita, petiolata, ovata, acuta, integra, margine reflexo,
nervosa, glabra, inaequalia, subpollicaria. *Flores* in ultimis
ramulis verticillati, albi. *Fructus* rubri, Hottentottis edules.

CXLII. VITIS.

*Petala apice cohaerentia, emarcida. Bacca 5-sperma,
supera.*

1. V. (*capensis.*) foliis quinquangularibus, dentatis, subtus ferrugineo - tomentosis; floribus subcapitatis. *Prod.* p. 44.

Crescit in sylvis hinc inde. Floret Octobri et sequentibus mensibus.
Caulis teres costis obsoletis, geniculatis, flexuosus, scandens,
cinereus, punctatus, glaber, indeterminatus. *Rami* alterni,
cauli similes, divaricati, apice tomentosi. *Folia* alterna, petiolata, subcordata, 5. vel 7-angulata, palmam fere magna, superioribus sensim minoribus. *Folia* adultiora saepe omnino glabra dentibus rotundatis, rugoso-venosa; juniora et superiora
imprimis subtus ferrugineo - tomentosa dentibus acutis. *Petioli*
semiteretes, inferiores glabri, supremi tomentosi, patentissimi,
longitudine foliorum. *Flores* axillares, aggregato-subcapitati.
Capitula pedunculata pedunculis tomentosis unguicularibus. *Pedicelli* flosculorum brevissimi, tomentosi. *Bacca* globosa, piso
major. Differt a Cisso *Vitiginea,* cui similis: 1. foliis 5 - an-
gularibus, subtus ferrugineis. 2. floribus glomeratis, subsessilibus. 3. fructu globoso.

2. V. (*cirrhosa.*) foliis ternatis, villosis; foliolis ovatis,
serratis *Prodr.* p. 46.

*Crescit prope sylvas juxta van Stades et Söndags rivier.
Floret Decembri et subsequentibus mensibus.*
Tota planta succulenta. *Caulis* carnosus, compressiusculus,
cinereus, flexuoso-scandens, villosus. *Rami* alterni, divaricati,
cauli similes. *Folia* alterna, petiolata, inferiora majora, superiora sensim minora. Foliola obovata, acuta, serraturis acutis,
subtus pallidiora, pollicaria. *Petioli* compressi, pubescentes,
foliis paulo breviores. *Stipulae* in geniculis sub foliis binae,
oppositae, sessiles seu amplexicaules, subrotundae, integrae.
Cirrhi geniculorum simplices. *Flores* paniculati. *Paniculae* e
geniculis laterales, patentissimae. *Perianthium* 1-phyllum, sub-
integrum vel vix perspicue 4- dentatum, brevissimum, persistens.
Corolla ante aperturam subquadrata, truncata, cruciata; florens

4-petala, alba. Petala ovata, obtusa; concava, apice inflexo-fornicato, antheras fovente; decidua, semilineam longa. *Filamenta* 4, receptaculo inserta, linearia, subulata, alba, cum nectariis alternantia, longitudine corollae. *Antherae* ovatae, didymae, flavae. *Nectarii* glandulae 4, receptaculo seu lateribus germinis insertae, subquadratae, truncatae, intra petala sitae, calyce paulo longiores. *Germen* superum. *Stylus* unicus, subulatus, erectus, longitudine petalorum. *Stigma* simplex, truncatum, subtrifidum. *Bacca* ovata, calyce inferne styloque coronata, succulenta, virescens, hirsuta. *Duplex* varietas: a. glabra caule, foliis, fructibus. b. villosa caule, foliis fructuque.

O b s. Cissus et Vitis cum varient numero staminum et seminibus Baccae, idem constituere debent Genus, neo separari merentur.

CXLIII. CHIRONIA.

Cor. rotata. Pistillum declinatum. Stam. tubo corollae insidentia. Antherae demum spirales. Pericarpium 2 loculare.

1. C. (*baccifera.*) foliis lineari-lanceolatis; fructu baccato. Chironia *baccifera. Prodr.* p. 35. *Linn.* Spec. Pl. p. 273. Syst. Veg. XIV. p. 229. *Willd.* Spec. I. 2. p. 10·0.

Crescit in collibus prope Kap, extra urbem et alibi vulgaris. Floret Augusto et sequentibus mensibus.

Radix perennis. *Caulis* fruticosus, totus glaber, subtetragonus, ramosissimus, bipedalis et ultra. *Rami* et ramuli alterni, sexangulati, virentes, virgati, divaricato-patuli. *Folia* opposita, sessilia, decurrentia supra convexiuscula sulco longitudinali, subtus concaviuscula marginibus reflexis costáque elevatá, integerrima, glabra, decussata, horizontaliter patentia, internodiis longiora, subpollicaria. *Flores* in ultimis ramulis terminales, solitarii, flavi. *Perianthium* 1-phyllum, ad basin fere 5-partitum, glabrum, persistens; laciniae ovatae, acutae, supra convexae, subtus costá carinatae, viridia, lineá breviora. *Germen* inferum. *Stylus* simplex, filiformis, erectus. *Stigma* obtusum. *Bacca* globosa, glabra, sanguinea, carnosa. *Semina* plurima, compressiuscula, subglobosa, atra, punctato-rugosa.

2. C. (*linoides.*) foliis linearibus, glabris; caule herbaceo, fastigiato. Chironia *linoides. Prodr.* p. 35. *Linn.* Spec. Pl. p. 272. Syst. Veget. XIV. p. 229. *Willd.* Spec. I. 2. p. 1070.

Crescit in regionibus graminosis trans Swellendam. Floret Octobri, Novembri.

Radix fibrosa, filiformis. *Caulis* uti tota planta, glaber, brevis, erectus, mox a radice ramosus, palmaris. *Rami* ab inferiori parte plantae elongati, frequentes, filiformes, dichotomi ramulis capillaribus, erecti, angulati, subfastigiati. *Folia* opposita, sessilia, lineari-subulata, integra, erecta, inferiora subpollicaria, superiora unguicularia. *Flores* in ramulis terminales, solitarii, purpurei. *Calycis* laciniae lanceolatae, corollá duplo breviores. Valde affinis Chironiae *lychnoidi*, cujus forsan sola varietas.

3. C. (*lychnoides.*) foliis lineari - lanceolatis, glabris; caule herbaceo; ramis patulis. *Prodr.* p. 35. Chironia *lychnoides*. *Linn.* Mantiss. p. 207. Syst. Veg. XIV. p. 229. *Willd.* Spec. I. 2. p. 1068.

Crescit in summitate montis Hottentotts Holland. Floret Decembri, Januario.

Caulis uti tota planta glaber, subtetragonus, flexuoso-erectus, laxus, spithamaeus. *Rami* alterni, simplices, remoti, pauci, patentes vel cernui, cauli similes. *Folia* opposita, sessilia, utrinque attenuata, integra, patentia, pollicaria. *Flores* in ramis terminales, solitarii, purpurei. *Calycis* laciniae ovatae, acutae.

4. C. (*jasminoides.*) foliis lanceolatis, glabris; caule herbaceo, cernuo. *Prod.* p. 35. Chironia *jasminoides*. *Linn.* Sp. Pl. p. 272. Syst. Veget. XIV. p. 229. *Willd.* Sp. I. 2. p. 1066.

Crescit in regionibus Swellendam. Floret Octobri, Novembri.

Caulis totus glaber, tetragonus, curvato-erectus, apice cernuus, parum ramosus, pedalis et ultra. *Rami* pauci, alterni, divaricato-patentes, simplices, cauli similes. *Folia* opposita, sessilia, apice marginibusque reflexis, utrinque glabra, integra, internodiis duplo breviora, patentia, vix pollicaria. *Flores* in ramis terminales, solitarii, purpurei. *Pedunculi* e ramis continuati, hexagoni, parum incrassati. *Calyx* angulatus: laciniis ovatis, acutis, erectis.

5. C. (*frutescens.*) foliis lanceolatis, tomentosis; caule fruticoso. *Prodr.* p. 35. Chironia *frutescens*. *Linn.* Spec. 273. Syst. Veget. XIV. p. 229. *Willd.* Spec. I. 2. p. 1070.

Crescit in oris maritimis, in littore infra Leuwekopp, in montibus Hottentotts Holland et alibi, frequens. Floret ab Augusto ad Decembris usque mensem.

Radix perennis. *Caulis* subangulatus, ramosus, erectus, totus cinereo-tomentosus; pedalis et ultra. *Rami* lignosi, obsolete tetragoni, alterni, foliis deciduis annulati, ramulosi ramulis superne aggregatis, fastigiatis. *Folia* decussatim opposita, sessilia, obtusa cum acumine, integerrima, carnosa, frequentissima, erecta, subtomentosa, pollicaria vel paulo longiora. *Flores* in ramulis terminales, solitarii, magni. *Perianthium* inflatum, apice connivens, subtomentosum, semiquinquefidum: laciniae oblongae, concavae, acutae. *Corolla* 1-petala, tubulosa. Tubus cylindricus, ampliatus, albus, rugosus, longitudine calycis, unguicularis. Limbus campanulato-patens, quinquepartitus: laciniae ovatae, obtusae cum acumine, membranaceae, pollicares. *Filamenta* 5, tubo corollae infra faucem insertae, linearia, erecta, alba, limbo triplo breviora. *Antherae* oblongae, flavae, spiraliter tortae. *Germen* superum, acutum, glabrum. *Stylus* filiformis, longitudine staminum, utrinque sulco longitudinali notatus, albus. *Stigma* simplex, obtusum, didymum, incurvatum, villosum, album. *Capsula* oblonga, compressa, acuta, didyma, glabra, bivalvis.

O b s. Cum valde variare deprehendatur Genus GENTIANAE, facile ad illud referri posset CHIRONIA, vel etiam GENTIANAE in plura, non Naturalia Genera, lacerandae.

6 C. *(nudicaulis.)* foliis ellipticis, obtusiusculis, glabris; caule herbaceo; calycibus subulatis. *Prodr.* p. 35. CHIRONIA *nudicaulis. Linn.* Suppl. p. 151. Syst. Veg. XIV. p. 229. *Willd.* Spec. I. 2. p. 1066.

Crescit in summitate Taffelberg. Floret Januario, Februario.

Caulis totus glaber, mox a radice ramosus. *Rami* subradicales, frequentes, sparsi, simplices, elongati, raro superne divisi, laxi, flexuoso-erecti, subtetragoni, pedales. *Folia* opposita, sessilia, oblonga, integra; inferne aggregata, pollicaria; superne remotissima; suprema lanceolata. *Flores* in ramis terminales, solitarii, purpurei. *Calycis* laciniae lanceolatae, elongato-subulatae, erectae, longitudine tubi corollae. Differt a CHIRONIA *trinervia:* 1. foliis obtusioribus. 2. ramis elongatis. 3. calyce subsetaceo.

7. C. *(tetragona.)* foliis ovatis, glabris; caule suffruticoso; calycibus ovatis, carinatis. *Prod.* p. 35. CHIRONIA *tetragona. Linn.* Suppl. p. 151. Syst. Veget. XIV. p. 229. *Willd.* Spec. I. 2. p. 1071.

Crescit prope Puspas rivier. Floret Octobri.

Caulis basi frutescens, totus glaber omnibus partibus. *Rami* radicales saepe plures, tetragoni, erecti, pedales, ramulosi. *Ramuli* alterni, tetragoni. flexuoso-erecti, fastigiati. *Folia* opposita, sessilia, obtusiuscula, integra, trinervia, frequentia, erecta, imbricata, internodiis longiora, unguicularia. *Flores* in ramulis terminales, solitarii, purpurei. *Calycis* laciniae ovatae, carinatae, viscosae. Differt a CHIRONIA *angulari* corollâ purpureâ, et imprimis calycis laciniis carinatis, ovatis.

CXLIV. ACHYRANTHES.

Cal. 5-*phyllus. Cor.* o. *Stigma* 2-*fidum. Sem. solitaria.*

1. A. *(aspera.)* foliis obovatis, acutis; fructibus reflexis. ACHYRANTHES *aspera. Prodr.* p. 45. *Willd.* Spec. 1. 2. p. 1191.

CXLV. AMARANTHUS.

♂. *Cal.* 3-5-*phyllus. Cor.* o. *Stam.* 3-5.
♀. *Cal. Cor.* ut in ♂. *Styli* 3. *Caps.* 1-*locularis, circumscissa, Sem.* 1.

1. A. *(albus.)* floribus glomeratis, axillaribus; bracteis

s abulato - setaceis ; foliis ovatis, excisis, mucronatis. *Prodr.* p. 45.

2. A. (*sanguineus.*) racemis compositis, erectis, laterali- lbus patulis ; foliis ovato-oblongis. *Prod.* p. 45.

CXLVI. S T R E L I T Z I A.

Cor. 3-*petala. Nectarium hastatum. Caps. trilo- cularis.*

1. S. (*augusta.*) foliis simpliciter n*e*rvosis. *P ·od.* p 45. HELICONIA *alba. Linn.* Suppl. p. 157. Syst. Veg. XIV. p. 245.

Crescit in humidis umbrosis sylvis in Houtniquas in regionibus Pisang rivier. Floret Octobri, Novembri. Europaeis incolis: Witte Pisang.

Caulis simplex, vaginatus, crassitie brachii et ultra, altitudine circiter 18 pedum. *Folia* petiolata, erecta, vaginantia, lato ovata, obtusa, tenuia, tenuissime et simpliciter nervosa, glabra, integra, pedalia et ultra. *Petioli* teretes, striati. *Flores* intra Spatham plu- res, circiter duodecim, erecti. florentes primum in basi, continuata sensim florescentia ad apicem, sessiles intra spathas partiales. *Corolla* tripetala: Petala duo superiora approximata; inferius remotum, in- fra nectarium situm; ovato lanceolata, acuminata, concava, inte- gerrima, consimilia et aequalia, digitalia. *Nectarium* diphyllum, inter petala situm: folium superius minimum, concavum, alterum amplexans : apice obtusum, carinatum, crassiusculum, emarginatum, unguiculare inferius petalis paulo brevius, genitalia includens. Ca- rina dorsalis sulcata sulcis quatuor, a medio ad apicem hastatum: alis interne et superne marginibus elevatis, intra quas stamina et pistillum *Filamenta* 5, filiformia, alba, longitudine dimidia hastae. *Antherae* lineares, longitudine hastae, eique longitudinaliter impri- mis apice cohaerentes, albae. *Pollen* a latere antico album, visci- dum. *Germen* infra receptaculum floris. *Stylus* longitudine hastae, filiformis, albus. *Stigma* cylindricum, viscosum, unguiculare, trifi- dum, extra apicem hastae exsertum, fuscum. *Capsula* sessilis in fundo spathae, ovata, trigona, glabra, trivalvis, trilocularis. *Se- mina* subglobosa, columnae affixa, plurima, alba, basi barba cincta. *Corolla* tota alba, uti etiam Nectarium. *Spatha* horizontalis, con- nivens, continens plures spathas partiales, flores fructusque, multi- flora, glabra. *Spathae* partiales, flores et fructum cingentes, conca- vae, lanceolatae, acutae, bruneae, gelatina viscidae. *Gelatina* al- bida vel subflava. *Similis* valde MUSAE *paradisiacae.*

2. S. (*Reginae.*) foliis reticulato-nervosis. *Prod.* p. 46.

Europaeis: Geele Pisang. Crescit in montibus ad Kamtous- rivier. Floret Octobri, Novembri.

Radix fibrosa. *Scapus* simplex, vaginatus, bipedalis, longitudine foliorum. *Folia* plura radicalia, petiolata, erecta, oblonga, obtusa, coriacea, tenuissime nervosa et reticulata, inferne undulata, integer- rima, glabra. *Rhachis* crassa. *Petioli* teretes, inanes, striati, gla- bri, digitum crassi. *Corolla* aurantiaca. *Nectarium* coeruleum. *Florescentia* convenit cum priori. *Differt* a priori : minori mag-

nitudine, colore corollae et nectarii atque foliis crassioribus, acutioribus, reticulatis.

CXLVII. C E L A S T R U S.

Cor. 5-petala, patens. Caps. 3-angularis, 3-locularis.
Sem. calyptrata.

* inermes :

1. C. (*filiformis.*) inermis, foliis lanceolatis, integris;
ramis filiformibus; floribus axillaribus. *Prod.* p. 42. Celastrus *filiformis. Linn.* Suppl. p. 153. Syst. Veg. XIV. p. 237.
Crescit in sylvis variis. Floret Decembri, Januario.
> *Frutex* erectus, scandens, totus glaber. *Rami* teretes, striato-
> rugosi, brunei. *Ramuli* oppositi, filiformes, flexuosi, laxi. *Folia*
> opposita, brevissime petiolata, subtus pallida, patentia, pollicaria.
> *Flores* in axillis foliorum solitarii vel pauci, subsessiles. *Corolla*
> 5-petala, patens, alba. *Stylus* simplex, stigmate capitato, obtuso.

2. C. (*crispus.*) inermis; foliis obovatis, obtusis, integris,
undulatis; floribus axillaribus, umbellatis, hirtis.

Crescit in sylvis.
> *Caulis* fruticosus, teres, erectus, ramosissimus. *Rami* alterni,
> cauli similes. *Ramuli* filiformes, pubescentes, flexuosi. *Folia* al-
> terna, brevissime petiolata, oblongo ovata, margine revoluto undu-
> lato, glabra, erecta, subpollicaria. *Umbellae* pauciflorae. *Pedun-*
> *culi* foliis multo breviores.

3. C. (*obtusus.*) inermis; foliis obovatis, obtusis, integris; panicula axillari, simplici.
> *Caulis* fruticosus, totus omnibus partibus glaber, ramosus. *Rami*
> teretes, purpurascentes. *Folia* alterna, brevissime petiolata, obtu-
> sissima, margine revoluto, crassa, erecta, pollicaria vel paulo ultra.
> *Paniculae* dichotomae.

4. C. (*laurinus.*) inermis; foliis oblongis, integris; paniculis axillaribus. *Prodr.* p. 42: *Willd.* Sp. I. 2. p 1124.
*Crescit prope Kap infra latus occidentale Taffelberg, in Paar-
deneyland et alibi. Floret Majo, Junio.*
> *Caulis* frutescens, erectus, cinereo-fuscus, totus glaber, pedalis
> et ultra. *Rami* alterni, angulati, erecto-patentes. *Ramuli* angu-
> lati, laxi, purpurascentes. *Folia* alterna, subpetiolata, ovato-ob-
> longa, obtusa, subexcisa, integerrima, erecta, coriacea, sempervi-
> rentia, supra saturatius viridia, subtus pallidiora, margine subrevoluta,
> pollicem lata, bipollicaria, inaequalia. *Petioli* crassi, brevissimi, late-
> ribus decurrentes, purpurascentes. *Flores* axillares, paniculati. *Pa-*
> *nicula* parum composita floribus ultimis subglomeratis. *Pedunculi*
> oppositi, tetragoni, semiunguiculares. *Pedicelli* sensim breviores.
> *Perianthium* 1-phyllum, corolla duplo brevius, 5-partitum: laciniae
> ovatae, obtusiusculae, erectae. *Nectarii* sertum intus a Calyce for-
> matum, complanatum, pro petalis excipiendis excisum, margine te-
> nuissimo rufescente. *Petala* 5, suborbiculata, basi attenuata, remota

erecta, alba, semilineam longa. *Filamenta* 5, inter petala calyci inserta, subulata, petalis triplo breviora, alba. *Antherae* minimae, didymae, erectae, flavae. *Germen* superum. *Stylus* brevissimus vel nullus. *Stigma* obtusum, concavum, glabrum.

5. C (*rostratus.*) inermis; foliis ovato-oblongis, integris; paniculis axillaribus; fructibus spinosis. *Prodr.* p. 42. *Willd.* Spec. Plant. l. 2. p. 1124.

Cressit in Sylvis prope rivier Zonder End juxta Zoete Melks valley. Defloruit mense Januai io.

Caulis fruticosus, erectus, totus glaber. *Rami* alterni uti et ramuli, angulati, erecti. *Folia* alterna, petiolata, ovata et oblonga, obtusiuscula, laevia, parallelo-nervosa, inaequalia, patentia, pollicaria usque palmaria. *Petioli* semiteretes, semiunguiculares. *Pedunculi* dichotomi, divaricati. *Corollae* albae. *Capsula* subcarnosa, squamis compressis inermibus aculeata, ovato globosa, glabra, trilocularis, magnitudine pisi. *Semen* in uno saepe loculamento, reliquis sterilibus.

6. C. (*lucidus.*) inermis; foliis ovatis, glabris, integris, marginatis; floribus axillaribus. *Prod.* p. 42. *Linn.* Mant. p. 49. *Willd.* Spec. l. 2. p. 1123. *Meerburg* Pl. t. 12.

Crescit prope urbem Kap.

Frutex pedalis vel ultra, erectus, cinereo fuscus, totus glaber, ramulosus. *Rami* alterni, similes nodosi. *Ramuli* alterni, superne angulati. *Folia* alterna, brevissime petiolata, ovata seu subrotunda, obtusa, margine revoluto, nervosa, lucida, inaequalia, unguicularia. *Flores* pedunculati. *Pedunculi* uniflori vel partiti. *Capsulae* fuscae, glabrae, trivalves et quadrivalves.

7. C. (*microphyllus.*) inermis; foliis ovatis, obtusis, integris; paniculis terminalibus. *Prodr.* p. 42. Celastrus *microphyllus. Linn.* Suppl. p. 154. *Willd.* Spec. l. 2. p. 1123.

Frutex humilis, rigidus, flexuosus, cinereus, totus glaber. *Rami* alterni, cinerei, patentes, apice foliosi et floriferi, pollicares usque digitales. *Folia* alterna, breviter petiolata, approximata, subexcisa, patentia, unguicularia. *Flores* in ramis terminales, paniculati. *Panicula* dichotoma.

8. C. (*ellipticus.*) inermis; foliis obovatis, obtusis; paniculis axillaribus, simplicibus.

Incolis africanis: Kamassie hout. Crescit hinc inde in sylvis. Floret mensibus aestivalibus.

Caulis fruticosus, curvato-erectus, totus glaber, ramulosus. *Ramuli* summi angulati. *Folia* breviter petiolata, opposita, ellipticolanceolata, obtusiuscula, integra, sesquipollicaria. *Flores* axillares, paniculati.

9. C. (*acuminatus.*) inermis; foliis ellipticis, acutis, crenatis; floribus axillaribus, subbinis. *Prodr.* p. 42. Celastrus *acuminatus. Linn.* Suppl. p. 154. *Willd.* Sp. l. 2. p. 1126.

Caulis fruticosus, cinereus, erectus, totus glaber, tripedalis et ul-

tra. *Rami* alterni, similes cauli, ramulis angulato-striatis. *Folia*
alterna, breviter petiolata, elliptico-ovata, obtusiuscula, inaequalia,
unguicularia usque pollicaria. *Flores* e gemma solitarii, bini, terni,
cernui, pedunculati. *Pedunculi* vix lineam longi, capillares.

10. C. (*procumbens*.) inermis; foliis ovatis, dentatis; floribus axillaribus; caule decumbente. Prodr. p. 42. Celastrus *procumbens. Linn.* Suppl. p. 153. Syst. Veget. XIV.
p. 237. *Willd.* Spec. I. 2. p. 1125.
Crescit in Dunis arenosis Musselbay alibique.
Frutex spithamaeus, glaber. *Rami* alterni, pauci, erecti, angulati. *Folia* alterna, breviter petiolata, acuta, spinoso-dentata, margine revoluta, supra pallide viridia, lucida; subtus pallidiora, patula,
pollicaria. *Flores* pedunculati, subsolitarii. *Capsula* ovata, trilocularis et quadrilocularis.

11. C. (*undatus.*) inermis; foliis obovato-subcuneiformi-
bus, undato-dentatis; floribus, axillaribus, sessilibus. Celastrus *undatus. Prodr.* p. 42. *Willd.* Spec. I. 2. p. 1126.
Caulis fruticosus, cinereus, glaber, ramosus. *Rami* alterni, erecti,
subangulati. *Folia* alterna, breviter petiolata, seu inferne attenuata
in petiolos, obovata, seu subcuneata, acutiuscula et obtusa, inaequalia, basi integra, superne undata et dentata, reticulato-nervosa, pallida, pollicaria et ultra. *Flores* minuti.

※※ *armati.*

12. C. (*excisus.*) aculeatus; foliis orbiculatis, excisis, integris; pedunculis axillaribus, subumbellatis.
Caulis fruticosus, omnibus partibus glaber, angulatus, flexuoso-
erectus, ramosus. *Rami* cauli similes, alterni, patentes, subreflexi,
aculeati aculeis recurvis. *Folia* alterna, raro opposita, brevissime
petiolata, rotundata, vix pollicaria. *Flores* axillares, subumbellati,
brevissime pedunculati.

13. C. (*linearis.*) spinosus; foliis linearibus, integris;
paniculis axillaribus. *Prodr.* p. 42. Celastrus *linearis. Linn.*
Suppl. p. 153. Syst. Veg. XIV. p. 237. *Willd.* Spec. I. 2.
p. 1128.
Crescit in sylvis. Floret Novembri.
Caulis fruticosus, cinereus, glaber. *Rami* flexuosi, cinerei, spinosi. *Spinae* alternae, foliosae foliis deciduis, patentes, cinereae,
bipollicares seu digitales. *Ramuli* pauci, obsolete angulati, erecti,
virescentes. *Flores* paniculati, minuti, albi. *Paniculae* in axillis
foliorum ramulorum, patulae.

14. C. (*integrifolius.*) spinosus; foliis ovatis, integris,
reflexis; paniculis axillaribus. *Prodr.* p. 42. Celastrus *integrifolius. Linn.* Suppl. p. 153. Syst. Veget. XIV. p. 237.
Willd. Spec. I. 2. p. 1128.
Crescit in frutetis Carro trans Hexrivier. Floret Octobri.
Caulis fruticosus, spinosus, rigidus, glaber, ramosus. *Rami*
alterni, cinereo-rufescentes, inferne spinosi, apice inermes, flexuoso-

erecti. *Spinae* alternae, horizontales, foliosae, unguiculares. *Folia* in spinis subopposita, in ramis alterna, brevissime petiolata, obtusa, superiora reflexa, unguicularia. *Flores* paniculati, albi. *Pedunculi* et pedicelli capillares, patentes.

15. C. (*buxifolius.*) spinosus; ramis angulatis; foliis oblongis, obtusis, crenatis; paniculis axillaribus. *Prod.* p. 42. CELASTRUS *buxifolius*. *Linn.* Spec. Plant p. 285. Syst. Veg. XIV. p. 237. *Willd.* Spec. l. 2. p. 1128.

Crescit in fratetis Carro trans Hexrivier alibique. Floret Octobri, Novembri.
  Caulis fruticosus, erectus, glaber, cinereus. *Spinae* foliosae, patentes, pollicares. *Rami* alterni, subtetragoni, flexuoso - erecti, subsimplices, saepe inermes. *Folia* alterna, breviter petiolata, obovato-oblonga, inferne valde attenuata, saepe subexcisa, patentia, pollicaria, digitalia usque. *Flores* paniculati, albi. *Paniculae* decompositae. *Pedunculi* et pedicelli compressi. *Variat* spinis et foliis majoribus vel minoribus, magis vel minus obtusis et excisis.

16. C. (*pyracanthus.*) spinosus; foliis obovatis, integris, marginatis; paniculis axillaribus. *Prodr.* p. 42. CELASTRUS *pyracanthus*. *Linn.* Spec. Plant. p. 285. Syst. Veg. XIV. p. 237. *Willd.* Sp. I. 2. p. 2129.

Crescit in Houtbay, in fossis infra Taffelberg latus occidentale, in dunis extra Zoutrivier et alibi. Floret Aprili, Majo:
  Caulis fruticosus, ramosus, fuscus, glaber, bipedalis et ultra, valde ramosus. *Rami* alterni, flexuosi. *Spinae* caulinae et rameae aphyllae, semipollicares. *Folia* in axillis spinarum aggregata, inferne attenuata in petiolum brevissimum, obtusa, margine revoluto, reticulato - venosa, subtus pallida, patenti - erecta, inaequalia, pollicaria. *Flores* paniculati. *Capsula* ovata, trigona angulis obtusis, glabra, obtusa, rubra, sublignosa, trivalvis, trilocularis, apice et lateribus trifariam dehiscens. *Semina* plura, circiter tria imposita, arillo involuta, ovata, glabra. *Arillus* tenuis, plicatus, sanguineus.

  Obs. Capsula interdum tetragona, 4 - valvis, 4 - locularis.

17. C. (*integer.*) spinosus; foliis ovatis, integris, marginatis; paniculis axillaribus.
  Caulis fruticosus, fusco - cinereus, glaber, teres, flexuosus, erectus, rigidus. spinis horridus, tripedalis et ultra. *Rami* similes, erecto-patentes, virgati. *Ramuli* valde spinosi, spinis pollicaribus. *Flores* axillares, paniculati, albi. *Panicula* subdichotoma, supradecomposita. *Pedunculi* et pedicelli capillares.

18. C. (*flexuosus.*) spinosus; ramis flexuosis; foliis ovatis, undato - serratis; pedunculis axillaribus, unifloris.
  Caulis fruticosus, cinereo - albidus, glaber, flexuosus, tripedalis et ultra. *Rami* alterni, similes cauli, flexuoso - subscandentes. *Spinae* filiformes, acutissimi, bipollicares, patentissimi.

19. C. (*rigidus.*) spinosus; ramis subsecundis; foliis ovatis, integris, excisis; floribus axillaribus, sessilibus.

Caulis fruticosus, cinereus, glaber, ramosus, bipedalis et ultra. *Rami* secundi, alterni, angulati, spinescentes. *Ramuli* sparsi, spinescentes. *Folia* sparsa, decidua, brevissime petiolata, obovata, obtusa, glabra, vix unguicularia. *Flores* pauci, brevissime pedunculati.

20. C. (*rotundifoliis.*) spinosus; foliis subrotundis, dendatis. Celastrus *rotundifolius. Prod.* p. 42. *Willd.* Spec. Plant. I. 2. p. 1129.

Crescit in sylvis variis.
Caulis fruticosus, cinereus, glaber. *Spinae* horizontales, digitales. *Folia* alterna, petiolata, suborbiculata, obsolete dentata, vix pollicaria. *Petioli* unguiculares. *Differt* a C. *pyracantho*, cui nonnihil similis: 1. foliis petiolatis nec in foliolum attenuatis. 2. foliis subrotundis, nec oblongis. 3. foliis aequaliter obsoleteque dentatis vel crenatis.

Obs. Ad Celastros retuli fruticem hunc, licet flores non contigerit mihi videre.

CXLVIII DIOSMA.

Caps. monosperma. *Nectarium germen coronans.*
Sem. arillatum.

1. D (*rubra.*) foliis trigonis, mucronatis, glabris, subtus bifariam punctatis. *Prod.* p. 42. *Diss. de Diosmate.* Diosma *rubra. Linn.* Spec. Pl. p. 287. Syst. Veg. XIV. p. 239. *Willd.* Spec. I. 2. p. 1134.

Crescit prope Kap in collibus et alibi vulgatissima. Floret Junio et toto fere anno occurrit florens.

Frutex bipedalis et ultra, totus glaber, erectus, ramosissimus. *Rami* sparsi et subverticillati vel decussati, erecti, cinereo-rufescentes, inaequales, ramulis similibus. *Folia* breviter petiolata, sparsa, integra, subtus duplici ordine glanduloso punctata, incurvata, imbricata, unguicularia. *Flores* versus summitates ramulorum axillares et terminales. *Variat* foliis majoribus et minoribus magis vel minus mucronatis.

2. D. (*alba.*) foliis trigonis, acutis, punctatis; bracteis calyceque ciliatis. *Prodr.* p. 84.

Crescit hinc inde in montium collibus. Floret Julio.
Caulis fruticosus, totus glaber, erectus, spithamaeus et ultra. *Rami* et ramuli sparsi, flexuosi, laxi, divaricato-erecti, virgati. *Folia* sparsa, integra, mucronata mucrone glanduloso, subtus bifariam punctata, subimbricata, unguicularia. *Flores* in ramulorum summitatibus terminales, solitarii, albi. *Perianthium* 1-phyllum, ad basin fere 5-partitum: laciniae ovatae, connatae, virides, diaphano-punctatae, margine tenuissime ciliatae. *Nectarii* sertum brevissimum, undulato-denticulatum. *Petala* 5, ovato-lanceolata, acuta, concava, alba, calyce duplo longiora. *Filamenta* 5, serti nectarii margini inserta, subulata, brevissima, alba. *Antherae* ovatae, didymae, obtusae cum acumine minimo, simplices, flavae. *Germen*

superum, quinquenodulosum, glabrum. *Stylus* nullus. *Stigma* obtusum, sessile inter acumina capsulae. *Capsulae* 5, connatae, obtusae, glabrae, basi crassiores.

Obs. Praeter Stamina ordinaria quinque, adhuc quinque alia adsunt absque
Antheris castrata, subulata, alba, petalorum unguibus adnata, vix ob-
servanda. Differt a D. *rubra* floribus albis; bracteis et calyce ciliatis.

3. D. (*obtusata.*) foliis trigonis, acutis, punctatis; calyce
petalisque ciliatis; ramulis pubescentibus. *Prodr.* p. 84.
Willd. Spec. I. 2. p. 1134.

Frutex strictus, flexuosus, erectus, pedalis et ultra. *Rami* per
intervalla aggregato - subverticillati, inaequales, flexuosi et retroflexi,
tuberculati, pubescentes, fusci, virgati. *Folia* in caule et inferiori ramorum parte nulla; in apicibus ramorum et ramulorum approximata,
imbricata, breviter petiolata, integra, subtus bifariam punctata, semiunguicularia. *Flores* in apice ramulorum solitarii. *Corolla* rubra,
petalis basi ciliatis. *Bracteae* margine membranaceae, ciliatae.

4. D. (*pectinata.*) foliis trigonis, acutis, punctatis, ciliatis. Diosma *pectinata. Prodr.* p. 84. *Willd.* Spec. I. 2.
p. 1135.

Frutex erectus, fusco-sanguineus, glaber, pedalis et ultra. *Rami*
et ramuli filiformes, erecti. fastigiati, pubescentes. *Folia* in ramulis frequentia, sparsa, brevissime petiolata, subulata, mucrone glandulosa, margine eleganter ciliata: ciliis albis, unguicularia. *Flores*
in ramulis terminales.

5. D. (*hirsuta.*) foliis trigonis, mucronatis, hirsutis; floribus terminalibus, subsolitariis. *Prodr.* p. 42. Diosma *hirsuta. Linn.* Spec. Pl. p. 286. Syst. Veget. XIV. p. 238.
Willd. Sp. I. 2. p. 1134.

Frutex erectus, fusco-cinereus, ramulosus. *Rami* filiformes,
sparsi et oppositi, cinerei, villosi. *Ramuli* similes, subfastigiati.
Folia sparsa, sessilia; trigona, seu supra plana, glabra; subtus convexa, punctata, hirsuta pilis cinereis, integra, imbricata, incurva,
unguicularia. *Flores* in ultimis ramulis subsolitarii vel cum duobus
lateralibus terni, incarnato-albidi.

6. D. (*bisulca.*) foliis trigonis, acutis, hirsutis; racemis
terminali-subumbellatis. *Prodr.* p. 84. Diosma *bifurca.*
Willd. Sp. I. 2. p. 1136.

Frutex scabridus, fuscus, erectus, glaber, pedalis et ultra. *Rami*
flexuosi, villosi, ramulosi. *Ramuli* frequentes, hirsuti, flexuosi.
Folia acumine glanduloso, supra concava, subtus bisulca, tota pilis
brevissimis hirsuta, imbricato-erecta, incurvata, unguicularia. *Petioli* breves, pallidi. *Flores* in apicibus racemosi, subumbellati. *Corollae* albae antheris exsertis. *Differt* a D. *hispida:* 1. foliis longioribus acutioribus, curvatis. 2. floribus racemosis. 3. staminibus
longioribus.

7. D. (*hispida.*) foliis trigonis, muticis, villoso-hispidis,
patulis; umbellis terminalibus. *Prod.* p. 42. *Willd.* Spec.

I. 2. p. 1135. Hartogia *capensis.* *Linn.* Sp. Pl. p. 288. Mant.
p. 342. Diosma *capensis.* *Linn.* Syst. Veg. XIV. p. 239.

*Crescit prope Kap, in arenosis inter Piketberg et Verlooren
Valley, alibique vulgaris. Floret Junio et sequentibus mensibus.*
Fruticulus pedalis et ultra, fusco cinereus, ramosus. *Rami*
sparsi et subumbellati, frequentes, patentes, purpurascentes, tenuissime pubescentes. *Folia* sparsa, frequentia, brevissime petiolata,
supra plana, sulcata; subtus carinata, et sulco duplici exarata; tota
tenuissime villoso-hispida et scabra, acuta, mutica, recurvato-patula,
semiunguicularia. *Flores* plurimi, albi. *Pedunculi* et calyx purpurascentes, pubescentes. *Variat* foliis subtus magis convexis et
minus sulcatis. *Capsulae*, quae in hoc Genere variant ab una ad
quinque, in hac specie saepe tres.

8. D. *(virgata.)* foliis trigonis, obtusis, punctatis, glabris; floribus subracemosis, fastigiatis. *Prod.* p. 84. Diosma
virgata. *Willd.* Spec. Pl. I. 2. p. 1134.

Totus fruticulus glaber, spithamaeus vel paulo ultra. *Caulis* filiformis, erectus, ramosus. *Rami* pauci, elongati, superne ramulosi.
Ramuli aggregato-subverticillati, subfastigiati, saepe iterum similiter
ramulosi. *Folia* in caule et ramis remota, pauciora; in ramulis frequentiora, subimbricata; brevissime petiolata, sparsa, obtusiuscula,
subtus bifariam glanduloso-punctata, laete viridia. *Petioli* nodosi,
adpressi, pallidiores. *Flores* in ultimis ramulis plurimi, albi, glabri.

9. D. *(ericoides.)* foliis trigonis, obtusis, glabris; floribus terminalibus, subsolitariis. *Prodr.* p. 43. Diosma *ericoides.* *Linn.* Spec. p. 287. Syst. Veg. XIV. p. 239. *Willd.*
Spec. I. 2. p. 1135.

Frutex erectus, totus glaber. *Rami* subtrichotomi et dichotomi.
Folia sparsa, ramos et ramulos tegentia, brevissime petiolata, ovato-
oblonga, integra, seu supra plana; subtus carinata sulco prope carinam utrinque et praeterae quasi costae duae intra margines, punctata, imbricata, apice patula, lineam longa. *Flores* in ultimis ramulorum apicibus solitarii et bini.

10. D. *(capitata.)* foliis trigonis, obtusis, villoso-hispidis, imbricatis; floribus spicato-capitatis. *Prodr.* p. 43.
Diosma *capitata.* *Linn.* Mant. p. 210. Syst. Veg. XIV. p.
239. *Willd.* Spec. I. 2. p. 1136.

*Crescit in montibus inter Nord-hoek et Bayfals. Floret
Aprili, Majo.*
Frutex prolifer, erectus, ramosus, fuscus, tripedalis. *Rami* et
ramuli per intervalla ramulosi, ramulis subverticillatis, brevibus,
erectis, villosis foliis tectis, subfastigiatis. *Folia* sparsa, conferta,
sessilia lineâ decurrente, lineari-trigona; supra plana costâ elevata,
subtus trigono-carinata, bisulca, undique scabra, incurva, octofariam
imbricata, lineam longa. *Flores* in ramulis terminales, sessiles.
Bracteae exteriores 5, calyci approximatae, aequales, concavae
supra, subtus valde carinatae, margine tenui subvillosae, glabrae,
calyce breviores; interiores similes, quinque, duplo latiores et longiores. *Perianthium* 5-phyllum: foliola lanceolato-oblonga, obtusa,

margine villosa, extus parum carinata. intus concava, erecta, glabra, longitudine unguium corollae.   *Petala* 5, obovata; ungues lineares, concavi, incarnati, longitudine dimidia petali.   Lamina lato-
ovata, subrotunda, obtusissima, integra, venosa, venis saturatioribus, purpurea, patula.   *Filamenta* 5, germinis lateri inserta, filiformia, erecta, albida, petalis paulo breviora.   *Antherae* oblongae,
erectae, fuscae, excisae.   *Stylus* filiformis, erectus, longitudine filamentorum.   *Stigma* simplex, obtusum, subtrifidum.   *Capsula* saepe
tantum bilocularis, vel capsulae binae.

11. D. (*succulenta.*) foliis trigonis, obtusis, ciliatis; floribus terminalibus. *Berg. Pl. cap.* p. 62. Diosma *oppositifolia. Linn.* Sp. p. 286. Syst. Veg. XIV. p. 238.

*Crescit prope Kap in collibus.   Floret Junio et sequentibus men-
sibus.*

Frutex erectus, fuscus, glaber, bipedalis et ultra. *Rami* trichotomi et dichotomi, a casu foliorum nodulosi, fusci, erecti. *Ramuli*
similes, subfastigiati. *Folia* sparsa, sessilia vel omnium brevissime
petiolata, decussata, carnosa, supra concava; subtus convexo-carinata, punctato-rugosa; glabra, integra, margine eleganter ciliis albis, imbricata, lineam longa. *Flores* in ultimis ramulis pauci. *Variat* ramulis villosis et foliis margine scabridis, etiam in eodem
frutice.

12. D. (*ustulata.*) foliis ovatis, trigonis, imbricatis, glabris; flore terminali, solitario.

Caulis fruticosus, erectus, rufescens, glaber, ramulosus. *Rami*
et ramuli similes, sparsi. *Folia* obtusa, superiora acutiora, nigro-
ustulata, integra. *Flos* in ramulis terminalis.

13. D. (*deusta.*) foliis lanceolatis, trigonis, ustulatis, glabris; floribus capitatis.

Caulis fruticosus, scaber, cinereus, pubescens. *Rami* similes,
curvato-erecti. *Ramuli* alterni et superne subverticillati, fastigiati.
Folia brevissime petiolata, integra, apice ustulata, imbricato patula,
lineam longa. *Flores* in apice ramulorum aggregati, subcapitati.

14. D. (*umbellata.*) foliis trigonis, obtusis, punctatis, ciliatis; umbellis terminalibus.

Caulis fruticosus, nodosus, glaber, erectus, apice ramosus. *Rami* oppositi et verticillati, fastigiati. *Folia* sparsa, approximata,
brevissime petiolata, carnosa, subtus punctata, margine ciliata, imprimis superiora, imbricata, vix unguicularia. *Florum* umbellae
multiflorae. *Pedunculi* purpurei. *Corollae* albae. *Variat* foliis inferioribus vix ciliatis.

15. D. (*tetragona.*) foliis ovatis, carinatis, ciliatis, quadrifariam imbricatis; floribus terminalibus, solitariis. *Prod.*
p. 43. Diosma *tetragona. Linn.* Suppl. p. 155. Syst. Veget.
XIV. p. 239. *Willd.* Sp. I. 2. p. 1139.

*Crescit in campis inter Kap et Paarl, alibique rarior.   Floret
Junio.*

Frutex erectus, spithamaeus. *Rami* subumbellati, foliis tecti, curvato-erecti, inaequales. *Folia* decussata, sessilia vel brevissime petiolata, basi exciso-cordata, convoluto-navicularia seu supra canaliculata, subtus carinata, acuta, apice patula, lineam longa. *Flores* in ramorum apicibus majusculi, incarnati. *Perianthium* 5-phyllum: laciniae ovatae, concavae., acutae, ciliatae. *Petala* 5, lanceolata, acuta, glabra, alba, intus supra basin lanata. *Nectaria* petaliformia, barbata. *Filamenta* 5, lateribus germinis inserta, subulata, brevissima. *Antherae* ovatae, basi trifidae, sulcatae. *Germen* superum. angulatum, obtusum. *Stylus* brevissimus, Stigmate obtuso. *Variat* foliis ciliatis et scabris.

16. D. (*cupressina.*) foliis ovatis, trigonis, imbricatis; floribus terminalibus, solitariis, sessilibus. *Prodr.* p. 43. Diosma *cupressina*. *Linn.* Mant. p. 50. *Willd.* Sp. I. 2. p. 1136.

Rami alterni, filiformes, erecti, foliis tecti. *Folia* alterna, minuta, subscabra, sessilia, erecta, apice calloso-colorata.

17. D. (*pubescens.*) foliis lanceolato-trigonis, muticis, villosis, imbricatis; umbellis terminalibus. *Prodr.*.p. 43. *Willd.* Spec. I. 2. p. 1138.

Crescit ubique in montibus prope et extra Kap, vulgatissima. Floret Majo et sequentibus mensibus.
Fruticulus palmaris vel spithamaeus, simplex vel ramosus, erectus, cinereus. *Rami* pauci, plerumque in summitate terni, hirti, subfastigiati. *Folia* sparsa, caulem superne et ramos tegentia, breviter petiolata, lanceolata, obtusiuscula; subtus convexa et carinata, hirsuta; supra plana, glabra: integra, lineam longa. *Flores* plurimi, umbellati, albi et coerulescentes. *Pedunculi* et calyces villosi.

18. D. (*villosa.*) foliis lanceolatis, carinatis, imbricatis, villosis; capitulis terminalibus. *Prodr.* p. 43. *Willd.* Sp. I. 2. p. 1136. Hartogia *villosa*. *Berg. Plant. Capens.* p. 70.

Frutex cinereus, subdecumbens, spithamaeus, ramulosus. *Rami* pauci, alterni, flexuoso-erecti, cinereo-fuscescentes, glabri, nodulosi, aphylli *Ramuli* dichotomi et subverticillati, cernui, foliis tecti, subfastigiati. *Folia* frequentissima, sparsa, brevissime petiolata, acuta, mutica, integra; supra plana costâ mediâ elevata, glabra; subtus carinata, rugosa, villoso-scabra pilis brevibus, albis. recurvis; semiunguicularia. *Flores* in ramulis aggregati, subsessiles, capitati. *Corollae* incarnatae, intus barbatae. *Nectaria* quinque, barbata.

19. D. (*ciliata.*) foliis lanceolatis, carinatis, ciliatis; umbellis terminalibus. *Prodr.* p. 43. *Willd.* Sp. I. 2. p. 1135.

Frutex erectus, cinereus, bipedalis et ultra. *Rami* sparsi, oppositi, subverticillati, elongati. laxi, cinereo-flavescentes, glabri. *Ramuli* similes, capillares, subfastigiati, tenuissime pubescentes, foliosi. *Folia* sparsa, brevissime petiolata, acuta. imutica, supra plana; subtus carinata. glanduloso-punctata, ciliis albis, imbricato patula, internodiis longiora, lineam longa. *Flores* plurimi, umbellati, albi. *Petioli* et Calyx purpurascentes, villosi.

20. **D.** (*linearis.*) foliis linearibus, obtusis, glabris, patulis; floribus terminalibus, subsolitariis. *Prodr.* p. 43.
Willd. Spec. I. 2. p. 1134.

Frutex erectus, cinereus, totus glaber, pedalis et ultra. *Rami*
dichotomi et trichotomi, divaricati. *Ramuli* similes, filiformes, laxi.
Folia decussata, petiolata, mutica, integra, supra plana, subtus a
marginibus revolutis sulcata, patentia vel reflexa, unguicularia. *Petioli* semiteretes, pallidi, semilineam longi. *Flores* in ramulis pedunculati. *Pedunculus* filiformis, glaber, foliis paulo brevior. *Differt*
a D. *succulenta:* foliis obtusis, glabris, planis, D. *hirsuta:* foliis
glabris et obtusis. D.ʼ *rubra:* foliis planis, obtusis, impunctatis,
D. *ericoide:* foliorum margine revoluto.

21. **D.** (*ensata.*) foliis lanceolato-ensatis, crenatis, gla-
bris; capsula solitaria. *Prod.* p. 43. Diosma *unicapsularis.*
Linn. Suppl. p. 155. Syst. Veg. XIV. p. 239. Empleurum.
Jussienii Gener. Plant. p. 330.

*Crescit in summitate montis ad Rode Sand supra Waterfall
prope rivulum, et in Lange Kloof. Floret Augusto, Sep
tembri.*

Frutex erectus, totus glaber, purpurascens, tripedalis et ultra.
Rami sparsi, angulati, nodosi, flavescentes laxi, elongati. *Ramuli*
filiformes, sparsi, virgati, angulati, erecti, flavescentes. *Folia* sparsa,
brevissime petiolata, lineari ensiformia, acuta, plana, crenis pel-
lucido-glandulosis, nitida, erecto-patula, pollicaria et ultra. *Flores*
in ramulis laterales, erecti pedicellati. *Pedunculi* incrassati, foliis
multoties breviores. *Capsula* oblonga, apice compresso-membranacea,
subfalcata, punctata, unilocularis
Obs. Variat DIOSMAE genus capsulis 1 usque 5; incongruum duxi, hanc
speciem a Genere Naturali separare.

22. **D.** (*lanceolata.*) foliis lanceolatis, obtusis, subpilosis; floribus axillaribus, geminis. *Prod.* p. 43. Diosma *lanceolata. Willd.* Spec. Plant. T. I. p. 2. p. 1137.

*Crescit in montibus Lange Kloof, prope Wolwekraal. Floret
Octobri, Novembri.*

Caulis fruticosus, cinereo-fuscus, glaber pedalis et ultra. *Rami*
et ramuli dichotomi et subverticillati, cauli similes, virgati, patentes.
Folia sparsa, brevissime petiolata, ovata, margine reflexo marginata
et undulato-subcrenata, obsolete rugosa, subtus glanduloso-punctata, glabra, erecto-patentia, semiunguicularia. *Flores* in summitatibus ramulorum pedunculati, solitarii et gemini, rarius plures
terminales. *Pedunculi* filiformes, purpurascentes, foliis breviores.

23. **D.** (*rugosa.*) foliis ovatis, rugosis, villosis, reflexis;
umbellis terminalibus. *Prodr.* p. 43. *Willd.* Spec. I. 2.
p. 1139.

Frutex erectus, pedalis et ultra. *Rami* et ramuli subverticillati,
terni et quaterni, purpurascentes, pubescentes, erecti. *Folia* sparsa,
brevissime petiolata, ovato oblonga, obtusa, integra; supra plana,
concava, glabra; subtus leviter carinata, scabra; utrinque rugosa, patentia et reflexa, frequentia, internodiis longiora, semiunguicularia.

Flores plurimi, umbellati, albi. *Petioli* valde hirsuti. *Calyces* pubescentes. *Filamenta* capillaria, alba, corollâ longiora.

24. D. (*cuspidata.*) foliis lanceolatis, carinatis, glabris; floribus lateralibus, aggregatis, sessilibus.

Caulis fruticosus, erectus, rufescens, glaber, superne ramosus, bipedalis et ultra. *Rami* subverticillati, subfastigiati, proliferi. *Folia* sparsa, brevissime petiolata, obtusiuscula cum mucrone nigro, integra, supra sulcata, approximata, patentia, unguicularia. *Flores* infra apices ramulorum.

25. D. (*oblonga.*) foliis oblongo - ellipticis, glanduloso-crenatis, rugosis; floribus lateralibus.

Caulis fruticosus, erectus, purpurascens, glaber, ramulosus, bipedalis et ultra. *Rami* cauli similes. *Ramuli* subverticillati, filiformes, subpubescentes. *Folia* sparsa, ovata oblonga, obtusa, punctata, glabra, erecto-patentia, lineam longa usque unguicularia. *Flores* in ultimis ramulis, inter folia laterali-axillares, pedunculati, solitarii.

26. D. (*ovata.*) foliis ovatis, glabris, marginatis; floribus axillaribus, solitariis et geminis. *Prod.* p. 34. *Willd.* Spec. l. 2. p. 1139.

Fruticis rami dichotomi et trichotomi, cinerei, scabridi, flexuoso-erecti, ramulis similibus. *Folia* decussata, subrotunda, tenuissime glanduloso-crenata, subtus punctata, imbricata. *Flores* in ramulis laterales, albi.

27. D. (*betulina.*) foliis subcuneatis, crenatis, subtus punctatis; floribus lateralibus, solitariis. *Prodr.* p. 43. *Willd.* Spec. I. 2. p. 1140.

Crescit in montibus Rode Sand, aliisque. Floret Octobri, Novembri

Frutex erectus, totus glaber ramosissimus, orgyalis. *Rami* sparsi, purpurascentes, elongati. *Ramuli* sparsi et oppositi, filiformes, frequentes, virgati, erecti, breves. *Folia* sparsa et subopposita, breviter petiolata, obverse ovata, seu cuneiformia, obtusissima, supra viridia; subtus pallida, margine obsolete reflexa; utrinque glabra, lucida, erecto patentia, frequentia, inaequalia, semiunguicularia et unguicularia. *Flores* in ultimis ramulis axillares, pedunculati, albi. *Pedunculi* foliis breviores. *Calyx* villosus. *Capsulae* punctato-muricatae. *Odor* fortis et usus idem ac D. *pulchellae* aliorumque.

28. D. (*crenata.*) foliis ovatis, crenatis, subtus punctatis; floribus axillaribus, solitariis. *Prodr.* p. 43. Diosma *crenata. Linn.* Spec. Pl. p. 287. Syst. Veg. XIV. p. 239. *Willd.* Sp. l. 2. p. 1138.

Crescit in summitate Taffelberg, in praeruptis imprimis lateribus montis, in Swartland et alibi. Floret Septembri, Octobri.

Frutex erectus, totus glaber, bipedalis et ultra. *Rami* teretes, purpurascentes, elongati, laxi. *Ramuli* subverticillati, terni vel sparsi, angulati, purpurei, virgati, incurvi, laxi. *Folia* sparsa, breviter

15*

petiolata, ovata et ovato-oblonga, obtusa, plana, glabra, supra
saturate viridia; subtus pallidiora, punctato-glandulosa, costâ mediâ
subcarinata; crenata crenis glanduloso-punctatis, lucida, erecto-patula, unguicularia. *Flores* in ramulis, pedunculati, albi, majusculi.
Pedunculi filiformes, foliis breviores. *Nectaria* 5, petaliformia; lanceolato linearia. *Odor* fortis, graveolens. *Usus:* idem Hottentottis
ac D. *pulchellae.*

O b s.   Calycis laciniae huic lineaı

29 D. (*uniflora.*) foliis oblongis, subtus punctatis: floribus terminalibus; calycibus ciliatis. *Prodr.* p. 43. Diosma
uniflora. Linn. Spec. p. 28-. Syst. Veget. XIV. p. 239.
Willd. Spec. l. 2. p. 1139.

*Crescit in collibus omnibus infra Taffelberg, circum urbem Kap
et orientem versus, infraque latus occidentale; in Duyvelsberg, Leuwekopp et alibi, vulgaris. Floret Junio, Julio.*

Radix filiformis, fibrosa. *Frutex* teres, cicatricibus foliorum
scaber, raro simplex, saepe ramosus, spithamaeus usque pedalis. *Rami* subumbellati, divaricato-patentes, apice erecti, purpurascentes,
glabri vel villosi, inaequales, rarius ramulosi. *Folia* ovato-oblonga,
vel ovato lanceolata, obtusa, sparsa, breviter petiolata, ovata, internodiis longiora, unguicularia, scabriuscula, margine integra, punctis marginalibus pellucidis; supra saturate viridia sulco longitudinali
obtuso; subtus pallidiora punctis pellucidis plurimis; glabra vel ciliata.   *Petioli* brevissimi, adpressi, flavescentes, subdecurrentes.
Flores solitarii vel plures, in ultimis ramulis a 2 ad 9, erecti, pedunculati, magni. *Pedunculi* lineam longi vel breviores, bracteis
aliquot vestiti, uniflori. *Perianthium* 1-phyllum fere ad basin 5-
partitum: laciniae ovato-oblongae, acutae, concavae, erectae; intus
glaberrimae, extus subvillosae, virides apice purpurascente; margine
ciliatae, punctis diaphanis plurimis punctatae. corollâ breviores. *Sertum* Nectarii undulatum, purpureum. fructum cingens, brevissimum.
Petala 5, obovata, lata, obtusa cum acumine, patentia, unguicularia; intus albâ lineâ basi purpurascentes extus inca nata carinâ sa-
turatius purpureâ; margine ciliata. *Filamenta* 5, filiformia, nectarii
sertiformis lateri inserta, geniculato inflexa, pilosa, alba; extus apice
purpurascentia glandulis antheriformibus, truncatis, pateriformibus,
purpura centibus. *Filamenta* 5, alia, subulata, incurva, pilosa,
alba brevissima, nectariis plus duplo breviora, nectarii sertiformis
lateribus inserta, cum nectariis stamiuiformibus alternantia. *Antherae* oblongae, majusculae, erectae; extus planae, flavescentes: intus profunde trisulcatae, convexae, purpureae, apice glandulâ
antheriformi oblongâ, glandulis priorum castratorum simili, subpetiolata, acutae. *Germen* superum. glandulis capitatis subpedicellatis plurimis virentibus cinctum. *Stylus* brevissimus, crassiusculus,
virescens, sulcatus, glaber, erectus vel reflexus. *Stigma* obtusum,
perforatum, 5-nodosum: nodulis globosis, glabris. *Potius* Stamina
10 dicenda. 5 sterilibus et tum sertum calycis hic uti in aliis nectarium. *Singulare* est, quod ipsae Antherae glanduliferae. *Odor*
hujus fortis, ut plurimarum specierum. *Variat* ramis glabris et villosis: foliis glabris et ciliatis. *Corolla* hujus maxima, adeoque
speciosa.

30. D. (*pulchella.*) foliis ovatis, glanduloso - crenatis, glabris; floribus axillaribus, geminis. *Prod.* p. 43. Diosma *pulchella. Linn.* Spec. Pl. p. 288. Syst. Veg. XIV. p. 239. *Willd.* Spec. I. 2. p. 1140.

Hottentottis: Bukku. Crescit ad latera fluviorum infra montes Drakenstein et alibi, vulgaris. Floret Junio et sequentibus mensibus.
Frutex erectus, totus glaber, ramosissimus, tripedalis et ultra. *Rami* sparsi, elongati, purpurascentes. *Ramuli* filiformes, subverticillato approximati, erecti, subfastigiati, villosi. *Folia* sparsa, brevissime petiolata, inferiora ovata-oblonga, superiora ovata, obtusa, crenis glandulosis, margine revoluta, supra plana, subtus longitudinaliter costata, lucida, patenti-erecta, semiunguicularia. *Flores* in apicibus ramulorum pedunculati, purpurascenti-albidi. *Pedunculi* capillares, flavescentes, glabri, foliis longiores. *Nectaria* 5, petaliformia, lanceolato-linearia. *Capsulae* tres. *Usus:* Folia hujus imprimis inter lapides in pulverem redigunt Hottentotti, eoque corpus nudum, pinguedine ovina prius inunctum, adspergunt, unde odor eorum fortis, graveolens et insuetis valde ingratus, quin et quandoque omnino non tolerandus.

31. D. (*latifolia.*) foliis ovatis, crenatis, pubescentibus; pedunculis lateralibus, unifloris; ramis subtomentosis. *Prod.* p. 84. Diosma *latifolia. Linn.* Suppl. p. 154. *Willd.* Spec. Plant. I. 2. p. 1138.

Frutex totus villosus, pedalis et ultra, ramosus. *Rami* alterni, erecti. *Ramuli* sparsi, rariores, flexuosi, subtomentosi. *Folia* sparsa, subpetiolata, obtusiuscula, glanduloso-marginata, concaviuscula, subtus pallidiora, tenuissime pubescentia, patulo-imbricata, unguicularia. *Flores* versus summitates ramorum racemosi, foliis longiores, pedunculati. *Corolla* alba.

32. D. (*marginata.*) foliis cordatis, inferioribus ovatis, superioribus lanceolatis; umbellis terminalibus. *Prodr.* p. 43. Diosma *marginata. Linn.* Suppl. p. 155. Syst. Veg. XIV. p. 239. *Willd.* Spec. I. 2. p. 1137.

Crescit in campis inter Kap et Drakenstein, prope Fransche Hoek, in Paardeberg et alibi, communis. Floret. Junio et sequentibas mensibus.
Frutex erectiusculus, cinereo-purpurascens, spithamaeus et ultra, ramulosus. *Rami* et ramuli subumbellatim sparsi, filiformes, villosi, flexuosi, patentes. *Folia* sparsa et subopposita, sessilia, obtusiuscula integra, margine revoluto interdum membranaceo, glabra, supra viridia, subtus pallida, patentia; inferiora majora, suprema minora. *Flores* umbellati majusculi, incarnato-albi. *Pedunculi* filiformes, subvillosi, bracteis duabus in medio, foliis longiores. *Nectaria:* Filamenta 5, sterilia, barbata.

33. D. (*glandulosa.*) foliis ovatis, acutis, integris, rugosis, subtus, villosis; umbellis terminalibus. *Prod.* p. 187.

Fruticis rami teretes, cinerei, glabri, flexuoso-erecti. *Ramuli* subumbellati, erecto-incurvi, pubescentes, iterum ramulosi. *Folia*

in ramulis sparsa, margine revoluto, supra rugosa, patula. *Flores*
umbellati, incarnati. *Pedunculi* villosi, unguiculares.

34. D. (*imbricata.*) foliis ovatis, acutis, ciliatis; umbellis terminalibus. *Prodr.* p. 43. Hartogia *imbricata. Linn.*
Mantiss. p. 121. Diosma *imbricata. Linn.* Syst. Veg. XIV.
p. 239. *Willd.* Sp. I. 2. p. 1137.

*Crescit in collibus Montis tabularis, in Swartland, Groene-
Kloof, Saldanha-bay alibique. Floret Junio et pluribus
mensibus.*

Frutex fuscus, erectus, ramosissimus, tripedalis et ultra. *Rami*
verticillati, cauli, similes: *Ramuli* plurimi, verticillati, foliis tecti,
villosi, subfastigiati, digitales. *Folia* sparsa, frequentissima in ramulis, acuminata, supra glabra; subtus punctata, villosa; margine
ciliata, imbricata, semilineam longa. *Flores* in ramulis, umbellati.
Pedunculi brevissimi. *Calyces* villosi.

35. D. (*barbigera.*) foliis cordatis, acutis, glabris; umbellis terminalibus. *Prodr.* p. 43. Diosma *barbigera. Linn.*
Suppl. p. 155. Syst. Veg. XiV. p. 239. *Willd.* Spec. I. 2.
p. 1139.

Crescit in Swartland. Floret Octobri.

Frutex flexuosus, erectus, cinereus, totus glaber, pedalis et ultra.
Rami et *Ramuli* sparsi, flexi et curvati, cinerei. *Folia* sparsa, sessilia vel omnium brevissime petiolata, integra, margine revoluto,
supra subrugosa, subtus punctata, patula, inaequalia, subunguiclaria.
Flores umbellati, plurimi, pedunculati. *Pedunculi* uti et calyces
angulati glabri, purpurascentes, foliis longiores, *Petala* apice intus
barbata.

36. D. (*orbicularis.*) foliis orbiculatis; ramis villosis.
Prodr. p. 84. *Willd.* Spec. I. 2. p. 1140.

Fruticulus erectus, ramosissimus, bipedalis vel paulo ultra. *Rami* filiformes, flexuoso-erecti, tenuissime pubescentes. *Ramuli* subverticillati, breves, incurvati, per intervalla remoti. *Folia* sparsa,
subsessilia, orbiculata, vel parum ovata, integra, glabra, reflexa, subrugosa, minima vix dimidiam lineam longa. *Flores* versus summitates racemosi, albi. *Pedunculi* villosi, uniflori; foliis longiores.
Stamina corollâ duplo longiora.

Obs. Diosmae Genus valde variat: *Nectaria* sertiformi, filiformi et peta-
liformi. *Capsulis* solitariis usque quinque connatis. Neque itaque Nectarii structura, neque numerus Capsularum Genus constituunt, uti Hartogia et Empleurum ab Auctoribus constituta.

DIGYNIA.

CXLIX. CEROPEGIA.

Contorta. Folliculi 2 erecti. Semina plumosa. Corollae limbus connivens.

1. C. (*tennifolia.*) floribus umbellatis; foliis linearibus, integerrimis. Ceropegia *tennifolia. Prodr.* p. 37. *Linn.* Spec. Pl. p. 310. Syst Veg. XIV. p. 255. Mant. p. 215. *Willd.* Sp. l. 2. p. 1276.

Crescit in collibus infra latus orientale Taffelberg, infra Duyvelsberg prope Kap, et alibi non infrequens. Floret Junio, Julio, Augusto.

Caulis simplex, filiformis, volubilis, glaber. *Folia* opposita, subpetiolata, acuta; supra longitudinaliter sulcata, viridia; subtus in medio costata; margine revoluto, albido pilosa; patentia, internodiis breviora, bipollicaria vel pollicaria. *Petioli* brevissimi adpressi. *Umbellae* pedunculatae. *Pedunculi* oppositifolii, teretes, hirti, patentes, vix unguiculares. *Pedicelli* quatuor vel plures, villosi, uniflori semiunguiculares. *Bractea* sub singulo pedicello filiformis duplo brevior. *Perianthium* 5 phyllum, (vix 5-partitum) erectum, villosum; laciniae lanceolatae, acutae, corollâ breviores. *Corolla* 1-petala, 5-partita: *Tubus* basi latior, sulcatus, angulatus, angalis quinque longitudinalibus et totidem dimidiatis, sensim superne usque ad limbum attenuatus, glaber, sanguineus. Limbi laciniae alternatim incumbentes, contortae, obtusae, ore clauso, basi, intus villosae. Tubus infra os lineolis quinque pilosis pilis fulvis ornatur, et callis totidem albidis cum his alternantibus infra lineolas. *Filamenta* quinque, receptaculo inserta, in cylindrum connata, alba, brevissima. *Antherae* hastatae, acutae, connatae, flavescentes. *Germina* duo, acuta, supera. *Stylus* simplex, cylindro staminum inclusus, filiformis, longitudine staminum. *Stigma* capitatum, convexum, subquinquelobum. *Folliculi* duo.

2. C. (*sagittata.*) floribus umbellatis; foliis sagittatis. *Prodr.* p.37. Ceropesia sagittata. *Linn.* Mant. p. 215. Syst. Veg. XIV. p. 255. *Willd.* Spec. l. 2. p. 1276.

Crescit prope Kap in collibus, in campis arenosis inter Kap et Drakenstein, inque montium fossa prope Houtbay, et alibi in campis ab urbe remotioribus. Floret Majo, Junio et sequentibus anni mensibus.

Radix perennis. *Caulis* volubilis, filiformis, herbaceus basi fructescente, villosus, ramosus, bipedalis et ultra. *Rami* oppositi, cauli similes. *Folia* opposita, petiolata, sagittata seu cordato-hastata, obtusa, acuta, integerrima; supra viridia tubo longitudinali, pubescentia; subtus virescentia, subtomentosa, marginibus, revolutis costâque longitudinali, internodiis breviora, semiunguicularia. *Petioli* breves, pubescentes, lineam longi. *Flores* umbellis axillaribus. *Pedunculi* et pedicelli filiformes, pubescentes, lineam longi; pedicelli uniflori. *Bracteae* subulatae, ad basin pedicellorum, pubescentes. *Perianthium* 1-phyllum, profunde 5 partitum, corollâ duplo brevius: laciniae acutae, erectae, lineam longae. *Corolla* 1-petala, 5-angulata; basi virescens, purpurea; apice virescens, contorta, 5-dentata, semiunguicularis *Filamenta* nulla. *Antherae* 5, pyramidi nectarii insertae cumque ea connatae, fuscae. *Nectarium* tubulosum, apice 5-angulato-pyramidale, acutum, pistillum tegens et includens, flavescens. Forsan potius hocce nectarium dicendum Filamenta monadelpha. *Germina* duo, supera, ovata, glabra. *Stylus* subnullus. *Stigmata* duo, brevissima, excisa, virescentia. *Folliculi* duo.

Obs. Videtur esse stylus unicus, germinibus duobus impositus, terminatus-sub apice Nectarii.

CL. ECHITHES.

Contorta. Folliculi 2, *longi, recti. Sem. comâ instructa. Cor. infundibuliformis, fauce nudâ.*

1. E. (*succulenta.*) aculeis binis extrafoliaceis; foliis linearibus, subtus tomentosis; corollis infundibuliformibus. Echites *succulenta.* *Prodr.* p. 37. *Linn.* Suppl. p. 167. Syst. Veg. XIV. p. 254. *Willd.* Spec. I. 2. p. 1241.

Crescit in aridissimis campis Carro dictis a Platte Kloof usque ad Sondags rivier, prope Goudsrivier et alibi. Floret Novembri, Decembri, Januario.

Caulis fruticosus, erectus, pedalis et ultra. *Rami* sparsi, rugosi, glabri, flexuoso-erecti, aculeati. *Aculei* sub ramis et foliis, filiformi-setacei, patentes, unguiculares. *Folia* e gemmis plura, attenuata inferne in petiolos, lineari-lanceolata, integra margine revoluto; supra viridia, tenuissime villosa; patentia, pollicaria. *Flores* axillares, solitarii et aggregati, pedunculati pedunculis brevissimis. *Calyx* tomentosus. *Corolla* rufescens.

2 E. (*hispinosa.*) aculeis binis, extrafoliaceis; foliis lanceolatis, glabris; corollis hypocrateriformibus. *Prod.* p. 37. Echites *bispinosa. Linn.* Suppl. p. 167. Syst. Veg. XIV. p. 254. *Willd.* Spec. I. 2. p. 1241.

Crescit in siccissimis Karro regionibus a Kam-tous-rivier usque ad Sondags-rivier. Floret Novembri, Decembri.

Caulis fruticosus, totus glaber, pedalis et ultra. *Rami* alterni, cinerei, rugosi, aculeati/ *Aculei* connati, sub foliis inserti, setacei, recti; unguiculares. *Folia* alterna, sessilia, ovato-lanceolata, acuta, integra, margine revoluto, supra viridia, subtus pallida, vix pollicaria. *Flores* versus summitates, axillares, brevissime pedunculati, carnei. *Perianthium* 5-partitum: laciniae acutae, erectae, virides, tubo breviores. *Corolla* 1-petala. Tubus subcurvus, pentagonus, viridi-rufescens, albo-barbatus, lineam longus. Limbus inflatus, campanulatus, extus ruber, intus basi purpureus, ad medium 5 partitus: laciniae ovatae, albae, obtusae, unguiculares. *Filamenta* 5, ori tubi inserta, subulata, alba, brevissima, intus barbata. *Antherae* sagittatae, oblongae, obtusae cum acumine incurvo, flavae, erectae, leviter cohaerentes invicem et cum stigmate, limbo multo breviores. *Germen* superum, glabrum. *Stylus* filiformis viridis, staminibus paulo brevior. *Stigma* globosum, viride.

CLI. PERGULARIA.

Contorta. Nectarium ambiens genitalia cuspidibus 5 *sagittatis. Cal. hypocrat riformis.*

1. P. (*edulis.*) foliis ovatis, integris , glabris; caule herbaceo, volubili. *Prod.* p. 38. *Willd.* Spec. I. 2. p. 1247.

Hottentottis: Ku. Incolis Europaeis: Hottentotts Waater-Melon. Crescit in Karro prope Gouds-rivier, juxta Swart Kopps Zout-pann et alibi inter frutices.

Radix globosa, succulenta, maxima, capite humano major. *Caulis* filiformis, uti tota planta glaber, cinereus, ramosus. *Rami* alterni, similes, sensim filiformes. *Folia* opposita, brevissime petiolata, acuminata, subundulata, supra viridia, pallida, utrinque glabra, patentia, unguicularia. *Flores* aggregati, pedunculati. *Pedunculi* capillares, vix lineam longi. *Perianthium* 5-partitum: laciniae acutae, brevissimae. *Corolla* pollicaris. Pergulariae generis esse ex habitu conjicio, cum flores apertos vel fructus videre nunquam mihi contigerit. *Usus:* Radix sapida editur ab Hottentottis.

CLII. PERIPLOCA.

Contorta. Nectarium ambiens genitalia, filiamenta 5 *exserens.*

1. P. (*africana.*) caule volubili; foliis ovatis, hirsutis. *Prodr.* p. 47. Periploca *africana. Linn.* Spec. Plant. p. 309. Syst. Veg. XIV. p. 256. *Willd.* Spec. I. 2. p. 1251.

Crescit satis vulgaris in collibus infra montes urbis Kap et in pluribus aliis regionibus.

Tota planta hirsuta. *Caulis* filiformis, ramosus. *Rami* similes, oppositi, valde flexuosi. *Folia* opposita, petiolata, cordato-ovata, acuta, integra, patula. *Petiolus* folio brevior. *Flores* umbellati. *Umbellae* axillares, pedunculatae, multiflorae, patenti-pendulae. *Corolla* alba.

2. P. (*Secamone.*) caule volubili; foliis oblongis; floribus paniculatis, hirsutis. *Prodr.* p.47. Periploca *Secamone. Linn.* Mant. p. 216. Syst. Veg. XIV. p. 256. *Willd.* Sp. I. 2. p. 1249.

Europaeis Africam incolentibus: Babianstow. Crescit in sylvis Houtniquas et aliis, scandens et connectens arbuscula, taediosa intrantibus incomtas sylvas. Floret Octobri et sequentibus mensibus.

Caulis fruticosus, scandens, volubilisque, cinereus, glaber. *Rami* alterni et oppositi; similes cauli, patuli. *Folia* opposita, petiolata, acuta, integra margine revoluto, parallelo-nervosa, glabra, inaequalia, pollicaria et ultra. *Petioli* brevissimi. *Flores* minuti. *Paniculae* axillares, trichotomae, supra decompositae. *Pedicelli* rufescentes, pubescentes. *Corolla* intus albo-villosa.

234 PENTANDRIA. DIGYNIA. CLIII. Asclepias.

CLIII. ASCLEPIAS.

Contorta. Nect. 5 ovata, concava, corniculum exserentia.

1. A. (*aphylla.*) caule aphyllo. *Prodr.* p. 47. *Willd.*
Spec. I. 2 p. 1262.

*Crescit in Karro trans Hartequas Kloof, prope Hexrivier.
Floret Novembri.*

Caulis teres, glaber, laxus, erectus, lactescens, ramosus. *Rami*
alterni, geniculato - flexuosi, aphylli. *Flores* sparsi solitarii, pedunculati. *Folliculus* lanceolatus, palmaris.

2. A. (*filiformis.*) foliis lineari - filiformibus; umbellis
lateralibus, pedunculatis; caule erecto. *Prodr.* p. 47.
Asclepias *filiformis. Linn.* Suppl. p. 169. Syst. Veg. XIV.
p. 260. *Willd.* Spec. I. 2. p. 1272.

*Crescit in Krum-rivier, in collibus prope Kap, alibique. Floret
Novembri et insequentibus mensibus.*

Caulis filiformis, parum ramosus, glaber, pedalis et bipedalis.
Rami cauli similes, elongati, *Folia* opposita, sessilia, acuta, integra margine revoluto, erecta, glabra, pollicaria et ultra. *Flores*
umbellati. *Umbellae* axillares, intrafoliaceae, quinque - vel sex - florae. *Pedunculi* longitudine ,foliorum. *Pedicelli* capillares, unguiculares. *Folliculi* solitarii, elliptici, digitales.

3. A. (*fruticosa.*) foliis lanceolatis. glabris; caule fruticoso. Asclepias *fruticosa. Linn.* Spec. Plant. p. 315. Syst.
Veget. XIV. p. 260. *Willd.* Spec. I. 2. p. 1271.

Crescit trans seriem montium primam, hinc inde satis vulgaris pluribus in locis. Floret Octobri, Novembri.

4. A. (*crispa.*) foliis lanceolatis, undulatis, pilosis; umbella terminali; corollis glabris. *Prodr.* p. 47. Asclepias
crispa. Linn. Mant. p. 215. Syst. Veg. XIII. p. 258. *Willd.*
Spec. I. 2. p. 1263.

*Europaeis Bitter-Wortel. Crescit in collibus prope Paradys,
cis Swellendam alibique. Floret 'Novembri et sequentibus
mensibus usque ad Majum.*

Caulis compressus, erectiusculus, totus pilis rigidis albis pilosus, pedalis, simplex vel ramosus. *Rami* alterni, pauci, elongati.
Folia sessilia, opposita, basi rotundata, lanceolato - acuminata, bipollicaria. *Flores* umbellati. *Umbella* multiflora. *Pedunculi* et calyces pilosi.

5. A. (*undulata.*) foliis oblongo lanceolatis, undatis;
umbellis lateralibus; corollis barbatis. Asclepias *undulata.
Linn.* Spec. Pl. p. 312. Syst. Veg. XIV. p. 258. *Willd.*
Spec. I. 2. p. 1262.

*Crescit in collibus ad Paradys in Kamenasie et alibi. Floret
Decembri et sequentibus mensibus.*

Caulis digitum crassus, carnosus, teres, uti tota planta tenuissime villosus, erectus, simplex, pedalis et ultra. *Folia* opposita et saepe alterna, sessilia, acuminata, undulata, patentia, spithamaea superioribus brevioribus. *Umbellae* frequentes, subsessiles, multiflorae. *Calyx* ciliatus. *Variat* foliis angustioribus et latioribus.

6. A. (*mucronata.*) foliis oblongis, mucronatis, glabris; umbellis axillaribus. *Prod.* p.47. *Willd.* Spec. I. 2. p. 263.

Crescit trans Kamtous-rivier, et prope Krumrivier. Floret Decembri.

Caulis herbaceus, teretinsculus, flexuoso-erectus, pilosus, vix pedalis. *Folia* opposita, petiolata, obtusa cum acumine, integra, utrinque glabra, sesquipollicaria, superioribus minoribus. *Petioli* foliis multo breviores. *Umbellae* pedunculatae. *Pedunculi* foliis breviores, multiflori. *Pedicelli* pubescentes, unguiculares.

7. A. (*grandiflora.*) foliis oblongis, piloso-scabris; pedunculis axillaribus. *Prodr.* p. 47. Asclepias *grand flora. Linn.* Suppl. p. 170. Syst. Veget. XIV. p. 269. *Willd.* Spec. I. 2. p. 1264.

Crescit in Krum-rivier, Kamerasi, alibi. Floret Decembri, Januario.

Caulis fruticosus nisi basi, teres, erectus, simplex, villosus, pedalis. *Folia* opposita, petiolata. acuta, parum undulata, integra, utrinque scabrido papillosa et pilosa, patenti-erecta, bipollicaria. *Petioli* supra plani, subtus convexi vix lineam dimidiam longi. *Flores* axillares, pedunculati. *Pedunculi* bini vel tres, uniflori, pilosi, unguiculares. *Calyx* hirtus. *Corollae* grandes, purpurascenti-variegatae, glabrae.

8. A. (*arborescens.*) foliis alternis, ovatis, mucronatis; caule fruticoso, villoso. *Prodr.* p. 47. Asclepias *arborescens. Linn.* Mant. p. 216. Syst. Veg. XIV. p. 259. *Willd.* Spec. I. 2. p. 1271.

Crescit prope Kap, in collibus infra montes urbis et alibi. Floret Aprili, Majo, Junio.

Radix perennis. *Caulis* erectus, ramosus, 4-vel 5-pedalis, crassitie digiti. *Rami* teretes, subflexuosi, villosi, foliosi, simplices. *Folia* obtusa cum acumine, brevissime petiolata, integerrima, nervosa, glabra, subimbricata, pollicaria. *Flores* umbellati, umbellis subterminalibus pedunculatis. *Pedunculi* angulati, pilosi, unguiculares. *Pedicelli* filiformes, villosi, uniflori, unguiculares. *Calyx* villosus. *Corolla* alba, glabra. *Folliculi* duo, ovati, acuti, ventricosi, angulati, dentati, villosi, 1 valves, 1-loculares. *Tota* planta lactescens.

CLIV. CYNANCHUM.

Contorta. Nectarium cylindricum, 5-dentatum.

1. C. (*filiforme.*) caule erecto, simplici; foliis linearibus, planis. *Prodr.* p. 47. Cynanchum *filiforme. Linn.* Suppl. p. 169. Syst. Veg. XIV. p. 257. *Willd.* Spec. I. 2. p. 1253.

Crescit in Kram-rivier, in collibus infra montes. Floret No-vembri.

Caulis teres, apice filiformis, pilosus, pedalis. *Folia* opposita, sessilia, acuta, integra, tenuissime pilosa, erecta, pollicaria vel paulo longiora, internodiis breviora. *Flores* umbellati. *Umbellae* axillares, hirsutae. *Nectarium* cylindricum, inter corollam et stamina germini insertum, 1-phyllum, erectum, corollâ brevius, lutescens, 5-dentatum dentibus acutis. *Folliculus* lineari-oblongus, glaber, digitalis.

2. C. (*crispum.*) caule erecto, herbaceo; foliis lanceolatis, crispis; floribus lateralibus. *Prodr.* p. 46. *Willd,* Sp. I. 2. p. 1253.
Crescit in Swartland, inque Karro, rarissimum. Floret Octobri, Novembri.

Caulis simplex pubescens, vix bipollicaris. *Folia* opposita, attenuata in petiolos, acuta, undulata, patula, pilosa, unguicularia. *Flores* ex axillis foliorum pauci vel plures, subverticillati, pedunculati. *Pedunculi* foliis duplo breviores, capillares, pilosi. *Perianthium* 1-phyllum, erectum, brevissimum; ad basin fere 5-partitum: laciniae lineari lanceolatae, pilosae, corollâ multoties breviores. *Corolla* 1-petala, flavo-albida, subcampanulata, 5-partita: laciniae ovatae, productae in apicem filiformem, purpureum, corollae totius longitudine. *Nectarium* cylindricum, intra corollam germini insertum, album, monophyllum, multidentatum.

3. C. (*obtusifolium.*) caule volubili, herbaceo; foliis subrotundis, glabris. *Prodr.* p. 46. Cynanchum *obtusifolium.* *Linn.* Suppl. p. 169. Syst. Veg. XIV. p. 257. *Willd.* Sp. I. 2. p. 1253.

Crescit in sylvis variis. Floret Decembri. Incolis: Bavian's Tou.
Caulis teres, simplex. *Folia* opposita, petiolata, basi rotundata, ovata, obtusa cum acumine, integra, pollicaria. *Petioli* foliis paulo breviores. *Flores* umbellati. *Umbellae* axillares, pedunculatae, cernuae. *Pedunculi* breves. *Pedicelli* longitudine pedunculi; quatuor vel plures. *Perianthium* 1 phyllum, erectum, glabrum, corollâ triplo brevius, profunde 5-partitum: laciniae ovatae. *Corolla* 5-petala, campanulata, viridis, glabra, profunde 5-partita: laciniae ovatae. *Nectarium* cylindricum, album, extra stamina, corollâ brevius, profunde 5-partitum, dentatum.

4. C. (*capense.*) caule volubili, herbaceo; foliis ovatis, glabris; umbellis lateralibus. *Prodr.* p. 47. Cynanchum *capense. Linn.* Suppl. p. 168. Syst. Veg. XIV. p. 257. *Willd.* Spec. I. 2. p. 1253.

Floret Decembri.
Caulis basi decumbens, teres, totus glaber, pedalis et ultra. *Rami* alterni secundi, volubiles. *Folia* opposita petiolata, acuminata, integra, unguicularia vel paulo ultra, inaequalia, patentia. *Petiolus* folio paulo longior. *Flores* umbellati. *Umbellae* axillares, pedunculatae, erectae. *Pedunculus* longitudine petioli. *Pedicelli* quinque et plures, capillares, pedunculo paulo breviores.

CLV. A P O C Y N U M.

Cor. campanulata. Filamenta 5, cum staminibus alterna.

1. A. (*filiforme.*) caule decumbente, herbaceo, hirto; foliis lineari - filiformibus; floribus umbellatis. *Prodr.* p. 47. Apocynum *filiforme. Linn.* Suppl. p. 169. Syst. Veg. XIV. p. 258. *Willd.* Spec. I. 2. p. 1262. *Act. nov.* Petrop. 14. p. 511.

Crescit in arenosis campis Swartland. Floret Octobri.
Caulis totus decumbens, ramosus. *Rami* cauli similes, diffusi, divaricati, pubescentes. *Folia* opposita, sessilia, acuta, integra, glabra, laxa, pollicaria. *Umbellae* laterales, pedunculatae. *Pedunculi* teretes, villosi, digitales. *Pedicelli* pubescentes, lineam longi.

2. A. (*lineare.*) caule volubili, herbaceo, glabro; foliis lineari lanceolatis; floribus paniculatis. Apocynum *lineare. Linn.* Suppl. p. 169. Syst Veget. XIV. p. 258. *Willd.* Spec. I. 2. p. 1262. *Act. nov.* Petrop. 14. p. 511.

Crescit cum priori in Swartland. Floret Octobri.
Caulis filiformis, totus glaber. *Rami* alterni, pauci, similes vel capillares. *Folia* opposita, breviter petiolata, integra margine revoluto, reflexa, pollicaria. *Petioli* breves, tenuissimi. *Flores* laterales et terminales. *Panicula* capillaris, trichotoma. *Perianthium* 1-phyllum, erectum, brevissimum, pilosum, ad basin fere 5 partitum: laciniae acutae, lineari filiformes. *Corolla* 1-petala, subcampanulata, alba, patens, ad basin fere 5-partita: laciniae lanceolatae, acutae. *Nectarii* foliola 5; alba, lanceolata, inter corollam et stamina germini inserta, erecta, corollà breviora, staminibus paulo longiora.

3. A. (*triflorum.*) caule volubili, herbaceo, piloso; foliis lanceolatis; umbellis lateralibus, subtrifloris. Apocynum *triflorum. Prodr.* p. 47. *Linn.* Suppl. p. 169. Syst. Veg. XIV. p. 258. *Willd.* Spec. I. 2. p. 1261. *Act. nov.* Petropolit. 14. p. 512.

Caulis filiformis, pubescens. *Rami* alterni, pauci. *Folia* brevissime petiolata, opposita, integra margine revoluto, subtus villosa, patula, vix unguicularia. *Flores* umbellati. *Umbellae* axillares, pedunculatae, biflorae et triflorae. *Pedunculi* et pedicelli capillares, divaricati, folio breviores. *Perianthium* 1-phyllum, ad basin fere 5-partitum: laciniae lanceolatae, acutae, glabrae, erectae, corolla duplo breviores, semilineam longae. *Corolla* 1-petala, alba, 5-partita: laciniae ovatae, obtusae, erectae, longitudine dimidiae corollae. *Nectarium* foliola 5, lanceolata, corollà duplo breviora, albida, erecta, inter corollam et stamina germini inserta. *Filamenta* 5, connata cum antheris connatis.

4. A. (*lanceolatum.*) caule volubili, herbaceo, striato, glabro; foliis lanceolatis, umbella triflora. Apocynum *lanceolatum. Prodr.* p. 47. *Willd.* Spec. I. 2. p. 1261. *Act. nov.* Petrop. 14. p. 512.

Crescit in Groot Vaders bosch. Floret Januario.
Caulis filiformis, striatus, totus glaber, ramosus. *Rami* vix.ulli.
Folia opposita, petiolata, basi rotundata, acuminata, integra, glabra, patula, laxa, bipollicaria. *Petioli* unguiculares. *Flores* umbellati. *Umbellae* axillares, biflorae et triflorae. *Pedanculi* et pedicelli capillares, unguiculares. *Perianthium* 1-phyllum, erectum,
glabrum, brevissimum, ad basin fere 5-partitum: laciniae lineari-
filiformes. *Corolla* 1-petala, alba, subcampanulata, profunde 5-
partita: laciniae lanceolatae, acutae. *Nectarii* folia 5, lanceolata,
alba, tenuissima, erecta, distincta, germini inserta inter corollam
et stamina, corollâ breviora staminibus paulo longiora.

5. A. (*cordatum.*) caule volubili, hirto; foliis ovatis,
subtus villosis. *Prod.* p. 47. *Willd.* Spec. l. 2. p. 1261.
Act. nov. Petrop. 14. p. 513.

Crescit in sylvis variis. Floret Decembri.
Radix perennis. *Caulis* teres, rugosus, villosus imprimis superne,
vix ramosus. *Folia* opposita, petiolata, basi rotundata, acuta, integra, marginata, supra glabra, subtus tenuissime villosa, pollicaria
et ultra. *Petioli* reflexi, folio triplo breviores. *Flores* umbellati.
Umbellae in axillis foliorum superiorum pedunculatae. *Pedanculi*
folio breviores. *Pedicelli* unguiculares. *Perianthium* 1-phyllum,
ovatum, glabrum, corollâ multo brevius, ad basin fere 5-partitum:
laciniae lanceolatae, acutae. *Corolla* 1-petala, virescens, glabra,
ad basin fere 5-partita, patula: laciniae ovatae, concavae, obtusae,
lineam longae. *Filamenta* 5, linearia, distincta, corollâ breviora,
apice aucta membranâ subrotundâ concavâ, pellucidâ. *Antherae*
subbinae, intra membranam apicibus filamentorum insertae, subcon-
natae. *Germina* duo. supera. *Styli* duo, filiformes, erecti, glabri,
filamentis breviores. *Stigmata* simplica, obtusa. *Folliculi* duo, oblongi.

6. A. (*hastatum.*) caule decumbente, herbaceo; foliis hastatis. Apocynum *hastatum. Prodr.* p. 47. *Linn.* Suppl.
p. 169. Syst. Veg. XIV. p.258. *Willd.* Spec. I. 2. p. 1259.
Act. nov. Petropol. 14. p. 514. T. IX. f. 6.

Crescit infra Leuweberg. Floret Augusto.
Radix perennis, suffructicescens. *Caules* plures, radicales, inferne
parum ramosi, filiformi teretes, pubescentes, purpurascenti-virides,
palmares. *Folia* sparsa, opposita et alterna, subsessilia, dente infra
medium unico subhastata, acuta in petiolum attenuata, supra longitudinaliter sulcata, glabra, patenti-reflexa, frequentia, internodiis
longiora ultima approximata, vix unguicularia. *Flores* umbellati.
Umbellae laterales, pedunculatae. *Pedanculus* communis, teres, glaber, subvillosus, erectus, pollicaris, umbellifer. *Pedicelli* duo, tres
vel saepius quatuor, erecti, uniflori, semiunguiculares. *Bractea* in
pedunculis solitaria, sub pedicellis tres vel quatuor, minimae, erectae.
Perianthium 1-phyllum, corollâ multoties brevius, 5-fidum, laciniae ovatae, obtusae, patentes, purpurascentes. *Corolla* 1-petala,
campanulata, ad basin fere 5-fida: Laciniae ovatae, obtusae, margine revolutae, virides, patentes, lineam longae. *Nectarium:* cor-
puscula 20, corolliformia, erecta, nivea, dissimilia, corollâ breviora;
quinque breviora, subquadrata, truncata, basi parum angustata, ex-

tus sulco impressa, intus apice gibba; quinque longiora, cum brevioribus alterna, linearia, obtusa; extus plana, intus medio gibba;
decem mediocria, cum brevioribus et longioribus alterna, filiformia,
basi cum longioribus lateri utroque connata. *Filamenta* intra Nectarium, vix ulla. *Antherae* minimae, truncatae, virescentes. *Germina* duo, ovata, glabra, cruciato-sulcata, supera. *Stylus* unicus,
teres, carnosus, basi antheris cinctus, viridis; apice albus, obtusus.

CLVI. S T A P E L I A.

Contorta. Nectarium duplici stellulá tegente genitalia.

1. S. (*pilifera.*) caule aphyllo, tereti; mammillis ciliato-
aristatis; flore sessili. *Prodr.* Fl. cap. p. 46. Stapelia *pilifera. Linn.* Suppl. p. 171. Syst. Veg. XIV. p. 260. *Willd.*
Sp. I 2. p. 1286. *Masson.* Stapel. p. 17. N. 23. t. 23.
*Crescit in Karro trans Härtequas Kloof et infra Rogge-
feld. Floret Augusto et. sequentibus mensibus.*

Radix fibrosa, tenuis. *Caulis* unus vel plures radicales, simplex
vel ramosus, obtusus, totus callis tectus, lacunosus, erectus, pedalis.
Calli frequentissimi, convexi, acutiusculi, apice piliferi: pilis simplicibus, solitariis. *Flores* in summitate caulis laterales, sparsi,
approximati. *Perianthium* 1-phyllum, 5-partitum: laciniae ovatae,
acutae, corollá multoties breviores, virides, fuscescentes. *Corolla*
1-petala, subcampanulata, crassa, magnitudine corollae Anemones
nemorosae, 5-partita: Tubus intus intrusus margine plano, pentagonus, genitalia excipiens. Limbi laciniae latae ovatae, aristato-
acuminatae, campanulato-patentes, marginibus extrorsum flexis, duas
lineas latae, unicam longae. *Color* corollae extus incarnato-purpu-
reus, uti et intus. *Corolla* extus laevis, intus callis elevatis muricata. *Nectarium* germen coronans: squamae 5, ovatae, apice parum patentes, erectae, bifidae dentibus divaricatis, acutis uti mandi-
bulae *Lucani Cervi*, purpureae. *Filamenta* 5, basi squamarum
nectarii inserta, acuta, parum incurva, purpurea, nectarii squamis
breviora. *Antherae* dorso affixae, inflexae, minutae, lutescentes.
Germen superum. *Styli* nulli; sed *Stigmata* duo staminibus incumbentibus seu conniventibus tecta.

2. S. (*mammillaris.*) caule aphyllo, hexagono; denticulis
reflexis; flore subpedunculato; laciniis limbi acutis. Stapelia *mammillaris. Prodr.* p. 46. *Linn.* Mant. p. 216. Syst.
Veg. XIV. p. 260. *Willd.* Spec. 1. 2. p 1287.
*Crescit in rupibus collium prope Olyfantsrivier versus septen-
trionem, in Karro juxta Hexrivier et alibi. Floret Aprili
et aliis mensibus.*

Radix fibrosa, perennis. *Caulis* carnosus, glaber, basi teretiusculus, mox ramosus, curvato-erectus, sulcatus sulcis obliquis. *Rami* alterni, hexagoni, sulcati sulcis inter angulos profundis, erecti,
simplices, vel ramosi. *Anguli* sinuati, mammillato-aculeati; aculei
acuti, recurvati. *Flores* e sulcis ramorum inter angulos subquaterni.
Pedunculus teres, vix lineam longus. *Corolla* brunea, glabra, minuta: laciniae margine revoluto. *Folliculi* duo, calyce persistente

coronati, teretes, acuti, glabri, virides maculis purpureis, erecti,
digitales.

3. S. (*incarnata.*) caulo aphyllo, tetragono; denticulis
patentibus; flore sessili; limbi laciniis obtusis. Stapelia *incarnata. Prodr.* p. 46. *Linn.* Suppl. p. 171. Syst. Veg.
XIV. p. 260. *Willd.* Spec. I. 2. p. 1289. *Masson.* Stapel. p. 22. No. 34. tab. 34.

*Incolis Europaeis: Duykers-horen. Crescit in Saldanha bay,
in montibus juxta Compagnies post, prope Verlooren Valley et alibi. Floret Augusto et sequentibus mensibus.*

Caulis exacte tetragonus, laevis, obsolete sulcatus; anguli mam-
millato tuberculati.   Mammillae aculeatae; aculeis brevibus, rufis.
Flores ex planis lateribus subsessiles, quaterni, horizontales. *Perianthium* 1-phyllum, erectum, 5-partitum: laciniae ovatae, acutaè,
virescentes, tubo corollae breviores. *Corolla* 1-petala, campanulata: Tubus ovatus, pallide incarnatus. Limbus erecto-patens, 5-
partitus: laciniae lanceolatae, obtusiusculae, lineam longae, intus
convexae, extus concavae margine subrevoluto, pallide incarnatae.
Nectarium tegens genitalia, centro pistilli imposita margine vires-
centi: Laciniae 5, flavae, erectae, bifidae et quinque aliae ad centrum inflexae, lineares. *Germen* oblongum in funde calycis corollae-
que. *Antherae* subsessiles inter lacinias inflexas nectarii, minimae,
didymae. *Styli* nulli, sed stigmata duo. *Folliculi* duo. *Usus:*
Editur caulis, ob Hottentottis demtis dentibus angulorum.

4. S. (*hirsuta.*) caule aphyllo, tetragono; denticulis acutis; flore pedunculato; corollâ hirsutâ. *Prodr.* p. 46. Stapelia *hirsuta. Linn.* Spec. p. 316. Syst. Veg. XIV. p. 260.
Willd. Spec. I. 2. p. 1278.

*Crescit in Montibus prope Kap, juxta Paart et alibi. Floret
Augusto, Septembri.*

Caulis carnosus, denticulatus, totus hirsutus. ramosus. *Rami*
alterni, tetragoni, dentati denticulis subulatis, erectis. *Flores* laterales. *Pedunculi* striati, uniflori, palmares. *Perianthium* profunde
5-partitum: laciniae lanceolatae, unguiculares. *Corolla* magna, speciosa, 5-partita; extus, tenuissime villosa, intus lanata villo ferrugineo, margine ciliata cilis albis, longis; plana, magnitudine Rosae
gallicae. *Odor* corollae cadaverosus, insecta et muscas allicit.

5. S. (*ciliata.*) caule aphyllo, tetragono: denticulis patentibus; floribus pedunculatis; laciniis limbi ovatis, squamosis,
ciliatis. *Prodr.* p. 46. Stapelia *ciliata. Willd.* Spec. I.
2. p. 1277. *Masson.* Stapel. p. 9. Tab. I.

*Crescit in siccissimis regionibus Karro inter Roggefelt et Paar-
deberg. Floret Novembri, Decembri.*

Radicis fibrae filiformes, simplices. *Caules* decumbentes, radican-
tes, ramosi, palmares. *Rami* tetragoni, erecti, glabri. pollicares,
sulcati angulis denticulato-tuberculatis dentibusque patentibus, acutis.
Folia nulla. *Flores* in ramulis laterales, erecti, magni. solitarii.
Pedunculus teres, flexuoso-erectus, glaber, uniflorus, unguicularis.
Perianthium 5-partitum: laciniae lanceolatae, acutae, glabrae, vires-

centes, lineam longae. *Corolla* 1-petala, rotata; extus laevis, glabra, viridi-purpurascens; intus cinerea, papilloso-scabra, papillis apice rufescentibus; 'profunde 5-partita: limbi laciniae acutae, margine ciliis subclavatis, patentibus, niveis; patentes, subpollicares, magnitudine corollae STAPELIAE *variegatae* et multo minor corolla STAPELIAE *hirsatae. Nectarium* exterius: sertum pateriforme seu campanulatum, crassum, integerrimum, intus extusque papillis apice purpurascentibus muricatum, cinereum, longitudine tubi corollae, crassum, tubi basi corollae connatum. *Nectarium* interiu in fundo serti. *Filamenta* 5, stellae inserta, brevissima. *Antherae* ovatae, didymae, minutae. *Odor* corollae minime foetens, vix ullus.

6. S. (*fasciculata.*) caule aphyllo, subhexagono: denticulis p t ntibus, acutis; flore pedunculato. *Prodr.* p. 46.

Crescit in collibus Hantum prope Hoggefeltsberg.
    Radix filiformis, alba, raro fibrosa longa, perennis. *Caulis* statim a radice in plurimos ramos fasciculatos divisus. *Rami* sparsi, iterum ramulosi, decumbentes, carnosi; tereti-subhexagoni, tuberculis patulis acutis, inermibus, glabri, apice rufescentes, pollicares. *Pedunculus* teres, glaber, longitudine articulorum ramorum. *Perianthium* profunde 5 partitum: laciniae ovatae, acutae, glabrae, persistentes, lineam longae. *Folliculi* duo, pedunculati, erecti, medio crassiores, acuti, fuscopurpurei, calyce pentaphyllo basi cincti, palmares.

7. S. (*variegata.*) caule aphyllo, tetragono; denticulis patentibus; flore pedunculato; laciniis limbi ovatis, maculatis. *Prodr.* p. 46. STAPELIA *variegata. Linn.* Pl. p. 316. Syst. Veg. XIV. p. 260. *Willd.* Spec. I. 2. p. 1292. STAPELIA, foliis oblongis, dentatis, flore glabro, intus sulphureo, punctato, extus purpureo, striato. *Burmann. African. Dec.* 2. p. 30. T. 12. f. 2.

Crescit in montium lateribus ad Leuweberg, prope Hafferkeals rivier et alibi vulgaris. Floret Majo, Junio, Julio.
    Caulis succulentus, denticulatus, glaber, crassitie digiti, ramosus. *Rami* alterni, similes patentes: denticuli erecti, mucronati. *Flores* axillares, solitarii, magni, speciosi, cernui. *Pedunculi* teretes, nutantes, uniflori, digitales *Perianthium* 5-partitum: laciniae vix unguiculares. *Corolla* 1-petala, plana, glabra, intus undulato-squamosa, sulphurea, variegato-maculata, extus purpurea, magnitudine ROSAE *Eglanteriae.*

8. S. (*caudata.*) caule folioso; foliis linearii oblongis; flore pedunculato; laciniis limbi linearibus. *Prodr.* p. 46.

E Prom. bonae spei a me missa floruit in Horto Amstelodamensi Medico, anno 1779.
    Rami oppositi, erecto-patentes. *Folia* sessilia, inferne attenuata, superne dilatata, obtusissima, integra, erecto patentia, pollicaria. *Flores* axillares. *Pedunculus* solitarius, uniflorus, cernuus, corolla duplo brevior. *Corolla* plana, purpurea, intus squamosa: laciniae falcatae, acutae, pollicares.

CLVII. GENTIANA.

Cor. monopetala. Caps. 2-*valvis,* 1-*locularis, recepta-*
culis 2 *, longitudinalibus.*

1. G. (*aurea.*) caule simplici; foliis lanceolato - ovatis,
Exacum *sessile. Linn.* Spec. Plant. p. 163. Exacum *aureum.*
Linn. Suppl. p. 123. Syst. Veg. XIV. p. 155. *Willd.* Spec.
I. 2. p. 630.

Crescit in arenosis, verno tempore inundatis campis. Floret tempore vernali.
    Radix fibrillosa annua. *Caulis* filiformis, glaber, erectus,
palmaris. *Folia* opposita, amplexicaulia, glabra, integra, semiunguicularia. *Flores* in summitate caulis paniculati. *Panicula* trichotoma pedicellis capillaribus. *Corollae* luteae vel
aureae.

2. G. (*albens.*) caule trichotomo, tetragono; foliis ova-
tis, amplexicaulibus. *Prodr.* p. 48. Exacum *pedunculatum.*
Linn. Syst. Vegat. XIII. p. 131. Exacum *albens. Linn.*
Suppl. p. 123. Spec. Pl. p. 163. Syst. Veg. XIV. p. 155.
Willd. Spec. I. 2. p. 634.

Crescit in collibus circum Kap urbem, in arenosis Groene Kloof,
Gansekraal et Swartland, vulgatissime. Floret Augusto
et sequentibus mensibus.
    Radix fibrosa. *Caulis* herbaceus, erectus, glaber, palmaris.
Rami dichotomi ramulique fastigiati. *Folia* opposita, subdecur-
rentia, cordato ovata, acuta, integra, glabra, vix unguicularia.
Flores pedunculati, albi. *Stamina* inclusa.

3. G. (*exacoides.*) foliis cordatis; calycibus carinatis.
Prodr. p. 47. Gentiana *exacoides. Linn.* Sp. Pl p. 332.
Syst. Veg. p. 268. Exacum *cordatum. Linn.* Suppl. p. 124.
Syst. Veg XIV. p. 155. *Willd.* Sp. I. 2. p. 636.

Crescit in collibus capensibus vulgaris, in Swartland et alibi.
Floret Augusto, Septembri, Octobri.
    Planta annua, tota glabra. *Radix* fibrosa. *Caulis* tetragonus,
erectus, inferne simplex, superne ramosus, palmaris. *Rami*
versus summitatem caulis trichotomi. *Folia* opposita, sessilia,
subamplexicaulia, cordato - ovata, acuta, integra, internodiis
breviora, superiora sensim minora vix unguicularia. *Flores* terminales in caulis summitate et ramis trichotomis, erecti. *Perianthium* 1 phyllum, 5 - angulatum ad basin sere 5 - partitum,
glabrum, tubo corollae paulo brevius: laciniae lanceolatae,
acutae; carinâ dorsali latâ, membranaceâ; inferne rotundatae,
conniventes, striatae. *Corolla* 1 - petala, tubulosa. Tubus cylindricus, flavus, unguicularis. Limbus 5 - partitus: laciniarum
ungues erecti, tubum ventricosum formantes. Laminae alternatim incumbentes, oblongae, obtusae cum acumine, patentes,
subunguiculares, flavae, supra unguem lineolâ quadruplici au-
rantiacâ, quarum intermediae duae paulo longiores. *Filamenta*
nulla. *Antherae* basi laciniarum limbi insertae, sessiles, flavae,
oblongae. *Germen* superum, oblongum, glabrum. *Stylus* fili-

formis, tubo longior, albus, medio glanduliferus. Glandulae duae, oppositae, oblongae, virides adnatae. *Stigma* clavatum, obtusum, simplex, quadrifidum, virescens. *Capsula* oblonga, subcompressa, glabra, quadristriata, bivalvis, bilocularis. *Semina* duo, oblonga.

4. G. (*dubia*.) foliis . . . .; corollis 4 fidis; calyce lanceolato; paniculâ terminali, trichotomâ, supradecompositâ. *Prodr. Flor. Cap.* p. 48.

Crescit inter Sondags-rivier et Visch-rivier. Floret Novembri, Decembri.
Caulis fructiferus aphyllus fuit, foliis dudum deciduis, teres, simplex, erectus, spithameus. *Florum* panicula erecta, subfastigiata. *Calyx* 4 partitus: laciniis lanceolatis, acutis, minimis. *Corolla* 4-partita, purpurea: laciniis acutis. *Capsula* oblonga, 4-mucronata, stylis duobus bipartibilibus.

CLVIII. L I N C O N I A.

Petala 5, foveolis nectarii basi insculpta. Caps. seminifera, 2-locularis.

1. L. (*alopecuroidea*.) *Prodr.* p. 48. *Linn.* Mant. p. 216. Syst. Veg XIV. p. 261. *Willd.* Spec. I. 2. p. 1296.
Crescit in montibus variis. Floret Octobri, Novembri.
Frutex erectus, totus glaber, bipedalis et ultra. *Rami* verticillati, elongati, virgati, raro ramulosi. *Folia* sparsa, frequentia, subverticillata, imbricata, apicibus parum patulis, breviter petiolata, trigona, obtusa, integra, inferiora glabra, superiora pilosa, unguicularia. *Petioli* pallidi seu flavescentes, trigoni, adpressi. *Flores* comosi seu infra apices ramorum laterales, aggregati. De Genere nihil dicere valeo, cum nunquam flores explicatos invenire mihi contigerit.

CLIX. S A L S O L A.

Cal. 5-phyllus. Cor. o. Caps. 1-sperma. Sem. cochleatum.

1. S. (*diffusa*.) herbacea, tomentosa, decumbens; foliis lanceolatis. *Prodr.* p. 48. Chrnolem *diffusa. Nov. Gen.* Plant. P. 1. p. 9. 10. *Linn.* Syst. Veg. XIV. p. 247.
Crescit in depressis prope Kap, in maritimis Saldanha bay, alibique. Floret Martio et pluribus insequentibus mensibus.
Caules plures radicales, filiformes, herbacei, simplices et ramosi, decumbentes, purpurei, basi glabri, apice subtomentosi, inaequales, apicibus erectis, palmares et ultra. *Rami* alterni, pauci, brevissimi, cauli similes. *Folia* decussata, sessilia, ovatolanceolata, obtusa cum acumine, carnosa, integra, supra plana, subtus convexa, frequentia, suprema imbricata, erecto patentia, argenteo-tomentosa, internodiis longiora, semiunguicularia. *Flores* axillares, solitarii vel bini, sessiles in omni axilla

16 *

foliorum versus apices ramorum. *Perianthium* 1 phyllum, concavum, subcarnosum, intus glabrum, extus argenteo tomentosum, profunde 5-partitum. *Corolla* nulla. *Filamenta* 5, basi
calycis inserta filiformia, erecta, longitudine calyci. *Germen*
superum. *Stylus* unicus, vix lineam longus *Stigmata* duo, subulata, patenti-reflexa. *Semen* subrotundum, depressum, glabrum
nigrum, membranâ tenui tectum.

O b s Revera ad Salsolas referri debet, aeque ac Caroxylon et forsan
Anabasis; licet in multis differre videantur. Salsolae vero character
emendandus erit. Species enim variae variant flore, stylo, ceteris.

2. S. (*fruticosa.*) fruticosa, erecta; foliis filiformibus,
obtusis. Salsola *fruticosa. Prodr.* p. 48. *Linn.* Sp Pl.
p. 324. Svst. Veg. XIV. p. 263. *Willd.* Spec. I. 2. p. 1316.

*Crescit in Mimosae sylvulis juxta Karro trans Platte-Kloof
et alibi. Floret Octobri, Novembri.*
 Frutex fere orgyalis, totus glaber, cinereus. *Rami* sparsi,
frequentes, similes. *Flores* axillares.

3. S. (*aphylla.*) arborescens, subaphylla. *Prodr.* p. 48.
Caroxylon Salsola. *Nov Plant. Gener.* P. 2. p. 37. Sal-
sola *aphylla. Linn.* Suppl p. 173. Syst. Veg. XIV. p. 264.
Willd Spec. I. 2. p. 1316.

*Incolis Africae, Europaeis: Kanna-bosch. Crescit in om-
nibus desertis, Karro dictis, communis. Floret Octobri et
aliis mens bus.*
 Arbor orgyalis et ultra, erecta, glabra, ramosissima. *Rami*
sparsi, rigidi, exaridi, flexuosi, cinerei, ramulosi *Ramali* ultimi
sparsi, teretes, flexiles, subfoliosi, albo-tomentosi; floriferi,
pollicares et ultra. *Folia* vel si mavis, squamae foliaceae in
ultimis ramis frequentissimae, imbricatae, sessiles, carnosae,
subgloboso ovatae; intus concavae, glabrae, extus gibbae,
obtusae; cinereo tomentosae, adpressae, minutissimae. Axillae foliolis aliis onustae. *Perianthium* diphyllum, subor-
biculatum, rude, intus concavum, extus carinatum, margine te-
nuissimum, erectum, corollâ brevius. *Corolla* 1-petala, fere
ad basin 5-partita: Tubus nullus. Limbi laciniae obtusae, laxae, subrotundae, concavo-crispae, membranaceae, patentes,
flavescentes, vel parum obscure purpurascentes. *Nectarium:*
squamae·5, corollae mediae insertae, corollâ paulo angustiores et breviores, cumque ea inferne connatae; fructui conni-
venti impositae; ovatae, acutiusculae concavae, membranaceae,
flavescentes basi virescente. *Filamenta* 5, lateri germinis inserta, corollâ breviora, alba, capillaria. *Antherae* minimae.
Germen superum, conicum, glabrum. *Stylus* simplex, erectus,
albus, corollâ brevior. *Stigmata* duo, revoluta, albida; raro
stigma simplex. *Semen* unicum, depressum, rotundum, viride,
spirale, membranâ tenuissimâ vestitum, nectarioque filamentis
persistentibus tectum. *Usus:* in campis peregrinantibus inservit
tempore nocturno igni alendo, uti et in Colonia, ubi Colonis
europaeis cineres adhibentur ad saponem cum pinguedine ovina
conficiendum.

CLX. H E R N I A R I A.

Cal. 5 - *partitus.* *Cor.* o. *Stam.* 5, *sterilia.* *Caps.* *monosperma.*

1. H. (*lenticulata.*) suffruticosa, hirsuta, foliis ovatis.
Herniaria *lenticulata.* *Prodr.* p. 48   *Linn.* Spec. p. 317.
Syst. Veg. XIV. p. 261. *Willd.* Spec. l. 2 p. 1297.

Crescit in koude Bockefeld. Floret Octobri.
    Tota decumbens, villo brevissimo, cinereo, ramulosa. *Rami*
    et ramuli filiformes, diffusi. *Folia* opposita, subpetiolata, car-
    nosa, integra, tenuissime villosa.

CLXI. C H E N O P O D I U M.

Cal. 5 - *phyllus*, 5 - *gonus.* *Cor.* o. *Sem.* 1, *lenticulare,* *superum.*

1. C. (*portulacoides.*) foliis obovatis, cinereis, pulverulentis, integris; caule fruticoso. Atriplex *portulacoides.*
Linn. Syst. Veg. per Gmelin. p. 450. *Willd.* Spec. Tom.
4. P. 2. p. 957.

2. C. (*sinuatum.*) foliis oblongis, subhastatis, sinuato-
dentatis; caule erecto, herbaceo; capitulis spicatis, aphyllis. Chenopodium *laciniatum.* *Prodr. Flor. cap* p. 48.

Caulis simplex vel superne parum ramosus, obsolete angula-
    tus, parum pulverulentus, subglaber, pedalis vel paulo ultra.
    Rami supra medium pauci, alterni, patenti - erecti   *Folia* al-
    terna, petiolata, obtusa, supra glabra, subtus argenteo - punc-
    tata, patentia et reflexa, pollicaria. *Petiolus* unguicularis. *Flo-*
    rum glomeruli in racemis elongatis alterni, aphylli. Similis
    Atriplici *tataricae;* distincta racemis aphyllis.

3. C. (*vestitum.*) foliis ovatis, obtusis, glaucis; caule
fruticoso, decumbente. *Prodr.* p. 48. Atriplex *glauca.*
Linn. Spec. Pl. p. 1493. Syst. Veg. XIV. p. 909. *Willd.*
Spec. 4. 2. p. 958.

Tota planta cinereo - glauca, decumbens, apice erecta, suffru-
    ticosa. *Folia* ovata et deltoidea mixta, interdum mucronata.
    Racemi terminales, divisi, glomerati, aphylli.

4. C. (*microphyllum.*) foliis ovatis, integris, glaucis;
caule fruticoso. *Prodr.* p. 48. Atriplex *microphylla.*
Willd. Spec. 4. 2. p. 958.

Caulis mox a basi ramosus, cinereo - glaucus, erectus, vix pe-
    dalis. *Rami* teretes, aphylli, ramulosi. *Ramuli* similes, sparsi,
    flexuosi, virgati. *Folia* sparsa in ramulis, obtusa, lineam longa.
    Flores in axillis foliorum.

5. C. (*halimus.*) foliis rhombeis integris, glaucis; caule
fruticoso. *Prodr.* p. 48. Atriplex *halimus.* *Linn.* Spec.

Pl. p. 1492. Syst. Veg. XIV. p. 909. *Willd.* Spec. 4. 2. p. 957.

Colonis Earopaeis: Specke-bosches. Crescit in oris maritimis, inque omni Karro prope rivulos, solo salso. Floret Octobri et sequentibus mensibus.

Caulis erectiusculus, glaber, pedalis et ultra. *Rami* alterni, tetragoni, divaricati, incurvato erecti, simplices. *Folia* alterna, petiolata, triangulari rhomboidea, acuta, unguicularia. *Petiolus* longitudine folii. *Florum* racemi versus apices glomerati.

6. C. (*murale.*) foliis ovatis, dentatis, acutis; racemis ramosis, aphyllis. *Prodr.* p. 48. CHENOPODIUM *murale.* *Linn.* Spec. Pl. p. 318. Syst. Veg. XIV. p. 261. *Willd.* Spec. 1. 2. p. 1301.

Crescit in collibus infra Taffelberg latere occidentali, forsan e seminibus ex Europa huc allatis. Floret Julio, Augusto.

7. C. (*mucronatum.*) foliis triangularibus, hastatis, obtusis, mucronatis; racemis foliosis. *Prodr.* p. 48. *Willd.* Sp. 1. 2. p. 1299.

Caulis herbaceus, erectus, striato-angulatus, tenuissime pubescens, apice parum ramosus, sesquipedalis. *Rami* alterni, versus apicem caulis, pauci. *Folia* alterna, petiolata, angulis et apice rotundatis obtusissimis, integra, nervosa, glabra, unguicularia. Axillae foliolis onustae. *Petiolus* longitudine folii. *Racemi* florum in summitate laterales, pulverulento-tomentosi.

8. C. (*ambrosioides.*) foliis lanceolatis, subdentatis, summis integris; racemis foliosis. *Prodr.* p. 48. CHENOPODIUM *ambrosioides.* *Willd.* Syst. Pl. I. 2. p. 1304.

CLXII. VAHLIA.

Cal. 5-*phyllus.* *Cor.* 5-*petala.* *Caps.* infera, 1-locularis, polysperma.

1. V. (*capensis.*) Nov. Gen. Plant. P. 2. p. 36. *Prodr.* p. 48. VAHLIA *capensis* et RUSSELIA *capensis.* *Linn.* Suppl. p. 24. 175. Syst. Veg. XIV. p. 270. *Willd.* Spec. 1. 2. p. 1354.

Crescit prope Verkeerde Valley, locis sabulosis. Floret Decembri.

Tota planta villosa *Radix* perennis. *Caules* subradicales plures, herbacei, erecti, simplices vel ramosi, teretes, spithamaei. *Rami* oppositi, fastigiati, cauli similes. *Folia* opposita, sessilia, lanceolata, acuta, integra, concava, erecta, longitudine internodiorum, pollicaria. Axillae onustae foliis minoribus. *Flores* axillares, pedunculati. *Pedunculus* teres, erectus, biflorus, in medio bracteatus, bracteâ lanceolatâ. *Facies* AIZOI.

CLXIII. C U S S O N I A.

Cal. 1-*phyllus, subdentatus.* *Cor.* 5-*petala.* *Involu-crum* 0. *Semina bilocularia.*

1. C. (*thyrsiflora.*) foliis quinatis: foliolis simplicibus ter-natisque, cuneatis, apice dentatis. *Prodr.* p. 49. Cussonia *thyrsiflora. Act. Nov.* Upsal Vol. 3. p. 212 T. 12. *Linn.* Syst. Veg. XIV. per *Gmelin.* p. 492. *Willd.* Spec. I. 2. p. 1355.

Incolis Speckebosch. Habitat in littore Hout-bay, in procli-vis Taffelberg, prope Zecko-rivier, alibique. Floret Ju-nio; defloruit Julio.
Tota planta omnino glabra. *Caulis* frutescens, succulen-tus, erectus, orgyalis. *Folia* in summitatibus approximata, al-terna, petiolata, erecta. *Foliola* obovata, obtusissima, saepe retusa, apice dentibus aliquot notata, saepius simplicia, rarius ternata: pinnis lateralibus minutis, decurrentibus: subooriacea, pollicem lata, digitalia et ultra. *Petioli* teretes, striato-angu-lati, erecti, semispithamaei. *Flores* racemosi. *Racemi* oblongi, obtusi, digitales. *Pedunculi* umbellati, tres vel plures, striati, digitales. *Pedicelli* sparsi, patentes, semiunguiculares.

2. C. (*spicata.*) foliis septenis: foliolis simplicibus terna-tisque, lanceolatis, apice serratis. *Prodr.* p. 49. Cussonia *spicata. Act. Nov. Upsal.* Vol. 3. p. 21. T. 13. *Linn.* Syst. Veg. per *Gmelin.* p. 492. *Willd.* Spec. I. 2. p. 1355.

Crescit trans Hexrivier, in Swarte Valley, juxta Valsri-vier alibique.
Tota planta glabra caule ut in priori. *Folia* in summitatibus approximata, alterna, longius petiolata, erecta. *Foliola* inferne attenuata in petiolos proprios, acuminata, a medio ad apicem argute serrata; vel simplicia, vel ternata pinnis lateralibus decur-rentibus. *Petioli* teretes, erecti, spithamaei. *Flores* spicati: spicis oblongis, cylindricis. *Pedunculi* umbellati, tres vel plu-res, digitales.

CLXIV. B U P L E U R U M.

Involucra umbellulae majora, 5-*phylla.* *Petala invo-luta.* *Fructus subrotundus, compressus, striatus.*

1. B. (*arborescens.*) frutescens; foliis petiolatis, ovatis, glabris. *Prodr.* p. 50. Bupleurum *arborescens.* *Linn.* Syst. Veg. per *Gmelin.* 2. 1. p. 471. *Willd.* Spec. Plant. 1. 2. p. 1376.

Crescit in Krum-rivier prope ipsum rivum et alibi. Floret Ja-nuario, Februario.
Caulis fruticosus, erectus, purpurascens, totus glaber, peda-lis et ultra, omnino inermis. *Rami* alterni, divaricati, caule similes. *Folia* sparsa, mucronata, integra, marginata, tenuis-sime parallelo nervosa, supra viridia, subtus pallidiora, pa-tentia, inaequalia, pollicaria et unguicularia. *Petioli* supra sul-

cati, striati, unguiculares. *Umbellae* terminales. *Involucrum* universale et partiale e parvis foliolis ovatis, brevissimis. Differt a B. *fruticoso* imprimis foliis petiolatis et minoribus.

2. B. (*difforme.*) frutes ens; foliis filiformibus, trifidis. *Prodr.* p. 5o. Bupleurum *difforme.* *Linn.* Syst. Veg. XIV. p. 274. *Willd* Spec. l. 2. p. 1378.

Crescit in montium lateribus in Krum-rivier et alibi. Floret Novembri et Decembri.

Caulis frutescens, erectus, ramosus, totus glaber, pedalis et ultra. *Rami* paniculati, divaricati, aphylli, ultimi capillares. *Folia* gemmis fasciculata, sulcata, apice trifida, glabra, erecto patentia, palmaria et ultra. *Umbellae* in ultimis ramulis terminales. *Involucrum* universale et partiale circiter 5-phyllum, glabrum, brevissimum: foliola subulata.

CLXV. HERMAS.

Polygama. ☿. *Umbella terminalis involucro universali et partiali. Umbellulae radiis truncatis; centrali florifero.* Pet. 5. Stam. 5 *sterilia. Sem bina suborbiculata.*
♂. *Umbellae laterales involucro universali partialique: umbellulae multiflorae.* Pet. 5. Stam. 5, *fertilia.*

1. H. (*ciliata,*) foliis ovatis, ciliatis, subtus tomentosis. *Prodr.* p. 5o. Scabiosa hirsuta, foliis nervosis, subrotundis; floribus proliferis. *Burman. African.* p. 199. T. 72. f. 3. Hermas *ciliata.* *Linn.* Syst Veg XIV. p.913. Suppl. p.436. *Nov. Act.* Petropol. T. 14. p. 531.

Crescit in summitate montis Hottentotts holland. - Floret Januario, Februario.

Caulis teres, striatus, erectus, glaber, aphyllus, pedalis et ultra. *Rami* pauci, alterni, cauli similes. *Folia* radicalia, aggregata, plurima, petiolata, obovata, supra glabra, subtus albo-tomentosa, patenti-expansa, sesquipollicaria. *Petioli* depressi, plani, lineares, pilosi, longitudine foliorum *Stipulae* in caule alternae, lineari-lanceolatae, erectae, unguiculares. *Flores* umbellati. *Umbellae* terminales, subrotundae. *Involucrum* universale, polyphyllum, glabrum: foliola circiter decem, ovata, acuta, umbellä breviora; partialia oblonga, apice purpurascentia. *Corolla* alba.

2. H. (*capitata.*) foliis erectis, inciso-crenatis, subtus tomentosis. Buplerum *capitatum.* *Prodr.* p. 5o Hermas *capitata.* *Linn.* Syst. Veg. XIV. p.913. Suppl. p. 435. *Nov. Act. Petropolit.* Tom. 14. p. 332. T XII.

Crescit in proclivis altioribus frontis Taffelberg. Floret Januario, Februario.

Folia radicalia, plurima, petiolata, cordato-ovata, obtusa, supra glabra, subtus albo-tomentosa, pollicaria. *Petioli* subteretes, tomentosi, bipollicares. *Caulis* erectus, teres, tomentosus, pedalis. *Rami* alterni. filiformes, pauci, erecti. *Stipulae* caulis subfiliformes. *Umbellae* terminales, subcapitatae. *Involucrum* universale polyphyllum: foliola ovato lanceolata, glabra, umbellà breviora. Partiale e paucis foliolis purpurascens: foliola elliptica. *Corolla* alba. *Antherae* purpurascentes.

3. H. (*villosa.*) foliis se sinibus, oblongis, dentatis, subtus tomentosis. *Perfoliata* foliis oblongis, sinuosis, subtus incanis. *B u r m a n. Afric. Decad.* p. 19 T. 71 f. 2. BU-PLEURUM *villosum.* *P r o d r.* p. 5o. *L i n n.* Spec. Plant. p. 3,3. HERMAS *depauperata.* *L i n n.* Syst. Veg. XIV. p. 9 3. per *G m e l i n.* 2. 1. p. 465. HERMAS *villosa. N o v. A c t. P e t r o - p o l i t* T. 14. p. 531.

Crescit in summis lateribus L e u w e k o p p, D u y v e l s b e r g et T a f - f e l b e r g copiose. Floret F e b r u a r i o.

Caulis teres, erectus, basi tomentosus; superne glaber, striatus, purpurascens. *Folia* alterna, amplexicaulia, acuta. supra viridia, subtus albo tomentosa, erecta, palmaria. *Umbellae* terminales. *Involucrum* universale polyphyllum, glabrum: foliola saltem duodecim, oblonga, acuta, umbellà breviora; partiale circiter triphyllum foliolis obovato oblongis.

4. H. (*quinquedentata.*) foliis ovatis, quinquedentatis, subtus tomento is. HERMAS *quinquedentata. L i n n.* Syst. Veg. XIV. p. 913. Suppl. p.436. *T h u n b.* Nov. Act. Petrop. Tom. 14. 533. Tab. XII. BUOLEURUM *quinquedentatum. P r o d r.* Flor. cap. p. 5o.

Crescit in proclivis frontis T a f f e l b e r g. Floret mense J a - n u a r i i.

Caulis filiformis, simplex, erectus, glaber, pedalis. *Folia* plura radicalia, vel in infima caulis parte approximato · alterna, raro ulla 'caulina ; petiolata, supra viridia, subtus albo-tomentosa, semipollicaria. *Petioli* semiunguiculares. *Umbellae* terminales, subrotundae. *Involucrum* universale et partiale e paucis foliolis ovato-lanceolatis, acutis, glabris. *Corolla* alba.

5. H. (*gigantea.*) foliis oblongis, serratis, utrinque tomentosis. HERMAS *gigantea. N o v. A c t. P e t r o p o l.* Tom. 14. p. 529. T. XI. *L i n n.* Syst. Veg. XIV. p. 913. Suppl. p. 435. BUPLEURUM *giganteum.* Prodr. p. 5o.

Africanis incolis; T a n d e l - b l o o m. Crescit in lateribus summis montium R o d e S a n d, prope W i n t e r h o e k; juxta M o s t e - r i s a o e k, in vicinia F r a n s c h e h o e k et alibi. Floret J a - n u a r i o.

Folia radicalia, petiolata, ovato oblonga, obtusa, serrulata, utrinque lanata, inaequalia, palmaria usque pedalia. *Petioli* lineares, lanati, palmares vel spithamaci. *Caulis* aphyllus, teres, erectus, striatus, purpurascens, pedalis et ultra, ramosus. *Rami* alterni et suboppositi, divaricati, cauli similes. *Umbellae* terminales. *Involucrum* universale polyphyllum, umbella brevius: foliola lanceolata, glabra. *Pedunculi* filiformes, glabri, purpu-

rascentes, pollicares. *Pedicelli* vix unguiculares. *Corollae* purpureae. Usus: e tomentosa lana detracta foliorum juniorum
alba Incolae et Hottentotti fomitem suum siccando conficiunt;
inde quoque, scilicet e tomento totius folii integerrimo detracto,
animi gratia, capitia, chirotecas, tibialia et cetera conficiunt
minuta, quae e viridibus folii nervis, tomento adhaerentibus,
latere altero pulchre reticulata et picta sunt.

CLXVI. HYDROCOTYLE.

*Umbella simplex. Involucrum 4-phyllum. Petala
integra. Sem. semiorbiculato-compressa.*

1. H. (*virgata*.) foliis teretibus, sulcatis. *Prodr.* p. 9.
Diss. de Hydrocotyle. Hydrocotyle *virgata. Linn.*
Syst. Veg. XIV. p. 272. per *Gmelin.* p. 468. Suppl. p. 176.
Willd. Spec. Pl. 1. 2. p. 1365.

*Crescit in sylvis Africae australis rarior. Floret Octobri,
Novembri.*
    Caulis suffruticescens, erectus, ramosus, totus glaber, pedalis
    et ultra. *Rami* dichotomi, cauli similes. *Folia* prope articulos
    duo, vel plura, subteretia, linearia, acuta, integra, erecta, in-
    ternodiis longiora, palmaria, superioribus sensim brevioribus.
    Umbellae axillares, sessiles, simplices, multiflorae. *Pedunculi*
    capillares.

2. H. (*linifolia*.) foliis lineari-lanceolatis, integris, hirsutis. *Prodr.* p. 49. *Diss. de Hydrocotyle.* Hydro-
octyle *linifolia. Linn.* Syst. Veg. XIV. p. 272. Suppl. p. 176.
Willd. Spec. Plant. I. 2. p. 1364.

    Caulis filiformis, flexuosus, decumbens, striatus, totus te-
    nuissime subtomentosus, ramosus. *Rami* pauci, alterni, cauli
    similes. *Folia* alterna, sessilia, vel in petiolos sensim atte-
    nuata, acuta, subfalcata, pollicaria. *Flores* verticillato umbel-
    lati. *Umbella* pauciflora.

3. H. (*triloba*.) foliis cuneatis, trilobis, glabris.

Crescit in interioribus regionibus. Masson.
    Caulis suffruticosus, glaber, erectus, subramosus. *Folia* pe-
    tiolata, obovata, lobis acutis, integerrima, subpollicaria. *Pe-
    tioli* alterni, approximati, amplexicaules, angulati, glabri, digi-
    tales. *Flores* axillares. *Semina* ovata, compressa, striata.

4. H. (*tridentata*.) foliis cuneatis, trifidis, villosis. *Prodr.*
p. 49. *Diss. de Hydrocotyle.* Hydrocotyle *tridentata.
Linn.* Syst. Veg. XIV. p. 272. Suppl. p. 176. *Willd.* Spec.
Pl. I. 2. p. 364.

    Radix filiformis, alte descendens. *Caulis* simplex, tomento-
    sus, erectus, pollicaris. *Folia* radicaliaet caulina sparsa, petiolata,
    apice trifida, integra, sensim. attenuata in petiolos, cum petio-
    lis pollicaria. *Umbellae* pilosae.

5. H. (*tomentosa*.) foliis obovatis, dentatis, tomentosis.
Prodr. p. 49. *Dissert. de Hydrocotyle.* Solandra

capensis. *Linn.* Gener. Plant. 1061 Spec. Pl. p. 1407. Hydrocotyle *Solandra.* *Linn.* Suppl. p. 176. Syst. Veg. XIV.
p. 272. per *Gmelin.* p. 468.

*Crescit in collibus montium prope Cap vulgaris, infra latas occi-
dentale Taffelberg copiose, inter Laup et Swartkops re-
vier et alibi. Floret mensibus Julii, Augusti usque in Decembris mensem.*

Radix subfiliformis, repens, ramosa, cauliculos pures edens,
perennis. *Caulis* supra terram saepe vix ullus, vel brevis, foliis tectus. *Folia* subradicalia, approximata, alterna, petiolata,
subrotunda, vel cuneiformi obovata, inciso septemdentata, sericeo tomentosa, erecta, subunguicularia. *Petioli* lineares, unguiculares, usque pollicares. *Flores* umbellati. *Pedunculi* ex
alis foliorum, unus duo vel tres, teretes, erecti, villosi, umbelliferi, longitudine foliorum. *Umbella* simplex, quinqueflora
vel saepius sexflora. *Flosculi* pedicellati, intermedio subsessili.
Pedicelli breves, villosi, vix lineam longi. *Involucrum* saepius
tetraphyllum, raro pentaphyllum, rarissime hexaphyllum: foliolis lanceolatis, concavis, intus glabris, extus tomentosis, erectis, longitudine pedicellorum. *Perianthium* proprium nullum.
Receptaculum flosculorum radii superum, dilatatum lateraliter,
planum, didymum, atro-purpureum vel virescens. *Petala* infra marginem receptaculi inserta, ovata, acuta, erecta, remota, alba, lineam dimidiam longa. *Filamenta* quinque infra marginem receptaculi inter petala insertà, filiformia, erecta, alba, longitudine petalorum. *Antherae* ovatae, striatae, incumbentes, fuscescentes.
Germen inferum. *Styli* duo, fissurae receptaculi et fructus inserti,
erecto-patentes, brevissimi, deidui. *Stigmata* simplicia, obtusiuscula. *Semina* duo, obcordata, compressa.

Obs. I. quod planta tota incano tomentosa sit, adeoque ab umbellatis
genere valde dissimilis. II. Cum omnes flores hermaphroditi, stylisqi
instructi sint, referatur ad Pentandriam Digyniam. III. Corolla univer
salis uniformis est, flosculi radii steriles, disci flos fertilis; propri
pentapetala vel hexapetala.

6. H. (*glabra.*) foliis obovatis, glabris. *Prodr.* p. 49
Dissert. de Hydrocotyle. Centella *glabrata.* *Linn*
Spec. Pl. p. 1393. Hydrocotyle *glabrata.* *Linn.* Syst. Veg
XIV. p. 272. per *Gmelin.* p. 463. *Willd.* Spec. Pl. I. 2.
p. 1363.

*Crescit in Hottentottis Holland arenosis; infra Taffelberg
latere orientali et prope Ronde bosch. Floret Majo, Junio*

Caulis filiformis, curvatus, decumbens, obsolete striatus, to
tus glaber, parum ramosus. *Rami* simplices et dichotomi
cauli similes, elongati. *Folia* in articulis opposita, petiolate
elliptica, acuta, integra, coriacea, inaequalia, subpollicarie
Petioli unguiculares. *Flores* umbellati, umbellâ axillari, sessil
simplici, multiflorâ,

7. H. (*villosa.*) foliis cordatis, integris, villosis. *Prodr*
p. 49. *Diss. de Hydrocotyle.* Centella *villosa.* *Linn*

Spec. Plant. p. 1393. *Mercurialis afra. Linn.* Mant. p.
298. HYDROCOTYLE *villosa. Linn.* Syst. Veg. XIV. per *Gmelin.* 2. 1. p. 463. *Willd* Spec. Plant. l. 2. p. 1362.

*Crescit in proclivis Taffelberg, infra frontem. Floret Au-
gusto.*

Caulis decumbens, filiformis, totus villosus. *Rami* trichotomi,
elongati, cauli similes. *Folia* in articulis duo vel plura, petiolata, cordato ovata, acuta, inaequalia, lineam longa, usque
pollicaria. *Petiolus* longitudine folii, vel paulo longior. *Flores* subverticillato-umbellati. *Umbella* axillaris, sessilis, simplex. *Variat* foliis magis cordatis et oblongis, minoribus et
majoribus.

8. H. (*asiatica.*) foliis reniformibus, denticulatis. *Prodr.*
p. 49. *Diss. de Hydrocotyle.* HYDROCOTYLE *asiatica.
Linn.* Spec. Plant. p. 338. Syst. Veg. XIV. p. 272. per
Gmelin. 2. 1. p. 467. *Willd.* Spec. Pl. 1. 2. p. 1362.

*Crescit in proclivis montis Tabularis; in sylvis Houtniquas,
in Groot Vaders bosch alibique. Floret Novembri et Decembri et sequentibus mensibus.*

Caulis filiformis, decumbens, striatus, tenuissime pilosus, parum ramosus. *Rami* dichotomi, simplices, cauli similes. *Folia* alterna, petiolata, nervosa, pilosa, inaequalia, unguicularia
usque pollicaria. *Flores* axillares, umbellati. *Umbella* simplex,
sessilis, pauciflora.

9. H. (*verticillata.*) foliis peltatis, ovalibus, crenatis, glabris; umbellis subverticillatis.

Caulis repens, articulatus, radicans. *Folia* ad articulos solitaria, erecta, glabra, suborbiculato-ovalia, lobato-crenata,
pollicaria. *Petiolus* pollicaris, usque bipollicaris. *Pedunculi*
erecti, pollicares. *Umbellae* duae, altera terminalis, altera in
medio pedunculi, pauciflorae. *Similis* H. *vulgari;* differt vero.
1. foliis majoribus, magis oblongis. 2. petiolis longioribus. 3.
umbellis verticillatis.

10. H. (*vulgaris.*) foliis peltatis; umbellis quinquefloris.
Prodr. p. 49. *Dissert. de Hydrocotyle.* HYDROCO-
TYLE *vulgaris. Linn.* Spec. Pl. p. 338. Syst. Veg. XIV. p.
271. per *Gmelin.* p. 1. p. 467. *Willd.* Spec. l. 2. p. 1360.

Crescit in Krum-rivier. Floret Novembri, Decembri.

Caulis repens, articulatus, radicans. *Folia* alterna, orbiculata, lobata, glabra, unguicularia. *Petioli* unguiculares. *Umbellae* pedunculatae, simplices, pauciflorae. *Pedunculi* flexi, semiunguiculares.

CLXVII. OENANTHE.

*Flosculi difformes; in disco sessiles, steriles. Fructus
calyce et pistillo coronatus.*

1. O. (*inebrians.*) foliorum inferiorum pinnis ovatis, su-

periorum linearibus; petiolis angulatis. *Prodr.* p. 49. Oenanthe *inebrians.* *Willd. Spec. Plant.* I. 2 p. 1,43.

Hottentottis: G *li.* C *r* e *s* c *i t in proclivis T* a *ffelberg infra fron-*
tem in montibus M o *s* t *e* r *t s h* o *e k et aliis. Floret O* c t *obri,*
N *o v* e *mbri et sequentibus mensibus. Semina maturantur Fe-*
bruario.
Caulis inanis, teres, striatus, totus glaber, erectus, simplex,
pedalis et ultra. *Folia* alterna, petiolata, difformia, bipinnata:
inferiorum pinnae inciso-dentatae; superiorum dentatae. *Pe-*
tioli angulis acutis pallidis, amplexicaules, vaginantes, pollicares usque palmares. *Flores* umbellati. *Umbellae* laterales et
terminales, pedunculatae. *Pedunculi* elongati, fastigiati. *Se-*
mina oblonga, calycis laciniis coronata, striata, stylis persistentibus ornata Usus: Radix siccata et in pulverem redacta cum
aqua et melle miscetur optime, ut infusum fermentare inci-
piat. Peracta per noctem fermentatione, instar cerevisiae bi-
bitur atque sine cephalalgia insequente inebriat.

2. O (*tenuifolia.*) foliis bipinnatis: pinnis linearibus,
summis indivisis. *Prodr.* p. 49. Oenanthe *tenuifolia. Willd.*
Spec. Pl. I. 2. p. 1443.

Caulis teres, striatus, erectus, simplex, bipedalis et ultra,
totus omnibus partibus glaber. *Folia* alterna petiolata: infima
bipinnata; pinnae lineares, incisae: superiora pinnata: suprema
indivisa *Petioli* vaginantes, angulati, in folia inconspicue
abeuntes. *Flores* umbellati. *Umbellae* in pedunculis alternis
subfastigiatis terminales. *Semina* oblonga, membranaceo angulata, calyce stylisque coronata.

3. O. (*ferulacea.*) foliis supradecompositis: pinnulis subulatis, sulcatis. *Prodr.* p. 50. Oenanthe *ferulacea. Willd.*
Spec. Pl. I. 2. p. 1443.

Crescit in proclivis altis M o *nt* i *s Tabularis. Floret J* a *nu* a *rio,*
F *eb* r *uario.*
Caulis erectus, teres, striatus, totus glaber, sesquipedalis.
Rami in supremo caule pauci. *Folia* basi vaginantia vagina lata
membranacea emarginata, supradecomposite pinnatifida, glabra: laciniae lanceolatae, acutae, supra unisulcatae, subtus bisulcatae. *Umbellae* terminales. *Involucra* universale et partialia ex foliis aliquot lanceolatis, acuminatis, glabris. *Semina*
oblonga, coronata calyce et stylis persistentibus, striata, glabra.

4. O (*interrupta.*) foliis interrupte bipinnatis: laciniis
inciso serratis. *Prodr.* p. 50. Oenanthe *interrupta. Willd.*
Spec. Pl. I. 2. p. 1443.

Crescit in S *wartland; prope* L *u* r *i s rivier et alibi. Floret*
O *ct* o *bri, N* o *vembri, Decembri.*
Caulis teres, striatus, basi villosus, erectus, pedalis. *Rami*
pauci, cauli similes. *Folia* radicalia, plura, basi lata amplexicauli; subsessilia, bipinnata, plana, glabra. Pinnae oppositae,
decurrentes in rhachi eroso-dentata, ut interrupte pinnata
videantur folia, inciso-pinnatifida laciniis denticulatis. *Stipulae*

articulos vaginantes, lanceolatae, integrae. *Umbellae* terminales. *Pedunculi* inaeqnales; radii longiores, striati. *Pedicelli* brevissimi. *Involucra* circiter quinquephylla: foliolis lanceolatis, setaceo acutis. *Corolla* alba. *Semina* ovata, coronata dentibus calycis et stylis persistentibus, glabra.

5. O. (*exaltata*.) caule striato. *Prodr.* p. 5o. Oenanthe *exaltata. Willd.* Spec. Pl. l. 2. p. 1443.

Caulis teres, glaber, purpurascens, flexuosus, erectus, tripedalis, ramosus. *Rami* pauci, similes. *Stipulae* in articulis lanceolatae. *Folia* nulla mihi obvenerunt in planta, quae dudum defloruerat. *Umbellae* terminales. *Involucra* lanceolata, glabra. *Semina* turbinata, striata, glabra, coronata calycis dentibus et stylis persistentibus.

CLXVIII. SANICULA.

Umbellae confertae subcapitatae. Fructus scaber. Flores disci abortientes.

1. S. (*canadensis.*) foliis radicalibus compositis: foliolis ovatis. *Prodr.* p. 49. Sanicula *canadensis. Linn.* Spec. Pl. p. 339. Syst. Veg. XIV. p. 272. *Willd.* Spec. I. 2. p. 1366.

Crescit in sylvis Houtniquas et in Grootvaders bosch. Floret Novembri, Decembri, Januario.

CLXIX. ASTRANTIA.

Involucra partialia, lanceolata, patentia, aequalia, longiora, colorata. Flores plurimi abortientes.

1. A. (*ciliaris.*) foliis lanceolatis, serrato-ciliatis. *Prodr.* p. 49. Astrantia *ciliaris. Linn.* Syst. Veg. XIV. p. 273. Suppl. p. 177. *Willd.* Sp. Plant. l. 2. p. 1369. Jasione *capensis. Bergius* Act. Nov. Upsal. Vol. 3. p. 187. T. 10.

Crescit in Lange Kloof, Krum-rivier, in Houtniquas, alibi. Floret Decembri et medià aestate.

Caulis striatus, glaber, erectus, ramosus, pedalis et ultra. *Rami* in parte caulis superiori pauci, alterni. *Folia* alterna, radicalia petiolata, caulina sessilia, oblonga seu lanceolata, ciliata, glabra, pollicaria, superiora sensim breviora.

CLXX. ARCTOPUS.

Polygama. ♂. *Umbella composita. Involucra 5-phylla. Cor. 5-petala. Stam. 5. Pist. 2 abortientia. Androg. Umbella simplex. Involucrum 4-partitum, spinosum, maximum, continens flosculos masculos in disco plurimos, femineos 4 in radio.*

♂. *Petala* 5. *Stam.* 5.
♀. *Petala* 5. *Styli* 2.   *Sem.* 1, 2·*locu-lare, inferum.*

1. A. (*echinatus.*) *Linn.* Spec. Pl. p. 1512. Syst. Veg. XIV. p. 920. per *Gmelin.* I. 2. p. 465.

Crescit in collibus extra urbem Cap vulgaris, infra latus orientale Taffelberg et Duyvelsberg, alibique locis aridis argillosis. Floret Majo, Junio.

Radix fil·formis, profunde descendens, longa, fusca, resinosa. *Caulis* nullus. *Folia* radicalia, petiolata, plurima, terrae adpressa et in stellae formam expansa, imbricata, interiora sensim minora, subcuneiformi-ovata, inciso trifida: *laciniae* inciso trifidae lacinulis iterum inciso trifidis, dentatisque: ciliata omni margine ciliis longis bruneis; supra viridia, glabra, rugosa, venosa, spinosa; subtus crasso nervosa, lacunosa, pallida, inermia; pollicaria usque bipollicaria. Spinae ad basin incisurarum omnium stelliformes, basi latae, tri· vel multi partitae, lateralibus minoribus, ovatae, purpurascentes; apice pungentes, flavescentes. *Petioli* lati, lineares, albi,· glabri, supra plani margine tenui; subtus convexi margine utrinque sulco duplici; radici verticillatim inserti, basi erecti, inde patentes, semidigitales. *Flores* radicales, umbellati, masculi steriles et feminei fertiles in distincta planta. ♂. *Umbella universalis* longa, inaequalis. *Pedunculi* unus vel duo, trigoni, glabri, albi, patentissimi, inaequales, extimi digitales, interiores unguiculares. ♂. *Umbella partialis* brevis, hemisphaerica, multiflora. *Pedicelli* erecti, albi, uniflori, lineam longi. *Involucrum universale* subpentaphyllum: foliola lanceolata, acuminata, erecta, tenuissima, alba, pedunculis multo breviora, unguicularia. *Partiale* monophyllum, ad basin fere 5 partitum, erectum, longitudine umbellulae: laciniae integrae, vel bifidae, vel saepe trifidae, lanceolatae, acuminatae, spinosae, glabrae, virides margine rubro, lacinulae laterales minores. *Perianthium* proprium 5 partitum, minimum, erectum, rufescens. *Corolla universalis* uniformis; *propria* pentapetala. *Petala* margine receptaculi inserta, cum calyce alternantia, lanceolata, incurva, acuta: apicibus inflexis, extus canaliculatis marginibus exstantibus; calyce duplo longiora, subundulata, alba. *Filamenta* quinque, receptaculi margini intra calycem inserta subulata, erecta, apice incurva, alba, corolla duplo longiora, lineam longa, fertilia polline. *Antherae* ovatae, dorso affixae, purpurascentes. *Germen* planum, dilatatum, subdidymum, superum, glabrum, purpurascens. *Styli* duo, subulati, sulco germinis inserti, erecti, brevissimi, purpurei, decidui, longitudine vix calycis. *Stigmata* simplicia, acuta. *Pericarpium* sterile, abortiens. ♀. *Umbella universalis* ut in mare pedunculis crassioribus, composita. *Partialis* saepissime quadriflora, raro quinqueflora floribus sessilibus. *Involucrum universale* ut in mare, sed latius et longitudine pedunculorum. *Partiale* monophyllum, erectum, glabrum, viride, marginibus purpureum, umbellulâ longius quadri·vel quinque-partitum pro numero flosculorum: *laciniae* ovatae, extus carinatae, intus concavae, acuminatae, apice pungenti·spi-

noso et flavescente; quinquefidae, laciniis utrinque binis subulatis minoribus. *Perianthium* proprium 5 phyllum, corollae
simile. *Corolla* pentapetala, cum calyce alternatim margini germinis inserta, aequalis. *Petala* ovata, minutissima, erecta,
acuta incarnata. *Filamenta* nulla, Antheraeque nullae. *Germen*
sertiforme, glabrum. *Styli* duo basi crassi, intus sulcati, extus convexi; apice divaricati, subulati; albi, lineam longi, corollâ multo longiores. *Stigmata* simplicia, obtusa, fuscescentia.
Usus: Radicis decoctum mundificans in gonorrhoeis curandis
quandoque in Colonia adhibetur.

Obs. 1. Folia exteriora majora sunt et longius petiolata; interiora sensim
minora centrum formant, ut quasi stellam folia terrae adpressa efficiant.
Margo omnis foliorum denticulatus et ciliatus est; etiam ipsae incisurae
tam majores, quam ultimae minores. 2. Umbellulae masculae longius pedunculatae sunt; femineae vero brevius, ut videantur esse sessiles. 3. Pe-
riauthium feminae vix a corolla diversum, nisi quod magis purpurascens.
4. Floribus femineis omnino nulla stamina, neque in disco, neque in radio. 5. Quo magis semina maturescunt, eo magis perianthium proprium
expanditur et patet, uti et ejus basees spinae, eoque magis semina ipsa
spinosa atque omnes partes rigidiores evadunt. 6. Folia et semina matura
taediosa valde sunt servis, et rusticis nudis pedibus incedentibus, quorum
cutem, crassissimam licet, penetrant rigidae spinae. 7. Dioica est planta
potius, quam polygama consideranda. Polygamia cum nihil in regno Ve-
getabili reverâ significet, et in Ordine Systematico inutilis, seducens, con-
fundens inveniatur, non inutiliter abrogari et evitari potest. Arctopus
vero, cum re ipsâ sit Umbellata planta, cum umbellatis ceteris, quarum
flores non raro abortiunt, in omnibus conveniens, referri debet ad *Pentandriam* et familiam *Umbellatarum*, licet flores masculo - feminei aber-
tiant et flores mere feminei viduae sint, a Maribus tamen separatis fecun-
datae et fertiles.

CLXXI. C A U C A L I S.

Cor. radiatae; disci masculae. *P e t a l a inflexo - emarginata. Fructus setis hispidus. Involucra integra.*

1. C. (*africana.*) umbellâ trifidâ; umbellulis quinis; foliis bipinnatifidis, hirsutis. *Prodr.* p. 49. Caucalis *africana.
Willd.* Spec. Plant. I. 2, 1386.

Crescit in Krum-rivier. Floret Octobri.

Caulis teres, striatus, erectus, inferne glaber, superne pubescens, pedalis et ultra, ramosus. *Rami* alterni, pauci, divaricati. *Folia* supradecomposita: laciniae lanceolatae, dentatae.
Umbellae terminales; universalis bi- et triradiata; partialis qua-
dri- et quinqueradiata. *Involucrum* universale nullum; partialia
4-phylla et 5-phylla. *Semina ovata*, setis nigris hispida.

CLXXII. L A S E R P I T I U M.

*Fructus oblongus: angulis membranaceis. Pet. inflexa,
emarginata, patentia.*

1. L. (*capense.*) foliolis ovatis, integris, mucronatis.

Prodr. p. 5o. Laserpitium *capense.* *Willd.* Spec. Plant.
I. 2. p. 14.4.

Caulis teres, laevis, fusco-ferrugineus, erectus, simplex, totus glaber, pedalis et ultra. *Folia* alterna, petiolata, bipinnata. Pinnulae petiolatae, ellipticae, marginatae, unguiculares. *Petiolas* angulatus, vaginatus, pollicaris. *Stipulae* alternae, vaginantes, oblongae, obtusae, margine membranaceae. *Flores* terminales, umbellatae. *Semina* obovata, striata.

CLXXIII. PEUCEDANUM.

Fructus ovatus, utrinque striatus, alá cinctus. Involucra brevissima.

1. P. (*capillaceum.*) foliis bipinnatis: foliolis capillaceis, sulcatis. *Prodr.* p. 5o. Peucedanum *capillaceum. Willd.* Spec. Pl. I. 2. p. 1406.

Crescit in montibus prope Zoete Melks valley. Floret Januario.

Caulis teres, inanis, striatus, erectus, totus glaber, pedalis. *Folia* radicalia, petiolata, trichotome supradecomposita: foliolá angulata, divaricata, reticulata. *Petiolas* striatus, spithamaeus. *Flores* umbellati. *Umbellae* terminales, multiradiatae. *Involucra* uhiversale et partialia hexaphylla, lanceolata. *Corollae* luteae, petalis ovatis. *Semina* ovata, compressa, marginato-alata, utrinque sulcata costis tribus elevatis.

2. P. (*tenuifolium.*) foliis bipinnatifidis: laciniis lanceolatis, oppositis alternisque, marginati-. *Prodr.* p. 5o. Peucedanum *tenuifolium. Willd.* Spec. Pl. I. 2. p. 1406.

Crescit prope urbem Cap et alibi.

Caulis teres, erectus, striatus, subramosus, totus glaber, bipedalis. *Rami* alterni, pauci, patentes, cauli similes. *Folia* alterna, basi latá membraná stipuliformi vaginantia: laciniae integrae, margine reflexo sensim breviores. *Umbellae* terminales, multiradiatae. *Involucra* universale et partialia hexaphylla vel ultra, lanceolata. *Semina* ovata, marginato-alata, costis quinque elevatis, utrinque laevia.

CLXXIV. CONIUM.

Involucella dimidiata, subtriphylla. Fructus subglobosus, 5-striatus, utrinque crenatus.

1. C. (*africanum.*) seminibus muricatis; petiolis pedunculisque laevibus. *Prodr.* p.5o. Conium *africanum. Linn.* Spec. Pl. p. 50. Syst. Veg. XIV. p. 2-8 per *Gmelin.* 2. 1. p. 4-5. *Willd* Spec. Pl. I. 2. p. 1396.

Crescit in arenosis campis Groene-Kloof. Floret Septembri, Octobri.

2. C. (*rigens.*) seminibus submuricatis; pedunculis sulca-

tis; foliolis canaliculatis. *Prodr.* p. 5o. Conium *rigens.*
Linn. Mant. p. 352. 512. Syst. Veg. XIV. p. 278. per *Gme-
lin.* 2. 1. p. 4-5. *Willd.* Spec. Pl. I. 2. p. 1395.
Crescit in arenosis locis hinc inde rarius.

3. C. (*rugosum.*) seminibus rugosis; pinnis triangularibus, inciso-dentatis. *Prodr.* p. 5o. Conium *rugosum.*
Willd Spec. Pl. I 2. p. 1395.
Crescit in Hantum montibus. Floret Decembri.
    Caulis teres, inferne purpureo-maculatus, superne ramosis-
simus, glaber, sesquipedalis. *Rami* alterni, divaricati, ultimi
filiformes. *Folia* aggregata, juxta exortum ramorum alternantia, petiolata pinnata, glabra: pinnae subtriangulares. *Petioli*
et saepe folia glauri, teretes, striati, supra sulcati, glabri.
Umbellae terminales. *Pedunculi* filiformes, glabri, inaequales,
pollicares. *Pedicelli* brevissimi. *Involucra* brevia, glabra: foliola ovato-lanceolata. *Semina* ovata, compressiuscula, costata,
glabra, stylis persistentibus coronata, didyma.

CLXXV. BUBON.

Fructus ovatus, striatus, villosus.

1. B. (*Galbanum.*) foliolis rhombeis, dentatis, striatis;
umbellis paucis. *Prodr.* p. 51. Bubon Galbanum. *Linn.*
Mant p. 335. System. Veg. XIV. p. 285. per *Gmelin.* 2. 1.
p. 484. *Willd.* Spec. Pl. I. 2. p. 1439.
*Crescit in collibus infra Taffelberg et alibi. Floret Februa-
rio, Martio.*
    Caulis orgyalis, erectus, glaber, teres, striatus, simplex.
Folia glabra, bipinnata. *Pinnae* pollicares. *Petioli* basi latá
vaginantes. *Umbellae* terminales, amplae, compositae.

CLXXVI. CHAEROPHYLLUM.

*Involucrum reflexum, concavum. Petala inflexe-
cordata. Fructus oblongus laevis.*

1. C. (*capense.*) caule laevi, aequali; seminibus sulcatis; foliolis trifidis, glabris. *Prodr.* p. 51. Chaerophyllum *capense.* *Willd.* Spec. Plant. 1. 2. p. 1455.
Crescit prope Luris rivier. Floret Decembri.
    Caulis totus glaber, obsolete striatus, erectus, pedalis et ul-
tra. *Rami* alterni, filiformes, ramulosi. *Folia* tripinnatifida,
glabra: pinnae laciniis lanceolatis, subtus rugosae. *Petiolus*
striatus. *Umbellae* compositae, terminales. *Involucrum* universale nullum. *Partialia* circiter pentaphylla, lanceolata, glabra.
Pedunculi et pedicell filiformes, laeves, glabri. *Styli* et stigmata persistentia, reflexa. *Semina* obovato oblonga, obtusa
cum acumine et mucronibus quinque a basibus corollae persistentibus, glabra, undique profunde sulcata.

CLXXVII. SESELI.

Umbellae globosae. *Involucrum foliolo uno alte-rove. Fructus ovatus striatus.*

1. S. (*filifolium.* foliis filiformibus; caule flexuoso erecto. *Prodr.* p. 51. Sesel. *filyolium. Willd.* Spec Pl. l. 2. p. 1458

Crescit in collibus extra urbem Cap, in proclivis frontis Taffelberg et alibi. Floret Januario, Febraario.

Caulis basi decumbens, dein flexuoso erectus, filiformis, striatus, totus glaber, palmaris usque-spithamaeus. *Rami* pauci, cauli similes. *Folia* alterna, simplicia, lineari-filiformia, striata, flexuoso erecta, bipoll caria et palmaria. *Umbellae* terminales, subglobosae. *Involucrum*, universale circiter triphyllum; partialia 4 phylla: foliola lanceolata, acuminata, erecta. *Semina* coronata perianthio quinquedentato et stylis persistentibus, striata, glabra.

2. S. (*striatum.*) petiolis rameis membranaceis, emarginatis; caule striato; pinnulis subulatis, sulcatis. *Prodr.* p. 51. S seli *striatum. Willd.* Spec. Pl. I. 2. p. 1460.

Caulis teres, purpurascens, erectus, pedalis et ultra. *Rami* alterni, pauci, divaricati, cauli similes. *Folia* alterna, basi vaginantia vaginâ lata membranaceâ emarginatâ, tripinnatifida: Laciniae lineari-subulatae, glabrae. *Umbellae* terminales, contractae. *Peduncali* inaequales, striati, glabri. *Pedicelli* brevissimi. *Involucrum* universale circiter 4-phyllum: foliola ovato-lanceolata, concava, glabra; partialia reflexa.

3. S. (*chaerophylloides.*) petiolis rameis membranaceis, ventricosis, integris; caule dichotome paniculato; foliis suprade ompositis, glabris. *Prodr.* p. 51. Seseli *chaerophylloides. Willd.* Spec. Pl. I. 2. p. 1461.

Caulis teres, striatus, erectus, glaber, superne dichotomus, supradecomposite ramosus, bipedalis et ultra. *Ramuli* fastigiati. *Folia* basi vaginantia: vagina latâ, inflatâ, membranaceâ, integra; trifido-supradecompositâ: pinnulae ovatae, incisae: laciniis linearibus, obtusis, integris; supra viridia, subtus elevato-lineata, pallida, subrugosa, utrinque glabra. *Umbellae* laterales et terminales. *Involucrum* universale et partiale circiter tetraphyllum, glabrum, brevissimum: foliola ovata, obtusa, glabra, didyma.

CLXXVIII. SMYRNIUM.

Fructus oblongus, striatus. *Petala* acuminata, carinata.

1. S. (*laterale.*) foliis caulinis ternatis, incisis, serratis; umbellis lateralibus sessilibus. *Prodr.* p. 51. Smyrnium *laterale. Willd.* Spec. Pl. l. 2. p. 1467.

Crescit in Hantum. Floret Decembri, Januario.
  Caulis teres, striatus, totus glaber, erectus, pedalis et ultra.
Rami alterni, cauli similes. *Folia* omnia petiolata, ternato-
pinnata: lobi inferiores petiolati, subtrifidi, omnes incisi, obtusi, glabri, mucronati. *Petioli* lineares, glabri, inferiores
palmares, superiores basi dilatati vaginantes membrana excisa
et scariosa sensim breviores superne. *Umbellae* involucris nullis. *Pedicelli* angulati, scabridi, universales unguiculares, partiales brevissimi.

CLXXIX. PIMPINELLA.

*Fructus ovato-oblongus. Petala infera. Stigmata
subglobosa.*

  1. P. (*capensis.*) foliis supradecompositis: laciniis acutis;
caule striato. *Prodr.* p. 51. Pimpinella *capensis. Willd.*
Spec. Pl. I. 2. p. 1473.
Crescit in proclivis frontis Taffelberg.
  Caulis teres, inanis, glaber, erectus, pedalis et ultra. *Rami*
alterni, pauci, similes. *Folia* omnia petiolata, glabra, laevia,
Pinnae inciso pinnatifidae. *Petioli* basi lati, membranacei, dein
striati, palmares. *Umbellae* terminales. *Involucra* circiter 5-
phylla, foliolis lanceolatis, glabris, brevissimis. *Semina* ovata,
obtusa, striata.

CLXXX. SIUM.

*Fructus subovatus, striatus. Involucrum polyphyl-
lum. Petala cordata.*

  1. S. (*filifolium.*) foliis filiformibus; involucris elongatis. *Prodr.* p. 50. Sium *filifolium. Willd.* Spec. Pl. I.
2. p. 1431.
Crescit in regionibus Verloren Valley. Floret Septembri.
  Folia radicalia plurima, caulina pauca, lineari-filiformia,
striata, glabra, flexuosa, longitudine fere caulis. *Caulis* teres,
striatus, glaber, flexuoso-erectus, bipedalis. *Rami* alterni, pauci,
similes. *Flores* terminales, umbellati. *Involucra* polyphylla.
Universale circiter octophyllum, foliolis lineari-lanceolatis, se-
taceo-acutis, laevibus, longitudine fere umbellae. Partialia
circiter hexaphylla, lanceolata, setaceo-acuminata, umbellulis
longiora, laevia, glabra.

  2. S (*angustifolium.*) foliis pinnatis; umbellis axillari-
bus, pedunculatis. *Prodr.* p. 50. Sium *angustifolium.
Linn.* Spec. Pl. p. 1672. Syst. Veg. XIV. p. 284. *Willd.*
Spec. Pl. I. 2. p. 1431.
  *Crescit prope Kabeljaus-rivier. Floret Novembri, De-
cembri.*

  3. S. (*grandiflorum.*) foliolis subrotundis, inciso-denta-

tis. *Prodr.* p. 5o. Sium *grandiflorum.* *Willd.* Spec. Pl. I. 2. p. 1454.

Folia radicalia trichotome bipinnata: pinnulae inferne atte nuatae, inciso sublobatae, dentatae, venosae, glabrae. *Petioli* universalis et partiales striati, laéves. *Caulis* inanis, digitum crassus, striatus, glaber, erectus, bipedalis, ramosus. *Rami* pauci. *Umbellae* terminales. *Involucrum* universale et partialia circiter hexaphylla, glabra, laevia: *foliola* ovata, acuminata, margine membranacea, breviora, lineam longa. *Semina* obovata, glabra, striata.

4. S. (*paniculatum.*) foliis bipinnatis: foliolis linearibus, inciso-pinnatifidis. *Prodr.* p. 5i. Sium *paniculatum.* *Willd.* Spec. Pl. I. 2. p. 1434.

Caulis teres, obsolete striatus, glaber, superne paniculato-ramosus, bipedalis. *Rami* a medio ad apicem alterni, divaricato-patentes, apice erecti, filiformes. *Folia* radicalia plura, aggregata, alternatim vaginantia, petiolata, glabra, *pinnae* et *pinnulae* lineari lanceolatae, acutae, sulcatae; caulina inferiora similia; superiora simplicia, sub ramis solitaria. *Umbellae* terminales. *Involucra* glabra, brevia: *foliola* circiter quinque vel sex, lanceolata.

5. S. (*patulum.*) foliis bipinnatis: trifidis; ramis diffusis. *Prodr.* p. 5i. Sium *patulum.* *Willd.* Spec. I. 2. p. 1434.

Crescit in littore Houtbay. *Floret Aprili.*
Caulis teres, striato-angulatus, glaber, ramosus. *Rami* similes, horizontales, ramulosi. *Ramuli* filiformes, patentes. *Folia* in articulis aggregata, foliola linearia, subtrifida, glabra. *Umbellae* terminales. *Involucra* circiter hexaphylla, glabra, laevia, brevia: foliola lanceolata, margine scariosa.

6. S. (*asperum.*) foliis tripinnatis; pedunculis pedicellisque scabris; ramis glabris. *Prodr.* p. 5i. Sium *asperum.* *Willd.* Spec. Pl. 1. 2. p. 1435.

Caulis teres, striatus, erectus, glaber, pedalis. *Rami* alterni, pauci, similes. *Folia* supradecomposite pinnata, petiolis vaginantibus glabra. Pinnulae lanceolatae. *Umbellae* terminales. *Involucra* circiter hexaphylla, laevia, glabra; *foliola* lanceolata, margine scariosa, subreflexa, unguicularia. *Petioli* et pedicelli supra sulcati, scabri.

7. S. (*hispidum.*) foliis tripinnatis; petiolis pedunculisque scabris; ramis hispidis. *Prodr.* p. 5i. Sium *hispidum.* *Willd.* Sp. Pl. 1. 2. p. 1435.

Crescit prope urbem Cap.
Radix fusiformis, alte descendens. *Caulis* subdecumbens, brevissimus ramosus. *Rami* patuli, subdiffusi, vix palmares. *Foliorum* Pinnulae lanceolatae, hispidae. *Petioli* semiteretes, supra sulcati, hispidi, basi vaginantes vaginâ scariosa. *Umbellae* laterales, pedunculatae. *Pedunculi* et *pedicelli* sulcati, aculeato-hispidi. *Involucra* lanceolata, acuminato setacea, aspera.

8. S. *(villosnm.)* foliis tripinnatifidis: laciniis ovatis, inciso serratis, villosis. *Prodr.* p. 51. Sium *villosum.*
Willd. Spec. Pl. I. 2. p. 1435.

Caulis erectus, ramosus, bipedalis. *Rami* superne alterni,
filiformes, obsolete striati, divaricati, erectiusculi, subfastigiati.
Folia ternato - tripinnatifida: laciniae ciliato - villosae. *Petioli*
sulcati, striati, ciliato - pilosi. *Umbellae* terminales. *Pedunculi*
inaequales, filiformes,. obsolete striati, glabri, digitales. *Pedicelli* capillares, glabri, lineam longi. *Involucra* circiter hexaphylla, glabra, brevia: foliola ovata, acuta, margine scariosa, pedicellis paulo breviora.

CLXXXI. ANETHUM.

*Fructus subovatus, compressus, striatus. Petala in-
volnta, integra.*

1. A. *(graveolens)* seminibus compressis. *Prodr.* p.
51. ANETHUM *graveolens.* *Willd.* Spec. Pl. I. 2 p. 1 69.

2. A. *(capense)* foliis tripinnatis: pinnulis filiformibus,
setaceo - acuminatis, fastigiatis. ANETHUM *foeniculum.* *Prodr.*
p. 51.

Incolis *Fenkel-wortel. Crescit in regionibus siccioribus, ab
urbe Kap remotioribus.*

Radix carnosa, oblonga, odorata; odore foeniculi, aromatica.
Folia radicalia, petiolata, circiter tria, erecta, glabra, spithamaea. *Pinnae* oppositae, petiolatae. *Pinnulae* incisae laciniis
filiformi - setaceis, fasciculatis, glomeratis, brevissimis, apice
setaceo acuminatis. *Flores* non contigit videre, sed tantummodo
herbam, quae quidem, respectu foliorum, ab Europaeis speciebus valde diversa. Usus: Radix Incolis, bene nota, esculenta
habetur.

TRIGYNIA.

CLXXXII. RHUS.

Cal. 5-partitus. Pet. 5. Bacca 1 *sperma.*

1. R. *(rosmarinifolium.)* foliis ternatis, tomentosis: foliolis sessilibus, linearibus. RHUS *rosmarinifolius.* *Willd.*
Sp Pl I. 2. p. 1484

Crescit vulgare in Capite bonae-spei.

Caulis fruticosus, erectus, quadripedalis et ultra. *Rami* et
ramuli alterni, virgati, pubescentes. *Folia* petiolata: Foliola
lineari elliptica, acuta, supra glabra, subtus albo tomentosa,
unguicularia. *Flores* paniculati, *panicula* patula, compositа.
Pedunculi et *pedicelli* capillares.

2. R. (*erosum.*) foliis ternatis, glabris: foliolis lanceolatis, eroso dentatis; paniculis axillaribus.

Caulis fruticosus, totus glaber, erectus ramosus. *Folia* alterna, petiolata, glaberrima, quasi viscida lucida. *Foliola* elliptico-linearia, acuta, eroso vel sinuato-dentata, aequalia, bipollicaria.

3. R. (*lanceum.*) foliis ternatis: foliolis lineari-lanceolatis, integris, glabris. *Prodr.* p. 52. Rhus *lanceum. Linn,* Syst. Veg. XV. p. 294. Suppl. p. 184.

Crescit in Grootvadersbosch, in Hantum, Roggeveldt, in Karro inter Roggeveld et Bockeveld. Floret Octobri.
Frutex glaber totus, erectus, cinereus, orgyalis. *Rami* et *ramuli* alterni, divaricati. *Folia* petiolata: Foliola subelliptica, mucronata, utrinque glabra, subtus vix pallidiora, parallelonervosa, digitalia. *Petioli* sulcati, pollicares. *Flores* paniculati paniculis lateralibus. *Pedunculi* et pedicelli capillares. *Baccae* lentiformes, glabrae.

4. R. (*viminale.*) foliis ternatis, glabris: foliolis ellipticolanceolatis, integris, glabris. Rhus *viminale. Willd.* Spec. Pl. I. 2. p. 1484.

Frutex teres, cinereus, erectus, ramosus. *Rami* alterni, similes, tenuissime pubescentes, in culto glabri. *Folia* petiolata, Foliola utrinque attenuata, inferne in petiolum, superne in acumen, medio lata, margine revoluto, supra viridia, subtus pallidiora, inaequalia, pollicaria usque digitalia. *Paniculae* florum axillares. *Differt* a R. *lanceo,* cui simillimum, foliis multo latioribus et magis ovatis.

5. R (*angustifolium*) foliis ternatis, subtus tomentosis: foliolis elliptico-lanceolatis, integris. *Prodr.* p. 52. Rhus *angustifolium. Linn.* Spec. Pl. 382. Syst. Veg. XIV. p. 293. *Willd.* Spec. Pl. I. 2. p. 1484.

Crescit in collibus juxta urbem Kap, et infra Taffelberg orientalem plagam versus alibique. Floret Junio et sequentibus mensibus.
Frutex fuscus, glaber, erectus, ramosus, suborgyalis. *Rami* alterni, similes. *Ramuli* filiformes, incurvato erecti; sensim capillares. *Folia* petiolata: *Foliola* lineari lanceolata seu potius elliptico-lanceolata, supra sulcata, viridia, glabra; subtus tomentosa, carinata; margine reflexo, pollicaria. *Petioli* breves unguiculares. *Flores* in ultimis ramulis subpaniculati. *Pedunculi* capillares, brevissimi. *Corolla* alba. Variat: α. foliis tenuissimis, magis linearibus. β. foliis lanceolatis, parallelo-nervosis, margine revolutis. γ. foliis lanceolatis margine vix revolutis.

6. R. (*ellipticum.*) foliis ternatis, subtus tomentosis: foliolis ovato-ellipticis, integris.

Frutex glaber, erectus, ramosus. *Rami* teretes, alterni, divaricati, flexuoso-erecti, glabri. *Folia* petiolata: *Foliola* breviter petiolata, acuta, parallelo-nervosa, supra viridia, subtus incano-tomentosa, sesquipollicaria. *Petioli* filiformes, reflexi vel patentissimi, longitudine foliorum. *Petioli* semiunguiculares. *Florum* paniculae axillares.

Obs. Folia subtus tenuissime incano seu luteo tomentosa.

7. R. (*laevigatum*) foliis ternatis, glabris, ovatis, acuminatis, integris. *Prodr.* p. 52. Rhus *laevigatum. Linn.* Spec. Plant. p. 1672. Syst. Veg. XIV. p. 293. *Willd.* Spec. Pl. 1. 2. p. 1485.

Crescit in Grootvadersbosch et aliis sylvis. Floret Januario.
Frutex orgyalis, erectus totus glaber. *Rami* alterni, purpurei, ramulis similibus *Folia* petiolata, tota glabra, foliola subsessilia, subundulata, nervosa, subtus pallidiora, bipollicaria; superiora minora et magis lanceolata. *Paniculae* florum laterales et terminales decompositae floribus minutissimis. *Petioli* alterni, filiformes, erecti, longitudine foliorum. *Pedunculi* et *pedicelli* capillares, in panicula amplissima.

8. R. (*pubescens.*) foliis ternatis: foliolis obovatis, mucronatis, glabris; ramis villosis. *Prodr.* p. 52. Rhus *pubescens. Willd* Spec Pl. 1. 2. p. 1484.

Crescit hinc inde in sylvis. Floret Decembri.
Frutex suborgyalis, erectus, cinereus, calloso tuberculatus, subvillosus. *Rami* et *ramuli* filiformes, pubescentes, divaricati. *Folia* petiolata, foliola basi attenuata, obtusa, nervosa, integra, supra viridia, subtus pallida, unguicularia, intermedio majori. *Petiolus* lineam longus.

9. R. (*excisum.*) foliis ternatis: foliolis obovatis, subexcisis, glabris; ramis divaricatis.

Frutex fuscus, erectiusculus, totus glaber, ramosus. *Rami* alterni, rigidi, fusci, toti glabri. *Folia* petiolata: Foliola obovato-oblonga, rarius acuta saepius excisa, integra, utrinque glabra, nervosa, unguicularia.

10. R. (*lucidum.*) foliis ternatis: foliolis obovatis, retusis, glabris. *Prodr.* p. 52. Rhus *lucidum. Linn.* Spec. Pl. 382. Syst. Veg. XIV. p. 293. *Willd.* Spec. Pl. 1. 2. p. 1485.

Crescit prope urbem Kap, et alibi vulgare.
Frutex suborgyalis, erectus, glaber, cinereus, ramulosus. *Rami* et ramuli alterni, divaricati, subtomentosi. *Folia* petiolata: Foliola basi attenuata, obovato-cuneiformia, obtusa, excisa, integra, unguicularia, intermedio majori. *Petioli* unguiculares, villosi. *Flores* paniculati, paniculis axillaribus et terminalibus.

11. R. (*mucronatum.*) foliis ternatis, glabris, foliolis cuneiformibus, mucronatis.

Caulis fruticosus, incanus, glaber, calloso-muricatus, flexuoso-erectus, ramosus. *Rami* alterni, similes cauli, ramulis filiformibus.

Folia sparsa, petiolata. *Foliola* sessilia, obovato-cuneiformia, obtusa cum acumine, margine integro revoluta, utrinque glabra, inaequalia, medio majori, unguicularia vel ultra. *Petioli* brevissimi. *Paniculae* florum axillares. Differt a R. *lucido* foliolis acutiusculis, nec excisis.

12. R. (*villosum*.) foliis ternatis: foliolis ovatis, integris, villo is. *Prodr.* p. 52. Rhus *villosum. Linn.* Syst. Veg. XIV p. 293 Suppl. p. 183. *Willd.* Spec. Pl. I. 2 p. 1483.

Crescit prope K ap *et in sylvis* G r o o t v a d e r s b o s c h, *alibique. Floret* A u g u s t o *in apricis; in sylvis* D e c e m b r i, J a n u a r i o. *Caulis* arborescens, inferne glaber, erectus, orgyalis. *Rami* alterni, pubescentes. *Ramuli* subtomentosi. *Folia* petiolata, foliola obtusa, nervosa, utrinque villosa, villo cinereo, subpollicaria. *Petioli* villosi, pollicares. *Paniculae* laterales, compositae. *Pedunculi* et*pedicelli* villosi, villo rigido. Differt a R. *laevigato* et *lucido:* foliolis pubescentibus.

13. R. (*spicatum*.) foliis ternatis: foliolis obovatis, apice dentatis; glabris; floribus spicatis.

Frutex cinereus, rugosus, glaber, ramosus. *Rami* similes, subsecundi. flexuoso-erecti, ramulosi. *Folia* alterna, petiolata, glabra. *Foliola* sessilia, acuta, a medio ad' apicem serrata, margine revoluta, subtus pallidiora, subaequalia, semipollicaria. *Petiolus* filiformis, pubescens, longitudine folii. *Flores* parvi. *Pedunculi* spicarum filiformes, pubescentes. *Spicae* subracemosae, simplices et compositae. Distinguitur facile foliis dentatosubserratis et spicis florum cylindricis.

14. R. (*cirrhiflorum*.) foliis ternatis: foliolis ovatis, mucronatis, integris, glabris; caule scandente. *Prodr.* p. 52. Rhus *cirrhiflorum. Linn.* Syst. Veget. XIV. p. 294. Suppl. p. 184. *Willd.* Spec. Pl. I. 2. p. 148.

Crescit in sylvis fere omnibus, imprimis in H o u t n i q u a s. *Floret* J a n u a r i o, F e b r u a r i o. *Frutex* teres, rugosus, purpureus, glaber, scandens, ramosus. *Rami* flexuosi, scandentes. *Folia* petiolata. Foliola obovata, venosa, pollicaria vel ultra. *Cirrhi* in axillis foliolorum, spirales, filiformes. *Petioli* pubescentes, pollicares. *Paniculae* florum laterales, tomentosae. *Variat* foliis acutis, mucronatis, excisis, villosis.

15. R. (*glaucum*.) foliis ternatis, glaucis: foliolis obcordatis.

Frutex cinereus, glaber, erectus, rigidus, ramulosus. *Rami* ramulique similes, alterni, flexuosi, patentes. *Folia* alterna, petiolata, glabra. *Foliola* sessilia, integra, margine revoluta, supra glauca, subtus viridia, glabra, unguicularia. *Paniculae* terminales, exiguae. Differt a R. *lucido* foliolis glaucis, obcordatis, minoribus.

16. R. (*dentatum*.) foliis ternatis: foliolis obovatis, mu-

cronato-dentatis, glabris; caule scabro. *P r o d r.* p. 52.
Rhus *dentatum. Willd.* Spec. Pl. I. 2. *p.* 1482.

Crescit in Sylvis.
    Caulis fruticosus, cinereus, tuberculato-scaber, erectus, glaber. *Rami* alterni, subsecundi, cauli similes. *Folia* petiolata.
Foliola subpetiolata, dentata, dentibus magnis mucronatis, unguicularia, intermedio majori. *Petiolus* sulcatus, unguicularis.
Paniculae axillares.

17. R. (*crenatum.*) foliis ternatis: foliolis cuneiformibus,
apice crenato-trifidis, subtus rufis.

    Frutex cinereus, erectus, villosus, ramosus, bipedalis et
ultra. *Rami* et ramuli alterni, teretes, villosi. *Folia* alterna,
petiolata, glabra. *Foliola* sessilia, cuneato-obovata, raro apice
4-vel 5-fida, rarius 7-dentata, obtusata, ceterum integra margine reflexo, glabra, supra laevia, subtus obscuriora vel ferruginea, unguicularia. *Petiolus* foliolo brevior. *Flores* terminales, racemosi vel subpaniculati.

    Obs. Summi rami interdum ferrugineo-pubescentes.

18. R. (*dimidiatum.*) foliis ternatis, obovatis: lateralibus
dimidiatis, dentatis; ramis flexuosis.

    Frutex cinereus, scabridus, flexuoso-erectus, ramulosus.
Rami similes, alterni, flexuoso-adscendentes, ultimi filiformes.
Folia alterna, sessilia, supra glabra, subtus villosa. *Foliola* dissimilia; intermedium obovatum, excisum vel trifido dentatum
apice; lateralia interiori margine recta, integra; exteriori gibba,
sinuato-dentata. Omnia margine revoluta, unguicularia. *Flores* subsessiles vel brevissime pedunculati, solitarii vel bini.
Bacca 1, 2-vel 3 cocca Differt a R. *tridentato*, cui simile, foliis sessilibus et cirrhis nullis.

19. R. (*tridentatum.*) foliis ternatis: foliolis obovatis,
tridentatis, glabris; caule cirrhifero, scandente. *P r o d r.* p.
52. Rhus *tridentatum. Linn.* Syst, Veg. XIV. p. 294. Suppl.
p. 184. *Willd.* Spec. Pl. I. 2. p 1481.

Crescit in sylvis variis.
    Caulis frutescens, teres, cinereus, pubescens, flexuosus. *Rami* alterni, filiformes, cinereo-pubescentes, flexuosi. *Cirrhi*
axillares, spirales. *Folia* brevissime petiolata: foliola ovata;
lateralia extus bidentata, interdum tridentata, unguicularia. *Flores* axillares, subpaniculati, tomentosi.

20. R. (*micranthum.*) foliis ternatis, glabris: foliolis apice
dentatis; panicula supradecomposita.

    Frutex cinereo-fuscus, glaber, erectus, ramosus. *Folia* alterna, petiolata, foliola sessilia, subaequalia, ovata, acuta, rarius integra, saepius apice 3-vel 5 dentata, utrinque glabra,
subtus pallidiora, unguicularia. *Paniculae* florum axillares.

21. R. (*tomentosum.*) foliis ternatis: foliolis ovatis, dentatis, subtus tomentosis. *P r o d r.* p. 52. Rhus *tomentosum.*

Linn. Spec. Pl. p. 382. Syst. Veg. XIV. p. 293. *Willd.*
Spec. Pl 1 2. p. 1483.

Crescit in collibus prope fossas inter Taffelberg et Leuwe-
kopp, in fossis infra latus occidentale Taffelberg coriose,
alibique in campis montosis vulgare. Floret Julio et sequenti-
bus mensibus.
    Caulis arborescens, erectus, inferne purpurascens et glaber.
Rami alterni, tomentosi, ramulis similibus. *Folia* petiolata, foliola acuta, integra et dentata, basi magis integra, supra tenuissime villosa, subtus albo-tomentosa et pallidiora, inaequalia, unguicularia usque pollicaria, intermedio majore. *Petio-*
lus unguicularis, tomentosus. *Paniculae* in ramulis terminales,
compositae, tomentosae.

22. R. (*cuneifolium.*) foliis ternatis: foliolis cuneiformibus, septemdentatis, glabris. *Proar.* p 52. Rhus *cuneifo-*
lium. *Linn.* Syst. Veg. XIV. p.294. Suppl. p. 183. *Willd.*
Spec. Pl. 1. 2. p. 1482.
    Crescit prope Hottentots Holland. Florentem non inveni.
    Caulis frutescens, erectus, ramosus. *Rami* teretes purpu-
rascentes, pubescentes *Folia* brevissime petiolata. *Foliola* cuneiformi obovata, dentibus acutis, nervosa, unguicularia, intermedio majori.

23. R. (*sinuatum.*) foliis ternatis: foliolis ovatis, obtusis, sinuatis, subtus viliosis. *Prodr.* p. 52. Rhus *sinuatum.*
Willd. Spec. Pl. 1. 2. p. 1482. Myrica *trifoliata?* *Linn.*
Syst. Veg. XIV p. 884.
    Caulis fruticosus ramis villosis. *Folia* petiolata, foliola obo-
vata, obtusissima, apice sinuato-dentata dentibus obtusis, supra viridia, subtus pallida et villosa, unguicularia intermedio
duplo longiore. *Petiolus* filiformis, villosus, unguicularis. *Pa-*
nicalae terminales et subaxillares. *Pedanculi* et pedicelli villosi,
villo cinereo rigido. *Bacca* lentiformis, glabra.

24. R (*incisum.*) foliis ternatis: foliolis inciso pinnatifidis, subtus tomentosis. *Prodr.* p.52. Rhus *incisum.* *Linn.*
Syst Veg. XIV. p. 294. Suppl p. 183. *Willd.* Spec. Pl. I.
2. p. 1483.
    Crescit in collibus prope Paardeberg in arenosis Saldanha et
St Helenae bay, alibique. Floret Julio.
    Frutex rigidus, erectus, pedalis vel ultra. *Rami* rigidi, sca-
bri, fusco purpurascentes. *Ramuli* horizontales, brevissimi.
Folia petiolata, foliola obovata, obtusa, subexcisa, nervosa;
supra viridia, tenuissime pubescentia; subtus albo tomentosa;
unguicularia, intermedio majori. *Paniculae* in ramulis terminales, tomentosae.

25 R. (*dissectum.*) foliis ternatis: foliolis argute incisis,
pinnatifidis, subtus argenteis.
    Caulis fruticosus, fuscus, glaber, ramosus. *Rami* et ramuli
alterni, filiformes, erecto-patentes. *Folia* petiolata, supra vi-

ridia, subtus niveo-tomentosa: Foliola dissecta, seu argute incisa, dentibus 2, 3 usque 7 acutis, divaricatis.   *Petioli* capillares, unguiculares. *Flores* non vidi.

26. R. (*digitatum*.) foliis quinatis; caule scandente cirrhifero. *Prodr.* p.52. Rhus *digitatum*. *Linn*. Syst. Veg.
XIV. p. 293. Suppl p. 184. *Willd*. Spec. Pl. I. 2. p. 1481.
Crescit in Sylvis. Florentem non inveni.
   Caulis teres, glaber, purpurascens. *Cirrhi* axillares, spirales. *Folia* petiolata: Foliola oblonga, obtusa, integra, glabra,
inaequalia, inferiora unguicularia, intermedia sensim longiora,
usque digitalia. *Petiolus* pollicaris.

27. R. (*obliquum*.) foliis pinnatis, glabris: foliolis ovatis,
dimidiatis, integris.
   Caulis fruticosus, cinereus, teres, rugosus. *Folia* petiolata,
multijuga, utrinque glabra   *Foliola* alterna, sessilia vel brevissime petiolata, obtusa, saepe excisa, raro cum acumine,
nervo medio versus marginem inferiorem sito. *Flores* non
vidi, neque fructum. Simile R. *pauciflorò*, sed valde distinctum
foliolis integerrimis.

28 R. (*pauciflorum*.) foliis pinnatis, foliolis alternis, decurrentibus, serratis. *Prodr.* p. 52. Rhus *pauciflorum.*
Linn. Syst. Veg XIV. p. 293. Suppl. p. 183. *Willd.*
Spec. Pl. I. 2. p. 1480.
   Caulis fruticosus, erectus, pubescens. *Folii* pinnae subsessiles, ovatae, basi integrae, deinde inciso-serratae serraturis
mucronatis, subdecurrentes rhachi. alatâ, tenuissime villosa,
pollicaria et ultra. *Petiolus* villosus. *Florentem* non reperi
hunc fruticem.

29. R. (*alatum*.) foliis pinnatis: foliolis ovatis, apice
serratis, petioli internodiis alatis. *Prodr.* p. 52. Rhus *alatum. Willd.* Spec. Pl. I. 2. p. 1480.
*Crescit in Essebosch et Houtniquas sylvis. Floret Decem-
   bri, Januario.*
   Caulis arborescens, fusco-cinereus, ramosus. *Rami* sparsi,
teretes, inferne glabri, superne tomentosi, erecto patentes.
Folia petiolata; pinnae alternae, sessiles, obtusae, supra medium dentatae dentibus obtusis, margine reflexae, supra virides, subtus pallidae, utrinque glabrae. *Petiolus* inter nodos
alatus totus, tomentosus. *Flores* axillares, breviter pedunculati. *Pedunculi* solitarii et divisi, tomentosi; foliis multoties
breviores.

CLXXXIII. CASSINE.

Cal. 3-partitus. *Pet.* 5. *Bacca trisperma.*

   1. C. (*Maurocenia*.) foliis sessilibus, ovatis, integris.
Prodr. p. 52. Cassine *Maurocenia: Linn.* Spec. Pl. p.
335 Syst. Veg. XIV. p. 295. *Willd.* Spec. Pl. I. 2. p. 1493.

Crescit in Hout-bay et Nordhoek, in montibus ad littus maris.
Caulis fruticosus, erectus, glaber, ramosus. *Rami* rigidi,
purpurascentes. *Folia* subopposita, obovata, obtusiuscula, coriacea, glabra, pollicaria et ultra. *Flores* axillares, subsessiles, subsolitarii.

2. C. (*barbara.*) foliis subsessilibus, ovatis, excisis, serratis; ramulis tetragonis. Cassine *barbara. Willd.* Spec.
Pl. I. 2. p. 1493.

Frutex erectus, rigidus, cinereus, glaber, bipedalis et ultra.
Rami teretes, cinerei, glabri, rigidi, sparsi, erecti. *Ramuli*
ultimi tetragoni, ceterum ramis similes. *Folia* brevissime petiolata, orbiculato-ovata, obtusissima, crenata, utrinque glabra, patentia et reflexa, inaequalia, pollicaria. *Paniculae* florum axillares, foliis plus duplo breviores.

Obs. Quaedam folia majora et magis ovata, quaedam minora et subrotunda,

3. C. (*capensis.*) foliis petiolatis, ovatis, excisis, denta-
tis; ramulis tetragonis. *Prodr.* p. 52. Cassine *capensis.*
Linn. Mant. p. 220. Syst. Veg. XIV. p. 295. Suppl. p. 184.
Willd. Spec. Pl. I. 2. p. 1492.

Crescit prope Kap urbem, et alibi in sylvis. Floret Octobri,
Novembri.
Caulis fruticosus, totus glaber, cinereus, erectus, ramosus.
Rami alterni, sparsi et aggregati, similes cauli, rigidi. *Ramuli*
angulati, divaricati, ultimi tetragoni. *Folia* opposita, ovata et
ovato-oblonga, obtusissima, crenato-serrata denticulis exstantibus, margine reflexa, nervosa, utrinque glabra, erecta, unguicularia usque pollicaria vel ultra. *Petioli* unguiculares.
Paniculae florum axillares inter folia, decompositae, pedunculatae, foliis plus duplo breviores.

4. C. (*aethiopica.*) foliis petiolatis, oblongis, excisis, crenatis; paniculis axillaribus.

Frutex erectus, cinereus, totus glaber, ramosissimus. *Ra-*
mi et ramuli cauli similes, sparsi, rigidi, erecti. *Folia* ovato-
oblonga, obtusa, nervosa, utrinque glabra, tenuissime crenata
crenis puncto nigro, frequentia, erecta, unguicularia. *Petioli*
lineam longi, folio multoties breviores. *Paniculae* florum folio
duplo breviores. Differt a *capensi*, quod folia sint longiora,
licet minora et crenae tenues, nigro punctatae, nec exstantes.

5. C. (*Colpoon.*) foliis petiolatis, ovatis, subserratis, basi
integris. *Prodr.* p. 52. Euonymus *Colpoon. Linn.* Mant.
p. 200. exclusis Synonymis. *Crataegus* foliis subrotundis sinuosis, flore ac fructu racemoso. *Burman.* Decad. Afric.
p. 240. Tab. 86. Cassine *Colpoon. Willd.* Spec. Pl. I.
2. p. 1493.

Africanis Incolis: Lepel-hout. Crescit in montium procli-
vis, juxta loca maritima in Hout-bay, alibique. Floret Aprili
et sequentibus mensibus.
Caulis arborescens, cinereus, erectus, ramulosus. *Rami* et

ramuli suboppositi, angulati, fusco purpurei, erecti vel patentes, ultimi lati. *Folia* opposita, obtusa, basi integra, supra medium serrata serraturis inaequalibus, utrinque glabra, digitalia. *Petioli* unguiculares. *Paniculae* florum axillares, dichotomae, et trichotomae, folio breviores.

O b s. Variant CASSINES species numero 4··et 5·nario in omni floris parte;
et ut mihi videtur, vix a CELASTRIS separari debent.

CLXXXIV. C L U T I A.

Dioica, gynandra. ♂. *Cal.* 5 *phyllus.* *Cor.* 5-*petala.*
♀ *Cal. et Cor. ut in* ♂. *Styli* 3. *Caps.* 3-*locularis. Sem.* 1.

1. C. (*ericoides.*) foliis subpetiolatis, lanceolatis, glabris;
floribus binis, axillaribus *Prodr.* p. 53.

Crescit hinc inde in montium collibus.
Frutex facie Diosmae, erectus, fusco-purpureus, superne
ramosus, bipedalis et ultra. *Rami* et ramuli alterni, fastigiati.
Folia in ramis et ramulis aggregata, brevissime petiolata. supra concaviuscula, subtus convexa, integra, imbricata, internodiis longiora. unguicularia. *Flores* circiter bini, erecti, brevissime pedunculati.

2 C. (*pubescens*) foliis subpetiolatis, lanceolatis, villosis; floribus axillaribus, cernuis. *Prodr.* p. 53.
Crescit in collibus montium.
Fraticulus vix palmaris, ramis alternis, erectis, cinereo-vil-
losis, paucis. *Folia* brevissime petiolata, lanceolato-linearia,
integra margine reflexo, utrinque, imprimis vero subtus pubescentia, erecta, pollicaria. *Flores* solitarii, pedunculati. *Peduncali* foliis multo breviores.

3. C. (*polygonoides.*) foliis petiolatis, lanceolatis, glabris; floribus solitariis, erectis. *Prodr.* p. 53. CLUTIA *polygonoides. Linn.* Spec. Pl. p. 1475. Syst. Veg. XIV. p. 897.
per *Gmelin.* 2. 1. p. 505.
*Crescit in collibus montium extra urbem Kap. Floret Junio,
Julio.*
Frutex erectus, totus glaber, cinereus, subsimplex. *Folia*
breviter petiolata, obtusiuscula, integra margine reflexo, utrinque glabra, imbricato patula, unguicularia. *Flores* axillares,
pedunculati. Differt ab C. *alaternoide* cui valde similis, foliis
petiolatis et obtusiusculis, atque angustioribus.

4. C. (*alaternoides*) foliis sessilibus, oblongis, mucronatis; floribus solitariis, erectis. *Prodr.* p. 53. CLUTIA *ala-
ternodes. Linn.* Spec. Plant. p. 1475. Syst. Veg. XIV. p.
897. per *Gmelin.* 2. 1. p. 504.
Crescit in collibus jaxta urbem Kap. Floret Junio, Julio.
Caulis fruticosus, erectus, fuscus, glaber, ramosus, quadripedalis et ultra. *Rami* sparsi, inflexo-erecti, foliis tecti. *Fo-*

lia basi parum attenuata, obtusa cum mucrone exstanti, integra margine cartilagineo, glabra, patentia, inaequalia, inferiora unguicularia et ultra, supra minora imbricata. *Flores* axillares, pedunculati, in ramulis aggregati. *Pedunculi* foliis multoties breviores.

5 C. (*tomentosa*.) foliis obovatis, tomentosis. *Prodr.* p. 53. Clutia *tomentosa*. *Linn.* Mant. p. 299. Syst. Veg. XIV. p. 897. per *Gmelin.* 2. 1, p. 505. *Plukenet* T. 3.8. f. 6?

Crescit in Paardeneyland, in danis extra Soutrivier. Floret Majo, Junio, Julio.

Caulis fruticosus, rudimentis foliorum tuberculatus, cinereotomentosus, ramosissimus, bipedalis et ultra. *Rami* et *ramuli* subumbellato sparsi, erecti, cauli similes. *Folia* sparsa, subpetiolata, lanceolato oblonga, obtusa, integra, inferne attenuata, incurva, erecta, aggregata, internodiis longiora, subtomentosa, unguicularia. *Petioli* brevissimi. *Flores* axillares, pedunculati, solitarii, bini vel terni. *Pedunculus* filiformis, viridis, glaber, erectus, uniflorus, semilineam longus. ♂. *Perianthium* 5-phyllum, magnitudine fere corollae; folia obovata, obtusissima, concava, virescentia, margine tenuiori albido. *Corolla* 5-petala. *Petala* obovata, obtusissima, patula, flavescentia. *Nectarium* duplex; *exterius:* laminae 5, basi calycis insertae, virides, brevissimae, apice glandulosae; glandulae tres, 4 vel 5, globosae, glabrae, flavescentes; *interius:* glandulae plurimae, receptaculo undique inspersae, sessiles, prioribus similes. *Filamenta* 5, stylo sub apice inserta, filiformia, brevia, patentia, subulata, albida *Antherae* ovatae, sulcatae, dorso affixae, flavae, minutae. *Germen* sterile. *Stylus* filiformis, erectus, virescens, longitudine calycis, staminifer. *Stigma* obtusum, cavum. *Flores* feminei fertiles in distincto individuo. ♀. *Fractus* globosus, bruneus, glaber, magnitudine piperis.

6. C. (*heterophylla*.) foliis inferioribus ovatis, superioribus lanceolatis, glabris. *Prodr.* p. 53.

Fruticulus glaber totus, erectus, vix pedalis. *Rami* angulati, foliis tecti, apice floriferi. *Folia* brevissime petiolata, integra, utrinque glabra, imbricato-erecta, nervosa, unguicularia; inferiora majora; suprema lanceolata. *Flores* in axillis foliorum superiorum aggregati, pedunculati, erecti. *Pedunculi* capillares, inaequales, glabri.

7. C. (*pulchella*.) foliis petiolatis, ovatis, glabris; floribus binis, axillaribus. *Prodr.* p. 53. Clutia *pulchella*. *Linn.* Spec. Pl. p. 1475. Syst. Veg. XIV. p. 897. per *Gmelin.* 2. 1. p. 305.

Crescit vulgaris prope et extra urbem Kap. Floret Majo et insequentibus mensibus.

Frutex tripedalis et ultra, totus glaber, punctato-scaber, erectus, ramosus. *Rami* sparsi, erecto-patentes, aggregati, virgati, cinerei, rugoso scabridi, glabri. *Folia* sparsa, acuta, integra, erecto-patentia, inaequalia, unguicularia usque pollicaria. *Pe-*

tiolus vix ungulcularis. *Flores* brevissime pedunculati. *Pedunculi* inaequales, altero longitudine petioli, altero breviori. *Capsula* ca·yce persistente, coronata., subglobosa, didyma, glabra, magnitudine piperis.

8. C. (*acuminata.*) foliis oblongis, mucronatis, glabris; floribus axillaribus. *Prodr.* p. 53. Clutia *acuminata. Linn.* Syst. Veg. XIV. p 897. Suppl. p. 432.

Fraticulus glaber, cinereus, erectus, ramulosus. *Rami* filiformes, secundi, flexuoso·erecti, glabri, palmares et ultra. *Ramuli* breviores, similes. *Folia* alterna, brevissime petiolata, integra, subundulata, reticulata, frequentia pollicaria. *Flores* solitarii, bini vel tres. *Corollae* albo hirsutae calyce glabro, ferrugineo. Similis valde C. *hirsatae*, differt vero satis. 1. foliis magis oblongis, magisque acutis cum acumine, interdum deciduo. 2. ramis subsecundis, flexuosis.

9. C. (*hirta.*) foliis obovatis, obtusis, glabris; floribus axillaribus. *Prodr.* p. 53. Clutia *hirta. Linn.* Syst. Veg. XIV p. 897. Suppl. p. 432.

Crescit in Muffelbay, alibique. Floret Novembri, Decembri.

Frutex erectus, cinereus. glaber·, tuberculatus, pedalis et ultra, ramosus. *Rami* et ramuli sparsi, cauli similes, incurvatoerecti. *Folia* alterna, approximata, breviter petiolata, obtusissima, subexciso-retusa, integra, unguicularia 'vel ultra. *Flores* hirsuti, bini, tres. *Capsula*, trigona, angulis obtusis, trilocularis, hirta.

CLXXXV. CORRIGIOLA.

Cal. 5-*phyllus. Pet.* 5. *Sem.* 1, *triquetrum.*

1. C. (*capensis.*) floribus sessilibus. Corrigiola *littoralis. Prodr.* p.55. Corrigiola *Capensis· Willd.* Spec. Pl. I. 2. p. 1507.

Crescit locis depressis, sabulosis, vere inundatis.

Radix fusiformis vel filiformis, simplex, alte descendens. *Caules* e radice plures, filiformes, debiles, diffusi, longi, glabri, ramosi, ramis ramulisque similibus, flexuosis, subfastigiatis. *Folia* alterna, obovata, obtusa, integra, glabra, semiunguicularia. *Flores* in ramis et ramulis alterni, aggregati, sessiles. *Calyx* margine albido - scariosus. Vix diversa a C. *littorali.*

CLXXXVI. PHARNACEUM.

Cal. 5-*phyllus. Cor.* o. *Caps.* 3-*locularis, polysperma.*

1. P. (*microphyllum.*) foliis teretibus, obtusis; stipulis lanatis; umbellis terminalibus. *Prodr.* p. 54. Pharnaceum *microphyllum. Linn.* Syst. Veg. XIV. p. 298. Suppl. p. 185. *Willd.* Spec. Pl. I. 2. p. 1508.

Crescit in littore ad exitum Ver loor en Valle y. Floret Octobri.
Caulis fruticulosus, rigidus, erectus, ramosissimus, spithamaeus. *Rami* sparsi, divaricati, flexuosi. *Ramuli* subverticillato-aggregati. *Folia* e nodis fasciculata et per caulem sparsa, tereti ovata, patula, frequentissima, carnosa, glabra, vix lineam longa. *Flores* umbellati umbellâ compositâ. *Pedunculus* umbellae filiformis, glaber, aphyllus, pollicaris *Pedicelli* capillares, patentissimi, semiunguiculares. *Corolla* monopetala, profunde quinquepartita; laciniae ovatae, obtusae, concavae, patentes, virides margine tenui albo. Similis P. *incano; sed differt satis.* 1. caule magis erecto, nec diffuso 2. foliis teretibus absque sulco, brevissimis linearibus. 4. Umbella composita, nec supradecomposita.

2. **P.** (*incanum.*) foliis teretibus, mucronatis; stipulis setaceis; umbellis terminalibus. *Prodr.* p. 54. Pharna eum *incanum. Linn.* Mant. p. 358. Syst. Veg. XIV. p. 297. *Willd.* Spec. Pl. 1. 2. p. 1510.
Crescit in campis sabulosis prope et extra Kap in Swellendam et alibi, vulgare. Floret Augusto et reliquis mensibus vernalibus.
.*Radix* descendens, fibrosa, perennis. *Caules* e radice plures, subsimplices, prostrati, digitales, basi suffruticosi, foliis et stipulis tecti, herbacei. *Rami* dum adsunt, alterni, cauli similes. *Folia* subverticillate quaterna, sessilia, filiformia, recurva, obtusa cum mucrone, glabra, approximata, subin bricata, purpureo virescentia, semiunguicularia. *Axillae* foliorum aliis minoribus foliis onustae. *Stipulae* basi foliorum adnatae, scariosae, niveae, basi latae, integrae; infra medium diviso lacerae laciniis setaceis, folia subaequantibus. *Pedunculi* ex apicibus caulium et ramorum solitarii vel bini umbelliferi, teretes, glabri, erecti, rufescentes, digitales. *Flores* umbellati. Un-bella composita floribus pedicellatis. *Bracteae* foliis similes et stipulae, interspersae Umbellae universalis, raro partialis basin cingunt. *Pedicelli* alterni, filiformes, unguiculares ultimis sensim brevioribus. *Perianthium* 5-phyllum: foliola ovata, obtusa, petalina intus alba, extus viridia margine albo, patentia, vix lineam longa. *Corolla* nulla, nisi calyci adnata. *Filamenta* 5, receptaculo inserta, subulata, alba, calyce breviora. *Antherae* ovatae, erectae, didymae, flavae. *Nectarium:* squamae 5, truncatae, basin capsulae cingentes, albae. *Germen* superum, subtricuspidatum. *Styli* tres, cordati, erecti, filamentorum longitudine. *Stigmata* obtusiuscula vel potius stigmata tria, sessilia. *Capsula* ovata, subtricuspidata, trigona, obtusa, glabra, trivalvis, trilocularis. *Semina* plurima.

3. **P.** (*glomeratum.*) foliis tereti-subulatis, falcatis; umbellis glomerato-subsessilibus; caule decumbente. *Prodr.* p. 53. Pharnaceum *glomeratum. Linn* Syst. Veget. XIV. p. 298. Suppl. p. 185. *Willd.* Spec. Pl. 1. 2. p. 1509.
Crescit in campis subulosis, in Swartland copiose, infra Taf.

felberg in collibus lateris occidentalis, *alibique*. *Floret A-
gusto sequentibusque mensibus.*
Tota planta glabra. *Caulis herbaceus*, prope radicem ramosus. *Rami* plurimi, filiformes, diffusi. *Ramuli* alterni, patentes. *Folia* verticillata, reflexa, integra, semilineam longa. *Flores* in axillis glomerati, umbellati. *Umbella* subsessilis.

4. P. (*teretifolium.*) foliis filiformibus, mucronatis; caule
erecto, frutescente. *Prodr.* p. 53. Pharnaceum *teretifolium. Willd.* Spec. Pl. I. 2. p. 1503.

Crescit prope Witte Klipp. Floret Octobri.
Caulis suffruticosus, teres, cinereus, totus glaber, pedalis.
Rami oppositi, divaricati, parum ramulosi. *Folia* in ramis ver-
ticulata, tereti-subulata, integra, patentia, semilineam longa.
Umbellae laterales, simplices, pedunculati. *Pedunculi* capilla-
res, folio breviores.

5. P. (*albens.*) foliis filiformibus, mucronatis; umbellis
terminalibus, compositis. *Prodr.* p. 53. Pharnaceum *albens. Linn.* Syst. Veg. XIV. p. 298. Suppl. p. 186. *Willd.*
Spec. Pl. I. 2. p. 1510.

Caulis frutescens, erectus, totus glaber, pedalis, ramulosus.
Rami alterni, flexuosi, divaricati, breves, foliosi. *Ramuli* alterni, elongati, candidi, aphylli, capillares. *Folia* ramorum
verticillata, plurima, teretia, integra, subtus sulcata, reflexa,
unguicularia. *Umbellae* pedunculatae. *Pedunculi* e ramulis continuati, filiformes pedicellis capillaribus.

6. P. (*lineare.*) foliis linearibus; umbellis lateralibus; ra-
mis diffusis, dichatomis. *Prodr.* p 53. Pharnaceum *lineare.
Linn* Syst. Veget. XIV. p. 298. Suppl. p. 185. *Willd.*
Spec. Pl I. 2. p. 1508.

*Crescit in campis sabulosis Swartlandiae, prope Kap in colli-
bus, in Krakakamma, alibique.' Floret Augusto et sequentibus mensibus.*
Caulis herbaceus, brevissimus. *Rami* subradicales, filiformes, elongati, glabri, dichotome ramosi. *Folia* sessilia. verticillata, 6 vel 8, obtusa, integra, glabra, patentia, inaequalia, unguicularia et pollicaria. *Stipulae* scariosae. *Flores* laterales ex axillis foliorum superiorum et in ramulis terminales,
paniculati.

7. P. (*dichotomnm.*) foliis linearibus; panicula dichotoma; caule erecto. Pharnaceum *dichotomum. Linn.* Syst.
Veg. XIV. p. 298 Suppl. p. 186. *Willd.* Spec. Pl. I. 2.
p. 1511.

Crescit in campis subulosis Swartlandiae. Floret Septembri.
Caulis herbaceus, unicus vel plures, capillaris, glaber, palmaris usque spithamaeus, ramosus. *Rami* rarissimi, alterni,
similes. *Folia* radicalia vel caulina, verticil ata, 9 vel plurima,
acuta, erecto-patentia, integra, glabra, unguicularia usque pollicaria. *Flores* in caule et ramis terminales, dichotome pani-

culati, rarius trichotomi. *Pedunculi* et *pedicelli* capillares, patentes, glabri.

8. P. (*distichum*.) foliis subsenis, lanceolatis; paniculis axillaribus. Pharnaceum *distichum. Willd.* Spec. Pl. l. 2. p. 15 1.

Caulis herbaceus, filiformis, uti tota planta glaber, debilis, decumbens, articulatus, raro ramosus. *Rami* alterni, simplices, similes cauli. *Folia* in articulis lanceolato-elliptica, integra, glabra, vix pubescentia, reflexa, inaequalia, vix pollicaria. *Paniculae* pedicellis dichotomis, capillaribus.

9. P. (*quadrangulare*.) foliis lanceolatis, quadrifariam imbricatis; umbellis terminalibus. *Prodr* p. 54. Pharnaceum *quadrangulare. Linn.* Syst. Veg. XIV. p. 298. Suppl. p. 185. *Willd.* Spec. Pl. l. 2. p. 1510.

Crescit in Houde Bockeveld, in montibus prope Verkeerde Valley altbique. Floret Octobri, Novembri, Decembri. *Caulis* fruticosus, erectus, totus glaber, palmaris et spithamaeus. *Rami* alterni, flexuosi, aphylli, breves. *Ramuli* filiformes, apice foliosi, virgati. *Folia* sessilia, mucronata, integra, marginata margine albido, lineam dimidiam longa. *Flores* in apicibus umbellati, umbellis breviter pedunculatis et pedicellatis. *Corolla* pentapetala, alba. *Capsula* 4-angularis.

10. P.v(*mucronatum*.) foliis ovatis, mucronatis, floribus verticillatis.

Caulis herbaceus, subnullus; sed *Folia* subradicalia, aggregata, basi attenuata, integra, concava, glabra, semilineam longa. *Pedunculi* subradicales, capillares, plures, flexuosoerecti, glabri, inaequales, digitales. *Flores* verticillato aggregati, breviter pedicellati, involucrati bracteis ovatis mucronatis.

11. P. (*marginatum*.) foliis ovatis, marginatis, obtusis; floribus axillaribus, sessilibus. *Prodr.* p. 54. Pharnaceum *marginatum. Willd.* Spec. Pl. I. 2. p. 1598.

Crescit prope Witte Klipp. Floret Octobri. Tota planta glabra. *Caulis* filiformis, decumbens, ramosus. *Rami* alterni, aphylli, albidi. *Ramuli* frequentiores, diffusi, foliosi, floriferi. *Folia* sessilia, verticillata, plura, integra, margine incrassato-marginata, minuta, patentia. *Stipulae* setaceae. *Flores* in axillis glomerati.

12. P. (*serpyllifolium*.) foliis ovatis, obtusis; pedunculis axillaribus, unifloris. *Prodr.* p. 54. Pharnaceum *serpyllifolium. Linn.* Syst. Veg. XIV. p. 297. Suppl. p. 186. *Willd.* Spec. Pl. I. 2. p. 1509.

Crescit in fronte Montis Bockland in fissuris rupium. Floret Novembri, Octobri *Radix* filiformis, descendens. *Caulis* vix nullus; sed rami radicales, plurimi, capillares, diffusi, toti glabri, pollicares, iterum subdichotome ramulosi. *Folia* bina vel subverticillata, pauca,.

18*

petiolata, integra, patentia, vix lineam dimidiam longa. *Stipulae* setaceae, scariosae. *Flores* axillares, pedunculati, subsolitarii.

13. P. (*cordifolium.*) foliis obovatis, mucronatis; umbellâ terminali, compositâ. *Prodr.* p. 54. Pharnaceum *cordifôlium. L i n n.* Spec. Pl. p. 389. Syst. Veg. XIV. p. 298. *Willd.* Spec. Pl. I. 2. p. 1511.

Caulis herbaceus, decumbens, filiformis, totus glaber, spithamaeus. *Rami* axillares, bini, filiformes, diffusi. *Folia* verticillata, petiolata, sena, carnosa, integra, patentia, semiunguicularia. *Umbellae* in ramis et ramulis.

PENTAGYNIA.

CLXXXVII. STATICE.

Cal. 1-*phyllus, integer, plicatus, scariosus. Petala* 5. *Sem.* 1, *superum.*

1. S. (*longifolia.*) caule paniculato, scabro; foliis obovato-linearibus. *Prodr.* p. 54. Statice *longifolia. Willd.* Spec. Pl. I. 2 p 1529.

Crescit in arenosis maritimis prope Kap et in Swartland, saepe inter frutices. Floret Septembri
Caulis brevissimus, suffruticosus, erectus, glaber, scabridus, ramose divisus, pedalis et ultra. *Rami* mox a radice alterni, ramulis dichotomis. *Folia* subradicalia, alternantia, basi latâ vaginantia, inde subpetiolata-teretia, sensim dilatata, obtusa, mucronata, integra, glabra, substriata costâ mediâ elevata, erecta, spithamaea usque pedalia. *Flores* in ultimis ramulis alterni, sessiles, secundi, remoti.

2. S. (*scabra.*) foliis subradicalibus, obovato-oblongis, obtusis; ramis scabris. *Prodr.* p. 54. Statice *scabra. Willd.* Spec. Pl. I. 2. p. 1526.

Crescit ad oras maritimas, in littore prope urbem Kap rarius, in Houtniquas vulgaris in collibus montium. Floret Octobri, Novembri.
Caulis herbaceus, mox a radice ramosus, flexuoso-erectus spithamaeus vel subpedalis. *Rami* teretes, flexuosi; scabri papillis cavis, fusco-purpurei. *Ramuli* reticulati. *Folia* radicalia sulcata, integra, subrogoso-scabrida, unguicularia usque pollicaria. *Flores* in ultimis ramulis secundi, sessiles, coerulei.

3. S. (*tetragona.*) caule paniculato, tetragono; foliis obovatis. *Prodr.* p. 54. Statice *tetragona. Willd.* Spec. Pl. I. 2. p. 1526.

Caulis fusco-purpurascens, glaber, erectus, ramosissimus, bipedalis. *Rami* sparsi, dichotomi, tetragoni, purpurei, ramulis virgatis, similibus. *Folia* radicalia, inferne longe attenuata in petiolos lineares, obtusa, integra, glabra, avenia, tripollicaria. *Flores* alterni, sessiles, remoti.

4. S. (*linifolia.*) caule fruticoso, ramoso, foliisque linearibus scabris. *Prodr.* p. 54. Statice *linifolia. Linn.* Syst. Veg. XIV. p. 301. Suppl. p. 187. *Willd.* Spec. Pl. l. 2. p. 1530.

Crescit prope Swartkoops Zout paar et alibi rarius. Floret Decembri.

Caulis squamosus, brevissimus. *Rami* subradicales, teretes, scabri, flexuosi, paniculato-ramosi, spithamaei. *Folia* subradicalia vel in apice caulis, sessilia, utrinque attenuata, integra, scabrida, erecta, pollicaria. *Flores* sessiles in ultimis ramulis, imbricati.

5. S. (*purpurata.*) caule foliato; foliis obovatis, mucronatis. *Prodr.* p. 54. Statice *purpurata. Linn.* Syst. Veg. XIV. p. 301. Mant. p. 59. *Willd.* Spec. Pl. l. 2. p. 1528.

Incolis: Papier-bloom. Crescit ad littora maris, in Saldanha-bay prope Compagniepost et aliis regionibus arenosis. Floret Septembri.

Caulis erectus, fruticosus, orgyalis.

CLXXXVIII. LINUM.

Cal. 5-phyllus. Pet. 5. Caps. 5-valvis, 10 *locularis. Sem. solitaria.*

1. L. (*africanum.*) foliis oppositis, lineari-lanceolatis; floribus terminalibus; pedunculatis. *Prodr.* p. 57. Linum *africanum. Willd.* Spec. Pl. l. 2. p. 1541. *Linn.* Mant. p. 360.

Crescit in interioribus regionibus.

2. L. (*aethiopicum.*) foliis oppositis, ovatis, mucronatis; caule fruticoso. Linum *aethiopicum. Prodr.* p. 57. *Willd.* Spec. Pl. l. 2. p. 1541.

Crescit in Houtniquas. Floret Novembri.

Radix alte descendens, perennis. *Caulis* brevis, mox ramosus. *Rami* dichotomi, divaricato-patuli, cinerei, iterum ramulosi ramulis erectis. *Folia* sessilia, integra, glabra, erecto-patentia, semiunguicularia. *Flores* terminales, subumbellati. *Corolla* flava. *Filamenta* 5, brevissima. *Antherae* subhastatae, didymae, flavae. *Capsula* 5-valvis, *) locularis.

3. L. (*quadrifolium.*) foliis quaternis. *Prodr.* p. 57.

---

*) Quot? *Editor.*

Linum *quadrifolinm.* *Linn.* Spec. Pl. p. 402. Syst. Veg. XIV. p. 303. *Willd.* Spec. Pl. I. 2. p. 1542.

Caulis brevissimus, mox a radice ramosus, herbaceus. *Rami* subradicales, plures, subsimplices, filiformes, flexuoso-erecti, glabri, pedales vel ultra. *Folia* inferiora verticillata, ovata; superiora bina opposita, ovato-lanceolata, acuta, integra, glabra, erecto patentia, unguicularia. *Flores* in caule supernp. paniculato, tricbotome terminales.

CLXXXIX. D R O S E R A.

Cal. 5-*fidus.* *Pet.* 5. *Caps.* 1-*locularis, apice* 5-*valvis.* *Sem. plurima.*

1. D. (*acaulis.*) acaulis : flore radicali, sessili. *Prodr.* p. 57. DROSERA *acaulis.* *L i n n.* Syst. Veg. XIV. p. 303. Suppl. p.·188. *Willd.* Spec. Pl. I. 2. p. 1543. *Dissert. de Drosera.*

Crescit in *Houde Bockefeld, trans E l a n d s Kloof* locis humidis. *Floret Octobri.*
Caulis nullus; sed *Folia* radicalia, plura, basi attenuata, obovata, obtusa, expansa, unguicularia. *Flos* solitarius in centro foliorum, sessilis vel subpedunculatus. *Pedunculus* brevissimus, saepe nullus. *Corolla* pentapetala, patens albá. *Styli* 5, saepius bifidi, albi, patentissimi, filiformes, breyes. *Stigmata* bifida vel plumulosa.

2. D. (*cuneifolia.*) scapis radicalibus; foliis oblongis. *Prodr.* p. 57. DROSERA *cuneifolia.* *Linn.* System. Veget. XIV. p. 304. Suppl. p. 188. *Willd.* Spec. Pl. I. 2. p. 1544. *Diss. de Drosera.*

Crescit prope *Hap,* in *Swartland,* inque *summitate Taffelberg. Floret Octobri et sequentibus mensibus.*
Radix filiformis. *Folia* radicalia, plura, sessilia, imbricatim imposita, inferiora minora; obovata, obtusissima, ciliata ciliis rufescentibus; patentia, unguicularia vel vix pollicaria. *Scapi* solitarii vel pauci, tres vel quatuor, simplices, erecti, filiformes, striati, villoso-scabri, a pollicari ad spithamaeam usque longitudinem. *Flores* racemosi, subsecundi, rarissime bini, plerumque tres usque septem et ultra. *Pedunculi* uniflori, simplices et divisi, cernui, unciales. *Varietas* triplex plerumque occurrit: α. scapo brevissimo, pollicari; floribus binis; corollis albis. β. scapo longissimo, spithamaeo; floribus racemosis, pluribus; corollis purpureis. γ. scapo mediocri, palmari; floribus racemosis, pluribus; corollis albis. Diversa in multis a *D. longifolia.*

3. D. (*capensis.*) scapo diviso; foliis petiolatis, ensiformibus. DROSERA *capensis.* *Prodr.* p. 57. *Linn.* Spec. Plant. p. 403. *Willd.* Spec. Pl. I. 2. p. 1545. *Diss. de Droseru.*

Crescit in montibus, rarior. Floret Septembri, Octobri, Novembri.

Radix teres, descendens. Scapus compressus angulatus, flexuosus, erectus, hirtus, superne bifidus, spithamaeus. *Folia* radicalia, alternantia, linearia, obtusa, ciliata ciliis glandulosis, pollicaria usque digitalia. *Petioli* pubescentes, longitudine folii. *Flores* racemosi, secundi, purpurei.

4. D. (*cistiflora.*) caule simplici; foliis lanceolatis. *Prodr.* p. 57. Drosera *cistiflora. Linn.* Spec. Pl. p. 403. Syst. Veg XIV p. 304. *Willd.* Spec. Pl. l. 2. p. 1546. *Diss. de Drosera.*

Crescit in collibus et campis sabulosis juxta Kap, in Swartland et alibi vulgatissima primo vere. Floret Augasto et sequentibus mensibas.

Radix subfasciculata vel fusiformis, annua. *Planta* tota herbacea, glutinosa. *Caulis* erectus, villosus pilis brevissimis capitatis, palmaris vel spithamalis. *Folia* radicalia subverticillata; caulina alterna, sessilia, patentia, apice obliqua, integra, supra sulco longitudinali, subtus linea elevata, undique tecta pilis capitatis capitalis rufescentibus; internodiis longiora, pollicaria. *Flores* terminales, solitarii vel bini. *Perianthium* monophyllum, profunde 5-partitum: laciniae ovatae, obtusae, concavae, corolla breviores. *Petala* 5, lato-ovato, obtusa, excisa, patentia, basi parum angustata, concava, unguicularia. *Filamenta* 5, linearia, erecta, nigra, longitudine fere calycis. *Antherae* erectae, inferne bifidae, ovatae, fulvae. *Germen* superum, acutum. *Styli* 5 rarius, saepissime 6, filiformes, deflexi, fusci apice pallidiore, staminibus longiores. *Stigmata* multifida, obtusa. *Capsula* ovata, acuta, trisulca, pentagona, fusca, glabra, trivalvis, unguicularis. *Semina* plurima. *Varietas* duplex, utraque speciosa, occurrit: α. flore albo, minori, basi maculato. β. flore rubro, majori, basi virescenti-fusco.

5. D. (*Roridula.*) Roridula *dentata. Prodr.* p. 41. *Linn.* Syst. Veg. *Gmelin.* 2. 1. p. 422.

Usus. Summitates omnes foliosae maxime viscosae sunt et insecta retinent uti viscum; in domibus itaque suspensa colonis Europaeis pro capescendis muscis inserviunt.

CXC. CRASSULA.

Cal. 5-phyllus. Pet. 5. Squamae 5 nectariferae ad basin germinis. Caps. 5.

1. C. (*umbellata.*) foliis subpetiolatis, ovatis, obtusis, integris; caule capillari erecto; floribus umbellatis.

Crescit in arenosis depressis Swartland, et in montibus Parl, Paardeberg et Ribeck Casteel. Floret Septembri, Octobri.

Radix fibrosa, tenuissima, annua. *Caulis* glaber, albus, simplex, unguicularis, apice umbellifer. *Folia* radicalia, oppo-

sita, sessilia, purpurea, lineam vix longa, patentia, glabra,
inferne attenuata. *Flores* ex apice caulis inter folia, plurimi,
subumbellati, pedunculati, erecti. *Pedunculi* inaequales; quidam brevissimi; alii unguiculares, capillares, erecti, glabri,
purpurei, uniflori. *Perianthium* 1-phyllum, carnosum, purpurascens, 4-partitum: laciniae obtusae, erectae. *Corolla* 4-pe-
tala, incarnata. *Filamenta* 4, subulata, erecta, longitudine laciniarum calycis. *Antherae* flavae. *Germina* 4, supera, ovata,
acuta. *Styli* breves, persistentes. *Stigmata* simplicia, acuta.
Caps. 4, ovatae, acutae, glabrae.

O b s. Variat numerus quaternarius et quinarius, ut CRASSULIS valde acce-
dat; sed communior est numerus quaternarius et calyx monophyllus, ut
rectius adnumeraretur TILLAEIS parvula planta, uisi TILLAEAE et CRAS-
SULAE idem constituerent genus, numero tantum partium varians, saepe
in eadem specie.

2. C. (*decumbens*) decumbens; foliis subulatis.

Crescit in collibus sabulosis circa urbem, infra montes. Floret
Augusto.

Radix fibrosa. *Caulis* ramosus, erectus, teres, glaber, pellucidus, semidigitalis. *Rami* oppositi, ramulosi, ramulis oppositis. *Folia* ad ramificatioues opposita, connata, tereti-subulata, glabra, lineam longa. *Flores* in ramulis terminales, fastigiati, pedunculati. *Pedanculi* longitudine foliorum glabri. *Pe-*
rianthium 1-phyllum, inferum, profunde 4-partitum: laciniae
ovatae, acutae, erectae, glabrae. *Corolla* 4-petala, inter lacinias calycis inserta, eisque brevior: petala ovata, acuta,
erecta, alba. *Nectaria* 4 intra petala ad basin germinis, obtusa, brevissima, rubra. *Filamenta* 4, petalis breviora, subulata. *Antherae* rotundae. *Germina* 4, supera, acuta. *Styli*
nulli. *Stigmata* 4, minima, acuta. *Capsulae* 4, ovatae, acutae,
glabrae.

3. C. (*debilis.*) caule trichotomo, rectiusculo; folis subteretibus, concavis, papulosis.

Floret Junio, Julio.

Radix fibrosa. *Caulis* filiformis, ramosus, erectus, vix digitalis, tenerrimus, glaber, pellucidus, venâ rufescente. *Rami*
oppositi, unguiculares, supremi breviores, subramulosi, patentes, foliosi, tenerrimi, glaberrimi, pellucidi, albi, venâ
rubrâ. *Ramuli* oppositi minimi, floriferi. *Folia* in axillis ramorum et ramulorum opposita, conferta, ovata, carnosa, supra
concaviuscula sulco longitudinali; subtus convexa, obtusa, glabra, sessilia, integerrima. *Flores* axillares, oppositi, et terminales, in ramis et imprimis in ramulis, pedunculati. *Peduncu-*
las vix lineam longus. *Perianthium* 1-phyllum, inferum, semi-
5-fidum, persisteus, carnosum, papulosum; laciniae ovatae,
concaviusculae, glabrae, erectae. *Corolla* 5-petala, tubo calycis inter lacinias inserta. *Petala* linearia, integra, longitudine laciniarum calycis, albae, carinâ saepe incarnatâ. *Fila-*
menta 5, corollâ breviora, calyci ad germinis latera inserta.
Antherae rotundae, bisulcae. *Germina* 5 supera, calyce cincta,

ovata. *Stylus* nullus, niei stigmata 5 divergentia. *Nectariae* squamae 5, ad latera germinis. *Capsulae* 5, ovatae acutae.

O b s. Potius Crassula erit, a quo genere non differunt Tillaeae *c a p e n s e e.*

4. C. (*muscosa.*) foliis connatis, ovatis, acutis, integris, quadrifariam imbricatis; floribus lateralibus. Crassula *muscosa L i n u. Syst. Veg.* XIV. p. 3o5. *Spec. Pl.* p. 4o5.

Crescit in K r u m r i v i e r prope Z e e k o r i v i e r, Hantum, Taf felberg, alibi. Floret O c t o b r i, N o v e m b r i.

Radix perennis. *Caulis,* uti rami et ramuli, totus tectus foliis, per intervalla ramosus, spithamaeus, erectus. *Rami* cauli similes, per intervalla iterum ramulosi, subfastigiati. *Folia* alternatim opposita, sessilia, distincta, subtus convexiuscula, supra concava, foliolis axillaribus onusta, lineam longa, glabra, pallide viridia. *Flores* ex axillis foliorum laterales, sessiles, solitarii vel plures. *Perianthium* 1-phyllum, viride, 5-partitum: laciniae brevissimae. *Corolla* 5-petala: petala ovata, obtusa, minuta, alba, apice purpurascentia, erecta. *Filamenta* 5, corollâ breviora. *Antherae* minutae, flavae. Alia varietas caule tenuiore, nudo, bruneo, ramis inferne nudis, superne uti et ramuli foliis imbricatis, sed non totis tectis.

5. C. (*glomerata*); foliis lanceolatis; caule dichotomo, fastigiato; floribus glomeratis. Crassula *glomerata L i n n. Syst. Veg.* XIV. p. 3o5. *M a n t.* p. 6o.

Crescit in arenosis G r o e n e K l o o f et S w a r t l a n d, V e r l o o r e n V a l l e y alibi. Floret S e p t e m b r i, O c t o b r i.
Rami fastigiati.

6. C. (*natans.*) foliis lineari-oblongis; floribus quadrifidis; caule simplici. Tillaea *capensis L i n n. Syst. Veg.* XIV. p. 170. *Suppl.* p. 129.

Crescit prope urbem in fossulis, locis aquosis, alibique in aquis. Floret J u l i o, A u g u s t o, et sequentibus mensibus,

Radix annua, fibrosa, tenuissima. *Caulis* filiformis, saepius simplex, raro ramosus, erectus, pellucidus, albido-purpurascens, pollicaris usque tripedalis, pro ratione profunditatis aquae, articulatus. *Rami* alterni, cauli similes, simplices. *Folia* opposita, connato-amplexicaulia, patentia, lineari-ovata, integra, glabra, obtusa, internodiis breviora, lineam longa, versus summitatem magis aggregata. *Flores* axillares, pedunculati, oppositi, versus summitatem aggregati, erecti, sub florescentia natantes. *Pedunculus* capillaris, solitarius, uniflorus, glaber, foliis brevior, incarnatus. *Perianthium* 1-phyllum, glabrum, 4-dentatum, corollâ paulo brevius, viride. *Corolla* 4-petala: petala obovata, obtusa, integra, concava, alba, carinâ rufescente, basi intus lineâ rubrâ, nectarium mentiente notata. *Filamenta* 4, receptaculo inserta, petalis breviora, alba. *Antherae* minutae, primum sanguineae, dein fuscae. *Germina* 4, supera. *Styli* simplices, brevissimi. *Stigmata* obtusa. *Capsulae* 4, ovatae, acutae, patentes.

7. C. (*prostrata.*) decumbens, pellucida; foliis lanceolatis, acutis.

Tota planta glabra. *Rami* alterni, compressi, diffusi, ramulis similibus. *Folia* lanceolata vel subelliptica, acuta, integra. *Flores* axillares, pedunculati, solitarii et terminales, umbellati. Similis CRASSULAE *pellucidae*, sed folia diversa.

8. C. (*pellucida.*) foliis subpetiolatis, ovato lanceolatis; floribus subumbellatis; caule filiformi, diffuso pellucido. CRASSULA *pellucida* Linn. *Syst. Veg.* XIV. p. 3o6.   *Spec. Pl.* p. 4o6.

Crescit in montibus Paarl et Paardeberg, Musselbay, prope Valsrivier, in arenosis Swartland et alibi. Floret Septembri, Octobri, Novembri.

Radix fibrosa, annua. *Caulis* herbaceus, teres, carnosus, tetragonus, subpellucidus, ramosus, debilis, erectiusculus, purpurascens, villosus, digitalis et ultra. *Rami* oppositi, cauli similes, diffusi. *Folia* opposita, sessilia, obovata, obtusa, carnosa, pubescentia, tenuissime serrato-ciliata, patentia, vix unguicularia, superioribus sensim minoribus. *Flores* terminales, pedunculati. *Pedunculi* inaequales, in dichotomiis solitarii, in ramulis subumbellati, capillares, purpurascentes, villosi, uniflori. *Perianthium* monophyllum, erecto, patens, viride; villosum, 5-partitum: laciniae lanceolatae, obtusae. *Corolla* 5-petala: petala ovata, incarnata, patula, longitudine calycis. *Filamenta* 5 erecta, corolla breviora. *Antherae* minutae, flavae. *Germina* supera, 5, glabra. *Styli* subulati, breves. *Stigmata* simplicia, acuta. *Capsulae* quinque, ovatae, subulatae, glabrae. Similis CRASSULAE *dichotomae*, sed huic rami oppositi.

9. C (*inanis.*) foliis perfoliatis, ovatis; floribus quadrifidis; caule simplici. TILLAEA *perfoliata.* Linn. Syst. Veg. XIV. p. 170. *Suppl.* p. 129.

Crescit in agris. Floret Decembri, Januario.

Caulis teres, inferne simplex, apice parum ramosus, erectus, debilis, glaber, albus, spithamaeus et ultra, crassitie pennae. *Rami* alterni fastigiati, cauli similes, brevissimi. *Folia* opposita, obtusa, integra, glabra, patenti erecta, lineam longa, remota. *Flores* terminales, corymbosi corymbo composito, pedunculati. *Pedunculi* capillares, longitudine floris. *Perianthium* 1-phyllum, 4-dentatum, glabrum, laciniis ovatis, obtusiusculis, virescentibus. *Corolla* 4-petala. *Petala* lanceolato-ovata, obtusa, calyce duplo longiora, erecta, alba, semilinearia. *Filamenta* 4, receptaculo inserta, calycis longitudine. *Antherae* minutae, fuscae. *Germina* 4, supera, ovata *Styli* breves, extrorsum flexi, persistentes. *Stigmata* simplicia, obtusa, fusca. *Capsulae* 4, ovatae, stylis coronatae, glabrae.

10. C. (*retroflexa.*) foliis connatis, oblongis, remotis; caule simplici; cuma composita; pedicellis retrofractis. CRASSULA *retroflexa.* Linn. Syst. Veg. XIV. p. 3o6. *Suppl.* p. 188.

Crescit in Swartland, Saldanha Bay, regionibus St. He-

lenae Bay, prope *Bergrivier*, in *Rode Sand montibus*, prope *Winterhoek*. *Floret Septembri, Octobri.*
Radix fibrosa, annua. *Caulis* filiformis, flexuoso-erectus, digitalis, glaber, purpurascens. *Folia* caulina duo vel quatuor, connata, ovato-lanceoláta, obtusa, patentia, integra, semiunguicularia. *Flores* cymosi, erecti. *Cyma* decomposita, subdichotoma. *Pedunculi* et pedicelli retrofracti, capillares. *Bracteae* sub pedunculis et pedicellis oppositae, foliis similes, sed minores. Varietates hujus tres: *a.* floribus aurantiacis, major.   *β.* floribus luteis, mediocris.   *γ.* floribus albis, minor et tenerior.

11.   C. (*muricata*.) foliis connatis, trigonis, ciliato-scabris; ramis tetragonis; caule frutescente.

Caulis palmaris. *Rami* alterni, divaricati, flexuosi, articulati, superne scabrido pubescentes. *Folia* obtusa, marginibus ciliato-scabra, inprimis inferiora, patentia, lineam longa. *Flores* terminales, umbellati. Differt a Cr. *tetragona* caule erecto foliisque scabris.

12.   C. (*pruinosa*.) foliis subulatis, pruinoso-scabris; floribus corymbosis; caule fruticoso. Crassula *pruinosa Linn.* *Syst. Veg* XIV. p. 304. *Mant.* p. 60.
Crescit in Carro.

13.   C. (*tetragona*.) foliis connatis, trigonis, patulis: caule procumbente; ramis erectis, superne filiformibus, subnudis; corymbo composito. Crassula *tetragona Linn. Syst. Veg.* XIV. p. 305.   *Spec.* Pl. p. 404.
Crescit in Carro prope Swartkopps-rivier et alibi. Floret Decembri.
Radix perennis. *Caulis* suffruticescens, teres, ramosus, glaber. *Rami* alterni, cauli similes, apice elongati, nudi. *Folia* in caule et inferiore parte ramorum, triquetra, glabra, integra, acuta, internodiis longiora, unguicularia, approximata. *Flores* terminales, corymbosi. *Corymbus* decompositus, fastigiatus.

14.   C. (*fruticulosa*.) foliis connatis, trigonis, glabris, reflexis; caule frutescente. Crassula *fruticulosa Linn. Syst., Veg.* XIV. p. 305.   *Mant.* p. 61. 222.
Crescit cum Cr. *tetragona*, cui similis, et a qua differt foliis reflexis.

15.   C. (*thyrsiflora*.) foliis perfoliatis, ovatis, ciliatis, patulis; corymbo composito spicato. Crassula *thyrsiflora Linn. Syst. Veg.* XIV. p. 307.   *Suppl.* p. 190.
Crescit inter Sondags et Vischrivier.
Caulis teres, herbaceus, erectus, spithamaeus, glaber. *Folia* connata, obtusa, erecto-patula, internodiis breviora, glabra, semiunguicularia. *Flores* thyrsoidei, albi. *Thyrsus* sensim attenuatus, decompositus, palmaris. *Bracteae* sub pedunculis et pedicellis oppositae, foliis similes, sed minores.

16. C. (*spicata.*) foliis connatis, lineari-subulatis; scapo
subnudo; floribus verticillatis. Crassula *spicata* *Linn.* *Syst.*
Veg. XIV. p. 307.   *Suppl.* p. 189.

Crescit in Carro. Floret Decembri, Januario.

Folia radicalia fastigiatim opposita, erecta, supra concava,
subtus convexa, glabra, digitalia, confertissima; caulina duo,
opposita, minora. *Caulis* teres, herbaceus, erectus, glaber,
spithamaeus. *Verticilli* approximati, sessiles, multiflori.

17. C. (*hirta.*) herbacea; foliis radicalibus lanceolatis,
hirsutis; capitulis verticillatis.

Similis valde Cr. *spicatae;* sed folia hujus tenuissime pubescentia. *Caulis* herbaceus, teres, aphyllus, simplex, erectus,
tenuissime pubescens, spithamaeus. *Folia* radicalia, plurima,
carnosa, villosa, albida, erecta, acuta, vix pollicaria. *Capitala* verticillata, verticillis 1-4.

18. C. (*subulata.*) foliis perfoliatis, tereti-subulatis, ciliatis, patulis; caule ramoso; floribus capitatis. Crassula *subulata. Linn. Syst. Veg.* XIV. p. 305.   *Spec. Pl.* p. 404.
Mant. p. 360.

Crescit prope urbem Kap.

19. C. (*ramosa.*) foliis connatis, tereti-subulatis, integris, remotis; caule frutescente, ramoso, erecto; corymbo
composito.

*Crescit in Carro prope Swartkopps rivier, et alibi. Floret
Decembri.*

Radix perennis. *Caulis* filiformis, inferne ramosus, foliosus,
glaber, pedalis. *Rami* alterni, longi, sensim attenuati, glabri, rufescentes. *Folia* decussatim opposita, internodiis longiora, unguicularia, glabra, patula, superiora sensim minora.
Flores corymbosi. *Corymbus* coarctatus compositus.

20. C. (*cymosa.*) foliis perfoliatis, lanceolato-subulatis,
ciliatis, patulis; caule simplici; corymbo composito. Crassula
cymosa Linn. Syst. Veg. XIV. p. 394.   *Mant.* p. 222.

21. C. (*mollis.*) foliis connatis, tereti-triquetris, glabris,
mollibus, remotis; caule erecto, simplici; corymbo trichotomo, supradecomposito. Crassula *mollis Linn. Syst. Veg.*
XIV. p. 307.   *Suppl.* p. 189.

*Crescit juxta introïtum a Canna Land ad Lange Kloof. Flo-
ret Januario.*

Radix perennis. *Caulis* frutescens, angulatus, rufescens, tenuissime tomentosus, articulatus, calami fere crassitie, pedalis.
Folia subtriquetra, acuta, glabra vel tenuissime subtomentosa,
patula, unguicularia, inferiora magis approximata, superiora
remotiora. *Flores* corymbosi. *Corymbus* decompositus, subfastigiatus. *Pedancali* pollicares. *Pedicelli* sensim breviores.
Bracteae sub pedunculis et pedicellis duae, oppositae, foliis
similes, sed minores.

22. C. (*pubescens*.) foliis connatis, ovato-subulatis, villosis; caule ramoso; floribus corymbosis. Crassula *pubescens Linn. Syst. Veg.* XIV. p. 307. *Suppl.* p. 194.
Crescit in Carro prope Canna-Land. Floret Novembri, Decembri.
Radix perennis. *Caulis* filiformis, frutescens, erectus, ruber, glaber, spithamaeus. *Rami* subverticillato-terni, ramulosi, pubescentes. *Folia* tereti-subulata, carnosa, crassa, patentia, longitudine internodiorum, lineam longa, supra planiuscula, subtus gibba. *Corymbus* compositus, trichotomus.

23. C. (*scabra.*) foliis connatis, subtriquetris, papuloso-scabris; caule retrorsum scabro, ramoso; corymbo composito. Crassula *scabra. Linn. Syst. Veg.* XIV. p. 304. *Spec. Pl.* p. 405.
Crescit in collibus infra Taffelberg prope Kap. Floret Februario, Martio.

24. C. (*cephalophora*.) foliis connatis, lineari-oblongis, obtusis, integris; capitulis lateralibus, pedunculatis. Crassula *cephalophora Linn. Syst. Veg.* XIV. p. 307. *Suppl.* p. 190.
Folia radicalia, linearia, erecta, subtomentosa, digitalia; caulina nulla. *Caulis* teres, erectus, subtomentosus, spithamaeus. *Flores* capitati. *Capitula* opposita, magnitudine pisi.

25. C. (*montana.*) foliis connatis, ovatis, acutis, ciliatis; caule subnudo; floribus capitato-aggregatis. Crassula *montana Linn. Syst. Veg.* XIV. p. 307. *Suppl.* p. 189.
Crescit in summo monte Bockland. Floret Octobri, Novembri.
Folia radicalia, tenuia, concava, frequentissima, patula, glabra, vix semiunguicularia, viridi-purpurascentia; caulina trium circiter parium, consimilia, sed minora, remota. *Caulis* filiformis, erectus, digitalis, purpurascens. *Flores* capitati, sessiles. *Capitula* plerumque solitaria, raro duo lateralia simul

26. C. (*turrita.*) foliis connatis, quadrifariam imbricatis, ovato-oblongis, acutis, ciliatis. Crassula *turrita. Linn. Syst. Veg.* XIV. p. 307. *Suppl.* p. 189.
Crescit in Carro prope Olyfantsrivier.
Radix fibrosa, annua. *Caulis* herbaceus, debilis, erectus, teres, articulatus, foliis tectus, glaber, palmaris. *Rami,* si ulli, axillares, brevissimi. *Folia* alternatim opposita, carnosa, cartilagineo-ciliata, crassa, glabra, rubra; inferiora oblonga, supra concava, subtus convexa, pollicaria; superiora ovata, supra plana, subtus convexa, semiunguicularia, suprema sensim minora et magis approximata. *Flores* nunquam vidi.

27. C. (*alpestris.*) foliis connatis, ovatis, acutis, integris, quadrifariam imbricatis; capitulis pedunculatis. Crassula *alpestris Linn. Syst. Veg.* XIV. p. 307. *Suppl.* p. 189.
Crescit in rupibus Koude Bockeveld, Bockland, Roggeveld. Floret Octobri.

Radix fibrosa. *Caulis* teres, glaber, erectus, superne divisus, ante florescentiam totus foliis tectus, dein excrescens, palmaris, purpurascens. *Folia* acuminata, concava, unguicularia,
viridi purpurascentia. *Flores* terminales, capitati. *Capitala*
plura, piso majora. *Pedunculi* semiunguiculares, purpurascentes. Valde similis CR. *montanae*, differt autem: a.) foliis magis acuminatis, nec ciliatis. b.) caule crassiore, foliis tecto.
c.) capitulis floribusque majoribus.

28. C. (*capitella*.) foliis connatis, oblongis, cartilagineo-
ciliatis, patulis; floribus verticillato-capitatis. Crassula capitella *Linn. Syst. Veg.* XIV. p. 307. *Suppl.* p. 190.

Crescit in *C a r r o inter C a n n a L a n d et O l y f a n t s - R i v i e r.*
Floret Decembri, Januario.
Radix fibrosa. *Caulis* teres, glaber, erectus, spithamaeus, crassitie alami. superne interdum ramosus. *Folia* oblongo-lanceolata, acuta, ciliata, remota, internodiis longiora, pollicaria,
glabra. *Flores* verticillati, albi. *Verticilli* sessiles, multiflori,
approximati.

29. C. (*perfoliata*.) foliis connatis, lanceolatis, acutis,
tomentosis, remotis; corymbo decomposito. *Linn. Syst.*
Veg. XIV. p. 304.　*Spec. Pl.* p. 404.

Crescit in sylvis prope *S w a r t k o p ' s Z o u t p a n.* Floret Decembri.
Caulis herbaceus, vix lignosus, simplex, subtetragonus, erectus, glaber, viridis, foliosus, crassitie digiti, pedalis et ultra.
Folia fastigiatim opposita, sessilia, carnosa, approximata,[*)
erecto-patentia, supra concava, subtus lineâ elevatâ carinata,
viridia, glabra, digitalia; superiora sensim breviora. *Flores*
paniculato-corymbosi, cymâ compositâ. *Pedunculi* trichotomi.

30. C. (*obvallata*.) foliis connatis, ovatis, ciliatis; caule
subtecto; corymbo supradecomposito. Crassula *obvallata*
Linn. Syst. Veg. XIV. p. 305.　*Mant. p.* 61.

Crescit in montibus *H e x r i v i e r, R o d e Z a n d K l o o f,* alibique.
Floret Decembri, Januario.

31. C. (*centauroides*.) foliis sessilibus, cordato-ovatis,
integris, remotis; caule flaccido; floribus umbellatis. Crassula centauroides *Linn. Syst. Veg.* XIV. p. 305.　*Mant.*
p. 360.

Crescit in lateribus *T a f f e l b e r g,* inque ejus fossa magna. *Flo-*
ret Januario, Februario.

32. C. (*dichotoma*.) foliis subpetiolatis, ovatis, obtusis;
floribus umbellatis; caule filiformi flaccido. Crassula dichotoma *Linn. Syst. Veg.* XIV. p. 305. n. 15. *Sp. Pl.* p. 404.

Crescit in fossa magna *T a f e l b e r g,* in arenosis *S w a r t l a n d,*

---

*) Supra *remota* dicuntur. **Editor.**

monte Paarl et alibi.　Floret Februario, Octobri, Septembri

33.　C. (*marginata*.) foliis connatis, ovatis, margine membranacais: pedunculis unifloris; caule debili.

Caulis herbaceus, articulatus, simplex vel ramosus, palmaris vel paulo ultra, totus glaber, pellucidus. *Folia* obtusa, integra, margine albo scarioso, patentia, unguicularia. *Flores* laterales vel terminales. *Pedunculi* bini vel plures, capillares.

34.　C (*tomentosa*) foliis connatis, lanceolatis, villosis, ciliatis; caule subnudo; floribus verticillatis. Crassula *tomentosa Linn. Syst. Veg.* XIV. p. 307.　*Suppl.* p. 170.

Crescit in Hantum. Floret Octobri, Novembri.

Folia radicalia, oblongo lanceolata, obtusiuscula, hirsuta, imbricata, pollicaria; caulina trium parium, minora. *Caulis* angulatus, erectus, villosus, pedalis.

35.　C. (*crenulata*.) foliis connatis, lanceolatis, punctato-crenulatis, remotis; corymbo decomposito. Crassula *crenulata Linn Syst. Veg.* XIV. p. 307　*Suppl* p. 189.

Crescit prope Lurisrivier. Floret Decembri.

Caulis herbaceus, erectus, teres, foliosus, articulatus, glaber, viridis, lineolis albis variegatus, crassitie pennae. pedalis. *Folia* fastigiatim opposita, sessilia, subconnata, lineari lanceolata, obtusa, supra concava, subtus convexa, serie punctorum intra marginem, crenulata, carnosa, glabra, internodiis longiora, digitalia. erecta, apice patula, superiora sensim minora et remotiora. *Flores* corymbosi, albi, corymbus trichotomus, fastigiatus. *Bracteae* duae oppositae, sub singulo pedicello, minutae. *Pedunculi* pollicares. *Pedicelli* sensim breviores.

36.　C. (*perforata*.) foliis connato-perfoliatis, ovatis, ciliatis, remotis; caule erecto. thyrsifloro. Crassula *perforata Linn. Syst. Veg.* XIV. p. 307.　*Suppl.* p. 190.

Crescit in sylva prope Swartkop's Zoutpan. Floret Decembri.

Caulis teres, articulatus, sensim attenuatus, foliosus, glaber, pedalis. *Folia* fastigiatim opposita, connato-perforata, acuta, carnosa, cartilagineo-ciliata, patentia, unguicularia, longitudine internodiorum, viridia, subtus margineque supra rufescentia. *Flores* spicato-paniculati s. thyrsoidei. *Thyrsus* interruptus, spithamaeus, compositus, subsecundus, incurvus. *Pedunculi* ct pedicelli filiformes.

37.　C. (*pyramidalis*.) foliis connatis, quadrifariam imbricatis, ovatis, obtusis, integris; capitulis sessilibus. Crassula *pyramidalis Linn. Syst. Veg.* XIV. p. 307.　*Suppl.* p. 189.

Crescit juxta Olyfants-Rivier orientalem, prope thermas. Floret Octobri.

Caulis flexuoso-erectus, simplex, bifidus, totus foliis tectus, palmaris. *Folia* marginata, lineam longa, glabra. *Flores* in

ramis terminales, capitati. *Capitula* solitaria, sessilia, pno
majora, globosa. Similis Crassulae *muscosae*, sed differt a.)
caule crassiore, erecto, b.) floribus capitatis.

38: C. (*deltoidea.*) foliis connatis, deltoidibus; caule tecto;
floribus corymbosis. Crassula *deltoidea Linn. Syst. Veg.*
XIV. p. 206. *Suppl.* p. 189.

Hottentottis: Kata Kiso. Crescit in Carro prope Olyfants.
Rivier, Hantam. Floret Decembri.
Caulis herbaceus, carnosus, teres, erectus, semidigitalis, inferne nudus, superne foliosus, ramosus. *Folia* alternatim opposita, terminalia, imbricata, apice patula, integra, pulverulento glauca, semiunguicularia. *Flores* terminales. *Corymbus*
compositus, subfastigiatus.

39. C. (*cultrata.*) foliis connatis, obovatis, obliquis, integris, remotis; caule elongato; floribus corymboso-panicu-
latis. Crassula *cultrata. Linn. Syst. Veg.* XIV. p. 305.
Sp. Plant. p. 405.

Crescit in Carro prope Olyfants-Rivier. Floret Decembri,
Januario.
Caulis herbaceus, teres, erectus, inferne foliosus, simplex,
superne nudus, glaber, pedalis vel spithamaeus. *Folia* fastigiatim opposita, ovata, obtusa, basi parum obliqua, supra
concaviuscula, subtus convexa, carnosa, erecta, pollicaria, unguem lata, internodiis longiora. *Panicula* trichotoma, composita, patula. Variat α. foliis pollicaribus, glabris, viridibus;
β. foliis subpollicaribus, glabris, rubris; γ. foliis semipollicaribus, pubescentibus, viridibus.

40. C. (*ciliata.*) foliis connatis, oblongis, ciliatis, patulis; caule elongato; corymbo composito, subrotundo. Crassula *ciliata Linn. Spec. Veg.* XIV. p. 305. *Spec. Pl.*
p. 405.

Crescit circum urbem Kap in collibus vulgaris. Floret Aprili
et sequentibus mensibus.

41. C. (*coccinea.*) foliis connatis, ovatis, ciliatis; caule
tecto; floribus capitatis. Crassula *coccinea Linn. Syst.*
Veg. XIV. p. 30;. *Spec. Pl.* p. 404.
Crescit in proclivis Taffelberg. Floret Februario.

42. C. (*rupestris.*) foliis connatis, ovatis, integerrimis,
glabris; caule tecto; corymbo supradecomposito. Crassula
rupestris Linn. Syst. Veg. XIV. p. 307. *Suppl.* p. 189.
Crescit in 'rupibus Inderste Roggeveld, fronte montis Bock-
land, montibus Hexrivier. Floret Novembri, Decembri,
Octobri.
Radix perennis, fibrosa, ramosa. *Caulis* teres, ramosus,
erectus, palmaris et ultra. *Folia* alternatim opposita, acuta,
supra plano-concaviuscula, subtus convexo-carinata, approximata, internodiis longiora, subunguicularia, viridia, margine

rufescente, erecto-patula. *Flores* corymbosi. *Corymbus* trichotomus, fastigiatus. *Pedunculi* et pedicelli glabri, albo-purpurei. *Bracteae* sub singulo pedicello ovata, minuta, alba. *Perianthium* 5-phyllum : folia ovata, corollâ breviora, glabra. *Corolla* 5-petala. *Petala* ovata, obtusa, concava, patula, alba. *Nectarium* squamulae 5 ad basin germinum, minutissimae. *Filamenta* 5, subulata, alba, corollâ breviora. *Antherae* ovatae, fuscae. *Germina* 5, supera. *Styli* 5, subulati, erecti, albi, staminibus breviores. *Stigmata* simplicia, acuta. *Capsulae* 5.

43. C. (*Cotyledonis*); foliis connatis, oblongis, tomentosis, ciliatis; caule subnudo; floribus corymbosis, aggregatis. Crassula *Cotyledonis Linn. Syst. Veg.* XIV. p. 307. *Suppl.* p. 190.

Crescit prope Swartkop's Zoutpan, in sylva. Floret Decembri.

Caulis simplex, erectus, herbaceus, subtetragonus, aphyllus, tomentosus, crassitie pennae, pedalis. *Folia* radicalia, plura, 8, fastigiatim opposita, confertissima, ovalia, obtusa, carnosa, supra plana, subtus convexa, integra, tenuissime ciliata, subtomentoso-mollia, pollicem lata, digitalia, erecta, caulina trium parium, minora. *Bracteae* in pedunculis fastigiatim oppositae, connato-vaginantes, ovatae, obtusae, adpressae, lineam longae, tomentosae. *Flores* albi, corymbosi, pedicellati. *Pedunculi* dichotomi. *Corymbus* compositus.

44. C. (*argentea.*) foliis connatis, ovatis, integris, argenteis; caule tecto; corymbo supradecomposito. Crassula *argentea. Linn. Syst. Veg.* XIV p. 306. *Suppl.* p. 188.

Crescit culta in Hortis Societatis in urbe Kap et Rondebosch. Floret Augusto.

Radix perennis. *Caulis* fruticosus, ramosus, pedalis et ultra. *Rami* teretes, glabri. *Folia* opposita, suborbiculata, patenti-erecta, carnosa, glabra, sessilia, obtusa cum acumine, margine acuto, pollicaria. *Flores* terminales in corymbo ovato. *Perianthium* 5-dentatum, brevissimum. *Corolla* 5-petala. *Filamenta* 5, subulata, alba, corollâ breviora. *Antherae* nigrae. *Styli* 5, subulata, breves. *Stigmata* simplicia, obtusa, fusca. *Nectaria* 5 rubra, ad basin germinis, minima, intra petala. *Capsulae* 5, triquetrae, ovatae, glabrae, acutae. *Semina* plurima, rotunda, glabra, alba.

45. C. (*lactea.*)

E Prom. b. Spei, culta in H. Kewensi.

Caulis teres, carnosus, crassitie calami scriptorii, articulatus ex casu foliorum; rami ex infima parte spithamaei, glabri, debiles, erectiusculi. *Folia* fastigiata, perfoliata, obovata, acuminata, inferne attenuatâ, integerrima, subciliata, concava, subcinerea, subtus convexa; supra concava, intra marginem albo-punctata; approximata, pollicaria, superiora minora. *Flores* thyrsoidei. *Bracteae* oppositae pedunculis, foliis similes, longitudine pedunculorum. *Thyrsus* trifidus, pedunculis subquadrifloris, umbellatis.   *Cal.* 5 - fidus, laciniae lanceolatae, erectae, glabrae, corollâ quadruplo breviores. *Corolla* 5 - petala, alba, patula. *Petala* lanceolata, acuta, semiunguicularia. *Filamenta* 5, corollâ breviora, alba. Baro *Stam.* 6, corolla 6-petala.

46. C. *(tecta.)* foliis connatis, ovatis, obtusis, laminuloso - cinereis; scapo nudo; floribus sessilibus. CRASSULA *tecta* L i n n. *Syst. Veg.* XIV. p. 307.   *Suppl.* p. 190.

   Crescit in Carro, trans Hartequas Kloof. Floret Decembri.
   Caulis subnullus. *Folia* subradicalia, opposita, frequentissima, imbricata, subtus convexa, supra concava, crasso - carnosa, pulvere cinereo (instar squamarum Lepidopterorum) tecta, basi nuda, cartilagineo ciliata, unguicularia, superiora minora. *Scapus* erectus, filiformis, pollicaris. *Flores* in capitulum collecti, plures, minuti. *Perianthium* 5 - phyllum, viride, glabrum, petalis paulo brevius. *Corolla* 5 - petala, alba. *Petala* ovata, obtusiuscula, erecta, concaviuscula, minuta. *Filamenta* 5, brevissima. *Antherae* ovatae, didymae, flavae. *Styli* 5, longitudine filamentorum. *Stigmata* simplicia, obtusa, viridia. *Nectaria* observare non potui.

47. C. *(corallina.)* foliis connatis, deltoidibus, obtusis; caule tecto; floribus umbellatis. CRASSULA *corallina.* L i n n. *Syst. Veg.* XIV. p. 306.   *Suppl.* p. 188.

   Crescit in campis siccis Hantum inter Daunis et Roggeveldsberg. Floret Novembri.
   Radix fusiformis, fibrosa, perennis. *Caules* radicales plures filiformes, dichotome ramosi, erecti, pollicares. *Rami* alterni, erecti, ramulosi, fastigiati. *Folia* in ramis et ramulis fastigiatim opposita, sessilia, distincta, suborbiculata, carnosa, apice incrassata, integra, basi viridia, apice pulverulento - alba, punctis virentibus impressis, quadrifariam extantia, frequentia, internodiis longiora, lineam longa. *Flores* ex apicibus ramulorum, plurimi, terminales, erecti, pedunculati. *Pedunculi* filiformes, glabri, uniflori, foliis vix longiores. *Perianthium* 1-phyllum, viride, 5 - partitum, inferum, capsulam vestiens: laciniae ovatae, triquetrae, obtusae, albidae, brevissimae. *Corolla* pentapetala. *Petala* ovata, obtusa, alba, erecta, semilineam longa. *Filamenta* 5 brevissima. *Antherae* ovatae, flavae. *Germina* supera, 5, glabra. *Styli* 5 subulati, erecti, staminibus breviores. *Stigmata* simplicia, acuta. Planta Corallinam marinam refert, sed major.

48. C. *(vestita.)* foliis connatis, deltoidibus, obtusis; caule tecto; floribus terminalibus, capitatis. CRASSULA *vestita* L i n n. *Syst. Veg.* XIV. p. 306.   *Suppl.* p. 188.

   Crescit in Onderste Roggeveld locis lapidosis siccissimis. Floret Novembri, Decembri.
   Radix fusiformis, fibrosa, repens, perennis? *Caulis* erectiusculus, ramosus, palmaris, basi nudus. *Rami* et ramuli alternatim sparsi, foliis tecti, pollicares. *Folia* alternatim opposita, connato perfoliata, deltoidea s. ovata, subtus valde

gibba, obtusiuscula, integerrima, superiora frequentissima, pulverulento alba punctis minutis viridibus; infima emarcida, quadrifariam imbricata. *Flores* in ramis, aggregati, sessiles, flavi. *Perianthium* 1-phyllum, 5-partitum: laciniae ovatae, obtusae, concavae, minutissimae, pulverulentae, punctatae. *Corolla* 5-petala. *Petala* ovata, acuta, apice patentia, flava. *Filamenta* 5, subulata, erecta, longitudine corollae. *Antherae* flavae. *Germina* 5 supera. *Styli* 5, subulati, corollâ paulo breviores, purpurei. *Stigmata* simplicia, patentia. *Capsulae* 5 ovatae, acuminatae, albae, purpureo striatae, glabrae. *Nectarium* squamae 5 ad basin germinum, ovatae, obtusae, concavae, flavae, corollâ triplo breviores. Plures occurrunt. *Crassulae pyramidales*, foliis quadrifariam imbricatis. *Capitulum* florum caule cum foliis vix grandius.

49. C. (*columnaris.*) foliis connatis, orbiculatis, ciliatis, hemisphaerice imbricatis; caule tecto; floribus capitatis. Crassula *columnaris Linn. Syst. Veg.* XIV. p. 3o6. *Suppl.* p. 191. Euphorbium aphyllum, rotundum, squamis crassis, imbricatis., florum comâ multiplici. *Burm. Dec. Afr.* p. 19. t. 9. f. 2.

Crescit in Onderste Roggeveld, in Bockland. Floret Octobri, Novembri.

Radix fibrosa. *Folia* glabra, unguicularia. *Caulis* teres, glaber, pollicaris, totus foliis tectus. *Flores* terminales, copiosissimi, albi. *Capitulum* hemisphaericum.

50. C. (*orbicularis.*) foliis connatis, ovato-oblongis, ciliatis, patentibus; caule subnudo, thyrsifloro Crassula *orbicularis. Linn. Syst. Veg.* XIV. p. 3o6. *Spec.* Pl. p.406.

Crescit prope Valsrivier. Floret Octobri.

51. C. (*Septas.*) foliis crenatis, connatis, subrotundis; caule subnudo, umbellifero. Septas *capensis Linn. Spec.* Pl. p.489. *Amoen.* VI. 13. *Syst. Veg.* X. V. p. 353. Doronici? species pumila auriculae ursi folio glabro. *Pluk. Mant.* 66. *t.* 4\o. *f.* 9. bona.

Crescit in Leweberg passim, in Duyvelsberg in fossa majori copiosissime, et alibi, in Lewekopp. Floret Junio, Julio.

Radix globosa, globis saepe binis vel ternis, articulatis, carnosa, fibrosa, perennis, intus alba, magnitudine nucis. *Caulis* unicus vel rarius plures, simplex, rarissime divisus in duos vel tres ramos, parum decumbens, erectus, glaber, filiformis, longitudine circiter digiti. *Folia* interdum subradicalia, saepius infra medium caulem, sessilia, opposita, saepius quaterna, quorum duo opposita minora, rarius sena; orbiculata, glabra, crassiuscula, cartilagineo crenata, supra viridia, subtus plerumque purpurea; duo infima attenuata, subpetiolata. *Flores* terminales, solitarii rarius, pauci, saepe plurimi, umbellati, pedunculati. *Pedunculi* aphylli, glabri, vix unguiculares, inaequales; lateralibus brevioribus, uniflori. *Bracteae* ad basin pe-

19 *

dunculorum solitariae, lineares, obtusae, glabrae. *Umbella* interdum composita, saepius simplex; pedicelli pedunculis paulo longiores. *Perianthium* 1-phyllum, 5-9-partitum profunde: laciniae lanceolatae, obtusae, glabrae, corolla duplo breviores, erectae, virescentes. *Corolla* 5-9-petala; petala ovata, obtusa, concaviuscula, erecta, intus alba, extus albo-purpurascentia. *Filamenta* 5-9, subulata, ad basin germinis calyci inserta, longitudine calycis. *Antherae* ovatae, saturate purpureae, post florescentiam fuscae. *Germina* 5-9, triquetra, incurva, alba. *Styli* breves, subulati, erecti, albi. *Stigmata* simpliciuscula, obtusiuscula, alba vel dilute purpurascentia. *Nectaria* 5-9, globosa, minima, inter bases staminum, sanguinea. *Capsulae* 5-9, ovatae, acutae, glabrae, polyspermae. *Semina* globosa, plurima, minima. Variat a) floribus solitariis paucis et plurimis; b) umbella simplici et composita; c) foliis duobus, quaternis et senis.

O b s. Numerus partium valde variat in hac planta; locis enim sterilibus et siccis pentandra est; in pinguiori solo et aquoso hexandra raro, saepissime heptandra, saepeque octandra et enneandra, cum totidem petalis, laciniis calycis, germinibusque. Perianthium inveni 8-partitum, duo corolla fuit 7-petala, stamina et germina 7; etiam in flore 9-andro et 9-petalo germina 8, cum calyce 9-partito. Planta pulcherrima Saxifragis toto habitu similis est. Caulis saepissime nudus: raro bracteae 2, alternae in medio. Crassulae genus numero staminum valde variat, vixque differt a Sedo.

52. C. (*hemisphaerica.*) foliis connatis, subrotundis, ciliatis, hemisphaerice imbricatis; caule nudo, thyrsifloro.

Crescit in montibus Roggeveld, in Carro juxta Olyfantsrivier orientalem, et prope ejusdem rivuli thermas. Floret Decembri.

Radix fibrosa, annua. *Folia* radicalia, plurima, alternatim opposita, mollia, cartilagineo-ciliata, deorsum imbricata, carnosa, tenuia, pollicaria, superioribus sensim minoribus, pallida, rufo-punctata. *Scapus* e centro foliorum, simplex, carnosus, aphyllus, albidus, palmaris. *Flores* spicato-paniculati. *Thyrsus* compositus.

53. C. (*barbata.*) foliis connatis, orbiculatis, barbatis, hemisphaerice imbricatis; caule subnudo; floribus verticillatis. Crassula *barbata Linn. Syst. Veg.* XIV. p. 306.   *Suppl.* p. 188.

Crescit in rupibus montium Hantum prope villam Grootrivier, in Roggeveld. Floret Octobri, Novembri.

Radix fibrosa, biennis. *Folia* radicalia, plurima, aggregata, suborbiculata, tenuia, glabra, margine fasciculato-pilosa, subpollicaria; caulina duorum parium, consimilia, sed longe minora, remota. *Caulis* subangulatus, erectus, glaber, spithamaeus, crassitie fere calami. *Flores* verticillati.

54. C. (*minima.*) foliis petiolatis, subrotundis, integris; pedunculis unifloris.

*Crescit in rimis intimis ambrosis montium Rode Sand et Bocke-
veld frigidioris dicti. Floret Septembri, Octobri.*
Planta minima, tenerrima, tota glabra. *Folia* glabra, diffusa, lineam longa. *Petiolus* filiformis, pollicaris. *Caulis* brevissimus vel subnullus. *Pedunculi* subradicales, capillares, uniflori. *Petala* semper 5. *Filamenta* saepius 5, rarius 4, raro 6.
Capsulae et styli 5, rarissime 4 cum staminibus totidem ovatae,
acutae, conniventes.

55. C. (*cordata.*) foliis petiolatis, cordatis; floribus solitariis. Crassula *cordata Linn. Syst. Veg.* XIV. p. 306.
Suppl. p. 189.
*Crescit prope Swartkop's Zoutpan, in sylvula. Floret No-
vembri, Decembri.*
Radix annua. *Caules* herbacei, debiles, sensim tenuiores, inferne foliosi, superne ramosi, carnosi, teretes, incarnati, erectiusculi, palmares. *Rami* in caulis supremo oppositi, capillares, patenti-erecti, glabri. *Folia* caulina fastigiatim opposita,
rotunda, integra, reflexo patentia, crassa, carnosa, viridia,
margine punctisque rufis, frequentia, unguicularia; ramea similia sed multoties minora et tenuiora, viridia, circulo punctorum intra marginem. *Petioli* semiunguiculares. *Flores* terminales, solitarii, pedunculati. *Pedunculi* capillares, lineam
longi.

56. C. (*spathulata.*) foliis petiolatis, spathulatis, crenatis; corymbo decomposito, trichotomo.
Crescit in sylvula juxta exitum Zeekorivier. Floret Januario.
Radix perennans. *Caulis* herbaceus, tetragonus, laxus, procumbens, glaber, ramosus, spithamaeus vel ultra. *Rami* alterni, simplices, fastigiati, diffusi, cauli similes. *Folia* opposita, cordato-spathulata, subcucullata, obtusa, patentia, glabra, internodiis breviora, subunguicularia. *Petioli* sensim dilatati, subreflexi, foliis breviores. *Flores* corymbosi. *Corymbus* supradecompositus. *Pedunculi* et *Pedicelli* divaricati, glabri. *Bractea* sub singulo pedicello subulata, brevissima. *Perianthium* 5-phyllum, laciniae acutae, brevissimae, glabrae.
Corolla 5-petala, incarnata, patens. *Petala* lanceolata, acuta.
Nectaria: squamae 5 ad basin petalorum, minutissimae, albae.
Filamenta 5, subulata, erecta, alba, corollâ breviora. *Antherae* minutae. *Germina* 5, supera, glabra. *Styli* subulati,
patuli, albi. *Stigmata* acuta. *Capsulae* 5, ovatae, acutae, stylis persistentibus coronatae, glabrae.

57 C. (*dentata.*) foliis petiolatis, cordatis, dentatis.
*Crescit in rimis maxime inaccessibilibus montis Ribek-Casteel.
Floret Octobri.*
Planta tota glabra. *Caulis* vix ullus, vel brevissimus. *Folia*
subradicalia, subrotunda, patentia, unguicularia. *Petioli* pollicares, diffusi. *Flores* subumbellati. *Umbellae* radicales, pedunculi foliis breviores.

Classis VI.

HEXANDRIA.

MONOGYNIA.

CXCI. COMMELINA.

Cor. 6-*petala. Nectaria* 3, *cruciata, filamentis propriis inserta.*

1. C. *(africana.)* corollis inaequalibus; foliis lanceolatis glabris: caule decumbente. COMMELINA *africana Linn. Syst. Veg.* XIV. p. 94; *Spec. Plant.* p. 60.

Crescit in collibus arenosis circum Cap et alibi vulgaris. Floret Majo et sequentibus mensibus.

Caulis totus decumbens, laxus, articulatus, striatus, glaber, simplex vel dichotomus. *Folia* vaginantia, lato lanceolata, convoluta, integra, nervosa, pollicaria, duas lineas lata. *Vaginae* inflatae, albidae, membranaceae, nervosae, glabrae, ciliatae ciliis albis. *Flores* pedunculati. *Involucra* cordato-ovata, acuta, nervosa, glabra.

2. C. *(bengalensis.)* corollis inaequalibus; foliis ovatis, hirsutis; caule repente. COMMELINA *bengalensis Linn. Syst. Veg.* XIV. p. 94. *Spec. Plant.* p. 60.

Crescit in sylva prope Zeeko-rivier. Floret Novembri, Decembri.

Caulis articulatus, multisulcatus, parum villosus, simplex vel dichotomus. *Folia* vaginantia, parum acuta, basi attenuata supra vaginas, integra, nervosa, subtus subtomentosa, pollicaria. *Vaginae* inflatae, nervosae, ciliatae. *Flores* caerulei. *Involucra* cordato-ovata, pilosa.

3. C. *(speciosa.)* caule flexuoso-erecto; foliis amplexicaulibus, lanceolatis; floribus glomeratis, axillaribus. TRADESCANTIA *speciosa. Linn. Syst. Veg.* XIV. p. 315. *Suppl.* p. 192.

Crescit in lateribus summorum montium Hautniquas et in Lange Kloof. Floret Novembri, Decembri.

Caulis simplex, pedalis. *Folia* alterna, sessilia, basi amplexicaulia, vagina inflata, margine ciliata, integra, erecto-patentia, internodiis paulo breviora, subtus glabra, supra villosa, digitalia, superioribus sensim brevioribus. *Flores* aggregati, subsessiles, speciosi. *Corolla* et filamentorum barba caerulea. *Filamenta* 6, antheris luteis.

CXCII. F R A N K E N I A.

Cal. 5 - *fidus*, *infundibuliformis.* *Petala* 5. *Stigma* 6-*partitum.* *Caps.* 1- *locularis*, 3 - *valvis.*

1. F. (*Nothria.*) caule decumbente, glabro; vaginis foliorum ciliatis. Nothria *repens Bergii Cap.* p. 171.

Crescit in omnibus fere maritimis salsis, prope Kap et olibi, Camdous-rivier etc. vulgaris. Floret Decembri, Januario.

Caulis teres, articulatus, aphyllus, purpurascens, spithamacus. *Rami* similes, oppositi, interdum alterni, manifeste hinc inde pilosi, adscendentes, foliosi, pollicares usque digitales. *Ramuli* filiformes, similes, breves. *Folia* opposita et verticillata, terna vel plura, basi vaginata, connata, subteretia, carnosa, glabra, integra, supra sulcata, subtus margine revoluta, vix lineam longa, vaginâ ciliis albis. *Flores* in axillis et apicibus ramulorum terminales, aggregati, sessiles. *Perianthium* prismaticum. *Filamenta* 6 ad medium coalita. *Stylus* unicus, stigmatibus 3. Differt a ceteris caule decumbente glabro.

CXCIII. L O R A N T H U S.

Germen inferum. *Cal.* o. *Cor.* 6-*fida*, *revoluta.* *Stam.* ad apices petalorum. *Bacca* 1-*sperma.*

1. L. (*glaucus.*) pedunculis axillaribus, unifloris; foliis ovatis, glaucis.

Crescit in Saldanhabay. Floret Septembri.

Frutex erectus, teres, glabriusculus, pedalis et ultra. *Rami* sparsi, breves, pauci. *Folia* subpetiolata alterna, obtusa, integra, rore glauco utrinque tecta, unguicularia. *Petioli* semilineam longi. *Flores* axillares, pedunculati, erecti. *Pedunculi* duo, tres vel plures, lineam longi. *Corolla* cylindrica, 5-partita, pulverulenta, pollicaris. *Filamenta* 5. *Bacca* calyce persistente coronata, ovata, pulverulenta.

CXCIV. S T R U M A R I A.

Cor. supera, 6-*petala.* *Nectarium intra stamina plicatum.*

1. S. (*filifolia.*) spathâ diphyllâ, multiflorâ; stylo basi inflato, plicato; foliis lineari-filiformibus. Leucojum *strumosum. Ait. H. Kew. 1. p. 407. tab. 5.*

Crescit prope Cap et Nyland, locis sabulosis, depressis. Floret Aprili, Majo, Junio.

Radix bulbosa. *Bulbus* subglobosus fibrosus, albus, magnitudine nucis *Avellanae.* *Folia* radicalia plura, saepius 2-3, basi vaginâ inclusa, integra, glabra, erecta, scapo initio longiora, dein breviora, supra sulco longitudinali saepe, initio subspiralia. *Scapus* simplex, teres, glaber, erectus, crassitie culmi te-nuioris, spithamaeus, digitalisve. *Flores* umbellati, terminales, pedunculati. *Umbella* simplex, 5 - 10 - flora. *Pedanculi* capilla-res, erecti, glabri, uniflori, inaequales, pollicares vel bipolli-cares. *Spathae* universalis umbellae foliola basi lata, sensim attenuata, lineari - setacea, glabra, pedunculis breviora: par-tialis nulla. *Corolla* hexapetala, aequalis, supera: petala ovata, obtusa, patula, alba carinâ incarnatâ, lineam longa; con-cava. *Filamenta* 6 germini inserta, subulata, petalis breviora, inaequalia, alba. *Antherae* ovatae, dorso affixae, compressae, didymae, erectae, purpureae, dein fuscae. *Pollen* flavescens. *Germen* inferum. *Stylus* filiformis, albus, staminibus duplo bre-vior. *Stigma* simplex, album, obtusum, triquetrum. *Necta-rium* intra stamina monophyllum, plicatum, inflato - globosum, clausum, subsexangulatum, album, cum medio stylo connatum. *Capsula* globosa, glabra, trivalvis, trilocularis, trisulca. *Semina* plura globosa, glabra.

Obs. Differt ab Asphodelo 1. corollâ superâ, hexapetalâ. 2. nectario non staminifero. Ab Amaryllide 1. nectario non plicato; 2. stigmate simplici. A Leucojo, Narcisso et Pancratio nectarii figurâ, stig-mate diverso. Rarissime scapis 2 radicalibus gaudet.

CXCV. HAEMANTHUS.

Involucrum 6 - *phyllum, multiflorum. Cor.* 6 - *partite, supera. Bacca trilocularis.*

1. H. (*spiralis.*) caule spirali foliisque filiformibus. An-thericum *spirale Linn. Mant.* 2. 224. Crinum *tenellum Linn.* Syst. *Veg.* XIV. p. 319. *Suppl.* p. 194. Haeman-thus *spiralis Aiton H. Kew.* 1. p. 405.

Crescit ad pedem montium Leonis et Diaboli, infra Taffel berg in lateris occidentalis collibus. Floret Majo, Junio. Junio.

Radix carnosa, ovata, magnitudine pisi. *Scapus* erectus, spi-rali - flexuosus, infra medium purpureus, supra viridis vel al-bidus, pauciflorus, glaber, digitalis vel palmaris. *Folia* radi-calia, circiter 4, semiteretia, spiralia. patentia, glabra, scapo quadruplo breviora, sub finem florescentiae emarcidae, polli-caria vel paulo ultra. *Flores* solitarii vel umbellati, pauci, tres s. quatuor, erecti, pedunculati, albi, striis purpureis. *Spatha* bivalvis, lineari - lanceolata, acuta, pedunculis multo - brevior, semiunguicularis, ad basin pedunculorum, marcescens. *Pedun-culi* filiformes, uniflori, pollicares vel ultra. *Corolla* monope-tala, campanulata. *Tubus* brevis. *Limbus* tubo triplo longior, 6 - partitus, erecto - patens: laciniae ovatae, obtusae, aequales, alternis tribus apice setâ nigrâ brevi inermi spinosae vel ari-statae. *Stam.* filamenta 6, subulata, tubo inserta, corollâ mul-toties breviora, tribus alternis brevioribus. *Antherae* ovatae, sulcatae, erectae, flavae. *Germen* inferum. *Stylus* filiformis longitudine filamentorum, albus. *Stigma* acutum, subbifidum. *Capsula* globosa, glabra. trisulca. trivalvis, trilocularis.

Obs. AMARYLLIDI : spatha ι - phylla, bifida. HAEMANTHUS diatinguitur.: ι.
involucro di - usque hexaphyllo; 2. corollâ 6 - partitâ, patenti, tubo brevissimo recto. CRINUM : 1. involucro 2 - phyllo. 2 corollâ tubulosâ,
tubo longo, limbo brevi, 6 - fido.

2. H. (*undulatus.*) scapo tereti; limbi laciniis ovatis, undulatis. AMARYLLIS *undulata Linn. Syst. Veg.* XIV. p. 320.
Ait. Hort. Kew. I. p. 421.

Crescit in collibus infra *m o u t e m t a b u l a r e m* versus Orientem, ad
Wynberg et alibi. Floret *Martio, Aprili, Majo.*

Radix bulbosa, ovato - oblonga, fibrosa, glabra, magnitudine
pyri majoris. *Folia* radicalia, sub florescentia nulla. *Scapus*
teres vel subcompressus, simplex, erectus, glaber, spithamaeus,
basi purpureus, superne viridis. *Flores* umbellati, umbellâ
multiflorâ, floribus circiter XI, erecti, magnitudine ANEMONES
nemorosae. *Spatha* diphylla, umbellâ brevior : foliola basi lata,
inde attennato - subulata, glabra, purpurascentia. *Pedunculi*
glabri, erecti, pollicares vel paulo ultra. *Corolla* 1 - petala.
Tubus brevissimus, vix lineam dimidiam longus. *Limbus* 6 - par-
ti̇tus, fere ad basin: laciniae lanceolatae, obtusae, patentes,
margine undulatae, alternae, obtuse acuminatae, intus albai,
extus purpurascentes, crystallino - pellucidae. *Filamenta* 6,
subulata, corollâ dimidio breviora, erecta, alternis tribus longioribus, tubo corollae inserta. *Antherae* rotundae, nigrae.
Germen inferum. *Stylus* filiformis, filamentis paulo brevior,
purpurascens. *Stigma* acutum, subbifidum. *Capsula* ovata, subtriangularis, purpurascens, glabra, trivalvis, trilocularis *Semina* plurima, globosa, alba. Corolla horizontaliter patens,
vix tubulosa, primo intuitu AMARYLLIDEM refert.

3. H. (*vaginatus.*) foliis linearibus, basi vaginatis; lim
laciniis lanceolatis, erectis.

Crescit in Carro ultra Olyfants - rivier.
Folia radicaliá plura, circiter 4 - 6, lineari - lanceolata, erecta,
glabra, basi vaginâ saepe duplici cincta, scapo breviora, spithamaea. *Scapus* solitarius, teres, erectus, glaber, pedalis vel
ultra, crassitie calami. *Flores* terminales umbellati, circiter
viginti. *Spatha* externa bivalvis, ovato - lanceolata, acuta, concava, glabra, unguicularis. *Pedunculi* filiformes, erecti, glabri,
pollicares. *Corollae* laciniae aequales, acutae, albae. *Stamina*
longitudine corollae. *Stylus* corollâ longior, stigmate bifido.

4. H. (*falcatus.*) foliis linearibus, falcatis; corollae laciniis erectis, lanceolatis. CRINUM *falcatum Linn. Syst.
Veg.* XIV. p. 319. AMARYLLIS *falcata Ait. Hort. Kew.* I.
p. 418.

Crescit prope urbem Kap et alibi.
Folia radicalia circiter 4, vaginâ longâ inclusa, lineari - ensi-
formìa, margine cartilagineo - crenata, saepe integra, striata,
glabra, pedalia. *Scapus* teres, striatus, glaber, digitum crassus, spithamaeus. *Flores* umbellati. *Spatha* diphylla: foliola
ovato oblonga, basi latissima, glabra, pedunculis longiora.

Intra laciniae albae, lineares, erectae, aequales. *Umbella* multiflora, floribus circiter 15, erectis. *Pedunculi* pollicares.

5. H. *(sarniensis.)* foliis linearibus; corollae laciniis reflexis. AMARYLLIS *sarniensis Linn. Syst. Veg.* XIV. p. 320. *Ait. Hort. Kew.* I. p. 420.

Crescit in fossa magna, alte in Taffelberg. Floret Aprili.
Folia obtusa, integra, striata, scapo breviora, glabra. *Scapus* teres, erectus, glaber, spithamaceus vel ultra. *Flores* umbellati. *Spatha* diphylla, patens: foliola basi lata, oblonga, apice attenuata, rufescentia, pedunculis longiora. Intra spatham laciniae lacerae, albicantes. *Umbellae* multiflorae, floribus circiter 9. *Pedunculi* filiformes, patuli, pollicares. *Corolla* sanguinea, profunde 6-partita, laciniis linearibus.

6. H. *(toxicarius.)* foliis ensiformibus, obliquis; limbi laciniis lanceolatis. AMARYLLIS *disticha Linn. Syst. Veg.* XIV. p. 360. HAEMANTHUS *toxicarius Ait. Hort. Kew.* I. p. 405.

Crescit in interioribus regionibus. Floret Octobri et sequentibus mensibus.
Folia radicalia, disticha, subundata, apice obliqua, obtusa, tenuissime striata, glabra, pedalia et ultra, pollices lata, scapo longiora. *Scapus* digitum crassus, teres, striatus, glaber, spithamaeus. *Flores* umbellati. *Umbella* multiflora, floribus numerosissimis. *Spatha* subdiphylla, duos pollices lata, oblonga, obtusa, floribus paulo longior. Intra laciniae sparsae, lineares, albae. *Pedunculi* erecti, pollicares. *Corollae* incarnatae: limbi laciniae lineari-lanceolatae. *Stamina* exserta.

7. H. *(orientalis.)* foliis ovato-oblongis, glabris; corollae laciniis ringentibus. AMARYLLIS *orientalis Linn. Spec.* p. 422. *Syst. Veg.* XIV. p. 320. *Ait. H. Kew.* I. p. 420.

Crescit in dunis infra Constantiam et prope Zeeko-valley ad littus intra Leweberg, in Swartland. Floret Martio, Aprili.
Radix bulbosa: bulbus globosus, glaber, fibrillosus, magnitudine capitis infantis. *Scapus* compressus, laevis, simplex, spithamaeus vel paulo longior, carnosus, umbellifer. *Folia* sub florescentia nulla; radicalia obtusa, striata, spithamaea, palmam lata. *Flores* umbellati, plurimi, 10-60, pedunculati. *Pedunculi* subteretes, sulcato-angulati, glabri, inanes, uniflori; exteriores longiores, palmares usque spithamaci, prius florentes, patentissimi; interiores disci breviores, digitales vel palmares, patenti-erecti, *Spatha* communis umbellae bivalvis, sessili-connata, ovata, sensim angustata, obtusa, concava, digitalis, pedicellis multo-brevior, rubra, glabra Intra laciniae lineari-filiformes, rubicundae. *Calyx* proprius nullus, sed filamenta inter pedunculos purpurea, longitudine circiter pedunculorum. *Corolla* fere ad basin 6-partita, supera, curva, subringens, pollicaris, purpurea. *Limbi* laciniae lanceolatae, acuminatae, obtusae, concaviusculae, apice patentes, revolu-

tae ; suprema intra duas proximas laterales et infima extra laterales sibi proximas, ut in Gladiolis. *Filamenta* 6 receptaculo inserta, secundum curvaturam corollae flexa, inaequalia, tribus plerumque longioribus; corollâ longiora, albo-purpurea. *Antherae* oblongae, dorso affixae, sulcatae, atro-purpureae. *Pollen* flavum. *Germen* inferum, planum, triangulare, glabrum. *Stylus* filiformis, staminibus et corollâ brevior, plerumque duplo, incurvus, triqueter, sulcatus, glaber, albo-purpureus. *Stigma* simplex, triangulare, obtusum. *Capsula* obovata, triquetra, trisulca; glabra, pollicaris, trivalvis, trilocularis apice, basi unilocularis. *Semina* plurima, globosa, glabra, dissepimentis affixa, semine Sinapios pauló majora. Speciosissima sane inter flores coronarios capenses, et fulgore et numero et positione florum; planta in dunis nudis et arena torrida inter colliculos quasi abscondita. Absolutâ,maturitate et disseminatione scapus emarcidus decidit, et folia proveniunt.

8. H. (*ciliaris*.) foliis oblongis, ciliatis; corollae laciniis reflexis. Amaryllis *ciliaris* ; *Linn.* *Spec.* p. 422. *Syst.* *Veg.* XIV. p. 340. Haemanthus *ciliaris* *Ait.* *H. Kew.* 1. p. 404.

Crescit. prope urbem Kap in collibus, et in campis arenosis extra promontorium. Floret Martio.

Radix carnosa, oblonga, profunde insidens, alba, centro fibrosa: fibrae filiformes, crassitie fere calami, digitales, carnosi, albi. *Folia* radicalia, bina plerumque vel terna, terrae subadpressa, patentia, initio sublanceolato linearia, dein ovato-oblongâ, obtusa, integra, glabra: pagina superior saturate viridis, inferior pallidior, venosa, purpureo-maculata; cilia disticha, patentia, recurva, recta; fusca, semi-unguicularia, tenuia, nec pungentia, rigidiuscula. *Folia* proveniunt mense Junio, digitalia vel ultra, margo ciliatus est ab apice usque ad radicem; basis vero foliorum palmaris intra vaginas recondita alba, et cilia adpressa, purpurea. *Scapus* digitum crassus, spithamaeus vel ultra. *Umbella;* multiflora, floribus 30 vel pluribus. *Pedunculi* trigoni, patuli, glabri, aequales, palmares. *Spatha* diphylla: laciniae flores interspersae, setaceae. *Corolla* fusca, profunde 6-partita; laciniae lanceolatae, patentes vel reflexae. *Filamenta* corollâ paulo breviora.

9. H. (*pubescens*.) foliis linguiformibus, pilosis. Haemanthus *pubescens* *Linn.* *Syst.* *Veg.* XIV. p. 316. *Suppl.* p 193.

Crescit in arenosis Groene Kloof. Floret Septembri.

Folia radicalia, linguiformia s. ensiformia, integra, venosa, erecta, spithamaea, pollicem lata. *Scapus* glaber, palmaris. *Spatha* 4-phylla, sanguinea: foliola ovato-oblonga, floribus longiora, pollicaria. *Umbella* multiflora, floribus circiter 8. *Pedunculi* brevissimi, vix lineam longi. *Corolla* incarnata, profunde 6-partita: laciniae lineari-lanceolatae, erectae. *Stamina* exserta, filamentis purpureis, antheris flavis.

10. H. (*puniceus*.) foliis petiolatis, oblongis, erectis, un-

dulatis, glabris. Haemanthus *puniceus Linn. Syst. Veg.*
XIV. p. 316. *Spec. Pl.* p. 413.

*Crescit prope urbem Kap, in Krum-rivier et alibi. Floret
Martio.*

Folia radicalia duo., ovato-oblonga, acuta, tenuissime reticulata, palmam lata, attenuata in petiolum maculatum, spithamaea. *Scapus* teres, purpureo-maculatus, spithamaeus. *Umbella* multiflora, floribus 8 usque viginti. *Spatha* 4-phylla, purpurea: foliola ovato-oblonga, sanguinea, longitudine umbellae.
Cilia albida, interspersa. *Pedunculi* breves, lineam longi. *Corolla* incarnato - sanguinea ad basin, fere 6-partita: laciniae
lanceolatae, erectae. *Filamenta* purpurascentia, corollâ paulo
longiora, antheris luteis.

11. H. (*coccineus.*) foliis sessilibus, linguiformibus, decumbentibus, glabris. Haemanthus *coccineus Linn. Syst.
Veg.* XIV. p. 316. *Spec. Pl.* p. 412.

*Crescit prope urbem Kap et alibi, in collibus solo argilloso. Flo-
ret Martio.*

Folia radicalia, raro unicum, saepissime duo, terrae adpressa,
linguiformia et ovata, integra, glabra, longitudinaliter venosa,
palmam lata, spithamaea. *Scapus* teres, erectus, incarnatus,
palmaris vel spithamaeus. *Umbella* multiflora, floribus 12 et
ultra. *Spatha* 4-phylla, sanguinea: foliola ovata, umbellâ longiora, sesquipollicaria. *Pedunculi* breves, vix unguiculares, inaequales. *Corolla* sanguinea, ad basin fere 6-partita, laciniae
lanceolatae, erectae. *Filamenta* capillaria, incarnata, corollâ
longiora, antheris flavis.

CXCVI. CRINUM.

Cor. infundibuliformis, monopetala, 6-partita.

1. C. (*angustifolium.*) foliis linearibus, obtusis; corollis
cylindricis; laminis alternis intus glandulosis. Crinum *angustifolium Linn. Syst. Veg.* XIV. p. 319. *Suppl.* p. 195.
Cyrtanthus *angustifolius Ait. H. hew.* I. p. 414.

Floret Octobri, et sequentibus mensibus.

Radix bulbosa. *Scapus* simplex, erectus, glaber, sesquipedalis. *Folia* radicalia, longitudine scapi, integra, glabra, striata;
lineam unam vel duas lata. *Flores* plurimi, umbellati, pedunculati, reflexo-nutantes. *Pedunculi* inaequales, radii longiores, interiores breviores, filiformes, striati, glabri, uniflori. *Spatha* s.
bractea bivalvis, sessili-connata, concava, lanceolata, acuta, venosa, membranacea, grisea, longitudine pedunculorum. *Filamenta*
inter flores, pedunculo breviores. *Corolla* 1-petala, tubulosa,
rubra. *Tubus* cylindricus, sensim ampliatus, incurvatus, glaber. *Limbus* 6-partitus, laciniae ovatae, obtusae, aequales,
erectae, alternis intus apice glandulosis. *Filamenta* 6, tubo
superne inserta, subulata, lineam cum dimidia longa, inaequalia. *Antherae* ut in Cr. *obliquo. Germen* et *Stylus* ut in Cr.
obliquo. Stigmata tria, reflexa, capitata. *Capsula* ut in Cr. *ob.*

liquo, cui similis et affinis, et a quo differt: foliis angustis, nec obliquis; floribus angustioribus, numerosis; laciniis alternis intus glandulosis. Noscitur Crinum: corollá tubulosá, tubo longo, limbo breviori; staminibus tubo insertis, inclusis; spathá diphyllá.

2. C. (*lineare.*) foliis linearibus; corollis campanulatis; laciniis duabus angustioribus. Crinum *lineare Linn. Syst. Veg.* XIV. p. 3ı9. *Suppl.* p. 195. Amaryllis *revoluta Ait. H. Kew.* I. p. 4ı9.

Crescit in campis graminosis inter van Stades et Swartkopp's-rivier. Floret Decembri.

Folia radicalia, laxa, scapo longiora, integra, glabra, bipedalia. *Scapus* teres, glaber, erectus, pedalis. *Umbella* multiflora, floribus circiter 5 vel 6. *Spatha* diphylla, albida: foliola basi lata, sensim attenuata, acuta, glabra, pollicaris. *Laciniae* lacerae, filiformes, albidae, intra spatham. *Pedunculi* unguiculares. *Corolla* tubulosa, nutans: tubus cylindricus, curvus, dein ampliato-campanulatus: limbi laciniae oblongae. *Stamina* inclusa.

3. C. (*obliquum.*) foliis lanceolatis, obliquis; limbi laciniis alternis, extus glandulosis. Crinum *obliquum Linn. Syst. Veg.* XIV. p. 3ı9. *Suppl.* p. 195. Cyrtanthus *obliquus Ait. H. Kew.* I. p. 4ı4.

Crescit ad Kabeljou fluvium in collibus infra montes, solo arenoso, lapidoso. Floret Decembri.

Radix bulbosa: bulbus globosus, magnitudine pugni, laevis, fibrillosus. *Scapus* teres, striatus, glaber, erectus, spithamaeus. *Folia* radicalia, pauca, obtusa, pollicem lata, scapo paulo breviora, integerrima, apice undulata, spirali obliqua erecta, glabra. *Flores* umbellati, quinque vel plures, pedunculati, recurvato-cernui. *Pedunculi* striati, aequales, pollicares. *Spatha* bivalvis, lanceolata, acuta, marcescens, reflexa, glabra, pedunculis paulo longior. *Filamenta* interspersa, lacera, marcida, longitudine pedunculorum. *Corolla* 1-petala, campanulata. *Tubus* cylindricus, sensim ampliatus, incurvatus, glaber, crassitie calami anserini, longitudine unius cum dimidio pollicis. *Limbus* 6-partitus: laciniae subaequales vel alternae, paulo latiores, ovatae, obtusissimae, nervosae, patentes, tubo paulo breviores, laciniis alternis subtus apice glandulá obtusa callosis. Color corollae totius incarnatus. *Filamenta* 6, tubo corollae inserta, filiformia, limbo' paulo breviora, inaequalia, s. inferiora sensim longiora. *Antherae* oblongae, compressae, sulco exaratae. *Pollen* flavum. *Germen* inferum. *Stylus* filiformis, longitudine staminum. *Stigma* simplex, obtusum. *Capsula* ovata, triangularis, glabra, trivalvis, trilocularis. *Semina*, plurima.

4. C. (*speciosum.*) foliis ensiformibus; corollis campanulatis: laciniis alternis calloso-unguiculatis. Crinum *speciosum Linn. Syst. Veg.* XIV. p. 3ı9. *Suppl.* p. 195. Amaryllis *purpurea Ait. H. Kew.* I. p. 4ı7.

Crescit in Hartequas kloof locis aquosis prope rivulos. Floret Decembri, Januario.

Radix bulbosa. *Bulbus* ovatus, sensim superne attenuatus, crassitie pyri. *Folia* radicalia, obtusa, integra, glabra, scapo longiora, pedalia vel ultra. *Scapus* teres, glaber, erectus, spithamaeus vel ultra. *Umbella* circiter 4-flora. *Spatha* diphylla: foliola basi lata, lanceolata, acuminata, floribus breviora, sesquipollicaria. *Laciniae* lineari-ensiformes, interspersae, paulo breviores. *Pedunculi* vix pollicares. *Corolla* sanguinea. speciosa, tubulosa: tubus basi cylindricus, sensim ampliatus in limbum campanulatum, pollicaris, parum curvatus. *Limbi* laciniae ovatae, acutae, pollicares. *Filamenta* filiformia, corollà breviora, inaequalia. *Antherae* incumbentes, flavae. *Stylus* apice curvus, *stigmate* trifido.

5. C. (*longifolium*.) foliis lineari-ensiformibus, canaliculatis; corollis campanulatis: laciniis ensiformibus. Amaryllis *longifolia Linn. Syst. Veg.* XIV. p. 320.

Crescit pone Leuwekopp inter montis pedem et littus. Floret Martio.

Folia obtusiuscula, integra, supra canaliculata, subtus carinata, striata, glabra, pedalia. *Scapus* teres, erectus, glaber, pedalis et ultra. *Umbella* multiflora, floribus circiter 6. *Spatha* diphylla, albida, membranacea, floribus brevior, sesquipollicaris. Foliola basi lata, inde attenuata, apice setaceo-glabra. Laciniae setaceae interspersae. *Pedunculi* unguiculares. *Corolla* incarnata, sesquipollicaris, tubulosa. *Tubus* cylindricus, sensim ampliatus in limbum campanulatum. *Laciniae* limbi oblongae, acuminatae, erectae. Genitalia inclusa.

CXCVII. GETHYLLIS.

Cor. 6-*partita: tubo filiformi. Germen inferum. Bacca oblonga polysperma.*

1. G. (*spiralis.*) foliis linearibus, spiralibus, glabris; limbi laciniis ovato-oblongis. Gethyllis *afra Linn. Syst. Veg.* XIV. p. 339. *Gen. Plant.* p. 201. *Spec. Plant.* p. 633. Papiria *spiralis Act. Lund.* I. p. 111. Gethyllis *spiralis Nov. Plant. Gen.* I. p. 14.

Crescit in collibus sub montibus et campis arenosis in Langekloof et alibi. Floret Decembri, Januario. Colonis Kukamakranka.

Radix bulbosa, alba, magnitudine nucis. *Folia* radicalia plurima, obtusa, supra canaliculata, subtus convexa, integra, rarius ciliata, digitalia. *Scapus* nullus; sed flos radicalis, solitarius, albus. *Fructus* suaveolens maturatur Majo et Junio. Dum floret, folia nulla: dumque fructus proveniunt, aphylla est.

2. G. (*ciliaris.*) foliis linearibus spiralibus, ciliatis; limbi laciniis ovato-oblongis. Papiria *ciliaris Act. Lund.* I. p. 111. Gethyllis *ciliaris Nov. Gen. Plant.* I. p. 14. *Linn. Syst. Veg.* XIV. p. 339.

Crescit locis arenosis prope urbem Kap. *Floret cum priore.* *Colonis Sand-kukumakranka.*
Radix carnosa, cylindrico-oblonga, alba, magnitudine pyri.
Folia vaginâ basi inclusa, plurima, usque 40, obtusa, supra sulcata, subtus convexa, glabra, ciliis albis, digitalia vel longiora, lineam lata. *Filamenta* apice divisa, antheris pluribus, usque 18. Differt a priori: radice oblongâ, foliis hirsutis et flore majoribus.

3. G. (*villosa.*) foliis lineari-filiformibus, spiralibus, villosis; limbi laciniis ovato-oblongis. Papiria *villosa Act. Lund. P. l. p. 111.* Gethyllis *villosa Nov. Plant. Gener. P. I: p. 14. Linn Syst. Veg.* XIV. p. 339.
Crescit in Attaquas-kloof prope Gansekraal.
Bulbus ovatus, albus, piso paulo major. *Folia* linearia, albovillosa, bipollicaria. *Tubus* corollae pilosus.

4. G. (*lanceolata.*) foliis lanceolatis, planis: limbi laciniis lanceolatis. Papiria *lanceolata. Act. Lund. I. p. 112.* Gethyllis *lanceolata Nov. Gen. Plant.* I. p. 14. *Linn. Syst. Veg.* XIV. p. 339.
Crescit in collibus prope Buffeljagtsrivier et alibi rarius.
Bulbus ovatus, magnitudine fabae. *Folia* glabra, integra, longitudine floris.

CXCVIII. HYPOXIS.

Cor. 6-*partita, persistens, supera.* *Caps. basi-angustior.* *Cal. gluma* 2-*valvis.*

1. H. (*minuta.*) foliis trigonis, carnosis, glabris; scapis bifidis. Hypoxis *minuta Linn. Syst. Veg.* XIV. p. 326. *Suppl.* p. 197. Helonias *minuta Linn. Mant.* 2. p. 225.
Crescit in collibus arenosis infra Taffelberg et prope urbem. *Floret Majo, Junio.*
Radix bulbosa. *Bulbus* conicus, reticulatus, subtus truncatus, planus, orbicularis, laevis: margo acuta, dilatata, fibrosa. *Scapus* raro unicus, plerumque duo vel tres, bifidi vel trifidi, erecti, basi vaginâ latâ simul cum foliis inclusi, glabri, pollicares vel unguiculares. *Folia* radicalia, lineari-triquetra, plerumque duo ad scapum singulum pertinentia côque longiora, integra, erecto-patentia. *Bracteae* sub dichotomia scapi duae, lanceolato-subulatae, glabrae, erectae. pedunculis paulo breviores. *Flores* terminales, solitarii. *Pedunculi* ex scapo bifido continuati, nudi, erecti, glabri, unguiculares. *Petala* ovata supra alba, subtus virescentia striis rubris, lineam longa. *Sta'-mina* aequalia. *Antherae* cordatae, albae, apice-flavo. *Germen* convexiusculum. *Stylus* brevissimus, teres, virescens. *Stigmata* cordata, carnosa, erecta, virescentia. *Capsula* corollae subjecta, obovata, glabra. Helonias genus intrare nequit 1. ob stylum; 2. ob capsulam inflexam.

2. H. (*alba.*) foliis teretibus, glabris; scapis bifidis; pe-

talis immaculatis. Hypoxis *alba Linn. Syst. Veg.* XIV. p.
326. *Suppl.* p. 198. Hypoxis *aquatica Linn. Syst. Veg.*
XIV p. 326. *Suppl.* p. 197.

Crescit in collibus arenosis infra montes urbis Kap extra urbem alibique. Floret Majo, Junio.

Radix globosa, carnosa, fibrosa, magnitudine pisi. *Scapus* unicus, raro duo, simplex rarius, saepe divisus, subuniflorus, glaber, rubens, digitalis usque spithamaeus. *Folia* radicalia, vaginantia, subcarnosa, scapo breviora; in adultioribus excrescentia, planiuscula, integra, erecta, scapo longiora, digitalia usque spithamaea. *Flos* solitarius, terminalis, magnitudine variâ. *Corolla* 6-petala, supera. *Petala* ovato-lanceolata, patentia. *Filamenta* 6, petalis breviora, alternis brevioribus, subulata, flava. *Antherae* longae, lineares, sulcatae, flavae; infra bifidae; apice integro, obtuso. *Germen* inferum. *Stylus* brevis, flavescens. *Stigmata* tria. longitudine antherarum, linearia, marginata, flavescentia. *Capsula* oblonga, inferne sensim attenuata, subtrigona, trilocularis, trivalvis. *Semina* plurima globosa. Variat: α.) scapo simplici, unifloro; petalis omnibus supra fulvis; tribus exterioribus subtus rufescentibus; foliis teretibus brevioribus. β.) scapo simplici, bifido vel trifido; petalis omnibus supra albis; exterioribus tribus subtus rubentibus, interioribus subtus albis, rubro-striatis. γ.) scapo bifido vel trifido, floribus ut in β, foliis longioribus planiusculis.

3. H. (*stellata.*) foliis planis, integris, glabris; scapis simplicibus, unifloris; petalis basi fusco-maculatis. Amaryllis *capensis. Linn. Syst. Veg.* XIV. p. 319. *Mant.* p. 363.

Crescit in campis arenosis Swartland, Groene Kloof et alibi. Floret Augusto et sequ. Africanis: Steren.

Radix bulbosa. *Bulbus* globosus, reticulatus, magnitudine pisi. *Scapus* unicus vel plures, uniarticulati, erecti, striati, glabri, palmares, spithamaei, vel ultra. *Folia* radicalia, vaginantia, convoluto-ensiformia, sensim attenuata, erecta, scapo longiora. *Bractea* nodum scapo infra medium amplexans, simplex, longe vaginans, convoluta, acuta, glabra. *Flos* terminalis, solitarius, magnus. *Petala* lanceolata, acuta, pollicaria, basi atro-violaceo maculata. *Antherae* lineares. *Stigmata* oblonga, antheris breviora. *Capsula* oblonga, corollae subjecta, inferne attenuata, striata, unguicularis. Variat 1. petalis supra albis, subtus virescentibus, carinâ rubrâ. 2. petalis aurantiacis. 3. petalis supra flavis, subtus rubro bistriatis.

4. H. (*serrata.*) foliis canaliculatis, glabris, ciliato-serratis; scapis unifloris.

Crescit in Leuweberg in collibus prope urbem. Floret Junio, Julio.

Radix bulbosa, carnosa, globosa, magnitudine pisi. *Scapus* unicus, duo vel tres, indivisi, rubicundi, glabri, erecti, digitales. *Stipulae* binae oppositae, setaceae, albae, infra medium scapi. *Folia* radicalia, ensiformia. canaliculato-convolata,

scapi circiter longitudine vel paulo longiora, marginibus serrato-ciliata, erecta. *Flos* unicus, magnitudine ORNITHOGALI
lutei. *Calyx* nullus, nisi stipulae. *Corolla* sexpetala, supera,
aequalis, patens. *Petala* ovato lanceolata: interiora tria tota
flava vel fulva, exteriora intus flava, extus virescentia. *Filamenta* 6, aequalia, petalis multoties breviora, subulata, pallida.
Antherae longae, lineares, sulcatae, flavae. *Germen* inferum.
Stylus brevissimus. *Stigmata* 3, ovata, marginata, flavescentia.
Capsula ovata, obtusa, triquetra, trisulca, trivalvis, trilocularis.
Semina plurima, rotunda. Variat petalis supra flavis et fulvis.

5. H. (*plicata*.) foliis plicatis, ciliatis; scapis simplicibus.

Crescit in collibus arenosis infra montes urbis. *Floret Majo,*
Junio.

Radix globosa, carnosa, reticulo obducta, fibrosa, magnitudine pisi. *Scapus* unicus vel plures, uniflorus, capsulam inferne continens, triqueter, albus, palmaris, glaber. *Folia* radicalia vaginis latis simul cum floribus inclusa, ensiformia,
acuta, scapi circiter longitudine, plicata instar flabelli, margine carinaque ciliata, ciliis reflexis scabra. *Flores* solitarii,
magnitudine florum Ranunculi. *Cor.* 6-petala, supera. *Petala*
lanceolata, acuta, patentia, tria interiora supra lutea, tria exteriora supra lutea, subtus viridia. *Filamenta* 6, corollae basi
inserta, subulata, petalis breviora, tria priora longiora, inde
duo lateralia breviora, tandem ultimum longitudine priorum.
Antherae longae, lineares, obtusae, striatae, infra bifidae, flavae. *Germen* inferum. *Stylus* simplex, staminibus paulo brevior, flavus. *Stigmata* tria, linearia, erecta, marginata, flava,
longitudine dimidia antherarum. *Capsula* a flore remotissima,
prope radicem, vix conspicua, nisi luci opposita, triquetra,
trilocularis, trivalvis, oblonga, glabra. *Semina* plurima, globosa, alba. Singularis haec species capsula remotissima. An
diversa satis ab II. *fasciculari?*

6. II. (*villosa.*) foliis lineari-ensiformibus, villosis; scapis divisis vel bifidis. Hypoxis *decumbens? Linn. Syst. Veg.*
XIV. p. 326.

Crescit in collibus infra montes trans et cis Swellendam, et alibi.
Floret Decembri.

Radix bulbosa. *Bulbus* globosus, carnosus, magnitudine
Avellanae. *Scapus* filiformis, laxus, erectus, villosus, palmaris usque pedalis. *Folia* radicalia, vaginantia, acuta, apice
acuminata, convoluto-plana, integra, striata, albo-villosa, scapo
longiora. *Pedunculi* ex diviso scapo continuati, villosi, pollicares vel ultra, simplices vel trifidi. *Flores* in pedunculis vel
pedicellis terminales, solitarii. *Bracteae* sub divisura scapi,
filiformes, villosae, pedicellis breviores. *Petala* ovata, semiunguicularia, supra flava: tria interiora subtus carinâ, exteriora tota albo-tomentosa. *Antherae* lineares, flavae.
Stigma trigonum, acutum. *Capsula* corollae subjecta, ovata, inferne attenuata, villosa. Variat 1. scapo bifido, pedunculis unifloris, foliis convolutis, sericeo tomentosis. 2.
scapo trifido; pedunculis unifloris; foliis subnudis, margine

villosis. 3. scapis longissimis, bifidis, pedunculis iterum divisis, foliis albido-hirsutis. Differre videtur ab H. *decumbente:*
stipulis brevioribus, foliis magis linearibus, scapis subbifidis.

7. H. (*ovata.*) foliis ovato-lanceolatis, integris, glabris:
scapis unifloris. Hypoxis *ovata Linn. Syst. Veg.* XIV. p.
326. *Suppl.* p. 177.

Folia radicalia, sessilia, ovata, acuta, patentia, pollicaria.
Scapi filiformes, duo vel tres, simplices, geniculato erecti,
digitales. *Flores* solitarii, lactei. *Bractea* minuta, setacea
prope genu.

CXCIX. T U L B A G Í A.

Cor. infundibuliformis: limbo 6-fido. *Nectarium coronans faucem*, 3-phyllum: foliolis bifidis, magnitudine
limbi. *Caps.* supera.

1. T. (*alliacea.*) nectario monophyllo; foliis ensiformibus; floribus cernuis. Tulbagia *alliacea Linn. Syst. Veg.*
XIV p. 316. *Suppl.* p. 193.

*Africanis: wilde Knofflock. Crescit in campis depressis are-
nosis Kap inter et seriem longam montium, alibique. Floret
Julio et sequentibus mensibus.*

Radix bulbosa. *Balbus* tunicatus, fibrosus, magnitudine pyri
mediocris. *Scapus* simplex, teres, substriatus, erectus, glaber,
griseo purpureus, pedalis et ultra, crassitie pennae. *Folia*
radicalia plurima, basi vaginâ inclusa, lineari-ensiformia, obtusa, integra, subcarnosa, glabra, scapo breviora *Flores* terminales, umbellati, pedunculati. Umbella sensim florens, simplex, multiflora. *Pedunculi* 5-12, inaequales, breviores unciales; longiores florentes pollicares et ultra; capillares laxi, cernui, griseo-purpurei, uniflori, glabri *Spatha* universalis umbellae bivalvis, singulâ valvulâ lanceolatâ, acutâ, membranaceâ, glabrâ, pedunculis breviore: partialis nulla. *Corolla* 1-
petala, tubulosa, infera. *Tubus* cylindricus, basi a capsula
gibbus, obsolete angulatus, glaber, uncialis. *Limbus* 6-par-
titus: laciniae lineares, obtusae, erecto-patentes, longitudine
tubi. *Nectarium* obsolete 6 dentatum, obtusum, crassum, ori
tubi impositum, glabrum, longitudine fere limbi. Color corollae et Nectarii fusco-purpureus. *Filamenta* nulla. *Antherae*
6, sessiles, ovatae, didymae: tribus superioribus nectario sub
apice insertis, tribus inferioribus nectario infra superiores insertis. *Pollen* flavum. *Germen* superum, glabrum. *Stylus* brevis, cylindricus, crassiusculus, semiuncialis. *Stigma* simplex,
obtusum. *Capsula* ovata, obtusa, triangularis, angulis obtusis,
trisulca, glabra, trilocularis, trivalvis. *Semina* plura, subtrian-
gularia, compressa, rugosa, atra. Odor fortis, alliaceus, diu-
tissime permanens, subnauscosus. Usus: Radix lacte cocta
Phthisicis propinatur.

2. T. (*cepacea*); nectario triphyllo; foliis linearibus; flo-

ribus erectis. Tulbagia *cepacea*. *Linn. Syst. Veg.* XIV. p. 316. *Suppl* p. 194.

Crescit in Canna-Land locis aridissimis, inque Hantum. Floret Augusto, Septembri, Octobri ad Decembrem usque.
    Radix fasciculata. *Folia* radicalia pauca, 2 vel 4, basi vaginâ inclusa, obtusa, carinâ crassiuscula, integra, glabra, erecta, scapo duplo breviora. *Scapus* simplex, teres, striatus, glaber, erectus, spithamaeus vel pedalis, crassitie culmi tenuioris. *Flores* terminales, umbellati, pedunculati. *Umbella* simplex, multiflora. *Pedunculi* 4-12, inaequales, unguiculares, capillares, purpurascentes, laxi, erecti, uniflori, glabri. *Spatha* universalis umbellae bivalvis; valvulis membranaceis, lanceolatis, acutis, longitudine pedunculorum, glabris, purpurascentibus, partialis nulla. *Corolla* 1-petala, tubulosa, infera, purpurascens, raro albida. *Tubus* cylindricus, basi gibbus, obsolete angulatus, glaber, uncialis. *Limbus* 6-partitus: laciniae lanceolatae, obtusae, erecto-patentes, longitudine tubi. *Nectarium* ori tubi insertum: foliola linearia, antheriformia, glabra, flava, longitudine tubi. *Nectarium* ori tubi insertum: foliola linearia, antheriformia, glabra, flava, longitudine limbi. *Filamenta* nulla. *Antherae* 6, ovatae, sessiles, didymae: tribus superioribus tribusque inferioribus infra os tubi insertis. *Pollen* luteum. *Germen* superum. *Stylus* filiformis, brevissimus, flavus. *Stigma* simplex, obtusum, flavum. *Capsula* ovata, obtusissima, triangularis, trisulca, glabra, trivalvis, trilocularis. Odor totius plantae alliaceus, fortis. Differt a T. *alliacea*: 1. nectario triphyllo; 2. staturâ minore.

CC. M A S S O N I A.

Cor. 6-*petala, nectario inserta. Nectarium inferum. Caps.* 3-*locularis.*

1. **M.** (*scabra.*) foliis rotundato-ovatis, scabris.

Crescit in interioribus provinciis Africae australis. Masson.
    Folia radicalia duo, parum acuta, palmam longa lataque. *Scapus* brevissimus, vix pollicaris. *Umbella* multiflora. *Spathae* ovatae, acutae, glabrae. *Filamenta* pollicaria. *Stylus* staminibus paulo longior.

2. **M.** (*latifolia.*) foliis rotundato-ovatis, glabris. Massonia *latifolia Nov. plant. Gen.* 2. p. 40. *Hort. Kew.* I. p. 405. *t.* 3. *Linn. Syst. Veg.* XIV. p. 318.

Crescit in Roggeveld. Floret Septembri, Octobri.
    Bulbus rotundus, fibrosus, magnitudine Raphani. *Scapus* subnullus, *Folia* radicalia, bina, suborbiculata, integra, crassa, plana, depressa; supra viridia maculis margineque purpureis; subtus pallida, immaculata. *Flores* radicales inter folia, pedunculati, glomerati, bracteis cincti. *Pedunculi* sensim incrassati, albidi, glabri, uniflori, semiunguiculares. *Bractea* unica ad basin singuli pedunculi ovata, acuta, concava, membranacea, persistens, erecta, longitudine floris.

3. **M.** (*lanceolata.*) foliis lanceolatis, integris, glabris.
Massonia *lanceolata Nov. Gen. plant.* 2. p. 40.   *Linn.*
Syst. Veg. XIV. p. 3.8.   Massonia *angustifolia Hort.*
Rew. I. p. 4o5. tab. 4.

*Crescit in-summo monte Onderste Roggeveld. Floret cum
priore.*
    Folia radicalia, pauca, subensiformia, tripollicaria. *Scapus*
filiformis, erectus, glaber, inferne, albus, superne purpurascens,
6-pollicaris. *Flores* pedunculati, subfastigiati. *Pedunculi* sparsi,
filiformes, uniflori.

4. **M.** (*undulata.*) foliis lanceolatis, undulatis, glabris.
Massonia *undulata Nov. gen. plant.* 2. p. 41.   *Linn.*
Syst. Veg. XIV. p. 3.8.

Crescit in interioribus regionibus.
    Bulbus magnitudine nucis Avellanae, fibrosus. *Folia* radica-
lia, tria, quatuor vel quinque, inferne valde angustata, ensi-
formi-lanceolata, erecta, digitalia. *Scapus* erectus, sensim incrassatus, glaber, pollicaris. *Flores* terminales, umbellati, pedunculati. *Pedunculi* brevissimi, uniflori.

5. **M.** (*echinata.*) foliis ovatis, muricatis, pilosis. Massonia *echinata Nov. gen. plant.* 2. p. 41.   *Linn. Syst.
Veg.* XIV. p. 3.8.

Crescit juxta margines montis Böcklandsberg.
    Bulbus magnitudine vix nucis Avellanae. *Folia* radicalia, duo,
obtusa cum acumine, integra, plana, depressa, tota supra tuberculis muricata, pilis sparsis albis, pollicaria. *Scapus* nullus
vel brevissimus. *Flores* glomerati inter folia.

CCI. MAUHLIA.

Cor. infera, 6-*partita: limbo aequali.* Capsula 3-*locularis.*

1. **M.** (*linearis.*) foliis linearibus, scapo brevioribus. Crinum *africanum Linn. Syst. Veg.* XIV. p. 3.9.   Mauhlia
africana Dahl Obs. bot. p. 26.   Agapanthus *umbellatus
Ait. Hort. Rew.* I. p. 414.

    Folia radicalia, plurima, acuta, integra, glabra, erecta,
scapo dimidio breviora. *Scapus* teres, erectus, glaber, pedalis
et ultra. *Flores* umbellati, plurimi, caerulei. *Pedunculi* geniculati, pollicares.

2. **M.** (*ensifolia.*) foliis lanceolato-ensiformibus, scapo
longioribus.

*Crescit inter Soendags et Visch-rivier. Floret Decembri,
Januario.*
    Folia radicalia, bina, attenuato-acuminata, integra, striata,
glabra, erecta, pollicem fere lata, palmaria. *Scapus* filiformis,
pollicaris. *Flores* umbellati. *Pedunculi* capillares, unguicula-

res. *Corolla* incarnata, infera, tubulosa, apice campanulata, pollicaris.

CCII. V E L T H E I M I A.

Cor. tubulosa, 6-dentata.   Stam. tubo inserta.   Caps. membranacea trialata, loculis monospermi..

1. **V.** (*capensis.*) acaulis; foliis oblongis, undulatis; racemo oblongo; floribus nutantibus. Alⷮtris *capensis Thunb. Prodr. cap.* p. 60.   *Linn. Syst. Veg.* XIV. p. 336.   *Spec. Pl.* p. 456.   *Ait. H. Kew.* l. p. 463.

Folia radicalia, obovato - oblonga, inferne attenuata, glabra. *Scapus* teres, erectus, pedalis, apice interdum nutans. *Racemus* florum spithamaeus. *Pedunculi* capillares, semilineam longi. *Flores* nutantes, s. reflexi. *Corollae* cylindricae, obtusae, flavae, pollicares, *Bracteae* lanceolato - subulatae, sanguineae.

2. **V.** (*Uvaria.*) acaulis; foliis ensiformibus, canaliculatis; spicâ oblongâ; floribus nutantibus. Alⷮtris *Uvaria Thunb. Prodr. cap.* p. 60.   *Linn. Syst. Veg.* XIV p 337. *Ait. H. Kew.* l. p. 464.   Aloe *Uvaria Linn. Spec. Plant.* p. 460.

Crescit prope rivulos locis aquosis in *Langekloof*, in summo *Taffelberg*, in *Rode Sand*. Floret *Septembri* et sequentibus mensibus.
Folia radicalia, superne valde attenuata, supra canaliculata, subtus carinata, striata, integra, glabra, scapo breviora. *Scapus* teres, erectus, pedalis, bipedalis vel ultra. *Florum* spica floribus reflexis. *Bracteae* lanceolatae, membranacoae, albidae. *Corollae* cylindricae, aurantiacae, obtusae, pollicares.

CCIII. A L O E.

Cor. erecta, ore patulo, fundo nectarifero. Filamenta receptaculo inserta.

1. **A.** (*dichotoma.*) ramis dichotomis; foliis ensiformibus, serratis. Aloe *dichotoma Linn. Suppl.* p. 206.   *Syst. Veg.* XIV. p. 337.

Incolis: *Hookerboom*. Crescit in fronte montis *Bockland*. Floret *Augusto, Septembri*.
Truncus teres, erectus, strictissimus, cinereus, glaber, laevissimus, superne dichotome ramosus, biorgyalis, crassitie femoris, inanis. *Rami* erecti, pedales et ultra, apice foliosi. *Folia* perfoliata, denticulata, subtus convexa, supra plana, patenti-erecta, glabra, carnosa, pedalia, summis sensim minoribus.

2. **A.** (*spicata.*) caulescens; foliis planis, ensiformibus, dentatis; floribus spicatis, campanulatis, horizontalibus. Aloe *spicata Linn. Suppl.* p. 205.   *Syst. Veg.* XIV. p. 337.

Crescit in Prom. bonae Spei interioribus regionibus.   Floret Augusto.

Caulis teres, apice foliosus, 3-4-pedalis, crassitie brachii. *Folia* subverticillata, carnosa, basi lata, sensim attenuata, canaliculata, dentibus remotis, patentia, bipedalia. *Flores* densissime approximati, horizontaliter patentes; spica pedalis, sensim florens. *Bractea* sub singulo flore solitaria, ovata, acuta, lata, membranacea, alba, striis 3 viridibus, corollâ paulo brevior. *Cor.* subhexapetala: laciniae 3 interiores invicem nòn connatae, latiores, ovatae, obtusae, albae, carinâ lineâ triplici viridi, unguiculares; tres exteriores basi cum interioribus connatae, angustiores, ceterum similes, minus concavae, *Filamenta* linearia, sensim parum attenuata, basi alba, superne flavescentia, inaequalia, erecta, corollâ sesquilongiora. *Antherae* ovatae, incumbentes, fulvae. *Stylus* flexuosus, erectus, longitudine fere staminum. *Stigma* simplex obtusiusculum. *Capsula* ovata, obtusa, subtrigona, inflexa, hinc carinata, lateribus planis quadristriata, inde convexa, sulco medio glabra. Dissepimentum duplicatum.   Corollae repletae succo melleo purpurascente.

3. A. (*perfoliata*.) caulescens; foliis ensiformibus, dentatis, erectis; floribus racemosis, reflexis, cylindricis. Aloe *perfoliata Linn. Syst. Veg.* XIV. p. 337.   *Spec. Pl.* p. 457. 458. varietates α, β, γ, δ, ε, ζ, κ.

Crescit in Carro trans Swellendam, ad latera montium, instar exercitûs, copiosissime. Floret Julio ad Octobrim usque.

Caulis erectus, raro flexuosus, inaequalis, orgyalis. *Folia* inferiora emortua; superiora amplexicaulia, acuta, supra concava, subtus convexa, valde carnosa, integra, marginibus lateralibus et dorso versus apicem dentata aculeis cartilagineis, erecto-patentia, spithamaea, pedalia et ultra. *Flores* remotiusculi. *Racemus* pedalis. *Pedicelli* filiformi-teretes, flexuosi, glabri, reflexi, uniflori, pollicares, internodiis longiores. *Corolla* ad basin fere 6-partita, pollicaris. *Laciniae* basi gibbosae lineari-oblongae, obtusae, concavae, conniventes; tres interiores invicem non connatae, albae, carinâ sanguineâ; tres exteriores basi connatae cum interioribus, totae sanguineae. Omnes carinâ sub apice virescunt. *Filamenta* basi angustata, supra basin parum dilatata, apice filiformia, erecta, alba, inaequalia, corollam subaequantia. *Antherae* ovatae, didymae, sanguineae. *Germen* sexstriatum. *Stylus* erectus, glaber, flavescens, longitudine staminum. *Stigma* simplex, obtusiusculum, albidum. *Capsula* oblonga, sensim parum superne angustior, sexstriata, obtusa, oblique truncata, glabra.

4. A. (*picta*.) caulescens; foliis ensiformibus, dentatis, pictis, patentibus; floribus racemosis, reflexis, cylindricis. Aloe *perfoliata Linn. Syst. Veg.* XIV. p. 337.   *Spec. Plant.* p. 458. varietates 9, λ, μ, ν.

Caulis flexuoso-erectus, spithamaeus vel paulo ultra. *Folia* plana, saepius fasciata maculis interruptis, pedalia.

5. A. (*sinuata*) caulescens; foliis ensiformibus, sinuato-serratis, reflexis; floribus racemosis, erectis, cylindricis. Aloe *perfoliata* L i n n. *Syst. Veg.* XIV. p. 337.   *Spec. Pl.* p. 458 varietas ε.   Aloe barbadensis mitior *Dillen. H. Elth.* p. 23. t. 19. f. 24.

Caulis spithamaeus, flexuoso-erectus, inaequalis. Folia versus apicem valde attenuata, plana, pedalia et ultra.

6. A. (*humilis.*) acaulis; foliis trigonis, subulatis, aculeatis; floribus racemosis, reflexis, cylindricis. Aloe *perfoliata o humilis L i n n. Syst. Veg.* XIV. p. 337.   *Spec. Pl.* p. 458.

Folia radicalia, plurima aggregata, margine et paginâ undique aculeata, incurva, digitalia vel paulo ultra. Scapus flexuoso-erectus, squamis tectus, bipedalis. Flores cernui, sensim florentes. Corolla sanguinea: ore aequali, virescente.

O b s.   Flores ante anthesin erecti, sub florescentia nutantes, absolutâ florescentiâ iterum erecti.

7. A. (*arachnoides.*) acaulis; foliis trigonis, cuspidatis, ciliatis; floribus subspicatis, erectis, cylindricis. Aloe *pumila δ arachnoides L i n n. Spec. Plant.* p. 460.   *Syst. Veg.* XIV. p. 337.

Crescit in C a r r o juxta S w a r t k o p s Z o u t p a n.   Floret D e- c e m b r i.
Folia radicalia, plurima aggregata, oblonga, acuminata, margine et dorso versus apicem ciliis albis, lanceolatis, cartilagineis, inermibus; pallida venis viridibus, pollicaria et ultra.

8. A. (*pumila.*) acaulis; foliis trigonis, cuspidatis, papillosis; floribus racemosis, cernuis, cylindricis. Aloe *pumila* α, β, γ, *margaritifera L i n n. Spec. Pl.* p. 460.   *Syst. Veg.* XIV. p. 337.

Folia radicalia, plurima, aggregata, caulem vix formantia, valde carnosa, oblonga, setâ pellucidâ acuminata, undique albopapillosa, erecto-patentia, digitalia. Scapus angulatus, flexuoso-erectus, simplex vel ramosus. Flores bracteâ minutâ sub singulo pedicello.

9. A. (*disticha.*) acaulis; foliis ensiformibus, acutis, papillosis, distinctis; floribus racemosis, reflexis, clavatis. Aloe *disticha* β L i n n. *Spec. Pl.* p. 459.   *Syst. Veg.* XIV. p. 337.

Folia vix ullum caulem formantia, sed imbricata, disticha, linguiformia, supra concava, subtus convexa, marginibus planata, undique albo papillosa, erecto-patentia, spithamaea.

10. A. (*maculata.*) acaulis; foliis linguiformibus, glabris, pictis; floribus racemosis, cernuis, curvatis.

Crescit in H o u t n i q u a s montibus.   Floret A u g u s t o et sequentibus mensibus.   C u l t a saepe invenitur in urbe K a p.

Folia radicalia, trigona; pagina interior concavo-plana; exterior convexa; dorsum planum, unguem latum; sensim attenuata, erecta, spithamaea, pollicem lata. *Flores* penduli, pedunculis reflexis. *Corolla* subcylindrica, basi crassior, medio recurvata, apice angulata angulis viridibus, subincarnata, unguicularis. *Laciniae* tres exteriores ad curvaturam usque divisae, crassiores; interiores tenuiores, invicem liberae, sed cum exterioribus interne longitudinaliter connatae. *Antherae* ovatae, dorso affixae, didymae, flavae. *Stigma* obtusum, plumosum. Varietas α. maculis magis oblongis, confluentibus, albis; β. maculis minutis albis.

11. A. (*Lingua.*) subacaulis; foliis linguiformibus, denticulatis, glabris; floribus racemosis, erectis, cylindricis. ALOE *linguaeformis* *Linn.* *Suppl.* p. 205. *Syst.* *Veg.* XIV. p. 337.

Crescit in summis montibus ad Roode Sand prope Waterfall. Floret Septembri.

Folia radicalia, vix ullum caulem formantia, sed imbricata, disticha, laevia, apice rotundata, margine tenuissime denticulata, patenti-erecta, spithamaea. *Corolla* ad medium 6-partita, subdigitalis: laciniae tres exteriores cra siores, sanguineae, a basi ad medium cohaerentes, vix separandae sine laceratione; tres interiores liberae, albidae margine tenui, dorsali carinâ crassiore, sub apice virescentes. *Stylus* trigonus; staminibus longior. *Stigma* simplex, parum incrassatum. *Capsula* ovata, obtusa, glabra, 6-partita, dissepimento duplicato.

12. A. (*variegata.*) subacaulis; foliis trifariis, pictis, canaliculatis, angulis cartilagineis; floribus racemosis, cylindricis. ALOE *variegata* *Linn.* *Syst.* *Veg.* XIV. p. 337. *Spec. Plant.* p. 459.

Folia radicalia, imbricata, oblique trifariam exstantia, oblonga, trigona s. supra valde canaliculata, subtus carinata, marginibus albo cartilagineis et papilloso-denticulatis, undique fasciis albis variegata, erecto-patentia, palmaria. *Corolla* incarnata ore sexfido: laciniis 3 interioribus alternis patulis.

13. A. (*viscosa.*) subcaulescens; foliis imbricatis, trifariis, ovatis; floribus racemosis, cernuis, cylindricis. ALOE *viscosa* *Linn.* *Syst.* *Veg.* XIV. p. 337. *Spec. Pl.* p. 459.

Caulis totus foliis tectus, palmaris. *Folia* trifariam exstantia, acuta, supra canaliculato concava, subtus versus apicem compresso-carinata, integra, patentia, pollicaria.

14. A. (*spiralis.*) subcaulescens; foliis imbricatis, octofariis, ovatis; floribus racemosis, recurvis. ALOE *spiralis* *Linn.* *Syst.* *Veg.* XIV. p. 337. *Spec. Plant.* p. 459.

Caulis totus tectus foliis, debilis, cernuus, spithamaeus. *Folia* sex vel octofariam exstantia, acuta, subtus valde convexa carinâ longitudinali, supra convexiusculâ, integra, laevia, erecto-patentia, pollicaria.

15. A. (*retusa.*) acaulis; foliis quinquefariis deltoidibus.

Aloe *retusa Lin n. Syst. Veg.* XIV. p. 337.   *Spec. Plant.*
p. 459.

Folia radicalia, aggregata, quinquefariam exstantia, valde carnosa, deltoidea s. supra basi concava, apice triquetro plano convexiuscula, subtus convexo trigona, apice setâ terminata, integra, glabra, viridia, venis pallidis, pollicaria. *Flores* nunquam vidimus. Facies hujus a ceteris Aloes speciebus multum aliena, neque succus huic amarus, sic ut potius Crassulam fore conjiceremus.

CCIV. ORNITHOGALUM.

Cor. 6-*petalà, erecta, persistens, supra medium patens.*
Filamenta alterna, basi dilatata.

1. O. (*rupestre.*) foliis filiformibus, carnosis; floribus
alternis. Ornithogalum *rupestre Lin n. Syst. Veg.* XIV. n.
328. *Suppl.* p. 199.

Crescit in muscis summorum rupium; flore albo in Witteklipp;
flore flavo in Groene Kloof. Floret Septembri, Octobri.
Radix bulbosa, carnosa, succo referta, alba. *Scapus* simplex,
erectus, teres, glaber, pollicaris, digitalis. *Folia* radicalia,
unum, duo vel tria subcarnosa, dorso convexa, intus basi sulcata, apice plana, glabra, scapo longiora, rarius breviora.
Flores in summo scapo, pedunculati, unus, duo. tres vel quinque. *Bractea* ad basin pedunculi, ovata, basi lata, acuta, membranacea, longitudine pedunculi. *Pedunculi* teretes, erecti, glabri, uniflori, lineam longi. *Cal.* nullus. *Corolla* 6-petala: petala tria exteriora alba, carinâ virescente; interiora tota alba,
ovata, concava, aequalia, obtusa. *Stamina* filamenta 6, receptaculo inserta, complanata, basi latiora, versus apicem sensim
subulata, corollâ breviora, alba, erecta, intus concava: tria
alterna, sesquilatiora. *Antherae* ovatae, minutae. *Pollen* flavum. *Germen* superum, triquetrum, glabrum. *Stylus* nullus.
Stigma trigonum, obtusum, flavum. *Capsula* ovata, triquetra,
acuta, trisulca, angulis obtusis, sulcatis, glabra, trivalvis, trilocularis. Semina plurima.

2. O. (*pilosum.*) foliis lineari-ensiformibus, ciliatis; floribus racemosis, pedunculis incurvis. Ornithogalum *pilosum*
Lin n. Syst. Veg. XIV. p. 328. *Suppl.* p. 199.

Crescit in campis arenosis. Floret Septembri, Octobri.
Folia radicalia tria vel quatuor, glabra, erecta, scapo breviora, digitalia. *Scapus* unicus, raro duo, simplex, teres, flexuoso-erectus, glaber, spithamaeus. *Flores* erecti, plurimi,
albi. *Racemus* palmaris. *Bracteae* lanceolatae, pedunculis breviores. *Pedunculi* filiformes, patulo-erecti, inferiores longiores, pollicares, superiores sensim breviores, ultimi unguiculares. *Corollae* albidae.

3. O. (*graminifolium.*) foliis linearibus, integris, glabris;
racemo spicato, erecto.

Folia radicalia, scapo breviora, spithamaca. *Scapus* teres erectus, pedalis. *Racemus* ovatus, pollicaris. *Pedunculi* vix lineam longi. *Corollae* albac, cariná petalorum virescente. *Bracteae* lanceolatae, apice setaceae, pedunculis paulo longiores.

4. O. (*albucoides.*) foliis linearibus, canaliculatis, glabris; racemo erecto. Anthericum *albucoides* Lee H. Kew. I. p. 449.

Crescit in Saldanhabay, Paardeberg in depressis arenosis, prope Piqneteberg. Floret Septembri, Octobri.

Radix bulbus ovatus, albus, carnosus, fibrosus, piso major. *Folia* radicalia subteretia, sensim attenuata, carnosa, scape breviora, spithamaea. *Scapus* teres, erectus, glaber, pedalis. *Flores* alterni, pedunculati, remoti, pauci. *Spatha* sub singulo pedunculo, 1 phylla, lanceolata, acuta, membranacea. *Pedunculi* teretes, glabri, uniflori, cernui, unguiculares. *Cal.* nullus. *Corolla* 6 petala, subcampanulata. *Petala* ovalia, concava, apice incrassata, incurva, flava, cariná viridi, unguicularia. *Filamenta* 6 subulata, omnia basi dilatata, alba, nervo viridi, corollâ duplo breviora, erecta. *Antherae* ovatae, striatae, erectae, flavae. *Germen* superum. *Stylus* filiformis, staminibus paulo longior, erectus, flavescens. *Stigma* capitatum, villosum, flavum. *Capsula* ovata, obtusa, obtuse triquetrâ, trisulca, trilocularis, glabra. *Semina* plurima. Datur varietas major, foliis basi latis.

5. O. (*bracteatum.*) foliis ensiformibus, acuminatis; bracteis floribus longioribus. Ornithogalum *longibracteatum* Linn. Svst. Veg. XIV. p. 327.

Folia apice attenuato-acuminata, integra, glabra, unguem lata, bipedalia. *Scapus* teres, erectus, glaber, bipedalis. *Racemus* florum erectus, sensim florens, spithamaeus vel ultra. *Pedunculi* inferiores longiores, remotiores, pollicares; superiores approximati, sensim breviores, ultimi vix unguiculares. *Bracteae* lanceolato-setaceae, supremis floribus duplo longioribus. *Corolla* alba, petalis dorso viridibus.

6. O. (*maculatum.*) foliis lanceolatis; floribus secundis: petalis tribus exterioribus brevioribus fusco maculatis.

Crescit in Saldanhabay, prope Compagnie Post. Floret Augusto, Septembri.

Folia radicalia circiter tria, linearia vel lanceolata, attenuato-acuminata, convoluto-concava, integra, glabra, erecta, scapo triplo breviora, pollicaria usque digitalia. *Scapus* teres, subfiliformis, flexuoso erectus, glaber, spithamaeus. *Flores* racemosi, solitarius, bini vel sex, erecti. *Spatha* paulo infra florem, membranacea, ovata, acuta, convoluta. *Petala* 6, inaequalia, ovata, concava, obtusa, patula, erecta: tria exteriora paulo breviora, obtusa, carinata, crocea, sub apice maculâ magnâ fuscâ; tria interiora tota crocea, unguicularia. *Filamenta* 6 inserta infimâ basi petalorum, erecta, corollâ duplo breviora, alba, subulata: tria alterna basi dilatata. *Germen* ovatum, triangulare, superum, glabrum. *Stylus* o. *Stigma* triquetrum, marginatum. *Capsula* ovata, triquetra, angulis obtusis, trisulca, tristriata, glabra, trivalvis, trilocularis. *Semina* plurima.

7. O. *(thyrsoides.)* foliis ensiformibus; racemo óvato subfastigiato. Ornithogalum *thyrsoides Linn. Syst. Veg.* XIV. p. 328. *Jacq. Hort. Vind.* III. p. 17. t. 28.

Crescit in còllibus prope Kap, in Roode Sand. Floret Septembri, Octobri.

Radix bulbosa: bulbus parum profundus, globosus, fibrosus, glaber, albus, magnitudine Juglandis. *Folia* proveniunt Majo, radicalia, primum ovata, adultiora lato - lanceolata s. ensiformia, integra, glabra, erecta, scapo breviora, spithamaea. *Scapus* teres, crassitie fere calami, erectus, glaber, saepe flexuosus, spithamaeus usque pedalis. *Florum* racemus rotundato - subfastigiatus. *Pedunculi* inferiores longiores, teretes, erecto - patentes, pollicares, superiores sensim breviores unguiculares. *Bracteae* sub singulo pedunculo sessiles, ovato - oblongae, apice setaceae, membranaceae, pedunculis duplo breviores. *Corolla* alba petalis ovatis. Variat α. petalis basi fusco maculatis; β. magnitudine scapi, foliorum et racemi. Valde simile *arabico*, cui racemus magis fastigiatus, pedunculi infimi bracteis pluries longiores et petalo magis oblongo et acuto.

8. O. *(altissimum.)* foliis oblongo - ellipticis; racemo longissimo; bracteis setaceis. Ornithogalum *altissimum Linn. Syst. Veg.* XIV. p. 328. *Suppl.* p. 199.

Incolis: Feukbolles. Crescit prope Cap a Buffeljagtsrivier usque ad Soendagsrivier. Floret Decembri, Januario.

Radix bulbosa. *Bulbus* tunicatus, magnitudine capitis infantis, albus: succedaneus *Scillae*, diureticus. *Folia* radicalia, pauca, integra, glabra, pedalia, sesquipollicem lata. *Scapus* simplex, flexuoso - erectus, teres, glaber, viridis, tripedalis et ultra. *Flores* racemosi, remoti, patentes. *Racemus* sensim florens. *Pedunculi* capillares: inferiores longiores, semipollicares, patentes, superiores breviores, contracti. *Bracteae* vix longitudine pedunculorum.

9. O. *(crenulatum.)* foliis oblongis, obtusis, ciliatis; racemo erecto. Ornithogalum *crenulatum Linn. Syst. Veg.* XIV. p. 328. *Suppl.* p. 198.

Folia radicalia, bina, striato - subrugosa, tenuissime ciliato - crenata, patentia, vix pollicaria. *Scapus* filiformis, flexuoso-erectus, palmaris. *Racemus* pauciflorus, floribus 3 usque 7, pollicaris. *Corolla* albida, petalis dorso virentibus. *Bracteae* basi latae, apice setaceae, pedunculis breviores. *Pedunculi* vix lineam longi.

10. O. *(ovatum.)* foliis ovatis, integris, glabris; racemo ovato.

Folia radicalia, duo, acuta, pollicaria. *Scapus* teres, striatus, erectus, pollicaris. *Racemus* erectus, vix pollicaris. *Pe-*

dunculi vix lineam longi. *Bracteae* lanceolato-setaceae, pedunculis aequales. *Corollae* albidae, carinâ petalorum virente.

11. O. (*ciliatum.*) foliis ovatis, acutis, ciliatis; racemo erecto. Ornithogalum *Linn. Syst. Veg.* XIV. p. 328. *Suppl.* p. 199.

Folia radicalia, bina, expansa, basi lata, margine cartilagineo ciliata, unguicularia. *Scapus* filiformis, flexuoso-erectus, glaber, rufescens, spithamacus. *Racemas* pollicaris usque bipollicaris. *Peduncali* capillares, horizontales, apice nutantes, floribus cernuis, unguiculares.

CCV. E U C O M I S.

Cor. infera, 6 - *partita*, *persistens*, *patens.* F i l a m e n t a *basi in nectarium adnatum connata.*

1. E. (*nana.*) foliis obovatis; scapo clavato; floribus spicatis aggregatis, comosis. Fritillaria *nana Linn Syst. Veg.* XIV. p. 325. Eucomis *nana Hort. Kew.* l. p. 432.

Crescit in rupibus Roggeveld, in Hantum, alibique. Floret Augusto, Septembri.

Bulbus tunicatus, magnitudine rapae majoris. *Folia* radicalia, circiter 5, obovato-oblonga, diffusa, acuta, inferne attenuata, integra, nervosa, glabra, palmam lata, spithamaea et ultra. *Scapus* erectus, inferne attenuatus, albus, medio valde incrassatus, viridis, glaber, palmaris, apice comoso-foliosus, florifer. *Coma* foliorum terminalium polyphylla; foliola lanceolato-oblonga, acuta, nervosa, glabra, concaviuscula, patula, integra, sesquipollicaria. *Flores* sub coma foliacea verticillati, sessiles, plurimi. *Bractea* sub singulo flore ovata, basi lata, acuta, concava, flore paulo brevior. *Corolla* 6-petala, viridis, persistens, petala oblonga, obtusa, concava, erecta, semiunguicularia. *Filamenta* 6 subulata, inferne dilatata, petalorum basi invicemque connata, incurva, albida, longitudine fere petalorum. *Antherae* ovatae, erectae, flavae. *Germen* superum. *Stylus* subulatus, inflexus, viridis, lineam longus, persistens. *Stigma* acutum. *Capsula* triangularis, profunde trisulcata, retusa, inflata, angulis obtusis, glabra, corollâ major, viridis, trivalvis, trilocularis. *Semina* in fundo loculamenti singuli, 1, 2, 3, ovato-globosa, glabra, immatura alba, matura nigra, magnitudine Milii. *Nectariam* nullum, nisi foveae inter basin staminum et petala, ubi connata sunt.

2. E. (*punctata.*) foliis ensiformibus, canaliculatis; scapo cylindrico; racemo longissimo, comoso; floribus remotis. Eucomis *punctata Ait. H. Kew.* l. p. 433.

Folia plurima, acuta, integra, erecto-patentia, margine purpurea et parum undata, subtus ultra medium purpureo-maculata. *Scapus* teres, purpureo-maculatus, erectus, sesquipedalis. *Flores* racemosi. *Racemus* subcylindricus, sensim florens. *Coma* e foliis plurimis, racemo brevior. *Folia* lanceolata, apice et margine purpurascentia. *Corolla* subhexapetala. *Petala* ovata, patentia, concava, albida dorso et apice virescentia. *Fila-*

menta 6, basi dilatata, invicem et cum petalis connata. *Stylus* simplex, staminibus paulo longior. *Germen* sulcatum; purpurascens, striis albis. Odor gravis, subingratus.

3. E. (*undulata.*) foliis ensiformibus, undatis; scapo subcylindrico; racemo comoso brevi. Eucomis *undulata Hort. Kew.* I. p. 433.

Folia sessilia, acuta, glabra, capo longiora, spithamaea et ultra. *Seapus* glaber, spithamaeus. *Flores* comosi, racemosi, plurimi, virescentes. *Pedunculi* flore paulo breviores, cernui. *Coma* polyphylla, foliolis lanceolatis, acutis, tenuissime undulatis, longitudine racemi. *Corolla* virescens, marginibus albidis.

CCVI. ERIOSPERMUM.

Cor. 6-*petala, campanulata, persistens. Filamenta basi dilatata. Caps.* 3-*locularis. Semina landá involuta.*

1. E. (*latifolium.*) foliis cordatis, petiolatis. Ornithogalum capense *Thunb. Prodr. cap.* p. 62.   *Linn. Syst. Veg.* XIV. p. 328.

Crescit in pede montis Taffelberg.

Folia radicalia, ovata, integra, undulata, supra obsolete venosa, subtus tenuissime punctata, pollicaria et ultra. Florentem nunquam vidi.

CCVII. ANTHERICUM.

Cor. 6-*petala, patens. Caps. ovata.*

1. A. (*filifolium.*) foliis filiformibus, scapo erecto brevioribus.

Folia radicalia, plura, filiformi-capillaria, sulco exarata, flexuoso-erecta, glabra, scapo duplo breviora, pollicaria vel paulo ultra. *Scapus* unicus, simplex, filiformis, rufescens, glaber, palmaris. *Flores* racemosi, racemo erecto, sesquipollicari. *Pedunculi* lineam longi, erecto patentes. *Corollae* albidae, petalis dorsali lineâ rufescentibus.

2. A. (*triquetrum.*) foliis filiformibus, trigonis, racemo ovato brevioribus. Anthericum *triquetrum Linn. Syst. Veg.* XIV. p. 331.   *Suppl.* p. 202.

Crescit in Houde Bockeveld et alibi. Floret Octobri.

Radix fasciculata. *Folia* radicalia, plura, glabra, erecta, acuta, scapo breviora, spithamaea. *Scapus* solitarius, simplex, filiformis, erectus vel flexuoso-erectus, glaber, spithamaeus, usque pedalis: *Pedunculi* erecti, lineam longi. *Corollae* albidae. Folia interdum flexuosa.

3. A. (*spiratum.*) foliis tereti-filiformibus, flexuosis, scapo flexuoso brevioribus.

Crescit in collibus montium prope urbem. Floret Augusto.

Folia radicalia, plura, circiter 6, compressa vel subterctia, erecta, apice attenuata et spiralia, undulata, glabra, utrinque striata, scapo paulo breviora, subspithamaea. *Scapus* solitarius, simplex, flexuoso-erectus, glaber, spithamaeus vel paulo ultra. *Racemus* oblongus, pollicaris. *Pedunculi* patuli, lineam longi. *Corolla* alba, petalis dorso lineâ purpurascente. *Stamina* simplicia, tria longiora. Differt ab A. *triquetro* foliis teretibus, et apice spiralibus, corollis maculàtis et racemo longiore.

4. A. (*filiforme.*) foliis lineari-filiformibus, scapo ramoso brevioribus; racemis elongatis.

Crescit in collibus infra Taffelberg, latere occidentale.

Radix fasciculata *Folia* radicalia, plura, circiter 5-7, apice attenuata, inferne pilosa, patulo-vel flexuoso-erecta, scapo paulo breviora, spithamaea vel ultra. *Scapus* teres, raro simplex, saepius ramosus, flexuoso-erectus, glaber, subpedalis. *Rami* similes, alterni vel dichotomi, divaricato-patuli, ultimi filiformes. *Racemi* florum in scapo et ramis sensim florentes. *Pedunculi* capillares, lineam longi, superiores sensim breviores, et approximati.

5. A. (*revolutum.*) foliis linearibus, scapo longioribus. Anthericum *revolutum Linn. Syst. Veg.* XIV. p. 330. *Spec. Pl.* p. 445.

Crescit inter Leuwestart et littus, in arena volatili. Floret Julio.

Radix fasciculata. *Folia* radicalia, basi decumbentia, circiter tria, apice sensim attenuata, carnosa, integra, venosa, subscabra, glabra, flexuoso-erecta, spithamaea usque pedalia. *Scapus* flexuoso-erectus, teres, glaber, pedalis, subinde ramosus. *Rami* alterni, divaricati, scapo similes. *Racemus* subfastigiatus. *Bractea* ad basin pedunculi singuli, semiamplexicaulis, ovata, acuta, concava, membranacea, alba, carinâ rufescente, lineam longa, glabra. *Pedunculi* erecto-patentes; inferiores longiores, remotiores; superiores breviores, approximati. *Corolla* 6-petala, patens, infera. *Petala* lanceolata, obtusa, concaviuscula, alba, carinâ rufescente, intus supra basin maculâ rufescente, semiunguicularia. *Filamenta* 6, subulata, subaequalia, alba, corollâ breviora. *Antherae* ovatae, albae. *Germen* superum, obtuse 6-angulare, glabrum. *Stylus* filiformis, longitudine staminum, album. *Stigma* simplex, obtusum. *Capsula* ovata, glabra, obtusa, triangularis: angulis obtusis, sulcatis, trilocularis, trivalvis. *Semina* in singulo loculamento bina, columnae affixa, globosa, glabra, parva.

6. A. (*flexifolium.*) foliis linearibus, spiralibus; scapo ramoso longioribus. Anthericum *flexifolium Linn. Syst. Veg.* XIV. p. 331. *Suppl.* p. 201.

Radix fasciculata. *Folia* radicalia, plura, 4-6 vel plura, spirali-flexuosa, striata, glabra, apice attenuata, erectiuscula, scapo longiora. *Scapus* solitarius, teres, flexuoso-erectus, glaber, palmaris. *Rami* alterni, divaricati, similes. *Racemus* florum ovatus, unguicularis. *Corollae* albae, petalis dorso rufescentibus.

7. A. (*brevifolium.*) foliis lanceolatis, brevissimis; floribus remotissimis.

Folia radicalia circiter sex, convoluta, integra, striata, glabra, carnosa, falcata, inaequalia, pollicaria et sesquipollicaria. *Scapus* solitarius, filiformis, erectus, glaber, sesquipedalis. *Racemus* palmaris vel ultra, floribus inferioribus remotissimis. *Pedunculi* capillares, unguiculares, patuli. *Corollae* cernuae.

8 A. (*alooides.*) foliis carnosis, semiteretibus, racemo cernuo brevioribus. Anthericum *alooides Linn. Syst. Veg.* XIV. p 330. *Spec. Pl.* p. 446.

Crescit ad latera-montium capensium. Floret Junio, Julio.

Radix orbiculata, truncata, subconica, fibrosa, carnosa, saepe magnitudine pomi. Fibrae marginales, radiatae, attenuatae, fibrillosae. *Folia* radicalia, semiteretia, s. interius plana, exterius convexa, vel basi semiteretia, laevia, glabra, calamo anserino crassiora, erecta, apice sensim attenuata et teretia, palmaria. *Scapus* teres, erectus, glaberrimus, foliis duplo longior. *Flores* in summo scapo, racemosi, racemo oblongo. *Pedunculi* capillares, semiunguiculares. *Bractea* ad basin pedunculi ovata, acuta, alba, brevissima. *Corolla* 6-petala, patens. *Petala* lanceolata, acuta, flava, carinâ viridi. *Filamenta* 6, corollâ breviora, basi capsulae inserta, subulata, medio barbata barbâ flavâ. *Antherae* ovatae, sulcatae, erectae, fusco-flavescentes. *Germen* superum, trigonum, glabrum. *Stylus* filiformis, longitudine staminum. *Stigma* simplex, obtusum. *Capsula* ovata, triangularis, 6-sulca, glabra, obtusa, trivalvis, trilocularis. *Semina* plurima, globosa, glabra.

9. A. (*incurvum.*) foliis carnosis, trigonis, incurvis, brevissimis: racemo oblongo, cernuo.

Radix fasciculata, fibris filiformibus. *Scapus* filiformis, solitarius, simplex, glaber, spithamaeus. *Folia* radicalia, plura, subulata, erecta, apice incurvo, viridia, glabra, pollicaria. *Flores* racemosi, remoti. *Racemus* digitalis. *Pedunculi* capillares, semiunguiculares. *Corollae* flavae.

10 A. (*nutans.*) foliis lineari-ensiformibus, scapo brevioribus; racemo ovato, cernuo.

Folia radicalia, plura, 6 vel 8, apice valde attenuata, erecta, integra, glabra, scapo paulo breviora, spithamaea. *Scapus* solitarius, simplex, teres, erectus, glaber, subpedalis. *Racemus* pollicaris. *Corollae* flavae.

11. A. (*contortum.*) foliis ensiformibus, caule ramoso brevioribus; floribus remotissimis. Anthericum *contortum Linn. Syst. Veg.* XIV. p. 331. *Suppl.* p. 202.

Crescit in vinetis et arvis, infra Taffelberg et alibi. Floret Decembri, Januario et Februario.

Caulis basi anceps, mox ramosus, glaber. *Rami* alterni, inferiores ancipites, superiores teretes, ultimi filiformes et capillares, glabri, diffusi, elongati. *Folia* ad nodos inferiores alternantia, amplexicaulia, attenuata, integra, glabra, spithamaea, superiora sensim multo breviora. *Flores* in ramis sparsi, pedunculati. *Pedunculi* capillares, reflexi, unguiculares. *Corolla* contorta.

12. A. (*pauciflorum.*) foliis ensiformibus, canaliculatis, scapo brevioribus; racemo oblongo erecto.

Crescit in lateribus occidentalibus Leuwekop et in Swartland. Floret Augusto, Septembri.

Radix fasciculata. *Fibrae* fusiformes, carnosae, albae, fibrillosae. *Scapus* simplex, teres, erectus, glaber, spithamaeus et ultra. *Folia* radicalia plura, circiter 2 usque 6, vel octo, convoluto-canaliculata, flexuoso-erecta, striata, integra, glabra. *Racemus* palmaris. *Bractea* sub singulo pedunculo, lanceolata, acuta, concava, membranacea, cinerea, linea utrinque fuscá, pedunculo longior. *Pedunculus* teres, erecto-patens, glaber, semiunguicularis, uniflorus. *Corolla* 6-petala, patens. *Petala* ovato-lanceolata, obtusa, concava, semiunguicularia, alba, carinâ viridi. *Filamenta* 6, filiformia, alba, erecta, corollâ paulo breviora, simplicia. *Antherae* ovatae, incumbentes, sulcatae, flavae. *Germen* superum, trigonum, glabrum. *Stylus* filiformis, erectus, staminibus longior, albus. *Stigma* simplex, obtusum, v.llosum. *Capsula* ovata, obtusa, triquetra angulis obtusis, trisulcata, tristriata, glabra, trivalvis, trilocularis. *Semina* plurima, ovata, glabra.

13. A. (*scabrum.*) foliis trigonis serrulatis, scapo ramoso scabro longioribus; pedunculis fructiferis recurvis. Antericum *scabrum Linn. Syst. Veg.* XIV. p. 331. *Suppl.* p. 202.

Crescit in campo sabuloso inter Cap et Hottentott Holland. Floret Augusto.

Scapus compressus, debilis, decumbens, lucidus, spinulis crystallinis scaber, pedalis et ultra. *Rami* alterni, breves, simplices. *Folia* radicalia, plurima, exacte trigona, supra canaliculata, angulis serrato-scabris, subtus carinâ-laevi, carnosâ, diffusâ, glabra, saepe longiora. *Racemi* spicati erectique. *Pedunculi* teretes, uniflori, scabri, pollicares, superiores breviores, fructiferi remotiores, reflexi. *Bractea* sub pedunculo ovata, brevis, acuta, margine tenui. *Corolla* 6-petala, patens. *Petala* ovata, oblonga, obtusa, concava, alba, carinâ viridi-scabra, lineam longa. *Filamenta* sex, filiformia, alba, simplicia, erecta, corollâ breviora, tribus brevioribus. *Antherae* ovatae, didymae, flavaé, inferne fissae. *Germen* superum. *Stylus* filiformis, albus, longitudine staminum. *Stigma* simplex, obtusum. *Capsula* subrotunda, sexstriata, trilocularis, trivalvis. Semina plura.

14. A. (*lagopus.*) foliis lineari-ensiformibus, scapo simplici brevioribus; racemo erecto, longissimo.

Folia radicalia, pauca, versus apicem attenuata, integra, striata, glabra, spithamaea. *Scapus* teres, striatus, glaber, erectus, pedalis et ultra. *Racemus* sensim florens, spithamaeus.

Pedunculi capillares, glabri, unguiculares, sensim florentes; superiores erecti, approximati, inferiores magis remoti, fructiferi reflexi. *Corollae* luteae, petalis oblongis flavis, carinà rufescente.

15. A. (*favosum.*) foliis carnosis, semiteretibus, scapo brevioribus; racemo erecto, longissimo.

Crescit in campo arenoso extra *Cap. Floret Martio, Aprili.*
Radix carnosa, subconica, subtus convexo - plana, laevis, fibrosa, magnitudine rapae mediocris. Fibrae marginales. *Folia* radicalia, tria vel plura, apice attenuata, glabra, erecta, spithamaea et ultra. *Scapus* solitarius, simplex, teres, glaber, flexuoso erectus, sesquipedalis usque tripedalis. *Racemus* sensim florens, palmaris, sesquipedalis. *Pedunculi* erecti, capillares, unguioulares; superiores magis approximati.

16. A. (*caudatum.*) foliis canaliculato - ensiformibus, scapo longioribus; racemo oblongo erecto. Anthericum cauda felis *Linn. Syst. Veg.* XIV. p. 331. *Suppl.* p. 202.

Africanis: Kattstartps. Crescit in Swartland prope pontem fluvii. Floret Septembri.
Folia radicalia, plura, circiter 6-8, apice attenuata, striata, integra, glabra, inferne erecta, superne laxa, subreflexo - dependentia. *Scapus* solitarius, simplex, teres, glaber, flexuosoerectus, pedalis usque bipedalis. *Racemus* digitalis. *Corollae* albae. Variat foliis latioribus et angustioribus.

17. A. (*hispidum.*) foliis carnosis lineari- ensiformibus, hispidis, scapo longioribus. Anthericum hispidum *Linn. Syst. Veg.* XIV. p. 331. *Spec. Pl.* p. 446.

Crescit in Leuweberg et alibi circum Cap, Duyvelsberg. Floret Junia, Julio.
Radix ovata, oblonga, carnosa, fibrosa, saepe bilobata. *Folia* radicalia ensiformia, canaliculata, spithamaea s. scapo duplo longiora, laxa, recurvata, undique villosa pilis albis rectis. *Scapus* simplex vel ramosus, villosus, multiflorus, unus vel plures. *Bracteae* longitudine fere pedunculorum, lanceolato- subulatae, membranaceae, villosae. *Rami* alterni, erecti. *Pedunculi* uniflori, virides vel rufescentes, villosi, unguiculares s. pollicares. *Flores* spicati. *Spica* fastigiata, excrescens, sensim florens. *Corolla* 6-petala, infera. *Petala* lanceolata, obtusa, alba, carinà in junioribus viridi, in adultioribus rufescente extus ad basin hispida, pilis albis. *Filamenta* 6, lateri germinis affixa, corollà paulo breviora; tubus exterioribus brevioribus; subulata, alba; geniculato-inflexa, simplicia. *Antherae* ovatae, sulcatae, flavae. *Germen* superum. *Stylus* longitudine filamentorum, filiformis, albus. *Stigma* granulato-trigonum, flavescens. *Capsula* ovata, glabra, sexsulca, trilocularis, trivalvis, triangularis. *Semina* plura, globosa, glabra.

18. A. (*undulatum.*) foliis ensiformibus, falcatis, undulatis, scapo longioribus.

Habitat in Promontorio b. Spei inter littus et montes in colli-bus arenosis, florens Julio.
Radix carnosa, palmato - quadripartita, fibrosa. *Folia* radi-calia, glaberrima, bina vel terna, undulato - plicata, viridia, marginibus fuscescentibus, integra. *Scapus* unicus, raro duo, simplex, pilosus, digitalis, multiflorus. *Bracteae* ovato - lanceo-latae, apice setaceae, glabrae, hyalinae, membranaceae, carinâ viridi, pedunculo vix breviores. *Flores* pedunculati. *Pedun-culi* simplices, pilosi, pollicares. Perianthium nullum. *Corolla* 6 - petala patens; petala lanceolata, obtusa, intus glabra, ex-tus pilosa, marginibus albidis et carinâ rufescente; exteriora tria paulo angustiora. *Filamenta* 6, corollâ breviora, infe-rioribus tribus brevioribus, aba, linearia, papuloso - villosa, non barbata, germini inserta. *Antherae* ovatae, flavae, dorso me-dio âffixae, antice trisulcae. *Germen* superum, ovatum, tri-sulcatum, glabrum. *Stylus* unicus, filiformis, albus, longitudine staminum. *Stigma* obtusum, pallide flavescens. *Caps.* obovata, obtusa, trisulcata, trilocularis, glabra.

19. A. (*fimbriatum.*) foliis lineari - ensiformibus, falca-tis, margine muricatis; scapo ramoso glabro.

Crescit in campis arenosis Kap inter et montes.
Folia radicalia, striata, glabra, laeviuscula, integra, margine ciliato - muricato, pedalia et ultra. *Scapus* teretiusculus, fle-xuoso - erectus, pedalis et ultra. *Rami* alterni, patenti - erecti. *Racemus* oblongus, floribus remotis.

20. A. (*hirsutum.*) foliis linearibus, hirsutis; scapo ra-moso brevioribus; longissimo.

Folia radicalia, striata, tota hirsuta, pedalia et ultra. *Sca-pus* teres, hirtus, erectus, bipedalis. *Rami* pauci, alterni, gla-bri, vel inferne parum villosi, erecti. *Racemus* sensim florens, subpedalis. *Pedunculi* teretes, erecto - incurvi, unguiculares, in-feriores remotiores.

21. A. (*muricatum.*) foliis linearibus, muricatis, striatis; scapo ramoso, inferne muricato. Antherioum *muricatum* *Linn. Syst. Veg.* XIV. p. 331. *Suppl.* p. 202.

Crescit in collibus Duyvelsberg et infra latus occidentale Taf-felberg. Floret Julio.
Radix fasciculata: fibrae carnosae, filiformes, attenuatae, fibro-sae, lutescentes. *Folia* radicalia, plura, vaginanti - sessilia, apice attenuata, carnosa, compressa, concaviuscula, integra, utrin-que striata, glabra, squamulis subulatis albis muricata, diffusa, pedalia. *Scapus* teres, inferne flexuosus saepe, purpureus, vil-loso - hispidus; superne erectus, virescens, rarissime villosus, apice corymboso - ramulosus, pedalis et ultra. *Rami* alterni, erecti, glabri, teretes vel compressi, rarissime villosi, sensim breviores, ramulosi. *Flores* alterni, approximati, pedicellati. *Pedicelli* teretes, glabri, rarissime pilosi, purpurascentes, uni-flori, lineam longi. *Bracteae* pedunculos et pedicellos basi cin-gentes, solitariae, sessiles, concavae, latae, albae, acumine se-taceo, longo, rufescente. *Corolla* 6 - petala. *Petala* obovata,

obtusiuscula, concava, patentia, alba carinâ rufescente, semiunguicularia. *Filamenta* 6, inaequalia, subulata, corollâ breviora,
alba, basi cohaerentia, non connata: tria breviora, simplicia;
tria paulo longiora, a basi ad medium latiora, villosa, subgeni-
culata, geniculo flavescente. *Antherae* ovatae, didymae, flavae,
Germen superum conicum, 6-sulcatum, glabrum. *Stylus* filiformis, erectus, albus, longitudine staminum. *Stigma* simplex.
obtusum, flavescens. *Capsula* ovata, 6-sulcata, glabra, trivalvis, trilocularis. *Semina* plurima, globosa, glabra. Differt
ab Anthérico *hispido*: 1. foliis glabris, nec villosis, sed squamulis muricatis; 2. scapo longo, altiore.

22. A. (*falcatum.*) foliis ensiformibus, falcatis, glabris;
scapo ramoso. Anthericum *falcatum Linn. Syst. Veg.* XIV,
p. 331. *Suppl.* p. 202.

Crescit in Saldanhabay. Floret Augusto.

Folia plura, radicalia, subcarnosa, paginâ alterâ planâ, alterâ convexiusculâ, integra, diffusa, pollicem lata, pedalia et
ultra. *Scapus* articulatus, carnosus, subteres, glaber, erectus,
bipedalis. *Rami* ex singulo nodo circiter tres, erecti, florentes fere toti racemo elongato, spithamaei. *Flores* pedunculati,
erecti, remoti. *Pedunculi* teretes, glabri, uniflori, unguiculares.

23. A. (*comosum.*) foliis ensiformibus, glabris; scapo
ramoso, comoso.

*Crescit in Langekloof, in collibus montium. Floret Novem-
bri, Decembri.*

Folia radicalia, pauca, utrinque attenuata, plana, striata, integra, spithamaea et ultra. *Scapus* angulatus, glaber. *Rami* alterni, similes, apice ramosi. *Stipulae* sub ramis lanceolatae,
acuminatae. *Coma* polyphylla: foliola lanceolata, falcata, pollicaria vel ultra. *Flores* racemosi, sub coma remoti. *Corolla*
6-petala, infimâ basi connata. *Petala* lanceolata, obtusa, patentia, concaviuscula, semiunguicularia, ciliata, caerulea, carinâ subtus rufescente. *Filamenta* 6 subulata, utrinque attenuata, petalorum unguibus insertâ, petalis breviora, tria breviora, inaequalia, alba, fasciâ mediâ apiceque saturate caerulea. *Antherae* lanceolatae, incumbentes, flavae. *Stylus* filiformis, staminibus paulo longior, albus, fasciâ duplici caerulescente. *Stigma* acutum, simplex. *Germen* superum glabrum.
Capsula ovata, obtusissima, triangularis, angulis obtusis, trisulca, trivalvis, trilocularis, glabra.

24. A. (*latifolium.*) foliis lato-ensiformibus, glabris,
scapo brevioribus; racemo longissimo. Anthericum *latifolium
Linn. Syst. Veg.* XIV. p. 331. *Suppl.* p. 202.

Folia basi lata, apice attenuata, carnosa, integra, spithamaea.
Scapus solitarius, simplex, teres, striatus, glaber, erectus, pedalis et bipedalis. *Racemus* erectus, teres, spithamaeus, usque pedalis. *Pedunculi* sparsi, frequentissimi, erecti, unguiculares. *Corollae* luteae. *Bracteae* membranaceae, lanceolatae,
acuminatae, erectae.

21

25. A. (*ciliatum.*) foliis ensiformibus, carnosis, ciliatis; scapo simplici aequantibus; racemo longissimo. Anthericum *ciliatum Linn.* Syst. Veg. XIV .p. 331. Suppl. p. 202.

Crescit in lateribus Leuwekop ab occidente. Floret Augusto.

Folia radicalia, latere altero contracto - subundulata, intus plana, extus convexa, rugosa transverse, carinā elevatā praesertim apicem versus subtrigona, striata, glabra, integra, margine ciliata, decumbentia, tripedalia. *Scapus* carnosus, teres, subangulatus, glaber, erectus. tripedalis. *Flores* sparsi, pedunculati, sensim florentes, remoti. *Bractea* sub singulo pedunculo lanceolata, convoluto-carinata, acuta, membranacea, alba carinā fuscā, pedunculo triplo brevior, erecta, persistens. *Racemus* bipedalis, excrescens. *Pedunculi* sparsi, teretes, glabri, uniflori, unguiculares, ante florescentiam imbricato-adpressi, erecti, sub florescentia erecto - patentes, post nuptias reflexi. *Corolla* 6-petala, patens. *Petala* ovato-lanceolata, obtusa, semiunguicularia, alba, carinā rubra. *Filamenta* 6, receptaculo inserta, filiformia, erecta, alba, inaequalia; tria longiora, petalis aequantia, supra basin inflexa, a medio ad basin tenuissime villosa, villo simplici, albo, brevissimo. *Antherae* ovatae, dorso affixae, erectae, didymae, flavae. *Germen* superum, glabrum. *Stylus* filiformis, erectus, albus, longitudine staminum. *Stigma* obtusiusculum, simplex, villosum. *Capsula* globosa, tristriata, pallide viridis, lineis tribus saturatioribus. minutissime punctata, glabra, trivalvis, trilocularis. Dissepimentum duplicatum. *Semina* in singulo loculamento plura, circiter 4, imbricata, ovata, acute triquetra, glabra, nigra punctis micantibus, virentibus, semine Polygoni paulo minora.

26. A. (*crispum.*) foliis ellipticis, crispis, ciliatis; scapo ramoso.

Folia radicalia, circiter 4, lanceolato-elliptica, glabra, erecta, sesquipollicaria. *Scapus* filiformis, glaber, superne ramosus, erectus, pedalis. *Rami* alterni, patenti-erecti. *Flores* racemosi, remoti. *Filamenta* sex, brevissima. *Antherae* oblongae, flavae.

27. A. (*marginatum.*) foliis oblongis, obtusis, marginatis, scapo simplici brevioribus, racemo subumbellato.

Crescit in Hantum. Floret Decembri.

Folia radicalia, circiter bina, sessilia, obtusissima, striata, glabra, margine reflexo tenuissime villosa, patentia, pollicaria, unguem lata. *Scapus* filiformis, basi flexuosus, erectus, glaber, palmaris usque spithamaeus. *Flores* subumbellati, fastigiati. *Pedunculi* capillares, patentes, sesquipollicares.

CCVIII. LANARIA.

Cor. 6-*partita, lanata. Stigma trifidum. Capsula* 3 *locularis.*

1. L. (*plumosa.*) Hyacinthus *lanatus Linn.* Syst. Veg. XIV. p. 336. Spec. Pl. p. 455. Lanaria *Hort.* Kew. I. p. 462.

Africanis:Paardekapock. Crescit in collibus trans Swellendam, prope Compagnie Post, Ritvalley, in Lange Kloof. Floret Novembri, Decembri.
Caulis simplex vel superne in plures corymbos divisus, pedalis et ultra, subtrigonus, inferne villosus, superne plumoso-lanatus. *Folia* radicalia ensiformia, canaliculata, carinata, venosa, serrato-scabra, glabra, longitudine caulis; caulina alterna, sessilia, lanceolata, acuta, conniventia, glabra, serrato-scabra; internodiis breviora, pollicaria: superiora magis approximata et breviora. *Flores* paniculati. *Panicula* composita, densa, pilis albis plumosis dense tecta. *Pedicelli* lineam longi, uniflori, plumoso lanati. *Calyx* nullus. *Corolla* 1-petala, extus tota lanato-plumosa, intus purpurea, tubulosa. *Tubus* brevis. Limbus 6 partitus: laciniae lineari lanceolatae, concavae, obtusae, patentes, ultra lineam longae. *Filamenta* 6. laciniarum medio affixa, laciniis breviora, alba. *Antherae* cordatàe, flavae. *Germen* superum. *Stylus* filiformis, longitudine staminum. *Stigma* bifidum. Differt ab Antherico: corolla 6-fida et staminibus laciniis insertis.

CCIX. HYACINTHUS.

Cor. campanulata: pori 3 melliferi germinis.

1. H. (*brevifolius.*) corollis sexpartitis; racemo cernuo; foliis scapo brevioribus.

Crescit in Cannaland, Hantum, Roggeveld, prope Cap. Floret Novembri
   Folia radicalia, circiter bina, lineari-lanceolata, versus apicem attenuata, reflexa, glabra, scapo multoties breviora. *Scapus* simplex, erectus, glaber, spithamaeus. *Racemus* florum ovatus, sensim florens. *Bracteae* lanceolatae, setaceo-acuminatae. *Corolla* subcylindrica, fauce parum coarctata, albida, carinâ extus virescente, subuuguicularis.

2. H. (*corymbosus.*) corollis infundibuliformibus; racemo erecto; foliis scapo longioribus. Hyacinthus corymbosus Linn. Mant. 2. p. 224. Syst. Veg. XIV. p. 335.

Crescit in arenosis pascuis inter Leuwestart et littus, copiose. Floret Aprili, Majo.
   Radix globosa, carnosa, magnitudine pisi. *Folia* radicalia, vaginâ membranaceâ involuta, linearia, obtusiuscula, convoluta, carnosa, tria vel quinque, glabra, patenti-revoluta, scapo longiora s. digitalia. *Scapus* simplex, multiflorus, glaber, semidigitalis vel paulo longior. *Flores* racemoso-fastigiati, corymbosi. *Pedunculi* brevissimi, crassi, uniflori, glabri, lineam longi. *Calyx* nullus. *Corolla* 1-petala, infera, tubulosa. *Tubus* brevis. *Limbus* 6-partitus, campanulatus: laciniae ovato-lanceolatae, obtusae, patentes, glabrae, purpureae carinâ rubra. *Filamenta* 6, lateri germinis affixa, corollâ paulo breviora, tribus longioribus, tribusque brevioribus, capillaria, pallida. *Antherae* lateraliter affixae, ovatae, sulcatae, flavae. *Germen* superum: pori tres melliferi. *Stylus* filiformis, longitudine staminum longiorum, pallidus. *Stigma* subtrigonum, flave cens. *Capsula* obovata, glabra, trisulca, trilocularis.

Semina plurima, ovata, acuta, triquetra, glabra. *Bractea* sub pedunculo singulo ovata, acuta, membranacea, brevissima.

3. H. (*convallarioides.*) corollis campanulatis, ovatis, pendulis; scapo filiformi. Hyacinthus *convallarioides Linn.*
Syst. Veg. XIV. p. 335. *Suppl.* p. 204.
*Crescit in Carro infra Roggeveld. Floret Novembri, De-
cembri.*

> *Bulbus* ovatus, magnitudine Avellanae. *Folia* mihi nulla visa sub
> florescentia. *Scapus* flexuoso-erectus, glaber, palmaris. *Racemus*
> oblongus, suberectus. *Pedunculi* sparsi, capillares, reflexi. *Co-
> rollae* cernuae, albidae, carinâ dorsali, virescente.

4. H. (*flexuosus.*) corollis campanulatis; racemo erecto;
foliis linearibus, scapo longioribus.

*Crescit in interioribus regionibus. Floret Novembri, De-
cembri.*

> *Folia* circiter tria, laxa, integra, flexuoso-erecta, glabra, spi-
> thamaea. *Scapus* simplex, teres, glaber, flexuoso-erectus, palmaris.
> *Racemus* ovatus, pollicaris. *Pedanculi* filiformes, flexuoso-cernui
> post florescentiam.

5. H. (*revolutus.*) corollis ovatis, campanulatis, reflexis;
foliis lanceolatis, subundulatis. Hyacinthus *revolutus Linn.*
Syst. Veg. XIV. p. 335. *Suppl.* p. 204. Drimia *undulata Willd. Spec.* II. p. 166.

Crescit in interioribus regionibus.

> *Folia* radicalia circiter tria vel quatuor, lato-lanceolata, acumi-
> nata, undulata glabra, margine membranacea, scapo breviora, pol-
> licaria, usque palmaria. *Scapus* filiformis, sulcatus, simplex, gla-
> ber, flexuoso erectus, palmaris usque spithamaeus. *Racemus* termi-
> nalis, erectus, sensim florens, multiflorus, pollicaris usque palmaris.
> *Pedunculi* filiformes, sparsi, reflexi. *Corollae* revoluto cernuae,
> albidae, carinâ dorsali, viridi. Differt ab *H. non scripto:* corollis
> subglobosis, foliis ovatis.

CCX. LACHENALIA.

Cor. 6-*partita: laciniis tribus exterioribus brevioribus.
Germen superum. Caps.* 3-*locularis.*

1. L. (*contaminata.*) corollis campanulatis, sessilibus;
foliis linearibus scapo longioribus. Lachenalia *coptaminata
Hort. Kew.* I. p. 460. Phormium *orchioides Thunb.
Nov. gen. Pl.* P. I. p. 96.

Crescit in aquis stagnantibus Swartland. Floret Octobri.

> *Radix* bulbosa, bulbo magnitudine Avellanae. *Folia* radicalia terna,
> versus apicem attenuata, glabra, reflexo-subfalcata. *Scapus* teres,
> glaber, purpurascens, simplex, flexuoso-erectus palmaris. *Flores*
> spicato-racemosi, erecti. *Racemus* ovatus, semipollicaris. *Pedun-
> cali* brevissimi. *Corollae* albae sub apice laciniarum sanguineo ma-
> culatae.

2. L. (*orchioides.*) corollis campanulatis, subsessilibus; foliis lanceolatis scapo brevioribus. Phormium orchioides β. δ. *Thunb. Nov. gen. Pl. I.* p. 97. Lachenalia orchioides *Hort. Kew.* 1. p. 460. Hyacinthus orchioides *Linn. Syst. Veg.* XIII. p. 277. Phormium *hyacinthoides Linn. Syst. Veg.* XIV. p. 336.

Crescit prope Leuwekop.

β. *Corollis* flavis, scapo foliis longiore. δ. *Corollis* albis apice virentibus; scapo spithamaeo, albo, superne purpureo-punctato; foliis supra purpureo-maculatis.

3. L. (*hirta.*) corollis campanulatis, pedunculatis; foliis linearibus, hirtis. Phormium *hirtum Thunb. Nov. gen. Pl.* p. 98.

In aquosis Promontorii bonae Spei. Floret Augusto et sequentibus mensibus.

Scapus simplex, flexuoso-erectus, glaber, purpureo-maculatus, spithamaeus. *Folium* unicum, basi latâ vaginans, hirsutum. *Flores* racemosi, cernui, ovati, albo-caerulescentes.

4. L. (*pallida.*) corollis campanulatis, pedunculatis, horizontalibus; foliis lanceolatis scapum aequantibus. Phormium *orchioides* γ *Thunb. Nov. gen. Pl.* p. 96. Lachenalia pallida *Hort. Kew.* 1. p. 460.

Corollis apice purpureis, basi caerulescentibus; *scapo* palmari.

5. L. (*reflexa.*) corollis ventricosis, subsessilibus, erectis; foliis ensiformibus reflexis, scapo longioribus. Phormium *orchioides* α *Thunb. Nov. gen. Pl.* p. 96.

Crescit in Prom. b. Spei ad pedem Leuwestaart, Duyvelsberg, depressis Swartland et alibi. (Floret Julio, Augusto.

Bulbus globosus, carnosus, magnitudine Avellanae, albus, fibrillosus. *Folia* raro unicum, saepe duo radicalia, vaginantia, lato lanceolata, convoluto-concava, acuminata, subundulata, integerrima, revoluta, glabra, digitalia vel ultra, altero breviore, pollicem lata. *Scapus* simplex, foliis vaginatus, teres, glaber. *Flores* racemosi, ovati, patuli. *Rhachis* flexuosa, angulata. *Bractea* ad basin floris ovata, acuta, membranacea, brevissima, alba. *Corolla* oblonga, subinflata, unguicularis, subclausa, incurva: laciniae concavae, obtusae: tribus exterioribus brevioribus, quarum dorsalis apice incrassata, subfornicata, obtusa: tribus interioribus longioribus, quarum infima paulo brevior. *Filamenta* filiformi-subulata, tubo corollae inserta et ad medium longitudinaliter adnata. *Antherae* parvae, supra flavae, subtus fuscae. α corollis flavis, ovato-oblongis; scapo subincluso, brevissimo, fere nullo supra terram.

6. L. (*tricolor.*) corollis cylindricis, pedunculatis, pendulis: laciniis interioribus excisis; foliis lanceolatis scapo brevioribus. Lachenalia *tricolor Linn. Syst. Veg.* XIV. p. 314. Phormium *alooides* α. γ. *Thunb. Nov. gen. Pl.* p. 95.

*Crescit in Promont. b. Spei campis depressis arenosis, in Paar-
den Eyland, in Swartland, Nordbuk, in monte Ribeck
Kasteel dicto, collibus urbis, Paardeberg, alibi.* *Floret
Majo, Junio, Julio, Augusto.*

Bulbus globosus, carnosus, fibrosus, albus. *Folia* radicalia
bina vaginantia, lanceolato-ensiformia, concava, subundulata,
integra, glabra, patentia, supra purpureo-maculata. *Scapus*
simplex, teres, carnosus, glaber, erectus, purpureo-maculatus.
Flores racemosi, cernui. Rhachis angulata. *Bractea* sub pedunculo lata, acuta, membranacea, brevissima. *Pedunculus*
teres, erecto-patens, glaber, semiunguicularis. *Corollae* laciniae
tres interiores, longiores, lato-lineares, obtusissimae, emarginatae, concavae, pollicares, aequales, invicem minime cohaerentes; tres exteriores basi invicem et cum interioribus parum connatae, ovatae, concavae; superior retusa. *Filamenta*
basi laciniarum inserta, alba, longitudine corollae. *a.* Corollis totis croceis; scapo purpurascente, immaculato, spithamaeo.
γ. Corollis purpureis.

7. L. (*pendula.*) corollis cylindricis, pedunculatis, cernuis :
laciniis interioribus integris; foliis ensiformibus, scapo longioribus. PHORMIUM *alooides* β *Thunb. Nov. pt. Gen.* p.
96. *Linn. Suppl.* p. 205. LACHENALIA *pendula Hort.
Kew.* I. p. 461.

Corollis luteis: laciniis exterioribus apice virentibus, interioribus apice purpureis; scapo foliisque supra maculatis: scapo
spithamaeo.

CCXI. ZUCCAGNIA.

Cor. 1-*petala,* 6-*partita : laciniae exteriores tres longiores.*

1. Z. (*viridis.*) LACHENALIA *viridis* corollis cylindricis;
laciniis exterioribus setaceo-acuminatis; foliis linearibus, brevioribus. *Prodr. Fl. cap.* p. 64. *Hort. Kew.* I. p. 462.
HYACINTHUS *viridis Linn. Syst. Veg.* XIV. p. 335.   *Spec.
Pl.* p. 454.

Crescit prope Cafferkeals-rivier. *Floret Octobri, Novembri.*

Radix bulbosa, fibrillosa. *Folia* erecta, glabra, scapo paulo
breviora, integra, setaceo-acuminata, semilineam lata. *Scapus*
inferne teres, superne compressus, erectus, apice cernuus, glaber, simplex, spithamaeus. *Flores* racemosi, cernui, subsecundi, 4 pluresve, in racemo cernuo. *Pedunculi* reflexi, semilineam longi, capillares. *Bractea* sub pedunculo solitaria, lanceolata, cuspidata, longitudine pedunculi. *Corollae* 1-peta-
lae, unguiculares: laciniae exteriores duplo longiores, setaceo-
caudatae, saepe reflexae. *Caps.* supera, ovata, bilocularis.

CCXII. SANSEVIERIA.

Cor. 6-*fida, laciniis erectis.* *Germen superum. Bacca.*

1. S. (*thyrsiflora.*) acaulis; foliis lanceolatis, carnosis, floribus geminatis. Aletris *hyacinthoides: guineensis Linn.* *Syst. Veg.* XIV. p. 336. *Ait. Hort. Kew.* l. p. 464.
Crescit in interioribus regionibus inter Kamtous et Soendags-rivier, solo argilloso, sterili. Florentem non vidi in Prom. b. Spei.

2. S. (*aethiopica.*) acaulis; foliis lingüiformibus, convolutis, carnosis; racemo oblongo; floribus erectis.
Crescit in interioribus regionibus. Floret Decembri, Januario.
Folia radicalia, acuminata, integra, erecta, scapo breviora, spithamaea. *Scapus* striatus, flexuoso-erectus, glaber, spithamaeus usque pedalis. *Stipulae* in summitate scapi racemosi, erecti. *Racemus* palmaris, pedunculis brevibus. *Bracteae* stipulis similes, sed minores. *Corollae* cylindricae, albidae, partitae.

CCXIII. ALLIUM.

Cor. 6-partita, patens. Spatha multiflora. Umbella congesta. Caps. supera.

1. A (*Ampeloprasum.*) caule planifolio, umbellifero; umbellâ globosâ; staminibus tricuspidatis, costatis, carinâ scabris. Allium *Ampeloprasum Linn. Syst. Veg.* XIV. p. 321. *Spec. Pl.* p. 423.
Crescit in collibus montium pone Warme Bockeveld, in Kram-rivier. Floret Novembri, Decembri.

2. A. (*sativum.*) caule planifolio, bulbifero; bulbo composito; staminibus tricuspidatis. Allium *sativum? Linn. Syst. Veg.* XIV. p. 322. *Spec. Pl.* p. 322.
Crescit in Bockevelds-Kloof prope Oarro, juxta Hexri-vier. Floret Decembri.
Bulbi plures. *Caulis* teres, erectus, obsolete striatus, glaber, erectus, bipedalis. *Folia* vaginantia, in caule alternantia, linearia, sensim attenuata, integra, striata, glabra, longitudine fere caulis, laxa. *Umbella* ovata, multiflora, bulbifera. *Bracteae* scariosae, argenteae. *Pedunculi* capillares, patuli, inaequales, semipollicares. *Petala* lanceolata, carinata.

CCXIV. CYANELLA.

Cor. hexapetalu: petalis 3 inferioribus propendentibus. Stamen infimum declinatum, longius.

1. C. (*alba.*) foliis lineari-filiformibus. Cyanella *alba Linn. Syst. Veg.* XIV. p. 329. *Suppl.* p. 201.
Crescit in Bockland. Floret Octobri, Novembri.
Radix alte descendens. *Folia* radicalia plurima, integra, glabra, scapis breviora. *Scapi* plures, divaricati, flexuoso-erecti,

simplices·, teretes, glabri, uniflori, spithamaei. *Bractea* in medio scapo lanceolato-setacea, unguicularis. *Flos* terminalis, solitarius. *Corolla* alba.

2. C, *(lutea.)* foliis ensiformibus, planis; ramis erectis. Cyanella *lutea Linn. Syst. Veg.* XIV. p. 329. *Suppl.* p. 201. *Lee Hort. Kew.* l. p. 446.
Crescit in campis arenosis. Floret Octobri et sequentibus men- sibus.
Scapus ramosus, pedalis, nudus, teres, erectus, glaber. *Rami* simplices, nudi alterni, floriferi, superiores breviores. *Folia* radicalia, tria seu quatuor, vaginantia, lanceolata, acuta, striata, glabra·, caule multo breviora, digitalia. *Stipulae* infra singulum ramum lineari subulatae, superiores breviores, ses- siles, glabri. *Flores* racemosi, terminales, flavi. *Calyx* nul- lus. *Corolla* 6-petala, regularis. *Petala* ovata, acutiuscula, rubro striata. *Filamenta* 6, corollâ multoties breviora, subu- lata, flava. *Antherae* oblongae, lineares, quinque aequales, in- fimâ deflexâ majore, striatae, apice perforatae, incurvae, flavae. *Capsula* subrotunda, trivalvis, trilocularis.

3. C. *(capensis.)* foliis lanceolatis, undatis; ramis divari- catis. Cyanella *capensis Linn. Syst. Veg.* XIV. p. 329. *Spec. Pl.* p. 443.
Crescit in collibus infra Taffelberg tam frontis quam lateris atriusque. Floret Augusto usque ad Januarium.
Folia proveniunt Aprili vel Majo, radicalia, lato-lanceolata, acuminata, plura, 6 vel 8, superiora sensim angustiora et acu- tiora, diffusa, striata, integra, paginis et margine scabra, di- gitalia: sub florescentia undulae·magis disparent. *Scapus* tere- tiusculus, flexuosus, ramosus, glaber, palmaris usque spitha- maeus. *Rami* alterni. *Stipula* sub ramis solitaria, lanceolata, ramo brevior. *Flores* terminales, racemosi. *Corolla* caerulea.

CCXV. ALBUCA.

Cor. 6-*petala: interioribus difformibus. Stam.* 6, *tribus sterilibus. Stigma cinctum cuspidibus tribus.*

1. A. *(major.)* foliis lanceolatis. Albuca *major Linn. Syst. Veg.* XIV. p. 326.   *Spec. Pl.* p. 438.   *Dryander Act. holm.* 1784. p. 293.
Crescit in Saldanhabay et alibi locis sabulosis. Floret Sep- tembri et sequentibus mensibus.
Succus subgelatinosus scapi fracti ore tenetur ab Hottentot· tis, ut dicitur, ad extinguendam sitim. *Scapus* saepe in locis sabulosis et desertis.

2. A. *(minor.)* foliis filiformi-subulatis. Albuca *minor Linn. Syst. Veg.* XIV. p. 326.   *Spec. Pl.* p. 435.   *Dryan- der Act. holm.* 1784. p. 294.
Crescit in Saldanhabay semper in locis sabulosis. Floret Sep- tembri.
Scapus bipedalis et ultra.

3. A. (*fastigiata.*) foliis lanceolatis, ensiformibus; floribus ovatis; paniculâ fastigiatâ.

Crescit prope Verlooren-Valley, in Roggeveld, Hantum, Carro infra Bockland. Floret Octobri, Novembri.

4. A. (*viscosa.*) foliis linearibus, villoso-viscosis. Albuca *viscosa* Linn. Syst. Veg. XIV. p. 326. Suppl. p. 196.

Crescit in Hantum. Floret Octobri, Novembri.

Bulbus tunicatus, ovo minor, valde fibrosus. *Folia* radicalia, plurima, apice sensim attenuato-acuminata, minutissime glandulosa, viscosa, erecta, vix semilineam lata, scapo plus duplo breviora, palmaria. *Scapus* simplex, striatus, villoso-scabridus, flexuoso-erectus, pedalis. *Flores* racemosi, plures, subcernui. *Bractea* ad basin pedunculi lanceolata, acuminata, concava, margine membranaceo. *Pedunculi* valde glandulosi, cernui, bracteâ longior, pollicaris. *Antherae* sex, fertiles.

5. A. (*spiralis.*) foliis spiralibus. Albuca *spiralis* Linn. Syst. Veg. XIV. p. 326. Suppl p. 196.

Crescit in summo monte Ribeck-Casteel. Floret Octobri.

Bulbus. magnitudine vix Avellanae. *Folia* radicalia pauca, 4 circiter vel 6, lineari-filiformia, inferne erecta, mox spiralia, in adultiore planta flexuosa, villoso-scabra, scapo breviora. *Scapus* simplex, filiformis, flexuosus, apice nutans, striatus, villoso-scabridus, digitalis seu spithamaeus post-florescentiam, uniflorus vel biflorus. *Bractea* lanceolata, acuminata, pedunculo brevior. *Antherae* tres fertiles.

CCXVI. TULIPA.

Cor. 6-*petala, campanulata. Stylus nullus.*

1. T. (*breyniana.*) caule polyphyllo multifloro. Tulipa *breyniana* Linn. Syst. Veg. XIV. p. 325. Linn. Spec. p. 438.

Crescit in campis arenosis. Floret Octobri et sequentibus mensibus.

Caulis simplex, vaginatus, striatus, glaber, spithamaeus. *Folia* 5-6, caulina, alterna, vaginantia, cucullata, ensiformia, superiora, sensim minora, inferiora longitudine caulis, patentia, glabra, margine membranaceo-ciliata. *Flores* spicati, alterni, pauci, terminales, sessiles. *Rhachis* striata, glabra. *Calyx* nullus. *Corolla* 6-petala, infera, erecta. *Petala* obovato-lanceolata, obtusa: ungues angustiores, unguiculares. *Color* corollae flavus, extus supra purpurascens, intus maculâ purpurascente. *Filamenta* 6, unguibus supra basin adnata, subulata, petalis breviora, purpurascentia. *Antherae* oblongae, lateraliter insertae, flavae. *Germen* triangulare, superum. *Stylus* nullus, sed stigmata 3, brevissima, patenti-recurva, angulis germinis affixa, obtusa. *Capsula* oblonga, e capsulis 3 unita, triangularis, trisulca, glabra, trivalvis, trilocularis. *Semina* plurima, rotunda, compressa. Affinis MELANTHUS; differt vero stigmatibus non ex centro capsulae orientibus, sod angulis ejus affixis.

CCXVII. ASPARAGUS.

Cor. 6-partita, erecta: petalis 3 interioribus apice reflexis. Bacca trilocularis, trisperma.

1. **A.** (*striatus.*) caulescens, erectus; foliis lanceolato-linearibus subfalcatis, obtusis. DRACAENA *striata Linn. Syst. Veg.* XIV. p. 334. *Suppl.* p. 204.

Caulis frutescens, teretiusculus, striatus, flexuosus, superne ramosus, spithamaeus. *Rami* alterni, similes. *Stipula* sub ramis, lanceolata, subtrigona, acuta, adpressa, vix linam longa. *Folia* sparsa, sessilia, lanceolata, acuta, *) integra, striata, glabra, unguicularia.

2. **A.** (*erectus.*) caulescens, erectus; foliis lanceolatis, acuminatis, sessilibus; floribus lateralibus. DRACAENA *erecta Linn. Syst. Veg.* XIV. p. 334. *Suppl.* p. 204.

Caulis compressus, ramosus, glaber, pedalis et ultra. *Rami* alterni, compressi, erecto-patuli, ramulosi. *Folia* alterna, integra, glabra, striata, patula, unguicularia. *Stipula* membranacea, sub foliis, brevissima. *Flores* axillares, pedunculati, cernui. *Pedunculi* capillares, uniflori, folio breviores. *Filamenta* lanceolata. *Stigma* trifidum.

3. **A.** (*volubilis.*) caule volubili; foliis lanceolatis. DRACAENA *volubilis Linn. Syst. Veg.* XIV. p. 334. *Suppl.* p. 204.

Crescit in campis.
Caulis filiformis, glaber, ramosus. *Rami* alterni, similes, breves. *Folia* alterna, sessilia, acuta, integra, striata, glabra, patentia, unguicularia. *Flores* axillares, solitarii, pedunculati, cernui. *Pedunculi* brevissimi.

4. **A.** (*undulatus.*) caulescens, erectus; foliis ovatis, acutis, multinervibus; floribus axillaribus, pedunculatis. DRACAENA *undulata Linn. Syst. Veg.* XIV. p. 334. *Suppl.* p. 203.

Caulis herbaceus, angulatus, striatus, glaber, flexuosus, erectiusculus, ramosus. *Rami* alterni, compressi, flexuosi, patuli. *Folia* alterna, sessilia, integra, undulata, multistriata, glabra, patentia, unguicularia. *Stipulae* sub foliis ovatae, scariosae, brevissimae. *Flores* bini vel tres, cernui. *Pedunculi* capillares, uniflori, foliis dimidio breviores. *Corolla* 6-petala, basi connata, aequalis, apicibus inflexis. *Filamenta* compressa, basi lata, membranacea, medio a latere altero parum dilatata, apice subulata. *Antherae* incumbentes, ovatae. *Styli* 3, stigmatibus tribus.

---

*) Supra obtusa. *Editor.*

5. A. (*medeoloides*.) herbaceus, volubilis; foliis ovatis, nervosis. Dracaena *medeoloides L i n n. Syst. Veg.* XIV. p. 334. *Suppl.* p. 203. Medeola *asparagoides? L i n n. Syst. Veg.* XIV. p. 349. *Spec. Pl.* p. 484.

Caulis teres, glaber, ramosus. *Rami* alterni,. compressi, divaricati, breves. *Folia* alterna, sessilia, mucronata, integra, multistriata, glabra, patenti-imbricata, internodiis longiora, unguicularia. *Flores* axillares, bini vel terni, pedunculati reflexi. *Bracteae* sub floribus ovatae, scariosae, acuminatae, breves. *Pedunculi* brevissimi. *Filamenta* lanceolata, unguibus mediis inserta. *Antherae* rubrae. *Stylus* simplex, stigmatibus 3.

6. A. (*declinatus*.) caule inermi, tereti; ramis declinatis; foliis setaceis. Asparagus *declinatus L i n n. Syst. Veg.* XIV. p. 332. *Spec. Pl.* p. 449.

Crescit in sylvis H a u t n i q u a s. Floret D e c e m b r i, J a n u a r i o.
Caulis herbaceus, flexuoso erectus, glaber. *Rami* alterni, similes, divaricato-patentes. *Folia* fasciculata, glabra.

7. A. (*flexuosus*.) herbaceus, inermis; caule flexuoso; foliis lanceolatis.
Crescit in sylvis H a u t n i q u a s.

Caulis laxus, filiformi-subangulatus, striatus, glaber, scandens, ramosus. *Rami* alterni, retroflexi, ramulosi, breves. *Folia* fasciculata, tria vel pauca, acuta, glabra, vix unguicularia.

8. A. (*albus*.) frutescens, aculeatus; ramis angulatis, flexuosis; foliis fasciculatis, trigonis, muticis. Asparagus *albus L i n n. Syst. Veg.* XIV. p. 333. *Spec. Pl.* p. 449. *)
Crescit in collibus montium.
Caulis frutescens, angulatus, sulcatus, glaber, erectus, bipedalis vel ultra. *Rami* alterni, compresso-angulati, divaricatopatentes, breves. *Aculei* sub ramis solitarii, recurvi. *Folia* in ramis plurima, acuta, glabra, lineam longa. *Stipulae* scariosae, ovatae. *Flores* axillares, pedunculati.

9. A. (*subulatus*.) frutescens, inermis; ramis retroflexis; foliis tereti-subulatis.
Caulis frutescens, teres, glaber, flexuoso-erectus, virescens, inermis, pedalis et-ultra. *Rami* alterni, breves, ramulosi. *Ramuli* flexuosi, similes. *Folia* fasciculata, terna, sessilia, teretia, acuta, striata, glabra, unguicularia. *Flores* axillares, sessiles.

10. A. (*dependens*.) fruticosus, aculeatus; ramis reflexis; foliis subulatis.
Caulis frutescens, subangulosus, flexuosus, glaber, aculeatus. *Rami* alterni, subsecundi, divaricati, reflexo-dependentes, elongati, filiformes, aculeati, ramulosi, spithamaei et ultra. *Ra-*

---

*) Synonymon hocce in altera schedula cum?, in altera sine dubio laudatur ab ill. auctore. *Editor.*

mali alterni, foliiferi, floriferi, aculeati, breves, unguiculares. *Aculei* caulis ramorum ramulorumque solitarii, recti, breves. *Folia* fasciculata, plurima, teretia, acuta, glabra, lineam longa. *Flores* inter folia pedunculati.

11. A. (*capensis.*) spinis subternis; ramis aggregatis; foliis filiformibus. Asparagus *capensis* Linn. *Syst. Veg.* XIV. p. 333. *Spec. Pl.* p. 450.

Crescit infra montes ad Cap vulgaris in fratetis et sylvis fere omnibus. Floret Majo, Junio.

Fruticulus copiosissime tectus floribus albis, instar pruinae, et spinis horridis taediosissimus est ambulantibus; vestibus enim adhaeret, illas manusque lacerat, atque praetereuntes retinet, ut non sine ratione nomen illi dederint incolae: *Wagt een betje: exspecta paulisper.* Rami teretes flexuosi, glabri, cinerei, incurvi, nudi, ramulosi, spinosi. *Ramuli* fasciculati, circa spinas alternatim positi, filiformes, patentes, simplices, foliis tecti, virides, floriferi, unguiculares, a 12 ad 16. *Spinae* vel aculei terni, alternatim cauli insidentes, patentes, rectae, apice parum recurvae, inaequales, intermedio longiori, unguiculari, lateralibus duplo brevioribus. *Folia* fasciculata, ramulis alternatim insidentia, sena, sessilia, acuta, supra lineâ longitudinali, vix lineam longa, imbricata, internodiis longiora. *Stipullae* ovatae, cinereae, brevissimae, basin ramulorum et foliorum cingentes. *Flores* in ramulis terminales, rarius solitarii, saepissime bini, sessiles. *Cal.* nullus, nisi bractea membranacea. *Corolla* 6-petala, aequalis. *Petala* ovata, obtusa, basi infimâ coalita, erecto-patulâ, alba, carinâ rufescente extus, lineam longa. *Filamenta* 6. basi petalorum inserta, linearia, alba, petalis breviora. *Antherae* minutae, dorso affixae virentes. *Germen* superum. *Stylus* triqueter, filamentis brevior, albus. *Stigmata* 3, patentia, revoluta, alba, obtusa, brevissima. *Bacca* ovata, triquetra, trisulca, angulis obtusis, striâ longitudinali, viridis, glabra.

12. A. (*scandens.*) herbaceus, inermis, volubilis; foliis lanceolatis, falcatis. Asparagus *aethiopicus?* Linn. *Syst. Veg.* XIV. p. 332. *Mant.* p. 63.

Crescit in sylvis Houtniquas. Floret Octobri, Novembri.

Caulis filiformis, glaber, ramosus. *Rami* solitarii alterni vel terni, subcompressi, divaricati, subsimplices. *Folia* terna, sessilia, acuminata; integra, glabra, patentia, inaequalia, vix unguicularia. *Stipulae* sub ramis et folia scariosae, partitae.

13. A. (*lancens.*) aculeis solitariis; foliis lanceolatis, subfalcatis; pedunculis axillaribus, solitariis.

Caulis suffrutescens, teres, superne angulatus, flexuosus, scandens, glaber. *Rami* alterni, divaricati. *Folia* fasciculata, elliptico-lanceolata, acuta, integra, glabra, patentia, unguicularia. *Flores* in ramis axillares, solitarii, pedunculati. *Pedunculi* unguiculares.

CCXVIII. E H R H A R T A.

Cal. biglumis.　Cor. duplex.　Nectarium pateriforme.

a. *Muticae.*

1. E. (*capensis.*) valvulis corollinis exterioribus rugosis, obtusis, muticis; paniculâ simplici laxâ; culmo indiviso; foliorum margine cartilagineo, crispo. Ehrharta *capensis Act.* *Holm.* 1779. p. 216. t. 8.　*Nov. gen. Pl.* I. p. 17. *Linn. Suppl. Plant.* p. 209.　*Syst. Veg.* per *Gmel.* p. 549. Ehrharta *mnemateia Prodr. Fl. cap.* p. 66.　Ehrharta *cartilaginea Smith icon. pl. ined.* 2. 32.

Crescit in regionibus graminosis circa Swellendam et alibi.

Radices filiformes, simplices, rigidae, erumpentes sub bulbo glabro, vaginis foliorum radicalium subimbricatis, striatis, emarcidis tecto. *Culmus* simplex, erectus, subbipedalis. *Folia* radicalia longiora, palmaria; superiora breviora, ensiformia, marginata, subtus nervoso-striata. *Panicula* subflexuosa, erecta. *Pedunculi* bini ternique capillares, lati, inferiores 2-3-flori, incrassati, saepe colorati. *Flores* cernui, flavo purpurascentes.

2. E. (*panica.*) glumis corollinis exterioribus glabris, subrugosis, obtusis; paniculâ secundâ; culmo subdiviso. Ehrharta *panicea Smith Pl. ined.* 1. *tab.* 9.

Radices longae, simplices, filiformes. *Culmi* cespitosi, basi decumbentes, adscendentes, teretiusculi, striati, glabri, bipedales. *Folia* lineari-lanceolata, acuta, integra, subundulata, scabrida, striata, erecta, juniora, pubescentia, spithamaea. *Paniculae* terminales, laxae. *Pedunculi* capillares, superiores simplices, erecti, inferiores secundi, terni, quorum duo elongati, patentes. *Pedicelli* incrassati, pubescentes, uniflori.

3. E. (*ramosa.*) glumis corollinis exterioribus scabris, retusis, muticis; paniculâ coarctatâ; culmo ramosissimo, suffrutescente. Melica *ramosa Prodr. Fl. cap.* p. 21.　Ehrharta *digyna? ibidem* p. 66.

Crescit prope Zoete Melks valley.

Culmus glaber, erectus, ramosus, tripedalis. *Rami* dichotomi, teretes, glabri, vaginati. *Folia* inferiora vaginantia, lanceolata, striata, glabra; superiora linearia. *Paniculae* terminales erectae, bipollicares. *Pedunculi* 2-3, conferti, inaequales, uniflori.

4. E. (*melicoides.*) glumis corollinis exterioribus glaberrimis, obtusis, paniculâ patentissimâ. Melica *capensis Prodr. Fl. cap.* p. 21.

Calmus erectus, inferne geniculatus, teres, striatus, glaber. *Folia* linearia, acuta, erecta, striata, glabra, margine cartilagineo scabra. *Panicula* erecta, pedalis. *Pedunculi* patentissimi, capillares, purpurascentes. *Pedicelli* incrassati, colorati.

5. E. (*calycina.*) glumis corollinis exterioribus subpilo-

sis, obtusis cum acumine brevi; paniculâ coarctatâ simplicius-
culâ; culmo ramoso. Ehrharta *calycina Smith Plant. ined.*
faso. 2. tab. 33. Aira *capensis Linn. Suppl.* p. 108.

Radices fibrosae. *Culmi* cespitosi, subramosi, teretes, inferne
geniculati, glabri, tripedales. *Folia* linearia, acuta, erecta,
striata, margine scabra, quadripollicaria. *Panicula* erecta, semipedalis. *Peduncali* 2 usque 4, capillares, subsecundi, inferiores 2-4-flori. *Pedicelli* incrassati.

b. *aristatae:*

6. E. (*geniculata.*) glumis corollis exterioribus hirtis:
alterâ brevissime aristatâ; paniculâ coarctatâ; culmo decumbente geniculato. Melica *geniculata Prodr. cap.* p. 21.

Radices fibrosae. *Calmi* teretiusculi, basi decumbentes, laxi,
glabri, tripedales. *Folia* linearia, acuminata, plana, margine
cartilaginea, leviter undulata, striata, glabra. *Panicula* erectiuscula, pedalis. *Peduncali* subsecundi. *Pedicelli* incrassati.

7. E. (*longiflora.*) glumis corollinis exterioribus rugosis,
hispidis, aristatis; paniculâ laxiusculâ. Ehrharta *longiflora
Smith ic. ined.* t. 52. Ehrharta *aristata Prodr. cap.* p.
66. Ehrharta *Banksii Linn. Syst. Veg.* per *Gmelin*
p. 549.

Culmus simplex, basi subgeniculatus, teres, glaber, erectus,
tripedalis. *Folia* lanceolata, erecta, glabra, striata, margine
cartilagineo-scabra, pedalia. *Panicula* palinaris. *Peduncali* capillares, inaequales, subverticillati. *Pedicelli* incrassati, hispidi.

8. E. (*gigantea.*) glumis corollinis exterioribus hirsutis
aristatis; panicu à coarctatâ subverticillatâ; culmo arundinaceo.
Melica *gigantea Prodr. cap.* p. 21. *Willd. Spec.* p.
382. Aira *villosa Linn. Suppl.* p. 109.

Culmus basi sublignosus, erectus, tripedalis et ultra. *Folia*
linearia, involuta, integra, striata, glabra, erecta, rigida, se-
mipedalia. *Panicula* erecta, bipedalis. *Peduncali* capillares,
subverticillati vel secundi, glabri, nigricantes, erectiusculi.
Pedicelli incrassati.

9. E. (*bulbosa.*) glumis corollinis exterioribus obovatis,
emarginatis, rugosis, aristatis; paniculâ simplici, laxâ. Ehrharta *bulbosa Smith Pl. inedit. fusc.* p. 2. Trochera
striata Richard in *Rozier Journ. de Phys.* XIII. p. 225.
t. 3.

Radix bulbosa. *Culmus* erectus, pedalis et ultra. *Folia* lanceolato lineraria, glabra. *Panicula* erecta, lata. *Pedunculi* capillares.

CCXIX. J U N C U S.

Cal. 6-phyllus. *Cor.* o. *Caps.* 1-locularis.

1. J. (*punctorius.*) culmo nudo tereti; folio subulato; paniculâ compositâ, coarctatâ. Juncus *punctorius Linn.* *Syst. Veg.* XIV. p. 340.   *Suppl.* p. 208.

Culmus glaber, inanis, subtilissime striatus, erectus, bipedalis. *Folia* nulla, nisi sub panicula florum duo spathaeformia, quorum exterius, teres, subulato-acutum, incurvum, paniculâ longius, palmare usque spithamaeum; interius simile, pollicare. *Panicula* decomposita. *Bracteae* spathaeformes, sub floribus lanceolatae, acuminatae, carinatae, glabrae.

2. J. (*cephalotes.*) culmo nudo tereti; foliis canaliculatis; capitulis subumbellatis.

Radix fibrosa. *Folia* radicalia tria vel quatuor, linearia, erecta, glabra, culmo breviora, palmaria. *Culmi* solitarii vel tres, inaequales, glabri, erecti, aphylli, palmares, usque subpedales. *Capitula* florum plura. *Bracteae* setaceae; communis nunc longior, nunc brevior; glumae lanceolatae, acuminatae.

3. J. (*bufonius.*) culmo dichotomo; foliis setaceis; floribus alternis solitariis sessilibus. Juncus *bufonius Linn. Syst. Veg.* XIV. p. 391.   *Spec. Pl.* p. 466.

4. J. (*capensis.*) culmo nudo, compresso; capitulis sessilibus, pedunculatisque.

Culmus striatus, glaber, erectus, spithamaeus. *Florum* capitula trichotome paniculata, in trichotomia sessilia. *Pedunculi* capillares, unguiculares.

5. J. (*serratus.*) foliis ensiformibus, serratis; paniculae vaginis perfoliatis. Juncus *serratus Linn. Syst. Veg.* XIV. p. 341.   *Suppl.* p. 208.

Africanis: **Palmit.** *Crescit locis aquosis in paludibus et rivulis minoribus vulgaris. Floret* Octobri, Novembri.

Radix teres, descendens, inanis, sublignosa, lacero subvillosa, longa supra terram saepe denudata, crassitie brachii, perennis. *Folia* radicalia, plura, apice valde attenuata, supra canaliculata, subtus carinata, carina scabra, margine serrata, glabra, erecta, bipedalia et ultra. *Panicula* florum terminalis, supradecomposita, amplissima, pedalis et ultra. *Vaginae* ramis et ramulis paniculae subjectae, basi vaginantes, inde lanceolatae, acuminatae, serratae, glabrae, paniculis breviores, sensim minores.

TRIGYNIA.

CCXX. MELANTHIUM.

Cor. 6 *petala.* *Filamenta ex elongatis unguibus corollae.*

1. M. (*capense.*) foliis lanceolatis, cucullatis; floribus radicalibus. MELANTHIUM *capense Linn. Spec.* p. 483. *Syst. Veg.* XIV. p. 349.

Crescit none Cap, vulgaris infra Leuweberg et in fossa Duy-velsberg. Floret Junio, Julio.
Radix profunde descendens. *Caulis* vel scapus nullus. *Folia* radicalia, vaginantia, basi lata, conniventia, ovato-lanceolata, acuta, sulco medio, glabra, integerrima, margine tenuissime cartilaginea, patenti-erecta, subquina, interioribus sensim minoribus; mediis basi, intimis totis albis, unguicularibus, extimis bipollicaribus. *Flores* inter folia sessiles, aggregati. *Bractea* simplex, ovata, acuminata, alba. *Calyx* nullus. *Corolla* 6 petala, infera. *Ungues* angustae, lineares. *Lamina* ovata, conniventi-umbellata, acuta, alba, unguicularis, erecta. *Filamenta* 6, laminis vel petalis mediis inserta, basi crassa, subulata, laciniis breviora, virescentia. *Antherae* ovatae, sulcatae, subincurvatae, rufescentes. *Germina* tria, supera. *Styli* tres subulati, erecti, petalis paulo breviores, virescentes. *Stigmata* simplicia, obtusa, villoso fusca. *Capsula* oblonga, trisulca, subtriangularis, angulis depressis, glabra, stylis tribus aristata, trivalvis, trilocularis. *Semina* plurima globosa, glabra, columnae affixa.

2. M. (*Wurmbeum.*) foliis ensiformibus distichis, corollâ connato-tubulosâ. WURMBEA *capensis Thunb. Nov. gen. Pl.* I. p. 18. *Linn. Syst. Veg.* XIV. p. 348.

Crescit ad Cap infra colles, in Groene Kloof et alibi, locis arenosis. Floret Julio, Augusto, Septembri, Octobri.
Radix globosa, glabra, profunda. *Caulis* simplex, foliatus, vaginatus, striatus, flexuosus, erectus, glaber, digitalis vel palmaris. *Folia* tria: caulina alterna, vaginantia, basi latiora, concava, sensim angustata, apice setacea, patentia, integerrima glabra, caulis longitudine vel paulo longiora; superiora breviora. *Flores* spicati, sessiles, sparsi alterni. *Rhachis* flexuosa, angulata, striata, pollicaris vel digitalis. *Varietas* hujus triplex: *a. Humilior*, calycibus albis: laciniarum marginibus maculâque supra os tubi purpureis; staminibus albis; spicâ 3-s. 4-flora vel ultra. *β.* calycibus totis purpureis; marginibus nigris; staminibus purpureis; spicâ ovatâ. *γ.* calycibus albis; marginibus fuscis; spicâ longiore. *δ.* calycibus totis albis, elongatis; spicâ longâ.

Obs. Corolla huic speciei counata, monopetala; a MELANTHIIS tamen jure non separanda.'

3. M. (*viride.*) foliis ovato-lanceolatis, corollâ reflexâ. Melanthium *viride L i n n. Syst. Veg.* XIV. p. 349. *Suppl.* p. 213.

Crescit in collibus monti tabulari subjectis prope Kap, quâ ad fossam majorem itur solo sabuloso, sat copiose. Floret Majo, Junio.

Radix carnosa, globosa, vel subfasciculata, profunde descendens, fibrosa, alba. *Caulis* simplex vel subramosus, erectiusculus, striatus, glaber, viridis, palmaris. *Folia* radicalia vaginantia, amplexicaulia, lato-lanceolata, longe acuminata, supra sulco medio, subtus carinâ laevi, integerrima, glabra, longitudine caulis vel paulo longiora, disticha, patentia: caulina duplo vel triplo breviora, sessilia, sparsa, frequentia. *Flores* pedunculati, solitarii cernui. *Pedunculi* sparsi, decurrentes, filiformes, uniflori, glabri; inferiores longiores, bipollicares, superiores sensim breviores. *Calyx* nullus. *Corolla* 6-petala infera. *Petala* ovato-lanceolata, concava, obtusiuscula, reflexa, subunguicularia, viridia: marginibus et apice purpurascentibus, basi intus lunâ albidâ nectareâ, persistentia. *Filamenta.* 6, basi germinis inserta, subulata, reflexa, corollâ duplo breviora. *Antherae* ovatae, incumbentes, flavae. *Germen* superum rotundatum, obtuse sexangulare, glabrum. *Styli* 3, staminibus paulo longiores, patentissimi, apice reflexi. *Stigmata* obtusa. *Capsula* ovata, obtusa, subtriangularis, sexsulcata, glabra, trivalvis, trilocularis. *Semina* plura, ovata, alba. Foliis convenit cum Convolvulo *Falckia* et Melanthio *capensi.* Basis petalorum concava, lunulato-albida, membranacea, succo melleo repleta est.

4. M. (*ciliatum.*) foliis ensiformibus, cucullatis; floribus spicatis; petalis unguiculatis. Melanthium *ciliatum L i n.n. Syst. Veg.* XIV. p. 349. *Suppl.* p. 213. Hyacinthus stellatus, spicatus, floribus incarnatis, caule et folio Orchidis ex Prom. b. Spei. *Pluk. Phyt.* t. 195. f. 4.

Crescit prope Kap in collibus. Floret Julio, Augusto, Septembri.

Radix carnosa, globosa, glabra, fibrillosa. *Caulis* erectus, simplex, vaginatus, teres, superne striatus, glaber, palmaris, vel spithamaeus, multiflorus. *Folia* pauca, circiter tria, caulina alterna, vaginantia, cucullata, basi lata, sensim angustata, apice filiformia, erecta, integra, glabra, superiora breviora; margine saepius tenuissime cartilagineo-ciliata. *Flores* terminales, raro pauci, saepius plurimi, sessiles. *Calyx* nullus. *Corolla* 6-petala, patens. Ungues angustati, staminiferi, laminâ ovatâ, obtusâ, albâ. *Filamenta* 6, unguibus paulo supra basin inserta, subulata, petalis dimidio breviora, alba. *Antherae* ovatae, sulcatae, flavae. *Germen* superum, triangulare, glabrum. *Styli* tres, filiformes, e centro germinis, longitudine staminum, albi. *Stigmata* obtusiuscula. *Capsula* a basi sensim ampliata, glabra, triangularis, trilocularis: apicibus hamato-recurvatis, convexiusculis. Dum ad agros crescit, folia evadunt

caule duplo longiora, lineari - ensiformia, ciliis albis et caulis
etiam altior.

5. M. (*triquetrum.*) foliis trigonis, glabris; floribus spicatis. Melanthium *triquetrum Linn. Syst. Veg.* XIV. p.
349. *Suppl.* p. 213.

Crescit locis aquosis. Floret Augusto et sequentibus mensibus.

Folium radicale unicum, scapum longe vaginans, canaliculato-
trigonum, integrum, erectum, scapo longius. Aliud folium
bracteiforme sub spica florum, simile, sed brevius. *Scapus*
teres, simplex, erectus, spithamaeus. *Flores* plures. *Spica* digitalis, erecta. *Petala* ovata, obtusa, alba. *Filamenta* petalis
breviora.

CCXXI. TRIGLOCHIN.

Cal. 3-*phyllus. Pet.* 3, *calyciformia· Stylus* o. *Caps.*
basi dehiscens.

1. T. (*maritimum.*) capsulis sexlocularibus ovatis. Triglochin *maritimum Linn. Syst. Veg.* XIV. p. 348.   *Spec.*
Pl. p. 483.

Crescit ad littora fluvii Zeekorivier, prope villam Kock.
Floret Novembri.

2. T. (*bulbosum.*) radice bulbosâ, fibris obtectâ. Triglochin *bulbosum Linn. Syst. Veg.* XIV. p. 348.   *Mant.*
p. 226.

Crescit ad Groene Kloof prope Compagnei Post, ad Bree-
derivier. Floret Augusto et sequentibus mensibus.

CCXXII. RUMEX.

Cal. 3-*phyllus. Petala* 3 *conniventia. Semen* 1, *tri-*
quetrum.

1. R. (*lanceolatus.*) foliis lanceolatis, reflexo-margina-
tis; caule angulato.

Caulis sulcatus, glaber, flexuoso-erectus, bipedalis. *Rami*
alterni, pauci, flexuoso-erecti, virgati. *Folia* alterna, petiolata tenuissime crispa, margine reflexo, glabra, erecta, spithamaea, superioribus sensim minoribus. *Petioli* unguiculares.

2. R. (*spathulatus.*) foliis obovatis, obtusis; valvulis gra-
niferis.

Caulis erectiusculus, striatus, glaber, purpureus, pedalis.
Rami pauci breves. *Folia* petiolata, superiora lanceolata, erecto-
patentia, pollicaria. *Petioli* folio paulo breviores. *Flores* verticillati, erecti. Differt a R. *patientia:* foliis obovatis, obtusis.

3. R. (*aquaticus.*) foliis cordatis, glabris, supremis lan

ceolatis; valvulis integris, nudis. Rumex *aquaticus Linn.*
Syst. Veg. XIV. p. 347. *Spec. Pl.* p. 479.
Crescit prope urbem.

4. R. (*spinosus.*) foliis cordato-ovatis, calycibus spinescentibus. Rumex *spinosus Linn. Syst. Veg.* XIV. p. 349.
Spec. Pl. p. 481.

*Crescit in collibus ubique ad Kap usque Kramrivier, praecipue
circa villas. Floret Augusto, Septembri.*
Fructus spinosi taediosi ambulantibus pedibus nudis, ut rusticis et servis nigris.

5. R. (*tuberosus.*) foliis sagittatis, obtusis; caule curvato, erecto. Rumex *tuberosus? Linn. Syst. Veg.* XIV. p.
348. *Spec. Pl.* p. 481. *Pluk.* t. 331. f. 2?

*Crescit in collibus infra Taffelberg versus orientem et prope
urbem. Floret Julio.*
Caulis flexuoso-erectus, compressus, glaber, spithamaeus et
ultra. *Rami* pauci. *Folia* petiolata, alternantia, cordato-sa-
gittata, obtusiuscula, integra, pollicaria: alae divaricatae, rotundatae. *Petioli* longitudine folii.

6. R. (*sagittatus.*) foliis sagittatis, acuminatis; caule
flexuoso.

Caulis angulatus, glaber. *Rami* divaricati, flexuosi. *Folia*
petiolata, alterna, alia etiam acuta, integra, glabra, patentia,
pollicaria. *Petioli* longitudine foliorum. Differt a R. acuto,
cui similis valde foliis acuminatis apice et alis; caule flexuoso,
magis ramoso; valvulis integris. A R. *tingitano:* foliis non
crosis.

7. R. (*acetosella.*) foliis hastatis: auriculis simplicibus.
Rumex *acetosella Linn. Syst. Veg.* XIV. p. 348. *Spec.
Pl.* p. 481.

CCXXIII. S M I L A X.

♂. *Cal.* 6-*phyllus. Cor.* o. ♀. *Cal. et Cor. ut in* ♂.
Styli 3. *Bacca* 3-*locularis. Sem.* 2.

1. S. (*herbacea.*) caule inermi, angulato; foliis inermibus; ovatis, septemnervibus. Smilax *herbacea? Linn. Syst.
Veg.* XIV. p. 888. *Spec. Pl.* p. 1460.

*Crescit in sylvis Houtniquas. Floret Octobri et sequentibus
mensibus.*
Caulis herbaceus, filiformis, striatus, volubilis, ramosus.
Folia alterna, cordata, acuminata, venosa, integra, inaequalia,
unguicularia atque sesquipollicaria. *Flores* subracemoso-spicati, remoti.

Classis VII.

HEPTANDRIA.

MONOGYNIA.

CCXXIV LIMEUM.

Cal. 5 - *phvllus.* *Pet.* 5, *aequalia.* *Caps. globosa, bilocularis.*

1. L. (*africanum.*) foliis ovato - lanceolatis, subpetiolatis. LIMNEUM *africanum Linn. Syst. Veg.' XIV. p. 352. Spec. Plant. p. 488.*

Crescit prope littus infra latus occidentale Leuwebild. Floret Augusto.

Radix lignosa, perennis, nodulosa, glabra. *Caules* plures, radicales, simplices, vel rarius ramosi, prostrati, tetragoni, glabri, palmares vel spithamaei. *Rami* alterni, brevissimi, cauli similes, diffusi. *Folia* alterna, subpetiolata, ovato - oblonga, obtusa cum acumine, rarius lanceolata, crassiuscula, carnosa, supra sulco longitudinali, subtus nervo crasso, glabra, integra, reflexa, semiunguicularia vel unguicularia, remota vel approximata. *Petioli* breves, supra plani, subtus teretes, decurrentes, glabri. *Axillae* foliorum foliis minoribus quatuor vel pluribus onustae. *Flores* in ramis et caulibus terminales, paniculati: panicula composita. *Bracteae* in basi pedunculorum et pedicellorum ovatae, acutae, minimae, fuscae, margine membranaceo, albido. *Perianthium* 5 phyllum: foliola ovata, acuta, concava, fusca, margine membranaceo albo, lineam dimidiam longa, patentia, glabra. *Petala* 6 unguiculata, obovata, obtusa, tenuia, alba, patentia, calyce duplo breviora. *Filamenta* 7 subulata, basi cum petalis connata, capsulae inserta, erecta, alba, inaequalia, corolla fere breviora, tribus brevioribus. *Antherae* ovatae, erectae, didymae, luteae. *Nectarium* heptaphyllum basi staminum connatum, album, lacero - villosum, germen cingens. *Germen* superum. *Stylus* brevissimus, glaber. *Stigmata* obovata, obtusa, corolla breviora. *Capsula* globosa, bisulca, obtusa, glabra, bivalvis, bilocularis. *Semina* bina, vel unum bifidum, glabrum. *Stamina* saepissime 7, rarius 6 vel 8. Facies omnino Telephii.

2. L. (*capense.*) foliis ovatis, sessilibus. LIMEUM *aphyllum Linn. Syst. Veg. XIV. p. 352. Suppl. Syst. p. 214.*

Caulis frutescens, teres, glaber, erectus, spithamacus. *Rami* alterni, divaricati, teretes. *Ramuli* subangulati, flexuosi, ultimi filiformes, divaricati. *Folia* sparsa, obtusa, glabra, erecta, remota, semilineam longa. *Flores* in ramulis terminales, subumbellati.

3. L. (*aethiopicum.*) foliis lineari-lanceolatis.

Radix lignosa, profunde descendens. *Caules* e radice saepe plures, prostrati, teretes, cinerei, glabri. *Rami* alterni, subangulati, striati, glabri vel tenuissime villosi, virescentes, diffusi, parum ramulosi. *Folia* sparsa, linearia vel lineari-lanceolata, acuta, integra, margine reflexo, supra sulco longitudinali, tenuissime pubescentia, patentia, unguicularia *Flores* in ramis terminales, subumbellati.

Classis VIII.

OCTANDRIA.

MONOGYNIA.

CCXXV. ERICA.

Cal. 4-phyllus. Cor. 4-fida. Filamenta receptaculo inserta. Antherae bifidae. Caps. 4-locularis.

* Muticae.

†. foliis oppositis:

1. E. *(tennifolia.)* mutica; foliis oppositis, lanceolatis, glabris; floribus ternis; calyce colorato. ERICA *tenuifolia Linn.* Spec. Plant. p. 507. Syst. Veg. XIV. p. 367. *Berg. Pl.* cap. p. 116.

Crescit in campis extra urbem sabulosis.
Caulis totus glaber, erectus, spithamaeus. Rami et Ramuli filiformes et capillares, erecti. Folia subtus convexa sulco tenui, adpressa. Flores terminales, umbellati, toti cum calyce et bracteis sanguineis. Calycis foliola corollam aequantia, carinata. Antherae stylusque inclusus.

††. foliis ternis:

2. E. *(bracteata.)* mutica; foliis ternis, lanceolatis, glabris; floribus umbellatis; bracteis petiolatis, coloratis. ERICA *bracteata. Diss. de Erica p. 13.*

Crescit in montibus Platte Kloof. Floret Novembri et sequentibus mensibus.
Caulis erectus, glaber, pedalis. Rami inferne pauci, alterni; superne aggregati, subverticillati, fastigiati. Folia acuta, integra, supra concava, subtus convexa sulco longitudinali, adpressa, internodiis parum longiora. Flores terminales, rubri, bracteis obvallati. Bracteae ovatae, acuminatae, carinatae, glabrae: exteriores margine, interiores totae sanguineae. Antherae stylusque inclusus.

3. E. *(Thunbergii.)* mutica; foliis ternis, linearibus, glabris; floribus umbellatis; corollae tubo globoso; limbo campanulato. ERICA *Thunbergii. Dissert. de Erica p. 14. Linn. Syst. Veg. XIV p. 367. Suppl. Pl. p. 220. Montin. Acta nov. Ups. Vol. 2. p. 250, tab. 9. f. 2,*

Crescit in Houde Bockeveld. Floret Septembri et sequentibus mensibus.
Caulis bruncus, glaber, erectus, resquipedalis. *Rami* alterni, conferti, cauli similes. *Folia* acuta, integra, supra plana, subtus convexa sulco longitudinali, adpressa, longitudine internodiorum. *Flores* speciosi, bicolores. *Pedunculi* sanguinei, glabri, unguiculares. *Bracteae* duae, alternae, lanceolatae, integrae, flavae. *Calycis* foliola ovata, acuminata, integra, concava, flava. *Corolla* dilute sanguinea; *tubus* calyce paullo brevior; *Limbus* laciniis ovatis, acutis. *Antherae* stylusque inclusus.

4. E. (*tetragona.*) mutica; foliis ternis, lanceolatis, ciliatis; floribus racemosis, secundis; tetragonis. Erica *tetragona. Linn.* Syst. Veg. XIV. p. 370. Suppl. p. 223. *Thunb. Diss. de Erica* p. 14. tab. 4.

Caulis totus glaber, erectus, bipedalis. *Rami* verticillati, erecti, inferiores longiores, superiores breviores, raro ramulosi. *Folia* trigona, tenuissime ciliata, imbricata, unguicularia. *Flores* horizontales, lutei. *Pedunculi* brevissimi, bracteis foliis similibus. *Calycis* foliola foliis similia, adpressa, corollà duplo breviora. *Corolla* oblonga, acuta, tetragona, oris laciniis reflexis. *Antherae* stylusque inclusus. *Differt* ab E. *lutea* 1. corollà tetragonà. 2. calyce lanceolato, ciliato. 3. antheris muticis. 4. foliis ternis.

5. E. (*petiolata.*) mutica; foliis ternis, lanceolatis, glabris; floribus umbellatis, campanulatis; caule decumbente. Erica *petiolata. Diss. de Erica* p. 15. tab 6.

Crescit in Monte tabulari. Floret Januario, Februario usque in Martium.
Caulis teres, flexuosus, rigidus, glaber. *Rami* sparsi, oppositi et terni, erectiusculi, inflexi, flexuosi, ramulosi, superne tomentosi. *Folia* supra plana, subtus sulcata a marginibus revolutis integra, patentia. *Petioli* semiteretes, longitudine foliorum, internodia aequantes, adpressi, pallidi. *Flores* in ramulis terminales, subterni. *Pedunculi* brevissimi, tomentosi. *Bracteae* lanceolatae, juxta basin calycis sitae. *Calycis* foliola ovata, acuta, integra, glabra, concava, sub apice connata, adpressa, corollae longitudine. *Corolla* campanulata, pallida, glabra. *Antherae* subexsertae, purpureae. *Stylus* longitudine staminum, filiformis, stigmate obtuso.

6. E. (*axillaris.*) mutica; foliis ternis, trigonis, glabris; floribus racemosis, globosis; ramis tomentosis. E. *axillaris. Diss. de Erica* p. 16.

Caulis erectus, glaber, pedalis et ultra. *Rami* frequentes, sparsi oppositique, erecti, ramulosi. *Folia* lineari-trigona, acuta, subtus sulco tenuissimo, erecta, internodiis paulo longiora. *Flores* in axillis foliorum solitarii, pedunculati, minuti. *Antherae* stylusque inclusus.

7. E (*imbricata.*) mutica; foliis ternis, oblongis, serratis; floribus umbellatis; bracteis imbricatis; antheris exsertis.

Erica *imbricata*. *L i n n.* Sp. Pl. p. 5o3. Syst. Veg. XIV. p. 369. Erica *quinquangularis*. *B e r g.* Plant. Cap. p. 117.

Crescit juxta C a p in collibus infra montes. Floret J u lio, Au-gusto, Septembri.
Caulis erectus, glaber, pedalis et ultra. *Rami* alterni, su-perne pubescentes, erecti. *Ramuli* oppositi, brevissimi, fo-liosi. *Folia* obtusa, supra plana, subtus sulcata, margine ser-rulata, glabra, imbricata. *Flores* in ramulis terminales, terni, brevissime pedunculati, minuti, albi *Calyx* albus, imbricatus: bracteis albis, carinatis. *Antherae* purpureae. *Stylus* exsertus, flore duplo longior.

8. E. (*serrata*.) mutica; foliis ternis, ovatis, imbricatis. serratis, glabris; capitulis terminalibus erectis.

Caulis erectus, cinereus, ramosissimus. *Rami* et *ramuli* sparsi, a casu foliorum tuberculato scabri, cinerei, superiores tomen-tosi. *Folia* obtusiuscula, supra plana, subtus convexa et sul-cata, margine serrulata, lineam longa. *Flores* in ramulis ter-minales, aggregati, sessiles. *Perianthium* 1-phyllum campanu latum, glabrum, longitudine corollae, angulatum, 4-partitum; *Laciniae* ovatae, obtusae, carinatae, margine nigro-punctatae, pallidae. *Corolla* 1-petala, globosa, cinerea, minuta, glabra, limbo quadripartito, connivente, obtuso. *Filamenta* nulla. *An-therae* subsessiles, didymae, flavae, inclusae. *Germen* superum. *Stylus* filiformis, pubescens, corollâ brevior. Singularis mar-gine calycis nigro-punctato. *Differt* ab Erica *Absinthoide*, cui similis — 1. stigmate incluso; 2. margine calycis punctato; 3. foliis margine scabris; 4 floribus sessili-capitatis.

9. E. (*glabra*.) mutica; foliis ternis, lanceolatis, imbri-catis, glabris; floribus subracemosis.

Caulis flexuoso-erectus. *Rami* et *Ramuli* sparsi, flexuosi, ci-nerei, ultimi filiformes. *Folia* brevissime petiolata, acuta, su-pra plana, subtus convexa et sulcata, scabra, lineam dimidiam longa. *Flores* versus summitatem ramulorum ex axillis folio-rum racemosi. *Calyx* glaber, brevissimus. *Corolla* cylindrica, alba, glabra. *Filamenta* 4, filiform.ia. *Antherae* oblongae, pur-purascentes, exsertae.

10. E. (*melanthera*.) mutica; foliis ternis, trigonis, gla-bris; floribus umbellatis; bracteis ovatis, laxis; antheris in-clusis. Erica *melanthera*. *L i n n.* Mant. p. 232. Syst. Veg. XIV. p. 367.

Crescit in campis sabulosis extra urbem. Floret Majo, Junio et sequentibus mensibus.
Caulis teres, bruneus, flexuosus, erectus, totus glaber, pe-dalis. *Rami* sparsi et subverticillati, flexuosi, erecti, virgati. *Ramuli* filiformes, consimiles. *Folia* lineari-lanceolata, subtus convexa sulco longitudinali, laevia, erecta apice patula, fre-quentissima, lineam longa. *Flores* in ramulis terminales, bini vel terni, incarnati *Bracteae* calyciformes, incarnatae. *Caly-cis* foliola ovata, acuta, suave rubentia, corollâ breviora. Co-

rolla campanulata. *Antherae* purpureae. *Stylus* staminibus longior, subexsertus.

11. E. (*Leucanthera*.) mutica; foliis ternis, trigonis, glabris; floribus umbellatis; antheris exsertis, albis. Erica *Leucanthera. Linn.* Syst. Veg. XIV. p. 368. Suppl. Pl. p. 283.

Floret Septembri, Octobri, Novembri.

Caulis erectus, glaber, pedalis et ultra. *Rami* subterni, pubescentes, erecti, virgati. *Ramuli* sparsi, frequentissimi, filiformes et capillares, pubescentes, erecti, foliosi. *Folia* obtusa, adpressa, subtus sulco tenuissimo. *Flores* in ramulis terminales, bini et terni, brevissime pedunculati erecti, albi, calyce pallidiores.

12. E. (*spumosa*.) mutica; foliis ternis, trigonis, glabris; floribus capitatis; bracteis imbricatis. Erica *spumosa. Linn.* Spec. plant. p. 508. Syst. Veg. XIV p. 167. *Bergii* Plant. Cap. p. 103. Erica *scariosa. Bergii* Plant. Cap. p. 102.

Crecit in summo Monte Tabulari. Floret Januario et sequentibus mensibus.

Caulis erectus, teres, punctis elevatis scaber, fuscus, pedalis et ultra. *Rami* dichotomi et trichotomi, divaricato-erecti, cauli similes. *Ramuli* filiformes, sparsi, ramis similes, foliosi. *Folia* subtus sulcata, sexfariam imbricata, lineam longa. *Flores* terminales, bini ternique, albo-purpurascentes, globosi. *Antherae* inclusae. *Stylus* exsertus. Singularis floribus tribus in capitulum congestis.

13. E. (*albida*.) mutica; foliis ternis, trigonis, pilosis; floribus lateralibus; calyce villoso. Erica *albens. Prodr.* cap. p. 70.

Crescit in summo Monte Tabulari. Floret Aprili.

Fruticulus flexuoso erectus, fuscus, palmaris usque pedalis et ultra. *Rami* sparsi, frequentes, breves, parum ramulosi, flexuoso-erecti, cinereo-tomentosi. *Folia* brevissime petiolata, linearia, obtusa, supra plana, subtus sulcata, vix conspicue villosa, patentia, lineam longa. *Flores* in ramis et ramulis sparsi, aggregati, sessiles vel brevissime pedunculati. — *Calyx* corolla paulo brevior. *Corolla* campanulata, ore quadrifido patula, alba. *Antherae* 4, purpurascentes, pertusae, bifidae, exsertae.

14. E. (*nudiflora*.) mutica; foliis ternis, linearibus, ciliatis; caule hispido-tomentoso; floribus racemosis Erica *nudiflora. Linn.* Syst. Veg. XIV. p. 369. Mant. p. 229.

Caulis fruticosus, erectus, ramosissimus. *Rami* et ramuli sparsi, hispido-tomentosi, cinerei. *Folia* obtusa; supra concava; subtus convexa, sulcata: laevia, glabra, incurva, imbricata. *Flores* rubri. *Pedunculi* filiformes, longitudine foliorum. *Calycis* laciniae glabrae, subciliatae. *Affinis* E. pusillae, differt vero foliis laevibus, non scabris, sed ciliatis.

15. E. (*pusilla*.) mutica; foliis ternis, linearibus, piloso-

hispidis; floribus racemosis, cernuis. BLAERIA *pusilla. Linn:*
Syst. Veg. XIV. p. 154.

Crescit in Promontorii bonae Spei regionibus montosis.
Caulis flexuoso-erectus, fusco cinereus, bipedalis et ultra.
Rami sparsi et subverticillati, curvato-erecti cinereo-tomentosi. *Ramuli* filiformes, ramis similes, subfastigiati. *Folia* breviter petiolata, oblonga vel sublinearia, obtusiuscula, supra
plana, subtus convexa et sulcata, scabra, incurvato-imbricata,
lineam longa. *Flores* in ramulis inter folia. *Pedunculi* capillares, nutantes, tenuissime villosi, purpurascentes, ebracteati,
foliis longiores. *Calyx* brevissimus, villosus. *Corolla* ovata,
purpurea. *Filamenta* 4, filiformia. *Antherae* purpurascentes,
pertusae, bifidae, exsertae, saepius quatuor, rarius octo vel
novem. *Stylus* staminibus longior. *Variat* rarius et foliis magis vel minus hirsutis et albo villosis.

16. E. (*capitata.*) mutica; foliis ternis, ovatis, hirsutis,
floribus umbellatis; calycibus lanatis. ERICA *capitata. Linn.*
Spec. Plant. p. 504. Syst. Veg. XIV. p. 367. *Bergii* Plant.
Cap. p. 94. ERICA *bruniades. Linn.* Spec. Plant. p. 504.
Syst. Veg. XIV. p. 369.

Caulis raro erectus, saepius decumbens, glaber, flexuosus,
filiformis. *Rami* filiformes, flexuosi, villosi. *Ramuli* capillares,
frequentes, tomentosi. *Folia* patentia, pilis longis hirta. *Flores* in extremis ramulis terminales, pedunculati, solitarii, bini
vel terni, calycibus totis densissime albo-lanatis. *Antherae* exsertae, purpureae. *Stylus* exsertus antheris paulo longior.

17. E. (*passerinae.*) mutica; foliis ternis, ovatis, glabris;
floribus subsolitariis; calycibus tomentosis. ERICA *passerinae.*
Montin Act. Nova Upsal. Vol. 2. p. 289. tab. 9. f. l. *Linn.*
Suppl. Syst. p. 221. Syst. Veg. XIV. p. 367.

Caulis erectus, teres, inferne glaber, supra tomentosus, bipedalis. *Rami* sparsi et subverticillati, breves, erecti, albo-
tomentosi. *Ramuli* brevissimi. *Folia* obtusa, supra plana, incurvata, subtus sulcata, adpressa, internodiis breviora, lineam
vix longa. *Petioli* brevissimi, tomentosi. *Flores* in ramulis lateralibus terminales, solitarii et bini, pedunculati, erecti. *Pedunculi* teretes, albo tomentosi, unguiculares. *Calycis* foliola
basi cohaerentia, ovata, albo-tomentosa, corolla duplo breviora. *Corolla* campanulata, rubra. *Antherae* stylusque inclusus.

18. E. (*totta.*) mutica; foliis ternis, oblongis, hispidis;
floribus ternis; calycibus ciliatis. ERICA *totta. Diss. de
Erica* p. 18.

Caulis fruticosus, inferne nudus, erectus, pedalis et ultra.
Rami dichotomi et trichotomi, divaricati, erecti, hispidi. *Ramuli* ramis similes, superne frequentes. *Folia* patenti-reflexa,
lineam longa. *Flores* in ultimis ramulis terminales, solitarii,
bini et terni, brevissime pedunculati, cernui, albidi. *Calycis*
foliola ovata, albida, corolla breviora. *Bracteae* ad basin calycis ovatae, albae, calyciformes. *Antherae* stylusque inclusus.

19. E. (*virgata*.) mutica; foliis ternis, oblongis, scabris; floribus ternis, globosis; calycibus integris; stylo exserto. Erica *virgata*. *B e r g i i* Plant. Cap. p 97. Erica *absenthoides*. *L i n n.* Mant. p. 66. Syst. Veg. XIV. p. 368.

Crescit in Monte Tabulari; in campis sabulosis inter Cap et Bayfals. Floret Julio et insequentibus mensibus:

Caulis erectus, totus hirtus, pedalis. *Rami* sparsi et subterni, filiformes, virgati, vel paniculati, erecti, hispidi, frequentes, digitales. *Ramuli* suboppositi, frequentissimi, brevissimi. *Folia* supra plana, subtus convexa, sulcata, pilosa, patentia, lineam longa. *Flores* in ramis terminales. *Calycis* foliola ovata, integra, corollâ duplo breviora. *Corolla* globosa, pallida. *Antherae* inclusae. *Stylus* stigmate peltato. *Variat a.* Caule virgato, ramis foliisque valde hirsutis et scabris. *β.* Caule virgato ramisque hirsutis; foliis rugosis, villosis, patulis. *γ.* Caule paniculato, ramulis brevissimis, foliisque parum scabris et hirtis.

20. E. (*absinthoides*.) mutica; foliis ternis, oblongis, glabris; floribus terminalibus, globosis; stylo peltato, exserto. Erica *virgata*. δ. *glabra*. *Thunb. Diss. de Erica*. p. 18. N. 18.

Caulis fruticosus, erectus, cinereus, pedalis. *Rami* et *Ramuli* sparsi, virgati, cinerei. *Folia* terna, lineari-ovata, sulcata, obtusa, glabra, imbricata. *Flores* solitarii, bini, terni, minuti, glabri. *Stylus* subexsertus.

21. E. (*ciliaris*.) mutica; foliis ternis, ovatis, ciliatis; floribus axillaribus, campanulatis; calycibus ciliatis Erica *ciliaris*. *L i n n.* Spec. Plant. p. 503. Syst. Veg. XIV. p. 368.

Caulis decumbenti-erectus, basi glaber, supra villosus, bipedalis. *Rami* et *Ramuli* sparsi et terni, filiformes, divaricato-patentes et reflexi, villosi. *Folia* acuta, margine reflexo, supra viridia, subtus glauca, patentia, frequentia, lineam longa. *Flores* racemosi et verticillato-terni, cernui. *Calycis* foliola foliis similia, reflexa, córollâ duplo breviora. *Corolla* oblonga, alba. *Antherae* inclusae, purpureae. *Stylus* exsertus, corollâ duplo fere longior.

22. E. (*hispida*.) mutica; foliis ternis, ovatis, integris; floribus umbellatis, globosis; calycibus integris. Erica *hispida*. *L i n n.* Suppl. p. 222. Syst. Veg. XIV. p. 368.

Crescit in summo Monte Tabulari. Floret Julio, Augusto, Septembri.

Caulis erectus, totus villoso-hispidus, bipedalis. *Rami* et *Ramuli* sparsi, bini ternique, basi divaricati, erecti, valde hispidi; ultimi ramuli alterni, brevissimi. *Folia* acuta, margine reflexo, glabra, raro subciliata, erecta, patentia, lineam longa. *Flores* in ultimis ramulis terminales, raro solitarii vel bini, saepe tres vel plures, erecti. *Calycis* foliola lanceolata, glabra, erecta, albida. *Corolla* minuta, albida, glabra. *Antherae* inclusae.

Stylus exsertus, stigmate peltato. *Similis* valde: E. *planifoliae;* sed differt: 1. Caule fruticoso, erecto; 2. Antheris muticis. 3. Foliis vix ciliatis, revolutis, magis approximatis. 4. Corollis globosis, glabris.

23. E. (*Petiverii.*) mutica: foliis ternis, linearibus, reflexis, glabris: floribus terminalibus, solitariis, cylindricis; bracteis imbricatis. Erica *Petiverii. Linn:* Mant. p. 235. Syst. Veg. XIV. p. 369. Erica *Plukenetii. Bergii* Plant. Cap. p. 91.

Crescit in campis sabulosis juxta rivulos; in 'collibus montium, prope urbem; in Monte Tabulari, alibique. Floret Majo et sequentibus mensibus hybernis.

Caulis flexuoso-erectus, glaber, pedalis vel ultra. *Rami* sparsi, frequentes, simplices, saepe secundi, brevissimi. *Folia* basi ciliata, recurva unguicularia. *Flores* in apicibus ramulorum recurvi. *Bracteae* tres, calyciformes, (unde calyx heptaphyllus) ovatae, acutae, pallidae, glabrae. *Calycis* foliola ovata, acuta, concava, dorso carinata, integra, pallida, glabra. *Corolla* cylindrica, curvata, glabra, pollicaris, rubens. *Filamenta* capillaria, longitudine corollae. *Antherae* lineares, exsertae, unguiculares, attenuatae in filamenta. *Stylus* exsertus, staminibus paulo longior, stigmate parum incrassato. *Variat* 1. foliis squarrosis longioribus. 2. foliis erectis brevioribus.

24. E. (*pilifera.*) mutica: foliis ternis, glabris, mucronato-piliferis; floribus terminalibus, aggregatis.

Caulis fruticosus, decumbens, palmaris. *Rami* sparsi, erectiusculi, cinerei, pollicares. *Folia* breviter petiolata, trigona, sulcata, laevia, mucronata seu apice pilifera, imbricata. *Flores* subterni, glabri, lutescentes. *Bracteae* plures, glabrae, uti et calyx. *Corolla* oblonga, glabra. *Antherae* exsertae, fissiles.

25. E. (*scariosa.*) mutica; foliis ternis, linearibus, glabris; floribus racemosis, campanulatis; bracteis remotis.

Caulis fruticosus, erectus, glaber, ramosus. *Rami* sparsi, pauci, erecti. *Folia* trigona, obtusa, sulcata, recta, imbricato-erecta, lineam longa. *Flores* versus summitates alterni, cernui. *Pedunculi* filiformes, rufescentes, glabri, longitudine foliorum. *Bracteae* in basi pedunculi, ovatae, minutissimae, glabrae, margine scariosae. *Calycis* laciniae trigonae, acutae, glabrae, margine albo scariosae. *Corolla* ovato-campanulata absque tubo, ventricosa, glabra, antheris brevior.

26. E (*Plukenetii.*) mutica; foliis ternis, linearibus, glabris; floribus racemosis, cylindricis; bracteis remotis. Erica *Plukenetii. Linn.* Spec. Plant. p. 504. Syst. Veg. XIV. p. 369. *Diss. de Erica* p. 21. tab. 2.

Crescit in montibus et collibus prope Cap et alibi vulgaris. Floret Januario, Februario atque Martio.

Frutex totus glaber, erectus, pedalis. *Rami* dichotomi et trichotomi, teretes, a casu foliorum nodoso-scabri, flexuosi, erecti, ramulis similibus fastigiatis. *Folia* lineari-trigona, acuta, integra, incurva, unguicularia. *Flores* in ramulis inter folia cernui. *Pedunculi* recurvati. *Calycis* foliola ovata, acuta, carinata, integra, virescentia, glabra, lineam longa. *Corolla* curvata, purpurea, glabra. *Antherae* lineares, exsertae, purpureae, pollicares. *Stylus* exsertus, longitudine staminum, stigmate parum incrassato.

††† *foliis quaternis pluribusve.*

27. E. (*cephalotes.*) mutica; foliis senis, lanceolatis; floribus verticillato-capitatis, clavatis. Erica *cephalotes. Diss. de Erica* p. 21.

Frutex glaber, punctato-scaber, erectus, pedalis. *Rami* verticillati, divaricato-erecti, cauli similes, subfastigiati, raro ramulosi, pubescentes. *Folia* glabra, patentia, apice incurvata, approximata, supra plana, subtus convexa, unguicularia. *Flores* in apicibus purpureis, glabri. *Corolla* clavato-cylindrica, obtusa, unguicularis. *Antherae* inclusae. *Stylus* exsertus. *Differt* 1. ab *empetrifolia*, cui similis: α. foliis laevibus, non sulcatis; β. corollis minoribus. 2. ab Erica *pulchella:* α. floribus sessilibus, villosis. β. foliis latioribus.

28. E. (*pulchella.*) mutica; foliis senis, lanceolatis; floribus axillaribus., tubuloso-campanulatis. Erica *pulchella. Diss. de Erica* p. 22. tab. 4.

Floret Januario et sequentibus mensibus.

Frutex totus glaber, erectus, pedalis. *Rami* verticillati, subsimplices, erecto-patentes, longi. *Folia* oblique verticillata, lineari-lanceolata, integra, glabra, incurva, supra plana, subtus convexiuscula sulco tenuissimo, erecto-patentia, internodiis multoties longiora, unguicularia. *Flores* in ramis laterales, breviter pedunculati, subdistichi, speciosi, horizontales. *Bracteae* foliaceae in pedunculo. *Calycis* foliola lineari-lanceolata, subtus sulcata, adpressa, viridia, corollā triplo breviora. *Corolla* apice dilatata, tenuissime villosa, crassa, purpurea, unguicularia: ore obtuso laciniisque reflexis. *Antherae* inclusae. *Stylus* exsertus stigmate capitato. *Differt* ab E. *coccinea* antheris inclusis; corollā clavatā.

29. E. (*vestita.*) mutica; foliis senis, linearibus, secundis; floribus axillaribus, clavatis, villosis. Erica *vestita. Diss. de Erica* p. 22.

Caulis erectus, cinereo-fuscus, glaber, pedalis. *Rami* verticillati, erecto-patentes, ramulis similibus. *Folia* obliqua, attenuata in petiolos capillares, semiunguiculares, acuta, integra, glabra, supra concava, subtus convexa absque sulco, basi imbricata, subsecunda, apice patenti-recurva, subpollicaria. *Flores* in ramulis mediis subverticillati, breviter pedunculati, erecti. *Calycis* foliola basi lata, dein lineari-subulata, viridia, glabra, corolla triplo breviora. *Corolla* curvata, obtusa, alba, pollicaris. *Antherae* subexsertae, purpureae. *Stylus* exsertus stigmate fusco.

3o. E. (*pinea*.) mutica; foliis senis, lineari-lanceolatis; floribus verticillatis, clavatis, glabris. Erica *pinea. Diss. de Erica.* p. 23.

Fratex totus glaber, cinereo-fuscus, erectus, plus quam pedalis. *Rami* verticillati, erecto-patentes, raro ramulosi, cauli similes. *Folia* glabra, supra plana, subtus convexa sulco longitudinali, erecto-incurvata, unguicularia. *Flores* in mediis ramis et ramulis subverticillati, brevissime pedunculati, erecti. *Calycis* foliola basi latiora, dein lineari-subulata, glabra, corollâ triplo breviora. *Corolla* curvata, alba, obtusa, pollicaris. *Antherae* minutae, purpureae, subinclusae. *Stylus* vix exsertus. *Differt* ab E. *Vestita:* foliis lanceolatis sulcatis; corollis glabris.

31. E. (*coccinea*.) mutica: foliis senis, lanceolatis; floribus racemosis, clavatis, villosis. Erica *coccinea. Linn.* Sp. Pl: p. 5o5. Syst. Veg. XIV. p. 368.

Crescit inter Cap et Bayfalso, et in collibus intra Taffelberg, latere orientali. Floret Majo, Junio, Julio, Augusto.
Fratex glaber, erectus, pedalis. *Rami* verticillati, basi divaricati, flexuoso-erecti, subfastigiati. *Folia* acuta, glabra, supra plana, subtus convexa sulco longitudinali incurvata, patentia, semiunguicularia. *Flores* in summitate ramorum subverticillati. *Pedunculi* brevissimi. *Calycis* foliola ovata, acuminata, villosa, corollâ quadruplo breviora. *Corolla* incurvata, sanguinea, pubescens. *Antherae* subexsertae. *Stylus* exsertus. *Variat* foliis senis, septem et octo.

32. E. (*grandiflora*.) mutica; foliis quaternis, linearibus, glabris; floribus racemosis, clavatis, glabris. Erica *grandiflora. Linn.* Suppl. p. 223. Syst. Veg. XIV. p. 37o.

Caulis fuscus, erectus, punctato-scaber, pedalis et ultra. *Rami* alterni et verticillati, erecti, cauli similes, simplices. *Folia* acuta, integra, supra plana, subtus convexa sulco longitudinali, incurvata, patentia; summa recta, erecta; unguicularia. *Flores* in apice ramorum, erecti. *Calycis* foliola ovata, acuminata, corollâ multoties breviora. *Corolla* curvata, coccinea, pollicaris. *Antherae* stylusque exsertus. *Simillima* E. *coccineae,* a qua vix differt, nisi foliis quaternis, et corollis glabris.

33. E. (*cylindrica*.) mutica; foliis quaternis, trigonis glabris; floribus terminalibus, cylindricis, glabris. Erica *cylindrica. Diss. de Erica* p. 24.

Fratex glaber totus, flexuoso-erectus, bipedalis. *Rami* et *Ramuli* trichotomi et dichotomi, cauli similes. *Folia* ramulorum supra plana, subtus convexa, sulco longitudinali, nitida, imbricata, lineam longa. *Flores* in ultimis ramulis subsolitarii, erecti. *Calycis* foliola carinata, subulata, glabra, corollâ triplo breviora. *Corolla* alba, semipollicaris. *Antherae* stylusque inclusus.

34. E (*curviflora*.) mutica; foliis quaternis, trigonis, glabris; floribus terminalibus solitariis, curvatis, clavatis, glabris. Erica *curviflora*. *Linn*. Spec. Plant. p. 5o5. Syst. Veg. XIV p 368.

Crescit juxta rivos in regionibus Drakensteen, Roode Sand, et alibi. Floret Septembri et insequentibus mensibus.

Caulis erectus, glaber vel superne villosus, bipedalis. *Rami* subverticillati, erecti, ramulosi: ramulis brevissimis, frequentissimis, sparsis. *Folia* supra plana, subtus convexo trigona: sulco tenuissimo; imbricata, lineam longa. *Flores* in ramulis, cernui, racemum quasi formantes longum, subsecundi vel distichi. *Calycis* foliola ovata, acuminata, glabra, corollâ quadruplo breviora. *Corolla* cylindrica, subclavata, obtusa, sanguinea, pollicaris. *Antherae* inclusae. *Stylus* subexsertus.

35. E. (*tubiflora*.) mutica; foliis quaternis, trigonis, ciliatis; floribus terminalibus, solitariis curvatis, clavatis, hirsutis Erica *tubiflora*. *Linn*. Spec. Plant. p. 5o5. Syst. Veg XIV. p. 368.

Crescit cum priori, vulgatissima. Floret Septembri usque ad finem anni.

Caulis flexuosus, erectus, cinereus, superne tomentosus, bipedalis. *Rami* sparsi, filiformes, frequentes, tomentosi virgati. *Folia* supra plana, subtus convexa sulco longitudinali, subciliata, imbricata, lineam longa. *Flores* in ramulis quasi racemum formantes, secundi. *Calycis* foliola oblonga, acuta, brevissima. *Corolla* villosa, pollicaris. *Antherae* stylusque subexsortus.

36. E. (*conspicua*.) mutica; foliis quaternis, ovatis, glabris; floribus terminalibus, solitariis, hirsutis. Erica *conspicua*. *Hort. Kewens*. Vol. 2. p. 22. An satis distincta ab E. *tubiflora* foliis?

Rami teretes, cinerei, hirti, curvato-erecti. *Ramuli* brevissimi, virgati. *Folia* brevissime petiolata, oblonga; supra plana, subtus convexa, sulcata; utrinque glabra, imbricata. *Flores* in ramulis. *Calycis* foliola ovata, glabra. *Corolla* subcylindrica, clavata, hirta, curva, pollicaris, limbi laciniis reflexis. *Filamenta* 8, capillaria, longitudine corollae. *Antherae* exsertae. *Stylus* corollâ staminibusque longior.

37. E. (*glandulosa*.) mutica; foliis quaternis, linearibus, glanduloso-pilosis; floribus clavatis, glabris; calycibus hispidis. Erica *glandulosa*. *Diss. de Erica* p. 25.

Folia obtusa, supra plana, subtus profunde sulcata, pilis glandulosis hispida, imbricata, lineam longa. *Calycis* foliola ovata, brevissima, pilis glanduloso-capitatis viscidis hispida. *Corolla* cylindrico clavata, sanguinea, pollicaris. *Antherae* inclusae. *Stylus* exsertus stigmate capitato. *Differt* facile a congeneribus pilis glanduloso capitatis et viscidis.

38. E. (*transparens*.) mutica; foliis quaternis, trigonis, ciliatis; floribus terminali - subsolitariis.

Crescit in montibus Drakensteen et Hottentotts Holland.
Rami cinereo pubescentes, erecti. *Ramuli* frequentissimi, brevissimi, virgati, foliis tecti. *Flores* in ultimis ramulis solitarii, raro bini vel tres, erecti. *Folia* incurva, imbricata, semiunguicularia *Calycis* foliola basi lata, ovata, inde acuminata, hirta, corollá multoties breviora. *Corolla* campanulata, sensim dilatata, albido-incarnata. *Filamenta* 8, capillaria, alba, corolla paulo breviora. *Antherae* purpurascentes, inclusae, pertusae, didymae. *Stylus* filiformis, longitudine corollae, inclusus.

39. E. (*cerinthoides*.) mutica; foliis quaternis, oblongis, ciliato-serratis; floribus cylindricis, villosis; calycibus serratis. Erica *cerinthoides. Linn.* Spec. Pl. p. 5o5. Syst. Veg. XIV p. 358. *Bergii* Pl. cap. p. 104.

Crescit in collibus infra montem tabularem et Stenberg, vulgaris; β) in montibus Langekloof, alibique. Floret ab Octobri usque ad Martium.
Caulis cinereus, erectus, bipedalis. *Rami* dichotomi et trichotomi, divaricati, basi erecti, raro ramulosi ramis fastigiatis similibus. *Folia* ovata, acuta, supra plana, subtus convexa sulco longitudinali, imbricata, lineam longa. *Flores* terminales, umbellati, erecti. *Pedunculi* hispidi, breves. *Calycis* foliola lanceolata, ciliato-hispida, adpressa, corollá triplo breviora. *Corolla* inflata, truncata, piloso-hispida, semipollicaris. *Antherae* tetragonae, inclusae. *Stylus* exsertus. *Variat* a. corollis rubris, pilosis. β. corollis rubris, strigosis. γ. corollis albis, crystallinis.

40. E. (*Sparrmanni*.) mutica; foliis quaternis, oblongis, ciliato-serratis; floribus campanulatis, calycibusque strigosis. Erica *Sparrmanni. Linn.* Act. Holmens. 1772 p. 24. tab. 2. Suppl. p. 219. Syst. Veg. XIV p, 369.

Crescit in montibus circa Lange Kloof, et alibi rarior. Floret a Novembri usque ad Martium.
Caulis erectus, cinereus, pedalis et ultra. *Rami* verticillati, elongati, erecti. *Ramuli* oppositi et sparsi, frequentes, brevissimi. *Folia* ciliis luteis, supra plana, subtus a marginibus revolutis sulcata, imbricata, ultra lineam longa. *Flores* in ramulis terminales, umbellati, subquaterni. *Calycis* foliola oblonga, flavescentia, setis flavis longis hispida. *Corolla* setis longioribus flavescentibus valde strigosa, unguicularis. *Antherae* inclusae. *Stylus* exsertus stigmate peltato. Valde similis E. Cerinthoidi, a qua differre videtur: 1. foliis longioribus. 2. corollis paucioribus, brevioribus. 3. setis strigosis, flores totos obtegentibus.

41. E. (*Massoni*.) mutica; foliis quaternis, oblongis, serratis, villosis; floribus cylindricis, viscosis. Erica *Massoni. Linn.* Syst. Veg. XIV. p. 369. Suppl. p. 221. *Diss. de Erica* p. 27. tab. 3.

Crescit in montibus Hottentotts Holland adjacentibus. Floret ab initio anni usque ad Martium.

Caulis teres, bruneus, erectus, pedalis. *Rami* verticillato-terni, inaequales, erecti, foliis toti tecti. *Folia* ciliata, scabra, supra plana, subtus sulcata, octofariam imbricata. *Flores* terminales, umbellati, plurimi, speciosi. *Pedunculi* brevissimi, pilosi, subnutantes. *Calycis* foliola linearia, hirsuta, adpressa, corollâ multoties breviora. *Corolla* purpurea, unguicularis, ore acutiusculo, parum aperto. *Filamenta* pallida, longitudine tubi. *Antherae* minutae, purpureae, inclusae. *Stylus* subexsertus.

42. E. *(ventricosa.)* mutica; foliis quaternis, trigonis, ciliatis; floribus ventricosis, glabris. Erica *ventricosa. Diss. de Erica* p. 27. tab. 1.

Caulis erectus, glaber, parum ramosus; spithamaeus. *Rami* alterni, in summitate frequentes, subvillosi, erecti. *Folia* lineari-trigona, acuta, subtus tenuissime sulcata, patentia, unguicularia. *Flores* in ramis terminales, umbellati, erecti. *Pedunculi* villosi, unguiculares. *Calycis* foliola lineari trigona, glabra, adpressa, corollâ dimidio breviora. *Corolla* grossa, albo-purpurascens, subpellucida: ore quadrifido laciniisque reflexis. *Antherae* inclusae.

43. E. *(fastigiata.)* mutica; foliis quaternis, trigonis, glabris; floribus capitatis; calycibus integris Erica *fastigiata. Linn.* Mant. p. 66. Syst. Veg. XIV. p. 368.

Crescit in Platte Kloof, Fransche Hoek, et in montibus Hottentotts Holland. Floret a Novembri ad mensem Februarii.

Caulis brevissimus, ramosus, vel caules plures radicales, subsimplices, fastigiati, cinerei, glabri, palmares vel paulo ultra. *Rami* et *ramuli* terni, flexuosi, fastigiati. *Folia* imbricata, lineam longa. *Flores* terminales, erecti. *Calycis* foliola oblonga, acuta, margine membranacea, integra, carinata, glabra. *Corolla* oblonga, subcylindrica, basi inflata, glabra, extus pallide sanguinea, intus alba; laciniis ovatis, reflexis. *Antherae* stylusque inclusus.

44. E. *(comosa.)* mutica; foliis quaternis, trigonis, glabris; floribus capitatis; calycibus ciliatis. Erica *comosa. Linn.* Mant. p. 234. Syst. Veg. XIV. p. 369. Erica *transparens. Berg.* Plant. cap. p. 108.

Crescit in summitate montis tabularis et in Platte Kloof. Floret Novembri et insequentibus mensibus.

Fruticulus totus glaber, erectus, pedalis et ultra. *Rami* et *Ramuli* dichotomi, trichotomi et verticillati, superiores filiformes, flexuosi, erecti, virgati. *Folia* supra plana, subtus sulcata, imbricata, lineam longa. *Flores* in ramulis terminales, per ramulos quasi spicam comosam densam digitalem formantes. *Calycis* foliola lanceolata, margine scariosa, glabra, corollâ duplo breviora. *Corolla, Antherae* et *Stylus* ut in E.

23 *

fastigiata. Valde affinis et similis E. *fastigiatae;* differt tamen:
1. foliis subtus manifeste sulcatis. 2. floribus non fastigiatis,
sed racemum spicatum formantibus, licet in ramulis capitatis.
3. calycibus ciliatis.

45. **E.** (*dentata*) mutica; foliis quaternis, trigonis, glabris; floribus capitatis; calycibus serratis. Erica *denticulata.*
L i n n. Mant. p. 229. Syst. Veg. XIV. p. 368.

Caulis flexuosus, erectus, palmaris, totus glaber. *Rami* pauci
in summitate caulis, breves, erecti. *Folia* imbricata. *Flores*
in apice ramorum subterni. *Bracteae* naviculares, ciliato-serratae, calyciformes, pallidae carinâ viridi, longitudine calycis.
Calycis foliola' ovata, acuta, lacero ciliata, inflato-concava,
pallida, glabra, corollâ duplo breviora. *Corolla* subcylindrica,
purpurea, laciniis oblongis reflexis. *Antherae* stylusque inclusus.

46. **E.** (*viscaria.*) mutica; foliis quaternis, trigonis, glabris; floribus racemosis, campanulatis; calyce rudi, ciliato.
Erica *viscaria. L i n n.* Mant. p. 231. Syst. Veg. XIV. p. 369.

*Crescit extra urbem in collibus infra T a f f e l b e r g, imprimis la-
tere orientali. Floret M a j o et sequentibus mensibus.*

Caulis flexuoso-erectus, bipedalis vel ultrà. *Rami* et *Ramuli* verticillati, terni, quaterni et plures, inferne villosi, superne albo tomentosi, virgati. *Folia* acuta, supra plana, subtus convexa sulco longitudinali, imbricata apice incurvo, semiunguicularia. *Flores* in medio ramulorum, comosi, patentes,
sanguinei. *Pedunculi* tomentosi, unguiculares; *bracteis* tribus,
lineari-lanceolatis, pallidis. *Calycis* foliola navicularia, viridia,
glabra, ciliata, corolla dimidio breviora. *Corolla* glabra, magnitudine pisi minoris. *Antherae* inclusae. *Stylus* raro exsertus, saepius inclusus.

47. **E.** (*caduca.*) mutica; foliis quaternis, lanceolatis,
glabris; floribus caducis; caule flexuoso, debili.

*Crescit in summo M o n t e T a b u l a r i in lateribus praeruptis. Flo-
ret F e b r u a r i o.*

Tota glabra. *Caulis* fruticescens, basi decumbens et flexuosus,
apice erecto-incurvus, rufescens. *Rami* et *Ramuli* filiformes,
elongati, flexuosi, striato-subangulati, rufescentes. *Folia* petiolata, patentia, unguicularia. *Petioli* breves erecto-adpressi.
Corollae cylindricae, albidae.

48. **E.** (*purpurea.*) mutica: foliis quaternis, ovatis, subciliatis; floribus umbellatis; caule flexuoso, erecto. Blaeria
purpurea L i n n. Syst. Veg. XIV. p. 154. Suppl. p. 122.

*Crescit in m o n t e T a f f e l b e r g vulgatissima pulcherrima. Floret.
A u g u s t o et sequentibus mensibus.*

Caulis fruticescens, fuscus, pedalis et ultra. *Rami* alterni,
flexuosi, divaricati, fusci. *Ramuli* sparsi, frequentissimi, fili
formes, flexuosi, fusco-cinerei, glabri, erectiusculi, folios

Folia terna, *) brevissime petiolata, obtusa, supra plana, subtus convexa et sulcata, imbricata, glabra, dimidiam lineam longa.
Flores in ultimis ramulis aggregati, copiosi, erecti. *Pedunculi*
capillares, longitudine foliorum, purpurascentes. *Bracteae* duae,
breves. *Calyx* brevissimus, 4-phyllus, carinatus, acutus, glaber. *Corolla* cylindrica, purpurea. *Filamenta* 4, brevia. *Antherae* purpurascentes, subexsertae. *Stylus* filiformis, corollâ
longior.

49. E. (*articulata.*) mutica; foliis quaternis, ovatis, glabris; floribus capitatis, cernuis. Blaeria *articulata. Linn.*
Syst. Veg. XIV. p. 154. Mantiss. p 198.

*Crescit in Fransche Hoek, Bayfalso et alibi, rarior. Floret
Januario et aliis mensibus.*

Caulis fruticosus, erectus, fusco-cinereus. *Rami* sparsi et *Ramuli* filiformes, aggregati, virgati, erecti, cinereo tomentosi, apice
cernui. *Folia* obtusa, supra plana, subtus convexa, dorso sulcata sulco albo, margine integra vel tenuissime villosa, imbricata, lineam dimidiam longa. *Flores* in ramulis terminales, copiosi, sessiles, capitulis nutantibus. *Calyx* villosus. *Corollae*
cylindricae, subclavatae, incurvae, albido incarnatae, glabrae.
Filamenta 4, capillaria, purpurea, corollâ longiora. *Antherae*
oblongae, fissiles seu bipartitae, purpurascentes, exsertae.
Stylus staminibus longior, capillaris. *Stigma* simplex, obtusum.
Facile cognoscitur capitulis cernuis.

50. E. (*fasciculata.*) mutica; foliis quaternis, lanceolatis,
ciliato-scabris; capitulis erectis.

*Crescit in summo monte Taffelberg in Promontorio bonae
Spei Africes. Floret Augusto.*

Caulis erectus, cinereus, glaber, ramosus. *Rami* sparsi, flexuoso erecti, cinerei, glabri. *Ramuli* sparsi et verticillati;
superiores filiformes, cinerei, villosi et tomentosi, subfastigiati, flexuosi. *Folia* ovato lanceolata, obtusa, supra plana,
subtus convexa, sulcata, margine scabra et ciliata; patentia,
lineam longa. *Flores* in summitatibus ramulorum terminales,
capitati. *Calyx* et *Corolla* albae, glabrae. *Filamenta* 4, brevia. *Antherae* purpurascentes, inclusae.

51. E. (*scabra.*) mutica; foliis quaternis, lanceolatis, piloso-hispidis; florum capitulis erectis; corollis clavatis.

Caulis cinereus, purpurascens, glaber, erectus. *Rami* teretes, flexuosi, similes. *Ramuli* capillares, subfastigiati, piloso-
hispidi. *Folia* brevissime petiolata, obtusiuscula, supra convexa, subtus sulcata, margine revoluto, undique piloso-hispida, imbricata. *Flores* terminales, capitati. *Corollae* minutae,
tubuloso-campanulatae, glabrae, albae. *Filamenta* 4, purpurascentia. *Antherae* bifidae, rufae, exsertae. *Stylus* filiformis,
exsertus.

---

*) Supra *quaterna. Editor.*

52. E. (*blaeria.*) mutica; foliis quaternis, oblongis, villoso-scabris; capitulis erectis; corollis campanulatis. Blaeria *ericoides Linn.* Sp. Pl. p. 162. Syst. Veg. XIV. p. 154.

Crescit in collibus prope et extra Cap, vulgaris. Floret per plures menses.
    Caulis erectus, totus fusco-cinereus, ramosissimus. *Rami* et *Ramuli* sparsi et subverticillati, cinereo-tomentosi, virgati; ultimi filiformes, valde tomentosi et villosi. *Folia* ovata, obtusa, crassiuscula, adpressa, supra plana, subtus convexa et sulcata, undique scabra et villosa, vix lineam longa. *Flores* terminales in ultimis ramulis, aggregati, sessiles, subcapitati. *Calyx* albo-hirsutus. *Corolla* ovato cylindrica, purpurea. *Filamenta* quatuor, capillaria, longitudine corollae. *Antherae* ovatae, exsertae. *Stylus* filiformis, longitudine staminum. *Stigma* capitatum.

53. E. (*hirsuta.*) mutica; foliis quaternis, lanceolatis, scabris, pilosis; calycibus lanatis.

Crescit in Promontorio bonae Spei rarior.
    Caulis frutescens. *Rami* et *Ramuli* sparsi, cinerei, tomentosi, flexuoso erecti. *Folia* breviter petiolata, obtusa, incurva, imbricata, supra planiuscula, subtus convexa et sulcata, scabrida et pilis albis laxis villosa, lineam longa. *Flores* in ramulis terminales, aggregati, subracemosi. *Calyces* hirsutissimi pilis longis, albis. *Corolla* campanulata, purpurascens, glabra. *Filamenta* 4, capillaria. *Antherae* purpureae, exsertae, bipartibiles.

54. E. (*racemosa.*) mutica; foliis quaternis, lanceolatis, villosis; floribus racemosis, globosis; calycibus tomentosis. Erica *racemosa. Diss. de Erica* p. 31. tab. 5.

    Caulis erectus, pedalis et ultra. *Rami* verticillati et elongati, divaricato erecti, pubescentes. *Ramuli* verticillati, breves, per intervalla sparsi, villosi. *Folia* obtusa; supra plana, laeviuscula; subtus sulcata, hispida; patentia, lineam longa. *Flores* in ramulis subnutantes incarnati. *Racemi* subdistichi, pollicares usque digitales. *Pedunculi* capillares, villosi, cernui, corollae longitudine. *Calycis* foliola ovata, obtusa, incanotomentosa, adpressa, brevissima. *Corolla* subglobosa ore patulo, obtusa. *Antherae* exsertae, bruneae. *Stylus* exsertus, staminibus longior stigmate capitato. Differt 1. ab E. *purpurascente:* caule erecto. 2. ab E. *vaginante:* foliis pilosis. 3. ab E. *mediterranea:* foliis pilosis corolláque globosá. 4. ab E. *hirta:* floribus racemosis.

55. E. (*cubica.*) mutica; foliis quinis, trigonis, incurvis, glabris; floribus umbellatis, globosis; calyce colorato, carinato. Erica *cubica. Linn.* Mant. p. 233. Syst. Veg. XIV. p. 368.

    Frutex totus glaber, bruneus, erectus, pedalis. *Rami* et *Ramuli* trichotomi, filiformes, flexuosi, laxi, erecti, subfastigiati. *Folia* quaterna, saepe quina, trigono subulata, patentia, internodiis parum longiora, semilineam longa. *Flores* in apicibus ramulorum plurimi, cernui. *Pedunculi* angulati, scabridi, purpurei. *Calycis* foliola ovata, acuta, carinata, purpurea, glabra, corolla paulo breviora. *Corolla* globoso campanulata, purpurea. *Antherae* inclusae. *Stylus* exsertus, corollâ duplo longior, purpureus: stigmate fusco, parum incrassato. *Singularis* foliis incurvatis.

56. E. (*incurva.*) mutica; foliis quinis, trigonis, incurvis, glabris; floribus racemosis, ovatis calyce viridi.

Crescit in interioribus provinciis.

Caulis erectus, cinereus, ramosus, bipedalis et ultra. *Rami* verticillato-terni, quaterni, ciongati, ramulis paucis similibus. *Folia* linearia, obtusa, integra, sulcata, lineam longa. *Flores* versus summitates ramorum et ramulorum comosi, cernui. *Calyx* carinatus, acutus. *Corolla* ovato-campanulata, rubra, glabra. *Stylus* corollae aequalis, vix exsertus.

✱✱ *Aristatae:*

†. *foliis oppositis:*

57. E. (*glutinosa.*) aristata; foliis oppositis, sparsisque, linearibus, ciliato-glandulosis. Erica *glutinosa.* Bergii Plant. Cap. p. 99. Andromeda *droseroides. Linn.* Mant. p. 239. Syst. Veg. XIV. p. 406.

Crescit in planitie frontis Taffelberg, copiose. Floret Martio, Aprili, Majo.

Caulis erectus, palmaris usque spithamaeus, totus viscosus. *Rami* sparsi, filiformes, hirsuti, erecto patentes, virgati. *Folia* obtusa, supra plana, subtus convexa, hirsuta, pilis glandulosis ciliata, patentia, approximata, semiunguicularia. *Flores* terminales, racemoso-subumbellati, erecti. *Pedunculi* filiformes, pilis glandulosis hirti, foliis duplo longiores. *Bracteae* supra medium pedunculi minimae. *Calycis* foliola ovata, acuta, glabra, concava, viridia, corollâ triplo breviora. *Corolla* ovato-oblonga, pubescens, purpurascens ore obtuso laciniisque reflexis. *Antherae* inclusae. *Stylus* subexsertus stigmate capitato. *Florum* multa millia aperui et octo stamina constanter numeravi; idcirco non *Andromeda.*

58. E. (*lutea.*) aristata; foliis oppositis, lineari-trigonis, glabris. Erica *lutea. Bergii* Plant. Cap. p. 115. *Linn.* Mant. p. 234. Syst. Veg. XIV. p.364. Erica *albens. Linn.* Mant. p. 231.

Crescit in summitate montis Tabularis. Floret Martio et sequentibus mensibus.

Frutex totus glaber, caule rufescente, erecto, bipedali. *Rami* sparsi, erecto-patentes, virgati. *Ramuli* sparsi, filiformes, frequentissimi, virgati, breves. *Folia* obtusa, subtus sulcata, imbricata, lineam longa. *Flores* in ultimis ramulis solitarii, bini vel terni, erecti. *Bracteae* lineares, obtusae, concavae, pallidae. *Calycis* foliola ovata, acuminata, sub apice carinata, adpressa, concava, corollâ duplo breviora. *Corolla* ovata, attenuata, semiunguicularis: ore ante florescentiam acuto, dein obtuso laciniisque reflexis. *Antherae* stylusque inclusus. *Variat* corollis, calycibus et bracteis luteis et albis, adeo ut E. *Lutea* et *Albens* reverâ non sint, nisi varietates. *Tota tecta floribus nitidis, aureis vel argenteis, omnium pulcherrima.*

††. *foliis ternis.*

59 E. (*paniculata.*) aristata; foliis ternis, trigonis, glabris; floribus lateralibus, aggregatis; caule erecto.

Caulis bipedalis et ultra. *Rami* sparsi, flexuoso-erecti, cinereo fusei, per spatia tomentosi. *Ramuli* filiformes, paniculati, virgati. cinereo-tomentosi. *Folia* brevissime petiolata, trigono-lanceolata, obtusa, subtus sulcata, integra, imbricata, lineam longa. *Flores* versus apices ramulorum cernui, brevissime pedunculati. *Pedunculi* corollâ breviores *Calyx* glaber, minutissimus *Corolla* ovata, incarnato-alba. *Filamenta* 4, capillaria. *Antherae* bipartibiles, purpureae, exsertae. *Stylus* corolla duplo fere longior. *Stigma* crassius.

60 E. (*depressa.*) aristata; foliis ternis, oblongis, glabris; floribus subracemosis; caule de umbente. Erica *depressa.* *Linn.* Mant. p. 230. *Diss. de Erica* p. 33. tab. 6.

Crescit in lateribus rupium pone planitiem in summitate montis Tabularis. Floret Martio usque in Junium.

Fruticulus vix palmaris, fuseus, flexuosus, scaber, decumbens. *Rami* sparsi, depressi, similes cauli, ramulosi. *Folia* obtusa, supra concava, subtus trigono convexa, sulco longitudinali, imbricata, vix semiunguicularia. *Flores* racemosi vel terminales, albi. *Bracteae* lineares, concavae, pallidae. *Calycis* foliola oblonga, acuta corollam acquantia. *Corolla* campanulata, lineam longa. *Antherae* stylusque inclusus. *Vix* dici possunt antherae cristatae.

61. E. (*halicacaba.*) aristata; foliis ternis, lanceolatis, glabris; floribus solitariis; caule :decumbente. Erica *halicacaba.* *Linn* Sp. Plant. p. 507. Syst. Veg. XIV. p. 364.

Crescit in rupibus praeruptis versus sammitatem montis Tabularis latere occidentali Floret ab initio anni usque ad Aprilis mensem.

Caulis glaber, scaber, fuscus, flexuosus, strictus, spithamaeus. *Rami* alterni; divaricati, cauli similes. *Ramuli* tomentosi, ramis similes. *Folia* acuta, supra plana, subtus convexa sulco tenui, patentia, unguicularia. *Flores* terminales, pedunculati. *Pedunculus* tomentosus, reflexus, unguicularis. *Bracteae* ovatae, acutae, approximatae, calyce multoties minores. *Calycis* foliola ovata, acuta, carinata, integra, adpressa, glabra, pallida, duas lineas longa. *Corolla* ovata, inflata, acuta, pallide incarnata; *laciniis* rectis, acutis. conniventibus. *Antherae* stylusque inclusus. *Corolla* ex omnibus Ericis maxima.

62. E. (*Monsoniana*) aristata; foliis ternis, ovatis, gla-

bris; floribus solitariis; caule erecto. Erica *Monsoniana.*
Linn. Suppl. p. 223. *Diss. de Erica* p. 34. tab 1.

*Crescit in montibus Hottentotts Holland, Fransche hoek,
aliisque. Floret a Novembri ad Martium.*
　Caulis pubescens, aphyllus, bipedalis. *Rami* sparsi, frequentes, patentes, foliis tecti, brevissimi, simplices. *Folia* obtusa, subtus convexa sulco longitudinali, supra plana, integra,
imbricata, vix lineam longa. *Flores* in ramis terminales, nutantes, albi. *Pedunculus* pubescens, reflexus, semiunguicularis.
Bracteae ovatae, carinatae, acutae, albae, calyce paulo breviores, in medio pedunculo sitae. *Calycis* foliola ovata, acuta,
concava, carinata, alba, glabra, corolla fere triplo breviora.
Corolla ovato oblonga, sensim parum attenuata, inflata, pollicaris ore quadrifido: *laciniae* obtusae, brevissimae. *Antherae*
oblongae, apice fissae, inclusae, basi bicornes, cornibus simplicibus. *Stylus* filiformis, longitudine corollae, inclusus *stigmate* capitato. *Similis* quidem E. *halycacabae; differt* vero:
1. foliis ovatis: nec linearibus. 2. Corollis minus profunde
partitis et minus inflatis. 3. floribus copiosissimis. 4. caule
erecto.

　63. E. (*nigrita.*) aristata; foliis ternis, oblongis, glabris; floribus ternis; bracteis acutis, imbricatis. E. *nigrita.*
Linn. Mant p. 65 Syst. Veg. XIV. p. 364. Erica *laricina.*
Berg. Plant. Cap. p. 94.
*Crescit in summitate montis Diaboli prope urbem. Floret
Majo, Junio, Julio.*
　Caulis bruneus, erectus, pedalis et ultra. *Rami* et *Ramuli*
sparsi et verticillati, flexuoso-erecti, virgati, cinereo-tomentosi. *Folia* lineari-ovata, obtusa, margine tenuissime scabra,
supra plana, subtus convexa sulco tenui longitudinali, nitida,
basi adpressa, a medio patenti-recurvata, lineam longa. *Flores* terminales, pedunculati, erecti. *Bracteae* oblongae, carinatae, albae, calyci approximatae, calyciformes. *Calycis* foliola ovata, acuta, carinata, tenuissime margine scabrida, alba,
glabra, corollam subaequantia. *Corolla* campanulata, albida.
Antherae purpureae *stylusque* inclusus.

　64. E. (*regerminans.*) aristata; foliis ternis, linearibus,
glabris; floribus racemosis; caule erecto. Erica *regerminans.*
Linn. Mant. p. 232. Syst. Veg. XIV. p. 364.
　Frutex totus glaber, erectus, rufescuens, bipedalis. *Rami*
verticillati, longi simplices, erecti. *Folia* acuminata, integra,
patentia, internodiis longiora, unguicularia. *Flores* in ramis
supremis secundi, cernui. *Pedunculi* purpurei, reflexi. *Bracteae* infra medium pedunculi minutae, coloratae. *Calycis* foliola lanceolata, carinata, rufescentia, glabra, adpressa, brevissima. *Corolla* ovato-cylindrica: ore aperto, obtuso; rufescens, glabra.

　65. E. (*urceolaris.*) aristata; foliis ternis, lanceolatis,
subtus tomentosis; floribus subracemosis, villosis. Erica *ur-*

ceolaris. Berg. Pl. Cap. p. 107. Erica *pentaphylla. Linn.*
Sp. Pl. p. 506. Syst. Veg. XIV. p. 364.

*Crescit in montibus Rode Sand prope rivos infra Winterhoek;
prope Puspas rivier alibique. Floret Septembri et insequentibus mensibus.*
   Caulis flexuoso-erectus, cinereus, bipedalis. *Rami* oppositi
et terni, cinereo-villosi, virgati. *Ramuli* filiformes, sparsi,
frequentes, virgati. *Folia* linnari-lanceolata, supra convexo-
plana; subtus sulcata a marginibus revolutis; tomentoso-albida,
erecto-patentia, subcurvata, unguicularia. *Flores* subracemoso-
umbellati, incarnati, toti hirsuti petiolis, calyce, corollâ. *Calycis*
foliola lanceolata, corollâ duplo breviora. *Corolla* oblonga,
subcampanulata, lineam longa. *Antherae* stylusque inclusus.
Variat floribus valde hirsutis et pilosis, rubris et incarnato-
albidis.

66. E. (*hirta.*) aristata; foliis ternis, linearibus, hispidis;
floribus umbellatis; calyce scabro, rudi. Erica *hirta. Diss.
de Erica* p 36. tab 2.

Floret Julio et sequentibus mensibus.
   Caulis flexuoso-erectus, glaber, pedalis. *Rami* et *Ramuli*
sparsi, virgati. *Folia* acuta, supra plana, subtus sulcata a
marginibus revolutis scabra, ciliata, imbricato-patentia, subunguicularia. *Flores* terminales, incarnati. *Calycis* foliola lanceolata, ciliata, adpressa, corollâ duplo breviora. *Corolla* ovato-
globosa, subvillosa. *Antherae* stylusque inclusus.

67. E. (*bicolor.*) aristata; foliis ternis, ovatis, scabris;
floribus ternis, cernuis, glabris; calyce villoso, colorato.
Erica *bicolor. Diss. de Erica* p. 36.

Crescit in Fransche hoek montibus. Floret a Januario usque ad Majum.
   Caulis flexuoso-erectus, cinereo-subtomentosus, spithamaeus
vel paulo ultra. *Rami* vel simplices vel ramulosi, frequentes,
cauli similes virgati. *Folia* obtusa, tenuissime villosa, subtus sulcata a marginibus revolutis, imbricata, lineam dimidiam
longa. *Flores* in ramis et ramulis terminales, saepius terni,
nutantes, sanguinei, per fruticem copiosi. *Calycis* foliola ovata,
tenuissime villosa, adpressa, rubentia, corollâ duplo breviora.
Corolla campanulata, glabra. *Antherae* subexsertae, atro purpureae. *Stylus* sanguineus, curvatus, exsertus, corollâ duplo
longior, *stigmate* capitato.

68. E. (*articularis.*) aristata; foliis ternis, ovatis, glabris; floribus racemosis; caule erecto, Erica *articularis.
Linn.* Mant. p. 65. Syst. Veg. XIV. p. 366.
   Caulis fuscus, flexuoso erectus, inferne glaber, pedalis.
Rami et *Ramuli* verticillati, fastigiati, flexuosi, patentes, tenuissime villosi. *Folia* supra concava, subtus convexa, sulco
longitudinali, adpressa, internodiorum magnitudine ramos
quasi articulatos formantia, lineam longa. *Flores* distichi, cernui. *Racemus* pollicaris vel digitalis, comosus. *Pedunculi* ca-

pillares, purpurei, tenuissime villosi, cernui, longitudine foliorum. *Bracteae* minutae, purpureae. *Calycis* foliola ovata, intus concava, extus carinata, fusco-purpurea, ciliata, glabra, corollâ dimidio breviora. *Corolla* campanulata, glabra, sanguinea. *Antherae* stylusque inclusus. *Antherae* in hac specie singulares, cum connatae videantur cum filamento, sic ut potius filamentum, quam anthera, aristatum dicendum.

69. E. (*planifolia.*) aristata; foliis ternis, ovatis, ciliatis; floribus axillaribus; caule, decumbente. Erica *planifolia*. *Linn.* Sp. Pl. p. 5o8. Syst. Veg. XIV. p. 3o2. Pl. Cap. p. 100.

Crescit in collibus montium et in summitate montis Tabularis. Floret Octobri et insequentibus mensibus.

Caulis, Rami et *Ramuli* trichotomi, filiformes et capillares, flexuosi, glabri vel tenuissime scabri. *Folia* rarius quaterna, axillis aliis foliolis saepe onusta, acuta, tenuissime subciliata, margine parum revoluta, patentia, lineam dimidiam longa, internodiis breviora. *Flores* versus apices racemosi, cernui. *Pedunculi* capillares, foliis longiores. *Calycis* foliola ovata, scabra, breviora. *Corolla* campanulata, purpurascens. *Antherae* inclusae. *Stylus* exsertus, corollâ duplo longior, *stigmate* parum capitato. *Variat: α.* caule scabro et glabro. *β.* foliis acutis et pilo capitato terminatis.

70. E. (*marifolia.*) aristata; foliis ternis, ovatis, subtus tomentosis; floribus subumbellatis; caule erecto. Erica *murifolia*. *Hort. Kewens.* Vol. 2. p. 15.

Caulis erectiusculus, inferne glaber. *Rami* sparsi, teretes, hirti, curvati, inflexo-erecti. *Folia* brevissime petiolata, acuta, integra margine reflexo; supra viridia, pubescentia; subtus albo tomentosa, patentia vel subimbricata, lineam longa. *Flores* in ramis et ramulis. *Calycis* foliola foliis similia, sed angustiora et minora. *Corolla* campanulata, alba, pubescens. *Antherae* inclusae. *Stylus* longitudine corollae, vix exsertus.

71. E. (*pubescens.*) aristata; foliis ternis, linearibus, scabris; floribus umbellatis, villosis. Erica *pubescens. Diss. de Erica* p. 38. tab. 5. *Linn.* Sp. Pl. p. 5o6. Syst. Veg. XIV. p. 365. *Berg.* Pl. cap p. 121. Erica *parviflora. Linn.* Sp. Pl. p. 5o6. Ejusdem Mantss. p. 374.

Crescit in collibus infra Taffelberg. Floret Julio, Augusto, Septembri.

Caulis cinereus, hispidus, flexuosus, erectus, bipedalis et ultra. *Rami* sparsi, raro verticillati, cauli similes. *Ramuli* filiformes et capillares, breves, virgati. *Folia* terna et quaterna; saepe quaterna in ramis et terna in ramulis, raro quaterna omnia; obtusa, villosa, incurva, subtus sulcata, patentia, lineam longa. *Flores* in ramulis terminales, bini, terni vel plures, copiosi, sanguinei, hirsuti. *Pedunculi* capillares. bracteati. *Calycis* foliola lanceolata, rufescentia, pilosa, brevissima. *Corolla* ovata, obtusa, villosa. *Antherae* stylusque inclusus. *Va-*

riat valde haec species, caule, ramis, foliis et floribus. Praecipue vero varietales sunt sequentes: *α. pilosa* foliis ternis corollisque tenuissime pilosis. *β. hispida* foliis ternis, hispidis.
γ. villosa foliis quaternis, scabris ramisque verticillatis. *δ. parviflora* foliis ramorum quaternis, ramulorum ternis hispidis;
corollis minutis. *Villosa* eadem est, licet differre videatur foliis
quaternis. scabris, longioribus; caule ramisque verticillatis,
magis g abris; corollis magis cylindricis et floribus conglomeratis.

††† *foliis quaternis pluribusve.*

72. E. (*persoluta.*) aristata; foliis ternis, quaternisque,
trigonis, glabris; floribus umbellatis; calyce ciliato. Erica
persoluta. Linn. Mant. p. 230. Syst. Veg. XIV. *p.* 365. Erica
paniculata. *Linn.* Sp. Pl. p. 508. Erica *milleflora.* *Berg.*
Pl. Cap p. 69. Erica *subdivaricata.* *Berg* Pl. Cap. p. 114.

*Crescit in collibus infra Taffelberg, in campis arenosis extra
Urbem, et alibi vulgaris. Floret Majo et sequentibus mensibus.*

Frutex totus cinereo - tomentosus, idque magis in ramis et
ramulis. flexuoso - erectus, spithamaeus vel ultra. *Rami* sparsi,
opposili et terni, cauli similes. *Ramuli* filiformes, frequentes,
breves, virgati. *Folia* in nonnullis, sed raro terna; in nonnullis, at rarius et terna et quaterna; in plurimis quaterna,
linearia, obtusa, supra plana, subtus convexa sulco longitudinali, rarius integra, saepius tenuissime ciliata, imbricata, vix
lineam longa *Flores* in ramulis saepissime terni, per ramos
quasi racemosi, copiosi, incarnati, minuti, cernui. *Bracteae*
pallidae, subciliatae *Calycis* foliola ovata, acuta, subcarinata,
tenuissime ciliata, corolla duplo breviora *Corolla* campanulata sinu laciniarum pertuso. *Antherae* inclusae, purpureae.
Stylus paulo longior staminibus, saepius inclusus. *Variat* valde
haec species polymorpha, sic ut exinde plures species consti-
tuerint auctores. *α.* foliis ternis et quaternis, integris et ciliatis.
β. Corollis majoribus et minoribus. campanulatis vel magis globosis. *γ.* Antheris stylisque inclusis et exsertis.

73. E. (*glabella.*) aristata; foliis quaternis, oblongis, glabris, margine scabris; floribus aggregatis, terminalibus. Blaeria *purpurea.* *Berg.* Plant. C p p. 34.

Ramuli filiformes, glabri. *Folia* petiolata, ovato oblonga,
obtusa, supra convexa, subtus sulcata, glabra utrinque, margine aculeato - scabrida, imbricata, apice patulo. *Flores* subcapitati. *Calyx* glaber. *Corolla* subcylindrica, albida, glabra.
Antherae 4, purpureae, exsertae. *Stylus* pallidus, paulo
longior.

74. E. (*plumosa.*) aristata: foliis quaternis, glabris; calyce lacero - ciliato. Blaeria *ciliaris.* *Linn.* Syst. Veg. p. 154.
Suppl. p 122.

*Crescit in regionibus Bockland Floret Octobri, Novembri,
Decembri usque ad Februar.*

Caulis rigidus, fusco - cinereus. *Rami* sparsi, uti et ramuli cinerei, glabri. *Ramuli* uti et rami flexuosi, divaricati, diffusi, ultimi filiformes. *Folia* brevissime petiolata, ovata, obtusa, integra, supra plana, subtus sulcata et convexa, imbricata, lineam dimidiam longa, vix nisi tenuissime et inconspicue villosa. *Flores* in ultimis ramulorum apicibus terminales, aggregati, subsessili capitati, cernui. *Calyx* albidus, glaber. *Corolla* albida, glabra. *Antherae* subtetragonae, purpurascentes, apice bifidae, inclusae. *Stylus* filiformis, corollâ longior. Dignoscitur ab aliis facile calyce pulcherrime ciliato.

75. E. (*arborea.*) aristata; foliis quaternis, lanceolatis, ciliatis; floribus racemosis. Erica *arborea? Linn.* Spec. Pl. p. 503. Syst. Veg. XIV. p. 365. Erica *caffra? Linn.* Sp. Plant. p. 502. Syst. Veg. XIV. p. 365. an eadem?

Caulis infra bruneus, supra cinereo-tomentosus, flexuosus, erectus, orgyalis. *Rami* subverticillati, hispidi, virgati. *Ramuli* sparsi, filiformes, hispidi, virgati, frequentes. *Folia* rarius terna, saepissime quaterna, glabra, patentia, internodiis longiora, lineam longa. *Flores* in apicibus ramulorum cernui. *Calycis* foliola lanceolata, spinoso acuta, glabra, breviora. *Corolla* campanulata, purpurea, glabra. *Antherae* inclusae. *Stylus* exsertus, sanguineus: *stigmate* capitato, purpureo.

76. E. *florida.*) aristata; foliis quaternis, lanceolatis, hirsutis; floribus umbellatis; calyce villoso, reflexo. Erica *florida. Diss. de Erica* p. 40. tab. 6.

Caulis teres, purpureus, superne villosus, flexuosus, erectus, pedalis et ultra. *Rami* sparsi, laxi, cauli similes, virgati, subsimplices. *Folia* subtus sulcata, curvata, patenti erecta, semiunguicularia. *Flores* terminales, cernui, quatuor et ultra. *Pedunculi* capillares sanguinei. *Calycis* foliola linearia, obtusa, hirsuta, reflexa foliis duplo breviora. *Corolla* globosa, pallide sanguinea, inflata, glabra. *Antherae* stylusque inclusus.

77. E. (*pilulifera.*) aristata; foliis quaternis, linearibus, ciliatis; floribus umbellatis; calyce naviculari: apice ciliato, glabro. Erica *pilulifera. Linn.* Spec. Pl. p. 507. Syst. Veg. XIV. p. 364. Erica *nudicaulis. Berg.* Pl. Cap. p. 113.

Crescit in montibus inter Cap et Bayfalso. Floret Majo et sequentibus mensibus hybernis.

Frutex totus glaber, purpureus, erectus, pedalis et ultra. *Rami* et *Ramuli* trichotomi, erecto-patentes, subfastigiati. *Folia* oblique verticillata, tria situ aequalia, quarto inferiore, obtusa, supra plana, subtus convexa sulco longitudinali, profundo, inferiora glabra, suprema tenuissime ciliata, in petiolos pallidiores attenuata, imbricata, semiunguicularia. *Flores* terminales, quatuor usque decem, cernui. *Pedunculi* sanguinei, foliis longiores. *Calycis* foliola navicularia, acuta, pallide sanguinea, glabra, apice ciliata, adpressa, corollâ paulo breviora. *Corolla* campanulata, sanguinea, glabra. *Antherae* stylusque inclusus.

78. E. (*inflata.*) aristata; foliis quaternis, linearibus, gla-

bris; floribus umbellatis, ventricosis; calyce subulato, glabro.
ERICA *inflata.* *Diss. de Erica* p. 41. tab. 2.

Fratex totus glaber, nodulosus, erectus, pedalis. *Rami* verticillati, cauli similes, longi, erecti, subsimplices. *. Folia* acuta,
integra, supra plana, subtus convexa, sulco omnium tenuissimo,
curvata, patenti-erecta, unguicularia. *Flores* cernui. *Pedunculi* sanguinei, villosi, pollicares. *Bracteae* supra medium pedunculi lineares, sanguineae. *Calycis* foliola lineari-subulata,
integra, patenti-erecta, sanguinea, corollâ quadruplo breviora.
Corolla ventricosa, inflata, obtusa, pallide sanguinea, glabra,
subpollicaris. *Antherae* stylusque inclusus.

79. E. (*abietina.*) aristata; foliis quaternis, lanceolatis,
glabris; floribus racemosis, cylindricis; calyce ovato, serrato.
ERICA *abietina.* *Linn.* Sp. Pl. p. 5o6. Syst. Veg. XIV.
p. 365.

Caulis cinereus, scaber, erectus, pedalis et ultra. *Rami* et
Ramuli subverticillati, erecto-patentes. *Folia* lanceolato-subulata, subtus sulcata, imbricata, unguicularia. *Flores* in apicibus ramorum nutantes. *Pedunculi* sanguinei, villosi, longitudine foliorum. *Bracteae* infra medium pedunculi, ovatae, acutae, ciliatae, carinatae, pallidae. *Calycis* foliola lato-ovata,
acuta, carinata, tenuissime subciliata, glabra, sanguinea. *Corolla* cylindrica, infra apicem subventricosa, parum curvata,
obtusa, glabra, sanguinea, semipollicaris. *Antherae* stylusque
inclusus.

80. E. (*Patersonii.*) aristata; foliis quaternis, trigonis,
acutis, glabris; floribus racemosis, cylindricis; calyce trigono.
basi dilatato.

Crescit in interioribus provinciis.
Caulis erectus, subsimplex, apice bifidus, totus glaber, bipedalis vel ultra. *Folia* filiformi-trigona, integra, laevia, subpollicaria. *Flores* laterales, densi, comosi. *Calycis* foliola filiformi-trigona, acuta, glabra; basi dilatata, cordato-ovata, margine membranacea, tenuissime serrulata. *Corolla* obtusa, glabra, purpurascens, unguicularis. *Antherae* aristatae, inclusae.
Stylus exsertus *stigmate* capitato.

81. E. (*verticillata.*) aristata; foliis rameis quaternis,
caulinis senis ciliatis; floribus subcapitatis; calyce lineari,
glabro. ERICA *verticillata.* *Berg.* Pl. Cap. p. 99.

Frutex erectus, pubescens, rufescens, ramosus, pedalis et
ultra. *Rami* per intervalla subverticillati, simplices, brevissimi. *Folia* ramea breviter petiolata, linearia, subtrigona, subtus carinata, supra concava, obtusa, integra, tenuissime ciliata,
imbricata, lineam longa. *Flores* in ramis terminales, aggregato-
subcapitati. *Calyx* simplex, foliis similis. *Corolla* cylindrica,
pubescens, purpurea, parum curvata, subpollicaris. *Antherae*
inclusae, *filamentis* longitudine tubi corollae. *Stylus* exsertus
stigmate capitato. *Similis* E. *abietinae*, sed flores huic hirti.

82. E. (*mammosa.*) aristata; foliis senis, lanceolatis, gla-

bris; floribus umbellatis; calyce subulato, glabro. ERICA *mam-mosa. Linn.* Mant. p. 234. Sylt. Veg. XIV. p. 365.

Caulis cinereo - fuscus, flexuosus, erectus. *Rami* subtrichotomi, scabri, flexuosi, iterum trichotome ramulosi, ramulis subfasti giatis. *Folia* supra plana, subtus convexa sulco longitudinali, integra, curvata, patentia, subunguicularia. *Flores* terminales, plures. *Pedunculi* villosi, erecti, foliis longiores. *Calycis* foliola lineari subulata, corollà duplo breviora. *Corolla* oblonga, subcampanulata, oblique truncata, glabra, incarnata, unguicularis. *Antherae* stylusque inclusus. *Differt* ab E. *abietina* 1. calyce lineari. 2. corollis magis inflatis. 3. floribus umbellatis. 4. foliis senis.

83. E. (*empetrifolia.*) aristata; foliis senis, oblongis, ciliatis; floribus verticillatis; calyce ciliato. ERICA *empetrifolia. Linn.* Sp. Pl. p. 507. Syst. Veg. XIV. p. 366. *Berg.* Pl. Cap. p. 120.

Crescit in montium jugis inter Cap et Bayfals. Floret Martio, Aprili, Majo.

Caulis fuscus, scaber, pedalis. *Rami* verticillati, cauli similes, flexuoso - erecti. *Ramuli* trichotomi et dichotomi, similes ramis. *Folia* obtusa, incurvata, supra trigono plana, subtus sulcata, scabra imprimis subtus, tenuissime ciliata, imbricata, lineam longa. *Petioli* imprimis ciliati. *Flores* in mediis ramulis et in apicibus aggregati. *Calycis* foliola lanceolata, sanguinea. *Corolla* ovato-campanulata, inferne hirta, sanguinea. *Antherae* inclusae. *Stylus* purpureus, curvatus, corollà duplo longior, exsertus *stigmate* capitato.

84. E. (*spicata.*) aristata; foliis senis, lanceolatis, glabris; floribus verticillatis; calyce petiolato, integro. ERICA *spicata. Diss. de Erica* p. 43. tab. 4. ERICA *sessiflora. Linn.* Suppl. p. 222. Syst. Veg. XIV. p. 365.

Crescit in montibus inter Nordhoek et Bayfalso. Floret Martio et sequentibus mensibus.

Caulis crassus, rigidus, fusco - purpureus, scaber, flexuosoerectus, spithamaeus usque pedalis. *Rami* et *Ramuli* alterni vel subverticillati, cauli similes, erecto - patentes, apice incurvi, virgati. *Folia* integra subtus sulcata, patentia, incurvato imbricata, subunguicularia. *Flores* in apicibus ramorum inter folia breviora verticillato - spicati; cernui, plurimi. *Spica* crassa, pollicaris usque digitalis. *Bracteae* calyci approximatae, basi attenuato - subpetiolatae, dein oblongae, acutae, integrae, tenuissimae, incarnatae. *Calycis* foliola spathulata, seu basi attenuata, apice ovata, concava, margine scariosa, integra, corollà multoties breviora. *Corolla* clavata, curvata, obtusa, glabra, alba, subpollicaris. *Antherae* inclusae. *Stylus* purpureus: *stigmate* exserto, flavescente.

85. E. (*octophylla.*) aristata; foliis octonis, linearibus, truncatis, squarrosis; floribus umbellatis. ERICA *octophylla.*

Diss. de Erica p. 44. tab. 3. Erica *fascicularis*. *Linn.*
Suppl. p 219. Syst. V g XIV. p. 365.

Crescib in montibus summis Hottentotts Holland. Floret Januario et sequentibus mensibus.
Fratex totus glaber: caule cinereo, erecto; pedalis. *Rami* dichotomi, pauci, simplices, longi. *Folia* integra, glabra, patenti recurvata, imbricata, disticha, unguicularia. *Petioli* pallidi, lineam longi. *Flores* ramos terminantes, plurimi, erecti, speciosi, viscosi. *Calycis* foliola lanceolata, glabra, adpressa, corollâ multoties breviora *Corolla* cylindrico-clavata, glabra, purpurea, pollicaris: *laciniis* erectis. *Antherae* inclusae. *Stylus* capillaris, purpurascens, erectus, *stigmate* capitato.

°°° *Cristatae:*

†. *foliis sparsis:*

86. E. (*obliqua.*) cristata; foliis oblique sparsis, linearibus, truncatis, glabris. Erica *obliqua*. *Diss. de Erica* p. 44. tab. 1.

Crescit in montibus Hottentotts Holland. Floret Januario, Februario, Martio.
Caulis filiformis, laxus, bruneus, superne scaber, totus glaber, erectus, pedalis. *Rami* dichotomi, simplices, cauli similes, subfastigiati. *Folia* sparsa oblique circum ramos, attenuata in petiolos, basi imbricata, apice patenti recurvata, subdisticha, semiunguicularia. *Flores* terminales, umbellati, plurimi, viscosi, suberecti. *Pedunculi* capillares, purpurei, foliis triplo longiores. *Bracteae* tres; solitariae in medio, paulo superius duae oppositae; minimae, patentes. *Calycis* foliola linearia obtusa, patentia, brevissima. *Corolla* globosa; ore acuminato, contracto; purpurea. *Antherae* stylusque inclusus. *Folia* versus apices ramorum circum ramos oblique ita sparsa sunt, ut minime verticillata dici possint, ceterum valde similia foliis E. *octophyllae.*

††. *foliis ternis:*

87. E (*gnaphalodes.*) cristata; foliis ternis, ovatis, integris, glabris, floribus ternis, glabris; calyce bracteisque navicularibus, coloratis. Erica *gnaphaloides* *Linn.* Sp Pl. p. 201 Syst. Veg. XIV. p. 366. *Berg.* Pl. Cap. p. 119.

Crescit in collibus montium extra urbem. Floret a Septembri ad anni exitum.
Fruticalus totus glaber, fusco-cinereus, erectus, spithamaeus. *Rami* et *Ramuli* dichotomi et trichotomi, filiformes, erecto-patentes, fastigiati. *Folia* supra plana, subtus convexa sulco longitudinali, adpressa, longitudine internodiorum, ramulos quasi articulatos formantia, lineam dimidiam longa. *Flores* in ultimis ramulis terminales, subterni, purpurei. *Bracteae* calyci approximatae, purpureae, tenuissime ciliatae. *Calycis* foliola navicularia, adpressa, purpurea, corollae longitudine. *Corolla* campanulata. *Antherae* stylusque inclusus.

88. E. (*mucosa.*) cristata; foliis ternis, ovatis, serratis, glabris; floribus umbellatis, viscosis; calyce ovato, colorato. Erica *mucosa.* *Linn.* Mant. p. 232. Syst. Veg. XIV. p. 364. Erica *ferrea.* *Berg.* Pl. Cap. p. 112.

Crescit inter Cap et Bayfalso. Floret Januario et sequentibus mensibus.

Frutex totus glaber, flexuoso-erectus, tener, pedalis. *Rami* subverticillati, filiformes, erecti, virgati, ramulosi. *Folia* obtusa, scabra, supra plana, subtus convexa sulco longitudinali, imbricata, lineam dimidiam longa. *Flores* terminales, terni vel plures, cernui. *Pedunculi* purpurei, brevissimi, bracteis purpureis. *Calycis* foliola ovata, concava, apice incrassato-carinata, purpurea, corollâ paulo breviora. *Corolla* globosa, pallide purpurea. *Antherae* stylusque inclusus.

89. E. (*corifolia.*) cristata; foliis ternis, lanceolatis, integris, glabris; floribus umbellatis, glabris; calyce naviculari, inflato. Erica *corifolia.* *Linn.* Sp. Pl. p. 507. Syst. Veg. XIV p. 366. *Berg.* Pl. Cap. p. 118.

Crescit in campo sabuloso infra Taffelberg et Stenberg copiose. Floret Martio et sequentibus mensibus.

Fruticulus totus glaber, fusco cinereus, flexuoso-erectus, palmaris usque pedalis. *Rami* et *Ramuli* verticillati, subfastigiati. *Folia* supra plana, subtus convexa sulco longitudinali, margine integra vel ciliata, imbricata, internodiis paulo longiora, lineam longa. *Flores* terminales, plures. *Bracteae* lanceolatae, albo purpureae apice fusco. *Calycis* foliola navicularia: apice compresso, fusco; inflata, integra, glabra, pallide purpurea, corollâ fere longiora. *Corolla* oblonga, inflata glabra, pallide purpurea; ore contracto, acuto, fusco. *Antherae* stylusque inclusus.

90. E. (*calycina.*) cristata; foliis ternis, ovatis, integris, glabris; floribus umbellatis, glabris; calyce naviculari, truncato, cuspidato. Erica *calycina.* *Linn.* Sp. Pl. p. 507. Syst. Veg. XIV. p. 366. Erica *vespertina.* *Linn.* Suppl. p. 221. Syst. Veg. XIV. p. 365.

Crescit in summitate montis tabularis. Floret Julio, Augusto, Septembri, Octobri.

Caulis crassus, teres, nodulosus, cinereo-fuscus, erectus, pedalis. *Rami* trichotomi, cauli similes, cinereo-tomentosi, erecto-patentes, virgati, ramulosi, ramulis similibus. *Folia* acuta, supra concava, subtus convexa sulco longitudinali, imbricata, lineam dimidiam longa. *Flores* terminales, terni, cernui. *Pedunculi* brevissimi, hirti. *Bracteae* calyciformes, naviculares, calyci approximatae, erecto-patentes, glabrae, albae. *Calycis* foliola lato-ovata, obtusa cum acumine, intus concava, extus carinata imprimis apice, integra, glabra, erecta, corolla duplo breviora. *Corolla* campanulata, alba. *Antherae* purpureae, ad basin usque bifidae, *stylusque* inclusus. *Germen* tomentosum, lobatum. *Valde* similis E. *nigritae* respectu florum; differt vero sequentibus notis: 1. foliis ovatis, imbricatis. 2. calycibus magis obtusis et latis. 3. Antheris cristatis.

91. E. (*triflora.*) cristata; foliis ternis, subulatis, glabris; floribus subternis; calyce ovato, aequante; caule hispido. Erica *triflora. Diss. de Erica* p. 47. tab. 5. *Linn.* Sp. Pl. p. 508. Syst. Veg. XIV. p. 366.

Crescit in summitate montis Diaboli. Floret Junio et sequentibus mensibus.

Caulis bruneus, inferne glaber, superne hispidus, erectus, pedalis. *Rami* dichotomi, inferne brunei et glabri, superne cinereo hirsuii, erecti, fastigiati. *Ramuli* per ramos undique sparsi, filiformes, frequentes, hirti, virgati. *Folia* lineari subulata, integra, supra plana, subtus convexa sulco tenuissimo, incurvata, erecto-patentia, subunguicularia. *Flores* in ramulis terminales, solitarii, bini vel terni, pedunculati, cernui. *Pedunculi* cernui, cinereo-tomentosi, brevissimi *Bracteae* calyciformes, lanceolatae, glabrae, albae. *Calycis* foliola lato-ovata, acuminata, concava, carinata, margine membranacea, integra, erecto-patentia, glabra, alba, corollam aequantia. *Corolla* globoso-subcampanulata, glabra, alba, magnitudine piperis. *Antherae* stylusque inclusus.

92. E. (*Bergiana.*) cristata; foliis ternis, lanceolatis, scabris; floribus subternis; calyce reflexo, ciliato. Erica *Bergiana. Linn.* Mant. p. 235. Syst. Veg. XIV. p. 364.

Crescit in Roode Sands Kloof. Floret Novembri et sequentibus mensibus.

Caulis erectus, rufescens, cinereo-hirsutus, pedalis vel ultra, totus tectus ramis et ramulis virgatis, florentibus. *Folia* pilosa, subtus sulcata, imbricata, lineam longa. *Flores* in ultimis ramulis terminales, umbellati. *Calycis* foliola ovata, acuminata, ciliata, reflexa, corollà duplo breviora. *Pedunculus* hirtus bracteis filiformibus, albis, minutis. *Corolla* campanulata, glabra, purpurea: sinu laciniarum excavato. *Antherae* stylusque inclusus. *Pulcherrima* tota tecta floribus speciosis.

93. E. (*formosa.*) cristata; foliis ternis, ovatis, integris, glabris; floribus umbellatis, sulcatis; calyce patenti, integro. Erica *formosa. Diss. de Erica* p. 49. tab. 3.

Caulis glaber, erectus, pedalis. *Rami* pauci, filiformes, sparsi, flexuosi, cinereo-villosi, erecto-patentes, fastigiati. *Ramuli* sparsi, capillares, breves, virgati. *Folia* obtusa, supra plana, subtus convexa sulco longitudinali, patentia, lineam dimidiam longa. *Flores* in ramulis terminales, umbellati, bini, terni, raro plures, cernui. *Pedunculus* foliis longior, pallidus. *Bracteae* ovatae, pallidae, calyci adproximatae. *Calycis* foliola ovata, acuta, concava, integra, patenti-reflexa, pallida, corolla triplo breviora. *Corolla* globosa, glabra, albida, laciniis reflexis. *Antherae* purpureae stylusque inclusus.

94. E. (*rubens.*) cristata; foliis ternis, linearibus, integris, glabris; floribus umbellatis, globosis; calyce. lanceo-

lato, brevi; ramis glabris.   Erica *rubens. Diss. de Erica*
p. 49.

Frutex totus glaber, purpurascens, flexuoso-erectus, spithamacus. *Rami* et *Ramuli* trichotomi, filiformes, erecto-patentes,
fastigiati. *Folia* acuta, supra plana, subtus convexa sulco longitudinali, adpressa, internodiorum longitudinem vix aequantia,
lineam longa. *Flores* terminales purpurei. *Pedunculi* capillares,
laxi, purpurei, pollicares. *Bracteae* lineares, rufescentes, in
medio pedunculo sitae. *Calycis* foliola lanceolata, adpressa, supra plana, subtus convexa: sulco longitudinali, viridi purpurascentia, brevissima. *Corolla* sanguinea, magnitudine piperis.
Antherae stylusque inclusus.

95. E. (*incarnata.*) cristata; foliis ternis, ovatis, integris, glabris; floribus umbellatis, ovatis; calyce integro; ramis villosis. Erica *incarnata, Diss. de Erica* p. 5o.

Caulis cinereus, totus tenuissime villosus, erectus, pedalis
et ultra. *Rami* et *Ramuli* trichotomi et verticillati, flexuosi,
erecti, virgati. *Folia* obtusa, supra concavo-plana, subtus
convexa sulco longitudinali, adpressa, longitudine internodiorum, lineam dimidiam longa. *Flores* in ramulis terminales,
solitarii, terni vel plures. *Pedunculi* purpurei, foliis duplo
longiores. *Bracteae* lanceolatae, concavae, virescentes. *Calycis* foliola lanceolata, integra, glabra, adpressa, purpurea,
corolla quadruplo breviora. *Corolla* oblonga, campanulata, alba,
semiunguicularis. *Antherae* inclusae. *Stylus* longitudine corollae, vix exsertus *stigmate* obtuso. *Differt* ab E. *rubente:* 1.
corolla globosa.   2. pedunculis longioribus; ab E. *mammosa,*
cui valde similis, 1. autheris cristatis; 2. foliis ternis.

††† *foliis quaternis.*

96. E. (*ramentacea.*) cristata; foliis quaternis, trigonis,
integris; floribus umbellatis, globosis; calyce lanceolato, brevi.
Erica *ramentacea. Linn.* Mant. p. 65. Syst. Veg. XIV. p.
365. Erica *multumbellifera. Berg.* Pl. Cap. p. 110. Erica
pilulifera. Berg. Pl. Cap. p. 111. Erica *granulata. Linn.*
Mant. p. 234. Ejusdem Syst. Veg. XIV. p. 369.

Frutex totus glaber, fuscus, erectus, spithamaeus. *Rami* inferne dichotomi, superne verticillati, divaricato-patentes, ramulosi. *Folia* linearia, acuta, glabra, supra plana, subtus convexa, sulco tenuissimo, patentia. *Flores* terminales, umbellis
confertis. *Pedunculi* capillares, incrassati, purpurei. *Calycis*
foliola subulata, glabra, brevissima. *Corolla* purpureo-viola-
cea; ore contracto. *Antherae* stylusque inclusus.

97. E. (*margaritacea.*) cristata; foliis quaternis, trigonis,
integris; floribus umbellatis, campanulatis; calyce trigono,
subaequante. Erica *margaritacea. Hort. Kewens.* Vol. 2.
p. 20.

*Crescit in montibus inter Hottentotts Holland et Swel-
lendam.*

24*

Rami purpurascentes, uti totus frutex, glabri. *Ramuli* subverticillati, flexuoso - erecti. *Folia* glabra, imbricato - patula,
semiunguicularia. *Flores* in ramulis terminales, 4 usque 8.
Calyx trigonus, corollae longitudine vel paulo brevior. *Corolla* campanulata, alba. *Antherae* 8, purpureae, cristâ albidâ,
inclusáe. *Stylus* corollâ paulo longior, exsertus.

98. E. (*baccans.*) cristata; foliis quaternis, linearibus,
serrulatis; floribus umbellatis; calyce ovato, aequante. Erica
baccans. Linn. Mant. p. 233. Syst. Veg. XIV. p. 366.

*Crescit infra montes urbis in collibus. Floret Julio et pluribus
mensibus sequentibus.*

Fratex totus glaber, erectus, pedalis. *Rami* subverticillati
et sparsi, fastigiati, erecto-patentes, ramulosi. *Folia* obtusiuscula, margine scabra, supra plana, subtus convexa sulco
longitudinali, imbricata, incurvata, glabra, lineam longa. *Flores* terminales, nutantes. *Pedanculi* incarnati, cernui. *Bracteae*
obovato - oblongae, acutae, concavae, carinatae, incarnatae.
Calycis foliola ovata, acuta, carinata, concava, incarnata, corollam subaequantia. *Corolla* globosa, sanguinea, glabra, magnitudine pisi. *Antherae* stylusque inclusus.

99. E. (*physodes.*) cristata; foliis quaternis, linearibus;
floribus umbellatis, viscosis, calyce ovato, brevi. Erica *physodes. Linn.* Sp. Pl. p. 506. Syst. Veg. XIV. p. 366.
Berg. Pl Cap. p. 101.

*Crescit in montis tabularis planitie. Floret Martio et sequenti-
bus mensibus.*

Frutex totus glaber, erectus, rigidus, cinereus, bipedalis.
Rami terni et dichotomi, erecti, virgati, ramulosi. *Folia* obtusa, margine scabrida, glabra, supra plana, subtus convexa
sulco longitudinali, curvata, imbricato-patentia, semiunguicularia. *Flores* terminales, subterni, cernui, magnitudine pisi.
Calycis foliola ovata, adpressa, pallida, brevissima. *Corolla*
ovata, crystallina, alba. *Antherae* stylusque inclusus.

100. E. (*laxa.*) cristata; foliis quaternis, linearibus; floribus umbellatis, glabris, calyce ovato ciliato.

Caulis fusco cinereus, erectus, pedalis. *Rami* et *Ramali* subverticillati et sparsi, laxi, retroflexi, cinereo subpubescentes.
Folia subtus sulcata, glabra, patentia vel subrecurva, lineam
longa. *Flores* in ultimis ramulis umbellati, tres usque octo,
minuti, glabri. *Bracteae* tres unico pedunculi lateri insertae,
ovatae, subciliatae, albae, a calyce remotae. *Calycis* foliola
ovata, concava, subciliata, alba, corollâ duplo breviora. *Corolla* campanulata, crystallino alba. *Antherae* tenuissime cristatae, inclusae, purpureae. *Stylus* exsertus, albus. *Stigma*
granulatum, incarnatum.

101. E. (*cernua.*) cristata; foliis quaternis, ovatis, ciliatis; floribus capitatis; calyce ciliato. Erica *cernua. Montin.* Nov. Act. Ups. Vol. 2. p. 292. tab. 9. fig. 3. *Linn.*
Suppl. p. 222. Syst. Veg. XIV. p. 367.

Crescit in Koude Bockeveld. Floret Septembri, Octobri, Novembri.

Frutex totus glaber, bruneus, erectus, pedalis. *Rami* sparsi et terni, filiformes, flexuosi, erecti, ramulosi. *Folia* obtusa, supra plana, subtus convexa, sulcata, imbricata. *Flores* terminales, cernui. *Bracteae* calyciformes, ovatae, acutae, ciliatae, concavae, incarnatae. *Calycis* foliola similia bracteis, sed latiora. *Corolla* ovato-globosa, incarnata, glabra. *Antherae* stylusque inclusus.

102. E. (*retorta.*) cristata ; foliis quaternis, ovatis, serrulatis, squarrosis; floribus umbellatis, viscosis. Erica *retorta. Montin.* Act. Stockh. 1774. p. 279. tab. 7. *Linn.* Suppl. p. 220. Syst. Veg. XIV. p. 367.

Crescit in montibus Hottentotts Holland. Floret Novembri et sequentibus mensibus.

Frutex totus glaber, scaber, fuscus, erectus, pedalis et ultra. *Rami* verticillati, filiformes, flexuosi, erecti, subfastigiati, ramulosi. *Folia* acuta, setâ terminali aristata, margine tenuissime serrulato, glabra, subtus convexiuscula sulco tenui, lineam longa. *Flores* terminales, plures, erecti. *Calycis* foliola lanceolata, aristata, adpressa, glabra, purpurascentia, corollâ triplo breviora. *Corolla* basi inflata, apice attenuata, crystallina, alba, glabra, viscosa, pollicaris: *laciniis* ovatis, reflexis. *Antherae* villoso-cristatae, inclusae, minutae, filamentis longis albis insertae. *Stylus* staminibus longior, subexsertus.

CCXXVI. GRUBBIA.

Involucrum bivalve, triflorum. Cor. 4-petala, supera. Bacca 1-locularis.

1. G. (*rosmarinifolia.*) *Berg.* Cap. p. 90. tab. 2. Act. Stockh. 1767. p. 33. t. 2. Ophira *stricta. Linn.* Mant. p. 229. Syst. Veg. XIV. p. 371.

Crescit in summo Taffelberg, ad rivulos copiose, in summis montibus inter Cap et Bayfalso, inque montibus Hottentotts Holland. Floret Januario et sequentibus mensibus.

Radix perennis. *Caulis* fruticosus, semiorgyalis. *Rami* oppositi, teretes, articulati, scabri, erecti. *Ramuli* oppositi, filiformes. *Folia* opposita, subconnata, lineari-lanceolata, integra margine revoluto, supra scabra, subtus tomentosa, inferiora glabra; superiora villosa et approximata; patentia, unguicularia. *Flores* axillares, sessiles.

CCXXVII. OENOTHERA.

Cal. 4-fidus. Pet. 4. Caps. cylindrica, infera. Sem. nuda.

1. O. (*villosa.*) foliis lanceolatis, villosis; caule angulato, hirsuto.

Crescit in hortis urbis; nec alibi inveni. Floret Martio.

Caulis herbaceus, totus hirtus, erectus, pedalis et ultra.
Rami alterni, pauci, subangulati, hirsuti, erecti. *Folia* sparsa,
breviter petiolata, elliptica, acuta, integra et parum denticulata, venosa, utrinque villosa et subtomentosa, digitalia superioribus minoribus. *Flores* axillares, solitarii, lutei. *Differt*
ab Oen. *mollissima*, cui similis: 1. foliis latioribus, potius villosis, nec undulatis. 2. caule angulato, crassiori.

CCXXVIII. E P I L O B I U M.

*Cal. 4 fidus. Pet. 4. Caps. cylindrica, infera. Sem.
nuda.*

1. E. (*villosum.*) foliis alternis, lanceolatis, serratis,
hirsutis.

Crescit in plateis et cultis urbis. Floret Martio.

Caulis herbaceus, teres, pilis albis mollibus hirsutus, flexuoso-erectus, pedalis et ultra. *Rami* sparsi, pauci in caule
infimo, similes, breves. *Folia* sparsa, sessili-subamplexicaulia,
acuta, utrinque albo-hirsuta, mollia, erecta, sesquipollicaria.
Flores in summitate caulis axillares, subfastigiati, sessiles.
Capsulae hirsutae, 4-valves.

CCXXIX. P A S S E R I N A.

*Cal. o. Cor. 4-fida. Stam. tubo imposita. Sem. 1,
corticatum.*

1. P. (*glomerata.*) foliis teretibus, truncatis, quadrifa-
riis; floribus capitatis. Lachnea *conglomerata. Linn.* Spec.
Pl. p. 514. Syst. Veg. X V p. 374. Passerina *ericoides.
Linn.* Mant. p. 236. Svst. Veg. XIV p. 374.

Crescit in Houtbay et alibi. Floret ab initio anni.

Caulis fruticosus, cinereo-purpurascens, erectus, tripedalis
et ultra. *Rami* sparsi, flexuoso-erecti. *Ramuli* subdichotomi,
plurimi, teretes, et filiformes, subfastigiati, albo-tomentosi,
laxi. *Folia* sessilia, decussatim opposita et quadrifariam imbricata, basi concava, glabra, lineam longa *Flores* in ultimis ramulis. *Bracteae* ovatae, striatae, obtusae, concavae, glabrae.
Calyx tubulosus. *Tubus* brevis; extus albo villosus. *Limbus*
4 fidus: *laciniae* ovatae, purpureae, patentes, vix inaequales.
Filamenta 8 purpurascentia, corolla breviora. *Antherae* tetragonae, flavae.

2. P. (*filiformis.*) foliis trigonis, acutis, quadrifariis;
floribus racemosis. Passerina *filiformis. Linn.* Syst. Veg.
XIV. p. 3-4. *Spec.* Pl. p. 513.

Crescit in campis arenosis extra Cap, et alibi, vulgaris.

Caulis fruticosus, fuscus, erectiusculus, pedalis et ultra.
Rami sparsi, oppositi et verticillati, erecto-patentes. *Ramuli*
filiformes, subfastigiati vel virgati, laxi, flexuosi, erecti, to-

montosi. *Folia* sessilia, decussatim opposita, et quadrifariam imbricata, glabra, scabrida, absque sulco carinata, lineam longa. *Flores* versus apices ramulorum laterales, in axillis bractearum, sessiles. *Bracteae* ovatae, acuminatae, striatae; extus glabrae, carinatae; intus concavae, hirsutae *Calyx* tubulosus. *Tubus* brevis, extus albo hirtus. *Limbi* laciniae 4, subaequales, purpureae. *Filamenta* 8, exserta. *Parum* diversa a P. *glomerata*.

3. P. (*eriocephala.*) foliis linearibus, convexis, imbricatis; capitulis lanatis. Lachnaea *eriocephala?* Linn. Syst. Veg. XIV. p. 374. Spec. Plant. p. 514.

Caulis frutescens, erectus, glaber, spithamaeus, usque pedalis. *Rami* pauci, sparsi et dichotomi ramulis fastigiatis. *Folia* sessilia, extus convexa, intus concava, acuta, integra, glabra, quadrifariam imbricata, adpressa, semiunguicularia. *Flores* in ramis et ramulis terminales, capitati, capitulo magnitudine nucis avellanae *Bracteae* ovatae, sub apice carinatae, cuspidatae, membranaceae cuspide viridi, albidae, glabrae. *Calyx* tubulosus, quadrifidus, aequalis, albus, extus hirsutus. *Filamenta* 8, capillaria, exserta. Lachnaeam a Gnidiis et Passerinis distinguerent sola filamenta, si distingui potest. *Haec* et Gnidia *filamentosa* connectit Gnidias, Passerinas et Lachnaeas uno genere.

4. P. (*cephalophora.*) foliis trigonis, quadrifariis; capitulis lanatis.

Crescit prope Swartebergs warme bad. Floret initio anni.
Caulis fruticosus mox a radice ramosus, palmaris usque spithamaeus. *Rami* sparsi, saepe aggregati, subfastigiati, glabri, toti foliis tecti et tetragoni. *Folia* sessilia, obtusa, quadrifariam imbricata, glabra, laevia, semiunguicularia. *Florum* capitula terminalia, magnitudine juglandis, hirsuta. *Bracteae* obovatae, non cuspidatae, concavae supra, subtus carinatae, membranaceae, glabrae, ciliatae ciliis albis laxis. *Calyx* tubulosus *tubo* capillari, quadrifidus: *Limbi* laciniae inaequales; utrinque uti et tubus albo hirsutus. *Filamenta* 8, capillaria, alba, exserta.

5. P. (*linoides.*) foliis lineari-lanceolatis, glabris, tricostatis; floribus terminalibus, solitariis.

Crescit in montibus Hottentotts Holland. Floret Decembri.
Caulis frutescens, filiformis, totus glaber, erectus, palmaris usque spithamaeus. *Rami* sparsi, capillares, virgati. *Folia* sessilia, decussatim opposita, acuta, integra; supra laevia; subtus tricostata; utrinque glabra, imbricato-patula, semiunguicularia. *Flores* subterminales in ramulis. *Calyx* tubulosus, extus hirsutus, quadrifidus: *Laciniae* aequales.

6. P. (*nervosa.*) foliis lanceolatis, glabris, tricostatis; floribus capitatis.

Rami filiformes, villosi. *Folia* sessilia, subdecussata, apice subspinoso, integra margine inflexo, supra concava; subtus convexa, patenti-exserta, unguicularia. *Bracteae* lanceolato-ovatae, striatae, glabrae. *Calyces* extus albo hirsutae.

7. P. (*uniflora.*) foliis lanceolatis, laevibus; floribus terminalibus, solitariis.

Crescit in collibus infra Taffelberg rariùs et alibi.

Caulis frutescens, erectus, glaber, spithamaeus vel ultra. *Rami* sparsi, fastigiati, glabri, ultimi filiformes. *Folia* acuta; dorso convexa, intus concava; integra, glabra, decussatim opposita, imbricata, semiunguicularia. *Flores* in ramulis. *Corolla* extus hirsuta, intus glabra. *Antherae* vix exsertae. *Variat* floribus albis et purpureis.

8 P. (*capitata.*) foliis lanceolatis, glabris, laevibus; floribus capitatis. Passerina *capitata.* Linn. Syst. Veg. XIV. p. 3·4. Spec. Plant. p. 513.

Crescit in campis sabulosis infra Constantiam, alibique. Floret Martio.

Caulis frutescens, totus glaber, purpurascens, erectus, bipedalis et ultra. *Rami* alterni, sparsi, filiformes, laxi, purpurei, erecti, ultimi capillares. *Folia* brevissime subpetiolata, acuta, integra, intus concava, extus convexa, erecto-patentia, unguicularia. *Flores* terminales. *Capitulum* pedunculatum: *receptaculo* saepe excrescente, conico, cernuo.

9. P. (*setosa.*) foliis lanceolatis, glabris, quinquenerviis; floribus capitatis, extus setosis.

Crescit in Paardeberg. Floret Octobri et sequentibus mensibus.

Caulis frutescens, teres, purpurascens, erectus, glaber, pedalis et ultra. *Rami* sparsi, erecto patentes, glabri. *Folia* integra, subtus quinquenervia, patentia, unguicularia. *Flores* in ramulis terminales, subspicati. *Calyx* extus setis sparsis albis setosus. *Bacca* monosperma, exsucca vel potius capsula monosperma.

10 P. (*laxa.*) foliis ovatis, pilosis; floribus capitatis; ramis laxis.

Crescit in montibus prope et extra Cap, vulgaris in collibus prope urbem Floret initio anni pluribus mensibus.

Caulis fruticosus, bipedalis vel ultra, laxus, erectus, teres, bruneus, ramosus, aphyllus. *Rami* sparsi, teretes, brunei, ramulosi. *Ramuli* alterni, virgati, frequentes, foliosi, albo-tomentosi, cernui. *Folia* ramea, paucissima, *ramulorum* subalterna, sparsa, patentia, longitudine internodiorum, ovata, obtusa, pubescentia, integerrima, sessilia. *Floralia* verticillata, quinque vel plura. *Calyx* tubulosus, pubescens. *Tubus* longus, inferne ventricosus; *Limbus* 4-partitus, erectus, aequalis. *Filamenta* 8, intra tubum corollae inserta, quatuor superiora et totidem inferiora, brevissima. *Antherae* ovatae, flavae. *Stylus* longitudine tubi corollae, filiformis.

11. P. (*stricta*) foliis ovatis, hirsutis; floribus capitatis; ramis rigidis.

Caulis fruticosus, teres, cinereus, glaber, pedalis et ultra. *Rami* sparsi, brevissimi, superne albo-tomentosi. *Folia* obtusa, integra, concava, tomentosa, patula, lineam longa. *Flores* capitulo paucifloro. *Calyx* tubulosus, extus hirsutus, intus glaber.

12. P. (*longiflora*.) foliis ovatis, sulcatis, glabris; floribus terminalibus, ternis; tubo longissimo.

Crescit in inferioribus provinciis.
Frutex erectus, totus glaber, bipedalis. *Rami* alterni vel plures, aggregati, flexuosi, erecti, elongati. *Folia* brevissime petiolata, quaterna, obtusa, integra, imbricata, lineam longa. *Flores* umbellati, bini, saepius terni, brevissime pedunculati, erecti. *Calycis* foliola similia foliis, sed paulo majora. *Corollae* tubus pollicaris.

13. P. (*ciliata*.) foliis lanceolatis, ciliatis; floribus subsolitariis. Passerina *ciliata*. *Linn.* Syst. Veg. XIV. p. 374. Spec. Plant. p. 514.

Crescit in collibus extra urbem et alibi.
Caulis fruticosus, fusco purpureus, erectus, pedalis et ultra. *Rami* pauci, sparsi, glabri. *Ramuli* subverticillati, fastigiati. *Folia* sessilia, decussatim opposita, intus concava, extus convexa, albo ciliata, imbricata, unguicularia. *Folia* summa paulo latiora et frequentissima. *Flores* in ultimis ramulis aggregatis solitarii. *Calyx* extus hirsutus, intus glaber.

14. P. (*spicata*.) foliis ovatis, villosis; floribus lateralibus, sessilibus. Passerina *spicata*. *Linn.* Syst. Veg. XIV. p. 374. Suppl p. 225.

Crescit in campis sabulosis. Floret Junio.
Caulis fruticosus, teres, cicatricibus scaber, rufus, glaber, ramosus, bipedalis. *Rami* subverticillati, sex vel plures, longi, simplices, filiformes, infra glabri, superne cinereo-tomentosi. *Folia* sessilia, obovata, obtusa, sparsa, imbricata, vix duas lineas longa, integerrima, subrufescentia: *Callos* sub basi folii loco petioli. *Flores* in supremo ramulorum, inter folia sessiles: *Bracteae* duae, oppositae, lineares, sessiles, pubescentes. *Calyx* infundibuliformis, subpubescens, incarnato albus. *Tabus* ventricosus, longus. *Limbus* 4-partitus: *laciniae* lanceolatae, acutae, patentes.

15. P. (*anthylloides*.) foliis oblongis, villosis; floribus capitatis. Passerina *anthylloides*. *Linn.* Syst. Veg XIV. p. 374. Suppl. p. 225.

Crescit trans Swellendam, et prope Musselbay, in Campis. Floret Novembri.
Caulis fruticosus, erectus, bipedalis, teres, ramosus, pubescens. *Rami* pauci, alterni, simplices, figurâ caulis. *Folia* sparsa, sessilia, frequentia, erecta, subimbricata, obtusa, ve-

nosa, utrinque albo-villosa, integra, unguicularia; suprema congesta. *Flores* terminales subumbellato capitati, plurimi, valde villosi piiis densis, albo-sericeis. *Calyx* tubulosus; *Tubus* cylindricus, superne paulo amplior, extus valde villosus, intus glaber, pollicaris. *Limbus* 5-partitus et 6-partitus; *Laciniae* ovatae, obtusae, supra glabrae, subtus villosae, patentes, unciales. *Filamenta* nulla. *Antherae* sessiles, oblongae, flavae, 4 vel 5 in ipso ore tubi, et 4 vel 5 intra tubum. *Facie* externa omnino refert *Anthyllidem.*

Obs. Valde affines sunt Daphne, Passerina, Gnidia et Struthiola.

16. P. (*pentandra.*) foliis ovatis, hirsutis; spicis ovatis, terminalibus.

Crescit in Koude Bockeveld. Floret Octobri.
Caulis fruticosus, purpurascens, erectus, pedalis et ultra: *Rami* et *Ramuli* subverticillati, fastigiati, villosi. *Folia* sessilia, sparsa, acuta, supra glabra, subtus hirsut, integra. imbricata, semiunguicularia. *Flores* in ramorum apice spicati. *Spicae* foliosae. *Calyx* tubulosus, glaber, incarnatus: *Limbi* laciniae 5, ovatae patentes. *Stamina* 5, sessilia in ore tubi.

CCXXX. G N I D I A.

Cal. infundibuliformis, 4-fidus. *Pet.* 4, calyci inserta, parva. *Sem.* 1, subbaccatum.

1. G. (*capitata.*) foliis sparsis, ovato-lanceolatis, glabris; floribus capitatis; bracteis obvallatis. Lychnidea foliis ad radicem ternis oppositis, ad caulem solitariis alternis, floribus umbellatis. *Burm. Dec. Afr.* p. 142. t. 10. f. 3.

Crescit juxta Camtous rivier. Floret Novembri, Decembri.
Caulis suffruticosus, simplex, rarissime divisus, striatus, erectus, purpurascens, glaber, pedalis. *Folia* sessilia, acuta, integra, erecta, venosa, internodiis paulo longiora, pollicaris. *Pedunculi* ex caule continuati, nudi. *Flores* terminales, umbellato-capitati, plurimi. *Bracteae* capitulum cingentes, 8 seu 12, verticillato-sessiles, ovatae, acutae, foliis paulo latiores, nervosae, erectae, glabrae, unguiculares, floribus duplo breviores. *Calyx* tubulosus, flavus. *Tubus* filiformi-cylindricus, extus villosus, intus glaber, pollicaris. *Limbus* 5-partitus: *Laciniae* ovatae, obtusae, intus glabrae, extus villosae, patentes, lineam longae. *Nectaria* 5, antheriformia, linearia, basi limbi inserta, erecta, flava. *Filamenta* nulla. *Antherae* 8, sessiles; 4 in ore tubi, 4 intra tubum insertae; lineares, flavae. *Differt* a Gnid. *radiata* foliis lanceolatis, caule glabro, nectariis quinque.

2. G. (*filamentosa.*) foliis ovatis, glabris; floribus capitatis; filamentis capillaribus. Gnidia *filamentosa. Linn.* Syst. Veg. XIV. p. 373, Suppl. p. 224.

Caulis fruticosus, teres, glaber, erectus, bipedalis et ultra. *Rami* cauli similes, alterni, a casu foliorum nodulosi. *Folia*

sparsa, subsessilia, elliptica seu obovata, acuta, integra, utrinque glabra, imbricata, unguicularia. *Flores* in ramis terminales plurimi. *Calyx* tubulosus, extus hirsutus, albus, laciniis inaequalibus scilicet tribus lanceolatis aequalibus, quartâ
duplo majori ovatâ. *Nectaria* seu petala antheriformia minima.
Filamenta 8, laciniis limbi inserta, breviora, alba. *Antherae*
ovatae, striatae, flavae. *Stylus* filiformis, villosus, longitudine tubi. *Stigma* obtusum, plumoso lacerum. *Variat* calyce
albo et caerulescente. *Convenit* cum LACHNAEA: filamentis: et
limbi laciniis inaequalibus. Cum GNIDIA: corolla, antheriformi
interdum. Cum PASSERINA: nectariis interdum nullis.

3. G. (*laevigata.*) foliis oppositis, ovatis, glabris; floribus terminalibus, subcapitatis. THYMELAEA foliis planis acutis,
coma et floribus purpureis. *Burm.* Dec. Air. p. 137. t. 49.
f. 3. NECTANDRA *laevigata.* *Berg.* Pl. Cap. p. 134. PASSE-
RINA *laevigata.* *Linn.* Sp. Pl. p. 513.

Radix perennis. *Caulis* suffruticosus, teres, rugosus, erectus, ramosus, purpureus, glaber, pedalis et ultra. *Rami* subverticillati, bini, terni vel quaterni, cauli similes, ramulosi.
Ramuli virescentes. *Folia* alternatim opposita, sessilia, acutiuscula, erecta, lineâ medio longitudinali, vix unguicularia, internodiis subaequalia; suprema congesta, imbricata. *Flores*
umbellato-capitati, sessiles, subquini. *Calyx* tubulosus, flavus. *Tubus* cylindricus, superne ventricosus, intus glaber, extus villosus, pollicaris. *Limbus* 4 partitus; *Laciniae* ovatae,
obtusae, patentes, intus glabrae, extus villosae, unguiculares.
Nectaria 4, antheriformia, basi limbi inserta ovata, erecta,
purpurea, longitudine limbi. *Filamenta* nulla. *Antherae* 8,
sessiles; 4 in ore tubi, 4 sub os tubi insertae; ovato-lineares,
flavae.

4. G (*pinifolia.*) foliis sparsis, trigonis; floribus umbel-
lato-capitatis. THYMELAEA capitata lanuginosa, foliis creberrimis minimis aculeatis. *Burm.* Dec. Afr. p. 134. t. 49.
f. 1? GNIDIA *pinifolia.* *Linn.* Syst. Veg. XIV. p. 373. Suppl.
p. 225.

Crescit in campis arenosis inter C a p et D r a k e n s t e e n, in D u y-
velsberg, infra C o n s t a n t i a m alibique sat vulgaris.

Radix perennis. *Caulis* suffruticosus, tripedalis saepe et ultra, ramosus, teres, cinereus, cicatricibus foliorum scaber,
glaber. *Rami* verticillato-subterni, scabri, ramulosi. *Ramuli*
verticillato-terni, foliosi, floriferi, subfastigiati, glabri. *Folia*
subpetiolata, lineari-trigona, acuta, subtus carinata, frequentissima, erecta, seu recurvata, glabra. *Flores* in ramulis terminales, subumbellato capitati, erecti, plurimi. *Bracteae* oblongae, acutae, apice rufescentes, foliis duplo latiores. *Calyx*
tubulosus. *Tubus* filiformis, supra ventricosus, villosus. *Lim-*
bus 4-partitus, patens: *Laciniae* ovatae, acutae. *Nectaria* 4,
petaliformia, ori tubi inserta, linearia, villosa, longitudine
limbi. *Variat* floribus albis et albo-incarnatis.

5. G. (*simplex.*) foliis lineari-lanceolatis, glabris; floribus capitatis; ramis erectis. Gnidia *simplex.* Linn. Syst. Veg. XIV. p. 372. Mant. p. 67.

Caulis fruticosus, erectus, fusco-purpurascens, glaber, bipedalis et ultra. *Rami* subterni et sparsi, elongati. *Ramuli* subverticillati, fastigiati. *Folia* sparsa, sessilia, acuta, integra, convexa, imbricata, unguicularia. *Flores* terminales.

6. G. (*biflora.*) foliis sparsis, glabris; floribus lateralibus, binis; ramis divaricatis.

Crescit in collibus infra Taffelberg, prope Cap et infra latus orientale. Floret Majo, Junio.

Caulis fruticosus, erectus, flexuosus, teres, cicatricibus scaber, rufus, ramosus. *Rami* angulati, cicatricibus scabri, glabri, rufescentes, ramulosi. *Ramuli* alterni, patentes, angulati, floriferi, iterum ramulosi. *Folia* in ramis et ramulis lanceolata, acuta, supra concaviuscula, subtus carinata, sessilia, apice sanguinea, patula, vix unguicularia. *Flores* in ramulis sessiles. *Bracteae* oppositae, glabrae, foliis similes, sed magis lineares. *Calyx* tubulosus, glaber, flavus. *Tubus* filiformis, sensim ampliatus. *Limbus* 4-partitus: *Laciniae* acutae, patentes. *Nectaria* 4, petaliformia, ovata, flava, fauci tubi inserta.

7. G. (*polystachya.*) foliis lanceolatis, obtusis, carinatis, glabris; floribus capitatis. Gnidia *polystachya.* Berg. Plant. Cap. p. 123.

Caulis fruticosus, erectus, rigidus, fuscus, scaber, pedalis. *Rami* sparsi, divaricati basi, apice erecti, valde a casu foliorum scabri. *Ramuli* similes, fastigiati. *Folia* sparsa, frequentia, semiunguicularia. *Flores* plurimi, hirsuti. *Nectaria* 8, antheriformia, flava. *Antherae* 4 intra tubum; 4 in ore tubi, minora. Differt a G. *radiata:* foliis inermibus. G, *pinifolia:* nectariis limbo brevioribus et foliis inermibus.

8. G. (*scabra.*) foliis lanceolatis, acutis, scabris; floribus capitatis.

Caulis fruticosus, erectus, purpurascens, pedalis et ultra. *Rami* subverticillati, elongati, laxi, flexuoso-erecti. *Ramuli* sparsi, breves. *Folia* sparsa, sessilia, subtus scabra, imbricato-patula, semiunguicularia. *Flores* terminales, plures, hirsuti. *Nectaria* 8, antheriformia, flava in ore tubi.

9. G. (*racemosa.*) foliis obovato-lanceolatis, latis, glabris; floribus racemosis, axillaribus.

Caulis frutescens, glaber totus, cinereus, erectus, bipedalis. *Rami* sparsi, similes, elongati, virides. *Ramuli* filiformes, virgato-subfastigiati, laxi, breves. *Folia* ovata et obovata, obtusa, inaequalia, integra, erecto-patentia; inferiora majora, subpetiolata, unguicularia; superiora minora et breviora. *Flores* versus apices ramulorum sessiles, hirsuti. *Nectaria* 8, antheriformia, flava. *Antherae* 4 in tubo, 4 in ore, lutea, sessilia.

10. G. (*oppositifolia.*) foliis oppositis, lanceolatis, tomentosis; floribus terminalibus. Gnidia *oppositifolia. Linn.* Syst. Veg. XIV. p. 373. Mant. p. 375.

Crescit in proclivis Leuwestart. Floret Julio.

Caulis frutescens, brevissimus, statim a radice ramosus. *Rami* verticillati, erecti, hirsuti, digitales. *Ramuli* verticillati, similes. *Folia* alternatim opposita, sessilia, integra, imbricata, tota hirsuto-sericea, semiunguicularia. *Flores* duo, raro plures, hirsuti. *Valde* similis Gnidiae *tomentosae*, a qua distinguitur 1. quod sit humilior. 2. quod flores in apicibus modo bini. 3. foliis angustioribus, acutis vel obtusis. A Gnidia *sericea*, cui simillima, distinguitur: 1. foliis acutis. 2. caule humillimo.

O b s. Gnidia *oppositifolia et sericea*, vix duae, sed potius una eademque species.

11. G. (*sericea.*) foliis oppositis, ovatis, tomentosis; floribus terminalibus. Passerina *sericea. Linn.* Sp. Plant. p. 513. Gnidia *sericea. Linn.* Syst. Veg. XIV. p. 373. Nectandra *sericea. Berg.* Plant. Cap. p. 131.

Crescit in collibus prope Cap.

Caulis frutescens, erectus, laxus. *Rami* verticillati, plurimi, uti et ramuli tomentosi, fastigiati. *Folia* sessilia, alternatim opposita, obtusa, hirsuto sericea, imbricata, lineam longa. *Flores* pauci, hirsuti.

12. G. (*tomentosa.*) foliis sparsis, ovatis, pilosis, scabris; floribus capitatis.

Caulis fruticosus, purpurascens, erectus, pedalis et ultra. *Rami* sparsi, a casu foliorum nodulosi, flexuoso erecti, virgati, glabri, ramulosi. *Folia* subsessilia vel brevissime petiolata, acutiuscula, integra, supra glabra, subtus scabrida et rarissimis pilis albis hirta, erecto-patentia, unguicularia. *Flores* hirsuti, longi *Nectaria* antheriformia, 8 in ore tubi.

13. G. (*argentea.*) foliis sparsis, obovatis, tomentoso-argenteis; floribus capitatis.

Caulis fruticosus, cinereo-fuscus, glaber, erectus, pedalis. *Rami* sparsi, nodulosi, breves, uti et ramuli. *Folia* sessilia, inferne attenuata, acuta, integra, tenuissime tomentosa, obscure sericea, approximata imprimis versus apices, erecto-patentia, unguicularia. *Flores* sericei, intus purpurei. *Nectaria* 8 in ore tubi, exserta, carnosa.

14. G. (*imbricata.*) foliis ovatis, quadrifariis, tomentosis; floribus capitatis. Gnidia *imbricata. Linn.* Syst. Veg. XIV. p. 373 Suppl. p. 225.

Caulis fruticosus, flexuoso-erectus, pedalis. *Rami* alterni, glabri, purpurei, nodulosi, erecti. *Ramuli* subverticillati, fastigiati, foliis tecti, subtomentosi. *Folia* sparsa, sessilia, imbricata quadrifariam, integra, argenteo-tomentosa, vix unguicularia. *Flores* albo hirsuti, intus glabri, albi. *Nectaria* 4 supra os tubi. *Antherae* 4 in tubo, 4 in ore tubi.

CCXXXI. STRUTHIOLA.

Cor. o. *Cal. tubulosus: ore glandulis* 8. *Becca ex-succa, monosperma.*

1. S. (*erecta.*) foliis linearibus, glàbris; ramis glabris, tetragonis. Passerina *dodecandra Linn.* Sp. Pl. p. 513. Struthiola *erecta. Linn.* Mant. p. 41. Syst. Veg. XIV. p. 164. Nectandra *tetrandra. Berg.* Capens p. 133.

Crescit in campis extra Çap, et alibi vulgaris. Floret Julio et sequentibus mensibus.

Caulis suffruticosus, erectus, cicatricibus foliorum nodosus, subrugosus, ramosus, glaber, cinereo fuscus, spitLamaeus, pedalis. *Rami* subverticillato terni, vestiti foliis, subfasciculati, angulati, ramuloso-dichotomi. *Folia caulina* nulla; *ramea* sessilia, alternatim opposita, ovata, acuta, erecta, imbricata, internodiis longiora, duas circiter lineas longa; supra concaviuscula; subtus convexa; apice villosa, incurva; ciliata. *Flores* in ramis laterales, in axillis foliorum sessiles, solitarii, erecti, albi. *Bracteae* duae, lanceolatae, acutae, oppositae ad basin floris albae. *Calyx* tubulosus: *tubus* filiformis, foliis longior, superne ventricosus. *Limbus* 4-partitus: *laciniae* ovatae, acutae, patentes. *Nectarium:* glandulae 8, antheriformes, lineares, tubo oris insertae, pilis albis erectis undique cinctae. *Filamenta* nulla. *Antherae* 4, infra os tubi insertae, erectae, oblongae, sulcatae. *Germen* superum. *Stylus* brevissimus, semilineam longus, filiformis, curvato-inflexus. *Stigma* simplex, obtusum. *Capsula* basi tubi inclusa, ovata, glabra, unilocularis. *Semen* unicum, ovatum, glabrum.

2. S. (*ovata.*) foliis ovatis, glabris; ramis glabris, rugosis.

Caulis fruticosus, erectiusculus, glaber totus, pedalis. *Rami* alterni, pauci versus summitatem, fastigiati. *Folia* decussatim opposita, sessilia, acuta, integra, subtus costà mediâ notata, imbricato-patula, semiunguicularia. *Flores* versus summitates ramorum et ramulorum axillares. *Calycis* tubus foliis longior glaber.

3. S. (*virgata.*) foliis lanceolatis, striatis, summis ciliatis; ramis pupescentibus. Struthiola *virgata. Linn.* Mant. p. 41. Syst. Veg. XIV p. 164.

Crescit in campis sabulosis, in lateribus montium prope Hexrivier, in Lange Kloof, prope Wolwekraal et alibi, valde vulgaris. Floret Novembri, Decembri.

Caulis frutescens, erectiusculus, fusco-purpureus, glaber, pedalis. *Rami* alterni elongati, saepe simplices, interdum ramulosi, interdum inferne glabri, superne villosi, interdum toti albo-tomentosi, flexuoso-erecti, laxi. *Folia* decussatim opposita, sessilia, acutiuscula; integra, glabra, supra concava; subtus convexa, imbricata, semiunguicularia. *Flores* in apicibus ramorum axillares. *Calycis* tubus villosus, foliis longior. *Variat a.* foliis angustioribus et latioribus. *β.* foliis omnibus ciliatis et summis tantum ciliatis. *γ*. ramis apice villosis et totis lanatis. *δ* ramis parum villosis et foliis ciliatis.

4. S. (*nana*.) foliis linearibus, obtusis, pilosis; floribus termina ibus, fasciculatis, tomentosis. Struthiola *nana*, *Linn.* Syst. Veg. XIV. p. 164. Suppl p. 122.

Crescit in summis montibus ad Rode Sand supra Waterfall. Flore Septembri.

Caulis frutescens, fuscus, erectus, palmaris. *Rami* pauci ⸘apice ramulis fastigiatis. *Folia* sparsa, sessilia, integra, scabra, imbricata, vix unguicularia. *Flores* aggregato capitati, plurimi, cincti bracteis purpurascentibus, valde pilosis pilis albis. *Calyx* tubulosus, hirsutus, bracteis longior. *Stamina* 4, tubo inserta, cum glandulis pluribus. Struthiolae genus Gnidiis valde proximum, distingui omnino potest setis plurimis, os tubi coronantibus.

CCXXXII. DODONAEA.

Cal. 4-*phyllus.* *Cor.* 0. *Caps.* 3-*locularis*, *inflata.* *Sem. bina.*

1. D. (*angustifolia.*) foliis linearibus. Dodonaea *angustifolia.* *Linn.* Syst. Veg. XIV. p. 352. Suppl. p. 213.

Crescit in Prom. b. Spei, vulgaris prope montem Parl, Picketberg, Hexrivier, ower Berg, alibique. Floret Septembri, Octobri.

Radix perennis. *Caulis* fruticosus, orgyalis, ramosissimus. *Rami* et *Ramuli* sparsi, erecti, ramulosi, angulati, brunei, seu fusci, glabri. *Folia* in ultimis ramulis, alterna, lineari-lanceolata, utrinque attenuata, acutiuscula, subrepanda, integra, sessilia, glabra, nervo medio elevato, erecta, approximata, sesquipollicaria. *Flores* in ramulis terminales, pedunculati, erecti. *Pedanculi* filiformes, glabri, uniflori, semiunguiculares. *Perianthium* 1-phyllum, viride, glabrum, profunde 4-partitum: *Laciniae* ovatae, obtusiusculae, concavae, lineam longae. *Corolla* nulla. *Filamenta* saepissime 9, rarius 8, brevissima. *Antherae* ovatae, sulcatae, incurvae, viridi-flavescentés, longitudine calycis. *Germen* superum, trigonum, glabrum. *Stylus* filiformis, erectus, striatus, viridis, calyce longior. *Stigmata* 3, filiformia, conniventia, viridia. *Capsula* immatura trigona, rarissime 4-gona, obtusa, glabra; matura trigona, angulis membranaceo-alatis, trilocularis. *Varietas* triplex datur, in distincto individuo: 1. Hermaphrodita fertilis, cum stam. pist. fructu. 2. Hermaphrodita mascula, cum stam. pist. sterili. 3. Hermaphrodita feminea, cum stam. minutis, pist. fertili. Deberet reduci ad Polygamiam; sed commode refertur ad Octandriam. *Lignum* durum. *Stamina* in aliis fruticibus saepius 8, raro 7, vel 9, rarissime 6.

DIGYNIA.

CCXXXIII. GALENIA.

Cal. 4-*fidus. Cor.* o. *Caps. subrotunda, disperma.*

1. G. (*linearis.*) foliis linearibus, caule erecto. Galenia *africana. Linn.* Syst. Veg. XIV. p. 3-5. Spec. Pl. p.

Crescit in campis, sat vulgaris.
Caulis fruticosus, tripedalis et ultra. *Rami* alterni, teretes,
cinerei, glabri, flexuoso-erecti. *Ramuli* oppositi, sensim filiformes, similes, virgati. *Folia* opposita, saepius bina e singulo nodo, integra, subcarnosa, glabra, laxa, patula, pollicaria. *Flores* paniculati.

2. G. (*procumbens.*) foliis ovatis, canaliculatis, squarrosis; caule decumbente. Galenia *procumbens. Linn.* Syst.
Veg. XIV. p. 375. Suppl. p. 227.

Crescit in Hantum. Floret Octobri, Novembri.
Caulis fruticosus, teres, cinereus, glaber, pedalis et ultra.
Rami et *ramuli* decussati, filiformes, flexuosi, rigidi. *Folia*
opposita, obovata, apice reflexo-squarrosa, integra, subcarnosa, vix lineam longa. *Flores* in ultimis ramulis minuti.

CCXXXIV. WEINMANNIA.

Cal: 4-*phyllus. Cor.* 4-*petala. Caps. bilocularis, birostris.*

1. W. (*trifoliata.*) foliis ternatis: foliolis ellipticis, serratis, glabris. Weinmannia *trifoliata. Linn.* Syst. Veg. XIV.
p. 376. Suppl. p. 227.

*Africanis: Witt Else. Crescit prope Buffeljagts rivier,
in Groot Vadersbosch, sylvis rivier Zonder End, et
aliis locis. Floret Decembri, Januario.*
Radix perennis. Caulis arboreus, erectus, orgyalis et ultra.
Rami teretes, fusci, scabri, erecti. *Folia* petiolata, opposita,
patentia, glabra; *foliola* serrulata, nervosa, digitalia, subtus
pallidiora. *Petioli* filiformes, supra sulcati, pollicares. *Flores*
paniculati. *Paniculae* axillares, compositae. *Peduncali* petiolo
longiores pedunculique villosi. *Perianthium* 1 phyllum, albidum, 5 partitum; *laciniae* ovatae, acutiusculae, erecto-patentes, concavae, lineam longae. *Corolla* petala. *Petala* laciniis calycis inserta, lanceolata, erecta; trifida laciniis lateralibus capillaribus, minoribus: alba, longitudine laciniarum calycis. *Petala* raro integra. *Nectarium* sertiforme, germen cingens, albidum. *Filamenta* 8, margini nectarii inserta, subulata, erecta, alba, calyce breviora. *Antherae* ovatae, minutae,
flavae. *Germen* superum, convexum, glabrum. *Styli* duo, filiformes, erecti, albi, apice patuli. *Stigmata* simplicia, acuta.
Calyx raro 6-fidus. *Capsula* ovata, calyce persistente inferne
cincta, acuta, compressa apice, bifida, bilocularis.

T R I G Y N I A.

CCXXXV. P O L Y G O N U M.

Cor. o. *Cal.* 5-*partitus. Sem.* 1 *nudum.*

1. P. (*atraphaxis.*) floribus hexandris, digynis; foliis ovatis, undulatis. ATRAPHAXIS *undulata. Linn.* Syst. Veg. XIV. p. 345. POLYGONUM *undulatum. Berg.* Cap p. 135.

Crescit in montibus et campis sat vulgare.
  Caulis frutescens, fuscus, erectus, glaber, bipedalis. *Rami*
et *Ramuli* sparsi, teretes, sensim filiformes, flexuoso erecti,
virgati. *Folia* frequentia, subsessilia, acuta, glabra, lineam
longa. *Stipulae* membranaceae, albidae. *Flores* versus apices
ramulorum spicato-axillares, foliis intermixti, flavi.

2. P. (*barbatum.*) floribus hexandris, trigynis; spicis virgatis; stipulis truncatis, setaceo ciliatis; foliis lanceolatis, ciliatis. POLYGONUM *barbatum? Linn.* Syst. Veg. XIV. p. 377. Spec. Plant. p. 518.

Crescit prope Cap in omnibus fossis. Floret Majo, Junio, Julio.
  Caulis herbaceus, laxus, erectiusculus, purpurascens, glaber,
ramosus, pedalis et ultra. *Folia* alterna, sessilia, glabra, integra costa dorsali et marginibus ciliata. *Stipulae* vaginantes,
membranaceae, hirtae, setis longis ciliatae. *Spicae* capillares,
ramosae floribus in axillis bractearum pluribus pedunculatis.

3. P. (*maritimum.*) floribus octandris, trigynis, axillaribus; foliis oblongis: caule suffrutescente. POLYGONUM *maritimum. Linn.* Syst. Veg. XIV. p. 377.

  Caulis basi suffruticosus, decumbens, dein herbaceus, erectus, angulatus, striatus, glaber, vix ramosus, spithamaeus.
Rami pauci, breves. *Folia* sessilia, lanceolato-ovata, integra,
nervosa, glabra, patula, unguicularia. *Stipulae* membranaceae,
albae, brevissimae. *Flores* in axillis foliorum solitarii, brevissime pedunculati.

CCXXXVI. F O R S K O H L E A.

Cal. 5-*phyllus, corollá longior. Petala* 10 *spathulata.*
  Pericarp. o. *Sem.* 5 *lanâ connexa.*

1. F. (*candida.*) foliis ovatis, dentatis. FORSKOHLEA *candida. Linn.* Syst. Veg. XIV. p. 437. Suppl. p. 245.

*Crescit in Hantum prope villam Riet Fontain in montibus, in-
que Roggefeldt. Floret Octobri, Novembri et sequentibus mensibus.*
  Radix perennans. *Caulis* junior herbaceus, adultior frutescens, teres, cinereus, erectus, ramosus, pedalis bipedalisque.

Rami filiformes, frequentes, flexuosi, erecti, virgati. *Folia* alterna, petiolata, acuta, dentibus quinis vel sex, scabra, supra viridia, subtus albida, patentia, vix unguicularia. *Flores* axillares, sessiles. *Perianthium* 4 phyllum saepius, rarius 5. phyllum. *Corolla* polypetala. *Petala* saepissime 7, saepe 6, rarius 5 vel 8, calyci inserta, ovata, obtusa, concava, stamina ante florescentiam tegentia, viridia, lineae dimidiae longitudine. *Filamenta* saepissime 7, saepe 6, raro 8, rarissime 9, subulata, viridia, ante florescentiam inflexa, calyci inserta, corollâ paulo longiora. *Antherae* ovatae, majusculae, didymae, flavae. *Germina* 3, supera, lanâ involuta. *Styli* 3, capillares, erecti, villosi, purpurei. *Stigmata* simplicia, villosa, curva. *Pericarpium* nullum; sed semina tria, libera, lanâ tenaci involuta in fundo calycis, compressa, ovata, brunea, glabra. *Serenda* cum calyce. Rectius fordsa HEPTANDRIAM.

Classis IX.

ENNEANDRIA.

MONOGYNIA.

CCXXXVII. CASSYTA.

Cor. calycina, 6-partita. Nectarium glandulis 3, truncatis, germen cingentibus. Filamenta interiora glandulifera. Drupa 1-sperma.

1. C. (*filiformis.*) scandens, caule filiformi. CASSYTA *filiformis. Linn.* Syst. Veg. XIV. p. 384. Spec. Pl. p. 530.

Crescit in collibus infra Taffelberg prope urbem, in silvulis Houtniquaas et alibi vulgaris. Floret Novembri.

Parasitica caule radicante, papilloso. Stamina 9, sex exteriora, tria interiora. Nectaria sex, rufescentia.

DIGYNIA.

CCXXXVIII. MERCURIALIS.

Dioica. Masc. Cal. 3-partitus. Cor. 0. Stam. 9 s. 12. Antherae globosae, didymae. Fem. Cal. 3-partitus. Cor. 0. Styl. 2. Caps. dicocca, 2-locularis, 1-sperma.

1. M. (*annua.*) caule brachiato; foliis glabris; floribus spicatis. MERCURIALIS *annua. Linn.* Syst. Veg. XIV. p. 890. Spec. Plant. p. 1465.

Crescit in silvis Houtniquas. Floret Novembri.

Classis X.

DECANDRIA.

MONOGYNIA.

CCXXXIX. CASSIA.

Cal. 5 - *phyllus. Petala* 5. *Antherae supernae* 3 *steriles; infimae rostratae. Legumen.*

1. C. (*capensis.*) foliis multijugis: foliolis linearibus; caule flexuoso - erecto, villoso.

Crescit inter Luris et Sondags rivier, locis graminosis. Floret Decembri.
Caulis frutescens, subsimplex, teres, palmaris, vix spitha-maeus. Folia undecim usque paribus. Pinnae mucronatae, lineatae, glabrae, semiunguiculares. Stipulae binae ad basin petioli, lanceolatae, acuminatae, integrae, villosae. Petiolus filiformis, villosus. Flores versus apicem caulis axillares, pedunculati, incarnati. Pedunculi filiformes, villosi, longitudine folii. Differt a C. mimosoide caule flexuoso et stipulis lanceolatis, integris.

CCXL. SCHOTIA.

Cal. 5 - *fidus. Pet.* 5, *calyci inserta, lateribus invicem incumbentia, clausa. Legumen pedicellatum.*

1. S. (*speciosa.*) foliis multijugis: pinnis ovatis, mucronatis. SCHOTIA speciosa. *Schreber* Gener. Plantar. p. 279. GVAJACUM *Afrum. Linn.* Syst. Veg. XIV. p. 396. Spec. Plant. p. 547.

Crescit trans Swellendam, ad flavium Camtou copiose, et alibi. Floret Octobri et sequentibus mensibus.
Caulis fruticosus, rigidus, totus glaber, cinereus, ramosissimus, quadripedalis vel ultra. Rami alterni, similes, divaricati, ramulis foliosis. Folia alterna, pinnata cum impari. Pinnae sessiles, basi obliquae, oppositae, quadrijugae et ultra, obtusissimae cum mucrone, integrae, reticulato - nervosae, unguiculares. Flores in ramulis racemosi, sanguinei. Pedunculi subsecundi, semiunguiculares. Legumen basi attenuato-pedicellatum, compressum, ovato - oblongum, marginatum, glabrum, monospermum vel dispermum, pollicare usque digitale. Usus: Semina cocta ab Hottentottis eduntur.

2. S. (*alata.*) foliis quadrijugis: pinnis cuneifórmibus, excisis; petiolo alato.

Caulis fruticosus, rigidus, fuscus, erectus, ramosus. *Rami* et *Ramuli* patentes, alterni, striati. *Folia* pinnata cum impari, glabra: *Pinnae* subquadrijugae, saepe convolutae, apice reflexo, integrae, lineam longae. *Flores* axillares, pedunculati, purpurei.

CCXLI. CODON.

Cor. campanulata, 10-*fida. Cal.* 10-*partitus. Caps. polysperma.*

1. C. (*Royeni.*) *Linn.*Syst. Veg XIV. p. 397. *Meerburg* Plant. Tab. 37.

Crescit in Carro infra Bockland prope Leuwedans. Floret Octobri.

Caulis fruticosus, teres, erectus, tomentosus, tripedalis et ultra. *Rami* altérni, flexuosi, tomentosi, aculeati: aculeis frequentibus, sparsis, albis; erecto-patentes. *Folia* alterna, petiolata, ovata, tomentosa, scabra, integra, utrinque aculeata. *Petioli* teretes, aculeati, longitudine folii. *Flores* axillares, solitarii, pedunculati. *Calyces* decempartiti, tomentosi, aculeati.

CCXLII. AUGEA.

Cal. 5-*partitus. Cor.* 0. *Nectar.* 10-*dentatum. Caps.* 10-*locularis.*

1. A. (*capensis.*).

Crescit in Carro inter Olyfants rivier et Bocklands Berg. Floret Octobri.

Radix fusiformis, descendens, fibrosa, annua. *Caulis* statim a radice in ramos divisus. *Rami* alterni, simplices vel ramulosi, teretes, glabri, erectiusculi, pedales. *Folia* opposita, connata, teretia, supra parum plana, obtusa, erecta, glabra, internodiis longiora, sesquipollicaria. *Tota* planta carnosa, debilis, glabra. *Flores* laterales inter folia, solitarii, bini vel tres, pedunculati, erecti. *Pedunculus* semiunguicùlaris, uniflorus.

CCXLIII. TRIANTHEMA.

Cal. sub apice mucronatus. *Cor.* 0. *Stam.* 5-10. *Germen* retusum. *Caps.* circumscissa.

1. T. (*humifusa.*) foliis lanceolatis; caule frutescente, tereti.

Crescit in Houde Bockeveldt; β. in Hexrivier. Floret Octobri.

Caulis cinereus, flexuosus, decumbens et terrae adpressus, palmaris. *Rami* plurimi, filiformes, flèxuosi, diffusi, breves, iterum valde ramulosi. *Folia* opposita, connato-vaginantia, utrinque attenuata, acuta, integra, glabra, frequentia, semiunguicularia. *Flores* axillares, breviter pedunculati. *Perianthium* 1-phyllum; 5-partitum, subtus viride, supra album, persistens: *Laciniae* ovatae, acutae, patentes. *Corolla* nulla. *Filamenta* 10, capillaria, alba; quinque breviora, 5 longiora. *Antherae* ovatae, didymae, albae. *Styli* duo. *Variet:, β.* ex Hexrivier: *Perianthium* inferum, persistens, 1-phyllum, 5-partitum: *Laciniae* ovatae, acutae, carinatae, margine membranaceae. *Corolla* nulla. *Filamenta* 10, per paria basi singulae laciniae calycis inserta eoque duplo breviora. *Antherae* rotundatae, didymae. *Styli* duo, simplices, reflexi. *Stigma* simplex. *Capsula* ovata, parum compressa, glabra, calyce inclusa, 1-valvis, 1-locularis. *Semen* didymum, rugosum, atrum.

2. T. (*anceps.*) foliis lanceolatis; caule frutescente, ancipiti.

Caulis totus glaber. *Rami* ancipites, glabri, cinerei, elongati, pedales vel ultra, curvato-diffusi. *Ramuli* alterni, secundi, compressi, erecti, breves, vix pollicares. *Folia* opposita axillis onustis aliis foliis; utrinque attenuata, acuminata, integra, glabra, unguicularia. *Flores* axillares, pedunculati, solitarii vel pauci. *Pedunculus* folio brevior. *Perianthium* 1-phyllum, 5-partitum: *Laciniae* acutae, extus virides, intus albae. *Corolla* nulla. *Filamenta* 10, calycis basi inserta eoque breviora, fusca. *Antherae* didymae, niveae. *Germen* superum. *Stylus* unicus, brevissimus.

D I G Y N I A.

CCXLIV. R O Y E N A.

Cal. urceolatus. *Cor.* 1-petala, limbo revoluta. *Caps.* 1-locularis, 4-valvis.

1. R. (*lucida.*) foliis ovatis villosis. Royena *lucida.* *Linn.* Syst. Veg. XIV. p. 410. Spec. Pl. p. 568.

Caulis fruticosus, fuscus, glaber, erectus. *Rami* alterni uti et ramuli, erecti. *Folia* alterna, petiolata, integra, unguicularia usque pollicaria. Adultiora folia supra glabra nervo villoso, lucida; juniora valde villosa. *Flores* axillares, solitarii, pedunculati.

2. R. (*villosa.*) foliis cordatis, oblongis, subtus tomentosis. Royena *villosa.* *Linn.* Syst. Veg. XIV. p. 410.

Caulis fruticosus, tomentosus uti et rami. *Folia* alterna, petiolata, obtusa, integra, supra glabra vel villosa, patentia, pollicaria *Flores* axillares, solitarii, pedunculati, reflexi. *Petioli* et *pedunculi* tomentosi, unguiculares. *Calyx* tomentosus.

3. R. (*glabra.*) foliis oblongis, acutis, glabris, planis.

Royena *glabra.* *Linn.* Syst. Veg. XIV. p. 410. Spec. Pl. p. 568.

Crescit in collibus prope C a p in v e r l o o r e n V a l l e y, alïbique. Floret J a n u a r i o, Feb'r u a r i o.

Caulis fruticosus, teres, fusco-purpureus, glaber; erectus, quadripedalis et ultra. *Rami* sparsi, frequentes, teretes et filiformes, patenti-erecti, virgati. *Ramuli* similes, ultimi villosi. *Folia* sparsa, brevissime petiolata, ovato-oblonga, vel elliptica, integra, superiora interdum villosa, erecta, unguicularia. *Flores* axillares, pedunculati, cernui. *Pedunculi* filiformes, villosi.

4. R. (*pallens.*) foliis oblongis, obtusis, glabris, margine revolutis.

Floret O c t o b r i, N o v e m b r i.

Radix perennis. *Caulis* fruticosus, ramosissimus, teres, cinereus, glaber, bipedalis. *Rami* et *Ramuli* alterni, inferne divaricati, erecti, rudimentis foliorum tuberculati, flexuosi, teretes, cinerei, glabri. *Folia* alterna, petiolata, oblongo-ovata, erecta, integra, pallida, sempervirentia, frequentia, unguicularia. *Petioli* breves. *Flores* axillares, solitarii, pedunculati. *Pedunculi* erecti, uniflori, bracteati. *Bracteae* binae in medio pedunculo, alternae, minutae, lanceolatae, glabrae. *Perianthium* 1 phyllum, viride, pilosum, 5-partitum: *Laciniae* lanceolataé, patentes, corollà paulo breviores. *Corolla* 1-petala, ovata, alba, profunde 5-partita: *Limbi* laciniae oblongae, acutiusculae, erectae; semiunguiculares. *Filamenta* 10, basi corollae inserta, brevissima, subnulla. *Antherae* subtetragonae, ob longae, acutae, valde pilosae, pallidae, corollà breviores. *Germen* superum, valde pilosum. *Stylus* simplex, filiformis, erectus, staminibus multo brevior. *Stigmata* duo, tria vel qua tuor, simplicia, obtusa, longitudine styli. *Videntur* esse styli 5, basi connati. *Germen* maris forsan sterile, ideoque dioica. *Affinis* Eugleae. *Differt* a R. glabra: 1. foliorum margine revoluto. 2. stylo simplici.

5. R. (*hirsuta.*) foliis lanceolatis, hirsutis. Royena *hirata.*. *Linn.* Syst. Veg. XIV. p. 410. Spec. Plant. p. 568.

Caulis fruticosus, teres, fuscus, erectus, tripedalis et ultra. *Rami* alterni, fuscescentes, patentes, ramulosi. *Folia* sparsa, oblonga seu lanceolata, integra, supra glabriuscula; subtus reticulata, tomentosa, erecto patula, unguicularia, usque pollicaria. *Petioli* brevissimi, subnulli. *Flores* axillares, solitarii, brevissime pedunculati, reflexi. *Calyx* et *corolla* extus tomentosi. *Styli* tres et quatuor. *Capsula* hirsuta. *Frutex* plerumque dioicus est. *Variat* foliis majoribus et minoribus, magis et minus tomentosis.

6. R. (*polyandra.*) foliis ovatis, subtus tomentosis.

Africanis: Kersse-bosch. Crescit prope B e r g r i v i e r in S w a r t l a n d. Floret O c t o b r i.

Radix perennis. *Caulis* fruticosus, ramosissimus, erectus, orgyalis. *Rami* et *Ramuli* alterni, flexuosi, teretes, pubescentes, cinerei, erecto-patentes. *Folia* alterna, petiolata, oblonga, obtusiuscula, integra, reticulata, flavo-viridia, erecta, pollicaria et ultra. *Petioli* crassi, brevissimi. *Flores* axillares, racemosi, cernui. *Pedunculi* alterni, feminei sessiles, masculi et hermaphroditi paniculati, villosi. *Perianthium* 6-fidum, corollâ triplo brevius, villosum: *laciniae* ovatae, acutae, erectae. *Corolla* 1-petala, 6-fida, ovata, villosa, lineam longa. *Limbi* laciniae subrotundae, reflexae, brevissimae, obtusissimae. *Filamenta* 30, basi corollae inserta, brevissima. *Antherae* tetragonae, oblongae, acutae, pallidae, corollâ breviores. *Germen* superum, albo-villosum. *Styli* duo, filiformes, erecti, staminibus breviores. *Stigmata* simplicia, obtusa. *Affinis* EU-GLEAE. *Raro* corolla 7-fida.

CCXLV. C U N O N I A.

Cor. 5-*petala.* *Cal.* 5-*phyllus.* *Caps.* 2-*locularis, acuminata, polysperma. Styli flore longiores.*

1. C. (*capensis:*) *Linn.* Syst. Veg. XIV. p. 410. Spec. Plant. p. 569.

Incolis: Rood Else. Crescit juxta rivos, ad latera Taffelberg, ad Essebosch, alibique. Floret Martio, Aprili.

Arbor vasta et alta ligno duro, tota glabra. *Rami* oppositi, patentes. *Folia* opposita, petiolata, pinnata cum impari: *Pinnae* circiter 7, oppositae, petiolatae, lanceolatae, acutae, serratae, glabrae, parallelo nervosae, digitales. *Petioli* et *petioluli* semiteretes, semipollicares. *Stipulae* supra-foliaceae in axillis foliorum, petiolatae, oblongae, obtusae; integrae, unguiculares; *petiolis* semiunguicularibus usque digitalibus, compressis. *Flores* racemosi, pedunculati et pedicellati. *Pedunculi* axillares, digitales. *Pedicelli* plures e nodo pedunculi, sex vel plures, uniflori. *Filamenta* corollâ longiora.

CCXLVI. D I A N T H U S.

Cal. cylindricus, 1-*phyllus: basi squamis* 4. *Petala* 5 unguiculata. *Caps.* cylindrica, 1-*locularis.*

1. D. (*crenatus.*) floribus solitariis; squamis calycinis senis, lanceolatis; corollis crenatis.

Crescit in collibus inter Swellendam et Houthoek. Floret Decembri.

Caulis herbaceus, teres, erectus, ramosus, glaber, pedalis. *Rami* compressi, alterni, erecti. *Folia* lineari-lanceolata, pollicaria. *Flores* in ramis et ramulis terminales. *Calycis* squamae inferiores sex, lanceolatae, longitudine dimidiâ tubi; infimis brevioribus, acuminatis, striatis, glabris. *Corollae* albae.

2. D. (*incurvus.*) floribus solitariis; squamis calycinis quaternis, ovatis, brevissimis; petalis integris.

Crescit in collibus infra Taffelberg latere orientali. Floret Majo, Junio.

h

Caulis herbaceus, curvato erectus, saepe simplex, vel apice ramosus, glaber, spithamaeus vel ultra. *Folia* lineari-setacea; inferiora longiora, sesquipollicaria; superiora breviora, vix unguicularia. *Flores* terminales in caule et ramis, cernui. *Calycis* squamae acutae, tubo multoties breviores.

3. D. *cespitosus.*) caulibus unifloris; corollis integris; calycinis squamis quaternis, lanceolatis; foliis trigonis.

Radix perennis. *Folia radicalia* plurima, fasciculata, subsetacea, scabrida, sesquipollicaria; *caulina* lanceolata, acuminata, adpressa, lineam longa. *Caules* radicales plures, simplices, filiformes, glabri, erecti, palmares usque spithamaei. *Calycis* squamae acutae, striatae, glabrae, tubo duplo breviores. *Corollae* incarnatae.

4. D. (*scaber.*) caulibus unifloris; squamis calycinis quaternis, lanceolatis; petalis crenatis.

Radix perennis, sublignosa. *Caules* radicales plures, basi decumbentes, dein curvato erecti, filiformes, tenuissime villoso-scabri, palmares. *Folia* radicalia aggregata, caulina opposita; linearia, acuta, subtrigona, tenuissime villosa et margine subserrato-scabrida patentia, pollicaria. *Calycinae* squamae ovato-lanceolatae, acutae, striatae, glabrae, longitudine dimidiâ tubi.

T R I G Y N I A.

CCXLVII. S I L E N E.

Cal. ventricosus. Pet. 5 *unguiculata, coronata ad faucem. Caps. trilocularis.*

1. S. (*gallica.*) floribus racemosis, secundis; petalis integris; caule hispido. SILENE *gallica. Linn.* Spec. Pl. p. 595. Syst. Veg. XIV. p. 420.

Caulis herbaceus, teres, erectus, subsimplex, vel parum ramosus, pilis albis, spithamaeus, usque pedalis. *Rami* alterni, breves, similes. *Folia* opposita, sessilia, obovato-oblonga, acuta, integra, pilis albis hispida, erecto-patentia, semipollicaria. *Flores* in caulis et ramorum summitate. *Racemus* cernuus. *Pedunculi* brevissimi; florescentes cernui; fructiferi erecti. *Calyx* costatus, hispidus.

2. S (*crassifolia.*) petalis bifidis; foliis obovatis, carnosis, hirsutis; racemo secundo. SILENE *crassifolia. Linn.* Syst. Veg. XIV. p. 421. Sp. Pl. p. 597.

Radix altissime descendens. *Caules* e radice, plures, basi decumbentes, dein erecti, hirsuti. *Folia* radicalia majora, ses

quipollicaria; caulina minora, unguicularia; omnia obtusa, integra. *Calyces* valde hirsuti. *Petala* ad medium bifida.

3. S. (*bellidifolia.*) petalis bifidis; calycibus fructiferis
ovatis, villosis; foliis piloso-asperis.

Caulis herbaceus, erectus, villoso-scaber, ramosus, bipedalis. *Rami* alterni, similes, flexuosi. *Folia* opposita, sessilia,
oblonga, acuta, integra, villoso'-scabra, patenti erecta, pollicaria, superioribus sensim minoribus et angustioribus. *Flores*
subterminales. *Calyx* striatus, hirsutus.

4. S. (*noctiflora.*) petalis bifidis; calycibus decemangu-
laribus; caule trichotomo. Silene *noctiflora*. *L i n n*. Syst.
Veg. XIV. p. 421. Spec. Plant. p. 599. Silene aethiopica:
caule ramoso, floribus subspicatis, petalis bifidis, obtusis,
foliis lanceolatis viscidis. *B u r m*. Prodr. p. 13.

*Crescit infra latus occidentale T a f f e l b e r g, in S w a r t l a n d et
alibi. Floret J u l i o et sequentibus mensibus.*

Planta tota tomentosa, viscosa. *Caulis* herbaceus, teres trichotome ramosus, erectus, bipedalis. *Rami* alterni, teretes
vel subcompressi, divaricato-patentes, cauli similes, raro ramulosi. *Folia*, opposita, connato-amplexicaulia, ovata, acuminata, integra, margine parum crispa; inferiora majora, bipollicaria, superiora sensim minora, internodiis breviora, pollicaria; erecto-patentia. *Flores* terminales et laterales, pedunculati. *Pedunculi* axillares vel terminales, solitarii vel terni;
hique vel uniflori vel triflori. *Calyx* 1-phyllus, subclavatus,
pollicaris, decemstriatus, 5-dentatus: *dentes* subulati, lineam
longi. *Corolla* 5 petala: *ungaes* tenues, sensim latiores, membranacei; *lamina* obcordata, semibifida, alba, basi utrinque
dentata. *Nectarium:* laminae 10, brevissimae, tridentatae,
albae. *Filamenta* 10, inaequalia, filiformia, petalis breviora,
erecta, alba. *Antherae* ovatae, erectae, didymae, dorso affixae.
Germen superum, glabrum, obtusum. *Styli* tres, filiformes,
erecti, longitudine staminum, albi. *Stigmata* simplicia, flexa.
Capsula ovata, acuta, obtuse angulata, glabra, trivalvis, unilocularis. *Semina* plurima, subreniformia, rugosa.

5. S. (*cernua.*) hirsuta floribus racemosis, secundis, cernuis; foliis linearibus.

Caulis herbaceus, solitarius vel plures radicales, filiformes;
simplex vel raro ramosus, tenuissime villosus, flexuoso-erectus, spithamaeus usque pedalis. *Folia* opposita, integra, villosa, scabra, patula, unguicularia, vel paulo ultra. *Calyx* decemstriatus, fructiferus clavatus, hirtus. *Petala* alba, bifida.

CCXLVIII. KIGGELARIA.

Dioica. Masc. Cal. 5-*partitus. Cor.* 5-*petala: glandulae* 5, *trilobae. Antherae apicibus perforatae. Fem. Cal.* et *Cor. Maris. Styli* 5. *Caps.* 1-*locularis,* 5-*valvis, polysperma.*

1. K. (*africana.*) *Linn.* Syst. Veg. XIV. p. 391. Sp. Pl. p. 1466.

Crescit prope Cap in fossa inter Taffelberg et Leuwekopp. et juxta hortos, alibique vulgaris arbor.

PENTAGYNIA.

CCXLIX. BERGIA.

Cal. 5-*partitus. Pet.* 5. *Caps. globosa, torulosa,* 5-*locularis,* 5-*valvis, valvulis petaloideis. Sem. plurima.*

1. B. (*glomerata.*) foliis obovatis, crenatis; floribus glomeratis. BERGIA *glomerata. Linn.* Suppl. p. 243. Syst. Veg. XIV. p. 431.

Crescit prope Kamtoes et Swartkops rivier. Floret Decembri.

Caulis frutescens, terrae adpressus, crassitie calami, pedalis, *Rami* sparsi, breves et *ramali* aggregati, diffusi, toti foliis et floribus tecti. *Folia* sessilia, obtusa, glabra, aggregata, lineam longa. *Flores* inter folia sessiles, aggregati 2, 3 vel plures, *Calyx* 5-phyllus, glaber. *Foliola* trifida: *lacinia* media crassior, viridis, crenulata, minuta, foliis similis; *alae* laterales membranaceae, lacerae, albidae, petalis similes. Raro 6-phyllus. *Filamenta* 10, per paria singuli petali basi inserta, linearia, alba, petalis paulo breviora. *Antherae* globosae, didymae, albae, minutae. *Germina* 5, supera, conica. *Styli* brevissimi. *Capsula* 5-sulca, 5-rostris; vel forsan potius Capsulae 5, glabrae.

CCL. COTYLEDON.

Cal. 5-*fidus. Cor.* 1-*petala. Squamae nectariferae* 5, *ad basin germinis. Caps.* 5.

1. C. (*cuneata.*) foliis cuneatis, carnosis, hirtis; floribus paniculatis, hirsutis.

Folia radicalia, carnosa, cuneiformia, integra, margine purpureo, pollicaria. *Caulis* herbaceus, teres, erectus, pubescens,
viscidus, spithamaeus. *Flores* lutescentes, viscidi, paniculâ compositâ, cernuâ. *Pedunculi* et *pedicelli* villosi, glutinosi. *Calyx*
et *Corollae* extus hirsutae.

2. C. (*triflora*.) foliis obovatis, carnosis, integris; floribus spicatis, ternis, sessilibus. Cotyledon *triflora*. *L i n n.*
Syst. Veg. XIV. p. 429. Suppl. plant. p. 242.

Crescit prope Z e k o r i v i e r. Floret D e c e m b r i , J a n u a r i o.

Caulis carnosus, crassus, herbaceus, glaber, inferne foliosus,
superne aphyllus, erectus, pedalis. *Folia* alterna, sessilia,
crassa, obtusissima, subtruncata, inferne attenuata, basi teretiuscula, approximata, erecta, subincurva, glabra, bipollicaria, ultra pollicem lata, pallide viridia. *Omnino* referunt folia
Cotyledonis *orbiculatae*. *Flores* subterni; *spica* longa, spithamaea, rbachis angulata. *Bractea* sub singulo flore minuta. *Pe-*
rianthium monophyllum, 5 dentatum, erectum, viride, brevissimum. *Corolla* 1-petala, tubulosa: *tubus* cylindricus, striatus,
viridi-rufescens, subunguicularis, glaber: *Limbus* 5-partitus,
patens: *Laciniae* ovatae, obtusae, intus albae, extus rufescentes, lineam longae. *Filamenta* 10, tubo inserta, paulum adnata,
subulata, erecta, viridia, tubo breviora. *Antherae* ovatae, minutae, flavae. *Nectarii* squamae 5 ad fundum germinis, subexcisae, albidae. *Germina* supera, 5, subulata, glabra, viridia.
Stigmata acuta. *Capsulae* 5, subulatae.

3. C. (*paniculata*.) foliis oblongo-ovatis, sessilibus; floribus divaricato-paniculatis; caule fruticoso, ramoso. Cotyledon frutescens, folio oblongo, viridi, floribus ramosis, pendulis, reflexis. *B u r m.* Afr. p. 41. t: 18. Cotyledon *pani-*
culata. *L i n n.* Syst. Veg. XIV. p 429. Suppl. p. 242.

Crescit in C a r r o trans H a r t e q u a s - K l o o f , et in C a n n a-
l a n d . Floret D e c e m b r i , J a n u a r i o.
Radix perennis. *Caulis* valde crassus, crassitie femoris humani, carnosus, vix lignosus, erectus, glaber, strictus, parum
ramosus, bipedalis vel ultra. *Rami* tuberculati, breves, cauli
similes. *Folia* terminalia, frequentia, carnosa, obtusa, inferne
parum attenuata, patentia, glabra, integra, sesquipollicaria.
Pedunculus communis e caudice continuatus in paniculam diva-
ricatam, valde ramosus.

4. C. (*purpurea*.) foliis lineari oblongis, carnosis, glabris; floribus paniculatis.

Crescit in summis montium lateribus, in collibus prope C a p et
alibi vulgaris.

Folia sessilia, opposita, integra, concava, digitalia. *Caulis*
inanis, herbaceus, teres, glaber, erectus, pedalis. *Flores* purpurei, glabri. *Pedunculi* et *pedicelli* compressi, glabri, patuli.
Calyx brevissimus, glaber, persistens. *Corollae* pollicares.

5.   C. (*teretifolia.*) foliis carnosis, subteretibus, hirsutis; floribus paniculatis; caule hirsuto.

Caulis fruticescens, teres, simplex, erectus, spithamaeus. *Folia* opposita, sessilia, apice compressa, obtusa cum acumine, tota pilis cinereis hirsutissima, digitalia. *Florum* panicula simplex, patens, cernua. *Pedunculi* calyx, corollae extus hirsutae.

6.   C. (*papillaris.*) foliis carnosis, oppositis, tereti ovatis, glabris; floribus pedunculatis. Cotyledon *papillaris. Linn.* Syst. Veg. XIV. p. 428. Suppl. p. 242.

Crescit prope Camenasie juxta Olyfants rivier in Carro. Floret Decembri.

Caulis herbaceus, teres, cinereus, decumbens, inferne parum ramosus, omnium tenuissime villosus. *Rami* oppositi, brevissimi. *Folia* in inferiori caulis parte, distincta, sessilia, crassa. utrinque attenuata, acuta, erecta, approximata, internodiis longiora, unguicularia. Folia fere COTYLEDONIS *mammillaris. Pedunculus* communis e caule continuatus, teres, erectus, palmaris, *Flores* subpaniculati. *Corolla* rubra, unguicularis, glabra. *Tubus* cylindricus, pentagonus, semiunguicularis. *Limbus* 5, partitus: *Laciniae* oblongae, acutae, reflexae, longitudine tubi-

7.   C. (*mammillaris.*) foliis alternis, tereti - ovatis, glabris; floribus alternis, pedunculatis. Cotyledon *mammillaris. Linn.*Syst. Veg. XIV. p. 429. Suppl. Pl. p. 242.

Crescit prope Olyfantsbad. Floret Decembri.

Caulis repens, radicans, carnosus, teres, glaber, crassitie dimidiâ calami, ramosus, cinereus *Folia* subpetiolata, secunda, verticillata, instar mammillae, utrinque attenuata, obtusa, carnosa, unguicularia, cinerea. *Pedunculus* communis, longus, filiformis, spithamaeus. *Flores* patentes, subpedunculati; *pedunculi* breves. *Calyx* 5-dentatus, brevissimus, adpressus. *Corolla* 1-petala, tubulosa. *Tubus* cylindricus, angulatus, viridis, glaber, unguicularis. *Limbus* 5-lobatus, plicatus, patenti-reflexus, albido-purpureus, vix lineam longus. *Filamenta* 10, quorum 5 longitudine tubi et 5 breviora, tubo inserta, capillaria, albida. *Antherae* minutae, ovatae, pallidae. *Stigmata* 5, truncata. *Styli* 5, subulati, longitudine staminum, breviorum. *Capsulae* quinque.

8.   C. (*cacalioides.*) foliis teretibus; floribus paniculatis; caule fruticoso. Cotyledon aphyllum squamosum, mammillare, floribus flavis longissimo caule insidentibus. *Burm.* Afr. p. 46. t. 20. f. 2. Cotyledon *cacalioides. Linn.* Syst. Veg. XIV. p. 429. Suppl. p. 242.

Crescit juxta Olyfants Bad. Floret Decembri.

Caulis teres, crassus, carnosus, sublignosus albidus, papillosus, basi foliorum ramosus. *Folia* in summis ramorum, papillis insidentia, subtus sulco longitudinali, acuta, carnosa, gla-

bra, patula, digitalia, sub florescentia emarcida. *Calyx* ad basin 5-fidus, glaber, lineam longus. *Corolla* 1 petala, tota flava,
acuta, villosa: *Tubus* pentagonus·unguicularis. *Limbus* 5 partitus, *laciniis* oblongis, acutis, inflexis, unguicularibus.

9. C. (*reticulata*.) foliis teretibus; floribus reticulato paniculatis; caule fruticoso. Cotyledon *reticulata*. *Linn.*
Syst. Veg. XiV. p. 429. Suppl. p. 242.

Crescit trans Hartequas Kloof in Carro. Floret Decembri,
Januario.
    Radix fibrosa. *Caulis* teres, crassus, carnosus. sublignosus,
parum ramosus, erectus, glaber, palmaris. *Rami* similes cauli,
brevissimi. *Folia* foveis inserta, sessilia, sparsa versus apices,
acuta, mollia, erecta, glabra, pollicaria. *Flores* terminales.
Panicula dichotoma, decomposita, reticulata; floribus pedun
culatis, erectis.

CAROL. PET. THUNBERG,

COMMEND. REG. ORD. WASAE, MED. ET BOT. PROF., ACADD. ET
SOCIETT. LITT. LXII. MEMBR. ET CORRESP.

FLORA CAPENSIS,

SISTENS

PLANTAS PROMONTORII BONAE SPEI

AFRICES,

SECUNDUM

SYSTEMA SEXUALE EMENDATUM

REDACTAS AD

CLASSES, ORDINES, GENERA ET SPECIES,

CUM

DIFFERENTIIS SPECIFICIS, SYNONYMIS

ET

DESCRIPTIONIBUS.

———

EDIDIT ET PRAEFATUS EST

I. A. SCHULTES,

M. D. CONS. REG. PROF. THERAP. HIST. NAT. ET BOT. P. O. PLL. ACADD. ET
SOCC. SOD.

———

STUTTGARDTIAE
SUMTIBUS J. G. COTTAE.

AMSTELODAMI, IN OFFICINA MULLER ET SOC.
LONDINI, IN OFFICINA TREUTTEL ET WURTZ.
LUTETIAE PARISIORUM, IN OFFICINA TREUTTEL ET WURTZ.
1823.

C l a s s i s XI.

DODECANDRIA.

M O N O G Y N I A.

CCLI. P O R T U L A C A.

Cal. 2 - *fidus.* *Cor.* 5 - *petala.* *Caps.* 1 - *lbcularis, circum-scissa , aut* 3 - *valvis.*

1. **P.** (*oleracea.*) foliis cuneiformibus; floribus sessili-bus. PORTULACA *oleracea.* *Linn.* Syst. Veg. XIV. p. 445. Spec. Plant. p. 638.

Africanis: P o s t e l i n *sea* P o r c e l l a i n. *Crescit cin hortis euro-paeorum, et alibi spontanea. Floret* J a n u a r i o, D e c e m b r i, *et sequentibus mensibus.*

2. **P.** (*fruticosa.*) foliis obovatis, planis; floribus race-mosis. PORTULACA *fruticosa.* *Linn.* Syst. Veg. XIV. p. 446.

Crescit in C a r r o. *Floret* J a n u a r i o.

Frutex carnosus, tripedalis et ultra. *Flores* subventicillato-racemosi.

3. **P.** (*quadrifida.*) bracteis quaternis; floribus quadrifidis; caulis geniculis pilosis. PORTULACA *quadrifida.* *Linn* Syst. Veg. XIV. p. 445.

4. **P.** (*trigona.*) foliis trigonis, ovatis. O x a l i s *affinis planta aphylla, mammillaris, flore pentapetalo calyce di-phyllo.* B u r m. *Afr.* p. 76. t. 30. f. 2.

Crescit in C a r r o *prope* K a y s e r k u y l s r i v i e r, G o u d s r i v i e r, *in* C a n n a l a n d, *juxta orientalem* O l y f a n t s r i v i e r. *Floret* N o v e m b r i, D e c e m b r i, J a n u a r i o.

Radix ramosa, fibrosa. *Planta* tota succulenta, glabra. *Cau-lis* brevis, foliosus, inter folia piloso - lanatus. *Rami* e caule continuati, filiformes, debiles, divisi, aphylli, digitales usque palmares. *Folia* acuta, crassa, integra, opposita, sessilia, con-ferta, vix unguicularia. *Bracteae* sub florum pedunculis mem-branaceae. *Flores* in ramis et ramulis terminales, incarnati. *Perianthium* diphyllum, corollâ brevius, carnosum, concavum, lanceolatum, acutum, viridi - rufescens. *Corolla* 5 petala, in-carnata, patens; *petala* oblonga, acuta, vix unguicularia.

5. **P.** (*caffra.*) foliis lineari - oblongis; floribus solitariis, pedunculatis.

Caulis herbaceus, cárnosus, debilis, glaber, viridis, ramosus. *Rami* erectiusculi, cauli similes. *Folia* caulina, alterna,
subpetiolata, obtusa cum acumine, secunda, erecto-patentia,
supra pallida, concava margine revoluto, integra, ungnicularia,
internodiis longiora. *Petioli* brevissimi, decurrentes. *Flos* axillaris. *Peduncalus* floriferus erectus; fructiferus reflexus; bracteatus, uniflorus, apice incrassatus, striatus, folio paulo brevior, glaber. *Bracteae* in medio pedunculi duae, oppositae.
Calyx diphyllus, deciduus: *laciniae* ovatae, acutae, patentes,
corollâ breviores, glabrae, supra concavae, subtus convexae,
trinerves. *Corolla* 6 petala, flava: *Petala* lato-ovata, obtusa
cum acumine patentia, concava, semiunguicularia. *Filamenta*
plurima, capillaria, flava, erecta, corollâ breviora, calyci inserta. *Antherae* rotundae, minimae, flavae. *Germen* superum.
Stylus filiformis, erectus, staminibus paulo longior, flavus. *Stigmata* tria patula, subulata. *Capsula* ovata, obtusiuscula, laevis, glabra, bilocularis? bivalvis?

CCLII. L Y T H R U M.

Cal. 12-*fidus.* *Petala* 6, *calyci inserta.* *Caps* 2-*locularis*, *polysperma.*

1. L. (*hyssopifolium.*) foliis alternis, linearibus. Lythrum *hyssopifolium.* *Linn.* Syst. Veg. XIV. p. 447. Spec.
Plant. p. 642.

*Crescit ad aquas prope Latis et Zeeko rivier inque Krum
rivier Floret Decembri, Januario.*
Perianthium 1-phyllum, tubulatum, angulatum, apice ampliatum, 5-dentatum: dentibus patentibus, subulatis, brevissimis. *Corolla* 6-petala: *Petala* subinaequalia, lanceolata, obtusa, erecta, incarnata, lineam vix longa, in ore tubi dentibus
calycinis inserta. *Filamenta* 3, calyci inserta, erecta, longitudine tubi calycis. *Antherae* minutae, flavescentes. *Germen* superum (respectu calycis). *Stylus* filiformis, erectus, longitudine calycis, virescens. *Stigma* capitatum, truncatum, viride,
simplex. *Capsula* oblonga, glabra, bisulca, bilocularis, bivalvis.

2. L. (*tenellum.*) foliis alternis, oblongis; floribus hexandris.

*Crescit ad margines rivi prope Paardeberg, in Carro pone
Bockefeldt, Floret Decembri.*
Radix tenuis, fibrosa, annua. *Caulis* tetragonus, erectus,
glaber, palmaris, herbaceus. *Rami* brevissimi ex axillis foliorum. *Folia* subpetiolata, ovata, obtusa, integerrima, inferne
attenuata, patula, internodiis breviora, glabra, semiunguicularia. *Petioli* brevissimi. *Flores* axillares solitarii, sessiles,
erecti, minuti. *Bracteae* ad basin floris, membranaceae, lanceolatae, minutae. *Perianthium* 1-phyllum, tubulosum, superne
parum dilatatum glabrum, 6 dentatum, viride: *dentes* obtusi,
breves. *Tubus* intus glaber. *Corolla* 6-petala; *petala* sub apice
denticulorum calycis inserta, ovato-oblonga, obtusa, integra,

basi pallida, inde purpurea, calyce dimidio breviora, ante fio-
rescentiam inflexa et in tubo calycis condita. *Filamenta* 6, capillaria, tubo calycis medio inserta, tria superiora, tria inferiora, brevissima. *Antherae* globosae, didymae, striatae. *Germen* superum, glabrum. *Stylus* filiformis, tubo calycis duplo
brevior, glaber, viridescens. *Stigma* simplex, capitatum, glabrum, saturate viride. *Capsula* oblonga, didyma, obtusa, glabra, bilocularis. *Semina* plurima, globósa, glabra. Vidi quoque stamina quinque.

D I G Y N I A.

CCLIII. E U C L E A.

*Dioica. Masc. Cal. 5-dentatus. Cor. 5-petala. Stam.
15. Fem. Cal. et Cor. maris. Germen superum.
Styli 2. Bacca 2-locularis.*

1. E. (*lancea*.) foliis lanceolatis, planis.

Caulis fruticosus, erectus, totus glaber, tripedalis et ultra.
Rami alterni, teretes, nodosi, erecto patentes. *Folia*:alterna,
subsessilia, lanceolato elliptica, integra, glabra, reticulato-
nervosa, inferiora obtusa, superiora acuta, inaequalia, pollicaria usque sesquipollicaria. *Flores* axillares, pedunculati. *Pedunculi* trifidi.

2. E. (*racemosa*.) foliis ovatis, planis. Euclea race-
mosa. Diss. Nova Plant. Gen. P. 5. p. 85. *Linn* Suppl.
p. 67. et 428. Syst. Veg. XIV. p. 892. Padus foliis subrotundis, fructu racemoso. *Burm*. Afr. p. 238. tab. 84. f. 1.
femina.

*Crescit in Paarden-Eyland, in dunis et infra Taffelberg.
Floret Majo, Junio, Julio.*
Radix perennis. *Caulis* fruticosus, erectus, orgyalis. *Rami*
subumbellato - terni, ramulosi, erecti, cinereo rufescentes.
Ramuli ramis similes, rufescentes, glabri. *Folia* alterna, petiolata, obtusissima, crassa, sempervirentia, glabra, supra viridia, subtus pallidiora, integerrima marginibus parum revolutis, erecta, internodiis longiora, unguicularia. *Petioli* crassi,
brevissimi, purpurei. *Flores* racemosi. masculi et feminei in
distincto individuo. *Pedunculi* axillares, solitarii, angulati, glabri, reflexi. *Pedicelli* oppositi alternique, uniflori, reflexi, lineam longi. *Germinis* rudimentum in fundo calycis floris masculini ovatum, subvillosum cum stylo sterili.

3. E. (*undulata*.) foliis ovatis, undatis.

*Africanis: Guarri-bosches. Crescit in Krum-rivier et
alibi.*
Radix perennis. *Caulis* fruticosus, vix orgyalis, ramosissimus. *Rami* ramulique oppositi, alterni et subumbellati, te-

26 *

retes erecti, scabridi, cinerei. *Folia* opposita alternaque, subpetiolata, obtusissima, integra, supra viridia, subtus pallida,
lineâ elevata longitudinali; erecta, sempervirentia. *Petioli*
crassi, brevissimi. *Flores* axillares, racemosi, masculi et feminei distincti in diverso individuo. *Racemi* erectiusculi, raro
reflexi. *Pedicelli* oppositi, uniflori. *Filamenta* circiter XI. *Antherae* tetragonae, latere utroque perforato - dehiscentes. *Usus:*
Baccae rubrae eduntur ab Hottentottis.

TRIGYNIA.

CCLIV. R E S E D A.

Cal. 1-*phyllus*, *partitus.* P e t a l a *laciniata.* C a p s. *ore
dehiscens*, 1 - *locularis.*

1. R. (*capensis.*) foliis linearibus; floribus trigynis.

*Crescit in C a r r o cis L a n g ê K l o o f in proclivis colliam, prope
G o u d s r i v i e r Floret N o v e m b r i; D e c e m b r i.*
Radix perennis. *Caulis* fruticosus, totus glaber, ramosissimus, tripedalis vel ultra. *Rami* et ramuli teretes, flexuosi,
striati, longi, alterni, glabri, apice cernui. *Folia* subfasciculata, inaequalia, sessilia, acuta, integerrima, patentia, internodiis longiora, unguicularia, glabra; in apicibus ramulorum
sterilium, imbricata, frequentissima, fastigiata. *Flores* in ultimis ramulis spicati, alterni, albi. *Spica* spithamaea vel longior.

CCLV. M E N I S P E R M U M.

Dioica. M*asc.* P e t a l a 4 *exteriora*, 8 *interiora.* S t a m.
16. F*em.* C o r. *maris.* S t a m. 8 *sterilia.* B a c c a e
binae, *monospermae.*

1. M. (*capense.*) foliis petiolatis, ovatis, glabris.

Crescit in sylvis.
Caulis herbaceus, filiformis, striatus, tortus, scandens, glaber, parum ramosus. *Folia* alterna, obtusa cum mucrone, integra, reticulato - venosa, inaequalia, unguicularia et ultra. *Petioli* capillares, folio paulo breviores. *Flores* axillares, glomerati, pedunculati et sessiles, minuti, tomentosi.

CCLVI. E U P H O R B I A.

Cor. 4-5-*petala*, *calyci insidens* C a l. 1-*phyllus*, *ventricosus.* C a p s. *tricocca.*

1. E. (*armata.*) aculeata, teres; spinis subulatis, foliis
oblongis.

Caulis fruticosus, carnosus, teres, nodulosus, apice spinis armatus, erectus, crassitie digiti. *Spinae* sparsae, frequentes, erectae, pollicares. *Folia* in summitate caulis sparsa inter spinas, subpetiolata, obtusa, integra, glabra, unguicularia.

2. E. (*canariensis.*) aculeata tetragona, aculeis geminatis. Euphorbia *canariensis*. *Linn.* Syst. Veg. XIV. p. 449. Spec. Plant. p. 646.

Crescit ad rivum Z e e k o r i v i e r juxta villam Kock in silva. Floret Augusto.
　Caulis fruticosus, carnosus, tetragonus, angulis aculeis geminatis, apice divisus. *Flores* marginales, sessiles, solitarii vel plures, basi carnosi, crassi, bracteati　*Bracteae* binae infra calycem, rotundae, membranaceae, calyce breviores. *Calyx* 1-phyllus, carnosus, 5-partitus: *Laciniae* supra planae, dilatatae, rhombeae, integrae, flavae. *Corolla* 5 petala. *Petala* inter calycis lacinias inserta, tenuissima, brevissima, ciliatolacera. *Filamenta* plurima, receptaculo inserta, filiformia, brevia, sensim provenientia. *Antherae* didymae, flavae. *Germen* superum. *Receptaculum* paleaceum: *paleae* staminibus interspersae, tenues, lacerae.

3. E. (*heptagona.*) aculeata, heptagona; spinis solitariis, subulatis, floriferis. Euphorbia *heptagona*. *Linn.* Syst. Veg. XIV. p. 449. Spec. Plant. p. 647.

4. E. (*mammillaris.*) aculeata, angulata: angulis tuberosis, spinis interstinctis. Euphorbia *mammillaris*. *Linn.* Syst. Veg. XIV. p. 449. Spec. Plant. p. 647.

Crescit in Hantum. Floret Novembri.

5. E. (*cereiformis.*) aculeata, polygona; spinis solitariis, subulatis. Euphorbia *cereiformis*. *Linn.* Syst. Veg. XIV. p. 449. Spec. Plant. p. 647.

Crescit in C a r r o.

6. E. (*radiata.*) frutescens　aculeata; ramis decumbentibus, planis; aculeis geminatis.

Crescit prope S w a r t k o p s r i v i e r. Floret Decembri.
　Radix perennis. *Caules* plures, simplices, decumbentes, radiati quasi e centro radicis, carnosi, plani, lineari-oblongi, sensim versus apicem latiores; subtus convexi, laeves; supra concavi, lineis elevatis obliquis purpureis, inaequales, glabri; apice obtusi; lateribus sulcati, aculeis acutis, rufescentibus, patulis. *Folia* nulla. *Flores* laterales, versus apicem sessiles, solitarii.

7. E. (*pomiformis.*) inermis, globoso-octogona.

Crescit in C a r r o prope Z w a r t k o p s r i v i e r. Floret Decembri: culta in urbe Cap floret a Junio ad Octobris mensem.
　Radix fibrosa. *Caulis* nullus; sed tota globosa, umbilicata, octogona, pallide virens, striis transversis saturatioribus vel purpurascentibus, magnitudine pomi. *Anguli* obtusi, inermes, floriferi. *Flores* in angulis versus centrum pedunculati, erecti.

Pedunculi squamosi, subtriflori, breves. *Bracteae* in pedunculo sitae, ovatae, obtusiusculae, pubescentes, subciliatae; extus convexae, purpurascentes; intus concavae, virescentes. *Perianthium* 1-phyllum, subcampanulatum, carnosum, purpurascens, quinquefidum, pubescens; *Laciniae* subrotundae, obtusissimae, erectae; intus virescentes, poris plurimis pertusae. *Petala* 5, divisuris calycis inserta, lata, conniventia, apice subquadrifida, virescentia. *Styli* 3, subtrigoni, bipartiti, virescentes. *Stigmata* 6, obtusa, divaricata, glabra.

8. E. (*fasciculata.*) fruticosa, inermis teres; ramis apice aggregatis.

Crescit in *Carro* inter *Olyfant's rivier* et *Bocklandsberg. Floret Octobri.*

Radix fusiformis. *Caulis* frutescens, carnosus, incrassatus, erectus, tuberculatus, palmaris. *Rami* vel *Pedunculi* versus apicem aggregati, sparsi, tereti-subulati, incurvati, glabri, pollicares et ultra. *Flores* umbellati, umbellâ simplici.

9. E...(*coronata.*) fruticosa, teres; inermis, pedunculis unifloris; foliis linearibus. Euphorbium acaulon, erectum, tuberosum, linearibus foliis, flore ac fructu foliaceis. *Burmanni Decad Afric.* p. 12. Tab. 6. fig. 1.

Caulis fruticosus, carnosus, crassus, teres, palmaris. *Folia* in ipso apice aggregata, sessilia, integra, glabra, inaequalia, pollicaria et ultra. *Pedunculi* ex ipso apice inter folia, plures, usque sex, teretes, purpurei, pubescentes, patentissimi, foliati foliis circiter binis, alternis, ovatis, acutis; palmares.

10. E. (*Medusae.*) fruticosa, inermis; caulibus radiatis, imbricatis; foliis oblongis. Euphorbia *caput medusae. Linn.* Syst. Veg. XIV. p. 449. Spec. Plant. p. 648.

Crescit in montium lateribus prope *Cap* in *Carro* et alibi. *Floret Julio.*

Caulis brevis, saepe nullus sed mox a radice ramosus. *Rami* plurimi, aggregati, teretes, sensim incrassati, noduloso-squamosi nodis angulatis obtusis, glabri, digitales vel ultra. *Folia* inferiora caduca; apicis oblonga, acuta, integra, glabra, erecta, minuta. *Flores* in apicibus caulium, plures terminales, subsessiles vel pedunculis brevissimis insidentes. *Bracteae* sex, pedunculo insidentes, verticillatae, ovatae, concavae, inaequales, virides, apice rufescentes. *Perianthium* 1 phyllum, ventricosum, carnosum, 5-dentatum, viride: *dentes* membranacei, obtusi, crenulati, purpurascentes, inflexi, corollâ breviores. *Petala* 5, calyci inter dentes inserta; *ungues* carnosi, convexi margine reflexo, virides; *lamina* tri-vel quadrifida ad basin fere, reflexa, alba laciniis linearibus apice bifidis. *Filamenta* plurima, filiformia, erecta, longitudine calycis ejusque basi inserta. *Antherae* rotundae, didymae, flavae. *Germen* superum, glabrum. *Styli* tres, ad medium usque connati, erecti, longitudine calycis. *Stigmata* reflexo-patentia, obtusa, bifida. *Capsula* subrotunda, trisulca, glabra, trilocularis, tricocca. *Semina* solitaria.

11. E. (*mauritanica.*) fruticosa, inermis, teres; floribus umbellatis; foliis sparsis, oblongis, mucronatis. Euphorbia *mauritanica.* *Linn.* Syst. Veg. XIV. p 449. Spec. Plant. p. 649.

12. E. (*muricata.*) fruticosa, inermis; ramis angulatis, scabris; floribus terminalibus.

Crescit in Carro inter Olyfantsrivier et Bockland. Floret Octobri.

Caulis fruticosus, carnosus, scaber, angulatus, erectus, ramosissimus, bipedalis et ultra. *Rami* oppositi, similiter iterum ramulosi, cauli similes, subfastigiati, aphylli. *Flores* in ultimis ramulis, solitarii, sessiles.

13. E. (*tirucalli.*) fruticosa, inermis, teres; ramis trichotomis; floribus terminalibus. Euphorbia *tirucalli?* *Linn.* Syst. Veg. XIV. p. 449. *Tithymalus* tuberosus, aphyllus, geniculatus, ramosissimus. *Burm.* Dec. Pl. Afr. p. 11. tab. 5.

Crescit in campis arenosis extra Cap, in Carro infra Bockland vulgaris et alibi.

Caulis fruticosus, teres, cinereus, laevis, erectus ramosissimus, aphyllus, bipedalis et ultra. *Rami* et *Ramuli* trichotomi, similes, subfastigiati. *Flores* in ultimis ramulis terminales, solitarii.

14. E. (*tuberosa.*) umbellâ trifidâ; involucro tetraphyllo; foliis oblongis. Euphorbia *tuberosa.* *Linn.* Syst. Veg. XIV. p. 451. Spec. Plant. p. 654.

Crescit in campis arenosis prope et extra Cap. Floret Julio et sequentibus mensibus.

Caulis carnosus, interdum articulatus, inermis, brevis, erectus, nudus. *Folia* omnia ex apice caulis, aggregata, petiolata, saepe cordata, vulgo oblonga, emarginata, vel obtusa, undulata, supra glabra, subtus villosa, patentia, inaequalia, unguicularia usque pollicaria. *Petioli* pollicares. *Flores* subumbellati. *Umbellae* simplices, pedunculatae. *Pedunculi* ex apice caulis inter folia, pollicaria, foliis breviora. *Pedicelli* lineam longi.

15. E. (*elliptica.*) umbellâ quadrifidâ; involucro tetraphyllo; foliis ensiformibus.

Caulis carnosus, teres, inermis, brevis. *Folia* ex apice caulis, plurima, lineari-ensiformia seu inferne attenuata, superne lanceolata, acuta, integra, plana, glabra utrinque, palmaria. *Flores* umbellati, umbella composita. *Pedunculi* ex apice caulis inter folia, erecti, digitales: *Pedicelli* unguiculares.

16. E. (*genistoides.*) umbellâ quinquefidâ, bifidâ; involucellis ovatis; foliis linearibus, erectis; caule frutescente. Euphorbia *genistoides.* *Linn.* Syst. Veg. XIV. p. 452. Mantis. p. 564. *Berg.* Plant. Cap. p. 146.

Incolis: *Pissgrass.* *Crescit in Campis gramineis satis vulgaris,*
Bobus noxia. *Floret Octobri, Novembri.*
Variat varie in diverso solo.
a. Caulis inferue ramosus, teres, brevis. *Rami* sparsi, frequentes, filiformes, purpurascentes, tenuissime pubescentes curvato-erecti, inaequales, palmares, usque spithamaei. *Folia*
sessilia, sparsa, lineari-lanceolata, mucronata, integra margine
reflexo, vix unguicularia. *Involucra* universalia oblonga, obtusa; involucelia ovata. *Umbellae* 4-usque 6-fidae, pedunculis
filiformibus semipollicaribus; inde bifidae, pedicellis lineam
longis.

β. *Caulis* frutescens, teres, erectus, superne ramosus, pedalis et
ultra, apice cernuus, saepe simplex. *Rami* alterni, secundi,
simplices, cernui, purpurascentes, tenuissime pubescentes.
Folia sparsa, frequentia, imbricato-patentia, lanceolata, mucronata, integra marginibus parum reflexis, glabra, unguicularia. *Flores* in apicibus laterales et terminales, subsessiles, aggregati. An a priori α diversa?

γ. *Crescit in Galgebosch et alibi in silvis.* *Floret Decembri.*
Caulis frutescens, teres, purpurascens, glaber, erectus, pedalis et ultra. *Rami* alterni, similes, iterum ramulosi, glabri.
Folia sparsa, frequentia, subpetiolata, oblongo-lanceolata, mucronata, integra, plana, patentia, pollicaria. *Flores* umbellati,
umbellâ quadrifidâ, inde bifidâ.

δ. *Crescit in Langekloof et alibi prope aquas.* *Floret Decem-*
bri, Januario. *Caulis* frutescens, teres, erectus, purpurascens, glaber, pedalis et ultra. *Rami* e parte inferiori caulis,
sparsi, aggregati, elongati, basi divaricati, mox erecti, subfastigiati, cauli similes, apice interdum iterum ramulosi. *Folia*
sparsa, sessilia, lanceolata, obtusa cum mucrone, integra margine parum revoluto, glabra, inferiora reflexa, superiora imbricato patentia, unguicularia. *Umbella* 4- et 5-fida, pedunculis et pedicellis angulato-compressis, glabris.

17. E. (*striata.*) umbellâ sexfidâ; involucellis ovatis;
caulibus striatis.

Caulis suffruticosus, brevissimus. *Rami* subradicales, plures,
teretes, striati, basi purpurascentes, inde virides, glabri, elongati, subsimplices, pedales. *Folia* sparsa, sessilia, lanceolata,
acuta, integra, glabra, unguicularia, remota. *Umbella* saepius
6-fida, rarius 7-8 et 9-fida; deinde bifida. *Involucrum* polyphyllum: *foliola* lanceolata, acuta, integra, glabra, unguicularia, foliis majora. *Involucella* subrotunda. *Pedunculi* bipollicares et pedicelli unguiculares; omnes filiformes striati, glabri.

TETRAGYNIA.

CCLVII. APONOGETON.

Cal. Amentum. Cor. o. Capsulae trispermae.

1. A. (*distachyon.*) spica bifida; foliis elliptico-lanceo-latis. Aponogeton *distachyon.* Diss. de Nov. Plant. Gen. P. 4. p. 74. *Linn.* Syst. Veg. XIV. p. 353. Suppl. p. 215. *Schreb.* Gen. Pl. p. 322.

Incolis: **Water. Uyntjes** *i. e. Balli· aquatici. Crescit in ri-vulis juxta* **Paarl** *et alibi. Floret* **Septembri** *et sequentibus mensibus.*

Radix globosa, carnosa, fibrosa, glabra. *Caulis* nullus, sed petioli et scapi radicales, longi pro rivuli profunditate, linea-res, compressi, striati, glabri, simplicissimi, molles. *Folia* in junioribus petiolis nulla, in adultis oblongo-ovata, acuta, integerrima, glabra, natantia, digitalia et ultra. Omnino refe-runt folia *Potamogetonis natantis. Pedunculus* in duas rha-ches divisus. *Rhachis* semiteres, patens, glabra, multiflora, alba. *Flores* spicati, alterni, secundi. *Folia* adulta, viridia, juniora rufescunt *Flores* suavem odorem spargunt. *Bracteae* sub florescentia albae, aetate' virescunt. *Facies* Potamogetonis respectu foliorum.

POLYGYNIA.

CCLVIII. SEMPERVIVUM.

Cal. 12-*partitus. Pet.* 12. *Caps.* 12, *polyspermae.*

1 S. (*arboreum.*) caule arborescente, laevi, ramosa. Sempervivum *arboreum. Linn.* Syst. Veg. XIV. p. 455. Spec. Pl. p. 664.

Colitur et sponte crescit prope urbem, forsan aliunde huc advenum.

Classis XII.

ICOSANDRIA.

MONOGYNIA.

CCLIX. MYRTUS.

Cal. 5-*fidus, superus.* *Pet.* 5. *Bacca* 2-3-*sperma.*

1. M. (*angustifolia.*) floribus umbellatis; foliis lineari-lanceolatis, subsessilibus. MYRTUS *angustifolia.* L *inn.* Syst. Veg. XIV. p. 461 Mant. p. 14.

Crescit prope Buffeljagts rivier, Rivier Zonder End, aliosque flavios vulgaris. Floret Decembri, Januario.
Radix perennis. *Caulis* arborescens, orgyalis. *Rami* frequentes, laxi.

PENTAGYNIA.

CCLX. TETRAGONIA.

Cal. 4 5-*partitus,* *Pet.* 0. *Drupa infera,* 4-5-*gona,* 4-5-*locularis.*

1. T. (*fruticosa.*) foliis lineari-oblongis; floribus solitariis. TETRAGONIA. *fruticosa.* L *inn.* Syst. Veg. XIV. p. 467. Mant. p. 398.

Caulis fruticosus,. inferne. nudus; superne villoso-subtomentosus, subtetragonus, carnosus, flexuoso-erectus, spithamaeus usque pedalis *Rami* alterni, elongati, similes. *Folia* alterna, sessilia, etiam linearia obtusa, integra, villosa, patentia, pollicaria. *Flores* in apicibus ramorum axillares inter folia, pedunculati. *Pedunculi* foliis breviores, capillares, uniflori, tomentosi.

2. T. (*hirsuta.*) herbacea, decumbens; foliis ovatis, villosis; floribus axillaribus, ternis, pedunculatis. TETRAGONIA *hirsuta.* L *inn.* Syst. Veg. XIV. p. 467. Suppl. p. 258.

Crescit in Swartland, prope Olifants rivier et alibi. Floret Septembri, Octobri.
Caules radicales, plures, decumbentes, apice erectiusculi, teretes, villosi, pedales, simplices. *Folia* alterna, sessilia, ovato-oblonga, basi attenuata, obtusa, integra, carnosa, erecto pa-

tentia, supra cenvexo-plana, sulco longitudinali, subtus concaviuscula margine deflexo, venâ mediâ clevatâ, villosâ, sesquipollicaria. *Axillae* aliis foliis circiter 4 minoribus onustae.
Pedunculus brevissimus, tetragonus, villosus. *Perianthium* 1-
phyllum, 4-partitum profunde: *Laciniae* ovatae, obtusae cum
acumine, extus virescentes, hirsutae, intus glabrae, flavae; lineam longae. *Corolla* nulla. *Filamenta* plurima, calyci medio
per phalanges inserta, filiformi-subulata, laciniis breviora,
flava. *Antherae* minutae, incumbentes, flavae. *Germen* inferum, tetragonum. *Styli* 4, erecti, staminibus breviores, filiformes. *Stigmata* simplicia, obtusa. *Capsula* tetragona, angulis compressis, alato-dilatatis, crispis villosis; 4 valvis, 4-
locularis. *Semina* solitaria, cylindrica, acuta, glabra, alba.

3. T. (*herbacea.*) herbacea, decumbens; foliis ovatis;
floribus pedunculatis. Tetragonia *herbacea*. *Linn.* Syst.
Veg. XIV. p. 467. Mant. p. 398.

*Crescit in Leuweberg, in Duyvelsberg et Zoutrivier. Flo-
ret Majo, Junio.*
Caules decumbentes, debiles herbacei, glabri, spithamaei
vel ultra. *Rami* alterni, filiformes, diffusi, secundi, digitales.
Folia petiolata, alterna, obovata, obtusa, integra, glabra, unguicularia. *Flores* axillares. *Pedunculi* capillares, subterni,
uniflori, folio longiores.

4. T. (*spicata.*) herbacea, erecta; foliis inferioribus ovatis; superioribus lanceolatis glabris; floribus racemosis. Tetragonia *spicata*. *Linn.* Syst. Veg. XIV. p. 467. Suppl.
p. 258.

*Crescit in arenosis campis Swartland. Floret Septembri,
Octobri.*
Caulis herbaceus, angulatus, erectus, pedalis. *Rami* alterni,
angulati, purpurascentes, clongati, simplices, erecto-patentes,
subfastigiati. *Folia* alterna, petiolata, integra, patentia, pollicaria. *Flores* in apice ramorum. *Racemus* subspicatus, erectus, bracteatus, digitalis. *Bracteae* lineares, uti et pedunculi
scabridae.

CCLXI. A I Z O O N.

Cal. 5-partitus. *Pet.* o. *Caps.* supera, 5-locularis,
5-valvis.

1. A. (*rigidum.*) foliis ovatis, glaucis; floribus sessilibus, remotis; caule frutescente, decumbente. Aizoon *rigidum.*
Linn. Syst. Veg. XIV. p. 471. Suppl. p. 261.

Caulis cinereo-fuscus, teres, pedalis. *Rami* alterni, teretes,
incani, diffusi, versus apicem caulis frequentiores. *Folia* obovata, utrinque attenuata, acuta, integra, tomentoso-glauca,
frequentia, unguicularia. *Flores* alterni, secundi.

2. A. (*secundum.*) foliis ovatis, sericeis, villosis; flo-

ribus sessilibus, distinctis; caule herbaceo, hirsuto, decumbente. Aizoon *secundum. Linn.* Syst. Veg. XIV. p. 411. Suppl. p. 261.

Crescit in arenosis campis Swartland. Floret Septembri, Octobri.
   Radix filiformis, longe descendens. *Caulis* teres, villoso-tomentosus, subscabridus, spithamaeus. *Rami* alterni, teretes, diffusi, similes, ramulosi. *Ramuli* breves, foliosi, floriferi. *Folia* subpetiolata, obovata, acuta, tomentosa, albo-villosa, imprimis juniora, acuta, integra, inaequalia, lineam longa. *Flores* axillares inter folia, approximati, secundi.

3. A. (*glinoides.*) foliis ovatis, hirsutis; floribus sessilibus, distinctis; caule herbaceo, hirsuto, decumbente. Aizoon *glinoides. Linn.* Syst. Veg. XIV. p. 471. Suppl. p. 261.
   Caulis teres, elongatus, pedalis et ultra. *Rami* alterni, breves, diffusi, similes. *Folia* subpetiolata, obovata, acuta, integra, albo hirsuta, unguicularia. *Flores* remoti, secundi, setis albis hirsuti.

4. A. (*paniculatum.*) foliis lanceolatis, hirsutis; floribus sessili-trichotomis; caule herbaceo, decumbente. Aizoon *paniculatum. Linn.* Syst. Veg. XIV. p. 471. Suppl. p. 261.
   Crescit in campis sabulosis. Floret Septembri, Octobri·
   Radix filiformis, alte descendens. *Caulis* brevis. *Rami* subradicales, elongati, diffusi, hirsuti, pedales. *Ramuli* alterni breves, similes. *Folia* opposita, lanceolato-obovata, integra, hirsuto-tomentosa, pollicaria. *Flores* in ultimis ramulis trichotomis.

5. A (*fruticosum.*) foliis lanceolatis; floribus sessilibus; caule fruticoso erecto. Aizoon *fruticosum. Linn.* Syst. Veg. XIV. p. 471. Suppl. p. 261.
   Crescit in Swartland. Floret Octobri.
   Caulis cinereo fuscus, glaber, rigidus, pedalis. *Rami* sparsi, teretes, glabri, rigidi, virgati, ramulosi. *Folia* inferne attenuata, integra, glauca, semiunguicularia. *Flores* minuti

6. A. (*sarmentosum.*) foliis lineari-subulatis; floribus pedunculatis. *Lychnis* aethiopica parva tenuissimis confertis foliis, nodoso caule, cui flores ex uno capitulo plures. *Pluk.* ·Alm. 233. t. 304. f. 5. *Mesembryanthemum* foliis parvis teretibus, flore virenti, hexapetalo. *Burm.* Afric. 63. t. 26. f. 2. Aizoon *sarmentosum. Linn.* Syst. Veg. XIV. p. 471. Suppl p. 260.
   Crescit infra montem Leuwekopp. Floret Julio.
   Radix subfusiformis, alte descendens. *Caules* radicales, plures, filiformes, diffusi, glabri, rudimentis foliorum squamosi. spithamaei vel longiores, ramosi. *Rami* alterni, breves, reflexi, purpurascentes, superne pilosi, pilis albis adpressis. *Folia* in apice caulium et ramis opposita, connata, vaginantia;

semiteretia, seu supra plana, subtus convexa; carnosa, mollia, acuta, integra, glabra, approximata, internodiis longiora, patentia, unguicularia. *Flores* terminales; solitarii, pedunculati; vel bini; altero sessili; vel terni, intermedio sessili. *Pedunculus* incrassatus, e ramis continuatus, pilosus. *Bracteae* duae, florem amplexantes, connatae, oppositae; foliis similes, sed paulo majores. *Perianthium* 1 phyllum, petaliforme, 5-partitum: laciniae lanceolatae, acutae, patentes; subtus adpresse albo-villosae; supra glabrae, albae; persistentes. *Corolla* nulla. *Filamenta* plurima, sinubus calycis per phalanges inserta, capillaria, alba, calyce duplo breviora. *Antherae* ovatae, didymae, incumbentes, pallidae. *Germen* superum, obtusissime 5-angulatum, 10-striatum, concavum, glabrum. *Styli* quinque capillares, longitudine staminum, albi. *Stigmata* simplicia. *Capsula* subglobosa, retusa, obtusissime 5-gona, 10-striata, glabra, 5-locularis, 5-valvis, apice dehiscens, persistens. *Semina* plura, sublunulata, altera extremitate crassiora, rugosa, nigra.

7. A. (*perfoliatum.*) foliis obovatis, connatis, crystallino-punctatis; floribus pedunculatis, solitariis. Aizoon *perfoliatum.* *Linn.* Syst. Veg. XIV. p. 471. Suppl. p. 261.

Caulis suffruticosus, tomentosus, erectus, spithamaeus. *Rami* alterni, similes. *Folia* opposita, perfoliato connata, obovato-oblonga, obtusa, integra margine reflexo, crystallino-papillosa, semipollicaria. *Flores* axillares.

CCLXII. MESEMBRYANTHEMUM.

Cal. 5-fidus. Pet. numerosa, linearia. Caps. carnosa, infera, polysperma.

❋ *floribus albis.*

1. M. (*lineare.*) acaule foliis linearibus.

Crescit in Swartland et Groenekloof, locis sabulosis. Floret Septembri.

Radix filiformis, annua. *Folia* radicalia, plurima, glabra, diffusa, pollicaria. *Scapi* plures, radicales, filiformes, glabri, erecti, uniflori, digitales. *Flores* albi, rarius corollis apice rufescentibus.

2. M. (*criniflorum.*) acaule; foliis obovatis, papulo is. Mesembryanthemum *capense.* *Houtt.* Nat. Hist. 2. D. tab. 53. Mesembryanthemum *criniflorum.* *Linn.* Syst. Veg. XIV. p. 468. Suppl. p. 259.

Crescit prope Cap, in collibus sabulosis vulgare. Floret Augusto

Radix tenuis, fibrosa, annua. *Scapi* radicales, plures, erectiusculi, teretes, aphylli, vel in medio parum foliosi, simplices, papulosi, crystallinis squamis tecti, unguiculares, pollicares. *Folia* radicalia, plura, connata, inferne attenuata, basi iterum latiora, obtusa, integerrima; supra papulosa, subtus papulosa et hyalinis squamis tecta; viscida; plana, unguicularia vel pollicaria, viridia vel purpurea, carnosa. *Flores* terminales, solitarii, albi. *Perianthium* carnosum, viridi purpurascens, papulosum, crystallino-squamosum, 5-partitum: *laciniae* ovatae, obtusae, tribus paulo longioribus, lineam longae: margine tenui, membranaceae, concavae. *Petala* numerosa, linearia, integra. alba; calyci inserta, eoque longiora. *Filamenta* plurima, filiformia, distincta, glabra, alba, vel purpurea, calycis laciniarum basi inserta, eisque breviora. *Antherae* ovatae, didymae, flavae. *Nectarium:* Sertum margini calycis affixum, germen coronans, crenulatum, viride. *Germen* depressum, 5-sulcatum, glabrum. *Styli* 5, subulati, erecti. *Stigmata* simplicia, acuta. *Capsula* carnosa, depresso-conica, 5 valvis, 5-locularis. *Semina* plurima. *Planta* humilis diffusa.

3. M. (*digitiforme.*) acaule; foliis teretibus, laevissimis. MESEMBRYANTHEMUM *digitiforme.* Nov. Ephem. Nat. Curios. v. 8. p. 6. Append.

Crescit in Carro inter Olyfants rivier et Böcklandsberg. Floret Octobri, Novembri.

Radix perennis, fasciculata. *Caulis* nullus vel subnullus, rudimentis foliorum praeteritorum cinctus, fuscus, decumbens. *Folia* radicalia, alterna, circiter tria, approximata, vaginantia basi latiora, tereti digitiformia, obtusa glabra, levissima, mollia, pulposa, subdigitalia; pollicem cum thenare suo referunt. *Flos* ex axillis foliorum, sessilis, solitarius, albus. *Perianthium* 5-phyllum; *laciniae* ovatae, margine membranaceae, obtusae. *Corolla* polypetala; *petala* linearia, nivea, patentia.

4. M. (*testiculare.*) acaule; foliis deltoideis. MESEMBRYANTHEMUM *testiculare.* Nov. Act. Ephem. Nat. Curios. v. 8. p. 6. App.

Crescit in collibus aridissimis prope Olyfants rivier versus Septentrionem. Defloruit Octobri.

Radix perennis. *Caulis* nullus. *Folia* radicalia plerumque quatuor, raro sex, opposita, connata, deltoidea seu interius lateribus duobus planis, extus convexa, obtusa, valde crassa, laevissima, glabra, albida, pollicaria. *Anguli* integerrimi. *Flos* e centro foliorum, pedunculatus, solitarius, albus. *Pedunculus* anceps, vix unguicularis, bracteis binis oppositis connatis vaginatus, uniflorus.

5. M. (*truncatum.*) acaule; foliis copicis, truncatis. *Lycoperdastrum* soboliferum, altius radicatum, glabrum, oblongum viride. *Burm.* Dec. Afric. p. 22. tab. 10. fig. 2. MESEMBRYANTHEMUM *truncatum.* Nov. Act. Ephem. Nat. Curios. vol. 8. p. 5. App.

Crescit in rupibus in Camenasie Carro, in Carro infra Boeckland, in montium collibus prope Hexrivier. Floret Januario, Februario.

Radix fibrosa, perennis. *Caulis* saepe nullus; raro ex foliis emarcidis annotino-articulatus, pollicaris. *Folium* extimum digitiforme; subtruncatum, rimâ transversâ fissum, emarcidum, includens unum vel duo folia, crasso-carnosa; si unicum est, digitiforme, subretuso truncatum, saepius pulposum, interdum

aliud folium intra se includens, tunoque apice rimulá fissum;
si duo sunt, latere interiore plana, ceterum similia sunt; viridia, punctata, semiunguicularia. *Flos* terminalis, solitarius,
pedunculatus. *Pedunculus* compresso-membranaceus, longitudine folii per rimam folii exiens. *Perianthium* 4-fidum. *Sin-
galare* est, quod folium alterum intra alterum includatur.

6. M. (*moniliforme.*) subacaule; foliis linearibus. Mesembryanthemum *moniliforme.* Nov. Act. Eph. Nat. Cur. vol.
8. p. 7. Append.

*Crescit in collibus prope Olyfants rivier versus Septentrionem.
Defloruit Octobri.*

Radix perennis. *Caulis* frutescens, totus ex annulis annotinis, moniliformibus compositus, brevis, ramosus, fuscus. *Rami*
oppositi, alternique, toti ex annulis annotinis emortuis, instar
monolinorum constantes, breves, nudi, fusci, subdistichi, vix
digitales. *Folia* terminalia, bina, basi connata in globum viridem, teretia, supra planiuscula, mollissima, obtusa, tenuissime pubescentia, dependentia, digitalia et ultra. Basis folii in
divaricatione folia insequentis anni emittit inque annulum sic-
cum abit. *Flores* e centro baseos foliorum, pedunculati. *Pedunculus* angulatus, uniflorus, erectus, sesquidigitalis. *Ex*
illis foliis, e quibus flores proveniunt, utrobique a latere pedunculi prodeunt folia bina minuta, ramos duos insequentis
anni datura.

7. M. (*fastigiatum.*) foliis connatis, ovatis, papulosis; ramis erectis, fastigiatis. Mesembr. *fastigiatum.* Nov. Ephem.
Nat. Cur. vol. 8. p. 7. App.

*Crescit in collibus siccissimis juxta Olyfants rivier versus
Septentrionem. Floret Octobri.*

Radix tenuis, fibrosa, annua. *Caulis* subnullus, sed rami ra
dicales bini, oppositi, vel quatuor decussati, ramulosi, fastigiati,
sensim incrassati, purpurei, papulosi, pollicares usque digitales et ultra. *Ramuli* similes, brevissimi. *Folia* sub ramis et
ramulis opposita; basi connata; obtusa, erecta semiunguicularia, usque pollicaria. *Flores* in apicibus ramulorum terminales, sessiles, fastigiati, solitarii bini et terni, albi. *Perianthium* 5-phyllum, papulosum, viride; *laciniae* ovatae, obtusae,
purpureae. *Corolla* polypetala: *Petala* linearia, nivea.

8. M. (*nodiflorum.*) foliis alternis, teretiusculis, obtusis
basi ciliatis; ramis diffusis. Mesembryanthemum *nodiflorum.*
Linn. Syst. Veg. XIV. p. 468. Spec. Plant. p. 687.

*Crescit prope Olyfants rivier, in Carro infra Buckland, in
Swartland et alibi. Floret Septembri, Octobri, Novembri.*

Caulis vix frutescens, mox a radice ramosus. *Rami* sparsi,
teretes, diffuso-patentes, apice erectiusculi, ramulosi, ramulis
subsecundis. *Variat* valde magnitudine.

9. M. (*crystallinum.*) foliis alternis papulosis; caule an-

gulato; calycibus ovatis, retusis. Mesembryanthemum *crystallinum*. *Linn*. Syst. Veg. XIV. p. 468. Sp. Pl. p. 688.

Crescit α. prope Sondags rivier. β. in collibus juxta Olyfants rivier versus Septentrionem. Floret ab Octobri usque in Januarium.

Radix annua *Tota* planta viridi-purpurea, papulis crystallinis tecta. *Caulis* lignosus, tetragonus, decumbens, ramosus, digitum crassus, pedalis. *Rami* oppositi, cauli similes, diffusi. *Folia* opposita, connata,*) carinā dorsali lateribusque, decurrentia, plana, oblonga, undulata, parum convoluta, acuta, integra, pollicem lata, bipollicaria, patentia, apice deflexo; superiora sensim minora. *Flores* terminales, pedunculati, corymbosi, rubri. *Pedunculi* trichotomi, 4 goni. *Perianthium* 1 phyllum, basi capsulam cingens, 5-partitum: *laciniae* ovatae, obtusae cum acumine, virides, apice purpureo. *Variat* varie in diversis regionibus. α caule elongato, decumbente, angulato, ramosissimo. β. foliis obovatis, planis nec undulatis, minoribus et minus crystallino-papulosis. γ. floribus-minoribus. *Variat* praeterea. 1. caule tereti, papulis filiformibus. a. flore albo, et b. rubro. 2. caule tetragono, papulis rotundis.

10. M. (*decussatum.*) foliis linearibus, subpapulosis; floribus terminalibus, pedunculatis; caule fruticoso trichotomo.

Crescit in collibus siccissimis prope Olyfants rivier versus Septentrionem, in Carro infra Bockland. Floret Octobri, Novembri, Decembri.

Radix perennis. *Caulis* teres, ramosus, glaber, subpapulosus, erectus, pedalis et ultra. *Rami* oppositi, cauli similes, erecti, subfastigiati. *Folia* opposita, amplexicauli-connata, obtusa; supra plana, sulco exarata, subtus convexa; carnosa, patentia, pollicaria; superioribus brevioribus. *Flores* solitarii, albi. *Perianthium* 1-phyllum, basi capsulam cingens, viride, subpapulosum, 5-partitum: *laciniae* lineares, obtusae, erectae, inaequales. *Corolla* polypetala; *Petala* linearia, patentia, nivea.

11. M. (*geniculiflorum.*) foliis semiteretibus, papulosis; floribus axillaribus, sessilibus. Mesembryanthemum *geniculiflorum*. *Linn*. Syst. Veg. XIV. p. 468. Sp. Pl. p. 688.

12. M. (*noctiflorum.*) foliis semicylindricis, impunctatis; floribus pedunculatis. Mesembryanthemum *noctiflorum*. *Linn*. Syst. Veg. XIV. p. 468. Sp. Pl. p. 689.

13. M. (*splendens.*) foliis subteretibus, impunctatis, recurvis; calycibus digitiformibus. Mesembryanthemum *splendens*. *Linn*. Syst. Veg. XIV· p. 468. Sp. Plant. p. 689.

14. M. (*umbellatum.*) foliis trigono subulatis; floribus terminali umbellatis; caule fruticoso, erecto, glabro. Mesembryanthemum *umbellatum*. *Linn*. Syst. Veg. XIV. p. 468. Sp. Pl. p. 689.

---

*) Supra in diagnosi: *alterna! Edit.*

CCLXII. Mesembryanthemum. ICOSANDRIA. PENTAG. 415

Varietates imprimis tres observavi. α. *Crescit in Carro, inter Olyfants rivier et Bocklandsberg, in omni Carro, alibique vulgaris. Floret Octobri, Novembri.* Radix perennis. *Caulis* frutescens, erectus, cinereus, glaber, ramosus, tripedalis. *Rami* subancipites, cinerei, patuli. *Folia* opposita, connata, subtrigono-subulata, patentia, apice incurva, laevia, punctata, pollicaria, crassa. *Flores* terminales, albi. *Panicula* composita, trichotoma.

β. *Crescit in Carro trans Hartequas Kloof Defloruit Novembri, Decembri. Frutex* ramosissimus. *Folia* ultimorum ramulorum terminalia, aggregata, opposita, connata basi decurrente, trigona, supra plana, subtus obsolete carinata, mollia, comosa, obtusa cum acumine, integra, glaucescentia, impunctata, erecta, subpollicaria. *Flores* rubelli. *Panicula* decomposita, divaricata. *Pedunculi* et *Pedicelli* oppositi, secundi, teretes, subangulati, glabri; ultimi sensim breviores, uniflori.

γ. *Caulis* fruticosus, tripedalis. *Rami* divaricati, teretes, cinereo-albi, glabri. *Folia* subconnata, teretia, obtusa, laevia, erecta, glabra, internodiis breviora, pollicaria. *Panicula* composita, trichotoma.

15. M. (*expansum.*) foliis planiusculis, lanceolatis, impunctatis; floribus terminalibus; caule articulato, decumbente. Mesembryanthemum *expansum. Linn.* Syst. Veg. XIV. p. 468. Spec. Pl. p. 697.

Crescit prope Tois Kloof. Floret Octobri et sequentibus mensibus. *Caulis* herbaceus, carnosus; glaber. *Rami* alterni, pauci, simplices, secundi, curvi, digitales. *Folia* connato-vaginantia, inferne attenuata, lanceolato-oblonga, obtusa, integra, plana, glabra, inaequalia, patentia; subpollicaria. *Flores* in ramis solitarii, albi. *Capsulae* angulatae.

16. M. (*emarcidum.*) foliis ovatis, extimis emarcidis; caule erectiusculo, ramoso, glabro. Mesembr. *emarcidum.* Nov. Act Ephem. Nat. Curios. vol. 8. p. 9. App.

Hottentottis: Canna, Hon. Crescit in Bockland, et alibi in Carro. Floret Novembri, Decembri. Radix perennis. *Caulis* frutescens, teres, spithamaeus. *Rami* similes cauli, alterni vel oppositi. *Folia* connata, plana, acuta, membranacea, venoso-reticulata, erecto-patentia, unguicularia; *Axillae* onustae foliis carnosis, punctatis, ovatis, oppositis, connatis, acutis, planis, plus duplo minoribus. *Flores* terminales, subterni, albi, pedunculati. *Pedunculi* incrassati, punctati, uniflori, foliis breviores. *Perianthium* punctatum, 4-partitum, rarius 5-partitum: *laciniae* inaequales ovatae, acuminatae, punctatae, erectae. *Corolla* polypetala: *Petala* linearia, nivea, patentia.

17. M. (*articulatum.*) foliis lineari-lanceolatis; caule erectiusculo ramoso; floribus secundis. Mesembr. *articulatum.* Nov. Act. Ephem. Nat. Curios. vol. 8. p. 10. App.

Flora Capensis.   27

*Crescit in Carro prope Olyfants rivier usque ad Bocklands-
berg, in Swartland alibique. Floret Septembri, Octobri, Novembri.*
   Radix perennis. *Caulis* teres, glaber, fuscus, ramosissimus,
frutescens, pedalis et ultra. *Rami* et *ramuli* oppositi, ultimis
alternis, basi divaricati, inde patenti-erecti, secundi, teretes,
articulati, glabri, virides, punctato-scabri, fastigiati, spithamaei, ultimis sensim brevioribus. *Articuli* semiunguiculares.
Folia opposita, connata, semiteretia, seu supra plana, subtus
convexa, obtusa, integra, punctata, emarcida, longitudine internodiorum. *Flores* in ultimis ramulis, terminales, sessiles,
rubri vel albi, in eodem, vel distincto frutice. *Varietas:*
α. major et altior, foliis deciduis, floribus albis. β. mediocris
seu minor; floribus albis. γ. major floribus albis et purpureis.
δ. minor, procumbens, punctato-scaber, floribus purpureis.
Perianthium punctato-scabridum, 5-fidum: *laciniae* ovatae,
acutae, erectae, margine membranaceae. *Petala* linearia patentia. *Styli* 5, subulati, erecti, virescentes. *Stigmata* simplicia, acuta.

18. M. (*ciliatum.*) foliis cylindricis, basi barbâ reflexâ;
caule erecto ramoso. Mesembr. *ciliatum.* Nov. Act. Ephem.
Nat. Curios. vol. 8. p. 11 Appendic.
   *Crescit in Carro inter Olyfants, rivier et Bocklandsberg.
Floret Octobri, Novembri.*
   Similis M. *articulato*, sed satis differens ab illo: 1. articulis
barbatis barbâ reflexâ. 2. foliis papulosis, ciliatis. 3. tota
planta, papulosa. *Radix* perennis. *Caulis* frutescens, teres,
ramosissimus, pedalis. *Rami* et *ramuli* teretes, articulati, secundi, alterni, erecto-patentes, fastigiati, papulosi; ultimi sensim
breviores. *Articuli* semiunguiculares. *Folia* opposita, connata;
basi barbâ albâ longâ, subcylindrica, supra basi parum plana, obtusiuscula, crystallino-papulosa, crystallino-subciliata, erecta, inter
nodiis paulo longiora; inferiora emarcida. *Flores* in ultimis ramulis
terminales, albi, pedunculati, fastigiati. *Pedunculus* uniflorus,
brevissimus, semilineam longus. *Perianthium* crystallino papulosum, albidum, 5-partitum: *laciniae* ovatae; extus convexae,
papulosae; intus planae, glabrae, obtusae, erectae. *Corolla*
polypetala. *Petala* linearia, nivea. *Styli* 5, capillares, erecti,
flavi, calyce longiores. *Stigmata* simplicia, subulata.

19. M. (*corallinum.*) foliis teretibus, glabris; caule stricto,
ramosissimo. Mesembr. *corallinum.* Nov. Act. Ephem. Nat.
Curios. vol. 8. p. 12.
   *Crescit in collibus aridis, prope Olyfants rivier versus septen-
trionem, in Carro infra Bockland, alibique. Floret Octobri.*
   Radix perennis, lignosa. *Caulis* lignosus, fruticosus, digitum crassus, spithamaeus. *Rami* et *ramuli* alterni oppositique, toti ex articulis constantes, erecti, vix digitales, superiores vix pollicares. *Articuli*-tereti-ovati, virides, lineam
longi, crassitie pennae columbinae. *Folia* e commissura articulorum, opposita, supra parum plana, obtusa, distincta,
erecto-incurva, articulis paullo longiora. *Flores* ex apicibus

ramulorum terminales, sessiles, solitarii, albi. *Perianthium* viride 5-partitum: *laciniae* teretes, erectae. *Corolla* polypetala. *Petala* linearia, patentia, nivea.

20. M. (*fasciculatum.*) foliis teretibus, glabris; floribus terminalibus, solitariis; caule articulato, radioante. Mesembr. *fasciculatum.* Nov. Act. Ephem. Nat. Curios. vol. 8. p. 11. App.

Crescit prope Sondags rivier, longe repens.. Floret De-cembri.
    Radix fibrosa. *Caulis* longus, repens, teres, cinereus, gla-ber, crassitie vix pennae. ramosus, pedalis. *Rami* breves, erecti, foliosi, floriferi. *Folia* subteretia, vix trigona, oppo-sita, connata, obtusa, ramulis approximata, erecta, subin-curva, impunctata, unguicularia. *Flores* albi, pedunculati. *Perianthium* 4 fidum.

21. M. (*filiforme.*) foliis lanceolatis, papulosis; floribus axillaribus, sessilibus; caule filiformi, decumbente.

Crescit in Hantum. Floret Octobri et sequentibus mensibus.
    Caulis herbaceus, albidus, glaber., flexuosus. *Rami* similes, diffusi. *Folia* inferne attenuata; obtusa, unguicularia. *Flores* in ramis inter folia, sessiles, albi, minuti.

22. M. (*ovatum.*) foliis ovatis, planis; floribus termina-libus; caule decumbente. Mesembr. *ovatum.* Nov. Act. Ephem. Nat. Curios. v. 8. p. 8.

Caulis herbaceus, subangulatus, papulosus, flexuosus, peda-lis vel ultra. *Rami* alterni, breves, similes *Folia* subpetio-lata, obtusa, integra, glabra, patentia, pollicaria. *Flores* in ramis albi.

23. M (*lanceum.*) foliis lanceolatis, planis; floribus ter-minalibus; caule erecto, subtetragono.

Caulis herbaceus, glaber, albidus, flexuoso-erectus, rarius ramosus, spithamaeus et ultra. *Folia* connata, lanceolato-oblonga, acuta, integra, papulosa, erecto-patentia, pollicaria, unguem lata, basi non attenuata. *Flores* in apicibus ramosis albi.

24. M. (*apetalum.*) foliis lineari-lanceolatis, subtus mu-ricatis; caule decumbente. Mesembryanthemum *apetalum.* *Linn.* Syst. Veg. XIV. p. 468. Suppl. p. 258.

25. M. (*tripolium.*) foliis lanceolatis, planis, alternis; caulibus laxis, simplicibus. Mesembryanthemum *tripolium.* *Linn.* Syst. Veg. XIV. p. 468. Sp. Pl. p. 690.

26. M. (*calamiforme.*) acaule; foliis subteretibus, impunc-tatis; floribus octogynis. Mesembryanthemum *calamiforme.* *Linn.* Syst. Veg. XIV. p. 468. Sp. Pl. p. 690.

*** *floribus rubris.*

27. M. (*cordifolium.*) foliis cordato ovatis; caule de-

27 *

cumbente. Mesembryanthemum *cordifolium*. *Linn.* Syst.
Veg. XIV. p. 468. Suppl. p. 260. *Jacquin* Hort. Vindeb.
Tom. 3. p. 8. tab. 7. Mesembryanth. *cordifolium.* Nov. Act.
Nat. Curios. Vol 8. p. 13. App.

Crescit in Sylva juxta Zeekorivier. Floret Novembri, Decembri.
Caulis herbaceus, angulatus, laxus, erectiusculus, articulatus, papulosus, glaber, ramosus, spithamaeus et ultra. *Rami*
cauli similes, breves, oppositi. *Folia* decussatim opposita, petiolata, acuta, integra, carnosa, papulosa, supra sulco, subtus carinâ, unguicularia, usque pollicaria; superiora minora.
Petioli subtrigoni, breves. *Flores* terminales, solitarii, petiolati, rubri. *Perianthium* 4-fidum, carnosum, patens.

28. M. (*bellidiflorum.*) acaule; foliis trigonis, impunctatis, apice trifariam dentatis. Mesembryanthemum *bellidi-*
folium. *Linn.* Syst. Veg. XIV. p. 468. Sp. Pl. p. 690.

29. M. (*deltoides.*) foliis trigonis, deltoidibus, dentatis.
Mesembryanthemum. *deltoides.* *Linn.* Syst. Veg. XIV. p.
469. Sp. Pl. p. 690.

Crescit in montibus Rode Sandskloof, alibique. Floret Octo-
bri et sequentibus mensibus.

30. M. (*barbatum.*) foliis cylindricis., papulosis, apice
barbatis. Mesembryanthemum *barbatum.* *Linn.* Syst. Veg.
XIV. p. 469 Spec. Pl. p. 691.

Crescit in montibus Taardeberg, Hantum, alibi. Floret No-
vembri et sequentibus mensibus.

31. M (*hispidum.*) foliis cylindricis, papulosis; caule
hispido. Mesembryanthemum *hispidum.* *Linn.* Syst. Veg.
XIV. p. 469. Sp Pl. p. 691.

α. *Crescit in campis sabulosis. Floret Septembri, Octobri.*
Radix fibrosa. *Caulis* decumbens, filiformis, hispidus, flexuosus, pedalis. *Rami* alterni, pauci, erecti, pollicares. *Fo-*
lia teretia, papulosa, semiunguicularia. *Flores* in ramulis terminales, albi.

β. *Frutex* erectus, purpurascens, hispidus. *Rami* teretes, flexuosi, similes. *Folia* teretia, papulosa, unguicularia *Flores*
axillares e dichotomiis ramorum, pedunculati. *Pedunculi* erecti,
hispidi, unguiculares.

γ. *Crescit in Carro inter Olifants rivier et Bocklands-*
berg. Floret Octobri, Novembri. Radix perennis. *Cau-*
lis fruticosus, teres, flexuosus, rigidus, cinereus, glaber, ramosissimus, erectus, pedalis. *Rami* et *ramuli* oppositi, flexuosi,
erecti, subcapillares, rigidi, summi scabridi. *Folia* in ultimis
ramulis, opposita, subdistincta, vix connata, sessilia, cylindrica,
obtusa, papulosa, crystallina, erecta, saepe quatuor aggregata,
semiunguicularia. *Flores* in ultimis ramulis axillares, laterales, pedunculati, erecti, rubri. *Pedunculas* capillaris, scabridus, uniflorus, semiunguicularis. *Perianthium* 1-phyllum, cap-

sulam vestiens, crystallino-papulosum, 5-partitum: *laciniae* ovatae, obtusae. *Petala* linearia, incarnata. *Styli* 5, capillares, breves. *Stigmata* simplicia,

32. M. (*capillare.*) foliis subglobosis; caule rigido, ramoso; ramulis filiformibus; floribus pedunculatjs. Mesembr. *capillare.* Nov. Act. Ephem. Nat. Curios. v. 8. p. 13. App.

a. Crescit in collibus prope O *l y f a n t s   r i v i e r* versus Septentrionem, juxta *C a m t o u s   r i v i e r   Floret J a n u a r i o* et aliis mensibus. *Radix* perennis. *Caulis* teres, fruticosus, rigidus, aphyllus, cinereus, ramosus, erectus, pedalis et ultra, *Rami* oppositi, teretes, rigidi, aphylli, ramulosi, divaricato-patentes. *Ramuli* oppositi, breves, foliosi. *Folia* opposita, connata, ovata-subglobosa, supra parum planiuscula, obtusissima, impunctata, glabra, viridia apice saepe purpurascente, lineam longa, saepissime quatuor approximata. *Flores* e centro foliorum terminales, pedunculati, solitarii, erecti, minuti, rubri. *Pedunculus* teres, sesquilineam longus vel paulo ultra. *Alia* est hujus varietas: foliis magis teretibus, subpapulosis.

β. Crescit prope *C a m t o u s   r i v i e r.   Floret   J a n u a r i o.   Caulis* frutescens, subangulatus, ramosus, erectus, rufescens, punctis cinereis. *Rami* et *ramuli* oppositi, capillares, patentes, cauli similes. *Folia* in ramis ét ramulis sparsa, subconnaa, teretia, supra paululum plana, obtusa, papulosa, mollissima, patula, semiunguicularia. *Flores* pedunculati, solitarii, in ramulis terminales, minuti, rubelli. *Pedunculus* brevis. *Perianthium* 5-phyllum, papulosum: *laciniae* lanceolatae, obtusae, patenti; reflexae, corollâ breviores.

33. M: (*sessile.*) foliis trigono-globosis, glabris; caule erecto, tereti, ramoso; floribus sessilibus. Mesembr. *sessile.* Nov. Act. Nat. Curios. vol: 8. p. 14. App.

Crescit in *C a r r o* inter *O l y f a n t s   r i v i e r* et *B o c k l a n d s b e r g.* Floret *O c t o b r i.*

Radix perennis. *Caulis* fruticosus, glaber, cinereus, pedalis. *Rami* oppositi, cauli similes, flexuosi, divaricati, aphylli, ramulosi. *Ramuli* oppositi, capillares, stricti, patentissimi, brevissimi, foliosi, glabri. *Folia* in ultimis ramulis opposita, connata, quatuor aggregata, seu extus gibba, intus planiuscula, obtusissima, integra, impunctata, lineam longa. *Flores* terminales, rubri. *Perianthium* 5 partitum· *laciniae* rotundatae, obtusae, aequales. *Capsula* conica; supra obtusa, 5-angulata, purpurascens.

34. M. (*villosum.*) foliis semiteretibus, pubescentibus; caule piloso. Mesembryanthemum *villosum.* L *i n n.* Syst. Veg. XIV. p. 469. Sp. Pl. p. 692.

35. M. (*trichotomnm.*) foliis trigonis; caule stricto, ramoso, angulato; floribus sessilibus. Mesembr. *trichotomum.* Nov. Act Nat. Curios. v. 8. p. 14. Append.

Crescit in *C a r r o* inter *O l y f a n t s   r i v i e r* et *B o c k l a n d s b e r g.* Floret *O c t o b r i, N o v e m b r i.*

Radix perennis. *Caulis* fruticosus, aphyllus, cinereo-fuscus, subpedalis, rigidus. *Rami* oppositi, divaricati, inflexi, cauli similes, ramulosi. *Ramuli* oppositi, fastigiati. *Folia* opposita, connata, obsolete trigona obtusa, integra, semiunguicularia, laevia. *Duo folia* sub ramis exsiccantur, 4 axillaribus articulum circumstantibus, viridibus. *Flores* terminales, rubri. *Perianthium* quadripartitum, inaequale: *laciniae* duae majores, foliis similes; duae oppositae duplo breviores, ovatae, membranaceae, dorso carinatae, obtusae. *Corolla* polypetala. *Petala* linearia, saturate purpurea, patentia, interioribus brevioribus, albidis. *Styli* 4, brevissimi, erecti, purpurei. *Stigmata* simplicia, patentia, flava. *Differt* a M. *geniculifloro:* foliis non papulosis, connatis; floribus terminalibus, rubris.

36. M. (*scabrum.*) foliis trigono-subulatis, subtus punctato muricatis Mesembryanthemum *scabrum.* *Linn.* Syst.
Veg. XIV. p. 469. Sp. Pl. p. 692.

Crescit in collibus prope Cap. Floret Martio, Aprili.
Caulis fruticosus, angulatus, cinereo glaucus, glaber, erectus, pedalis et ultra. *Folia* trigona, acuta, scabra, pollicaria. *Flores* in ramis et ramulis terminales, rubri.

37 M (*uncinatum.*) foliis trigono-deltoidibus, carinâ dentatis; ramis secundis. Mesembryanthemum *uncinatum.*
Linn. Syst. Veg. XIV. p. 469. Sp. Pl. p. 692.

Crescit in Carro inter Olyfants rivier et Bocklandsberg.
Floret Octobri, Nevembri.
Radix perennis. *Caulis* frutescens, aphyllus, patulus, ramosus, pedalis et ultra. *Rami* sparsi, erecti, breves, foliis tecti. *Folia* opposita, connata, decurrentia, trigona, acuta, angulis carinâque apice dentatis, dentibus subbinis, glabra, patula, punctata, rugosa. *Flores* in ramis terminales; pedunculati, rubri. *Pedunculus* uniflorus, longitudine florum. *Varietas* triplex datur. α. minor, foliorum angulis argute dentatis. β. major, carinâ dentatâ, angulis subinermibus. γ. laevis, foliis acuminatis, angulis inermibus, papillosis.

38. M. (*spinosum.*) foliis trigonis, punctatis; spinis ramosis. Mesembryanthemum *spinosum.* *Linn.* Syst. Veg. XIV.
p. 469. Sp. Pl. p. 693.

Incolis: Dorre-Vygen. Crescit in Carro intra Olyfants rivier et Bocklandsberg, inque Hantum. Floret Octobri, Novembri.
Radix perennis. *Caulis* frutescens, pedalis, ramosissimus, erectus. *Rami* fastigiatim oppositi, tereti-ancipites, cinerei, glabri, patenti erecti, ramulosi, ramis similibus fastigiatis. *Folia* opposita, connata, aequilateri-trigona, obtusa cum acumine, integra, glabra, erecta; inferiora emarcido-decidua, cum axillaribus persistentibus; superiora axillaribus utrinque duobus onusta; unguicularia. *Flores* terminales, inter spinas, pedunculati, erecti, rubri. *Pedunculus* compressus, vix lineam longus, uniflorus. *Spinae* terminales, binae, e singulo latere floris unica, trichotoma; foliolis duobus sub trichotomia; raro

in ipsis spinulis; patentes, unguiculares, purpurascentes; spinulae interdum iterum trichotomae. *Varietas* triplex datur: α. major, foliis majoribus trigonis. β. minor, foliis globoso trigonis. γ. spinosissimum, foliis trigonis, subdistinctis, spinis triternatis.

39. M. (*emarginatum.*) foliis subulatis, scabridis; calycibus spinosis; petalis emarginatis. Mesembryanthemum *emarginatum. Linn.* Syst. Veg. XIV. p. 469. Spec. Plant. p. 692.

40. M. (*tenuifolium.*) foliis filiformibus, glabris; caule decumbente. Mesembryanthemum *tenuifolium. Linn.* Syst. Veg. XIV. p. 469. Sp. Pl. p. 693.

Caulis frutescens, ramosus. *Rami* alterni, teretes, purpurascentes, glabri, erecti, flexuosi, pedales, inaequales. *Ramuli* pauci. *Folia* connata, acuta, glabra, erecta, pollicaria. *Flores* terminales.

41. M. (*crassifolium.*) foliis semicylindricis, impunctatis; caule repente. Mesembryanthemum *crassifolium. Linn.* Syst. Veg. XIV. p. 469. Sp. Pl. p. 693.

Crescit in collibus prope urbem, Swartland, alibi. Floret Julio, Augusto.

Radix tenuis, fibrosa. *Caulis* filiformis, articulatus, ramosus, striato-angulatus, glaber, radicans, ramosus. *Rami* erecti, foliosi; inferne striati, subemarcidi; superne teretes, purpurei, glabri, rarius ramulosi, saepe radicantes, procumbentes. *Folia* opposita, connata; semiteretia seu supra plana, subtus convexa; subulato acuta, carnosa, minutissime punctata, erecto-patentia, glabra, unguicularia. *Flores* in apicibus ramorum vel ramulorum terminales, solitarii. *Perianthium* 1-phyllum, carnosum, tenuissime punctatum, glabrum, 5-partitum: *laciniae* ovatae, obtusiusculae, convexae, corollâ breviores, margine dilatato-membranaceae. *Petala* numerosa, calyci inserta, linearia, apice parum dilatata, obtusa, integra, unguicularia, incarnata, lineâ apicis dorsi purpureâ. *Filamenta* plurima, linearia, inaequalia, interioribus brevioribus, sub apice barbata, in unum corpus cohaerentia, lana intertexta, sed separanda, alba, apice purpurea, petalis duplo breviora, calyci inserta. *Antherae* lineares, erectae, sulcatae, flavae. *Germen* ovatum, convexum, crenulatum, obtusum, glabrum. *Styli* quinque, filiformes, erecti, pulverulenti, virescentes. *Stigmata* simplicia, subulata, erecta. *Nectarium*: Sertum denticulatum, germen cingens, viride. *Capsula* infera, carnosa, subovata, glabra, 5-valvis, 5-locularis *Semina* plurima.

42. M. (*lorenm.*) foliis semicylindricis, recurvis, congestis, basi interiori gibbis, caule pendulo. Mesembryanthemum *lorenm. Linn.* Syst. Veg. XIV. p. 470. Sp. Pl. p. 694.

Crescit in Carro inter Olyfants rivier et Bockland.

43. M (*tuberosum.*) foliis tereti-subulatis, papulosis; caule decumbente.

Crescit in campis siccis Hantum prope Daunis, in Rogge-
fēldt. Floret Novembri:
  Caulis filiformi teres, procumbens, glaber, ramosus, palmaris, cinereus, debilis. *Rami* oppositi, ramulosi, subsecundi
  decumbentes, virides, papulosi, digitales. *Folia* opposita,
  connata vaginantia, erecta, semiunguicularia. *Flores* in ramulis terminales, pedunculati, rubri. *Pedanculus* incrassatus,
  papulosus, uniflorus, longitudine folii. *Perianthium* 1-phyl-
  lum, inferne capsulam vestiens, papulosum, 5 partitum: *laci-*
  niae lanceolatae, obtusiusculae, erectae. *Petala* linearia, purpurea.

44. M. (*stipulaceum.*) foliis subtrigonis, compressis, incurvis, punctatis, basi marginatis. Mesembryanthemum stipulaceum. *Linn.* Syst. Veg. XIV. p. 469 Spec. Pl. p.693.

45. M. (*glomeratum.*) foliis teretiusculis, compressis,
punctatis; caule paniculato multifloro. Mesembryanthemum
glomeratum. *Linn.* Syst Veg XIV. p. 469. Sp. Pl. p. 694.

46 M. (*filamentosum.*) foliis trigonis, acutis, subpunc-
tatis: angulis scabris, ramis hexagonis. Mesembryanthemum
filamentosum. *Linn.* Syst. Veg. XIV. p. 469. Spec. Plant.
p. 694.

47. M. (*falcatum.*) foliis acinaciformibus, impunctatis,
carinâ scabris; petalis lanceolatis. Mesembryanthemum falcatum. *Linn.* Syst. Veg. XIV. p. 469. Sp. Pl. p. 694.

48 M. (*acinaciforme.*) foliis acinaciformibus: carinâ scabris; caule decumbente. Mesembryanthemum acinaciforme.
Linn. Sp. Pl. p. 695.

  Caulis pendulus, angulatus, glaber. *Folia* connata, acuta,
  carinâ cartilagineo-scabrida, glabra, pollicaria et ultra. *Flo-*
  res terminales.

49. M. (*forficatum.*) foliis acinaciformibus, obtusis, impunctatis, apice spinosis, caule ancipite. Mesembryanthemum forficatum. *Linn.* Syst. Veg. XIV. p.469. Spec. Plant.
p. 695.

Crescit in Carro.

*** *floribus luteis.*

50. M. (*sabulosum.*) acaule, foliis oblongis, planis, integris. Mesembr. sabulosum. Nov. Act. Ephem. Nat. Curios.
vol. 8. p. 17. App.

Crescit in arenosis Swartland et Saldanhabay. Floret Sep-
tembri, Octobri.
  Radix filiformis, fibrosa, annua. *Caulis* nullus, sed scapus
  unicus vel duo, glabri, erecti, digitales usque palmares. *Folia*
  opposita, sessilia, amplexicaulia, acutiuscula, inferne attenuata; supra sulco longitudinali concaviuscula; subtus convexiuscula

nervo longitudinali; carnosa, papulosa, pollicaria vel bipol·licaria. *Flores* terminales, majusculi, flavi *Perianthium* 5-partitum: *laciniae* oblongae, obtusiusculae, erecto-patentes. *Corolla* polypetala. *Petala* lanceolata, acuta *Color* corollae pallide luteus, nitidus. *Filamenta* plurima, calyci inserta, capillaria, inaequalia. *Antherae* ovatae, didymae, rubrae. *Germen* inferum. *Styli* 5, staminibus breviores, subulati, erecti. *Variat* scapo glabro et villoso.

51. M. (*difforme*.) acaule; foliis difformibus, punctatis. Mesembryanthemum *difforme*. *Linn.* Syst. Veg. XIV. p. 470. Spec. Pl. p. 699.

Crescit in Carro inter Olyfants rivier et Bockland, in Hantum et Roggefeldt. Floret Octobri, Novembri.

Radix perennis. *Caulis* subnullus. *Folia* radicalia, in singulo ramo radicali quatuor, connata; duo inferiora basi late connata, vaginantia, apice trigona, acuta, glabra, marcescentia, angulis scabrida, patentia, lineam longa, duo superiora, semi-teretia seu supra plana, virescentia, alba, subtus convexa, papillosa, viridia, angulis scabrida, carinâ sub apice serrulata, unguicularia, erecta, conniventia. *Flores* e centro foliorum pedunculati, erecti, flavi. *Pedunculus* angulatus, foliis brevior, uniflorus.

52. M. (*albidum*.) acaule; foliis trigonis, Mesembryanthemum *albidum*. *Linn.* Syst. Veg. XIV. p. 470. Spec. Pl. p. 699.

Folia radicalia, subquatuor, decussata, connata, carnosa, integra, digitalia, scapi bina, minuta. *Scapus* erectus, glaber, uniflorus et triflorus, palmaris.

53. M. (*ringens*.) acaule; foliis trigonis, dentatis, punctatis. Mesembryanthemum *ringens*. *Linn.* Syst. Veg. XIV. p. 470. Sp Pl. p. 698.

Crescit in Carro juxta Olyfants rivier pone Attaquas Kloof inter Olyfants rivier et in Bockland, Hantum, Roggefeldt, alibique. Floret Septembri, Octobri, Novembri.

Folia omnia radicalia, trigono-obovata, dentibus recurvis, crassa, carnosa, pollicaria.

Varietates quatuor insignes reperi: α *Crescit in onderste Roggeveld*, grandis, ramis minus aggregatis longioribus. *Folia* alternatim opposita, connata, trigona, attenuata, acuta, erecto-patula, viridia, inferne punctata, superne papilloso-scabra, supra plana, subtus convexa, marginibus a medio ad apicem ciliato-dentatis: carinâ sub apice ciliato-tuberculata: unguicularia; circiter sena.

Crescit cum priori, ramis procumbentibus aggregatis. *Folia* alternatim opposita, connata, obovata, apice dilatata, trigona, obtusa, sub apice gibba, viridi purpurea, inferne punctata, superne papilloso-scabra, upra plano-convexa, subtus gibboso convexa, marginibus carinâque a medio ad apicem ciliato dentata; semiunguicularia, circiter decem.

γ. *Crescit in Hantum.* Folia alternatim opposita connata, ovata, plano trigona, seu supra plana, subtus convexa, basi punctata, superne papillosa, laevia, acuta, patentia, ciliato - dentata, marginibus, carinâ integerrima, unguicularia, unquem lata.

δ. *Crescit eum priori.* Convenit cum β.; sed majus, foliis unguicularibus, minus purpureis.

54. M (*dolabriforme.*) subacaule; foliis dolabriformibus, punctatis. Mesembryanthemum *dolabriforme*. *Linn.* Syst. Veg. X V. p 470. Sp. Pl p. 699.

Crescit in collibus siccissimis Hantum, prope montes Roggefeldt. Floret Septembri et sequentibus mensibus; defloruit Novembri.

Radix fibrosa, filiformis, perennis. *Caulis* nullus, raro caulescens. *Folia* radicalia, saepe plurima aggregata, opposita, connata, dolabriformia seu trigona, extus convexa, intus carinata latere altero oblique transverso, altero producto; obtusa cum acumine, integra, incurva, pallide viridia, punctis elevatis saturate viridibus, crassa, digitalia. *Flores* e centro foliorum, pedunculati. *Pedunculus* incrassatus, bracteis binis in medio, uniflorus, foliis brevior.

55. M. (*linguaeforme.*) acaule; foliis linguaeformibus, altero margine crassioribus. Mesembryanthemum *linguaeforme*. *Linn.* Syst. Veg. XIV. p. 470. Sp. Pl. p. 699.

Crescit in Carro pone Lange Kloof, alibique.

56. M. (*rostratum.*) acaule; foliis semicylindricis, externe tuberculatis. Mesembryanthemum *rostratum*. *Linn.* Syst. Veg. XIV. p. 470. Sp. Pl. p. 696.

Crescit in Carro inter Olyfants rivier et Bockland.

57. M (*pugioniforme.*) foliis trigono - subulatis, impunctatis; pedunculis aphyllis. Mesembryanthemum *pugioniforme*. *Linn.* Syst. Veg XIV. p. 470. Sp. Pl. p. 699.

Crescit in sabulosis juxta Verloren Valley, alibi. Floret Septembri, Octobri, Novembri.

Radix crassa, descendens. *Caulis* tereti-anceps, ramosus, diffusus, glaber. *Rami* oppositi, cauli similes. simplices. *Folia* prope ramificationes subverticillata, caulina sparsa, sessilia, trigona, acutiuscula, integra, mollia, glabra, erecta, digitalia. *Flores* terminales, pedunculati, magni, flavi. *Pedunculi* angulati, uniflori, erecti, glabri, spithamaei. *Perianthium* 5 - phyllum: *laciniae* basi latae, inde teretes, acutiusculae, glabrae, pollicares, patentes. *Corolla* aureo-lutea splendens, polypetala: *Petala* lineari lanceolata, calycis laciniis paulo breviora. *Filamenta* plurima, capillaria, corolla multo breviora, calyci inserta. *Capsula* subtus viridis, 5 - *angulata*, glabra, conica, supra concavo-plana, radiata, multilocularis, magnitudine pruni, maturitate supra conica. *Semina* plurima, globosa, glabra.

58. M. (*pruinosum*.) foliis trigonis, papulosis; caule decumbente, frutescente Mesembr. *pruinosum*. Nov. Act. Ephem. Nat. Curios. v. 8. p. 17. ap.

Crescit in Carro prope Luris rivier et in Cannaland. Floret Decembri, Januario.
Radix perennis. *Caulis* filiformis, ramosus, palmaris. *Rami* oppositi, flexi, rigidi. *Folia* opposita, sessilia, obtuse trigona, obtusissima, crasso-carnosa, approximata, crystallino-papulosa, patentia, unguicularia. *Flos* terminalis, solitarius, luteus, subpedunculatus.

59. M. (*aureum*.) foliis teretibus, papulosis; caule erecto, fruticoso. Mesembr. *aureum*. Nov. Act. Ephem. Nat. Curios. v. 8. p. 16. ap.

Crescit in Carro inter Olyfants rivier et Bocklandsberg copiose. Floret Octobri, Novembri.
Radix perennis. *Caulis* ramosissimus, bipedalis. *Rami* oppositi, divaricato-patuli, teretes, articulati, crvstallino-scabridi, ramulosi. *Folia* ad articulos, opposita, connata, ovato teretia seu basi plana, apice teretia, obtusa, patentia, granulato papulosa, unguicularia internodiis breviora, decidua. *Axillae* onustae foliis duobus vel quatuor, exacte teretibus, erectis. *Flores* terminales, pedunculati, solitarii, flavi. *Pedunculus* superne crassior, papulosus, uniflorus, unguicularis. *Perianthium* papulosum, 5-partitum: *laciniae* inaequales, tribus majoribus, teretes, obtusae, basi dilatatae, erectae. *Petala* linearia aurea. *Styli* 5, subulati, erecti. *Stigmata* simplicia, acuta. *Differt* a M. *micante:* foliis connatis, a *glauco:* foliis obtusis, connatis.

60. M. (*laeve*.) foliis trigonis, laevibus; caule decumbente, articulato. Mesembr. *laeve*. Nov. Act. Nat. Curios. v 8. p. 16. app.

Crescit prope Sondags rivier. Floret Decembri.
Caulis teres, cinereus, glaber, ramosus, crassitie dimidia pennae, pedalis. *Rami* breves, erecti, foliosi, similes. *Folia* decussatim opposita, connata, approximata, subtereti supra planiuscula, obtusa, impunctata; glabra, erecta, pollicaria. *Flores* in ramulis terminales, flavi, solitarii. *Perianthium* 4-fidum: *laciniae* oppositae, breviores, duae.

61. M. (*verruculatum*.) foliis trigono-cylindricis, arcuatis, impunctatis; caule articulato, laevi. Mesembryanthemum *verruculatum*. Linn. Syst. Vég. XIV. p. 470. Sp. Pl. p. 696.

a. Crescit in Carro inter Olyfants rivier et Bockland.
Caulis teres, glaber, decumbens. *Folia* connata, tereti-trigona, glabra, obtusa, pollicaria. *Flores* terminales, flavi.
β. *Crescit in Hantum. Floret Novembri.*
Caulis angulatus, procumbens, palmaris, articulatus, glaber, simplex; *rami* radicales plures. *Folia* ad articulos caulis sita,

opposita, connata, trigono terotia, obtusa eum acumine, integra, glabra, laevia, erecta, secunda, semidigitalia, articulis caulinis paulo longiora. *Folia* axillaria, utrinque bina, minora. *Folia* ideo videntur fasciculata, sex. *Flores* ex articulis caulinis solitarii, pedunculati, erecti, flavi. *Pedunculus* superne incrassatus, compressus, uniflorus, foliis paulo brevior. *Perianthium* 1 phyllum, inferne capsulam vestiens, tetragonum, glabrum, 4-partitum, raro 5-partitum: *laciniae* trigonae, acutiusculae, glabrae, duae oppositae longiores. *Petala* linearia, obtusa, lutescentia.

62. **M.** (*angulatum.*) foliis obovatis, papulosis; caule angulato, decumbente.

Crescit juxta Sondags rivier. Floret Januario.
   Caulis papulosus, herbaceus, ramosus, pedalis et ultra. *Rami* breves, oppositi, cauli similes, diffusi. *Folia* sessilia, obtusa, supra concava, sulco longitudinali, subtus carinata, patentia, unguicularia, superioribus sensim minoribus. *Flores* in ramulis terminales, lutei. *Calyx* angulatus, 5-phyllus.

63 **M.** (*micans.*) foliis subcvlindricis, papulosis; ramis scabris. Mesembryanthemum *micans. Linn.* Syst. Veg. XIV. p. 470. Spec. Pl. p. 696.

Crescit infra montes Bockefeldt. Floret Decembri.
   Caulis fruticosus, flexuoso-erectus, purpurascens, glaber, ramosissimus. *Rami* filiformes, similes, ultimi scabri vel hispidi, capillares. *Folia* lineam longa. *Flores* in ramis et ramulis terminales.

64. **M.** (*edule.*) foliis trigonis, acutis, impunctatis, earinâ subserratis; caule ancipiti. Mesembryanthemum *edule. Linn.* Syst. Veg. XIV. p. 469. Sp. Pl. p. 695.

Incolis: Hottentotts-vygen. Crescit in collicalis et campis sabulosis valgatissimum, prope Cap, in Swartland, alibique. Floret Julio et sequentibus mensibus.

65. **M.** (*tetragonum.*) foliis trigono-cylindricis; caule erecto, tetragono, frutiroso.

Crescit in Hantum. Floret Novembri.
   Radix perennis. *Caulis* ramosus, cinereus, subtetragonus, pedalis. *Rami* alterni, cauli similes, ramulosi vel simplices, ereeti, subfastigiati; ultimi ramuli virides. *Folia* opposita, connata, trigono-terotia obtusissima, integra, subpunctata, glabra, erecto inflexa, unguicularia, superioribus et axillaribus minoribus. *Flores* terminales, pedunculati, lutei. *Pedunculus* a ramulis continuatus, superne incrassatus, compressus, uniflorus, longitudine foliorum. *Perianthium* 1-phyllum, inferne capsulam vestiens, tetragonum, 4-partitum, raro 5-partitum: *laciniae* ovatae, obtusae; duae oppositae longiores, carinatae; ceterae apice membranaceae. *Petala* linearia, luteo albida. *Germen* 4-gonum, glabrum. *Styli* 4, subulati, erecti, albi. *Stigmata* simplicia, acuta.

66. M. (*bicolorum.*) foliis subulatis punctatis; caule frutescente; corollis bicoloribus. Mesembryanthemum *bicolorum.* Linn. Syst. Veg. XIV. p. 470. Sp. Pl. p. 695.

67. M. (*serratum.*) foliis trigono subulatis, punctatis, carinâ retrorsum serratis. Mesembryanthemum *serratum.* Linn. Syst. Veg. XIV. p. 470. Sp. Pl. p. 696.

68. M. (*glaucum.*) foliis trigonis, acutis, punctatis; calycinis foliolis ovato - cordatis. Mesembryanthemum *glaucum.* Linn. Syst. Veg. XIV. p. 470. Sp. Pl. p. 696.

69. M. (*corniculatum.*) foliis trigono-semicylindricis, scabrido-punctatis, supra basin lineâ elevatâ connatis. Mesembryanthemum *corniculatum.* Linn. Syst. Veg. XiV. p. 470. Sp. Plant. p. 697.

70. M. (*pomeridianum.*) foliis lato-lanceolatis, planis, laevibus, subciliatis; caule, pedunculis, germinibusque hirtis. Mesembryanthemum *pomeridianum.* Linn. Syst. Veg. XIV. p. 470. Sp. Plant. p. 698.

71. M. (*tortuosum.*) foliis ovatis, planis, subpapulosis; calycibus bicornibus; ramis diffusis. Mesembryanthemum *tortuosum.* Linn. Syst. Veg. XIV. p. 470. Spec. Plant. p. 697.

Crescit in Carro.

Caulis brevis, mox ramosus. *Rami* elongati, *Folia* acuta, integra, unguicularia.

72. M. (*pinnatifidum.*) foliis obovatis, pinnatifidis. Mesembryanthemum *pinnatifidum.* Linn. Syst. Veg. XIV. p. 470. Suppl. p. 260. Mesembryanthemum *pinnatum.* Nov. Act. Ephem. Nat. Curios. vol. 8. p. 15. app.

Crescit in montibus Rode Sand prope Waterfall, in Paardeberg. Floret Septembri, Octobri.

Radix subfusiformis, fibrosa, annua. *Caules* radicales, plures, teretes, diffusi, ramosi, papulosi, purpurei, subdigitales. *Rami* alterni oppositique, pauci, breves, cauli similes. *Folia* opposita, sessilia, subconnata, lyrato-pinnatifida, integra, crystallino papulosa, obtusiuscula, viridia, margine purpurascente; inaequalia, pollicaria, subtus pallidiora; *laciniae* alternae, obtusae, inferne sensim minores. *Flores* axillares, pedunculati solitarii. *Pedunculus* teres, purpureus, foliis brevior. *Perianthium* 5-phyllum: *laciniae* lanceolatae, obtosae, inaequales, persistentes, papulosae, virides margine purpurascente. *Corolla* polypetala, lutea. *Capsula* conica, subtus viridis, supra umbilicata, 5-angulata, 5-striata, purpurea, papulosa, calyce coronata, 5-locularis. *Semina* in singulo loculamento plura.

POLYGYNIA.

CCLXIII. G E U M.

Cal. 10-*fidus. Pet.* 5. *Sem. aristá geniculatá.*

1. G. (*capense.*) floribus nutantibus; seminibus pilosis; aristis nudis erectis; foliis lyratis.

Crescit juxta Rietvalley, ad pedem collium. Floret Decembri.

Caulès bini vel tres radicales, herbacei, teretes, erecti, simplices, apice cernui, villosi, pedales. *Folia* radicalia plura, petiolata, villosa, erecta: *Lobi* inferiores minuti, dentati, superiores inciso dentati, sensim majores, unguiculares, rotundati, oppositi, alternis interspersis minoribus; supremus cordatus, orbiculatus, lobatus, inciso-dentatus, subpalmaris; caulina incisa, minuta, sessilia. *Petiolus* pilosus, a basi ad supremum lobum spithamaeus. *Flores* terminales, cernui, circiter tres in caule tripartito. *Calyx* petalis minor, pilosus. *Semina* villosa, aristis glabris, rectis.

C l a s s i s XIII.

P O L Y A N D R I A.
M O N O G Y N I A.

CCLXIV. Z A M I A.

Masc. **A m e n t u m** *strobiliforme squamis subtus tectis polline.*

Fem. **A m e n t u m** *strobiliforme in utroque margine.* **D r u p a** *solitaria.*

1. Z. (*coffra.*) foliis pinnatis: pinnis lanceolatis, petiolis inermibus. Cycas *caffra.* Act. Nov. Upsaliens. vol. 2. p. 233. tab. 5. Zamia *cycadis. Linn.* Syst. Veg. per *Gmel.* p. 8 3.

Africanis Colonis: Broodboom. Crescit in Lange Kloof et Krum rivier usque ad Visch rivier, in proclivis montium et collium. Floret Augusto et sequentibus mensibus.

Radix oblonga vel rotundata; adulta valde crassa, perennis. *Truncus* juniqris plantae nullus; adultioris simplex, rudimentis foliorum tuberculatus, lignosus, erectus, crassitie femoris, orgyalis. *Folia* radicalia, in trunco terminalia, plura, petiolata, erecta, palmaria usque bipedalia et ultra. *Pinnae* multijugae, alternae, sessiles, acutae, basi obliquae, supra concavae, subtus convexae, nervosae, glabrae, erecto - patentes, pollicares usque digitales; juniores apice dente uno alterove, adultae integrae. *Petioli* lati, trigoni, supra plani, subtus carinati, sulcati, glabri, spithamaei. *Flores* masculi et feminei in distincta Palma. ♂. *Amentum* strobiliforme, grande, imbricatum squamis, ovatum vel cylindricum, pedunculatum, e radice vel apice trunci excrescens, erectum, spithamaeum. *Squamae* subtrigonae, obtusissimae, umbilicato retusae, rugosae, glabrae, sensim attenuatae, sessiles, supa planae, subtus carinatae, antheris tectae. *Corolla* nulla. *Filamenta* nulla. *Antherae* sessiles, confertissimae, ovatae, supra rima longitudinali dehiscentes, glabrae, uniloculares, magnitudine milii. *Pollen* antheris inclusum, farinosum, album. *Pedanculus* striatus, cylindricus, apice incrassatus, glaber, digitum crassus palmaris. ♀. *Amentum* strobiliforme, grande, ovatum, pedunculatum, squamis imbricatum, glabrum, viride, subpedale. *Squamae* pedunculatae apice crasso, subtetragono, obtuso; lateribus compressis, in hamum productis: Hami pedicello dimidio breviores. Squama tota, excepto pedicello, supra tuberculis latere utroque lacunis difformibus muricata. Pedicellus, quo squama affigitur, medius inter hamos laterales, pentagonus, angulis acutis, laevis, bipollicaris. E regione pedicelli inter hamos laterales dens hamis duplo brevior, poris uti tota squama, instar boleti, muricatus. Supremae squamae ovatae, subcompressae, quadrangulares, inferne angustatae, sessiles absque hamis, muricatae. *Pedunculus* ut. in Mare. *Corolla* nulla. *Germina* obtusissima, poris aliquot intrusis. *Stylus* nullus. *Stigma* nullum, nisi pori in nuce. *Drupa* duplex intra singulam squamam, libera, oblongo - ovata, sensim inferne attenuata, carnosa pulpâ rubrâ, basi oblique truncata cum acumine parvo cent ali, apice obtusissima, convexa, carne denudata, nucem continens, 5 vel 7 - angulata, glabra, pollicaris. *Nux* ovata, obtusa, laevis, obsolete trigona, cinerea, unilocularis, magnitudine nucis quercinae. *Cortex* nucis ligneus. *Nucleus* albus, solidus, tunicâ vestitus intra nucem; basi intus poris duobus vel tribus, parum profundis, qui, si dissecatur, in conspectum veniunt. *Palma* lentissime crescit, si vero arbuscule vicina comburantur, melius crescit et floret. F. medulla trunci Hottentotti panem parare sciunt. *Cyrculio Zamiae* fructu hujus nutritur.

O b s. Masculus uti et femineus strobilus saepius proveniunt in planta acauli.

CCLXV. CAPPARIS.

C a l! 4 - *phyllus, coriaceus.* *P e t.* 4. *S t a m. longa. B a c c a corticosa, unilocularis, pedunculata.*

1. **C.** (*triphylla.*) foliis ternatis.

Crescit juxta ripas Komtou fluvii, et juxta Zecko - rivier. Floret Decembri.

Caulis fruticosus, cinereus, glaber, erectus, inermis. bipedalis et ultra. *Rami* similes, divaricati, ramulosi. *Ramuli* striato - angulati. *Folia* sparsa, petiolata: *Foliola* breviter petiolata, oblonga, seu obovata, obtusa cum mucrone, integra, glabra, unguicularia, intermedio paulo majore. *Petioli* unguiculares petiolulis vix lineam longis. *Flores* axillares versus apices ramorum, solitarii, pedunculati, erecti. *Pedunculi* incrassato - clavati unguiculares. *Perianthium* 4 - partitum *Corolla* nulla. *Filamenta* ultra viginti, receptaculo inserta *Antherae* ovatae, sulcatae. *Germen* superum stylo simplici et stigmate obtuso. *Bacca* ovata.

2. **C.** (*capensis.*) foliis oblongis, mucronatis; floribus umbellatis; stipulis aculeatis.

Crescit in sylvula juxta Camtous rivier. Floret Novembri, Decembri.

Caulis fruticosus, rigidus, virescens, glaber, aculeis recurvis, erectus, ramosissimus, quadripedalis et ultra. *Rami* sparsi, similes, erecto - patentes, iterum ramulosi. *Folia* alterna, petiolata, obtusa cum mucrone, integra, margine reflexo,

glabra, subtus pallidiora, erecto-patentia, pollicaria, inaequalia. *Petioli* breves, inermes. *Aculei* loco stipularum bini, inter quos petiolus situs, infra ramos, recurvi. *Flores* plurimi.
Umbella terminalis. *Pedunculi* capillares, unguiculares. *Perianthium*-4 phyllum: *foliola* ovata, obtusa, valde concava, glabra, margine tenui subciliato. *Petala* 4, ovata, concava, margine subciliata, basi intusque villosa, longitudine calycis. *Filamenta* plurima, receptaculo inserta, capillaria, corollâ longiora.
Antherae ovatae, intus flavae, extus fuscae. *Stylus* nullus.
Stigma capitatum, glabrum, pedicellatum intra calycem, pedicello filiformi longitudine corollae.

CCLXVI. P A P A V E R.

Cal. diphyllus. Cor. 4-*petala. Caps.* 1-*locularis, sub
stigmate persistente poris dehiscens.*

1. P. (*aculeatum.*) capsulis oblongis, glabris; caule multifloro aculeato, folioso; foliis pinnatifidis serratis.

Crescit in sylvis Houtniquas. Floret Novembri.

Caulis herbaceus, debilis, erectus, simplex, virescens, totus aculeis flavescentibus inaequalibus horizontalibus, pedalis
et ultra. *Folia* inferiora frequentia et majora, superiora sensim minora, sessilia, alterna, inciso-pinnatifida, glabra, sed
tota utrinque armata aculeis inaequalibus, erecta, pollicaria
usque digitalia. *Flores* axillares et terminales, pedunculati,
cernui. *Pedunculi* filiformes, aculeati, digitales et ultra. *Calyx* hispidus.

CCLXVII. N Y M P H A E A.

Cal. 4-5-*phyllus. Cor. polypetala. Bacca multilocularis, truncata.*

1. N. (*capensis.*) foliis subpeltatis, cordatis, orbiculatis,
integris; petalis lanceolatis, calyci aequalibus.

Crescit in fluviis Langekloof. Floret Decembri.

Caulis teres, glaber, crassitie pennae vel digiti. *Folia* nervosa, subtus pallida, spithamaea. *Petala* plurima, caerulea.

CCLXVIII. C H R Y S I T R I X.

Polygama. HERMAPHROD. *Gluma bivalvis. Corolla
paleis numerosis, setaceis. Stam. multa, intra singulas paleas singula. Pist.* 1. *MASC. ut in Hermaphrodito. Pist.* o.

1. C. (*capensis.*) *Linn.* Syst. Veg. XIV. p. 921. Mant.
p. 304.

*Crescit in planitie frontis Taffelberg. Floret Martio,
Aprili.*

Radix cespitosa, perennis. *Folia* radicalia, scapum inferne
vaginantia, plura, 5 usque 6, equitantia, ensiformia, acuta, inte-

gra, tenuissime striata, glabra, scapo breviora, spithamaea.
Scapus compressus, simplex, glaber, striatus, erectus, spithamaeus usque pedalis. *Florum* capitulum terminale, erectum.
Spatha bivalvis: *valvula* exterior ex ipso scapo continuata, en-
siformis, compressa, striata, glabra, erecta, pollicaris; interior
ovata, concava, carinata, triplo brevior. *Perianthium* polyphyllum: *foliola* ovato-oblonga, brunea, acuta, glabra. *Corolla*
polypetala: *Petala* filiformi-setacea, alba.

CCLXIX. SPARRMANNIA.

Cal. 4-*phyllus*. *Cor.* 4-*petala, reflexa*. *Nectaria*
plura, torulosa. *Caps.* angulata, 5-locularis,
echinata.

1. S. (*africana.*) Nov. Gen. Plant. P. 5. p. 88. *Linn.*
Syst. Veg. XIV. p. 492. Suppl. p. 41. 265.

Crescit inter arbores in sylvis Essebosch et Houtniquas dictis,
inque lateribus montium inter Houtniquas et Langekloof.
Floret ab Octobri usque in Januarii mensem.

Tota planta villosa. *Caulis* frutescens, erectus, bipedalis et
ultra. *Rami* alterni, teretes, erecti. *Folia* alterna, petiolata,
cordata, ovata, lobata, acuminata, serrata, novemnervia, dependentia. *Petioli* teretes, digitales. *Stipulae* laterales, subulatae,
erectae. *Flores* umbellati pedunculis ante florescentiam deflexis. *Pedunculi* oppositifolii, erecti, pilosi, umbelliferi, petiolis longiores. *Pedicelli* simplices, pollicares. *Involucrum*
polyphyllum: laciniis subulatis, brevissimis. Habitus *Triumfet-*
tae respectu herbae, *Geranii* respectu floris, et *Gei* respectu
capsulae echinatae.

CCLXX. GREWIA.

Cal. 5-*phyllus*. *Petala* 5, basi squamá nectariferá.
Bacca 4-locularis.

1. G. (*occidentalis.*) foliis subovatis serratis, floribus solitariis. Grewia *occidentalis*. *Linn.* Syst. Veg. XIV. p. 826.
Sp. Plant. p. 1367.

Crescit infra latus orientale Taffelberg prope villas Paradys
et Rondebosch, alibique. Floret Februario et sequentibus
mensibus.

CCLXXI. MIMOSA.

Polygama. Hermaphrod. *Cal.* 5-dentatus. *Cor.* 5-fida.
Stam. 5 seu plura. *Pist.* 1. *Legumen.* Masc.
Cal. et Cor. Hermaphroditi. Stam. 5-10, plura.

1. M. (*nilotica.*) spinis stipularibus patentibus; foliis bipinnatis: partialibus extimis glandulá interstinctis; spicis globosis
pedunculatis. Mimosa *nilotica*. *Linn.* Syst. Veg. XIV. p. 917.
Spec. Plant. p. 1506.

*Incolis Africanis: D o o r n B o o m. Crescit vulgaris juxta rivos.
Floret Octobri et sequentibus mensibus.*

2. **M.** (*caffra.*) aculeis binis oppositis; foliis bipinnatis:
pinulis lanceolatis, glabris; spicis clongatis.

*Crescit in Carro prope S l a n g r i v i e r, juxta C a m t o u s r i-
v i e r et alibi, satis vulgaris et copiosa. Floret Decembri et
sequentibus mensibus.*
Arbor orgyalis et ultra, ramosissima. *Rami* alterni, glabri,
purpurascentes, erecto-patentes. *Ramuli* similes, striati. *Aculei*
infra ramei et infra pedunculares, subulati, divaricati, breves.
Foliorum pinnae 5 usque 9: *Pinnulae* 20-usque 30-jugae, obtusiusculae, integrae, patentes, lineam longae. *Flores* spicati.
Spicae axillares, pedunculati, erecti, digitales. *Pedunculi* pollicares, tenuissime villosi. *Differt* a M. *tenuifolia* cui similis:
pinnulis minime ciliatis, nec dimidiatis.

D I G Y N I A.

CCLXXII. C L I F F O R T I A.

*M*ASC. *Ca l.* 3-*phyllus, supernus. Stam. fere* 30. FEM.
Cal. ut in mare. Cor. o. *Styli* 2. *Caps.* 2-*locularis. Sem.* 1.

1. **C.** (*ericaefolia.*) foliis fasciculatis, simplicibus, teretibus, sulcatis, glabris. CLIFFORTIA *ericaefolia. Linn.* Syst.
Veg. XIV. p. 894. Suppl. p. 430.

Crescit inter Cap et Bayfals. Floret Junio, Julio.
Radix perennis. *Caulis* fruticosus, teres, bruneus, glaber,
ramosissimus, erectus, bipedalis et ultra. *Rami* et *ramuli*
sparsi, filiformes, virgati, cauli similes. *Folia* e gemmis plura,
brevissime petiolata, obtusa, erecta, supra convexa, subtus
sulco longitudinali, lineam longa. *Gemmae* alternae, villosae,
approximatae. *Petiolus* brevissimus. *Differt* a C. *teretifolia*
1. foliis obtusis nec mucronatis; 2. foliis circiter tribus e singula gemma, nec pluribus; 3. foliis supra convexis nec planis; 4. foliis subtus sulcatis, nec convexis; 5. foliis petiolatis; a *juniperina*: a. foliis obtusis, nec pungentibus; b. foliis
teretibus, petiolatis et sulcatis.

2. **C.** (*teretifolia.*) foliis fasciculatis, tereti subulatis,
incurvis, glabris. CLIFFORTIA *teretifolia. Linn.* Syst. Veg. XIV.
p. 394. Suppl. p. 430.
Crescit in regionibus Piquetberg. Floret Octobri.
Radix perennis. *Caulis* fruticosus, erectus, cinereus, ramosissimus, bipedalis vel ultra. *Rami* sparsi, cauli similes, incurvi. *Folia* e gemmis plurima, semiteretia, supra plana, subtus convexa, acuta, integra, sessilia, lineam longa. *Gemmae*

alternae, glabrae. *Flores* axillares, sessiles, masculi et feminei in eodem frutice, seu androgyni. *Simillima* C. *juniperinae*; differt vero: 1. foliis teretibus, nec trigonis. 2. foliis incurvis, nec rectis. 3. foliis integris, nec scabris.

3. C. (*juniperina.*) foliis fasciculatis, sublulatis, glabris. Cliffortia *juniperina*. *Linn.* Syst. Veg. XIV. p. 894. Suppl. p. 430.

Crescit in campo et collibus infra latus orientale Taffelberg. *Floret Majo, Junio.*

Radix perennis. *Caulis* frutescens, tripedalis, ramosissimus, erectus. *Rami* teretes, flexuosi, cinerei, glabri, ramulosi. *Ramuli* iterum ramulosi, filiformes, subtomentosi, rufescentes, erecti. *Folia* plurima, 6-9 e singula gemma, linearia, supra convexiuscula, subtus concava costa longitudinali elevata, acuta, integra vel armato oculo tenuissime serrato-ciliata, lineam longa, internodiis vix longiora. *Gemmae* alternae squamis ovatis, acutis, rufescentibus, foliis triplo brevioribus. *Flores* sparsi, masculi et feminei distincti. *Perianthium* triphyllum: *laciniae* lanceolatae, aequales, concavae, erectae, virides, persistentes, vix lineam longae. *Germen* oblongum inferum. *Styli* duo, breviores calyce, albidi. *Stigmata* plumosa, patenti-recurva, purpurascentia. *Capsula* oblonga, teretiuscula, substriata, calyce coronata, glabra, unilocularis. *Semen* solitarium, oblongum. *Flores* masculos non vidi.

4. C. (*filifolia.*) foliis fasciculatis, filiformi trigonis, glabris. Cliffortia *filifolia*. *Linn.* Syst. Veg. XIV. p. 893. Suppl. p. 430.

Crescit infra Taffelberg, latere orientali. *Floret Augusto.*

Radix perennis. *Caulis* frutescens, basi decumbens, erectiusculus, fuscus, ramosissimus, spithamalis vel ultra. *Rami* et *ramuli* sparsi, frequentes, laxi, flexi. *Folia* e gemma singula circiter 5, sessilia, semiteretia, supra plana, subtus convexa, acuta, integra, incurva, internodiis longiora, sesquilineam longa. *Gemmae* alternae, frequentes, glabrae. *Flores* axillares, sessiles, dioici. *Simillima* C. *juniperinae;* differt tamen: 1. foliis semiteretibus; 2. foliis incurvis nec recurvis; 3. foliis integris nec scabris; 4. caule basi procumbente; 5. ramis laxis nec rigidibus; 6. quod longe humilior.

5. C. (*cinerea.*) foliis connatis, ovato-trigonis, incanotomentosis.

Crescit in Bockland, Hantum. *Floret Augusto, Septembri.*

Radix perennis. *Caulis* fruticosus, erectiusculus, cinereus, ramosus, pedalis vel paulo ultra. *Rami* alterni, subsecundi, patenti-recurvati, cauli similes, ramulosi, spithamaci. *Ramuli* alterni, secundi, breves, cinerei. *Folia* per ramos opposita, subtrigona supra concava, subtus carinata, obtusiuscula, integra, cinereo-subtomentosa, lineam dimidiam longa. *Axillae* utrinque onustae foliis fasciculatis, similibus. *Flores* axillares, sessiles, dioici. *Styli* duo.

6. C. (strobilifera.) acutis, integris, glabris. Cedrus conifera juniperinis foliis, racemosa, conis candicantibus parvis - Cap. Bonae Spei. *Pluk. Alm.* p. 95. t. 275. f. 2. Cliffortia strobilifera. *Linn.* Syst. Veg. XIV. p. 893. Mant. p. 299.

Crescit vulgaris in collibus prope Cap. Floret Majo et sequentibus mensibus.

Radix perennis. *Caulis* fruticosus, tripedalis vel ultra, erectus, ramosissimus. *Rami* et *ramuli* cinerei, laxi, patentes, ramulosi, teretes. *Folia* fasciculata seu ex gemma circiter sex, cum acumine pungente, inferne angustata, inaequalia; supra canaliculata; subtus carinata; patenti - imbricata, internodiis longiora, unguicularia. *Gemmae* alternae, approximatae. *Stipulae* ovatae sessiles, bifidae, striatae, glabrae, foliis multoties breviores. *Flores* in ultimis ramulis inter folia sparsi, masculini et feminini in distincta planta. ♂. *Perianthium* 5-phyllum: *laciniae* ovatae, acutae, reflexo patentes, glabrae. *Corolla* nulla. *Filamenta* 16 vel 17, capillaria, calyce paulo longiora. *Antherae* oblongae, didymae, flavae. ♀. *Calyx* ut in mare. *Corolla* nulla. *Germen* inferum, oblongum. *Stylus* unicus, curvatus, supra longitudinaliter plumosus capillis rubris. *Stigma* recurvum, plumosum, simplex. *Capsula* oblonga, teretiuscula.

Obs. Strobilus est nidus insecti, in cujus centro pupa alba latet. *Folia* quaedam apice utrinque dente unico notantur.

7. C. (graminea.) foliis ensiformibus serra is. Cliffortia graminea. *Linn.* Syst. Veg. XIV. p. 893. Suppl. p. 429.

Crescit in Langekloof prope rivulum et villam Trifontyn. Floret Novembri.

Radix fibrosa. *Caulis* suffruticosus, simplex, teres, striatus, rufescens, glaber, foliis tectus, bipedalis, erectus. *Folia* vaginantia, acuminata, tenuissime serrata, serraturis remotis, imbricata, glabra, striata, tripollicaria, internodiis multoties longiora. *Vaginae* apice dente utrinque unico, acuto, erecto, unguiculares. *Flores* laterales in axillis foliorum, masculi et feminei in distincta planta. *Bracteae* tres, alternae, subulatae, concavo-trigonae, erectae, glabrae, calyce triplo breviores. ♂. *Filamenta* 30, capillaria, inaequalia, alba, longitudine fere bractearum. *Antherae* lineares, didymae, flavae. ♀. *Perian thium* 3-phyllum: *laciniae* ovatae, acutae, virides. *Germen* inferum. *Stylus* simplex, filiformis, albus. *Stigma* involutum, simplex, dorso villosum, album. *Capsula* oblonga, obtusa, pallida, striis rufis.

8. C. (ruscifolia.) foliis lanceolatis, integris, tridentatisque. Cliffortia ruscifolia. *Linn.* Sp. Plant. p. 1469. Syst. Veg. XIV. p. 893.

Crescit in collibus prope Cap et alibi vulgaris.

Radix perennis. *Caulis* fruticosus, tripedalis, rigidus, ramosissimus. *Rami* et *ramuli* foliis tecti, patenti-erecti. *Folia* vaginantia, ovato-lanceolata, acuta acumine pungente; supra convoluto-concava; subtus pallidiora, striata, integra, imbricata, vix unguicularia, glabra. *Quaedam* folia apice dente

utrinque unico notantur. *Vaginae* latae, in dentem acutum
utrinque unicum terminatae, foliis duplo breviores. *Flores*
Androgyni et dioici. ♂. *Perianthium* triphyllum: *laciniae* lato-
ovatae, concavae, patentes. *Filamenta* plurima, capillaria, calyce longiora, albida. *Antherae* ovatae, didymae, flavae. *Inveni* in distincta planta flores masculos, in alia femineos, in alia
iterum androgynos. *Frutex* tamen plerumque monoicus est.

q. C. (*ilicifolia.*) foliis ovatis, integris, tridentatisque.
Cliffortia *ilicifolia*. *Linn.* Sp. Pl. p. 1469. Syst. Veg. XIV.
p. 893

*Crescit in Langekloof prope villam P. Streidung juxta
fluvium. Floret Novembri.*
　　Radix perennis. *Caulis* fruticosus, erectus, ramosissimus,
bipedalis et ultra. *Rami* et *ramuli* teretes, foliis tecti, glabri,
patenti-recurvi. *Folia* vaginantia, cordato-ovata, acuta cum
acumine pungente, subinde etiam 5-dentata, lineata, glabra,
semiunguicularia, imbricata. *Vaginae* breves, bifidae, acutae.
Flores masculi et feminei distincti in diverso individuo. ♂. *Perianthium* triphyllum: *laciniae* latae, ovatae, intus concavae,
extus striatae, glabrae. *Filamenta* plurima, capillaria. ♀. *Perianthium* triphyllum: *laciniae* ovatae, acutae, minutae, glabrae, persistentes. *Capsula* oblonga, striata, coronata calyce,
glabra, unilocularis. *Semen* unicum, oblongum, compressius-
culum, album. *Haec* vere demonstravit capsulam 1-spermam,
semine maturo.

10. C. (*serrata.*) foliis ovatis, serratis, ciliatis. Cliffortia *ferruginea*. *Linn.* Syst. Veg. XIV. p. 893. Suppl.
p. 429.

*Crescit prope Cap in Bayfals, Krumrivier, Lange-
kloof, alibique locis humidis. Floret Decembri, Januario.*
　　Radix perennis. *Caulis* suffruticescens, procumbens, bruneus, ramosus, pedalis, glaber. *Rami* sparsi, simplices, breves. *Folia* sessilia, e singula gemma circiter tria, obtusa cum
acumine, basi integra, a medio ad apicem serrata serraturis
ciliatis, patentia, glabra, semiunguicularia. *Gemmae* frequentes. *Flores* axillares, sessiles, dioici. *Differt* a C. *ruscifolia*
et *ilicifolia*: 1. caule decumbente; 2. caule parum ramoso;
3. foliis omnibus serratis; 4. foliorum serraturis ciliatis.

11. C. (*odorata.*) foliis ovatis, serratis, villosis. Cliffortia *odorata*. *Linn.* Syst. Veg. XIV. p. 893. Suppl.
p. 431.

*Crescit in colliculis infra Paradys, alibique juxta margines ri-
vulorum. Floret Februario, Martio.*
　　Radix perennis. *Caulis* frutescens, parum ramosus, erectus, villosus, tripedalis. *Rami* subsimplices vel parum ramulosi, erecti, villosi villo albo. *Folia* alterna, obtusa, aequaliter serrata; supra viridia, parum pilosa; subtus venosa venis
elevatis, pallida, albo-villosa; pollicaria. *Axillae* onustae foliis minoribus. *Flores* glomerati, masculi et feminei distincti
in diversa planta. ♂. *Perianthium* triphyllum: *laciniae* ovatae

latae; intus concavae, glabrae; extus albo - villosae; obtusae
cum acumine, lineam longae. *Filamenta* plurima, capillaria,
calyce longiora, alba. *Antherae* ovatae, didymae. *Flores* femineos non vidi. *Foliorum* odor fortis Menthae.

12. C. (*pulchella.*) foliis binatis, orbiculatis, integris.
Cliffortia *pulchella*. *Lin n*. Syst. Veg. XIV. p. 893. Suppl.
p. 430.

*Crescit in Hartequas Kloof prope Safranckral. Floret
Nov embri, Decembri, Januario.*
Radix perennis. *Caulis* fruticosus, strictus, erectus, ramosus, bipedalis. *Rami* et *ramuli* alterni, distichi, basi divaricati, erecti, rudimentis foliorum tuberculati, teretes, glabri,
rufescentes. *Folia* basi connata, alterna, sessilia, disticha,
conniventia, integerrima, striata striis ramosis, lineam longa,
frequentia, longitudine internodiorum. *Flores* axillares, solitarii, sessiles, androgyni. ♂. *Perianthium* triphyllum : *laciniae*
lanceolatae, acutae, virides, concaviusculae, lineam longae.
Bracteae binae, falcatae, tenues, ad basin calycis, latere altero calyce breviores, villosae. *Filamenta* plurima, capillaria,
calyce longiora, albida. *Antherae* ovatae, subtetragonae. ♀.
Bracteae ut in ♂, capsulá paulo longiores. *Perianthium* triphyllum: *laciniae* lanceolatae, acutae, virides, concavae, semilineam longae. *Germen* inferum. *Stylus* simplex, viridis, calyce longior. *Stigma* simplex, reflexum, purpureo-villosum.
Capsula oblonga.

13. C. (*crenata.*) foliis binatis, orbiculatis, crenatis.
Cliffortia *crenata*. *Lin n.* Syst. Veg. XIV. p. 893. Suppl.
p. 430.

*Crescit in montium lateribus juxta Hexrivier. Floret De-
cembri.*
Radix perennis. *Caulis* frutescens, erectus, teres, foliorum
rudimentis annulatus, glaber, tripedalis, ramosus. *Rami* sparsi,
pauci, simplices, palmares, erecti. *Folia* subconjugata, sessilia, suborbiculata, nervosa, glabra, viridi-glauca, complicata per paria, imbricata, internodiis paulo longiora, unguicularia. *Flores* axillares, sessiles, dioici et androgyni; saepe
etiam monoici. *Stylus* unicus. *Haec* valde similis Borboniae
crenatae, ut si flores non videres, eandém esse diceres. *Differt* a C. *pulchella*: 1. foliis majoribus; 2. foliis crenatis; 3. foliis minus nervosis.

14. C. (*obcordata.*) foliis ternatis: foliolis subrotundis,
integris: intermedio minori, obcordato. Cliffortia *obcordata*. *Lin n.* Syst. Veg. XIV. p. 894. Suppl. p. 429.

*Crescit in campo arenoso infra Steenberg. Floret Aprili,
Majo.*
Radix perennis. *Caulis* fruticosus, ramosus, erectus, bipedalis. *Rami* et *ramuli* alterni, flexuosi, erecti, teretes, glabri, cinerei. *Folia* sessilia, alterna, glabra, *foliola* lateralia
aequalia, ovata, obtusissima, lineam longa; intermedium paulo
minus, emarginatum. *Gemmae* alternae, approximatae. *Flores*

axillares in ultimis ramulis, solitarii, sessiles, masculi et feminei in diversa planta. ♂. *Perianthium* triphyllum: *laciniae*
latae, ovatae, acutae, concavae, flavescentes, lineam longae.
Filamenta plurima, capillaria, calyce longiora. *Antherae* ovatae,
subtetragonae. ♀. *Perianthium* triphyllum: *laciniae* lanceolatae,
acutae, flavescentes. *Germen* inferum. *Stylus* simplex. *Stigma*
recurvum, longum; purpureo-plumosum. *Capsula* calyce coronata, oblonga.

15.   C. (*trifoliata.*) foliis ternatis: foliolo intermedio tridentato. Cliffortia *trifoliata*. *Linn.* Sp. Pl. p. 1470. Syst.
Veg. XIV. p. 893.

Crescit in collibus infra latus orientale et frontem Taffelberg.
Floret Junio, Julio.
   Radix perennis. *Caulis* frutescens, erectus, ramosissimus,
bipedalis. *Rami* et *ramuli* teretes, villosi, erecti. *Folia* e gemmis glomerata, subsessilia, villosa, denticulata: *foliola* lateralia minora, ovata, supra convexa; subtus concava a marginibus revolutis, lineâ longitudinali elevatâ; semilineam longa:
intermedium majus, apice trifidum. *Gemmae* alternae, foliorum
integrum fasciculum edentes. *Flores* axillares, sessiles, distincti masculi a femineis in diversa planta. *Perianthium* triphyllum. *Filamenta* plurima. *Germen* inferum. *Stylus* unicus,
calyce longior, desinens in *Stigma* villosum, purpureum.

16.   C. (*ternata.*) foliis ternatis : foliolis integris, pilosis.
Cliffortia *ternata*. *Linn.* Syst. Veg. XIV. p. 894. Suppl.
p. 430.

Floret Augusto, Septembri.
   Radix perennis. *Caulis* fruticosus, teres, pubescens, ramosus, tripedalis. *Rami* alterni, teretes, pubescentes, ramulosi.
Folia alterna, e gemmis fasciculata, sessilia, ternata. *Foliola*
omnia aequalia, ovata, acuta, pubescentia, margine punctato-
crenata, subtus lineâ elevatâ, lineam longa. *Raro* foliolum bifidum observatur. *Flores* ex fasciculis foliorum, masculi et
feminei in distincta planta, vel in eadem distincti, sessiles,
axillares. ♂. *Perianthium* 3-phyllum: *laciniae* lanceolatae, acutae, glabrae. *Filamenta* plurima, circiter 10, capillaria, calyce longiora, exserta. *Antherae* rotundae. *Flores* paucos femineos in apicibus ramorum observavi. *Germen* inferum, ovatum. *Stylus* capillaris, brevis. *Stigma* longiusculum, inflexum,
pilosum, fuscum. *Capsula* oblonga, rufescens, glabra, calyce
coronata, unilocularis. *Semen* unicum, album.

17.   C. (*falcata.*) foliis ternatis: foliolis linearibus, falcatis, integris, glabris. Cliffortia *falcata*. *Linn.* Syst.
Veg. XIV. p. 894. Suppl. p. 431.

Crescit in collibus prope Cap, infra latus orientale Taffelberg
vulgaris. Floret Junio, Julio.
   Radix perennis. *Caulis* fruticosus, ramosus, teres, fuscus,
pedalis et ultra. *Rami* alterni, divaricati, superne confertim
ramulosi, fusci, subpubescentes, incurvi. *Folia* ex eadem
gemma plura, petiolata, ternata: *foliola* sessilia, acuta, tertio

minore, lineam longa. *Gemmae* alternae, confertae. *Flores* axillares, sessiles inter folia, solitarii, masculi et feminei distincti. o . *Perianthium* triphyllum: *laciniae* ovatae, concavae, acutae, glabrae, incarnatae. *Filamenta* circiter 16, 17 vel 18, capillaria, calycis longitudine *Antherae* globosae, didymae, flavae. ♀. Flores nunquam vidi.

18. C. (*sarmentosa.*) foliis ternatis : foliolis linearibus, integris, pilosis. Cliffortia *polygonifolia?* *Linn.* Syst. Veg. XIV. p. 893. Cliffortia *sarmentosa. Linn.* Syst. Veg. XIV. p. 893. Mant. p. 299.

Crescit in collibus infra latus orientale et frontem Taffelberg vulgaris. Floret Aprili et sequentibus mensibus.

Radix perennis. *Caulis* fruticosus, flexuosus, ramosissimus, bipedalis. *Rami* teretes, ramulosi; *Ramuli* flexuosi, erecti, pubescentes. *Folia* fasciculata, 5-9 e singula gemma, acutiuscula, supra convexiuscula, subtus concaviuscula marginibus reflexis, lineam longa, internodiis paulo breviora. *Gemmae* alternae. *Flores* versus extremitates ramulorum, masculi et feminei distincti. ♂. *Perianthium* 3-phyllum : *laciniis* ovatis, obtusis, coriaceis, concavis, lutescentibus, lineam longis. *Filamenta* plurima, capillaria, calyce longiora, albida. *Antherae* ovatae, didymae. *Flores* femineos non vidi.

TRIGYNIA.

CCLXXIII. HYPERICUM.

Polyadelpha. Cal. 5-partitus. Pet. 5. Filamenta multa in 5 phalanges basi connata.

1. H. (*aethiopicum.*) floribus trigynis terminalibus; caule basi decumbente herbaceo; foliis ovatis glabris.

Crescit in Robbeberg Houtniquas. Floret Novembri.
Caulis a basi erectus, teres, ferrugineus, apice interdum ramosus, totus glaber, spithamaeus. *Rami* filiformes, alterni, erecto-virgati. *Folia* opposita, sessilia, oblonga, obtusa, integra, patentia, unguicularia. *Flores* lutei.

2. H. (*verticillatum.*) floribus . . . . ., caule herbaceo; foliis quatuor verticillatis.

Crescit infra Paradys.
Caulis tetragonus, inferne parum ramosus, erectus, totus glaber, pedalis. *Rami* alterni, filiformes, reflexi, breves. *Folia* sessilia, ovata, acuta, integra, erecto-patentia, unguicularia. *Flores* non vidi.

POLYGYNIA.

CCLXXIV. C A L L A.

Spatha plana. Spadix tectus flosculis. Cal. o. Pet. o.
Baccae polyspermae.

1. C. (*aethiopica.*) foliis sagittato - cordatis ; spathâ cu-
cullatâ; receptaculo superne masculo. Calla *aethiopica.*
Linn. Syst. Veg. XIV. p. 829. Spec. Pl. p. 1373.

Crescit vulgaris prope Cap in fossis rivulorum, in collibus mon-
tium; prope Parl et Drakensten. Floret Majo et toto
fere anno.

Folia radicalia, petiolata, cordata lobis rotundis, evato oblonga, sensim attenuata, concava, integerrima, glabra, striata,
nervosa, palmam lata, erecta, spithamaea. *Petiolus* semiteres,
supra planus, sulcatus, digitum crassus, striatus, glaber. *Sca-*
pus simplex, erectus, trigonus, angulis obtusis, tenuissime
striatus, glaber, digitum crassus, uniflorus, inanis, bipedalis
usque quadripedalis. *Spatha* in apice scapi sessilis, 1 - phylla,
ovata, convoluto-cucullata, apice patens, persistens, integerrima, intus sulco medio coriacea, extus carinata, alba, palmam
lata et longa, apice acuminata : *acumen* filiformi-subulatum, rectum, virescens, pollicare. *Corolla* nulla. *Receptaculum* cylindricum, simplex, erectum, fructificationibus tectum, digitale,
digitum crassum; superne tantum antheris tectum, basi utroque sexu mixto. *Filamenta* nonnulla germinibus intermixta,
pistillis paulo breviora, filiformia, alba. *Antherae* superiores
duas tertias spadicis partes absque pistillis tegentes, sessiles, compressae, quadrilateri-sulcatae, truncatae, flavae; inferiores pistillis interspersae, subcapitatae, truncatae, flavae.
Germen subrotundum, glabrum. *Stylus* simplex, crassus, brevissimus, albus. *Stigma* simplex, marginatum, convexum, album. *Bacca* rotunda, angulata, glabra. *Semina* plura, glabra.

CCLXXV. A T R A G E N E.

Cal. 4-phyllus. Pet. 12. Sem. caudata.

1. A. (*capensis.*) foliis triternatis : foliolis incisis, dentatis. Atragene *capensis. Linn.* Syst. Veg. XIV. p. 511.
Mant. p. 406. *Berg.* Pl. cap. p. 149.

Crescit in summo Duywelsberg. Floret Julio.

Caulis simplex, erectus, hirsutus, pedalis vel ultra. *Foliola*
pilosa, erecta. *Petiolus* semiteres, uti et petioluli. *Pedancu-*
lus ex apice caulis, valde villosus, erectus, uniflorus. *Corolla*
polypetala, alba.

2. A. (*tenuifolia.*) foliis duplicato-pinnatis : pinnulis linearibus. Atragene *tenuifolia. Linn.* Syst. Veg. XIV. p. 511.
Suppl. p. 270.

Crescit in montibus prope Winterhoek in Rode sand sive *het Land van Waveren. Floret Octobri.*
Caulis simplex, erectus, hirsutus, pedalis. *Folia* radicalia et caulina ternato-supradecomposito pinnatifida, glabra vel tenuissime pilosa; *laciniae* lineares, sulcatae. *Flores* terminales in pedunculo e caule continuato, pauci. *Corolla* polypetala, alba. *Differt* ab A. *capensi:* 1. foliis magis compositis. 2. la ciniis angustis, linearibus.

CCLXXVI. CLEMATIS.

Cal. o. *Pet.* 4. *Sem. caudata.*

1. C. (*brachiata.*) foliis pinnato-quinatis: foliolis ovatis, incisis, serratis, villosis.
Crescit trans Swellendam et alibi. Floret Januario.
Caulis scandens, hexagonus, villosus, purpurascens. *Folia* opposita, petiolata, tota villosa utrinque, patentia, flexuoso-scandentia, spithamaea. *Foliola* petiolulata, vix cordata, acuta, serraturis magnis, pollicaria et ultra. *Petiolus* et *petiolali* hirsuti, flexuosi. *Flores* axillares supra petiolos, paniculati. *Pedunculus* pollicaris. *Pedicelli* brevissimi. *Similis* C. *virginianae:* differt vero: foliis non ternatis, nec cordatis, sed pinnato-quinis.

2. C. (*triloba.*) foliis tri-ternatis: foliolis ovatis, triangularibusque.
Crescit inter Sondags- et Visch-rivier. Floret Januario.
Caulis scandens, angulato striatus, hirtus. *Folia* opposita, petiolata, tenuissime villosa. *Foliola* lateralia saepe indivisa, integra, minora, unguicularia; terminali trilobo, majori. *Petiolus* et *petioluli* filiformes, flexuosi. *Flores* paniculati ex axillis foliorum, supra axillares. *Pedunculi* striati, hirsuti. *Pedicelli* filiformes. *Similis* aliquatenus *Dillen. Eltham.* Tab. 119. fig. 145.

CCLXXVII. ADONIS.

Cal. 5-*phyllus. Petala* quinis plura, absque nectario. *Sem. nuda.*

1. A. (*capensis.*) foliis triternatis: foliolis ovatis, serratis, villosis. Adonis *capensis. Linn.* Syst. Veg. XIV. p. 514. Suppl. p. 272.
Crescit in montium lateribus, prope Cap, Constantiam et alibi. Floret Junio, Julio.
Tota planta, exceptis petalis supra, villosa. *Folia* radicalia petiolata, petioli radicales trifidi. Par primum foliorum petiolatum, ternatum; secundum par sessile, ternatum; folium terminale, ternatum. *Foliola* acuta, sessilia. *Pinnae* interdum non ternatae, sed binatae vel inciso-tripartitae. *Pinnarum* primi paris foliolum intermedium aliquando petiolatum. *Petioli* communes teretes, supra canaliculati, inaequales, bipolli-

cares, erecti; partiales semipollicares. *Caulis* herbaceus, brevissimus, interdum nullus. *Rami* vel *scapi* erectiusculi, foliis
longiores, teretes. *Flores* umbellati, pedunculati. *Umbella*
composita. *Involucra* umbellae et umbellarum 3-6-phylla: *foliola* obovato-lanceolata, acuta. *Pedunculi* partiales, uniflori.
Perianthium pentaphyllum: *laciniae* lineari-lanceolatae, subtus
villosae, supra glabrae. *Corolla* 10-15-petala, patens: *Petala*
lineari-lanceolata, glabra, acuta, patentia, unguicularia, calyce paulo longiora. *Color* calycis et corollae idem, purpureo-
virescens. *Filamenta* plurima, receptaculo inserta, brevissima.
Antherae ovatae, didymae, parvae. *Germina* plurima, ovata,
glabra, pilosa. *Styli* brevissimi, purpurascentes. *Stigmata*
simplicia, acuta, inflexa. *Receptaculum* ovatum. *Semina* plurima. *Haec* semper humilior est Adoni *vesicatoriâ* et *hirsutâ.*
Pedunculi umbellularum interdum alterni, cum unico folio loco
bracteae ad exortum. *Interdum* pedunculi umbellularum uniflori, nec in umbellas alias divisi.

2. A. (*vesicatoria.*) foliis triternatis: foliolis dentatis,
glabris. Adonis *vesicatoria. Linn.* Syst. Veg. XIV. p. 514.
Suppl. p. 272.

*Africanis: Brandblad. Crescit in montibus prope Cap, infra
Constantiam, trans Swellendam, alibique. Floret Novembri, Decembri. ad Cap Junio, Julio.*
    Folia petiolata, radicalia prima indivisa, suborbiculata; se-
cunda trifida vel ternata; reliqua triternata: foliola petiolulata,
oblique ovata, obtusa, margine reflexa, subtus pallidiora, utrinque glabra, inaequali magnitudine; caulina indivisa, ovata et
oblonga, integra et dentata. *Caulis* subradicalis, teres, striatus, glaber, solitarius raro; saepe plures, divisi, flexuoso-
erecti, pedales et ultra. *Flores* umbellati. *Umbella* supradec-
composita. *Petala* alba, circiter decem. *Differt* ab Ad. *capensi,* cui simillima, eo: 1. quod longe major omnibus partibus. 2. quod tota sit glabra, nec uti altera, hirsuta. *Usus:*
folia contusa cutique imposita excellenter vesicatoria sunt.

3. A. (*aethiopica.*) foliis supradecompositis: foliolis inciso-dentatis, divaricatis; caule nudo, villoso.

Floret Decembri.
    Caulis aphyllus, simplex, erectus, pedalis. *Folia* radicalia
petiolata, plura, supradecomposite inciso-pinnatifida, glabra,
caule duplo breviora: *laciniae* dentatae, rigidae. *Flos* raro
solitarius: saepius umbellati flores. *Umbella* simplex.

CCLXXVIII. RANUNCULUS.

Cal. 5.-*phyllus. Petala* 5 *intra ungues poro mellifero.
Sem. nuda.*

1. R. (*capensis.*) foliis ternatis: foliolis inciso-lobatis,
villosis; caule solitario, unifloro.

Caulis subnullus, sed scapi radicales, filiformes, simplices,
hirsuti, erecti, vix pollicares. *Folia* radicalia, plura, petio-

lata, hirsuta, diffusa: *foliola* ovato-subrotunda, inciso-quinque-lobata, intermedio petiolulato. *Petioli* hirti, pollicares et ultra, scapo longiores. *Flos* solitarius, terminalis, parvus; luteo-albus.

2. R. (*pubescens.*) foliis radicalibus ternatis, hirsutis? foliolis incisis, dentatis; caulinis ternatis subpinnatifido-dentatis; caule ramoso hirto.

Crescit extra hortos prope Cap. Floret Majo.
Caulis flexuoso-erectus, pedalis. *Rami* alterni, filiformes, uniflori, patentes. *Folia* omnia utrinque hirsuta; *radicalia* petiolata; *foliola* inciso-ternata: *caulina* subpinnatifida et trifida, dentata, sessilia. *Petioli* digitales, hirsuti. *Flores* terminales in ramis, flavi. *Semina* laevia.

CCLXXIX. PIPER.

Cal. o. *Cor.* o. *Bacca monosperma.*

1. P. (*capense.*) foliis ovatis, acutis, nervosis: nervis villosis. PIPER *capense.* *Linn.* Syst. Veg. XIV. p. 74. Suppl. p. 90.

Africanis: Stertpeper, Boschpeper. Crescit in sylvis Houtniquas, Groot Vaders bosch et aliis, prope rivulos. Floret Decembri, Januario.
Caulis teretiusculus, articulatus, glaber, erectiusculus, debilis, scandens, ramosus, longissimus. *Rami* alterni, secundipatentes, similes. *Folia* alterna, petiolata, cordata, acuminata, integra; subtus subseptemnervia, reticulata nervis hirsutis; supra trinervia, glabra; inaequalia, tripollicaria, supremis minoribus. *Petioli* pollicares. *Flores* oppositifolii, pedunculatispicis cylindricis, pollicaribus usque digitalibus. *Filamenta* tria, brevissima. *Antherae* ovatae, flavae. *Usus:* Spiritu vini infunditur, qui adhibetur ut stomachicum.

2. P. (*retusum.*) foliis obovatis, retusis. PIPER *retusum.* *Linn.* Syst. Veg. XIV. p. 74. Suppl. p. 91.

Crescit inter muscos super radices arborum in sylvis et super lapides. Floret Decembri et sequentibus mensibus.
Caulis anceps. *Folia* petiolata, ovato-subrotunda, integra, obtusa, excisa, medio sulcata, supra viridia, subtus pallida, semiunguicularia. *Petioli* reflexi.

3. P. (*reflexum.*) foliis quaternis, ovatis, obtusis, reflexis; caule sulcato. PIPER *reflexum.* *Linn.* Syst. Veg. XIV. p. 75. Suppl. p. 91.

Crescit inter Muscos super arborum truncos in sylvis Houtniquas. Floret Octobri, Novembri.
Tota planta succulenta, glabra. *Caulis* polygonus. *Rami* similes, divaricati. *Folia* petiolata, integra, obsolete trinervia, patentia, semiunguicularia.

Classis XIV.

DIDYNAMIA.

GYMNOSPERMIA.

CCLXXX. MENTHA.

Corolla subaequalis, 4-*fida*, *laciniá latiore emarginatá.*
Stamina erecta, *distantia.*

1. M. (*capensis.*) verticillis spicatis oblongis; foliis lanceolatis, integris, tomentosis.

Crescit in collibus montis Leuwekopp prope littus. Floret Martio, Aprili.

Caulis tetragonus, erectus, parum ramosus, albo-tomentosus, pedalis et ultra Rami alterni, divaricati, similes cauli. Folia opposita, sessilia, acuta, supra viridia, tenuissime tomentosa; subtus nervosa, albo tomentosa, patentia, sesquipollicaria. Verticilli aphylli, digitales. Calyces albo-tomentosi. Corollae albae staminibus corollá longioribus.

2. M. (*sativa.*) floribus verticillatis; foliis ovatis, acutiusculis, serratis; staminibus corollá longioribus. MENTHA *sativa. Linn.* Syst. Veg. XIV. p. 532. Spec. Plant. p. 8ᴏ5.

An Mentha arvensis potius?

3. M. (*aquatica.*) floribus capitatis; foliis ovatis, serratis, petiolatis; staminibus corollá longioribus. MENTHA *aquatica. Linn.* Syst. Veg. XIV. p. 532. Spec. Plant. p. 8o5.

CCLXXXI. SIDERITIS.

Stamina intra tubum corollae. Stigma brevius involvens alterum.

1. S. (*decumbens.*) ebracteata; cauli basi decumbente, villoso; foliis lanceolatis, serratis, tomentosis; calycibus lanatis, muticis.

Crescit in Bockland et Roggeveld. Floret Novembri et sequentibus mensibus.

Radix repens, fibrosa. Caulis superne erectus, parum ramosus ramis elongatis, villosis imprimis apice, spithamaeus et ultra. Folia sessilia, rugosa, pollicaria. Calyces ebracteati. Corolla incarnata, extus pubescens.

2. S. (*rugosa*.) ebracteata; caule erecto, tomentoso; foliis lanceolatis, serrulatis, tomentosis; calycibus spinulosis.

Crescit in montibus juxta fluvium E l e p h a n t i s. Floret Octobri.
Caulis densissime albo-tomentosus, ramosus, bipedalis. *Rami* divaricati, similes. *Folia* sessilia, utrinque attenuato-elliptica, mucronato-acuta, tomentosa imprimis subtus, rugosa, patenti-reflexa, digitalia vel paulo ultra. *Calyces* tomentosi, acute dentati.

3. S. (*pallida*.) bracteis filiformibus; foliis ellipticis, tomentosis, rugosis; caule erecto, tomentoso.

Crescit in B o c k l a n d et R o g g e v e l d. Floret D e c e m b r i, J a n u a r i o.
Caulis ramosus, pedalis et ultra. *Rami* patenti-erecti, flexuosi, dense albo-tomentosi. *Folia* mucronata, pollicaria. *Bracteae* in pedunculis inermes, longitudine calycis. *Calyx* tomentoso-albus, dentato-spinosus. *Corollae* flavae. An *Stachys palaestina?*

4. S. (*plumosa*.) bracteis filiformibus, calycibusque plumosis; foliis lanceolatis, serratis, glabris; caule erecto, tomentoso.

Crescit in B o c k l a n d et R o g g e v e l d. Floret D e c e m b r i, J a n u a r i o.
Radix fibrosa, fruticescens. *Caulis* parum ramosus, dense albo-tomentosus, palmaris et ultra. *Rami* divaricati, similes. *Folia* subpetiolata, acuta, glabra vel tenuissime pubescenti-scabrida, unguicularia. *Verticillas* oblongus, foliosus, totus flavescens et plumosus. *Bracteae* calycis vix longitudine, inermes. *Calyces* setaceo-dentatae, inermes. *Corollae* luteae.

CCLXXXII. T E U C R I U M.

C o r o l l a e labium superius ultra basin 2 - partitum, divaricatum ubi stamina.

1. T. (*africanum*.) foliis trifidis: laciniis linearibus: pedunculis axillaribus, solitariis; caule erecto.

Caulis tetragonus, tenuissime tomentosus, ramosus, pedalis. *Rami* inferiores elongati, superiores frequentissimi, secundi, filiformes, breves. *Folia* supra viridia, tenuissime pubescentia, subtus albo-tomentosa, pollicaria: *laciniae* obtusae, integrae, laterales paulo breviores. *Flores* in axillis foliorum, solitarii, pedunculati, pedunculis unifloris. *Differt* a. T. *capense*: 1. foliis trifidis: laciniis linearibus. 2. floribus solitariis. 3. pedunculis folio brevioribus.

2. T. (*capense*.) foliis trifidis: laciniis lanceolatis; pedunculis axillaribus, trifloris; caule erecto.

Crescit prope Z e e k o - r i v i e r et alibi in sylvulis. Floret D e c e m b r i.

Caulis villosus, ramosus, pedalis et ultra, *Rami* virgati, similes. *Folia* rarius integra, saepissime trifida; supra tenuissime villosa; subtus pallidiora, pubescentia imprimis nervis, pollicaria : *Laciniae* acutae. *Flores* axillares, pedunculati. *Pedunculus* solitarius, unguicularis. *Pedicelli* capillares, lineam longi. *Differt* a. T. *africano:* 1. foliis tricuspidatis: laciniis lanceolatis. 2. floribus umbellatis. 3. pedunculis longitudine folii.

CCLXXXIII. PHLOMIS.

Cal. angulatus. *Corollae* labium superius incumbens, compressum, villosum.

1. P. (*capensis.*) foliis ovatis, integris, villosis; caule fruticoso, glabro.

Caulis cinereus, teres, erectus, ramosus, bipedalis et ultra. *Rami* et *ramuli* similes, rigidi, ultimi brevissimi. *Folia* petiolata, acuta, tenuissime pubescentia, convoluta, unguicularia. *Petiolus* brevissimus. *Flores* ex ultimis ramulis terminales, sessiles.

2. P. (*leonurus.*) foliis ellipticis, serratis, villosis; calycibus 10 - gonis, muticis; caule fruticoso. PHLOMIS *leonurus. Linn.* Syst. Veg XIV. p. 540. Spec. Plant. p. 820.

Crescit in collibus juxta Cap, et fere ubique vulgaris. Floret Majo et sequentibus mensibus.
Caulis tomentosus, tripedalis et ultra. *Folia* obtusiuscula, basi integra, a medio ad apicem serrata; supra viridia; subtus tomentosa; pollicaria usque digitalia. *Flores* in apice caulis aggregato - verticillati, plurimi. *Calyx* dentatus, villosus. *Involucra* lanceolato linearia, calyce breviora. *Corollae* tubulosae, curvatae, hirsutae, sanguineae.

3. P. (*leonotis.*) foliis ovatis, crenatis, subtus villosis; calycibus 7 - dentatis, aristatis; caule fruticoso. PHLOMIS *leonotis. Linn.* Syst. Veg. XIV. p 540. Mant. p. 83.

Caulis frutescens, inferne glaber, superne villosus, bipedalis et ultra. *Rami* pauci. *Folia* petiolata, ovato - subrotunda, supra glabra; subtus venoso - reticulata, tomentosa, patentia, unguicularia. *Flores* ut in P. leonuro. *Calyx* 7 - gonus, spinoso-dentatus. *Involucra* spinosa; lineari - setacea, calyce breviora. *Corollae* ut in P. leonuro, pollicares et ultra.

CCLXXXIV. GALEOPSIS.

Corollae labium superius subcrenatum, fornicatum; labium inferius supra 2 - dentatum.

1. G. (*hispida.*) caule retrorsum aculeato - hispido; foliis cordatis, scabris.

Crescit in HartequasKloof; in Duyvelsberg et prope Constantiam. Floret ibi Decembri et Januario; hic Junio et Julio.

Caulis acute tetragonus angulis retrorsum aculeato-hispidis: aculeis setaceis geminis; bruneus, erectus, pedalis et ultra, superne rainosus, ramis similibus. *Folia* petiolata, ovato-oblonga, obtusiuscula, crenata, subtus pallida, inaequalia, subpollicaria. *Petiolus* vix unguicularis. *Verticilli* circiter 6-flori, pedunculis brevissimis. *Calyces* striati, acute dentati, tenuissime villosi. *Corollae* purpureae, calyce triplo longiores, curvatae, staminibus exsertis.

CCLXXXV. STACHYS.

Corollae labium superius fornicatum; labium inferius lateralibus reflexum: lacinia intermedia majore emarginata. Stamina deflorata versus latera reflexa.

1. S. (*aethiopica.*) verticillis hirtis, paucifloris; caule debili, hirto. STACHYS *aethiopica*. *Linn.* Syst. Veg. XIV. p. 536. Mant. p. 82.

Crescit in montium lateribus prope Cap et alibi vulgaris. Floret pluribus mensibus a Januario ad Junium.

Tota herba teniussime pubescens. *Caules* flexuoso-erecti, ramosi, palmares usque pedales. *Folia* petiolata, cordata, ovata, obtusa, crenata, patentia, unguicularia usque pollicaria. *Petiolus* folio duplo brevior. *Flores* verticillati, bini usque plures.

CCLXXXVI. VERBENA.

Cor. infundibuliformis, subaequalis, curva. Calycis unico dente truncato. Sem. 2. s. 4, nuda. Stam. 2. s. 4.

1. V. (*capensis.*) diandra: spicis oblongis, solitariis, axillaribus, hirsutis; foliis ovatis, rugosis, crenatis.

Crescit in Capite Bonae spei. Culta in horto Societatis capensi. Floret Aprili et sequentibus mensibus.

Radix perennis. *Caulis* fruticosus, erectus, ramosus, quadripedalis. *Rami* teretes, villosi. *Folia* petiolata, utrinque attenuata, parum acuta, supra viridia, scabriuscula; subtus tomentosa, nervis magis villosis; patentia, pollicaria. *Axillae* foliis minoribus onustae. *Flores* ex axillis foliorum superiorum, capitati. *Capitula* pedunculata, oblonga, hirsuta. *Pedunculi* solitarii, filiformes, hirsuti, foliis paulo breviores.

CCLXXXVII. MARRUBIUM.

Cal. hypocrateriformis, rigidus, 10 striatus. Corollae labium superius quadrifidum, lineare, rectum.

1. M. (*africanum.*) foliis cordatis, subrotundis, crenatis; calycibus spinosis. MARRUBIUM *africanum*. *Linn* Syst Veg. XIV. p. 537. Spec. Plant. p. 316.

Floret Octobri, Novembri.

448 DIDYNAMIA. GYMNOSP. CCLXXXVIII. Plectranthi

CCLXXXVIII. PLECTRANTHUS.

Cor. resupinata. Nectarium ca!caratum. ¡Stamina simplicia.

1. **P.** (*fruticosus.*) *Heritier* Stirp. nov. p. 85. Tab. 41.
Hort. Kewens. Vol. 2 p. 322. Nov. Gener. Plant. P. 9. p. 133.

Crescit in Sylvis Houtniquas copiose, prope Cabeljaus-ri vier et alibi. Floret Novembri, Decembri.
Caulis frutescens, sulcatus, tenuissime hirtus, erectus, bipedalis vel ultra. Folia petiolata, subcordata, ovata, acuta, inciso-serrata, serraturis serratis, tenuissime pubescentia, subtus pallida, patentia, tenuia, palmaria. Petioli pollicares. Rami floriferi, decussati, aphylli, palmares et ultra. Flores verticillati, circiter 6, tribus e singulo latere, pedunculati. Pedunculi uniflori, capillares, unguiculares.

CCLXXXIX. OCIMUM.

Calyx labio superiore orbiculato; inferiore quadrifido. Corollae resupinatae alterum labium 4-fidum; alterum indivisum. Filamenta exteriora basi processum emittentia.

1. **C.** (*racemosum.*) foliis orbiculatis, crenatis, glabris; caule debili; verticillis remotis.

Crescit in Sylvis Houtniquas, prope Zeeko-rivier et alibi. Floret Octobri, Novembri, Decembri.
Caulis herbaceus, tetragonus, sulcatus, tenuissime pubescens, basi decumbens, dein erectus simplex vel parum ramosus, pedalis. Rami similes, patentes. Folia petiolata, crenis magnis, basi integra, inaequalia, unguicularia. Petioli longitudine folii vel paulo longiores. Flores in apice verticillati. Verticilli biflori, triflori, 5-flori. Pedunculi capillares, patentes, semiunguiculares. Bracteae binae, oppositae sub verticillo, lanceolatae, pedunculo breviores.

2. **O.** (*tomentosum.*) foliis subrotundis, crenatis, villosis; caule debili; verticillis superne approximatis, hirtis.

Crescit in Houtniquas sylvis aliisque, juxta Zeeko-rivier alibique. Floret Octobri, Novembri, Decembri.
Caulis et omnes partes hirsutus pilis cinereis, herbaceus, flexuoso-erectus, parum ramosus, pedalis. Folia petiolata, basi integra, serrato-crenata, utrinque subtomentosa, unguicularia Axillae foliolis onustae. Petioli longitudine folii. Verticilli inferiores remoti, superiores ante explicationem approximati. Calyx hirsutus, Corolla albido-flavescens glabra.

CCXC. SALVIA.

Cor. inaequalis. Filamenta transverse pedicello affixa.

1. **S.** (*aurea.*) fruticosa; foliis subrotundis, integris, sub-

tus villosis; ramis divaricatis. Salvia *aurea. Linn.* Syst. Nat. Tom. 2. p. 66. Spec. Plant. p. 38.

Crescit extra Cap, in montiam collibus, in latere occidentali Leuwekop, Tigerberg et alibi. Floret Junio, Julio, Augusto.

Caulis fruticosus, inferne glaber, bipedalis et ultra. *Rami* et ramuli decussati, obtuse tetragoni, annulati, cinerei, subtomentosi, patentes et divaricati. *Folia* in ramulis decussata, subpetiolata, subrotundo-ovata, obtusa, subtus tomentoso-incana, patenti-recurva, approximata, internodiis longiora, unguicularia. *Petioli* lineares, erecto-adprossi, connato-vaginantes, lineam dimidiam longi. *Flores* bini, oppositi, pedunculati. *Pedunculus* uniflorus, albo villosus, brevissimus. *Perianthiam* campanulatum, lineis elevatis subangulatum, extus hirtum, intus glabrum, corollâ duplo brevius, bilabiatum. *Labium* superius emarginatum, inferius bifidum laciniis obtusis. *Corolla* 1-petala, ringens, fulva, magna *Tubus* sensim ampliatus, basi albidus, intus circulo villoso supra basin clausus, longitudine calycis. *Labium superias* compressum, fornicatum, emarginatum, lateribus et carinâ villosum, inferiori longius. *Labium inferius* latius, planum, extus lineis tribus elevatis villosis, trifidum: *laciniae* laterales obtusae, reflexae; intermedia major, emarginata, intus basi albo-barbata, plana *Filamenta* pedicellata. *Pedicelli* duo, basi laciniae mediae labii inferioris inserti, lineares, breves, purpurei. *Filamenta* propria quatuor; duo superiora, longiora, compressa, incurva, pedicello paulo longiora, antherifera; duo inferiora quadruplo breviora, compressa, castrata. *Antherae* ovatae, nutantes, pallidae. *Glandulae* nullae. *Germen* superum, quadrieallosum, glabrum. *Stylus* filiformis, longitudine et situ labii superioris, dilute purpureus. *Stigma* bifidum. *Peric.* nullum; sed *receptaculum* carnosum, globosum, pallidum, quinquesulcatum, glabrum, fundo calycis inclusum. *Semina* quatuor, receptaculo insidentia, nuda, subrotunda, glabra, lateribus interioribus plana. *Nimium affinis* S. *africanae;* differt vero: 1. corollis multo majoribus. 2. foliis majoribus, minus rugosis, supra glabris, integris et obtusis.

O b s. Salviae genus referri potest ad Didynamiam *Gymnospermiam*, antheris 4 filamentis pedicellatis inaequalibus insidentibus.

2. S. (*africana.*) fruticosa; foliis cuneiformibus, serratis, subtus tomentosis. Salvia *africana. Linn.* Syst. Veg. XIV. p. 71. Spec. Plant. p. 38. (excluso synonym. *Plukenet.*)

Crescit in collibus infra latera et frontem Taffelberg. Floret Junio, Julio.

Caulis fruticosus, teres, rugosus, scaber, erectus, quadripedalis. *Rami* et *ramali* decussati, tetragoni, villosi, scabri, rudimentis foliorum annulati, divaricato-erecti. *Folia* ramea et ramulorum decussata, petiolata, obovata, acuta, serrulata, subtilissime rugosa, basi truncata, supra viridia sulco medio, subtus albo-tomentosa, approximata, patenti-erecta, internodiis longiora, semiunguicular a. *Petioli* lineares, amplexicaules, supra canaliculati, subtus albo-tomentosi, lineam di

450 DIDYNAMIA. GYMNOSPERMIA. CCXC. Salvia.

midiam longi. *Flores* terminales, verticillati, sessiles. *Pedunculi* oppositi, hirsuti, brevissimi. *Bractea* sub pedunculo triphylla, inaequalis: foliolis lateralibus lanceolatis; intermedia ovata, acuta; foliis ceterum similis. *Perianthium* 1-phyllum, subcam- panulatum, pentagonum, intus glabrum, extus pilis albis hispi- dum, viride, persistens, bilabiatum: *labium superius* tridenta- tum, dentibus acutis, inferius bifidum laciniis obtusis cum acu- mine. *Corolla* 1-petala, ringens, caerulea. *Tubus* sensim ampliatus, longitudine calycis, basi albidus, intus circulo vil- loso supra basin clausus. *Labium superius* compressum, forni- catum, emarginatum, lateribus et imprimis carinâ hispidum pi- lis albis, inferiori longius. *Labium inferius* latius, extus per lineas tres piloso-hispidum, trifidum: *laciniae* laterales obtu- sissimae, reflexae; intermedia brevissima, subemarginata, com- pressa. *Filamenta* pedicellata. *Pedicelli* communes duo, co- rollae labii inferioris laciniis lateralibus inserti, curvato-erecti, lineares, compressi, albi, lineam longi. *Filamenta* propria 4; duo superiora, logiora, filiformia, curvato-erecta, longitudine pedicelli, antherifera; duo inferiora, compressa, glandulifera, quadruplo breviora. *Antherae* duae filamentorum superiorum fertiles, ovatae, erectae, dorso fusco, antice polline albo. *Glandulae* duae filamentorum inferiorum, steriles. *Germen* su- perum, glabrum, 4-callosum. *Stylus* filiformis, logitudine labii superioris et secundum ejus curvaturam flexus, stamini- bus paulo longior, albus, apice dilute violaceus. *Stigma* bifi- dum. *Peric.* nullum; sed rece taculum carnosum, globosum, pallidum, fundo calycis inclusum. *Semina* quatuor, nuda, sub- rotunda, glabra, receptaculo superne affixa, latere interiori plana. *Odor* SALVIAE *officinalis* debilis.

3. S. (*paniculata.*) frutescens; foliis obovato-cuneifor- mibus, dentatis, glabris. SALVIA *paniculata*. *Linn.* Syst. Nat. Tom. 2. p. 66. Mant. p. 25. SALVIA *chamaeleagna*. Berg. Plant. Cap. p. 3.

Crescit prope urbem Cap, in collibus infra montes, praecipue sub Taffelberg et Leuweberg, alibique satis vulgaris in campis et collibus arenosis. Floret Majo et sequentibus mensibus.

Frutex quadripedalis, erectus. *Rami* infra teretes, supra tetragoni, scabri, villosi. *Folia* opposita, petiolata, acuta, scabra, vix unguicularia. *Petioli* breves, lati, ciliati. *Axillae* foliorum aliis foliis onustae. *Flores* caerulei, paniculati. *Pani- cula* decussata, vix composita pedicellis brevissimis. *Calyces* sca- bri, subvillosi. *Stylus* capillaris, curvus, corollâ longior. *Stigmata* duo, reflexa.

4. S. (*nivea.*) fruticosa; foliis lanceolatis, integris, albo- tomentosis; ramis divaricatis.

Crescit in arenosis campis Swartland, et Groene-kloof. Floret Septembri, Octobri.

Caulis fruticosus, erectus, tripedalis. *Rami* et *Ramuli* de- cussati, tetragoni sulcati, inferne glabri, superne tomentosi. *Folia* opposita, petiolata, acuta, parum rugosa, convoluta.

nivea, patula, internodiis breviora, pollicaria. *Axillae* ramulis foliiferis onustae. *Petioli* vaginantes, sensim in folium dilatati, breves. *Flores* oppositi vel subpaniculati in apicibus
ramulorum. *Calyces* hirti. *Corollae* purpureae, calyce duplo
longiores. *Similis* S. *aureae* et *chamaeleagnae*, sed facile distinguitur foliis lanceolatis niveis.

5. S. (*rigida.*) fruticosa; foliis lanceolatis, dentatis, tomentosis; ramis erectis, virgatis.

Crescit in Bockland. Floret Decembri, Januario.

Caulis fruticosus, erectus, glaber, ramosissimus, fere orgyalis.
Rami et *ramuli* decussati, inferne teretes et glabri, superne
tetragoni, apicibus subtomentosi, incurvati, frequentes. *Folia*
opposita, petiolatá, acuta, interdum integra, ˮsaepe dentata,
convoluta, tenuissime tomentosa, attenuata in petiolos, semipollicaria. *Axillae* foliis minoribus onustae. *Flores* verticillati, bracteati. *Calyces* scabri, glandulis aureo·micantibus.
Similis quidem S. *chamaeleagnae*, sed diversissima: 1. caule
magis erecto, et ramis minus divaricatis. 2. foliis croso-denta-
tis, vix rugosis, nec niveis. 3. calycibus scabris, micantibus,
nec hirsutis.

6. S. (*triangularis.*) herbacea, villoso-hispida; foliis
triangularibus, dentatis; ramis patulis.

Caulis herbaceus, erectus, omnibus partibus hirsutus-pilis
albis, bipedalis. *Rami* et ramuli oppositi, divaricati, flexuoso-
erecti. *Folia* opposita, petiolatá, cordata, triangulari-spathu-
lata, patentia, vix pollicaria. *Petioli* longitudine folii. *Floram*
verticilli remoti, pedunculati. *Pedunculi* reflexi. *Calyces* angulati, aristati, corollá paulo breviores. *Distinguitur* facile
a S. *aurita*: 1. petiolis absque auriculis. 2. caule ramoso.

7. S. (*aurita.*) herbacea, villosa; foliis ovatis, auriculatis, dentatis. *Salvia aurita. Linn.* Syst. Veg. XIV. p. 72.
Suppl. p. 88.

Caulis herbaceus, simplex, tetragonus, sulcatus, omnibus
partibus hirsutus, erectus, bipedalis. *Folia* opposita, petiolata,
acutiuscula; supra rugosa, viridia; subtus pallida; basi auriculis duabus, ˮalternis, dentatis. *Petiolus* lineam longus. *Flores*
terminales, verticillato-spicati, minuti, bracteati. *Bracteae*
ovatae, acuminatae. *Calyces* aristati, corollá duplo breviores.

8. S. (*rugosa.*) herbacea, villosa; foliis cordatis, oblongis, incisis, rugosis.

Caulis herbaceus, simplex vel parum ramosus, erectus, totus
villosus, sesquipedalis. *Folia* petiolata, inciso-lobata, crenata,
valde hirsuta, bipollicaria. *Petiolus* folio paulo brevior. *Flores* verticillati, pedunculati. *Calyces* multistriati, parum aristati, floriferi reflexi.

9. S. (*obtusata.*) herbacea, villosa; foliis ovatis, incisis,
crenatis; ramis flexuosis.

Caulis herbaceus, parum villosus, debilis, erectiusculus. sim

plex vel ramosus, pedalis. *Rami* oppositi, cauli similes, flexuoso erecti. *Folia* opposita, petiolata, obtusa, incisa et raro
subhastata, supra glabra, subtus venis pilosa, margine ciliata,
vix pollicaria. *Petioli* ciliati, longitudine folii. *Flores* verticillato oppositi, bini, pedunculati. *Pedunculi* erecti, deflorati,
reflexi. *Calyces* angulati, scabri, aristati, corollâ duplo breviores.

10. S. (*aethiopis.*) herbacea, lanata; foliis infimis incisis, supremis indivisis; bracteis calycibusque spinosis. Salvia
aethiopis. Linn. Syst. Nat. Tom. 2. p. 66. Spec. Pl. p. 39.

Crescit in dunis arenosis circum urbem Cap.

Caulis herbaceus, tetragonus, erectus, superne ramosus, totus lanatus, pedalis. *Rami* a medio caulis ad apicem, decussati, virgati. *Folia* radicalia petiolata, maxime lanata imprimis
basi, profunde incisa lobis dentatis, palmaria et ultra; caulina infima similia radicalibus, sed minora; superiora sessilia,
oblonga, dentata et tandem serrata, sensim minora. *Bracteae*
sessiles; inferiores ovatae, acutae; superiores obtusae; omnes
spinosae. *Flores* verticillati, flavi, lana densa involuti. *Calyces* aristato-spinosi.

11. S. (*scabra.*) herbacea, scabra; foliis lyratis, dentatis, rugosis; caule paniculato. Salvia *scabra. Linn.* Syst.
Veg. XIV. p. 72. Suppl. p. 89.

Caulis herbaceus, tetragonus, rigidus, erectus, villoso-scaber, apice paniculatus, bipedalis. *Rami* decussati, cauli similes, subfastigiati. *Folia* petiolata, scabra; supra viridia; subtus venosa, pallida: *Lobus* extimus maximus, rotundatus; inferiores oppositi; omnes dentati. *Petiolus* amplexicaulis. *Flores*
verticillati, pedunculati. *Calyces* angulati, bilabiati, aristati,
fructiferi reflexi. *Corolla* purpurea, extus hirta, calyce duplo
longior.

12. S. (*runcinata.*) herbacea, scabra; foliis runcinato-
pinnatifidis, rugosis, dentatis; ramis flexuosis. Salvia *runcinata. Linn.* Syst. Veg. XIV. p. 72. Suppl. p. 89.

Caulis herbaceus, tetragonus, erectus, omnibus partibus
tenuissime villosus et scabridus, pedalis et ultra. *Rami* decussati, simplices. *Folia* oblonga, rarius lyrata, crispa, venosa; superiora sensim minora et tenuius divisa, pollicaria
usque bipollicaria. *Flores* verticillato-spicati.

ANGIOSPERMIA.

CCXCI. OROBANCHE.

Cal. **2**-*fidus.* *Cor. ringens.* *Capsula* 1-*locularis*, 2-*valvis, polysperma. Glandula sub basi germinis.*

1. O. (*capensis.*) caule simplici, villoso; corollis curvatis.

Crescit in summo Taffelberg in planitie, quae urbem spectat. Floret Januario.

Color corollae pulcherrime croceus. *Caulis* sulcato-angulatus, uti tota planta pubescens, erectus, palmaris usque pedalis. *Squamae* caulinae sparsae, adpressae, lanceolatae, saepissime oppositae, vix unguiculares. *Flores* ex axillis squamarum oppositi, pedunculati. *Pedunculi* solitarii, uniflori, unguiculares. *Calyx* inflatus, laciniis lanceolatis, *Corolla* tubulosa, cylindrico clavata, sensim ampliata, pollicaris.

2. O. (*squamosa.*) caule ramoso simplicique, squamoso-tuberculato; corollis curvatis clavatis.

Crescit in depressis dunis arenosis Swartlandiae, Saldanhabay, Piquetberg et Verloren Valley. Floret Octobri.

Radix fibrosa annua. *Caulis* carnosus, teretiusculus, sulcato-angulatus, squamis foliaceis vestitus, glaber, simplex, raro ramosus, erectus, albidus, sub terra alte descendens, palmaris usque spithamaeus. *Rami* versus apicem virgati, breves. *Squamae* foliaceae, sparsae, frequentes, ovatae, obtusae, decumbentes; inferioribus minoribus, superioribus sensim majoribus, subunguicularibus; fusco-flavae, adpressae glabrae. *Folium* basin singuli floris cingit, subpollicare, aurantiacum, pubescens. *Flores* spicati, erecti. *Spica* palmaris. *Bracteae* praeter folium binae, oppositae, lanceolatae, obtusae, concavae, calyce breviores, pubescentes, aurantiacae. *Perianthium* 1 phyllum, erectum, angulatum, extus pubescens, bilabiatum, pollicare, corolla brevius; labium superius paulo profundius divisum, dorso corollae incumbens, lanceolatum, integrum, inferius 4-partitum: *laciniae* ovatae, obtusae. *Corolla* 1-petala, tubulosa: *tubus* subclavatus, curvus, flavus, villosus, pollicaris: *Limbus* ringens; labium superius bipartitum, inferius tripartitum, laciniis subrotundis, extus villosis, intus glabris, saturate aurantiacia. *Filamenta* 4, filiformia, medio tubo corollae inserta, erecta, supra basin parum curvata, alba, corolla paulo breviora, duo breviora. *Antherae* ovatae, curvae, inferne hamo armatae, flavescentes. *Germen* superum, ovatum, acutum, glabrum. *Stylus* filiformis, secundum tubum curvatus, longitudine corollae, albus. *Stigma* clavatum, cernuum flavum. *Capsula* conica, glabra, biaulcata, bilocularis. *Glandula* sub germine nulla.

3. O. (*purpurea.*) caule ramoso simplicique; corollis

limbo campanulatis. Orobanche *purpurea*. *Linn.* Syst. Veg. XIV. p. 573. Suppl. p. 288.

Crescit in collibus et campis graminosis inter Swellendam et Musselbay. Floret Octobri.

Caulis sulcato - angulatus, fuscus, villosus, flexuoso - erectus, palmaris usque pedalis. *Rami* teretes, striati, erecto - patentes, fusci, villosi. *Squamae* caulinae sparsae; inferiores ovatae, obtusae; superiores lanceolatae, acutae; integrae, villosae; semipollicares *Flores* racemosi, racemo elongato. *Pedunculi* vix unguiculares, oppositi. *Calyx* pubescens laciniis lanceolatis. *Corollae* tubus infimus cylindricus, longitudine calycis; superior ampliatus in limbum campanulatum; extus corolla pubescens, tota purpurea, magna. *Variat:* α. flore purpureo, saepius. β. flore albo, rarius.

4. O. (*ramosa.*) caule ramoso, flexuoso; florum spicâ interruptâ. Orobanche *ramosa*. *Linn.* Syst. Veg. XIV. p. 574. Sp. Pl. p. 882.

Crescit prope Cap et alibi locis sabulosis. Floret Decembri.

Caulis magis vel minus, semper tamen ramosus, valde angulatus, pubescens, flexuoso - erectus, palmaris usque spithamaeus. *Rami* inflexi, similes, simplices. *Squamae* caulinae lanceolatae, pubescenti - scabrae, erectae, semiunguiculares, continuati sub floribus. *Flores* spicati vix pedunculati vel brevissime, alterni, distichi. *Calycis* laciniae lanceolatae, setaceo acuminatae. *Corolla* cylindrico - clavata, curvata, semipollicaris. An satis distinctae, *americana, cernua, laevis* et *ramosa?*

5. O. (*minor*) caule ramoso; corollis cylindricis, rectis.

Crescit inter Sondagsrivier et Vischrivier. Floret Decembri, Januario.

Caulis teretiusculus, erectus, fuscus, tenuissime pubescens, palmaris. *Rami* sparsi, plurimi, virgati, magis pubescentes, et sulcato - angulati. *Squamae* in infimo caule deciduae; in supremo ovatae, obtusae. *Flores* spicati, omnino sessiles. *Spicae* interruptae, digitales. *Calycis* laciniae ovatae, obtusae.

CCXCII. ALECTRA.

Corolla campanulata. *Filamenta barbata.* *Caps.* bilocularis.

1. A. (*capensis.*) Nov. Plant. Gen. T. 4. p. 81 — 82.

Crescit prope Zekoo-rivier. Sondags et Cabeljaus rivier in campis graminosis. Floret Novembri, Decembri.

Caulis simplex, teres, striatus, villosus, incanus, erectus, spithamaeus usque pedalis. *Folia* sparsa, sessilia, ovato - oblonga, obtusa, erecta, villosa; infima minora, superiora sensim majora, unguicularia. *Flores* spicati, spicâ foliosâ sensim florente. *Corollae* luteae, purpureo - striatae. *Planta* siccatione nigrescit. *Habitus* omnino OROBANCHIS.

CCXCIII. A C A N T H U S.

Cal. bifolius, 2-*fidus*. *Cor.* 1-*labiata, deflexa*, 3-*fida*. *Caps.* 2-*locularis*.

1. **A.** (*carduifolius.*) foliis sinuato - dentatis, spinosis; spicâ florum radicali. Acanthus *carduifolius*. *Linn.* Syst. Veg. XIV. p. 53o. Suppl. p. 294.

Crescit in rupibus Hantum. Floret Novembri.
Caulis nullus, sed potius scapus pollicaris, spicam elevans. *Folia* radicalia plurima, subpetiolata, oblongo - lanceolata, villoso - scabra, digitalia. *Spica* imbricata, erecta, palmaris. *Bracteae* calyces cingentes, exterius cuneatae, tricostatae, concavae, 5-spinosae, spinis subulatis, unguicularibus; intermediis bifidis. *Calyx* ovatus, inermis. *Corollae* albae.

2. **A.** (*furcatus.*) foliis oblongis, dentato spinosis; caule fruticoso; bracteis spinâ triplici terminatis. Acanthus *furcatus. Linn.* Syst. Veg. XIV. p. 58o. Suppl. p. 295.

Crescit in Carro infra Bockland. Floret Octobri, Novembri.
Caulis cinereus, flexuosus, glaber, ramosus, palmaris. *Rami* sparsi, albi, rigidi, flexuosi, divaricati, subfastigiati, ramulosi. *Folia* unguicularia. *Flores* spicati, spicis secundis. *Bracteae* ovatae, concavae, 5 costatae, latere utroque setaceo - bispinosae, terminatae spinâ trifidâ longiori.

3. **A.** (*capensis.*) foliis oblongis dentato - spinosis; caule fruticoso erecto; bracteis 9-spinosis: terminali simplici. Acanthus *capensis. Linn.* Syst. Veg. XIV. p. 58o. Suppl. p. 295.

Crescit in Swellendam juxta vias et in campis. Floret Novembri, Decembri.
Radix perennis. *Caulis* inflexo - suberectus, teres, cinereus, ramosus, glaber, pedalis. *Rami* alterni, simplices, teretes, flexuoso - reflexi, glabri, rufescentes, foliosi et florentes.- *Folia* et singula gemma plerumque plura, tria vel quatuor, petiolo communi insidentia, obovato - oblonga, obtusa cum acumine, glabra, viridia, margine subreflexo, remote dentato - spinosa, subaequalia vel uno minori, unguicularia, partialiter petiolulata. *Gemmae* alternae, internodiis longitudine foliorum. *Petiolus communis* lineam longus vel longior; *partiales* breves. *Stipulae* ovatae, subulato spinosae, carinatae, dentatae: *dentes* laterales solitarii, vel duo validi, patentes, foliis duplo breviores. *Flores* in apicibus ramorum spicato - capitati, bracteis externe vestiti, sessiles, plures. *Bractea* ad singulum florem sessilis, concava, intus glabra, extus costis tribus ovata, acuminata, longitudine calycis, erecta, adpressa, rigida, virescens, apice dentibusque, novem marginalibus spinosa. *Spinae* setaceae, patentes, lineam longae. *Perianthium* profunde 4-partitum, inaequale. *Laciniae* duae oppositae, oblongae, concavae, striatae, apice truncatae, crenatae, glabrae, subunguiculares: superiore paulo longiore: laterales duae lanceolatae,

acutae, concavae, tenuiores, extus carinatae, triplo angustiores et dimidio breviores. *Corolla* infera monopetala, ringens,
unilabiata: basi tubuloso-hypocrateriformis: *Tubus* brevis, lineam vix longus, sensim paululum ampliatus; *labium* superius
nullum; inferius obovatum, album, striatum, calyce longius,
unguiculare, 5 lobatum: *laciniae* obtusissimae, mediâ emarginatâ; patentes. *Filamenta* 4, inaequalia, compresso-trigona
corollâ breviora, ori tubi inserta, alba: superiora duo simplicia, breviora, recurva; inferiora duo incurva, longiora, a la
tere interiori dentata. *Antherae* oblongae, dorso ad extremi-
tem alteram insertae, intus albo hirsutae, extus fuscae: superiores apici, inferiores dentibus filamentorum insertae. *Germen* superum, a latere inferiori ad basin styli glandulis duabus flavescentibus notatum. *Stylus* filiformis, longitudine filamentorum. *Stigma* bifidum. *Capsula* ovata, glabra, bivalvis,
bilocularis. *Semina* in singulo loculamento bina, perpendicu-
laria, ovata, glabra.

Obs. 1. Stamina, si, antheras spectes, aequalia; sed filamenta duo longiora. s. Calyx basi externe crassior. quasi membranâ adnatâ viressenti
cinctus.

4. A. (*procumbens.*) foliis obovatis, dentato-spinosis;
caule decumbente. Acanthus procumbens. *Linn.* Syst. Veg.
XIV. p. 53o. Suppl. p. 294.

*Crescit in montibus prope Essebosch, in campis prope Cabel-
jaus rivier. Floret Novembri, Decembri.*

Caulis teres, cinereus, ramosus, glaber. *Rami* subumbellato-
terni, ramulosi. *Folia* opposita, obovato-lanceolata, sessilia,
connata, margine subrevoluta, obtusa cum acumine, viridia,
glabra, patentia, longitudine internodiorum, unguicularia. *Ex*
horum alis alia minora folia, sic ut e gemmis folia quasi verticillata. *Stipulae* nullae, sed spinae foliorum ad basin longiores, stipulas mentiuntur. *Flores* sessiles, capitati. *Capitula*
lateralia, ovata, sessilia. *Bracteae* imbricatae, inaequales, sensim majores, ovatae, acutae, costis elevatis reticulatae, dentatae, ciliato-spinosae, glabrae. *Spinae* versus apicem sensim
longiores, simplices. *Bracteae* intimae a ceteris diversae, inaequales: *infima* ovata, valde concava, spinoso-acuta, margine
ciliato-spinosa, lata, calyce paulo brevior; *laterales* duae, oppositae, multoties angustiores, lineari-lanceolatae, spinoso-
acutae, ciliatae, ceterum calyci similes. *Calyx* uti in A. *furcato*, sed pulcherrime viridi-reticulatus et margine ciliatus,
nec truncatus. *Corolla* magnitudine et staturâ eadem cum A.
furcato, sed apice color caeruleus, et lacinia media integra.
Stamina et *Pistillum* omnino ut in A. *furcato.*

5. A. (*integrifolius.*) foliis ovatis, integris, inermibus;
caule herbaceo, decumbente. Acanthus integrifolius. *Linn.*
Syst. Veg. XIV. p. 58o. Suppl. p. 294.

*Crescit in Garro, a Luris ad Sondags rivier, in collibus
prope Cafferkeuls rivier. Floret Novembri, Decembri.*

Caulis ramosus. *Rami* alterni, filiformes, diffusi, pilosa-hispidi, ramulosi. *Folia* opposita, saepius quaterna, subpetiolata, obovata, obtusa, margine parum reflexo, carina pubescentia, unguicularia. *Flores* ex axillis foliorum sessiles, solitarii. *Bracteae* ovatae, apice circiter 8-spinosae.

CCXCIV. HALLERIA.

Cal. 3-*fidus.* *Cor.* 4-*fida.* *Filamenta* corollá longiora. *Bacca* infera 2-locularis.

1. H. (*elliptica.*) foliis ellipticis; corollis truncatis calyce 5-phyllo. Halleria *lucida.* *Linn.* Syst. Veg. XIV. p. 564. Spec. Plant. p. 872. Nov. Act. Ups. Vol. 6. p. 39. *Lonicera* folio acuto serrato, flore pendulo, fructu oblongo. *Burm.* *Plant.* Afric. p. 243. t. 89. f. 1.

Crescit juxta rivos infra montes Drakenstein, Taffelberg latus occidentale. Floret Junio.

Frutex orgyalis, ramosissimus, totus glaber. *Rami* oppositi et *Ramuli* tetragoni, erecto-patentes. *Folia* opposita, brevissime petiolata, etiam oblonga, utrinque-attenuata, serrata margine reflexo, glabra, rigida, erecto-patentia, unguicularia. *Flores* bini utrinque ex axillis foliorum, pedunculati, cernui. *Pedunculi* capillares, uniflori, unguiculares. *Calyx* foliolis rotundatis, integris, brevissimis, persistentibus. *Corolla* basi tubulosa, apice ventricoso-subcampanulata, purpurea, unguicularis. *Stamina* subinclusa stylo exserto, longiori. *Bacca* supera, globosa, glabra.

2. H. (*lucida.*) foliis ovatis, petiolatis; corollis bilabiatis; calyce triphyllo. Halleria *lucida.* *Linn.* Syst. Veg. XIV. p. 564. Spec. Plant. p. 872. Nov. Act. Upsal. Vol. 6. p. 39. 40. *Lonicera* foliis lucidis acuminatis dentatis, fructu rotundo. *Burmann.* Decad. Plant. African. p. 244. tab. 89. f. 2.

Crescit in sylvis.

Frutex erectus, ramosissimus, glaber. *Folia* opposita, basi rotundata, acuta, serrata, glabra, patentia, inaequalia, pollicaria. *Flores* axillares, pedunculati, cernui. *Pedunculi* capillares, uniflori, unguiculares. *Calyx* persistens, brevissimus; foliolis subrotundis. *Corolla* ringens, basi angustior labio superiori longiori, dorso convexa, purpurea, semipollicaris. *Antherae* exsertae stylo incluso. *Bacca* supera, ovata, glabra.

CCXCV. RHINANTHUS.

Cal. 4 *fidus,* ventricosus. *Capsula* 2-locularis, obtusa, compressa.

1. R. (*capensis.*) calycibus tomentosis; foliis lanceolatis, dentatis. Rhinanthus *capensis.* *Linn.* Syst. Veg. XIV. p. 54c. Buchnera *Africana.* *Linn.* Spec. Pl. p. 819.

Crescit in collibus infra Paradys prope villam, locis inundatis. Floret Octobri, Novembri.
Radix fibrosa, annua. *Caulis* herbaceus, erectus, simplex, villosus, spithamacus et ultra. *Folia* opposita, viscosa, villosa, unguicülaria. *Flores* verticillato - spicati. *Calyces* viscosi.

2. R. (*scaber.*) foliis ovatis, dentatis, scabris; bracteis glabris.

Crescit in collibus prope urbem.
Caulis herbaceus, simplex vel ramosus, villoso - scaber, erectus, palmaris usque spithamaëus. *Rami* oppositi, angulati, erecti. *Folia* opposita, sessilia, inferne dentata, acuminata, erecta, margine et paginà scabra, unguicularia. *Flores* spicati; *Spica* foliosa, erecta. *Bracteae* foliaceae, ovatae, acuminatae, inciso - dentatae.

CCXCVI. BARLERIA.

Cal. 4-*partitus.* *Stamina* 2, *longe minora.* *Caps.* 4 - *angularis*, 2 - *valvis*, *elastica absque unguibus.* *Sem.* 2.

1. B. (*pungens.*) inermis; foliis sessilibus, ovatis; bracteis acuminatis, ciliato - dentatis. BARLERIA *pungens. Linn.* Syst. Veg. XIV. p. 577. Suppl. p. 290.
Crescit prope Zeekorivier usque ad Sondagsrivier, locis graminosis. Floret Novembri, Decembri.
Caulis fruticescens, decumbens, ramosus. *Rami* alterni, flexuosi, diffusi, villosi. *Folia* opposita, subsessilia. acuta, spinâ terminata, integra, glabra, unguicularia. *Flores* axillares. *Bracteae* oblongo - lanceolatae, spinâ terminatae, ciliato - spinosae. *Corolla* caerulea, tubulosa, curva, pollicaris.

CCXCVII. LANTANA.

Cal. 5-*partitus.* *Cor.* campanulata, 5 - *fida: lobo infimo majore.* *Rudimentum filamenti* 5 - *ti.* *Stigma lanceolatum.* *Caps.* 4 - *locularis.*

1. L. (*africana.*) inermis; foliis sessilibus, ovatis, serratis, hirsutis; floribus axillaribus, solitariis. LANTANA *africana. Linn.* Syst. Veg. XIV. p. 566. Sp. Pl. p. 875.
Crescit in montium proclivis prope Cap vulgaris et alibi, infra latus orientale Taffelberg. Floret Julio et aliis mensibus.
Frutex erectus, totus hirtus, ramosus, tripedalis et ultra. *Rami* hispido - hirsuti, erecti, elongati. *Folia* subopposita, acuta, utrinque hirta, imbricata, pollicaria, superioribus minoribus.

2. L. (*crispa.*) inermis; foliis dentatis, crispis; floribus axillaribus.

Crescit prope fluvios infra montem Winterhoek in Rode Sand. Floret Septembri.
Frutex totus villosus, erectus, ramosus, bipedalis et ultra. Rami sparsi, secundi, valde hirsuti, virgati. Folia sessilia, lanceolata, acuta, eroso-dentata, viscosa, hirsuta, imbricata. Flores in apicibus ramorum. Calyx subtetraphyllus. Os tubi corollae. 5-partitae, villosus. Stamina inclusa. Drupa acuminata.

3. L. (rugosa.) inermis; foliis petiolatis, ovatis, rugosis, tomentosis; spicis ovatis; caule fruticoso.

Crescit prope Cafferkeuls rivier. Floret Octobri, Novembri.
Frutex glaber, scabridus, erectus, ramosus, quadripedalis. Rami decussati, divaricati, cinerei, ramulosi. Ramuli filiformes, incurvi. Folia opposita, serrata, serraturis obtusis, patenti-erecta, unguicularia. Aculei nulli. Spicae terminales. Bracteae ovatae, utrinque attenuatae.

4. L. (capensis.) inermis; foliis oppositis, cordato-ovatis, serratis; floribus axillaribus.

Crescit in fossis Taffelberg. Floret Februario.
Fruticulus villosus, spithamaeus. Rami incurvi, elongati, simplices. Folia petiolata, argute serrata, pubescentia, patentia, subpollicaria, superioribus minoribus. Petiolus brevissimus. Flores in axillis foliorum superiorum subterminales, pedunculati. Pedunculi solitarii, uniflori.

5. L. (salvifolia.) inermis; foliis oblongis, tomentosis, rugosis; spicis oblongis. Lantana salvifolia. Linn. Syst. Veg. XIV. p. 566. Sp. Pl. p. 375.

Crescit in Houtniquas juxta fluvios in Lange Kloof et alibi. Floret Decembri.
Frutex erectus, ramosissimus, 4-pedalis vel ultra. Rami tetragoni, glabri, erecti, ramulosi. Ramuli fastigiati, versus apicem ramorum frequentissimi, ferrugineo-tomentosi, virgati. Folia opposita, brevissime petiolata, serrata; supra viridia, papilloso-scabrida; subtus rugosa, ferrugineo-tomentosa; patentia, inaequalia, pollicaria, usque digitalia, frequentia. Spicae terminales, foliosae foliolis lanceolatis, ferrugineo-tomentosae.

CCXCVIII. S E L A G O.

Cal. 5-fidus. Cor. tubus capillaris; limbus subaequalis. Sem. 1. s. 2.

1. S. (corymbosa.) foliis filiformibus, fasciculatis, glabris; panicula composita. Selago corymbosa. Linn. Syst. Veg. XIV. p. 568. Spec. Pl. p. 876.

Crescit in collibus capensibus vulgatissima. Floret Majo et sequentibus mensibus.
Frutex erectus, ramosissimus, bipedalis et ultra. Rami op-

positi, teretes, villosi. *Ramuli* aggregato - subverticillati, fili
formes, virgati. *Folia* frequentia, patentia et reflexa, lineam
longa. *Flores* paniculati. *Panicula* terminalis, hemisphaerica.
Semina bina.

2. S. (*canescens.*) foliis filiformibus, fasciculatis, glabris;
spicis terminalibus, oblongis. Selago *canescens.* *Linn.*
Syst. Veg. XIV. p. 568. Suppl. p. 281.

> *Frutex* erectus, ramosus, bipedalis vel ultra. *Rami* sparsi,
> filiformes, elongati, apice ramulosi, villosi, erecti, virgati.
> *Ramuli* breves, virgati. *Folia* patula, lineam vix longa. *Flo-*
> *res* in apice ramorum et ramulorum spicati, spicis obovatis,
> unguicularibus. *Calyces* villoso - hispidi.

3. S. (*divaricata.*) foliis filiformi - linearibus, fasciculatis,
glabris; capitulis terminalibus; caule basi decumbente. Selago *divaricata.* *Linn.* Syst. Veg. XIV. p. 568. Suppl.
p. 284.

> *Radix* perennis, alte descendens, fusiformis, parum fibrosa,
> palmaris et ultra. *Caules* plures, radicales, divaricato - decum-
> bentes, apice erecti, cinerei, glabri, palmares. *Rami* filifor-
> mes, secundi, erecti, simplices, tenuissime villosi. *Folia* linea-
> ria, obtusa, integra, inaequalia, patentia, semiunguicularia.
> *Flores* in ultimis ramis terminales, capitati, rarius nonnulli la-
> terales. *Capitula* parva.

4. S. (*geniculata.*) foliis linearibus, fasciculatis, glabris; spicis terminalibus, oblongis; ramis geniculatis. Selago
geniculata. *Linn.* Syst. Veg. XIV. p. 568. Suppl. p. 288.

> *Frutex* rigidus, cinereus, glaber, ramosus, pedalis et ultra.
> *Rami* alterni, divaricati, geniculato - inflexi, glabri. *Ramuli*
> similes, flexuosi, apice tenuissime villosi, supremi virgati.
> *Folia* obtusa, integra, unguicularia. *Folia* potius solitaria,
> axillis foliolis onustis. *Spicae* in ramulis, lineares, pollicares,
> flosculis disjunctis. *Calyx* tenuissime villosus.

5. S. (*fruticosa.*) foliis linearibus, fasciculatis, glabris;
capitulis terminalibus; caule erecto. Selago *fruticosa.* *Linn.*
Syst. Veg. XIV. p. 569. Mant. p. 87.

> *Frutex* erectus, glaber, ramosus, pedalis et ultra. *Rami*
> sparsi, elongati, teretes, omnium tenuissime pubescentes, apice
> ramulosi, erecto patentes. *Ramuli* capillares, patentes, vir-
> gati, pubescentes, vix digitales. *Folia* obtusa, integra mar-
> gine reflexo, inaequalia, patentia, unguicularia. *Flores* in ra-
> mulis terminales, capitati. *Capitula* ovata, magnitudine pisi.
> *Calyces* tenuissime pubescentes.

6. S. (*articulata.*) foliis linearibus, fasciculatis, glabris,
internodiis brevioribus; ramis divaricatis; spicis ovatis.

> *Caulis* fruticosus, glaber, erectus, spithamaeus. *Rami* sparsi.
> subsecundi, erecti, glabri, a foliis quasi articulati, inaequales

ramulosi. *Folia* obtusa, integra, subimbricata, vix lineam longa. *Spicae* terminales, parvae. *Calyces* glabriusculi.

S. (*triquetra.*) foliis subtrigonis, glabris, imbricatis, reflexis; spicis terminalibus. Selago *triquetra. Linn.* Syst. Veg. XIV. p. 568. Suppl. p. 284.

Frutex rigidus, flexuoso-erectus, fuscus, glaber, bipedalis et ultra. *Rami* sparsi, subsecundi, flexuoso et geniculato-erecti, ramulosi. *Ramuli* filiformes, secundi, vix conspicue pubescentes, virgati iterum ramulosi. *Folia* sparsa, obtusa, integra, apice reflexo-squamosa, vix lineam longa. *Spicae* in ultimis ramulis oblongae.

8. S. (*hispida.*) foliis linearibus, reflexis, hispidis; spicis terminalibus. Selago *hispida. Linn.* Syst. Veg. XIV. p. 568. Suppl. p. 284.

Frutex erectus, cinereo-fuscus, inferne glaber, ramosissimus, bipedalis et ultra. *Rami* alterni, elongati, apice valde ramulosi, erecti, superne tenuissime pubescentes. *Ramuli* aggregato-subverticillati, iterum ramulosi, virgati, piloso-bispidi. *Folia* sparsa, frequentia, piloso-hispida, lineam longa. *Spicae* in ultimis ramulis, oblongae, pollicares. *Flosculi* horizontales, calycibus valde hirsuto-hispidis.

9. S. (*stricta.*) foliis. lineari-trigonis, subtus hispidis; spicis subglobosis; caule hispido. Selago *stricta. Berg.* Plant. Cap. p. 155.

Caulis fruticosus, teres, erectus, ramosus, cinereo-villosus, pedalis. *Rami* alterni, teretes, elongati, simplices, apice in florescentia paniculati, toti pilis albis hispidi. *Folia* fasciculata, sessilia, glabra, curva, unguicularia. *Spicae* terminales. *Calyces* hirsuti, subtomentosi.

10. S. (*diffusa.*) foliis linearibus, glabris; spicis terminalibus; ramis diffusis.

Crescit in regionibus Saldanhae bay. Floret Septembri.

Frutex cinereus, ramosissimus. *Rami* sparsi, saepe decumbentes, teretes, glabri. *Ramuli* filiformes, glabri, divaricati, diffusi, apice inflexi. *Folia* obtusa, integra, patentia, subreflexa, lineam longa. *Spicae* ovatae. *Calyx* ciliatus.

Obs. Verbenis tetrandris valde affines sunt Selagines.

11. S. (*scabrida.*) foliis lanceolatis, scabris; spicis terminalibus, ovatis.

Frutex erectus, palmaris, spithamaeus vel ultra. *Rami* subverticillati, divaricati, erecti, simplices vel apice ramulosi. *Folia* sparsa, sessilia, integra, margine revoluto, piloso-scabrida, frequentia, lineam longa. *Axillae* foliis onustae. *Spicae* unguiculares. *Calyces* et *Bracteae* ciliato-hispidae.

12. S. (*glomerata.*) foliis fasciculatis, lanceolatis, glabris; ramulis paniculatis; capitulis terminalibus.

Frutex erectus, ramosus, bipedalis et ultra. *Rami* alterni, pauci, elongati, tenuissime pubescentes, erecti. *Ramuli* in apicibus subtrichotome paniculati paniculâ decompositâ, ramulis sensin brevioribus, pubescentes. *Folia* deorsum convoluta, integra, patentia, lineam longa; fasciculi per internodia sparsi. *Capitula* in ultimis ramulis terminales, glomerati. *Bracteae* et *Calyces*, pulcherrime ciliatae, ciliis albis. *Corollae* purpureae. *Stylus* brevissimus: *stigmate* simplici, obtuso.

13. S. (*paniculata*.) foliis lanceolatis, glabris, margine reflexo; capitulis lateralibus subspicatis.

Frutex teres, glaber, erectus, apice ramosus, pedalis. *Rami* in supremo caule, alterni, filiformes, tenuissime pubescentes, patentissimi, simplices, palmares. *Spicae* in ramis alternae, sessiles, rarius subpedunculatae, plurimae, minutae. *Variat* capitulis spicatis et in ultimis ramulis terminalibus. *Bracteae* et *Calyx* integrae. *Valde* affinis S. *fraticosae*.

14. S. (*ovata*.) foliis linearibus, fasciculatis, glabris; spicis ovatis; bracteis dentatis, glabris. LIPPIA *ovata*. *Linn.* Syst. Veg. XIV. p. 574. Mant. p. 89. SELAGO *capitata*. *Berg*. Pl. Cap. p. 157.

Frutex erectus, ramosissimus, bipedalis et ultra. *Rami* sparsi, frequentes, elongati, tenuissime pubescentes, simplices vel raro iterum ramulosi, incurvi, virgati. *Ramuli* subverticillati, similes. *Folia* acuta, integra, patula, unguicularia. *Spicae* terminales, etiam oblongae, erectae, pollicares, usque digitales. *Bracteae* latae, ovatae, acutae, concavae, denticulatae, fructiferae reflexae. *Corollae* purpurascentes.

15. S. (*angustifolia*.) foliis linearibus, glabris; spicis terminalibus, distichis. ERANTHEMUM *angustifolium*. *Linn.* Syst. Veg. XIV. p. 57. SELAGO *dubia*. *Lenn*. Spec. Plant. p. 877.

Crescit in montibus inter Cap et Bayfalso, alibique.
Caulis herbaceus vel subfruticescens, laxus, erectus, glaber, pedalis. *Rami* subsimplices, alterni, filiformes, flexuosi, glabri, foliis tecti. *Folia* subverticillata, frequentia, sessilia, integra, unguicularia. *Flores* in apicibus ramorum spicati, flavescentes. *Spica* digitalis et ultra, bracteata, flosculis disjunctis. *Bractea* sub singulo flore, ovata, glabra, tubo corollae quadruplo brevior, persistens. *Perianthium* tetragonum angulis dentatis, latere altero apertum, 5-dentatum, bracteâ duplo brevius, glabrum. *Corolla* 1-petala, tubulosa; *Tubus* filiformis, curvus, semipollicaris; *limbus* 5-partitus brevissimus: *laciniae* ovatae, crassae, integrae. *Filamenta* duo, ori tubi inserta. *Antherae* ovatae. *Stylus* filiformis, longitudine tubi corollae. *Stigma* acutum. *Semen* nudum in fundo calycis, glabrum.

16. S. (*polygaloides*.) foliis linearibus, glabris, imbricatis; spicis fasciculató¹·terminalibus, bracteis carinatis, ci-

liatis. Selago *polygaloides*, *Linn.* Syst. Veg. XIV. p. 568. Suppl. p. 284.

Frutex erectus, scaber a casu foliorum, cinereus, glaber, ramosus, bipedalis et ultra. *Rami* inferne pauci, cauli similes, elongati, divaricato-patentes, erecti, apice ramulosi. *Ramuli* in apicibus ramorum frequentes, filiformes. erecti, virgati, pubescentes, digitales. *Folia* in ramis et inferiori parte ramulorum, sparsa acuta, integra margine reflexo, apice patulo, pollicaria. *Spicae* in apice ramulorum fasciculatorum terminales, digitales. *Flosculi* distincti. *Bracteae* ovatae, acuminatae, concavae, subciliatae, glabrae. *Calyx* scaber, imprimis carina.

17. S. (*cinerea.*) foliis lanceolatis, fasciculatis, glabris; capitulis terminalibus, paniculatis. Selago *cinerea*. *Linn*, Syst. Veg. XIV. p. 568. Suppl. p. 285.

Frutex erectus, purpurascens, tenuissime pubescens, apice ramosus, pedalis et ultra. *Rami* in summo caule virgati, paniculati, sensim breviores. *Folia* integra, margine reflexo, patenti-erecta, semipollicaria. *Capitula* in ramulis, minuta. *Bracteae* et *Calyces* integrae.

18. S. (*spuria.*) foliis linearibus, integris dentatisque, spicis fasciculatis. Selago *spuria*, *Linn.* Syst. Veg. XIV. p. 568. Spec. Pl. p. 877.

Planta herbacea, simplex, erecta, spithamaea. *Folia* acuta, glabra, incurva, approximata, inferiora longiora pollicaria; superiora sensim breviora. *Flores* spicati: spicis linearibus, erectis, unguicularibus usque pollicaribus et ultra. *Bracteae* lanceolatae; setaceo-acuminatae, glabrae.

19. S. (*rapunculoides.*) foliis linearibus, dentatis, glabris; spicis fasciculatis fastigiatis. Selago *rapunculoides*. *Linn.* Syst. Veg. XIV. p. 568. Spec. Pl. p. 877

Fruticulus erectus, ramosus, glaber, pedalis. *Rami* elongati, ramulosi. erecti. *Ramuli* subverticillati, erecto patentes, virgati. *Folia* sparsa. rarius integra, saepius denticulata, erecto-patentia, semipollicaria. *Spicae* terminales in ramulis; florentes, ovatae fructiferae cylindricae, digitales. *Bracteae* glabrae, acuminatae.

20. S. (*heterophylla.*) foliis radicalibus, ovatis, serratis; caulinis linearibus, dentatis; capitulis terminalibus.

Radix annua, fibrosa. *Herba* erecta, glabra, spithamaea. *Caulis* angulatus, superne ramosus; ramis brevibus. *Folia* radicalia inferne attenuata, obtusa; caulina denticulata, erecta, glabra, unguicularia. *Capitula* in ramis. *Bracteae* lanceolatae, glabrae.

21. S. (*pusilla.*) foliis ovatis. serratis, pilosis; flore terminali, subsolitario.

3a

Radix fibrosa, annua. *Caulis* herbaceus, striatus, filiformis, simplex, erectus, pollicaris. *Folia* opposita, sessilia, obtusiuscula, margine reflexa, nervosa, lineam longa. *Flores* ex apice pedunculati. *Pedunculi* capillares, solitarii vel bini, erecti, unguicularis alter, alter brevissimus. *Calyx* pilosus, *corolla* all à breviore.

22. S. (*fasciculata*.) foliis obovatis, glabris; spicis fasciculatis, fastigiatis. SELAGO *fasciculata*. *Linn.* Syst. Veg. XIV. p. 568. Mant. 250. SELAGO *serrata*. *Berg,* Plant. Cap. p. 159.

Crescit in lateribus Taffelberg in fossis. Floret Februario, Martio.

Frutex erectus, glaber, summo apice ramosus, pedalis et ultra. *Rami* apicis fasciculati, fastigiati, plurimi. *Folia* sparsa, sessilia, decurrentia, dentata dentibus acutis, imbricato-patula, unguicularia, supremis sensim minoribus. *Spicae* in ramis terminales, ovatae. *Bracteae* lanceolatae, denticulatae, glabrae. *Capsula* bilocularis.

23. S. (*verbenacea*.) foliis oblongis, serratis, glabris; spicis fasciculatis. SELAGO *verbenacea*. *Linn.* Syst. Veg. XIV. p. 569. Suppl. p. 285.

Frutex erectus, glaber, ramosus, pedalis et ultra. *Caulis* tetragonus, angulis acutis. *Rami* oppositi, erecti, elongati, ramulosi. *Ramuli* suboppositi, fastigiati. *Folia* opposita, sessilia, decurrentia, unguicularia, superioribus minoribus. *Spicae* in ramulis terminales, oblongae. *Bracteae* subulatae, setaceae, glabrae.

24. S. (*hirta*.) foliis obovatis, petiolatis, pubescentibus; spicis hirtis, elongatis. SELAGO *hirta*. *Linn.* Syst. Veg. XIV. p. 569. Suppl. p. 285.

Crescit in collibus Roode Sand. Floret Augusto.

Herba tota villosa, erecta, ramosa, palmaris. *Rami* inferiores elongati, superiores virgati. *Folia* serrata, unguicularia. *Petiolus* brevissimus. *Spicae* ramos terminantes, erectae, cylindricae, digitales. *Bracteae* ovatae, acuminatae, hirsutae. *Semen* 1, didymum, transverse sulcatum, subglobosum.

25. S. (*cephalophora*.) foliis oblongis, dentatis, villosis; capitulis terminalibus.

Herba annua, tota villosa. *Radix* alte descendens, fibrosa. *Caules* e radice unus vel plures, basi decumbentes, dein erecti, simplices vel apice parum ramosi, spithamaei. *Folia* alterna, petiolata, obtusa, patenti-erecta, semipollicaria; inferiora majora, superiora lanceolata. *Capitula* globosa, in caule ramisque. *Bracteae* ovato-lanceolatae.

26. S. (*cordata*.) foliis cordato-ovatis, serratis, hirtis; capitulo terminali.

Radix fibrosa, annua. *Caulis* herbaceus, simplex, erectus.

hirtus, palmaris. *Folia* opposita, petiolata, patentia, semipollicaria. *Petiolus* lineam longus.

27. S. (*decumbens*) foliis obovatis, dentatis, hirsutis; caule decumbente; capitulis aphyllis.

Caulis radicalis, fruticosus. *Rami* sparsi et oppositi, filiformes et capillares, hirsuti villo albo, subsecundi, flexuosoerecti. *Folia* opposita, petiolata, apice serrata serraturis circiter tribus utrinque, patentia, unguicularia. *Petioli* longitudine foliorum. *Capitula* terminalia in apicibus ramulorum, ovata. *Calyx* hirsuto-hispidus.

28. S. (*ciliata.*) foliis ovatis, ciliatis, imbricatis; spicâ terminali, ovatâ. Selago *ciliata.*. *Linn.* Syst. Veg. XIV. p. 568. Suppl. p. 285.

Fruticulus rigidus, ramosus, spithamaeus. *Rami* sparsi, rigidi, flexuoso-erecti, fusci, hirti, virgati, subsimplices. *Folia* sessilia, acuta, integra, ciliis albis, glabra, lineam longa. *Bracteae* ovatae, ciliatae.

Obs. Foliis similis est Passerinae *ciliatae.*

29. S. (*rotundifolia.*) foliis ovatis, obtusis, glabris; spicis fasciculatis, fastigiatis. Selago *rotundifolia.* *Linn.* Syst. Veg. XIV. p. 568. Suppl p. 285.

Frutex erectus, glaber, ramosus, bipedalis et ultra. *Rami* aggregato-subverticillati, subfastigiati *Folia* sparsa, et subfasciculata, sessilia, subrotunda, integra, imbricata, lineam longa. *Spicae* in supremis ramis terminales, glomeratae. *Bracteae* ovatae, acutae, integrae, glabrae.

30. S. (*bracteata.*) foliis obovatis, obtusis, decurrentibus, glabris; bracteis ovatis, acutis, imbricatis.

Caulis fruticosus, glaber, nodosus, fuscus, erectus, pedalis et ultra. *Rami* subverticillati, ramulosi, cauli similes, divaricati, erecti, subfastigiati. *Folia* subverticillata, sessilia, integra, imbricata, subtus medio costata, unguicularia. *Spicae* terminales, oblongae. *Bracteae* integrae, dorso costatae, glabrae.

CCXCIX. B U C H N E R A.

Cal. 5-*dentatus obsolete. Corollae limbus 5-fidus, aequalis: lobis cordatis. Caps.* 2-*locularis.*

1. B. (*bilabiata.*) foliis linearibus, calycibusque pilososcabris; caule simplici.

Caulis erectus, herbaceus, totus villoso-scaber, palmaris usque spithamaeus. *Folia* opposita, sessilia, lineari-lanceolata, integra, papillosa, et villoso-scabra, imbricata, unguicularia. *Flores* spicati ex axillis foliorum superiorum cernui. *Calyx* villoso-scaber. *Corolla* purpurascens, bilabiata: *labium* inferius trifidum.

2. B. (*cernua.*) foliis obovatis, glabris, quinque-dentatis. Buchnera *cernua. Linn.* Syst. Veg. XIV. p. 571. Mant
p. 251 *Hout.* Natuurb. Bisb. P. 2. tab. 8.

*Crescit in dunis extra Cap in montibus Bayfalso et alibi. Flo-
ret Janic, Julio.*
Caulis frutescens, nodulosus, fuscus, erectus, pedalis et ultra.
Rami subverticillati, similes, incurvi, elongati. *Folia* subop-
posita, sessilia, obovato-cuneata, imbricata, subpollicaria.
Flores spicati, in apice ramorum, cernui.

3. B. (*cuneifolia.*) foliis cuneiformibus, glabris, septemdentatis. Buchnera *cuneifolia. Linn.* Syst. Veg. XIV. p.
571. Suppl. p. 288, Phryma *dehiscens. Linn.* Syst. Veg.
XIV. p. 548. Suppl. p. 277.

Crescit in Carro. Floret Novembri.
Caulis fruticosus, glaber, erectus, tripedalis et ultra. *Rami*
teretes, oppositi, divaricati, flexuosi, subsecundi, incurvi, ramulis similibus. *Folia* opposita, subpetiolata, convoluta, patentia, unguicularia. *Flores* racemosi, ex axillis foliorum superiorum. *Pedunculi* breviores foliis, solitarii, uniflori. *Calyx*
sulcato-angulatus, latere dehiscens.

4. B. (*pinnatifida.*) foliis pinnatifidis, glabris. Buchnera
pinnatifida. Linn. Syst. Veg. XIV. p. 572. Suppl. p. 288.

Crescit inter Sondags et Vischrivier. Floret Decembri.
Caulis frutescens, erectus, pedalis. *Rami* dichotomi, teretes, striati, pubescentes, flexuosi, erecti. *Folia* opposita, petiolata, pollicaria. *Pinnae* lineares, integrae, margine reflexo.
Flores axillares in axillis ramorum, brevissime pedunculati, solitarii. *Calyx* latere dehiscens, striatus.

CCC. MANULEA.

*Cal. 5-partitus. Corollae limbo 5-partito, subulato,
laciniis superioribus magis connexis. Caps. 2-locula-
ris, polysperma.*

1. M. (*microphylla.*) foliis fasciculatis, ovatis, glabris.
Manulea *microphylla. Linn.* Syst. Veg. XIV. p. 569.
Suppl. p. 285.

Caulis fruticosus, cinereus, glaber, ramosissimus, pedalis et
ultra. *Rami* sparsi, frequentissimi. *Folia* ramos tegentia, integra, minutissima. *Flores* in ramis terminales, subracemosi.
Pedunculi capillares, uniflori.

2. M. (*linifolia.*) foliis linearibus, integris, piloso-scabris.

Caulis fruticosus, erectus, ramosus fuscus, pedalis. *Rami*
oppositi, divaricati, ramulosi, erecti, pubescentes. *Folia* opposita, axillis minoribus foliolis onusta, attenuata in petiolos
opposita, rarius denticulo notata, glabra, patenti-reflexa. un-

guicularia. *Flores* axillares, pedunculati. *Pedanculi* uniflori, solitarii vel bini.

3. **M.** (*revoluta.*) foliis linearibus, integris; margine revoluto; floribus axillaribus.

Caulis frutescens, cinereus, glaber, erectiusculus. *Rami* alterni, simplices, superne villosi, flexuoso erecti. *Folia* opposita, sessilia, obtusa, tenuissime villosa, cauli adpressa, unguicularia. *Flores* versus apices ramorum, axillari-racemosi. *Pedunculi* longitudine foliorum.

4. **M.** (*integrifolia.*) foliis ovatis, glabris, integris-planis. Manuleæ *integrifolia*. *Linn.* Syst. Veg. XIV. p. 569. Suppl p. 285.

Caulis fruticosus, cinereus, glaber, erectus, ramosus, bipedalis et ultra. '*Rami* oppositi, frequentissimi, uti et *ramuli*, pubescentes, erecto-patentes, virgati. *Folia* attenuata in petiolos, obtusa, margine parum revoluto, patentia, unguicularia. *Flores* axillares, racemosi, *Peduncul.* uniflori, solitarii, folio breviores.

5. **M.** (*caerulea.*) foliis lanceolatis, dentatis, tomentosis. floribus axillaribus solitariis. Manulea *caerulea*. *Linn.* Syst. Veg. XIV. p. 569. Suppl. p. 285.

Caulis frutescens, erectiusculus, palmaris usque spithamaeus. *Rami* sparsi divaricati, dein erecti, pubescentes, subsimplices. *Folia* opposita, sessilia, unguicularia. *Flores* racemoso-axillares, versus apices ramorum. *Pedunculi* solitarii, villosi, patentes, folio longiores. *Calyx* subquinquephvllus *laciniis* lanceolatis extus hirtis. *Corollae* tubus brevissimus.

6. **M.** (*capensis.*) foliis linearibus, dentatis, villosis; calycibus hirsutis; ramis subfastigiatis. Buchnera *capensis*. *Linn.* Syst. Veg. XIV. p. 572. Mant. p. 88. *Lychnidea* villosa, foliis angustis dentatis floribus umbellatis. *Burmann.* Plant. Afr. p. 141. tab. 50. fig. 2. bona.

Crescit in.campis. arenosis. Floret **September**, *et sequentibus mensibus.*

Radix fibrosa, annua. *Caulis* herbaceus, mox ramosus, totus hirsutus, flexuoso-erectus, palmaris. *Rami* similes cauli, saepe ramulosi, flexuoso erecti. *Folia* sparsa, sessilia, dentibus duobus utrinque., villoso viscosa, unguicularia. *Flores* in ramis spicati, subfastigiati, lutei. *Calyces* villosi viscidi.

7. **M.** (*aethiopica.*) foliis linearibus, integris, dentatis, glabris; calycibus pubescentibus; ramis fastigiatis. Buchnera *aethiopica*. *Linn.* Syst. Veg. XIV. p. 572. Mant. p. 251.

Radix annua, alte descendens fibrillosa. *Caulis* herbaceus, erectus, ramosus, glaber, totus palmaris usque spithamaeus *Rami* filiformes, flexuoso-erecti. *Folia* opposita, inferne attenuata, obtusa, raro dentata, unguicularia. *Flores* terminales, spicati. *Spica.* ovata flosculis contiguis. *Calyx* et *bracteae* pubescentes; Calyx bilabiatus: *Labium* superius tridentatum, *laciniis* lineari-setaceis.

8. M. (*incana.*) foliis oblongis, serratis; spicis fastigiatis; calycibus incanis.

Caules radicales, plures, filiformes, simplices, flexuoso-erecti, pubescentes, incani, inaequales, palmares. *Folia* radicalia, petiolata, obtusa, utrinque attenuata, supra medium serrata, glabra sed incana, erecta, unguicularia. *Petiolus* pollicaris. *Flores* verticillato-spicati. *Spicae* subfastigiatae. *Calyx* incano-tomentosus. *Corollae* aurantiacae.

9. M. (*cuneifolia.*) foliis obovatis, glabris, serratis; spicis cylindricis. Manulea *cuneifolia*. *Linn.* Syst. Veg. XIV. p. 569. Suppl. p 285.

Caulis fruticosus, basi decumbens, ramosus. *Rami* decussati, flexuoso erecti, pubescentes, parum ramulosi, virgati, spithamaei. *Folia* opposita, petiolata, acuta, carinâ subtus pilosa, convoluta, reflexa, unguicularia, et ultra. *Petioli* foliis breviores *Spicae* florescentes obtusae, breves; fructiferae cylindricae, digitales et ultra. *Bracteae* et *calyces* hirsutae.

10. M. (*divaricata.*) foliis ellipticis, dentatis; spicâ terminali, fastigiatâ.

Crescit in campis sabulosis prope urbem. Floret Augusto.
Radix annua, fibrosa, filiformis. *Caulis* herbaceus, simplex vel ramosus, villosus, erectus, palmaris. *Rami* subradicales, divaricato decumbentes, apice erecti, villosi, simplices, incurvi. *Folia* infima opposita, superiora alterna, petiolata, ovato-elliptica, obtusa, glabra, pilosa, supra sulco subtus lineâ longitudinali, erecta, vix unguicularia. *Petioli* lineares, supra sulco longitudinali, pilosi, foliis breviores, superiores brevissimi, latiores. *Flores* spicati, sessiles, subfastigiati. *Perian-thium* bilabiatum, erectum, villosum, tubo multoties brevius. *Labium superius* tridentatum: dentibus linearibus approximatis: *inferius* cum folio connatum, longitudinaliter ad basin divisum apice libero non connato. *Corolla* 1-petala, tubulosa. *Tubus* cylindricus, vix curvatus, albidus, pollicaris. *Limbus* 5-partitus, patens: *laciniae* ovatae, obtusae, integrae,'subtus purpurascentes margine flavo, supra flavae, lineâ rubrâ. *Os* villosum. *Filamenta* 4; duo superiora, ori tubi inserta, duo infra os tubi inserta, erecta, brevissima, albida. *Antherae* minutae, adnatae, flavae *Germen* superum, acutum, glabrum. *Stylus* filiformis, tubo paulo longior, pallidus. *Stigma* parum incrassatum, flavescens. *Capsula* oblonga, acuta, didyma, glabra, bilocularis, bivalvis. *Semina* plurima. *Potius* ad MANULEAS referenda ob. lacinias corollae integras, quam ad BUCHNERAS. *Forsan* MANULEA et BUCHNERA idem genus. *Differt* alias BUCHNERA a MANULEA: calyce diphyllo, laciniâ supremâ bidentatâ.

11. M. (*capillaris.*) foliis caulinis obovatis, glabris, rameis linearibus; spicis ovatis. Manulea *capillaris*. *Linn.* Syst. Veg. XIV. p. 569. Suppl. p. 285.

Radix fibrosa, annua. *Caulis* herbaceus, flexuoso-erectus, palmaris vel spithamaeus. *Rami* decussati, capillares, flexuoso-erecti, tenuissime pubescentes, virgati. *Folia* infima petiolata, serrata dentibus paucissimis, unguicularia. Caulina alterna lineari-lanceolata, obtusa, integra et dentata, reflexa, vix lineam longa. *Petiolus* folio brevior. *Flores* terminales, spicis etiam oblongis. *Calyx* membranaceus, glaber. *Corollae* aurantiacae.

12. M. (*heterophylla*.) foliis inferioribus ovatis, subdentatis, villosis; superioribus linearibus, integris; capitulis globosis. Manulea *heterophylla*. *Linn.* Syst. Veg. XIV. p. 569. Suppl. p. 285.

Crescit in Swartlandiae arenosis. Floret Septembri.
Radix fibrosa, annua. *Caulis* herbaceus, solitarius, bini vel tres radicales, simplices, flexuoso-erecti, villosi, digitales. *Folia* inferiora petiolata, remote denticulata, patentia, unguicularia; caulina obtusa, raro dentata, villosa, lineam longa. *Petioli* longitudine folii, capillares. *Capitula* terminalia. *Bracteae* et *Calyces* ciliatae.

13. M. (*plantaginea*.) foliis obovatis, denticulatis integrisque, glabris; capitulis ovatis; caulibus decumbentibus. Manulea *plantaginis*. *Linn.* Syst. Veg. XIV. p. 569. Suppl. p. 285.

Crescit in campis arenosis Swartlandiae. Floret Septembri.
Radix annua, fibrosa. *Caules* radicales, filiformes, tenuissime pubescentes, pollicares usque digitales. *Folia* petiolata, obtusa, integra et remotissime dentata, patentia; radicalia majora unguicularia; caulina opposita, minora, lineam longa. *Petiolus* brevissimus. *Capitula* terminalia. *Calyces* sublanati, 1-phylli, 5 dentati: *Laciniae* ciliato-hirsutae, longitudine tubi. *Corolla* 1-petala, 5-partita, alba.

14. M. (*capitata*.) foliis ovato-lanceolatis, serratis, villosis; capitulis globosis; caule erecto. Manulea *capitata*. *Linn.* Syst. Veg. XIV. p. 569. Suppl. p. 285.

Crescit in arenosis et inundatis campis Swartlandiae. Floret Septembri.
Radix annua, fibrosa. *Caulis* herbaceus, simplex vel ramosus, flexuoso-erectus, hirsutus, palmaris. *Rami* vel radicales, diffusi, vel caulini alterni, flexuoso-erecti, cauli similes. *Folia* opposita, petiolata, elliptica, interdum magis lanceolata, patentia, unguicularia superioribus minoribus. *Capitula* terminalia. *Corolla* aurantiaca, limbo 5-fido, aequali.

15. M. (*antirrhinoides*.) foliis oblongis, inaequaliter serratis, glabris, Manulea *antirrhinoides*. *Linn.* Syst. Veg. XIV. p. 569. Suppl. p. 285.

Caulis herbaceus, erectus, tenuissime villosus, ramosus, spithamaeus. *Rami* decussati, pauci, flexuoso-erecti, cauli similes. *Folia* petiolata seu inferne attenuata in petiolum, acuta, dentibus patentibus, patentia, pollicaria, superioribus minoribus.

Flores axillares; pedunculati. *Pedunculi* solitarii in axillis foliorum, uniflori, divaricati, dein inflexo-erecti, pubescentes,
foliis breviores. *Calyx* hirsutus. *Tubus* corollae pollicaris.

16. M. (*virgata.*) foliis obovatis, serratis, villosis; ramis paniculatis; floribus alternis, remotis.

Caulis fruticescens, brevissimus, ramosissimus. *Rami* mox e
caule plurimi, filiformes, elongati, virgati, divaricati basi, dein
ramulis capillaribus flexuosis, subtomentosi, spithamaei. *Folia*
opposita, petiolata, acuta, argute dentata, patentia, unguicularia. *Petioli* folii longitudine. *Flores* in ramulis brevissime
pedunculati. *Calyx* villoso-subtomentosus, *Corolla* aurantiaca
tubo pallidiore unguiculari.

17 M. (*cephalotes.*) foliis oblongis, eroso-serratis, glabris; floribus subumbellatis.

Caules plures radicales, simplices, elongati, glabri, erecti,
pedales *Folia* alterna, sessilia, inferiora obovato-oblonga,
superiora lanceolata, serraturis inaequalibus, erecta, pollicaria, superioribus paulo brevioribus et magis remotis. *Flores*
pedunculati pedunculis brevissimis, collecti in umbellam seu
verticillos capitato-fastigiatos. *Calyx* pubescens. *Tubus* corollae calyce longior, unguicularis.

18. M. (*tomentosa.*) foliis obovatis, crenatis,, tomentosis; caule decumbente. SELAGO *tomentosa*. Linn. Spec.
Pl. p. 877. MANULEA *tomentosa*. Linn. Syst. Veg. XIV.
p. 569.

Crescit in arena mobili inter Leuvestart et littus. Floret Julio.
Radix descendens, longa, subfusiformis, fibrillosa. *Caulis*
unus vel plerumque plures, apice erectiusculi, simplices vel
subramosi, teretes, tomentosi, pilis albis villosi, spithamaei et
ultra. *Rami* alterni, breves, pauci, cauli similes *Folia* opposita, sessilia, obtusissima, crassa, pilis albis villosa, erecta basi
attenuata, integra; nervosa, margine purpurascentia, pollicaria. *Flores* spicati. *Spica* ovata, vel oblonga, excrescens,
sensim florens floribus sex vel pluribus, sparsim glomeratis,
sessilibus. *Bractea* ad basin glomerulorum, linearis, obtusa,
glabra, ciliata, integra. *Perianthium* 1 phyllum, ad basin fere
5-partitum. *Laciniae* obovatae, obtusae, aequales, integerrimae, erectae; villosae, tubo duplo breviores. *Corolla* 1-peta-
la, tubulosa. *Tubus* cylindricus, basi pro capsula inflatus, glaber; apice ampliatus, bis flexus, supra basin et infra apicem
tomentosus, semiunguicularis. *Limbus* 5-partitus, patentissimus: *laciniae* ovatae, obtusae; supra convexae, glabrae, aurantiacae; subtus concavae a marginibus reflexis, subtomento-
sae, tubo triplo breviores; duae plerumque magis approximatae et reflexae. *Os* interne striis tribus villosis flavescentibus.
Filamenta 4, alba, duo inferiora, duo mox infra os inserta,
duoque superiora, ori inserta; brevissima. *Antherae* apice
filamentorum lateraliter adnatae, parvae, flavescentes. *Germen*
superum. *Stylus* filiformis, tubo duplo brevior. *Stigma* simplex, cylindricum, flavescens. *Capsula* ovata, parum com-

pròssa, acuta, bisulca, glabra, hivalvis, bilocularis, apice dehiscens. *Semina* plurima, ovata, subangulata, rugosa. *Odor* Spicae SALVIAE debilis. MANULEA differt ab ERINO: tubo curvo, limbi laciniis integris: a BUCHNERA: calyce: a SELAGINE: capsulà, apice dehiscente seminaque continente.

19. M. (*hirta*.) foliis obovatis, duplicato serratis, hirsutis; floribus axillaribus, remotis.

Crescit ad montium occid. pedem in Rode Sand. Floret Septembri, Octobri.

Radix fusiformis, fibrosa, annua. *Caulis* herbaceus, simplex vel ramosus, erectus, flexuosus, hirsutus, palmaris usque spithamaeus et ultra. *Rami* radicales, elongati, caulini alterni, breves, cauli similes, virgati. *Folia* petiolata, infima pollicaria, superiora sensim minora. *Petioli* unguiculares. *Flores* alterni in supremo caule et ramis, breviter pedunculati. *Calyx* valde hirtus, corollae tubo brevior.

20. M. (*cheiranthus*.) foliis obovatis serratis hirtis; caule subaphyllo, floribus alternis remotis. MANULEA *cheiranthus*. *Linn* Syst. Veg. XIV. p. 569 Mant. p. 88.

Crescit in collibus lateris Occidentalis Taffelberg, in arena mobili infra Leuwebild. Floret Julio, Augusto.

Radix subfusiformis, flexuosa, fibrosa, digitalis. *Caulis* simplex vel e radice plures, herbaceus, teres, subangulatus, erectus, pubescens, palmaris usque pedalis. *Folia* subradicalia opposita, petiolata, ovata, basi in petiolum attenuata, obtusa; inciso-serrata, villoso-subtomentosa, mollia, patentia, unguicularia vel pollicaria. - *Flores* a medio caule ad apicem subspicato-alterni, axillares, pedunculati, solitarii vel terni. *Petioli* brevissimi, communes, partiales vix ulli. *Bracteae* pedunculorum solitariae, foliis similes, sed breviores, et angustiores; inferiores dentatae, superiores integrae. *Perianthium* 1-phyllum, 5-partitum, villoso tomentosum, persistens: *laciniae* lineares, obtusae, erectae, tubo corollae breviores. *Corolla* 1-petala, tubulosa. *Tubus* filiformis, curvatus, apice ampliatus, lineam longus, basi albidus, apice fulvus. *Limbus* 5-partitus: *Laciniae* subulatae, inaequales, fulvae: una reflexa, quatuor erectae, quarum duae intermediae longiores, semiunguiculares. *Filamenta* 4, tubi ori inserta, inclusa, brevissima; duo superiora, duo inferiora. *Antherae* minimae, rotundae, flavae. *Germen* superum, conicum, glabrum. *Stylus* filiformis, calyce brevior. *Stigma* stylo crassius, oblongum, simplex, teres *Capsula* ovata, apice compresso-acuminata, bisulca, glabra, bilocularis, bivalvis. *Semina* plurima, subreniformia; immatura caerulescentia.

Obs. Folia in caule rarius alterna; saepius subradicalia.

21. M. (*thyrsiflora*.) foliis obovatis, crenatis, tomentosis; floribus paniculatis. MANULEA *thyrsiflora*. *Linn.* Syst Veg. XIV. p. 569. Suppl. p. 285.

Caulis herbaceus, teres, saepius simplex, raro basi ramosus

flexuosus, erectus, tenuissime pubescens, subpedalis. *Folia* petiolata, opposita, obtusa, patentia, pollicaria. *Petioli* foliis
breviores. *Panicula* saepe spithamaea e paniculis lateralibus
oppositis. *Varietas:* foliis minoribus crenatis et integris acutis.

22. M. (*corymbosa.*) foliis obovatis, dentatis, glabris;
florum racemis subumbellato - fastigiatis. Manulea *corymbosa. Linn.* Syst. Veg. XIV. p. 569. Suppl. p. 286.

Radix fusiformis, fibrosa, annua. *Caules* saepe plures radicales, elongati, simplices, erecti, angulati, sulcati, glabri, spithamaei et ultra. *Folia* pleraque radicalia, petiolata, obtusa,
crenata, diffuso - patentia, pollicaris vel ultra. Caulina alterna,
oblonga, remota, minora. *Petioli* unguiculares. *Flores* in apice
caulis aggregati, verticillato - fastigiati. *Calyx* ciliatus, brevior
corollae tubo pubescente, subquinquephyllus: *Laciniae* intus
concavae, glabrae, extus villoso - scabrae, apice reflexae.

23. M. (*altissima.*) foliis lanceolatis, subdentatis; spicis
terminalibus, oblongis; caulibus elongatis subaphyllis. Manulea *altissima. Linn.* Syst. Veg. XIV. p. 569. Suppl. p.
286.

Radix perennis. *Caules* plerumque plures radicales, simplices, erecti, villosi, pedales et ultra. *Folia* pleraque radicalia,
petiolata vel attenuata in petiolos, remote dentata, tenuissime
pubescentia, erecta, digitalia; caulina alterna, integra, minora,
pauca. *Flores* in apice caulium brevissime pedunculati. *Racemus* spicatus, oblongus, unguicularis usque pollicaris et ultra, sensim florens et excrescens. *Bracteae* et *calyces* ciliatoscabrae. *Calyx* ad basin fere 5 - partitus: *laciniae* lanceolatae,
intus glabrae, extus villoso - scabrae, apice reflexo. *Corollae*
flavae.

24. M. (*rubra.*) foliis lanceolatis, dentatis, villosis, racemi floribus remotis. Manulea *rubra. Linn.* Syst. Veg.
XIV. p. 570. Suppl. p. 286.

*Crescit in campis sabulosis inter Cap et Drakensteen. Flo-
ret Julio.*

Radix fusiformis, fibrosa. *Caulis* solitarius vel duo radicales,
teres, elongatus, erectus, raro ramosus, villosus, pedalis. *Folia* in caule inferiori opposita, remote serrata, villoso - scabra,
patentia, attenuata in petiolos, unguicularia, pollicaria. *Flores* e medio caule ad apicem alterni, racemosi. *Racemus* subsecundus, nutans, palmaris et ultra. *Pedunculi* solitarii, bini
vel tres, breves. *Calyx* glaber, corolla aurantiaca.

25. M. (*argentea.*) foliis ovatis, dentatis, subtus sericeis, argenteo - punctatis; floribus axillaribus pedunculatis.
Manulea *argentea. Linn* Syst. Veg. XIV. p. 570. Suppl.
p. 286.

Caulis fruticosus, erectus, ramosissimus, villosus quadripedalis et ultra. *Rami* sparsi, uti et ramuli superne frequentissi-

mi, filiformes, virgati. *Folia* petiolata, in axillis foliolis onusta, obovata, dentibus in apice circiter quinque, glabra, subtus argentea, punctis micantibus, patentia, unguicularia. *Petiolas* capillaris, folio brevior. *Flores* versus summitates ramulorum alterni. *Pedunculi* capillares, uniflori, folio triplo longiores.

26. M. (*hispida.*) foliis ovatis, serratis, villosis; caule decumbente.

Crescit in lateribus montium prope Cap, Constantiam, Bay-falso. Floret Majo, Junio, Julio.
Caulis frutescens, totus hispidus pilis albidis, ramosissimus. *Rami* oppositi, filiformes, flexuoso-erecti, cauli similes. *Folia* opposita, petiolata, serrata imprimis apice, villoso-subtomentosa, patentia, unguicularia et ultra. *Petioli* brevissimi. *Flores* versus summitates ramorum alterni, axillares, pedunculati. *Variat:* a. ramis magis vel minus elongatis. β. foliis majoribus vel minoribus, magis vel minus argute serratis. γ. hirsutic magis vel minus densi. δ. Ramis secundis.

27. M. (*cordatu.*) foliis cordatis, serratis; caule decumbente, radicante.

Caulis herbaceus, filiformis, parum ramosus, villosus. *Rami* elongati, pauci, similes. *Folia* opposita, petiolata, pubescentia patentia, inaequalia, unguicularia. *Petioli* folio breviores. *Flores* axillares, pedunculati. *Pedunculi* solitarii, uniflori, folio longiores.

28. M. (*pinnatifida.*) foliis ovatis, inciso - pinnatifidis. Manulea *pinnatifida. Linn.* Syst. Veg. XIV. p. 570. Suppl. p. 286.

Crescit inter Sondags et Vischrivier. Floret primis anni mensibus.
Radix fusiformis, fibrosa, perennis. *Caulis* basi mox ramosus ramis iterum inferne ramulosis, rigidis, filiformibus, divaricato-patentibus, virgatis, pubescentibus, spithamaeis. *Folia* opposita, in axillis foliolis onusta, petiolata; tenuissime villosa, patentia, glabra: *laciniae* ovatae, dentatae. *Flores* in apicibus ramulorum axillares, pedunculati. *Pedunculi* ex axillis foliorum, capillares, solitarii, uniflori, folio duplo longiores.

CCCI. ERINUS.

Cal. 5-*phyllus. Cor.* limbus 5-*fidus, aequalis, lobis emarginatis; labio superiore brevissimo, reflexo. Caps.* 2 - *locularis.*

1. E. (*aethiopicus.*) foliis linearibus, integris, villosis; caule erecto, hirto.

Radix fibrosa, annua. *Caulis* herbaceus, inferne ramosus, fuscus, pedalis. *Rami* alterni, simplices, divaricati, cauli si-

miles, eoque triplo breviores. *Folia* sparsa, alterna, sessilia,
duo tria vel plura e singula gemma, inaequalia, superiora remota, inferiora approximata, patentia, subintegra vel dente
unico superne dentata, angusta, hirta, pollicaria. *Flores* spicati, alterni, sessiles intra bracteas. *Tubus* bractea duplo longior. *Limbus* 4-partitus, laciniis cordatis. *Planta* siccatione
nigrescit ut plerique Erini.

2. E. (*villosus.*) foliis lanceolatis integris tomentosis,
caule hirto ramoso.

Radix annua, fibrosa. *Caulis* erectus, palmaris. *Rami*
sparsi, flexuoso-erecti, fastigiati. *Folia* alterna, sessilia, patentia, unguicularia. *Flores* spicato-terminales.

3. E. (*simplex.*) foliis oblongis integris pubescentibus,
spica fastigiata, caule simplici erecto.

Crescit in regionibus B a y f a l s. *Floret* J a n u a r i o *et sequentibus
mensibus.*
Radix fibrosa, annua. *Caulis* herbaceus, pubescens, flexuosus, pedalis. *Folia* opposita, breviter petiolata, obtusa, integra, subciliata, pubescentia, erecto-patentia, infima paulo majora, subpollicaria; suprema lanceolata, acuta, minora. *Flores* terminales in caule superne elongato et filiformi, spicati.
Spica sub florescentia brevissima, dein excrescens, cylindrica,
pollicaris.

4. E. (*maritimus.*) foliis lanceolatis, integris, glabris;
caule frutescente. Erinus *maritimus.* L i n n. Syst. Veg.
XIV. p. 561. Suppl. p. 287.

Crescit ad littus maris juxta Z e e k o r i v i e r. *Floret* N o v e m b r i.
Caulis decumbens, simplex, teres, fuscus, cinereo-pilosus,
superne flexuoso-erectus, spithamaeus. *Rami* superne duo vel
tres, breves, simplices, reflexi. *Folia* sparsa, subopposita et
alterna, sessilia, obtusa, margine parum reflexo, sesquipollicaria; inferne remotiora, patentia; superne frequentissima,
erecto-imbricata. *Flores* spicati, solitarii, inter bracteas sessiles. *Spica* densa, saepe palmaris. *Corolla* 1-petala, tubulosa; *Tubus* filiformis, sensim apice incrassatus, bracteis triplo
longior, sesquipollicaris. *Limbus* 4-partitus: *laciniae* obcordatae.

5. E. (*lichnideus.*) foliis lanceolatis, glabris, apice ser-
ratis; caule herbaceo. Selago *lichnidea.* L i n n. Syst. Veg.
XIV. p. 571. Spec. Plant. p. 877. Erinus *capensis.* L i n n.
Mantiss. p. 252.

Caulis teres, fuscus, tenuissime pubescens, flexuoso, erectus,
subsimplex, pedalis et ultra. *Rami* alterni, similes, brevissimi. *Folia* subpetiolata; inferne opposita, superne alterna,
obtusa, integra, apice tantum serrata, patula, pollicaria. *Spica*
terminalis, subfastigiata.

6. E. (*africanus.*) foliis lanceolatis dentatis; caule debili,

flexuoso-erecto. Erinus *africanus*. *L i n n.* Syst. Veg. XIV.
B. 57. Sp. Pl. p. 871.

*Crescit in L e u w e k o p p, in campis sabulosis extra Cap et alibi.
Floret J u l i o.*

Radix subfusiformis, fibrosa, annua. *Caulis* simplex, vel
prope radicem ramosus, erectus, teres, pilis albis reflexis villosus, spithamaeus vel pedalis. *Rami* longi, cauli similes, ramulosi. *Ramuli* oppositi, breves, ramis similes, axillares, 'pollicares. *Folia* opposita, caulina, ramea et ramulorum, ses-
lia, amplexicaulia, ovata, obtusa, utrinque attenuata; supra
sulco longitudinali, late"viridia; subtus costâ mediâ elevatâ,
pallidiora; pilosa, dentibus dentatá inaequalibus, inferioribus
majoribus; plana, patentia; inferiora longiora internodiis, approximata; superiora remotiora, internodiis breviora *Folia*
latiora triplici venâ exaratâ. *Flores* terminales, spicati, spicâ
elongatâ. *Bractea* singulum florem extus cingens, foliis similis,
sed minor. *Perianthium* monophyllum, erectum, tubo quadruplo brevius, hirtum, bilabiatum: *Labium* interius trifidum, exterius bifidum, *latiniis* aequalibus, lanceolatis, acutis, conca-
viusculis. *Corolla*-1-petala, tubulosa: *Tubus* filiformis, pollicaris, erectus, villosus, purpureus, rectus, striatus. *Limbus*
5-partitus, patens: *latiniae* semibifidae, obcordatae lobis obtusis, supra albae, subtus purpureae. *Filamenta* 4, duo ori
tubi inserta, brevissima; duo infra os tubi inserta, brevissima,
tubo longitudinaliter ádnata. *Antherae* superiores capitato-
cyathiformes, inferiores oblongae, sulcatae, dorso affixae.
Pollen flavum. *Germen* superum, conico-acutum, glabrum.
Stylus filiformis; longitudine tubi. *Stigma* simplex, parum obtusum. *Capsula* basi corollae inclusa, ovata, acuta, glabra,
bivalvis, bilocularis. *Glandula* hamosa; erecto-incurvata, glabra, ad basin capsulae affixa, capsulâ triplo brevior. *Semina*
plurima, globosa, glabra. *Differt* Erinus a Manulea: 1. tubo
corollae recto. 2. petalis bifidis vel emarginatis.

7. P. (*patens.*) foliis petiolatis, obovatis, serratis, glabris; caule decumbente, ramoso.

Caulis herbaceus, ramosissimus, apice erectus, glaber, spithamaeus. *Rami* oppositi, divaricati, ramulosi. *Folia* opposita; inciso-serrata, patentia, unguicularia. *Petiolus* longitudine folii. *Flores* axillares, pedunculati. *Pedunculi* solitarii,
uniflori, longitudine folii. *Calyx* fere ad basin 5-partitus.

8. E. (*selaginoides.*) foliis obovatis, dentatis, tomentosis,
caule decumbente; capitulis foliosis.

*Crescit in arena mobili inter L e u w e s t a r t et littus. Floret Au-
g u s t o.*

Radix fibrosa. *Caules* e radice plures, herbacei, teretes,
villoso-hispidi, ramosi, digitales. *Rami* alterni, breves, cauli
similes, reflexi, diffusi. *Folia* opposita, sessilia, inferne attenuata, obtusa, apice obsolete dentata, patentia, villosa, vel
subtomentosa, internodiis longiora, supra sulco longitudinali,
superiora sensim minora, subunguicularia. *Flores* in ramis

terminales, inter folia sessiles. *Perianthium* 1-phyllum, tubu
losum, bilabiatum, 5-dentatum, villosum, tubo duplo brevius:
dentes brevissimi, erecti. *Corolla* monopetala, infundibuliformis: *Tubus* filiformis, apice incrassatus, curvatus, pallidus,
unguicularis. *Limbus* 5-partitus: *laciniae* obovatae, semibifido-
cordatae. obtusae, patentes, violaceae basi flavā. *Rarius* limbus quadrifidus observatur. *Os* tubi pilis plurimis erectis coronatum. *Filamenta* duo, tubo infra os inserta, brevissima.
Antherae ovatae, erectae, flavae. *Germen* superum, conico-
acutum, glabrum. *Stylus* filiformis, longitudine tubi. *Stigma*
simplex. *Capsula* ovata, acuta, didyma, glabra, bivalvis, bilocularis. *Semina* plurima. Eranthema ad Selaginis genus
amandanda, variantia uti Antirrhina staminibus duobus.

9. E. (*tomentosus.*) foliis oblongis, serratis, tomentosis;
caule erecto, hirsuto·

*Crescit in Carro infra Bockland, prope rivulos. Floret De-
cembri:*
Caulis herbaceus, ramosus et ramosissimus, spithamaeus et
ultra. *Rami* sparsi, plurimi, ramulosi, flexuoso-erecti, hirsuti, virgati. *Folia* opposita; subsessilia, acuta, subtomentosa,
patula, unguicularia. *Flores* axillares, in axillis foliorum, remoti, pedunculati. *Pedunculi* solitarii, uniflori foliis longiores.

10. E. (*incisus.*) foliis ovatis, inciso-serratis, tomentosis; caule fruticoso.

Caulis brevissimus, vix palmaris, ramosus. *Rami* basi divaricati, rigidi, cinerei, glabri, breves, ramulosi. *Ramuli* filiformes, patuli, erectiusculi, tomentosi, spithamaei. *Folia* opposita, petiolata, obtusa, vix unguicularia. *Petioli* folio paulo
breviores. *Flores* racemosi in ramulis ex axillis foliorum superiorum et minorum. *Pedunculi* capillares, tomentosi, unguiculares et ultra.

11. E. (*tristis.*) foliis oblongo-ovatis, inciso-dentatis glabris; caule erecto. Erinus *tristis*. *Linn.* Syst. Veg. XIV.
p. 571. Suppl. p. 287.
*Crescit supra littus infra latus occidentale Leuwekopp. Floret
Augusto*
Radix filiformis, fibrosa. *Caulis* prope radicem circumfle-
xus, herbaceus, crassus, raro ramosus, totus tectus foliis, glaber, spithamaeus. *Rami* superne alterni, breves. *Folia* sessilia, sensim in petiolos alatos attenuata, obtusa, inciso-pinnatifida et dentata, venosa, viridia, subtus pallidiora, pollicem
lata, bipollicaria, erecta, frequentissima, hirta, superiora minus infernae attenuata, minora, inaequaliter dentata. *Flores* in
summo caulis et ramorum, pedunculati, erecti, solitarii. *Pedunculus* teres, hirtus, semilineam longus. *Bracteae* in pedunculo oppositae, filiformes, hirtae. *Perianthium* 5-partitum,
pilosum, viscosum: *laciniae* lineares, obtusae, erectae, infimā
breviora et angustiore, ultra lineam longae. *Corolla* 1-petala,
tubulosa. *Tubus* cylindricus. basi apiceque ampliatus, albidus,

hirtus, vix curvatus, pollicaris. *Limbus* patens, 5-partitus: *Laciniae* aequales, lineares, truncatae, emarginatae, subtus lutescentes, tristes, concavae; supra convexae marginibus reflexis, fusco-tristes, reticulatae, semiunguiculares. *Filamenta* 4, brevissima, duo sub os tubi inserta, duo paulo inferius tubo inserta; apice dilatata, compressa, reflexa. *Antherae* adnatae, didymae, fuscae, polline flavo. *Germen* superum, glabrum. *Stylus* filiformis, longitudine tubi, albus. *Stigma* obtusum, compressum. *Capsula* ovata, subcompressa, didyma. bivalvis, bilocularis. *Semina* plurima. *Odor* parum ingratus florum.

CCCII. H E B E N S T R E I T I A.

Cal. 2-*emarginatus, subtus fissus. Cor.* 1-*labiata : labio adscendente* 4-*fido. Stamina margini limbi corollae inserta. Caps.* 2-*sperma.*

1. H. (*scabra.*) foliis linearibus, integris, ciliato-scabris; spicae bracteis integris, glabris.

Caulis herbaceus, villoso-scabridus, flexuoso-erectus, simplex vel parum ramosus, pedalis. *Folia* sparsa, obtusa, tenuissime ciliata, frequentia, incurva, unguicularia. *Spicae* terminales, erectae, digitales. *Bracteae* ovatae, incurvatae.

2. H. (*dentata.*) foliis linearibus, integris, dentatisque glabris; bracteis integris glabris. Hebenstreitia *dentata* et *integrifolia. Linn.* Syst. Veg. XIV. p. 570. Spec. Plant. p. 878.

Crescit in collibus et campis infra Constantiam, in Roggeveld, Swartland, Stellenbosch et alibi vulgaris. Floret Julio et sequentibus mensibus.

Caulis saepius herbaceus, rarius basi fruticescens, tenuissime villosus, ramosus, erectus, palmaris usque pedalis. *Rami* basi contigui, pauciores vel plurimi, divaricati, diffusi, apice erecti, caule breviores. *Folia* sparsa, inferne attenuato-subpetiolata, lineari-obovata, vel integra vel apice trifida, vel dentato-quinquefida, unguicularia. *Spicae* florum oblongae, flosculis remotis, cernuae. *Bracteae* ovatae, mucronatae. *Variat* itaque valde, ut facie multum differat: α. foliis integris, trifidis, 5-fidis. β. caule herbaceo, frutescente, erecto, diffuso. γ. spicis oblongis, elongatis.

3. H. (*ciliata.*) foliis linearibus, dentatis; bracteis ciliato-hispidis.

Caulis fruticulosus, teres, erectus, ramosus, inferne glaber, superne villoso-hispidus, pedalis et ultra. *Rami* sparsi, frequentes, secundi, similes. *Folia* integra rarius, saepius dentata dentibus pluribus, glabra, unguicularia. *Spicae* florum terminales, cylindricae, digitales. *Bracteae* lanceolatae, glabrae, margine ciliis albis.

4. H. (*capitata.*) foliis linearibus, apice dentatis, glabris; spicis ovatis; bracteis ciliatis; caule herbaceo.

Crescit in arenosis inter Cap et seriem longam montium. Floret Septembri, Octobri.
Radix fibrosa. *Caulis* simplex vel mox inferne ramosus, flexuoso-erectus, pubescens, palmaris. *Rami* pauci vel plures, divaricati, dein erecti, interdum ramulosi, cauli similes. *Folia* apice trifida, raro integra, unguicularia. *Spica* foliosa a bracteis, unguicularis. *Bracteae* basi ovatae, concavae, cinereae, apice producto lineares, integrae vel trifidae, squarrosae, glabrae, virides.

5. H. (*fruticosa.*) foliis lanceolatis, dentatis, glabris; bracteis integris, glabris; caule fruticoso. Eranthemum par vifolium. *Bergii* Plant. Cap. p. 2. *Linn.* Syst. Veg. XIV. p. 58. Mant. p. 171. Hebenstreitia *fruticosa. Linn.* Syst. Veg. XIV. p. 570. Suppl. p. 287.
Crescit in monte Picketberg. Floret Octobri.
Radix perennis. *Caulis* rudimentis foliorum inaequalis, ramosus, erectus, glaber, quadripedalis. *Rami* sparsi, frequentes, cauli similes, elongati. *Folia* sparsa, frequentia, sessilia serrato-denticulata, rigida, imbricata, unguicularia. *Spica* florum ovata, densa. *Bracteae* ovatae, acutae.

6. H. (*crinoides.*) foliis lanceolato-oblongis, serratis, pilosis; bracteis integris, ciliato-hispidis.
Caulis fruticescens, villoso-hispidus, erectus, ramosus. *Folia* oblonga, utrinque attenuata, obtusiuscula, villosa, patentia, unguicularia. *Spica* florum ovata, densa. *Bracteae* lanceolatae, villoso-ciliatae.

7. H. (*cordata.*) foliis cordatis, carnosis. Hebenstreitia cordata. *Linn.* Syst. Veg. XIV. p. 570. Mant. p. 430
Crescit prope littus maris juxta Zeekorivier, infra Leewestaart. Floret Novembri.
Caulis fruticosus, teres, nodulosus a casu foliorum, cinereo-villosus, ramosus, erectus, rigidus, bipedalis et ultra. *Rami* sparsi, breves, erecti, similes. *Folia* sparsa, frequentia, sessilia, integra, glabra, patula, vix lineam longa. *Spica* florum ovata, densa. *Bracteae* ovatae, mucronatae, carnosae, integrae, glabrae, foliis paulo longiures.

CCCIII. JUSTICIA.

Cor. ringens. *Caps.* bilocularis, usque elastico dissilient. *Stamina anthera singulari.*

1. J. (*capensis.*) fruticosa villosa; foliis lanceolatis, obtusis; floribus axillaribus, sessilibus.
Crescit in interioribus Promont. bonae spei regionibus.
Frutex ramis et ramulis oppositis, angulatis, villosis, patulis. *Folia* opposita, braevissime petiolata, ovata, integra, supra plana, subtus tenuissime villosa, patentia, inaequalia, unguicularia et paulo ultra.

2. J. (*orchioides*.) fruticosa, glabra; foliis ovatis, acutis; floribus axillaribus, solitariis, pedunculatis; ramis flexuosis. JUSTICIA *orchioides. L i n n.* Suppl. p. 85.

Crescit in Kanna seu Kanna land. Floret Novembri, Decembri.

Frutex humilis ramis et ramulis decussatis, subangulatis, glabris, patulis, rigidis. *Folia* opposita, sessilia, integra, glabra, patula, lineam longa. *Flores* incarnati. *Pedunculi* longitudine foliorum. *Bracteae* in medio pedunculi oppositae, minutae. *Corolla* ringens, adeo similis Orchideis, ut Orchidem fruticosam esse jurares.

3. J. (*verticillaris*.) herbacea, villosa; foliis ovatis, integris; floribus verticillatis, sessilibus. JUSTICIA *verticillaris. L i n n.* Suppl. p. 85.

Crescit in sylvis Houtniquas et prope Zeekorivier. Floret Octobri, Novembri, Decembri.

Caulis herbaceus, totus villosus, erectus, pedalis. *Rami* oppositi, simplices, rarius ramulosi, divaricato patuli. Ex axillis interdum alii *rami*. *Folia* opposita, petiolata, acuta, raro obtusa, utrinque villosa, patentia, 1 illicaria. *Petioli* folio duplo breviores. *Flores* incarnati. *Verticilli* plurimi, pari foliorum subtus cincti, sessiles. *Calyces* villosi.

CCCIV. R U E L L I A.

Cal. 5 - *partitus. Cor.* subcampanulata. *Stamina* per *paria* approximata. *Caps.* dentibus elasticis dissiliens.

1. R. (*spinescens*.) foliis fasciculatis, lanceolatis, spinescentibus; floribus sparsis, sessilibus; caule depresso.

Crescit in Hantum et Roggeveld. Floret Octobri, Novembri.

Caulis fruticosus, ramosus, totus tectus foliis et floribus. *Rami* similes, apice curvato - erecti, palmares. *Folia* frequentissima, caules et ramos totos tegentia, spinosa - acuta, integra, rigida, squarrosa, glabra, unguicularia. *Flores* axillares inter folia.

2. R. (*aristata*.) foliis integris, ovatis, glabris; floribus axillaribus, sessilibus; calycibus setaceo - aristatis.

Crescit in Carro. Floret Novembri, Decembri.

Fruticulus vix pedalis, erectiusculus, ramosissimus. *Rami* sparsi, frequentes, tetragoni, sulcati, tenuissime pubescentes, erecti. *Folia* brevissimo petiolata, obovata, obtusissima, apice reflexo, unguicularia. *Flores* verticillati vel potius in ultimis ramulis terminales. *Bracteae* foliis similes, villoso - scabridae. *Calycis* laciniae subulato - aristatae, scabrae, erectae.

3. R. (*depressa*.) foliis integris, petiolatis, obovatis, glabris, caule decumbente. RUELLIA *depressa. Linn.* Syst. Veg. XIV. p. 576. Suppl. p. 290.

Crescit in Carro pone Attaquas kloof, intér Olyfants ri-vier et Bockland in Roggeveld. Hantum et aliis locis desertis. Floret Novembri, Decembri.

Caulis fruticosus, depressus, ramosus, rigidus, totus tectus foliis et floribus, uti et Rami. *Folia* frequentissima, obtusa cum mucrone inermi, erecto - secunda, unguicularia. *Petiolus* longitudine folii. *Flores* in superiori latere ramorum sparsi, axillares, minuti.

4. R. (*ovata*.) foliis integris, ovatis, subpubescentibus; floribus solitariis, axillaribus; caule erecto.

Crescit in Hantum. Floret Octobri, Novembri.

Fruticulus flexuoso - erectus, vix spithamaeus. *Rami* sparsi, teretes, pubescentes, flexuoso erecti. *Folia* sparsa, sessilia, obtusa, tenuissime pubescentia, semiunguicularia. *Flores* ver-sus apices ramorum, inter folia, subsessiles.

5. R. (*cordata*.) foliis integris, cordato - ovatis, ciliatis; floribus terminalibus; caule erecto.

Crescit in Carro. Floret Decembri.

Caulis tetragonus, glaber, pedalis et ultra. *Rami* similes, geniculati et flexuoso-erecti. *Folia* breviter petiolata, subcor-data, ovata, acutiuscula, margine tenuissime ciliata, glabra, subtus pallidiora, rigida, inaequalia, unguicularia et ultra. *Flores* in ramis et ramulis. *Bracteae* et *Calyces* ciliatae.

CCCV. LINDERNIA.

Cal. 5 - partitus. *Cor.* ringens, labio superiore brevissimo. *Stamina* 2 inferiora dente terminali antheráque sub-laterali. *Caps.* 1 locularis.

1. L. (*capensis*.) foliis oblongis, integris; pedunculis axil-laribus, folio longioribus.

Crescit prope Krumrivier, Lurisrivier et alibi. Floret Decembri, Januario.

Radix fibrosa, annua. *Caulis* herbaceus, glaber, palmaris. *Rami* alterni, inferiores basi decumbentes, superiores erecto-patentes, virgati. *Folia* opposita, sessilia, acuta, glabra, pa-tentia, inferiora unguicularia, superiora minora. *Pedunculus* capillaris, solitarius, uniflorus. *Calycis* laciniae lanceolatae, acutae.

CCCVI. LIMOSELLA.

Cal. 5 - fidus. *Cor.* 5 - fida, aequalis. *Stam.* per paria approximata. *Caps.* 1 - locularis, 2 - valvis, poly-sperma.

1. L. (*capensis*.) foliis petiolatis, ovatis, concavo - coch-leatis, obtusis. Limosella *diandra. Linn.* Syst. Veg. XIV. p. 572. Mant. p. 252.

Crescit locis aquosis in littore infra Leeuwestaart, juxta Kaf ferkeuls rivier et alibi. Floret Augusto, usque in Decembrem.

Radix annua, fibrosa. *Folia* radicalia, longe petiolata, integra, glabra, vix lineam longa. *Petioli* filiformes, sensim attenuati, erecti, glabri, apice complanati in folium cochleari simile, saepe aphylli et apice tantum canaliculat, pollicares vel breviores. *Perianthium* monophyllum, subinflatum, glabrum, erectum, 5-dentatum subangulatum: dentes acuti, erecti, carinati. *Corolla* monopetala, subrotata. *Tubus* ovatus, albidus, longitudine calycis, lineam dimidiam longus. *Limbus* 5-partitus, patens, aequalis: *laciniae* vatae, obtusae, integrae, longitudine tubi, supra albae villosae, subtus purpurascentes margine albo. *Filamenta* 4, infra faucem tubo inserta, breviasima, duobus paulo longioribus, incurvis, propioribus alterius lateris. *Antherae* dorso affixae, inflexae, coeruleae. *Germen* superum. *Stylus* longitudine corollae, filiformis, albus. *Stigma* simplex, capitatum, flavescens. *Capsula* globosa glabra, tenuissime bisulca, unilocularis. *Semina* plurima, globosa, glabra.

CCCVII. SIBTHORPIA.

Cal. 5-*partitus.* *Cor,* 5 *partita, aequalis. Stamina paribus remotis. Caps. compressa.*

1. S. (*europaea.*) foliis reniformi orbiculatis, crenatis. Sibthorpia europaea. *Linn.* Syst. Veg. XiV. p. 572. Sibthorpia africana. *Linn.* Spec. Plant. p. 880. *Hout.* Natuurl. Hist. 'P. 2. tab. 58. f. 3.

Crescit hinc inde, satis vulgaris.

CCCVIII. ANTIRRHINUM.

Cal. 5 - *phyllus. Corollae basis deorsum prominens, nectarifera. Caps.* 2 - *locularis.*

1. A. (*aphyllum.*) aphyllum; scapo capillari, uniflore. Antirrhinum aphyllum. *Linn.* Syst. Veg. XIV p. 557. Suppl. p. 280.

Crescit locis humidis inter lapides et in cryptis rupium in Lange kloof. Floret Decembri.

Radix fibrosa, annua. *Scapus* herbaceus, flexuosus, erectus, glaber, apice cernuus, purpurascens, digitalis. *Flos* terminalis, solitarius, nutans

2. A. (*capense.*) foliis oppositis, linearibus, integris, glabris; racemis terminalibus.

Caulis fruticescens, angulatus, glaber, flexuoso-erectus, ramosus pedalis et ultra. *Rami* oppositi, elongati, simplices, flexuoso-erecti, cauli similes. *Folia* sessilia, in axillis foliolis onusta, acuta; integerrima, patentia, internodiis paulo brevio-

ra, pollicaria, axillaribus duplo brevioribus. *Flores* in apicibus plures, racemosi, flavi.

3. A. (*patens.*) foliis lanceolatis, integris, denticulatisque,
glabris; floribus terminalibus, solitariis.

Caulis subherbaceus, tetragonus, glaber, erectiusculus, ramosus, pedalis et ultra. *Rami* oppositi, divaricati, flexuosi,
simplices, cauli similes. *Folia* opposita, subsessilia, acuta,
integra et vix conspicue denticulata, patenti-reflexa, inaequalia, pollicaria. *Flos* solitarius, terminalis.

4. A. (*barbatum.*) foliis oppositis, ovatis, serratis; caule
erecto, herbaceo; nectario didymo; corollâ barbatâ.

*Crescit in collibus et campis sabulosis prope Cap, Groeneckloof,
alibi. Floret Augusto, Septembri.*

Radix annua, fibrosa. *Caulis* simplex vel ramosus, tetragonus angulis scabris, glaber, spithamaeus. *Rami* in medio caule
oppositi, erecto-patentes, simplices, cáule breviores eoque
similes. *Folia* ut in *A bicorni.* *Corolla* 1-petala, ringens: *labium* superius 4-partitum, laciniis ovatis, obtusis, intus album,
extus superne coeruleum marginibus albis, inferne purpureo-
striatum. *Labium* inferius longius, obtusissimum, integerrimum, apice medio carinâ elevata, coeruleum: *unguis* extus
albus, rubro-striatus, intus geniculatus genu convexo valde
barbato, albo. *Nectarium* a labio inferiori continuatum, cornutum, rectum, corollâ plus duplo brevius, quasi ex duobus
cornubus connatum, obtusum, purpureo striatum. *Convenit*
pluribus cum *A bicorni*, sed habitu videtur esse distincta species, et ab illo differt: 1. *labio* inferiori integro, intus barbato. 2. *genu* non bicalloso, sed convexo. 3. *cornu* non lineari, sed didymo, retuso, latiore. 4. *ramis* caulinis nec radicalibus. 5. *angulis* caulis scabris. 6. *caule* saepius simplici.

5. A. (*bicorne.*) foliis oppositis, oblongis, serratis; caule
erecto, herbaceo; capsulis bicornibus; nectarii cornu lineari.
ANTIRRHINUM *bicorne. Linn.* Syst. Veg. XIV. p. 556. Spec.
Pl. p. 856.

*Crescit vulgatissimum in collibus et campis sabulosis prope Cap,
in Swartland, inter Cap et Drakensteen alibique. Floret
Julio, Augusto, Septembri.*

Radix fusiformis, fibrosa, tenuis, annua. *Caulis* simplex vel
inferne ramosus, tetragonus, glaber, spithamaeus usque pedalis. *Rami* oppositi, prope radicem saepius simplices, patentissimi, laxi, cauli similes eoque breviores. *Folia* sessili-am-
plexicaulia, linearia vel ovata, obtusa, dentata, glabra, patentia, supra sulco. subtus costâ crassâ, remotissima, unguicularia vel paulo ultra. *Flores* alterni, in summo caule terminales,
petiolati. *Bractea* sub pedunculo; foliis similis, sed minor;
inferiores bracteae dentatae, superiores integrae. *Pedunculi*
erecti, uniflori, inferiores longiores, superne pilosi. *Perianthium* 1-phyllum, ad basin fere 5-partitum; *laciniae* ovato-li-

neares, obtusae, patentes, pilis capitatis villosae, corollâ quadruplo breviores. *Corolla* 1 petala, ringens. *Labium superias* 4-partitum: *Laciniis* ovatis, obtusis; *inferius* bifidum; reflexum fauce bicallosa, villosâ: *Laciniae* obtusissimae. *Nectarium* a labio inferiori continuatum, cornutum, rectum, corollâ plus duplo brevius. *Filamenta* 4, ori tubi labii superioris inserta, subulata, alba; duo breviora; duo longiora incurva. *Antherae* parvae, rotundae, flavae, cohaerentes, non connatae. *Germen* superum, glabrum. *Stylus* brevissimus, crassiusculus. *Stigma* simplex, acutum. *Capsula* obcordata, lobis exstantibus, didyma, compressa, glabra, bivalvis bilocularis. *Semina* plura, ovata, alata. *Varietates* plures hujus sunt: α. corollis albis, violaceis, variegatis, majoribus, minoribus. β. caule simplici, ramoso vel ramosissimo. γ. foliis angustioribus, latioribus, et latissimis.

6. A. (*fruticans.*) foliis oppositis, ovatis, integris, hirtis; caule fruticoso.

Caulis basi fruticosus, decumbens, mox ramosus. *Rami* subradicales, iterum ramulosi, elongati, tetragoni, hirti, pedales. *Ramuli* similes, saepe secundi. *Folia* infima brevissime petiolata, reliqua sessilia, margine revoluto, quinquenervia, scabrida, patentia, unguicularia, superioribus paulo minoribus. *Flores* in supremis axillis foliorum oppositi, pedunculati. *Pedunculi* filiformes, hirti, folio duplo longiores. *Capsula* compressa, truncata, subbicornis.

7. A. (*scabrum.*) foliis oppositis, ovatis, serratis, glabris; floribus axillaribus, caule herbaceo.

Radix fibrosa, annua. *Caulis* erectus, glaber, ramosus, palmaris et ultra. *Rami* oppositi, tetragoni, flexuoso-erecti, similes. *Folia* breviter petiolata, subcordata acuta, quinquenervia, erecto-patentia, vix pollicaria. *Flores* in axillis foliorum superiorum pedunculati. *Pedunculi* solitarii, capillares, folio paulo breviores.

8. A. (*longicorne.*) foliis oppositis, oblongis, incisoserratis; caule decumbente.

Crescit in collibus prope Mosselbancksrivier, Piquetberg, Ribeck Casteel. Floret Septembri, Octobri.

Radix fibrosa, annua. *Caulis* simplex vel plures radicales, apice erectiusculi, filiformes, striati, glabri, palmares, indivisi. *Rami* elongati, diffusi. *Folia* caulina plerumque bina vel terna, petiolata, obovata, obtusa, glabra, erecta, nervosa, unguicularia. *Petioli* lineares, supra sulcati, longitudine folii. *Flores* pedunculati, axillares et terminales, erecti. *Pedunculi* filiformes, laxi, cernui, glabri, uniflori, nudi, digitales. *Perianthium* 5-phyllum laciniis lanceolatis, acutis, glabris, corollâ multo brevioribus, reflexis. *Corolla* 1-petala, ringens seu bilabiata: *labium superius* basi bicorne, inflatum, 4-partitum, laciniis rotundatis, aequalibus. *Labium inferius* ovatorotundatum, bifidum, intus callis duobus, extus foveâ intrusâ unicâ. *Cornua* nectarii e basi corollae labii superioris, ver

aus anteriora directa, subulata, corollâ duplo longiora, fusco-
purpurea. *Color* corollae intus saturate purpureus, margine
ruber, postice maculis quatuor luteis. *Filamenta* 4, subulata, simplicia, purpurea erecta, lineam longa. *Antherae* flavae, cohaerentes, minimae. *Germen* superum, glabrum, viride,
Stylus subulatus. continuatus in *Stigma* acutum, simplex, purpureum. *Capsula* lanceolata, curvata, calyce cincta, utrinque
sulco notata, compressa, obtusâ, subemarginata, stylo persistente, glabra, unilocularis, univalvis, semiunguicularis. *Semina* plurima.

CCCIX. HEMIMERIS.

Cal. 5-*partitus.* *Cor.* rotata: *lacinia una major, obcordata. Fossula laciniarum nectarifera.*

1. H. (*montana.*) diandra; foliis oppositis, ovatis, serratis. HEMIMERIS *montana.* ' Nov Plant. Gen. P. 4. p. 75.
Linn. Syst. Veg. XIV. p. 561. Suppl. p. 280.

*Crescit in collibus montium Capensium. Floret Julio, Au-
gusto.*

Radix fibrosa, annua. *Caulis* simplex vel prope radicem ramosus, tetragonus, flexuoso-erectus, pubescens, purpurascens,
palmaris. *Rami* oppositi, simplices, cauli similes. *Folia* petiolata, lato ovata, obtusa, crenata, glabra, nervosa, internodiis breviora, patentia, supra viridia, subtus purpurascentia,
unguicularia. *Petioli* longitudine foliorum semiunguiculares,
decurrentes, lineares; supra sulco longitudinali, purpurascentes, hirti; *axillae* foliis onustae. *Flores* axillares, pedunculati,
vel terminales. *Pedunculi* oppositi uniflori, lineares, compressi, apice latere externo semicirculo elevato purpureo, longitudine foliorum. *Calycis* laciniae obtusae: *duae inferiores* magis lineares, transversae; *tres superiores* propiores; *intermedia*
magis ovata, viridis, margine saturatiore. *Corolla* tenuissime
villosa, tota flava, lacinia media circulo utrinque punctorum
purpureorum. *Labium superius* inflexum, profunde tripartitum:
Laciniae laterales callo obtuso baseos, ovatae, obtusae, breviores; *intermedia* latior, emarginata. *Labium inferius* mediâ
laciniâ labii superioris latius, obtusissimum, longius, emarginatum, concavo-planum, patens; basi dente duplici genitalia
cingente, erecto. *Filamenta* 2, basi circumflexa, labio inferiori
adpressa, ejusque dentibus inclusa, brevissima.

2. H. (*macrophylla.*) tetrandra; foliis oppositis, cordato-
ovatis, dentatis. HEMIMERIS *macrophylla.* Nov. Plant. Gener.
P. 4. p. 76.

Crescit inter Bockland et Hantum prope rivum.

Radix annua, fibrosa. *Caulis* basi flexus, statim a radice ramosus. *Rami* oppositi, tetragoni, glabri, simpliciter ramulosi,
ramulis consimilibus, laxi, erecti, inter arbuscula adscendentes, virides, purpureo variegati, pedales. *Folia* petiolata, obtusiuscula, patentia, glabra; supra viridia, concaviuscula, sulco

longitudinali venisque impressis; subtus pallida, carinâ venisque elevatis; inferiora majora, unguicularia; superiora sensim minora. *Flores* alterni, pedunculati. *Pedunculi* capillares, erecti, apice curvi, pilosi, purpurei, unguiculares. *Bracteae* sub basi pedunculi sessiles, cordato ovatae, obtusiusculae, concavae, integrae, reflexae, lineam longae. *Perianthium* subbilabiatum; *Labium superius* tripartitum erectum, *Laciniis* lanceolatis, acutis, glabris, viridibus, corollâ multoties brevioribus, intus concavis, extus subcarinatis. *Corolla* violacea. *Labium superius* minus, erectum, fornicatum; intus basi lacunâ transversâ magnâ, medio lineis duabus purpureis, extus basi bicallosum callis exstantibus, obtusis, lutescentibus; apice emarginatum lobis rotundatis, integris, labio inferiori triplo minus. *Labium inferius* maximum, tripartitum, bicornutum: *laciniae* laterales expansae, oblongae, obtusissimae, basi concavae, intermedia consimilis, sed paulo major. *Cornua* antica sensim attenuata, subulata sursum curvata, subunguicularia. *Filamenta* 4, inaequalia: duo longiora, basi labii superioris inser. ta, erecta; duo breviora basi labii inferioris inserta, basi circumflexa, erecta. *Capsula* sublinearis, calyce persistente coronata, parum curvata, utrinque sulco exarata, glabra, stylo persistente, unguicularis.

3. **H.** (*sabulosa.*) diandra; foliis oppositis, pinnatifidis. Hemimeris *sabulosa.* Nov. Plant. Gen. P. 4. p. 79. *Linn.* Sy t. Veg. XIV. p. 561. Suppl. p. 280.

Crescit in collibus sabulosis extra urbem. Floret Julio, Augusto. *Radix* capillaris, fibrosa, annua. *Caulis* tetragonus, suberectus, glaber, digitalis. *Rami* decussati, patentissimi, diffusi, tetragoni, glabri, foliosi, ramulosi, purpurascentes; inferiores longiores, digitales; superiores breves. *Folia* petiolata, incisopinnatifida, patentia, glabra; *laciniae* obtusae, oppositae integrae. *Petioli* longitudine foliorum, subtus convexi, supra sul. cati, glabri, semiunguiculares. *Flores* axillares, pedunculati. *Pedunculi* uniflori, glabri, sulcati, longitudine foliorum. *Calycis* laciniae breviores, virides, margine purpurascente; duabus inferioribus paulo latioribus, patentibus, tribus superioribus erectis. *Corolla* flava, lobo medio utrinque purpureopunctato: *Labium superius* trifidum, reflexum: *lobi laterales* obtusi, intus lacunâ, extus basi utrinque callo minimo, vix observando; *intermedius* latior, emarginatus. *Labium inferius* concavum, sursum inflexum, integrum, pilosum, *Palatum* utrinque gibbere intus prominulo. *Filamenta* duo, labio inferiori adpressa, eoque breviora.

5. **H.** (*diffusa.*) tetrandra; foliis alternis oppositisque; pinnatifidis. Hemimeris *diffusa.* Nov. Plant. Gen. P. 4. p. 80. *Linn.* Syst. Veg. XIV p 561. Suppl. p 280.

Crescit in collibus arenosis juxta Cap, in arena mobili littoris in fra Leuwestaart. Floret Julio, Augusta. *Radix* fibrosa, annua. *Caulis* unicus vel plures radicales, simplices, angulati, decumbentes, glabri, vix spithamaei. *Fo,* *lia* petiolata, glabra; supra sulco, subtus rhachi longitudi nali

unguicularia: *pinnae* ovatae, obtusae, saepe dente unico notatae vel integrae. *Petioli* lineares, supra sulco longitudinali, decurrentes, unguiculares. *Flores* ex axillis foliorum solitarii,
pedunculati. *Pedunculus* filiformis, uniflorus, glaber, apice incurvus, foliis longior. *Calycis* laciniae acutae, tres proximio-
res erectae, duae reflerae, striatae lineâ elevatâ, lineam longae, corollâ duplo breviores, margine tenuissime ciliatae. *Co-*
rolla extus albida, intus purpureo violacea *Labium superius*
bifidum lobis obtusis, concavo inflexis; basi bicallosum, callis
luteis. *Labium inferius* trifidum lobis concavis, obtusis. aequalibus, intermedio emarginato. *Filamenta* 4, corollâ breviora,
recurva, apice connato-cohaerentia; duo minora, sursum flexa
et saepe in medio membranâ subrotunda aucta, supra majora
inserta, sed inflexa; duo paulo majora, infra minora inserta,
basi spiraliter flexa, extrorsum curvata, apice inflexa. *Conve-*
niunt H. *montana*, *diffusa* et *sabulosa.* 1. corollâ non bicaudatâ
sed callis duobus prominentibus. 2. capsulâ ovatâ, acutâ.

5. H. (*unilabiata*.) tetrandra; foliis oppositis, pinnatifi-
dis. HEMIMERIS *unilabiata.* Nov. Plant. Gen. P. 4. p. 78,
ANTIRRHINUM *unilabiatum.* L i n n. Syst. Veg. XIV. p. 558.
Suppl. p. 279.

Crescit in sabulosis campis inter V e r l o o r e n V a l l e y et L a n g e
V a l l e y. Floret O c t o b r i.
Radix fusiformis, fibrillosa, annua. *Caulis* tetragonus, pilosus, purpurascens, statim a radice ramosus, brevissimus. *Ra-*
mi decussati, tetragoni, glabri, simplices vel ramulosi, erecto-
diffusi, longissimi, spithamaei. *Ramuli* ramis similes. *Folia*
sub ramis et ramulis opposita, petiolata, pollicaria. *Laciniae*
alternae, lineares, obtusae, integerrimae. *Petiolus* linearis,
lateribus decurrens, subtus convexus, supra canaliculatus, glaber, folio brevior. *Flores* alterni, pedunculati. *Bractea* sub
singulo pedunculo lineari, obtusa, glabra, patens, pedunculo
brevior. *Pedunculus* tetragonus, subpilosus, erectus, cernuus,
uniflorus, unguicularis. *Perianthium* viride, pilosum: *laciniae*
lanceolatae, obtusae, patulae, corollâ multoties breviores, lineam longae, binae posticae reflexae. *Corollae* labium superius maximum, basi violaceum, bicorne, tripartitum; *laciniae*
subaequales, orbiculato-ovatae, undulatae, integrae; intermediae erectae; laterales subverticales, sanguineae versus basin
striis saturatioribus. *Cornua* bina, dependentia, conica, obtusa, brevissima, calyce paulo breviora, intus extusque flava.
Labium inferius (subnullum) respectu superioris minimum, lateraliter oblongum seu dilatatum, sanguineum, superiori mediâ
parte erectâ, inferiori revolutâ. *Filamenta* 4; duo superiora
longiora et majora, basi clavata, dein filiformia, arcuato-in-
flexa; duo breviora. *Antherae* inflexae, minimae; basi virides;
medio flavae; apice villosae caeruleae. *Capsula* ovata, subtetragona, bisulca, apice compressa emarginata, subvillosa, calyce styloque persistentibus coronata.

CCCX. GERARDIA.

Cal. 5 - *fidus.* *Cor.* bilabiata: labio inferiore tripartito: lobis emarginatis: media bipartito. *Caps,* bilocularis, dehiscens.

1. G. (*tubulosa.*) foliis ellipticis, integris, glabris; tubo corollae calyce longiore. GERARDIA tubulosa, *Linn,* Syst. Veg. XIV. p. 553. Suppl. p. 279.

Crescit in Krakakamma, locis inundatis, et prope aquas. Floret Decembri.

Caulis herbaceus, erectus, totus glaber, pedalis. *Rami* oppositi, pauci, elongati, similes. *Folia* subopposita, elliptica seu linoari-lanceolata, utrinque attenuata, acuta, erecto patentia, digitalia. *Flores* axillares in summo caule, pedunculati. *Pedunculi* solitarii, uniflori, foliis paulo breviores. *Perianthium* 1-phyllum, campanulatum, tubo corollae amplius, eoque brevius, 5 partitum: *laciniae* lanceolatae, acuminatae, erectae, longitudine dimidia calycis, glabrae; persistens. *Corolla* 1 petala, tubulosa, purpurea. *Tubus* cylindricus, curvatus, unguicularis. *Limbus* 5-partitus: *laciniae* ovatae, obtusissimae, integrae, patentes, tubo breviores. *Filamenta* 4, tubo medio inserta, filiformia, erecta, superne villosa, tubo multoties breviora; duo breviora. *Antherae* oblongae, dorso affixae, compressae. *Germen* superum, ovatum, acutum, glabrum. *Stylus.* filiformis, erectus, medio fore crassior, perianthio paulo brevior. *Stigma* simplex, obtusiusculum. *Capsula* ovata, subcompressa, bilocularis. *Tota* planta siccatione nigrescit. *Differt* a. G. *nigrina:* 1. foliis laevibus, integris, angustioribus, 2. calyce minus ampliato. 3. corollae tubo cylindrico, calyce longiori. 4. stylo calyco breviori.

2. G. (*nigrina.*) foliis lanceolatis, scabris, serratis; calyce tubi longitudine. MELASMA scabrum. *Berg.* Pl. Cap. p. 162. t. 3. fig. 4. NIGRINA viscosa. *Linn.* Syst. Veg. XIII. p. 167. GERARDIA nigrina. *Linn.* Suppl. p. 2 8.

Caulis herbaceus, erectus, tetragonus, totus scaber, pedalis vel paulo ultra, raro ramosus. *Folia* opposita, sessilia, basi profunde serrata, apice integra, utrinque callis minutissimis scabra, subtus pallidiora, pollicaria vel paulo ultra. *Flores* axillares, pedunculati. *Pedunculi* solitarii, uniflori, foliis longiores. *Calyx* inflato-campanulatus. *Corolla* subcampanulata, tubo calyce vix longiori.

3. G. (*scabra.*) foliis pinnatifidis, scabris; tubo corollae calyce longiore. GERARDIA scabra. *Linn.* Syst. Veg. XIV. p. 553. Suppl. p. 279.

Crescit trans Kram-rivier. Floret Decembri, Januario.

Caulis herbaceus, erectus, villoso-scaber, raro ramosus palmaris usque spithamaeus. *Folia* opposita, subsessilia, callis minutissimis scabra, tenuissime pubescentia, pollicaria, superioribus minoribus; caulina serrato-pinnatifida. *Flores* in apicibus laterales, racemosi, subsecundi. *Pedunculi* in axillis foliorum brevissimi, solitarii. *Corolla* campanulata, tubo inflato.

CCCXI. HYOBANCHE.

Cal. 7 - *phyllus. Cor. ringens, labio inferiore nullo.* *Caps.* 2 - *locularis, polysperma.*

1. H. (*sanguinea.*) *Linn.* Syst. Veg. XIV. p. 574. Mant. p. 155. 253.

Crescit in collibus arenosis in campis inter Cap et Drakensteen, in Roggeveld et alibi. Floret Octobri, Novembri, Julio.

Radix parasitica. *Caulis* carnosus, simplex, teres, vestitus, crassitie digiti, digitalis usque spithamaeus, albus *Folia* squamae sessiles, carnosae, subdecurrentes, ovatae, obtusissimae, imbricatae, adpresso-patulae; intus concaviusculae, glabrae; extus convexae, villosae vellere cinereo. *Flores* terminales, spicati, bracteati. *Spica* ovata, longitudine caulis tomentosa, sanguinea. *Bractea* ad basin singuli floris foliis similis sed longior; extus vellere sanguineo tecta, unguicularis, lineam unam eam dimidia lata. *Perianthium* heptaphyllum: *Laciniae* duae exteriores oppositae, breviores; interiores quinque longitudine tubi, quarum tres et duae laciniae supra basin parum connatae; omnes basi parum connatae, erectae, lineari lanceolatae, obtusissimae, concavae, intus glabrae; extus praesertim apice purpureo-lanatae, bracteâ duplo longiores. *Videtur* calyx potius esse duplex: exterior diphyllus brevior, interior subbilabiatus, labio altero tripartito, altero bipartito. Basis calycis carnosa, capsulam continens. *Corolla* 1 petala, tubulosa, ringens, inferne alba, subnuda, superne hirsuta, purpurascens, incrassata, pollicaris. *Labium* subfornicatum, obtusum; antice aperturâ oblongâ compressum, medio marginibus reflexis. *Labium* inferius nullum, sed loco ejus denticulus minimus. *Filamenta* 4, corollae tubo supra basin inserta, basi latiora, inde linearia, alba, corollae subaequalia, duobus superioribus paulo brevioribus. *Antherae* apicibus filamentorum adnatae, compressae, reflexo-nutantes; superne sulcatae, dehiscentes, pallide flavae. *Germen* superum. *Stylus* filiformis, longitudine corollae, albus, apice reflexus. *Stigma* incrassatum, subcompressum, obtusum, emarginatum. *Capsula* ovata, bisulca, glabra, bivalvis, bilocularis. *Semina* plurima, columnae adfixa, glomerulos 4 formantia. *Planta* exsiccatione nigrescit. *Varietates*: α hirsuta, corollis valde villosis. β glabra, corollis glabris, vix pubescentibus.

CCCXII. THUNBERGIA.

Cal. duplex: exterior diphyllus; interior multipartitus. *Caps. globosa, rostrata, bilocularis.*

1. T. (*capensis.*) foliis subsessilibus, subrotundis; caule decumbente. THUNBERGIA *Capensis.* Nov. Plan. Gen. P. 1. p.

21.22. *Retzius* Act. Lund. Vol. I. p. 163. cum fig. *Linn.* Syst. Veg. XIV. p 558. Suppl. p. 292.

Crescit ad Musselbay et inter Camtous et Swartbecks rivier. Floret Novembri, Decembri.

Radix filiformis, descendens, cauliculos saepe plures edens. *Planta* tota, corollâ capsulâque exceptis, hispida. *Caulis* subsimplex, filiformis, angulatus, flexuosus, rarius ramis alternis cauli similibus. *Folia* opposita, petiolata, ovato rotundata, obtusa, dentato subangulata, superne nervosa, subtus subrugosa, rigidiuscula; inferiora approximata, superiora remotiora, pollicaria. *Petioli* brevissimi, adpressi. *Flores* laterales, pedunculati, pedunculis unifloris, erectis, foliis longioribus.

CCCXIII. MELIANTHUS.

Cal. 5-phyllus: folio inferiore gibbo. *Petala* 4; nectario infra infima. *Caps.* 4-locularis.

1. **M. (major.)** stipulis solitariis petiolo adnatis; foliis glabris. Melianthus *major* *Linn.* Syst. Veg. XIV. p. 581. Sp. Pl. p. 892.

Crescit infra colles lateris orientalis Taffelberg, et sparsim, in arenosis extra Cap Floret Augusto.

Caulis fruticosus, scandens, glaber, orgyalis et ultra. *Folia* omnia utrinque glabra. *Florum* racemus pedalis, pedunculis sparsis.

2. **M. (minor.)** stipulis geminis, distinctis; foliis subtus tomentosis. Melianthus *minor.* *Linn.* Syst. Vég. XIV. p. 581. Spec Plant. p. 892.

Crescit in Saldanha Bay prope Compost, ad Slangerivier. Floret Augusto, Septembri.

Folia subtus albo-tomentosa, supra glabra. *Racemus* terminalis, bracteatus, spithamaeus. *Bracteae* coloratae, lanceolatae. *Capsulae* tomentosae.

3. **M. (comosus.)** floribus comosis; foliis utrinque tomentosis.

Crescit prope lange Valley, in Carro infra Backland et alibi. Floret Octobri, Novembri.

Caulis fruticosus, cinereo fuscus, nodulosus, flexuoso erectus, pedalis et ultra. *Rami* alterni, similes, tomentoso cani, curvato-erecti. *Folia* pinnata cum impari, petiolata, tota utrinque, inprimis vero subtus, albo-tomentosa; *pinnae* lanceolatae, serratae. *Pedunculus* inter pinnas alatus. *Flores* in ramis et ramulis sub coma foliorum terminales, paniculati, purpurascentes. *Bracteae, calyx, capsulae* et *corollae* extus tomentosae.

Classis XV.

TETRADYNAMIA.

SILICULOSA.

CCCXIV. PELTARIA.

Silicula integra, suborbiculata, compresso.- plana, non dehiscens.

1. **L.** (*capensis.*) siliculis orbiculatis, unilocularibus, monospermis; foliis filiformibus, glabris. PELTARIA *capensis*. *Linn.* Syst. Veg. XIV. p. 591. Suppl. p. 296.

Crescit in onderste Roggeveld. Defloruit, semina ferens matura mense Novembri.

Caulis herbaceus, ramosus, glaber, basi parum decumbens, dein erectus, spithamaeus. *Rami* alterni, similes, fastigiati, *Siliculae* racemosae, compressae, excisae, glabrae, unguiculares. *Semen* orbiculatum, bruneum, glabrum, spirale. *Pedunculi* filiformes, cernui, semipollicares.

CCCXV. LEPIDIUM.

Silicula emarginata, cordata, polysperma: valvulis carinatis, contrariis.

1. **L.** (*linoides.*) foliis omnibus linearibus, integris; caule erecto virgato.

Caulis herbaceus, teres, glaber, pedalis et ultra. *Rami* alterni, similes, divaricati, virgati. *Folia* sparsa, inferne attenuata, glabra, patentia, pollicaria. *Racemi* terminales, sensim florentes, spithamaei. *Siliculae* ovatae, obtusae, subexcisae, glabrae.

2. **L.** *flexuosum.*) foliis ellipticis, integris; caulibus decumbentibus, flexuosis.

Crescit in arenosis campis juxta littus maris prope Verloqren Valley Floret Octobri.

Caules e radice plures, teretes, striati glabri, apice ramosi, et erecti. *Folia* sparsa, valde inferne attenuata, glabra, patentia, sesquipollicaria, superioribus minoribus. *Flores* racemosi. *Siliculae* ovatae, glabrae.

3. **L.** (*capense.*) foliis lanceolatis; infimis pinnatifidis, mediis serratis, supremis integris; caule fruticoso basi decumbente.

Crescit in collibus prope urbem. *Floret Junio, Julio.*

Caulis superne erectus, glaber, spithamaeus. *Rami* alterni, divaricati. *Folia* omnia lanceolata, infima pinnis serratis, superiora basi valde attenuata in petiolos, patula, glabra, digitalia, superioribus brevioribus. *Siliculae* ovatae, excisae glabrae. *Racemus* spithamaeus, sensim florens.

4. **L.** (*pinnatum.*) foliis omnibus pinnatis; caule fruticoso, erecto.

Crescit in collibus prope urbem. *Floret Junio.*

Caulis teres, glaber, pedalis et ultra. *Rami* alterni, divaricati, similes. *Folia* fasciculata, quatuor vel plura ex singula gemma, petiolata, pinnatifida, glabra, pollicaria. *Pinnae* ovatae, integrae, vix lineam dimidiam longae. *Petiolus* capillaris, semipollicaris. *Siliculae* excisae, glabrae.

5. **L.** (*bipinnatum.*) foliis radicalibus bipinnatis, filiformibus.

Crescit in onderste Roggeveld. *Floret Decembri.*

Caules radicales, tres vel plures, decumbentes, filiformes, simplices, apice erecti, palmares. *Folia radicalia* plura, petiolata, bipinnata vel tripinnata laciniis filiformibus, secundis, glabris; *caulina* linearia, integra, et trifida, tenuissime subtomentosa, unguicularia. *Florum* racemi ovati.

SILIQUOSA.

CCCXVI. LUNARIA.

Silicula integra, elliptica, compresso-plana, pedicellata: valvis dissepimento aequalibus, parallelis, planis. *Cal.* foliolis saccatis.

1. **L.** (*pinnata.*) foliis pinnatis: laciniis linearibus; siliquis rotundatis, subdispermis.

Radix fibrosa, annua. *Caulis* herbaceus, vel plures e radice, debiles, filiformes, striati, glabri, flexuoso erecti, spithamaei. *Rami* alterni, rariores, similes, capillares. *Folia* alterna, glabra; *pinnae* patenti-reflexae, integrae. *Siliquae* pedunculatae ovatae, pistillo persistente, acutae, glabrae, saepius dispermae, rarius trispermae. *Flores* albi. *Pedunculi* capillares, siliquâ longiores.

2. **L.** (*diffusa.*) foliis pinnatis: laciniis filiformibus; siliquis oblongis, subtetraspermis.

Crescit juxta Ribeck Casteel. Floret Octobri.
Radix fibrosa, annua. *Caules* e radice plurimi, decumbentes, filiformes, glabri, pedales et ultra. *Folia* glabra. *Flores*
albi, racemosi, sensim florentes. *Racemus* laxus, spithamaeus.
Siliquae pedunculatae, glabrae, compressae, stylo persistente
auctae, tri-usque hexaspermae. *Pedunculi* capillares, vix lineam longi.

3. L. (*elongata.*) foliis pinnatis: laciniis filiformibus; siliquis linearibus, polyspermis.

Crescit in sabulosis campis inter verlooren Valley et Lange
Valley. Floret Octobri.
Radix fibrosa annua *Caulis* herbaceus, mox prope radicem ramosus: ramis alternis, flexuoso-erectis, glabris, spithamaeis. *Folia* subradicalia, caulina pauca, glabra. *Siliquae*
compressae, pedunculatae, pendulae, stylo persistente auctae,
glabrae, digitales. *Pedunculi* pollicares.

CCCXVII. CHEIRANTHUS.

Germen utrinque denticulo glandulato. Cal. clausus:
foliolis duobus basi gibbis. Semina plana.

1. C. (*strictus.*) foliis linearibus, acutis, glabris; caule
fruticuloso, angulato, erecto. CHEIRANTHUS *strictus. Linn.*
Syst. Veg. XIV. p. 597. Suppl. p. 296. CLEOME *capensis.*
Linn. Syst. Veg. XIV. p. 606. Spec. Plant. p. 940.

Crescit in Duyvelsberg lateribus prope Cap, infra Constan-
tiam, in Leuwekopp, infra Taffelberg. Floret Junio,
Julio.
Radix descendens, longa, fibrosa. *Caulis* inferne ramosus,
glaber, bipedalis. *Rami* alterni, approximati, inferne divaricati, dein erecti, rigidiusculi, simplices vel rarius ramulosi,
spithamaei, angulati, glabri, subaequales, rufescentes. *Ra-*
muli alterni, pauci, ramis similibus *Folia* sparsa, sessilia, subtrigona, supra plana sulco medio; subtus convexa, striata;
integra, subadpressa, rigida, erecta, internodiis longiora, pollicaria. *Flores* laterales, axillares in apicibus ramorum, erecti,
pedunculati, bini, terni vel quaterni. *Pedunculus* folio brevior,
glaber, lineam longus, uniflorus. *Bracteae:* foliola aliquot foliis similia, sed breviora. *Perianthium* 4-phyllum, erectum,
glabrum, virescens: *laciniae* lanceolato-ovatae, acutae, corollà
breviores; duae oppositae, latiores *Corolla* 4-petala, alba vel
purpurascens. *Petala* ovata, obtusa patentia. *Filamenta* 6,
longitudine calycis, subulata, alba, quorum 4 longiora, duo
opposita breviora. *Antherae* lunatae, incumbentes. *Germen*
acutum. *Stylus* brevissimus. *Stigma* obtusum. *Glandulae* duae
nectareae in receptaculo, singula stamini breviore subjecta, vi
ridis, subdidyma.

2. C. (*callosus.*) foliis lanceolatis, acutis, callosis, in
egris; caule angulato, fruticoso; racemis fastigiatis.

Caulis glaber, erectus, apice tantum ramosus, ramis brevibus, fastigiatis, bipedalis et ultra. *Folia* sparsa, sessilia, decurrentia lateribus et costâ mediâ, glabra, imbricato adpressa, rigida, crassa, pollicaria; ramorum minora. *Flores* racemosi, purpurei. *Glandala* sub staminibus brevioribus. *Stylus* brevissimus stigmate obtuso.

3. C. (*carnosus.*) foliis filiformi-linearibus, carnosis, integris; caule frutescente.

Crescit in littore ad exitum Verlooren Valley. Floret Octobri.

Caulis flexuoso-erectus, ramosus, glaber, spithamaeus. *Rami* alterni, elongati, similes. *Folia* sparsa, patula, obtusa, supra sulcata, pollicaria. *Flores* purpurei, racemosi. *Siliquae* lineares, pollicares, pendulae.

4. C. (*linearis.*) foliis linearibus, glabris; caule erecto, herbaceo.

Caulis teres, glaber, pedalis et ultra. *Rami* alterni, flexuoso erecti, virgati, similes. *Folia* sparsa, sessilia, lanceolato-linearia, integra, erecto-patentia, inferiora pollicaria, superiora breviora. *Florum* racemi fastigiati. *Siliquae* lineares, glabrae, pollicares.

5. C. (*gramineus.*) foliis radicalibus, ensiformibus; caule herbaceo, simplici, erecto.

Crescit in Onderste Roggeveld. Floret Octobri, Novembri.
Caulis teres, striatus, glaber, pedalis. *Folia radicalia* plurima, attenuata in longos petiolos, integra, glabra, erecta, palmaria; *caulina* alterna, linearia, integra, unguicularia. *Florum* racemi terminales, fastigiati, pauciflori.

6. C. (*elongatus.*) foliis linearibus, integris, glabris; caule herbaceo, erecto.

Caulis teres, glaber, simplex vel rarius ramosus, elongatus, tripedalis et ultra. *Rami* elongati, simplices, similes cauli. *Folia* sparsa, remotissima, vix pollicaria. *Racemus* terminalis. *Siliquae* lineares, compressae, glabrae, sesquipollicares.

7. C. (*torulosus.*) foliis linearibus, integris; caule erecto, siliquisque tomentosis.

Crescit in Hantum. Floret Octobri et sequentibus mensibus.
Caulis herbaceus, teres, uti omnes ejus partes, superne ramosus, pedalis. *Folia* radicalia aggregata, ramea sparsa, omnia inferne attenuata in petiolos, obtusa, pollicaria. *Siliquae* teretes, torulosae, reflexae, digitales.

CCCXVIII. HELIOPHILA.

Nectaria 2, recurvata versus calycis basin vesicularem.

1. H. (*pusilla.*) foliis linearibus; siliquis linearibus, articulatis. HELIOPHILA *pusilla. Linn.* Syst. Veg. XIV. p. 598. Suppl. p. 297. *Pluk* .t. 432. f. 2.

Crescit prope Cap et extra urbem. Floret Augusto, Septembri.
Radix annua, tenuis, fibrosa. *Caulis* herbaceus, simplex vel ramosus, teres, glaber, erectus, palmaris. *Rami* alterni, patentes, infimi longiores, teretes, glabri. *Folia* caulina et ramea tenuia, sessilia, alterna, erecta, integerrima, glabra, internodiis breviora, unguicularia et semiunguicularia. *Flores* terminales, fastigiati, racemoso subumbellati, albi. *Pedunculi* inferiores longiores, unciales et biunciales, superiores brevissimi. *Calyx* 4-phyllus; *laciniae* ovatae, obtusae, corollâ duplo breviores, concavae, virides margine albo. *Petala* 4, ovata, obtusa, lineam longa, alba, patentia. *Filamenta* 6, petalis duplo breviora, alba, duobus oppositis paulo brevioribus. *Antherae* incumbentes, flavae. *Germen* superum, oblongum, glabrum, viride, longitudine filamentorum. *Stylus* nullus. *Stigma* simplex, obtusum. *Siliqua* glabra, erecta, unguicularis.

2. H. (*filifolia.*) foliis lineari-filiformibus, glabris; caule inani. HELIOPHILA *filiformis*. *Linn*. Syst. Veg. XIV. p. 598. Suppl. p. 296.
Crescit in Swartlandiae arenosis. Floret Octobri.
Radix fusiformis, fibrosa, annua. *Caulis* herbaceus, teres, glaber, erectus, pedalis et ultra. *Rami* in summo caule alterni, filiformes, patuli, virgati. *Folia* sparsa, sessilia, inferiora palmaria, superiora breviora. *Flores* racemosi, caerulei, remoti, cernui. *Racemus* palmaris. *Siliquae* lineares, compressae, acuminatae, glabrae, digitales.

3. H. (*amplexicaulis.*) foliis amplexicaulibus, lanceolatis, integris; siliquis articulatis; caule ramoso. HELIOPHILA *amplexicaulis*. *Linn*. Syst. Veg. XIV. p. 598. Suppl. p. 296.
Crescit in Swartland, Saldanha-Bay, alibique. Floret Septembri, Octobri.
Radix fibrosa, annua. *Caulis* herbaceus, teres, erectus, glaber, pedalis. *Rami* alterni, divaricati basi, erecti, virgati. *Folia* alterna, cordato lanceolata, acuta, glabra, unguicularia. *Flores* caerulei, racemis longis. *Siliquae* pollicares, glabrae.

4. H. (*integrifolia.*) foliis lanceolatis, hirtis; caule erecto, hirto. HELIOPHILA *integrifolia*. *Linn*. Syst. Veg. XIV. p. 598. Spec. Plant. p. 296.
Crescit in arenosis Swartland. Floret Septembri, Octobri.
Radix fibrosa, annua. *Caulis* herbaceus, simplex vel ramosus, hirsutus, flexuoso-erectus, spithamaeus usque pedalis. *Rami* alterni, patuli, similes. *Folia* sparsa, lanceolata vel potius elliptica, acuta, integra, hirsuta, pollicaria; superiora magis linearia.

5. H. (*incana*) foliis obovatis, obtusis, hirsutis; siliquis tomentosis. HELIOPHILA *incana*. *Burmann*. Act. nov. Upsal. Tom. 1. p. 94 Tab. 7.
Caulis herbaceus, erectus, uti tota planta cinereo-hirsutus.

spithamaeus et ultra. *Rami* alterni, divaricato-erecti. *Folia* sparsa, inferne attenuata, obtusa cum mucrone, integra, patentia, unguicularia. *Flores* racemosi. caerulei. *Pedunculi* unguiculares, erecti. *Siliquae* compressae, lineares, acutae, digitales. *Calyx* subtomentosus.

6. H. (*coronopifolia.*) foliis inciso-pinnatifidis, hirsutis; caule hirto. Heliophila *coronopifolia*. *Linn.* Syst. Veg. XIV. p. 598. Spec. Plant. p. 927.

Crescit in arenosis extra Cap, in Swartland et alibi. Floret Septembri, Octobri.

Radix fibrosa, annua. *Caulis* herbaceus, subangulatus, simplex vel ramosus, hirsutus basi decumbens, dein erectus, pedalis. *Folia* alterna, sessilia, obovata, acuta, pollicaria, superioribus minoribus. *Flores* caerulei.

7. H (*heterophylla.*) foliis filiformibus: infimis tripartitis, superioribus integris; caule ramoso.

Crescit in Swartland. Floret Octobri.

Radix fusiformis, alte descendens, fibrosa, annua. *Caulis* herbaceus, teres, glaber, erectus, spithamaeus. *Rami* alterni, filiformes, virgati, similes cauli. *Folia* inferiora trifido pinnata, laciniis filiformibus; superiora lineari filiformia, glabra. *Flores* purpurei.

8. H. (*trifida.*) foliis trifidis, setaceis; siliquis linearibus, articulatis; ramis diffusis. Heliophila *pinnata. Linn.* Syst. Veg. XIV. p. 599. Suppl. p. 297.

Radix fibrosa, annua. *Caulis* herbaceus, filiformis, mox prope radicem ramosus. *Rami* divaricato-diffusi, apice erecti, flexuosi, glabri, digitales. *Folia* glabra, laciniis linearibus. *Raro folium* in ramis indivisum. *Flores* caerulei. *Siliquae* moniliformi-articulatae, glabrae, pollicares.

9. H (*tripartita.*) foliis lineari-filiformibus, apice trifidis; caule subaphyllo, erecto.

Crescit in Swartland. Floret Octobri.

Caulis herbaceus, simplex, teres, glaber, spithamaeus. *Folia* subradicalia vel in inferiori caule aggregata, filiformia, laciniis filiformibus, glabra, pollicaria. *Racemus* terminalis, floribus carneis.

10. H. (*dissecta.*) foliis filiformibus, integris, tripartitis pinnatisque; caule erecto.

Crescit in Swartland. Floret Octobri

Radix fusiformis, fibrosa, annua. *Caulis* herbaceus, simplex vel ramosissimus, teres, glaber, spithamaeus usque pedalis. *Rami* sparsi, frequentes, teretes, curvato erecti, virgati, ramulis capillaribus. *Folia* filiformi setacea, glabra, tenuissima. *Siliquae* lineares, acutae, compressae, digitales.

11. H. (*digitata.*) foliis palmato pinnatifidis, laciniis fili-

formibus; caule ramoso. HELIOPHILA *digitata*. *Linn*. Syst. Veg. XIV. p. 599. Suppl. p. 296.

Crescit in sabulosis inter Cap et seriem longam montium. Floret Septembri et sequentibus mensibus.

Caulis herbaceus, teres, glaber, inanis, apice paniculato-ramosus, erectus, tripedalis. *Rami*,filiformes, virgati, striati. *Folia* alterna, sessilia, glabra, pollicaria. *Flores* in ramis racemosi, caerulei vel albi. *Racemi* spithamaei.

12. H. (*lyrata*.) foliis lyratis; siliquis teretibus.

Caulis herbaceus, teres, erectus, ramosus, bipedalis. *Rami* alterni, elongati. *Folia* alterna, petiolata, glabra, digitalia. *Siliquae* palmares.

CCCXIX. CHAMIRA.

Calyx basi cornutus! Glandula extra stamina breviora.

1. C. (*cornuta*.) Nov. Gen. Pl. P. 2. p. 48. HELIOPHILA *circaeoides*. *Linn*. Syst. Veg. XIV. p. 599. Suppl. p. 293.

Crescit in fissuris rupis Witteklipp 'dictae, in Swartland. Floret 'Septembri.

Tota planta succulenta, debilis, glabra. *Radix* fibrosa, annua. *Caulis* unus vel plures decumbentes vel subscandentes, inferne subangulati, superne teretes, glabri, ramulosi. *Ramuli* alterni, uti caulis, apice sensim attenuati. *Folia* alterna, petiolata, cordato-subrotunda, acuminata, dentato angulata; inferiora majora; superiora sensim minora, nervosa. *Petioli* semiteretes, supra canaliculati, folio breviores, pollicares, patentes. *Flores* alterni remotissimi: terminalibus approximatis, pedunculatis. *Pedunculi* florentes erecti, lineam longi, uniflori, fructiferi reflexi. *Affinis* quidem est HELIOPHILAE, sed revera distinctum genus: *Differt* 1. ab *Heliophila* a) cornu calycis producto. b) nectarii glandula globosa. c) calyce persistente. 2. ab *Hesperide.* a) glandula simplici nectarea. b) cornu calycis. *Cheirantho* convenit: sed differt: a) glandula simplici nectarea, b) cornu calycis. c) calyce clauso, persistente.

CCCXX SISYMBRIUM.

Siliqua dehiscens valvulis rectiusculis. Calyx patens. Corolla patens.

1. S. (*serratum*.) foliis ellipticis, argute serratis, glabris; caule subtrigono.

Caulis herbaceus, flexuosus, compresso-subtrigonus, striatus, glaber, pedalis. *Rami* alterni, breves, patuli. *Folia* alterna, petiolata, indivisa, ovato-lanceolata seu potius elliptica, acuta, inciso-serrata, pollicaria, superioribus angustioribus.

2. S. (*strigosum*.) foliis inferioribus lyratis, superioribus lanceolatis, hispidis; caule sulcato, hispido.

Crescit prope Goudsrivier, Olyfants Bad, in kockmans kloof regionibus, juxta Doornrivier in Carro pone Bocke-feldt, alibique juxta rivos majores solo arenoso vmbroso. Floret Octobri, Novembri, Decembri, Januario.

Caulis herbaceus, subangulatus, flexuosus, pilis reflexis crystallinis, pedalis et ultra. Folia inferiora hirsuta, scabra, digitalia; *lobi* ovati, denticulati; ultimus major oblongus; superiora folia dentata, sessilia, pollicaria Flores racemosi, albi. Siliquae lineares, acutae, glabrae, pollicares.

3. S. (*capense.*) foliis pinnatifidis cauleque paniculato glabris; siliquis linearibus, laevibus.

Crescit trans Swellendam. Floret Octobri.

Caulis herbaceus, teres, tenuissime striatus, flexuosus, erectus, superne ramosus, bipedalis. Rami alterni, similes, ramulosi, erecto-patentes, paniculati. Folia inferiora majora, superiora minora; *pinnae* lineares, obtusae, integrae, patentes, lineam longae. Flores racemosi, albi. Siliquae tereti-lineares, obtusae, glabrae, erectiusculae, digitales.

CCCXXI. CARDAMINE.

Siliqua elastice dissiliens valvulis revolutis. Stigma integrum. Cal subhians.

1. C. (*africana.*) foliis ternatis, acuminatis; caule ramosissimo. CARDAMINE *africana*. *Linn.* Syst. Veg. XIV. p. 593. Spec. Plant. p. 914.

Crescit in Grootvadersbosch. Floret Decembri.

CCCXXII. CLEOME.

Glanaulae nectariferae 3, ad singulum sinum calycis singulae, excepto infimo. Petala omnia adscendentia Siliqua unilocularis, bivalvis.

1. C. (*aphylla.*) caule fruticoso, aphyllo. CLEOME *juncea*. *Sparrmann* Act. nov. Upsal. Tom. 3. p. 192. *Linn.* Syst. Veg. XIV. p. 605. Suppl. p. 300.

Crescit in Carro trans Hartequas kloof Floret Decembri, Januario.

Caulis ramosus, erectus, bipedalis et ultra. Rami sparsi teretes, saepe secundi, inaequales, rigidi, patulo erecti. Folia omnino nulla. Flores in apicibus ramulorum subumbellati, flavi. Pedunculi capillares, aggregato-subumbellati, uniflori, inaequales, sensim florentes. Genitalia exserta.

2. C. (*juncea.*) foliis lanceolatis, glabris; calycinis foliolis ovatis. CLEOME *capensis*. *Linn.* Syst. Veg. XIV. p. 606. Spec. Pl. p. 940. CLEOME *juncea*. *Berg.* Plant. Capens. p. 164.

Crescit in campis sabulosis Swartlandiae vulgaris. Floret Septembri et sequentibus mensibus.

Caulis fruticosus, totus glaber, erectus, ramosus, tripedalis et ultra. *Rami* alterni, elongati, tenuissime striati, laxi. *Folia* sessilia, alterna, acuta, integra, dorso costata, pollicaria superioribus minoribus. *Flores* racemosi, flavi vel purpurei. *Racemi* laxi, subsecundi, spithamaei. *Pedancali* unguiculares. *Calycis* foliola obtusa, brevissima. *Genitalia* inclusa.

3. C. (*virgata.*) foliis lanceolatis, glabris; calycinis foliolis lanceolatis; siliquâ rugosâ.

Caulis frutescens, totus glaber, ramosus, bipedalis vel ultra. *Rami* sparsi, filiformes, elongati, simplices, lati, virgati. *Folia* alterna, sessilia, acuta, integra supra concava, subtus convexa, unguicularia, sensim minora. *Flores* racemosi purpurei. *Racemus* spithamaeus, pedunculis vix lineam longis. *Calycis* foliola acuta. *Genitalia* inclusa. *Siliquae* ovatae, rostratae, glabrae.

4. C. (*laxa.*) foliis linearibus; ramis incurvis.

Crescit in campis sabulosis inter Verloren Valley et lange Valley. Floret Septembri.
Caulis fruticescens, erectiusculus, glaber, totus pedalis. *Rami* sparsi, frequentes, filiformes, virgati, laxissimi, ramulosi. *Folia* sparsa, filiformi-linearia, glabra, vix unguicularia. *Flores* racemosi. *Racemus* rarus, floribus remotis. *Pedancali* capillares, vix unguiculares.

5. C. (*armata.*) foliis ovatis; ramis spinescentibus.

Caulis fruticosus, rigidus, flexuosus, cinereus, pedalis et ultra. *Rami* sparsi, divaricati, teretes, breves. *Folia* sparsa, brevissime petiolata, integra, glabra, lineam dimidiam longa. *Siliquae* ellipticae, glabrae, acuminatae, pollicares.

C l a s s i s   XVI.

MONADELPHIA.

T R I A N D R I A.

CCCXXIII. H Y D N O R A.

Cal. magnus, infundibuliformis, semitrifidus. Petala 3, fauci tubi calycis inserta, illoque breviora.

1. H. (*africana.*) Act. Holmens. 1775. p. 69. tab. 2. f. 1—3. et 1777. p. 144. t. 4. f. 1. 2. APHYTEIA *Acharii* Dissert. 1775. sub praesidio Linnaei, cum tabula.

Rusticis incolis: *K o e l l, vel J a c k e l s K o s t. Hottentottis: Kauimp. Crescit in C a r r o pone B o c k e v e l d, in H a n t u m, prope H e x r i v i e r et alibi, parasitica in radicibus E u p h o r b i a e. Floret mensibus O c t o b r i s, et aliis.*

Radix. fibrosa, carnosa, annua, angulata, repens, digitum crassa, margine tuberculata, intus rubra, extus fusco-ferruginea. *Odor:* fungi ingratus, fungorum odori similis; odor vero fructus non aeque ingratus, praecipuae dum mensibus Januarii, Februarii et Martii maturatus. *Usus:* Fructus edulis Hottentottis et non raro infantibus colonum demto cortice, tam crudus, quam sub cineribus assatus. Avide quoque devoratur a Vulpe et pluribus Viverrae speciebus.

O b s. Planta revera pertinet ad familiam fungorum, licet unica huonsque delata ex hoc ordine naturali sit, quae veris genitalibus, uti reliquae plantae instructa est. Aestatem 1774 transegi periculoso quadrimestri itinere per siccissimas Africae regiones, tantum ut hunc, ex omnibus meis africanis detectis, maxime singularem et sine pari admirandum fungum, viderem, legerem, describerem, et Curiosis Europaeis notum redderem.

CCCXXIV S H Y L L A N T H U S.

Monoica
MASC. Cal. 6-partitus, oampanulatus. *Cor.* o.
FEM. Cal. 6-partitus. *Cor.* o. *Styli* 3, bifidi. *Caps.* 3-locularis. *Sem. solitaria.*

1. S. (*incurvus.*) foliis oblongis; caulibus filiformibus; floribus pedunculatis.

Radix perennis. *Caules* plures e radice, ramosi, incurvi, ci-

nerei, glabri, palmares. *Rami* alterni, cauli similes. *Folia*
rarissima, alterna, subsessilia, basi glandulosa, integra, concava, glabra, erecta, lineam longa *Flores* sparsi in apicibus
ramulorum, breviter pedunculati, solitarii: Masculi plurimi,
feminei interspersi rariores.

2. P. (*verrucosus.*) caule arboreo, verrucoso; foliis cuneiformibus; ramis incurvis.

*Crescit juxta Kamtons rivier. Floret Novembri, De-
cembri.*
   Caulis arborescens, erectus. *Rami* alterni, teretes, punctato-scabri. *Folia* sparsa, breviter petiolata, integra, supra
viridia, supra pallida, reticulata, coriacea, glabra, semiunguicularia. *Flores* in ramis sparsi; masculi brevissime pedunculati; feminei cernui, pedunculis capillaribus, incrassatis, unguicularibus. *Capsula* depressa, rotundata, trilocularis.

TETRANDRIA.

CCCXXV. T H U J A.

Monoica.
MASC. *Cal. amenti squama. Cor.* o. *Stam.* 4.
FEM. *Cal. strobili: squama biflora. Cor.* o. *Pist.* 1.
   Nux 1, *cincta alâ emarginatâ.*

1. T. (*cupressoides.*) fructu quadrivalvi; foliis ovatis, imbricatis; ramis subteretibus. THUJA *cupressoides. Linn.*
Mantiss. p. 125.

*Crescit in collibus infra latus orientale Taffelberg et Steen-
berg prope Constantiam, et in montibus Bockefeldt.*
   Frutex glaber, erectus, quadripedalis et ultra. *Rami* alterni uti et ramuli, patenti-erecti. *Folia* sessilia, obtusa.
Fructus ovato-globosus, quadricornis.

CCCXXVI. C I S S A M P E L O S.

Dioica.
MASC. *Cal.* 4-*phyllus. Cor.* o. *Nectarium rotatum.*
   Stam. 4, *filamentis connatis.*
FEM. *Cal. monophyllus, ligulato-subrotundus. Cor.* o.
   Styli 3. *Bacca* 1-*sperma.*

1. C. (*fruticosa.*) foliis ovatis, petiolatis, integris; caule
fruticoso, erecto. CISSAMPELOS *fruticosa. Linn.* Syst. Veg.
XIV. p. 895. Suppl. p. 432.

Crescit in Roggeveldt.
   Frutex erectus, fuscus, vix pedalis. *Rami* sparsi, uti et *Ra-*

muli, obsolete striati, horizontaliter patentes, spinescentes. *Folia* sparsa, obovata, glabra, erecto patentia, unguicularia. *Flores* axillares, breviter pedunculati.

2. C. (*capensis.*) foliis ovasis, obtusis, petiolatis, integris; caule volubili. Cissampelos *capensis.* Linn, Syst. Veg. XIV p. 895. Suppl. p. 432.

Crescit in sylvis Krakakamma prope rivier Zonder End et atibi. Floret Decembri.

Caulis fruticosus, striatus, glaber, ramosus. *Folia* sparsa, obtusissima, glabra. *Petioli* capillares, unguiculares. *Flores* axillares. ♂. *Filamenta* 4 connata, apice orbiculata, plana. *Antherae* globosae, flavae. *Nectarium* orbiculatum, perforatum, viride, calyce minus. ♀. *Calyx* 2-phyllus, nectario duplo major, viridis: *foliola* ovata, obtusa cum acumine, erecto-patentia. *Nectarium* 2-petalum; *petala* subrotunda, minutissima, viridia. *Stylus* filiformis, nectario paulo longior, viridis. *Stigma* simplex.

PENTANDRIA.

CCCXXVII. HERMANNIA.

Cor. cucullata! Caps. 5-locularis.

1. H. (*filifolia.*) foliis filiformi-linearibus, glabris. Hermannia *filifolia.* Linn. Syst. Veg. XIV. p. 611. Suppl. p. 3o2. Cavanill. Dissert. 6. Tab. 180, f. 3.

Crescit in Swartland. Floret Septembri.

Frutex glaber, fusco purpureus, flexuoso erectus, pedalis et ultra. *Rami* teretes, similes. *Ramuli* ultimi filiformes, villoso-scabri. *Folia* fasciculata, sessilia, trigona seu linearia, convoluto-filiformia, acuta, apice pungente, integra, trinervia, unguicularia. *Flores* in ultimis ramulis axillares, pedunculis bifidis. *Calyx* subtomentosus, laciniis acutis. *Corolla* cucullata, 5-petala. *Filamenta* 5., linearia, membranaceo-alata. *Styli* quinque.

2. H. (*lavandulifolia.*) foliis lanceolatis, integris, tomentosis; pedunculis divisis. Hermannia *lavandulifolia.* Linn. Syst. Veg. XIV. p 611 Spec. Plant. p. 942. Cavanill. Diss. 6. p. 33. tab. 180. fig. 1. X.

Frutex fusco purpureus, glaber, ramosissimus, bipedalis et ultra. *Rami* teretes et *ramuli* filiformes, similes, divaricati, flexuoso erecti, virgati; ultimi tomentoso scabridi. *Folia* subpetiolata, obovata, obtusa cum mucrone, saepe reflexa, plana vel convoluta, incano tomentosa, costa subtus elevata, unguicularia. *Flores* versus apices laterales, paniculati, cernui, lutei. *Pedunculi,* pedicelli et calyces tomentosi. *Filamenta* membranaceo-alata.

3. H. (*hispida.*) foliis lanceolatis, integris, stellato-to-mentosis; pedunculis unifloris.

Frutex bipedalis et ultra *Rami* teretes, elongati, laxi fus-co-purpurascentes, infra glabri, supra villosi. *Ramuli* alterni breves, virgati, similes. *Folia* in ramulis sessilia, obovata, ob-tusa, flavo-tomentosa, villo obsolete stellato, semiunguicula-ri. *Stipulae* binae, lanceolatae, integrae, tomentosae, foliis dimidio breviores. *Flores* axillares, solitarii. *Pedunculi* lon-gitudine foliorum. *Calyx* et Capsulae hirsutae. *Corollo* purpu-rea, cucullata. *Affinis* valde H. *lavandulifoliae.*

4. H. (*involucrata.*) foliis ovatis, acutis, integris, stel-lato-tomentosis. Hermannia *involucrata*. Syst. Veg. per *Gmelin* p. 1010. *Cavanill* Dissert. 6. p. 328. tab. 177. fig. 1.

Frutex inferne glaber, purpureus, erectus, bipedalis et ul-tra. *Rami* alterni, breves, teretes, similes, hispidi, setis fas-ciculatis, erecti. *Folia* sparsa, brevissime petiolata, supra sulco, subtus costâ carinata, flavescentia tomento densissimo, villo stellata, et setis hinc inde nigris fasciculato stellatis un-guicularia. *Stipulae* lanceolatae, dimidio breviores, similes. *Flores* in apicibus alterni, inter folia axillares, brevissime pe-dunculati. *Bracteae* lanceolatae et Calyces hispido-tomentosi.

5. H. (*salvifolia.*) foliis ovatis, integris, tomentosis, ve-nosis; floribus cernuis; involucris filiformibus. Hermannia *salvifolia*. Syst. Veg. per *Gmelin* p. 1010. Suppl. p. 302. *Cavanill*. Dissert. 6. tab. 100. f. 2.

Fruticulus totus tomentosus e setis fasciculatis, hispidus, erec-tus, pedalis et paulo ultra. *Rami* pauci ex inferiori caule, elongati, subsimplices, erecti. *Folia* alterna, brevissime petio-lata, acuta, subtus venosa venis et costâ exstantibus, tota to-mentosa stellis fasciculatis frequentissimis, erecto-patentia, pol-licaria *Stipulae* lanceolatae, apice setaceae, binae, erectae, tomentosae, semiunguiculares. *Flores* in apico axillares, pe-dunculati, involucrati. Pedunculi biflori. *Bracteae* flores cin-gentes, plures, filiformes, setaceae, calyce paulo longiores, to-mentosae. *Calyx* angulatus, tomentosus, fasciculis stellatis.

6. H. (*verticillata.*) foliis verticillatis, linearibus, inte-gris trifidisque, ciliatis; caule decumbente. Mahernia *verti-cillata* et *pinnata*. Linn. Syst. Veg. XIV. p. 308. Mant. p. 59. *Pluk.* t. 344. f 3. *Cavan.* Diss. 6. t. 176. f. 1. (non fig. 2. quae alia species.)

Crescit prope *Cap* in *Groenne kloof* et *Swartland.* Floret *Augusto* et sequentibus mensibus.

Caulis frutescens, teres, flexuosus, elongatus, aphyllus, gla-ber, purpurascens, pedalis et ultra. *Rami* alterni, secundi, erecti filiformes, simplices, rarius bifidi, scabridi, digitales. *Folia* verticillis approximatis, inferne attenuata, superne di-latata, acuta, supra sulco subtus carinâ carinata, scabrida, subciliata, trifida rarius, unguicularia. *Flores* versus apicem racemosi, cernui. *Pedunculi* capillares, uniflori et bifidi. *Calyx* scaber, ciliatus.

7. H (*ciliaris.*) foliis lanceolatis, integris trifidisque, ciliatis; caule decumbente. Hermannia *ciliaris*. *Linn.* Syst. Veg. XIV. p 611. Suppl. p. 3o2. Hermannia *linifolia?* *Burmann.* Prodr p. 18. *Linn.* Syst. per *Gmelin* p. 1911.

Crescit in arenosis Groene kloof. Floret Septembri.

Caulis fruticulosus, teres, apice curvato erectus, glaber. *Rami* sparsi, secundi, curvato-erecti, angulati, sulcati, palmares vel paulo ultra. *Folia* sparsa, sessilia, e gemma saepius tria, quorum duo indivisa, medium trifidum, rarius dentato-5-fidum; inferne valde attenuata, patentia, supra sulco tenui, subtus costâ exstanti, setosâ et ciliatâ setis albidis, duo lateralia lanceolata integra, acuta, stipuliformia, dimidio breviora; intermedium sensim dilatatum unguiculare vel paulo ultra *Filamenta* libera Maherniae.

8. H. (*trifurca.*) foliis lanceolatis, integris tridentatiaque, tomentosis; caule erecto; racemis secundis. Hermannia *trifurca.* *Linn.* Syst. Veg. XIV. p. 61o, Spec. Pl. p 942. *Cavanill.* Dissert. 6. p. 332. tab. 178. f. 2.

Crescit in arenosis Groene kloof et Swartland prope Thè fontain. Floret Septembri, Octobri.

Frutex erectus, rigidus, glaucus, spithamaeus et ultra. *Rami* sparsi aggregati, curvi, rigidi. *Ramuli* ultimi filiformes, similes, tomentoso-scabri. *Folia* petiolata, seu obovata, tota incano tomentosa, integra et apice tridentata, semiunguicularia. *Petioli* folio dimidio breviores, tomentosi. *Flores* in apicibus ramulorum, racemosi, cernui. *Pedunculi* flore breviores, uniflori, tomentosi. *Bracteae* lanceolatae, tomentosae. *Calyx* hirsutus. *Filamenta* libera, filiformia, membrana alatâ.

9. H. (*denudata.*) foliis lanceolato-oblongis, acutis, apice serratis, glabris; capsulis glabris. Hermannia *denudata.* *Linn.* Syst. Veg. XIV. p. 611. Suppl. p. 3o1. *Cavanill.* Diss. p. 329. tab. 181. f. 1.

Crescit in regionibus sabulosis Picketberg Floret Octobri.

Frutex totus omnibus partibus glaber erectus, bipedalis et ultra, ramosissimus *Rami* et *ramuli* alterni, incurvatoerecti, virgati, purpurascentes, elongati, ultimi virescentes, foliis et floribus tecti, laxi, flexuosi. *Folia* petiolata petiolis brevibus, supra sulco subtus costâ notata, inferne integra, superne serraturis utrinque solitariis vel binis, raro pluribus, erecta, pollicaria. *Stipulae* binae ad latera petioli, sessiles, lanceolatae, acuminatae, trinerviae integrae, lineam longae. *Flores* in ultimis ramulis, racemosi. *Pedunculi* in axillis bractearum solitarii saepius, uniflori rarius, saepissime divisi. *Bracteae* oppositae, ovatae, acuminatae, pedunculis breviores. *Capsula* omnino glabra.

10. H. (*glabrata.*) foliis oblongis, inciso-serratis gla-

ri ; capsulis tomentosis. Hermannia *glabrata Linn.* Syst.
Veg. XIV. p. 611. Suppl. p 3o1. Mahernia *glabrata. Cavanill.* Diss. 6. p. 326. tab. 200. f. 1.

Crescit in Roggefeldt. Floret Novembri.

Frutex humilis rigidus. erectiusculus, glaber, fuscus, palmaris. *Rami* aggregati, secundi, teretes, elongati filiformes; virides, glabri, spithamaei, iterum ramulosi ramulis similibus.
Folia in inferiori parte ramorum, petiolata, acuta, vel subpinnatifida, serraturis obtusis, nervosa, unguicularia. *Stipulae*
ovatae, integrae, brevissimae. *Flores* in ultimis aphyllis subter-
minali-racemosi, cernui. *Pedunculi* uniflori. *Capsalae* totae
tomentosae. *Valde* similis II. *denudatae*, satis tamen distincta.

11. H (*cernua.*) foliis ovatis, obtusis, crenatis, villosis;
floribus cernuis.

Fruticulus palmaris, erectus, fuscus. *Rami* teretes, flexuosi
erecti, villosi, fuscescentes. *Ramuli* capillares subaphylli, florentes, villosi, elongati, bracteati. *Folia* in ramis et inferiori
parte ramulorum, alterna, petiolata, villoso-scabrida, inaequalia, unguicularia. *Petioli* longitudine foliorum. *Stipulae* ovatae,
acutae, minimae. *Pedunculi* ex axillis bractearum vel ex ultimis ramulis continuati, capillares, digitales. *Bracteae* in basi
et saepe medio pedunculo ovatae, acutae, scabridae, vix lineam
longae. *Flores* in apice pedunculi solitarii, reflexo cernui. *Calyx* tenuissime villosus uti et *Capsula. Corolla* violacea.

12. H. (*hyssopifolia.*) foliis obovatis, obtusis, tomentosis, apice dentatis; calycibus inflatis, villosis. Hermannia
hyssopifolia. Linn. Syst. Veg. XIV. p. 610. Spec. Pl. p.
942. *Cavanill.* Diss. 6. p.33o. tab. 181. fig. 3.

*Crescit in Swartland in collibus prope urbem, infra Taffel-
berg alibique. Floret Julio et sequentibus mensibus.*

Frutex erectus, fuscus, glaber, spithamaeus, pedalis et ultra.
Rami sparsi, divaricati, incurvo-erecti, scabri. *Ramuli* filiformes, scabrido-tomentosi. *Folia* petiolata, cuneato-obovata,
subtruncata, inferne integra, tenuissime tomentosa patentia,
unguicularia. *Petioli* brevissimi. *Stipulae* binae, lanceolatae,
subulatae, tomentosae, folio dimidio breviores. *Flores* in apicibus racemosi. *Calyx* angulatus, hirsutus. *Variat* foliis villoso-scabris, et incano tomentosis.

13. H. (*triphylla.*) foliis aggregato ternis, ovatis, tomentosis, dentatis; calycibus campanulatis. Hermannia *triphylla. Cavanill.* Dissert. 6. p 333. t. 178. f. 3.

Habitat cum H. alnifolia.

Fruticulus spithamaeus usque pedalis, erectus, simplex et ramulosus. *Rami* et ramali flexuosi, alterni, curvato-erecti.
Folia breviter petiolata, saepe aggregato-terna, lateralibus sessilibus et minoribus, obovata, obtusa, plicata, apice dentata,
tomentoso-incana, lineam longa. *Stipulae* binae, lanceolatae,

minimae. *Flores* racemosi, cernui. *Calyx* parum inflatus sinubus inter dentes rotundatis, corollâ duplo brevior. *Differt* ab H. *hyssopifolia* foliis et calyce imprimis. *Minime* est 1.ERMANNIA *triphylla Linn.*

14. H. (*venosa.*) foliis ovatis, truncatis, tomentoso-stellatis, apice dentatis.

Frutex erectus, purpurascens, pedalis. *Rami* alterni, simplices, elongati, teretes, villosi. *Folia* brevissime petiolata, alterna, summo apice dentata, supra sulco, subtus venis exstantibus notata, utrinque tomentosa villo ex fasciculis tollatis, unguicularia. *Flores* in summitate ramorum bracteati. *Calyx* et *bracteae* uti folia tomentosa.

15. H. (*vestita.*) foliis ovatis, plicatis, dentatis ramisque tomentosis; stipulis lanceolatis.

Fraticulus palmaris, erectus, inferne fuscus. *Rami* alterni, flexuosi, toti denso tomento flavescente tecti, digitales. *Folia* alterna, breviter petiolata, apice dentata, acuta, supra venis sulcatis, subtus elevatis, utrinque tomentosa tomento e fasciculis setaceis stellatis, unguicularia. *Stipulae* binae, folio triplo breviores. *Flores* racemosi, cernui. *Pedunculi, Calyces* et *Capsulae* tomentosi, tomento fasciculato-stellato. *Similis* multum *H. alnifoliae*, sed 1. *folia* huic non adeo cuneiformia et truncata, sed magis ovata. 2. *Stipulae* basi non latae, sed totae lanceolatae. 3. *Rami* maxime tomentosi et incani.

16. H. (*alnifolia.*) foliis cuneiformibus, plicatis, crenatis, tomentosis; calycibus stellato-tomentosis. HERMANNIA *alnifolia. Linn.* Syst. Veg. XIV. p. 6io. Sp. Pl. p. 942. *Cavanill.* Diss. 6. p. 329. tab. 179. f. 1.

Crescit prope Cap et alibi. Floret Augusto, Septembri, Octobri.

Frutex cinereus, flexuosus, erectus, palmaris usque pedalis. *Rami* sparsi, divaricati, tomentosi uti et ramuli. *Folia* alterna, breviter petiolata, truncata, patentia, unguicularia, inaequalia. *Stipulae* binae, ovatae, apice acuminato-setaceae, brevissimae. *Flores* in apicibus ramulorum racemosi, cernui, secundi. *Bracteae* ovatae, acutissimae, brevissimae. *Calyx* tomentosus.

17. H. (*incana.*) foliis ovatis, truncatis apice dentatis, incano-tomentosis; stipulis lanceolatis; racemis cernuis. HERMANNIA *incana.* Syst. Veg. per *Gmelin* p. 1010. *Cavanill.* Diss. p. 328.

Frutex erectus, totus caule, ramis, foliis, stipulis, calyce incano-tomentosus, tomento laevi, pedalis et ultra. *Rami* alterni, teretes, patentes, apice incurvi *Folia* quaedam majora ovata, quaedam minora cuneiformia, breviter petiolata, a medio ad apicem dentata, plicata nervis exstantibus, patentia, unguicularia vel ultra. *Stipulae* binae, acutae, petiolo paulo longiores. *Flores* racemosi. *Calyx* angulatus. *Filamenta* brevissime coalita et alata. An *candicans? Hort. Kew.* vol. 2. p. 412?

18. H. (*althaeifolia*.) foliis ovatis, plicatis, crenatis, to-
mentosis; stipulis lanceolatis; caule calycibusque tomentosis.
Hermannia *althaeifolia*. *Linn*. Syst. Veg. XIV p. 610. Spec.
Plant. p. 941., *Cavanill*. Dissert. 6. p 327. tab. 179. f 2.

Crescit prope *Cap inter littus Leuweberg*, *alibique*. Floret *Augusto et sequentibus mensibus*.
   Caulis suffruticosus, basi decumbens, erectus, totus tomentosus,
spithamaeus et ultra. *Rami* alterni, flexuoso-erecti, simplices.
Folia alterna, petiolata, obtusa, tomento laevi, unguicularia
et ultra. *Stipulae* binae, lanceolato-oblongae, integrae, patentes, unguiculares. *Petiolus* stipulis paulo brevior. *Pedunculi*
axillares, subbiflori, bracteati. *Bracteae* lanceolatae. *Calyx*
inflatus, subcampanulatus, hirsutus.

19. H. (*humilis*.) foliis lanceolatis, inciso-serratis, scabris; caule decumbente.

Crescit in arenosis *Picketberg et Verloren Valley*. Floret
Septembri, Octobri.
   Caulis fruticosus, teres, cinerascens, tenuissime villosus. *Rami* alterni, filiformes, secundi, erectiusculi, hirsuti, digitales.
Folia breviter petiolata, nervosa, et fasciculis stellatis sparsis
hispida, patentia, subpollicaria. *Stipulae* binae, lanceolatae,
lineam longae. *Flores* racemosi, cernui. *Calyx* et *Capsula* parum villosa. *Bracteae* ovatae subciliatae.

20. H. (*heterophylla*.) foliis cuneiformi-oblongis, apice
inciso-serratis, subtus scabris; racemis cernuis. Mahernia
heterophylla. *Cavanill*. Diss. 6. p. 324. tab. 178. f. 1.

   Frutex basi decumbens, fuscus, flexuoso-erectus, spithamaeus. *Rami* alterni et *ramuli* filiformes; flexuoso erecti, villoso scabri. *Folia* alterna breviter petiolata, inferne attenuata, sensim dilatato-cuneiformia, inferne integra, apice sub
truncata et serraturis tribus quinque vel septem, supra glabriuscula, subtus punctato-scabra, patentia, unguicularia *Stipulae* lanceolatae, integrae, folio dimidio breviores. *Flores*
racemosi, cernui. *Pedunculi* et *Calyces* pilosi. *Filamenta* distincta.

21. H. (*biserrata*.) foliis ovatis, acutis, inaequaliter serratis, subtus scabris; floribus racemosis; reflexis. Hermannia
biserrata. *Linn*. Syst. Veg. XIV. p. 610. Suppl. p. 302.
Mahernia *biserrata*. *Cavanill*. Dissert. 6. p. 326. tab. 200.
fig. 2.

   Crescit in arenosis prope *Picketberg et Verloren Valley*.
Floret *Octobri*.
   Fruticulus vix pedalis, erectus. *Rami* pauci, teretes, flexuosi,
scabri. *Ramuli* filiformes, virgati, scabri. *Folia* alterna, petiolata, oblonga, seu ovato lanceolata, inciso-serrata serraturis inaequalibus, acutis, supra glabra, pollicaria. *Alia* folia
immixta in ramulis, lanceolata, remotius serrata, angustiora.
Petioli unguiculares. *Stipulae* lanceolatae, integrae. *Flores*
incarnati. *Calyx* villosus.

22. H. (*grossularifolia.*) foliis lanceolatis, pinnatifidis, pilosis; caule erecto: scabro; stipulis ovatis, acutis. Hermannia *grossularifolia. Linn.* Syst. Veg. XIV. p. 611. Spec. Pl. p. 943. *Cavanill.* Dissert. 6. p. 329.

Crescit in Groene kloof et Swartland. Floret Septembri, Octobri.

Frutex erectus, purpurascens, totus scaber, pedalis et ultra. *Rami* teretes, purpurascentes, patuli, virgati, ramulis filiformibus virentibus, similibus. *Folia* subpetiolata, convoluta, carinata, unguicularia *Stipulae* ovato-cordatae, acuminatae. *Flores* racemosi, pedunculis unifloris vel bifidis. *Calyx* campanulatus glaber. *Filamenta* libera, filiformia membranâ tenuissimâ alba alata. *Styli* 5, monadelphi.

23. H. (*pulchella.*) foliis pinnatifidis, glabris: pinnis rotundatis; caule erecto. Hermannia *pulchella. Linn.* Syst. Veg. XIV. p. 611. Suppl. p. 302. Mahernia *pulchella. Cavanill.* Dissert. 6. p. 325. tab. 177. f. 3.

Crescit in Roggefeldt. Floret Novembri.

Radix crassissima, fusca, filiformis. *Frutex* brevissimus trunco simplici vel diviso, vix digitali, fusco, erectiusculo. *Rami* aggregati uti et *ramuli*, teretes, villosi, erecti, patentissimi, digitales. *Folia* alterna, petiolata, unguicularia: *Pinnae* integrae, rarius incisae. *Stipulae* ovatae, breves. *Flores* racemosi, cernui, purpurei. *Calyx* campanulatus, tenuissime villosus.

24. H. (*procumbens.*) foliis ovatis, inciso-pinnatifidis, subtus hirsutis; caule decumbente; stipulis cordato-ovatis. Hermannia *procumbens.* Syst. Veg per *Gmelin* p. 1011 *Cavanill.* Diss. 6. p. 329. tab. 177. f. 2.

Crescit in arenosis Groene kloof; infra Leuwestaart in littore. Floret Augusto, Septembri.

Caulis fruticescens, apice erectiusculus, pilosus, pedalis et ultra. *Rami* alterni, secundi, flexuoso-erecti, subsimplices, pilosi superne aphylli, palmares vel ultra. *Folia* alterna petiolata, oblonga, inferiora magis ovata, superiora lineari-lanceolata, inciso-pinnatifida pinnis obtusis simplicibus vel subtrifidis, supra glabra vel vix villosa, subtus stellulis setaceis sparsis tecta, patentia, subpollicaria. *Petiolus* folio paulo brevior. *Stipulae* ovatae, acutae. *Flores* in apicibus ramorum, soliurii, saepius bini, cernui. *Calyx* campanulatus, angulatus, villosus. *Corolla* lutea, cucullato plicata.

25. H. (*diffusa.*) foliis lanceolatis, inciso-pinnatifidis pilosis; caule decumbente, scabro; stipulis lanceolatis. Hermannia *diffusa. Linn.* Syst. Veg. XIV. p. 611. Suppl p. 302.

Crescit in arenosis Verloren Valley. Floret Octobri.

Caulis fruticescens, teres, totus villoso-scaber. *Rami* filiformes, alterni, secundi, villosi, raro simplices, saepius bifidi

vel alternatim ramulosi, ultimis ramulis divaricato-patulis, ca
pillaribus. *Folia* alterna in ramis et ramulis, petiolata, brevi
ter lanceolata, acuta, pinnis acutis simplicibus vel arguto serratis, subtus pilosa, patentia, unguicularia. *Stipulae* integrae,
lineam longae. *Flores* racemosi, terminales in ramulis, cernui.
Pedunculi pollicares, rarius simplices saepius bifidi, pedicellis
reflexis. *Calyx* villosus, campanulatus. *Corolla* incarnata.

26. H. (*pinnata*.) foliis bipinnatifidis, glabris; caule decumbente; stipulis integris serratisque. Mahernia *pinnata,*
Cavanill. Diss. 6. p. 325. tab. 76. f. 2.

Crescit prope villam Alowen Smidt in sylvula. Floret Octobri.
Caulis fruticescens, filiformis, glaber. *Rami* filiformes, secundi, erecti, flexuosi, glabri, palmares. *Folia* alterna, petiolata, rarius pinnatifida pinnis acutis, glabra utrinque, pollicaria
et unguicularia. *Stipulae* sessiles, lanceolatae, acutae, rarius
integrae, saepius inciso-serratae. *Flores* racemosi in apicibus
ramulorum, cernui, purpurei. *Calyx* vix manifeste scabridus
Styli 5, monadelphi, sic ut unicus videatur.

27. H. (*myrrhifolia.*) foliis pinnatis: pinnis linearibus
subpinnatifidis, integris, glabris; caule decumbente.; stipulis
ovatis.

Crescit in arenosis Swartland. Floret Octobri.
Caulis suffruticescens vel potius herbaceus, flexuosus, tenuissime pilosus, simplex, solitarius vel plures e radice. *Folia* alterna, remota, petiolata, pollicaria: *Pinnae* petiolulatae, fissae
seu pinnatifidae, *pinnulis* lanceolatis, integris, divaricatis vel
potius reflexis. *Stipulae* integrae. *Flores* terminales, solitarii
vel bini, cernui flavi. *Calyx* campanulatus, pilosus. *Filamenta*
compressa, linearia, membranacea, brevia. *Styli* 5, connati
seu monadelphi.

OCTANDRIA.

CCCXXVIII. AITONIA.

Monogyna. Cal. 4-partitus. Cor. 4-petala. Bacca
sicca, 4-angularis, 1-locularis, polysperma.

1. A. (*capensis.*) Act. Lundens. Tom. I. p. 166 cum
figura. Nov. Gen. Plant. P. 2. p. 52. *Linn.* Syst. Veg. XIV.
p. 612. Suppl. p. 303.

Crescit in Carro prope Gouds-rivier et Slang-rivier. Flo-
ret Novembri, Decembri.
Frutex orgyalis, ramosus. *Rami* et *Ramuli* subteretes, rugo-
so-angulati, fuscescentes, erecti, gemmis foliorum nodulosi.
Gemmae alternae, exstantes. *Folia* ex singula gemma fasciculata, 8-12, inaequalia, petiolata, lanceolata, obtusa, integra

glabra, striâ elevatâ mediâ, internodiis longiora, sensim in petiolos attenuata, pollicaria vel bipollicaria. *Flores* e gemmis
foliorum pedunculati, solitarii. *Pedunculus* folio brevior, cinereus, saepe retroflexus, glaber, uniflorus, facile deciduus.

DECANDRIA.

CCCXXIX. GRIELUM.

Cal. 5-*fidus. Petala* 5. *Filamenta persistentia. Pericarpia* 5, *monosperma.*

1. G. (*tenuifolium.*) foliis bipinnatifidis, tomentosis: laciniis filiformibus. Grielum *tenuifolium. Linn.* Syst. Veg.
XIV. p. 431. Sp. Pl. p 958. Ranunculo Platycarpos foliis
tenuissime dissectis, flore ingenti sulphureo. *Burmann.*
Decad. African. p. 149. tab. 53.

*Crescit in campis arenosis Swartland, ad villam Slabbert.
Floret Septembri.*
 Radix lignosa, alte descendens et repens. *Caulis* decumbens,
ramosus. *Folia* tota argenteo-tomentosa. *Pedunculi* axillares,
filiformes, argenteo-tomentosi, folio longiores, digitales *Calyx* corolla brevior, basi albo-tomentosus, persistens. *Corolla*
5-petala, magna, speciosa, flava. *Petala* oblonga, obtusa,
integra.

2. G. (*humifusum.*) foliis bipinnatifidis, tomentosis: laciniis linearibus.

*Crescit in campis sabulosis. Floret Septembri et sequentibus
mensibus.*
 Caules decumbentes, elongati, saepius tomentosi, ramosi.
Folia alterna, subpetiolata, inciso-pinnatifida vel bipinnatifida,
tota imprimis subtus tomentoso-sublanata: *laciniae* ovato-lineares, obtusae. *Pedunculi* axillares, tomentosi, folio longiores, digitales, uniflori. *Calyx* totus tomentosus, corollâ brevior. *Corolla* flava, speciosa; petalis obovatis, integris.

CCCXXX. GERANIUM.

Monogyna. Stigmata 5. *Fructus rostratus,* 5
coccus.

1. G. (*spinosum.*) caule carnoso, noduloso, aculeato
Geranium *spinosum. Linn.* Syst. Veg. XIV. p. 618. Mant.
p. 98. *Cavanill.* Diss. 4. p. 195. t. 275. f. 2. Monsonia
spinosa. Herit. Geraniob. tab. 42.

*Crescit in Carro trans Plattekloof et Hartequas kloof
inter Olyfants rivier et Bockland, inter Roggefeldt et
Bockefeldt. Floret Novembri, Decembri, Januarii.*

Caulis fruticosus, tuberculatus, glaber, ramosus, erectus, spinosus, spithamaeus, *Rami* alterni, cauli similes. *Spinae* ex tuberculis solitariae, frequentes, patenti-recurvae, unguiculares. *Folia* in ramis sparsa, petiolata, obovata, crenata, glauca. *Flores* sparsi, pedunculati. *Pedunculi* uniflori, glabri, unguiculares. *Corolla* flava, petalis rotundatis, integris.

2. G. (*emarginatum*) foliis ovatis, subexcisis, crenatis. Geranium *heliotropioides*. *Linn.* Syst. Veg. per *Gmelin* p. 088. *Cavanill.* Diss. 4. p. 220. tab. 113. f. 1. an? Monsonia *ovata*. *Cavanill.* Diss. 4. p. 193. t. 113. f. 1. Monsonia *emarginata*. *Herit.* Geraniol. Tab. 41.

Crescit in Houtniquas prope villam Bota. Floret Octobri, Novembri.

Radix annua, fusiformis. *Caulis* herbaceus, simplex, flexuoso erectus, villosus, spithamaeus. *Folia* alterna, petiolata, subcordata, tenuissime crenata, venosa, pubescentia, unguicularia. *Petioli* capillares, folio paulo breviores. *Stipulae* lanceolato-setaceae, ad basin petiolorum, solitariae. *Flores* axillares, erecti. *Pedunculus* in medio bracteatus, uniflorus, villosus, digitalis vel ultra. *Bracteae* stipulis similes, binae. *Calyx* aristatus. *Corolla* alba, fusco-venosa.

3. G. (*anemoides.*) foliis quinque-lobis, dentatis. Monsonia *lobata* *Linn.* Syst. Veg. XIV. p. 697. per *Gmelin* p. 1152. *Montin.* Acta Gothoburg. 2. t 1. Monsonia *filia.* *Cavanill.* Diss. 5. p. 180. t. 74. f. 2.

Crescit in campis sabulosis prope Bergrivier in Swartland, prope Vierentwintig rivieren. Floret Septembri, Octobri.

Radix perennis. *Folia* radicalia, plurima, petiolata, incisoquinque-lobata, inaequaliter dentata, nervosa, pilosa *Petioli* scapo breviores, digitales, sulcati, filiformes. *Scapi* unus vel duo, simplices, uniflori, palmares, sulcati, pilosi, erecti, involucrati. *Involucrum* in medio scapi 6-phyllum: foliolis lanceolatis, acutis, concavis, pilosis. *Perianthium* 1-phyllum: fere ad basin 5-partitum: *laciniae* lanceolatae, corolla plus duplo breviores, extus piloso-scabrae, intus glabrae. *Corolla* 5-petala, magna. *Petala* 5, dentata, lata, obovata, sensim in tubos attenuata, patentia. *Primum* lecta fuit haec species anno 1775.

4. G. (*monsonia.*) foliis subdigitatis, dentatis. Monsonia *filia.* *Linn.* Syst. Veg. XIV. p. 696. Suppl. p. 341.

Crescit in arenosis juxta Picketberg. Floret Octobri.

Haec species primum lecta fuit Anno 1774. *Radix* perennis. *Folia* radicalia, plurima, petiolata, inciso-quinquefida, villosa, *laciniae* inciso dentatae. *Petioli* filiformes, digitales, villosi, sulcati. *Scapi* unus, duo vel tres, erecti, sulcati, villosi, uniflori, palmares, involucrati. *Involucrum* in medio scapi 6-phyllum: *laciniae* lanceolatae, extus villosae. *Perianthium* 5-phyllum erectum, corolla multo brevius, intus glabrum, extus villosum; *laciniae* lanceolatae. *Corolla* 5 · petala, patens. *Petala* obovata, inferius attenuata in ungues, profunde dentata, alba venis sanguineis.

5. G. (*speciosum.*) foliis tripinnatis. Monsonia *speciosa.* *Linn.* Syst. Veg. XIV. p. 697. per *Gmelin* p. 1152. Mant. p. 105. *Cavanill.* Diss. 3. p. 179. Tab. 74. f. 1. Geranium folio tenuissime dissecto, flore singulari - amplissimo. *Breyn.* Icon. p. 31. t. 21. f. 2.

Crescit in campis sabulosis Swartland, Groene kloof, aliis. Floret Septembri, Octobri.
  Radix perennis. *Folia* radicalia, petiolata, plurima, villosa: *Pinnae* lineares, alternae, pinnulis oppositis. *Scapi* solitarii, 2 vel 3, uniflori, erecti, filiformes, villosi, spithamaei, foliis cum petiolis duplo longiores, involucrati. *Petioli* filiformes, digitales, villosi. *Involucrum* in medio scapi, hexaphyllum: foliolis lanceolatis, villosis.

6. G. (*incanum.*) foliis digitato - bipinnatis, subtus argenteis; caule decumbente. Geranium *incanum.* *Linn.* Syst. Veg. XIV. p. 618. per *Gmelin* p. 1016. *Cavanill.* Diss. 4. p. 201. t. 82. f. 2.

Crescit prope Honingklippcis Masselbay. Floret Octobri.
  Caulis herbaceus, laxissimus, ramosus. *Rami* alterni, diffusi, incurvi, cauli.similes. *Folia* opposita, petiolata, 5 partita fere ad basin: *pinnae* pinnatae et bipinnatae; *laciniae* omnes lineares, supra virides. *Petiolus* digitalis, laxus. *Flores* in apicibus caulis et ramorum subterminales, bifidi, spithamaei. *Pedicelli* inaequales, pollicares, vel ultra, uniflori. *Calyx* subtus albo - tomentosus, aristatus.

7. G. (*canescens.*) foliis inciso 7 - lobatis, argenteis: lobis inciso - serratis; caule decumbente. Geranium· *canescens.* *Herit.* Geraniob. t. 38.
  Caulis herbaceus, flexuosus, simplex. *Folia* petiolata, omnia argenteo - cinerea, imprimis subtus, ad medium 5 - partita: *lobi* incisi, ultimo apice trifidi. *Petiolus* bipollicaris, folio longior, flexuosus. *Pedunculi* axillares, bifidi, digitales. *Pedicelli* divaricati, uniflori, sesquipollicares. *Calyx* villosus, aristatus.

8. G. (*maritimum.*) foliis cordatis, inciso - lobatis, crenatis; caulibus decumbentibus. Geranium *maritimum* *Linn.* Syst. Veg. XIV. p. 616. per *Gmelin* p. 1018. *Cavan.* Diss. 4. p. 218. t. 88. f. 1.

Crescit in Paardeberg. Floret Septembri.
  Caules plurimi, radiatim decumbentes, subsimplices, villosi, digitales. *Folia* petiolata, villosa, ungularia. *Flores* terminales. *Pedunculi* bifidi, pedicellis unifloris.

9. G. (*incarnatum.*) foliis tripartito - trifidis, glabris; petalis integris; caule erecto. Geranium *incarnatum.* *Linn.* Syst. Veg. XIV. p. 619. Suppl. p. 306. *Cavanill* Diss. 4 p. 223. tab. 91. f. 2.

Crescit in lateribus Hottentotts holland, et in ejus fossa (kloof) juxta ipsam viam. Floret Decembri, Januario.
Caulis frutescens, glaber, palmaris. *Folia* petiolata inciso-trilobata, dentata, unguicularia. *Petioli* digitales. *Pedunculi* axillares, bifidi. *Corolla* sanguinea.

10. G. (*expansum.*) foliis cordato - ovatis, dentatis, asperis; caulibus decumbentibus.

Caules e radice plures, diffusi, ramosi, scabri, palmares. *Rami* alterni, digitales, similes. *Folia* breviter petiolata; *radicalia* majora, cordata, ovata, unguicularia; *ramea* subopposita, ovata, acuta, argute dentata, minora, lineam longa; omnia tenuissime villosa et punctis elevatis scabrida. *Flores* terminales, pedunculis bifloris. *Stipulae* et *Bracteae* ovatae, membranaceae. *Calyx* villosus, acutus, costatus.

11. G. (*moschatum.*) foliis pinnatis: pinnis ovatis, incisis, serratis; caule decumbente. Geranium moschatum. Linn. Syst. Veg. XIV. p. 615. Sp. Pl. p. 951.

Tota planta pilis albis villosa. *Caulis* herbaceus, debilis, subramosus, striatus. *Folia* opposita, longe petiolata: Pinnae alternae, breviter petiolatae, supremae approximatae, ultimae confluentes, subpollicares. *Stipulae* binae, membranaceae, grandes.

12. G. (*praecox.*) acaule; foliis pinnatis, incisis, pilosis; scapis subbifloris. Geranium praecox. Cavanil. Diss. tab. 126. f. 2.

Africanis: Moschus kruyt. Crescit vulgaris in collibus et planitie urbis. Floret Augusto.
Odor Plantae Moschi debilis. *Tota* Planta decumbens foliis diffusis, pilis albis villosa, 'vix palmam magna. *Folia* petiolata, pollicaria. *Pinnae* oppositae, sessiles, ovatae, inciso serratae, lineam longae, infimae minores, suprema trifida. *Stipulae* grandes, membranaceae, confluentes. *Scapus* solitarius, filiformis, uniflorus, vel biflorus, foliis brevior. Valde simile G. *cicutario* et *moschato*, sed satis distinctum et differens.

13. G. (*laciniatum.*) foliis digitatis, pubescentibus: laciniis trifidis; caule erecto, herbaceo; floribus subumbellatis. Geranium laciniatum. Syst. Veg. per Gmelin p. 109. Cavanill. Diss. 4. p. 228. tab. 113. f. 3.

Crescit in Hexrivier montibus. Floret Januario.
Caulis filiformis, striatus, tenuissime pubescens, laxus, spithamaeus vel ultra. *Rami* alterni, similes. *Folia* ramis opposita, alterna, petiolata, *laciniae* tres vel quinque, inciso trifidae, venosae, tenuissime pubescentes, pollicares. *Stipulae* lanceolatae, acuminatae. *Petioli* filiformes, digitales. *Flores* terminales, dichotomi vel subumbellati. *Pedunculi* filiformes, erecti, palmares et ultra. *Pedicelli* pollicares, et ultra.

14. G. (*pubescens.*) foliis tripinnatifidis, hirsutis; caule erecto, herbaceo; pedunculis subumbellatis.

Radix fibrosa, annua. *Caulis*, uti tota herba, pubescens, spithamaeus, parum ramosus. *Folia* alterna, petiolata, bipinnatifida, digitalia: *Pinnae* oppositae, pinnatifidae *Stipulae* ovatae, acutae *Flores* laterales. *Pedunculi* oppositifolii, longitudine fere foliorum, capillares, uniflori, biflori. *Bracteae* latoovatae, rufo-striatae. *Corolla* incarnata, basi maculā atra.

15. G. (*zonale.*) foliis cordato-orbiculatis, Zonā notatis; caule fruticoso. Geranium *-onale*. *Linn*. Syst. Veg. XIV. p. 613. Sp. Pl. p. 947. *Cavanill*. Diss. 4. p. 230. tab. 98. f. 2.

Crescit prope Goudrivièr, alibique. Floret Octobri, Novembri.

16. G. (*tetragonum.*) foliis lobatis, carnosis; caule tetragono. Geranium *tetragonum*. *Linn*. Syst. Veg.' XIV. p. 619. Supp! p. 305. *Cavanill*. Diss. 4. p. 231. tab. 99. f 2.

Crescit in sylva juxtā Swartkops Zoutpan, in Cannaland, prope Hexrivier, et alibi. Floret Decembri, Januario.

Caulis carnosus, frutescens, glaber, articulatus, scandenti-erectus, parum foliosus et ramosus. *Rami* alterni, similes. *Folia* sparsa, petiolata, cordata, rotundata, crenata, glabra, pollicaria. *Petioli* folio longiores. *Flores* terminales. *Pedunculi* dichotomi, uniflori, incrassati, scabri, ciliis cartilagineis, pollicares vel ultra. *Calycis* laciniae lanceolatae, villosae. *Corolla* ringens, inaequalis.

17. G. (*peltatum.*) foliis quinquelobis, integris, subpeltatis, glabris; caule fruticoso. Geranium *peltatum*. *Linn*. Syst. Veg. XIV p. 613. Sp. Pl. p. 947. *Cavanill*. Diss. 4. p. 232. t. 100. f. 1.

18. G. (*tabulare.*) foliis peltatis, rotundatis, incisis, dentatis, glabris; caule frutescente. G. *tabulare*. *Linn*. Syst. Veg. XIV. p. 614. Sp. Pl. p. 947. *Cavanill*. Diss. 4. p. 232. tab. 100. f. 2.

Crescit in Taffelberg.

Caulis basi frutescens, glaber, ramosus. *Rami* in summo caule, floriferi. *Folia* alterna, petiolata, cordata, lobata, tonuissime ciliata, subtus glauca, supra zonā notata, pollicaria. *Petioli* digitales. *Flores* umbellati, bini, tres, plures. *Pedunculi* striati, digitales. *Pedicelli* hirti, unguiculares. *Calyx* hispidus, uti et rostrum Capsulae.

19. G. (*elongatum.*) foliis quinquelobis, hirtis; pedunculis elongatis; fructibus cernuis, caule herbaceo. G. *elongatum*. Syst. Veg. per Gmelin p. 1020. *Cavan*. Diss. 4. p. 233. t. 101. f. 3. Geranium *tabulare*. *Linn*: Sp. Pl. p. 947.

Crescit in Roggeveld, Hantum, alibi Floret Octobri et sequentibus mensibus.

Caulis striatus, pilis albis hispidus uti tota planta; debilis, erectiusculus, ramosus. *Rami* alterni, similes. *Folia* alterna,

33

petiolata, cordata, rotundata, denticulata, venosa, zonâ supra notata, utrinque hispida, pollicaria. *Petioli* digitales. *Pedunculi* laterales, striati, erecti, foliis quadruplo longiores. *Flores* umbellati, plures. *Pedicelli* striati, glabri, unguiculares. *Umbella* triflora et quadriflora.

20. G. (*alchemilloides.*) foliis quinquepartitis, pilosis: lobis trifidis; pedunculis elongatis; caule herbaceo. Geranium *alchemilloides. Linn.* Syst. Veg. XIV. p. 614. Sp. Pl. p. 948. *Cavanill.* Diss.'4. p. 234. tab. 98. f. 1.

Caulis debilis, ramosus, pilis raris villosus. *Folia* opposita, petiolata, inciso-quinata, lobo intermedio tridentato, lateralibus quinquedentatis, tenuissime pilosis, inaequalibus, infimis subpalmaribus, superioribus pollicaribus. *Petioli* capillares, digitales, infimis longioribus. *Flores* umbellati umbellâ 5-florâ. *Pedunculi* striati, spithamaei et ultra. *Pedicelli* digitales. *Calycis* laciniae lanceolatae, margine scariosae.

21. G. (*aphanoides.*) foliis quinquepartitis, tomentosis; lobis incisis; pedunculis elongatis; caule herbaceo.

Caulis debilis, erectiusculus, basi ramosus, uti tota planta, pilis longis, mollibus, hirsutus. *Folia* alterna, petiolata, cordata, rotundata, inciso-quinquepartita, hirsutissima vel tomentosa, tomento longo sericeo, vix pollicaria: *Lobi* inciso-quinati. *Petioli* filiformes, palmares. *Stipulae* oppositae, ovatae. *Flores* umbellati umbellâ quadri et quinquefiorâ. *Pedunculi* foliis triplo longiores. *Pedicelli* pollicares. *Involucrum* polyphyllum: *foliola* lanceolata.

22. G. (*ciliatum.*) acaule; radice tuberosâ; foliis oblongis, ciliatis. Geranium *prolificum. Linn.* Syst. Veg. XIV. p. 615. Sp. Pl. p. 949. Geranium *ciliatum.* Syst. Veg. per *Gmelin* p. 1021. *Cavanill.* Diss. 4. p. 234. tab. 98. f. 2.

Crescit in Swartlandiae arenosis. *Floret Octobri.*

Folia radicalia, petiolata, obtusa, integra, glabra, pollicaria. *Petioli* semiteretes, striati, basi villosi, folio longiores. *Scapus* simplex, sulcatus, villosus, supra medium bifidus, erectus, palmaris. *Rami* similes, divaricati, bipollicares. *Stipulae* quatuor, lanceolatae, semiunguiculares. *Flores* umbellati, umbellâ multiflorâ. *Involucrum* subhexaphyllum: *foliola* lanceolata, villosa. *Calycis* foliola lanceolata, margine membranacea, extus villosa. *Petala* alba, lanceolata, inaequalia, calyce duplo longiora.

23. G. (*angustifolium.*) acaule; foliis ellipticis, integris, glabris, marginatis; caule hirsuto, umbellifero.

Crescit in arenosis campis Swartlandiae. Floret Octobri.

Radix tuberosa. *Folia* radicalia, petiolata, inaequalia latitudine, acuta, undulata, erecta, digitalia. *Scapi* plures, sulcati, hirsuti, inaequales, flexuosi, pollicares usque palmares. *Flores* umbellati umbellis multifloris. *Involucrum* circiter 6-phyllum: *foliola* lineari-lanceolata, hirsuta, unguicularia. *Pedunculi* villosi, pollicares. *Calycis* laciniae lanceolatae, margine membranaceae, acuminatae, villosae, unguiculares. *Petala* lineari-obovata, acuta, alba, calyce plus duplo longiora. *Differt* a G. *longifolio:* 1. hirsutie scapi, pedunculorum, calycis et involucri. 2. petalis acutis, longioribus.

24. G. (*ensatum.*) acaule; foliis ensiformi - obovatis, hirsutis; umbellâ proliferâ.

Folia radicalia, petiolata, ensiformia, apice subovata, acuta, integra, utrinque setis rigidis hirsuta, erecta, sensim attenuata in petiolos, spithamaea. *Scapus* radicalis, sulcatus, erectus, hirtus, palmaris et ultra. *Flores* umbellati pedunculis inaequalibus, hirsutis. *Umbellae* multiflorae. *Involucra* lanceolata, hirsuta, unguicularia. *Pedicelli* hirsuti, pollicares. *Calycis* foliola lanceolata, margine membranacea, hirsuta. *Petala* alba, lanceolato obovata, obtusa, inaequalia, unguicularia.

25. G. (*heterophyllum.*) acaule; foliis trifidis pinnatisque, subtus setosis.

Radix tuberosa, rufescens, fibrosa. *Folia* radicalia, petiolata, simplicia, lanceolata; trifida lobis lanceolatis, medio majori; et pinnata laciniis linearibus, indivisis et bifidis trifidisque; margine ciliata, supra parcius, subtus frequentius pilis strigosis hirsuta, attenuata in petiolos, villosos, palmaria et ultra. *Scapi* plures, basi flexuosi, erecti, apice bifidi, sulcati, villosi pilis raris longis mollibus albis, sesquispithamaei *Pedunculi* similes, patuli, digitales. *Flores* umbellati umbellis multifloris. *Pedicelli* hirti, unguiculares. *Involucra* et *Calycis* laciniae lanceolatae, hirsutae. *Petala* alba, inaequalia, obovata, obtusa, calyce paulo majora.

26. G. (*rubens.*) foliis oblongis, serratis, tomentosis; caule frutescente; pedunculis alternis.

Caulis fruticescens, erectus. *Folia* alterna, petiolata, inaequaliter serrata, pollicaria. *Petioli* folio duplo breviores. *Pedunculi* laterales, subuniflori. *Stipulae* lanceolatae. *Calycis* laciniae lanceolatae, tomentosae.

27. G. (*auritum.*) acaule; foliis ovatis; petiolis setaceo-strigosis. G. *prolificum* δ. *auritum* L i n n. Sp. Pl. p. 950. Geranium *auritum.* L i n n. Syst. Veg. XIV. p. 615. Mant. p. 433.

Crescit in S w a r t l a n d, *prope* B e r g r i v i e r *et* H e x r i v i e r. *Floret* O c t o b r i.

Radix tuberosa, rufescens. *Folia* radicalia, petiolata, simplicia et lobo unico vel duobus auriculato - tripartita, obovata, obtusissima, integra, glabra, nervis hispidis et setis adpressis, subpollicaria. *Petioli* depressi, setis membranaceis hirsuti, digitales. *Scapus* flexuosus, striatus, pubescens, prolifer, palmaris, pedunculis umbellarum superiorum paulo longioribus, similibus *Umbellae* multiflorae. *Involucra* et *Calycis* laciniae lanceolatae, acuminatae, pubescentes. *Pedicelli* pubescentes, unguiculares. *Petala* inaequalia, vel rufescentia, vel incarnato-albida, obovato oblonga, obtusa, calyce duplo longiora.

28. G. (*lanceolatum.*) foliis lanceolato-ovatis, integris, glaucis; caule frutescente. GERANIUM *glaucum.* Linn. Syst. Veg. XIV. p 614. Suppl. p. 306. GERANIUM *lanceolatum.* Syst. Veg. per *Gmelin* p 1021. *Cavanill.* Diss. 4. p. 235. tab. 102. f. 2.

Crescit in Hexrivier montibus. Floret Octobri, Novembri.
Caulis erectus, totus glaber, glaucus, trigonus, articulatus, parum ramosus, spithamaeus. *Folia* alterna, petiolata, ovata, cuspidata, nervosa, glabra, superne sensim minora et angustiora, pollicaria vel paulo ultra. *Petioli* semiteretes, sulcati, digitales. *Flores* superne laterales, alterni. *Pedunculi* digitales. *Calycis* laciniae lanceolatae, acuminatae. *Petala* inaequalia, obovata, obtusa. *Stipulae* lanceolatae, acuminatae.

29. G. (*glaucum.*) subcaulescens; foliis ovatis, serratis, piloso-hispidis. GERANIUM *glaucum.* Syst. Veg. per *Gmelin* p. 1021. *Cavanill.* Diss. 4. p. 237. tab. 103. f. 2.

Radix alte descendens, lignosa *Caulis* brevis, imbricatus rudimentis foliorum, pollicaris. *Folia* plurima, subradicalia, petiolata, acuta, nervosa, nervis subtus elevatis., utrinque subtomentosa et setis recurvis hispida, pollicaria. *Petioli* teretes, pilis albis reversis hirsuti, inaequales, semipollicares usque digitales. *Pedunculi* ex apice caulis, bini plerumque, filiformes, sulcati, hirsuti pilis albis mollibus, subpollicares. *Flores* umbellati, umbellâ multiflorâ. *Pedicelli* similes pedunculo, pollicares. *Involucrum* polyphyllum: *laciniae,* uti et calycis laciniae ovato-lanceolatae villosae. *Petala* inaequalia, obovata, incarnata.

30 G. (*ovatum.*) caule fruticoso; foliis ovatis; serratis, tomentosis. GERANIUM *ovatum.* Syst. Veg. per *Gmelin* p. 1021.

Caulis statim a radice ramosus, rudimentis foliorum tectus, brevis. *Rami* plerumque tres, cauli similes, decumbentes digitales. *Folia* frequentissima, petiolata, utrinque incano-tomentosa; pollicaria. *Petioli* teretes, supra sulcati, tomentosi, digitales. *Flores* umbellati, umbellâ composita. *Pedunculi* communes ex apice ramorum, hirsuti, vix palmares: partiales similes, digitales; *Pedicelli* circiter quatuor, unguiculares. *Stipulae* et laciniae *calycis* ovatae, acutae, extus villosae. *Petala* inaequalia, obovata, obtusa, incarnata.

31. G. (*betulinum.*) caule fruticoso; foliis cordato-ovatis, inaeq aliter serratis,, pubescentibus. GERANIUM *betulinum.* Linn. Syst. Veg. XIV. p. 613. Sp. Pl. p. 946. *Cavanill.* Diss. 6. p. 232.

Caulis frutescens, tenuissime pubescens. *Rami* tetragoni, inflexi, ultimi trigoni, articulati. *Folia* alterna, petiolata, tenuissime pubescentia, inaequalia, subpollicaria. *Petioli* semiteretes, supra sulcati, longitudine folii. *Pedunculi* laterales, oppositi folii, subtrigoni striati, palmares. *Umbella* biflora vel pauciflora. *Pedicelli* unguiculares. *Stipulae* oppositae, ovatae, acuminatae, pubescentes. *Involucrum* circiter 4-phyllum, laciniis lanceolatis. *Calycis* laciniae lanceolatae, acuminatae, hirsutae. *Petala* inaequalia, obovata, obtusa, incarnata maculis ramosis, sanguineis.

32. G. (*ovale*.) caulescens; foliis ovatis, serratis, hirsutis. Pelargonium *ovale*. *Heritier* Geraniolog. tab. 28.

Caulis teres, totus pilis albis mollibus hirsutus, flexuoso-erectus, prolifer. *Folia* alterna, petiolata, serraturis magnis, utrinque hirsuta villo longo, pollicaria. *Petioli* rubentes, longitudine folii. *Umbellae* triflorae et multiflorae. *Pedicelli* pollicares, cernui. *Stipulae* ovatae. *Involucra* polyphylla, foliolis lanceolatis. *Calycis* laciniae oblongae. *Petala* inaequalia, obovata, obtusa, sanguinea.

33. G. (*serratum*.) caulescens; foliis subrotundis, serratis; venis scabris.

Caulis frutescens, flexuoso-erectus, rufescens, superne pubescens. *Rami* alterni, pauci, similes. *Folia* alterna, petiolata, subcordata, rotundata, argute serrata, glabra, supra laevia, subtus venis scabra, inaequalia, pollicaria. *Petioli* villosi, scabri, pollicares. *Stipulae* sessiles, orbiculatae, parvae. *Flores* laterales. *Pedunculi* oppositifolii, subuniflori, villosi. *Petala* inaequalia, obovata, obtusa, sanguinea maculà purpureà.

34. G. (*setosum*.) acaule; foliis subrotundis, duplicato-serratis.

Scapus teres, striatus, villosus, bifidus, pedalis *Folia* radicalia petiolata, serraturis mucronatis, supra glabra subtus pubescentia, erecta, pollicaria. *Petioli* teretes, striati, villosi, palmares. *Stipulae* oppositae, lanceolatae. *Flores* in apice ramorum bini, pedicellati. *Pedunculi* geniculati, teretes, villosi, bipollicares

35. G. (*hybridum*.) caule fruticoso-carnoso.; foliis orbiculatis, crenatis, glabris. Geranium *hybridum*. *Linn*. Syst. per *Gmelin* p. 1021. *Cavan*. Diss. 4. p. 239. tab. 105. f. 2.

36. G. (*acetosum*.) caule fruticoso; foliis cuneato-ovatis, crenatis, carnosis. Geranium *acetosum*. *Linn*. Syst. Veg. XIV. p. 613. Sp. Pl. p. 947. *Cavanill*. Diss. 4. p. 239. tab. 104. f. 3.

37. G. (*cordifolium*.) caule fruticoso; foliis cordato-ovatis, dentatis, tomentosis; umbellis hirsutis. Geranium *cordifolium*. Syst. Veg. per *Gmelin* p. 1021. *Cavanill*. Diss. 4. p. 240. tab. 117. f. 3. Pelargonium *cordatum*. *Heret*. Geraniol. Tab. 22.

Caulis erectus, glaber, rufescens, bipedalis et ultra. *Rami* alterni, similes, pauci. *Folia* alterna, petiolata, acuta, sub-

lobato angulata, tenuissime et argute dentata, utrinque, imprimis vero subtus, albo-hirsuta, inaequalia, bipollicaria. *Petioli* hirsuti, uti totus frutex superne, longitudine folii. *Umbellae* subterminales, plures, multiflorae. *Petioli* et *Pedicelli*
valde hirsuti uti et *Calyx.* *Petala* inaequalia, purpurea, obovata, obtusa.

38. G. (*sidaefolium.*) acaule foliis cordatis, orbiculatis,
tomentosis; scapis bifidis, umbelliferis.

Radix carnosa. *Folia* plurima, aggregata, radicalia, petiolata, crenata, utrinque tomentosa, subtus sericeo-alba venis
nudiusculis, vix pollicaria. *Petioli* tenuissime pubescentes, digitales. *Scapi* bini, erecti, sulcati, supra medium bifidi, umbellâ compositâ. *Involucra* lanceolata. *Pedunculi* digitales; *pedicelli* pollicares. *Calycis* laciniae lanceolatae, tomentosae.
Petala inaequalia, oblonga, obtusa, purpureo-nigricantia.

39. G. (*echinatum.*) caule fruticoso, spinoso; foliis cordato-ovatis, inciso-lobatis, tomentosis. Geranium *aculeatum
Paterson* Journ. p. 67. c. icone.

Crescit in Namaquas.
Caulis carnosus, undique armatus spinis rigidis, simplicibus,
sparsis. *Rami* similes. *Folia* alterna, petiolata, albo-tomentosa, pollicaria. *Petioli* teretes, tomentosi, foliis duplo longiores. *Flores* pedunculati, umbellati. *Pedunculi* digitales.
Pedicelli pollicares vel ultra, bini usque quinque. *Bracteae*
ovatae, ferrugineae uti et *Calyx.* *Corolla* irregularis, alba.

40. G. (*lanatum.*) caule fruticoso, hirsuto; foliis cordatis ovatis, serratis, subtus lanato-tomentosis.

Caulis teres, flexuoso-erectus, totus villo albo hirtus, bipedalis et ultra. *Folia* alterna, petiolata, inaequaliter et argute
serrata; supra viridia, pubescentia; subtus sublanato-tomen-
tosa, albida; pollicaria et ultra. *Petioli* folio longiores. *Umbellae* in supremo caule laterales, multiflorae. *Pedunculi* digitales. *Stipulae* ovatae, cuspidatae. *Involucra* lanceolata, cuspidata. *Calycis* laciniae lanceolatae. *Petala* inaequalia, obovata, obtusa, incarnata maculâ sanguineâ.

41. G. (*cucullatum.*) caule fruticoso; foliis cucullatis,
dentatis. Geranium *cucullatum. Linn.* Sp. Pl. p. 946. Syst.
Veg. per *Gmelin* p. 1022. *Cavanill.* Diss. 4. p. 241.
tab. 106. f. 1.

42. G. (*odoratum.*) caule carnoso; ramis diffusis; foliis
cordatis, sublobatis, crenatis, mollibus; umbellâ compositâ.
Geranium *odoratissimum. Linn.* Sp. Pl. p. 942. Syst. Veg.
per *Gmelin* p. 1022. *Cavanill.* Diss. 4. p. 241. tab. 103.
f. 1.

43. G. (*cotyledonis.*) foliis peltatis, cucullatis, crenatis.
Geranium *cotyledonis. Linn.* Mant. p. 569. Syst. Veg. per
Gmelin p. 1022.

Folia lobata, supra viridia; villosa; subtus tomentosa, albida nervosa; subpalmaria.

44. G. *(hirsutum.)* acaule; foliis oblongis, integris, pinnatifidisque hirsutis; umbella proliferâ. Geranium *lobatum.* β. *hirsutum. Linn.* Sp. Pl. p. 950. Geranium *hirsutum.* Syst. Veg. per *Gmelin* p. 1023. *Cavanill.* Diss. 4. p. 247. tab. 101. f. 2. Pelargonium *atrum. Herit.* Geraniol. tab. 44. Geranium tuberosum, radicalibus foliis integris, ceteris pectinatis; floribus umbellatis. *Burman* Dec. Plant. Afric. p. 85. tab. 32. f. 2.

Crescit in Houtniquas campis sabulosis. Floret Novembri.

Radix tuberosa, rufescens. *Folia* plurima, radicalia, petiolata, ensiformi-oblonga, indivisa, inciso laciniata et pinnatifida, digitalia. *Petioli* folio paulo breviores, hirsuti. *Scapi* simplices, teretes, striati, hirsuti, erecti, palmares et ultra. *Umbellae* simplices et proliferae multiflorae. *Stipulae*, involucra et calyces hirsuti. *Petala* alba, inaequalia, obovata, obtusa. *Folia* variant in diversis individuis.

45. G. *(trilobum.)* acaule; foliis pinnatis; pinnis quinis, ovatis, ciliatis; umbellâ proliferâ.

Radix tuberosa, rufescens. *Folia* radicalia, plura, petiolata, rarius subbipinnata; *pinnae* circiter quinae, obovatae, integrae, glabrae, semiunguiculares. *Petioli* filiformes, setis adpressis hispida, digitales. *Scapi* flexuosi, erecti, sulcati, tenuissime pubescentes, proliferi, palmares et ultra. *Umbellae* multiflorae. *Stipulae, Involucra* et *Calyces* lanceolatae, acutae, hirsutae. *Petala* inaequalia, obovata, obtusa, sanguinea.

46. G. *(lobatum.)* acaule; foliis ternatis, inciso-lobatis, serratis, lanato-tomentosis; umbellâ proliferâ. Geranium *lobatum. Linn.* Syst. Veg. per *Gmelin* p. 1024. *Cavan.* Diss. 4. p. 250. tab. 114. f. 2.

Crescit in collibus et campis sabulosis inter Cap et Drakensteen. Floret Junio, Julio.

Folium radicale, petiolatum, totum hirsutum seu lanato-tomentosum, maximum saepe pedale et ultra. *Lobi* oblongi. *Folia* caulina minus divisa. *Pedunculus* sulcatus, parum villosus pedalis. *Scapi* valde sulcati, villosi, proliferi, flexuoso-erecti, pedales et ultra. *Umbellae* multiflorae. *Involucra* lanceolata, acuta, hirta, uti et *Calyces. Pedunculi* hirsuti, pollicares. *Petala* inaequalia, obovata, obtusa, atro-purpurea.

47. G. *(stipulaceum.)* acaule; foliis sublobatis, serratis, pubescentibus; scapo subprolifero. Geranium *stipulaceum. Linn.* Syst. Veg. XIV. p. 619. Suppl. p. 306. *Cavanill.* Diss. 4. p. 254. tab. 122. f. 3.

Crescit in rupibus montium Hantum prope villam Grootrivier Floret Octobri, Novembri.

Radix tuberosa, articulata, superne stipulis imbricatis coro-

nata, *Folia* radicalia, petiolata, ovata, obtusa, tenuissime pubescentia, vix pollicaria. *Petioli* capillares, digitales. *Scapus*
suleatus, infra medium bifidus, erectus, villosus, spithamacus.
Pedunculi similes, palmares uti et *Pedicelli* digitales. *Involucra*
et *Calyces* hirsuti. *Petala* inaequalia, alba; majora obovata,
obtusa.

48. G. (*articulatum.*) acaule; foliis quinquelobis, incisis,
pilosis; radice squamosâ. GERANIUM *articulatum.* Syst Veg.
per *Gmelin* p. 1023. *Cavanill.* Diss. 4. p. 252. tab. 122.
f 1.

Crescit in Hantum ad Roggeveld. Floret Januario.
Radix tuberosa, cincta squamis bruneis, ovatis, membranaceis, articulata, alte descendens. *Folia radicalia* pauca, petiolata, inciso-lobata, dentata, pollicaria; *caulina* trifida. *Petioli*
filiformes, sulcati, pilosi, palmares et ultra. *Scapus* totus villosus, flexuoso-erectus, infra medium bifidus, supra medium
iterum interdum bifidus; palmaris usque spithamaeus. *Umbellae*
biflorae et quadriflorae. *Calyces* valde hirsuti. *Petala* ·alba,
inaequalia, oblonga, obtusa.

49. G. (*variegatum.*) caule fruticoso; foliis quinquelobis, dentatis, glabris; stipulis cordatis. GERANIUM *variegatum Linn.* Syst. Veg. XIV. p. 612. Suppl. p. 305. *Cavanill* Diss. 4. p. 251 tab. 118. f. 3.

Caulis totus glaber, erectus, ramosus, pedalis et ultra. *Rami* alterni, striati, subcompressi, flexuosi. *Ramuli* trigoni.
Stipulae sparsae sub ramis et ramulis, solitariae, sessiles, ovatae, acutae, integrae, lineam longae. *Flores* in ramulis terminales. *Involucra* et *Calyces* oblongi, glabri. *Petala* alba,
inaequalia, obtusa.

50. G. (*africanum.*) caule herbaceo; foliis cordatis, dentatis, villosa-tomentosis, superioribus trilobis; floribus umbellatis GERANIUM *africanum.* Syst. Veg. per *Gmelin* p.
1022. *Cavanill.* Diss. 4. p. 242. tab. 104. f. 1.

Caulis angulatus. sulcatus, totus hirsutus, ramosus, erectus,
pedalis et ultra. *Folia* alterna petiolata, tota subtomentosa,
pollicaria; inferiora cordata, suborbiculata, inciso-sublobata;
superiora trilobata; omnia tenuissime serrata; suprema minora. *Petioli* digitales et ultra. *Umbellae* terminales, multiflorae. *Calyces* hirsuti. *Petala* inaequalia, alba, oblonga, obtusa. *Involucra* lanceolata, acuta, membranacea.

51. G. (*althaeoides.*) caule herbaceo, tomentoso; foliis
ovatis, incisis. serratis, villosis; umbellâ subtriflorâ. GERA-
NIUM *althaeoides. Linn.* Syst. Veg. XIV. p. 615. Syst. Veg.
per *Gmelin* p. 1022. Sp. Pl. p. 949. *Cavanill.* Diss. 4.
p. 242. t. 123. f. 2.

52. G. (*acerifolinm.*) caule fruticoso, hirsuto; foliis trilobis, serratis, villosis; floribus umbellatis. GERANIUM *aceri-*

Iolium. Syst. Veg. per *Gmelin* p. 1022. *Cavanill.* Diss.
4. p. 243. tab. 112. f. 2.

*Crescit in proclivis Hottentotts Hollands kloof prope viam.
Floret Decembri.*

Caulis rufescens, nodosus, totus villosus, spithamaeus vel
paulo ultra. *Folia* alterna, petiolata, argute serrata, venis
subtus elevatis, scabra, pollicaria vel ultra. *Petioli* hirsuti, lineam longi. *Flores* laterales. *Pedunculi* striati, hirsuti. *Pedicelli* retroflexi, villosi, pollicares. *Petala* inaequalia, obovata,
obtusa, albida maculâ et striis purpureis.

53. G. (*inquinans.*) caule fruticoso, carnoso; foliis cordatis, orbiculatis, crenatis, pubescentibus. Geranium *inquinans.* *Linn.* Syst. Veg. XIV. p. 613. Spec. Plant. p. 945.
Cavanill. Diss. 4. p. 243 t. 106. f. 2.

54. G. (*papilionaceum.*) caule fruticoso; foliis cordatis,
lobatis, villosis; pedicellis elongatis. Geranium *papilionaceum.* *Linn.* Syst. Veg. XIV. p. 613. Sp Pl. p 945. *Cavanill.* Diss. 4. p. 244. tab. 112. f. 1.

55. G. (*vitifolium.*) caule fruticoso; foliis cordatis, trilobis, dentatis, villosis; pedicellis brevissimis Geranium *vitifolium.* *Linn.* Syst. Veg XIV. p. 614. Sp. Pl. p. 947.
Cavanill. Diss. 4. p. 245. tab. 111. f. 2.

56. G. (*capitatum.*) caule fruticoso; foliis cordatis, lobatis, pubescentibus; floribus subcapitatis. Geranium *capitatum.* *Linn.* Syst Veg. XIV p. 614 Sp Pl. p. 947.
Cavanill. Diss. 4. p 249. tab 105. f. 1.

57. G. (*grossularioides.*) caule filiformi, decumbenti; foliis cordatis, subrotundis, inciso-lobatis. Geranium *grossularioides.* *Linn.* Syst Veg. XIV. p 614 Sp. Pl. p. 948. *Cavanill.* Diss. 4. p. 244. tab. 119. f. 2

58. G. (*quercifolium.*) caule fruticoso; foliis sinuatis: laciniis crenatis, oblongis; floribus umbellatis. Geranium *quercifolium.* *Linn.* Syst. Veg XIV. p. 619. Syst. per *Gmelin*
p. 1023. Suppl. p. 306. *Cavanill.* Diss. 4 p. tab. 119.
f. 1.

*Crescit in montibus juxta Mostertshoek et alibi. Floret De-
cembri, Januario.*

Caulis totus hirtus, erectus, bipedalis et ultra. *Rami* teretes, brunei, flexuosi. *Ramuli* similes. *Folia* alterna, petiolata,
villosa, scabra, sinuato pinnatifida; *laciniae* ovato oblongae,
obtusae. *Culturâ* multo majores et latiores evadunt. *Umbellae*
terminales, multiflorae. *Bracteae* involucratae, oblongae, acutae. *Corolla* irregularis, albida, petalis majoribus sanguineo-
maculatis.

59. G. (*hispidum.*) caule fruticoso, foliisque palmatis, lacero dentatis, hispidis; umbellis compositis; involucris refle-

xis. Geranium *hispidum* *Linn.* Syst. Veg. XIV. p. 614. Suppl. p. 304. *Cavanill.* Diss. 4. p. 248. tab. 110. f. 1. *Crescit prope Mostertshoek. Floret Octobri.*

Frutex erectus, totus piloso-hispidus pilis albidis, tripedalis et ultra. *Rami* alterni, uti et *ramuli*, divaricati, similes, sulcati, stipulati. *Stipulae* sessiles, binae, laterales, ovatae, acutae, reflexae, semiunguiculares. *Folia* alterna, infra ramea, petiolata, imprimis subtus villoso-hispida; *lobi* dentato-laceri, acuti; superiora sensim minus divisa. *Petioli* digitales. *Flores* umbellati, incarnati. *Pedunculi* alterni, petiolis longiores. *Pedicelli* sensim filiformes.

60. G. (*fulgidum*.) caule fruticoso, carnoso; foliis tripartitis, incisis: intermedio majore; umbellis geminis. Geranium *fulgidum.* *Linn.* Syst. Veg. XIV. p. 612. per *Gmelin* p. 1024. Sp. Pl p. 945. *Cavanill.* Diss. 4. p. 253. tab. 116. f. 2.

61. G. (*laevigatum*.) caule fruticoso, glabro; foliis ternatis: lobis sublinearibus, glaucis; pedun ulis bifloris. Geranium *laevigatum.* *Linn.* Syst. Veg. XIV. p. 619. per *Gmelin* p. 1024. Suppl. p. 306. *Cavanill.* Diss. 4. p. 255. tab. 121. f. 1.

Frutex erectus, glaber, rufescens, bipedalis et ultra. *Rami* alterni, flexuosi, similes. *Folia* alterna, petiolata: laciniae lineari-lanceolatae, acutae, rarius trifidae. pollicares, intermedia majore. *Petioli* semiteretes, longitudine foliorum. *Flores* in summitatibus laterales. *Pedunculus* filiformis, bifidus, digitalis. *Pedicelli* bini, uniflori, pollicares. *Bracteae* lanceolatae.

62. G. (*graveolens*.) arborescens; foliis duplicato-trifidis: laciniis incisis, crenatis: umbellis multifloris. Geranium *therebinthinaceum.* *Linn.* S st. Veg. per *Gmelin* p. 1023. *Cavanill.* Diss. 4. p 250. tab. 114. f. 1. Gerani m *graveolens. Aiton.* Hort. Kew. 2. p. 483. *Herit.* N. 56. tab. 17.

Caulis arborescens, erectus, totus hirtus. *Rami* alterni, hirti, erecti. *Stipulae* oppositae, sessiles, ovatae, acutae. *Folia* alterna, petiolata, inciso-trifida: *lobis* bi vel trifidis dentata, hispida. *Flores* laterales, umbellati, rubelli. *Petioli* digitales, pedicellis vix unguicularibus *Bracteae* plures, stipulis similes. *Umbellae* triflorae usque quinqueflorae.

63. G. (*exstipulatum*.) caule fruticoso; ramis erectis; foliis duplicato-trilobis, crenatis, glabris, subexstipulatis. Geranium *exstipulatum.* *Linn.* Syst. Veg. per *Gmélin* p. 1023. *Cavanill.* Diss. 4. p. 253. tab. 123. f. 1. et Diss. 5. p. 271. Pelargonium *exstipulatum. Aiton.* Hort. Kew. 2. p. 431. *Herit.* N. 107. tab. 35.

Caulis rubens, glaber, erectus. *Rami* similes, breves. *Folia* alterna, petiolata, subrotunda, trifida, utrinque tomentosa, subtus imprimis et nervis elevatis costata, unguicularia: *lobi* *subtrifidi*, crenati. *Petioli* longitudine foliorum. *Flores* sub-terminales, umbellati. *Pedunculi* sulcati, erecti, digitales. *Pedicelli* tres vel quatuor, vix unguiculares.

64. G. *(viscosum.)* caule fruticoso; foliis cordatis, trilobis, dentatis, viscosis; floribus umbellatis. Geranium viscosum. *Linn.* Syst. Veg. per *Gmelin* p. 1023. *Cavanill.* Diss. 4. p. 246. tab. 108. f. 2. Pelargonium glutinosum. *Aiton.* Hort. Kew. 2. p. 426. *Herit.* N. 67. tab 20.

Caulis fusco-purpureus, erectus, fistulosus, glaber, viscosus, pedalis et ultra. *Folia* alterna, petiolata, subcordata, vel quinqueloba, glabra, superiora minora: *lobi* laterales simplices; intermedius major, subtrilobus; omnes denticulati. *Petiolus* sesquipollicaris. *Stipulae* ovatae, breves. *Flores* laterales, incarnati. *Pedunculi* digitales, pedicellis unguicularibus.

65. G. *(crataegifolium.)* caule fruticoso, hirto; foliis trilobis, villosis; floribus umbellatis. Pelargonium *tricuspidatum.* *Aiton.* Hort. Kew. 2. p. 430. *Herit.* icon. N. 90. tab. 30.

Caulis erectus, ramis similibus. *Folia* alterna, petiolata, inferiora subquinqueloba, superiora triloba, utrinque hirsuta, nervosa, inferiora majora: *lobi* acuti, denticulati. *Stipulae* lato-ovatae, acutae, hirtae. *Flores* axillares, sanguinei. *Umbella* circiter quadriflora. *Pedunculi* digitales, pedicellis unguicularibus usque pollicaribus. *Bracteae* plures, lanceolatae, cuspidatae.

66. G. *(scabrum.)* caule fruticoso, erecto; foliis cuneiformi-trifidis, scabris; umbellis paucifloris. Geranium scabrum. *Linn.* Syst. Veg. VXI. p. 613. Syst. per *Gmelin* p. 1023. Sp. Pl. p.946. *Cavanill.* Diss. 4. p.247. t. 108. f. 1.

Caulis purpureus, scaber, tripedalis et ultra. *Rami* similes. *Folia* alterna, petiolata, rigida, venosa: lobi remoti serrati; intermedius major subtrifidus. *Petioli* semiteretes, scabri, folio paulo breviores. *Flores* laterales, umbellati. *Pedunculi* pollicares et ultra, pedicellis inaequalibus, subunguicularibus. *Umbellae* triflorae, usque quinqueflorae.

67. G. *(tottum.)* caule fruticoso, villoso; foliis quinquepartitis, scabris: lobis lacero-dentatis; umbellis subquadrifloris.

Crescit in *Mostertshoek.* Floret *Octobri.*

Caulis totus pilis albis, rigidiusculis hirsutus, flexuoso-erectus, ramis similibus. *Folia* alterna, petiolata, profunde 5-partita, supra scabra, subtus subtomentosa; *lobi* subdivisi, lacero-denticulati. *Petioli* longitudine folii, tomensosi, hispidi. *Stipulae* ovatae, acutae, villosae. *Flores* laterales, umbellati. *Pedunculi* hirti, pollicares, pedicellis vix unguicularibus. *Bracteae* involucratae, lanceolatae, aristatae. *Calyx* hispidus. *Corolla* inaequalis, incarnata petalis majoribus purpureo-maculatis.

68. G. (*ternatum*)·caule fruticoso, hispido; foliis oppositis, ternatis: foliolis cuneatis, inciso trifidis, serratis, scabris. Geranium *ternatum*. *Linn.* Syst. Veg XIV. p. 619.
Syst. per *Gmelin* p. 1024. Suppl. p. 3o6. *Cavanill.* Diss.
4. p. 255. tab. 107. f. 2. Pelargonium *scabrum*. *Aiton.*
Hort. Kew. 2. p. 43o. *Herit.* N. 99. tab. 31.

Caulis frutescens, teres, purpureus, villoso·scaber, erectus,
ramosus ramis similibus, bipedalis et ultra. *Folia* petiolata,
rigida, strigoso·scabra, pollicaria: *Lobi* inciso·trifidi, argute
serrati, subplicati: *Serraturae* purpurascentes. *Petioli* semiteretes, villosi, scabri, longitudine folii. *Stipulae* duae, tres
vel plures, ovatae, acutae, deciduae. *Flores* versus·summitates
laterales, umbellati. *Involucra* lanceolata, aristata, purpurascentia. *Calyx* villosus et pilis albis strigosus. *Corolla* incarnata
petalis inferioribus paulo minoribus, superioribus purpureo.
maculatis.

69. G. (*adulterinum.*) caule fruticoso decumbente pubes·
cente, foliis trifidis scabris, pedunculis bifloris. Pelargonium
adulterinum. *Aiton.* Hort. Kew. 2. p. 431. *Herit.* Geraniol. N. 103. tab. 34.

Caulis teres, flexuosus; pallide purpurascens, elongatus. *Ra,*
mi filiformes, similes, pallidiores. *Folia* alterna, petiolata, ovata,
suprema simplicia, dentata lobo intermedio subtrifido et ma·
jori, tenuissime villosa, nervis scabra, vix pollicaria. *Stipulae*
oppositae, ovatae, cuspidatae, ciliatae. *Petioli* subtrigoni, longitudine folii. *Flores* axillares. *Pedunculi* filiformes, flexuosi,
pollicares. *Pedicelli* teretes, striati, medio geniculati et a medio incrassati, scabridi. *Involucra* circiter qustuor, stipulis
similia. *Calyx* aristatus, villoso scabridus, corolla duplo brevior. *Corolla* incarnata, inaequalis, petalis majoribus purpureo·
maculatis. *Capsularum* rostra villosa.

70. G. (*hermannifolium.*) caule fruticoso, erecto; foliis
cuneiformibus, plicatis, trifidis serratis, scabris. Geranium
hermannifolium. *Linn.* Syst. Veg. XIV. p. 613. Syst. per
Gmelin p. 1022. Suppl. p. 3o5 Mant. p. 569. *Berg.* Cap.
p. 177. Pelargonium *crispum.* *Aiton.* Hort Kew. 2. p. 43o.
L'Herit. Geraniol. N. 100. t. 33. (et 3?)

Crescit in montibus.

Caulis teres, fusco·purpurascens, flexuoso·erectus, villosus, bipedalis et ultra. *Rami* alterni, similes uti et *ramuli,*
subfastigiati, superne frequentes. *Folia* alterna, petiolata, in-
ciso·trifida, serrulata, rigida, papilloso scabrida imprimis sub·
tus, disticha, frequentia vel imbricata semipollicaria. *Lobi*
subincisi. *Stipulae* sessiles, cordatae, ovatae, acutae, adpressae, scabridae. *Petioli* teretes, villosi, longitudine folii. *Flo-*
res terminales. *Pedunculi* filiformes, villosi, biflori, semipollicares *Pedicelli* hispidi, a medio incrassati, semipollicares
Involucra quatuor, oblonga, scabrida. *Corolla* incarnata, inae·
qualis petalis majoribus purpureo·maculatis.

71. G. (*crispum.*) caule fruticoso, erecto; foliis lobatis, dentatis, crispis; stipulis cordatis; pedunculis unifloris. Ge ranium *crispum. Linn.* Syst. Veg. XIV. p. 613. per *Gmelin* p. 1023. Mant. p. 257 *Berg.* Capens. p. 176. *Cavanill.* Diss. 4. p. 252. tab. 109. f. 2.

Caulis teres, purpurascens, subvillosus. *Rami* teretes, flexuoso-erecti, villoso-hispidi. *Folia* alterna, breviter petiolata, rotundata, sublobata, denticulata, villoso-hispida, vix unguilaria. *Flores* laterales, solitarii. *Pedunculi* filiformes, hispidi, medio involucrati, rarius biflori, pollicares. *Involucra* quaterna, ovata, acuta, villosa. *Corolla* sanguinea, inaequalis, petalis majoribus maculatis. *Stigmata* purpurea. *Capsulae* rostrum villosum.

72. G. (*divaricatum.*) caule fruticoso, erecto, glabro; foliis multifido-pinnatifidis, glabris; pedunculis unifloris.

Caulis teres, purpurascens, pedalis et ultra. *Rami* alterni, divaricati, flexuoso-erecti, ramulis similibus, superne tenuissime villosis. *Folia* alterna, petiolata. *Pinnae* et saepe pinnulae trifidae, subcuneatae, sulcatae, complicatae. *Petioli* trigoni, sulcati, longitudine foliorum seu unguiculares. *Stipulae* ovatae, parvae. *Flores* laterales. *Pedunculi* filiformes, a medio incrassati, glabri, pollicares. *Corolla* incarnata, inaequalis, petalis majoribus purpureo-maculatis.

73. G. (*abrotanifolium.*) caule fruticoso, erecto; foliis multifido-pinnatifidis, tomentosis; floribus umbellatis. Geranium *abrotanifolium. Linn.* Syst. Veg. XIV. p. 614. per *Gmelin* p. 1024. Suppl. p. 304. *Cavanill.* Diss. p. 256. t. 117. f. 1.

Caulis bruneus, glaber, superne parum villosus et ramosus, pedalis vel paulo ultra. *Rami* alterni, approximati, similes. *Folia* alterna, petiolata, multifida, seu potius triternata, laciniis sublinearibus, obtusis, tota sericeo-tomentosa et saepe pilis simul variis, longis, albis hirsuta, vix pollicaria. *Stipulae* ad latera petioli solitariae utrinque, lineares, tomentosae. *Pedunculi* subterminales, filiformes, torti, tomentosi, digitales. *Pedunculi* tres vel plures, unguiculares. *Corolla* purpureo-caerulea.

74. G. (*tectum.*) caule fruticoso, carnoso; foliis inciso-triternatis, lanatis; umbellis multifloris.

Frutex erectus, hirsutus. *Folia* alterna petiolata, ternata, lobis inciso-trifidis, lanato-tomentosa. *Stipulae* ovatae, acutae, reflexae, villosae. *Petioli* teretes, hirsuti, digitales. *Flores* terminales, umbellati. *Pedunculi* terminales, ex apice caulis elongati, teretes, parum sulcati, hirsuti, erecti, spithamaei *Umbella* hirsuta, 12-20-flora. *Corolla* saturate purpurea, inaequalis.

75. G. (*ellipticum.*) caule fruticoso; foliis ellipticis, incanis; umbella subtriflora.

Caulis simplex, foliosus, spithamaeus. *Rami* nulli, nisi pedunculi alterni. *Folia* frequentia, sparsa, elliptica seu inferne valde attenuata, a medio ad apicem lanceolata, acuminata, integra, subsulcata, canescentia, erecta, spithamaea. *Pedunculus* communis a caule continuatus, compressus, sulcatus, erectus, divisus in pedunculos alternos, apice bifidos vel trifidos in pedicellos geniculatos, sesquipollicares. *Corolla* sanguinea, irregularis.

76. G. (*acuminatum.*) caule herbaceo, trigono; foliis inciso - pinnatifidis, glabris; pedunculis bifloris.

Caulis erectus, simplex, totus glaber, bipedalis. *Folia* alterna, petiolata, glauca. *Laciniae* lanceolatae, acutae, infimae profundissime divisae et tripartitae; extima major, quinquepartita; omnes integrae, marginatae. *Folia* superiora simpliciora, summa simplicissima, subsessilia, minora. *Petioli* subtrigoni, glabri; infimi digitales, superiores sensim breviores. *Stipulae* binae, lanceolatae, lineam longae. *Flores* versus summitatem laterales. *Pedunculi* filiformes, striati, flexuosi, pollicares. *Involucra* stipulis similia. *Corolla* albida vel incarnata, petalis majoribus purpureo - maculatis. *Capsulae* et rostra hirsuta.

77. G. (*plicatum.*) acaule, foliis tomentosis, pinnatis: pinnis plicatis; scapo umbellifero.

Caulis nullus sed *Folia* radicalia, plura, diffusa, tota tomentosa, digitalia: *Pinnae* trijugae, ovatae, inciso - trilobae, denticulatae, infimae petiolatae, saepe pari foliorum reflexorum auctae; intermediae majores, sessiles; extima impar, maxima, interdum subquinquefido - incisa. Rarius pinnae intermediae alternantes. *Petioli* crassi. *Scapus* simplex, erectus, sulcatus, hirtus, spithamaeus. *Umbella* circiter septemflora. *Involucrum* polyphyllum, reflexum: *foliola* ovata, acuta, villosa. *Pedicelli* striati, pollicares. *Corolla* pallide incarnata, inaequalis, petalis majoribus purpureo - maculatis. *Capsulae* villosae.

78. G. (*flexuosum.*) caule suffrutescente, erecto; foliis tomentosis, trifidis; umbellis subtrifloris.

Radix attenuata, minus fibrosa, lignosa, profunde descendens, spithamaea. *Caules* subherbacei, plures, flexuoso - erecti, rarius ramosi, subtetragoni, hirsuti et tenuissime scabridi, spithamaei. *Folia* alterna, petiolata; supra viridia, strigosa; subtus sericeotomentosa; inciso trifida: *lobo* intermedio iterum trifido vel quinquefido; omnes denticulati, plicati. *Stipulae* ovatae, acutae. *Petioli* hirsuti, folio longiores. *Flores* laterales versus summitates. *Pedunculi* oppositifolii, divaricati, striati, hirti, digitales. *Pedicelli* bini rarius, saepius tres, refracti, scabridi, unguiculares. *Involucra* lanceolata. *Calyx* scabridus, aristatus. *Corolla* albida, inaequalis, petalis majoribus purpureo - maculatis. *Capsulae* hirsutae.

79. G. (*acaule.*) acaule; foliis subpinnatifidis, hirsutis; scapo umbellifero.

Folia radicalia, plura, erecta, petiolata, bipinnatifida, tota hirsuta villo albo, digitalia. *Pinnae* subcuneatae, pinnulis in-cise-dentatis; inferioribus magis remotis, supremis contiguis. *Stipulae* cordato-ovatae, pubescentes. *Scapus* simplex, érectus, sulcatus, hirtus, spithamaeus., *Umbella* quinque-usque novem-flora *Involucra* plura, stipulis similia. *Pedicelli* striati, ses-quipollicares. *Corolla* albida, inaequalis.

80. G. (*longicaule.*) caule herbaceo; foliis tripinnatifidis, hirtis; umbellis multifloris.

Caulis simplex, fistulosus, erectus, pilosus, bipedalis et ul-tra. *Folia* radicalia, petiolata, elongata, tripinnata, pedalia. *Pinnae* inferiores majores, subpetiolatae, bipinnatae; superio-res decurrentes, pinnatifidae. *Pinnulae* oblongae, dentatae. *Caulina* subpetiolata, digitalia; summa sessilia, minora. *Pe* tioli et *Rhachis* sulcati. *Stipulae* sessiles, ovatae. *Pedanculi* alterni, oppositifolii, cauli similes, elongati, sesquipedales, umbelliferi. *Umbella* 12 flora et ultra. *Involucra* plura, lineari-lanceolata, hirta, reflexa. *Pedicelli* incrassati, scabridi, sulcati, pollicares. *Corolla* albida, inaequalis, petalis majoribus pur-pureo-maculatis.

81. G. (*pingue.*) caule carnoso; foliis pinnatifidis hirtis, umbellis multifloris.

Caulis fruticosus, pubescens. *Folia* alterna, petiolata, sub-bipinnatifida, denticulata, unguicularia. *Pedanculi* axillares, teretes, parum pubescentes, sesquipollicares, umbellati. *Um-bellae* biflorae, usque sexflorae. *Pedicelli* hirti, unguiculares. *Involucra* ovata, acuta. *Corolla* albida, inaequalis. *Capsulae* hirtae.

82. G. (*tomentosum.*) caule fruticoso, brevissimo; foliis bipinnatis, tomentosis; umbellâ subtriflorâ.

Radix lignosa, attenuata, alte descendens *Caules* e radice plures, squamosi, continuati in ramos tomentosos, erectos, palmares. *Folia* ex apice caulis, tota incano-tomentosa, bi-pinnatifida, pinnulis trifidis. *Petioli* pollicares. *Flores* versus summitates laterales, umbellati. *Pedanculi* filiformes, pedi-cellis vix unguicularibus. *Involucra* ovata, acuta. *Umbella* triflora saepius.

83. G. (*astragalifolium.*) acaule; foliis pinnatis, hirsutis; scapis umbelliferis. Geranium *prolificum* γ) *pinnatum.* Linn. Sp. Pl. p. 950. Geranium *astragalifolium.* Syst. Veg. per Gmelin p. 1025. *Cavanill.* Diss. 4. p. 257. t. 104. f. 2.

Crescit in lateribus Duyvelsberg et Taffelberg, in collibus Rodesand prope domum Sacerdotis. Floret Septembri.

Radix carnosa, rufescens. *Folia* radicalia, plura, petiolata, digitalia; *pinnae* oppositae, sessiles, ovatae, integrae, vix un-guiculares; ultima impar paulo major. *Scapi* filiformes, hir-suti, longitudine foliorum vel longiores usque duplo, simpli-ces et divisi. *Involucra* quadri- vel quinquephylla, lanceo-lata, acuta, hirta, lineam longa. *Pedicelli* scapo similes, trevel quatuor, pollicares. *Calycis* foliola lanceolata, acuta extus hirsuta. *Corolla* albida, inaequalis petalis majoribus purpureo maculatis.

84. G. (*capillare.*) caule brevissimo; foliis pinnatifidis, dentatis, hirsutis; pedunculis bifloris. Geranium *capillare.* Syst. Veg. per *Gmelin* p. 1025. *Cavanill.* Diss. 4. p. 253. tab. 97. f. 1.

Crescit in Warme Bockeveld montibus. Floret Octobri.

Radix alte descendens, attenuata, simplex. *Caules* pauci, foliis aggregatis tecti, pollicares, continuati in *Scapos* vel *Pedunculos* elongatos, teretes, hirtos, simplices vel divisos, spithamaeos. *Folia* petiolata, erecta, palmaria, pinnata *Pinnae* lineares, brevissimae, saepe denticulatae, decurrentes, ultimae trifidae. *Pedicelli* saepius bini, filiformes, hirti, erecti, bipollicares. *Involucra* lanceolata. *Calyx* lanceolatus, acutus, extus hirsutus. *Corolla* purpurea, inaequalis, petalis majoribus maculatis.

85. G. (*villosum.*) caule brevissimo; foliis tripinnatifidis; umbellis multifloris.

Caulis vix pollicaris, continuatus in *Pedunculos* simplices, erectos, sulcatos, hirsutos, umbelliferos, spithamaeos. *Folia* alterna, petiolata, supra decomposite pinnatifida, hirsuta, palmaria. *Pinnulae* lineares, breves, valde hirsutae. *Involucra* ovata, acuta, villosa, brunea, semiunguicularia. *Pedicelli* octo usque duodecim, hirti, striati, incrassati, sesquipollicares. *Corolla* flavescenti-tristis, inaequalis. *Capsulae* et Rostra hirsuta. *Varietates* hujus sunt 3 exstantes: a. *villosum*: pedunculis simplicibus, umbellâ multiflora. Geranium *villosum.* Syst. Veg. per *Gmelin* p. 1025. supra descriptum. β. *frutescens:* caule carnoso, pedunculis paucifloris. *Crescit prope urbem Cap in montibus. Floret Augusto et Septembri.* Folia vix digitalia, piloso subtomentosa. *Pedunculi* paulo longiores, simplices. *Umbella* subquadriflora. γ. *hirtum:* pedunculis proliferis, umbellâ biflorâ. Geranium *hirtum.* *Cavanill.* Diss. 4. p. 258. tab. 117. f. 2. Pelargonium *tenuifolium Herit.* Geraniol. Nro. 48. tab. 12. *Caulis* ramosus, carnosus, fruticosus, teres, nodulosus, digitalis. *Pedunculi* elongati, hirti, proliferi, palmares. *Folia* minus hirta quam in a et β. *Stipulae* petioli basi adnatae, decurrentes, lanceolatae, acutae, bruneae. *Umbella* universalis ex apice pedunculi exserit folia, reliquis similia et pedunculos palmares, divaricatos. *Pedicelli* ultimi bini, vel tres, vix unguiculares. *Rarius* pedunculi umbellae iterum proliferi.

86. G. (*proliferum.*) acaule; foliis bipinnatis; pinnis linearibus, acutis; umbellâ multiflorâ. Geranium *proliferum.* Syst. Veg. per *Gmelin* p. 1025. *Cavanill.* Diss. 4. p. 259. tab. 120. f. 3.

Crescit prope Hexrivier. Floret Decembri.

Folia pinnata, subcapillaria; pinnulis tri- et quinquepartitis, acutis. *Scapus* simplex et divisus, filiformis, erectus, hirtus, palmaris. *Umbella* 4 et 5 flora, pedicellis hirsutis, unguicularibus *Corolla* albida, inaequalis, petalis majoribus purpureomaculatis.

87. G. (*minimum.*) caule brevissimo; foliis bipinnatifidis, glabris; pedunculis paucifloris Geranium *minimum.* Syst. Veg. per *Gmelin* p. 1025. *Cavanill.* Diss. 4. p. 260. tab. 121. f. 3.

Radix attenuata, simplex. *Caules* plures, vix unguiculares, squamosi, continuati in ramos filiformes, erectiusculi, striati, glabri, digitales vel paulo ultra. *Folia* caulina et ramea, petiolata: *pinnulae* ovatae, obtusae, vix pubescentes. *Flores* laterales et terminales, umbellati, umbellâ biflorâ, usque quadriflora. *Involucra* et *Calycis* foliola ovata, extus tenuissime villosa. *Capsulae* et rostra villosa.

88. G. (*appendiculatum.*) acaule; foliis bipinnatis, lanatis; umbellâ multiflorâ. Geranium *appendiculatum. Linn.* Syst. Veg. XIV. p. 618. Suppl. p. 304. *Cavanill.* Diss. 4. p. 262. tab. 121. f. 2.

Crescit prope Lang-e Valley, in arenosis. Floret Septembri, Octobri.

Radix crassa, carnosa. *Folia* radicalia, petiolata, bipinnatifida, tota lanato hirsuta villo albido. *Pinnulae* lineares, breves. *Stipulae* supra basin petioli connatae, latae, ovatae, subtus imprimis hirsutae. *Petioli* compressi, hirsuti, digitales. *Scapi* sulcati, erecti, simplices, rarius divisi, hirti, umbelliferi, palmares usque spithamaei. *Involucri* folia plurima, lineari-filiformia *Pedicelli* 8 usque 10, villosi, digitales. *Corolla* albida, inaequalis, petalis majoribus purpureo - maculatis.

89. G. (*radula.*) caule fruticoso; foliis palmato-bipinnatifidis, scabris; umbellis subtrifloris. Geranium *radula.* *Cavanill.* Diss. 4. p. 262 † 101. f. 1. Geranium *revolutum.* Syst. Veg. per *Gmelin* p. 1024.

Frutex erectus, fusco-purpureus, scabridus, pedalis et ultra. *Rami* pauci, alterni, similes. *Folia* alterna, petiolata, inciso-subpalmata, lobis iterum incisis et dentato-pinnatifidis, margine revolutis, tota pilis brevissimis albis rigidis aspera *Petioli* scabridi, pollicares. *Stipulae* ovatae, ferrugineae. *Umbellae* laterales. *Pedunculi* digitales, pedicellis unguicularibus. *Involucra* ovata, acuta, membranacea. *Calyces* lanceolati, extus asperi. *Corolla* incarnato-albida, inaequalis, petalis majoribus purpureo-maculatis. *Rostra* capsularum hispidopilosa.

Obs. Cultum in hortis foliorum lacinias latiores multum evadunt.

34 *

90. G. (*triste*) subacaule; foliis tripinnatifidis, hirtis; umbellâ multiflorâ. Geranium *triste* Linn. Syst. Veg. XIV. p. 615. per *Gmelin* p. 1025. Sp. Pl. p. 950. *Cavanill.* Diss. 4. p. 261. tab. 101. f. 1.

Caulis brevissimus, squamosus, vix pollicaris, fuscus, continuatus in pedunculos elongatos, simplices vel divisos, sulcatos, hirtos, erectos, spithamaeos et ultra. *Stipulae* latae, ovatae, bruneae, tenuissime hirtae. *Folia* alternà, petiolata, elongata, scabrido - hirsuta, pedalia. *Pinnae* interrupte iterum pinnulatae. *Pinnulae* cuneiformes; incisae, dentatae, planae. *Umbella* 6 - flora. *Involucra* ovata, acuta, brunea, extus hirta. *Pedicelli* striati, incrassati, hirti, bipollicares. *Corolla* olivaceo - tristis, inaequalis, petalis majoribus purpureo maculatis.

91. G. (*daucifolium.*) caule frutescente, decumbente; foliis tripinnatis; hirtis; umbellâ pauciflorâ. Geranium *daucifolium.* Linn. Syst. Veg. XIV. p. 615. per *Gmelin* p. 1025. *Cavanill.* Diss. 4. p. 260. tab. 120. f. 2.

Crescit in collibus prope urbem et infra *Taffelberg.* Floret Julio.

Caulis teres, scaber, flexuosus, basi decumbens, tandem erectus, pedalis et ultra. *Folia* alterna, petiolata: *Pinnae* trifidae vel bifidae. *Pinnulae* lineari - filiformes. *Petioli* digitales. *Flores* laterales, umbellati. *Pedunculi* hirti, sulcati, bifidi et umbelliferi, digitales, pedicellis pollicaribus. *Involucra* lanceolata, acuta, extus hirta. *Corolla* albida, inaequalis, petalis majoribus purpureo - striatis.

92. G. (*coriandrifolium.*) caule herbaceo, flexuoso, erecto; foliis tripinnatis glabris; umbellis paucifloris. Geranium *coriandrifolium.* Linn. Syst. Veg. XIV. p. 615. Sp. Pl. p. 949. *Cavanill.* Diss. 4. p. 253. tab. 116. f. 1.

Caulis hirtus, pedalis et ultra. *Rami* pauci, alterni, similes. *Folia* alterna, petiolata, rarius tenuissime hinc inde scabrida; laciniis filiformibus. *Stipulae* lanceolatae, ciliatae. *Petioli* digitales, tenuissime scabridi. *Flores* axillares, umbellati. *Pedunculi* villoso - scabridi, folio longiores. *Umbella* biflora et triflora. *Involucra* lanceolata, ciliata, reflexa. *Pedicelli* scabri, unguiculati. *Calycis* foliola lanceolata, aristata, extus strigosa. *Corolla* albida, inaequalis, petalis majoribus purpureomaculatis. *Rostra* hirsuta.

93. G. (*betonicum.*) caule herbaceo, incurvo; foliis trifidis, incisis, hirsutis; umbellâ pauciflorâ. Geranium *betonicum.* Syst. Veg. per *Gmelin* p. 1024. *Cavanill.* Diss. 4. p. 264. tab. 118. f. 1.

Crescit in collibus prope urbem et alibi.

Caulis basi frutescens, flexuoso - erectus, sulcatus, vix pedalis, totus pilis albis, strigosis, hirtus. *Folia* alterna, petiolata, inferiora minus divisa, superiora magis incisa, trifida, *lobis* iterum incisis et dentatis, pollicaria. *Petioli* folio longiores, sulcati. *Stipulae* oblongae, acutae. *Flores* axillares. *Pedunculi* sulcati, biflori usque quadriflori, digitales.

94. G. (*myrrhifolium.*) caule herbaceo; ramis tetragonis; foliis glabris, inciso-bipinnatifidis; umbellis paucifloris. Geranium *pulverulentum?* *Cavanill.* Diss. 4. t. 125. f. 1.

Caulis vix basi fruticescens, continuatus in ramos erectos, tenuissime pubescentes, spithamaeos et ultra. *Folia* inferiora ovata, trifida, superiora inciso-pinnatifida, *laciniis* decurrentibus, incisis, dentatis; sesquipollicaria. *Petioli* folio longiores, sulcati. *Stipulae* ovatae, cuspidatae. *Flores* axillares. *Pedunculi* oppositifolii, digitales usque spithamaei, saepius biflori. *Involucra* quatuor, oblonga, acuta. *Pedicelli* vix pollicares. *Calyx* strigosus, pilis albis, aristatus. *Corolla* irregularis, albida, petalis majoribus purpureo-striatis. *Valde* affinia sunt G. *betonicum*, *daucifolium* et *myrrhifolium*, variantia villositate et incisione foliorum; ut forsan una sit eademque species.

95. G. (*ferulaceum.*) caule carnoso; ramis retroflexis; foliis bipinnatis, glabris; pedunculis bifloris. Geranium *ferulaceum.* Syst. Veg. per *Gmelin* p. 1025. *Cavanill.* Diss. 4. p 265. tab· 110. f. 2. Pelargonium *ceratophyllum.* *Herit.* Geraniol. Nro. 50. tab. 13. *Aiton.* Hort. Kewens. 2. p. 422.

Caulis fruticosus, erectus, glaber, flexuosus, vix pedalis. *Rami* alterni, divaricati, purpurascentes, divisi. *Folia* caulina, carnosa, bipinnatifida, laciniis denticulatis. *Flores* terminales, subumbellati.

96. G. (*carnosum.*) caule carnoso, gibboso; foliis bipinnatifidis, hirtis; umbellis paucifloris. Geranium *carnosum.* *Linn.* Syst. Veg. XIV. p. 613. Sp. Pl. p. 946. *Cavanill.* Diss. 4. p. 266. tab. 99. f. 1.

Crescit in Carro inter Olyfants rivier et Bockland. Floret Octobri, Novembri.

Caulis fruticosus, hinc inde gibbosus, pubescens, continuatus in ramos elongatos, aphyllos, plures pedes altos, erectos, ramulis divaricatis, similibus. *Folia* caulina pilososcabra, *laciniis* cuneiformibus, dentatis. *Umbellae* compositae, partialibus trifloris et paulo ultra Corolla albida, maculata.

97. G. (*gibbosum.*) caule carnoso, gibboso; foliis incisolobatis, glabris; umbellis multifloris. Geranium *gibbosum.* *Linn.* Syst. Veg.XIV. p.613. Sp.Pl. p.946. *Cavanill.* Diss. 4. p. 265. tab. 109. f. 1.

Caulis fruticosus, hinc inde gibbosus, pubescens, continuatus in ramos vel pedunculos elongatos, pedales, erectos, villosos, simplices. *Folia* caulina petiolata, rarius villosa, infima

rotundata, parum inciso-trifida et quinquefida; *lobis* vel crenatis, vel incisis; extimus semper major. *Pedunculi* digitales,
striati. *Stipulae* ovatae, acutae, reflexae. *Pedunculi* erecti,
elongati, simplices vel divisi, umbelliferi. *Pedicelli* semper
plures umbellae. 5 usque 9, pollicares. *Corolla* tristis, virescens vel purpurea.

CCCXXXI. OXALIS.

Cal. 5-*phyllus. Petala unguibus connexa. Caps. angulis dehiscens,* 5 - *gona.*

* *Foliis simplicibus:*

1. O. (*monophylla.*) foliis ovatis, indivsis. Oxalis *monophylla.* Diss. de Oxalide. p. 8. tab. 1. *Linn.* Mant. p.
241. Syst. Veg. XIV. p. 432.   Oxalis *lepida, monophylla?*
rostrata? Jaqu. Oxalid. Sp. 34, 35, 36. Tab. 21, 22, 79.
f. 3.

*Crescit in collibus argillosis infra Taffelberg. Floret Aprili,
Majo.*
   Radix bulbosa, parum profunde insidens. *Bulbus* globosus,
lanugine densâ molli ferruginea obductus: *bulbilli* corniculati,
albi, plures. *Folia* radicalia, simplicia, emarginata, margine
carinâque dorsali ciliata. *Petioli* hirti, scapis triplo breviores.
Scapi circiter tres vel quatuor, uniflori, hirti, digitales vel paulo
longiores. *Perianthium* hirtum; *Laciniae* lanceolatae, acutae.
Corolla calyce quadruplo longior. *Tubus* flavescens. *Limbus*
dilute purpurascens. *Laciniae* obtusae. *Filamenta* capillaria,
alba, exteriora quinque brevissima; interiora quinque calyce
paulo longiora. *Antherae* subrotundae, sulcatae, flavae. *Styli*
staminibus interioribus breviores, inter filamenta patentes, albi.

** *Foliis ternatis:*

† *Acaules.*

2. O. (*asinina.*) scapis unifloris; foliis binatis, ternatis-
que: foliolis oblongis, cartilagineis; petiolis alatis. Oxalis
asinina. Jacqu. Oxalid. Sp 38. Tab. 24.

Folia radicalia, petiolata: *foliola* obovata, obtusa, glabra,
tenuissime ciliata, supra laevia, subtus punctato-rugosa, pollicaria. *Petioli* alati in medio, pollicares. *Scapi* erecti.

3. O. (*minuta.*) scapis unifloris; foliis ternatis: foliolis
oblongis glabris. Oxalis *minuta.* Diss. de Oxalide. p. 8. Tab. 2.
Linn. Syst. Veg. XIV. p. 432.

*Crescit in collibus montium extra urbem. Floret Aprili, Majo,
Junio.*
   Folia radicalia ternata. *Foliola* integra. *Petioli* filiformes,
glabri, scapo breviores. *Scapus* filiformis, erectus, glaber,
unguicularis. *Corolla* calyce multoties longior. *Tubus* flaves-

cens. *Limbus* albus. *Differt* a *purpurea* foliis neque margine neque apice ciliatis; a *punctata* foliolis ovatis, integris, nec obcordatis.

4. O. (*punctata*.) scapis unifloris; foliis ternatis: foliolis obcordatis, punctatis. Oxalis *punctata*. Diss. de Oxalide p. 9. Tab. 1. *Linn*. Syst. Veg. XIV. p. 432. Oxalis *punctata*. *Jacqu*. Oxalid. Sp. 22. tab. 66.

Crescit circum Cap in collibus montium. Floret Aprili et sequentibus mensibus.

Radix bulbosa, parum profunda. *Bulbus* durus, acute triangularis, lateribus duobus striis elevatis, reticulatis rugosis. *Folia* radicalia, subcarnosa, obcordata, integra, glabra, punctatissima callis elevatis; pagina superior viridis, inferior lacte purpurascens punctis aureo-micantibus. *Petioli* scapo breviores. *Scapi* plures, pollicares. *Perianthium* brevissimum. *Corolla* calyce quadruplo longior. *Tubus* flavus. *Limbi* laciniae obtusae, erecto-patulae, vesperi uti et ante florescentiam convolutae, albicantes.

5. O. (*pulchella*.) scapis unifloris; foliis ternatis: foliolis orbiculatis, ciliatis. Oxalis *pulchella Jacqu*. Oxalid. Sp. 86. Tab. 69.

Radix fibrosa, annua. *Folia* radicalia, petiolata, glabra: *foliola* subexcisa, supra laevia, subtus obsolete punctata, ciliis longis, lineam longa. *Petiolus* filiformis, longitudine folii. *Scapus* subsolitarius, capillaris, erectus, unguicularis. *Tota* herba pollicaris.

6. O. (*natans*.) scapis unifloris; foliis ternatis: foliolis obcordatis, glaucis. Oxalis *natans* Diss. de Oxalide p. 9. tab. 1. *Linn*. Syst. Veg XIV. p. 432. Oxalis *natans*. *Jacqu*. Oxalid. Sp. 73. Tab. 66. f. 2.

Crescit natans in aquis juxta Breede rivier infra Roodesand. Floret Septembri, Octobri.

Radix filiformis, simplex, longitudine indeterminata. *Folia* in superficie aquae umbellata: *foliola* curvata, emarginata, glabra, supra viridia, subtus glauca, patula, natantia. *Petioli* foliis breviores. *Pedunculi* unicus, duo vel tres, uniflori, vix pollicares. *Corolla* alba.

7. O. (*lanata*.) scapis unifloris; foliis ternatis: foliolis obcordatis, tomentosis. Oxalis *lanata*. Diss. de Oxalide p. 10. Var. β. *Linn*. Syst. Veg. XIV. p. 432. Oxalis *lanata*. *Jacqu*. Oxalid. Sp. 81. Tab. 77. f. 2.

Crescit in collibus argillaceis circum et extra urbem. Floret Majo, Junio, Julio.

Radix bulbosa, profunde insidens. *Bulbus* ovatus, angulatus, profunde rugosus, durus, glaber. *Folia* radicalia, umbellata. *Foliola* pubescentia; interdum in radice elevata; sub umbella foliosa, duo alia folia opposita. *Petioli* pubescentes, unguiculares. *Scapi* simplices, teretes, villosi, digitales, inter

dum unguiculares. *Bracteae* paulo infra florem duae, oppositae, lanceolatae. concavae, acutae, pubescentes, erectae, lineam longae. *Perianthium* ad basin fere quinquepartitum,
erectum, intus glabrum, extus villosum, lineam longum.. *Laciniae* ovatae, obtusae, virides, apicibus rufescentes *Corolla*
calyce quadruplo longior, subcampanulata, basi quinquedentata. *Tubus* inflatus, sensim ampliatus, flavescens. *Limbi* laciniae obovatae, obtusae, patulae. *Filamenta* erecta, filiformia,
basi coalita in cylindrum, alba; quinque calyce breviora;
quinque longitudine calycis; latere externo dentata. *Antherae*
ovatae, flavae. *Styli* filiformes, staminibus longiores,·erecti,
flavi, villosi. *Stigmata* obtusa, villosa. *Capsula* cylindrica, obsolete quinque-angularis, decemstriata, obtusa. *Semina* orbiculata, plurima. *Differt* ab O. *tomentosa*, cui foliis similis,
scapo unifloro: a *punctata*, quod multoties major et pubescens.

8. O. (*obtusa.*) scapis unifloris; foliis ternatis: foliolis
obcordatis, pubescentibus. Oxalis *lanata*. Diss. de Oxalide
p. 10. var. 4. Oxalis *obtusa. Jacqu.* Oxalid. Sp. 83. Tab. 79.

Bulbus ferrugineus, radici fibrosae adhaerens. *Folia* radicalia, plurima, petiolata. *Foliola* cuneiformia, integra, utrinque hirsuta. *Petioli* inaequales, hirsuti, pollicares. *Scapus*
subsolitarius, filiformis, pubescens, erectus, palmaris. *Bracteae* binae in scapo supra medium. *Corolla* magna, purpurascens. *Differt* ab O. *lanata*, cui similis et proxima: 1. Corollae
limbo purpureo. 2. foliolis minoribus, villosis nec denso tomentosis. 3. situ genitalium.

9. O. (*compressa.*) scapis unifloris; foliis ternatis: folio-
lis obcordatis, ciliatis; petiolis compressis. Oxalis *compressa.*
Diss. de Oxalide p. 11.   *Linn.* Syst. Veg. XIV. p. 432.
Oxalis *compressa. Jacqu.* Oxal. Sp. 19. Tab. 78. fig. 3.

*Crescit in campis arenosis extra Cap, locis aquosis. Floret Majo
et sequentibus mensibus.*

Folia radicalia, diffusa: *Foliola* supra glabra, viriota, subtus
hirsuta, albida. *Petioli* lineares, compresso-aluti, ciliati, inaequales, pollicares vel paulo ultra. *Scapi* aliquot teretes, hirsuti, erecti, bipollicares. *Perianthium* pilosum, corollâ triplo
brevius. *Corolla* lutea. *Similis. O. cernuae* a qua differt: *a.*
pedunculis unifloris. *β.* minori magnitudine. *γ.* petiolis compressis.

10. O. (*speciosa.*) foliis ternatis: foliolis subrotundis, ciliatis; scapo longitudine foliorum, unifloro. Oxalis *purpurea* et Diss. de Oxalide p. 12. Oxalis *speciosa. Jacqu.*
Oxalid. Sp. 74. Tab. 60.

Bulbus laevis. *Folia* radicalia, pauca, petiolata. *Foliola* sessilia, integra nec excisa; supra glabra, laevia; subtus punctata, purpurea; unguicularia. *Petioli* pubescentes, foliolo paulo
longiores. *Scapus* solitarius vel plures, hirtus, erectus, folii
vix longitudine. *Corollae* tubus flavescens, limbus sanguineus.

11. O (grandiflora.) foliis ternatis: foliolis subrotundis ciliatis; scapo foliis breviore, unifloro. Oxal s purpurea. γ. Diss. de Oxalide p. 12. Oxalis grandiflora. Jacqu. Oxalid. Sp. 68. Tab. 54.

Folia radicalia, petiolata: *foliola* cuneiformi - subrotunda, raro excisa, supra glabra, laevia; subtus purpurea, pilosa, unguicularia. *Corolla* lutea. *Calyx* rubro striatus.

12. O. (variabilis.) foliis ternatis: foliolis rotundatis, ciliatis, subtus hirsutis; scapis folio subaequalibus, unifloris. Oxalis purpurea. β. Diss. de Oxalide p. 12. Oxalis variabilis. Jacqn. Oxalid. Sp. 67. T. 52. Oxalis rigidula? Jacqn. Oxalid. Sp. 13. T. 59.

Bulbus ferrugineus, laevis, radici fibrosae affixus. *Folia* radicalia, petiolata: *foliola* integra, supra laevia, subtus villosa, unguicularia. *Petioli* tereti - lineares, hirsuti, folio paulo longiores. *Scapus* teres, solitarius, vel plures, villosus, erectus, foliorum circiter longitudine.

13. O. (humilis.) scapis unifloris; foliis ternatis: foliolis subrotundis, ciliatis. Oxalis purpurea. Diss. de Oxalide Var. 2. et p. 12. Linn. Sp. Pl. p. 621. Syst. Veg. XIV. p. 332.

Crescit in collibus et campis sabulosis prope et extra urbem, usque ad montium seriem proximam, omnium vulgatissima cum O. speciosa, grandiflora, variabili, laxula et purpurea. Floret Majo et sequentibus mensibus.
Radix bulbosa, parum profunda. *Bulbus* ovatus, durus, laevis magnitudine Avellanae. *Folia* radicalia, plurima, diffusa. *Foliola* rotundato-subcuneata, sessilia, excisa, integra, inaequalia intermedio majori, glabriuscula, margine ciliata. *Petioli* inaequales, teretes, pubescentes, prostrati, pollicares. *Scapi* ex umbella foliorum erecti, teretes, glabriusculi, foliis paulo longiores. *Bracteae* duae, oppositae in medio scapi. *Corolla* calyce sexies longior. *Tubus* inflatus, ampliatus, calyce triplo longior, subquinque-dentatus, flavescens. *Limbus* patens, purpureus. *Laciniae* rotundatae.

14. O. (sulphurea.) foliis ternatis: foliolis cuneiformibus, excisis, subtus villosis; scapis unifloris, foliis brevioribus. Oxalis sulphurea. Jacqu..Oxalid. Sp. 77. Tab. 63.

Folia radicalia, plurima, petiolata, *foliola* integra, ciliata; supra laevia, viridia, glabra; subtus purpurea, villosa; semiunguicularia. *Petioli* filiformes, pubescentes, inaequales, unguiculares usque pollicares. *Scapi* filiformes, villosi, foliis multo breviores. *Corollae* tubus pallidus, limbus luteus.

15. O. (purpurea.) foliis ternatis: foliolis rotundato-subcuneatis, ciliatis; scapis foliis longioribus, unifloris. Oxalis purpurea. Var. 2 γ. Diss. de Oxalide p. 12. Oxalis purpurea. Jacqn. Oxalid. Sp. 70. Tab. 5i.

Folia radicalia, plurima, petiolata: *foliola* cuneata, rotun-

data, vix excisa, supra glabra; subtus inferiora glabra, punctulata, argenteo-maculata, superiora pubescentia, unguicularia.
Petioli filiformes, villosi, digitales. *Scapi* filiformes, villosi,
laxi, flexuoso-erecti, palmares et ultra.

16. O. (*laxula.*) foliis ternatis: foliolis rotundatis, excisis; scapis foliis longioribus, unifloris. Oxalis *purpurea:*
var. 2. γ. Diss. de Oxalide p. 12. Oxalis *laxula.* Jacqu
Oxalid. Sp. 71. T. 57.

Folia radicalia, pauca, petiolata; *foliola* integra, ciliata, supra glabra, laevia; subtus punctata, venis hirta; unguicularia.
Petioli inaequales, filiformes, hirsuti, digitales usque palmares.
Scapi saepius plures, filiformes, villosi, laxi, flexuoso-erecti,
inaequales, palmares usque spithamaei. *Corollae* limbus purpureus.

17. O. (*dentata.*) scapis umbelliferis; foliis caulinis, ternatis, glabris: foliolis obcordatis; floribus erectis. Oxalis
dentata. Jacqu. Oxalid. Sp. 17. Tab. 7.

Bulbus conicus, striatus, bruneus. *Caulis* filiformis, totus
glaber vel vix manifeste pilosus, erectus, medio foliiferus,
apice umbelliferus, spithamaeus. *Folia* in medio caule aggregata, petiolata, tota glabra: *foliola* integra, utrinque punctata,
imprimis subtus, ibique glauca, vix unguicularia. *Petioli* filiformes, vix manifeste pilosi, pollicares. *Umbella* terminalis,
biflora usque quinqueflora, floribus erectis. *Bracteae* binae,
minimae sub pedunculis. *Pedunculi* filiformes, striati, uniflori,
subpollicares. *Corollae* limbus caeruleus.

18. O. (*caprina.*) scapis umbelliferis; foliis radicalibus,
glabris: foliolis obcordatis; floribus erectis. Oxalis *caprina.*
Diss. de Oxalide p. 13. *Linn.* Sp. Plant. p. 622. Syst. Veg.
XIV. p. 433. Oxalis *caprina.* Jacqu. Oxalid. Sp. 15. Tab.
76. 1.

Crescit in lateribus Leuwestart copiose, inque fossa inter mon-
tem tabularem et Leonis. Floret a Majo usque in Au-
gustum.
Radix bulbosa. *Bulbus* ovato-triangularis, laevis. *Scapus*
simplex, capillaris, glaber, erectus, debilis, palmaris. *Folia*
radicalia, petiolata, tota glabra, ternata: *foliola* reflexa, supra
canaliculata, viridia; subtus carinata, lacte purpurea; integra,
punctulata. *Petioli* capillares, canaliculati, glabri, scapis duplo breviores, digitales. *Umbella* circiter triflora. *Pedicelli*
duo, tres vel quatuor, unguiculares, supra parum dilatati, pilosi, uniflori. *Perianthium* glabrum, tubo triplo brevius. *La-*
ciniae lanceolatae, pilosae, apice flavo-callosae, marginibus
rubris. *Corolla* caeruleo-purpurea, calyce plus duplo longior.
Tubus pallidus, ampliatus, semiunguicularis. *Limbus* caeruleus vel incarnatus, patens. *Laciniae* oblongae, obtusae,
crenulatae, tubo longiores. *Filamenta* capillaria, basi connata, quinque longitudine calycis, quinque duplo fere breviora, simplicia. *Antherae* orbiculatae, complanatae, flavae.

Haec longe minor est O. *cernua* floribus erectis purpureo-
caeruleis, minoribus.

19. O. (*livida*) scapis umbelliferis; foliis ternatis; foliolis obcordatis, subtus glaucis, pilosis; umbellâ pauciflorâ.
Oxalis *livida. Jacqu.* Oxalid. Sp. 18, Tab. 8.

Crescit in collibus extra urbem.

Radix fibrosa, alte descendens. *Folia* radicalia, plurima,
petiolata: *foliola* integra; supra glabra, laeviuscula; subtus
punctata, villosa; vix unguicularia. *Petioli* filiformes, pubescentes, inaequales, unguiculares usque pollicares et ultra. *Scapus* filiformis, erectus, tenuissime pubescens, palmaris. *Umbella* biflora vel triflora, floribus erectis, luteis.

20. O. (*cernua*.) scapis umbelliferis; foliis ternatis; floribus plerisque clausis, cernuis. Oxalis *cernua*. Diss. de Oxalide p. 14. tab. 2. *Linn.* Syst. Veg. XIV. p. 433. Oxalis
cernua. Jacqu. Oxalid. Sp. 16. Tab. 6.

*Incolis: Wilde Syring. Crescit in et extra hortos prope urbem
vulgatissima. Floret Junio, Julio.*

Radix longa, filiformis, attenuata, fibrillosa, bulbosa. *Folia*
radicalia, petiolata; *foliola* semibifida, obcordata; subtus pallida, punctata, glabra et villosa; supra lacte viridia, interdum
subciliata, basi glandulâ pupureâ. *Lobi* rotundati. *Petioli* lineari filiformes, erecti, debiles, glabri, spithamaei. *Scapi*
lineares, longissimi, petiolis duplo longiores; pedales vel ultra. *Umbella* multiflora, floribus quatuor ad viginti usque.
Flores pedunculati, tres vel quatuor florentes, erecti; reliqui
clausi, cernui. *Pedunculi* villosi, inaequales, unguiculares, vel
pollicares. *Perianthium* ad basin fere quinquepartitum: *Laciniae* lanceolatae, acutae, erectae, extus apice biglandulosae,
villosae vel glabrae, virides, corollâ duplo breviores. *Corolla*
subcampanulata, calycis basi inserta dentibus. *Tubus* longitudine Calycis, basi quinquedentatus: *dentes* acuti. *Limbi* laciniae obovatae, rotundato-obtusae, vesperi et ante florescentiam convolutae, erecto-patentes. *Color* corollae flavus. *Filamenta* capillaria, basi connata in cylindrum; quinque longiora, calycem superantia, latere exteriori dente erecto ad-
nato; 5 breviora, calyci, aequalia. *Antherae* ovatae, incumbentes, aurantiacae. *Styli* brevissimi, reflexo-patentissimi.
Stigmata obtusa, villosa. *Capsula* oblonga, cylindrica, obsolete quinque-angularis.

Obs. Haec pedunculis longissimis corollisque flavis ab O. *caprina*, sui similis et proxima, differt.

Obs. Folia supra saepe notantur maculis sparsis purpureis.

21. O. (*sericea*.) scapis umbelliferis; foliis ternatis, to-
mentosis. Oxalis *sericea*. Diss. de Oxalide p. 16. *Linn.*
Syst. Veg. XIV. p. 433. Oxalis *sericea. Jacqu.* Oxalid.
Spec. 13. Tab. 77. fig. 1.

*Crescit in fossis montium extra urbem. Floret Junio et sequen-
tibus mensibus.*

Radix profunde insidens. *Folia* radicalia, plurima subver-
cillata, petiolata. *Foliola* obcordata, supra viridia circulo rubro, pilis albis hirta; subtus tomentosa, purpurea vel argentea.
Quaedam folia subtus magis purpurascentia, quaedam magis argentea; quaedam purpureo argentea. *Petioli* toti hirti, scapis
plus duplo breviores, pollicares. *Scapi* ex umbella foliorum
plures, toti hirti, erecti, digito longiores usque palmares. *Pedicelli* tres, quatuor vel quinque, uniflori, cernui hirti, unguiculares, intermediis brevioribus.. *Bracteae* ad singulum pe-
dicellum binae, ovatae, hirtae. *Perianthii* laciniae lanceolatae,
acutae, hirtae, corolla duplo breviores. *Corolla* flava *Filamenta*
capillaria, alba; quinque longiora, Calycis fere longitudine; quinque duplo breviora. *Antherae* orbiculatae, compressae, flavae.
Styli variantes longitudine, filiformes villosi. *Disticha* ab O.
cernua foliis tomentosis, praecipue subtus; a *lanata* foliis umbellatis.

†† Caulescentes :

22. O. (*repens.*) caule repente; pedunculis unifloris; foliis ternatis: foliolis obcordatis, hirtis. Oxalis *repens*. Diss.
de Oxalide p. 16. Tab. 1. *Linn.* Syst. Veg. XIV. p. 433.
Oxalis *repens. Jacqu.* Oxalid. Spec. 1'. Tab. 78. fig. 1.

*Crescit prope urbem locis aquosis et in hortis. Floret Julio, Au-
gusto.*

Radices fibrosae, tenues, ramosae. *Caules* radicales, plures,
herbacei, sarmentosi, filiformes, foliosi, ramosi, villosi, purpurascentes. *Rami* filiformes, foliosi, alterni, cauli similes,
decumbentes. *Foliola* sessilia, glabra.°) *Petioli* unguiculares,
usque bipollicares, semiteretes, pubescentes, virides, laxi,
erectiusculi. *Flores* axillares, pedunculati, parvi. *Pedunculi*
teretes, geniculati, villosi, uniflori vel biflori, petiolo paulo
breviores. *Bracteae* oppositae in genu, brevissimae, lanceolatae, villosae. *Perianthium* ad basin fere quinquepartitum;
laciniae lanceolatae, acutae, erectae, pubescentes, corolla breviores, lineam longae, persistentes. *Corolla* flava, campanulata. *Tubus* inflatus, basi quinquedentatus, pallidus. *Limbi*
laciniae ovatae, obtusissimae, integrae. *Filamenta* basi connata, filiformia, erecta, alba, quinque longitudine calycis, quinque paulo breviora. *Antherae* parvae, ovatae, flavae. *Styli*
filiformes, erecti, longitudine staminum longiorum, villosi.
Stigmata simplicia. *Capsula* columnaris, acute pentagona, acuta,
pubescens. *Semina* parum compressa. *Pedunculi* sunt vel uniflori vel biflori, vel umbellato-quadriflori. *Similis* valde O.
corniculatae, dum pedunculi uniflori; differt vero eo quod
omnibus partibus minor sit.

23. O. (*corniculata.*) caulescens, decumbens: foliis ternatis: foliolis obcordatis, ciliatis; pedunculis subbifloris. Oxalis *corniculata. Linn.* Syst. Veg. per *Gmelin* p. 734. Sp.

°) Supra in diagnosi: „*hirta!*" *Editor.*

Pl. p. 623. *Thunberg.* Diss. de Oxalide p. 22. *Jacqu.* Oxalid. Sp. 10. Tab. 5.

Crescit infra montes urbis.

Caulis filiformis, radicans. *Folia* alterna, petiolata: *foliola* integra, supra glabra, subtus villosa, unguicularia. *Petioli* filiformes, villosi, digitales. *Flores* pedunculati, flavi, minuti. *Pedunculus* filiformis, pubescens, bipartitus et biflorus, *) pedunculo duplo brevior.

24. O. (*bifida.*) caule erecto, glabro; pedunculis unifloris; foliis ternatis: foliolis semibifidis. Oxalis *bifida. Thunb.* Diss. de Oxalide p. 18. tab. 1. Oxalis *bifida. Jacqu.* Oxalid. Sp. Tab. 79. fig. 4.

Crescit prope et extra Cap in fossis montium. Floret Aprili et insequentibus mensibus.

Tota planta glabra, excepto calyce. *Caulis* raro simplex, saepissime ramosus, filiformis, striatus, laxus, diffusus, pedalis et ultra. *Rami* alterni, secundi, striati, erecti. *Folia* in apicibus ramorum, umbellata: *foliola* reflexa, viridia. *Petioli* striati, inaequales, pollicares. *Flores* ex apicibus ramorum seu Umbella foliorum umbellati, pedunculati. *Pedunculi* plures, pilosi, petiolis duplo longiores. *Bracteae* in medio Pedunculi duae, oppositae, setaceae, apice fulvo. *Perianthium* hirtum. *Laciniae* ovatae, apice fulvae, glandulosae, corollâ duplo breviores. *Corollae* tubus flavescens; *Limbus* violaceus. *Differt* 1. ab O. *caprina:* caule ramoso et lobis foliorum magis divaricatis et acutioribus. 2. a *cornicalata:* foliis bifidis. *Distincta* est ramis secundis a ceteris omnibus. *Variat* Caule simplici et ramoso uti et proportione genitalium.

25. O. (*glabra.*) caule erecto, glabro; pedunculis unifloris; foliis ternatis: foliolis oblongis emarginatis glabris. Oxalis *glabra. Thunb.* Diss. de Oxalide p. 19. Tab. 2. *Linn.* Syst. Veg XIV. p. 433. Oxalis *glabra. Jacqu.* Oxalid. Sp. 57. Tab. 76. fig. 3.

Crescit in collibus infra montes urbis. Floret Junio usque in Augustum.

Tota planta glabra. *Radix* bulbosa. *Caulis* simplex, filiformis, sulcato-angulatus, ramosus palmaris. *Folia* circiter tria, subverticillata: *foliola* sessilia, obovata, excisa, canaliculato-convoluta, tenuissime ciliata, lineam longa. *Petioli* subamplexicaules, basi lati, striati, inaequales, unguiculares usque pollicares et ultra. *Flores* axillares, pedunculati, erecti. *Pedunculi* ex verticillo foliorum circiter tres, digitales, foliis longiores. *Bracteae* infra florem duae, oppositae, lanceolatae, acutae, -erectae, brevissimae. *Perianthium* albidum, corollâ quadruplo brevius; *laciniae* lanceolatae, apice flavo glandulosae. *Corolla* subcampanulata, basi Calycis inserta: *Tubus* basi subquinque-dentatus, a basi sensim ampliatus, calyce longior,

*) Pedicellus? *Editor.*

flavescens. *Limbi* laciniae, obovatae, rotundato - obtusae, patenti - erectae, purpureae. *Filamenta* capillaria, alba; quinque
longiora, extus dente erecto, calyce paulo breviora; quinque
breviora, stylis omnia basi connata. *Antherae* ovatae, parvae,
flavae. *Styli* reflexo - patentissimi, staminibus longiores. *Capsula* oblonga, obsolete pentagona. *Differt* ab O. *hirta*, quod
folia sint petiolata, excisa, et uti tota planta saepius glabra:
a *versicolore* foliis absque callo emarginatis, obovatis nec
linearibus.

26. O. (*canescens.*) caule villoso, erecto; pedunculis unifloris; foliis aequalibus: foliolis obovatis, excisis, subtus hirsutis. Oxalis *hirta*. var. D:ss. de Oxalide p. 20. Oxalis *canescens*. *Jacqu.* Oxalid. Sp. 24. Tab. 11.

Radix fusiformis, fibrosa, alte descendens. *Caulis* simplex
et carnosus, albo hirsutus, palmaris. *Folia* subsessilia, alterna, ternata: *foliola* integra, supra glabra, subtus villosa,
unguicularia. *Pedunculi* axillares, filiformes, hirti, longitudine
folii. *Corolla* purpurea.

27. O. (*cuneata.*) caule basi decumbente; pedunculis
unifloris; foliis ternatis, hirsutis: foliolis obovatis, ex isis,
hirsutis. Oxalis *hirta*. var. Dissert. de Oxalide p. 20. Oxalis *cuneata*. *Jacqu.* Oxalid. Sp. 55. Tab. 40.

Caulis filiformis, pubescens, dein erectus, palmaris. *Folia*
verticillato - aggregata, petiolata: *foliola* sessilia, exciso - obcordata, supra glabra, subtus hirsuta, saepius convoluta, lineam
longa. *Petioli* filiformes, pubescentes, inaequales, ungviculа-
res et ultra. *Pedunculi* ex umbella foliorum, filiformes, tenuissime pubescentes, erecti, uniflori, foliis longiores.

28. O. (*hirta.*) caule erecto, subtomentoso; pedunculis
unifloris, folio longioribus; foliis ternatis, subsessilibus: foliolis oblongis, excisis, hirtis. Oxalis *hirta*. Diss. de Oxalide
p. 20. *Linn.* Syst. Veg. XIV. p. 433. Sp. Pl. p. 623. Oxalis *hirta*. *Jacqu.* Oxalid. Sp. 26. Tab. 13.

*Crescit in collibus urbis, in Paarden Eyland alibique. Floret
Majo et sequentibus mensibus.*

Radix bulbosa, laevis. *Caulis* simplex, filiformis, pilosus,
spithamaeus,. *Folia* alterna, brevissime petiolata: *foliola* integra, convoluta, recurvata, surpa glabra, subtus villosa, unguicularia. *Flores* axillares, pedunculati. *Pedunculi* digitales.
Bracteae duae infra calycem oppositae, lineares. *Perianthium*
ad basin fere quinque - partitum; *laciniae* lanceolatae, acutae,
erectae. *Corolla* campanulata; calyce duplo longior. *Dignoscitur* haec facile foliis sessilibus, integerrimis, nec excisis, *)
et quod tota planta pubescens.

29. O. (*tubiflora.*) caule decumbente, tomentoso; pedun-

---

*) Supra tamen in diagnosi foliola „*excisa*" dicuntur. *Editor.*

culis axillaribus folio longioribus; foliis ternatis, tomentosis: foliolis integris. Oxalis *hirta.* var. Diss. de Oxalide p. 20. Oxalis *tubiflora.* *Jacqu.* Oxalid. Sp. 23. Tab. 10.

Caulis simplex et ramosus, decumbens basi, dein erectus, totus albo-tomentosus, pollicaris usque palmaris. *Rami* alterni, breves, similes. *Folia* subsessilia, alterna, subtus valde hirsuta hirsutie alba, convoluta, oblonga, supra glabra, unguicularia. *Pedunculi* hirsuti, uniflori. *Corolla* purpurea tubo pallido.

30. O. (*polyphylla.*) caule erecto, pubescente; pedunculis unifloris, cernuis; foliis ternatis: foliolis linearibus, excisis, biglandulosis. Oxalis *hirta.* Var. Diss. de Oxalide p. 88. Oxalis *polyphylla.* *Jacqu.* Oxalid. Sp. 54. Tab. 39.

Caulis filiformis, simplex, tenuissime pubescens, flexuoso-erectus, spithamaeus. *Folia* in caule vel rarius alterna, vel saepius aggregato-subverticillata, tenuissime pubescentia; *foliola* sub apice biglandulosa, pollicaria. *Pedunculi* ex umbella foliorum, capillares simplices, foliis paulo longiores. *Corolla* cernua, purpurea.

31. O. (*versicolor.*) caule erecto, hirto; pedunculis unifloris; foliis ternatis; foliolis linearibus, callosis. Oxalis *versicolor.* Diss. de Oxalide p. 12. *Linn.* Syst. Veg. XIV. p. 434. Sp. Pl. p. 622. Oxalis *versicolor.* *Jacqu.* Oxalid. Sp. 51. Tabb. 3b et 77. fig. 4.

Crescit in collibus et campis infra montes Capenses, Drakenstein, alibique vulgatissima. Floret Majo et sequentibus mensibus.

Radix bulbosa; *bulbus* durus, ovatus, glaber, laevis. *Caulis* simplex, teres, glaber, erectiusculus; squamis aliquot alternis, brevissimis, purpurascentibus; flexuosus, viridis, digitalis. *Folia* apice caulis verticillata; *foliola* canaliculato-convoluta, emarginata, supra glabra, subtus carinata, pilosa, papulosa; margine utrinque et apice punctis purpureis, elevatis, pellucentibus callosa, lineas duas longa. *Interdum* sub umbella foliorum unum vel duplex par. *Petioli* teretes, villosi, brevissimi. *Pedunculi* folio paulo longiores. *Bracteae* duae, oppositae, calyci approximatae, subulatae, virides apice rufescente. *Perianthium* profunde quinque-partitum, erectum; lineam longum. *Laciniae* ovatae, acutae, virides apice rubro, glabrae. *Corolla* calyce sexies longior, campanulata. *Tubus* inflatus, flavescens, longitudine Calycis. *Limbi* laciniae ovatae, rotundatae, albae margine rubro. *Filamenta* filiformia, erecta, alba, basi connata; quinque calyce duplo longiora, externe dente erecto armata. *Antherae* ovatae, flavae. *Germen* rubro-striatum. *Styli* calyce paulo breviores, albi, erecti, pilosi. *Stigmata* villoso-albida. *Capsula* ovata, subpentagona. *Variat* caule simplici, ramoso et prolifero; floribus purpureis albisque Noscitur optime foliolis linearibus, apice callosis.

*** *Foliis digitatis:*

32. O. (*flava.*) foliis multifidis, glabris. Oxalis *flava.*
Diss. de Oxalide p. 23. *Linn.* Syst Veg XIV. p. 434. Sp.
Pl. p. 621. Oxalis *flava. Jacqu.* Oxal. Sp. 93. Tab. 73.
Crescit in collibus infra montes urbis. Floret Aprili et sequenti-
bus mensibus.
    Radix bulbosa, profunde insidens. *Folia* radicalia, multipar-
tita. *Foliola* quinque ad novem usque, obovato lanceolata,
convoluta, apice recurva, vix unguicularia. *Petioli* teretes,
rubicundi, glabri, longitudine fere scapi. *Scapus* solitarius vel
pauci, teretes, uniflori, digitales. *Perianthii* laciniae ovato-
lanceolatae, obtusae, glabrae, virides, corollâ triplo breviores. *Corolla* calyce triplo longior, flava. *Filamenta* filiformia,
erecta, alba, basi in cylindricum connata, inaequalia; quinque
longiora, longitudine calycis, externe squama alba, erecta,
acuta, inferius armata; quinque duplo breviora, simplicia.
Antherae lanatae, sulcatae, flavae. *Germen* ovatum, acutum.
Capsula ovata. *Differt* ab O. *tomentosa* foliolis longioribus,
paucioribus, omnino glabris, viridibus.

33. O. (*tomentosa.*) foliis multifidis, hirtis. Oxalis *to-*
mentosa. Diss. de Oxalide p. 24. *Linn.* Syst. Veg. XIV. p.
434. Oxalis *tomentosa. Jacqu.* Oxalid. Sp. 96. T. 81.
Crescit in collibus infra Dayvelsberg. Floret Aprili et se-
quentibus mensibus.
    Radix bulbosa, profunde insidens; *Bulbus* ovatus, laevis,
magnitudine vix Avellanae. *Folia* radicalia, peltata, multipartita, pilis albis. *Foliola* ultra duodecim ad viginti usque, obovata, integra, convoluta, semiunguicularia. *Petioli* valde hirti,
scapis breviores, ungue longiores. *Scapi* duo, tres vel plures,
indivisi, valde pilosi, uniflori. *Perianthiam* ad basin quinque-
partitum, corollâ multoties brevius, albo·-hirtum; laciniae
lanceolatae. *Corolla* calyce sexies longior, alba.

CCCXXXII EKEBERGIA.

Nectarium sertiforme, cingens germen. Bacca 5-
sperma, seminibus oblongis.

    1. E. (*capensis.*) *Sparrmann.* Act. Holm. 1779. p. 282.
tab. 9. *Thunb.* Nov. Gen. Plant. 2. p. 44. *Linn.* Syst.
Veg. XIV. p. 399.
Africanis: Essenhout et Essenboom, item Hautniquas
Esseni. e. Fraxinus, ob similitudinem foliorum cum Fraxino.
Crescit in silvis Hautniquos, inque silva Essenboch dicta
infra Langekloof. Floret Novembri et sequentibus· men-
sibus.
    Caulis: arbor procera cortice cinerascente. *Rami* et *Ramuli*
alterni, a casu foliorum nodosi, rugosi, patentes, cinerascen-
tes, glabri. *Folia* in extremitatibus ramulorum aggregata,
sparsa, petiolata, pinnata cum impari. *Foliola* opposita, ses-

silia, trijuga, oblonga, acuminata, integra, margine revoluta, lateri interiori ad basin angustata, parallelo-nervosa, glabra, subtus pallidiora, inferiora pollicaria, superiora sensim majora, bipollicaria; *Petiolus* universalis semiteres, glaber, inferne aphyllus, spithamaeus. *Flores* axillares et terminales, paniculati. *Panicula* ex ala folii solitaria, erecta. *Pedunculus* universalis compressus, striatus, glaber, palmaris; *Pedicelli* cernui, glabri, lineam longi. *Usus:* Lignum durum variis rebus fabricandis inservit.

CCCXXXIII. T R I B U L U S.

Cal. 5-*partitus.* *Petala* 5 *patentia.* *Styl.* o. *Caps.* 5, *gibbae, spinosae, polyspermae.*

1. T. (*terrestris.*) foliis subsexjugis subaequalibus, seminibus quadricornibus. TRIBULUS *terrestris.* *L i n n.* Syst. Veg. XIV. p. 402. Spec. Plant. p. 554.

Crescit hinc inde, planta decumbens.

CCCXXXIV. Z Y G O P H Y L L U M.

Cal. 5-*phyllus.* *Petala* 5. *Nectarium decaphyllum, germen tegens.* *Caps.* 5-*locularis.*

1. Z. (*cordifolium.*) foliis simplicibus oppositis cordatoorbiculatis. ZYGOPHYLLUM *cordifolium.* *L i n n.* Syst. Veg. XIV. p. 400. Suppl. p. 232.

Floret Octobri, Novembri.

Caulis fruticosus, cinereus, glaber, erectus, spithamaeus et ultra. *Rami* oppositi, decussati, divaricato-patentes. *Ramuli* similes. *Folia* sessilia, cordato-suborbiculata, integra, carnosa, glabra, unguicularia usque pollicaria. *Stipulae* duae, lanceolato-setaceae, brevissimae. *Flores* axillares, solitarii, pedunculati. *Pedunculus* filiformis, longitudine folii. *Corolla* flavescens.

2. Z. (*prostratum*) foliis conjugatis, scabris; caule decumbente; geniculis hirtis.

Crescit in interioribus provinciis. Masson.

Caulis teres, vel subcompressus, glaber, flexuosus, ramosus. *Rami* alterni, diffusi, sensim filiformes. *Folia* breviter petiolata: *Foliola* ovata, mucronata, scabrida, lineam longa. *Flores* axillares, pedunculati. *Pedunculi* uniflori, unguiculares.

3. Z. (*fabago.*) foliis conjugatis petiolatis: foliolis obovatis, caule herbaceo. ZYGOPHYLLUM *fabago.* *L i n n.* Syst. Veg. XIV. p. 400. Spec. Pl. p. 551.

Crescit in interioribus siccis regionibus. Floret Decembri et sequentibus mensibus.

Corollae aureae.

4. Z. (*morgsana.*) foliis conjugatis, subpetiolatis: foliolis obovatis; caule fruticoso. Zygophyllum *morgsana. Linn.* Syst. Veg. XIV. p. 400. Spec. Pl. p. 551.

Caulis frutescens, anceps, glaber, erectiusculus. *Folia* sub. sessilia, glabra: *foliola* obovato oblonga, integra, glabra. *Stipulae* lanceolatae, reflexae. *Flores* axillares, pedunculati, aurei. *Pedunculi* folio longiores, fructiferi, reflexi.

5. Z. (*sessilifolium.*) foliis conjugatis, sessilibus: foliolis lanceolato-ovalibus, margine scabris; caule fruticoso. Zygophyllum *sessilifolium. Linn.* Syst. Veg. XIV. p. 400. Sp. Plant. p. 552.

Crescit in Campis arenosis depressis inter C a p et D r a k e n s t e n, ad N o r d h u k, prope littus infra L e u v e b e r.g. Floret ab A p r i l i ad A u g u s t i usque mensem.

Radix frutescens, perennis. *Caulis* inferne fruticosus, ramosus, decumbens, cinereus. *Rami* oppositi, herbacei, laxi, diffusi, simplices vel ramosi, tetragoni, glabri, articulati, digitales, vel palmares. *Folia* quatuor verticillata, ovalia, obtusa cum acumine, inferne basi attenuata, carnosa, plana, glabra; margine rufescentia, cartilaginea, scabra, erecta, internodiis paulo longiora, superiora sensim minora, vix unguicularia. *Stipulae* inter bases foliorum, ovatae, acutae, reflexae, minimae, virescentes margine rubro, decurrentes. *Flores* axillares, pedunculati, solitarii. *Pedunculus* teres, foliis longior, apice incurvatus, incrassatus, uniflorus, subrugosus, fusco-purpurascens. *Perianthium* 5-phyllum, erectum, subcarnosum, virescenti-purpurascens: *Laciniae* ovatae, acutiusculae, concavae, petalis breviores. *Petala* 5, basi calycis inserta, obovata, basi attenuata, obtusa, crenulata, apice patula, unguicularia. *Filamenta* 10, subulata, corolla duplo breviora, alba, a basi ad medium nectariis adnata. *Antherae* ovatae, didymae, flavae. *Nectarium* decaphyllum, incurvatum, germen cingens, receptaculo alternatim cum staminibus insertum, filamentorum lateri utrinque ad medium usque adnatum, extus flexum, villoso-lacerum. *Germen* superum, glabrum. *Stylus* simplex, subulatus, longitudine filamentorum. *Stigma* simplex, acutum. *Capsula* ovata, obtuse quinquangularis, 5-sulca, glabra, 5-locularis, 5-valvis. *Semina* plura, subrotunda, compressa, glabra. *Varietas:* 1. Petalis albis, striis purpureis. 2. Petalis flavis, tribus supra basin intus macula purpurea, subtriangulari. Frutescens, erectus, ramis alternis. An distincta?

6. Z. (*spinosum.*) foliis conjugatis, sessilibus: foliolis linearibus, carnosis; caule fruticoso. Zygophyllum *spinosum. Linn.* Syst. Veg. XIV. p. 400. Spec. Pl. p. 552. Fabago tenuifolia, spinosa, fructu rotundo. *Burm.* Dec. Plant. Afr. I. p. 5. tab. 2. fig. 2.

Caulis cinereus, glaber, erectus, pedalis et ultra. *Rami* suboppositi et alterni, teretes. articulati, flexuoso-erecti, virgati, einerei, glabri. *Ramuli* filiformes, similes. *Folia* glabra: fo-

liola acuta, glabra, unguicularia. *Flores* axillares, solitarii, pc-
dunculati, albo-flavescentes. *Pedunculus* folio paulo longior.

7. Z. (*microphyllum.*) foliis conjugatis, sessilibus; foliolis ovatis, integris; caule fruticoso. Zygophyllum *micro-*
phyllum. Linn. Syst. Veg. XIV. p. 400. Suppl. p. 232.

Crescit in Hantum et Onderste Roggefeldt. Floret Octo-
bri, Novembri.
  Caulis teres, flexuoso-erectus, fuscus, glaber, bipedalis et
ultra. *Rami* alterni, subsecundi, flexuosi,, similes. *Ramuli*
sparsi, teretes, articulati, similes. *Folia* petiolata, glabra:
foliola obovata, subexcisa, glabra, semiunguicularia. *Flores*
axillares, solitarii, longitudine folii. *Corolla* flavescens. *Capsula*
quadrialata.

8. Z. (*retrofractum.*) foliis conjugatis, petiolatis: foliolis ovatis; caule fruticoso ramisque retrofractis.

Crescit in Carro infra Bockland. Floret Octobri, No-
vembri.
  Caulis teres, cinereus, glaber, decumbens, rigidus. *Rami*
alterni, secundi, flexuosi, similes. *Ramuli* striati, similes.
Folia brevissime petiolata, glabra: *foliola* obovata. *Flores*
axillares, breviter pedunculati, solitarii. *Frutex* ramis et ramulis reticulatus.

CCCXXXV. ACALYPHA.

Masc. Cal. 3-4-*phyllus. Cor.* o. *Stam.* 8-16.
Fem. Cal. 3 *phyllus. Cor.* o. *Styli* 3. *Caps.*
3-*cocca*, 3-*locularis. Sem.* 1.

1. A. (*glabrata.*) fruticosa, erecta; foliis ovatis, serratis,
glabris.

Crescit inter Sondags- et Visch-rivier. Floret Decembri,
Januario.
  Frutex totus glaber. *Rami* alterni, teretes, cinerei, erecto-
patentes. *Ramuli* brevissimi. *Folia* alterna petiolata, acuta,
supra viridia, scabrida; subtus pallida, juniora tenuissime villosa, patentia-pollicaria. *Spicae* cylindricae, axillares.

2. A. (*decumbens.*) herbacea, decumbens; foliis cordatis, ovatis, serratis, subtus tomento is.

Crescit in sylvis trans Camtous-rivier. Floret Decembri.
  Caulis filiformis, herbaceus, decumbens, vix manifeste pubescens. *Rami* alterni, diffusi, similes. *Folia* alterna, brevissime petiolata, margine revoluto; supra venosa, tenuissime
pubescentia, subtus reticulata, reflexa; inaequalia, semiunguicularia. *Spicae* axillares.

3. A. (*cordata.*) herbacea, erectiuscula; foliis cordatis,
ovatis, serratis, villosis.

  Caulis herbaceus, flexuoso-erectiusculus, pubescens, pedalis et ultra. *Rami* alterni, subsecundi, filiformes, patuli. *Folia* alterna, petiolata, obtusiuscula, supra villosa, subtus densius hirsuta, inaequalia, pollicaria. *Petioli* longitudine foliorum. *Flores* axillares, racemis digitalibus.

4. A. (*acuta.*) herbacea, erecta; foliis cordatis, ovatis, acuminatis, acute serratis, glabris.

Planta debilis, scandens, ramosa, tota glabra. *Rami* alterni, cauli similes. *Folia* opposita, petiolata, tenuissime serrata, tenuia, pollicaria et ultra. *Petioli* filiformes, unguiculares usque polhcares. *Flores* dioici. *Mares* in ramulis terminales, subverticillati, albidi. *Cal.* 5-phyllus, patens. *Cor.* o. *Filamenta* clavata, 10 usque 12, in singulo. *Antherae* didymae. *Fem. Cal.* 5-phyllus. *Cor.* o. *Germen* globosum, glandulis 3 basilaribus. *Styli* 3, bipartiti. *Caps.* 3-cocca, 3-locularis, globosa, glabra.

5. A. (*obtusa.*) herbacea, erectiuscula; foliis subrotundis, obtusis, crenatis, glabris.

Planta debilis, tota glabra, ramosa. *Folia* petiolata, ovata, vix cordata. *Flores* axillares dioici; feminei subsessiles.

CCCXXXVI. CROTON.

Masc. Cal. cylindricus, 5-*dentatus.* *Cor.* 5-*petala. Stam.* 10-15.
Fem. Cal. polyphyllus. Car. o. *Styli* 3, *bifidi. Caps.* 3-*locularis. Sem.* 1.

1. C. (*capense.*) foliis trilobo hastatis, lanceolatisque integris. Croton *capense.* *Linn.* Suppl. p. 433. Syst. Veg. per *Gmelin* p. 1031.

Crescit in sylvis prope Swarthopp's Zoutpan. Floret Decembri.

Frutex glaber, erectus, cinereus, bipedalis et ultra. *Rami* alterni, patentes, cauli similes. *Folia* sparsa, petiolata, indivisa, ovata et hastato triloba, glabra, subtus pallida, inaequalia, pollicaria et ultra. *Flores* masculi in radio plures, femineus in disco solitarius. *Calyx* 1-phyllus, 5-partitus: *laciniae* lanceolatae, obtusae, erectae, virides, unguiculares. *Corolla* pentapetala: *ungues* erecti, albidi: *lamina* ovata, obtusa, reflexa, lineam longa, virescentia, ore rufescente. *Nectarium.* glandulae 4, receptaculo affixae, sessiles, capitatae, inter ungues. *Filamenta* plerumque 8, raro 6, fere ad apicem in cylindrum connata, alba, corollâ paulo breviora, apice separata, patula, rufescentia, inaequalia; 3 longiora, 5 breviora disci. *Antherae* subquadratae, didymae, sulcatae, incumbentes, horizontales, dorso rufo antice polline flavo. *Germen* superum, *Stylus* brevis, filiformis, lineam dimidiam longus. *Stigmata* tria, patula, bifida, longitudine styli. *Pericarpium.* Capsula ovata, trigona angulis obtusissimis, trisulca, retuso-obtusa, glabra, magnitudine nucis majoris, lignosa, tricocca. *Semina:*

Nux in singulo loculamento, solitarius, utrinque acutus, ovatus. *Nucleas* albus, ovatus.

CCCXXXVII. TAXUS.

Dioica.

Masc. *C a l.* 3-*phyllus, gemmae. Co r.* o. *St a m. multa. Antherae peltatae,* 8-*fidae.*

Fem. *C a l.* 3 - *phyllus gemmae. Co r.* o. *Stylus* o. *S e m.* 1, *calyculo baccato, integerrimo.*

1. T. (*latifolia.*) foliis solitariis, lanceolatis, mucronatis, glabris.

Incolis Promontorii bonae Spei: Geelhout. Habitat in sylvis Houtniquas, Grootvader s bosch et aliis.

Arbor excelsa, tota glabra. *Rami* striato-angulati. *Folia* sparsa, subsessilia, elliptico-lanceolata, integra, approximata, erecta, digitalia usque palmaria. *Usus:* lignum flavescens variis utensilibus fabricandis inservit.

2. T. (*falcata.*) foliis solitariis, lanceolatis, falcatis, glabris.

Habitat in sylvis variis.

Frutex erectus, totus glaber. *Rami* et *ramuli* a foliis decurrentibus tetragoni, erecti. *Folia* subsessilia, elliptico-lanceolata, obtusiuscula, integra, patentia, pollicaria usque digitalia.

3. T. (*elongata.*) foliis solitariis, lanceolatis, ramis subverticillatis. Taxus *elongata?* Aiton Hort. Kew. Vol. 3 p. 415.

Habitat juxta Ribek Castel, Weermuys drift alibique.

Frutex erectus, glaber, ramosissimus. *Rami* et *ramuli* aggregato-verticillati, nodulosi, striati, erecti. *Folia* sparsa, approximata, subsessilia, elliptica, parum acuta, integra, glabra, pollicaria. *Spicae* masculae cylindrieae, unguiculares.

4. T. (*tomentosa.*) foliis oppositis, lanceolatis, subtus tomentosis.

Cresoit in Hottentotts Hollandsberg in summis montibus, inter Cap et Bayfalso, atque alibi. Floret Januario.

Arbuscula erecta, ramosissima. *Rami* et *ramuli* oppositi, tetragoni, verticillato-nodulosi, erecti, virgati, glabri. *Folia* brevissime petiolata, elliptica, acuta; supra glabra, sulcata, scabrida; subtus costata, marginibus revoluta, flavescentia, pollicaria et ultra. *Folia* inferiora interdum latiora, ovato-lanceolata, superiora semper minora. *Ramuli* quandoque tomentosi. *Flores* axillares, globosi.

CCCXXXVIII. S I D A.

Cal. simplex, angulatus. *Stylus* multipartitus. *Caps.* plures, 1-spermae.

1. S. (*asiatica.*) foliis cordatis, dentatis; pedunculis uni-floris petiolo longioribus, fructu lanuginoso calycem superante. SIDA *asiatica.* *Linn.* Syst. Veg. per *Gmelin* p. 1048. *Cavanill.* Diss. p. 32. t. 7. f. 2. et t. 128. f. 1.

Crescit in C a n n a l a n d, *prope* Z e e k o r i v i e r *in sylva, alibique. Floret Novembri.*

2. S. (*triloba.*) foliis trilobis crenatis: lobis lateralibus rotundatis, intermedio acuto. SIDA *triloba Linn.* Syst. Veg. per *Gmelin* p. 1044. *Cavanill.* monad. p. 11. t. 1. f. 11. et t. 131. f. 1.

Crescit in sylva prope exitum Z e e k o r i v i e r *alibique.   Floret Novembri. Decembri, Januario.*

Caulis herbaceus, debilis, erectiusculus, teres, glaber, parum ramosus, pedalis et ultra. *Folia* junioris plantae et inferiora minus divisa, alterna, petiolata, cordata, subrotunda, *superiora* triloba lobis acutis; tenuissime pilosa; *lobus* intermedius semper magis acutus. *Petiolus* longitudine folii pollicaris. *Pedunculi* capillares, folio fere longiores, apice geniculato-nutantes, uniflori.

3. S: (*ternata.*) foliis ternatis: foliolis lanceolatis, remote serratis. SIDA *ternata.* *Linn.* Syst. Veg. per *Gmelin* p. 1050. Suppl. Pl. p. 307. SIDA *triloba Cavanill.* Monadelph p. 274. non vera Tabula citata.

Crescit in sylva prope exitum Z e e k o r i v i e r. *Floret Decembri, Januario.*

Caulis herbaceus, teres, erectus, pilosus, subsimplex, pedalis et paulo ultra. *Folia* alterna, petiolata: *foliola* lanceolata, acuta, parum pilosa, unguicularia; intermedio longiori, subpollicari. *Petioli* unguiculares. *Stipulae* duae, lanceolatae, cuspidatae, ciliatae, breves. *Flores* axillares. *Pedunculi* capillares, folio longiores, sub flore geniculati, erecti, uniflori.

CCCXXXIX. H I B I S C U S.

Cal. duplex: exterior polyphyllus. *Caps.* 5-locularis, polysperma.

1. H. (*aethiopicus.*) foliis cuneiformibus, subquinquedentatis, stellato-pilosis; pedunculis folio longioribus. HIBISCUS *aethiopicus.* *Linn.* Syst. Veg. per *Gmelin* p. 1064. Mant. p. 258. *Cavanill.* Monad. p. 155. tab. 61. f. 1.

Crescit in collibus infra latera et frontem T a f f e l b e r g *vulgaris, alibique usque ad* S o n d a g s - r i v i e r. *Floret Majo et sequentibus mensibus.*

Variat multo: caule et foliis. *Caulis* suffruticosus, flexuoso-erectus, totus pilis stellatis flavescentibus hispidus, simplex, digitalis, usque spithamaeus. *Folia* alterna, breviter petiolata, ovata, retuso-cuneiformia, trinervia, apice tridentata, raro quinquedentata, rarius 7-dentata, supra et imprimis subtus hispida e pilis stellatis flavescentibus, unguicularia et ultra. *Flores* terminales et axillares, solitárii. *Pedunculi* filiformes, uniflori, erecti, foliis initio vix longiores; dein excrescentes, usque pollicares. *Calyx* hispidus, corollâ brevior. *Corolla* lutea vel incarnata.

2. H. (*gossypinus.*) foliis ovatis, hispidis, serratis; seminibus lanâ involutis.

Crescit juxta Luris-rivier. Floret Decembri.
    Caulis fruticescens, teres, villosus, simplex vel ramosus, erectus, pedalis. *Rami* simplices, elongati, cauli similes. *Folia* alterna, breviter petiolata, elliptico-ovata, argute serrata serraturis inaequalibus, nervosa, rugosa utrinque et tenuissime hispida pilis stellatis, unguicularia. *Flores* axillares, solitarii. *Pedunculi* erecti, uniflori, foliis duplo longiores.

3. H. (*urens.*) foliis cordatis, lobatis, dentatis, tomentosis; caule decumbente. Hibiscus *urens. Linn.* Syst. Veg. per *Gmelin* p. 1065. Suppl. Plant. p. 309. *Cavanill.* Monadelph. p. 162. t. 60. f. 1.

Crescit in Hantum: Floret Octobri, Novembri.
    Caulis basi fruticescens, flexuosus, simplex, totus lanato-tomentosus et simul pilis stellatis hispidus, pedalis. *Folia* petiolata, rotundata, sublobata, undulato-dentata, supra parum viridia, subtus albida, venosa, subpalmaria. *Petioli* teretes, albi, spithamaei. *Flores* axillares. *Pedunculi* brevissimi; vix unguiculares. *Calyces* valde lanati. *Corolla* purpurea.

4. H. (*pedunculatus.*) foliis trilobis, obtusis, dentatis, villosis, pedunculis axillaribus longissimis. Hibiscus *pedunculatus. Linn.* Syst. Veg. per *Gmelin* p. 1066. Suppl. Plant. p. 309. *Cavanill.* Monad. p. 163. tab. 66. f. 2.

Crescit in Sylvulae margine prope Galgebosch. Floret Decembri.
    Facies LAVATERAE. *Caulis* fruticescens, teres, simplex erectus, totus e pilis stellatis hispidus, pedalis vel paulo ultra. *Folia* alterna, petiolata, subrotunda; rarius superiora quinqueloba; utrinque subtomentosa et simul pilis stellatis hispida, pollicaria vel paulo ultra. *Petioli* pollicares. *Pedunervli* elongati, hispidi, erecti, uniflori, palmarea et ultra. *Corolla* incarnata.

5. H. (*ficulneus.*) foliis palmatis, supremis simplicibus; floribus subspicatis; caule aculeato. Hibisbus *ficulneus. Linn.* Syst. Veg. per *Gmelin* p. 1063. Spec. Plant. per *Cavanill.* Monad. p. 148. t. 51. f. 2.

Crescit in interioribus regionibus. Floret Decembri.

Caulis frutescens, fuscus, simplex, erectus, totus aculeis recurvis frequentibus hispidus, bipedalis. *Folia* inferiora 5-lobo-
palmata, superiora lanceolata, dentata, nervis aculeata. *Petioli*
aculeati, longitudine folii. *Flores* alterni. *Calyces* valde hirsuti. *Corolla* magna, lutea.

6. H. (*pusillus.*) foliis trilobis: lobis inciso-partitis, subtus pilosis; caule decumbente.

Caulis suffruticescens, flexuosus, patulus, vix erectus, pilosus, digitalis. *Folia* alterna, petiolata, trifida, inaequalis,
supra glabra; *lobi* dentati, incisi. *Petioli* brevissimi. *Flores*
terminales. *Pedunculi* folio longiores, uniflori, cernui. *Calyx*
margine pilosus. *Corolla* magna, purpurea.

7. H. (*trionum.*) foliis tripartitis, inciso-serratis, villosis; calycibus inflatis. Hibiscus *trionum*. *Linn.* Syst. Veg.
per *Gmelin* p. 1067. Spec. Plant. p. 981.

Crescit in colliculis infra Taffelberg latere occidentali, sponte.
Floret Martio.

CCCXXX. MALVA.

Cal. duplex: *exterior* 3-*phyllus.* *Axilli plurimi, mo-*
nospermi.

1. M. (*calycina.*) foliis ovatis, obtusis, crenatis, tomentosis; pedunculis solitariis; caule frutescente, erecto. Malva
calycina Linn. Syst. Veg. per *Gmelin* p. 1056. *Cava-*
nill. Monadelph. p. 81. tab. 22. fig. 4.

Caulis cinereus, totus tomentosus, ramosus, pedalis et ultra.
Rami alterni, similes, patentes. *Folia* alterna, petiolata, ru-
gosa, utrinque valde tomentosa, inaequalia, subpollicaria. *Pe-*
tioli vix lineam longi. *Flores* axillares, pedunculati solitarii.
Pedunculi filiformes, uniflori, unguiculares, folio breviores.
Corolla purpurea. *Calycis* folia exteriora ovata, acuta.

2. M. (*villosa.*) foliis cordatis, subbilobis, crenatis, pilosis; pedunculis solitariis; caule herbaceo.

Crescit in interioribus regionibus. Floret Decembri.

Radix fibrosa, annua. *Caulis* simplex. erectus, teres, totus
pilosus e pilis stellatis, pedalis. *Folia.* alterna, petiolata, cordato-ovata, obtusa, angulato-subtriloba, utrinque pilosa e pilis stellatis, subpollicaria. *Petioli* teretes, longitudine folii.
Calyx magis pilosus. *Corolla* purpurea. *Flores* in axillis supremis, pedunculati, solitarii. *Pedunculi* uniflori, petiolis breviores. *Stipulae* binae, lanceolatae.

3. M. (*triloba.*) foliis trilobis, dentatis, tomentosis; pedunculis solitariis; caule fruticoso.

Crescit in Carro et Cannaland. Floret Novembri.

Caulis ramosus, flexuoso - erectus, totus tomentosus, pedalis et ultra. *Rami* alterni, divaricati, elongati, similes. *Folia* alterna, petiolata, subrotunda, obtusa, denticulata, utrinque tomentosa, vix pollicaria. *Petioli* folio dimidio breviores. *Flores* axillares, pedunculati, solitarii *Pedunculi* uniflori, geniculati, reflexi, longitudine fere folii. *Corolla* purpurea. *Calyx* villosus; folia exteriora lanceolata.

4. M. (*tridactylites.*) foliis cuneiformibus, tricuspidatis, glabris; pedunculis solitariis; caule fruticoso. Malva *tridactylites. Linn.* Syst. Veg. per *Gmelin* p. 1054. *Cavanill.* Monadelph. p. 73. t. 21. f. 2. Malva *fruticosa? Berg.* Plant. Capens. p. 181.

Caulis erectus, purpurascens, muricatus, bipedalis et ultra. *Rami* alterni, pauci, filiformes, brevissimi. *Folia* sparsa, brevissime petiolata vel potius attenuata in petiolos, apice trifida, rarius quinquefida, unguicularia. *Flores* axillares pedunculati, solitarii. *Pedunculi* filiformes, uniflori, reflexi, folio paulo breviores. *Corolla* incarnata.

5. M. (*capensis.*) foliis oblongis, trilobis, serratis; pedunculis solitariis; caule fruticoso erecto. Malva *capensis. Linn.* Syst. Veg. per *Gmelin* p. 1056. *Cavanill.* Monadelph. p. 71. tab. 24. f. 3.

Caulis ramosus, purpurascens, scabridus, 4 pedalis et ultra. *Rami* alterni, patuli, similes. *Folia* alterna, petiolata, dissimilia, lanceolata rarius, saepius triloba lobo intermedio - longiori lanceolato; inferne attenuata, argute serrata, rigidiuscula, glabra vel villosa, inaequalia, unguicularia usque pollicaria. *Petioli* breves, vix lineam longi. *Stipulae* lanceolatae. *Flores* axillares, pedunculati, solitarii. *Pedunculi* uniflori, capillares, folio breviores, rarius longiores. *Corolla* purpurascens. Malva *retusa Cavanill.* an eadem?

6. M. (*grossularifolia.*) foliis cordatis, trilobis, dentatis, hirtis; pedunculis solitariis; caule fruticoso. Malva *grossularifolia. Linn.* Syst. Veg. per *Gmelin* p. 1054. *Cavanill.* Monad. p. 71. tab. 24. f. 2.

Caulis flexuoso - erectus, totus hirsutus, bipedalis et ultra. *Folia* alterna, petiolata, lobis rarius angulatis, acuta, serrata, villosa, pollicaria vel paulo ultra. *Petioli* capillares, hirti, longitudine fere folii. *Stipulae* ovatae. *Flores* axillares, solitarii. *Pedunculi* capillares, uniflori, folio paulo breviores. *Corolla* purpurea.

7. M. (*fragrans.*) foliis cordatis, 5 lobis, crenatis, villosis; pedunculis solitariis; caule frutescente. Malva *fragrans. Linn.* Syst. Veg. per *Gmelin* p. 1055.

Caulis erectus, totus pilosus, pedalis et ultra. *Folia* alterna petiolata, subrotundata, palmaria: *lobi* rotundati, obtusi. *Pe-*

tioli teretes, striati, longitudine folii. *Flores* axillares, solitarii. *Stipulae* ovatae. *Pedunculi* filiformes, uniflori, hirti, cernui, petiolo paulo breviores. *Calyx* valde hirsutus. *Corolla*
saturate purpurea.

8. **M.** (*plicata.*) foliis quinquelobis, crispis, stellato hispidis; pedunculis solitariis; caule fruticoso.

*Crescit prope Olyfants rivier in montibus. Floret Ja-
nuario.*

Caulis erectus, fusco-purpurascens, scabridus, bipedalis et
ultra. *Folia* alterna, petiolata, rotundata, crispo-denticulata,
crassa, venosa, tomentosa ex stellis approximatis pilorum rigi-
dorum, inaequalia, subpalmaria: *lobi* rotundati, obtusi. *Petioli* teretes, purpurei, scabri, folio paulo breviores. *Flores*
axillares, solitarii. *Pedunculi* uniflori, brevissimi. *Calyx* valde
hirsuto-stellatus.

9. **M.** (*stellata.*) foliis subpalmatis, tomentosis; pedunculis aggregatis; caule frutescente.

Caulis erectus, totus tomentosus ex pilis stellatis, bipedalis
et ultra. *Folia* alterna, petiolata, 5-lobo-palmata, subcrenata,
venosa, tomentosa e stellis sparsis, subpalmaria: *lobi* oblongi,
obtusi. *Petioli* teretes, unguiculares. *Stipulae* lanceolatae.
Flores pedunculati, axillares, plures. *Pedunculi* duo, tres, plures, filiformes, tomentosi, uniflori, reflexi, unguiculares. *Corolla* incarnata.

10. **M.** (*venosa.*) foliis quinquelobis, incisis, plicatis, tomentosis; pedunculis solitariis; caule fruticoso.

Caulis frutescens, erectus, ramosus, totus tomentosus, bipedalis et ultra. *Rami* alterni, similes, breves. *Folia* alterna, petiolata, inciso-5-loba, denticulata, unguicularia. *Petioli*
folio breviores. *Stipulae* lanceolatae. *Flores* axillares, solitarii. *Pedunculi* uniflori, brevissimi. *Corolla* purpurea.

11. **M.** (*virgata.*) foliis trifidis, bipinnatifidis, subtus pilosis; pedunculis solitariis; caule frutescente. MALVA *virgata.*
L in n. Syst. Veg. per G m e l i n p. 1054. *Cavanill.* Monadelph. p. 70. tab. 18. f. 2.

Caulis tener, flexuoso-erectus, ramis elongatis, pilosus e
stellis parvis remotis, pedalis et ultra. *Folia* alterna, petiolata, supra glabra, subtus e stellis rarioribus, unguicularia.
Lobi cuneiformes, dentato-pinnatifidi. *Petioli* folio breviores.
Stipulae ovatae, minutae. *Flores* axillares, solitarii. *Pedunculi*
uniflori, cernui, folio breviores. *Calyx* pilosus laciniis lanceolatis; exterioris folia lineari-lanceolata. *Corolla* incarnata.

12. **M.** (*elegans.*) foliis tertrilobis, crenatis, tomentosis;
pedunculis solitariis; caule herbaceo. MALVA *elegans. Linn.*
Syst. Veg. per G m e l i n p. 1052. Suppl. p. 307. *Cavanill.*
Monad. p. 59. tab. 16. fig. 1. MALVA *abutiloides. Linn.*

Suppl. p. 3o7. longe diversa a Malva *abutiloides* *Linn.* Sp-
Pl. p. 971. et *Cavan.* p. 6o. t. 16. f. 2.

Radix fibrosa. *Caulis* vix frutescens, rarius decumbens, saepe
flexuoso-erectus, superne tomentosus, pedalis et ultra. *Folia*
alterna, petiolata, trifida, supra viridia, subtus albo-tomentosa, unguicularia atque pollicaria. *Lobi* laterales bifidi et trifidi, intermedius trifidus et longior, omnes obovati crenati.
Rarius folia minus divisa. *Petioli* brevissimi. *Flores* in apice
racemosi, cernui, magni. *Pedunculi* breves uti et calyx albo-
tomentosi. *Corolla* incarnata, interdum magis albida, interdum purpurascens.

Classis XVII.

DIADELPHIA.

HEXANDRIA.

CCCXLI. FUMARIA.

Cal. diphyllus. Cor. ringens. Filamenta 2 membranacea, singula antheris 3.

1. F. (*vesicaria*) leguminibus globosis, inflatis; foliis cirrhiferis; caule volubili. FUMARIA *vesicaria*. Syst. Veg. per *Gmelin* p. 1080. Sp. Pl. p. 985.

Crescit in Groene kloof, prope Comp. post Floret Augusto.

2. F. (*capreolata.*) leguminibus. *) FUMARIA *capreolata*. Syst. Veg. per *Gmelin* p. 1080. Sp. Pl. p. 985.

Africanis: Duyvekervel. Crescit copiosissime extra et intra hortos capenses. Floret Julio, Augusto.

OCTANDRIA.

CCCXLII. POLYGALA.

Cal. 5-phyllus: foliolis 2 alaeformibus, coloratis. Legumen obcordatum, biloculare.

1. P. (*teretifolia.*) floribus cristatis; foliis filiformibus. POLYGALA *teretifolia*. Syst. Veg. per *Gmelin* p. 1081.

Caulis frutescens, filiformis, albo-villosus, curvato-erectus, ramosus, bipedalis et ultra. *Rami* alterni, subsimplices vel partius ramulosi, cauli similes. *Folia* sparsa, aggregata, sessilia, teretia, subfalcata, inferiora' reflexa, glabra, vix unguicularia. *Flores* laterales vel terminales. *Pedunculi* capillares, longitudine floris. *Corolla* incarnata, cristata.

---

*) Sic in MS. Diagnosis in *Linn. Spec. l. c.* est: ,,pericarpiis monospermis, racemosis; foliis scandentibus, suboirrhosis.'' *Edit.*

2. P. (*bracteatá*.) floribus cristatis, racemosis; bracteis triphyllis; foliis lineari lanceolatis. Polygala *bracteata*. Syst. Veg. per *Gmelin* p. 1081. Sp. Pl. p. 987.

Crescit in collibus urbis. Floret Janio, Julio.

Caulis fruticosus, flexuoso-erectus, filiformis, viridis, ramosus, palmaris usque pedalis. *Rami* similes, sparsi, pauçi. *Folia* sparsa, sessilia, mucronata, canaliculata, integra, glabra, subpubescentia, subimbricato-erecta, unguicularia. *Flores* cernui. *Pedunculi* capillares, longitudine floris. *Bracteae* tres ad basin pedunculi, lanceolatae, breves. *Corollae* virescentes, margine sanguineo, cristatae. *Varietas*: α. foliis lanceolatis. *Burmanni* Decad. Plant. African. tab. 73. f. 2. β. foliis subulatis. *ibid.* f. 3.

3. P. (*cernua*.) floribus cristatis, racemosis; foliis lanceolatis glabris.

Caulis fruticosus, erectus, glaber, ramosus, pedalis et ultra. *Rami* subverticillati, erecto-incurvati. *Folia* sparsa, breviter petiolata, obtusiuscula cum acumine, integra, erecta, unguicularia; superiora angustiora et breviora.

4. P. (*umbellata*.) floribus cristatis, axillaribus; foliis lanceolatis, villosis. Polygala *umbellata*. Syst. Veg. per *Gmelin* p. 1081. Mant. p. 259.

Radix fibrosa. *Caulis* fruticescens, brevissimus, mox a radice ramosus in plantam palmarem, rarius spithamaeam, totam hirsutam. *Rami* filiformes, laxi, expansi, flexuoso-erecti, iterum parum ramulosi. *Folia* alterna, brevissime petiolata, acuminata, integra, infra glabra, supra et margine villosa, patentia, unguicularia. *Flores* versus summitates racemosi. *Pedunculi* capillares, flore longiores. *Bracteae* binae, vel tres ad basin pedunculi, lanceolatae, glabrae. *Corolla* virescens, cristata, majuscula.

5. P. (*virgata*.) floribus cristatis, racemosis; bracteis triphyllis; foliis obovato-oblongis.

Caulis fruticosus, erectus, viridis, totus glaber, ramosus, pedalis et ultra. *Rami* sparsi, elongati, erecti, virgati. *Folia* sparsa, breviter petiolata, obtusa cum acumine, integra, glabra, erecta, inferne valde attenuata, unguicularia. *Flores* racemo digitali et ultra. *Pedunculi* capillares, longitudine floris. *Bracteae* tres in basi pedunculorum. *Calyx* virescens, margine albido. *Corolla* incarnata, cristata. *Differt* a Polygala *bracteata*: 1. caule firmiore, ramisque virgatis. 2. foliis basi attenuatis, obovatis. 3. racemo longo, erecto. 4. floribus pallidioribus.

6. P. (*amoena*.) floribus cristatis, lateralibus; foliis obovatis, obtusis, glabris.

Frutex glaber, erectus, teres, ramosus, bipedalis et ultra. *Rami* terni et alterni, teretes, pubescentes, patentes, ramiilis similibus. *Folia* sparsa, approximata, brevissime petiolata, obovate-oblonga, integra, patentia, unguicularia. *Flores* pedunculati, solitarii, sanguinei, glabri. *Pedunculi* teretes, foliis breviores. *Bracteae* binae in basi pedunculi, ovatae, minimae, *Carina* penicilliformi-barbata. *Differt* a. POL. *myrtifolia* imprimis foliis in hac obovatis, obtusis, quae in illa ovata et acuta sunt.

7. P. (*myrtifolia.*) floribus cristatis, lateralibus; foliis ovato-oblongis, acutis, glabris. POLYGALA *myrtifolia.* Syst. Veg. per *Gmelin* p. 1082. Sp. Pl. p. 988.

Caulis fruticosus, erectus, glaber, nodulosus, cinereus, ramosus, bipedalis et ultra. *Rami* alterni, rarius umbellato-terni, villosi, foliosi, erecti, ramulosi. *Folia* sparsa, in ramis frequentia, breviter petiolata, integra, patentia, subpollicaria. *Flores* versus summitates in axillis foliorum pedunculati. *Pedunculi* filiformes, longitudine floris. *Bracteae* ad basin pedunculi, ovatae. *Corollae* sanguineae vel incarnatae, cristatae. *Varietas* α. foliis ovatis. β. foliis lineari-obovatis.

8. P. (*oppositifolia*) floribus cristatis, racemoso-terminalibus; foliis ovatis, mucronatis. POLYGALA *oppositifolia.* Syst. Veg. per *Gmelin* p. 1082. Mantiss. p. 259.

Crescit juxta Sylvarum margines in Houtniquas. Floret Octobri, Novembri.
Caulis fruticosus, totus glaber, erectus, pallide virescens, ramosus, pedalis et ultra. *Rami* versus apicem caulis frequentes, alterni, simplices, cauli similes. *Folia* subopposita, brevissime petiolata, integra, glabra, subimbricata, unguicularia vel ultra. *Flores* in summitatibus racemosi. *Pedunculi* flore breviores. *Corolla* magna, virescens margine sanguineo, cristata.

9. P. (*cordifolia.*) floribus cristatis; foliis cordatis, glabris. POLYGALA *fruticosa. Berg.* Plànt. Capens. p. 183.

Caulis fruticosus, erectus, totus glaber, ramosus, bipedalis et ultra. *Rami* alterni, erecti, simplices, rarius ramulosi. *Folia* alterna et opposita, brevissime petiolata, ovato-sublanceolata, mucronata, integra, reflexa, inaequalia, unguicularia, usque pollicaria. *Flores* versus summitates racemosi. *Pedunculi* longitudine floris. *Bracteae* in basi pedunculatae, ovatae. *Corolla* sanguinea petalis basi virescentibus cristata. *Differt*, a P. *oppositifolia* foliis exstanter cordatis, reflexis.

10. P. (*tomentosa.*) floribus cristatis, verticillatis; foliis cordatis, subtus tomentosis.

Caulis fruticosus, erectus, villosus, ramosus, bipedalis et ultra. *Rami* suboppositi, simplices. *Folia* opposita, sessilia, ovata, mucronata, integra, margine parum revoluto, supra glabra, imbricato-patula, unguicularia. *Flores* in axillis foliorum sessiles per totam fere ramorum longitudinem.

11. P. (*spinosa.*) floribus cristatis, lateralibus; ramis spinescentibus; foliis oblongis, mucronatis. POLYGALA *spinosa.* Syst. Veg. per *Gmelin* p. 1081. Sp. Pl. p. 989.

Crescit in collibus infimis infra Duyvelsberg. Floret Julio, Augusto.

Fratex erectus, glaber, totus rufescens, ramosissimus, spithamaeus usque quadripedalis. *Rami* sparsi, striato angulati, virides, apice spinescentes, virgati. *Folia* sparsa, brevissime petiolata, ovata vel oblonga, integra, obtusa cum mucrone, subrugosa, lineam longa usque unguicularia. *Flores* in axillis foliorum, solitarii, subsessiles. *Corolla* albida, cristata.

12. P. (*Heisteria*.) floribus imberbibus, lateralibus; foliis fasciculatis, trigonis, reflexis, mucronato-spinosis. Polygala *Heisteria*. Syst. Veg. per *Gmelin* p. 1082. Sp. Pl. p. 989. Heisteria *pungens*. *Berg*. Pl. Cap. p. 185.

Crescit in collibus circum Taffelberg ubique vulgaris. Floret Majo et sequentibus mensibus.

Fratex erectus, ramosus, quadripedalis vel ultra. *Rami* alterni, superne ramulosi, teretes, villosi, flexuoso-erecti, inferne a casu foliorum nodulosi. *Folia* sessilia, rugosa, integra, glabra, rarius ciliata, imbricata, apice recurva, unguicularia. *Flores* sessiles in axillis foliorum. *Capsula* 4-cornis.

13. P. (*mixta*.) floribus imberbibus, lateralibus; foliis fasciculatis, trigonis, erectis, mucronato-spinosis. Polygala *mixta*. Syst. Veg. per *Gmelin* p. 1082.

Fratex erectus, ramosissimus, quadripedalis et ultra. *Rami* sparsi, frequentes, virgati, villosi. *Ramuli* similes, sed breviores. *Folia* sessilia, integra, glabra, recta, patulo-erecta, vix unguicularia. *Flores* axillares. *Capsula* 4-cornis.

14. P. (*alopecuroides*.) floribus imberbibus, lateralibus; foliis fasciculatis, lanceolatis, mucronatis, villosis. Polygala *alopecuroides*. Syst. Veg. per *Gmelin* p. 1082.

Crescit in collibus infra Taffelberg latere ocientali. Floret Julio.

Fratex erectiusculus, ramosus, pedalis et ultra. *Rami* sparsi, iterum ramulosi, virgati, villosi, foliis floribusque tecti, flexuoso-erecti. *Folia* sessilia, non pungentia vel rigida, integra, saepius imprimis versus apices ramulorum et ramorum villosa, imbricata, unguicularia. *Flores* sessiles, incarnati. *Capsula* 4-cornis. *Variat* α. foliis magis glabris inferne, et β. foliis omnibus villosis.

15. P. (*thymifolia*.) floribus imberbibus, lateralibus, solitariis; foliis fasciculatis, oblongis, mucronatis, glabris. Heisteria *mitior*. *Berg*. Plant. Capens. p. 187.

Crescit prope Cap. Floret Augusto.

Caulis fruticosus, erectus, ramosus, bipedalis et ultra. *Rami* sparsi, elongati, a casu foliorum nodulosi, glabri vel tenuissime pubescentes, filiformes, ramulosi. *Folia* sessilia, obovata, integra, supra plana, subtus convexa, lineam longa. *Flores* axillares. *Differt* a P. *stipulacea*: foliis ovatis, apice recurvo,

16. P. (squarrosa.) floribus imberbibus; foliis fascicule-
tis, lanceolatis. recurvis. Polygala squarrosa. Linn. Syst.
Veg. per Gmelin p. 1082. Suppl. p. 315.

Floret Novembri, Decembri.

Caulis frutescens, decumbens, ramosus. *Rami* alterni, divaricati, flexuosi, pubescentes. *Folia* valde fasciculata, plurima,
sessilia, mucronata, apice reflexa, integra, villosa, semiunguicularia. *Flores* axillares.

17. P. (stipulacea.) floribus imberbibus, lateralibus; foliis
solitariis, filiformibus, mucronatis, glabris. Polygala stipulacea.
Linn. Syst. Veg. per Gmelin p. 1083.

*Crescit in collibus prope villam Bota in Houtniquas. Floret
Novembri.*

Caules e radice plures, plerumque basi frutescentes, subsimplices, filiformes, erecti, tenuissime villosi, spithamaei. *Folia*
sparsa, teretia vel subtrigona, reflexo-patentia, unguicularia.
Axillae onustae foliolis minoribus versus summitates. *Flores*
sessiles in axillis foliorum, solitarii. *Bracteae* minimae, obtusae.

18. P. (filiformis.) floribus imberbibus, lateralibus; foliis solitariis, trigonis, mucronatis.

Caulis basi fruticescens, filiformis, erectus, glaber, ramosus,
spithamaeus vel paulo ultra. *Rami* alterni, sparsi, elongati,
subsimplices. *Folia* alterna, sessilia, rigida, integra, glabra,
adpressa, vix unguicularia. *Flores* axillares inter folia, sessiles, solitarii. *Bracteae* acutae. *Capsula* bicornis, bilocularis.

19. P. (phylicoides.) floribus imberbibus; foliis convolutis, trigonis pubescentibus; caule fruticoso.

Caulis teres, fuscus, rigidus, flexuoso-erectus, ramosissimus,
pedalis. *Rami* et *Ramuli* sparsi, rigidi, divaricato patentes,
incompti. *Folia* solitaria, sparsa, approximata, sessilia, acuta,
glabriuscula, superiora villosa, erecta, lineam longa. *Flores* in
summitatibus axillares inter folia, subsessilia.

20. P. (micranthus.) floribus imberbibus, axillari-sessilibus; foliis linearibus, mubronatis.

Caulis suffruticescens basi, erectus, glaber, ramosus, pedalis. *Rami* alterni, filiformes, glabri, virgati. *Folia* alterna,
sessilia, lineari-lanceolata, integra, glabra, patentia, unguicularia.

21. P. (pauciflora.) floribus imberbibus, axillaribus, pedunculatis; foliis linearibus, mucronatis.

Caulis basi suffruticescens; flexuoso-erectus, glaber, ramosus, pedalis. *Rami* alterni, filiformes, patuli, subsimplices.
Folia alterna, sessilia, erecta, integra, glabra, unguicularia.
Flores solitarii. *Pedunculi* florentes cernui, fructiferi reflexi,
capillares, folio duplo breviores. *Capsula* oblonga, compressa.

didyma, bicornis. *Differt* a P. *stipulacea* et *micrantha* floribus pedunculatis.

22. P. (*laxa.*) floribus imberbibus, racemosis; foliis solitariis, lanceolatis, mucronatis. *Crescit in Ver looren Valley. Floret Novembri, Decembri.*

Radix crassiuscula, descendens, perennis. *Caules* e radice plurimi, inferne frutescentes, filiformes, angulati, simplices vel parum ramosi, erecti, glabri, virgati. *Folia* sparsa, remota-sessilia, lanceolato trigona, integra, glabra, semiunguicularia. *Flores* in summitatibus, purpurei. *Pedunculi* flore breviores.

23. P. (*striata.*) floribus imberbibus, lateralibus; foliis subteretibus, inermibus.

Frutex erectus, glaber, ramosus, tripedalis et ultra. *Rami* alterni, striati, aphylli, glabri, virgati. *Ramuli* filiformes, foliosi. *Folia* alterna, sessilia, subfiliformia, erecta, vix lineam longa. *Flores* sparsi, solitarii, brevissime pedunculati.

24. P. (*microphylla.*) floribus imberbibus, racemosis, foliis ovatis, inermibus. Polygala *microphylla*. *Linn.* Syst. Veg. per *Gmelin* p. 1082.

Caulis suffruticescens, decumbens, teres, glaber, ramosus, pedalis et ultra. *Rami* alterni, filiformes, flexuoso-erecti *Folia* alterna, sessilia, integra, glabra, vix lineam longa. *Flores* in apicibus ramorum caerulei. *Pedunculi* flore breviores.

25. P. (*trinervia.*) floribus imberbibus, axillaribus, solitariis; foliis ovatis, mucronatis, glabris; ramis angulatis. Polygala *trinervia*. *Linn.* Syst. Veg. per *Gmelin* p. 1082. Suppl. p. 315.

Caulis frutescens, brevis, mox ramosus, totus glaber. *Rami* alterni, divaricati, erecti, ramulosi. *Folia* sparsa, sessilia, integra, superne aggregata, erecta, semiunguicularia.

DECANDRIA.

CCCXLIII. ERYTHRINA.

Cal. bilobatus ¼. *Cor.* vexillum longissimum, lanceolatum.

1. E. (*caffra.*) foliis ternatis, inermibus; foliolis obtusis; caule arboreo, aculeato. *Crescit in interioribus Cap. B. Sp. regionibus. Callam vidi in urbe in Horto Societatis. Floret Septembri.* *Caulis* arborescens, erectus, glaber, ramosus. *Aculei* solitarii, sparsi, purpurascentes. *Rami* alterni. *Folia* alterna

petiolata; *foliola* petiolulata, ovata, integra, glabra, terminali majori. *Petiolus* teres, interne sulcatus, palmaris. *Petioluli* similes, laterales, unguiculares; terminalis pollicaris vel ultra. *Flores* spicati, purpurei.

CCCXLIV. WIBORGIA.

Cal. 5.*dentatus*, *sinubus rotundatis. Legumen turgidum*, *falcatum*, *acutum*.

1. W. (*obcordata*.) foliolis glabris, obtusis; ramis elongatis, laxis. Crotalaria *obcordata. Berg.* Pl. cap. p. 195.

Crescit in arenosis regionibus prope Ricketberg.   Floret Septembri, Octobri.

Caulis fruticescens, glaber, ramosus, ,tripedalis et ultra. *Rami* et *Ramuli* alterni, striati, cinerei, laxissimi, pubescentes. *Folia* alterna,, breviter petiolata, ternata. *Foliola* obovata, saepe excisa, brevissime petiolulata, lineam longa. *Flores* racemosi, lutei. *Racemi* longissimi, subsecundi. *Pedunculi* capillares, retroflexi, pubescentes, vix lineam longi. *Calyx* tenuissime pubescens.

2. W. (*fusca*.) foliolis glabris, mucronatis; ramis virgatis, erectis.

Crescit in arenosis Swartlandiae.   Floret Septembri.

Frutex rigidus, erectus, glaber, cinereus, ramosissimus, bipedalis et ultra. *Rami* et *Ramuli* sparsi, flexuosi, striati, iterum ramulosi. *Folia* alterna, petiolata, ternata, *foliola* petiolata, ovata, obtusa cum mucrone, integra, semiunguicularia. *Petioli* capillares, sulcati, folio breviores, petiolulis brevissimis. *Racemus* digitalis, floribus reflexis, luteis. *Pedunculi* brevissimi. *Planta* siccatione tota nigrescit.

3. W. (*sericea*.) foliolis ramisque virgatis pubescentibus.

Frutex erectus, rigidus, ramosissimus, totus glaber, bipedalis et ultra. *Rami* et *Ramuli* alterni, erecto patentes striati, flexuosi. *Folia* alterna, petiolata, tota sericeo-pubescentia, ternata: *Foliola* sessilia, obovata, obtusa, saepe retusa, raro obsolete mucronata, lineam longa. *Flores* racemosi, cernui, lutei. *Racemi* longi. *Pedunculi* brevissimi, pubescentes, reflexi. *Variat* foliis magis vel minus sericeis.

CCCXLV. BORBONIA.

Stigma emarginatum.   Cal. acuminato - spinosus. Legumen mucronatum.

1. B. (*villosa*.) foliis lanceolatis, aveniis; caule hirsuto; floribus terminalibus, sessilibus.

Caulis erectus, ramosus, villosus, pedalis et ultra. *Rami* alterni, subsecundi, incurvi, hirsuti, fastigiati. *Folia* lanceolato elliptica., acuta, integra, glabra, unguicularia, imbricata. *Co-rollae* hirsutae. *)

CCCXLVI. O E D M A N N I A.

Cal. bilabiatus : labium superius. *bifidum, inferius setaceum.*

1. Oedmannia (*lancea.*) Act. Holmens. 1800. p. 281. tab. 4.

Caulis subherbaceus, erectiusculus, incurvus, fuscus, teres, simplex, totus glaber, pedalis. *Folia* alterna, sessilia, lanceolata, inferne attenuata, mucronata, integra, glabra, erecto-imbricata, sesquipollicaria. *Flores* in apice caulis axillares. solitarii, breviter pedunculati. *Pedunculi* folio multoties breviores. *Planta* siccatione nigrescit.

CCCXLVII. L E B E C K I A.

Cal. 5-*partitus*, *laciniis acutis, sinubus rotundatis.* *Legumen cylindricum, polyspermum.*

1. L. (*contaminata.*) foliis simplicibus, lineari-filiformibus, glabris; floribus umbellatis. Spartium *contaminatum.* *Linn.* Syst. Veg. per *Gmelin* p. 1088. Mantiss. p. 268.

Caulis frutescens, angulatus, glaber, erectus, parum ramosus, pedalis et ultra. *Rami* alterni, incurvi, similes. *Folia* sparsa, sessilia basi flavescenti, mucronata, basi villosa, patula, bipollicaria, rarius aggregata. *Flores* terminales, subumbellati vel racemosi, rarius solitarii.

2. L. (*sepiaria.*) foliis simplicibus, filiformibus, glabris; floribus racemosis. Spartium *sepiarium.* *Linn.* Syst. Veg. per *Gmelin* p. 1088. Sp. Pl. p. 995.

Crescit in littore infra latus occidentale Leuweberg et alibi. Floret Augusto.

Caules e radice saepe plures, simplices vel superne parum ramosi, teretes, glabriusculi, pedales. *Folia* sparsa, sessilia, lata, patula, superne aggregata, bipollicaria. *Flores* lutei. *Racemus* cernuus, digitalis et ultra. *Legumen* lineare, glabrum, bipollicare.

3. L. (*pungens.*) foliis simplicibus, obovatis; ramis ramulisque spinescentibus tomentosis; floribus solitariis.

Crescit juxta Olyfants rivier, inque Cannaland. Floret Novembri, Decembri, Januario.

Frutex erectus, tenuissime tomentosus, ramosissimus, pedalis et ultra. *Rami* et *Ramuli* alterni, subreticulati, teretes, obsolete striati, cinereo-tomentosi. *Folia* alterna, brevissime petiolata, obtusissima, integra, tenuissime pubescentia, vix un

---

*) Hanc unicam Borboniarum in MS. Ill. auctoris reperi. *Edit.*

guicularia. *Flores* in ramis sparsi, lutei. *Legumen* oblongum falcatum, tomentosum, pollicare.

4. L. (*armata.*) foliis ternatis; ramis spinescentibus, teretibus, cinereis; floribus racemosis.

Crescit in Carro juxta Hexrivier. Floret Octobri.

Frutex erectus, ramosissimus, bipedalis et ultra. *Rami* sparsi, subsecundi, obsolete striati, cinereo-albi, elongati, ramulosi ramulis breviter spinescentibus. *Folia* petiolata, glabra. *Foliola* oblonga, obtusa, integra. *Flores* in ramis racemis longis.

5. L. (*densa.*) foliis ternatis, villosis: foliolis convolutis, oblongis; floribus racemosis, remotis.

Frutex erectus, glaber, ramosus, bipedalis. *Rami* sparsi, aggregati, teretes, elongati, parum ramulosi, erecti apice incurvi, glabri, spithamaci et ultra. *Folia* alterna, petiolata, tenuissime pubescentia. *Foliola* sessilia, ovato-oblonga, lineam longa. *Petiolus* brevissimus.

6. L. (*humilis.*) foliis ternatis, villosis: foliolis lineari-oblongis; floribus racemosis, reflexis; ramis incurvis.

Crescit in Bockland. Floret Novembri, Decembri.

Caulis fruticosus, mox ramosus, glaber, vix pollicaris. *Rami* sparsi, plurimi, iterum ramulosi, decumbentes, vix spithamaci. *Ramuli* filiformes, similes. *Folia* alterna, breviter petiolata, tenuissime pubescentia. *Foliola* sessilia, oblonga,' vix lineam longa. *Racemi* incurvi, pollicares.

7. L. (*sericea.*) foliis ternatis, sericeis: foliolis linearibus; floribus racemosis. SPARTIUM *sericeum.* *Linn.* Syst. Veg. per *Gmelin* p. 1089.

Caulis frutescens, erectus, totus sericeus, bipedalis et ultra. *Folia* alterna, petiolata: *foliola* lineari oblonga, ob usa, integra, unguicularia, intermedio longiori. *Petiolus* folio paulo brevior. *Flores* lutei: racemo longo terminali.

8. L. (*cytisoides.*) foliis ternatis, villosis: foliolis oblongis; floribus racemosis. SPARTIUM *cytisoides.* *Linn.* Syst. Veg. per *Gmelin* p. 1089. Suppl. p. 320. EBENUS *capensis.* *Linn.* Mant. p. 264.

Caulis fruticosus, erectus, villosus, ramosus, bipedalis et ultra. *Rami* alterni, similes. *Folia* alterna, petiolata, tenuissime pubescentia: *foliola* inferne attenuata, obtusa cum acumine, integra, subtus carinata, supra canaliculata, unguicularia. *Petioli* filiformes, folii longitudine. *Flores* subsecundi. lutei. *Pedunculi* semiunguiculares. *Legumen* lanceolatum, acutum acumine curvo, glabrum, sesquipollicare.

CCCXLVIII.   R A F N I A.

Cal. ringens, *labio superiore bifido*, *inferiore divaricato-trifido*, *dente medio angustiori.* *Le g u m e n lanceolatum*, *compressum.*

1. R. (*amplexicaulis.*) foliis amplexicaulibus, orbiculatis; caulinis alternis; floralibus oppositis coloratis. Crotalaria *amplexicaulis.* *Linn.* Syst. Veg. per *Gmelin* p. 1094. Sp. Pl. p. 1003.

Frutex erectus, glaber, ramosus. *Rami* alterni, breves, subsimplices, teretes, erecti. *Folia* caulina inferiora alterna, cordata, excisa, integra, glabra, venosa, pollicaria; suprema bracteiformia similia, sed opposita et colorata, flavescentia. *Flores* versus apicem axillares, solitarii, pedunculati, lutei.

2. R. (*elliptica.*) foliis ovato-ellipticis, acutis: caulinis alternis, floralibus oppositis.

Frutex erectus, totus glaber, ramosus. *Rami* alterni, angulati, erecti. *Folia* caulina inferiora alterna, sessilia, utrinque attenuata, integra, glabra, sesquipollicaria; floralia angustiora et minora, vix colorata. *Flores* axillares, lutei. *Legumina* glabra, cernua.

3. R. (*cuneifolia.*) foliis cuneiformi-obovatis; ramis angulatis; floribus terminalibus. Spartium *ovatum.* *Berg.* Pl. Cap. p. 197.

Caulis fruticosus, erectus, bipedalis, striatus, glaber, fuscus, ramosus. *Rami* et *Ramuli* alterni, subancipites, glabri, incurvato-erecti. *Folia* alterna, sessilia, obovata, acuminata, integerrima, crassiuscula, erecta, approximata, internodiis longiora, unguicularia; inferiora majora, magis subrotunda; superiora minora, angustiora. *Flores* pedunculati. *Pedunculus* uniflorus, vix lineam longus. *Perianthium* 1 phyllum, sensim ampliatum, subcampanulatum, subangulatum, glabrum, corolla duplo brevius, viride tripartitum: *laciniae* duae superiores ovatae, vexillo incumbentes; tertia divaricata, concavo-reflexa, trifida, carinae subimposita, dentibus ovatis, acutis; media filiformi. *Corolla* papilionacea, flava. *Vexillum* obovatum, subcordatum, lateribus compressum, magnum. *Alae* oblongae, obtusae, vexillo dimidio breviores, basi subpetiolatae petiolo curvo. *Carina* longitudine Alarum. *Filamenta* 10, in unum corpus compressum connata, secundum curvaturam carinae flexa; apice reflexa, libera, dorso subtus connata; ventre supra divisa, basi parum biantia. *Antherae* oblongae, minutae, flavae. *Germen* superum, oblongum, glabrum. *Stylus* simplex, filiformis, refractus, glaber. *Stigma* obtusum, villosum.

4. R. (*triflora.*) foliis ovatis, glabris; ramis angulatis; pedunculis ternis, unifloris. Crotalaria *triflora.* *Linn.* Syst. Veg. per *Gmelin* p. 1095. Mant. p. 440.

Crescit in summis lateribus Taffelberg. Floret Februario, Martio.

Frutex erectus, glaber, totus, ramosus. *Rami* fusci, erecti, subsimplices. *Folia* alterna, sessilia, mucronata, integra, nervosa; inferiora, majora, sesquipollicaria usque palmaria; superiora minora. *Flores* axillares, pedunculati, lutei. *Pedunculi* folio breviores. *Legumina* oblonga, inflata, glabra, pendula. Siccatione nigrescit.

5. R. (*opposita.*) foliis lanceolatis, alternis: pedunculis lateralibus LIPARIA *opposita.* L in n. Syst. Veg. XIV. p. 554. CYTISUS *capensis.* Berg. Pl. Capens. p. 217. CROTALARIA *opposita.* Lin n. Syst. Veg. per Gmelin p. 1094.

Caulis suffruticosus, subsimplex vel summo apice ramosus, flexuoso-erectus, teres, totus glaber, bipedalis. *Rami* capillares, brevissimi. *Folia* caulina sessilia, oblonga, acutiuscula, integra, glabra, imbricato erecta, pollicaria; ramea et floralia opposita, minora. *Flores* axillares, pedunculati, solitarii, lutei. *Pedunculi* folio multoties breviores.

6. R. (*axillaris.*) foliis lanceolatis, alternis, oppositisque; floribu terminalibus.

Caulis suffruticosus, erectus, summo apice ramosus, totus glaber, erectus, compresso-angulatus, bipedalis. *Rami* alterni, similes, breves, raro divisi. *Folia* caulina alterna, sessilia, elliptico ovata, acuta, integra, glabra, erecta, pollicaria. *Ramea* et floralia opposita, similia. *Flores* axillares, inter folia opposita, similia. *Flores* axillares inter folia opposita, pedunculati, lutei, erecti. *Legumina* lanceolata, cernua.

7. R. (*angulata.*) foliis lanceolatis, alternis; pedunculis lateralibus; caule angulato.

Caulis suffruticosus, simplex, erectus, trigonus, totus glaber, pedalis et ultra. *Folia* sessilia, oblonga, obtusa cum mucrone integra, glabra, imbricato-erecta, pollicaria. *Flores* axillares, solitarii, pedunculati. *Pedunculi* trigoni, folio vix breviores, fructiferi, reflexi. *Legumina* lanceolata, compressa, pollicaria. *Calycis* sinus in hac et *opposita* acuti, neo adeo divaricati ac in ceteris.

8. R. (*spicata.*) foliis lanceolatis, alternis; floribus axillari-racemosis.

Caulis subherbaceus, incurvato-erectus, subsimplex, totus glaber, pedalis. *Folia* sessilia, lanceolata, seu elliptico-lanceolata, acuta, integra, glabra, pollicaria. *Flores* in apice caulis racemo foliosa, lutei. *Variat* foliis angustioribus et latioribus, tamen semper lanceolatis. *Differt* a CR. *juncea*: florum spicâ foliosâ.

9. R. (*angustifolia.*) foliis lanceolatis, alternis; pedunculis lateralibus; caule tereti.

Caulis frutescens, purpurascens, erectus, glaber, ramosus, pedalis. *Rami* alterni, divaricati, glabri, virgati. *Folia* ses-

silia, inferne angustata, integra, glabra, crecto-patentia, pollicaria. *Flores* in summmitate ramorum axillares, uniflori.

10. R. (*filifolia*.) foliis lineari-lanceolatis, alternis; floribus axillaribus.

*Crescit in montibus Hottentott-Holland. Floret Decembri,
Januario.*
Caulis fruticescens, teres, striatus, totus glaber, pedalis et
ultra. *Rami* sparsi, patentes, teretes, striati, subsimplices.
Folia sessilia, acuta, integra, glabra, erecta, pollicaria. *Flores* sparsi, imprimis versus apicem ramorum. plus vel minus
frequentes, pedunculati, lutei. *Pedunculi* longitudine folii vel
paulo longiores. *Legumina* oblonga, stylo longo curva, acuminata, glabra. *Variat α.* ramis magnis diffusis et erectis.
β. floribus paucioribus vel copiosioribus. *γ.* foliis angustioribus et latioribus.

11. R. (*retroflexa*) foliis obovatis: ramis reflexis retro-
flexisque.

Caulis fruticosus, totus glaber, erectus, ramosissimus, bipedalis. *Rami* et *ramuli* alterni, flexuosi, nodosi. *Folia* sessilia,
opposita, obtusa, integra, glabra, unguicularia. *Flores* in summis apicibus axillares, brevissime pedunculati, lutei. *Siccatione* nigrescit.

12. R. (*erecta*.) foliis oblongis; floribus lateralibus; caule
erecto.
Caulis fruticosus, teres, totus glaber, ramosus, pedalis et
ultra. *Rami* alterni, similes. *Folia* alterna, sessilia, ovata,
integra, glabra, unguicularia. *Flores* axillares, pedunculati.

13. R. (*diffusa*.) foliis ovatis, glabris; caule decumbente.
Radix fusiformis, alte descendens. *Caules* e radice plures,
herbacei teretes, glabri, ramosi, inaequales, usque pedales.
Rami et *ramali* alterni, secundi, filiformes, diffusi *Folia* alterna, sessilia, simplicia, acuta, integra, patentia, unguicularia.
Flores axillares, brevissime pedunculati, solitarii, lutei. *Legumen* pedicellatum, oblongum, stylo recurvo coronatum, glabrum, semipollicare.

CCCXLIX. LIPARIA.

*Cal. 5-fidus: lacinia infima elongata. Cor. alae inferius
bilobae. Staminis majoris dentes 3 breviores. Legumen ovatum.*

1. L. (*myrtifolia*.) foliis oblongis, glabris; floribus terminalibus.
Frutex erectus, totus glaber, ramosus. *Rami* teretes, nodulosi, erecti. *Folia* sparsa, sessilia, acuta, integra, imbricata, unguicularia. *Flores* in apice ramorum subterminales,
breviter pedunculati, glabri. *Calyx* basi retusus, 5 partitus
laciniis acutis.

2. L. (laevigata.) foliis oblongis, glabris; floribus umbellatis, involucratis. Borbonia laevigata. Linn. Mantis
p. 100. Syst. Veg. per Gmelin p. 1088. Liparia umbellata.
Linn. Syst. Veg. per Gmelin p. 1113.

Caulis fruticosus, erectus, inferne glaber, superne villosus,
ramosus, bipedalis et ultra. Rami aggregato subverticillati,
simplices, erecti, hirti, subfastigiati. Folia sparsa, in caule remotiora, in ramis aggregata, erecto adpressa, subimbricata, sessilia,
elliptica, integra, avenia nervo dorsali, unguicularia. Flores
terminales in ramis, plerumque alterni, lutei. Involucrum 4-
phyllum, villosum: foliola ovata, acuta, concava, purpurascentia, parum pungentia, semiunguicularia. Pedunculi teretes,
villosi, involucro longiores. Calyx valde villosus.

3. L. (villosa.) foliis lanceolatis, villosis; floribus capitatis.

Crescit in summo Taffelberg. Floret ante mensem Aprilis.
Frutex teres, erectus, villosus, apice ramosus, pedalis et ultra. Rami aggregati, simplices, fastigiati. Folia sparsa, sessilia, elliptico lanceolata, acuta, integra, uninervia, inferiora
parum, superiora valde villosa, imbricata, pollicaria. Flores
terminales. Legumen uniloculare videtur, ovatum, tomentosum. Genus adhuc obscurum, floribus ignotis.

4. L. (capitata.) foliis lanceolatis, glabris, laevibus; floribus capitatis, capitulo erecto.

Crescit in summo Taffelberg.
Caulis subherbaceus, simplex, teres, glaber, erectus, inferne
nodulosus, superne foliosus, pedalis. Folia sparsa, sessilia,
ovato - lanceolata, obtusiuscula, integra, concava, enervia,
imbricata, unguicularia. Legumina hirsuta.

5. L. (graminifolia.) foliis lanceolatis cauleque angulato
glabris; floribus spicatis, hirsutis. Liparia graminifolia.
Linn. Syst. Veg. per Gmelin p. 1113. Mantiss. p. 268.

Floret Majo, Junio.
Caulis suffruticescens; inferne teres, simplex; superne angulatus, rarius ramosus; totus glaber, erectiusculus, spithamaeus. Folia sparsa, sessilia, elliptico-lanceolata, acuminata,
integra, costata, rugosa, imbricata, pollicaria. Flores spicati
spica ovatâ, hirsutâ.

6. L. (teres.) foliis obovato - oblongis cauleque tereti glabris; floribus racemosis, hirsutis.

Caulis suffruticescens, erectus, apice ramosus, bipedalis.
Rami alterni, pauci, simplices, erecti, virgati. Folia sparsa,
sessilia, oblonga, inferne angustiora, acuminata, concaviuscula, integra, subrugosa, imbricato-enecta, fere pollicaria.
Flores cernui. Pedunculi hirsuti, vix unguiculares. Differt a
L. graminifolia; cui valde affinis: 1. caule inferne tereti. 2.
foliis obovato-oblongis, obtusis cum acumine, rarioribus et
patulis, brevioribus.

7. L. (*hirsuta*.) foliis obovato - oblongis, glabris; caule hirsuto; 'floribus racemosis.

Caulis suffruticescens, teres, erectus, inferne simplex, superne ramosus, pedalis. *Rami* paucissimi, in apice caulis duo vel tres, brevissimi. *Folia* sparsa, sessilia, oblonga, inferne angustiora, superne latiora acuminata, integra, costata, subrugosa, concaviuscula, imbricata, fere pollicaria. *Flores* hirsuti. *Pedunculi* hirsuti, lineam longi.

8. L. (*sphaerica*.) foliis lanceolatis, nervosis, glabris; floribus capitatis. Liparia *sphaerica*, *Lin n.* Mant. 2. 156, 268.

Cresc t ad montis tabularis pedem latere orientali prope Con stantiam, alibique 'inter frutices. Floret Julio.

Radix perennis. *Caulis* fruticosus, flexuoso - erectus, parum romosus, cinereus, glaber, foliis tectus, pedalis usque tripedalis. *Rami* cauli similes, florentes apice reflexo nutante, raro ramulosi. *Ramuli* subverticillati, breves, ramis similes. *Folia* alternatim opposita, sessilia, approximata, lato - lanceolata, acuta, integerrima, erecta, apice patula, subimbricata, rigidiuscula, internodis multo longiora, pollicaria. *Basis* foliorum est callus elevatus, decurrens. *Flores* in ramis et ramulis terminales, pedicellati, plurimi. *Capitulum* sessile, glabrum, magnitudine cynarae, nutans, solitarium. *Pedicelli* partiales florum teretes, villosi, lineam longi *Bracteae* ad basin singuli pedicelli, lato - ovatae, acutae, incarnatae, glabrae; interiores angustiores. *Perianthium* monophyllum, basi obtusum, retusum, quinque-partitum: *lacinia* infima ovata, multo major, concava, acuta, incarnata, reliquis acutis, pilosis, lanceolatis, *Corolla* papilionacea, .duplo longior calycis lacinia maxima. *Vexillum* oblongum, conduplicatum, carinatum, obtusum, margine inferne revoluto. Ante explicationem involvit alas cum carina. *Alae* oblongae, margine altero recto, altero dilatato, concaviusculae. obtusae, basi angustatae, vexillo paulo breviores. *Margo* dilatatus infra apicem bilobus, cum squamula ovata, utrinque unidenta. *Ala* exterior, margine inflexo prope apicem 'involvit alteram lobo inferiore, et involvitur ab interioris lobo superiori ante explicationem; utraque involvit carinam. *Carina* lanceolata, conduplicato - scapiformis, acuta, alarum longitudine, a medio ad basin bipartita. *Color* Corollae aurantiacus vel croceus, apice purpurascente. (Squama inter lobos alarum saepius deest.) *Filamenta* decem, quorum novem a basi fere ad medium connata in unum corpus, et unum liberum; filiformia, inaequalia, longitudine circiter corollae, alba, pollicaria, deflexa, glabra. *Antherae* ovatae, erectae, minutae. flavae. *Germen* superum, villosum, ovatum. *Stylus* filiformis, longitudine staminum, albus, inferne hirsutus, superne glaber, inflexus, attenuatus. *Stigma* obtusum, simplex, globosum, maximum. *Legumen* ovatum, villosum.

O b s. Calyx basi truncatus et intrusus uti in Sophoris. *Folia* uti in Bonronis. *Tota* planta exsiccatione nigrescit.

9. L. (*umbellifera.*) foliis lanceolatis, villosis; ramis umbellatis; floribus subumbellatis.

Frutex erectus, totus villosus, apice ramosus. *Rami* in summo caule alterni, teretes, erecti, fastigiati, simplices. *Folia* sparsa, sessilia, integra, imbricata, vix pollicaria. *Flores* terminales, capitati, tomentosi. Non L. *umbellata*. *Linn.* Syst. Veg XIV. p. 665.

10. L. (*tomentosa.*) foliis lanceolatis, tomentosis; floribus capitatis.

Frutex orectus, ramosissimus, bipedalis et ultra. *Rami* et *Ramuli* alterni, et saepe terni, teretes, curvato-erecti, a casu foliorum scabri, glabriusculi ultimis ramulis tomentosis, virgati. *Folia* sparsa, sessilia, integra, costata, tomentoso-sericea, imbricata, lineam longa. *Flores* terminales. *Calyx* tomentosus. *Corolla* glabra, lutea.

11. L. (*tecta.*) foliis ovalis, concavis, patulis, tomentosis; floribus axillaribus, pedunculatis.

Crescit in Paardeberg, Picketberg, Hottentots Holland et alibi. Floret Septembri et sequentibus mensibus.

Frutex totus tomentosus, fuscus, erectus, ramosus, bipedalis et ultra. *Rami* alterni, teretes, simplices, erecto-patentes. *Folia* alterna, sessilia, subcordata, acutiuscula, valde concava, integra, inferne remotiora, patulo-reflexa; superne magis aggregata, non nitentia, unguicularia. *Flores* in apicibus ramorum brevissime pedunculati, solitarii, purpurei.

12. L. (*vestita.*) foliis ovatis, concavis, subtus lanatis; floribus capitatis. Borbonia *tomentosa?* *Linn.* Sp. Pl. p. 994.

Crescit in Hottentots Hollandsberg. Floret Decembri, Januario.

Frutex erectus, fuscus, dichotomus, pedalis et ultra. *Rami* alterni, in superiori caulis parte, inferne fusci, nodulosi, villosi, aphylli; superne foliis tecti, simplices. *Folia* alterna, sessilia, acuta, valde concava, integra; supra glabra, basi villosa; subtus lanato-tomentosa; imbricata, subpollicaria, supremis unguicularibus. *Flores* in apice ramorum lutei, glabri. *Calyx* lanatus.

CCCL. HYPOCALYPTUS.

Cal. apice ante explicationem nuctus calyptrá calyciformi, caducá. *Legumen compressum, stylo longo persistente.*

1. H. (*calyptratus.*) foliis ovatis, reticulatis; floribus axillaribus, calyptratis. Sophora *calyptrata.* *Prodr.* p. 79.

Caulis fruticosus, erectus, bipedalis et ultra. *Rami* pauci, alterni, elongati, subsimplices, angulati, tenuissime pubescentes, erecti. *Folia* sparsa, breviter petiolata, obtusa, vel retusa cum mucrone, integra, marginata, tenuissime pubescentia, patentia, inaequalia, pollicaria. *Flores* versus apices remorum pedunculati, erecti. *Pedunculus* uniflorus, teres, tomentosus, bruneus, pollicaris. *Calyx* bruneo tomentosus, apice ante explicationem floris auctus calyptrâ, calyci simili, caducâ. *Corolla* incarnata.

2. H. (*pedunculatus.*) foliis ovatis, tomentosis; floribus axillaribus; pedunculis folio longioribus. Sophora *pedunculata*. Prodrom. p. 79.

Caulis frutescens, erectus, totus tomentosus. *Folia* simplicia, brevissime petiolata, mucronata, tomentosa villo ferrugineo nitenti, integra, patentia, unguicularia. *Flores* pedunculati. *Pedunculi* filiformes, ferrugineo-tomentosi, erecti, subbiflori, inferiores digitales, superiores sensim breviores, folio semper longiores. *Calyx* tomentosus, ferrugineus. *Corolla* incarnata.

3. H. (*glaucus.*) foliis ovatis, subtus tomentosis; floribus axillaribus; pedunculis folio longioribus.

Frutex erectus, ramosissimus. *Rami* alterni, teretes, nodulosi, superne angulati, glabri, erecti. *Folia* alterna, brevissime petiolata, obtusa, integra margine revoluto; supra sulcata, glabra; subtus costata; sericeo-tomentosa, imbricato-erecta, unguicularia et ultra. *Flores* solitarii; pedunculati, purpurei. *Pedunculi* filiformes, villosi, pollicares. *Calyx* tomentosus.

4. H. (*sericeus.*) foliis obovatis, sericeis; floribus axillaribus; pedunculis longitudine folii.

Crescit in Hantum. Floret Octobri et sequentibus mensibus.
Caulis fruticosus, fuscus, teres, glaber, erectus, pedalis et ultra. *Rami* sparsi, frequentes ramulis filiformibus, flexuosis, aggregatis, virgatis, tenuissime tomentosis. *Folia* simplicia, sparsa, sessilia, mucronata, integra, tenuissime albo-sericea, erecto-patula, unguicularia. *Flores* pedunculati, albi. *Pedunculi* uti et *calyx* tomentosi.

5. H. (*canescens.*) foliis ovatis, tomentosis, marginatis; floribus axillaribus; pedunculis folio duplo brevioribus.

Frutex erectus, cinereo-fuscus, ramosus. *Rami* et *ramuli* teretes, nodulosi, subtomentosi, divaricato-erecti. *Folia* alterna, simplicia, sessilia, ovato-elliptica, acuta, integra, incano-tomentosa, unguicularia. *Flores* pedunculati, solitarii vel bini. *Pedunculi* teretes, uniflori. *Calyx* incanus, tenuissime tomentosus. *Legumen* lanceolatum, stylo longo persistente acuminatum, compressum, tomentosum, pollicare.

6. H. (*cordatus.*) foliis ovatis, hirsutis. Sophora *cordata*. Prodrom. p. 79.

Caulis fruticosus, totus hirsutus, erectus. *Rami* similis. *Folia* alterna, sessilia vel brevissime petiolata; foliola subcordata, acuta, integra, nervosa, tota utrinque hirsuta, sublanata, inubricata. unguicularia. *Flores* axillares, subsolitarii, breviter pedunculati. *Calyx* valde hirsutus.

7. H. (*obcordatus.*) foliis ternatis: foliolis obcordatis. CROTALARIA *cordifolia. Linn.* Syst. Veg. XIV. p. 650. SPARTIUM *sophoroides. Bergii* Pl. Cap. 198.

Caulis fruticosus, totus glaber, erectus, ramosus, bipedalis et ultra. *Rami* et *ramuli* alterni, sulcati, erecti, subfastigiati. *Folia* alterna, petiolata, glabra: *foliola* subsessilia, obovata, truncato-obtusissima cum mucrone, integra, nervosa, convoluta, unguicularia. *Petiolus* semiunguicularis. *Flores* racemosi, in apice ramulorum. *Pedunculi* unguiculares. *Calyx* retusus, glaber. *Corolla* incarnata. *Legumina* linearia, compressa, glabra, polysperma, digitalia.

8. H. (*capensis.*) foliis pinnatis: foliolis lanceolatis, tomentosis, SOPHORA *capensis. Linn.* Syst. Veg. XIV. p. 391. SOPHORA *oroboides. Bergii* Pl. Cap. p. 142.

Africanis: Keereboom, et wilde Heur. Crescit ad fossas rivorum vulgaris, prope Cap *ad* Keerebooms *rivier in* Hautniquas *copiosissime. Floret* Novembri *et sequentibus mensibus ad* Junium *usque.*

Arbor orgyalis et ultra. *Rami* teretes, tomentosi, erecti. *Ramuli* sparsi, similes, virgati. *Folia* sparsa, petiolata, pinnata cum impari: *pinnae* octojugae vel ultra, brevissime petiolulatae, mucronatae, integrae, utrinque tomentosae, subtus pallidiores, patentes, unguiculares. *Petiolus* filiformis, subpollicaris; *Petiolali* brevissimi, imparis longior, omnes tomentosi. *Flores* in ultimis ramulis subterminales, axillares, pedunculis vix unguicularibus. *Calyx* tomentosus. *Corollae* incarnatae, glabrae. *Legumina* ensiformia, compressa, tomentosa, digitalia.

CCCLI. CROTALARIA.

Legumen turgidum, inflatum, pedicellatum. Filamenta connata cum fissurá dorsali.

1. C. (*tomentosa.*) foliis oblongis, mucronatis, tomentosis; floribus axillaribus, subsessilibus. SOPHORA *biflora. Linn.* Syst. Veg. XIV. p. 392. SOPHORA *biflora* et *tomentosa. Bergii* Plant. Capens. p. 138.

Crescit in lateribus montium Capensium.

Caulis fruticosus, erectus, bipedalis et ultra. *Rami* sparsi, nodulosi, teretes, cinereo-tomentosi, divaricati, erecti, ramulis similibus, sed minoribus. *Folia* simplicia, breviter petiolata, sparsa, frequentia in ramis, ovata vel oblonga, integra, utrinque argenteo tomentosa, imbricato-patula, unguicularia. *Flores* carnei, brevissime pedunculati. *Pedunculi* foliis multo breviores. *Calyx* tomentosus. *Legumen* ovatum, stylo acuto coronatum, inflatum, tomentosum, unguiculare.

2. C. (*parvifolia.*) foliis ovatis, acutis, tomentosis; floribus axillari-subsessilibus; leguminibus ovatis.

Frutex erectus, ramosissimus, totus tomentosus, non nitens, bipedalis et ultra. *Rami* et *ramuli* sparsi, aggregati, filiformes, striati, erecti, virgati, inaequales. *Folia* alterna, sessilia, concaviuscula, patentia, integra, inferiora lineam longa, suprema minora. *Flores* in ramorum et ramulorum parte inferiori axillares, pedunculati. *Pedancali* brevissimi, folio brevio res, uniflori et rarius biflori. *Legumina* acuta, tumida, semiunguicularia. *Stamina* videntur separata filamentis.

3. C. (*lanata.*) foliis ovatis, acutis, lanatis; floribus axillaribus, subsessilibus.

Frutex erectus, totus albido lanuginosus, vix nitens, ramosus, spithamaeus vel ultra. *Rami* sparsi, simplices, brevissimi in apice caulis frequentissimi. *Folia* alterna, sessilia, integra, imbricata, unguicularia. *Flores* in medio ramorum, brevissime pedunculati. *Legumina* ovata, acuta, unguicularia.

4. C. (*imbricata.*) foliis ovato-ellipticis, acutis, sericeonitentibus; floribus axillari-subspicatis. Crotalaria *imbricata*. *Lin n.* Syst. Veg. per *Gmelin* p. 1095. Sp. Pl. p. 1004.

Crescit in summis montium, inprimis in Taffelberg. Floret Martio, Aprili.

Frutex ramosissimus, erectus, nodulosus, fuscus, pedalis et ultra. *Rami* et *ramuli* sparsi, inferne nodulosi, superne foliosi, tomentosi, teretes, erecto patentes, saepe divaricato-incurvi. *Folia* alterna, sessilia, simplicia, elliptica seu ovata, utrinque attenuata, integra, imbricata, utrinque imprimis vero subtus argenteo-nitentia, vix unguicularia. *Flores* sub apicibus ramorum et ramulorum axillares, sessiles, solitarii, purpurei. *Bractea* ad basin floris filiformis, calyce brevior: *Calyx* tomentosus, corolla duplo brevior. *Filamenta* usque ad medium connata.

5. C. (*reflexa.*) foliis ovatis, acutis, tomentosis, reflexis; floribus capitatis; ramis retrofractis.

Caulis fruticosus, rigidus, mox ramosus, vix pedalis. *Rami* alterni, rarius oppositi, flexuoso-erecti, nodulosi, inferne glabri, superne tomentosi, simplices, inaequales. *Folia* alterna, sessilia, integra, retro imbricata, utrinque tomentosa, vix ni tentia, unguicularia. *Flores* in apicibus ramorum capitulo ovato, tomentoso. *Calyx* lanatus. *Corolla* purpurea, glabra.

6. C. (*elongata.*) foliis ternatis: foliolis ovatis, argenteis; spicis longissimis.

Crescit in Carro prope Bockeveld. Floret November, December.

Caulis suffruticescens, erectus, ramosus, totus tectus tomento argenteo nitido. *Rami* teretes, simplices, elongati, erecti. *Folia* alterna, petiolata: *Foliola* obtusa, integra, subsessilia, aequalia, unguicularia. *Petioli* longitudine folioli, patentes. *Flores* in apice ramorum spicati. *Spica* digitalis us-

que spithamaea, sensim excrescens, floribus et leguminibus reflexis. *Corollae* luteae, glabrae. *Legumina* ovata, acuta, vix
unguicularia.

7. C. (*capensis.*) foliis ternatis: foliolis obtusis; stipulis
foliaceis; ramis incanis. Crotalaria *capensis.* *Linn.* Syst.
Veg. per *Gmelin* p. 1095. Crotalaria *incanescens.* *Linn.*
Syst. Veg. per *Gmelin* p. 1095. Crotalaria *incanescens.*
Linn. Suppl. p. 323.

Arbuscula erecta, ramosissima, tota incano-tomentosa. *Rami*
alterni, teretes, substriati, erecti. *Folia* alterna, petiolata, stipulata: *foliola* brevissime petiolata, obovata, integra, tenuissime pubescentia, inaequalia, pollicaria. *Petioli* longitudine
folioli, patentes. *Stipulae* binae, brevissime petiolatae, ovatae,
obtusae, unguiculares. *Flores* racemosi, lutei. *Racemus* terminalis, digitalis. *Pedunculi* unguiculares. *Legumina* oblonga,
turgida, pubescentia, pollicaria. *Differt* a C. *laburnifolia* foliis
et ramis pubescentibus.

8. C. (*pilosa.*) foliis ternatis, pilosis: foliolis mucronatis; floribus terminalibus.

Crescit prope Galgebosch. Floret Decembri.
Caulis herbaceus, teres, fuscus, ramosus, totus pilosus
pilis ferrugineis. *Rami* alterni, patentes, flexuoso-erecti, simplices, cauli ceterum similes. *Folia* alterna, petiolata: *foliola*
ovata, integra, supra glabra, subtus pilis raris ferrugineis villosa et ciliata, subaequalia, unguicularia. *Petioli* longitudine folioli. *Flores* pedunculati, in apice pedunculi solitarii,
pauci vel plures. *Pedunculus* teres villosus, palmaris. *Calyx*
villosus. *Legumen* oblongum, subcylindricum, turgidum, villosum, pollicare.

9. C. (*villosa.*) foliis ternatis, villosis: foliolis obtusis;
spicis terminalibus.

Caulis herbaceus, teres, decumbens, ramosus. *Rami* alterni,
diffusi, retroflexi, villosi. *Folia* alterna, petiolata, stipulata;
foliola sessilia, obovata, cum mucrone minimo, integra, pilis
laxis hirsuta, lineam longa. *Petioli* longitudine folioli. *Stipulae* lanceolatae, hirsutae. *Flores* in apice ramorum spicati.
Legumina oblonga, acuta, turgida, pubescentia, semipollicaria.

10. C. (*volubilis.*) foliis ternatis, glabris: foliolis obovatis, obtusis; floribus axillaribus solitariis.

Caulis totus glaber, teres, decumbens vel flexuoso-volubilis,
ramosus. *Rami* alterni, patentissimi. *Folia* petiolata: *foliola*
subsessilia, subexcisa, integra, unguicularia intermedio paulo
majori. *Petiolus* capillaris, vix longitudine folioli. *Flores* pedunculati. *Pedunculus* uniflorus, folio brevior. *Legumen* ovatum, inflatum, pedicellatum, glabrum.

11. C. (*lineata.*) foliis ternatis, subtus tomentosis, nervosis; caule decumbente.

Caulis herbaceus, subsimplex, teres, hirsutus. spithamaeus.
Folia alterna, breviter petiolata: *Foliola* petiolulata, ovato-oblonga, inferiora obtusa, superiora acuta, integra. supra pubescentia, viridia; subtus argenteo-tomentosa; inaequalia, subpollicaria. *Flores* terminales, subspicati. *Legumina* subsessilia,
pubescentia, unguicularia.

CCCLII. SARCOPHYLLUS.

*Cal. campanulatus, 5-partitus, regularis. Legumen
acinaciforme, acutum.*

1. S. (*carnosus.*)

Crescit in montibus prope Bayfalso. *Floret Martio.*
Frutex totus glaber, erectus, ramosissimus, pedalis et ultra. *Rami* et *ramuli* sparsi, divaricati, incurvo-erecti, virgati, teretes, substriati, cinerei cortice molli. *Folia* fascicu-
lato-terna, sessilia, linearia, acuta, integra, glabra, carnosa,
rugosa, patenti-incurva, unguicularia. *Flores* in ramulis terminales, solitarii, erecti, tandem reflexi. *Bracteae* in basi calycis ovatae, mucronatae, integrae, crassae, calyce breviores.

CCCLIII. ASPALATHUS.

*Cal. 5-fidus, lacinia superiore majore. Legumen ova-
tum, muticum, subdispermum.*

1. A. (*mucronata.*) foliis ternatis; foliolis obtusis; ramis
spinescentibus. Aspalathus *mucronata*. *Linn.* Syst. Veg
per *Gmelin* p. 1093. Suppl. Pl. p. 320.
Frutex totus glaber, flexuoso erectus, ramosus, bipedalis et
ultra. *Rami* sparsi, similes, simplices. *Foliola* obovata, integra, convoluto-concava, lineam longa. *Petiolus* foliolis brevior. *Flores* racemosi lutei.

2. A. (*acuminata.*) foliis ternis, ovatis, obtusis; ramis
ramulisque spinescentibus.
Frutex totus glaber verrucis foliolorum tomentosis, erectus,
ramosus, bipedalis et ultra. *Rami* sparsi, aggregato-subverticillati, flexuoso-erecti, ramulosi. *Ramuli* filiformes, alterni,
breves. *Folia* e nodis tria, integra; supra concava, subtus
convexa, costata; patentia, decidua, lineam longa. *Flores* axil
lares, sessiles, solitarii, lutei.

3. A. (*callosa.*) foliis ternis, trigonis, glabris; spicis ovatis. Aspalathus *callosa*. *Linn.* Syst. Veg. per *Gmelin* p.
1099. Sp. Pl. p. 1002.
Caulis fruticosus, erectus, glaber, cinereus, ramosus, bipedalis. *Rami* sparsi, pauci, cauli similes, ramulosi. *Ramuli*
sparsi, aggregati, foliosi, erecti, virgati. *Folia* lineari-trigona, mucronata, integra, imbricata, curvata, unguiculari
Calli foliorum glabri. *Florum* spicae terminales. *Corolla* lutea

4. **A.** (*rugosa.*) foliis ternis, ellipticis, rugosis, glabris; umbellis terminalibus.

Crescit jnxta Hexrivier. Floret Novembri et sequentibus mensibus.
Fratex glaber, cinereus, erectus, ramosus, tripedalis et ultra. *Rami* et *Ramuli* sparsi, plurimi, virgati, cinereo-pubescentes. *Folia* supra glabra, subtus vix manifeste pubescentia, acuta, integra, vix unguicularia. *Flores* in apicibus ramulorum, umbellati, subterni, albicantes. *Calyx* et *Corolla* cinereo pubescens.

5. **A.** (*fusca.*) foliis ternis, lanceolatis, ramisque glabris; floribus terminalibus.

Caulis fruticosus, erectus, ramulosus, totus glaber. *Rami* flexuosi, curvi. *Folia* sessilia, elliptico-lanceolata, mucronata, integra, subrugosa, unguicularia. *Flores* in ramulis subsolitarii.

6. **A.** (*anthylloides.*) foliis ternis, ovatis; capitulis terminalibus. Aspalathus *unthylloides*. *Linn.* Syst. Veg. per *Gmelin* p. 1093. Sp. Pl. p. 1002.

Frutex erectus, ramosus, tripedalis vel ultra. *Rami* dichotomi, cinereo fusci, flexuoso erecti, pubescentes. *Folia* elliptico-ovata, acuta, integra, trinervia, inferiora glabra, superiora ciliata, imbricata, unguicularia. *Capitula* globosa. *Calyces* hirsuti villo albido. *Corollae* luteae vexillis pubescentibus.

7. **A.** (*obtusata.*) foliis ternis, obovatis, obtusis; floribus axillaribus solitariis.

Crescit prope Olyfants rivier. Floret Decembri et sequentibus mensibus.
Caulis fruticosus, erectus, glaber, cinereus, ramosus, pedalis et ultra. *Rami* sparsi uti et *Ramuli*, divaricati, cinereopubescentes, spinescentes. *Folia* sericea, unguicularia, obtusissima, subexcisa, integra, patula. *Flores* e gemmis foliorum, brevissime pedunculati, glabri, lutei.

8. **A.** (*villosa.*) foliis ternis, ovatis, acutis; capitulis terminalibus.

Crescit in Bockland. Floret Novembri.
Frutex palmaris, caule brevissimo. *Rami* sparsi, diffusi, filiformes, inferne fusci, superne cinereo-pubescentes, iterum ramulosi, ramulis capillaribus. *Folia* sericea, integra, patentia, vix lineam longa. *Flores* terminales, capitati, plerumque terni. *Calyx* sericeus. *Corolla.* flava, pubescens.

9. **A.** (*sericea.*) foliis ternis, oblongis, sericeis; racemis terminalibus. Aspalathus *sericea*. *Linn.* Syst. Veg. per *Gmelin* p. 1099. Suppl. p. 321.

Frutex erectus, fuscus, ramosus, pedalis et ultra. *Rami* sparsi, flexuoso erecti, fusci, tenuissime pubescentes, iterum ramulosi. *Folia* terna vel subternata, tota sericea, patula, obtusa, integra, revoluta, unguicularia. *Racemus* subtriflorus.

Calyx totus sericeus. *Corolla lutea*, glabra vexilli dorso pubescente.

10. A. (*cinerea*.) foliis ternis, oblongis, planis, acutis, tomentosis; capitulis terminalibus.

Caulis fruticosus, erectus, ramosus. *Rami* et *Ramuli* teretes, tomentosi. *Folia* sessilia, oblongo ovata, integra, carinata, utrinque cinereo-tomentosa, unguicularia *Flores* in ramulis terminales, capitati, terni vel plures. *Calyx* et *Corolla* extus hirsuti.

11. A. (*tridentata*.) foliis ternis, lanceolatis, villo is; aculeis trifidis. Aspalathus *tridentata*. *Linn*. Syst. Veg. per *Gmelin* p. 1093. Sp. Pl. p. 1002.

Frutex erectus, flexuosus, cinereus, glaber, ramosus, bipedalis. *Rami* alterni, subsecundi, erecti, striati, parum ramulosi. *Folia* villosa imprimis superiora, patentia, integra, mucronata, unguicularia. *Stipulae* spinosae subtrifidae, folio breviores. *Capitula* terminalia, hirsuta, globosa.

12. A. (*lotoides*.) foliis ternis, lanceolatis, villosis; gemmis inermibus; corollis tomentosis.

Frutex erectus, cinereus, glaber, ramosus. *Rami* alterni, filiformes, cernui, villosi. *Folia* patentia, integra, lineam longa. *Spicae* capitatae, ovatae. *Calyx* et *Corolla* tomentosa.

13. A. (*quinquefolia*) foliis ternis, fasciculatisque; capitulis hirsutis; corollis glabris. Aspalathus *quinquefolia*. *Linn*. Syst. Veg. per *Gmelin* p. 1092. Sp. Pl. p. 1002. Cytisus parvus acutioribus foliis et incanis. *Pluk*. Alm. fol. 123. pl. 12. Tab. 278. fig. 4.

Frutex caule brevi, ramosus. *Rami* sparsi, secundi, incurvi, subsimplices, inferne fusci, superne cinereo-pubescentes. *Folia* terna, quaterna et fasciculata, ovata vel lanceolata, integra, glabra, pubescentia vel hirsuta, semilineam vix longa. *Capitula* terminalia, ovata, cernua. *Corollae* sericeo tomentosae. *)

14. A. (*heterophylla*.) foliis ternis fasciculatisque, pilosis; floribus spicatis. Aspalathus *heterophylla*. *Linn*. Syst. Veg. per *Gmelin* p. 1092. Suppl. p. 321.

Frutex erectus, cinereo-fuscus, ramosus, tripedalis et ultra. *Rami* raro verticillati, saepius alterni, ramulosi, divaricati, erecti, villosi. *Ramuli* striati, pubescentes. *Folia* inferiora fasciculata, superiora ramorum et ramulorum terna, lanceolata, integra; imbricato-patentia, unguicularia. *Flores* in apicibus ramulorum. *Spicae* distichae, erectae, digitales *Calyx* hirsutus. *Corolla* flava vexilli dorso tomentose.

---

*) Supra „*glabrae*" disuntur;

5. **A.** (*argentea.*) foliis ternis fasciculatisque, ovatis, sericeis; capitulis tomentosis.; caule dichotomo. Aspalathus *argentea.* *Linn.* Syst. Veg. per *Gmelin* p. 1093. Sp. Pl. p. 1002. Aspalathus *sericea.* *Berg.* Pl. Cap. p.

Crescit in montibus Picketberg et Hottentotts Holland. Floret Novembri, Decembri.

Frutex rigidus, erectus, glaber, ramosus, tripedalis. *Rami* dichotomi, rarius trichotomi, patuli, foliosi; *ramulis* similibus, tomentosis. *Folia* inferiora fasciculata, plurima; superiora terna; ovato-oblonga, obtusa, integra, concava, argentea, semiunguicularia. *Capitula* terminalia, ovata.

16. **A.** (*virgata.*) foliis ternis fasciculatisque, ovatis, sericeis: capitulis hirsutis; caule virgato.

Frutex erectus, ramosissimus, tripedalis et ultra. *Rami* sparsi, frequentes, ramulosi, virgati. *Ramuli* tomentosi. *Folia* inferiora fasciculata, superiora terna, obtusa, integra, concava, vix semilineam longa. *Spicae* capitatae, oblongae, terminales, hirsutae.

17. **A.** (*rubens.*) foliis fasciculatis, subulatis, sericeis; floribus solitariis.

Frutex erectus, fusco rufescens, tenuissime pubescens, ramosus, tripedalis et ultra. *Rami* alterni, filiformes, rufescentes, sericei, ramulosi, patentissimi. *Ramuli* capillares, breves, divaricati. *Folia* tereti-subulata, vix semilineam longa. *Flores* in apicibus ramulorum. *Corolla* intus rubens, extus sericea.

18. **A.** (*nivea.*) foliis fasciculatis, linearibus, argenteis; floribus solitariis.

Crescit trans Kamtous-rivier, in montibus juxta Masselbay et alibi. Floret Decembri.

Frutex erectus, cinereus, sericeus, ramosus, tripedalis et ultra. *Rami* alterni, divaricati, flexuoso-erecti, tomentosi, subsimplices. *Folia* obtusa, laxa, curva, unguicularia. *Flores* laterales, pedunculati. *Pedunculus* filiformis, flexuoso-patulus, sericeus, uniflorus, bracteatus, pollicaris. *Calyx* sericeus. *Corolla* intus alba, extus sericea.

19. **A.** (*albens.*) foliis fasciculatis, filiformibus, argenteis, muticis; racemis foliosis; corollis glabris. Aspalathus *albens.* *Linn.* Syst. Veg. per *Gmelin* p. 1092. Mantiss. p. 261.

Crescit in Carro. Floret Decembri.

Frutex totus argenteo-tomentosus, flexuoso-erectus, ramosus, virgatus, quadripedalis. *Rami* sparsi, filiformes, ramulosi, flexuosi, virgati. *Folia* acuta, unguicularia. *Flores* in ramis racemosi. *Racemus* pollicaris. *Pedunculi* calyce breviores. *Calyx* tomentosus. *Corolla* alba. *Legumina* ovata, acuta, tomentosa.

20. A. (*armata*,) foliis fasciculatis, filiformibus, argenteis, mucronatis; racemis aphyllis; corollis tomentosis.

Frutex fuscus, valde flexuosus, rigidus, glaber, ramosus, pedalis et ultra. *Rami* sparsi, frequentes, erecti, virgati, parum ramulosi, sericei. *Folia* unguicularia. *Racemi* florum terminales. *Calyx* sericeo-tomentosus. *Corolla* alba.

21. A. (*canescens*.) foliis fasciculatis, filiformibus, sericeis, mucronatis; floribus terminalibus; vexillis tomentosis. Aspalathus *canescens*. *Linn*. Syst. Veg. per *Gmelin* p. 1092. Mantiss. p. 262.

Frutex erectus, tenuissime tomentosus, inferne simplex, superne ramosus, bipedalis. *Ramuli* simplices, virgati vel fastigiati. *Folia* saepius mucronata, incurva, semiunguicularia. *Flores* in ramis terminales. *Calyx* tomentosus. *Corolla* albida, glabra, vexillo extus sericeo.

22. A. (*hystrix*.) foliis fasciculatis, filiformibus, sericeis, mucronatis; floribus lateralibus, sessilibus.

Frutex totus sericeo-tomentosus, erectiusculus, ramosus, bipedalis vel ultra. *Rami* alterni, similes, incurvi. *Folia* teretia, mucrone longo fusco, sericeo-argentea, unguicularia. *Flores* in ramis. *Calyx* tomentosus. *Corolla* glabra, lutea, vexillo lanato. *Legumen* oblongum, lanatum.

23. A. (*chenopoda*.) foliis fasciculatis, trigonis, mucronatis, rigidis, pilosis; capitulis hirsutis. Aspalathus *chenopoda*. *Linn*. Syst. Veg per *Gmelin* p. 1092. Sp. Plant. p. 1000.

Frutex erectus, ramosus, tripedalis et ultra. *Rami* sparsi, frequentes, simplices, ferrugineo-tomentosi, erecti, virgati. *Folia* rigida, striato rugosa, papilloso-scabra, erecto-patentia, inaequalia, unguicularia. *Capitula* florum terminalia, globosa, foliis bracteiformibus, valde hirsutis. *Corollae* tomentosae.

24. A. (*araneosa*.) foliis fasciculatis, filiformibus, laxis, pilosis; capitulis hirsutis. Aspalathus *araneosa*. *Linn*. Syst. Veg. per *Gmelin* p. 1092. Sp. Plant. p. 1001.

Frutex erectus, ramosus, tripedalis et ultra. *Rami* alterni, divaricati, simplices, tomentosi. *Folia* mucronata, scabra, flexuosa, patentia, unguicularia. *Capitula* terminalia, globosa, foliis bracteiformibus, hirsutis involuta. *Corolla* lutea vexillo tomentoso.

25. A. (*comosa*.) foliis fasciculatis, filiformibus, pilosis; floribus lateralibus, comosis.

Frutex erectus, fuscus, ramosus. *Rami* sparsi, villosi, incurvati, a casu foliorum nodulosi. *Folia* vix manifeste mucronata, flexuoso patula, unguicularia. *Flores* sessiles sub apice folioso. *Corollae* luteae vexilli dorso tomentoso.

3₇ *

26. A. (*cephalotes.*) foliis fasciculatis, filiformibus, obtusis, subvillosis; capitulis hirsutis.

Crescit in Fransche Hoek.

Frutex erectus, ramosus. *Rami* sparsi, simplices, tomentoso cinerei, breves, erecti. *Folia* minime mucronata, parum villosa, erecta, subunguicularia. *Capitula* terminalia, globosa.

27. A. (*capitata.*) foliis fasciculatis, trigonis, mucronatis, pilosis; capitulis glabris. Aspalathus *capitata*. *Linn.* Syst. Veg. per *Gmelin* p. 1091. Sp. Pl. p. 1000. Aspalathus *glomerata*. *Linn.* Supplem. Pl. p. 321.

Crescit in planitie Montis Tabularis. Floret Aprili.

Frutex erectus, cinereus, ramosus, bipedalis et ultra. *Rami* in medio caule subverticillati, quatuor vel plures, nodulosi, cinerei, erecti, ramulosi. *Ramuli* versus summitates similiter verticillati, fastigiati, foliosi. *Folia* substriata, incurva, unguicularia. *Capitula* in ramulis terminalia, globosa. *Calyx* parum villosus, corolla tota glabra.

28. A. (*triquetra.*) foliis fasciculatis, trigonis, obtusis, pilosis, rugosis; capitulis terminalibus.

Frutex erectus, rimoso-villosus, ramosus, tripedalis. *Rami* subumbellati, erecti, ramulosi, fastigiati. *Ramuli* sparsi, breves. *Folia* integra, vix lineam longa. *Calyx* et *Vexilli* dorsum villosa. *Corolla* lutea, glabra.

29. A. (*ciliaris.*) foliis fasciculatis, subulatis, scabris, subpilosis, capitulis terminalibus. Aspalathus *ciliaris*. *Linn.* Syst. Veg. per *Gmelin* p. 1092. Mant. p. 262.

Frutex erectus, rigidus, ramosissimus, tripedalis. *Rami* alterni, divaricato-erecti, ramulosi, villosi. *Folia* filiformi-subulata, mucronata, pilosa, flexuoso-patentia, unguicularia. *Capitula* parva, subtriflora. *Corolla* tomentosa.

30. A. (*incurva.*) foliis fasciculatis, subulatis, pilosis; oribus lateralibus.

Frutex erectiusculus, ramosus, spithamaeus. *Rami* divaricati, flexuoso-erecti, parum ramulosi, tomentosi. *Folia* filiformia, mucronata, vix manifeste pubescentia, unguicularia. *Flores* sessiles, solitarii. *Vexillum* tomentosum.

31. A. (*spicata.*) foliis fasciculatis, subulatis, subpilosis; floribus spicatis.

Frutex erectus, cinereus, pubescens, ramosus, tripedalis. *Rami* alterni, ramulosi, similes. *Folia* filiformi-subulata, mucronata, tenuissime pubescentia, semiunguicularia. *Flores* versus summitates ramorum tomentosi.

32. A. (*thymifolia.*) foliis fasciculatis, filiformi-subulatis, pilosis; floribus lateralibus ramis incurvis. Aspalathus *thymifolia*. *Linn.* Syst. Veg. per *Gmelin* p. 1092. Spec. Plant. p. 1000.

Fruticulus humilis, subpalmaris, ramosissimus. *Rami* sparsi, filiformes, ramulosi, divaricato-patentissimi, pubescentes. *Folia* filiformia, obsolete mucronata patentia, lineam longa. *Flores* sessiles, lutei. *Vexillum* pubescens. *Valde* affinis ASPAL. *incurvae*, ut vix charactere distinguatur, licet diversa, tenerior, ramosior et diffusa.

33. A. (*ericifolia*.) foliis fasciculatis, filiformibus, obtusis, hirsutis; floribus subracemosis. ASPALATHUS *ericifolia*. *Linn.* Syst. Veg. per *Gmelin* p. 1091. Sp. Pl. p. 1000.

Frutex erectus, ramosissimus, cinereus, bipedalis. *Rami* et *Ramuli* sparsi, filiformes, pubescentes, patentes. *Folia* mollia, semilineam longa. *Flores* laterales, brevissime pedunculati, albidi, solitarii.

34. A. (*hispida.*) foliis fasciculatis, filiformibus, obtusis, piloso-hispidis; floribus axillaribus; laciniis calycis flore brevioribus.

Frutex erectus, cinereo tomentosus, ramosus, pedalis. *Rami* sparsi, flexuosi, erecti, ramulosi. *Folia* pilosa, vix unguicularia. *Flores* sessiles, solitarii. *Laciniae* calycis flore duplo breviores. *Legumina* ovata, villosa.

35. A. (*flexuosa*.) foliis fasciculatis, filiformibus, obtusis, piloso-hispidis; floribus axillaribus; laciniis calycis flore longioribus

Frutex flexuoso-erectus, cinereus, ramosus, bipedalis et ultra. *Rami* sparsi, subsecundi, divaricato-patentes, ramulo i. *Folia* obtusiuscula, hirsuta, unguicularia. *Flores* sessiles, solitarii, lutei. *Laciniae* calycis longitudine corollae vel paulo longiores. *Vexilli* dorsum hirsutum.

36. A. (*parviflora*.) foliis fasciculatis, filiformibus, pubescentibus, floribus terminalibus, ternis. ASPALATHUS *parviflora*. *Bergii* Pl. Cap. p. 208.

Caulis fruticosus, erectus, ramosissimus, totus pubescens. *Rami* et *Ramuli* superne frequentiores, virgati, filiformes, tomentosi; ultimi *ramuli* brevissimi. *Folia* obtusa, inermia, patula, lineam longa. *Flores* in ultimis ramulis sessiles, subverticillato-capitati. *Calycis* laciniae flore duplo breviores. *Corollae* galea tomentosa.

37. A. (*incomta*.) foliis fasciculatis, filiformibus, obtusis, sericeis; floribus lateralibus.

Frutex humilis spithamaeus, flexuosus, ramosus. *Rami* et *Ramuli* sparsi, flexuosi et retroflexi, tenuissime pubescentes. *Folia* obtusiuscula, unguicularia. *Flores* solitarii, breviter pedunculati, lutei, vexillo hirsuto.

38. A. (*asparagoides*.) foliis fasciculatis, trigonis, mucronatis, pilosis; floribus lateralibus. ASPALATHUS *asparagoides*. *Linn.* Syst. Veg. per *Gmelin* p. 1092. Supplem. p. 321.

Frutex erectus, ramosus, tripedalis et ultra. *Rami* altern, elongati, parum ramulosi, glabri, sanguinei, *ramulis* tomentosis. *Folia* glabra vel rarius pilosa, curva, patentia, unguicularia. *Flores* solitarii, sessiles, sanguinei.

39. A. (*pingnis.*) foliis fasciculatis, carnosis, trigonis, glabris; floribus lateralibus.

Floret December, Januario.

Frutex erectus, cinereus, pubescens, ramosus, pedalis et ultra. *Rami* et *Ramuli* sparsi, aggregati, flexuoso-erecti, tomentosi, virgati. *Folia* plura vel pauciora, ovato-trigona, obtusa, vix lineam longa. *Flores* sessiles, solitarii, lutei, glabri. *Calyx* glaber.

40. A. (*carnosa.*) foliis fasciculatis, carnosis, teretibus, glabris; floribus lateralibus terminalibusque; calycibus bracteatis. Aspalathus *carnosa*. *Linn.* Syst. Veg. per *Gmelin* p. 1092. Mant. p. 261.

Frutex erectus, ramosus, cinereus, bipedalis et ultra. *Rami* sparsi, subsimplices vel apice ramulosi, teretes, a casu foliorum nodulosi, tomentosi, erecti. *Folia* obtusa, vix lineam longa. *Flores* solitarii, sessiles lutescentes, glabri. *Calyx* pubescens. *Bracteae* calyci insertae, foliis similes.

41. A. (*affinis.*) foliis fasciculatis, carnosis, teretibus, glabris; floribus lateralibus, ebracteatis luteis; ramis virgatis.

Frutex erectus, ramosus, inferne glaber, bipedalis et ultra. *Rami* sparsi, frequentes, teretes, nodulosi, tomentosi, erecti, subsimplices. *Folia* obtusissima, patula, semilineam longa. *Flores* brevissime pedunculati, glabri. *Legumen* ovatum, glabrum. *Valde* affinis praecedenti et sequenti imprimis.

42. A. (*sanguinea.*) foliis fasciculatis, carnosis, teretibus, glabris; floribus lateralibus, ebracteatis, sanguineis; ramis fastigiatis.

Frutex erectus, ramosissimus, inferne glaber, superne parum tomentosus, bipedalis et ultra. *Rami* et *Ramuli* sparsi, frequentissimi, valde noduloso-scabri, tenuissime et obsolete tomentosi, erecti. *Folia* obtusissima, vix semilineam longa. *Flores* glabri, breviter pedunculati.

43. A. (*lactea.*) foliis fasciculatis, filiformibus, glabris; floribus lateralibus, ebracteatis.

Frutex erectus, ramosissimus, cinereus, pubescens, tripedalis et ultra. *Rami* et *Ramuli* filiformes, cinereo-tomentosi, flexuoso-erecti, virgati. *Folia* obtusa, patentia, semiunguicularia. *Flores* sessiles, solitarii, albido-flavescentes, glabri. *Calyx* ebracteatus, tenuissime pubescens.

44. A. (*multiflora.*) foliis fasciculatis, teretibus, glabris; floribus subspicatis; calycibus ebracteatis.

Frutex erectus, cinereus, ramosissimus, pedalis vel ultra.

Rami et *Famuli* sparsi, frequentissimi, flexuoso-erecti, virgati, pubescentes. *Folia* filiformia, obtusa, vix lineam longa. *Flores* laterales, sessiles, solitarii, in ramulis subspicati, pallide incarnati. *Calyx* uti et *Corolla* pubescens.

45. A. (*nigra*.) foliis fasciculatis, filiformibus, glabris; spicis ovatis. Aspalathus *nigra*. *Linn.* Syst. Veg. per *Gmelin* p. 1091. Mantiss. p. 262.

Frutex erectiusculus, cinereus, ramosus, pedalis et ultra. *Rami* sparsi, versus apicem aggregati, ramulosi, inferiores reflexi, superiores curvato-erecti, pubescentes. *Folia* obtusa, patula, semiunguicularia. *Flores* in apicibus ramulorum aggregati, subspicati. *Calyx* et *Corollae* villosae.

46. A. (*genistoides*.) foliis fasciculatis, filiformibus, glabris; raeemis terminalibus. Aspalathus *genistoides*. *Linn.* Syst. Veg. per *Gmelin* p. 1092. Mantiss. p. 261. Aspalathus *corrudaefolia*. *Berg.* Pl. Cap. p. 207.

Frutex erectus, inferne simplex, superne ramosus, striatus, glaber, tripedalis et ultra. *Rami* versus apicem frequentiores et longiores, simplices, patentes, filiformes, tomentosi, cernui, breves. *Folia* lineari-filiformia, obtusiuscula, sulcata, incurva, semiunguicularia. *Flores* in ramis racemoso-terminales racemis brevissimis, lutei, majusculi. *Calyx* et *Corolla* pubescentes.

47. A. (*squamosa*.) foliis fasciculatis, filiformibus, reflexis, glabris; floribus solitariis, terminalibus.

Frutex totus glaber, ramosus, patentissimus. *Rami* alterni, filiformes, cernui. *Ramuli* alterni, capillares, breves. *Folia* submucronata, unguicularia. *Flores* in ramulis lutei. *Bracteae* tres, filiformes, foliis similes, infra Calycem. *Calyx* et *Vexillum* pubescentes.

48. A. (*galioides*.) foliis fasciculatis, subulatis, glabris; floribus binis, terminalibus. Aspalathus *galioides*. *Linn.* Syst. Veg. per *Gmelin* p. 1091. Mantiss. p. 260.

Frutex totus glaber, erectus, ramosus, bipedalis et ultra. *Rami* sparsi, parum ramulosi, filiformes, patentissimi, flexuosi. *Foliorum* gemmae sparsae, paucae, remotae. *Folia* filiformi-subulata, mucronata mucrone longo, lineam longa. *Flores* in ramis et ramulis lutei. *Calycis* laciniae mucronato-spinosae. *Corolla* cum calyce glabra. *Legumen* pubescens.

49. A. (*bracteata*.) foliis fasciculatis, filiformibus, mucronatis, glabris; floribus pedunculatis, solitariis.

Frutex erectus, ramosus, pedalis et ultra. *Rami* filiformes, tenuissime pubescentes. *Folia* lineari-filiformia, patentia, unguicularia. *Flores* in ramis et ramulis terminales. *Pedunculus* seu *Ramulus* capillaris, uniflorus, bracteatus, pollicaris vel paulo ultra. *Bracteae* tres sub calyce, foliis similes. *Calyx* et *Vexillum* tenuissime pubescentia.

50. A. (retroflexa.) foliis fasciculatis, subulatis, glabris; ramulis retroflexis; floribus terminalibus. Aspalathus galioides. Berg. Pl. Cap. p. 210.

Frutex erectus, ramosus. *Rami* et *Ramuli* filiformes, rufescentes, tenuissime pubescentes, ramulis reflexis et retroflexis. *Folia* lineari filiformia, acuta, vix mucronata, patentia. lineam longa *Flores* in ramulis solitarii, sessiles, lutei. *Calyx* pubescens. *Corolla* glabra.

51. A. (vulnerans.) foliis fasciculatis, filiformibus, mucronatis, patentibus, glabris; floribus racemosis.

Crescit in montibus juxta Olyfants rivier. Floret Octobri.

Frutex erectus, ramosus, pubescens, bipedalis et ultra. *Rami* sparsi, frequentes, filiformes, pubescentes, patentissimi et reflexi, breves. *Folia* acute mucronata mucrone longo, rigida, pungentia, patentissima, unguicularia. *Flores* in apicibus ramorum cernui *Pedunculi* brevissimi. *Calyx* et *vexillum* Corollae tenuissime villosa.

52. A. (uniflora.) foliis fasciculatis, filiformibus, mucronatis, glabris; floribus lateralibus. Aspalathus *uniflora. Linn.* Syst. Veg. per *Gmelin* p. 1091. Sp. Pl. p. 1001. (Figura tamen *Plukenetii* citata non quadrat.)

Frutex erectus, ramosus. *Rami* teretes, fusco-rufescentes, pubescentes, erecti, interdum ramulosi. *Folia* lineari-filiformia, basi attenuata, acuta, submucronata, erecto-patentia, unguicularia vel ultra. *Flores* axillari-laterales, solitarii, brevissime pedunculati. *Pedunculus, calyx* et *vexillum* tomentosa. *Carina* grandis, curva.

53. A. (astroites.) foliis fasciculatis, subulatis, reflexis, glabris; floribus lateralibus. Aspalathus *astroites. Linn.* Syst. Veg. per *Gmelin* p. 1092. Sp. Plant. p. 1000.

Frutex rigidus, erectus, fuscus, ramosus. *Rami* alterni, breves, frequentes, erecto patentes, tomentosi. *Folia* mucronata, rigida, pungentia, patentia, subreflexa, vix unguicularia. *Flores* versus apicem ramorum brevissime pedunculati vel subsessiles. *Calyx* tenuissime pubescens laciniis spinosis. *Corolla* glabra.

54. A. (pinea.) foliis fasciculatis, filiformibus, mucronatis, erectis, glabris; floribus lateralibus, comosis.

Frutex erectus, striatus, glaber, apice ramosus, bipedalis et ultra. *Rami* simplices, erecti. *Folia* erecto-imbricata, unguicularia. *Flores* sessiles sub apice folioso. *Calyx* et *Vexillum* hirsuta. *Legumina* oblonga, hirsuta, reflexa.

55. A. (divaricata.) foliis fasciculatis, teretibus, mucronatis, glabris; floribus racemoso-terminalibus.

Frutex debilis, ramosissimus. *Rami* sparsi, frequentes, teretes, fusci, divaricati, reflexi et retroflexi. *Ramuli* filiformes, similes, pubescentes. *Folia* acute mucronata, semilineam longa. *Flores* terminales in ramulis, solitarii vel bini, racemosi, lutei. *Pedunculus* brevissimus. *Corolla* et *Vexillum* pubescentia.

56. A. (*subulata.*) foliis fasciculatis, trigonis, mucronatis, glabris.

Frutex flexuoso-erectus, teres, inferne nudus, superne ramosus, pedalis. *Rami* et *Ramuli* teretes, fusci, tomentosi, nodulosi nodis tomentosis, flexuosi, virgati. *Folia* subcarnosa, mucronato-subulata, vix semilineam longa. *Flores* terminales, sessiles, subterni, glabri. *Calyx* pubescens, corollâ brevior. *Corolla* tota glabra, lutea.

57. A. (*laricifolia.*) foliis fasciculatis, teretibus, mucronatis, glabris; floribus lateralibus, lanatis. Aspalathus laricifolia. *Bergii* Plant. Cap. p. 201.

Frutex erectus, rufo fuscus, ramosus, pubescens. *Rami* alterni, subsimplices, teretes, similes. *Folia* patentia, semiungnicularia. *Flores* subterminales vel sub apice laterales, solitarii, sessiles. *Calyx* pubescens, laciniis acutis. *Corolla* lanata.

58. A. (*juniperina.*) foliis fasciculatis, teretibus, mucronatis, glabris; floribus terminalibus, glabris.

Frutex erectus, fuscus, ramosus. *Rami* alterni, teretes, divaricati, incurvi, pubescentes, ramulosi. *Ramuli* breves, similes. *Folia* patentia, lineam longa. *Flores* solitarii vel bini.

59. A. (*abietina.*) foliis fasciculatis, filiformibus, spinosis, glabris; floribus lateralibus; ramis striatis.

Frutex erectus, ramosus, totus glaber. *Rami* alterni, purpurascentes, erecti. *Folia* terna, quaterna vel plura, mucronato-spinosa, erecta, inaequalia, semiunguicularia. *Flores* brevissime vixque pedunculati, solitarii, lutei. *Calycis* laciniae uti *folia* spinoso-mucronata.

60. A. (*trigona.*) foliis fasciculatis, trigonis, mucronatis, glabris; floribus lateralibus.

Frutex erectus, ramosissimus, pedalis. *Rami* teretes, nodulosi, fusci, pubescentes, erecto-patentes, ramulosi ramulis simplicibus. *Folia* supra concava, acute mucronata, incurva, lineam longa. *Flores* solitarii, parvi, glabri.

61. A. (*verrucosa.*) foliis fasciculatis, filiformibus, mucronatis, incurvis, glabris; floribus lateralibus. Aspalathus verrucosa. *Linn.* Syst. Veg. per *Gmelin* p. 1092. Spec. Plant. p. 1001.

Frutex rigidus, erectus, fuscus, ramosus, bipedalis et ultra. *Rami* sparsi, aggregati, subsimplices, nodulosi gemmis tomentosis, cinereofusci, tenuissime tomentosi, incurvato-erecti. *Folia* unguicularia. *Flores* in apicibus ramorum, brevissime pedunculati, lutei. *Calyx* et *Vexillum* corollae pubescentia.

62. A. (*aculeata.*) foliis fasciculatis, linearibus, hirtis; floribus capitatis; gemmis aculeatis.

Crescit in Paardeberg. Floret Octobri.

Frutex rigidus, superne ramosus, fuscus, villosus, erectus, peda-lis. *Rami* alterni, similes, erecto-patentes, raro ramulosi ramulis brevissimis. *Folia* obtusa, pilosa, unguicularia. *Sub* singulo fasciculo aculeus flavescens. *Flores* hirsuti. *Corolla* lutea, pubescens.

63. A. (*spinosa.*) foliis fasciculatis, linearibus, glabris; floribus axillaribus; gemmis spinosis. Aspalathus *spinosa.* Linn. Syst. Veg. per *Gmelin* p. 1091. Sp. Plant. p. 1000.

Crescit in collibus prope Cap. Floret Majo, Junio.

Frutex erectiusculus, fusco-cinereus, ramosissimus, bipedalis. *Rami* alterni, teretes, pubescentes, flexuoso-erecti. *Folia* obtusius-cula, lineam longa. *Gemmae* singulae spina patenti, subrecurva, flavescente armatae. *Flores* laterales, solitarii, subsessiles, lutei, glabri.

64. A. (*spinescens.*) foliis fasciculatis, carnosis, glabris; floribus lateralibus; ramis spinescentibus.

Frutex rigidus, erectus, cinereo-fuscus, ramosus, bipedalis vel ul-tra. *Rami* alterni, patenti-erecti, pubescentes, digitales vel palma-res. *Folia* teretia, obtusa, semilineam longa. *Flores* in ramis ra-cemoso-axillares, flavi, brevissime pedunculati. *Calyx* et *Corollae* Vexillum pubescentia.

65. A. (*pungens.*) foliis fasciculatis, subulatis; floribus lateralibus; ramis ramulisque spinescentibus.

Frutex flexuoso-erectus, rigidus, pubescens, ramosissimus, pedalis usque tripedalis. *Rami* sparsi, patentissimi, similes. *Ramuli* sparsi, frequentes, teretes, terminati spina flavescente. *Folia* saepe acute mu-cronata, glabra, semilineam longa. *Flores* in ramulis subracemosi, lutei. *Pedunculus* brevissimus. *Calyx* et *Vexillum* pubescentia.

CCCLIV. ONONIS.

Cal. 5-*partitus; laciniis linearibus. Vexillum striatum. Legumen turgidum, sessile. Filamenta connata absque fissura.*

1. O. (*spicata.*) foliis simplicibus, stipulatis, ovatis, seri-ceis; caule erecto; floribus spicatis.

Caulis frutescens, cortice rimoso, cinereo, teres, ramosus, bipedalis et ultra. *Rami* in apice caulis pauci, breves, simi-les. *Folia* sparsa, sessilia, acuta, integra, sericeo-tomentosa, unguicularia. *Stipulae* binae, lanceolatae, sericeae, folio bre-viores. *Spica* terminalis, densa, hirsuta, primum ovata, dein excrescens, oblonga, digitalis.

2. O. (*hirsuta.*) foliis simplicibus, lanceolatis, hirsutis; caule decumbente.

Crescit in Bockland, prope Cap juxta Leuwestaart. Floret *Septembri et sequentibus mensibus.*
    Herba tota hirsutissima villo subferrugineo. *Caulis* herbaceus, articulatus, ramosus. *Rami* alterni, filiformes, angulati, flexuoso erecti, rarius ramulosi, palmares *ramulis* brevibus. *Folia* alterna, sessilia, integra, imbricato-patentia, unguicularia *Flores* racemosi, brevissime pedunculati. *Racemus* terminalis, ovatus, cernuus, pollicaris.

3. O. (*stipulata.*) foliis ternatis, villosis; floribus spicatis; caule frutescente.

Crescit in Hexrivier.
    Fruticulus erectus, ramosus, pedalis. *Rami* alterni, flexuosi, virgati, ramulosi, hirsuti. *Stipulae* sparsae, ovatae, integrae, sessiles, villosae, semiunguiculares. *Folia* sparsa, petiolata: *foliola* oblonga, obtusa, integra, convoluta, lineam longa. *Flores* lutei. *Spicae* terminales.

4. O. (*parviflora.*) foliis ternatis, villosis; umbellis lateralibus; caule herbaceo-villoso. Ononis *parviflora.* Berg. Pl. Cap. p. 214.

    Radix subfusiformis, alte descendens, annua. *Caulis* teres, flexuoso-erectus, totus villosus, ramosus. *Rami* sparsi, filiformes, virgati, similes. *Folia* alterna, petiolata: *Foliola* sessilia, lanceolata, integra, unguicularia, intermedio majori. *Flores* subumbellati.

5. O. (*microphylla.*) foliis ternatis, scabris; floribus axillaribus; ramis ramulisque spinescentibus. Ononis *microphylla.* Linn. Syst. Veg. per Gmelin p. 1096. Suppl. p. 324.

Crescit inter Sondags-rivier et Visch-rivier. Floret *Decembri.*
    Caulis fruticosus, teres, erectus, ramosissimus, totus villoso-scaber, bipedalis et ultra. *Rami* et *Ramuli* sparsi, frequentes, breves, virgati, cauli similes. *Folia* alterna, petiolata. *Foliola* sessilia, ovata, convoluta, integra, glanduloso-scabra, lineam longa. *Petiolus* trigonus, sulcatus, foliolo paulo brevior. *Flores* solitarii, brevissime pedunculati, parvi. *Stipulae* et *bracteae* ovatae, acutae, parvae. *Legumen* lanceum, reflexum, scabrum, pubescens.

6. O. (*capillaris.*) foliis ternatis, linearibus, glabris; pedunculis axillaribus, unifloris; caule erectiusculo.

Crescit in summis lateribus Montis tabularis. Floret *Februario, Martio.*
    Caulis basi suffruticescens, filiformis, glaber, totus ramosus, erectiusculus, pedalis. *Rami* capillares, flexuosi, patuli. *Folia* terna licet videantur fasciculata, lineari-lanceolata, mucronata, integra, unguicularia. *Pedunculi* in summitate axillares, capillares, uniflori.

7. O. (*villosa.*) foliis ternatis, lanceolatis; pedunculis lateralibus unifloris; caule decumbente.

Caulis suffruticescens, teres, ramosus, totus hirsutus. *Rami* alterni, floxuosi, secundi, similes. *Folia* alterna, petiolata. *Foliola* sessilia, acuta, integra, unguicularia. *Petioli* longitudine folioli. *Stipulae* foliolis similes, binae, longitudine petioli. *Pedunculi* axillares, capillares, flexuosi, pollicares. *Bractea* filiformis sub flore. *Legumen* oblongum, turgidum, villosum:

8. O. (*heterophylla.*) foliis ternatis; foliolis inferioribus ovatis, superioribus lanceolatis; floribus solitariis, pedunculatis.

Caulis herbaceus, filiformis, subsimplex, flexuoso-erectus, palmaris vel spithamaeus. *Folia* petiolata: *foliola* obtusa, integra, supra glabra, subtus pilosa, superiora acuta. *Petioli* foliis breviores. *Flos* terminalis. *Pedunculus* tripollicaris, uniflorus.

9. O. (*prostrata.*) foliis ternatis, pubescentibus: foliolis ovatis, obtusis; pedunculis unifloris, lateralibus; caule decumbente. Ononis *prostrata.* Linn. Syst. Veg. per *Gmelin* p. 1097. Mant. p. 266.

Crescit prope Cap, vulgaris in collibus, alibique. Floret Junio et sequentibus mensibus.
Radix lignosa. *Caules* e radice plures, filiformes, flexuosi, palmares. *Folia* alterna, petiolata: *foliola* sessilia, integra, semiunguicularia. *Petioli* folio paulo breviores. *Flores* subterminales, pedunculati. *Pedunculi* filiformes, flexuosi, pubescentes, digitales.

10. O. (*decumbens.*) foliis ternatis, pubescentibus: foliolis acutis; floribus solitariis, lateralibus; caule decumbente.

Crescit in Roggeveld. Floret Novembri, Decembri, Januario.
Caulis brevissimus, ramosus, herbaceus. *Rami* filiformes, uti et *Ramuli* capillares, diffusi, villosi, alterni. *Folia* alterna, petiolata: *foliola* sessilia, obovata, integra, supra glabra, subtus tenuissime pubescentia, vix lineam longa. *Petioli* folio paulo breviores. *Stipulae* oblongae. *Flores* axillares, brevissime pedunculati, lutei. *Calyx* pubescens, laciniis acutis. *Legumina* oblonga, parum turgida, tenuissime villosa, unguicularia.

11. O. (*sericea.*) foliis ternatis: foliolis oblongis, subtus villosis; florum spicá secundá triflorá.

Radix fibrillosa. *Caulis* herbaceus, simplex, filiformis, pubescens, adscendens, pedalis; interdum caules e radice plures. *Folia* petiolata: *foliola* acuta, integra, supra glabra, subtus sericea, unguicularia. *Petiolus* longitudine folioli. *Stipulae* binae, ovatae, acutae, integrae, pilosae, petiolo duplo breviores. *Flores* in apice caulis spicati. *Spica* rarius biflora. *Calyx* sericeus.

12. O. (*excisa.*) foliis ternatis: foliolis excisis, subtus pubescentibus; floribus binis terminalibus; caule decumbente.

Caulis herbaceus, filiformis, flexuosus, glaber, ramosus. *Rami* alterni, similes. *Folia* alterna, petiolata: *foliola* sessilia, ovata, integra, supra glabra, unguicularia. *Petiolus* subpollicaris, foliolis longior. *Flores* solitarii vel bini, brevissime pedunculati. *Stipula* sub petiolo subulata, brevissima. *Bractea* sub flore brevissima.

13. O. (*racemosa.*) foliis ternatis, subtus pubescentibus; foliolis oblongis; floribus racemosis; caule decumbente.

Caulis herbaceus, filiformis, glaber, ramosus. *Rami* alterni, simplices, similes. *Folia* alterna, petiolata: *foliola* sessilia, acuta, integra, supra glabra, unguicularia. *Petioli* foliolo longiores. *Stipulae* binae, subulatae, minimae. *Flores* lutei, remoti, cernui, circiter quatuor. *Pedunculi* curvati, flore breviores.

14. O. (*elongata.*) foliis ternatis, hirsutis: foliolis ovatis, acutis; pedunculis lateralibus, unifloris; caule decumbente.

Caulis herbaceus, filiformis, totus hirsutus, flexuosus, ramosus. *Rami* alterni, similes. *Folia* alterna, petiolata; *foliola* sessilia, integra, patentia, subunguicularia. *Petiolus* foliolo brevior. *Flores* laterales, pedunculati. *Pedunculi* filiformes, flexuosi, bipollicares. *Bractea* sub flore minima, subulata.

15. O. (*micranthus.*) foliis ternatis: foliolis oblongis, obtusis; florum umbellis terminalibus, obtusis;*) caule decumbente.

Caulis filiformis, glaber, ramosus. *Rami* sparsi, filiformes, curvato-erecti, similes. *Folia* petiolata: *foliola* ovata, integra, supra glabra, subtus tenuissime pubescentia, lineam longa. Inferiora nonnulla folia excisa, majora. *Petiolus* longitudine folioli. *Flores* in ramis subumbellati, pedunculis brevissimis. *Calyx* pubescens. *Corollae* luteae, minutissimae.

16. O. (*involucrata.*) foliis ternatis, villosis: foliolis oblongis, obtusis; floribus umbellatis, involucratis; caule decumbente. Ononis *involucrata* Linn. Syst.Veg. per Gmelin p. 1098. Suppl. p. 324. Berg. Cap. Plant. p. 213.

Caulis herbaceus, teres, hirsutus, ramosus. *Rami* alterni toti hirsuti, teretes, flexuoso-erecti. *Folia* alterna, petiolata *foliola* sessilia, integra, hirsuta, unguicularia. *Petiolus* teres supra sulcatus, longitudine fere folioli. *Stipulae* binae, lanceolatae, petiolo duplo breviores. *Flores* in ramulis terminales. *Umbella* bi-usque sexflora. *Involucrum* hexaphyllum: *foliola* lanceolata, acuta, flore breviora. *Legumen* oblongum, turgidum, hirsutum.

17. O. (*umbellata.*) foliis ternatis, villosis: foliolis oblongis, obtusis; floribus umbellatis; caule decumbente. Ononis

umbellata. *Linn.* Syst. Veg. per *Gmelin* p. 1098. Mant.
p. 266.

Crescit in pede montium prope Cap et extra urbem. *Floret Au-*
gusto.
Caulis herbaceus, filiformis, totus hirsutus, ramosus. *Rami*
alterni, vel pauciores vel plures, diffusi, similes. *Folia* alterna,
petiolata : *foliola* sessilia, inferne attenuata, superne dilatata,
rarius excisa, integra, semipollicaria. *Petiolus* foliolo brevior.
Umbella terminalis, pauciflora vel multiflora.

18. O. (*secunda.*) foliis ternatis, glabris: foliolis oblongis, acutis; umbellis terminalibus; caule decumbente, herbaceo.
Caulis angulatus, pilosus, ramosus. *Rami* subangulati, pubescentes, secundi, flexuoso-erecti, frequentes, palmares. *Fo-*
lia alterna, petiolata : *foliola* lanceolato-oblonga, acuta, integra,
glabra vel parum subtus in nervis pubescentia, unguicularia.
Petioli longitudine folioli. *Umbellae* in ramulis elongatis, qua-
dri-usque sexflorae, involucratae. *Involucrum* tetraphyllum:
foliola ovata, brevissima, longitudine pedunculorum. *Calyx*
parum pubescens.

19. O. (*strigosa.*) foliis ternatis, subtus villosis: foliolis
ovatis, obtusis; umbellis terminalibus; caule decumbente frutescente.
Caulis basi frutescens, mox ramosissimus, spithamaeus. *Rami*
et *Ramuli* teretes, pubescentes, alterni, patulo-diffusi. *Folia*
alterna, petiolata : *foliola* sessilia, subrotundato-ovata, vel potius cuneata, subexcisa, supra glabra, subtus pubescentia, lineam
longa. *Petiolus* foliolo brevior. *Umbellae* in ramis et ramulis,
4-usque 6-florae, parum pilosae. *Involucri* foliola brevissima.

20. O. (*glabra.*) foliis ternatis, glabris: foliolis ovatis,
obtusis; floribus umbellatis; caule decumbente.
Crescit in collibus infra Taffelberg. *Floret Julio, Augusto.*
Caulis suffruticescens, teres, ramosus. *Rami* alterni, filiformes, tomentosi, ramulosi, *ramulis* similibus. *Folia* alterna,
petiolata: *foliola* sessilia, mucronata, integra, inaequalia, unguicularia, intermedio majori. *Petiolus* foliolo duplo longior.
Stipula ad basin petioli, subrotunda, integra, minima. *Um-*
bella terminalis, multiflora. *Corolla* lutea. *Legumen* lanceum,
pubescens.

21. O. (*lagopus.*) foliis ternis, lanceolatis, villosis; spicâ
foliosâ; caule erecto.
Caulis frutescens, totus villosus, teres, ramosus, bipedalis
et ultra. *Rami* alterni, breves, per intervalla aggregati, cernui, digitales. *Folia* sessilia, terna vel plura e gemma, seta-
ceo-mucronata, integra, patentia vel reflexa, unguicularia.
Spicae in ramis terminales, hirsutae, pollicares.

22. O. (*fasciculata.*) foliis fasciculatis lanceolatis crenatis, floribus spicatis, caule erecto.

Floret Novembri.
Caulis fruticosus, teres, cinereus, pubescens, ramosus, bipedalis et ultra. *Rami* sparsi, simplices, breves, virgati, similes. *Folia* acuta mucrone recurvo, canaliculata, crenulata, glabra, patenti-reflexa, unguicularia. *Spicae* terminales, ovatae. *Bracteae* sub flore obovatae, cucullato-convolutae, obtusae, nervosae, inferne villosae. *Calyx* 5-partitus, villosus: *lacinia* suprema major, scaphiformis, acuta: quatuor inferiores lanceolatae, acutae, crenulatae, longitudine aequales majori. *Corollae* Vexillum maximum, obtusissimum, incarnatum, dorso pubescens.

23. O. (*quinata.*) foliis quinatis: foliolis lanceolatis, convolutis; floribus lateralibus; caule decumbente.

Caulis suffruticescens, glaber, ramosus. *Rami* alterni, teretes, flexuosi, diffusi. *Ramuli* capillares. *Folia* alterna, petiolata: *foliola* tenuissime pubescentia, lineam longa. *Petioli* folio longiores. *Flores* axillares, brevissime pedunculati, saepe bini, lutei. *Legumen* oblongum, parum turgidum, glabrum, unguiculare.

CCCLV. LUPINUS.

Cal. bilabiatus. Antherae 5 oblongae, 5 subrotundae.
Legumen coriaceum.

1. L. (*integrifolius.*) foliis simplicibus, oblongis, sericeis.

Ex herbario Celeb. Burmanni *habeo; ipse nunquam inveni.*
Caulis herbaceus, erectus, totus tomento ferrugineo tectus, spithamaeus vel ultra. *Folia* alterna, petiolata, acuta, integra, indivisa, tripollicaria. *Petiolus* longitudine folii. *Flores* terminali-spicati spicâ palmari.

CCCLVI. PHASEOLUS.

Carina cum staminibus styloque spiraliter tortis.

1. P. (*capensis.*) caule filiformi, decumbente; pedunculis unifloris; foliolis lanceolatis.

Crescit in campis gramineis inter Kamtousrivier *et* Swartkopsrivier. *Floret Novembri, Decembri, Januario.*
Caulis herbaceus, flexuosus, striatus, villoso-scabridus. *Folia* alterna, petiolata, ternata; *foliola* inferiora ovata; superiora lanceolata et longiora, acutiuscula, integra, lateralia, sessilia, intermedium petiolulatum; integra, pubescenti-scabrida, subpollicaria. *Petioli* pollicares. *Pedunculi* axillares, flexuosi, palmares vel ultra. *Corolla* magna, incarnata.

CCCLVII. D O L I C H O S.

Vexilli basis callis 2, *parallelis, oblongis, alas subtus comprimentibus.*

1. D. (*capensis.*) pedunculis unifloris; foliolis acuminatis; leguminibus acinaciformibus, glabris. Dolichos *capensis.* L i n n. Syst. Veg. per G m e l i n p. 1103. Spec. Plant. p. 1020.
Crescit in summis lateribus T a f f e l b e r g et D u y v e l s b e r g. Floret a F e b r u a r i o ad J u l i u m.
Caulis herbaceus, volubilis, filiformis, striatus, glaber. Folia alterna, petiolata, glabra, ternata: *foliola* lateralia brevissime, intermedium longius petiolulata, ovata, vix lobata, reticulata, integra, glabra, pollicaria. *Petioli* pollicares. *Stipulae* ovatae, minimae. *Flores* laterales, pedunculati, solitarii. *Pedunculus* palmaris. *Bractea* subulata, brevissima. *Legumen* utrinque attenuatum, compressum, pollicare.

2. D. (*gibbosus.*) floribus racemosis; foliis acuminatis, glabris.
Crescit in summitate montis T a b u l a r i s, in M a s s e l b e r g et alibi vulgaris. Floret J a n u a r i o et sequentibus mensibus.
Caulis herbaceus, teres, striatus, totus glaber, volubilis. *Folia* alterna, petiolata, ternata: *foliola* lateralia brevissime, intermedium longius petiolulata, ovata, basi gibba, integra, pollicaria. *Petiolus* pollicaris. *Stipulae* binae, ovatae, acutae, glabrae. *Pedunculus* axillaris, striatus, multiflorus, folio longior, digitalis. *Racemus* oblongus. *Pedicelli* cernui, unguiculares.

3. D. (*decumbens.*) floribus umbellatis lateralibus; foliolis ovatis, obtusis glabris.
Crescit in collibus capensibus.
Caulis herbaceus, filiformis, rarius ramosus, flexuosus, decumbens, striatus, vix pubescens. *Rami* simplices, elongati, similes. *Folia* alterna, petiolata, ternata: *foliola* ovato-subrotunda, integra, aequalia, unguicularia, lateralia sessilia, impar petiolulatum. *Petioli* foliolo breviores. *Stipulae* ad basin petioli duae, ovatae, sub foliolis setaceae. *Pedunculi* axillares, umbelliferi, longitudine folii. *Umbella* multiflora *pedicellis* brevissimis.

4. D. (*trilobus.*) floribus capitatis, subbinis; foliolis trilobis, obtusis; leguminibus cylindricis. Dolichos *trilobus.* L i n n. Syst. Veg. per G m e l i n p. 1104. Spec. Plant. p. 1020.
Crescit prope G a l g e b o s c h. Floret D e c e m b r i.
Caulis herbaceus, teres, striatus, glaber, flexuosus, decumbens, raro ramosus. *Folia* alterna, petiolata, ternata; *foliola* lateralia brevissime petiolulata, ovata, extus gibba; impar longius petiolulatum, trilobum sinu obtuso; integra, tenuissime pubescentia; pollicaria. *Petioli* pollicares. *Stipulae* petiolares binae, ovatae, nervosae; petiolulares subulatae, minutissimae. *Pedunculi* axillares, teretes, triflori, foliis triplo longiores, spi-

thamaei. *Flores* terminales, circiter tres, sessiles, purpurei. *Pedicelli* brevissimi. *Legumina* acuta, tenuissime pubescentia, palmaria.

CCCLVIII. GLYCINE.

Cal. bilabiatus. *Cor.* carina apice vexillum reflectens.

1. G. (*bituminosa.*) foliis ternatis, pubescentibus; floribus racemosis; leguminibus hirsutis. Glycine *bituminosa.* *Linn.* Syst. Veg. per *Gmelin* p. 1206. Spec. Plant. p. 1024.*

Crescit versus cacumen montium Diaboli, et tabularis. Floret Julio.

Caulis suffruticescens, decumbens, teres, inferne parum villosus, superne tomentosus, villo glanduloso, ramosus, *ramis* similibus. *Folia* alterna, petiolata: *foliola* lateralia brevissime, impar longius petiolulatum, ovata, mucronata, integra, nervosa nervis pubescentibus, subtus tenuissime glandulosa, pollicaria. *Petioli* longitudine folii, striati, pubescentes. *Stipulae* ad basin petioli ovatae, acuminatae. *Pedunculi* axillares, multiflori, tomentosi, palmares. *Racemus* oblongus *floribus* defloratis reflexis. *Calyx* glanduloso-hirtus.

2. G. (*secunda.*) foliis ternatis, subtus scabris; floribus racemosis, secundis.

Crescit in campis graminosis. Floret Novembri.

Caulis herbaceus, filiformis, angulatus, pubescens, decumbens, ramosus *ramis* elongatis, similibus. *Folia* alterna, petiolata, supra glabra: *foliola* subrotunda, integra, lateralia subsessilia, impar petiolatum, subaequalia, ungucularia. *Petioli* longitudine folii. *Pedunculi* axillares, incurvi, multiflori, pollicares vel ultra. *Racemus* secundus *pedicellis* brevissimis. *Legumen* hirsutum.

3. G. (*glandulosa.*) foliis ternatis, reticulatis: foliolis ovatis, glabris; pedunculis lateralibus, unifloris: caule decumbente.

Crescit in campis graminosis in Langekloof et adjacentibus. Floret Novembri

Caulis herbaceus, striato-angulatus, flexuosus, totus glaber ramosus. *Rami* alterni, similes, pauci. *Folia* alterna, petiolata: *foliola* obtusa, cum mucrone minimo integra margine revoluto, supra viridia, subtus pallida glandulis micantibus mi nimis; lateralia, subsessilia, intermedio petiolulato, superiora magis oblonga et minora. *Stipulae* binae, ovatae, acutae. nervosae, minimae. *Petiolus* striato angulatus, longitudine fo lioli. *Pedunculi* axillares, capillares, pollicares.

4. G. (*totta.*) foliis ternatis, reticulatis: foliolis ovatis, ciliatis; caule decumbente.

Crescit juxta Galgebosch. Floret Octobri, Novembri.

Caulis herbaceus filiformis, striato-angulatus, flexuosus, gla

ber. *Folia* alterna, petiolata, utrinque reticulata: *foliola* lateralia sessilia, intermedium petiolulatum, acutiuscula, integra,
margine imprimis basi saepissimo ciliata, aequalia, subpollicaria. *Petiolus* striato-angulatus, villosus, longitudine folioli.
Stipulae binae, ovatae, acutae, nervosae, minutae. *Pedunculus*
lateralis, filiformis, glaber, uniflorus, longitudine petioli et
folioli. *Legumen* lanceum, hirsutum.

5. G. (*heterophylla.*) foliis terna is, glabris, oblongis
linearibusque; floribus umbellatis; caule decumbente.

Crescit in campis graminosis. Floret Novembri.

Caulis herbaceus, striato-angulatus, totus glaber, flexuosus,
subvolubilis, parum ramosus *ramis* similibus. *Folia* alternâ,
petiolata: *foliola* inferiora oblonga, acuta; superiora lanceolato-linearia; omnia integra margine revoluto; lateralia sessilia, intermedium petiolulatum, pollicaria. *Petiolus* striatus,
longitudine folioli. *Stipulae* binae, ovatae, acutae, nervosae,
minutae. *Flores* laterales, lutei. *Pedunculi* striati, multiflori,
pollicares.

6. G. (*erecta.*) foliis ternatis, villosis: foliolis oblongis;
floribus umbellatis; caule erecto.

Caulis frutescens, teres, ramosus, curvato-erectus, totus
hirsutus, pedalis et ultra. *Rami* alterni, similes, breves. *Folia* alterna, petiolata: *foliola* lateralia sessilia, intermedium petiolulatum, acutiuscula, integra margine revoluto; supra obscura, pubescentia; subtus incano-tomentosa, subaequalia, semipollicaria. *Petiolus* foliolo triplo brevior. *Stipulae* binae,
ovatae, minutae. *Flores* rufescentes. *Umbella* terminalis, circiter quadriflora. *Pedicelli* vix unguiculares.

7. G. (*argentea.*) foliis ternatis, argenteis; floribus umbellatis; caule volubili. ONONIS *argentea. Linn.* Syst. Veg.
per *Gmelin* p. 1098. Suppl. p. 324.

Crescit in campis graminosis. Floret Novembri.

Caulis herbaceus, filiformis, ramosus, totus sericeo-tomentosus. *Rami* similes. *Folia* alterna, petiolata: *foliola* lateralia
subsessilia, intermedium petiolulatum, ovata, obtusiuscula cum
mucrone, integra margine parum revoluto, nervosa, supra
obscura, subtus nivea, tomentosa, subaequalia, unguicularia.
Petioli foliolo breviores. *Stipulae* binae, ovatae, subtus tomentosae, minutae. *Flores* flavescentes. *Pedunculi* axillares, quadriflori et ultra, pollicares. *Pedicelli* unguiculares.

CCCLIX. CORONILLA.

Cal. 2-*labiatus*, 2/3: *dentibus superioribus connatis. Vexillum vix alis longius. Legumen isthmis interceptum.*

1. C. (*argentea.*) foliis undenis, sericeis: extimo majore.
CORONILLA *argentea. Linn.* Syst. Veg. per *Gmelin* p. 1118
Spec. Plant. p. 1048.

Radix lignosa. *Caules* e radice plures, erecti, teretes, ramosi toti sericeo pubescentes, sesquipedales. *Rami* alterni, similes, virgati. *Folia* alterna, petiolata, pinnata: *Pinnae* subsessiles, suboppositae cum impari, 5-usque 7-jugae, ovatae, obtusae, integrae, patentes, lineam longae. *Flores* terminali-racemosi. *Racemus* ovatus, sensim florens, excrescens. *Calyx* sericeus. *Legumen* obovato-oblongum, compressum, sericeum.

CCCLX. HALLIA.

Cal. 5.*partitus*, *regularis*. *Legumen* monospermum, bivalve.

1. H. (*alata*.) foliis oblongis, glabris; stipulis decurrentibus; caule alato.

Crescit in collibus extra urbem. Floret Martio, Aprili.

Caulis herbaceus, saepe plures e radice, quorum quidam patuli, totus glaber, ramosus, compressus, laxus, incurvo-erectus, sesquipedalis. *Rami* alterni, similes, virgati, elongati, subsimplices. *Folia* alterna, brevissime petiolata, fissurae stipularum inserta, elliptico-lanceolato-ovata, acuta, integra, oblique. lineata, unguicularia. *Stipulae* sessiles, convolutae, apice bifidae, folio paulo breviores. *Flores* in apice ramorum, racemosi, solitarii. *Pedunculus* flore brevior.

2. H. (*flaccida*.) foliis lanceolatis, mucronatis, glabris; pedunculis unifloris longitudine foliorum.

Caulis herbaceus, decumbens, filiformis, superne trigonus, striatus, totus glaber, flexuosus, pedalis et ultra, ramosus. *Rami* alterni, similes, patentes, simplices. *Folia* alterna, breviter petiolata, integra, unguicularia. *Stipulae* binae, ovatae, mucronatae, patenti-reflexae, longitudine petioli seu semilineam longae. *Flores* ex axillis foliorum pedunculati, solitarii. *Pedunculi* capillares, flexuosi, folio vix longiores. *Bracteae* binae, oppositae, minutissimae in pedunculo sub flore. *Corolla* purpurea.

3. H. (*virgata*.) foliis lanceolatis, mucronatis, glabris; pedunculis unifloris folio brevioribus.

Caulis herbaceus, teres, striatus, totus glaber, bipedalis, ramosus. *Rami* inferne prope radicem tres vel quatuor, elongati, simplices et bifidi, cauli similes. *Folia* alterna, breviter petiolata, acuminato-mucronata, integra, nervosa, pollicaria. *Stipulae* duae, lanceolatae, acuminatae, integrae, glabrae, erectae, longitudine petioli, lineam longae. *Flores* axillares, pedunculati, solitarii. *Pedunculi* stipulis duplo foliisque multoties breviores.

4. H. (*cordata*.) foliis cordatis, oblongis, acutis, glabris; pedunculis longitudine foliorum. GLYCINE *monophylla*. *Linn.* Syst. Veg. per *Gmelin* p. 1105. Mant. p. 101. HEDYSARUM *cordatum*. Act. Nov. Upsal. Vol. 6. p. 41. tab. 1.

Crescit in proclivis fossaque magna Taffelberg, in collibus infra montes, inque campis graminosis ultra Swellendam. Floret *Martio et sequentibus mensibus.* Caulis herbaceus. filiformis, decumbens, parum ramosus, trigonus, pilosus. Folia alterna, brevissime petiolata, sensim attenuata, mucronata, integra, plana, pilosa, *) unguicularia usque pollicaria. *Petioli* lineam longi. Stipulae binae, oppositae, ad basin petioli sessiles, lanceolatae, acutae, integrae. *Flores* axillares, pedunculati. *Pedanculus* capillaris, uniflorus, solitarius. *Bracteae* binae, parum a calyce remotae, oppositae, lanceolatae, acutae, vix lineam longae. *Calyx* 5-partitus: laciniae erectae, lanceolatae, pilosae, corollâ breviores.

5. H. (*asarina.*) foliis cordatis, subrotundis, mucronatis, villosis; pedunculis longitudine foliorum. CROTALARIA *asarina.* *Berg.* Plant. Capens. p. 194.

Caulis herbaceus, filiformis, decumbens, striatus, pilosus, ramosus *Rami* alterni, diffusi, breves, cauli similes, simplices. *Folia* alterna, brevissime petiolata, ovato subrotunda, integra, venoso - reticulata, inaequalia, unguicularia. Stipulae binae, ovatae, acutae, reflexae, semilineam longae. *Flores* axillares, pedunculati. *Pedunculi* capillares, uniflori. *Bracteae* oppositae, minutissimae in pedunculo sub flore.

6. H. (*imbricata.*) foliis cordato - ovatis, convolutis, imbricatis; floribus axillaribus, sessilibus. HEDYSARUM *imbricatum.* Act. Nov. Upsal. Vol. 6. p. 42. tab. 1. HEDYSARUM *imbricatum. Linn.* Suppl. Syst. p. 330, 331. Syst. Veg. per *Gmelin* p. 1122.

Crescit cum priori in campis graminosis.

Radix fibrosa. *Caulis* basi suffruticescens, filiformis, ramosus, decumbens: ramis erectiusculis, teres, pilosus. *Rami* alterni, similes incurvi, raro ramulosi. *Folia* alterna, sessilia, mucronata, integra, reticulata, pilosa, superiora approximato· imbricata, unguicularia. *Stipulae* binae, ad basin foliorum, oppositae, sessiles, bruneae, scariosae, oblongae, acutae, integrae, striatae, pilosae, adpressae, lineam longae. *Flores* solitarii, a foliis occultati. *Calycis* laciniae lanceolatae, pilosae. *Legumen* ovatum, glabrum.

CCCLXI. HEDYSARUM.

Cor. carina transversa obtusa. *Legumen articulis monospermis.*

1. H. (*ciliatum.*) foliis ternatis: foliolis ovatis, mucronatis, pilosis; pedunculis axillaribus, unifloris, folio brevioribus HEDYSARUM *ciliatum.* Act. Nov. Upsal. Vol. 6. p. 43. t. 2.

Crescit in campis graminosis. Floret Novembri, Decembri.

---

* Supra 'in diagnosi: glabra! *Editor,*

Caulis suffruticescens. filiformis, flexuoso-erectus, villosus, ramosus, spithamaeus *Rami* alterni, similes. *Folia* brevissime petiolata: *foliola* lateralia subsessilia, terminale petiolulatum; integra, reticulata, glabra, costa marginibusque pilosa, plana, unguicularia. *Petiolus* vix lineam dimidiam longus. *Stipulae* binae ad basin petioli, oppositae, patulae, glabrae, lanceolatae, acutae, bruneae, scariosae, patulae, glabrae; semilineam longae.

2. H. (*squarrosum.*) foliis ternatis, ovatis, subtus nervosis, tomentosis; floribus spicatis, reflexis.

Crescit in campis graminosis cis et trans Camtous-rivier, *prope* Galgebosch *et alibi.* Floret Decembri.

Caulis suffruticescens, erectus, ramosus, hirsutus, spithamaeus. *Rami* alterni, filiformes, angulati, hirsuti, patentes. *Folia* alterna, breviter petiolata: *Foliola* lateralia subsessilia, intermedium petiolulatum, obtusa, integra, supra tenuissime pubescentia, subtus albo-tomentosa, pollicaria. *Stipulae* lanceolatae, binae, sessiles. *Spica* oblonga. *Calyx* hirsutus. *Legamen* oblongum, biarticulatum, hirsutum.

3. H. (*tetraphyllum.*) foliis ternatis quadrinatisque, stipulis sagittatis. Hedysarum *tetraphyllum* Act. Nov. Ups. Vol. 6. p. 44. t. 3.

Crescit prope Galgebosch *in interioribus* Promontorii bonae Spei regionibus. Floret Novembri, Decembri.

Caulis herbaceus, filiformis, decumbens, totus glaber, ramosus, pedalis et ultra. *Rami* alterni, simplices, similes. *Folia* petiolata. *Foliola* sessilia, elliptica, acuta, integra, patentia, unguicularia. *Petioli* filiformes, longitudine foliorum. *Stipulae* binae ad basin petiolorum et ramorum, oppositae, acutae, glabrae, semiunguiculares. *Bracteae* in ramis, stipulis similes sed latiores, ovatae, oppositae, integrae, conniventes, flores occultantes. *Flores* sessiles, solitarii. *Legumen* lineare, 4-articulatum, scabrum bracteis longius.

CCCLXII. INDIGOFERA.

Cal. patens. Cor. carina utrinque calcari subulato, patulo! Legumen lineare.

1. I. (*filifolia.*) foliis simplicibus, filiformibus; floribus racemosis.

Crescit infra Taffelberg, *latere orientali.* Floret Majo, Junio.

Caulis frutescens, totus glaber, erectus, ramosus, bipedalis et ultra. *Rami* alterni, elongati, erecti, ramulosi, virgati, laxi. *Folia* alterna, sessilia, remota, apice attenuata, erecta, curvata, palmaria. *Flores* sanguinei. *Racemi* in ramulis terminales, oblongi, sensim excrescentes sub florescentia. *Legumina* filiformia, dependentia, bipollicaria.

2. I. (*depressa.*) foliis simplicibus, ovatis, sericeis; ramis diffusis. Ulex capensis. *Linn.* Syst. Veg. per *Gmelin* p. 1093. Spec. Plant. p. 1046.

Caulis fruticosus, brevissimus. crassus, rigidus, fuscus, vix palmaris. *Rami* et *ramuli* teretes, pubescentes, rigidi, divaricato - diffusi. *Folia* sparsa, sessilia, frequentia, imbricata, acuta, revoluta, integra, lineam longa. *Spicae* florum terminales, foliosae, sericeae, oblongae.

3. I. (*sericea.*) foliis simplicibus, lanceolatis, sericeis; spicis terminalibus. Indigofera *sericea*. *Linn.* Syst Veg. per *Gmelin* p. 1127. Mant. p. 271.

Crescit in collibus capensibus ubique, prope *Duyvelsberg* et alibi. Floret *Majo* et sequentibus mensibus.
Frutex erectus, ramosissimus, glaber, bipedalis et ultra. *Rami* aggregato - subverticillati uti et *ramuli* filiformes, erecti, glabri. *Folia* sparsa, frequentia, imbricata, sessilia, acuta, integra, sericeo-tomentosa, lineam longa. *Flores* spicati. *Spicae* ovatae vel subrotundae.

4. I. (*ovata.*) foliis simplicibus, ovatis, villosis: floribus racemosis.

Caulis suffruticescens, ramosus, erectus, teres, glaber, vix pedalis. *Rami* et *ramuli* alterni, flexuosi, similes. *Folia* alterna, brevissime petiolata, obtusiuscula cum mucrone, integra, tenuissime pubescentia, unguicularia. *Racemus* terminalis, ovatus. *Pedunculi* flore breviores.

5. I. (*psoraloides.*) foliis ternatis: foliolis lanceolatis, sericeis; racemis terminalibus, elongatis. Indigofera *psoraloides*. *Linn.* Syst. Veg. per *Gmelin* p. 1127. Cytisus *psoraloides*. *Linn.* Spec. Pl. p. 1043.

Crescit in collibus prope Cap. Floret *Aprili*, *Majo*, *Septembri.*
Caulis suffruticescens, angulatus, curvato erectus, tenuissime pubescens, ramosus, bipedalis. *Rami* alterni, pauci, similes. *Folia* alterna, remota, petiolata, tota sericea: *foliola* convoluta, integra, mucronata, patentia, pollicaria. *Petioli* longitudine folioli. *Racemi* sensim florentes, cernui, pollicares et ultra. *Calyx* sericeus. *Legumen* cylindricum, acutum, tenuissime pubescens, vix pollicare.

6. I. (*incana.*) foliis ternatis, sericeis: foliolis ovatis, acutis; racemis terminalibus; caule decumbente.

Radix sublignosa. Caulis herbaceus, mox ramosissimus, spithamaeus. *Rami* et *ramuli* teretes, sericeo-pubescentes, diffusi, incurvi. *Folia* alterna, petiolata, imprimis subtus sericea: *foliola* obovata, integra, unguicularia. *Racemi* sanguinei, ovati. *Legumina* teretia, acuta, reflexa, sericea, unguicularia.

7. I. (*sarmentosa.*) foliis ternatis: foliolis ovatis, mucronatis, subsessilibus; pedunculis axillaribus, subbifloris; ramis

filiformibus, patulis. Indigofera *sarmentosa. Linn.* Syst. Veg per *Gmelin* p. 1127. Suppl. p. 33. Ononis *filiformis. Linn.* Syst. Veg. per G *melin* p. 1098. Mant. p. 266. Lotus *filiformis. Berg.* Pl. Capens. p. 227.

Crescit in summis lateribus Taffelberg inque ejus frontis fossa. Floret Februario, Martio; item Augusto, Septembri.

Caulis vix fruticosus, brevissimus, ramosissimus. *Rami* plures, iterum ramulosi, *ramulis* capillaribus, patulo-diffusi pubescentes. *Folia* brevissime petiolata: *foliola* integra, sericea, lineam longa. *Pedunculi* capillares, laxi, pollicares. *Legumen* cylindricum, acutum, glabrum, semipollicare.

8. I. (*denudata.*) foliis ternatis: foliolis ovatis, glabris; racemis axillaribus, folio longioribus; caule fruticoso erecto. Indigofera *denudata. Linn.* Syst. Veg. per *Gmelin* p. 1128. Suppl. p. 334.

Frutex rigidus, cinereus, glaber, ramosus, bipedalis et ultra. *Rami* alterni, similes, elongati. *Ramuli* breves, spinescentes. *Folia* alterna, petiolata, glabra: *foliola* obtusa, integra, lineam longa. *Petiolus* longitudine folioli. *Flores* racemosi. *Racemi* laterales, foliis multo longiores. *Bracteae* subulatae. *Legumen* teres, acutum, glabrum, unguiculare.

9. I. (*procumbens.*) foliis ternatis: foliolis obovatis, glabris; racemis axillaribus; caule flexuoso, decumbente. Indigofera *procumbens! Linn.* Syst. Veg. per *Gmelin* p. 1128. Mant. p. 271.

Crescit in collibus prope Cap, vulgaris. Floret Julio et sequentibus mensibus.

Caulis herbaceus, articulatus, compressus, pubescens, simplex vel subramosus. *Folia* alterna, petiolata, glabra: *foliola* obovato-subrotunda, obtusissima, integra, unguicularia. *Petioli* filiformes, foliolo paulo longiores. *Flores* racemosi, sanguinei. *Racemi* in ramis terminales. *Pedicelli* brevissimi.

10. I. (*erecta.*) foliis ternatis: foliolis ovatis, mucronatis; racemo axillari foliis longiore; caule erectiusculo, herbaceo.

Caulis striatus, ramosus, flexuoso-erectus, bipedalis vel ultra. *Rami* alterni, simplices, elongati, similes. *Folia* alterna, petiolata: *foliola* obovata, acuta, integra, supra glabra, subtus tenuissime pubescentia, patentia, vix unguicularia. *Petioli* foliolo paulo longiores. *Flores* racemosi. *Racemus* in ramis terminalis. *Pedunculi* brevissimi. *Legumina* cylindrica, acuta, reflexa, tenuissime pubescentia, pollicaria.

11. I. (*heterophylla.*) foliis ternatis: foliolis inferioribus ovatis; superioribus lanceolatis; floribus racemosis.

Caulis subherbaceus, striatus, ramosus, erectus, pubescens palmaris. *Rami* alterni, pauci, simplices, erecti. *Folia* alterna, petiolata, pubescentia; *foliola* superiora lineam longa

Petioli foliolo paulo longiores. *Racemus* terminalis, ovatus, sensim florens. *Legumina* teretia, acuta, reflexa.

12. I. (*filiformis.*) foliis quinatis: foliolis oblongis, villosis; racemis terminalibus: ramis erectis filiformibus. Indigogera *filiformis.* Linn. Syst. Veg. per Gmelin p. 1128. Suppl. p 334.

Crescit prope Cap. Floret Augusto, Septembri.
Caulis suffruticescens, teres, fuscus, pubescens, flexuosus, erectus, ramosus, sesquipedalis. *Rami* alterni, similes. *Ramuli* filiformes et capillares *Folia* alterna, brevissime petiolata, sericeo-pubescentia: *foliola* ovata, acuta, integra, margine revoluto, inferiora majora, superiora minora, vix unguicularia. *Racemi* in apice ramulorum, ovati, sericei.

13. I. (*mauritanica.*) foliis quinatis, subtus argenteis; floribus racemosis; caule decumbente. Ononis *mauritanica.* Linn. Syst. Veg. per Gmelin p. 1098. Mant. p. 267. 453. Lotus *fruticosus.* Bergii Plant. Capens. p. 226.

Caulis fruticescens, teres, flexuosus, ramosus. *Rami* alterni, similes. *Folia* subsessilia: *foliola* obovata, obtusissima, argenteo-tomentosa, subtus albidiora, inaequalia, lineam longa. *Racemi* terminales; spiciformes, ovati. *Legumina* teretia, acuta, glabra, unguicularia.

14. I. (*digitata.*) foliis digitato-multifidis; racemis terminalibus; caule suffruticoso.

Caulis curvato erectus, tetragonus, ramosus, pedalis et ultra. *Rami* alterni, incurvi, secundi, angulati, sericei. *Folia* alterna, petiolata; supra viridia, tenuissime pubescentia; subtus sericea, digitata: *foliola* lanceolata, acuta, convoluta, vix unguicularia. *Petioli* longitudine folioli. *Racemi* sensim florentes, ovati.

15. I. (*cytisoides.*) foliis pinnatis, glabris: pinnis obovatis; racemis axillaribus; caule fruticoso; ramis tomentosis. Indigofera *cytisoides.* Linn. Syst. Veg. per Gmelin p. 1128. Spec. Pl. p. 1076.

Crescit in lateribus Taffelberg. Floret Aprili.
Frutex erectus, ramosus, tripedalis et ultra. *Rami* et *ramuli* alterni, angulati, tenuissime tomentosi, cani, erecto-patentes, virgati. *Folia* alterna, petiolata: *Pinnae* brevissime petiolulatae, bijugae cum impari, obtusae cum mucrone, integrae margine parum revoluto, semipollicares. *Flores* racemosi, carnei. *Legumina* subcylindrica, acuta, incana, pollicaria.

16. I. (*frutescens.*) foliis pinnatis, glabris: pinnis obovatis; racemis axillaribus; caule fruticoso; ramis glabris. Indigofera *frutescens.* Linn. Syst. Veg. per Gmelin p. 1128. Suppl. p. 334.

Caulis erectus, teres, ramosus, glaber, bipedalis et ultra

Rami alterni, teretes, striati, flexuoso-erecti, virgati. *Folia* alterna, petiolata: *Pinnae* brevissime petiolulatae, obtusissimae, saepe excisae, integrae, glabrae, quadri et quinque-jugae cum impari, subsecundae, unguiculares. *Flores* axillares, racemosi. *Racemus* elongatus, recurvus, folio longior. *Calyx* tenuissime pubescens. *Corollae* vexillum dorso incano-tomentosum.

17. I. (*stricta.*) foliis pinnatis, glabris: pinnis sublanceolatis; racemis axillaribus; caule fruti oso, striato, glabro. Indigofera *stricta.* *Linn.* Syst. Veg. per *Gmelin* p. 1129. Suppl. p. 334.

Crescit in Krumrivier prope rivos. Floret Januario.

Caulis erectus, totus glaber, ramosus. *Rami* alterni, similes. *Folia* alterna, breviter petiolata: *Pinnae* 5- et 7-jugae cum impari, ovato-lanceolatae, acutae, integrae, glabrae, unguiculares. *Racemi* subsessiles, foliis breviores. *Calyx* et *corolla* glabri, vexilli dorso vix pubescente.

18. I. (*angustifolia.*) foliis pinnatis: pinnis linearibus; racemis axillaribus; caule fruticoso, tomentoso. Indigofera *angustifolia.* *Linn.* Syst. Veg. per *Gmelin* p. 1129. Mant. p. 272.

Crescit in dunis prope Houtbay. Floret Aprili.

Caulis totus incano-tomentosus, teres, erectus, ramosissimus, bipedalis et ultra. *Rami* alterni, flexuoso-erecti, uti et *ramuli* similes. *Folia* subsessilia, pinnata cum impari; *Pinnae* bijugae, lanceolatae, obtusae mucrone reflexo, integrae margine revoluto, supra glabrae, subtus incano-tomentosae, unguiculares. *Racemi* folio paulo longiores, incarnati. *Pedicelli, calyx* et *vexilli* dorsum incano-tomentosa.

19. I. (*punctata.*) foliis pinnatis, sericeis: pinnis oblongis; racemis axillaribus; caule herbaceo tomentoso.

Caulis striatus, totus incano-tomentosus, simplex, erectus, pedalis vel ultra. *Folia* alterna, brevissime petiolata, tota sericeo-tomentosa, pinnata cum impari: *Pinnae* subsessiles, quinquejugae, secundae, ovato-oblongae, obtusae mucrone reflexo, integrae, patentes, semiunguiculares. *Racemi* patentissimi apice erecto, foliis longiores. *Legumina* cylindrica, acuta, pubescentia, vix pollicaria.

20. I. (*capillaris.*) foliis pinnatis, glabris: pinnis filiformibus; racemis terminalibus; caule suffruticoso.

Caulis filiformis, ramosissimus, debilis, suffruticescens, flexuoso-erectus, pedalis et ultra. *Rami* et *ramuli* alterni, virgati, similes. *Folia* alterna, petiolata, pinnata cum impari. *Pinnae* 5- et 7-jugae, acutae, rarius obsolete pubescentes, secundae, lineam longae. *Racemi* in ramulis elongatis, sensim florentes, elongati. *Calyx* et *vexilli* dorsum incano-pubescentes.

CCCLXIII. GALEGA.

Cal. dentibus subaequalibus, subulatis. Legumen striis obliquis, seminibus interjectis.

1. G. (*filiformis.*) foliis ternatis: foliolis filiformibus; floribus umbellatis; caule erecto.

Crescit in Hottentotts - Hollandsberg, prope Galgebosch et alibi. Floret Decembri.

Caulis herbaceus, filiformis, flexuoso-erectus, simplex, inferne glaber, palmaris. *Folia* alterna, petiolata, glabra: *foliola* acuta, subpolliçaria. *Petiolus* foliolis paulo brevior. *Flores* terminales, bini vel terni. *Calyx* hirsutus, *laciniis* lanceolatis subaequalibus. *Corolla* lutea: *Vexillam* subrotundum, integrum, extus hirsutum. *Alae* ovatae, vexillo breviores. *Carinae* petala oblonga, obtusa.

2. G. (*genistoides.*) foliis ternatis, sessilibus: foliolis linearibus. Sophora *genistoides*. *Linn.* Syst. Veg. XIV. p. 391. Spec. Plant. p. 534. Sophora *galioides*. *Berg.* Capens. p. 140.

Caulis fruticosus, angulatus, erectus, pedalis et ultra. *Rami* sparsi, frequentes, elongati, angulati, apice ramulosi, ramulis similibus, brevibus, fastigiatis. *Folia* sparsa: *foliola* acuta, subtus a marginibus revolutis sulcata, patula, mucronata, unguicularia. *Flores* versus summitates ramulorum axillares, pedunculati, purpurei. *Pedunculi* uniflori, foliis breviores. *Calyx, bracteae,* et *corolla* glabrae. *Bracteae* binae in basi pedunculi, naviculares, acutae. *Legumina* glabra, scabra, acinaciformia. *Varietas:* α. tota glabra. β. ramulis et ramis, foliisque pilosis pilis laxis albis.

3. G. (*pusilla.*) foliis ternatis, subtus sericeis: foliolis ovatis, mucronatis; floribus lateralibus; caule erecto.

Caulis herbaceus, filiformis, pubescens, ramosus, palmaris. *Rami* alterni, pauci, similes. *Folia* alterna, petiolata: *foliola* sessilia, integra margine parum revoluto, supra glabra, subtus sericea, unguicularia. *Petiolus* foliolo brevior. *Stipulae* ovatae, mucronatae, brevissimae. *Flores* pedunculati, solitarii. *Legumen* ellipticum, compressum, marginatum, pubescens.

4. G. (*falcata.*) foliis ternatis, sericeis; leguminibus solitariis, falcatis, sericeis; caule erecto.

Caulis herbaceus, hirsutus totus, ramosus, palmaris. *Rami* in inferiori caule filiformes, ramulosi, similes. *Folia* brevissime petiolata: *foliola* oblonga, acuta, complicata, integra, vix unguicularia. *Flores* terminales, solitarii. *Calyx* sericeus. *Legumen* lineare, compressum, erectum, pollicare. *Differt* a Loto figurâ leguminis.

5. G. (*trifoliata.*) foliis ternatis, petiolatis: foliolis ovatis, sericeis. Sophora *trifoliata*. *Linn.*

Caulis fruticescens, erectiusculus, cinereus, pubescens, pedalis et ultra. *Rami* versus summitatem caulis aggregati, sparsi, virgati, teretes, tomentosi, subsimplices. *Folia* tota albo vel ferrugineo tomentosa: *foliola* sessilia, convoluta, subexcisa cum mucrone, semiunguicularia. *Flores* terminales, brevissime pedunculati. *Calyx* et *corolla* extus tomentosae. *Stamina* diadelpha. *Legumen* ensiforme, tomentosum, sesquipollicare.

6. G. (*ternata.*) foliis ternatis, sessilibus: foliolis lanceolatis, sericeis. Sophora *ternata*

Caulis fruticosus, cinereus, rigidus, erectus, vix pedalis. *Rami* sparsi, divaricati, fusci, villosi. *Ramuli* villosi, virgati, breves. *Folia* sericea: *foliola* sensim latiora versus apicem, acuta, integra, nervo medio subtus exstanti, patula, unguicularia. *Flores* versus apices ramorum axillares, sessiles. *Calyx* et *corolla* extus ferrugineo tomentosa. *Corolla* intus rubra. *Filamenta* connata.

7. G. (*sericea.*) foliis ternatis: foliolis ovatis, tomentosis; floribus axillaribus, solitariis.

Crescit in Bockland. Floret Octobri et sequentibus mensibus.
Caulis suffruticosus, brevissimus. *Rami* e caule plures, aggregati, alterni, parum divisi, tomentosi, digitales. *Folia* alterna, petiolata, sericeo-tomentosa: *foliola* sessilia, integra, convoluta, aequalia, vix unguicularia. *Petioli* folio breviores. *Flores* subsessiles, lutei. *Calyx* hirsutus. *Legumina* lanceolata, acuta, villosa, unguicularia vel paulo ultra.

8. G. (*totta.*) foliis ternatis hirsutis: foliolis oblongis; floribus subumbellatis; caule herbaceo.

Caulis basi decumbens, dein erectus, filiformis, subsimplex, tomentoso hirsutus, spithamaeus. *Folia* alterna, petiolata, tota hirsuto-tomentosa villo ferrugineo: *foliola* obovato-oblonga, mucronata, integra, unguicularia et ultra. *Petiolus* foliolo brevior. *Stipulae* ovatae, acutae, petiolo triplo breviores, petiolo oppositae. *Flores* terminales, terni. *Calycis* laciniae lanceolatae.

9. G. (*mucronata.*) foliis pinnatis: pinnis ovatis, mucronatis, villosis; caule erectiusculo, fruticoso; ramis pubescentibus.

Caulis ramosus, bipedalis. *Rami* teretes, incurvo-erecti. *Folia* petiolata, tota pubescentia, pinnata cum impari: *pinnae* oppositae et alternae, circiter 8-jugae, semiunguiculares. *Flores* axillares, pedunculati. *Pedunculi* foliis longiores, uniflori vel biflori, cernui, digitales. *Legumen* lineare, pubescens, pollicare.

10. G. (*humilis.*) foliis pinnatis: pinnis subquadrijugis, hirsutis; leguminibus racemosis, pubescentibus, recurvis: caule frutescente.

Caulis brevissimus, simplex, totus cinereo-pubescens, flexuoso erectus, palmaris. *Folia* petiolata, pinnata cum impari:
Pinnae quadrijugae, brevissime petiolulatae, secundae, ovato-
oblongae, obtusae, integrae, unguiculares. *Racemi* axillares.
Legumina brevissime pedunculata, ensiformia, compressa, reflexa, cinereo-pubescentia, pollicaria vel ultra.

11.   **G.** (*pinnata.*) foliis pinnatis: pinnis trijugis; floribus
umbellatis.

Caulis herbaceus, filiformis, striatus, decumbens. *Folia* alterna, petiolata, impari-pinnata: *Pinnae* oppositae, sessiles, oblongae, acutae, integrae, glabrae, subtus punctatae, inferiores
majores, superiores sensim minore's, patentes, unguiculares.
Pedunculus pollicaris et ultra. *Stipulae* duae, minutae, ovatae.
Umbella multiflora. *Pedanculi* axillares, palmares. *Pedicelli* semilineam vix longi, pubescentes uti et calyx. *Legumen* ensiforme, acutum, compressum, pubescens, pollicare.

12.   **G.** (*capensis.*) foliis pinnatis: pinnis subquinquejugis
oblongis; leguminibus racemosis, villosis; caule decumbente,
suffruticoso. Galega *capensis. Linn.* Syst. Veg. per *Gmelin* p. 1130.

Crescit in collibus capensibus. Floret Majo, Junio.
Caulis filiformis, glaber, ramosus. *Rami* alterni, patuli, tenuissime pubescentes. *Folia* petiolata, pinnata cum impari:
foliola brevissime petiolulata, acuminata, integra, nervosa, tenuissime pubescentia, unguicularia; juniora convoluta. minora;
inferiora majora. *Stipulae* et *bracteae* lanceolatae. *Racemi* laterales, elongati, pauciflori. *Legumen* lineari-ensiforme, acutum, erectum, obsolete pubescens, pollicare vel ultra.

13.   **G.** (*grandiflora.*) foliis pinnatis: pinnis mucronatis
pervosis, villosis; leguminibus ciliatis; racemis terminalibus;
saule erecto, fruticoso.

Crescit in Krumrivier. Floret Decembri.
Caulis teres, ramosus, tripedalis et ultra. *Rami* et *ramuli*
alterni, pubescentes, erecto-patentes. *Folia* alterna, petiolata, pinnata cum impari: *Pinnae* 7-jugae, breviter petiolulatae, ovatae, integrae, nervoso-lineatae, reticulatae, pubescentes, unguiculares. *Stipulae* ovatae, acutae. *Pedunculi* tomentosi, vix unguiculares. *Corolla* grandis, purpurea, vexillo
tomentoso. *Calyx* tomentosus. *Legumen* lineari-lanceolatum,
rectum, compressum, polyspermum, glabrum, dorso et carinâ
ciliatum, bipollicare.

14.   **G.** (*striata.*) foliis pinnatis; floribus racemosis; caule
herbaceo, striato.

Caulis inferne sulcatus, glaber; superne striatus, villosus;
ramosus, erectus, bipedalis. *Rami* alterni, curvato erecti, similes. *Folia* alterna, petiolata: *Pinnae* subsessiles, alternantes,
secundae, oblongae, obtusae cum mucrone, integrae, tenuissime pubescentes, subpollicares. *Racemi* terminales, cernui,

digitales. *Pedanculi* unguiculares. *Stipulae* ovatae, acutae, unguiculares. *Bracteae* lanceolatae, pedunculis breviores.

CCCLXIV. C O L U T E A.

Cal. 5-*fidus:* L e g u m e n *inflatum, basi superiore dehiscens.*

1. C. (*frutescens.*) pinnis ovatis, subtus pubescentibus; caule fruticoso; ramis incanis. COLUTEA *frutescens. Linn.* Syst. Veg. per *G m e l i n* p. 1117. Spec. Plant. p. 1045.

Caulis erectus, glaber, ramosus, tripedalis et ultra. *Rami* pauci, elongati, striati. *Folia* petiolata, pinnata. *Pinnae* subsessiles, multijugae, obtusae, supra glabrae, semiunguiculares. *Flores* racemosi, grandes, sanguinei. *Racemi* axillares. *Carina* longior vexillo. *Legumen* ovatum, valde inflatum, glabrum, pollicare.

2. C. (*rigida.*) pinnis lanceolatis, cauleque fruticoso, erecto, glabris.

Caulis rigidus, cinereus, glaber totus, ramosus, pedalis *Rami* alterni, elongati, apice incurvi, basi divaricati. *Folia* petiolata, impari-pinnata: *Pinnae* brevissime petiolulatae, 5- vel 6-jugae, acutae, secundae, convolutae, lineam longae. *Flores* racemosi, flavescentes. *Racemi* in apice ramorum longissimi. *Pedancali* filiformes, cernui, unguiculares. *Legumen* ovatum, inferne attenuatum, compressum, tumidum, glabrum, semipollicare.

3. C. (*pubescens.*) pinnis lanceolatis, villosis; caule herbaceo, erecto, pubescente; racemis terminalibus.

Caulis curvato erectus, teres, totus pubescens, ramosus, pedalis. *Rami* alterni, similes, erecto patentes. *Folia* imparipinnata *Pinnae* multijugae, acutae, unguiculares. *Racemi* oblongi, sensim florentes. *Corollae* rufescentes. *Calyx* et *pedunculi* semiunguiculares, hirsuti. *Legumen* oblongum, glabrum, vix pollicare.

4. C. (*prostrata.*) foliis lanceolatis, villosis; caule herbaceo diffuso; pedunculis axillaribus, subbifloris.

Crescit juxta V e r l o o r e n V a l l e y. Floret O c t o b r i, No v e m b r i.

Caulis decumbens, ramosus, totus pubescens. *Rami* filiformes, diffusi. *Folia* petiolata, pinnata cum impari: *pinnae* multijugae, acutae, unguiculares. *Umbellae* curvato-erectae, filiformes, biflorae et triflorae, digitales. *Legumina* ovata, pubescentia, vix unguicularia.

5. C (*excisa.*) pinnis ovatis, excisis; caule herbaceo decumbente; racemis terminalibus.

Caulis filiformis, ramosus, totus pubescens, pedalis et ultra. *Rami* similes, pauci. *Folia* petiolata, cum impari pinnata: *pin*

nae multijugae, obovatae, absque mucrone, lineam longae.
Racemi floribus plurimis recurvis sanguineis. *Legumen* accina-
tiformi - ovatum, obsolete pubescens.

6. C. (*obtusata.*) pinnis linearibus; caule frutescente,
erecto; floribus racemosis, reflexis.

Crescit in Lange Valley Floret Octobri.
Caulis striatus. ramosus, bipedalis. *Rami* alterni, divaricati,
curvati, striati, hirsuti, breves. *Folia* pinnata, tota hirsuta:
Pinnae cum impari multijugae, obtusae, integrae, unguiculares. *Racemi* terminales. *Pedunculi* reflexi, hirti, vix unguiculares. *Calyx* pubescens. *Legumina* glabra. *Differt* a C. *pubescente*: 1. caule erecto. 2. calyce cinereo, nec nigro. 3. foliolis obtusis.

7. C. (*linearis.*) pinnis linearibus, acutis; caule herbaceo, erecto; racemis terminalibus incurvis.

*Crescit juxta Pickelberg et Verlooren - Valley. Floret
Septembri, Octobri.*
Caulis teres, ramosus, totus glaber, bipedalis. *Rami* alterni, erecto - patentes, elongati, aphylli. *Folia* pinnata cum
impari: *Pinnae* alternae, multijugae, acutae, pollicares. *Racemi* in ramis elongati, palmares. *Pedunculi* capillares, cernui,
unguiculares. *Legumen* ovatum, glabrum, semipollicare.

8. C. (*vesicaria.*) pinnis ovatis; caule herbaceo, decumbente, villoso; leguminibus orbiculatis, inflatis.

Caulis totus hirsutus, spithamaeus. *Rami* filiformes. *Folia*
petiolata, impari - pinnata: *pinnae* multijugae, mucronatae, convolutae, semilineam longae. *Flores* racemosi. *Legumina* globosa, inflata, apice dehiscentia, unguicularia.

9. C. (*tomentosa.*) pinnis ovatis, incanis; caule herbaceo,
tomentoso; floribus racemosis.

Caulis brevissimus, totus tomentosus. *Folia* pinnata cum impari. *Pinnae* oppositae, circiter 6-vel 7-jugae, integrae, villoso - tomentosae, lineam longae. *Racemi* terminales, ovati,
cernui. *Pedunculi* brevissimi. *Calyx* fuscus, hirtus. *Legumen*
ovatum, inflatum, hirtum, unguiculare.

CCCLXV. LATHYRUS.

*Stylus planus, supra villosus, superne latior. Cal. laci
niae superiores 2 breviores.*

1. L. (*odoratus.*) cirrhis diphyllis; pinnis ovato-oblongis; leguminibus hirsutis LATHYRUS *odoratus. Linn.* Syst
Veg. per *Gmelin* p. 1169. Spec. Pl. p. 1032.
*Crescit prope rivulos juxta Ribeck Casteel. Floret Oc-
tobri.*

CCCLXVI. V I C I A.

Stigma latere inferiore transverse barbatum.

1. V. (*capensis.*) pinnis obovatis, mucronatis; stipulis integris; caule angulato. Vicia *capensis. Berg.* Pl. Capens. p. 215.

Crescit in collibus infra montes prope Cap et alibi. Floret Julio et sequentibus mensibus.

Caulis herbaceus, totus glaber, curvato erectus, superne ramosus, pedalis. *Rami* breves. *Folia* alterna, petiolata, pinnata cum impari: *Pinnae* circiter 9-jugae, sessiles, oppositae et alternantes, obtusae cum mucrone, integrae, saepe secundae, semiunguiculares. *Flores* racemosi. *Racemi* terminales, multiflori, 10-flori vel ultra, ovati, pollicares. *Pedunculi* lineam longi. *Stipulae* ovatae, acutae, lineam longae. *Bracteae* lanceolatae, longitudine pedunculi.

CCCLXVII. P S O R A L E A.

Cal. punctis callosis adspersus, longitudine Leguminis 1-spermi.

1. P. (*aphylla.*) aphylla; stipulis mucronatis, brevissimis. Psoralea *aphylla. Linn.* Syst. Veg. per *Gmelin* p. 1138. Mant. p. 450. Spec. Plant. p. 1074.

Crescit in collibus urbis vulgaris juxta fossas. Floret Aprili, Majo.

Frutex erectus, totus glaber, ramosissimus, quadripedalis. *Rami* sparsi, frequentes, rarius ramulosi, elongati, laxi, virgati, angulati, punctati, patentes. *Folia* nulla; sed eorum loco *Stipulae* ovatae, acutae, alternae, inferne remotae, superne aggregatae. *Flores* racemosi. *Racemi* elongati, pedunculis stipulatis, lineam longi. *Calyx* striatus, bruneus, punctatus. *Corolla* caerulea.

2. P. (*decidua.*) foliis simplicibus, lineari-lanceolatis; floribus lateralibus solitariis. Psoralea *decidua. Berg* Pl. Capens. p. 220.

Caulis fruticosus, erectus, glaber, ramosus, punctatus bipedalis vel ultra. *Rami* sparsi, laxi, virgati, striati, subcompressi. *Folia* sessilia, alterna, spinoso-acuta, frequentia, erecta, glabra, glandulosa, vix unguicularia. *Stipulae* sparsae, ovatae, acutae, brevissimae. *Flores* pedunculati, caerulei.

3. P. (*rotundifolia.*) foliis simplicibus, ovatis; floribus capitatis. Psoralea *rotundifolia. Linn.* Syst. Veg. per *Gmelin* p. 1138. Suppl. p. 338.

Caulis suffruticescens, teres, simplex, erectus, palmaris. *Folia* alterna, breviter petiolata, obtusa, integra, glabra, rugosa, glandulosa, semipollicaria. *Capitula* terminalia, hirsuta.

4. P. (*capitata.*) foliis simplicibus, elliptico - linearibus; floribus spicatis. Psoralea *capitata.* *Linn.* Syst. Veg. per *Gmelin* p. 1138. Suppl. p. 339.

Caulis suffruticescens, erectus, teres, .glaber, ramosus, pedalis usque tripedalis. *Rami* alterni, simplices, elongati, similes. *Folia* alterna, petiolata, superne simplicia, inferne ternata, acuminata, integra. glandulosa, patentia, pollicaria usque tripollicaria. *Stipulae* bifidae. *Spicae* terminales, ovatae. *Valde* variat foliis filiformibus et lanceolatis, brevioribus et longioribus; caule simplici et ramoso; spicâ globosâ et oblongâ.

5. P. (*tenuifolia.*) foliis ternatis: foliolis lineari-setaceis; floribus axillaribus. Psoralea *tenuifolia.* *Linn.* Syst. Veg. per *Gmelin* p. 1138. Mant. p. 450. Spec. Pl. p. 1074.

Caulis. herbaceus, angulatus, ramosus, punctatus, erectus, spithamaeus. *Rami* pauci, erecti, similes. *Folia* cum floribus e stipulis alterna: *foliola* glabra, punctata, unguicularia. *Stipulae* simplices, vaginantes, lanceolatae, apice setaceae, punctatae. *Flores* ex axillis plures, erecti, pedunculati. *Pedanculi* uniflori, foliis breviores, infra bracteas punctati, supra bracteas glabri. *Bracteae* binae, oppositae, subulatae, alterâ longiore, punctatae.

6. P. (*linearis.*) foliis ternatis: foliolis linearibus, acutis; floribus lateralibus, solitariis.

Caulis suffruticescens, ramosus, erectus, totus glaber, spitha maeus. *Rami* alterni, patenti-erecti, virgati. *Folia* alterna petiolata: *foliola* integra, costata, unguicularia. *Flores* axilla res, pedunculati. *Pedanculi* folio breviores.

7. P. (*mucronata.*) foliis ternatis: foliolis obovatis, mucronatis; floribus lateralibus.

Caulis suffruticosus, angulatus, erectus, glaber, ramosus. *Rami* alterni, angulati, patuli, virgati. *Folia* alterna, petio lata: *foliola* complicata, mucrone subulato, glandulosa, lineam longa. *Stipulae* binae, subulatae. *Flores* solitarii.

8. P. (*triflora.*) foliis ternatis simplicibusque elliptico-lanceolatis; floribus lateralibus, ternis.

Caulis suffruticescens, teres, glaber, erectus, simplex, bipedalis vel ultra. *Folia* rarius inferne ternata, simplicia, petio lata, acuta, integra, glabra, patentiâ, bipollicaria; summa mi nora et breviora. *Flores* in axillis foliorum pedunculati. *Pe danculi* uniflori, capillares, unguiculares.

9. P. (*tomentosa.*) foliis ternatis: foliolis oblongis, subtus tomentosis; capitulis terminalibus.

Caulis frutescens, teres, striatus, pubescens, ramosus, bipedalis et ultra. *Rami* alterni, erecto-patentes, similes. *Folia* alterna, breviter petiolata: *foliola* ovato-oblonga, acute, integra, supra glabra, subtus villoso-tomentosa, unguicularia intermedio petiolulato, majori, pollicari. *Stipulae* lanceolatae, villosae. *Capitula* globosa, hirsuta, in ramis cernua.

10. P. (*racemosa.*) foliis ternatis: foliolis oblongis, mucronatis; racemis terminalibus, elongatis.

Caulis frutescens, erectus, glaber, ramosus. *Rami* alterni, aggregati, teretes, vix manifeste pubescentes, virgati. *Folia* alterna, petiolata: *foliola* obovato-oblonga, obtusa cum mucrone, integra, glabra, glandulosa, pollicaria *Flores* in ramis racemosa. *Racemus* erectus, interruptus, glaber, palmaris. *Calyx* striatus, valde glandulosus.

11. P. (*spicata.*) foliis ternatis: foliolis oblongis, mucronatis; spicis terminalibus. PSORALEA *spicata*. *Linn.* Syst. Veg. per *Gmelin* p. 1138. Mant. p. 264.

Caulis fruticosus, teres, villosus, erectus, ramosus, bipedalis. *Rami* in apice caulis alterni, teretes, cinereo-pubescentes, erecto patentes, breves, virgati. *Folia* brevissime petiolata: *foliola* obtusa cum mucrone, reflexa, integra, glabra, glandulosa, unguicularia. *Spicae* in ramis oblongae, villosae. *Calyx* striatus, parum glandulosus.

12. P. (*repens.*) foliis ternatis: foliolis obovatis, obtusis glabris; floribus umbellatis. PSORALEA *repens.* *Linn.* Syst. Veg. per *Gmelin* p. 1138. Mant. p. 265.

Crescit prope littus in Bayfalsö.
Radix lignosa. *Caulis* herbaceus, teres, totus glaber, decumbens, ramosus. *Rami* elongati, similes, glanduloso-punctati, diffusi, apice erectiusculi. *Folia* petiolata: *foliola* integra, rugosa, subtus glanduloso-punctata, vix unguicularia. *Petioli* folio longiores. *Flores* in ramis laterales et terminales. *Umbella* saepe multiflora. *Pedunculi* teretes, pilosi, glandulosi, bracteati, pollicares. *Bracteae* binae, connatae, ovatae, acutae, glandulosae, brevissimae, sub flore in pedunculo sitae. *Calyx* valde angulatus, glanduloso-punctatus.

13. P. (*aculeata.*) foliis ternatis: foliolis trigonis, mucronatis, glabris; floribus capitatis. PSORALEA *aculeata.* *Linn.* Syst. Veg. per *Gmelin* p. 1138. Mant. p. 450.

Crescit in fundo fossarum juxta rivos montium Ritvalley, juxta Buffeljagtsrivier et alibi. Floret Octobri, Novembri, Decembri.
Frutex erectus, teres, glaber, ramosus, bipedalis et ultra. *Rami* alterni, secundi, teretes, tenuissime pubescentes, erecto-patentes, rarius ramulosi *ramulis* brevibus similibus. *Folia* sparsa, subsessilia: *foliola* trigono cuneiformia, mucrone reflexo, integra, utrinque punctata glandulis atris, semiunguicularia. *Capitula* terminalia, ovata.

14. P. (*involucrata*) foliis ternatis: foliolis ovatis, acutis, glabris; umbellis terminalibus, involucratis.

Caulis fruticosus, teres, flexuosus, tomentosus, ramosissimus. *Rami et ramuli* similes. *Folia* petiolata: *foliola* integra, absque glandulis laevia, convoluta, lineam longa. *Petiolus* villosus, foliolo duplo breviór. *Stipulae* connatae invicem et cum petiolo, eoque longiores. *Umbellae* circiter quinqueflorae, bracteâ involucratae. *Bractea* invicem et cum petiolo connato-campanulata, bifida, laciniis marginatis, acutis, longitudine pedunculorum. *Pedunculi* hirsuti, vix unguiculares. *Calyx* striatus, apice imprimis hirsutus, vix glandulosus.

15. **P.** (*argentea.*) foliis ternatis: foliolis ovatis, excisis, mucronatis, argenteis: racemis interruptis.

Frutex erectus, flexuosus, rigidus, glaber, ramosus, bipedalis. *Rami* alterni, divaricati, retroflexo-erecti, striati, superne sericeo-pubescentes. *Folia* petiolata, utrinque pubescenti-argentea: *foliola* obovata, subcuneiformia, integra, vix unguicularia. *Petiolus* foliolo brevior. *Flores* racemosi. *Racemas* terminalis, flosculis ternis e singula gemma. *Pedunculi* flore breviores. *Calyx* striatus, sericeus. *Folia* occurrunt rarius glandulóso-punctata.

16. **P.** (*striata.*) foliis ternatis: foliolis oblongis, mucronatis, subtus pubescentibus; racemis terminalibus interruptis.

Crescit prope Dorn·rivier in Corro pone Bockeveld. Floret Novembri.
Caulis frutescens, teres, striatus, totus tenuissime sericeus, erectus, ramosus, bipedalis et ultra. *Rami* similes, erectopatentes. *Folia* brevissime petiolata: *foliola* acuta mucrone reflexo, integra, complicata, glandulosa, supra glabra, subtus tenuissime pubescentia, unguicularia, intermedio paulo longiori. *Racemus* elongátus, digitalis. *Flores* in racemo brevissime pedunculati, terni. *Calyx* glandulosus, albo-hirtus.

17. **P.** (*stachyos.*) foliis ternátis: foliolis ovatis, mucronatis, utrinque villosis; spicis terminalibus, interruptis. Psoralea *stachydis.* *Linn.* Syst. Veg. per *Gmelin* p. 1138. Suppl. p. 338.

Crescit juxta Picketberg. Flaret Novembri.
Caulis frutescens, erectus, teres, striatus, pubescens, ramosus, bipedalis et ultra. *Rami* alterni, divaricati, curvatoerecti, hirsuti, rarius ramulósi: *ramis* brevibus. *Folia* brevissime petiolata, glanduloso-punctata: *foliola* acuta mucrone reflexo, integra, complicata, unguicularia intermedio paulo longiori. *Flores* in spica terni, ferruginei. *Calyx* fuscus, valde hirsutus.

18. **P.** (*bracteata.*) foliis ternatis: foliolis obovatis, mucronatis glabris; spicis terminalibus; bracteis ciliatis. Pso ralea *bracteata.* *Berg.* Plant. Cap. p. 224.

Caulis fruticosus, ramosus. *Rami* teretes, tenuissime pubescentes; erecti. *Folia* alterna, brevissime petiolata: *foliola* mu crone recurvo, convoluta, carinata, integra, vix unguiculari. *Flores* in ramulis spicati. *Bracteae* ovatae, acuminatae.

19. P. (*hirta.*) foliis ternatis: foliolis oblongis, mucronatis, subtus pubescentibus; umbellis lateralibus. Psoralea *hirta. Linn.* Syst. Veg. per *Gmelin* p. 1138. Spec. Plant. p. 1074.

Frutex erectus, teres, flexuosus, rigidus, ramosus, bipedalis. *Rami* similes, ramulosi, superne pubescentes. *Folia* brevissime petiolata: *foliola* acuta mucrone reflexo, convoluta, integra, nervosa, supra glabra, subtus tenuissime pubescentia, unguicularia. *Flores* in axillis umbellati. *Umbella* pedunculata, triflora usque 5-flora. *Pedunculus* et *pedicelli* brevissimi. *Calyx* striatus, tenuissime glandulosus. *Variat* foliis glandulosis et immaculatis.

20. P. (*pinnata.*) foliis pinnatis: pinnis linearibus; floribus axillaribus. Psoralea *pinnata. Linn.* Syst. Veg. per *Gmelin* p. 1139. Spec. Plant. p. 1074.

Caulis fruticosus, teres, striatus, glaber, ramosus, erectus, bipedalis et ultra. *Rami* alterni, breves, similes. *Folia* impari-pinnata, glabra, glandulosa: *Pinnae* usque septemjugae, oppositae, ovatae, acutae, patentes, unguiculares; summae hirsutae. *Flores* pedunculati. *Pedunculi* capillares, albo-villosae, longitudine foliolorum. *Calyx* striatus, glandulosus, fuscus. *Corolla* lutea.

CCCLVIII. MELILOTUS.

Cal. tubulosus, 5-dentatus. *Cor.* decidua. *Carina* adpressa. *Legumen* oligospermum, dehiscens, calyce longius.

1. M. (*indica.*) capsulis racemosis, monospermis; caule erecto. Trifolium *Melilotus indica. Linn.* Syst. Veg. per *Gmelin* p. 1140. Spec. Plant p. 1077.

Crescit in depressis aquosis Rietvalley prope Cap. Floret Septembri.

Caulis striatus, ramosus. *Rami* patentes, similes.

CCCLXIX. TRIFOLIUM.

Cal. tubulosus, 5-dentatus. *Cor.* persistens. *Carina* adpressa. *Legumen* oligospermum, evalve, calyce tectum.

1. T. (*stipulaceum.*) capitulis villosis, ovatis, terminalibus; caule herbaceo, basi decumbente, foliolis excisis, villosis.

Caulis erectus, striatus, filiformis, totus villosus, palmaris. Plerumque plures e radice caules, raro ramosi. *Folia* petiolata, ternata: *foliola* ovata, integra, apice denticulata, nervosa, unguicularia. *Petiolus* longitudine folioli. *Stipulae* cum

petiolo connatae, oblongae, acuminato-setaceae, petiolo bre
viores. *Florum* spicae terminales, ovatae, hirsutae. *Calyx*
angulatus laciniis setaceis:

2. T. (*hirsutum.*) capitulis globosis, hirsutis; caulibus
herbaceis, diffusis; foliolis oblongis, hirsutis.

Crescit in arenosis Lange Valley. Floret Octobri.
Radix alte descendens, fibrosa. *Caules* e radice plurimi, filiformes, uti tota planta hirsuti, palmares. *Folia* petiolata,
valde hirsuta, ternata: *foliola* obtusiuscula, integra, unguicularia. *Petioli* longi, pollicares usque digitales. *Capitula* terminalia.

3. T. (*lanatum.*) capitulis globosis, lanatis, ebracteatis;
caule herbaceo decumbente, foliolis obovatis, obtusis, pilosis.

Crescit cis Heeren Logement locis arenosis.
Caulis filiformis, ramosus. *Rami* alterni, diffusi, similes.
Folia petiolata, ternata: *foliola* integra, supra glabra, subtus
rarius pilosa, unguicularia. *Petioli* pilosi, longitudine folioli.
Capitula terminalia. *Corollae* albae.

4. T. (*diffusum.*) capitulis globosis, lanatis, involucratis;
caule herbaceo, decumbente; foliis obovatis, obtusis, pilosis.

Floret Novembri.
Caulis filiformis, pilosus, ramosus. *Rami* similes, diffusi,
saepe ramulosi. *Folia* petiolata, ternata: *foliola* oblonga, integra, complicata, unguicularia. *Petioli* foliolo paulo longiores. *Capitula* in ramis et ramulis terminalia, valde hirsuta.
Bracteae sub capitulo polyphyllae: *foliola* circiter septem, ovata, acuminata, integra, glabra, ciliata, floribus paulo breviora.
Corollae sanguineae, apice hirsutae.

5. T. (*procumbens.*) spicis ovalibus, subimbricatis, multifloris; vexillis deflexis, persistentibus; caulibus decumbentibus, hirsutis. Trifolium *procumbens. Linn.* Syst. Veg. per
Gmelin p. 1143. Spec. Plant. p. 1088.

Caulis striatus, vix manifeste pubescens. *Flores* in racemo
5-usque 20, brevissime pedicellati. *Pedunculi* folio duplo longiores.

CCCLXX. TRIGONELLA.

*Vexillum et Alae subaequales, patentes, formâ corollae
3-petalae.*

1. T. (*glabra.*) leguminibus umbellatis, reflexis, foliolis-
que ovatis, dentatis, glabris.

Radix fibrosa. *Caulis* herbaceus, flexuoso-erectus, totus
glaber, ramosus, pedalis. *Rami* alterni, teretes, striati, flexuosi, erecti. *Folia* petiolata, ternata: *foliola* obovata, obtusa, apice denticulata, lateralia sessilia, intermedium petiolulatum. *Petiolus* foliolo paulo longiòr. *Flores* umbellâtr, lutei

Umbellae axillares pedunculatae, circiter 6 florae. *Peduncali* pollicares et ultra *pedicellis* brevissimis. *Legumina* linearia, falcata, acuta, rugosa, unguicularia.

2. T. (*tomentosa.*) leguminibus pedunculatis, ternis; foliolis ramisque tomentosis.

Crescit juxta Olyfantsrivier et in Hantam. Floret Novembri.

Caulis fruticosus, inferne glaber, strlatus, floxuosus, ramosus, pedalis. *Rami* floxuosi, erecti, cinereo-tomentosi. *Folia* petiolata, ternata: *foliola* obovata, obtusissima, apice denticulata, fusco-punctata, sericea, lateralia subsessilia, intermedium petiolulatum, unguicularia *Petiolus* filiformis, striatus, pollioaris. *Flores* axillares, pedunculati. *Pedunculus* triflorus absque pedicellis. *Calyx* albo-lanatus.

3. T. (*hirsuta.*) leguminibus racemosis, reflexis; foliolis oblongis, obtusis, villosis.

Radix attenuata, alte descendens, fibrosa. *Caulis* herbaceus, totus hirsutus, erectiusculus, ramosus, palmaris. *Rami* similes, rarius ramulosi, flexuoso-erecti. *Folia* petiolata, ternata: *foliola* integra, vel potius truncata, lineam longa. *Petioli* longitudine folioli. *Racemi* terminales. *Legumina* lanceolata, falcata, compressa, subarticulata, acuta, hirsuta, pollicaria.

4. T. (*villosa.*) leguminibus racemosis, villosis; foliolis obovatis, glabris.

Crescit juxta Slang-rivier. Floret Novembri.

Caulis inferne suffruticescens, brevis, mox ramosus. *Rami* filiformes, divaricato-patentissimi, teretes, inferne glabri, apice villosi, ramulosi. *Ramuli* capillares, flexuoso-erecti. *Folia* petiolata, ternata: *foliola* oblonga, complicata, obtusa, integra; semiunguicularia. *Petiolus* longitudine folioli. *Flores* racemosi. *Legumina* brevissime pedunculata, reflexa, remota, falcata, articulata, pilosa, fere pollicaria.

5. T. (*armata.*) leguminibus lateralibus, pilosis; foliolis ovatis, glabris; ramulis spinescentibus.

Caulis frutescens, teres, ferrugineus, flexuosus, tenuissime pubescens, erectus, ramosus, pedalis. *Rami* alterni, similes, ramulosi. *Ramuli* simplices vel bifidi, spinescentes, brevissimi, patentes. *Flores* laterales, sparsi. *Legumen* brevissime pedunculatum, reflexum, falcatum, articulatum, villosum, unguiculare.

CCCLXXI. MEDICAGO.

Legumen compressum, cochleatum. Carina corollae a vexillo deflectens.

1. M. (*ciliaris.*) pericarpiis duplicatis, cochleatis, caule diffuso. MEDICAGO *polymorpha.* Variet. ciliaris: floribus ca-

pitatis; pericarpiis ciliatis: foliolis obovatis, serrulatis; stipulis ciliatis. Varietas: α. foliis majoribus; caule decumbente. β. foliis minoribus; caule erectiusculo. Medicago *polymorpha: ciliaris* Linn. Syst. Veg. per Gmelin p. 1147. Spec. Plant. p. 1099.

2. M. (*laciniata.*) pericarpiis duplicatis, cochleatis; stipulis dentatis; caule diffuso. Medicago *polymorpha:* var. laciniata: floribus solitariis, pericarpio echinato, foliis oblongis, excisis serratis. Linn. Syst. Veg. per Gmelin p. 1148. Spec. Plant. p. 1099.

Pedunculi uniflori, reflexi.

Classis XIX.

SYNGENESIA.

HERMAPHRODITA.

CCCLXXII. HYOSERIS.

Receptaculum nudum. Cal. subaequalis. Pappus sessilis, paleaceo - aristatus, capillari cinctus, aut ejus loco calyculus, capillarem pappum includens.

1. H. (*tenella.*) foliis radicalibus ovatis, dentatis; caule subaphyllo, filiformi.

Crescit prope Cap et in Swartland. Floret Augusto.

Radix fibrosa, annua. *Caulis* herbaceus, simplex et ramosus, flexuoso - erectus, glaber, palmaris. *Folia* radicalia plura, diffusa, obovato - oblonga, obtusa, obsolete dentata, glabra, unguicularia usque pollicaria, caulina paucissima, sessilia, minora. *Flores* terminales, lutei, glabri. *Pappus* plumosus. *Receptaculum* nudum.

CCCLXXIII. CREPIS.

Recept. nudum. Cal. calyculatus: exterior deciduus. Pappus plumosus, stipitatus.

1. C. (*striata.*) foliis oblongis, dentatis; caule striato, paniculato.

Crescit in montibus Lange-kloof. Floret Novembri.

Caulis herbaceus, erectus, paniculato - ramosus, sulcatus, glaber, bipedalis. *Rami* alterni, filiformes, flexuosi, striati. *Folia* radicalia, 6 vel plura, inferne attenuato - subpetiolata, obtusa cum mucrone, denticulata, rarissime pilosa, bipollicaria. *Flores* terminales. *Calyx* calyculatus, pubescens.

CCCLXXIV. LACTUCA.

Recept. nudum. Cal. imbricatus, cylindricus: margine membranaceo. Pappus capillaris, stipitatus. Sem. laevia.

1. **L.** (*virosa.*) foliis runcinatis lanceolatisque, carinâ aculeatis; caule inferne aculeato. Lactuca *virosa.* Linn. Syst. Veg. per *Gmelin* p. 1172. Spec. Plant. p. 1119.

Crescit in Cannaland. *Floret* Decembri, Januario.

Caulis inferne inprimis aculeatus, striatus, erectus, apice flexuosus, tripedalis. *Folia* inferiora plerumque runcinato-pinnata, laciniis inaequalibus denticulatis; superiora lanceolata, integra; omnia glabra, carinâ subtus aculeato-ciliata, palmaria superioribus sensim minoribus. *Flores* pedunculati.

2. **L.** (*capensis.*) foliis runcinato-pinnatifidis, glabris; caule debili.

Crescit in collibus prope urbem. *Floret* Majo *et sequentibus mensibus.*

Caulis herbaceus, simplex vel superne divisus, glaber, striatus, basi decumbens, dein floxuoso-erectus, palmaris usque pedalis. *Folia* radicalia plurima, attenuato-petiolata, laciniis curvis inaequalibus integris, diffusa, palmaria vel ultra; caulina sessilia lanceolata, saepe indivisa. *Flores* in ramis solitarii.

CCCLXXV. SONCHUS.

Recept. nudum. *Cal.* imbricatus, ventricosus. Pappus *capillaris.*

1. S. (*umbellifer.*) pedunculis hispidis, subumbellatis; foliis cordato-oblongis, serratis.

Caulis herbaceus, angulatus, simplex, erectus, glaber, superne glanduloso-pilosus, bipedalis. *Folia* alterna, amplexicaulia, acuminata, acute vel spinoso-serrulata, glabra, digitalia, superioribus minoribus. *Pedunculi* aggregato-subumbellati per intervalla, filiformes, pilosi pilis glanduloso-capitatis, inaequales, unguiculares atque pollicares. *Calyx* glaber.

2. S. (*glaber.*) pedunculis calycibusque glabris, umbellatis; foliis cordatis, runcinatis.

Radix fibrosa. *Caulis* herbaceus, angulatus, simplex, glaber totus, bipedalis. *Folia* alterna, sessilia, runcinato-pinnatifida, acuminata, denticulato-spinulosa, erecta, palmaria. *Flores* subumbellati.

CCCLXXVI. ROHRIA.

Recept. favosum. *Cal.* polyphyllus, imbricatus: *foliola interiora longiora.* Pappus polyphyllus: *foliola linearia, inaequalia, cuspidata, ciliata, corollâ breviora.*

1. R. (*sulcata.*) foliis lanceolatis, ciliato-spinosis, imbricatis, subtus unisulcatis, glabris.

Crescit in interioribus regionibus Africes australis.

Frutex teres, erectus, cinereus, glaber, pedalis et ultra.

Rami subumbellati, foliis tecti. *Ramuli* similes, subfastigiati, *Folia* sossilia, mucronata. ciliato-serrata, supra plana; subtus convexa, semiunguicularia. *Floram* capitula terminalia in ramulis solitaria. *Calycis* squamae imbricatae, lanceolatae, acuminatae; inferiores brevioros, ciliato-spinosae; superiores longiores, tenuissime ciliatae; flavescentes, glabrae. *Radius* flavus, tridentatus, filamentis sterilibus. *Corollae* disci 5-fidae laciniis linearibus, antheraque cylindracea; Radii ligulata, tridentata. *Receptaculum* favosum.

2. R. (*bisulca*.) foliis lanceolatis, ciliato-spinosis, subtus bisulcatis, glabris.

Crescit in interioribus Promuntorii bonae Spei regionibus.

Frutex teres, fusco-cinereus, glaber, erectus, ramosus, pedalis et ultra. *Rami* sparsi, aggregato-subumbellati, fastigiati, similes, ramulosi ramulis similibus fastigiatis. *Folia* in ramis et ramulis sessilia, acuminata supra convexa, marginibus et nervo medio incrassatis, imbricata apice patulo, vix unguicularia. *Capitula* terminalia. *Calycis* squamae lanceolatae, spinoso-acuminatae, carinatae; inferiores breves, ciliato-serratae; superiores sensim longiores, tenuissime serratae; flavescentes, imbricatae. *Receptaculum* favosum. *Semen* cylindricum, glabrum, obtusum, laeve. *Radium* non vidi, neque pappum.

3. R. (*pectinata*.) foliis lanceolatis, ciliato-spinosis, hirsutis.

Crescit in interioribus Africes australis regionibus.

Frutex teres, inaequalis, fuscus, erectus, tripedalis et ultra, ramosissimus. *Rami* sparsi, approximati, patuli, similes. *Ramuli* subumbellati, breves, fastigiati, foliis tecti. *Folia* sessilia, spinoso-acuminata, villosa, supra plana, subtus bisulcata, imbricata, semiunguicularia. *Florum* capitula minuta, in ramulis terminalia, aggregata. *Calycis* squamae exteriores similes foliis; interiores longiores, lanceolatae, tenuissime ciliatae. *Corollae* disci 5-partitae, laciniis linearibus, antherisque cylindricis. *Receptaculum* favosum. *Radium* non vidi.

4. R. (*patula*.) foliis lanceolatis, ciliato-spinosis, patulis, subtus tumentosis.

Frutex erectus, ramosissimus, totus exceptis foliis supra, albo-tomentosus. *Rami* sparsi iterum ramulosi, erecto patentes. *Folia* sparsa, sessilia, lineari-lanceolata, apice et margine remote ciliato-spinosa, patentia vel subreflexa, supra glabra, subtus albo-tomentosa, frequentia, pollicaria. *Flores* in ultimis ramulis terminales, solitarii. *Calyx* foliis similis.

5. R. (*squarrosa*.) foliis lanceolatis, ciliato-spinosis, recurvis, glabris. Gorteria *squarrosa.* Linn. Syst. Veg. XIV. p. 783. Spec. Plant. p. 1284. Mant. p. 470. Rohria *squarrosa.* Act. Soc. Hist. Nat. Hafn. Vol. 3; Pl. I. p. 100. tab. 5.

Crescit prope littus in Bayfalso. Floret ab Aprili in Julium
Caulis fruticosus, teres, albo-tomentosus, flexuoso erectus,

pedalis. *Rami* pauci, in apice caulis aggregati, brevissimi, reflexi, albo-tomentosi. *Folia* frequentia, sessilis, acuminato-
ciliatoque spinosa, striata, reflexa vel retrorsum imbricata, unguicularia vel paulo ultra. *Florum* capitula terminalia. *Ra*
dius flavus. *Receptaculum* favosum.

6. R. (*lanceolata.*) foliis lanceolatis, remote ciliato - spi-
nosis, erectis, subtus tomentosis. ATRACTYLIS *angustifolia.*
Hont. Natuurl. Hist. 2. Del. tab. 67. ROHRIA *lanceolata.* Act.
Soc. Hist Nat. Hafn. Vol. 3. Pl. I. p. 98. tab. 4.

Crescit in interioribus Prom. bonae Spei regionibus.
Caulis fruticosus, teres, niveo tomentosus, erectus, pedalis
vel paulo ultra. *Rami* pauci, inferne aggregati, elongati, sim
plices, cauli similes, erecti. *Folia* decussata, sessilia, spinoso-
acuminata, ciliato-spinosa spinis remotis paucis; supra laevia,
glabra, convexa; subtus bisulca a marginibus reflexis, albo-tomentosa, erecto-patentia, pollicaria. In axillis foliorum alia
folia minora, aggregata *Flores* in ramis terminales capitulis
solitariis, speciosi, flavi. *Calycis* squamae similes foliis, sed
breviores et magis ciliato-spinosae spinis flavescentibus. *Co-*
rollae radius ligulatus, 4 dentatus; anthera cylindrica. *Corollae*
disci 4 partitae laciniis-linearibus antheraque cylindrica.

7. R. (*setosa.*) foliis oblongis, ciliato spinosis, recurvis
cauleque glabris. GORTERIA *setosa. Linn* Syst. Veg. XIV.
p. 783 Mantiss. p 287. Aster africanus frutescens, splen-
dentibus parvis et reflexis foliis. *Commelin. Hort. Amst.* 2.
p. 55. tab. 28. ROHRIA *setosa.* Act. Hafn. Hist. Nat. Vol. 3.
Sect. I. p. 101.

Crescit in summo Duyvelsberg, alibique. Floret Majo et se-
quentibus mensibus.
Caulis fruticosus, teres, flexuoso-erectus, pedalis et ultra.
Rami sparsi, superne frequentiores, patuli. *Folia* sparsa, frequentia, sessilia, ovato-oblonga, margine incrassato flavo,
acuminato-ciliatoque spinosa spinis remotis, patulo-recurva,
unguicularia. *Florum* capitula terminalia. *Radius* flavus. *Re-*
ceptaculum favosum.

8. R. (*hispida.*) foliis obovato-oblongis, ciliato-spinosis,
erectis, glabris. GORTERIA *hispida. Linn.* Syst. Veg. XIV.
p. 784. Suppl. p. 382. ROHRIA *hispida* Act. Soc. Hist. Nat.
Hafn. Vol. 3. P. I p. 101. tab. 6.

Crescit in Carro. Floret Novembri.
Caulis frutescens, teres, rufescens, glaber, erectus, simplex,
rarius ramosus, pedalis. *Rami* pauci, in infimo caule, similes, breves. *Folia* sparsa, subpetiolata vel obovato-oblonga,
inferne attenuata, spina terminata, utrinque glabra, erecto-
patentia, pollicaria. *Florum* capitula terminalia. *Radius* luteus. *Calycis* squamae foliis similes, spina terminatae, ceterum integrae. *Differt* a R. *squarrosa* calycis spinâ terminali,
lateribus integris.

9. R. (*ciliaris.*) foliis ovatis, glabris, bifariam ciliatis, ciliis exterioribus spinâque terminali reflexis. GORTERIA *cilaris. Linn,* Syst. Veg. XIV p. ⁓83. Sp. Pl. p. 1284. Roh‑ria *ciliaris.* Act. Soc. Hist. Nat. Hafn. Vol. .3. Pl. l. p. 99.

Crescit in summo Dayvelsberg. Floret Junio.

Caulis fruticosus, teres, fuscus, erectus, pedalis et ultra. *Rami* subumbellati, fastigiati, foliis tecti, erecti. *Ramuli* similes, breves. *Folia* sessilia, acuminata setâ reflexâ, utrinque glabra, margine incrassato flavo bifariam spinoso ciliata ciliis flavescentibus, imbricata, semiunguicularia. " *Florum* capitula terminalia. *Radius* flavus. *Receptaculum* favosum.

10. R (*obovata.*) foliis oblongis, dentato - spinosis, glabris; calycibus lanceolatis, ciliato - spinosis. GORTERIA *spinosa. Linn.* Syst. Veg. XIV. p 784. Suppl. p. 381. BASTERIA *aculeata. Hont.* Nat. Hist. 2 Del. t. 34. ROHRIA *obovata* Act. Soc. Hist. Nat. Hafn. Vol. 3. Pl. I. p. 106.

Crescit in Carro. Floret Novembri.

Frutex teres, glaber, purpurascens, flexuoso-erectus, pedalis. *Rami* in summitate caulis, subfastigiati similes. *Foliæ* alterna, inferne attenuata, ovata, spinâ terminata, glabra utrinque, erecto-patentia, unguicularia. *Flores* terminales, magnitudine Cerasi. *Calycis* foliola lanceolata, spinosa, glabra. *Radius* corollae luteus.

11. R. (*cuneata.*) foliis oblongis, 5-dentato-spinosis, subtus tomentosis. ROHRIA *cuneata* Act. Soc. Hist. Nat. Hafn. Vol. 3. p. 105. tab. 10.

Crescit in Carro. Floret Novembri.

Caulis fruticosus, teres, cinereus, ramosus, erectus, bipedalis et ultra. *Rami* alterni, albo-tomentosi, patentes, ramulosi. *Folia* sparsa, sessilia, inferne longe attenuata, obovato-cuneata, spinoso-dentata, spinis circiter quinis, utrinque, imprimis subtus, albo-lanata, erecta, pollicaria. *Flores* terminales. *Calycis* foliola ovata, acuta spinâ terminali, integra, ciliato-spinosa, supra nudiuscula, subtus albo-tomentosa. *Receptaculum* favosum.

12. R. (*incana.*) foliis ovatis, dentato-spinosis; subtus tomentosis; calycinis foliis oblongis, tomentosis, spinosis. BERCKHYEA. *Ehrhart. Beyträg.* 3. p. 137. *Schreb. Gener. Plant.* p. 577. ROHRIA *incana.* Act. Soc. Hist. Nat. Hafn. Vol. 3. P. I. p. 106. tab. 11.

Crescit in siccis regionibus interioribus Promont. bonae Spei.

Caulis frutescens, teres, ramosus, albo-tomentosus, erectus, tripedalis et ultra. *Rami* alterni, similes, divaricati, ramulosi ramulis subfastigiatis. *Folia* alterna, sessilia, spinâ terminata, dentata, spinosa spinis remotis, supra nuda vel parum tomentosa, subtus albo-lanata, pollicaria. *Flores* terminales, magnitudine Cerasi. *Calycis* foliola spinoso-ciliata, albo-tomentosa. *Corollae* radius luteus. *Receptaculum* favosum.

13. R. (*spinosissima.*) foliis connatis, runcinatis, spinosis; calycibus pinnatifido-spinosis. Rohria *spinosissima.* Act.
Soc. Hist. Nat. Hafn. Vol. 3. Part. I. p. 108. tab. 12.

Caulis herbaceus, compressiusculus, glaber, purpurascens,
ramosus, erectiusculus, pedalis et ultra. *Rami* oppositi, flexuoso erecti, ramulosi, similes. *Folia* opposita, ovata, spinâ
longa terminata, runcinato-pinnatifida, laciniis longâ spina flavescente terminatis, supra glabra, subtus albo sublanata, pollicaria. *Flores* terminales. *Calycis* foliola foliis similia, spinis aureis longissimis armata. *Radius* corollae luteus.

14. R. (*monanthos.*) foliis ellipticis, subtus tomentosis;
calycinis foliolis lanceolatis, ciliato-spinosis. Rohria *monanthos.* Act. Soc Hist. Nat. Hafn. Vol. P. I. p. 102. t. 7.

Caulis herbaceus, erectus, purpurascens, inferne nudus, superne albo tomentosus, simplex, spithamaeus. *Folia radicalia,*
inferne attenuata, lanceolato-oblonga, sinuata, spinoso-dentata, subtus lanato tomentosa, palmatia; *caulina* similia, sed
minus sinuata, apice reflexa, alterna, subtus tomentoso-alba,
sensim breviora. *Flos* terminalis, solitarius, grandis. *Calycis*
foliola spinâ acutâ terminata, basi integra. *Radius* floris flavus. *Differt* a priori 1. foliis omnibus tomentosis. 2. foliolis
calycinis omnibus lanceolatis.

15. R. (*armata.*) foliis radicalibus ellipticis, ciliato-spi-
nosis, subtus tomentosis; caulinis oblongis, calyceque ciliatis.
Rohria *armata. Vahl* Act. Soc. Hist. Nat. Hafn. Vol. 2.
P. 2. p. 39. t. 6. Rohria *carthamoides. Thunb.* Act. Soc.
Hist. Nat. Vol 3. P. I. p. 103. t. 8.

*Crescit in Carro juxta Olyfants-rivier et alibi rarius.
Floret Decembri, Januario.*

Caulis herbaceus, subsimplex, angulatus, subvillosus, purpurascens, erectus, vix pedalis. *Rami* pauci in summo caule subfastigiati. *Folia radicalia,* inferne attenuata, elliptica seu lanceolato-oblonga, acuta spinulâ terminali, sinuata, spinoso-
dontata, supra glabra, subtus albo tomentosa, erecta, palmaria;
caulina sessilia, ovata, spinoso-acuta, ciliato-spinosa, reticu-
lato-venosa, pulverulento-villosa, pollicaria. *Flores* terminales. *Calycis* foliola extima ovata, interiora ovato-lanceolata,
spinâ rigida terminata, integra, ciliato-spinosa, venoso reticulata, unguicularia. *Radius* floris luteus. *Differt* a Rohria
carlinoide: 1. calycinis squamis ovatis, minime sinuatis, sed ci-
liato-pectinatis a spinis flavescentibus. 2. foliis caulinis non
cordatis.

16. R. (*pungens.*) foliis oblongis, villosis, ciliato-spinosis; calycinis foliolis lanceolatis, ciliato-spinosis.

Caulis inferne simplex, apice ramosus, angulatus, hirtus,
erectus, spithamaeus. *Folia radicalia* et *caulina* approximata,
sessilia, erosa, imbricato-erecta, pollicaria vel paulo ultra;
caulina subcordata. *Flores* in ramis terminales. *Calycina* fo-

liola hirta, nervosa, lateribus et apice ciliato-spinosa pollicaria. *Differt* a R. *armata*, cui valde similis 1. foliis omnibus
villosis nec tomentosis. 2. foliis radicalibus, sessilibus, nec
subpetiolatis. 3. calycinis squamis angustioribus.

17. R. (*carlinoides.*) foliis radicalibus ellipticis, ciliato-
spinosis, subtus tomentosis; caulinis oblongis calyceque ciliatis. Rohria *carlinoides. Vahl* Act. Soc. Hist. Nat. Hafn.
Vol. I. P. 2. p. 17. t. 9.

Crescit in lateribus montis Dayvelsberg prope urbem Cap.
Radix descendens. *Caulis* herbaceus, erectus, striatus, hirtus, subsimplex, spithamaeus et ultra. *Rami* vix ulli, nisi pedunculi in supremo caule. *Folia radicalia* sessilia, inferne attenuata, obovato-oblonga, sinuata, dentata, dentibus spinosis
flavescentibus, supra glabra, subtus albo-tomentosa, patentia,
palmaria et ultra; *caulina* sessilia, cordata, ovata, acuta, dentata dentibus spinosis, venosa, utrinque villoso-scabra, apice
reflexa, pollicaria. *Flores* terminales. *Calyx* polyphyllus: *foliola* ovato-oblonga, interiora lanceolata, sinuata, spinoso-dentata, acuminato spinosa, villoso-scabra. *Radias* corollae
luteus.

18. R. (*cynaroides.*) foliis radicalibus, integris, inermibus; calycinis ovatis, int gris. Gorteria *herbacea. Linn.*
Syst. Veg. per *Gmelin* p. 1262. Suppl. p. 381. Rohria *c)-*
naroides. Act. Hafn. Soc. Hist. Nat. Vol. I. P. 2. p. 16, t. 8.

Caulis herbaceus, inferne simplex, apice parum ramosus,
erectus, tomentosus, pedalis. *Folia radicalia* aggregata, elliptica, supra glabra, subtus tomentosa, palmaria, *caulina* alterna,
sessilia, ovato-oblonga, mucronata, spinuloso-dentata, supra
glabra, subtus tomentosa, pollicaria, superiora sensim breviora. *Flores* in ramis terminales, solitarii. *Calycis* squamae
ovatae, concavae, mucronatae, ciliato lacerae.

19. R. (*grandiflora.*) foliis calycibusque oblongis, den-
ato-spinosis, subtus tomentosis; flore solitario. Gorteria
fruticosa. Linn. Sp. Pl. p. 1284. *Berg.* Cap. Plant. p. 302.
*f*Rohria *ilicifolia. Vahl.* Act. Soc. Hist. Nat. Hafn Vol. 2.
P. 2. p. 40. t 7.

Crescit in montibus prope Rietvalley et Buffeljagts-rivier.
Floret Novembri, Decembri.
Caulis fruticosus, teres, albo-lanatus, simplex, erectus, uniflorus, pedalis et ultra. *Folia* alterna, et saepe opposita, sessilia, spinis validis dentata et terminata, supra glabra, subtus
lanato-alba, erecto-patentia, pollicaria, superiora sensim minora. *Flos* grandis, magnitudine fere palmae. *Calycis* foliola
foliis similia, sed paulo minora, et longioribus spinis flavescentibus armata. *Radius* corollae luteus, quadridentatus. *Disci*
corollae 5-partitae laciniis linearibus. *Receptaculum* favosum,
setosum.

20. R. (*cruciata.*) foliis cordato-ovatis, glabris, spinoso-

dentatis. Gorteria *cruciata*. *Hout.* Natuurl. Hist. 2. Del. tab.
70. Rohria *cruciata.* Act. Soc. Hist. Nat. Hafn. V. 3. P. 1.
p. 104

Crescit in montibus juxta Olyfants rivier. *Floret Januario.*
Caulis fruticosus, teres, glaber totus, erectus, simplex, pedalis et ultra. *Rami* nulli nisi pauci in summitate caulis, breves, fastigiati. *Folia* alterna, subamplexicaulia, acuta, spinâ
longa, dentato - subpinnatifida, dentibus spinosis, venoso - reticulata, utrinque glabra, sesquipollicaria, supremis sensim minoribus. *Flores* magnitudine Cerasi, terminales, lutei. Calycis
foliola lanceolata, spinoso - pinnatifida.

21. R. (*decurrens.*) foliis decurrentibus, runcinatis, spinoso - ciliatis, subtus tomentosis. Rohria *decurrens.* Act. Soc.
Hist. Nat. Hafn. V. 3. P. I. p. 104. t. 9.

Caulis herbaceus, striatus, angulatus, alatus, spinosus, pedalis et ultra. *Rami* alterni, similes. *Folia* alterna, sessilia,
supra glabra, subtus albo - tomentosa, erecta, digitalia. *Flores*
terminales, grandes. *Calycis* squamae lanceolatae, subtus tomentosae, spinoso - ciliatae. *Radius* corollae luteus.

22. R. (*palmata.*) foliis palmato - pinnatifidis, subtus tomentosis, spinosis; caule lanato. Rohria *palmata.* Act. Soc.
Hist. Nat. Hafn. Vol. 3. P I. p. 108. tab. 13.

Caulis frutescens, teres, inferne simplex, superne ramosus,
totus albo - tomentosus, erectus, spithamaeus. *Rami* alterni, si
miles, subfastigiati. *Folia* alterna, sessilia, palmata seu pin
natifido - quinquepartita, praeter lacinulas tenuiores báseos spinosa, supra glabra, pollicaria; *laciniae* superiores lanceolatae,
spinâ terminatae, margine revolutae, divaricato - patentes, unguiculares. *Flores* terminales, solitarii. *Calycis* foliola ovato-
lanceolata, laciniato - trifida vel quinquefida, spinosa, parum
lanata, semipollicaria. *Radius* corollae luteus.

CCCLXXVII. S T O B A E A.

*Recept. hispidum, favosum. Pappus paleaceus. Cor.
flosculosa. Cal. imbricatus, squamis dentato - spinosis.*

1. S. (*glabrata.*) foliis cordatis, amplexicaulibus, glabris, oblongis.

Caulis herbaceus, crassiusculus, angulatus, glaber, flexuoso-
erectus, inanis, bipedalis vel ultra, superne ramosus. *Folia*
alterna, semiamplexicaulia, indivisa, acuminata spinâ productâ,
dentato spinosa, utrinque glabra, reticulata, patentia, digitalia, superioribus minoribus. *Flores* in ramis terminales, majusculi, lutei. *Calyx* polyphyllus: *foliola* lanceolata, spinoso-
acuminata, nervosa, ciliato - spinosa.

2. S. (*carlinoides.*) foliis cordato - oblongis, glabris, dentato - runcinatis, spinosis.

Crescit in Roggeveld *et* Hantam. *Floret Decembri.*

Caulis herbaceus, angulatus, totus glaber, erectus, superne ramosus, bipedalis. *Rami* alterni, filiformes, erecto patentes. *Folia* alterna, sessilia, cordata, oblongo-lanceolata, spinoso-acuminata, dentato subpinnatifida lobis spinoso-subpalmatis, utrinque glabra, erecto-patentia, digitalia, superioribus minoribus. *Flores* in ramis terminales, lutei, magnitudine Avellanae. *Calyx* polyphyllus: *foliola* lanceolata, spinoso-acuminata, ciliato-spinosa, flosculis longiora.

3. S. (*atractyloides.*) foliis infimis, petiolatis; superioribus sessilibus, dentato-pinnatifidis. Carlina *atractyloides.* *Linn.* Syst. Veg. per *Gmelin* p. 1191. Sp. Plant. p. 1161.

Caulis herbaceus, striatus, pubescens, erectus, apice parum ramosus, pedalis. *Folia radicalia* subtus tomentosa; *caulina* cordata, acuta spinâ acuminata, glabra, omnia inciso-pinnatifida: *laciniis* acutis spinosis, digitalia, superioribus sensim minoribus. *Flores* in ramis terminales, lutei, magnitudine fabae. *Calyx* glaber, polyphyllus: *foliola* lanceolata, acute spinosa, spinoso-ciliata.

4. S. (*decurrens.*) foliis decurrentibus, glabris, inciso-pinnatifidis, spinosis.

Crescit in montibus Hautniquas et in Krumrivier. *Floret* *Novembri, Decembri.*

Caulis herbaceus, erectus, angulatus, alatus, totus glaber, ramosus, pedalis. *Rami* alterni, elongati, flexuoso-erecti. *Folia* alterna, oblonga, lobis rhombeis, ciliato-spinosa, ungicularia usque palmaria. *Flores* terminales, solitarii, et terni, magnitudine Avellanae. *Involucrum* foliaceum, sub flore polyphyllum: *foliola* piunato-spinulosa, tomentosa.

5. S. (*lanata.*) foliis cordatis, ovatis, spinosis, tomentosis.

Caulis herbaceus, basi sublignosus, angulatus, flexuosus, tamentosus, erectiusculus, ramosus, pedalis et ultra. *Rami* alterni, similes, sensim breviores. *Folia* alterna, sessilia, acuta cum spina, dentato-spinosa, utrinque incano-tomentosa, pollicaria. *Flores* in ramis terminales, magnitudine fabae. *Calycis* polyphylli foliola oblonga spinoso-acuminata, spinoso-ciliata, tomentosa.

6. S. (*rigida.*) foliis cordatis, pinnatifidis, spinosis, to mentosis.

Crescit in campis extra urbem et supra littus ma_{...s}, pone Duyvels kopp et alibi. Floret Martio, Aprili.

Caulis herbaceus, teretiusculus, rufescens, glaber, flexuoso-erectus, apice ramosus, pedalis. *Rami* brevissimi, fastigiati. *Folia* sessilia, inciso-pinnatifida, spinoso-acuminata, dentato-spinosa, subtus tomentosa, pollicaria. *Flores* in ramis terminales, lutei, magnitudine vix Avellanae. *Foliola* Calycis ovata, rigida, spinosa, acuta et spinis subdivisis lateraliter armata.

7. S. (*heterophylla.*) foliis tomentosis: infimis indivisis, superioribus lyratis.

Radix alte descendens, *Caulis* basi decumbens, dein erectius-culus, ramosus, tomentosus, vix spithamaeus, *Rami* pauci, elongati, similes. *Folia inferiora* petiolata, oblonga, ciliato-spinosa; supra glabra, subtus tomentosa, digitalia; *superiora* alterna, semiamplexicaulia, basi attenuata, lyrato-pinnatifida, spinosa, subtus densissime albo tomentosa, pollicaria vel ultra, superioribus minoribus. *Flores* terminales, lutei, magnitudine Avellanae. *Calycis* foliola lanceolata, spinosa lateribus et apice.

8. S. (*pinnatifida.*) foliis tomentosis, pinnatifidis: laciniis ovatis supra et apice spinosis.

Caulis herbaceus, teres, pubescens, flexuoso-erectus, superne ramosus, pedalis. *Rami* similes, subfastigiati. *Folia* sessilia, pollicaria: *pinnae* ovatae, spinoso-mucronatae, subtus imprimis incano tomentosae, paginâ superiori et margine spinis te-nuissimis echinatis. *Capitula* florum in ramis subspicata. *Calycis* foliola oblonga, spina terminata, ciliato-spinosa spinis minimis.

9. S. (*pinnata.*) foliis tomentosis, pinnatifidis: pinnis li-nearibus, spinâ terminatis.

Crescit in Bockland. Floret Novembri.

Caulis suffruticosus, totus tomentosus vel albo-lanatus, te-res, superne ramosus, spithamaeus. *Rami* breves, subfastigiati. *Folia* sessilia, linearia, imprimis subtus lanato-tomentosa, pal-maria, *pinnae* lineari-lanceolatae, integrae, margine reflexo. *Flores* terminales. *Calycis* foliola lanceolata, spina terminata, integra, unguicularia.

CCCLXXVIII. C Y N A R A.

Cal. ventricosus, imbricatus: squamis carnosis, emargina-tis, cum acumine.

1. C. (*glomerata.*) acaulis, foliis pinnatis, spinosis.

Crescit juxta Swartkopp'srivier. Floret Decembri.

Folia radicalia, plur , subpetiolata, pinnatifida, supra glabra, scabra; subtus albo-tomentosa; diffusa, palmaria usque spitha maca: *Pinnae* suboppositae, decurrentes, ovatae, inciso-den-tatae, spinosae, apice confluentes. *Capitula* florum radicalia, sessilia, plurima. *Calycis* squamae lanceolatae, spinosae. *Corollae* tubulosae, tubo unguiculari filiformi, limbo crassiori, inferne monophyllo, superne 5-partito: laciniis linearibus, re-volutis. *Receptaculum* paleaceum. *Pappus* polyphyllus, palea-ceus, integer, tubo corollae brevior, glaber, erectus.

CCCLXXIX. SCORZONERA.

Recept. nudum. Pappus plumosus. Cal. imbricatus: squamis margine scariosis.

1. S. (*capensis.*) foliis lineari-lanceolatis, glabris; caule paniculato.

Caulis herbaceus, ramosissimus, totus glaber, erectus, pedalis. *Rami* paniculati, flexuosi. *Folia* sparsa, sessilia, cordata, lanceolata, integra, glabra, pollicaria.

CCCLXXX. ETHULIA.

Recept. nudum. Pappus o.

1. E. (*auriculata.*) floribus paniculatis; foliis auriculatis.

Radix fibrosa, annua. *Caulis* herbaceus, decumbens, apice erectiusculus, compresso-angulatus, striatus, pubescens. *Folia* alterna, petiolata, ovata, dentata, tenuissime pubescentia, patentia, pollicaria. *Auriculae* binae, minimae in petiolo. *Petiolus* pollicaris. *Flores* terminales in ramis, paniculatis.

CCCLXXXI. CACALIA.

Recept. nudum. Pappus capillaris, longissimus. Cal. cylindricus oblongus, basi tantum subcalyculatus.

1. C. (*Kleinia.*) caule fruticoso, articulato; foliis lanceolatis, planis. CACALIA *kleinia. Linn.* Syst. Veg. per *Gmelin* p. 1195. Spec. Plant. p. 1168.

Caulis glaber, ramosus. *Articuli* teretes, laeves, maculis rotundis albis a casu foliorum notati. *Folia* in caule decidua, in apice ramorum aggregata, elliptica, integra, glabra, palmaria. *Florum* Pedunculus inter folia exiens, umbelliferus, palmaris. *Umbella* multiflora, fastigiata. *Pedicelli* pollicares.

2. C. (*repens.*) caule fruticoso; foliis carnosis, depressis, glaucis. CACALIA *repens. Linn.* Syst. Veg. per *Gmelin* p. 1195. Mant. p. 110.

Crescit in Carro.

Radiculae fibrosae. *Caulis* teres, succulentus, a casu foliorum cicatrisatus, erectus. *Folia* alterna, sessilia, lanceolata, obtusa cum acumine, integerrima, incurva; supra convexa, subtus concava, viridi-lineata; glauca, in summo caule frequentia, glabra, pollicaria. *Florum* pedunculus ex apice caulis erectus, striatus, glaber ramosus; *pedicelli* alterni, uniflori.

3. C. (*ficoides.*) caule fruticoso; foliis carnosis, compressis. CACALIA *ficoides. Linn.* Syst. Veg. per *Gmelin* p. 1195. Spec. Plant. p. 1168.

4. C. (anteuphorbium.) caule fruticoso; foliis ovato-oblongis, planis. Cacalia anteuphorbium. Linn. Syst. Veg.
per Gmelin p. 1195. Spec. Plant. p. 1160.

5. C. (cuneifolia.) caule fruticoso; foliis carnosis, cuneiformibus. Cacalia cuneifolia. Linn. Syst. Veg. per Gmelin p. 1195. Mant. p. 110.

Caulis frutescens, carnosus, erectus glaber. Fölia e summitatibus aggregata, integra, glabra, pollicaria.

6. C. (arbuscula.) caule fruticoso; foliis lanceolatis, planis, glabris.

Crescit in Roggeveld. Floret Novembri, Decembri.
Caulis carnosus, glaber, ramosus, pedalis et ultra. Rami
subtrichotomi, divaricati, curvato-erecti, in ceteris carli similes. Folia o summitate ramorum plura, elliptico-lanceolata,
integra, unguicularia. Flores terminales, pedunculati. Pedunculi tres vel plures, filiformes, uniflori, semiunguiculares.

7. C. (rigida.) caule fruticoso; foliis ovatis, obtusis,
planis.

Caulis fuscus, glaber, ramosus, spithamaeus. Rami sparsi,
divaricati, rigidi, spinescentes, ramulosi ramulis brevissimis.
Folia ex apice ramulorum terna vel plura, et in ramis sparsa,
solitaria, sessilia, obovata, saepissime integra, rarius denticulo una alterove notata, glabra, unguicularia. Flores terminales, pedunculati. Pedunculus ex apice ramulorum solitarius,
uniflorus, unguicularis.

8. C. (articulata.) caule fruticoso, decumbente, articulato; foliis inferioribus hastatis; superioribus lyratis.

Crescit juxta Zwartkopps Zoutpan. Floret Majo, Junio
et sequentibus mensibus.
Caulis carnosus, radicans, glaber, pollicem crassus, glaucus
lineis virentibus. Articuli ovati, teretes, glabri, pollicares
usque palmares, annotini, supremi erecti, curvi, ramosi. Rami
brevissimi. Folia alterna, petiolata, carnosa; inferiora trian-
gulari-hastata: lobo medio utrinque dente unico obtuso; superiora lobis inferioribus triangulari-hastatis, supremo hastato
laciniâ mediâ dente utrinque obtusa; erecta, supra viridia, subtus purpureo-glauca, pollicaria; inferne remotiora, superne
frequentiora. Petioli carnosi, semiteretes, supra sulco longitudinali, internodiis longiores, digitales, crassitie calami colum-
bae, glabri, virides; a basi petioli linea triplex, viridis decur-
rit. Flores terminales, paniculati. Pedunculus communis ex
apice caulis teres, sensim attenuatus, erectus, laxus, palmaris.
Pedicelli filiformes, patuli, squamosi, uniflori, raro divisi, unguiculares. Bracteae ad basin singuli pedicelli, lineares, acutae, patentes, pedicello breviores. Calyx communis simplex,
cylindraceus, multistriatus, glaber, calyculatus, multipartitus.
Laciniae tot, quot anguli calycis, circiter 12, ad basin fere
separandae, leviter cohaerentes inferne, superne divisae, lan-

ceolatae, patulae. *Calyculi* squamae bracteis similes. *Corollae* uniformes, tubulosae: Corollulae *hermaphroditae* plurimae, calyce paulo longiores; *propria* infundibuliformis, in tubum sensim attenuata, alba; *limbus* 5-partitus, revolutus. *Filomenta* 5, germini inserta, capillaria, alba, corollâ breviora. *Antherá* cylindrica ex quinque connatis, striata, purpurea, exsorta. *Germen* inferum, filiforme. glabrum *Stylus* filiformis, longitudine staminum, viridis. *Stigmata* duo oblonga, patenti-revoluta, flava, pulverulenta, exserta. *Semina* solitaria, oblonga, substriata, pilosa. *Pappus* pilosus. *Receptaculum* nudum, planum, punctato-rugosum.

9. C. (*tomentosa.*) caule suffruticoso; foliis ovato-lanceolatis, dentatis, subtùs tomentosis. Cacalia *tomentosa.* *Linn.* Syst. Veg. per *Gmelin* p. 1196. Suppl. p. 353.

Caulis frutescens, simplex, tomentosus, erectus, bipedalis. *Folia* sparsa, per totum caulem frequentia, sessilia, oblonga, acuta, integra, margine reflexo, supra glabra, imbricata, internodiis multo longiora, pollicaria. *Flores* terminali-paniculati. *Panicula* composita, ovata.

10. C. (*radicans.*) caule herbaceo, repente, radicante; foliis tereti-ovatis, carnosis. Cacalia *radicans.* *Linn.* Syst. Veg. per *Gmelin* p. 1196. Suppl p. 354.

Crescit in Saldanhabay, Curro *alibique.* *Floret* Decembri.

Radiculae fibrosae. *Caulis* filiformis, subangulatus, longus, carnosus, albus lineis rufescentibus. *Folia* alterna, subpetiolata, secunda, erecta, subtereti-ovata, acuta, supra sulco longitudinali, subtus gibboso convexa, glabra, rufo-striata, unguicularia. *Petioli* breves. *Flos* ex apice caulis, pedunculatus, solitarius. *Pedunculus* filiformis striatus uniflorus, bipollicaris.

11. C. (*acaulis.*) acaulis, foliis semiteretibus; scapis unifloris. Cacalia *acaulis.* *Linn.* Syst. Veg. per *Gmelin* p. 1197. Suppl. p. 353.

Crescit in onderste Roggefeldt. *Floret* Novembri.

Caulis nullus supra terram; sed *Folia* radicalia, aggregata, plurima, supra sulco longitudinali, acuta, glabra, erecta, carnosa; inferne attenuata palmaria. *Scapus* erectus, foliis paulo longior. *Flos* grandis.

12. C. (*scandens.*) caule scandente, foliis triangularibus, sinuato-dentatis Cacalia *scandens.* *Linn.* Syst. Veg. per *Gmelin* p. 1196. *Ait.* Hort. Kewens. Vol. 3. p. 157.

Crescit in sylva juxta Zeekorivier. *Floret* Decembri.

Caulis suffrutescens, striatus, totus glaber, flexuosus, ramosus, tripedalis vel ultra. *Rami* alterni, secundi, raro ramulosi, cauli similes, breves, divaricato-patentes. *Folia* alterna, petiolata, subcordata, acuminata, dentata, vix pollicaria. *Petioli* folio paulo breviores. *Flores* ex apice ramorum et ramulorum paniculati, paniculâ simplici ovatâ.

13. C. (quinqueloba.) caule scandente; foliis quinquelobis.

Floret Majo.

Caulis flexuosus, striatus, glaber. *Rami* pauci, alterni, filiformes, breves. *Folia* petiolata, rarius 7-angulato-lobata lohis acutis, glabra, vix pollicaria. *Petioli* folio vix longiores. *Capitula* axillaria subracemosa.

14. C. (bipinnata.) foliis bipinnatis. CACALIA bipinnata. *Linn.* Syst. Veg. per *Gmelin* p. 1197. Suppl. p. 353. CACALIA pinnatifida. *Berg.* Plant. Cap. p. 230.

Crescit alte in fossa frontis et proclivis Taffelberg. Floret Martio.

Caulis suffruticescens, totus glaber, teres, sulcatus, simplex, erectus, bipedalis. *Folia* alterna, bipinnatifida: *Pinnae* lineari-filiformes. *Panicula* florum terminalis, composita, subfastigiata.

CCCLXXXII. CHRYSOCOMA.

Recept. nudum. Pappus capillaris, sessilis. Cal. hemisphaericus, imbricatus. Stylus vix flosculis longior.

1. C. (microphylla.) fruticosa; foliis teretibus, recurvis, glabris.

Caulis totus glaber, teres, erectus, ramosissimus, pedalis et ultra. *Rami* alterni et subumbellati, divaricati, teretes, substriati, flexuoso-erecti. *Ramuli* umbellati, filiformes, subfastigiati. *Folia* sparsa, frequentia, vix lineam dimidiam longa. *Flores* terminales. *Corollulae* siccatione virescentes.

2. C. (aurea.) fruticosa; foliis linearibus, rectis, glabris, dorso decurrentibus. CHRYSOCOMA aurea. *Linn.* Syst. Veg. per *Gmelin* p. 1203. Spec. Plant. p. 1177.

3. C. (cernua.) fruticosa; foliis lineari-filiformibus, recurvis, subscabris; floribus cernuis. CHRYSOCOMA cernua. *Linn.* Syst. Veg. per *Gmelin* p. 1203. Spec. Pl. p. 1177.

Caulis fruticosus, ramosissimus, erectus, scabridus, palmaris usque pedalis. *Rami* alterni et umbellati, flexuosi, divaricati. *Ramuli* saepe verticillati, filiformes, divaricati, apice cernui. *Folia* sparsa, frequentia, curvata, lineam longa. *Floram* capitula globosa, cernua, terminalia, lutea.

4. C. (patula.) fruticosa; foliis linearibus, recurvis, glabris; ramis divaricatis. CHRYSOCOMA patula. *Linn.* Syst. Veg. per *Gmelin* p. 1203. Mant p. 280. *Bergii* Pl. Cap. p. 234.

Frutex totus glaber, ramosissimus, erectus, pedalis. *Rami* inferiores alterni, superiores umbellati, refracti et incurvi, ramulosi. *Ramuli* pauci, similes. *Folia* sparsa, frequentia, obtusa, integra, curva, reflexa, vix lineam longa. *Capitula* florum terminalia, lutea, erecta.

5. C. (*ciliata.*) fruticosa; foliis linearibus, pilosis; ramis pubescentibus. Chrysocoma *ciliata*. *Linn.* Syst. Veg. per *Gmelin* p. 1202. Spec. Plant. p. 1177.

Frutex erectus, pubescens, ramosus. *Rami* alterni, ternique, filiformes cernui. *Folia* sparsa, frequentia, acutiuscula, integra, lineam longa et unguicularia. *Capitula* florum lutea. terminalia.

6. C. (*scabra.*) fruticosa; foliis ovatis, recurvis, denticulati. Chrysocoma *scabra*. *Linn.* Syst. Veg. per *Gmelin* p. 1203. Spec. Plant. p. 1177.

Frutex erectus, pubescens, ramosissimus, pedalis. *Rami* sparsi et aggregati, filiformes, flexuosi, pubescentes, ramulosi. *Folia* sparsa, frequentissima, sessilia, reflexa, lineam longa. *Capitula* florum terminalia.

7. C. (*undulata.*) herbacea; foliis cordatis, lanceolatis, undulatis.

Caulis herbaceus, teres, striatus, tenuissime pubescens, erectus, simplex apice paniculatus, pedalis et ultra. *Folia* alterna, sessilia, obtusiuscula, integra, basi undulata, erecto-patentia, digitalia, superioribus sensim minoribus. *Panicula* terminalis, fastigiata.

CCCLXXXIII. E U P A T O R I U M.

Recept. nudum. *Pappus* plumosus. *Cal.* imbricatus, oblongus. *Stylus* semibifidus, longus.

1. E. (*scandens.*) caule volubili; foliis cordatis, acutis, dentatis. Eupatorium *scandens*. *Linn.* Syst. Veg. per *Gmelin* p. 1198. Spec. Plant. p. 1171.

Crescit in sylvis. Floret Novembri, Decembri.

Caulis teres, glaber, ramosus. *Rami* oppositi similes. *Folia* opposita, petiolata, ovata, acuminata, glabra, patentissima, pollicaria et ultra; superiora triangularia, minora. *Florum* capitula paniculata.

2. E. (*cinereum.*) foliis oppositis, lanceolatis, tomentosis. Eupatorium *cinereum*. *Linn.* Syst. Veg. per *Gmelin* p. 1199. Suppl. p. 354.

Crescit in Saldanhabay, prope Comp. post in Swartland. Floret Septembri.

Caulis fruticosus, erectus, ramosissimus, orgyalis. *Rami* oppositi, divaricati, flexuoso-erecti, tetragoni, glabri. *Ramuli* oppositi et sparsi, iterum ramulosi, tetragoni, teretes, rudimentis foliorum scabri, pubescentes, frequentes, foliosi. *Folia* in ultimis ramulis alternatim opposita, semiamplexicaulia, approximat, subimbricata, erecta, obtusa, integra, cinereo-tomentosa, internodiis longiora, semiunguicularia. *Flores* in ultimis ramulis terminales, sessiles, solitarii. *Stigmata* sensim incrassata, longitudine corollae

3. E. (*divaricatum.*) foliis ovatis, obtusis, subciliatis.
Chrysoc··ma *oppositifolia*. *Linn*. Svst. Veg. per *Gmelin* p.
1203 Sp. Plant. p. 1177. Eupatorium *divaricatum*, *Berg*.
Plant. Cap. p. 229.

Frutex incomptus, cinereus, totus glaber, pedalis et ultra.
Rami sparsi, divaricati, retrofracti, ramulosi. *Folia* opposita, in ramis et ramulis frequentia, breviter petiolata, integra,
glabriuscula vel vix manifeste pubescentia, unguicularia. *Florum* capitula paniculata-terminalia.

4. E. (*retrofractum.*) foliis obovatis, acutis, glabris.

Caulis fruticosus, incomptus, erectus, ramosissimus, pedalis.
Rami sparsi, divaricati, retrofracti, fusci, glabri. *Ramuli* patentissimi, attenuati, subspinescentes. *Folia* petiolata, sparsa,
integra, semiunguicularia. *Petiolus* filiformis folio duplo brevior. *Flores* in ramulis solitarii.

CCCLXXXIV. STAEHELINA.

Recept. brevissime paleaceum. *Pappus* ramosus. *Antherae caudatae.*

1. S. (*fasciculata.*) foliis fasciculatis, tereti - subulatis,
tomentosis.

Caulis fruticosus, niveo - tomentosus totus, ramosissimus,
erectus, pedalis. *Rami* sparsi, frequentes, filiformes, nivei,
flexuosi, erecti, virgati, ramulosi. *Folia* e gemmis sparsis teretia, mucronata et obtusa, niveo - tomentosa, brevissima.
Capitula terminalia, saepius terna, pedunculata. *Calyx* lanatus squamis imbricatis, subulatis, purpurascentibus, reflexis.
Pappus pilosus.

2. S. (*imbricata.*) foliis ovatis, mucronatis, imbricatis.
Staehelina *imbricata*. *Linn*. Syst. Veg. per *Gmelin* p.
1202. Mant. p. 281. *Berg*. Pl. Cap. p. 233.

Rami tomentosi. *Folia* sparsa, sessilia, integra; supra viridia, glaucescentia, rugosa, glabra; subtus albo - tomentosa
margine parum reflexo, lineam longa. *Calycis* squamae tomentosae, lanceolatae, acutae, reflexae.

3. S. (*corymbosa*) foliis cuneiformibus, dentatis, subtus
tomentosis, capitatis, paniculatis. Staehelina *corymbosa*.
Linn. Syst. Veg. per *Gmelin* p. 1202. Suppl. p. 359.

Crescit trans Camtous rivier. Floret Decembri.

Caulis fruticosus, teres, cinereo - tomentosus, ramosus, erectus, pedalis et ultra. *Rami* alterni similes, albo - tomentosi.
Folia alterna, subpetiolata, inferne attenuata, obovato - cuneiformia, praemorso - truncata, versus apicem parum serrata,
ipso apice tridentata, nervosa, supra glabriuscula, erecta, subpollicaria. *Panicula* terminalis, composita. *Calyx* cylindricus,
imbricatus, tomentosus; *squamae* ovatae, obtusae.

CCCLXXXV. PTERONIA.

Recept. paleis multipartitis. Pappus subplumosus. Cal. imbricatus.

1. **P.** (*spinosa.*) foliis lanceolatis, spinescentibus. Pteronia *spinosa. Linn.* Syst. Veg. per *Gmelin* p. 1201. Suppl.
p. 357.

*Crescit prope Olyfants - rivier et in Carro infra Bocke-
veld. Floret Decembri, Januario.*
    Caulis fruticosus, teres, totus glaber, cinereus, ramosissi-
    mus, erectus, bipedalis et ultra. *Rami* alterni, striati, fle-
    xuoso-erecti. *Ramuli* similes. *Folia* sparsa, sessilia, mucro-
    nata, pungentia, integra, patentia, sesquipollicaria.

2. **P.** (*camphorata.*) foliis fasciculatis, linearibus, ciliatis; calyce ciliato, glabro. Pteronia *camphorata. Linn.*
Syst. Veg. per *Gmelin* p. 1201. Mant. p. 464. Spec. Plant.
p 1176.
    Caulis fruticosus, ramosus, erectus, pedalis et ultra. *Rami*
    alterni, teretes, fastigiati, hirsuti. *Folia* e gemmis alternis,
    acuta, ciliis crystallinis, erecta, unguicularia vel paulo ultra.
    Capitula florum terminalia in ramulis et ramis. *Calycis* squa-
    mae lanceolatae, tenuissime ciliatae, dorso virides.

3. **P.** (*echinata.*) foliis alternis, oblongis, ciliatis; calyce
echinato.
    Caulis fruticosus, erectus, ramosus, pedalis et ultra. *Rami*
    subverticillato-erecti. *Folia* sparsa, frequentia, sessilia, acuta,
    scabra, patenti-recurva, imbricata, unguicularia. *Capitula* ter-
    minalia, fastigiata. *Calycis* squamae lanceolatae, dorso sub
    apice echinato-squamosae, post florescentiam reflexae.

4. **P.** (*flexicaulis.*) foliis connatis, lineari - filiformibus,
glabris; calycinis squamis ovatis; caule flexuoso; capitulis terminalibus, ternis, pedunculatis. Pteronia *flexicaulis. Linn.*
Syst. Veg. per *Gmelin* p. 1201. Suppl. p. 355.
Crescit in Carro. Floret Novembri, Decembri.
    Caulis fruticosus, totus glaber, cinereus, flexuoso-erectus,
    bipedalis. *Rami* dichotomi, flexuosi, divaricati, erecti. *Folia* op-
    posita, amplexicaulia, integra, inermia, patentia, sesquipollica-
    ria. *Calyx* oblongus, glutinosus; *squamae* obtusae, flavescentes.

5. **P.** (*fastigiata.*) foliis connatis, trigonis, obtusis, calycinis squamis ovatis, capitulis ternis sessilibus.
    Caulis fruticosus, rigidus, fuscus, totus glaber, ramosissimus,
    spithamaeus. *Rami*, ramulique sparsi, aggregati, flexuosi, sub-
    fastigiati. *Folia* integra, glabra imbricata apice recurvo, semi-
    lineam longa. *Capitula* terminalia, glabra.

6. **P.** (*paniculata.*) foliis oppositis, filiformibus, glabris;
capitulis paniculatis.

Caulis fruticosus, cinereo-fuscus, totus glaber, ramosus, erectus, pedalis et ultra. *Rami* alterni, flexuosi. *Folia* amplexicaulia, inermia, patentia, pollicaria. *Capitula* terminali-paniculata, glabra. *Calyx* oblongus, angulatus; *squamae* ovatae, obtúsae. *)

7. P. (*fascicnlata.*) foliis lanceolatis, acutis, viscosis; capitulis glomeratis. Pteronia *fasciculata. Linn.* Syst. Veg. per *Gmelin* p. 1202. Suppl. p. 357.

Crescit in Carro, trans Attaquas kloof prope Hexrivier. Floret Novembri, Decembri.
Caulis fruticosus, cinereo-fuscus, totus glaber, eréctus, ramosus, pedalis et ultra. *Rami* trichotomi, flexuosi, fastigiati, ramulosi. *Folia* opposita, sessilia, frequentissima, imbricata, supra concava, subtus carinata, integra, glabra, unguicularia. *Flores* plurimi, aggregati, fastigiati. *Calyx* oblongus, glaber; *squamae* lanceolatae.

8. P. (*snccnlenta.*) foliis trigonis, carnosis, glabris, integris, capitulis solitariis.

Crescit in Carro infra Bockland et in Hantum. Floret Octobri, Novembri.
Caulis fruticosus, rigidus, cinereo fuscus, totus glaber, erectus, ramosus, pedalis. *Rami* similes, flexuoso erecti. *Folia* opposita, amplexicaulia, obtusa, patentia, unguicularia usque pollicaria. *Capitula* terminalia. *Calyx* ovatus, glaber; *squamae* ovatae, integrae, obtusae, fusco-virescentes.

9. P. (*glabrata.*) foliis lanceolatis, glabris; calycinis squamis ovatis, margine membranaceis. Pteronia glabrata. *Linn.* Syst. Veg. per *Gmelin* p. 1201. Suppl. p. 358.

Crescit in Carro infra Bockland. Floret Octobri.
Caulis fruticosus, flexuoso-erectus, fusco-cinereus, glaber, ramosus, pedalis. *Rami* dichotomi, similes. *Folia* opposita, sessilia, ovato-oblonga, integra patentia, unguicularia. *Capitulum* terminale, glabrum. *Calycis* squamae ovato-oblongae, glabrae.

10. P. (*pallens.*) foliis trigonis, glabris; caule paniculato; squamis calycinis ciliatis. Pteronia pallens. *Linn.* Syst. Veg. per *Gmelin* p. 1201. Suppl. p. 357.

Crescit in Carro et Cannaland. Floret Januario.
Caulis fruticosus, cinereo-fuscus, ramosissimus, erectus, spitbamaeus, *Rami* et *ramuli* flexuosi, paniculati. *Folia* opposita, sessilia, obtusa, integra, curva, unguicularia. *Capitula*

---

*) In schedula autographa auctoris adjácente legimus: ,,Pteronia *filifolia:* foliis oppositis, filiformibus, glabris; calycibus teretibus, ovatis, caule ramisque incurvis, teretibus. Pt. *paniculata?* Crescit in *Carro* in Cannaland. Floret *Decembri, Januario.*" *Editor.*

in ultimis ramulis terminalia, glabra. *Calycis* squamae ovatae, obtusae.

11. P. (*aspera*.) foliis fasciculatis, linearibus, sulcatis, glabris; capitulis glabris; calycis laciniis lanceolatis, acutis.

Caulis fruticosus, erectus, inferne glaber, teres, ramosus, bipedalis et ultra. *Rami* alterni, teretes, villoso-scabri, elongati, apice ramulosi ramulis subfastigiatis. *Folia* acuta, integra, punctato-rugosa, patentia, unguicularia. *Capitula* in apice ramulorum solitaria, glabra. *Squamae* calycis carinatae apice reflexae.

12. P. (*cephalotes*.) foliis trigonis, ciliatis, remotis; calycinis squamis lacero-ciliatis. Pteronia *cephalotes*. *Linn.* Syst. Veg. per *Gmelin* p. 1201. Suppl. p. 358.

Caulis fruticosus, cinereo fuscus, erectus, ramosissimus, pedalis et ultra. *Rami* et *Ramuli* trichotomi, flexuosi, hirti, subfastigiati. *Folia* opposita, sessilia, lanceolato trigona, ciliato-scabra, approximato-imbricata, apice recurva, unguicularia. *Capitula* terminalia, ovata. *Calycis* squamae ovatae, glabrae. °)

13. P. (*elongata*.) foliis trigonis, ciliatis, imbricatis; calycinis squamis sublaceris.

Caulis fruticosus, fuscus, rigidus, erectus, ramosissimus, bipedalis et ultra. *Rami* et *Ramuli* trichotomi, flexuosi, glabri. *Folia* opposita, sessilia, approximata, margine et carina ciliato-scabra, semiunguicularia. *Capitula* terminalia, conica. *Valde* affinis Pt. *cephalotidi*, sed distincta.

14. P. (*villosa*.) foliis linearibus, obtusis, piloso-hispidis; calycinis squamis ovatis, integris. Pteronia *villosa*. *Linn.* Syst. Veg. per *Gmelin* p. 1201. Suppl. p. 356.

Crescit in Hantum et in Carro infra Bockland. Floret Octobri.

Caulis fruticosus, fusco-cinereus, ramosus, flexuoso-erectus, spithamaeus. *Rami* et *ramuli* flexuosi, scabridi, fastigiati. *Folia* opposita, ciliato scabra, patentia, unguicularia. *Capitula* ovata, terminalia, solitaria. *Squamae* calycis summae margine membranaceae.

15. P. (*hirsuta*.) foliis lanceolatis, pilosis; caule decumbente; calycinis squamis ovatis, integris. Pteronia *hirsuta*. *Linn.* Syst. Veg. per *Gmelin* p. 1201. Suppl. p. 356.

Crescit in Carro. Floret Novembri.

Caulis fruticescens, fuscus, ramosus, palmaris. *Rami* erec-

°) In schedula autographa auctoris MS. adjacente legimus: Pteronia *scabra*, an *cephalotes?* foliis ovatis, carinatis, serrato-scabris; caule erecto; calycinis squamis ovatis, laceris. *Crescit in Carro. Floret Novembri.*" Editor.

tiusculi. *Folia* opposita, sessilia, integra, supra glabra, subtus scabra, pilosa, unguicularia. *Capitulum* terminato. *Calycis* squamae glabrae.

16. P. (*cinerea.*) foliis lanceolato - ovatis, cinereo - tomentosis; calycinis squamis ovatis. Pteronia *cinerea.* Linn. Syst. Veg. per *Gmelin* p. 1201. Suppl. p. 356.

Crescit in Hantum. Floret Octobri.

Caulis fruticosus, flexuosus, rigidus, cinereus, glaber, ramosus, pedalis et ultra. *Rami* et *Ramuli* oppositi, flexuosi. *Folia* opposita, sessilia, oblonga, integra, patentia, unguicularia. *Capitula* terminalia, ovata. *Calycis* squamae subciliatae, dorso tomentosae.

17. P. (*oppositifolia.*) foliis ovatis, pulverulento - tomentosis; calycinis squamis ovatis, integris. Pteronia *oppositifolia.* Linn. Syst. Nat. p. 538. per *Gmelin* p. 1201. Pteronia *rigida.* Berg. Plant. Cap. p. 231.

Crescit in Carro pone Attaquas kloof. Floret Novembri.

Caulis fruticosus, fuscus, erectus, ramosus, pedalis et ultra. *Rami* oppositi, flexuoso - erecti, angulati, tomentosi, ramulosi. *Folia* opposita, approximata, sessilia, integra, carinata, tomentosa, semiunguicularia. *Capitula* solitaria, terminalia, ovata. *Calycis* squamae dorso sub apice virescentes.

18. P. (*viscosa.*) foliis ovatis, pilosis, scabris; calycinis quamis viscosis, integris.

Crescit in Hantum. Floret Octobri.

Caulis fruticosus, rigidus, cinereo - fuscus, erectus, ramosus, spithamaeus. *Rami* trichotomi, patentissimi. *Folia* opposita, sessilia, acuta, integra, ciliato - scabrida, patula, unguicularia. *Capitula* terminalia, solitaria, oblonga. *Calycis* squamae ovatae, obtusae.

19. P. (*glauca.*) foliis ovatis, glaucis; capitulis oblongis; calycinis squamis ovatis, integris.

Crescit in Hantum. Floret Novembri.

Caulis fruticosus, fuscus, subtetragonus, rigidus, ramosissimus, erectus, glaber, pedalis. *Rami* et *ramuli* trichotomi, flexuoso - subretioulati. *Folia* opposita, frequentissima, obtusa, integra, subcarinata, glauco - subtomentosa, semilineam longa. *Capitula* terminalia, solitaria, cylindrica, glabra, viscosa. *Calycis* squamae inferiores carinatae.

20. P. (*ciliata.*) foliis trigonis, glabris; calycinis squamis ovatis, cil iatis.

Caulis fruticosus, rigidus, erectus, ramosus, spithamaeus. *Rami* et *ramuli* trichotomi, flexuosi, incurvi, glabri. *Folia* opposita, sessilia, integra, patentia, unguicularia. *Capitula* terminalia, oblonga, glabra. *Calycis* squamae obtusae, tenuissime ciliatae.

21. P. (*glomerata.*) foliis ovato - trigonis, glabris; caule

flexuoso; calycinis squamis oblongis, glabris. Pteronia glomerata, *Linn*, Syst. Veg. per *Gmelin* p. 1201, Suppl. p. 356,

Crescit in Carro. Floret Novembri.
Caulis fruticosus, fuscus, ramosissimus, spithamaeus. *Rami* et *ramuli* flexuosi, subfastigiati. *Folia* in ultimis ramulis glomerata, obtusa, integra, vix lineam dimidiam longa. *Capitala* terminalia, oblonga, glabra, *Calycis* squamae ovatae, integrae, obtusae, dorso sub apice virescentes,

22, P. (*retorta*.) foliis ovatis, piloso·scabris, reflexis; calycinis squamis ovatis, integris, Pteronia *retorta*. *Linn*. Syst. Veg. per *Gmelin* p, 1202 Suppl. p. 356,
Caulis fruticosus, erectus, ramosus, spithamaeus. *Rami* teretes, erecti, fastigiati, saepe simplices, pilosi. *Folia* opposita, sessilia, acuta, integra, semiunguicularia. *Capitula* terminalia, solitaria, ovata, glabra, *Calycis* squamae obtusae.

23, P. (*inflexa*.) foliis ovatis, pilosis; calycinis squamis oblongis, apice membranaceis; capitulo inflexo. Pteronia *inflexa*, *Linn*. Syst. Veg. per *Gmelin* p, 1202. Suppl. p. 356.

Crescit in Bantum. Floret Octobri, Novembri.
Radix alte descendens. *Caulis* fruticosus brevis, ramosus. *Rami* et *ramuli* divaricati, flexuosi, rigidi, glabri, fastigiati, *Folia* opposita, subsessilia, integra, tenuissime pubescentia, vix lineam longa. *Capitula* terminalia, solitaria, glabra, ovata. *Calycis* foliola ovato-oblonga, integra, summa apice membranacea.

24, P. (*membranacea*.) foliis ovatis, tomentosis; calycinis squamis margine membranaceis. Pteronia *membranacea*. *Linn*. Syst. Veg. per *Gmelin* p. 1202. Suppl. p. 357.

Crescit in Carro. Floret Decembri.
Caulis fruticosus, tetragonus, fuscus, glaber, erectus, ramosissimus, pedalis et ultra. *Rami* fastigiati uti et *Ramuli*, subsecundi. *Folia* opposita, sessilia, acuta, integra, pulverulentotomentosa, semiunguicularia. *Capitula* terminalia, solitaria, oblonga, glabra. *Calycis* squamae lanceolatae, albae dorso virescente.

Obs. Folia et rami omnino Penaeae Sarcocollae ⊙.

25. P. (*scariosa*.) foliis ovatis, glabris; calycinis squamis ovatis, mucronatis, membranaceis. Pteronia *scariosa*, *Linn*, Syst. Veg. per *Gmelin* p. 1202. Suppl. p. 356,

Crescit in Bantum. Floret Octobri, Novembri,
Caulis fruticosus, rigidus, cinereus, glaber, ramosus, spithamaeus. *Rami* rigidi, divaricati, patentissimi. *Ramuli* spinescentes. *Folia* opposita, subsessilia, ovato-oblonga, obtusa, integra, patentia, vix unguicularia. *Capitula* terminalia, ovata,

glabra. *Calycis* squamae margine et apice lato membranaceae, albidae, mucrone apicis ferrugineo.

CCCLXXXVI. ATHANASIA.

Recept. paleaceum. Pappus paleaceus, brevissimus. Cal. imbricatus.

1. A. (*filiformis.*) foliis lineari - filiformibus, glabris; capitulis paniculatis.

Floret Novembri, Decembri.
   Caulis fruticosus, totus glaber, erectus, ramosus, bipedalis et ultra. *Rami* aggregato subverticillati, subfastigiati. *Folia* sparsa, frequentia linearia, acuta, integra, erecto - patentia, unguicularia. *Paniculae* terminales.

2. A. (*flexuosa.*) foliis linearibus, acutis, glabris; capitulis paniculatis; caule flexuoso.

   Caulis frutescens; teres, totus glaber, flexuoso - erectus, pedalis vel ultra. *Rami* alterni, filiformes, tortuoso - inflexi, ramulosi. *Ramuli* versus apicem capillares, paniculati, fastigiati, foliosi foliis minimis. *Folia* sparsa, sessilia, integra, patentia, unguicularia. *Capitula* in ramulis terminalia.

3. A. (*tomentosa.*) foliis linearibus, tomentosis; panicula composita.

   Caulis fruticosus, simplex, totus tomentosus, flexuoso - erectus, pedalis et ultra. *Folia* sparsa, frequentissima, basi parum attenuata, obtusiuscula, integra, imbricato-patula, pollicaria. *Panicula* florum terminalis.

4. A. (*glabra.*) foliis oblongis, obtusis, glabris; umbellis terminalibus.

   Caulis fruticosus, simplex, erectus, totus glaber, sesquipedalis. *Folia* sparsa, approximata, imbricata, sessilia, acuta, integra, unguicularia. *Capitula* subumbellata, vel potius racemoso - fastigiata. *Pedunculi* capillares, pollicares; superioribus sensim brevioribus.

5. A. (*canescens.*) foliis oblongis, acutis, tomentosis; umbellis terminalibus.

Crescit prope Picketberg. Floret Octobri.
   Caulis fruticosus, teres, inferne glaber, superne tomentosus, flexuoso - erectus, ramosus, pedalis et ultra. *Rami* alterni et terni, tomentosi, patentes. *Folia* sparsa, sessilia, obovato-oblonga, integra, utrinque tomentosa, imbricato - erecta, unguicularia. *Capitula* florum subumbellata. *Pedunculi* filiformes, tomentosi, unguiculares.

6. A. (*scabra.*) foliis ovatis, acutis, scabris; capitulis terminalibus, solitariis.

   Caulis fruticosus, erectus, ramosus, spithamaeus vel ultra.

Rami trichotomi, flexuosu erecti patuli, ramulosi, *ramulis* brevissimis, pilosis. *Folia* sparsa, frequentia, sessilia, rugoso-scabrida, imbricata spice patenti, vix lineam longa.

7. **A.** (*pubescens.*) foliis ovatis, obtusis, scabris; umbellis terminalibus; ramis tomentosis. Athanasia *pubescens.* *Linn.* Syst Veg per *Gmelin* p. 1206. Spec. Plant. p. 1182.

Caulis fruticosus, teres, flexuoso erectus, ramosus, inferne glaber, pedalis et ultra. *Rami* alterni et subumbellato-terni, flexuoso-erecti, fastigiati. *Folia* sparsa, sessilia, integra, papilloso-imbricato erecta, glabra, lineam longa. *Florum* capitula subumbellato paniculata.

8. **A.** (*oapitata.*) foliis ovatis, villosis; capitulis terminalibus, subsessilibus. Athanasia *copitata.* *Linn.* Syst. Veg, per *Gmelin* p. 1206 Spec Plant. p. 1181.

Crescit in collibus prope Cap. Floret ab Aprili ad Augustum. *Caulis* fruticosus, scabridus, erectus, ramosus, pedalis. *Rami* filiformes, noduloso-scabridi, laxi, superne hirsuti. *Folia* sparsa, approximata, sessilia, acuta, inbricata, inferiora glabra, superiora pilosa, lineam longa. *Florum* capitula solitaria usque terna. *Calyx* ovatus.

9. **A.** (*punctata.*) foliis subrotundis, glabris, punctatis; capitulis terminalibus, sessilibus. Athanasia *punctata.* *Bergii* Plant. Cap. p. 238.

Caulis fruticosus, ramosus, erectus, glaber spithamaeus *Rami* alterni, hirsuti, patuli. *Folia* sessilia, integra, crassa, rugoso punctata, imbricata lineam longa. *Capitula* bina et terna.

10. **A.** (*hirsuta.*) foliis linearibus, incisis; panicula composita; caule villoso.

Caulis fruticosus, striatus, hirsutus, simplex, erectus, bipedalis *Folia* sparsa, sessilia, glabra, apice trifida, rarius 5-fida et 4 fida, rarissime multifida; summa indivisa, lanceolata, acuta, imbricata, pollicaria. *Capitula* terminalia, paniculata. *Panicula* fastigiata.

11. **A.** (*trifurcata.*) foliis cuneiformibus, inciso-subtrifidis; capitulis umbellatis. Athanasia *trifurcata.* *Linn.* Syst. Veg. per *Gmelin* p. 1206. Spec. Plant. p. 1181.

Crescit prope Comp. post Riet valley juxta Buffeljagts rivier. Floret Octobri. *Caulis* fruticosus, erectus, totus glaber, ramosus pedalis et ultra. *Rami* approximato subumbellati, erecti, subfastigiati, foliosi. *Folia* sparsa, sessilia, imbricato-erecta, glabra, semiunguicularia; valde varianta in diversis fruticibus et saepe in eodem caule, indivisa, obsolete trifida, inciso-trifida et quinquefida.

12. **A.** (*quinquedentata.*) foliis ovatis, 5-dentatis, recurvis; capitulis subumbellatis.

Caulis fruticosus, valde flexuosus, erectiusculus, ramosus, fusco cinereus, glaber totus, vix pedalis. *Rami* alterni, patuli, flexuoso-erecti. *Folia* in ramis sparsa, frequentia, sessilia, glabra, reflexa, lineam longa. *Capitula* terminalia, racemoso-subumbellata.

13. A. (*aspera.*) foliis ovatis, 5-dentatis, reflexis; capitulis paniculatis.

Caulis fruticosus, rigidus, erectus, villoso-scabridus; ramosus, pedalis. *Rami* sparsi, frequentes, filiformes, divaricato patentes, apico incurvi, palmares. *Folia* sparsa, sessilia, saepius denticulata, glabra, scabrida approximata, vix lineam longa, superioribus minoribus. *Panicula* simplex, subglobosa.

14. A. (*dentata.*) foliis ovatis, acutis, dentatis; paniculâ compositâ. Athanasia *dentata.* Linn. Syst. Veg. per Gmelin p. 1207. Spec. Plant. p. 1181.

Caulis fruticosus, erectus, totus glaber, superne ramosus, pedalis et ultra. *Rami* sparsi, aggregati versus summitatem caulis, striati, subfastigiati. *Folia* sparsa, frequentia, sessilia, glabra; inferiora majora, inciso dentata dente utrinque duplici, erecta, semiunguicularia; superiora ovata, minora, denticulata dentibus minimis, reflexa, vix lineam longa. *Capitula* paniculata; *Panicula* fastigiata.

15. A. (*crithmifolia.*) foliis trifidis: laciniis linearibus, glabris; capitulis subumbellatis. Athanasia *crithmifolia.* Linn. Syst. Veg. per Gmelin p. 1206. Spec. Plant. p. 1181.

Caulis fruticosus, fuscus, flexuosus, erectus, ramosus, pedalis et ultra. *Rami* alterni et terni, pubescentes, flexuosi, subfastigiati. *Folia* sparsa, frequentia, profunde inciso trifida, patentia, unguicularia usque pollicaria. *Capitula* terminalia, subumbellata seu racemoso-fastigiata.

16. A. (*parviflora.*) foliis pinnatis: pinnis linearibus, glabris; paniculâ decompositâ. Athanasia *parviflora.* Linn. Syst. Veg. per Gmelin p. 1207. Tanacetum *crithmifolium.* Linn. Spec. Plant. p. 1132.

Caulis fruticosus, totus glaber, erectus, ramosus, bipedalis et ultra. *Rami* alterni, pauci. *Folia* sparsa, frequentia, patenti-imbricata; sesqui-pollicaria. *Capitula* florum paniculata, minutissima.

17. A. (*pectinata.*) foliis pinnatis: pinnis linearibus, glabris; paniculâ compositâ. Athanasia *pectinata.* Linn. Syst. Veg. per Gmelin p. 1207. Suppl. p. 361.

Crescit in *Carro juxta thermas Olyfants rivier.* *Floret No vembri, Decembri, Januario.*

Caulis fruticosus, totus glaber rufescens, erectus, ramosus, pedalis et ultra. *Rami* pauci, alterni, similes, ramulosi ramulis brevissimis. *Folia* sparsa, semipollicaria. *Pinnae* acutae. *Capitula* terminalis, paniculata. *Panicula* fastigiata. *)

18. A. (*pinnata.*) foliis linearibus, inciso-pinnatis, tomentosis; paniculâ globosâ. Athanasia *pinnata.* Linn. Syst. Veg. per *Gmelin* p. 1207. Suppl. p. 361.

Floret Decembri.

Caulis fruticosus, totus tomentosus, erectus, ramosus, bipedalis. *Rami* paucissimi similes. *Folia* sparsa, pinnata, pollicaria. *Pinnae* lineares; suprema breviora, inciso-trifida, 5-fida et indivisa. *Capitula* terminalia, paniculata. *Panicula* simplex, subglobosa, pedunculis brevibus.

CCCLXXXVII. PENTZIA.

Recept. nudum. *Pappus* margo membranaceus, lacerus. *Cal.* imbricatus, hemisphaericus.

1. P. (*crenata.*) Gnaphalium *dentatum.* Linn. Syst. Veg. per *Gmelin* p. 1214. Spec. Plant. p. 1194. Tanacetum *flabelliforme.* Herit. Sert. Angl. p. 21. t. 27.

Crescit in Carro et Cannaland. Floret Novembri, Decembri.

Caulis fruticosus, teres, flexuoso-erectus, ramosus, pedalis et ultra. *Rami* alterni et subumbellato-aggregati, filiformes, tomentosi, flexuoso-erecti, subfastigiati, *ramulis* similibus. *Folia* sparsa, petiolata, cuneata, apice crenata, lateribus integra, quinquenervia, utrinque albo-tomentosa, erecta, lineam longa. *Petioli* lineares, tomentoso-albi, longitudine folii. *Flores* terminales, racemoso-subumbellati, fastigiati. *Pedunculi* capillares, tomentosi, unguiculares, superioribus brevioribus. *Calyx* ovatus, imbricatus, glaber, luteus, apice scariosus. *Corollae* discoideae, luteae. *Usus.* Herba amara adhibetur ab Hottentottis in Unguentis.

CCCLXXXVIII. TARCHONANTHUS.

Recept. pilosum. *Pappus* pilosus. *Cal.* 1-phyllus, semi-septemfidus, turbinatus.

1. T. (*camphoratus.*) foliis oblongis, integris, subtus tomentosis. Tarchonanthus *camphoratus.* Linn. Syst. Veg. per *Gmelin* p. 1204. Spec. Plant. p. 1179.

Crescit juxta Hange rivier. Floret Decembri.

Frutex erectus, ramosissimus, quadripedalis vel ultra. *Rami* alterni, angulati, fusci, erecti. *Folia* sparsa, breviter petio-

*) In schedula adjacente invenimus: „A. *cinerea*, foliis linearibus, glabris; paniculâ. — *Crescit juxta thermas Oljfanterivier. Floret Decembri, Januario.*" Editor.

lata, obtusa, coriacea; supra glabra, subrugosa; subtus para-
lello-nervosa, bipollicaria. *Flores* racemosi; *racemis* axillaribus, tomentosis.

2. T. (*ellipticus.*) foliis ellipticis, denticulatis, subtus tomentosis.

Caulis fruticosus, glaber, erectus, ramosus, bipedalis et ultra *Rami* ét *ramuli* sparsi, nodulosi, virgati. *Folia* sparsa,
breviter petiolata, lanceolato-elliptica, apice denticulata, subtus albo-tomentosa, pollicaria. *Racemi* florum axillares, glabri.

3. T. (*racemosus.*) foliis ellipticis, mucronatis, denticulatis, subtus tomentosis.

Crescit in Sylva kuka. Floret Decembri.
Frutex erectus, ramosus, bipedalis. *Rami* sparsi, pauci,
teretes, subtomentosi, erecto-patentes. *Folia* sparsa, breviter
petiolata, elliptico-lanceolata, integra et denticulata, pollicaria. *Racemi* florum axillares, tenuissime pubescentes.

4. T. (*lanceolatus.*) foliis ellipticis, integris, glabris.
*Crescit prope Buffeljagts-rivier et alibi. Floret Decem-
bri, Januario.*
Frutex erectus, inferne glaber et ramosus, pedalis. *Rami*
tomentosi, breves. *Folia* sparsa, breviter petiolata, elliptico-
lanceolata, margine reflexo, utrinque glabra, erecto-patentia,
digitalia. *Racemi* axillares, ferrugineo-tomentosi.

5. T. (*dentatus.*) foliis oblongis, integris dentatisque, subtus obsolete tomentosis. Tarchonanthus *glaber. Linn.* Syst.
Veg. per *Gmelin* p. 1204. Suppl. 361.

Crescit in Essebosch. Floret Novembri.
Arbor excelsa, flexuoso-erecta, ramosa. *Rami* alterni, nodulosi. *Folia* sparsa, petiolata, obtusa, margine reflexo et
apice denticulata, supra glabra, subtus rugosa et obsolete ferrugineo-tomentosa, inaequalia, digitalia. *Petioli* unguiculares.
Paniculae axillares, ferrugineo-subtomentosae. *Folia* adultiora
glabra evadunt tota.

POLYGAMIA SUPERFLUA.

CCCLXXXIX. RELHANIA.,

Recept. paleaceum. Pappus membranaceus, cylindricus, brevis. Cal. imbricatus, scariosus. Cor. radii plurimae.

1. R. (*squarrosa.*) foliis ovatis, acutis, reflexis, glabris; umbellis terminalibus. ATHANASIA *squarrosa. Linn.* Syst. Veg. per *Gmelin* p. 1207. Sp. Plant. p. 1180.

Crescit in Carro. Floret Novembri.
Caulis fruticosus, totus glaber, cinereus, erectus, ramosus, tripedalis vel ultra. *Rami* subverticillati, flexuoso erecti, fastigiati. *Folia* sparsa, approximata, sessilia, integra, glabra, lineam longa vel paulo ultra. *Flores* aggregato-subumbellati, erecti. *Pedunculi* flore breviores. *Calyx* cylindricus.

2. R. (*genistifolia.*) foliis lanceolatis, glabris; umbellis terminalibus. ATHANASIA *genistifolia. Linn.* Syst. Veg. per *Gmelin* p. 1207. Mant. p. 464.

Crescit in Carro prope Cap. Floret Augusto.
Caulis fruticosus, flexuosus, totus glaber, ramosus, bipedalis et ultra. *Rami* et *ramuli* sparsi, frequentes, flexuosi, virgati. *Folia* sparsa, frequentia, sessilia, acuta, integra, imbricato-patula, unguicularia. *Umbellae* 3-usque 5-florae.

3. R. (*pumila.*) foliis linearibus, villosis; pedunculis terminalibus, solitariis. ATHANASIA *pumila. Linn.* Syst. Veg. per *Gmelin* p. 1207. Suppl. p. 362.

Crescit in depressis prope Brandvalley. Floret Octobri.
Radix fibrosa. *Caulis* herbaceus, teres, inferne glaber, decumbens, suberectus, ramosus palmaris. *Rami Ramulique* alterni, filiformes, subfastigiati. *Folia* sparsa, sessilia, glanduloso-villosa, patentia, integra, unguicularia. *Capitula* in ramulis terminalia, solitaria, pedunculata. *Pedunculi* unguiculares.

4. R. (*sessiliflora.*) foliis linearibus villosis, capitulis sessilibus. ATHANASIA *sessiliflora. Linn.* Syst. Veg. per *Gmelin* p. 1207. Suppl. p. 362.

Crescit in arenosis Swartland. Floret Octobri.
Radix fibrosa. *Caulis* herbaceus vel plures e radice, apice ramulosi, villosi, flexuoso-erecti, palmares. *Rami* et *ramuli* fastigiati. *Folia* sessilia, frequentia, glanduloso-villosa, curvata, vix unguicularia. *Capitula* parva.

5. R. (*cuneata.*) foliis obovatis, convolutis, glabris; capitulis terminalibus, sessilibus. ATHANASIA *uniflora. Linn.* Syst. Veg. per *Gmelin* p. 1208. Suppl. p. 362.

Caulis fruticosus, teres, cinereus, totus glaber, erectus, ramosus, bipedalis et ultra. *Rami* et *Ramuli* per intervalla subverticillati, fastigiati. *Folia* in ramis et ramulis frequentia, sessilia, convoluto-trigona, apice recurvo-subtrifida, imbricata, lineam longa. *Capitula* in ramulis solitaria.

6. R. (*paleacea.*) foliis linearibus supra niveis, capitulis terminalibus solitariis. Leysera *paleacea. Linn.* Syst. Veg. per *Gmelin* p. 1246. Leysera *ericoides. Berg.* Plant. Cap. p. 294.

Caulis fruticosus, flexuoso-erectus, ramosissimus, fuscus, pedalis. *Rami* et *Ramuli* terni et verticillati, flexuosi, subfastigiati. *Folia* in ramulis sessilia, frequentia, obtusa, convoluta, supra niveo-tomentosa, subtus pubescentia, imbricata apice patulo, lineam longa. *Capitula* in ramulis, breviter.pedunculata.

7. R.. (*santolinoides.*) foliis linearibus, tomentosis; capitulis terminalibus, solitariis, pedunculatis. Relhania *santolinoides. Herit.* Sert. Anglican.

Caulis fruticosus, ramosus, erectus, pedalis. *Rami* bini et terni, divaricati, erecti, subsimplices, tomentoso-incani. *Folia* sessilia, frequentia, sublinearia, utrinque lanato-tomentosa, patentia, unguicularia. *Capitula* breviter pedunculata.

8. R. (*tomentosa.*) foliis linearibus, tomentosis; capitulis terminalibus, sessilibus.

Caules e radice plures, caespitosi, filiformes, laxi, erecti, inferne glabri, striati, ramosi, spithamaei. *Rami* alterni, capillares, subtomentosi. *Folia* e gemmis alternis sessilia; lineari-filiformia, obtusa, sulcata, unguicularia. *Capitula* florum bina, tria vel plura. *Calyx* oblongus, subcylindricus; *squamae* inferiores sub apice tomentosae, superiores purpureae.

9. R. (*reflexa*) foliis linearibus, tomentosis; squamis calycinis setaceis, reflexis.

Crescit in campis arenosis juxta Ficketberg. Floret Octobri.
Radix fibrillosa. *Caulis* frutescens, teres, simplex vel ramosus, erectus, spithamaeus vel paulo ultra. *Rami* sparsi, similes, erecti fastigiati. *Folia* alterna, sessilia, obtusa, integra, erecto-patentia, unguicularia. *Capitula* terminalia, cylindrica. *Calyx* communis imbricatus; *squamae* lanceolatae, acuminatae, apice scariosae. *Corollae* radii luteae; disci 5-fidae. *Receptaculum* nudum. *Pappus:* corona foliacea, nivea: foliolis ovatis, obtusis, brevissimis.

10. R. (*pungens.*) foliis lanceolato-subulatis, glabris, subtus striatis; capitulis sessilibus. Relhania *pungens. Herit.* Sest. Anglic.

Caulis fruticosus, nodulosus, teres erectus, ramosus, pedalis vel ultra. *Rami* dichotomi, simplices vel iterum bifidi, foliis tecti, erecti. *Folia* sessilia, frequentia, imbricata, lanceolato-acuminata, mucronata, rigida, pungentia, supra concava, subtus nervosa, integra, subpollicaria. *Capitula* in ramis et ramulis terminalia, solitaria.

11. R. (*trinervis.*) foliis lanceolatis, glabris', subtus trinervibus; capitulis terminalibus, sessilibus.

Caulis fruticosus, erectus, ramosus, pedalis. *Rami* et *Ramuli* alterni, incurvato-erecti. *Folia* sparsa, approximata, imbricata, sessilia, elliptico-lanceolata, acuta, integra, concaviuscula, subtus costis tribus elevatis, unguicularia. *Capitulum* singulum in apice ramulorum, solitarium.

12. R. (*quinquenervis.*) foliis lanceolatis, villosis, subtus quinquenervibus; capitulo sessili.

Caulis fruticosus, teres, pubescens; superne ramosus, erectus, pedalis et ultra. *Rami* dichotomi, erecti, simplices. *Folia* sparsa, sessilia, elliptico-lanceolata, integra, imbricata, unguicularia. *Capitulum* terminale, solitarium.

13. R. (*pinnata.*) foliis pinnatis: foliolis linearibus.

Crescit in Bockland. Floret Novembri.

Caulis frutescens, teres, striatus, erectus, ramosus, pedalis et ultra. *Rami* alterni, filiformes, elongati, laxi, erecti. *Folia* subquinata, glabra: *foliola* mucronata, unguicularia. *Capitula* in ramis et ramulis terminalia.

CCCXC. TANACETUM.

Recept. nudum. Pappus o. *Cal.* imbricatus, hemisphaericus. *Cor. radii* 3-*fidae, lineari-ligulatae, interdum* o.

1. T. (*suffruticosum.*) foliis pinnatis, villosis: pinnis linearibus, acutis: paniculâ fastigiata. Tanacetum *suffruticosum. Linn.* Syst. Veg. per *Gmelin* p. 1209. *Berg.* Pl. Cap. p. 241.

Caulis frutescens basi, teres, striatus, pubescens, inferne simplex, superne ramosus, erectus, pedalis et ultra. *Rami* alterni, erecti, fastigiati, tomentosi. *Folia* alterna, tota obsolete villosa, pollicaria: *Pinnae* rarius incisae, patulae, unguiculares. *Flores* terminales, paniculati, parvi, lutei. *Paniculae* simplices.

2. T. (*obtusum.*) foliis bipinnatis, glabris: pinnulis linearibus, obtusis; capitulis solitariis, glabris.

Caulis vix frutescens, subherbaceus, angulatus, rufescens, tenuissime pubescens, inferne ramosissimus, superne paniculatus, erectus, pedalis. *Rami* et *ramuli* alterni, filiformes, virgati; superne dichotomi in paniculam florentem. *Folia* sparsa, inferiora pollicaria, superiora unguicularia. *Pinnulae* breves, rarius incisae, incurvae, semilineam longae. *Capitula* florum in ramulis terminalia, lutea, magnitudine pisi.

41*

3. T. (*grandiflorum.*) foliis bipinnatis, villosis: pinnulis linearibus, acutis; capitulis solitariis, tomentosis.

Radix fibrosa. *Caulis* herbaceus, basi parum decumbens, dein erectus, angulatus, purpurascens, tenuissime pubescens, inferne simplex, apice ramosus, pedalis. *Rami* alterni, striati, villosi, flexuosi, erecti, simplices, fastigiati. *Folia* tenuissime pubescentia, pollicaria: *Pinnulae* inflexae. *Capitula* florum terminalia in ramis, lutea, magnitudine pisi majoris.

4. T. (*multiflorum.*) foliis bipinnatis, villosis: pinnulis acutis : paniculis compositis, fastigiatis.

Caulis vix fruticescens, subherbaceus, angulatus, purpurascens, tenuissime villosus, erectus, inferne parum ramosus, apice valde paniculatus, pedalis. *Rami* filiformes, cauli similes, flexuosi, erecti, fastigiati. *Folia* pubescentia, pollicaria: *Pinnulae* lineares. *Panicula* multiflora, capitulis parvis, glabris.

5. T. (*vestitum.*) foliis filiformi - trigonis, imbricatis; paniculâ terminali. Gnaphalium foliis linearibus, creberrimis, floribus oblongis, umbellatis. *Burm.* Afr. Dec. p. 220. f. 78. fig. 4. bona.

Crescit in Cannaland *et* Carro. *Floret* Novembri, Decembri. *Caulis* fruticosus, totus glaber, ramosus, curvato-erectus, pedalis et ultra. *Rami* et *ramali* trichotomi, flexuosi, fastigiati. *Folia* sparsa, in ramulis frequentissima, acuta, imbricato - patentia, glabra, unguicularia. *Paniculae* fastigiatae.

6. T. (*longifolium.*) foliis lineari - filiformibus; racemo terminali fastigiato.

Caulis fruticosus, simplex, erectus, teres, totus glaber, bipedalis. *Folia* sparsa, linearia vel subfiliformia, acuta, integra, glabra, imbricata; inferiora longiora, bipollicaria; superiora breviora. *Capitula* racemosa.

7. T. (*linifolium.*) foliis lanceolatis, canaliculatis; racemo terminali fastigiato. Athanasia *linifolia?* Linn. Syst. Veg. per Gmelin p. 1207. Suppl. p. 361.

Crescit in Lange kloof. montibus. *Floret* Novembri, Decembri. *Caulis* fruticosus, totus glaber, erectus, ramosus, bipedalis et ultra. *Rami* alterni, pauci, erecti, simplices. *Folia* alterna, sessilia, acuta, integra, imbricato - erecta, unguicularia. *Capitula* racemosa, magnitudine pisi.

8. T. (*axillare.*) foliis connatis, lineari - filiformibus; capitulis axillaribus, sessilibus.

Caulis fruticosus, totus glaber, erectus, ramosus, pedalis et spithamaeus. *Rami* sparsi, teretes, subsecundi, flexuoso - erecti, ramulosi. *Ramuli* brevissimi, attenuati, spinescentes. *Folia* patentia, integra et rarius in medio denticulo unico vel duplici notata, unguicularia vel paulo ultra. *Capitula* solitaria. *An* ejusdem generis ob folia opposita?

CCCXCI. A R T E M I S I A.

Recept. subvillosnm vel nndiusculum. Pappus o. Cal. imbricalus: squamis rotundatis, conniventibus. Cor. radii o.

1. A. (*pontica.*) foliis multipartitis, subtus tomentosis; floribus subrotundis, nutantibus. Artemisia *pontica. Linn.* Syst. Veg. per *Gmelin* p. 1211. Spec. Plant. p. 1187.

2. A. (*ambigua.*) foliis linearibus, indivisis, acerosis: spicis terminalibus; calycinis squamis intimis coloratis; cauie fruticoso. Artemisia *ambigua. Linn.* Spec. Plant. p. 1190. Seriphium *ambignum. Linn.* Syst. Veg. per *Gmelin* p. 374.

CCCXCII. G N A P H A L I U M.

Recept. nudum. Pappus plumosus vel capillaris. Cal. imbricatus: squamis marginalibus, rotundatis, scariosis, coloratis.

1. G. (*umbellatum.*) foliis fasciculatis, subulatis, mucronatis obliquis; capitulis umbellatis, fastigiatis. Gnaphalium *umbellatum. Linn.* Syst. Veg. per *Gmelin* p. 1214. Suppl. p. 363.

Crescit in summo montium Hottentottsholland inter Haughoek et Kloof. Floret Decembri, Januario.

Caulis fruticosus, teres, simplex vel ramosus, erectus, pedalis. *Rami* aggregato-subumbellati, teretes, tomentosi, simplices, flexuoso-erecti, subfastigiati. *Folia* supra glabra, subtus tomentosa, vix lineam longa. *Capitula* florum pedunculata, simpliciter umbellata. *Umbella* multiflora, fastigiata. *Pedunculi* filiformes, tomentosi, foliosi, unguiculares. *Calycis* squamae exteriores tomentosae, interiores incarnatae.

2. G. (*polyanthos.*) foliis subulatis, mucronatis, subtus tomentosis; capitulis paniculatis.

Crescit in Fransche Hoek et alibi. Floret Februario, Martio.

Caulis fruticosus, teres, glaber, cinereus, erectus, bipedalis et ultra, ramosissimus. *Rami* et *ramuli* subumbellati, teretes, tomentosi, erecti. *Folia* sessilia, aggregata, lanceolato-subulata, supra glabra, margine revoluto, patentia, semilineam longa. *Florum* capitula multiflora. *Pedunculi* suboppositi, filiformes, inferiores unguiculares, superiores sensim breviores. *Calyces* cylindrici; *squamae* exteriores bruneae, glabriusculae; interiores albae.

3. G. (*cephalotes.*) foliis lineari-lanceolatis, mucronatis, subtus tomentosis; capitulis sessilibus. Gnaphalium *murica-*

tum: β. capitatum: b) erectiusculum.   *Berg.* Plant. Cap.
p. 265.

Caulis frutescens, teres, lanatus, superne ramosus, flexuoso-
crectus, pedalis et ultra. *Rami* alterni, pauci, divaricati, tomentosi, erectiusculi. *Folia* sparsa, frequentia, sessilia, supra
glabra sulco longitudinali; marginibus revolutis, patentia, unguicularia. *Axillae* onustae foliis plurimis, similibus, minoribus. *Capitula* terminalia foliosa, magnitudine pisi majoris. *Calycis* squamae exteriores lanatae, interiores sanguineae.

4. G. (*teretifolium.*) foliis linearibus, mucronatis, subtus
tomentosis; capitulis pedunculatis; ramis reflexis. Gnaphalium *teretifolium.* *Linn* Syst. Veg. per *Gmelin* p. 1213.
Berg. Plant. Cap. p. 261. Gnaphalium *frutescens,* foliolis
tenuissimis teretibus, ramulis creberrimis. *Burm.* Dec. Pl.
african. 8. p. 217. t. 77. f. 3.

Radix fibrosa. *Caulis* suffruticosus, erectus, ramosus, spithamaeus. *Rami* subumbellato-aggregati, filiformes, elongati,
erecti, *) tomentosi, rarius ramulosi. *Ramuli* similes, subfastigiati, flexuoso-erecti. *Folia* sparsa, frequentia, sessilia, mucrone recurvo, supra glabra, subtus albo-tomentosa, integra
margine revoluto, patentia et reflexa, lineam longa. *Capitula*
terminalia, solitaria et paniculata. *Pedunculi* capillares, tomentoso-albi, inferiores subunguiculares, superiores sensim
breviores. *Calycis* squamae exteriores flavescentes glabrae, interiores albae.

5. G. (*asperum.*) foliis lineari-lanceolatis, mucronatis
scabris; capitulo sessili.

Caulis subherbaceus, decumbens basi, dein erectiusculus, vix
ramosus, palmaris. *Folia* sessilia, aggregata, supra scabra sul
co longitudinali; subtus subtomentosa margine revoluto; pa
tenti-reflexa, unguicularia. *Capitula* terminalia, magnitudine pisi.

6. G. (*muricatum.*) foliis linearibus, mucronatis, reflexis, subtus tomentosis; capitulis subsessilibus. Gnaphalium
muricatum. *Linn.* Syst. Veg. per *Gmelin* p. 1213. Gnaphalium *muricatum;* β. capitatum. b) erectiusculum. *Berg.*
Plant. Cap. p. 265.

*Crescit in collibus infra montes urbis, infra Constantiam, in
Swartland et alibi.*

Caulis fruticosus, cinereus, inferne glaber, flexuosus, erectus, pedalis et ultra, ramosissimus. *Rami* subumbellati, teretes, subtomentosi, erecti. *Ramuli* filiformes, subumbellati, tomentosi, inaequales, erecti. *Folia* sparsa, approximata, sessilia, mucrone reflexo, integra margine revoluto, supra con
vexa glabra, patentia, lineam longa. *Capitula* terminalia. *Calycis* squamae exteriores bruneae, basi tomentosae; interiores
niveae.

---

*) Supra in diagnosi: „reflexi." *Edit.*

7. G. (*hispidum.*) foliis linearibus, mucronatis, ciliato-hispidis; capitulis subsessilibus. Gnaphalium *hispidum. Linn.* Syst. Veg. per *Gmelin* p. 1214. Suppl, p. 363.

Crescit in Bockland. Floret Novembri, Decembri.

Caulis fruticosus, erectus, totus glaber, ramosissimus, peda-lis. *Rami* et *Ramuli* aggregato subverticillati, flexuoso erecti. *Folia* sparsa, aggregata, sessilia, lineari-lanceolata, glabra, subtus tomentosa margine valde revoluto, erecto-patentia vel parum recurva, unguicularia. *Florum* capitula terminalia, ses-silia. *Pappus* valde plumosus.

8. G. (*divergens.*) foliis lanceolatis, mucronatis; subtus tomentosis; capitulis sessilibus; ramis divaricatis. Gnapha-lium *muricatum:* β. capitatum a) divaricatum *Berg.* Plant. Cap. p. 264. Gnaphalium fruticosum, foliolis rarioribus ca-pitatum *Burm.* Decad. Pl. afric. 8. p. 223. tab. 79. f. 2.

Caulis frutescens, teres inferne decumbens, erectiusculus, ramosus. *Rami* alterni, et terni vel quaterni, filiformes, al-bido-tomentosi, flexuoso erecti. *Folia* sparsa, approximata, sessilia, pungentia, obliqua, integra, supra glabra, marginibus revolutis, patentia et reflexa, lineam longa. *Capitula* termina-lia, magnitudine pisi. *Calycis* squamae exteriores lanatae, in-teriores niveae.

9. G. (*fasciculatum.*) foliis lanceolatis, mucronatis, ob-liquis; subtus tomentosis; capitulis umbellatis; ramis erectis, fastigiatis. Gnaphalium *muricatum* δ. fasciculatum *Berg.* Plant. Cap. p. 267. Gnaphalium frutescens, foliolis lanceola-tis, aequalibus, umbellatum. *Burman.* Decad. Plant. african. 8. p. 223. t. 79. f. 3.

Caulis fruticosus, teres, erectus, superne ramosus, pedalis et ultra. *Rami* sparsi, aggregato-subumbellati, tomentosi, ra-rius ramulosi. *Folia* fasciculata, sessilia, lanceolato-subulata, pungentia, integra, supra glabra, marginibus revolutis, paten-tia, inaequalia, semilineam longa. *Capitula* terminalia, plurima, pedunculata, subumbellata alba. *Calyx* tomentosus. *Pedun-culi* flore breviores, tomentoso albi, semilineam longi.

10. G. (*fastigiatum.*) foliis lanceolatis, mucronatis, sub-tus tomentosis; capitulis paniculatis. Gnaphalium *muricatum:* a. umbellatum. *Berg.* Plant. Cap. p. 263. Gnaphalium fru-ticosum foliolis lanceolatis, congestis, flore calyce tubuloso. *Burman.* Dec. Pl. African. 8. p. 221. t. 79. f. 1.

Caulis fruticosus, erectus, teres, ramosus pedalis et ultra. *Rami* alterni et subumbellati, teretes, erecti, tomentosi, inae-quales, simplices. *Folia* sparsa, sessilia, pungentia, integra, supra glabra, convexa; subtus concava marginibus revolutis, patentia, unguicularia. *Axillae* onustae foliolis fasciculatis, mi-noribus, similibus.

11. G. (*arboreum.*) foliis lanceolatis, mucronatis, subtus

tomentosis; capitulis paniculato-capitatis.   Gnaphalium arboreum.   Linn. Syst. Veg. per Gmelin p. 1213.   Spec. Plant.
p. 1191.

Crescit in proclivis infra frontem Taffelberg.   Floret Junio.
Caulis fruticosus, erectus, ramosus, tomentosus pedalis et
ultra.   *Rami* sparsi, elongati, simplices, flexuoso-erecti, albo-
tomentosi.   *Folia* sparsa, sessilia, integra margine revoluto,
supra glabra, patentia, in caule frequentia, in ramis remotiora,
unguicularia.   *Capitula* florum terminalia, saepe capitata, interdum paniculata panicula plus minus coarctata, multiflora.
Calyces glabri, inferne incarnati, superne nivei.

12.   G. *(hirsutum.)* foliis lanceolatis, mucronatis, hirsutis; capitulis subsessilibus.

Radix fibrosa.   *Caulis* fruticosus, teres, erectus, ramosus,
spithamaeus.   *Rami* et *Ramuli* subumbellati, teretes, hirsuti,
inaequales, erecti.   *Folia* sessilia, integra margine reflexo, pilis
longis, imbricata, semiunguicularia.   *Florum* capitula aggregata, terminalia.   *Calyx* hirsutus, squamis intimis niveis.

13   G. *(capitatum.)* foliis ovato-lanceolatis; mucronatis,
obliquis, subtus tomentosis; capitulis sessilibus.

Crescit in Fransche Hoek.   Floret Februario, Martio.
Caulis fruticosus, erectus, ramosus.   *Rami* sparsi et terni,
simplices, teretes, tomentosi, erecti, inaequales.   *Folia* sparsa,
sessilia, integra margine revoluto, supra glabra, patentia, lineam longa.   *Axillae* onustae foliolis aliquot minoribus.   *Florum* capitula plurima, aggregata, magnitudine pruni.   *Calyces*
lanati.   *Corollae* incarnatae.   *Pappus* capillaris.

14.   G. *(seriphioides.)* foliis linearibus, inermibus, supra
niveis; capitulis lateralibus, sessilibus; caule erecto, fruticoso   Artemisia ambigua?   Linn. Spec. Plant. p. 1190.
Gnaphalium seriphioides.   Berg. Pl. Cap. p. 267.

Caulis teres, inferne glaber, flexuosus, ramulosus, pedalis et
ultra.   *Rami* et *Ramuli* subverticillato-aggregati, filiformes,
tomentosi, erecti, subfastigiati.   *Folia* fasciculata e gemmis approximatis, obtusa, integra, supra niveo-tomentosa, subtus
glabra, inaequalia, minima, patulo reflexa, vix semilineam
longa.   *Capitula* in superiori parte ramulorum alterna, subspicata, minima.   *Calyx* basi tomentosus et foliis cinctus; squamae superiores glabrae, cinereo-albidae vel sublutescentes.

15.   G. *(decumbens.)* foliis trigonis, obtusis, glabris; caule
decumbente.

Radix fibrosa, alte descendens.   *Caulis* suffruticosus, totus
decumbens, flexuosus, cinereus, ramosus, vix palmaris.   *Rami*
sparsi, secundi, erectiusculi, brevissimi.   *Folia* sessilia, inermia, laevia, imbricato approximata, vix lineam longa.   *Capitula* in ramis sessilia, magnitudine pisi.   *Corollae* niveae.

16. G. (*ericoides.*) foliis linearibus, inermibus; caulibus diffusis. Gnaphalium *ericoides. Linn.* Syst. Veg. per *Gmi- lin* p. 1213. Spec. Plant. p. 1193.

Radix lignosa, alte descendens, fibrosa. *Caules* e radice plures, filiformes, rarius glabriusculi, saepius albo-tomentosi, flexuosi, inaequales, palmares vel paulo ultra, ramosi. *Rami* sparsi, brevissimi, vix pollicares, secundi, flexuosi, erectius- culi. *Folia* sparsa, frequentia, lineari-filiformia, obtusa, inte- gra margine reflexo, rarius glabra, saepissime albo-tomentosa, reflexa, lineam longa. *Capitula* terminalia, sessilia, piso mi- nora. *Calycis* squamae exteriores lanatae, interiores niveae.

17. G. (*repens.*) foliis linearibus, lana is; caule decum- bente. Gnaphalium *repens. Linn.* Syst. Veg. per *Gmelin* p. 1214. Mantiss. p 283.

Crescit in littore maris circum vrbem. Floret Januario.

Caulis subherbaceus, filiformis, flexuosus, ramosus, totus albo-lanatus, pedalis et ultra. *Rami* sparsi saepe aggregati, similes, reflexi, pollicares vel digitales. *Folia* sparsa, appro- ximata, imbricata, obtusa, inermia, integra, albo-lanata, apice patulo-reflexa, semilineam longa. *Capitula* terminalia, sessilia. *Calycis* squamae exteriores lanatae, interiores cinereo-flaves- centes, glabrae.

18. G. (*vestitum.*) foliis linearibus, lanatis: caule erecto; capitulis sessilibus.

Caules e radice plerumque plures, herbacei, filiformes, superne ramosi, toti lanati, palmares vel ultra. *Rami* in medio caule ra- riores, in apice plures, alterni, subfastigiati, cauli similes, ramulosi ramulis brevissimis. *Folia* sessilia, approximata, obtusa, inermia, imbricata apice patulo-reflexa, tota albo-lanata, vix unguicularia. *Capitula* in ramis et ramulis terminalia. *Calycis* squamae exteriores lanatae; interiores cinereae, glabrae.

19. G. (*stoechas.*) foliis linearibus, acutis, tomentosis; caule erecto; capitulis paniculatis. Gnaphalium *stoechas. Linn.* Syst. Veg. per *Gmelin* p. 1214. Spec. Plant. p. 1193.

Caulis basi suffruticescens, mox ramosus, pedalis et ultra. *Rami* filiformes, elongati, inaequales, erecti, toti tomentosi, simplices. *Folia* sparsa, sessilia, inermia, integra, albo-lanata, patentia, un- guicularia et pollicaria, superioribus minoribus. *Calycis* laciniae ex- timae et infimae lanatae; reliquae glabrae, aureae.

20. G. (*paniculatum.*) foliis lineari-oblongis, tomentosis, caule erecto, fruticoso, capitulis sessilibus. Gnaphalium *sor- didum? Linn.* Spec. Plant. p. 1193.

Caulis frutescens, filiformis, tomentosus, superne ramosus, pedalis et ultra. *Rami* alterni, filiformes, niveo tomentosi, erecto-patentes, subfastigiati, apice ramulosi ramulis brevissimis. *Folia* alterna remota, sessilia, versus apicem crassiora, obtusa, integra, patentia, unguicularia. *Capitula* in ultimis ramulis aggregata, minutissima, rubicunda, basi tomentosa.

21. G. (*verticillatum.*) foliis linearibus, tortis; floribus verticillatis. Gnaphalium *verticillatum. Linn.* Syst. Veg. per *Gmelin* p. 1217. Suppl. p. 364. *Petiv.* Gazoph. tab. 8. fig. 12.

Crescit in arenosis Swartlandiae. Floret Septembri, Octobri.

Radix annua, fibrillosa. *Caulis* herbaceus, simplex vel e radice bini pluresve simplices, filiformis, tomentosi, flexuosi, erecti, spithamaei. *Folia* sparsa, sessilia, acuta, inermia, seu spiralia, cinereo-tomentosa, patentia, semipollicaria. *Flores* sessiles. *Verticilli* totum fere caulem occupantes, approximati. *Calyx* cinereus.

22. G. (*heterophyllum.*) foliis linearibus, obtusis: infimis lanceolatis; caule erecto; capitulis paniculatis.

Caulis frutescens, teres, tomentosus, parum ramosus, pedalis. *Rami* similes, breves, pauci. *Folia* sparsa, sessilia; infima ellirtico-lanceolata, acuta, reliqua linearia, integra margine revoluto, tomentosa, patentia, unguicularia. *Axillae* onustae foliis minoribus. *Capitula* terminalia. *Pedanculi* filiformes, tomentosi. *Panicula* composita. *Calyx* glaber, flavescens.

23. G. (*luteo-album.*) foliis lineari-oblongis tomentosis, caule erecto herbaceo, capitulis sessilibus. Gnaphalium *luteo-album. Linn.* Syst. Veg. per *Gmelin* p. 1215. Spec. Plant. p. 1196.

Crescit in lateribus montis tabularis. Floret Julio, Augusto.

Caulis teres, lanatus, inferne simplex, apice ramosus, flexuoso-erectus, pedalis. *Rami* alterni, subsecundi, simplices, patentissimi, digitales vel breviores, cauli similes. *Folia* alterna, sessilia, obtusa, integra, utrinque tomentosa, patentia, pollicaria. *Capitula* in caule et ramis piso majora. *Calyx* basi tomentosus; reliquae squamae cinereo-flavescentes.

24. G. (*splendidum.*) foliis linearibus, tomentosis; caule fruticoso; capitulis paniculatis.

Caulis totus lanatus, erectus, ramosus, pedalis et ultra. *Rami* subverticillati, erecti, subfastigiati. *Folia* sparsa, approximata, sessilia, inferiora latiora, superiora angustiora, interdum mucrone exstanti acuta, integra, planta patenti-erecta, unguicularia. *Capitula* terminalia. *Panicula* subglobosa, multiflora. *Pedanculi* tomentosi. *Calycis* squamae infimae basees tomentosae; reliquae luteo-aureae, nitidae. *Differt* a Gn. orientali: 1. quod fruticosum. 2. capitulis minoribus.

25. G. (*felinum.*) foliis lanceolatis, serratis, supra scabris, subtus tomentosis; capitulis pedunculatis. Gnaphalium

crispum. *Linn.* Syst. Veg. per *Gmelin* p. 1215. Spec.
Plant. p. 1197.

Crescit in Fransche Hoek et alibi. Floret Martio, Aprili.
    Caulis fruticosus, teres, lanatus, ramosus, erectus, usque
bipedalis. *Rami* subumbellati, elongati, erecti, interdum similiter ramulosi. *Folia* sparsa, approximata, acuta, serrulata
margine revoluto, supra tesselato-scabra et tenuissime pilosa,
patentia et reflexa, pollicaria, superioribus (in ramulis) minoribus et remotioribus. *Capitula.* terminalia, globosa, magnitudine pisi. *Pedunculi* filiformes, tomentosi, brevissimi *Calyx*
infimâ basi tomentosus; reliquae squamae glabrae, incarnatae.

    26. G. (*serratum.*) foliis ovatis, serratis, supra scabris,
subtus tomentosis; capitulis paniculatis. Gnaphalium *serratum. Linn.* Syst. Veg. per *Gmelin* p. 1214. Spec. Plant.
p. 1194.

    Caulis frutescens, lanàtus, erectus, ramulosus, pedalis et ul-
tra. *Rami* et *ramuli* subverticillato-quaterni et terni, similes,
elongati, flexuoso-erecti. *Folia* sparsa, sessilia, vel semiamplexicaulia, serrulata, supra glabra, tesselato-scabra, tenuissime pilosa; reflexa, superiora minora et remotiora, unguicularia et ultra. *Capitula* terminalia, globosa. *Calycis* squamae
niveae.

    27. G. (*appendiculatum.*) foliis lanceolatis, lanatis, apice
-membranâ scariosâ appendiculatis; capitulis paniculatis. Gnaphalium *appendiculatum. Linn.* Syst. Veg. per *Gmelin* p.
1213. Suppl. p. 363.

    Caulis suffruticosus, simplex, lanatus, erectus, spithamaeus
usque pedalis. *Folia* sessilia, integra, imbricata; acuta mucrone inermi, glabro, cartilagineo lanceolato, acuto; pollicaria. *Panicula* terminalis, multiflora. *Pedunculi* tomentosi. *Calyx* glaber, squamis exterioribus subferrugineis, interioribus
pallide flavescentibus.

    28. G. (*cymosum.*) foliis ovatis, tomentosis; caule de-
cumbente; capitulis paniculatis. Gnaphalium *cymosum. Linn.*
Syst. Veg. per *Gmelin* p. 125. Spec. Plant. 1195.

Crescit in collibus infra Taffelberg. Floret Junio, Julio.
    Radix fibrosa, annua. *Caulis* herbaceus, basi ramosus. *Rami*
prope radicem plures, filiformes, raro ramulosi, tomentosi,
divaricati, erectiusculi, elongati, palmares usque pedales.
Folia alterna, sessilia, acutiuscula, subtrinervia, utrinque tomentosa, integra, patentia et reflexa, suprema angustiora et
minora, unguicularia. *Capitula* terminalia. *Calyces* glabri,
aurei.

    29. G. (*maritimum.*) foliis lanceolatis, trinervibus, to-
mentosis; paniculâ compositâ, tomentosâ. Gnaphalium *maritimum. Linn.* Syst. Veg. per *Gmelin* p. 1215. Mant.
p. 283.

Caulis fruticosus, teres, lanatus, parum inferne ramosus, fle-xuoso-erectus; pedalis et ultra. *Rami* pauci, breves, paten-tissimi. *Folia* alterna, sessilia, lanceolata-ovata, obtusiuscula, integra, albo-tomentosa, patentia, superiora angustiora, un-guicularia. *Capitula* terminalia, paniculata, paniculâ multiflorâ. *Pedunculi* filiformes, lanati. *Calyces* aurei, hirsuto-tomentosi.

3o. G. (*coronatum.*) foliis obovato-oblongis, tomentosis; capitulis pedunculatis; squamis calvcis auctis lobo ovato. Gnaphalium *coronatum. Linn.* Syst. Veg. per *Gmelin* p. 1213. Spec. Plant. p 1191.

Crescit in Fransche Hoek. Floret Januario, Februario.
Radices fibrosae. *Caulis* fruticosus, basi glaber, dein totus tomentosus, erectus, ramosus, pedalis. *Rami* sparsi et terni, filiformes, tomentosi, rarius divisi, elongati, curvato erecti, laxi; apice ramulosi *ramulis* brevissimis. *Folia* sparsa, sessilia, basi angustiora, oblonga, obtusa, rarius mucronata, integra, utrinque tomentosa, erecta, unguicularia. *Capitula* in ramulis paniculatis sessilia, °) terminalia. *Calycis* squamae lanatae, apice auctae squamulâ subcordatâ, rotundatâ, niveâ, sanguineo-ma-culatâ.

31. G. (*rutilans.*) foliis lanceolato oblongis, lanatis; pa-niculâ compositâ; caule herbaceo, ramoso. Gnaphalium *ru-tilans. Linn.* Syst. Veg. per *Gmelin* p. 1215. Spec. Plant. p. 1191.

Radix fibrosa, annua. *Caulis* erectus, tomentosus, inferne ramosus, spithamaceus vel paulo ultra. *Rami* alterni, filifor-mes, tomentosi, elongati, flexuoso erecti, caule breviores. *Folia* alterna, sessilia, inferne attenuata, obovato-oblonga, acuta, integra, plana, tomentosa imprimis subtus, patentia, pol-licaria; superiora angustiora. *Capitula* paniculata. *Pedunculi* tomentosi. *Calycis* squamae extimae tomentosae; interiores aureae maculis purpureis.

32. G. (*discolorum.*) foliis obovatis, summis linearibus, tomentosis; capitulis paniculatis; caule fruticoso. Gnapha-lium *discolorum. Linn.* Syst. Veg. per *Gmelin* p. 1216. Spec. Plant. 1191. Gnaphalium *pyramidale. Berg.* Plant. Cap. p. 255.

Radices fibrillosae. *Caulis* basi suffruticosus, ramosissimus, spithamaceus. *Rami* sparsi, plurimi, teretes, tomentosi, patulo-erecti, paniculati. *Folia* sparsa, sessilia, basi attenuata, acu-ta, integra, utrinque tomentosa, patentia; superiora unguicu-laria. *Calyx* glaber: *squamae* inferiores ferrugineae, interio-res niveae vel sanguineae.

33. G. (*helianthemifolium.*) foliis amplexicaulibus, obo-vatis, tomentosis; capitulis paniculatis; caule herbaceo erecto.

_____

°) Supra „pedunculata.“ *Edit.*

Gnaphalium *helianthemifolium. Linn.* Syst. Veg. per *Gmelin* p. 1216. Spec. Plant. p. 1197.

Radix fibrosa, annua. *Caulis* paniculato - ramosissimus, cinereo - tomentosus, flexuoso - erectus, palmaris. *Rami* et *Ramuli* alterni, tomentosi, filiformes, flexuosi, fastigiati. *Folia* sparsa, semiamplexicaulia, basi attenuata, obtusa, integra, utrinque tomentosa, patentia, unguicularia; superiora angustiora et minora. *Capitala* terminalia in ramulis ultimis. *Calyces* basi tomentosi; squamae mediae flavescentes interiores sanguineae.

34. G. (*debile.*) foliis ovatis, obtusis, glabris; caule herbaceo, paniculato.

Crescit in Carro infra Bockland. Floret Novembri, Decembri.

Caulis debilis, glaber, vix obsolete lanatus, paniculato - ramosus, palmaris. *Rami* alterni, similes, flexuoso - erecti, fastigiati. *Folia* sparsa, sessilia, integra, utrinque patula, unguicularia. *Capitala* in ultimis ramulis solitaria. *Calyx* cinereus, glaber. *Receptaculum* nudum

35. G. (*pusillum.*) foliis elliptico - lanceolatis, tomentosis; capitulis sessilibus; caulibus diffusis.

Radix lignosa, crassa. *Caules* plures, suffrutescentes, ramosi, digitales. *Rami* sparsi, secundi, filiformes, tomentosi, pollicares. *Folia* sparsa, approximata, inferne attenuata, obovato oblonga, acuta, integra, utrinque tomentosa, patentia, unguicularia. *Capitala* terminalia, piso minora. *Calycis* squamae extimae lanatae, interiores cinereo - flavescentes.

36. G. (*expansum*) foliis lanceolato - oblongis, tomentosis; capitulis paniculatis; ramis diffusis.

Radix fibrosa, annua. *Caules* plures, filiformes, tomentosi, diffusi, simplices, apice paniculato - florentes. *Folia* sparsa, inferne attenuata, elliptico - oblonga; superiora lanceolata; acuta, integra, utrinque tomentosa, patentia, remota, unguicularia. *Peduncali* filiformes, tomentosi, unguiculares, superioribus sensim brevioribus. *Calycis* squamae exteriores lanatae, interiores niveae.

37. G. (*micranthum.*) foliis elliptico - lanceolatis, lanatis; capitulis sessilibus; caule erecto herbaceo.

Caulis filiformis, albo - lanatus, superne ramosus, spithamaeus. *Rami* alterni, similes, simplices, subfastigiati. *Capitala* aggregato-capitata, minima. *Calyx* basi lanatus, squamis intrimis niveis.

38. G. (*maculatum.*) foliis elliptico - lanceolatis, obtusis, lantis; capitulis sessilibus; calyce purpureo - maculato.

Radix fibrosa. *Caulis* vix fruticosus, filiformis, lanatus, simplex, erectus, spithamaeus. *Folia* sparsa, approximata, inferne attenuata, obovata, integra, plana, utrinque albo - lanata, patentia, unguicularia. *Capitula* in summo caulis apice aggregata, lanata. *Calycis* interiores squamae niveae, extus maculá purpureâ notatae.

39. G. (*dealbatum.*) foliis obovato-oblongis, lanatis; capitulis sessilibus; caule herbaceo, decumbente.

Crescit in depressis aquosis circum urbem Cap. Floret Aprili.
Radix fibrosa, annua. *Caules* plures, diffusi, filiformes, flexuosi, tomentosi, ramosi, palmares. *Rami* breves, incurvi, similes. *Folia* approximata, inferne attenuata, obtusiuscula, integra, patentia, unguicularia. *Capitula* in ramulis terminalia, tomentosa. *Calycis* squamae interiores cinereae, intimae niveae.

40. G. (*prostratum.*) foliis obovatis, obtusis, tomentosis; capitulis sessilibus; caulibus diffusis.

Caules plurimi, filiformes, purpurascentes, inferne nudiusculi, superne tomentosi, ramosi ramulis similibus, toti prostrati et diffusi, palmares. *Folia* sparsa, inferne attenuata, obtusissima, integra, patentia, lineam longa. *Capitula* terminalia, lanata, magnitudine pisi. *Calycis* squamae intimae cinereo-albae.

41. G. (*pygmaeum.*) foliis lanceolatis, tomentosis; capitulis terminalibus; caule herbaceo erecto.

Radix fibrosa, annua. *Caulis* filiformis, tomentosus, ramosus, vix palmaris. *Rami* alterni, pauci, superne ramulosi, flexuoso-erecti, subfastigiati, tomentosi. *Folia* sparsa, sessilia, imbricato-approximata, acuta, integra, albo-tomentosa, erecto-patentia, unguicularia. *Capitula* sessilia. *Calyces* glabri; *squamae* exteriores cinereae, interiores niveae.

42. G. (*staehelinoides.*) foliis obovatis, obtusis, tomentosis; capitulis sessilibus; caule erecto, fruticoso.

Caulis teres, tomentosus, flexuoso erectus. ramulosus, spithamaeus et ultra. *Rami* alterni et aggregati, similes, patenti-erecti. *Ramuli* brevissimi *Capitula* in ramis et ramulis oblonga, piso minora. *Calycis* squamae exteriores tomentosae, interiores cinereae, glabrae.

43. G. (*trifidum.*) foliis lanceolatis, tomentosis; capitulis sessilibus; caule erecto, herbaceo.

Radix fibrosa, annua. *Caulis* teres, albo-lanatus, sesquipollicaris, deinde trifido-ramosus. *Rami* filiformes, similes, simplices, incurvo-erecti, digitales *Folia* sparsa, approximato-imbricata, sessilia, acuta, integra, utrinque tomentosa, unguicularia. *Capitula* magnitudine pisi, circiter quatuor vel plura. *Calyx* infima basi tomentosus, squamis reliquis glabris flavescentibus.

44. G. (*revolutum.*) foliis lanceolatis, lanatis; capitulis paniculatis; caule erecto, frutescente.

Caulis teres, lanatus, ramosus, palmaris usque spithamaeus. *Rami* alterni, pauci, similes, flexuosi, patuli. *Folia* sessilia, approximata, inferne densiora, superne remotiora, acuta, in-

tegra margine revoluto, utrinque lanata, erecta, unguicularia
et ultra. *Paniculae* terminales, simpliciores et compositae. *Pedunculi* tomentosi. *Calyx* glaber, aureus.

45. G. (*notatum.*) foliis obovato-oblongis, tomentosis;
capitulis paniculatis; caule herbaceo, erecto. Gnaphalium
paniculatum. B e r g. Plant. Cap. p. 256.
Floret Novembri, Decembri.
Radix annua. *Caulis* teres, tomentosus, flexuoso-erectus, ramosus, spithamaeus. *Rami* alterni, filiformes, simplices, rarius
divisi, elongati, flexuoso-erecti. *Folia* alterna, sessilia, inferne
attenuata, acuta, integra, erecto-patentia, unguicularia et ul.
tra. *Capitula* parva. *Pedunculi* tomentosi. *Calyx* basi tomentosus; *squamae* exteriores glabrae, cinereae, purpureo-maculatae, interiores niveae.

46. G. (*rubellum.*) foliis obovatis, obtusis, tomentosis;
capitulis paniculatis; caule herbaceo, erecto.

Crescit in Hex-rivier montibus.
Caulis filiformis, tomentosus, apice in paniculam floriferam
ramosus, spithamaeus. *Folia* alterna, sessilia, inferne attenuata, obtusissima, integra, unguicularia. *Panicula* terminalis,
composita, fastigiata. *Pedunculi* filiformes, tomentosi, sensim
breviores. *Calyx* inferne tomentosus; *squamae* exteriores medio
purpureo-maculatae, hae apice et interiores niveae.

47. G. (*foetidum.*) foliis amplexicaulibus, lanceolatis,
acutis, subtus tomentosis; capitulis paniculatis: caule erecto,
herbaceo. Gnaphalium *foetidum. L i n n.* Syst. Veg per
Gmelin p. 1215. Spec. Plant. p 1197.
Crescit in Krumrivier. Floret Novembri.
Caulis simplex, teres, tomentosus, pedalis et ultra. *Folia* alterna, semiamplexicaulia, oblonga, acuminata, integra, undulata: supra virescentia, nudiuscula, piloso-scabrida; patentia,
pollicaria. *Capitula* laete aurea, nitentia, piso duplo majora.
Pedunculi tomentosi.

48. G. (*molle.*) foliis lanceolatis, hirsutis; subtus tomentosis; capitulis paniculatis; caule erecto.

Crescit in Fransche Hoek. Floret Martio.
Caulis frutescens, teres, lanatus, hirsutus, simplex, spithamaeus et ultra. *Folia* alterna, sessilia, integra, obsolete undulata, acuta, supra hirsuta, subtus hirsuta, erecto-patentia,
pollicaria. *Panicula* terminalis, rotundata. *Pedunculi* tomentosi, hirsuti. *Calyces* flavescentes; exteriores squamae hirsutae.

49. G (*capitellatum.*) foliis semiamplexicaulibus, lanceolatis, subtus tomentosis; capitulis paniculatis; caule erecto.

Crescit in Fransche Hoek. Floret Martio.
Caulis subherbaceus, teres, simplex, tomentosus, pedalis.
Folia alterna, acuta, integra; supra glabra, sulcata; subtus ca-
rinata; reflexa, unguicularia. *Panicula* terminalis, universalis

pedunculata, partiales subsessiles. *Pedunculi* filiformes, tomentosi, inaequales, pollicares. *Calyces* glabri, flavescentes.

5o. G. (*strigosum.*) foliis obovato - oblongis, acutis, supra piloso - scabris; paniculâ coarctatâ; caule erecto. *Crescit in collibus prope Urbem Cap Floret Augusto.*
Caulis fruticosus, teres, tomentosus, simplex, pedalis et ultra. *Folia* alterna, sessilia, inferne attenuata, spathulato - obovata, integra, supra viridia pilis brevissimis albis scabrida, subtus tomentosa, superiora lanceolata et remota, patentia, unguicularia et ultra. *Panicula* terminalis, multiflora, capitellis minimis aureis. *Pedunculi* et calyces basi tomentosi.

51. G. (*adscendens.*) foliis elliptico - obovatis, tomentosis; capitulis paniculatis; caule herbaceo, adscendente.
Radix fibrillosa, annua. *Caulis* filiformis, simplex, tomentosus, flexuoso - erectus, spithamaeus. *Folia* alterna, remota, inferne valde attenuata, integra, plana, patentia, pollicaria. *Capitula* aurea. *Pedunculi* tomentosi, breves.

52. G. (*odoratum.*) foliis obovato - oblongis, mucronatis, tomentosis; capitulis paniculatis; caule herbaceo, erecto. Gnaphalium *odoratissimum. Linn.* Syst. Veg. per *Gmelin* p. 1215. Spec. Plant. p. 1196. Gnaphalium *aureo fulvum. Berg.* Pl. Cap. p. 257.
Caulis herbaceus vel vix fruticescens, filiformis, tomentosus, spithamaeus vel ultra. *Folia* sparsa inferne attenuata, integra, patentia, unguicularia; in supremo caule nulla. *Capitula* terminalia. *Panicula* coarctata. *Calyces* aurei, nitidi.

53. G. (*cernuum.*) foliis obovato-lanceolatis, mucronatis, tomento is; capitulis capitatis; caule erecto, fruticoso.
Crescit in collibus extra urbem in fossis aquarum. Floret Junio, Julio.
Caulis fruticescens, teres, lanato tomentosus, ramosus, pedalis et ultra. *Rami* alterni filiformes, tomentosi, secundi, simplices, elongati, flexuoso-erecti, apice cernui. *Folia* alterna, sessilia, obovato oblonga, integra, plana, patentia, unguicularia. *Capitula* terminalia, conglomerata, sessilia, cernua; *pedunculis* tomentosis brevissimis. *Calyces* glabri, cylindrici, aurei.

54. G. (*niveum.*) foliis lineari - lanceolatis, tomentosis; capitulis paniculatis, caule erecto, fruticoso. Gnaphalium *niveum. Linn.* Spec. Plant. p. 1192. Gnaphalium *incanum,* folio lineari, caule accumbente. *Burman.* Dec. Plant. Afric. 8. p. 215. t. 77. f. 1.
Caulis teres, rigidus, inferne glaber, ramosissimus, flexuoso erectus, podalis et ultra. *Rami* alterni et terni, filiformes, tomentosi, elongati, interdum iterum ramulosi, flexuoso- erecti. *Folia* alterna, sessilia, linearia vel lineari lanceolata, obtusius cula, integra, margine revoluto, cauli adpressa, rarius patula

apice, lineam longa. *Capitula* terminalia. *Pedunculi* filiformes, tomentosi, fastigiati. *Calyces* glabri; *squamae* exteriores ferrugineae, intimae aureae.

55. G. (*scabrum*.) foliis lanceolatis, undulatis, scabris; capitulis pedunculatis; caule erecto, fruticoso.

Caulis teres, cinereo-tomentosus, ramosissimus, pedalis. *Rami* alterni, divaricati, erecti, albo tomentosi, iterum ramulosi; *ramulis* similibus, brevibus. *Folia* sparsa, sessilia, acuta, supra scabra, subtus tomentosa, patentia, unguicularia. *Capitula* terminalia, tria vel quatuor. *Pedunculi* brevissimi, tomentosi. *Calyces* ferruginei, glabri

56. G. (*humile*.) foliis lanceolatis, lanatis; capitulis sessilibus; caule frutescente, erecto.

Radix crassa, lignosa, fibrillosa. *Caulis* vel simplex vel plures, circiter tres, flexuoso-erecti, simplices, toti foliis vestiti, palmares. *Folia* sessilia, approximata, imbricato-erecta, acuta, integra, plana, pollicaria superioribus paulo brevioribus. *Capitula* plura, aggregata, terminalia, sanguinea.

57. G. (*undatum*.) foliis radicalibus petiolatis, oblongis; caulinis undulatis, supra scabris; capitulis paniculatis. Gnaphalium *undatum*. *Linn.* Syst. Veg. per *Gmelin* p. 1213. Suppl. p. 363.

Radix fibrosa, annua. *Caulis* herbaceus, simplex, teres, tomentosus, erectus, sesquipedalis. *Folia* radicalia, plura, obovato-oblonga, acuta, planiuscula, integra, spithamaea; caulina sessilia lanceolata, acuminata, palmaria, superioribus sensim brevioribus; omnia supra viridia, nudiuscula; subtus venosa, tomentosa. *Panicula* terminalis multiflora, composita, fastigiata. *Pedunculi* filiformes, tomentosi, pollicares, superioribus sensim brevioribus. *Calycis* squamae extimae tomentosae, mediae purpureae, intimae niveae.

58. G. (*excisum*.) foliis cuneiformibus, tomentosis, excisis; capitulis paniculatis; caule erecto, fruticoso.

Caulis teres, a casu foliorum scaber, glaber, ramosissimus, pedalis et ultra. *Rami* et *ramuli* sparsi, per intervalla aggregati; inferne glabri; superne filiformes, tomentosi; erecti, subfastigiati. *Folia* in ramulis sparsa, approximata, sessilia, mucrone retuso, integra, lineam longa. *Capitula* in ramulis terminalia. *Pedunculi* tomentosi, breves. *Calyces* cylindrici, glabri, aurei, squarrosi.

59. G. (*patulum*.) foliis amplexicaulibus, spathulatis, tomentosis; capitulis sessilibus; caule herbaceo, erecto. Gnaphalium *patulum*. *Linn.* Syst. Veg. per *Gmelin* p. 1214. Spec. Plant. p. 1194.

Radix fibrosa, annua. *Caulis* vel plures e radice, filiformes, albo-tomentosi, patentissimi, ramosi, spithamaei. *Rami* alterni, similes, patentes, digitales. *Folia* alterna, semiamplexicaulis, obovato-spathulata, obtusa, integra, plana, utrinque tomentosa, unguicularia. *Capitula* terminalia.

60. G. (*tinctum:*) foliis obovatis, obtusis, lanatis; capitulis sessilibus: squamis intimis subulatis; reflexis; caulibus herbaceis, diffusis.

Radices fibrosae, annuae. *Caules* e radice plures, tomentosi, simplices, digitales. *Folia* approximata, sessilia, integra, convoluta; patentia, unguicularia. *Capitula* terminalia, erectiuscula, involucrata foliis lanatis. *Calyx* cinereus; inferiores*) squamae subulatae, reflexae, luteae, carina maculaque intus sanguineis.

61. G. (*glomeratum.*) foliis spathulatis, obtusis, tomentosis; capitulis sessilibus: squamis intimis subulatis, reflexis; caulibus herbaceis, diffusis. Gnaphalium *glomeratum. Linn.* Syst. Veg. per *Gmelin* p. 1217. Spec. Plant. p. 1200.

Radix filiformis, fibrosa, annua. *Caules* e radice plures, filiformes, simplices, tomentosi, digitales, rarius divisi. *Folia* alterna semiamplexicaulia, obovato-spathulata, integra, plana, patentia, unguicularia. *Capitula* terminalia, piso majora. *Calycis* squamae exteriores lanatae; interiores cinereae, subulatae, reflexae.

62. (*squarrosum.*) foliis oblongis, obtusis, tomentosis; capitulis paniculatis: squamis intimis subulatis, reflexis; caule herbaceo adscendente. Gnaphalium *squarrosum. Linn.* Syst. Veg. per *Gmelin* p. 1216. Spec. Plant. p. 1197.

Radix filiformis, annua. *Caules* e radice saepe plures, teretes, tomentosi, basi decumbentes, dein adscendentes, apice cernui, ibique saepe ramosi, spithamaei. *Rami* in supremo caule alterni, pauci, simplices, cernui, tomentosi, digitales. *Folia* alterna, sessilia, obovato-oblonga, integra, plana, lanata, pollicaria, superioribus sensim minoribus. *Capitula* terminalia. *Pedunculi* tomentosi. *Calycis* squamae extimae lanatae; interiores cinereae, subulatae, reflexae.

63. G. (*polifolium.*) foliis obovatis, tomentosis; capitulis paniculatis; caule herbaceo, decumbente.

Caulis filiformis, ramulosus. *Rami* et *ramuli* alterni, filiformes, tomentosi, patentes. *Folia* alterna, sessilia, inferne attenuata, obtusiuscula, integra, plana supra viridia, subtus albotomentosa, patentia unguicularia. *Capitula* terminalia, cinerea. *Pedunculi* tomentosi, breves.

64. G. (*spathulatum.*) foliis obovatis; tomentosis; capitulis sessilibus; caule herbaceo, decumbente.

Crescit in littore juxta Saldanhabay. Floret Octobri.

---

*) Supra „intimae" *Edit.*

Caulis filiformis, tomentosus, totus decumbens, ramosus, spithamaeus *Rami* alterni, subsimplices, breves, cauli similes. *Folia* alterna, sessilia, inferne attenuata, obtusissima, plana, integra, niveo-tomentosa, patentia, unguicularia. *Capitula* terminalia, flavo-cinerea, foliis obvallata.

65. G. (*oculus.*) foliis ovatis, glabris; capitulis lanâ immersis; caulibus herbaceis, diffusis. Gnaphalium *Oculus Cati.* *Linn.* Syst. Veg. per *Gmelin* p. 1217. Suppl. p. 364.

Caulis e radice plures. filiformes, simplices, glabri, digitales. *Folia* sparsa, sessilia, inferne attenuato-obovata, obtusissima, plana, integra, semiunguicularia. *Capitula* terminalia, sessilia, lanata, piso majora.

66. G. (*auriculatum.*) foliis amplexicaulibus, spathulatis, tomentosis; capitulis paniculatis, caule erecto, herbaceo. Gnaphalium *incanum*, foliis oblongis, auriculatis *Burm.* Dec. Plant. afric. 8. p. 220. t. 78. f. 3.

Crescit'alte in fossa Taffelberg. *Floret Martio.*
Caulis vix frutescens, teres, tomentosus, ramosus, pedalis. *Rami* alterni, filiformes, tomentosi, elongati, simplices, divaricato-patentes. *Folia* alterna, semiamplexicaulia, basi auriculata, mox angustata, deinde obovata, obtusa, integra, plana, lanata, patentia, unguicularia. *Capitula* simpliciter et composite paniculata; singulum glabrum, argenteum, magnitudine pisi. *Pedunculi* universales longiores; partiales brevissimi, tomentosi.

67. G. (*divaricatum.*) foliis amplexicaulibus, spathulatis, tomentosis; paniculâ simplici; caule erecto, fruticoso. Gnaphalium *divaricatum.* Berg Plant. Cap. p. 250.

Caulis frutescens, teres, totus tomentosus, ramosus, pedalis et ultra. *Rami* alterni, divaricati, flexuoso-erecti, simplices. *Folia* alterna, auriculato-dilatata, mox coarctata, dein obovato-spathulata, obtusa, integra, lanata, patentia, unguicularia. *Capitula* paniculata, *paniculâ* composità,*) multiflorâ. *Calyces* pallide aurei.

68. G. (*polyanthos.*) foliis oblongis, obtusis, lanatis; paniculâ compositâ; caule lanato, frutescente.

Caulis teres, erectiusculus, parum ramosus, pedalis. *Rami* alterni, similes, pauci. *Folia* alterna, sessilia, integra, patentia, unguicularia. *Panicula* multiflora. *Pedunculi* et *pedicelli* filiformes, lanati. *Calycis* squamae infimae tomentosae; superiores glabrae, niveae.

69. G. (*tricostatum.*) foliis oblongo-lanceolatis, tomentosis, trinervibus: margine revoluto; capitulis paniculatis; caule fruticoso, erecto.

---

*) Supra: simplici. Edit.

Crescit in regionibus Picketberg. *Floret Octobri, No-vembri.* Caulis teres, albo-tomentosus, ramosus, pedalis et ultra. *Rami* alterni, divaricato-erecti, elongati, simplices, albo-to-mentosi, flexuoso-erecti. *Folia* alterna, sessilia, utrinque atte-nuata, acuta, integra, subtus tricostata, erecto-patentia, su-periora magis lanceolata, pollicaria. *Pedunculi* et *pedicelli* to-mentosi; hi brevissimi, illi unguiculares. *Calycis* squamae ba-seos tomentosae, reliquae glabrae, aureae.

70. G. (*crassifolium.*) foliis obovato-oblongis, obtusis, tomentosis; capitulis paniculatis; caule erecto, frutescente. Gnaphaliem *crassifolium. Linn.* Syst. Veg. per *Gmelin* p. 1214. Mant. p. 112.

Caulis basi frutescens, simplex, teres, tomentosus, spitha-maeus. *Folia* aggregata, inferne attenuata, obtusissima, inte-gra, patentia, sesquipollicaria: superioribus sensim minoribus. *Panicula* prolifera, multiflora. *Pedunculi* filiformes, patentes, tomentosi, unguiculares, supremis brevissimis. *Calyces* gla-bri, interiores squamae aureae, exteriores flavescenti-ferru-gineae.

71. G. (*nudifolium.*) foliis obovato-oblongis, glabris, reticulatis; panicula composita; caule erecto. Gnaphalium *nudifolinm. Linn.* Syst. Veg. per *Gmelin* p. 1215. Spec. Plant. p. 1196.

Caulis herbaceus; simplex, flexuosus, glaber, pedalis vel paulo ultra. *Folia* infima subpetiolato-attenuata, obovato-ob-longa, obtusa, convoluta, integra margine scabrido, utrinque glabra, venoso-reticulata, imprimis venis scabra, patenti-re-curva, digitalia; superiora sensim breviora et angustiora; caulina suprema sessilia, lanceolata, vix pollicaria *Capitala* paniculata. *Pedunculi*, uti et caulis superne elongatus, pubescentes, sen-sim breviores. *Calycis* squamae glabrae, rugosae, aureae.

72. G. (*quinquenerve.*) foliis amplexicaulibus, ovatis, su-pra glabris; capitulis paniculatis; caule erecto, herbaceo.

Caulis simplex, tomentosus, pedalis. *Folia* infima cordata, acuta, integra; scabra, quinquenervia, reticulata; subtus to-mentosa; erecta, digitalia, duos pollices lata. Superiora an-gustiora et breviora; suprema lanceolata, acuminata, adhuc minora. *Panicula* terminalis, composita, coarctata. *Pedunculi* tomentosi, breves. *Calyces* glabri, lutei.

73. G. (*milleflorum.*) foliis ovato-oblongis, lanatis; pani-cula decomposita; caule erecto, frutescente. Gnaphalium *milleflorum. Linn.* Syst. Veg. per *Gmelin* p. 1214. Suppl. p. 362.

Crescit in montibus Lange kloof. *Floret Decembri.* *Caulis* fruticosus, simplex, rarius ramosus, totus foliis tec-tus, lanatus, quadripedalis. *Folia* sessilia, ovata vel oblonga, acuta, integra, utrinque lanata, imbricata, pollicaria vel paulo ultra. *Panicula* terminalis, multiflora. *Pedunculi* et *pedicelli* lanati, teretes, dichotomi, fastigiati. *Calyces* cylindrici; squamae exteriores cinereae, interiores argenteae. *Pappus* plumosus.

74. G. (*eximium*) foliis ovatis, lanatis; capitulis paniculatis, globosis; caule erecto, fruticoso. Gnaphalium *eximium.* L*inn.* Syst. Veg per *Gmelin* p. 1213. Mant. p. 5-3.

Crescit juxta sylvas prope Z e e k o - r i v i e r et alibi. Floret *D e · c e m b r i.*

Caulis ramosus, lanatus, pedalis. *Rami* alterni, similes, pauci. *Folia* sessilia, acuta, integra, utrinque imbricata, totum caulem vestientia, sesquipollicaria. *Panicula* terminalis, simplex. *Pedunculi* lanati. *Capitula* saturate sanguinea, nitida, magnitudine pruni.

75. G. (*grandiflorum,*) foliis obovatis, lanatis; capitulis sessilibus; caule erecto, frutescente. Gnaphalium *grandiflorum.* L*inn,* Syst, Veg. per *Gmelin* p. 1213. Spec. Plant. p. 1191.

Crescit alte in fossa frontis T a f f e l b e r g. Floret *M a r t i o.*

Caulis teres, simplex, flexuoso-erectus, lanatus, inferne foliis tectus; apice elongatus; spithamaeus usque pedalis. *Folia* inferiora amplexicaulia, acuta, integra, obsolete trinervia, imbricata, sesquipollicaria; superiora lanceolata, remotiora, minora. *Capitula* terminalia, subsessilia, aggregata. *Calycis* squamae glabrae, aureae.

76. G. (*fruticans.*) foliis amplexicaulibus, ovatis, trinervibus, tomentosis; capitulis argenteis; caule erecto, fruticoso. Gnaphalium *fruticans.* L*inn.* Syst. Veg. per *Gmelin* p. 1213. Mant. p. 282.

Radix fibrosa. *Caulis* rigidus, teres, lanatus, saepe nudus, ramosus, pedalis et ultra, *Rami* alterni, similes. *Folia* integra, utrinque tomentosa, supra vero saepe denudata, patentireflexa, pollicaria. *Capitula* terminalia, glomerato-sessilia, magnitudine pisi, *Variet.* β. foliis amplexicaulibus, ovatis, trinervibus, tomentosis; capitulis paniculatis; caule erecto frutescente. *Caulis* junior herbaceus, adultus fruticosus, teres, inferne glaber, superne tomentosus, simplex, flexuoso - erectus, pedalis. *Folia* inferiora ovata, mucronata, integra; supra trinervia, glabra, reflexa; superiora utrinque lanata, imbricata; pollicaria, superioribus in caule elongato lanceolatis, minoribus. *Capitula* terminalia, petiolata et paniculata, argentea, magnitudine pisi. *Pedunculi* filiformes, divaricati, tomentosi, pollicares, sensim *pedicellis* brevioribus.

77. G. (*orbiculare.*) foliis ovatis, subtus tomentosis, reflexis; caule decumbente.

Crescit in collibus infra T a f f e l b e r g. Floret *J u l i o.*

Caulis herbaceus, filiformis, totus tomentosus, ramosus, spithamaeus. *Rami* alterni, similes, ramulis brevibus. *Folia* alterna, sessilia, approximata, obtusa, integra, supra glabrius-

cula, vix lineam longa. *Capitula* terminalia, aggregato pani
culata. *Panicula* coarctata. *Calycis* squamae infimae tomentosae; intermediae glabrae, cinereae; int mae niveae.

78. G. (*rotundifolium.*) foliis subrotundo - ovatis, tomentosis; capitulis sessilibus; caulibus herbaceis, diffusis.

Caules plures, filiformes, tomentosi, simplices et ramosi,
palmares. *Rami* alterni, pauci, breves, similes. *Folia* alterna, sessilia, obovata, obtusissima, integra, crassa, lanata, patentia, unguicularia. *Capitula* terminalia. *Calycis* squamae extimae lanatae, intermediae fusco cinereae, intimae niveae.

79. G. (*latifolium.*) foliis oblongis reticulatis supra scabris; capitul s sessilibus; caule erecto, herbaceo.

Crescit in Galgebosch. Floret Decembri.
Caulis simplex, lanatus, spithamaeus vel paulo ultra. *Folia*
radicalia tria vel quatuor, amplexicaulia, inferne attenuata,
ovato oblonga, obtusa, margine parum undulato-revoluta,
supra glabra, reticulata, viridia, pilis albis minimis crispatis
aspera; subtus quinquenervia, albo tomentosa, pollicem lata,
digitalia; caulinum solitarium, sessile, oblongum. *Capitala* terminalia, aggregata. *Calycis* squamae omnes bruneae, extimae
tomentosae, reliquae glabrae. *Pappus* pilosus.

80. G. (*capillaceum.*) foliis petiolatis, ovatis, subtus tomentosis; capitulis racemosis; caule herbaceo, decumbente.

Floret Decembri.
Radix annua, fibrosa. *Caulis* filiformis, ramosissimus. *Rami*
et *ramuli* capillacei, diffusi, flexuosi, tomentosi. *Folia* alterna
inferiora petiolata, superiora sessilia, ovata, obtusa, integra,
plana, supra viridia, patentia, unguicularia, superioribus sen
sim minoribus. *Petioli* lineam longi. *Capitala* in ultimis ra
mulis axillaria, petiolata, solitaria, parva, cinerea.

81. G (*petiolatum.*) foliis petiolatis, cordato - ovatis, la
natis; capitulis paniculatis; caule erecto. Gnaphalium *petio
latum. Linn.* Syst. Veg. per *Gmelin* p. 1214. Spec. Plant
p. 1194.

Crescit alte in fossa Taffelberg. Floret Martio.
Caulis frutescens, simplex lanatus, pedalis. *Folia* in infimo
caule approximata, in medio remotiora, mucronata, denticulata, supra tomentosa, subtus niveo-tomentosa, imbricata, pollicaria, superioribus minoribus. *Petioli* amplexicaules, auriculato - dilatati, lineares, tomentosi, pollicares. *Panicala* terminalis, racemoso - subsecunda.

CCCXCIII. ELICHRYSUM.

*Recept. nudum. Pappus pilosus vel plumosus. Cal.
imbricatus, radiatus, radio colorato.*

1. E. (*proliferum.*) foliis granulatis, glabris. Xeranthe-

мuм *proliferum.* L i n n. Syst. Veg. per G m e l i n p. 1218.
Spec. Plant. p. 1202.

*Crescit in summis montium H o t t e n t o t t s - H o l l a n d. Floret N o
v e m b r i , D e c e m b r i.*
   Caulis fruticosus, rigidus, teres, albo-tomentosus, ramosus.
erectus, pedalis et ultra. *Rami* sparsi et verticillati, erecte-
patentes, toti tecti *ramulis* brevissimis foliosis. *Folia* aggregata, globoso-granulata. *Flores* terminales, solitarii. *Calycis*
squamae infimae ferrugineo fuscae, reliquae vel niveae vel incarnatae. *Receptaculum* palcaceum. *Pappus* pilosus. *Variat*
floribus argenteis et sanguineis.

   2. E. *(sesamoides.)* foliis trigonis, adpressis. Xeranthemum *sesamoides.* L i n n. Syst. Veg. per G m e l i n p. 1219.
Spec Plant. p. 1203.
   Radix fusiformis, longissima, fibrillosa. *Caulis* frutescens,
inferne ramosus, erectus pedalis et ultra. *Rami* in inferiori
caulis parte aggregati, filiformes, elongati, niveo-tomentosi,
foliis tecti, rarius ramulosi. *Folia* sparsa, glabra, ramis ad
pressa, lineam longa, rarius longiora vel patentia. *Capitula*
terminalia, solitaria, argentea vel purpurea, nitida. *Receptaculam* nudum. *Pappus* subpilosus vel vix manifeste subplumosus.

   3. E. *(squamosum.)* foliis linearibus, sulcatis, villosis;
caule erecto   Xeranthemum *squamosum.* L i n n. Syst. Veg.
per G m e l i n p. 1219.
   Caulis frutescens, teres, tomentosus, simplex vel apice ramosus, pedalis. *Rami* sparsi, pauci, subfastigiati, uti et caulis sub capitulis squamosi, bracteis scariosis, patentibus, aureis. *Folia* sessilia, approximata, acuta, sulco exarata, integra, imbricata, apice patula, subrecurvata, unguicularia. *Capitula* terminalia, solitaria, aurea. *Receptaculam* nudum. *Pappus* pilosus.

   4. E. *(striatum.)* foliis linearibus, nervosis, villosis;
caule erecto.
   Radix fibrosa. *Caulis* herbaceus, teres, foliis tectus, ramosus, spithamaeus vel paulo ultra. *Rami* alterni, similes, breves. *Folia* frequentissima, sessilia, acuta, integra, imbricata,
apice refloxo-patula, unguicularia. *Capitula* terminalia, pedunculata, aggregata, argentea. *Calycis* squamae obtusae. *Receptaculum* nudum. *Pappus* pilosus, apice tenuissime serrulatus.

   5. E. *(paniculatum.)* foliis linearibus, acutis, argenteis,
recurvis; caule erecto. Xeranthemum *paniculatum.* L i n n.
Syst. Veg. per G m e l i n p. 1219.   Spec. Plant. p. 1203.
Suppl. p. 366.
   Floret N o v e m b r i.
   Caulis fruticosus, teres, argenteus, ramulosus, pedalis et
ultra. *Rami* terni et aggregato-subumbellati, curvato-erecti.
Folia frequentia, sparsa, sessilia, lanceolata, acuminata, inte-

gra, imbricata, apice patulo-reflexa, unguicularia. *Florum*
capitula paniculata vel argentea, vel sanguinea, nitida, magnitudine pisi. *Receptaculum* nudum. *Pappus* subplumosus.

6. E. (*lancifolium.*) foliis lanceolatis, acutis, argenteis;
pedunculis squamosis.

Caules e radice plures, herbacei, filiformes, argenteo-tomentosi, elongati, simplices vel ramosi, erecti, spithamaei. *Rami*
alterni, similes. *Folia* sparsa, approximata, sessilia, convoluta,
integra, argenteo tomentosa, imbricata, adpressa; apice patulo, unguicularia; suprema tota adpressa. *Flores* terminales,
solitarii. *Calycis* squamae lanceolatae, exteriores ferrugineae,
interiores niveae. *Receptaculum* nudum. *Pappus* pilosus

7. E. (*recurvatum.*) foliis lanceolatis, recurvis, tomer-
toso-villosis; caule erecto, fruticoso. Xeranthemum *recur-*
vatum. *Linn*. Syst. Veg. per *Gmelin* p. 1219. Suppl.
p. 366.

Caulis ramosus, pedalis. *Rami* aggregato-subverticillati divaricati, filiformes, tomentosi, erecti *Ramuli* similes. *Folia*
sparsa, approximata, sessilia, acuta apice setaceo, convoluta,
integra, tomentosa, pilosa, reflexa, lineam longa. *Capitula*
terminalia, solitaria. *Calyces* incarnati, nitentes. *Receptaculum*
nudum. *Pappus* pilosus.

8. E. (*stoloniferum.*) foliis lanceolatis, recurvis, argenteis; caulibus diffusis. Xeranthemum *stoloniferum*. *Linn.*
Syst. Veg. per *Gmelin* p. 1219. Suppl. p. 366.

Radix fusiformis, alte descendens, fibrillosa. *Caules* herba
cei, filiformes, tomentosi. foliis tecti, ramosissimi. *Rami* al
terni, secundi uti et *Ramuli* similes. *Folia* rparsa, approxi
mata, sessilia, acuta, convoluta, integra, subimbricata, apice
reflexa, semiunguicularia. *Capitula* terminalia, solitaria. *Ca
lycis* squamae aureae, interiores sub apice purpureae. *Recep
taculum* nudum. *Pappus* pilosus.

9. E. (*argenteum*) foliis oblongis, convolutis, recurvis,
argenteis; caule erecto fruticoso.

Caulis teres, inferne glaber, ramosus, pedalis. *Rami* aggre
gato-sparsi, elongati, simplices teretes, foliis tecti, argentei.
subfastigiati *Folia* sparsa, approximata, inferne attenuata, sessilia, obovato-oblonga, integra, apice recurva, imbricata, tota
argentea, unguicularia. *Flores* in summitate plures, pedunculati, argentei. *Receptaculum* nudum. *Pappus* densissimus,
pilosus.

10. E. (*retortum.*) foliis obovatis, obtusis, argenteis;
caule decumbente. Xeranthemum *retortum*. *Linn*. Syst.
Veg. per *Gmelin* p. 1218. Spec. Plant. p. 1202.

Caulis herbaceus, filiformis, flexuosus, parum ramosus. *Ra
mi* similes. *Folia* alterna, inferne attenuata, integra, infe
riora plana, glabra, patentia, superiora convoluta, squamoso-

argentea, imbricata; unguicularia. *Capitulum* terminale, solitarium. *Receptaculum* nudum. *Pappus* pilosus.

11. E. (*radicans.*) foliis ovatis, obtusis, reflexis, argenteis; caule radicante, decumbente.

Crescit in littore maris prope Leuwe-kopp. Floret Augusto.
Radices sparsae, fibrosae *Caulis* herbaceus, parum ramosus, foliis tectus, spithamaeus. *Rami* alterni, simplices, similes. *Folia* approximata, sessilia, integra, imbricata, apice reflexa, lineam longa. *Capitula* terminalia, solitaria, aurea.

12. E. (*imbricatum.*) foliis oblongis, obtusis, imbricatis, tomentosis; pedunculis squamosis. XERANTHEMUM *imbricatum.* *Linn.* Syst. Veg. per *Gmelin* p. 1218. Spec. Plant. p. 1202.

Caulis fruticosus, erectus, ramosus, vix pedalis. *Rami* erecti, toti tecti ramulis brevissimis virgatis. *Folia* sparsa, sessilia, apice incrassato reflexo, integra, semiunguicularia. *Flores* terminales, solitarii. *Calycis* squamae exteriores albae, maculà magnà purpureà; interiores niveae. *Receptaculum* nudum. *Pappus* plumosus.

13. E. (*canescens.*) foliis ovatis, obtusis, imbricatis, tomentosis; pedunculis squamosis. XERANTHEMUM *canescens.* *Linn.* Syst. Veg. per *Gmelin* p. 1218. Sp. Plant. p. 1202.

Caulis fruticosus, erectus, ramosus, pedalis et ultra. *Rami* alterni et terni, foliis tecti, elongati, apice divisi ramulis brevissimis, incurvato-erecti. *Folia* sparsa, approximata, sessilia, integra, marginata, carinata, semiunguicularia. *Flores* terminales, solitarii. *Calycis* squamae extimae ferrugineae, brevissimae; mediae sanguineae; intimae niveae. *Receptaculum* nudum. *Pappus* plumosus.

14. E. (*virgatum.*) foliis oblongis, mucronatis, tomentosis; caule erecto. XERANTHEMUM *virgatum.* *Linn.* Syst. Veg. per *Gmelin* p. 1219. *Berg.* Plant. Cap. p. 275?

Caulis frutescens, ramosus, pedalis et ultra. *Rami* et ramuli aggregato-subumbellati, filiformes, elongati, flexuoso-erecti. *Folia* sparsa, sessilia, membranula decidua inermi, imbricata, unguicularia. *Capitula* terminalia, solitaria, aurea, magnitudine fabae. *Receptaculum* nudum. *Pappus* valde plumosus.

15. E. (*variegatum.*) foliis lanceolatis, mucronatis; tomentosis, caule erecto. XERANTHEMUM *vestitum?* *Linn.* Syst. Veg. per *Gmelin* p. 1218. Spec. Plant. p. 1201. XERANTHEMUM *variegatum.* *Linn.* Syst. Veg. per *Gmelin* p. 1219 *Berg.* Plant. Cap. p. 271.

Crescit in collibus infra Drakenstein. Floret Junio.
Caulis frutescens, teres, tomentosus, ramosus, pedalis et ultra. *Rami* simplices, elongati, foliis tecti, tomentosi, erecti. *Folia* inferne approximata, in summo caule remotiora, sparsa, sessilia, squamula membranacea inermi, imbricato-erecta, subpollicaria. *Capitula* terminalia, solitaria, magnitudine pruni.

Squamae calycis argenteae, exteriores obtusiusculae, maculâ ferrugineâ sub apice. *Receptaculum* nudum. *Pappus* eleganter plumosus.

16. E. (*speciosum*.) foliis lanceolatis, obtusis, lanatis; caule erecto. Xeranthemum *speciosissimum*. L *i* n *n*. Syst. Veg. per *Gmelin* p. 1218. Spec. Plant. p. 1202.

Crescit in' summo montium et lateribus prope Platte-kloof. Floret Decembri.

Caulis fruticosus, lanatus, ramosus, pedalis et ultra. *Rami* alterni, elongati, similes. *Folia* aggregato-sparsa, oblongo-lanceolata, integra, plana, enervia, imbricato-erecta, apice patula, pollicaria. *Capitula* terminalia, solitaria, argentea, nitida, magnitudine pruni. *Receptaculum* nudum. *Pappus* pilosus.

17. E. (*Staehelina*.) foliis lanceolato-oblongis, carin tis, lanatis; caule erecto. Xeranthemum *Staehelina*. L *i* n *n*. Syst. Veg. per *Gmelin* p. 1219.

Caulis frutescens, teres, lanatus, parum ramosus, flexuoso-erectus, pedalis et ultra. '*Ramulus* unus vel paucissimi, similis cauli. *Folia* sparsa, inferne aggregata, sessilia, obtusa, integra, imbricato-patula, sesquipollicaria; suprema remota et minuta. *Capitulam* terminale, solitarium, magnitudine pruni, nitidum, rufescenti-aureum. *Receptaculum* nudum. *Pappus* eleganter plumosus.

18. E. (*fulgidum*.) foliis oblongis, subtus tomentosis; caule erecto. Xeranthemum *fulgidum*. L *i* n *n*. Syst. Veg. per *Gmelin* p. 1219. Suppl. p. 365.

Caulis frutescens, foliis tectus, superne ramosus, pedalis. *Rami* alterni, similes. subfastigiati. *Folia* sparsa, frequentia. sessilia, obtusa, integra, supra glabra, subtus lanata, imbricato-erecta, pollicaria. *Capitula* terminalia, solitaria, aurea, nitidissima, magnitudine pruni. *Receptaculum* nudum. *Pappus* pilosus, apice tenuissime serrulatus.

19. E. (*spinosum*.) foliis obovatis, tomentosis; calycis squamis spinosis. Xeranthemum *spinosum*. L *i* n *n*. Syst. Veg. per *Gmelin* p. 1219. Spec. Plant. p. 1203.

Floret Decembri.

Caulis fruticosus, erectus, ramulosus, palmaris usque spithamaeus. *Rami* sparsi teretes, tomentosi, erecti, subfastigiati. *Folia* sparsa, breviter petiolata, ovata, acuta, integra, patentia, unguicularia. *Capitula* terminalia, solitaria, magnitudine pisi. *Calycis* squamae exteriores ovatae, acuminato-spinosae, flavescentes; interiores inermes, niveae. *Receptaculum* nudum. *Pappus* paleaceo-subulatus. *Semen* villosum.

CCCXCIV. D E N E K I A,

Recept. nudum. P a p p u s nullus, C a l, imbricatus. Cor. radii bilabiatae,

1. D, (capensis,)

Crescit in aquis Lange kloof. Floret Januario.

Caulis herbaceus, teres, striatus, tomentosus, ramosus, erectiusculus, spithamaeus vel ultra. *Rami* alterni, similes, simplices, apice nutantes. *Folia* alterna, semiamplexicaulia, oblongo-lanceolata, obtusa cum mucrone; integra, undulata, supra glabra, subtus tomentosa; inferiora digitalia, superiora sensim breviora, *Capitula* terminalia, paniculata. *Paniculæ* coarctata,

CCCXCV, C O N Y Z A,

Recept, nudum, Pappus capillaris, Cal. imbricatus, subrotundus, Cor. radii trifidae,

1. C. (canescens,) foliis linearibus, subtus tomentosis; paniculâ fastigiatâ. Conyza *canescens. Linn,* Syst. Veg. per *Gmelin* p. 1220. Suppl. p. 367.

Crescit in montibus Lange kloof et Krumrivier. Floret Decembri.

Caulis herbaceus, teres, striatus, tomentosus, erectus, apice paniculato-ramosus, pedalis vel ultra. *Folia* alterna, sessilia, angustissima, acuta, integra margine revoluto, supra glabra, subtus albo-tomentosa, erecto-patentia, digitalia. *Flores* terminales, in panicula ramorum vel pedunculorum, multiflora. *Calyx* cinereus, brevis; *squamae* ovatae, mucronatae. *Corollulae* purpureae. *Pappus* pilosus,

CCCXCVI, E R I G E R O N.

Recept. nudum. Pappus capillaris, Cor, radii lineares, angustissimae,

1. E. (scabrum,) foliis lanceolatis, denticulatis, undulatis, scabris; capitulis terminalibus, solitariis.

Caulis frutescens, teres, villosus, erectus, superne ramosus, pedalis et ultra. *Rami* alterni, filiformes, striati, villosi, erecto-patentes. *Folia* alterna, semiamplexicaulia, cordata, acuta, margine revoluto, villosa, patentia, unguicularia, *Flores* terminales, solitarii, magnitudine pisi,

2. E. (hirtum.) foliis petiolatis, ovatis, dentatis, villosis; capitulis paniculatis,

Caulis herbaceus, teres, totus hirsutus, ramosus, flexuoso-erectus, pedalis et ultra. *Rami* alterni, similes. *Folia* alterna, nervis scabra, utrinque hirsuta, patentia, pollicaria. *Petioli* folio paulo breviores. *Flores* terminales, paniculati. *Pappus* pilosus, ferrugineus.

3. E. (*incisum.*) foliis petiolatis, ovatis, inciso - dentatis; capitulis paniculatis.

Caulis herbaceus, teres, pubescens, flexuoso - erectus, inferne vix ramosus, superne paniculatus, pedalis et ultra. *Folia* alterna, basi incisa, duplicato - dentata, supra tenuissime pubescentia, subtus hirsuta, patentia, pollicaria; summa lanceolata, integra, minora. *Petioli* filiformes, folio paulo breviores. *Flores* in panicula terminales, solitarii. *Pedunculi* et *pedicelli* capillares, hirsuti, flexuosi, sensim breviores.

4. E. (*pinnatum.*) foliis pinnatifidis, denticulatis, scabris. Erigeron *pinnatum. Linn.* Syst. Veg. per *Gmelin* p. 1224. Suppl. p. 368.

Crescit prope Duyventwel'srivier. Floret Decembri, Januario.

Radix fibrillosa, annua. *Caulis* herbaceus, teres, erectus, ramosus, pedalis. *Rami* alterni, pauci, teretes, elongati, erecti, piloso - scabridi. *Folia* alterna, sessilia, lanceolato - oblonga, inciso - pinnatifida, glabra, venis et margine ciliato - scabrida, pilis albis brevissimis, incurvato - erecta, digitalia; *laciniae* lanceolatae, denticulatae. *Flores* terminales, pedunculati, aggregati.

5. E. (*pinnatifidum.*) foliis oblongis, pinnatifidis, hirsutis.

Crescit in collibus extra urbem. Floret Majo, Junio.

Caulis herbaceus, teres, totus pubescens, ramosus, flexuoso - erectus, pedalis. *Rami* alterni, iterum ramulosi, similes cauli. *Folia* alterna, subpetiolata, obovato - oblonga, utrinque hirsuta, patentia, digitalia. *Pinnae* infimae lineari - lanceolatae, saepius integrae; intermediae ovatae, obtusae, denticulo notatae; ultimae connatae in lobum majorem, dentatae. *Capitula* terminalia, solitaria.

CCCXCVII. BACCHARIS.

Recept. nudum. *Pappus capillaris. Cal.* imbricatus, cylindricus. *Flosculi femlnei, hermaphroditis immisti.*

1. B. (*ivaefolia.*) foliis lanceolatis, serratis. Baccharis *ivaefolia. Linn.* Syst. Veg. per *Gmelin* p. 1219. Spec. Plant. p. 1204.

Crescit in collibus infra latus occidentale Taffelberg, prope Cap.

Caulis fruticosus, teres, striatus, pubescens, ramosus, erectus, pedalis et ultra. *Rami* in superiori caulis parte alterni, erecti, subfastigiati. *Folia* alterna, petiolata, elliptica, trinervia, glabra, pollicaria vel ultra. *Panicula* terminalis, fastigiata, composita.

CCCXCVIII. INULA.

Recept. nudum. Pappus capillaris. Antherae basi in setas 2 desinentes,

1. I. (*pinifolia.*) foliis lineari-subulatis, glabris; caule fruticoso. INULA *pinifolia. Linn* Syst. Veg. per *Gmelin* p. 1243. Mant. p. 472. Spec. Plant. p. 1241.

Crescit in collibus et campis sabulosis infra latus orientale Taffelberg et extra urbem. Floret Janio, Julio.

Caulis teres, glaber totus, erectus, ramosissimus, pedalis et ultra. *Rami* sparsi et subverticillati, flexuoso-erecti, subfastigiati. *Folia* sparsa, approximata, lineari-trigona, mucronata, integra, imbricata, unguicularia. *Flores* terminales, solitarii.

2. I. (*aromatica.*) foliis linearibus, tomentosis; caule fruticoso. INULA *aromatica. Linn.* Syst. Veg. per *Gmelin* p. 1242. Spec. Plant. p. 1241:

Caulis totus incano-tomentosus, ramosissimus, erectus, pedalis et ultra. *Rami* sparsi, frequentissimi, filiformes, foliis tecti, erecti, imbricati, virgati, digitales. *Folia* alterna, sessilia, obtusa, integra, utrinque tomentosa, imbricato-patula, unguicularia. *Flores* in summitate ramorum terminales, solitarii.

3. I. (*foetida.*) foliis elliptico-linearibus, obtusis, villosis; caule fruticoso. INULA *foetida. Linn.* Syst. Veg. per *Gmelin* p. 1241. Spec. Plant. p. 1241.

Crescit infra latus occidentale Taffelberg et juxta Slangrivier. Floret Decembri, et prope Cap mense Martio.

Caulis frutescens, teres, totus pubescens, flexuoso erectus, pedalis et ultra, ramosus. *Rami* alterni, secundi, cauli similes, patentes. *Folia* basi attenuata, linearia, integra, pubescentia, scabrida, patentia, pollicaria usque digitalia. *Axillae* valde onustae, foliis minoribus, fasciculatis. *Flores* terminales, paniculati.

CCCXCIX. ARNICA.

Recept. nudum. Pappus capillaris. Corollae radii filamentis 5 sine antheris.

1. A. (*lanata.*) foliis cordato-ovatis, obtusis, integris, lanatis.

Crescit juxta Roode Sand in montibus prope Winterhoek. Floret Octobri.

Caulis frutescens, simplex, teres, dense lanatus, erectus, apice in breves ramos unifloros divisus, pedalis. *Folia* aliquot in infimo caule alterna, petiolata, margine revoluto, dense lanata, superne adultiora glabra, pollicaria usque palmaria. *Florum* capitula solitaria, terminalia, lanata.

2. A. (*grandis.*) foliis ovatis, nervosis, lanatis; caule fruticoso, ramoso.

Folia radicalia subsessilia, inferne attenuata, obtusa, integra, parallelo-nervosa nervis subtus imprimis exstantibus, crassa, erecta, palmam lata, spithamaea. *Scapus* angulatus, erectus, lanatus, digitum crassus, pedalis. *Rami* alterni, similes, broves, fastigiati. *Flores* grandes, terminales, solitarii. *Calyx* imbricatus, tomentosus: *squamae* lanceolatao, interiores imprimis acuminatae.

3. A. (*cordata.*) foliis cordatis, ovatis, subtus tomen'osis; capitulo terminali.

Crescit in sylvis Hautniquas. *Floret Octobri, Novembri.*

Radix fibrosa, annua. *Folia* radicalia, petiolata, plura, z usque 6, rotundato-obtusissima, rarissime denticulata; supra glabra, viridia; subtus nivea; erecta, pollicaria usque bipollicaria, ultra pollicem lata. *Petioli* filiformes, tomentosi, digitales et ultra. *Scapi* filiformes, simplices, denudati, erecti, uniflori, pedales. *Pappus* pilosus.

4. A. (*tabularis.*) foliis ovatis, denticulatis, subtus tomentosis; caule ramoso.

Crescit in proclivis collibus infra frontem Taffelberg et latus occidentale; in rode Sand montibus prope Watervald. Floret Majo, Junio.

Radix perennis, plures caules edens *Caulis* basi frutescens, dein herbaceus, erectus, raro simplex, saepius ramosus, teres, tomentosus, inferne foliosus, pedalis et bipedalis. *Rami* alterni, simplices, cauli similes. *Folia* petiolata, subcordata, obtusa, integerrima et denticulata, alterna, inaequalia; supra nuda vel raro tomento tenui secedente obducta, nervosa; subtus dense incano tomentosa, nervosa; quaedam parva, subrotunda; quaedam valde lata et magna, erecto-patula, pollicaria vel bipollicaria et ultra, latitudine proportionata. *Petioli* teretes, tomentosi, supra sulco longitudinali, unguiculares. *Flores* in caule vel ramulis terminales, solitarii, flavi.

5. A. (*crocea.*) foliis petiolatis, ovatis, denticulatis, glabris; scapo herbaceo, unifloro. Arnica crocea. *Linn.* Syst. Veg. per *Gmelin* p. 1242. Spec. Plant. p. 1246. Gerbera foliis planis, dentatis; flore purpureo. *Burm.* Plant. afric. p. 157. tab. 52. fig 2. non tab. 55. Doronici forte species pumila, auriculae ursi folio, glabra folio saturate croceo. *Pluken.* Mant. p. 65. tab. 343. fig. 4.

Folia radicalia usque 6, obtusissima, utrinque glabra, pollicaria. *Petioli* unguiculares. *Scapus* solitarius, simplex, flexuoso-erectus, squamosus, palmaris usque spithamaeus: *squamae* foliaceae in scapo, filiformes, minutae, sparsae. *Flos* terminalis, solitarius.

6. A. (*crenata.*) foliis obovatis, crenatis, glabris; scapo unifloro.

Crescit in montibus Lange kloof. Floret Decembri.

Radix annua, fibrosa. *Folia* radicalia, plurima, inferne attenuata in petiolos, obtusa, crenato-dentata, utrinque glabra,
expansa, pollicaria; *caulina* lancea, minuta. *Scapi* solitarii vel
duo, filiformes, flexuoso-erecti, simplices, inferne villosi,
superne hirsuti, palmares. *Flos* terminalis, solitarius.

7. A. (*sinuata*) foliis oblongis, sinuatis, subtus tomentosis; scapis unifloris, pubescentibus.
Radix fibrosa, annua. *Folia* radicalia, plura, petiolata.
acuta, sinuato-denticulata, plana, supra glabra, subtus albo-
tomentosa, erecta, pollicem lata, digitalia. *Petioli* pollicares.
Scapi filiformes, usque quatuor, aphylli, simplices, inferne glabri, superne tomentosi, sub flore squamosi foliolis lanceolatis, inaequales, palmares usque pedales. *Flos* terminalis,
solitarius.

8. A. (*serrata.*) foliis linearibus, sinuato-subpinnatifidis,
subtus tomentosis: scapis unifloris, pubescentibus
Folia radicalia, plurima, petiolata, sublinearia; dentibus reflexis margineque revoluto, supra glabra, erecta, unguem lata,
palmaria. *Petioli* teretes; sulcati,-digitales. *Scapus* solitarius,
rarius duo, filiformis, simplex, erectus, spithamaeus, vel paulo
ultra. *Affines* sunt A. *sinuata*, *serrata* et *Gerbera*.

9. A. (*gerbera.*) foliis pinnatifidis, subtus tomentosis;
scapis unifloris lanatis. Arnica *Gerbera*. *Linn*. Syst. Veg.
per *Gmelin* p. 1243. Spec. Plant. p. 1246. Gerbera foliis
ex radice oblongis excavatis sinuosis, subtus lanugine crassâ
villosis. *Burman*. Plant. african. p. 155. tab. 56. fig. 1.
Scolopendriae seu Asplenii facie planta Aethiopica summis
pinnis acuminatis sericea lanugine ex rufo candicante villosa.
Pluken. Almagest. p. 336. tab. 313. fig. 5. tantum folia.
Crescit in summis lateribus montis Tabularis. *Floret Novembri*.
Folia radicalia plurima, petiolata, lancea, sinuato-pinnatifida, supra glabra, subtus albo tomentosa, erecta, palmaria
usque spithamaea. *Laciniae* rotundatae, integrae, margine reflexo. *Petioli* pollicares vel ultra. *Scapus* solitarius, raro bini,
filiformis, flexuoso-erectus, interdum glaber, interdum tomentosus, palmaris usque pedalis. *Flos* terminalis, solitarius.

CCCC. CINERARIA.

*Recept. nudum. Pappus capillaris. Cal. simplex, po-
lyphyllus, aequalis*. (Flores radiati.)

1. C. (*filifolia.*) foliis linearibus; glabris; capitulis paniculatis.
Floret Septembri.
Caulis fruticosus, teres, glaber totus, nodulosus, flexuosus,
erectus, ramosus, pedalis et ultra. *Rami* pauci, suboppositi,

divaricati, erecti, cauli similes. *Folia* sparsa, sessilia, integra, erecta, digitalia. *Florum* capitula paniculata. *Pedunculi* filiformes, patulo-erecti, inferiores pollicares, superiores sensim breviores. *Bracteae* sub pedunculis lineari-lanceolatae, unguiculares.

2. **C.** (*cacalioides.*) foliis oblongis, subteretibus, carnosis, glabris; capitulis pedunculatis. Cineraria *cacalioides.* *Linn.* Syst. Veg. per *Gmelin* p. 1238. Suppl. p. 374.

Crescit in arenosis Saldanhabay. Floret Septembri.

Caulis fruticosus, glaber, erectus, ramosus, spithamaeus. *Rami* alterni, divaricati, erecti, similes, *ramulis* brevissimis. *Folia* alterna, approximata, sessilia, acuta, unguicularia. *Capitula* in ramis subpaniculata, vel in ramulis potius terminalis, solitaria.

3. **C.** (*amelloides.*) foliis oppositis, ovatis, scabris; capitulo solitario. Cineraria *amelloides.* *Linn.* Syst. Veg. per *Gmelin* p. 1239. Spec. Plant. p. 1245.

Crescit in lateribus utrinque Taffelberg. Floret Aprili, Junio, Julio.

Caulis fruticescens, teres, erectus, glaber, ramosus, pedalis. *Rami* dichotomi, filiformes, flexuoso-erecti, inferne foliosi, superne elongati, aphylli. *Folia* approximata, sessilia, integra margine reflexo, patentia, unguicularia. *Florum* capitula terminalia. *Corollae* caeruleae, radiatae.

4. **C.** (*lineata.*) foliis lanceolatis, trinervibus, tomentosis, apice dentatis; capitulis paniculatis. Cineraria *lineata.* *Linn.* Syst. Veg. per *Gmelin* p. 1239. Suppl. p. 375.

Crescit in collibus infra Taffelberg et Steenberg. Floret Aprili.

Caulis fruticosus, totus incano-tomentosus, teres, erectus, ramosus, pedalis et ultra. *Rami* alterni, pauci, erecto-patuli, similes. *Ramuli* superiores filiformes, paniculati, fastigiati. *Folia* alterna, sessilia, inferne attenuata, integra et saepe apice dentata dentibus subquinis, margine parum reflexa, utrinque tomentosa, incana, erecto-patentia, pollicaria. *Axillae* plerumque onustae foliolis minimis. *Capitula* in ultimis ramulis paniculatis terminalia, cinereo-tomentosa. *Pedunculi* seu ultimi ramuli filiformes, squamosi bracteis setaceis, minimis.

5. **C.** (*coronata.*) foliis obovatis, crenulatis, glabris; capitulis terminalibus; caule frute cente.

Crescit prope Camtours rivier. Floret Decembri.

Caulis striatus, glaber, flexuosus, erectus, apice tantum ramosus, bipedalis. *Rami* seu potius pedunculi similes, rarius divisi, erecti, subfastigiati, inferioribus brevioribus. *Folia* caulina alterna, sessilia, inferne angustiora, acuta, undulato crenulata, erecta, palmaria, superioribus minoribus. *Bracteae* sub ramis lanceolatae, acutae, unguiculares. *Calyx* subcalyculatus. *Pappus* pilosus. *Corolla* ligulata, lutea.

6. C. (*geifolia.*) foliis reniformibus, incisis, dentatis, subtus tomentosis: capitulis paniculatis. Cineraria *geifolia*. Linn. Syst. Veg. per *Gmelin* p. 1237. Spec. Plant. p. 1242.

Floret Septembri.

Caulis subherbaceus, vix fruticescens, teres, striatus, pubescens, basi decumbens, dein erectus, ramosus, pedalis et ultra. *Rami* alterni, similes, apice paniculati. *Folia* alterna, petiolata, supra villoso-scabra, inaequalia, unguicularia usque pollicaria. *Petioli* basi auriculati, amplexicaules, dein lineari-filiformes, pilosi, folio paulo longiores. *Capitula* in ramulis paniculatis terminalia.

7. C. (*tussilaginea*) foliis reniformibus, incisis, dentatis, subtus tomentosis; petiolis basi auritis. Cineraria *tussilaginea?* Herit. Sert. Angl. p. 26.

Caulis herbaceus, teres, striatus, erectus, ramosus, pedalis. *Rami* et *ramuli* alterni, similes, divaricato erecti, paniculati. *Folia* alterna, petiolata, cordata, sinubus rotundatis, argute dentata, supra glabra, subtus lanâ albâ, patentia, inaequalia, unguicularia usque pollicaria. *Petioli* basi dilatati, amplexicaules, auriculati, unguiculares. *Capitula* florum in ultimis ramulis paniculatis terminalia.

8. C. (*lobata.*) foliis reniformibus, incisis, dentatis, glabris; capitulis paniculatis. Cineraria *lobata.* Linn. Syst. Veg. per *Gmelin* p. 1239.

Radix fibrosa. *Caulis* herbaceus, totus glaber, erectus, ramosissimus, pedalis. *Rami* et *ramuli* sparsi, cauli similes, flexuoso-erecti, fastigiati, ultimi filiformes. *Folia* alterna, petiolata, utrinque glabra, raro subtus nervis pubescentibus, inaequalia, unguicularia, usque pollicaria. *Petioli* filiformes, folio longiores. *Panicula* composita subfastigiata.

9. C. (*lanata.*) foliis reniformibus, lobatis, dentatis, lanatis; capitulis solitariis. Cineraria *lanata.* Linn. Syst. Veg. per *Gmelin* p. 1238.

Caulis herbaceus, totus niveo-lanatus, debilis, erectus, ramosus, spithamaeus. *Rami* alterni, similes, patentissimi, lati. *Folia* alterna petiolata, 5 lobata, utrinque imprimis vero subtus niveo-tomentosa, patentia, inaequalia, unguicularia et pollicaria. *Petioli* filiformes, folio paulo longiores. *Capitula* in ramulis terminalia.

10. C. (*cymbalarifolia.*) foliis lyratis: impari reniformi, dentato; summis lanceolatis glabris. Cineraria *cymbalarifolia.* Linn. Syst. Veg. per *Gmelin* p. 1237. Spec. Plant. p. 1242.

Crescit in monte Picketberg. Floret Octobri.

Caulis herbaceus, teres, glaber, erectus, apice in pedunculis ramosus, spithamaeus et ultra. *Ramuli* alterni, bini vel

tres erecti. *Folia* inferiora petiolata, raro simpliciter reniformia, saepius lyrata, tota glabra, subtus purpurea, erecta;
lobi inferiores duo, tres vel rarius plures, minuti, ovati, subangulati, patentes, vix unguiculares; extimus lobus major, reniformis dentatus, pollicaris; superiora semiamplexicaulia, convoluta, integra, unguicularia. *Petioli* subamplexicaules, simplices, lineares, pubescentes, pollicares. *Capitula* terminalia
solitaria. *Squamae* foliaceae, lanceolatae, parvae.

11. C. (*pumila.*) foliis lyratis, dentatis; capitulis solitariis.

Radix fibrosa, annua. *Caulis* herbaceus, tener, flexuoso-
erectus, parum ramosus, digitalis. *Rami* unus vel duo, floriferi, subaphylli. *Folia* alterna, superiora sessilia, dentata; inferiora petiolata, lyrata et simplicia; *pinna* ultima major, in-
ciso-angulata vel lobata., dentata; *lobi* in petiolo oppositi, minores, dentati, *petiolus* basi dilatato-auriculatus, amplexicaulis. Omnia folia tenuissime pubescentia. *Capitulum* terminale.

12. (*hastifolia*) foliis hastatis, glabris; lobis lateralibus
bifidis; caule unifloro. Cineraria *hastifolia*. *Linn.* Syst.
Veg. per *Gmelin* p. 1239. Suppl. p. 376.

Radix tuberosa, fibrosa, annua. *Caulis* herbaceus, simplex,
filiformis, erectus, totus glaber, spithamaeus; superne aphyllus, squamosus. *Folia* sparsa, approximata, petiolata, tota
glabra, erecta. *Lobus* medius integer. *Petioli* capillares, basi
parum dilatati, semiamplexicaules, folio triplo longiores, erecti,
pollicares. *Squamae* setaceae, breves. *Capitulum* terminale,
solitarium.

13. C. (*pandurata.*) foliis lyrato-pinnatifidis, pubescentibus, capitulis terminalibus.

Crescit prope Kamtous rivier. Floret Decembri.
Caulis erectus, striatus, villosus, flexuosus, ramosus versus
apicem, pedalis. *Folium* radicale petiolatum, lyrato-bipinna-
tifidum, obsolete pubescens, longitudine fere caulis: *laciniae*
incisae, dentatae; caulina sessilia, pinnatifida, pubescentia,
pollicaria: *laciniae* denticulatae. *Rami* seu pedunculi simplices, raro divisi, striati, pubescentes, flexuosi, inferiores longiores. *Calyx* subcalyculatus. *Corolla* ligulata, lutea. *Pappus*
pilosus.

14. C. (*aspera.*) foliis linearibus, pinnatis, dentatis, subtus tomentosis; capitulis paniculatis.

Crescit in collibus infra montes prope Cap. Floret Martio,
Aprili.
Caulis herbaceus, teres, striatus, glaber, superne paniculato-ramosus, erectus, pedalis. *Folia* alterna, pinnata et bipinnatifida, supra glabra, subtus albo-tomentosa, digitalia;
Pinnae et *pinnulae* dentatae denticulis inflexis. *Panicula* terminalis, composita.

15. C. (*capillacea.*) foliis pinnatis, glabris pinnis linea-

ribus, integris; capitulis solitariis Cineraria *capillacea.*
L i n n. Syst. Veg. per *G m e l i n* p. 1230. Suppl.·p. 375.

Crescit in arenosis S w a r t l a n d. Floret S e p t e m b r i, O c t o b r i.
Radix annua, fibrillosa. *Caulis* herbaceus, flexuosus, erectus, ramosus, totus glaber, spithamaeus. *Rami* et *Ramuli* alterni, flexuosi, divaricati, erecti, paniculati, filiformes et capillares. *Folia* alterna, pollicaria et ultra. *Pinnae* subsecundae, lineari filiformes, saepius indivisae, raro iterum pinnulatae, patentissimae, revolutae, vix unguiculares. *Capitula* terminalia in ultimis ramulis. *Calyx* sulcato-angulatus, glaber.
Corolla radiata, lutea. *Simillima* O. *capillaceae*, sed differt α.
calyce polyphyllo. β. floribus luteis.

CCCCI. D O R I A.

Character generis Cinerariae. *Flores flosculosi.*

1. D. (*nivea.*) foliis linearibus, tomentosis; capitulis
pendulis.

Caulis frutescens, totus niveo-lanatus, erectus, ramosus, pedalis et ultra. *Rami* et *ramuli* sparsi, filiformes, elongati,
cauli similes. *Folia* sparsa, sessilia integra, niveo-tomentosa,
erecto-patentia, unguicularia. *Capitula* terminalia, solitaria
vel bina, niveo tomentosa.

2. D. (*undulata.*) foliis ellipticis, undulatis, glabris; capitulo solitario.

Crescit in B o c k l a n d. Floret N o v e m b r i, D e c e m b r i
Radix fibrosa, annua. *Folia* radicalia, plurima, petiolata
seu inferne in petiolos attenuata, crispa margine revoluto,
erecta, digitalia. *Petioli* folio longiores, seu subpalmares, lineares, striati, subvillosi. *Scapus* solitarius vel duo, teres,
glaber, simplex, erectus, sesquipedalis. *Bracteae* aliquot sparsae in scapo, sensim minores. *Capitulum* terminale.

3. D. (*alata.*) foliis ovatis, decurrentibus, glabris; capitulis paniculatis. Cineraria *alata. L i n n.* Syst. Veg. per
G m e l i n p. 1239. Suppl. p. 374.

Caulis fruticosus, totus glaber, a foliis alatus, erectus, ramosus, pedalis et ultra. *Rami* et *Ramuli* alterni, flexuoso-
erecti, similes. *Folia* sparsa, sessilia, obtusissima, lacero-sub-
denticulata, erecto-patentia, unguicularia. *Capitula* glabra.
Panicula terminalis, simplex. *Pedunculi* capillares, glabri.

4. D. (*perfoliata.*) foliis amplexicaulibus, cordato-ovatis, glabris; capitulis solitariis. Cineraria *perfoliata. L i n n.*
Syst. Veg. per *G m e l i n* p. 1240. Suppl. p 375.

Caulis herbaceus, angulatus, glaber, erectus, ramosus, pedalis et ultra. *Rami* et *ramuli* alterni, similes, fastigiati. *Folia* in ramificationibus, alterna, acuminata, undulata, infima
sesquipollicaria, superiora sensim breviora. *Capitula* in ultimis ramulis elongatis terminalia.

43 *

5. ꞏD. (*denticulata.*) foliis lanceolatis, denticulatis, glabris; capitulis paniculatis. Cineraria *denticulata. Linn.*
Syst. Veg. per ꞏGmelin p. 1230. Suppl. p. 375.

Caulis herbaceus, totus glaber, teres, striatus, erectus,
ramosus, pedalis. *Rami* et *Ramuli* dichotomi, teretes et filiformes, erecti, glabri, fastigiati. *Folia* radicalia et in infimo
caule approximata, plurima, sessilia, elliptico lanceolata, acuminata, margine denticulato crispo revoluto, erecta, palmaria;
caulina in ramificationibus lanceolata, pollicaria, sensim minora. *Capitula* in ultimis ramulis paniculatis terminalia.

6. D. (*serrata.*) foliis obovato-oblongis, serratis, subtus
tomentosis; capitulis terminalibus.

Caulis herbaceus, angulatus, striatus, glaber, flexuoso-erectus, superne ramosus, pedalis. *Rami* alterni, filiformes, cauli
similes, subfastigiati. *Folia* radicalia, petiolata, supra glabra,
erecta, digitalia, in petiolos attenuata. Caulina alterna, sensim
minora. *Capitula* in ramulis solitaria.

7. D (*elongata.*) foliis cordatis, ovatis, incisis, dentatis, glabris; capitulo solitario. Cineraria *elongata. Linn.*
Syst. Veg per Gmelin p. 1238. Suppl. p. 374.

Caulis herbaceus, teres, striatus, inferne ramosus, erectus,
pedalis vel paulo ultra. *Rami* in caulis infima basi, alterni,
pauci, elongati, teretes et filiformes, striati, glabri, flexuoso-
erecti, uniflori. *Folia* subradicalia vel in caule inferiori sita,
petiolata, utrinque glabra, subtus interdum purpurea, subpollicaria. *Caulinae* squamae alternae, filiformi-setaceae, vix unguiculares. *Capitula* terminalia. *Variat:* *a.* caule et foliis glabris. *β.* caule inferiori foliisque subtus albo-tomentosis.

8. D. (*erosa.*) foliis lyratis, incisis, dentatis, scabris;
capitulis paniculatis.

Crescit juxta Ribek Casteel, Paardeberg et alibi. Floret
Novembri, Decembri.
Caulis herbaceus, basi decumbens, dein erectus, teres, striatus, flexuosus, villosus, pedalis, apice tantum paniculato-ramosus. *Folia* alterna, petiolata, tota scabra, papillis minutissimis eminentibus, subtus pubescentia; *Lobi* laterales inaequales, plures, simplices et dentati, patentes, lineam longi usque
unguiculares, ultimus lobus major, reniformis, inciso-triloba-
tus lobulis sinuato-dentatis, pollicaris. *Petioli* amplexicaules,
basi alato-dilatati alâ incisâ, denticulatâ. *Capitula* panicula
coarctata.

9 D. (*sonchifolia.*) foliis amplexicaulibus, sinuatis, glabris; capitulis teminalibus; caule herbaceo. Cineraria *son-*
chifolia. Linn. Syst. Veg. per Gmelin p. 1239. Spec.
Plant. p. 1243.

Caulis debilis, glaber, erectiusculis, pedalus. *Folia* alterna,
remota, inferiora sinuato-dentata. majora; superiora basi dentata, lanceolata, superne integra; pollicaria. *Capitula* pauca.

10. D. (*incisa.*) foliis oblongis, glabris, incisis, dentatis; capitulis terminalibus.

Caulis herbaceus, flexuoso-erectus, simplex, teres, striatus, pubescens, pedalis, apice in pedunculos circiter tres ramosus. *Folia* radicalia, plura, majora; caulina alterna, minora, radidicalia petiolata, rarius subtus pubescentia, nervosa, digitalia; caulina sessilia, inferiora incisa, superiora integra, lanceolata, sensim minora, unguioularia. *Capitula* solitaria.

11. D. (*pinnatifida.*) foliis petiolatis, pinnatifidis, glabris; capitulo solitario.

Caulis herbaceus, teres, flexuoso-erectus, ramosus, pedalis. *Rami* alterni, filiformes, elongati, superne aphylli. *Folia* sparsa, erecta, digitalia. *Pinnae* suboppositae, ovatae, dentatae, vix lineam longae. In foliis quibusdam inferioribus lobus extimus major. *Capitulum* terminale. *Squamae* foliaceae, lanceolato-setaceae.

12. D. (*bipinnata.*) foliis bipinnatis, glabris; pinnis linearibus; capitulis paniculatis.

Crescit in Hantum. Floret Decembri.

Caulis herbaceus, teres, erectus, totus glaber, superne paniculatus, bipedalis. *Rami* alterni, filiformes, subfastigiati. *Folia* erecta, digitalia. *Pinnae* sulcatae, secundae, inflexae, simplices vel divisae in pinnulas breves. *Capitula* in ramulis terminalia. *Corollae* radii nullae. *Semina* striata. *Pappus* capillaris.

CCCCII. JACOBAEA.

Character generis SENECIONIS. *Flores radiati.*

1. J. (*reclinata.*) foliis linearibus, glabris; capitulis pedunculatis. SENECIO *reclinatus. Linn. Syst. Veg. per Gmelin* p. 1226. Suppl. p. 369.

Caulis frutescens, teres, striatus, totus glaber, flexuosus, erectus, apice in pedunculos paniculatos ramosus, bipedalis et ultra. *Folia* sparsa, utrinque parum attenuata, acuta, integra margine revoluta, patentia, saepe reflexa, bipollicaria, superioribus brevioribus. *Pedunculi* filiformes, flexuosi, foliolis aliquot brevibus linearibus squamosi, subfastigiati, simplices, uniflori. *Calyx* calyculatus, sub apice vel nigro maculatus vel immaculatus.

2. J. (*angustifolia.*) foliis linearibus, glabris; capitulis paniculatis.

Caulis frutescens, totus glaber, striatus, erectus, ramosus, pedalis et ultra. *Rami* alterni, filiformes, flexuosi, erecti, simplices, subfastigiati. *Folia* alterna, sessilia, integra margine revoluto, patentia apice reflexo: pollicaria. *Capitula* paniculà terminali. *Calyx* calyculatus squamis sub apice non ustulatis.

3. J. (*persicifolia.*) foliis amplexicaulibus, linearibus, subtus tomentosis; capitulis paniculatis. Senecio *persicifolius.* L i n,a. Syst. Veg. per G m e l i n p. 1226. Spec. Plant. p. 1215.

Caulis subherbaceus, vix fruticescens, teres, striatus, inferne glabriusculus, ramosus, erectus, pedalis et ultra. *Rami* alterni, patulo erecti, fastigiati, filiformes, subtomentosi, iterum in paniculam ramulosi. *Folia* alterna, basi aurita, semiamplexicaulia, integra margine revoluto, supra g abra, subtus niveotomentosa. patentia, pollicaria. *Paniculae* terminales, fastigiatae. *Calyx* calyculatus, basi albo-lanatus, apice non ustulatus.

4. J. (*mucronata.*) foliis linearibus, mucronatis, subtus tomentosis; capitulis paniculatis.

Caulis fruticosus, teres, cinereo-tomentosus, ramosus, erectus, pedalis et ultra. *Rami* in caule inferiori aggregati, alterni, elongati, inferne foliis tecti, tomentosi, superne glabriusculi, aphylli, in paniculam ramulosi. *Folia* sparsa, sessilia integra margine revoluto, supra subtomentosa, viridia, subtus niveo-tomentosa, patecti-erecta, pollicaria. *Paniculae* terminales, effusae. *Calyx* calyculatus squamis minime ustulatis.

5. J. (*nivea.*) foliis linearibus, lanatis; capitulis solitariis.

Caulis fruticescens, totus lanâ nivea obductus, ramulosus, erectus, pedalis. *Rami* alterni, filiformes, elongati, superne ramulosi, lanati, flexuoso-erecti, fastigiati. *Folia* alterna, sessilia, obtusiuscula, integra margine revoluto, utrinque, impri mis vero subtus, niveo-lanata, patentia, pollicaria *Capitula* in ultimis ramis terminalia. *Calyx* calyculatus, extus imprimis basi tomentosus, non ustulatus.

6. J. (*paniculata.*) foliis linearibus, denticulatis, glabris capitulis solitariis. Senecio *paniculatus.* B e r g. Plant Cap p. 277. Senecio *longifolius?* L i n n. Syst. Veg. per G m e lin p. 1229. Mant. p. 470.

Caulis fruticescens, teres, erectus, totus glaber, simplex, superne divisus in paniculam floriferam, pedalis vel paulo ultra. *Folia* alterna, sessilia, margine revoluto patula, sesquipollicaria; superiora minora, basi dentato-pinnata. *Panicula* patens subfastigiata, capitulis solitariis. *Pedunculi* filiformes et pedicelli capillares, elongati, sensim breviores, spithamaei et ultimi pollicares. *Calyx* calyculatus, non ustulatus.

7. J. (*bidentata.*) foliis lineari-ellipticis, dentatis, tomentosis; capitulis sessilibus.

Caulis fruticescens, teres, striatus, inferne tomentosus, erectus, flexuosus, rarius ramosus, superne in paniculam ramulosus, pedalis et ultra. *Folia* sparsa, sessilia, acuta, tomentosa et glabriuscula; quaedam latiora, dente majori uno alterove in medio notata; reliqua margine revoluto-denticulata; patentia, flexuosa, digitalia, superioribus sensim minoribus. *Capitula* terminalia, solitaria in pedunculis. *Pedunculi* flexuosi, filiformes, inferiores digitales, supremi unguiculares. *Calyx* glaber, calyculatus, parum ustulatus.

8. J. *(scabra.)* foliis oblongis, serratis, scabris; paniculis compositis.

Crescit in regionibus Hexrivier. Floret Decembri, Januario.
Caulis herbaceus, teres, striatus tenuissime pubes ens, flexuosus, erectus, fistulosus, ramosus, bipedalis. *Rami* alterni, cauli similes, inferiores longiores, superiores breviores, in paniculam ramulosi, virgati, nec fastigiati, erecto-patentes. *Folia* caulina alterna, sessilia, obovata-oblonga, obtusa, margine incrassato, revoluto, venosa, utrinque, imprimis vero subtus, pubescentia, patentia digitalia;. Ramea amplexicaulia, lanceolata, serrata, vix unguicularia. *Capitula* in ramis terminalia, paniculata: paniculâ hemisphaericâ. *Calyx* calyculatus squamis apice non ustulatis.

9. J. *(vestita.)* foliis ovatis, serratis, glabris;-paniculâ compositâ. Senecio *vestitus. Berg.* Plant. Cap. p. 282.

Crescit juxta Paardeberg. Floret Novembri, Decembri.
Caulis fruticosus, teres, totus glaber, erectus, ramosus, pedalis et ultra. *Rami* alterni, similes, simplices, erecti, apice in paniculam ramulosi. *Folia* alterna, approximata, sessilia, ovato-oblonga, acuta, dentibus argutis submucronatis, utrinque glabra, imbricata, pollicaria, superioribus minoribus. *Panicula* terminalis. *Pedunculi* filiformes, squamosi, fastigiati. *Squamae* foliaceae, setaceae, lineam longae. *Calyx* calyculatus, non ustulatus.

10. J. *(purpurea.)* foliis inferioribus lyratis, hirtis; superioribus lanceolatis. dentatis; capitulis solitariis Senecio *purpureus. Linn.* Syst. Veg. per *Gmelin* p. 1226. Spec. Plant. p. 1215. An Senecio *erubescens? Ait.* Hort. Kewens. Vol. 3. p. 190.

Crescit in campis graminosis.
Caulis herbaceus, basi decumbens, erectiusculus, debilis, totus hirtus, fuscus, simplex et ramosus, spithamaeus usque pedalis. *Folia* inferiora obovato-oblonga, inciso lyrata, obtuse dentata, hirsuta, inferne angustata, tripollicaria. Caulina superiora sagittata, pollicaria, sensim minora, ceterum reliquis similia. *Florum* capitula paniculata, laxa, incurvo erecta. *Pedanculi* et *calyx* toti hirsuti, squamis non ustulatis.

11. J. *(peucedanifolia* foliis pinnatis, glabris; pinnis linearibus. Senecio *peucedanifolius. Linn* Syst. Veg. per *Gmelin* p. 1226. Suppl. p. 372.

Caulis fruticescens, teres, erectus, superne ramoso paniculatus, bipedalis vel ultra, vix manifeste pubescens. *Rami* filiformes, similes, subfastigiati, patuli *Folia* inferne approximata, glabra vel vix manifeste et rarissime pubigera, erecta, palmaria. *Pinnae* integrae, pollicares, impari longiori: superiora minora. *Paniculae* in ramis terminales. *Calyx* calyculatus, non ustulatus.

12. J. (*tomentosa.*) foliis pinnatis, lanatis: pinnis lanceolatis. Senecio *virgatus?* *Linn.* Syst. Veg. per *Gmelin* p. 1226. Spec. Plant. p. 1215.

Caulis vix frutescens, inanis, sublanatus, striatus, ramosus, flexuosus, erectus, pedalis et ultra. *Rami* alterni, pauci, elongati, superne in pedunculos ramulosi. *Folia* alba, erecta, palmaria superioribus minoribus. *Pinnae* suboppositae, lineari-lanceolatae, integrae margine revoluto, patentes, unguiculares. *Capitula* in ramis et ramulis terminalia, solitaria. *Squamae* foliaceae, lineari setaceae, flexuosae, vix lineam longae. *Calyx* tomentosus, calyculatus, non ustulatus.

CCCCIII. S E N E C I O.

Recept. nudum. Pappus capillaris longus. Cal. conicus, calyculatus: squamis apice sphacelatis. (Flores flosculo i)

1. S. (*linifolius.*) foliis linearibus, integris, glabris; capitulis paniculatis. Senecio *linifolius. Linn.* Syst. Veg. per *Gmelin* p. 1228. Spec. Plant. p. 1220.

Caulis fruticosus, teres, striatus, totus glaber, erectus, ramosus, pedalis et ultra. *Rami* alterni, similes, iterum ramulosi, subfastigiati. *Folia* sparsa, approximata, sessilia, margine revoluto, erecto-patentia, pollicaria. *Panicula* terminalis. *Calyx* calyculatus, glaber, non ustulatus. *Radius* luteus

2. S. (*striatus.*) foliis linearibus, integris, tomentosis; capitulis solitariis.

Caulis herbaceus, teres, striatus, erectus, subtomentosus ramosus, pedalis et ultra. *Rami* alterni, similes, pauci, elongati, apice in pedunculos ramulosi, fastigiati. *Folia* alterna, remota, mucronata, margine revoluto, tomentoso-albida, erecto-patentia, pollicaria superioribus sensim minoribus. *Capitula* terminalia. *Calyx* calyculatus, scaber, non ustulatus. *Radius* luteus.

3. S. (*rosmarinifolius.*) foliis ellipticis, integris, glabris, summis subtus tomentosis; capitulis paniculatis; caule fruticoso. Senecio *rosmarinifolius. Linn.* Syst. Veg. per *Gmelin* p. 1229. Suppl. p. 369.

Crescit in omnibus collibus infra montes capenses urbis. Floret Martio et seqq. mensibus.

Caulis teres, erectus, glaber vel leviter subtomentosus, erectus, ramosus, bipedalis et ultra. *Rami* alterni, similes, elongati, subfastigiati. *Folia* sparsa, elliptico-lanceolata, acuta, margine revoluto, supra glabra, subtus subtomentosa, imprimis superiora, patentia, pollicaria. *Paniculae* terminales. *Calyx* calyculatus, glaber, non ustulatus. *Radius* luteus. *Differt* a S. *longifolio.* 1. foliis brevioribus. 2. margine foliorum revoluto. 3. caule fruticoso, ramosissimo.

4. S. (*juniperinus.*) foliis lanceolatis, integris, subtus tomentosis; paniculâ terminali Senecio *iuniperinus*. *Linn.*
Syst. Veg. per *Gmelin* p. 1229. Suppl. p. 371.

Caulis fruticosus, teres, striatus, inferne tomentosus; superne
laevis, glaber, erectus, ramosus, bipedalis. *Rami* alterni similes, elongati, fastigiati. *Folia* sparsa, basi approximata, acuta, margine revoluto, supra sulcata, glabra; subtus carinata;
patentia et reflexa, sesquipollicaria et superiora unguicularia.
Panicula composita. *Pedunculi* et *pedicelli* squamosi foliolis setaceis, flexuosi, palmares usque unguiculares. *Calyx* calyculatus, glaber, non ustulatus. *Radius* luteus. *Variat* foliis magis vel minus subtus albo-tomentosis.

5. S. (*pinnulatus.*) foliis linearibus, dentato-pinnatis, glabris; capitulis paniculatis, caule piloso-scabro.

Caulis fruticosus, erectus, ramosus, pedalis vel ultra. *Rami*
et *Ramuli* teretes et filiformes, tenuissime piloso-scabridi,
erecti. *Folia* sparsa, sessilia, quaedam integra margine revoluto, nonnulla denticulata, alia dentato-pinnatifida pinnis lanceolatis integris, patentia, pollicaria, superioribus minoribus
simplicibus. *Panicula* terminalis, fastigiata. *Pedunculi* filiformes, striati. *Calyx* calyculatus, fuscus, non ustulatus. *Radius*
luteus.

6. S. (*cristatus.*) foliis lanceolatis, glabris, integris, dentatisque; capitulis paniculatis.

Caulis fruticosus, teres, pubescens, ramosus, erectus, pedalis. *Rami* alterni, similes, apice in pedunculos paniculati, patentes. *Folia* alterna, semiamplexicaulia, mucronata, scabra,
inferiora basi et margine revoluto-dentata; superiora integra;
pollicaria, superioribus minoribus. *Panicula* terminalis. *Calyx*
calyculatus, fuscus, non ustulatus. *Radius* luteus.

7. S. (*cruciatus.*) foliis linearibus, subtus tomentosis:
inferioribus unidentatis; capitulis paniculatis. Senecio *cruciatus*. *Linn.* Syst. Veg. per *Gmelin* p. 1229. Suppl. p. 371.

Caulis frutescens, teres, albo-tomentosus, apice in paniculam floriferam paniculatus. *Folia* alterna, sessilia, mucronata,
subtus imprimis tomentosa; inferiora dente in medio utrinque
majori cruciata, digitalia; superiora integra, minora. *Panicula*
terminalis, composita, fastigiata. *Calyx* calyculatus, glaber,
non ustulatus. *Radius* luteus.

8. S. (*heterophyllus.*) foliis inferioribus subpetiolatis,
serratis; superioribus integris; capitulis paniculatis.

Crescit in arenosis Swartlandiae. Floret Septembri.

Radix fibrillosa, annua. *Caulis* herbaceus, erectus, ramosus, villoso-scabridus, spithamaeus. *Rami* alterni, divaricati,
erectiusculi, similes, ramulosi ramulis filiformibus similibus.
Folia alterna, tenuissime villoso-scabrida, inferiora petiolata,
oblonga, obtuse serrata, patentia, pollicaria: superiora lanceolata, sensim minora. *Panicula* effusa, multiflora. *Pedunculi*

et *pedicelli* capillares, flexuosi, subpollicares. *Calyx* calyculatus squamis paucissimis, glaber, non ustulatus. *Radius* luteus.

9. S. (*undulatus.*) foliis amplexicaulibus, cordato-lanceolatis, glabris; capitulis paniculatis.

Caulis herbaceus, teres, striatus, fusco-purpureus, totus glaber, apice in paniculam ramosus, erectus, sesquipedalis. *Folia* semiamplexicaulia, cordata, integra, inferiora lanceolata, plana, sesquipollicaria; superiora ovata, acuminata, undulata, vix pollicaria. *Pedunculi* inferiores palmares, aphylli, superioribus pollicares; *pedicelli* unguiculares, squamis foliaceis plurimis setaceis tecti. *Calyx* calyculatus, glaber, non ustulatus. *Radius* luteus.

10. S. (*crispus.*) foliis infimis petiolatis, superioribus sessilibus, glabris, undulato denticulatis, capitulis terminalibus.

Crescit in summo T*affelberg.* F*loret* F*ebruario.*

Caulis herbaceus, simplex, sulcatus, glaber, erectus, pedalis. *Folia* obovata, obtusa, margine revoluto undulata, denticulata; caulina superiora lanceolata, inciso-serrata; omnia glabra, erecta; inferiora pollicaria, superiora unguicularia. *Petioli* longitudine folii. *Flores* terminales in petiolis simplicibus, squamosis, foliolis setaceis. *Calyx* calyculatus, glaber, non ustulatus. *Radius* luteus.

11. S. (*marginatus.*) foliis sessilibus, oblongis, glabris, integris serratisque; capitulis paniculatis. Senecio *marginatus.* L*inn.* Syst. Veg. per G*melin* p. 1229. Suppl. p. 370.

Crescit in summo T*affelberg.* F*loret* F*ebruario.*

Caulis fruticosus, teres, totus glaber, erectus, superne ramosus, bipedalis et ultra *Rami* alterni, similes, erecto-patuli, fastigiati. *Folia* semiamplexicaulia, alterna, oblonga, acuta, marginata margine revoluto, utrinque glabra, imbricata, sesquipollicaria superioribus sensim minoribus. *Capitula* in ramis terminalia. *Calyx* glaber, calyculatus, non ustulatus. *Radius* luteus.

12. S. (*maritimus.*) foliis amplexicaulibus, ovatis, denticulatis, carnosis; caule herbaceo, decumbente. Senecio *maritimus.* L*inn.* Syst. Veg. per G*melin* p. 1229. Suppl. p. 369.

Crescit in l*ittore prope* C*ap.* F*loret* J*ulio,* A*ugusto.*

Caulis radicans, teres, glaber, superne ramosus in paniculam, spithamaeus. *Folia* alterna, obovata, obtusa, glabra, erecto patentia, inaequalia, pollicaria. *Panicula* terminalis, fastigiata. *Calyx* calyculatus, glaber, ustulatus. *Radius* luteus.

13. S. (*arenarius.*) foliis amplexicaulibus: superioribus oblongis, hirtis, inaequaliter serratis; capitulis subsolitariis.

Crescit in a*renosis* S*wartlandiae.* F*loret,* S*eptembri,* O*ctobri.*

Radix fibrosa, annua. *Caulis* herbaceus, teres, fuscus, totus villosus, flexuosus, erectus, spithamaeus, saepius simplex,

raro ramosus, apice paniculatus. *Rami* alterni, pauci, similes.
Folia intima subpetiolata, superiora utrinque villoso scabrida,
patentia, digitalia. *Panicula* terminalis, pauciflora et multiflora. *Calyx* villoso scaber, parum calyculatus, non ustulatus. *Radias* purpureus et luteus.

14. **S.** (*littoreus*) foliis amplexicaulibus, oblongis, glabris, inaequaliter serratis; paniculâ terminali.

*Crescit in cultis prope Cap, in et extra hortos. Floret Julio,
Augusto*

Radix fibrosa, annua   *Caulis* herbaceus, totus glaber, flexuoso-erectus, ramosus, vix pedalis. *Rami* pauci, similes, iterum ramulosi. *Folia* cordata, patentia, sesquipollicaria. *Panicula* simplex. *Calyx* calyculatus, glaber, ustulatus. *Radius*
luteus.

15. **S.** (*lanatus.*) foliis infimis ovatis, superioribus lanceolatis, dentatis, subtus albo tomentosis. Senecio *lanatus.*
Linn. Syst. Veg. per *Gmelin* p. 1229. Suppl. p. 370.

*Crescit in montibus Fransche hoek. Floret Januario, Fe-
braario.*

Caulis herbaceus, simplex, lanatus, erectus, spithamaeus.
Folia omnia sessilia, acuta, denticulata, supra glabra, sub-
tus niveo-lanata, pollicaria. *Pedunculi* subracemosi, fastigiati.
Calyx calyculatus, glaber, non ustulatus. *Radius* luteus.

16. **S.** (*crenatus*) foliis petiolatis, ovatis, serratis, glabris; paniculâ compositâ.

Caulis frutescens, teres, striatus, obsolete tomentosus, erectus, superne in paniculam ramulosus, pedalis et ultra. *Folia*
alterna, obtusa, crenato serrata, erecto-patentia, pollicaria.
Petioli vix unguiculares. *Panicula* decomposita, fastigiata. *Pedunculi* inferiores palmares, superioribus sensim minoribus, subtomentosis. *Calyx* calyculatus, obsolete tomentosus, non ustulatus. *Radius* luteus.

17. **S.** (*glastifolius.*) foliis amplexicaulibus, oblongis, dentatis, glabris; capitulis paniculatis. Senecio *glastifolius.*
Linn. Syst. Veg. per *Gmelin* p. 1229. Suppl. p. 372.

Crescit in summo Taffelberg. Floret Januario, Februario.

Caulis herbaceus, simplex, teres, striatus, totus glaber, erectus, pedalis et ultra, apice in paniculam ramulosus. *Folia* alterna, semiamplexicaulia, cordata, elliptico-oblonga, margine
revoluto, erecto-patentia, pollicaria, superioribus sensim minoribus. *Panicula* terminalis, simplex, fastigiata. *Calyx* calyculatus, glaber, non ustulatus. *Radius* luteus.

18. **S.** (*solidaginoides.*) foliis obovatis, apice dentatis, glaucis: capitulis paniculatis. Senecio *solidaginoides.* *Berg.*
Plant. Cap. p. 284.

Crescit in dunis extra Cap. Floret Januario.

Caulis fruticosus, teres, striatus, flexuosus, erectus, ramosus, pedalis et ultra. *Rami* alterni, elongati, cauli similes, subfastigiati. *Folia* alterna, sessilia, inferne angustiora, margine revoluta, apice dentibus quinque et septem, rarius pluribus, glabra, nervosa, erecto-patentia, pollicaria, *Paniculae* terminales, fastigiatae. *Calyx* calyculatus, glaber, non ustulatus. *Radius* luteus. *Differt* a. S. *halimifolio;* 1. foliis glaucis, minus profunde inciso-dentatis. 2. paniculâ floribus nullis axillaribus.

19. S. (*sessilis.*) foliis elliptico-oblongis, sessilibus, dentatis, glabris; paniculâ compositâ.

Caulis herbaceus, simplex, teres, striatus, erectus, pedalis et ultra. *Folia* alterna, oblongo lanceolata, utrinque attenuata, serrata, margine revoluta, patenti-erecta, digitalia supremis minoribus. *Paniculae* fastigiatae. *Calyx* glaber, calyculatus, non ustulatus. *Radius* luteus. *Differt* a S. *glastifolio:* 1. foliis duplo majoribus, minime amplexicaulibus. 2. paniculâ multiflorâ, ampliori, compositâ.

20. S. (*rigidus.*) foliis spathulatis, eroso-serratis, scabris, subtus tomentosis; paniculâ terminali. Senecio *rigidus.* *Linn.* Syst. Veg. per *Gmelin* p. 1230. Spec. Pl. p.

Caulis fruticosus, teres, erectus, villoso-scaber, apice in paniculas ramosus, pedalis et ultra. *Folia* alterna, sessilia, obovato-spathulata, supra subtus albo-tomentosa, erecto-patentia, pollicaria, *Calyx* calyculatus, glaber, non ustulatus. *Radius* luteus.

21. S. (*ilicifolius*) foliis amplexicaulibus, dentatis, subtus tomentosis; paniculâ fastigiatâ. Senecio *ilicifolius?* *Linn.* Syst. Veg. per *Gmelin* p. 1229. Spec. Plant. p. 1223. *Berg.* Cap. p. 281.

Caulis fruticescens, ramosus, erectus, pedalis et ultra. *Rami* alterni, elongati, interdum ramulosi, teretes, striati, pubescentes. *Folia* cordata, ovato-lanceolata, mucronata, margine revoluto-dentata imprimis basi; supra sulcata, glabra, scabrida; subtus niveo-tomentosa, patentia, unguicularia *Panicula* terminalis. *Pedunculi* inferiores palmares, supremis unguicularibus. *Calyx* glaber, calyculatus, non ustulatus. *Radius* luteus.

22. S. (*quercifolius.*) foliis amplexicaulibus, oblongis, inciso-serratis, subtus tomentosis; paniculâ simplici.

Caulis fruticosus, rigidus, teres, striatus, fuscus, villosus, superne in paniculam ramosus, erectus, pedalis et ultra. *Folia* alterna, inciso- et sinuato-serrata margine revoluto; supra glabra, viridia, scabrida; subtus albo-tomentosa; imbricato-erecta, inferiora digitalia, superiora multo minora. *Paniculae* in ramis terminales, pauciflorae. *Calyx* glaber, calyculatus, non ustulatus. *Radius* luteus.

23. S. (*angulatus.*) foliis petiolatis, ovatis, dentato-angulatis glabris; panicula terminali. Senecio *angulatus.* *Linn.* Syst. Veg. per *Gmelin* p. 1229. Suppl. p. 369.

Caulis herbaceus, teres, totus glaber, erectus, superne in paniculam ramosus, pedalis et ultra. *Folia* alterna, erecta, pollicaria. *Petioli* longitudine folii vel paulo longiores. *Panicula* simplicior et composita. *Calyx* calyculatus, glaber, non ustulatus. *Radius* luteus.

24. S. (*cordifolius.*) foliis petiolatis, cordatis, dentatis, glabris; capitulis solitariis. Senecio *cordifolius. Linn.* Syst. Veg. per *Gmelin* p. 1230. Suppl. p. 372.

Crescit in fossa frontis et summis lateribus montis tabularis. Floret Februario et sequentibus mensibus usque ad Junium.

Radix annua. *Caulis* herbaceus, filiformis, debilis, angulato-sulcatus, glaber, flexuosus, erectus, simplex, spihamaeus, raro divisus. *Folia* alterna, ovata, dentata margine revoluto, supra viridia, subtus pallidiora, erecto-patentia, unguicularia vel ultra. *Petioli* unguiculares. *Capitula* terminalia, solitaria vel bina. *Calyx* glaber, calyculatus, non ustulatus. *Radius* luteus.

25. S. (*repandus.*) foliis petiolatis, ovatis, repando-crenatis, glabris; capitulis paniculatis.

Crescit in montibus Paarl, Paardeberg et alibi. Floret Octobri, Novembri.

Radix annua, fibrosa. *Caulis* herbaceus, sulcatus, villoso-scaber, ramosus, erectus, vix pedalis. *Rami* alterni, similes, flexuosi, divaricati, iterum paniculati. *Folia* alterna, subcordata, patentia, pollicaria, superioribus minoribus. *Petioli* folio longiores, laxi. *Capitula* terminalia in panicula simplici. *Calyx* villoso-scaber, calyculatus, non ustulatus. *Radius* luteus.

26. S. (*squamosus.*) foliis amplexicaulibus, inciso-dentatis, supra scabris, subtus tomentosis; capitulis racemosis.

Crescit ubique circum Cap in collibus. Floret per plures menses, Aprili, Majo, Junio. ceteris.

Radix fibrosa. *Caulis* fruticescens, sulcatus, scaber, inferne ramosus, erectus, pedalis et ultra. *Rami* alterni, saepe aggregati, similes, erecti. *Folia* alterna, oblonga, margine revoluta, supra valde scabra, subtus albo-tomentosa, imbricato-erecta, pollicaria. *Capitula* terminalia in ramulis racemosis et paniculatis. *Calyx* calyculatus, non ustulatus. *Radius* luteus. *Differt* a. S. *inciso*, cui valde similis: α. capitulis per totum caulem remotis, breve pedunculatis. β. pedunculis squamis tomentosis, imbricatis totis tectis.

27. S. (*incisus.*) foliis amplexicaulibus, inciso-dentatis, supra glabris, subtus tomentosis; paniculâ compositâ.

Caulis herbaceus, teres, fuscus, superne paniculatus, erectus, pedalis. *Folia* alterna, semiamplexicaulia, oblonga, inciso-subpinnatifida dentibus acutis, subtus albo-tomentosa, vix pollicaria. *Panicula* terminalis. *Calyx* calyculatus, glaber, non ustulatus. *Radius* luteus.

28. S. (*erosus.*) foliis radicalibus sinuato. erosis, villosis, dentatis; capitulis solitariis.   Senecio *erosus.   Linn.* Syst. Veg. per *Gmelin* p. 1229.   Suppl. p 370.

Caulis herbaceus, filiformis, striatus, hirtus simplex rarius ramosus, flexuoso-erectus, spithamacus. *Folia* radicalia plura, petiolata vel in petiolos attenuata, oblonga, obtusa, incisa, denticulata, utrinque imprimis vero subtus hirsuta, erecta, digitalia; caulina alterna amplexicaulia, lanccolata, dentata, unguicularia. *Capitulam* terminale. *Calyx* calyculatus, hirtus, non ustulatus. *Radius* luteus. *Variat* α. follis supra glabriusculis: β. foliis hirsutis.   γ. flore solitario et capitulis terminalibus in ramis solitariis.

29. S. (*lyratus.*) foliis infimis lyratis, supremis sinuato-dentatis, villosis; capitulis paniculatis.   Senecio *lyratus.* *Linn.* Syst. Veg. per *Gmelin* p. 1228.   Suppl. p. 369.

Crescit in summo Taffelberg.   Floret Januario, Februario.

Caulis herbaceus, simplex, striatus, pubescens, erectus, apice paniculatus, pedalis et ultra. *Folia* alterna, amplexicaulia, cordata, oblonga, scabra; supra viridia, scabra; subtus pallidiora, fusco-reticulata; infima lyrato-pinnatifida, digitalia; superiora acuminata, pollicaria supremis minoribus. *Lobi* denticulati. *Panicula* terminalis, composita. *Calyx* glaber, calyculatus, non ustulatus. *Radius* luteus.

30. S. (*glutinosus.*) foliis pinnatifidis, viscosis: laciniis angulatis, dentatis; capitulis paniculatis.

Crescit in summo Taffelberg, in collibus Duyvelsberg. Floret a Februario ad Majum.

Planta tota viscosa. *Caulis* herbaccus, striatus, hirsutus, totus glutinosus, raro ramotus, superne paniculatus, flexuosoerectus, pedalis. *Rami* alterni similes. *Folia* alterna, sessilia, superiora amplexicaulia, oblonga, inciso-pinnat fida, hirsuta. erecta, digitalia, superioribus sensim minoribus. *Lobi* ovati. angulati, dentati. *Calyx* hirsutus, parum calyculatus, nec ustu latus. *Radius* luteus.   *Similis* S. *viscoso*, sed differt: squamis calycinis perianthio brevioribus.

31. S. (*carnosus.*) foliis petiolatis, lyratis, incisis, dentatis, carnosis; caule decumbente.

Crescit in littore marino prope Cabeljau's rivier et Zeeko rivier.   Floret Novembri.

Caulis subherbaceus, teres, striatus villoso-scaber, apice panic latus. *Folia* alterna, scabra, subvillosa, digitalia. *Lobi* inferiores dentati; ultimus maximus, ovatus, incisus, dentatus *Panicula* terminalis. *Calyx* calyculatus, villoso-scaber, non ustulatus. *Radius* purpurascens.

32. S. (*spiraeifolius.*) foliis radicalibus pinnatifidis, piloso-scabris; capitulis paniculatis.

Radix fibrillosa, annua. *Folia* radicalia, plurima, petiolata, li neari-oblonga, utrinque, imprimis subtus, villoso-scabra, erecta, palmaria. *Pinnae* alternantes, incisae, argute denticulatae, margine revolutae. *Scapus* teres, simplex, striatus, pubescens, erectus, apice parum paniculato ramosus, nutans, pedalis *Capitula* in pedunculis solitaria. *Calyx* hirtus, calyculatus, non ustulatus *Radius* luteus.

33. S. (*abruptus*) foliis amplexicaulibus, oblongis, villosis, inciso - pinnatifidis, dentatis; caule herbaceo, paniculato.

Crescit in arenosis Swartlandiae. Floret Septembri.

Radix annua, fibrillosa. *Caulis* totus pubescens, striatus, ramosus, erectus, spithamaeus vel paulo ultra. *Rami* alterni, divaricato-patentes, subfastigiati, cauli similes; supremi filiformes, glabriusculi. *Folia* alterna, obovata, utrinque pubescentia; infima pedunculata, palmaria; superiora minora et simpliciora, sessilia. *Pinnae* alternantes, denticulatae. *Panicula* effusa, terminalis. *Calyx* glaber, parum calyculatus, ustulatus. *Radius* luteus.

34. S. (*elegans.*) foliis pinnatifidis, dentatis; caule herbaceo, paniculato. Senecio *elegans. Linn.* Syst. Veg. per *Gmelin* p. 1228. Spec. Plant. p. 1218.

Crescit in Leuwekopp et in Groene kloof. Floret Julio et sequentibus mensibus.

Radix fibrosa, annua. *Caulis* simplex, apice paniculatus, totus hirsutus, erectus, spithamaeus. *Folia* alterna, sessilia, oblonga, inferne attenuata, utrinque villosa, marginibus revolutis, erecto-patentia, digitalia superioribus minoribus. *Pinnae* ovato oblongae, angulatae, dentatae, oppositae. *Panicula* simplex vel amplior. *Calyx* hirsutus, parum calyculatus, non ustulatus. *Variat* a. radio sanguineo et β. radio luteo.

35. S. (*myrrhifolius.*) foliis bipinnatifidis, dentatis, pilosis; capitulis paniculatis.

Crescit in arenosis Groene kloof et Swartland. Floret Septembri, Octobri.

Radix annua, fibrosa. *Caulis* herbaceus, hirsuto-scaber, flexuoso-erectus, simplex, apice paniculatus, spithamaeus *Folia* alterna, petiolata, villoso-aspera: *Pinnae* lineares, denticulatae. *Panicula* terminalis. *Calyx* hirtus, calyculatus, non ustulatus. *Radius* purpureus. *Differt ab abrotanifolio:* floribus purpureis.

36. S. (*grandiflorus.*) foliis pinnatis, glabris: pinnis linearibus; capitulis paniculatis. Senecio *grandiflorus. Berg.* Pl. Cap. p. 280.

Caulis fruticescens basi, teres, pubescens, paniculato-ramosus, erectus, pedalis vel ultra. *Rami* alterni, elongati, similes. *Folia* alterna. *Pinnae* alternae, sessiles, integrae margine revolutae, inaequales, pollicares. *Panicula* effusa, pedunculis squamosis, foliolis setaceis. *Calyx* calyculatus, vix pubescens, non ustulatus. *Radius* luteus. *Differt* a. S. *peucedanifolio:* 1. radio corollae 2. floribus majoribus.

37. S. (*muricatus.*) foliis pinnatis hispidis: pinnis linearibus; capitulis paniculatis.

Caulis basi suffruticescens, sub-implex, apice paniculatus. totus hirsutus, hispidus, erectus, pedalis. *Folia* alterna tota valde hirsuto-hispida. *Pinnae* acutae, integrae, unguiculares. *Panicula* effusa pedunculis flexuosis. *Calyx* glabriusculus, calyculatus, non ustulatus. *Radius* luteus.

38. S. (*laevigatus.*) foliis pinnatis, glabris: pinnis linea ribus, integris, dentatisque; caule glabro. *Pluk.* Phytog t. 422. f. 5.

Radix fibrosa. annua. *Caulis* herbaceus, ramosus, angulatus, erectus, spithamaeus *Folia* amplexicaulia. *Pinnae* alternae, acutae. lineam longae. *Capitula* solitaria, terminalia in ramis. *Calyx* glaber, striatus, calyculatus, ustulatus. *Radius* luteus.

39. S. (*diffusus.*) foliis bipinnatis, linearibus; caulibus diffusis. Senecio *diffusus.* *Linn.* Syst. Veg. per *Gmelin* p. 1228. Suppl. p. 371.

Crescit in arenosis Swartlandiae. Floret Septembri, Octobri

Radix fibrosa, annua. *Caules* radicales plures, decumbentes, paniculati, striati, tenuissime pubescentes. *Folia* villosa, diffusa; *Pinnae* lineares, flexae, integrae, lineam longae. *Capitula* in pedunculis terminalia, solitaria. *Calyx* hirtus, calyculatus, non ustulatus. *Radius* luteus.

CCCCIV. A S T E R.

Recept. nudum. Pappus capillaris. Corollae radii plures, quam 10. *Cal. imbricati squamae inferiores patulae.*

1. A. (*tenellus.*) foliis lineari-filiformibus, aculeato-ciliatis; caule herbaceo. Aster *tenellus.* *Linn.* Syst. Veg. per *Gmelin* p. 1232. Mant. p. 471.

Crescit in collibus prope urbem vulgaris, in campis arenosis Swartlandiae, groene-kloof, et alibi. Floret Majo, Junio et sequentibus mensibus.

Radix annua, fibrosa. *Caulis* rarius simplex, saepius e radice plures filiformes, striati, glabri vel villosi, inferne foliosi, apice elongati, aphylli, basi divaricati, dein erecti, digitales. palmares et ultra. *Folia* sparsa, sessilia, acuta, aculeato-scabra, basi saepe ciliata, reflexo-patula, plana, semiunguicularia. *Capitula* terminalia, solitaria, magnitudine pisi. *Calyx* aequalis, pubescens. *Radius* coeruleus, disco flavo.

2. A. (*dentatus.*) foliis linearibus, dentatis, pilosis; caule herbaceo.

Crescit in arenosis Swartlandiae. Floret Octobri.

Radix annua, fibrosa. *Caules* e radice plures, simplices et ramosi, basi decumbentes, filiformes, purpurei, pilosi, - erecti, spithamaei, ramis similibus. *Folia* alterna, sessilia, obtusa, margine
revoluto, subtus subbisulca, tenuissime pilosa, subciliata, patenti-recurva, unguicularia. *Capitula* terminalia, radio coeruleo.

3. A. (*muricatus.*) foliis lineari filiformibus, scabris, pilosis; calycibus subaequalibus; caule fruticoso

Caulis teres, nodulosus, cinereus, ramosus, erectus. spithamaeus
vel paulo ultra. *Rami* sparsi, filiformes, foliis tecti, albo hirsuti,
patulo erecti, iterum ramulosi, fassigiati; apice aphylli, capillares.
Folia sparsa, approximata, sessilia, linearia, obtusiuscula, integra,
imbricato-erecta, unguicularia. *Capitula* terminalia, solitaria. *Radius* luteus, disco concolore.

4. A. (*strigosus.*) foliis lineari - lanceolatis, hirsutis; calyce aequali, strigoso; caule herbaceo.

*Crescit in arenosis campis G r o e n e k l o o f , S w a r t l a n d i a e et
alibi. Floret S e p t e m b r i , O c t o b r i.*
Radix fibrosa, annua. *Caulis* solitarius vel plures e radice, basi
decumbentes, dein erecti, simplex, vel ramosus, debilis, filiformis, pilosus, flexuosus, palmaris. *Folia* sparsa, sessilia, inferne
attenuata, integra, plana, pilis albis, flexuosa, patentia, unguicularia. *Capitula* terminalia, solitaria, pisi magnitudine. *Calyx* scaber, piloso hispidus. *Radius* albidus apice coerulescente.

5. A. (*villosus.*) foliis lineari - filiformibus, obtusis hirsutis; calycibus imbricatis; caule fruticoso.

Crescit in C a r r o. Floret N o v e m b r i.
Caulis teres, cinereus, ramosissimus, erectus, spithamaeus et ultra. *Rami* et *Ramuli* filiformes, hirsuti pilis albis, erecti, fastigiati.
Folia sparsa, integra margine revoluto, subtus sulcata, vix vel obsolete scabrida, pilis albis hirta, patentia. unguicularia. *Capitula*
in ramulis apice aphyllis terminalia, solitaria, piso minora. *Calyx*
obsolete pubescens. *Radius* purpurascens.

6. A. (*fruticosus.*) foliis linearibus, punctatis, glabris;
calycibus imbricatis; caule fruticoso. Aster *fruticulosus.*
L i n n. Syst. Veg. per *G m e l i n* p. 1280. Aster *fruticosus.*
L i n n. Spec. Pl. p. 1225.

Crescit in G r o o t v a d e r s b o s c h et alibi. Floret J a n u a r i o.
Caulis rigidus, fuscus, ramosissimus geniculato-et flexuoso erec
tus, spithamaeus. *Rami et Ramuli* alterni ultimi apice aphylli,
erecti, glabri, virgati. *Folia* in ramis et ramulis valde approximata,
inferne attenuata, lineari-lanceolata, acuta, integra, margine parum
revoluta, obsolete carinata, rugoso-punctata, imbricato patula, subpollicaria. *Capitula* terminalia, solitaria, piso majora. *Calyx* glaber. *Radius* purpurascens

7. A. (*macrorhizus.*) foliis lineari - lanceolatis, pilosis;
calyce imbricato; caule fruticoso.

Radix alto descendens, crassitie digiti, lignosa. *Caules* e radice plêrumque plures,.frutescentes, divaricato-decumbentes; foliis tecti; apice elongati, aphylli, erecti, vix digitales. *Folia* frequentissima, basi attenuata, integra, acuta, inferne imprimis pilis albis, plana, patentia, pollicaria vel paulo ultra. *Capitula* terminalia, solitaria. *Calyx* obsolete pubescens. *Semina* pubescentia, compressa.

8. A. (*obtusatus.*) foliis linearibus, obtusis, glabris; calyce imbricato; caule fruticoso.

Caulis rigidus, erectus, ramosus, spithamaeus. *Rami* sparsi, ramulosi, filiformes, tenuissime pubescentes, fastigiati. *Folia* sparsa, sessilia, integra, margine revoluto, utrinque glabra, erecto-patentia, unguicularia. *Capitula* terminalia, subpaniculata. *Receptaculum* favosum.

9. A. (*hirtus.*) foliis obovatis, obtusis, pubescentibus; calyce imbricato; caule fruticoso.

Radix crassa, lignosa, valde fibrosa. *Caules* e radice plures, divaricati, erecti, ramulosi, palmares. *Rami* et *Ramuli* capillares, pubescentes. *Folia* alterna, sessilia, subdecurrentia, obovato-oblonga, obtusissima, plana, integra, tenuissime pubescentia, patentia, vix unguicularia. *Capitula* in ramulis solitaria, piso minora. *Calyx* pubescens.

10. A. (*elongatus.*) foliis lanceolatis, scabris, piloso-hispidis; calyce aequali; caule herbaceo.

Crescit in arenosis Swartlandiae et Saldanhabay. Floret Septembri, Octobri.
Caulis filiformis, inferne ramosus et foliosus; superne elongatus, aphyllus, pedalis vel paulo ultra. *Rami* alterni, filiformes, patuli, flexuoso erecti, piloso hispidi, caule breviores. *Folia* alterna, remota, sessilia, acuta, integra utrinque scabra, erecto patentia, pollicaria. *Florum* capitula terminalia, solitaria, magnitudine fabae. *Calyx* piloso-hispidus. *Radius* purpurascens.

11. A. (*heterophyllus.*) foliis infimis oblongis, supremis linearibus, inermibus, glabris.

Crescit in Lange kloof, Krum-rivier et trans Kamtousrivier. Floret Novembri, Decembri.
Caulis herbaceus, filiformis, purpureus, glaber vel tomentosus, simplex, flexuosus, erectus, spithamaeus, rarius apice divisus. *Folia* inferiora ovato-oblonga, superiora recurva, omnia sessilia, alterna; supra glabra, laevia. convexa; subtus tomentosa. margine revoluta, obtusiuscula absque mucrone, pollicaria. *Capitula* solitaria, terminalia.

12. A. (*crinitus.*) foliis lanceolatis, acutis, subtus tomentosis; calyce imbricato, aristato; caule herbaceo. Aster crinitus. *Linn.* Syst. Veg. per *Gmelin* p. 1230. Spec. Plant. p. 1225.

Crescit in Lange kloof, Krumrivier et trans Kamtousrivier. Floret Novembri, Decembri.
Caulis simplex, rarius ramosus, teres, flexuosus, incurvus, ere-

tus, glaber et purpureus, vel foliis tectus, palmaris usque spithamaeus. *Folia* inferiora, interdum latiora, ovata, obtusiuscula; caulina alterna, sessilia, lanceolata, acuta, integra margine valde revoluto, supra saepe glabra, interdum hispido-scabra, subtus albo-tomentosa, patulo-reflexa, pollicaria. *Capitula* terminalia, solitaria,
piso majora *Calyx* squamis inferioribus totis et superioribus apice
setaceis, reflexis, bruneis, subtomentosis. *Radius* purpureus.

13. A. (*serratus.*) foliis l nceolatis, acutis, ciliato-serratis; calyce aequali; caule herbaceo.

Radix fibrosa, annua. *Caulis* teres, glaber, inferne ramosus, pedalis. *Rami* alterni, secundi, curvati, similes cauli. *Folia* alterna,
sessilia glabra, margine tenuissime ciliato serrata, patulo erecta,
pollicaria. *Ramuli* floriferi filiformes, pilosi, aphylli, uniflori *Capitula* magnitudine pisi, terminalia, solitaria *Calyx* villosus. *Radius* coeruleus.

14. A. (*reflexus.*) foliis ovatis, ciliato-serratis, reflexis.
Aster *reflexus. Linn.* Syst. Veg. per *Gmelin* p. 1230.
Spec. Plant. p. 1225.

*Crescit in proclivis montium prope Cap. infra latus orientale
Taffelberg Floret Junio et sequentibus mensibus.*

Caulis fruticosus, teres, villosus, erectus, ramosus, pedalis. *Rami* alterni, similes, ramulosi ramulis cernuis. *Folia* sparsa, approximata, sessilia, acuta, plana, glabra, lineam longa. *Capitula* terminalia, solitaria, cernua. *Calyx* subimbricatus, ciliato-serratus.
Radius purpurascens.

15. A. (*rotundifolium.*) foliis ovatis, integris, piloso-hispidis; calyce aequali; caule herbaceo.

Cadix annua, fibrosa. *Caulis* teres, pubescens, basi decumbens,
dein erectus, superne ramosus, spithamaeus vel paulo ultra *Rami*
alterni, similes, fastigiati. *Folia* alterna. sessilia. saepe opposita et
subconnata obtusissima, carnosa, plana margine incrassato integra,
obsolete scabrida et pilosa patenti-reflexa, unguicularia *Capitula*
terminalia, solitaria, magnitudine pisi. *Calyx* hispidus. *Radius*
caeruleus.

16. A. (*cymbalariae.*) foliis cordato-ovatis, dentatis;
caule herbaceo. Aster *cymbalariae. Linn.* Syst V. g. per
Gmelin p. 1230.

Caulis debilis totus hirtus, ramosus. *Rami* sparsi, similes, diva
ricato-patuli. *Folia* alterna, petiolata subcordata, ovata, utrinque
villosa, patentia, pollicaria superioribus minoribus. *Capitula* terminalia, sessilia. *Calyx* hispidus.

CCCCV. PERDICIUM.

*Recept. nudum. Pappus capillaris, sessilis. Corolla-
lae 2-labiatae.*

1. P. (*nervosum.*) foliis simplicibus, subtus tomentosis,
nervosis.

Crescit in summis montibus inter Houtniquas et Lange kloof. Floret Octobri, Novembri.
Radix tuberosa. *Folia* radicalia, plurima, elliptica, integra, supra glabra, subtus albo-tomentosa nervis parallelis et costâ glabris, supra glabra, diffusa, digitalia. *Scapus* solitarius, uniflorus, erectus, foliis brevior. *Calyx* glaber, polyphyllus, imbricatus: squamae ovato-lanceolatae, cuspidatae. *Corollae* radius luteus.

2. P. (*semiflosculare.*) foliis runcinatis; scapo unifloro. Perdicium *semiflosculare*. *Linn.* Syst. Veg. per *Gmelin* p. 1245. Spec. Pl. p. 1248.
Crescit in collibus extra urbem et alibi. Floret Augusto.
Folia radicalia, plura, diffusa, petiolata, oblonga, inciso-runcinata, denticulata, obtusa cum mucrone, glabra, subtus obsolete lanata, digitalia. *Scapus* herbaceus, solitarius vel bini, filiformis, erectus, sublanatus, digitalis. *Capitulam* terminale. *Calyx* imbricatus, glaber.

CCCCVI. LEYSERA.

Recept. subpaleaceum. *Pappus* paleaceus: disci etiam plumosus. *Cal.* scariosus.

1. L. (*ciliata.*) foliis filiformi-subulatis, ciliatis; calycinis squamis lanceolatis.
Crescit in summis lateribus et in collibus inferioribus Montis tabularis. Floret Februario et sequentibus mensibus.
Radix fibrosa, annua. *Caulis* herbaceus, ramosus, erectus, palmaris vel paulo ultra. *Rami* filiformes, inferne foliis tecti, superne elongati, squamosi, uniflori. *Folia* approximata, lineari teretia, subulato acuta, glabra, margine revoluto, imprimis basi ciliata pilis albis, imbricato-erecta, apice parum reflexa, unguicularia. *Capitula* terminalia, solitaria. *Calyx* glaber, imbricatus, acutus, margine scariosus, obsolete ciliatus. *Radius* purpurascens. *Pappus* plumosus.

2. L. (*gnaphaloides.*) foliis linearibus, ciliato-scabris; calycinis squamis ovatis, obtusis. Leysera *gnaphaloides*. *Linn.* Syst. Veg. per *Gmelin* p. 1245. Spec. Plant. p. 1249.

Radix fibrosa, lignosa. *Caulis* fruticosus, ramulosus, erectus, fuscus, pedalis. *Rami* et *Ramuli* per intervalla aggregati, filiformes, niveo tomentosi; apice elongati, aphylli, glabri, uniflori. *Folia* sparsa, approximata, sessilia, lineari-subulata, margine revoluto, sulcata, glabra et juniora imprimis tomentosa, imbricato erecta, unguicularia. *Capitula* terminalia, solitaria. *Calyx* glaber; *squamae* imbricatae, superiores scariosae. *Radius* supra luteus, subtus purpureus.

3. L. (*callicornia.*) foliis lineari-filiformibus, s'.abris; calycinis squamis acutis. Leysera *callicornia*. *Linn.* Syst. Veg. per *Gmelin* p. 1245. Mant. p. 248.
Radix fibrosa. *Caulis* frutescens, ramosissimus, teres, pubescens, erectus, spithamaeus et ultra. *Rami* aggregato-subumbellati, filifor-

mes, pubescentes, erecti. *Ramuli* filiformes, superne aphylli, pur-purei, fastigiati. *Folia* aggregata, linearia, supra glabra, subtus to-mentosa, sulcata, juniora tota tomentosa, imbricato-erecta, ungui-cularia *Capitula* terminalia, solitaria. *Calyx* glaber squamis in-ferioribus ovatis, imbricatis; superioribus lanceolatis, acutis, scario-sis. *Radius* luteus, subtus medio lineâ purpureâ.

4. L. (*incana.*) foliis linearibus, tomentosis; calycinis squamis lanceolatis, acutis.

Floret Novembri, Decembri.

Caulis fruticosus, teres, inferne glabriusculus, purpureus; superne foliis tectus, ramosus, erectus, pedalis et ultra. *Rami* alterni, fili-formes, inferne foliosi, superne glabri, apice uniflori, patentes. *Fo-lia* fasciculato aggregata, acuta, integra margine revoluta, sulcata, utrinque albo tomentosa, patentia unguicularia. *Florum* capitula terminalia, solitaria. *Calyx* glaber; *squamae* inferiores breves, im-bricatae, superiores lanceolatae, apice scariosae; omnes acutae. *Ra-dius* luteus, subtus pallide purpurascens.

5. L. (*arctotoides.*) foliis linearibus, integris dentatisque, subtus tomentosis; calycinis squamis obtusis.

Crescit in Carro. Floret Novembri, Decembri.

Caulis fruticosus, albo-tomentosus, erectus, ramosus, pedalis et ultra. *Rami* alterni, rarius ramulosi, filiformes, nivei, superne aphylli, apice nutantes, inaequales. *Folia* sparsa, inferne attenuata, acuta, alia integra margine revoluto, et alia dentata, tota niveo-la-nata, adultiora supra glabriuscula, erecto-patula, unguicularia vel paulo ultra. *Capitula* terminalia, solitaria, magna. *Calyx* bru-neus, subpubescens: *squamae* lineari-oblongae, apice et marginibus membranaceae. *Radius* luteus. *Receptaculum* favosum.

6. L. (*squarrosa.*) foliis filiformibus, tomentosis; calyci-nis squamis membranaceis, reflexis. STAEHELINA *gnaphaloi-des.* Linn. Syst. Veg. per Gmelin p. 1202. Spec. Plant. p. 1176. Berg. Plant. Cap. p. 232.

Caulis frutescens, basi decumbens, dein erectus, ramosus, totus tomentosus, spithamaeus. *Rami* alterni, similes; simplices vel apice paniculati, *Folia* alterna, albo-tomentosa, erecto-patentia, sesqui-pollicaria, *Capitula* terminalia. *Calycis* squamae imbricatae, extus tomentosae, lanceolatae, acuminatae, apice et margine ferrugineis, membranaceis.

7. L. (*pilosella.*) foliis elliptico-lanceolatis, scabris, pi-losis; calycis squamis auctis; caule herbaceo.

Crescit in arenosis Groene kloof et Swartland. Floret Sep-tembri, Octobri.

Radix filiformis, fibrosa, annua. *Caulis* solitarius vel plures, filiformis, simplex vel parum ramosus, flexuoso-erectus, spithamaeus. *Folia* radicalia, plurima, inferne attenuata, obovato-oblonga, inte-gra et dentata pilis albis laxis, pollicaria vel paulo ultra. *Caulina* alterna, similia, minora. *Capitulum* terminale, solitarium. *Calyx* piloso hispidus: *squamae* lanceolatae, margine scariosae. *Radius* luteus. *Pappus* plumosus.

8. I. (*ovata.*) foliis ovatis, pilosis; calycinis squamis acutis.

Crescit in Roggeveld. Floret Decembri.

Caulis fruticescens, ramosus, teres, erectus, spithamaeus. *Rami* alterni, foliis tecti, hirsuti, apice elongati in pedunculum filiformem aphyllum, hirsutum. *Folia* alterna, approximata, sessilia obovata, obtusa, integra, plana, punctato-scabra, pilis albis hispida, erecta, unguicularia. *Capitulum* terminale, solitarium. *Calyx* hispidus: *squamae* lanceolatae; interiores magis glabrae, margine scariosae. *Receptaculum* favosum. *Pappus* plumosus.

9. L. (*picta.*) foliis obovatis, retusis, tomentosis; calycinis squamis striatis, pictis.

Crescit in Carro et Cannaland. Floret Novembri.

Caulis fruticosus, ramosissimus, erectus, pedalis et ultra. *Rami* et *Ramul* alterni, teretes, striati striis tomentosis. flexuosi, virgati. *Folia* alterna, attenuato subpetiolata, mucrone reflexo integra, erecto patentia, unguicularia *Capitula* terminalia solitaria. *Calyx* imbricatus, glaber: *squamae* lanceolatae, spinosae, dorso lineâ duplici purpureâ. *Pappus* capillaris, dentato subplumosus. *Semina* tota hirsuta. *Receptaculum* nudum.

10. L. (*polifolia.*) foliis ovatis, serratis, subtus tomentosis; calycinis squamis acutis; caule fruticoso.

Caulis rigidus, cinereus. ramosissimus, erectus, pedalis et ultra. *Rami* alterni, divaricati, teretes, lanati, ramulosi, erecti. *Folia* alterna, approximata, sessilia, mucronata, undulata, raro integra, saepe acute et remote serrata; supra virescentia, lanugine tenui tecta; subtus tomentosa seu potius albo lanata, erecto patentia, unguicularia. *Capitula* in ramulis terminalia, solitaria. *Calycis* squamae exteriores latiores; interiores lanceolatae apice barbatae et membranaceae. *Radius* luteus sub apice purpurascens. *Pappus* plumosus.

CCCCVII. ROSENIA.

Recept. paleaceum. Pappus capillari paleaceus. Cal. imbricatus, scariosus.

1. R. (*glandulosa.*)

Caulis fruticosus, teres, glaber, ramosissimus, flexuosus, erectus, bipedalis vel ultra. *Rami* et *Ramuli* alterni, terni et umbellato-quaterni, divaricato-patentes, striati. fastigiati *Ramuli* laterales brevissimi, foliis tecti. *Folia* subfasciculato-approximata. sessilia, ovata, obtusa, integra, concaviuscula, margine imprimis glandulosa, tomentosa, crassiuscula, imbricata, semiunguicularia. *Capitula* terminalia in ultimis ramulis, solitaria.

CCCCVIII. C H R Y S A N T H E M U M.

Recept. nudum. Pappus marginatus. Cal. hemisphae-ricus, imbricatus: squamis marginalibus membranaceis.

1. C. (*frutescens.*) fruticosum; foliis carnosis, pinnato-trifidis, glabris. Chrysanthemum *frutescens. Linn.* Syst. Veg. per *Gmelin* p. 1247. Spec. Plant. p. 1251.

Caulis fruticosus, ramosissimus, totus glaber, erectus, bipedalis. *Rami* et *Ramuli* alterni, similes, divaricati, incurvati, apice elongati in pedunculos aphyllos. *Folia* alterna, sessilia, linearia, dentato pinnata, apice trifida, margine revoluta, patula; unguicularia. *Capitula* terminalia in pedunculis filiformibus, solitaria. *Radias* albus

2. C. (*incanum*) fruticosum; foliis trifidis, tomentosis.

Caulis fruticosus, fuscus, erectus, ramosissimus, palmaris usque pedalis. *Rami* et *Ramuli* alterni, aggregati, albo-tomentosi, divaricati, geniculati, rigidi, subfastigiati apice elongati in pedunculos filiformes, incurvati. *Folia* sparsa, linearia, pinnatifida et apice trifida, a margine revoluto subtus sulcata, incano-tomentosa, patula, semiunguicularia. *Capitula* terminalia, solitaria, piso duplo minora. *Calyx* glaber, imbricatus: *squamis* rotundis, obtusis, apice et margine scariosis. *Radium* non vidi. *Priori* omnino similis, sed capitula multo minora et totus frutescens, incanus. An potius Cotula?

3. C (*glabratum.*) foliis pinnatis, glabris: pinnis linearibus; caule herbaceo.

Radix annua, fibrosa. *Caulis* prope radicem ramosus. *Rami* plures, subradicales, teretes, obsoletę angulati, purpurascentes, erecti, simplices, spithamaei. *Folia* alterna, *Pinnae* integrae, terminales divisae. *Capitula* terminalia, solitaria magnitudine pisi. *Radius* albus, reflexus.

4. C. (*hirtum.*) foliis bipinnatifidis, pilosis; caule herbaceo, flexuoso.

Crescit in depressis aquosis extra urbem. Floret Aprili.
Radix alte descendens, fibrosa. *Caulis* purpurascens, erectus, striato-angulatus, glaber, ramosus, spithamaeus. *Rami* alterni, similes, sub flore incrassati. *Folia* alterna, hirsuta, involuta, scabrida, unguicularia vel paulo ultra. *Capitala* in ramis terminalia, solitaria. *Calyx* scariosus, glaber. *Radius* albus, reflexus. *Receptaculum* conicum, nudum.

CCCCIX. M A T R I C A R I A.

Recept. nudum. Pappus o. Cal. hemisphaericus, im-bricatus: squamis marginalibus solidis, acutiusculis.

1. M. (*capensis.*) foliis bipinnatifidis, glabris; caule ramoso, suffruticoso. Matricaria *capensis. Linn.* Syst. Veg. XII. p. 463. Mant. p. 115. Matricaria *africana. Berg.* Plant. Cap. p. 296. Cotula *capensis. Linn.* Syst. Veg. per *Gmelin* p. 1250. Mant. p. 287.

CCCCX. LIDBECKIA.

Recept. nudum. Pappus o. Sem. angulata, articulo styli infimo persistente. Cor. radii plurimae. Cal. multipartitus.

1. **L.** *(lobata.)* foliis quinquelobis. Cotula quinquelobata. *Linn.* Syst Veg. per *Gmelin* p. 1250. Suppl. p. 377.

Crescit in montibus juxta Olyfants-rivier. Floret Octobri.
Caulis herbaceus, teres, purpureus, inferne pubescens, superne tomentosus, simplex, apice. raro bifidus in pedunculos, flexuoso-erectus, pedalis. *Folia* alterna, petiolata, inciso-quinqueloba, nervosa; subtus albo tomentosa; supra villosa, scabriuscula, patentia, pollicaria. *Lobi* ovati, mucronati, integri. *Petioli* filiformes, supra sulcati, tomentosi, longitudine folii. *Capitula* terminalia, solitaria in pedunculis a caule continuatis, tomentosis, aphyllis. *Calyx* tomentosus, minime scariosus, aequalis: *squamae* lanceolatae. *Radius* albus.

2. **L.** *(pectinata.)* foliis pinnatifidis, subtus glaucis. Lidbeckia *pectinata.* *Berg.* Plant. Cap p. 306. Cotula stricta. *Linn.* Syst. Veg. per *Gmelin* p. 1250. Mant. p. 286.

Crescit ad latera fluviorum Rode Sand infra Winterhoek. Floret Septembri.
Foliorum pinnae mucronatae. *Calyx* aequalis: foliola lanceolata, acuta, minime scariosa.

3. **L.** *(turbinata.)* foliis bipinnatis, villosis; receptaculo conico, inani. Cotula turbinata. *Linn.* Syst. Veg. per *Gmelin* p. 1249. Mant. p. 473. Spec. Plant. p. 1258.

Crescit prope Cap. in collibus in Swartland, a Rode Sand usque ad Swellendam et ultra, vulgatissima. Floret Majo et sequentibus mensibus.
Radix fibrosa, annua. *Caulis* herbaceus, simplex et ramosus filiformis, totus villosus, debilis, erectus, superne elongatus in pedunculum aphyllum, nutantem. *Rami* alterni, similes. *Folia* tota villosa: pinnae et pinnulae lineari-lanceolatae, mucronatae. *Capitula* terminalia, solitaria, cernua. *Calyx* simplex, aequalis, glaber, inferne abiens in receptaculum turbinatum, inane, pellucidum, glabrum. *Foliola* calycis ovata, margine scariosa, nervosa. *Radius* luteus.

4. **L.** *(bipinnata.)* foliis bipinnatis, glabris; calyce imbricato.

Crescit in Langekloof prope villam Eselsjagt. Floret Decembri.
Caulis herbaceus, totus glaber, striatus, simplex vel parum ramosus, flexuoso-erectus, palmaris usque pedalis. *Rami* alterni, similes, elongati. *Foliorum* pinnae inferiores breviores, saepe simplices; superiores sensim longiores, pinnatae; *pinnae et pinnulae* omnes lineares, mucronatae, rugosae. *Suprema* folia multo minora et basi pinnata. *Capitula* terminalia, solitaria magitudine fabae. *Calyx* hemisphaericus, subimbricatus *squamis* margine membranaceis.

CCCCXI. C O T U L A.

Recept. subnudum. Pappus marginatus. Corollul. disci 4-fidae, radii fere nullae.

1. C. (*filifolia.*) foliis semivaginantibus, filiformibus.

Caulis herbaceus, simplex vel ramosus, flexuoso-erectus, glaber, palmaris. *Rami* pauci, similes, filiformes, elongati in pedunculum aphyllum. *Folia* alterna; basi dilatata, semiamplexicaulia, integra, glabra, patula, semipollicaria. *Capitulum* terminale, solitarium. *Calyx* aequalis, glaber; *squamae* ovatae, decurrentes in receptacu⁰ lum conicum, inane, striatum.

2. C. (*quinquefida.*) foliis cuneiformibus, quinquefidis, incanis.

Caulis fruticosus, totus incano-pubescens, erectus ramosus, pedalis. *Rami* alterni, superne aphylli, filiformes, incano-tomentosi. *Folia* alterna, sessil.a, obcuneata, apice trifida, saepius quinquefida, incano tomentosa, erecta, unguicularia. *Capitula* terminalia, solitaria. *Calyx* imbricatus, pubescens; *squamae* lanceolatae, apice membranaceae.

3. C. (*coronopifolia.*) foliis lanceolatis, dentato-pinnatifidis, glabris; caule herbaceo, decumbente. Cotula coronopifolia. *Linn.* Syst. Veg. per *Gmelin* p. 1250. Spec. Pl. p. 1257.

Crescit prope Cap vulgaris in fossis intra et extra urbem. Floret Majo et sequentibus mensibus.
Radix fibrosa. annua. *Caulis* basi decumbens, dein erectus, ramosus, totus glaber, palmaris usque spithamaeus. *Folia* alterna, amplexicauli-vaginantia, lineari-lanceolata; pinnis lanceolatis, integris; pollicaria et ultra. *Petioli* e caule continuati, filiformes, aphylli. *Capitula* solitaria, terminalia. *Calyx* aequalis, glaber; *squamae* lanceolato ovatae, margine tenuissime scariosae, exteriores lanceolatae, interiores obtusae.

4. C. (*pusilla.*) foliis pinnatis, glabris; calycis foliolis ovatis, obtusis.

Crescit prope urbem et in arenosis Swartlandiae. Floret Augusto, Septembri.
Radix fibrosa, annua. *Caulis* herbaceus, capillaris, tenerrimus, totus glaber, simplex, vix divisus, erectus, digitalies. *Folia* alterna, vaginantia; *Pinnae* lineares. *Capitulum* terminale, solitarium, cernuum *Calyx* aequalis, glaber; squamae exteriores ovatae, obtusissimae, margine membranaceae; interiores magis scariosae. *Differt* a C. *coronopifolia:* 1. quod tenerrima. 2. foliis pinnatis. 3. calyce ovato.

5. C. (*nudicaulis.*) foliis pinnatis, pilosis; calycis foliolis ovatis, obtusis.

Radix fibrosa, annua. *Caules* prope radicem plures, brevissimi, mox ramosi. *Rami* iterum divisi, basi decumbentes, dein divaricato-

erectiusculi, filiformes, inferne foliosi, maximam partem aphylli, flexuosi, glabri, palmares. *Folia* in basi ramorum et ramulorum aggregata, se silia, imprimis basi villosa pilis longis mollibus. *Pinnae*
lineares. *Capitala* terminalia, solitaria. *Calyx* aequalis, glaber:
squamae margine scariosae. *Receptaculum* inferne subturbinatum.

6. **C.** *(bipinnata.)* **foliis sessilibus, bipinnatis, glabris;
caule glabro.**

*Crescit locis inundatis prope Cap, in arenosis Swartland, Pi-
ketberg et verlooren Valley. Floret Augusto, Septembri.*

Radix fibrosa, annua. *Caulis* herbaceus, erectus, glabriusculus,
paniculato-ramosus, spithamaeus. *Rami* alterni, subpubescentes, patentes. *Ramuli* alterni, filiformes, apice capillares, aphylli, pedunculiformes. *Folia* alterna; *Pinnae* lineares et *pinnulae* dentiformes,
mucronatae. *Capitula* terminalia, solitaria. *Calyx* aequalis *foliolis*
bruneis, lanceolatis, margine scariosis.

7. **C.** *(globifera.)* **foliis bipinnatis, glabris; caule pubescente.**

*Crescit in arenosis Swartlandiae et Groene kloof. Floret
Septembri, Octobri.*

Radix fusiformis, fibrosa, annua. *Caules* e radice plures, herbacei, purpurei, villosi, apice paniculati in pedunculos, erecti, spithamaei *Foliorum pinnae* et *pinnulae* lineares, a margine revoluto subtus bisulcae, integrae. *Capitula* terminalia solitaria, globosa.
Calyx subaequalis, glaber; *foliola* lanceolata, tenuissime margine
scariosa.

8. **C.** *(tripinnata.)* **foliis tripinnatis, subpubescentibus;
caule ramoso.**

Caulis herbaceus, striatus, angulatus, erectus, pedalis et ultra.
Rami alterni, similes, superne paniculati. *Folia* alterna, remota, sessilia, inferne linearia, tenuissime pubescentia, digitalia, patentia. *Pinnae*
et *pinnulae* lineares, secundae, inflexae. *Capitula* in ramulis terminalia, solitaria, magnitudine pisi *Calyx* subaequalis, tomentosus;
foliolis lanceolatis, mucronatis, intimis tantum scariosis.

9. **C.** *(sericea.)* **foliis tripinnatis sericeo-tomentosis; scapis unifloris.**

Radix fibrillosa, annua. *Caulis* vix ullus, vel brevissimus, herbaceus. *Scapus* subradicalis, filiformis, striatus, glaber, flexuosus,
erectus, apice cernuus, spithamaeus. *Folia* subradicalia, tota tomentoso-
sericea villo densissimo, petiolata, apice bipinnata et saepius tripinnata. *Pinnae* et *pinnulae* filiformes, acutae. *Capitulum* terminale,
solitarium, cernuum, magnitudine pisi. *Calyx* subaequalis, glaber; *foliola* ovata, obtusa, carinâ purpurea, margine et apice valde
scariosa.

CCCCXII. A M E L L U S.

Recept. paleaceum. Pappus capillaris. Cal. imbricatus. Corollae radii indivisae.

1. A. (*lychnitis.*) foliis oppositis, lanceolatis, obtusis, tomentosis; capitulis solitariis. AMELLUS *lychnitis* *Lin n.* Syst. Veg. per *Gmelin* p. 1254. Spec. Mant. p.4 6, *Berg.* Plant. Cap. p, 293.

POLYGAMIA FRUSTRANEA.

CCCCIII. G O R T E R I A.

Recept. nudum. Pappus simplex, Cor, radii ligulatae. Cal. imbricatus: squamis spinosis,

1, G. (*linearis.*) herbacea; foliis linearibus, mucronatis, glabris, basi ciliato - serratis; scapo erecto, unifloro.

Crescit in Lange kloof. Floret Septembri.
Radix fibrosa, annua. *Folia* radicalia, plurima, alternatim vaginantia, erecta, apice integra, basi ciliato dentata, utrinque glabra, supra unisulcata, subtus bisulcata a marginibus reflexis, spithamaea, scapo breviora. *Scapus* simplex, teres, piloso hispidus, subpedalis. *Flos* terminalis, solitarius. *Calyx* monophyllus: basi subcylindricus, divisus in *lacinias* plurimas, subimbricatas, lanceolatas, acuminatas, basi ciliato - serratas, erectas, subpollicares. *Pappus* pilosus. *Florentem* nunquam vidi; inventa enim a me specimina defloruerunt. De Genere itaque non omnino certus huc retuli ob similitudinem et faciem.

2. G. (*diffusa.*) herbacea; foliis obovatis, pilosis, subtus tomentosis; ramis divaricatis.

Caulis herbaceus, teres, villosus, spithamaeus. *Rami* sparsi, similes. *Folia* alterna, sessilia, obtusa, integra, piloso hispida, supra viridia, subtus albo - tomentosa, patentia, unguicularia. *Flores* in ramis et ramulis terminales, solitarii. *Calyx* imbricatus, monophyllus; *laciniae* basi connatae, plurimae, lanceolato - setaceae, albopilosae, unguiculares; fructiferae persistentes. *Radius* et *Pappus* ut in G. *integrifolia.*

3. G. (*cernua.*) herbacea; foliis oblongis, dentato-spinosis, glabris; calycibus spinosis: floribus cernuis. GORTERIA *cernua, Lin n.* Suppl. p. 383. Syst. Veg. XIV. p. 734, GORTERIA *araneosa, Meerburgh* Gewassen afbeelding Tab. 40.

Floret Novembri.
Caulis herbaceus, anceps, ramosus, flexuoso - erectus, pedalis et

ultra. *Rami* alterni, similes, divaricato patuli. *Folia* amplexicaulia, inaequaliter denticulis spinosis, patentia, pollicaria. *Flores* in
ramis terminales. *Calyx* monophyllus, glaber, ovatus; *laciniae* imbricatae; exteriores breves, interiores lanceolatae, omnes spinosae;
fructiferae induratae. *Radius* luteus.

4. G. (*uniflora.*) herbacea; foliis obovato-oblongis, obtusis, subtus niveo-tomentosis; caule decumbente; pedunculis unifloris. GORTERIA *uniflora. Linn.* Suppl, p. 382. Syst.
Veg. XIV. p. 784.

Crescit in oris maritimis ad Z e e k o r i v i e r. Floret Decembri.
Radix descendens, fibrosa. *Caulis* herbaceus, teres, a casu fo
liorum annulatus, apice flexuoso-erectus, spithamaeus. *Rami* rariores, paucissimi. *Folia* petiolata, alterna, integra margine reflexo,
indivisa, attenuata in petiolos; supra sulcata, viridia glabra; subtus
nervo viridi, patula, cum petiolis digitalia. *Petioli* basi dilatati,
amplexicaules, lineares sensim in folium dilatati. *Flores* in caule
vel ramis terminales, solitarii, cernui. *Calyx* monophyllus, campanulatus: *laciniae* plurimae inaequaliter profunde divisae, lanceolatae, brevissimae, niveae carina viridi. *Radius* supra luteus, subtus purpurascens. *Rarius* folium quoddam observavi trifidum.

5. G. (*rigens.*) herbacea; foliis lineari-oblongis subtus
albo-tomentosis, indivisis pinnatisque, scapo unifloro. GOR-
TERIA *rigens. Linn.* Spec. Plant. p. 1284. Syst. Veg. XIV.
p. 783. *Berg.* Cap. p. 304.

Crescit in arenosis G r o e n e k l o o f et S w a r t l a n d alibique vul-
garis. Floret Septembri et sequentibus mensibus.
Radix annua, fibrosa. *Folia* radicalia, petiolata, mucronata; supra viridia, pilosa; subtus niveo-tomentosa carina viridi, basi ciliata. *Pinnae* lanceolatae, erecto-patentes, unguiculares. *Scapus* solitarius vel bini, simphces, pilosi, flexuoso erecti, foliis longiores,
palmares. *Calyx* campanulatus, monophyllus, pilosus: *laciniae* lanceolatae, ciliatae, brevissimae. *Radius* supra luteus umbone purpureo, subtus purpurascens, pollicaris. *Variat* foliis magis et minus
divisis, trifidis et pinnatis; facile ab aliis distincta foliis basi ciliatis
et radii umbone purpureo.

6. G. (*personata.*) herbacea; foliis oblongis, integris, si-
nuatisque; caulibus hirsutis, patulis. GORTERIA *personata.*
Linn. Spec. Plant. p. 1283. Syst. Veg. XIV. p. 783. *Berg.*
Cap. p. 300.

Crescit in L e u w e s t a r t. Floret A u g u s t o.
Radix fibrosa. *Caules* plures e radice, herbacei, teretes, simplices, piloso-hispidi pilis albis, flexuosi, patentissimi, digitales. *Folia*
alterna, sessilia, ovato oblonga, etiam dentata piloso-hispida, supra viridia, subtus albo tomentosa nervo viridi, inaequalia; radicalia longiora et magis divisa, pollicaria; ramea minora vix unguicularia. *Flores* terminales solitarii. *Calyx* monophyllus, piloso hispidus pilis albis: *Laciniae* plurimae, setaceo subulatae, radio longiores spinoso pungentes. *Variat* foliis magis vel minus integris
laciniatisque.

7. **G.** (*incisa.*) herbacea; foliis integris, pinnatifidisque, pilosis, subtus tomentosis; calyce glabro.

Radix profunde descendens, annua. *Folia* radicalia, plura, petiolata *petiolis* amplexicaulibus et sensim dilatatis in folia oblonga et pinnatifida *pinnis* ovato-oblongis, supra viridia et scabra. subtus albo tomentosa marginibus reflexis, pilis raris albis in petiolis et costis villosa, erecta, digitalia. *Scapus* teres, substriatus, uniflorus, longitudine folii.

8. **G.** (*pinnata.*) herbacea; foliis lyrato-pinnatifidis, villosis, subtus albo-tomentosis; calyce hirsuto.

Tota planta pilis longis albis hirsuta. *Radix* descendens, fibrosa, annua. *Folia* radicalia, plurima, aggregata, petiolata, patentia cum pedunculis digitalia. *Pinnae* inferiores in medio circiter petioli alternae, minores; superiores majores; terminalis impar, saepe connato-trifida, maxima; omnes ovatae, obtusae, integrae, supra scabrae et virides, subtus niveo-tomentosae marginibus reflexis et carina viridibus, vix unguiculares. *Petioli* lineares, amplexicaules, supra glabri, subtus hirsuti. *Scapus* solitarius, albo tomentosus, erectus, palmaris, uniflorus. *Calyx* campanulatus, extus valde hirsutus: *laciniae* lanceolato setaceae, infra ciliatae, apice integrae, radio breviores. *Radius* corollae supra luteus, subtus purpureus, calyce duplo fere longior.

9. **G.** (*pectinata.*) herbacea; foliis pinnatifidis, subtus tomentosis; laciniis linearibus; caule erecto.

Folia radicalia, plurima, supra glabra, viridia, sulcata; subtus niveo-tomentosa nervo viridi; erecta, palmaria. *Laciniae* remotae, patentes, mucronatae, pollicares. *Scapus* solitarius, teres, glaber, uniflorus, pedalis, vix foliolo uno vel altero setaceo notatus. *Calyx* campanulatus, monophyllus, parum tomentosus: *Laciniae* inaequaliter incisae, lanceolato-setaceae, tenuissime ciliatae. *Radius* corollae supra luteus, carina rufa, subtus purpureus.

10. **G.** (*othonnites.*) herbacea, glabra; foliis pinnatifidis scapo unifloro.

Crescit juxta Verlooren Valley et in Roggeveld. Flore Octobri et sequentibus mensibus.

Radix fusiformis, fibrosa. *Folia* linearia, apice pinnatifida laciniis tribus, quatuor vel sex lanceolatis, integra, glabra, digitalia. *Scapus* solitarius, teres, glaber, flexuoso erectus, palmaris. *Calyx* monophyllus, campanulatus, glaber: *laciniae* ovatae, acutae, breves. *Radius* supra luteus, subtus purpurascens.

11. **G.** (*integrifolia.*) fruticosa; caule glabro, foliis lanceolatis; integris, hispidis, subtus tomentosis.

Caulis fruticosus, teres, flexuoso-erectus, cinereo fuscus, ramosissimus. *Rami* alterni, cauli similes, ramulosi. *Ramuli* sparsi, purpurascentes, pilosi, secundi, foliosi. *Folia* sparsa, frequentia, subsessilia; supra viridia, sulcata, setoso-hispida; subtus albo tomentosa nervo hispido; patentia, unguicularia. *Flores* in ramulis terminales, solitarii. *Calyx* imbricatus, monophyllus: *laciniae* pluri-

mae, basi connatae, lanceolato-setaceae, pilosae pilis longis albis.
Radius corollae supra luteus, subtus purpureus. *Pappus* pilosus.

12, G. (*ciliata.*) fruticosa; caule erecto; foliis lineari-
lanceolatis, ciliato spinosis.

Caulis fruticosus, teres, ramosus, totus tomentoso-niveus, spithamaeus et ultra. *Rami* et *Ramuli* similes, aggregato-subverticillati,
fastigiati. *Folia* sparsa, sessilia, spinâ terminata, integra sed spinis
flavis, remotis, horizontalibus vel reflexis; supra glabra, viridia; subtus albo tomentosa; patentia, apice reflexa, frequentia, pollicaria.
Flores in ramulis terminales, solitarii. *Calyx* monophyllus, albo-
tomentosus: *Laciniae* imbricatae, lanceolatae, spinosae, spinis flavescentibus.

CCCCXIV. LAPEYROUSIA.

*Recept. nudum, papilloso-scabrum. Pappus o, nisi
margo tenuis. Corollae discoideae.*

1. L. (*calycina.*) Osmites calycina. Linn. Syst. Veg.
per Gmelin p. 1261. Suppl. p. 380.

*Crescit juxta margines sylvarum Houteniquas. Floret. No-
vembri.*

Caulis fruticosus, teres; inferne pubescens, simplex; superne hir-
suto-tomentosus, ramosus, erectus, pedalis et ultra. *Rami* per intervalla aggregato-subverticillati, cauli similes, erecti. *Folia* sparsa,
approximata, sessilia, lanceolata, mucronata, integra; tota utrinque
hirsuta, tomentosa, sericea; imbricato-erecta, pollicaria *Florum*
capitula in ramis terminalia, solitaria, rotundata, parum convexa,
magnitudine fere fabae.

CCCCXV. OSMITES.

*Recept. paleaceum. Pappus obsoletus. Cor. radii
ligulatae. Cal. imbricatus, scariosus.*

1. O. (*asterioides.*) foliis lanceolatis, integris, tomento-
lis. Osmites astericoides. Linn. Syst. Veg. per Gmelin
1261. Spec. Plant. p. 1285. Berg. Pl. Capens. p. 305.

*Crescit in summo Taffelberg, infraque latus orientale ejus-
dem montis locis aquosis et juxta rivulos. Floret Martio,
Aprili.*

Caulis fruticosus, teres, totus tomentosus, erectus, apice summo
paniculatus in pedunculos breves, uniflorus. *Folia* sparsa, approximata, sessilia, acuta, punctata, crassa, imbricato patentia, pollicaria. *Florum* capitula terminalia, in pedunculis brevibus aggregatis
et divisis solitaria, piso triplo majora. *Calyx* inaequalis, tomentosus: *squamae* ovatae, vix membranaceae summo apice. *Radius* albus. *Paleae* lanceolatae, sub apice barbatae. *Usus:* Herba odorata
et resolvens. *Spiritus* hinc destillatus fortis.

2. O. (*camphorata.*) foliis lanceolatis, integris, dentatis-

que, glabris. Osmites *camphorina. Linn.* Spec. Plant. p. 1285. Osmites *camphorata. Linn.* Syst, Veg. per *Gmelin* p. 1261. Mant. p. 477.

Crescit juxta rivos infra montes, prope Drakenstein, infra latus orientale Taffelberg, alibique. Floret Junio.

Caulis foliosus, teres, totus glaber, inferne simplex, a casu foliorum tuberculatus, interrupte sulcatus, cinereus, superne foliis tectus, ramosus; erectus, pedalis et ultra. *Rami* alterni, foliosi, similes, subfastigiati. *Folia* sparsa, sessilia, acuta, inferne integra, apice saepe dentata, suprema plerumque tota integra, punctata, imbricata, pollicaria. *Capitula* terminalia, solitaria. *Radius* albus. *Receptaculum* paleaceum paleis lanceolatis.

3. O. (*bellidiastrum.*) foliis elliptico-lanceolatis, acutis, serratis, glabris. Osmites *bellidiastrum. Linn.* Syst. Veg. per *Gmelin* p. 1261. Spec. Plant. p 1285.

Caulis fruticosus, teres, erectus, tenuissime pubescens, parum ramosus, pedalis vel ultra. *Rami* alterni, similes, divaricati. *Folia* sparsa, inferne attenuata, sessilia, lanceolata, versus apicem serrata serraturis utrinque circiter tribus argutis, patentia, sesquipollicaria. *Capitula* terminalia in pedunculis squamosis, solitaria, magnitudine fabae. *Bracteae* foliaceae alternae in pedunculis, filiformes, lanceolato setaceae, integrae, lineam longae. *Calyx* hemisphaericus, imbricatus, pubescens: *squamae* oblongae, obtusae, scariosae. *Radius* albus. *Paleae* lanceolatae.

4. O. (*dentata.*) foliis obovatis, dentatis, villosis.

Crescit in summo monte Taffelberg. Floret Aprili.

Caulis fruticescens, simplex, raro infimâ basi divisus, teres, striatus, totus pubescens, erectus, spithamaeus, inferne foliosus, superne squamosus. *Folia* alterna, sessilia, pubescentia; inferiora obovato-cuneiformia, inciso-dentata, erecta, nervosa, vix pollicaria; superiora sensim minora et simpliciora; summa integra, lanceolata, mucronata. *Capitulum* terminale, solitarium, magnitudine fabae. *Calyx* glaber, subaequalis: *squamae* lanceolatae, membranaceae, margine obtusae. *Radius* albus. *Paleae* lanceolatae.

POLYGAMIA NECESSARIA.

CCCCXVI. CHORISTEA.

Recept. setosum. Pappus paleaceus, polyphyllus. Cal. duplex, exterior subtriphyllus, interior polyphyllus.

1. C. (*carnosa.*) foliis alternis, oblongis; calyce serrato. POLYMNIA carnosa. *Linn.* Syst. Veg. per *Gmelin* p. 1270. Suppl. p. 384.

Crescit in arenosis maritimis prope Ganse kraal, Verlooren Valley alibi. Floret Septembri, Octobri.

Radix descendens, perennis. *Caulis* fruticosus, superne parum ramosus, basi decumbens, dein erectus, glaber, spithamaeus. *Rami* alterni, similes, sulcati. *Folia* sessilia, obtusa carnosa, crassa, mollia, integerrima, erecta; supra convexa, sulco a basi ad medium exarata; subtus concava marginibus reflexis, tenuissimâ lanâ vestitâ, pollicaria. *Foliola* ex axillis foliorum alia, minora. *Capitula* terminalia, solitaria.

2. C. (*spinosa.*) foliis oppositis, ovatis; aculeis supra-axillaribus. POLYMNIA spinosa. *Linn.* Syst. Veg. per *Gmelin* p. 1270. Suppl. p. 384.

Crescit juxta Olyfantsrivier in Carro. Floret Octobri.

Caulis frutescens, teres, totus glaber, laevis, erectus, superne in pedunculos ramosus, bipedalis. *Folia* sessilia, cordata, mucronata, nervosa, integra et dentibus spinosis quandoque raris armata, margine subrevoluto-incrassata, glabra, pollicaria. *Capitula* terminalia, solitaria. *Calyx* amplus, duplex: exterior major, foliolis ovatis, mucronatis; interior sensim minor, mucronatus.

CCCCXVII. CALENDULA.

Recept. nudum. Pappus o. Cal. polyphyllus, sub-aequalis. Sem. disci utplurimum membranacea.

1. C. (*tomentosa.*) foliis obovatis, integris, tomentosis. CALENDULA tomentosa. *Linn.* Syst. Veg. per *Gmelin* p. 1278. Suppl. p. 284.

Crescit in collibus prope Cafferkeals-rivier, alibique. Floret Octobri.

Radix descendens alte, sublignosa. *Folia* radicalia, plurima, petiolata, utrinque albo-lanata, subpollicaria. *Petioli* folio paulo breviores. *Scapus* teres, pubescens, solitarius vel plures, simplex, flexuoso-erectus, spithamaeus. *Capitulum* terminale, solitarium.

2. C. (*glabrata.*) foliis ellipticis, integris, glabris; caule fruticoso, erecto.

Crescit juxta Heeren logement. Floret Novembri, Decembri.

Caulis teres, totus glaber, ramosus, bipedalis. *Rami* oppositi, divaricati, erecti, simplices vel ultra, superne ramulosi. *Rami* filiformes, aphylli, squamulosi, flexuoso - erecti. *Folia* opposita, sessilia, acutiuscula, patentia, pollicaria vel paulo ultra. *Capitula* terminalia, solitaria.

3. C. (*decurrens,*) foliis lanceolatis, decurrentibus, integris, glabris; caule herbaceo.

Radix fibrosa, annua. *Caulis* basi mox ramosus, erectus. *Rami* filiformes, simplices et ramulosi, subalati, erecti, glabri, spithamaei, *ramulis* similibus. *Folia* alterna, sessilia, acuta, dorsi carinâ unguicularia. *Capitula* terminalia, solitaria.

4. C. (*graminifolia.*) foliis elliptico - lanceolatis, integris, glabris; caule herbaceo, hirto. Calendula *graminifolia.* *Linn.* Syst. Veg. per *Gmelin* p 1272. Spec. Plant. p. 1305.

Radix fibrosa, annua. *Caulis* basi interdum decumbens, simplex, solitarius vel bini, erectus, flexuosus, superne aphyllus, teres, striatus, piloso - scabridus, spithamaeus vel ultra. *Folia* in basi caulis aggregata, in medio remota et minora, superne nulla vel rariora; infima in petiolos longos digitales attenuata, lanceolata, rarius obsolete dentata. glabriuscula, erecta: superiora sessilia costâ decurrente. *Capitulum* terminale, solitarium.

5. C. (*parviflora.*) foliis sessilibus, lanceolatis, dentatis; caule herbaceo, piloso scabro.

Caulis totus piloso scaber, ramosus, erectus, pedalis. *Rami* alterni, filiformes similes cauli, divaricato patuli, virgati, ramulosi. *Folia* alterna, denticulata, scabrida, patentia, unguiculariâ. *Capitula* parva, terminalia, et solitaria in ultimis ramis et ramulis. *Semina* radii teretia, apice attenuata, glabra; disci obtusa, breviora.

6. C. (*scabra.*) foliis elliptico - lanceolatis, dentatis, scabris; caule herbaceo, erecto.

Caulis totus piloso - scaber, ramosus, pedalis. *Rami* alterni, simplices, elongati, foliosi, summo apice sub flore aphylli, pubescentes, erecti. *Folia* alterna, frequentia, sessilia, inferne attenuata, lanceolata, acuta, integra, saepe denticulata dentibus remotis, margine revoluta, villoso scabra, erecta, sesquipollicaria superioribus minoribus. *Capitulum* terminale, solitarium.

7. C. (*aspera.*) foliis scabris: inferioribus obovatis, dentatis; superioribus lanceolatis; caule frutescente. paniculato.

Crescit prope Verlooren Valley. Floret Octobri.
Radix ramosa, fibrosa. *Caulis* teres, erectus, totus valde villososcaber, ramosus, pedalis. *Rami* alterni, iterum ramulosi, filiformes, striati, villosi, scabridi, divaricati, erecti. *Folia* inferiora inferne attenuata, superiora sessilia, lineari lanceolata, acuta, integra; omnia villoso scabra, unguicularia vel paulo ultra. *Capitula* terminalia, solitaria, magnitudine pisi.

8. C. (*muricata.*) foliis oblongis, papilloso - scabris: infimis dentatis, superioribus integris; caule fruticoso.

Caulis frutescens, teres, pubescens imprimis superne, flexuosus, erectus, versus apicem ramosus, pedalis et ultra. *Rami* alterni, aphylli, pedunculiformes. *Folia* alterna remota, sessilia, trinervia, utrinque papilloso-scabra, erecta, unguicularia vel ultra. *Capitula* terminalia, solitaria. *Semina* glabra, membranaceo-marginata.

9. C. (*fruticosa.*) foliis obovatis, subdentatis, scabris; caule decumbente. CALENDULA *fruticosa.* *Linn.* Syst. Veg. per *Gmelin* p. 1272. Spec. Plant. p. 1305.

Caulis herbaceus, subsimplex, teres, striatus, inferne glaber; superne aphyllus, villosus; spithamaeus. *Folia* alterna, petiolata, acuta, rarius denticulata, margine ciliato-scabrida, glabra, pollicaria. *Petioli* lineares, glabri, margine scabri, unguiculares. *Capitulam* terminale, solitarium.

10. C. (*hispida.*) foliis oblongis, denticulatis, piloso hispidis; caule herbaceo, erecto.

Crescit prope Galgebosch in graminosis campis. Floret Decembri.

Caulis parum divisus, inferne foliosus; dein elongatus, aphyllus, striatus, pilosus, pedalis. *Folia* alterna, sessilia, oblonga et lanceolata, acuta, integra et remotissime denticulata, utrinque papillis piliferis scabra; inferiora latiora, pollicaria; superiora angustiora. In medio caule foliolum lanceolatum. *Capitulam* terminale, solitarium.

11. C. (*nudicaulis.*) foliis lanceolato-oblongis, dentatis, ciliatis; caule herbaceo, subaphyllo. CALENDULA *nudicaulis.* *Linn.* Syst. Veg. per *Gmelin* p. 1272. Mant. p. 479. *Berg.* Pl. Cap. p. 312.

Caulis basi decumbens, simplex, inferne foliosus, dein erectus, subaphyllus, villoso-hispidus, apice cernuus, pedalis. *Folia* in infimo caule aggregata, sessilia, alterna, obtusa, remote dentata, pubescentia, margine ciliato-scabra, erecta, sesquipollicaria. *Folia* duo. alterna in superiori caule, lanceolata. *Capitulam* terminale, solitarium.

12. C. (*hybrida*) foliis sessilibus, obovatis, sinuato-dentatis, scabris; caule herbaceo. CALENDULA *hybrida.* *Linn.* Syst. Veg. per *Gmelin* p. 1272. Spec. Plant. p. 1304.

Crescit in collibus prope Cap. Floret Julio.

Radix fibrillosa, annua. *Caulis* simplex vel ramosus, pubescens, erectus, spithamaeus. *Rami* alterni, flexuoso-erecti, apice aphylli. *Folia* alterna, obovato-oblonga, dentata, piloso-scabra, inferne attenuata, unguicularia usque pollicaria. *Capitulam* terminale, solitarium.

13. C. (*pluvialis.*) foliis petiolatis, obovatis, sinuato-dentatis, pubescentibus; caule herbaceo erecto. CALENDULA *pluvialis.* *Linn.* Syst. Veg. per *Gmelin* p. 1272. Spec. Pl. p. 1304.

Caulis flexuoso-erectus, parum ramosus, pubescens, palmaris usque pedalis. *Rami* alterni, divaricati, cauli similes; superne aphylli, filiformes. *Folia* petiolata vel inferne valde attenuata. obovato-ob longa, pubescentia, scabra, dentibus ap eeque mucronata, patentia, sesquipollicaria. *Capitulum* terminale, solitarium.

14. C. (*amplexicaulis.*) foliis amplexicaulibus, hastato-oblongis, dentatis; caule herbaceo, erecto

Caulis teres, striatus, pubescenti-scaber, ramosus, pedalis et ultra. *Rami* alterni, elongati simplices et superne divisi, cauli similes. *Folia* alterna, hastato cordata, ovato-oblonga, scabra, nervosa, dentibus serratis, erecto patentia, sesquipollicaria superioribus sensim minoribus. *Capitula* in ramulis terminalia, magnitudine pisi.

15. C. (*cuneata.*) foliis cuneiformibus, carnosis, dentatis; caule fruticoso.

Crescit in Roggeveld. *Floret* Decembri.

Caulis teres, fuscus, ramosus, erectus, tuberculatus, aphyllus, pedalis et ultra. *Rami* alterni et terni, divaricati, nodulosi, incurvato-erecti, ramulosi, superne foliis tecti. *Folia* sessilia, approximata, obovato cuneiformia, glabra, imbricato erecta, unguicularia. *Pedunculi* ex apice ramorum filiformes, uniflori.

16. C. (*pinnata.*) foliis pinnatis.

Radix annua, fibrosa. *Caulis* herbaceus, ramosus, flexuoso-erectus, vix spithamaeus. *Rami* alterni, teretes, pubescentes, ramulosi *ramulis* incurvis. *Folia* alterna, *pinnae* filiformi-lineares, integrae. *Capitula* in ramulis terminalia.

CCCCXVIII. ARCTOTIS.

Recept. villosum vel paleaceum. Pappus corona subpentaphylla. Cal. imbricatus: squamis intimis apice scariosis.

1. A. (*linearis.*) foliis linearibus tomentosis.

Caulis fruticosus, sulcatus, tomentosus, erectus, spithamaeus et ultra. *Rami* alterni, similes, erecti, superne aphylli. *Folia* inferne in caule et ramis approximata, acuta, integra margine revoluto, erecto-patentia, pollicaria.

2. A. (*argentea.*) foliis lanceolatis, lanatis. Arctotis argentea. Linn. Syst. Veg. per Gmelin p. 1273.

Caulis frutescens. totus albo-lanatus, erectus, ramosus, sesquipedalis. *Rami* alterni, similes, simplices et ramulosi, divaricati, elongati, superne aphylli. *Folia* alterna, remota, sessilia, acuta, integra, unguicularia.

3. A. (*pinnatifida.*) foliis linearibus, dentatis, tomentosis.

Caulis fruticosus, totus albo-tomentosus, ramosus, erectus, spithamaeus et ultra. *Rami* alterni, teres, striati, erecto patentes, albo-tomentosi, superne aphylli. *Folia* alterna, sessilia, obtusa, albo-lanata, erecto-patentia, vix pollicaria.

4. A. (*serrata.*) foliis linearibus, serratis, hirsutis. Arc-

45*

totis *serrata.* *Linn.* Syst. Veg. per *Gmelin* p. 1273. Suppl. p. 385.

Crescit in sylvis Houtniquas et alibi. Floret Novembri.
Caulis fruticosus, totus pubescens, simplex, erectus, foliis tectus, pedalis et ultra. *Folia* alterna, sessilia, obtusa, apice tridentata, serraturis mucronatis distinctis, tota utrinque hirsuta, imbricato-erecta, pollicaria. *Pedanculi* ex apice caulis aggregati, subseni, fili-formes, hirsuti, flexuoso-erecti, inaequales, palmares, uniflori.

5. A. (*angustifolia.*) foliis ellipticis, dentatis, subtus to-mentosis. Arctotis *angustifolia.* *Linn.* Syst. Veg. per *Gmelin* p: 1273. Mantiss. p. 479. Spec. Plant. p. 1306.

Crescit in collibus infra latus orientale Taffelberg.
Caulis herbaceus, basi decumbens, dein erectus, scaber, superne aphyllus, rarius ramosus, spithamaeus. *Folia* alterna, petiolata, ob-longa, acuta, dentata dentibus remotis; supra virescentia, scabra; subtus albo tomentosa, patentia, digitalia.

6. A. (*plantaginea.*) foliis hastatis, serratis, subtus to-mentosis. Arctotis *plantaginea.* *Linn.* Syst. Veg. per *Gmelin* p. 1273. Spec. Pl. p. 1306.

Crescit juxta Paarl. Floret Junio.
Caulis herbaceus, striatus, villoso-hispidus, simplex, erectus, spi-thamaeus. *Folia* alterna, amplexicaulia, cordata, inferne angustata, deinde dilatata, oblonga, acuta, tenuissime serrata, nervosa; supra viridia, pubescentia; subtus albo-tomentosa, erecto-patentia, digitalia.

7. A. (*glandulosa.*) foliis cordatis, oblongis, dentatis, glandulosis, glabris.

Crescit prope Piketberg. Floret Octobri.
Caulis frutescens, teres, sulcatus, flexuoso-erectus, ramosus, to-tus tectus ciliis hispidis et glandulis intersparsis, pedalis. *Rami* al-terni, similes, flexuosi, cernui. *Folia* alterna, amplexicaulia, acuta, tota utrinque hispida ciliis et glandulis ferrugineis, *) patentia, digi-talia superioribus sensim brevioribus.

8. A. (*grandis.*) foliis petiolatis, oblongis, serratis, to-mentosis.

Crescit in campis sabulosis vere inundatis Swartlandiae et alibi. Floret Septembri.
Caulis frutescens, simplex, incurvo-erectus, striatus, niveo-to-mentosus, superne aphyllus, pedalis. *Folia* inferne approximata, al-terna, obtusa, denticulata, utrinque albo-lanata, erecta, palmaria. *Petiolus* linearis, sensim in folium dilatatus. *Capitulum* nutans, grande.

9. A. (*elongata.*) foliis obovato-oblongis, dentatis, to-mentosis; caule erecto.

Caulis vix frutescens, subherbaceus, striatus, niveo-tomentosus,

---

) In diagnosi 'glabra dicuntur. Edit.

simplex superne aphyllus, pedalis. *Folia* inferne approximata, alterna, versus basin attenuata, obtusissima, lyrato-dentata dentibus obtusis, nervosa, utrinque albo-tomentosa, erecta, digitalia, superioribus minoribus.

10. **A.** (*decumbens.*) foliis obovato - oblongis, dentatis, tomentosis; caule decumbente.

Crescit in campis arenosis pluvia vernali inundatis. Floret Decembri, Januario.

Caulis lignosus, suffruticescens, simplex, basi radicans, flexuosus; apice erectus, aphyllus, niveo-tomentosus, spithamaeus. *Folia* approximata, secunda, erecta, inferne attenuato-subpetiolata, obovata, utrinque tomentosa, pollicaria et ultra. *Pedunculi* e caule continuati, erecti, aphylli, apice nutantes, nivei, uniflori, palmares.

11. **A.** (*diffusa.*) foliis obovato-oblongis, dentatis, tomentosis; scapis unifloris.

Radices filiformes, longi, simplices, spithamaei. *Folia* radicalia, plurima, inferne attenuato-subpetiolata, obovata, obtusa, apice dentibus subquinis, utrinque lanata, diffusa, pollicaria usque bipollicaria. *Scapus* filiformis, teres, striatus, albo-tomentosus, laxus, erectiusculus vel reflexus, palmaris.

12. **A.** (*scabra.*) foliis lanceolatis, dentatis, supra scabris, subtus tomentosis; caule erecto, frutescente.

Crescit in Swartland. Floret Septembri.

Caulis suffruticosus, teres, striatus, totus pilis atris villoso-hispidus, ramosissimus, pedalis et ultra. *Rami* et *Ramuli* alterni, similes, subfastigiati. *Folia* alterna, sessilia, inferne attenuata, lanceolato obovata, mucronata, supra viridia, papilloso scabra; subtus albo tomentosa, erecta; infima digitalia, suprema unguicularia. *Capitula* magnitudine pisi.

13. **A.** (*incisa.*) foliis oblongis, incisis, biserratis, tomentosis; caule hispido.

Crescit cum prioribus in sabulosis regionibus Swartlandiae. Floret Septembri.

Caulis herbaceus, teres, striatus striis tomentosis, piloso-hispidus, parum ramosus, flexuoso-erectus, vix pedalis. *Ramus* unus vel alter, alternus, similis, brevis. *Folia* alterna, semiamplexicaulia, inferne attenuata, inde obovato-oblonga, utrinque imprimis vero subtus albo-tomentosa, inciso subpinnatifida; apice et dentibus mucronata, denticulata, digitalia, superioribus sensim minoribus.

14. **A.** (*muricata.*) foliis oblongis, lyrato-dentatis, supra scabris, subtus tomentosis; caule laevi.

Crescit in campis arenosis vere inundatis Swartlandiae et alibi. Floret Septembri, Octobri.

Caulis herbaceus, striatus striis tomentosis, ramosus, erectus, pedalis vel ultra. *Rami* alterni, erecti, similes, simplices. *Folia* alterna, amplexicaulia, obovato-oblonga, dentato-subruncinata lobis angulatis dentatis dentibusque mucronatis; supra papilloso-scabra, viridia: subtus albo tomentosa, erecta, pollicaria vel ultra. *Capitula* terminalia in ramis aphyllis filiformibus, magnitudine fabae.

15. A. (*laevis.*) foliis pinnatifidis, dentatis, glabris.

Caulis fruticescens, totus glaber et laevis, striatus, ramosus, erectus, bipedalis. *Rami* alterni, divaricati, pátentes, similes. *Folia* alterna, runcinato-pinnatifida, tota laevia, erecta, palmaria: *Lobi* lanceolati, denticulati, inaequales.

16. A. (*petiolata.*) foliis ovatis, incisis, dentatis, subtus tomentosis; caule 'decumbente, radicante.

Crescit in arenosis Swartlandiae. Floret Septembri.

Caulis herbaceus, basi radicans, dein erectus, tomentosus, raro ramosus, spithamaeus. *Folia* alterna, petiolata, inciso-subpinnatifida, dentibus mucronatis; supra viridia, glabra, laevia, subtus niveo tomentosa, patentia, pollicaria. *Petioli* lineares, pollicares.

17. A. (*lanata.*) foliis obovatis, dentato-lyratis, supra scabris, subtus tomentosis; scapis folio longioribus.

Folia radicalia, plura, sessilia, obtusa, sublyrato-dentata, subtus niveo-lanata, diffusa, sesquipollicaria. *Scapi* simplices, teretes, striati, tomentosi, erecti, uniflori, spithamaei, foliis triplo longiores.

18. A. (*acaulis.*) foliis lyratis, supra scabris, subtus tomentosis; scapis folio brevioribus. Arctotis *acaulis. Linn.* Syst. Veg. per *Gmelin* p. 1274. Spec. Plant. p. 1306.

Radix fasciculata, annua. *Folia* radicalia, petiolata, runcinata, nervosa; supra viridia, pubescenti-scabrida; subtus albo tomentosa; erecta, spithamaea. *Lobi* inferiores minores, alterni, ovati, denticulati; ultimus maximus, ovatus, incisus, dentatus. *Scapi* teretes, hispidi, divaricati, erectiusculi, uniflori, foliis duplo breviores, palmares.

19. A. (*formosa.*) foliis pinnatifidis, tomentosis; caule basi decumbente.

Crescit in Roggeveld. Floret Decembri.

Caulis herbaceus, lanatus, striatus, inferne rarius ramosus, erectus, apice continuatus in pedunculum aphyllum hispidum, spithamaeus usque pedalis. *Folia* alterna, petiolata, obovato-oblonga, erecta, utrinque tomentosa, spithamaea. *Laciniae* oppositae, ovatae, dentatae dentibus et apice mucronatis.

20. A. (*caulescens.*) foliis lyrato-pinnatifidis, dentatis, supra scabris, subtus tomentosis; caule erecto.

Caulis herbaceus, flexuosus, compressus, tomentosus, spithamaeus. *Folia* alterna, petiolata petioli basi amplexicauli, sublyrata, supra viridia, scabrida; subtus albo lanata, erecta, spithamaea. *Laciniae* obovatae, denticulatae, sinubus rotundatis, unguicularibus. *Lobus* ultimus ovatus, inciso pinnatifidus. *Pedunculi* ex alis foliorum axillares, teretes, flexuosi, tomentosi, nutantes, uniflori, digitales.

21. A. (*interrupta.*) foliis lyrato-pinnatifidis, subtus tomentosis; caule decumbente, radicante.

Caulis herbaceus, basi radicans, dein erectiusculus, tomentosus, spithamaeus. *Folia* alterna, basi dilatata, amplexicaulia, pinnatifida; supra glabra, laevia, viridia; subtus albo-tomentosa', erecta, palmaria. *Laciniae* inferiores minores, ultima trifida, alternantes, ovatae, dentatae, unguiculares. *Pedunculi* laterales, tomentosi, uniflori, patentes, longitudine foliorum.

22. **A.** (*scapigera.*) foliis interrupte pinnatifidis, tomentosis; scapis foliis aequalibus.

Folia radicalia, plura, petiolata, interrupte lyrato-pinnatifida, crassa, utrinque lanata, diffusa, palmaria. *Laciniae* oppositae, inferiores minores, alternis duplo minoribus, ovatae, undulato dentatae, unguiculares; ultimus lobus maximus, subcordatus, auriculatus, ovatus, incisus, dentatus, pollicaris. *Scapi* plures, teretes, ante florescentiam diffusi, sub anthesi erecti, tomentosi, sensim excrescentes et florentes. *Capitulam* erectum.

2⁷. **A.** (*breviscapa.*) foliis pinnatifidis, dentatis, subtus tomentosis; scapis foliis brevioribus.

Crescit in collibus extra urbem, in arenosis Swartland et alibi. Floret Septembri. Octobri.
Folia radicalia, plurima, diffusa, pinnatifido-sublyrata; supra viridia, glabra, laevia; subtus albo tomentosa, digitalia. *Laciniae* alternae, ovatae, obtusae, dentatae, vix unguiculares. *Scapi* ante florescentiam depressi; breves, dein excrescentes, sub anthesi erecti, filiformes, debiles, tomentosi, uniflori.

24. **A.** (*calendulacea.*) foliis lyratis, dentatis, tomentosis; caule herbaceo; pedunculis axillaribus. Arctotis *calendulacea*. *Linn.* Syst. Veg per *Gmelin* p. 1273. Spec. Pl. p. 1306.

Crescit in campis arenosis vulgaris. Floret Septembri et sequentibus mensibus.
Radix fibrosa, annua. *Caulis* debilis, erectiusculus, spithamaeus. *Folia* petiolata, oblongo-obovata, utrinque tomentosa, patentia, digitalia. *Laciniae* suboppositae, ovatae, denticulatae, obtusae, vix unguiculares; ultima major, ovata, inciso-dentata. Rarius supra folia glabriuscula sunt. *Pedunculi* teretes, tomentosi, erecti, simplices, uniflori, folio longiores, saepe spithamaei.

25. **A.** (*aspera.*) foliis pinnatifidis, denticulatis, supra scabris, subtus tomentosis. Arctotis *aspera*. *Linn.* Syst. Veg. per *Gmelin* p. 1273. Mant. p. 480. *Berg.* Plant. Cap. p. 315.

Crescit in proclivis et fossa magna Taffelberg. Floret Aprili.
α. *Caulis* herbaceus, teres, striatus, villosus, vix ramosus, erectus, spithamaeus. *Folia* alterna, amplexicaulia, runcinato-pinnatifida; supra scabra, viridia; subtus albo-tomentosa; erecto-patentia, digitalia. *Laciniae* suboppositae, ovatae, sinuatae, denticulatae, obtusae, unguiculares. *Capitulam* erectum.

β. *Caulis* suffrutescens, teres, striatus, villosus et glandulosus, valde hispidus, ramosus, erectus, pedalis. *Rami* alterni, divaricati, erecti, similes cauli, summi, brevissimi. *Folia* alterna, amplexicaulia, basi auriculata, runcinato - pinnata crispato undulata, denticulata, dentibus mucronatis, villoso - et glanduloso valde hispida, interdum utrinqu'e virentia, interdum subtus albo tomentosa, palmaria. *Pinnae* lanceolatae, saepe iterum pinnulatae, unguiculares vel ultra. *Capitula* cernua. *Radius* vel luteus vel purpureus.

26. A. (*undulata.*) foliis pinnatifidis, undulatis, tomentosis; caule fruticoso.

Caulis inferne glaber, flexuosus, erectus, ramosus, spithamaeus. *Rami* alterni, teretes, obsolete striati, tomentosi, flexuosi. *Folia* alterna, amplexicaulia, erecto patentia, palmaria. *Laciniae* alternae, rarius oppositae, lineares, denticulatae, undulatae; supra parum virides et scabrae; subtus albo tomentosae; unguiculares. *Capitula* cernua.

27. A. (*denudata.*) foliis pinnatifidis, denticulatis, subtus tomentosis; caule fruticoso.

Crescit juxta Olyfantsrivier. Floret Octobri.
Caulis fruticescens, striatus, flexuosus, erectus, superne albo-tomentosus, spithamaeus. *Folia* alterna, inferne attenuata in petiolos, supra glabriuscula, erecta, palmaria. *Laciniae* oppositae, lanceolatae, denticulatae, vix unguiculares. *Petioli* ex alis foliorum, filiformes, striati, flexuoso erecti, glabri, uniflori, nutantes, spithamaei. *Capitulum* cernuum.

28. A. (*candida.*) foliis pinnatifidis, dentatis, tomentosis; caule herbaceo.

Radix descendens alte, fibrosa. *Caulis* brevissimus, basi foliosus. mox elongatus in pedunculum scapiformem, erectum, filiformem, to mentosum, uniflorum, vix spithamaeum *Folia* subradicalia, alterna petiolata, utrinque niveo tomentosa, erecta, palmaria. *Laciniae* al ternae, dentatae dentibus mucronatis. *Petioli* pollicares. *Capitulum* erectum.

29. A. (*pectinata.*) foliis bipinnatifidis, piliferis, glabris; caule fruticoso.

Caulis teres, erectus, ramosus, pedalis. *Rami* alterni, divaricati, incurvato-erecti. scabri, apice continuati in pedunculos aphyllos, flexuo sos, erectos, striatos, glabros, nutantes, unifloros, spithamaeos. *Folia* alterna, sessilia, pinnatifida, erecto adpressa, unguicularia. *Laciniae* lineari-subulatae, denticulatae, piliferae, reflexae, rigidae.

30. A. (*elegans.*) foliis lobatis, dentatis, subtus tomentosis; caule fruticoso.

Caulis perennis, basi decumbens, flexuosus, erectus, striatus, cinereo-tomentosus, ramosus, bipedalis. *Rami* similes. *Folia* alterna, petiolata, inciso lobata sinubus-rotundatis, denticulata; supra viridia glabra; subtus cinereo-tomentosa; nervosa, erecto-patentia, inaequalia, pollicaria et ultra. *Lobi* subquini, iterum incisi, dentati. *Petioli* folio triplo breviores, lineares. *Pedunculi* in summo caule axillares, filiformes, erecti, uniflori. *Calyx* glaber, flavescens dorso viridi, totus fere scariosus. *Radius* purpureus, linearis, crenatus.

31. A. (*trifida*.) foliis linearibus, trifidis, pubescentibus.

Caulis fruticosus, teres, purpurascens, ramosus, erectus, inferne tuberculatus-a casu foliorum pedalis. *Rami* alterni, similes, foliosi, ramulosi *ramulis* brevibus. *Folia* alterna, sessilia, indivisa, bifida et trifida rarius 5 fida, tenuissime pubescentia, subtus bisulca, unguicularia. *Capitula* terminalia in pedunculis vix pollicaribus, solitaria.

32. A. (*punctata*.) foliis linearibus, pinnatis, glabris, punctatis; caule fruticoso.

Crescit in Onderste Roggeveld. Floret Decembri.
Caulis erectus, ramosus, pedalis et ultra. *Rami* terni, filiformes, divaricati, erecti, glabri, purpurascentes, curvati, apice continuati in pedunculos filiformes, aphyllos, spithamaeos. *Folia* alterna, atro punctata, pinnis linearibus, acutis, integris, unguicularia.. *Capitula* magnitudine pisi.

33. A. (*nodosa*.) foliis nodosis, pinnatis, glabris; caule fruticoso.

Crescit juxta Patrysberg. Floret Octobri.
Caulis totus glaber, teres, tuberculatus, erectus, ramosus, pedalis. *Rami* alterni et terni, divaricati, erecti, foliosi, continuati in pedunculos filiformes, aphyllos, glabros, flexuosos, unifloros, spithamaeos. *Folia* alterna, basi nodoso-tuberculata, lineari-filiformia, versus apicem-pinnata, pollicarla. *Pinnae* lineari filiformes, integrae, unguiculares. *Capitula* cernua.

34. A. (*pinnata*.) foliis filiformibus, pinnatis, glabris; caule frutescente, paniculato.

Caulis teres, pubescens, erectus, ramosus, imprimis superne paniculatus, pedalis et ultra. *Rami* alterni, filiformes, divaricato patentes, flexuoso erecti, subaphylli, fastigiati. *Folia* sessilia, tota pinnata, pollicaria. *Pinnae* lineari filiformes integrae, unguiculares. *Capitula* terminalia in panicula patenti, piso paulo majora.

35. A. (*nudicaulis*.) foliis bipinnatis, glabris, punctatis; scapo unifloro.

Radix fibrosa, annua. *Folia* radicalia, plura, petiolata, punctis atris adspersa et impresso-punctata erecta, digitalia. *Pinnae* et *pinnulae* lineares, acutae, integrae. *Scapus* filiformis, tenuissime striatus, simplex, erectus, sub flore flexuosus, spithamaeus. *Capitulum* magnitudine pisi.

36. A. (*anthemoides*.) foliis bipinnatis, glabris; caule herbaceo. Arctotis *anthemoides*. *Linn.* Syst. Veg. per *Gmelin* p. 1274. Spec. Plant. p. 1307. *Berg.* Pl. Cap. p. 324.

Radix fibrosa, annua. *Caulis* filiformis, purpureus, brevissimus. *Rami* subradicales, cauli similes, elongati, superne continuati in pedunculos capillares, aphyllos, flexuosos; erecti, spithamaei. *Folia* alterna, petiolata, erecta, pollicaria. *Pinnae* et *pinnulae* lineares, mucronatae.

37. A. (*paleacea.*) foliis bipinnatis, glabris; caule fruticoso, erecto; capitulis erectis. Arctotis *paleacea*. *Linn.* Syst. Veg. per *Gmelin* p. 1274. Spec. Plant. p. 1307.

Caulis frutescens, teres, pubescens, ramosus, pedalis et ultra. *Rami* aggregato-subverticillati et alterni, similes, erecti, apice continuati in pedunculos filiformes subaphyllos. *Folia* alterna, petiolata, margine revoluto, subtus bisulcata, pollicaria. *Pinnae* et *pinnulae* lineares, acutae, integrae. *Capitula* magnitudine pisi.

38. A. (*dentata.*) foliis subbipinnatis, tomentosis; caule fruticoso, erecto. Arctotis *dentata*. *Linn.* Syst. Veg. per *Gmelin* p. 1274. Spec. Plant. p. 1307.

Caulis teres, inferne glaber, flexuoso-erectus, ramosus, pedalis. *Rami* alterni, divaricati, incurvo-erecti, teretes, tomentosi, ramulosi, apice elongati in pedunculos capillares, aphyllos, palmares, cernuos. *Folia* alterna, pinnata et bipinnata, unguicularia. *Pinnae* et *pinnulae* subulatae, rigidae, brevissimae. *Capitula* cernua.

39. A. (*paradoxa.*) foliis bipinnatis, mucronatis, scabris; caule fruticoso, decumbente. Arctotis *paradoxa*. *Linn.* Syst. Veg. per *Gmelin* p. 1274. Spec. Plant. p. 1307.

Crescit in proclivis montis Picketberg. Floret Octobri.

Caulis frutescens, basi decumbens, dein erectus, flexuosus, scaber, simplex et ramosus, apice in pedunculum filiformem, aphyllum continuatus, spithamaeus. *Rami* alterni, flexuosi, similes. *Folia* alterna, petiolata, linearia; glabra, pollicaria. *Pinnae* et *pinnulae* lineares, mucronatae, rigidae, reflexae.

40. A. (*cernua.*) foliis bipinnatis, glabris; caule fruticoso, erecto; capitulis cernuis.

Radix fibrosa. *Caulis* basi suffrutescens, ramosus, pedalis. *Rami* alterni, striati, glabri, erecti, spithamaei, continuati in pedunculos filiformes, striatos, glabros, nutantes apice, spithamaeos. *Folia* alterna, sessilia, a basi usque pinnata et bipinnata, pollicaria. *Pinnae* et *pinnulae* lineares, acutae. *Paleae* calyce duplo longiores.

41. A. (*pilifera.*) foliis bipinnatis, punctatis, piliferis, glabris; caule herbaceo. Arctotis *pilifera*. *Berg.* Plant. Cap. p. 325.

Crescit juxta Picketberg. Floret Octobri.

Caulis basi decumbens, dein erectus, basi ramosus. *Rami* pauci, teretes, striati, simplices, inferne foliosi, superne continuati in pedunculos aphyllos, spithamaeos, nutantes. *Folia* inferne approximata, alterna, sessilia, basi pinnata, apice bipinnata, glabra, atro-punctata, erecta, sesquipollicaria. *Pin-*

nae et *pinnulae* lineari filiformes, integrae, piliferae, lineam longae. *Capitula* cernua.

42. A. (*sericea*.) foliis bipinnatis, hirsutis.

Crescit juxta Drakensteen. Floret Decembri, Januario.

Caulis fruticescens, erectus, totus tomentosus, palmaris, continuatus in pedunculum filiformem flexuoso-erectum, uniflorum, tomentosum, spithamaeum. *Folia* alterna, petiolata, tota hirsutie densâ sericeâ tomentosa, versus apicem bipinnata, vix pollicaria. *Pinnae* et *pinnulae* lineari-filiformes, breves. *Capitulum* magnitudine pisi.

CCCCXIX. OSTEOSPERMUM.

Recept. nudum. Papp. o. *Cal. polyphyllus. Drupae subglobosae, coloratae, tandem osseae, congregatae,* 1-*loculares.*

1. O. (*spinescens.*) foliis obovato-lanceolatis, glabris; ramis spinescentibus.

Crescit in Roggeveld. Floret Decembri.

Caulis fruticosus, totus glaber, ramosissimus, spithamaeus vel ultra. *Rami* et *ramuli* alterni, secundi, geniculato-inflexi, apice spinescentes, rigidi. *Folia* alterna, sessilia, inferne attenuata, obovata, obtusiuscula, integra, sub apice denticulata vel trifida, erecto-patentia, nnguicularia. *Florum* capitula terminalia, solitaria, magnitudine pisi. *Variat* foliis omnino integris, bidentatis et rigidis in uno eodemque ramo.

2. O. (*spinosum.*) foliis dentato-pinnatifidis, scabris; ramulis spinescentibus. Osteospermum *spinosum. Linn.* Syst. Veg. per *Gmelin* p. 1273. Spec. Plant. p. 1308.

Caulis fruticosus, teres, totus pubescens, ramosus, erectus, pedalis. *Rami* alterni, similes, apice ramulosi. *Folia* alterna, sessilia, lanceolata, patentia, unguicularia vel paulo ultra. *Capitula* florum terminalia in pedunculis unguicularibus e ramis continuatis, solitaria, erecta.

3. O. (*triquetrum.*) foliis lineari-filiformibus, glabris. Osteospermum *triquetrum. Linn.* Syst. Veg. per *Gmelin* p. 1274. Suppl. p. 385.

Caulis herbaceus, totus glaber, simplex vel ramosus, erectus, spithamaeus. *Rami* alterni, angulati, similes, erecti. *Folia* sparsa, sessilia, approximata, filiformia, acuta, supra convexa, subtus revoluto-sulcata, rarius plana, erecto-patentia, pollicaria usque digitalia. *Capitula* terminalia, solitaria in pedunculis a caule continuatis unguicularibus, solitaria, glabra.

4. O. (*teretifolium.*) foliis trigonis, glabris, subtus sulcatis.

Caulis fruticosus, teres, erectus, glaber, striatus, cinereus superne ramosus, pedalis. *Rami* alterni, filiformes, flexuosi subfastigiati. *Folia* rparsa, in ramis approximata, sessilia, integra, subtus sulco longitudinali; imbricato patentia, unguicularia. *Capitula* terminalia, solitaria.

5. O. (*scabrum.*) foliis filiformibus, hispidis.

Floret Decembri.

Caulis fruticosus, teres, totus glaber, erectus, ramosus, pedalis. *Rami* alterni, similes, fastigiati. *Folia* sparsa, sessilia, mucronata, glabra, denticulis erectis, hispida, patentia, unguicularia. *Capitula* terminalia in ramulis, solitaria. *Calycis* squamae lanceolatae, scariosae, carinatae, scabrae. *Radius* rubens.

6. O. (*junceum.*) foliis trigonis, scabris, subtus carinatis. Osteospermum *junceum.* *Linn.* Syst. Veg. per *Gmelin* p. 1274. Mant. p. 296.

Caulis fruticosus, teres striatus, totus, pubescenti-scaber, ramosissimus, erectus, pedalis et ultra. *Rami* et *Ramuli* filiformes, divaricati, incurvato-erecti, virgati, cauli similes. *Folia* alterna, remota, integra, tota scabrida, supra canaliculata, subtus carina decurrente, patenti-recurva, vix unguicularia. *Capitula* in ultimis ramulis terminalia, solitaria, piso minora.

7. O. (*incanum.*) foliis lanceolatis, tomentosis.

Crescit in Carro pone Bockeveld. Floret Novembri.

Caulis fruticosus, teres, cinereo-subtomentosus, erectus, ramosus, pedalis et ultra. *Rami* decussati, divaricati, erecti, filiformes, striati, tomentosi, simplices, apice nutantes. *Folia* opposita, remota, amplexicaulia, acuta, integra, supra concava, subtus convexiuscula, erecta, pollicaria. *Capitula* terminalia, solitaria, cernua.

8. O. (*bidens.*) foliis lineari-oblongis, lanatis, integris dentatisque.

Crescit in Bockland. Floret Novembri.

Caulis herbaceus, striatus, erectus, ramosus, inferne lanatus, pedalis et ultra. *Rami* alterni, filiformes, striati, glabri, superne paniculati, elongati. *Folia* infima sessilia, inferne attenuata, lineari-lanceolata, acuta, rarius unidentata, utrinque bidentata dentibus remotis, lanata, erecta, digitalia; superiora sessilia, linearia, parum lanata, sensim in panicula breviora. *Capitula* terminalia, solitaria, piso minora.

9. O. (*polygaloides.*) foliis lanceolatis, integris, glabris O teospermum *polygaloides.* *Linn.* Syst. Veg. per *Gmelin* p. 1274. Mant. p. 480.

Caulis fruticosus, teres, lanatus, foliis tectus, erectus, superne ramosus, pedalis et ultra. *Rami* alterni, et terni, filiformes, glabri, continuati in pedunculos filiformes, striatos, villoso-scabros, subfastigiatos. *Folia* sparsa, sessilia, integerrima, marginata, utrinque glabra, carinata, decurrentia, imbricato-erecta, unguicularia. *Capitula* terminalia, solitaria.

10. O. (*imbricatum*.) foliis ovatis, mucronatis, serrulatis, glabris. Osteospermum *imbricatum. Linn.* Syst. Veg. per *Gmelin* p. 1275. Mant. p. 290.

Crescit in collibus et campis sabulosis prope et extra urbem. Floret a Majo usque in Augustum.

Caulis fruticosus, teres, erectus, ramosus, pedalis et ultra. Rami terni, similes, simplices vel iterum trichotomi. *Folia* sparsa, approximata, sessilia, ovato-oblonga, acuta mucrone subrecurvo, margine tenuissime serrulato-scabra, supra concava, subtus convexa, imbricata apice patulo, vix unguicularia. *Capitula* terminalia in pedunculis, solitaria. *Pedunculi* e ramis vel ramulis continuati, striati, pilosi, digitales.

11. O. (*corymbosum*.) foliis ovatis, sessilibus, margine scabris, glabris. Osteospermum *corymbosum. Linn.* Syst. Veg. per *Gmelin* p. 1274. Mant. p. 290.

Caulis fruticosus, teres, totus glaber, apice tantum ramoso-paniculatus, erectus bipedalis et ultra. Rami villoso-hispidi. *Folia* alterna, semiamplexicaulia, acuta, margine tenuissime scabrida, imbricata, infima pollicaria, superiora unguicularia, ramorum minora. *Capitula* paniculata, magnitudine pisi.

12. O. (*hirsutum*.) foliis ovatis, hirsutis.

Caulis fruticosus, teres, tuberculatus, pubescens, erectus ramosus, pedalis et ultra. Rami alterni, divaricati, hirsuti, apice pedunculiferi pedunculis hirsutis, brevibus. *Folia* alterna, sessilia, inferne attenuata, acuta, integra, tenuissime papilloso, scabrida, imbricato-patentia, mucronata, margine subrevoluta, rarius minus villosa, pollicaria vel paulo ultra. *Capitula* terminalia, hirsuta.

13. O. (*ciliatum*.) foliis ovato-lanceolatis, serratis, ciliato-scabris. Osteospermum *ciliatum. Linn.* Syst. Veg. per *Gmelin* p. 1275. *Berg.* Plant. Capens. p. 332.

Caulis frutescens, debilis, subscandenti-erectus, glaber, ramosus. Rami et ramuli alterni et subverticillati, angulati, glabri, laxi, apice umbelliferi. *Folia* alterna, sessilia, ovata, utrinque attenuata, acuta, marginata, margine ciliato-serrata, glabra, erecto-patentia subpollicaria superioribus minoribus et magis lanceolatis. *Capitula* terminalia, piso minora.

14. O. (*piliferum*.) foliis ovatis, inciso-serratis, glabris. Osteospermum *piliferum. Linn.* Syst. Veg. per *Gmelin* p. 1274. Spec. Plant. p. 1308.

Caulis fruticosus, angulatus, pubescens, apice paniculatus, erectus, pedalis et ultra. *Folia* alterna, breviter petiolata, inciso dentata, nervosa, marginata, crassa, erecto-patula, pollicaria, summa lanata. *Capitula* terminalia, in pedunculis solitaria.

15. O. (*moniliferum*) foliis obovatis, serratis, glabris·

Osteospermum *moniliferum.* *Linn.* Syst. Veg. per *Gmelin* p. 1275. Spec. Plant. p 1308.

Crescit infra montem tabularem latere utroque, in Paardeney-land, et alibi Floret Junio, Julio.

Caulis fruticosus, teres, striatus, tenuissime pubescens, erectus, superne paniculato-ramosus, pedalis. *Rami* alterni, similes, superne albo-lanati, fastigiati. *Folia* alterna, petiolata, obtusa cum mucrone, marginata margine revoluto. rugosa, patentia, pollicaria superioribus minoribus et saepe lanatis. *Petioli* basi nodosi, costà decurrentes, lineares, subtus bisulci, unguiculares. *Capitula* terminalia. *Nimis* affine O. *pisifero.*

16. O. (*ilicifolium.*) foliis cordatis, oblongis, serratis, scabris. Osteospermum *ilicifolium.* *Linh.* Syst. Veg. per *Gmelin* p. 1274. Spec. Plant. p. 1308.

Crescit in summis lateribus Duyvelsberg, alte in fossa frontis Taffelberg alibique. Floret Martio et sequentibus mensibus.

Caulis herbaceus, teres, striatus, pubescens, erectus, ramosus, pedalis. *Rami* alterni, similes. *Folia* alterna, sessilia, acuminata, mucronata, margine undulato revoluto, sublanata, erecto-patentia, pollicaria. *Capitula* terminalia, breviter pedunculata, solitaria.

17. O. (*herbaceum.*) foliis hastato-ovatis, dentatis, subtus tomentosis. Osteospermum *herbaceum.* *Linn.* Syst. Veg. per *Gmelin* p. 1273. Suppl p. 385.

Caulis herbaceus, debilis, teres, striatus, pubescens, flexuoso erectus, parum ramosus, erectus, sesquipedalis. *Rami* axillares, oppositi, similes, superne filiformes. *Folia* inferiora opposita et majora, superiora alterna et minora, subsessilia, cordata, subhastata, ovata, acuminata, in medio dentibus utrinque circiter tribus, supra tenuissime pubescentia subtus abraso-lanata, tenuissima, erecto-patentia, pollicaria et ultra. *Capitula* terminalia, magnitudine pisi.

8. O. (*niveum.*) foliis petiolatis, ovatis, dentatis, lanato tomentosis. Osteospermum *niveum.* *Linn.* Syst. Veg. per *Gmelin* p. 1275. Suppl. p. 386.

Crescit in littore maris prope Zeekorivier et bay la Goa sea Houtniquas bay. Floret Novembri.

Caulis herbaceus, lanato-albus totus, erectus, spithamaeus. *Folia* alterna, obsolete denticulata, obtusa, lanâ densâ alba imprimis juniora involuta, erecto patula, pollicaria. *Petioli* lineares, lanati, basi amplexante dilatati, digitales. *Capitula* terminalia in pedunculis, solitaria. *Pedunculi* in apice caulis axillares, filiformes, albo-lanati, flexuoso-erecti, uniflori, digitales. *Calyx* communis imbricatus, totus lanatus. *Semina* radii ossea, ovata, semiteretia, elevato-striata, glabra, lanâ cincta, magnitudine tritici, nucleum continentia.

19. O. (*perfoliatum.*) foliis petiolatis, ovatis, angulato-

dentatis subtus tomentosis. Osteospermum *perfoliatum. Linn.*
Syst. Veg. per *Gmelin* p. 12;5. Suppl p 386

Caulis herbaceus, debilis, striatus striis albo tomentosis, villosus, vix ramosus, spithamaeus. *Folia* alterna, supra viridis, pubescentia; subtus albo-lanata; patentia, pollicaria. *Petioli* lineares, pollicares, pubescentes, basi dilatati, cordato amplexicaules. *Capitula* terminalia, solitaria, pedunculata *Pedunculi* in supremo caule axillares, flexuosi, cdpillares, cernui, striati, digitales vel ultra.

20. O *(arctotoides.)* foliis petiolatis, lyratis, lanatis.
Osteospermum·*arctotoides. Linn.* Syst. Veg. per *Gmelin* p. 1275. Suppl. p. 385.

Caulis herbaceus, teres, striatus, erectus, ramosus, totus albo-tomentosus, spithamaeus. *Rami* alterni, similes, flexuosi. *Folia* alterna, tota utrinque tomentosa vel albo-lanata, erectopatentia. *Lobi* infimi minimi, medii paulo majores, alterni; ultimus maximus, ovatus, inciso, dentatus. *Capitula* terminalia in pedunculis, solitaria. *Pedunculi* filiformes, tomentosi, digitales. *Semina* ossea, ovata, glabra, inde plana, sulcata; hinc convexa, punctata, fusco-purpurea. *Variat* caule et foliis magis tomentosis vel glabriusculis.

21. O. *(pinnatifidum.)* foliis pinnatifidis dentatis. Osteospermum *pinnatifidum* et *caeruleum. Linn.* Syst. Veg per *Gmelin* p. 1275.

Caulis herbaceus, teres, pubescens, ramosus, erectus, pedalis et ultra. *Rami* alterni, elongati, apice paniculati. *Folia* alterna, subpetiolata, tenuissime villosa, pollicaria. *Pinnae* ovatae, dentatae. *Capitula* in ultimis ramulis terminalia, solitaria. *Cultum* folia adipiscitur majora et magis incisa, teneriora et magis glabra.

22. O. (*bipinnatum.*) foliis bipinnatis.
Crescit in Hantum. Floret Novembri.
Caulis fruticosus, totus glaber, erectus, ramosus, pedalis. *Rami* alterni, flexuosi, similes, apice ramulosi. *Folia* o gemmis alternis fasciculata et sparsa, solitaria, petiolata petioli basi nodoso, bipinnatifida, tenuissime pubescentia vel glabra, pollicaria. *Pinnae* suboppositae, lineari-lanceolatae, denticulatae dentibus pinnuliformibus alternis. *Capitula* terminalia, magnitudine pisi. *Semina* tetragona, glabra.

CCCCXX. OTHONNA.

Recept. nudum. Pappus subnullus. Cal. 1-*phylius, multifidus, subcylindricus.*

1. O. (*ericoides.*) foliis trigonis, imbricatis, glabris.
Othonna *ericoides. Linn.* Syst. Veg. per *Gmelia* p. 1275· Suppl. p. 388.
Crescit in Cannaland montibus. Floret Novembri.

Caulis fruticosus, totus glaber, erectus, ramosus, pedalis.
Rami dichotomi, foliis tecti, erecti, apice continuati in pedunculos filiformes, aphyllos, glabros, erectos, simplices, spithamaeos. *Folia* approximata, sessilia, trigono-subulata, integra, supra concava, subtus bisulca, incurva, vix lineam longa,
Capitula terminalia, solitaria, piso minora. *Soror* OTHONNAE
munitae, cui primo intuitu valde similis est, sed illi folia pinnata, huic simplicia.

2. O. (*tenuissima.*) foliis filiformibus, glabris; caule fruticoso. OTHONNA *tenuissima*. *Linn.* Syst. Veg. per *Gmelin* p. 1275. Mant. p. 118.

Floret-Octobri.
Caulis teres, tuberculatus, cinereo-fuscus, ramosus, erectus,
tripedalis vel ultra. *Rami* alterni, similes, divaricati, subtomentosi, foliosi, subfastigiati. *Folia* sparsa, sessilia, integra,
imbricata, erecto-patentia, pollicaria usque digitalia. *Capitula*
terminalia, pedunculata. *Pedunculi* in summitate ramorum axillari-laterales, filiformes, glabri, erecti, fastigiati, digitales.
Pappus subplumosus. *Variat* radio albo et luteo.

3. O. (*linifolia.*) foliis linearibus, glabris, marginatis;
caule herbaceo. OTHONNA *linifolia*. *Linn.* Syst. Veg. per
Gmelin p. 1275. Suppl. p. 388. OTHONNA *bulbosa.* V. *Linn.*
Spec. Plant. p. 1309.

Radix tuberosa. *Caulis* teres, striatus, glaber, superne bifidus, erectus, apice nutans, pedalis. *Folia* radicalia circiter
tria, integra margine valde incrassato, utrinque sulcata, caulem
fere aequantia. Caulina alterna, sessilia, sensim breviora. *Capitula* duo, terminalia, cornua.

4. O. (*lingua.*) foliis amplexicaulibus, oblongis, integris; caule herbaceo. OTHONNA *lingua*. *Linn.* Syst. Veg.
per *Gmelin* p. 1276. Suppl. p. 387. OTHONNA *bulbosa.*
d. *Linn.* Spec. Pl. p. 1309.

Radix tuberosa. *Caulis* totus glaber, striatus, flexuosus, basi
decumbens, dein erectiusculus, ramosus, spithamaeus. *Rami*
alterni, similes, divaricati, superne aphylli. *Folia* alterna, subcordata, acuta, nervosa, glabra, patentia, sesquipollicaria superioribus minoribus. *Capitula* terminalia, solitaria, cernua.

5. O. (*amplexicaulis.*) foliis amplexicaulibus, oblongis,
integris; caule frutescente.

Caulis teres, glaber, totus, purpurascens, simplex, summo
apice in pedunculos paniculatus, spithamaeus et ultra. *Folia*
alterna, infima inferne attenuata, obovato-mucronata, glabra,
erecto-patentia, bipollicaria, superiora minora. *Panicula* coarctata, terminalis. *Differt* ab O. *denticulata*: caule tereti nec
striato; foliis integris nec dentatis.

6. O. (*lateriflora.*) foliis ovato-lanceolatis, glabris, in-

tegris; capitulis lateralibus.   Othonna *lateriflora*.   *Linn.*
Syst. Veg. per *Gmelin* p. 1276. Suppl. p. 387.

Crescit in Carro prope Goudsrivier. Floret Decembri.
Caulis fruticosus, teres, totus glaber, rufescens, simplex, erec
tus, pedalis et ultra, foliis tectus. *Folia* sparsa, approximata,
sessilia, oblonga, acuta, imbricata, unguicularia. *Capitula* pedunculata. *Pedunculi* filiformes, folio paulo longiores.

7. O. (*imbricata.*) foliis obovatis, integris, glabris; ca-
pitulis-lateralibus.

Caulis fruticosus, teres, fuscus, a casu foliorum tuberculatus,
erectus, ramosus, pedalis. *Rami* alterni, similes, iterum ramulosi, fastigiati. *Folia* alterna, sessilia, obovato-cuneiformia,
obtusissima, carnosa, imbricata, semiunguicularia. *Capitala* pedunculata. *Pedunculi* capillares, folio triplo longiores.

8. O. (*cacalioides.*) foliis obovatis, integris, glabris;
caule carnoso.   Othonna *cacalioides*.   *Linn.* Syst. Veg. per
Gmelin p. 1276. Suppl. p. 388.

*Crescit in Bockland's summo monte in rupibus denudatis planis.
Floret Octobri, Novembri.*
Caulis glaber, ramosus, digitum crassus. *Folia* e gemmis
caulis sparsis lanatis fasciculata, sessilia, inferne attenuata, obtusissima, margine revoluta, unguicularia. *Capitula* solitaria,
pedunculata. *Pedunculi* e gemmis inter folia capillares, erecti,
uniflori, pollicares.

9. O. (*sulcata.*) foliis ovatis, glabris, subtus sulcatis, ciliato serrulatis.

Caulis fruticosus, teres, fuscus, a casu foliorum rugosus,
flexuosus, erectus, ramosus, glaber, pedalis et ultra. *Rami*
alterni et umbellato-terni, similes, flexuosi, subfastigiati. *Folia* approximata in ramis, sessilia, obtusiuscula, crassa, supra
concava, subtus convexa sulco longitudinali, margine tenuissime serrulata, imbricata, unguicularia. *Capitula* in summis
ramis pedunculata. *Pedunculi* filiformes, glabri, unguiculares.

10. O. (*coronopifolia.*) foliis lanceolatis, integris et sinuato-dentatis; caule fruticoso. Othonna *coronopifolia*.   *Linn.*
Syst. Veg. per *Gmelin* p. 1276. Spec. Plant. p. 1320.

Caulis glaber, flexuoso-erectus, ramosus, spithamaeus, usque pedalis et ultra. *Rami* alterni, divaricati, apice continuati in pedunculos erectos, iterum quandoque ramulosi. *Folia* alterna, elliptico-lanceolata, acuta, mucronata, integra,
dentata et sinuato-dentata, glabra, erecto-patentia, pollicaria
et ultra. *Pedunculi* ex apice ramorum et ramulorum, filiformes, palmares. *Variat* valde hic frutex, ramis et foliis imprimis. *Semina* hirsuta. *Pappus* capillaris.

11. O. (*denticulata.*) foliis oblongis, glabris, dentatis;
paniculâ terminali.   Othonna *denticulata*.   *Linn.* Syst. Veg.
per *Gmelin* p. 1276.

Caulis fruticosus, teres, striatus, totus glaber, simplex, apice paniculatus in pedunculos, erectus, pedalis et ultra. *Folia* alterna, amplexicaulia, obovató - óblonga, erecto-patentia, . pollicaria superioribus sensim minoribus. *Pedunculi* paniculati.

12. O. (*tuberosa.*) foliis obovatis, glabris dentatis, scapo unifloro. Othonna *bulbosa. Linn.* Spec. Plant. p. 1309.

Radix tuberosa. *Folia* radicalia, circiter quinque, subpetiolata, ovata, remote dentata, mucronata, patula, pollicària. *Scapus* simplex, unus vel plures, teres, glaber, striatus, flexuosus, erectus, spithamaeus.

13. O. (*parviflora.*) foliis ovato - lanceolatis, glabris, dentatis; caule herbaceo, paniculato. Othonna *parviflora. Linn.* Syst. Veg. per *Gmelin* p. 1276. Mant. p. 289. *Berg.* Plant. Capens. p. 335.

Crescit in collibus et campis sabulosis extra Cap. Floret Junio, Julio.
Radix fusiformis. *Caulis* vix fruticescens, teres, totus glaber, apice paniculatus, erectus, pedalis et ultra. *Folia* versus basin caulis alterna, sessilia, elliptico-lanceolata, acuta, integra et dentata. erecto-patentia, pollicaria. *Paniculae* pedunculi et pedicelli capillares, elongati, sensim breviores, patentes, subfastigiati.

14. O. (*quinquedentata.*) foliis obovato-oblongis, glabris, quinquedentatis; caule frutescente.

Crescit in summo Taffelberg. Floret Martio.
Caulis teres, striatus, totus glaber, erectus, simplex, superne paniculatus in pedunculos, bipedalis. *Folia* in inferiori caule alterna, amplexicaulia, inferne attenuata, superne sensim dilatata, integra, versus apicem dentibus 5 remotis mucronatis, utrinque, imbricato-erecta, palmaria, superioribus minoribus. *Panicula* e pedunculis longis, sensim brevioribus.

15. O. (*digitata.*) foliis oblongis, dentato-digitatis; pedunculo unifloro. Othonna *digitata. Linn.* Syst. Veg. per *Gmelin* p. 1276. Suppl. p. 386. Othonna *bulbosa. Linn.* Spec. Plant. p. 1309.

Radix carnoso-tuberosa. *Caulis* herbaceus, brevissimus, continuatus in pedunculum teretem, striatum, glabrum, erectum, spithamaeum, uniflorum. *Folia* sessilia, alterna, approximata, inferne attenuata, cuneato obovata, integra, apice incisa, tri- et quinquedentata, glabra, erecta, palmaria. *Radius* nullus; an itaque vere Othonna?·

16. O. (*virginea.*) foliis cuneatis, glabris, inciso-quinquedentatis. Othonna *virginea. Linn.* Syst. Veg. per *Gmelin* p. 1276. Suppl. p. 389.

Caulis fruticosus, teres, erectus, totus glaber, ramosus virgatus, pedalis et ultra. *Rami et ramuli* alterni, foliis tecti. *Folia* sparsa, approximata, imbricata vix unguicularia. *Capi-*

tula pedunculata. *Pedunculi* in summitatibus ramorum et ramulorum alterna, lateralia, capillaria, subpollicaria.

17. O. (*heterophylla.*) foliis radicalibus, ovatis, angu-
lato-dentatis: caulinis lanceolatis, integris. Othonna.*heterophylla. Linn.* Syst. Veg. per *Gmelin* p. 1276. Suppl.
p. 387.

Crescit in collibus et campis arenosis extra urbem. Floret Julio.
Radix carnoso - tuberosa. *Caulis* herbaceus, brevissimus,
continuatus in pedunculos teretes, glabros, flexuosos, erectos,
palmares usque spithamaeos, unifloros. *Folia* radicalia, petiolata, cordata, patentia pollicaria. Caulina alterna, sessilia,
sublanceolata, inferiora dentata, superiora integra, unguicularia.

18. O. (*capillaris.*) foliis obovatis, lyrato-dentatis, glabris; caule herbaceo. Othonna *capillaris. Linn.* Syst. Veg.
per *Gmelin* p. 1276 Suppl. p. 388
*Crescit in campis sabulosis inter Cap et Drakensteen. Floret
Majo, Junio.*
Radix fibrosa, annua. *Caules* radicales plures, divaricati,
simplices et divisi, debiles, filiformes, glabri, spithamaei. *Rami* alterni, similes, saepe iterum divisi. *Folia* radicalia plura,
attenuata in petiolos, obtusa, inciso-lyrata, diffusa, vix pollicaria; caulina sessilia, lanceolata, dentata, minora. *Capitula*
paniculata, parvula.

19. O. (*ciliata.*) foliis pinnato-incisis, ciliatis. Othonna
ciliata. Linn. Syst. Veg. per *Gmelin* p. 1276. Suppl.
p. 388.
*Crescit in collibus infra latus orientale Taffelberg. Floret Ju-
nio, Julio.*
Caulis herbaceus, teres, striatus, glaber, flexuoso-erectus,
simplex, continuatus in pedunculum aphyllum, uniflorum. *Folia* omnia glabra, pollicaria: infima obovato-lanceolata, in petiolos attenuata, integra, ciliato dentata. Reliqua pinnatifido-
incisa, dentato-ciliata, amplexicaulia. Caulina pauca, alterna.
Pedunculi longi, uniflori.

20. O. (*pinnatifida.*) foliis pinnatifidis, pubescentibus;
caulo herbaceo.
Radix fibrosa annua. *Caulis* solitarius vel plures, simplices,
filiformes, erecti, glabri, striati, spithamaei, uniflori. *Folia*
in infimo caule alterna, sessilia, tenuissime pubescentia, erecta, digitalia. *Pinnae* lanceolatae, acutae, integrae, margine
revolutae et dentatae. Caulina superiora minutissima, linearia,
integra.

21. O. (*trifida.*) foliis lineari-filiformibus, integris, et
trifidis; capitulis lateralibus. Othonna *trifida. Linn.* Syst.
Veg per *Gmelin* p. 1276. Suppl. p. 387.
Crescit in sabulosis regionibus Picketberg. Floret Octobri.
Caulis fruticosus, teres, fuscus, ramulosus, pedalis et ultra.

46*

Rami alterni, uti et *ramuli*, flexuosi, rigidi, divaricati, erecti, subfastigiati. *Folia* sparsa, sessilia, frequentia in ramis et ramulis, linearia, carnosa, glabra, imbricata, unguicularia. *Capitula* pedunculata. *Pedunculi* in summitate ramulorum laterales, filiformes, pollicares. *Varietas* occurrit ex Hantum foliis omnibus indivisis.

22. O. (*multifida.*) foliis trifidis multifidisque, glabris; capitulis lateralibus.

Crescit in arenosis Swartlandiae. Floret Septembri.

Caulis fruticosus, rigidus, incomtus, ramosissimus, fuscus, glaber, spithamaeus. *Rami* alterni, frequentes, breves, divaricati. *Folia* sparsa, linearia, glabra, rarius bifida, saepe trifida, saepius bipinnatifido multifida, unguicularia. *Capitula* pedunculata. *Pedunculi* alterni, laterales, filiformes, glabri, uniflori, unguiculares.

23. O. (*munita.*) foliis pinnatifidis, imbricatis, glabris. Othonna *munita.* Linn. Syst. Veg. per *Gmelin* p. 1277. Suppl. p. 388.

Caulis frutescens, teres, glaber, ramosus, erectus, pedalis. *Rami* alterni et terni, foliis tecti, flexuosi, curvato erecti, apice continuati in pedunculos capillares, spithamaeos, unifloros. *Folia* sparsa, approximata, sessilia, pinnata, unguicularia. *Pinnae* trigonae, subulatae, incurvae, subtus bisulcae. *Capitula* solitaria.

24. O. (*pinnata.*) foliis pinnatifidis, glabris; scapo subaphyllo. Othonna *pinnata.* Linn. Syst. Veg. per *Gmelin* p. 1277. Suppl. p. 388. Othonna *bulbosa.* β. Linn. Spec. Plant. p. 1309.

Radix carnosa. *Scapus* radicalis, simplex vel inferne bifidus, filiformis, glaber, flexuosus, erectus, folio unico vel duobus ornatus, pedalis, uniflorus. *Folia* radicalia, pauca, petiolata, erecta, spithamaea. *Pinnae* alternantes, decurrentes, lanceolatae, mucronatae, integerrimae venosae, unguiculares, supe riores sensim paulo majores. *Scapi* foliola sessilia, lanceolata, integra; inferius unguiculare; superius minutum.

25. O. (*athanasiae.*) foliis pinnatis, glabris; pedunculis solitariis, terminalibus. Othonna *athanasiae.* Linn. Syst. Veg. per *Gmelin* p. 1277. Suppl. p. 386.

Crescit in regionibus Picketberg. Floret Octobri.

Caulis fruticosus, teres, rugoso-striatus, totus glaber, ramosus, erectus; pedalis et ultra. *Rami* alterni, flexuosi, continuati in pedunculos aphyllos, unifloros, sólitarios, filiformes, glabros, spithamaeos. *Folia* alterna, basi lineari·filiformia, dein pinnata, erecto-patentia, digitalia. *Pinnae* alternae, lineares acutae, integrae, pollicares. *Capitula* grandia, calyce duodecimfido.

26. O. (*trifurcata.*) foliis linearibus, glabris, trifidis: pe-

dunculis lateralibus, aggregatis. Othonna *trifurcata. Linn.*
Syst. Veg. per *Gmelin* p. 1276. Suppl. p. 387.

Crescit in regionibus Picketberg. Floret Octobri.
Caulis fruticosus, teres, striatus, glaber, erectus, ramosus,
pedalis et ultra. *Rami* alterni, similes, breves. *Folia* approximata, apice trifido-pinnata, patentia, pollicaria vel ultra;
raro bifida et quadrifida. *Peduncali* in apice ramorum capillares, uniflori, digitales.

27. O. (*abrotanifolia.*) foliis pinnatis, glabris; caule fruticoso. Othonna *abrotanifolia.* 'Linn. Syst. Veg. per *Gmelin* p. 1277. Spec. Plant. p. 1310.

*Crescit in proclivis et collibus infra montes prope Cap. Floret Ju-
nio, Julio.*
Caulis teres, glaber, ramosus, erectus, pedalis et ultra. *Rami* alterni et aggregato-terni, similes, superne foliis tecti, apice
continuati in pedunculos unifloros, glabros, filiformes, erectos,
pollicares usque spithamaeos. *Folia* approximata, sessilia, imbricato-erecta, pollicaria. *Pinnae* oppositae et alternae, lineares, acutae.

28. O. (*tageles.*) foliis pinnatis, glabris; caule herbaceo.
Othonna *tageles. Linn.* Syst. Veg. per *Gmelin* p. 1277.

Radix fibrosa, annua. *Caulis* teres, totus glaber, flexuosus,
simplex et ramosus, spithamaeus. *Rami* alterni, flexuosi, apice
pedunculiferi. *Folia* alterna, patentia, pollicaria. *Pinnae* oppositae, lineari capillares, rarius pinnatifidae, unguiculares.
Capitula terminalia, solitaria.

29. O. (*pectinata.*) foliis pinnatifidis, tomentosis Othonna
pectinata. Linn. Syst. Veg. per *Gmelin* p. 1276. Spec.
Plant. p. 13c9.

*Crescit prope cacumina Taffelberg et Leuwekopp in fissuris
rupium.*
Caulis fruticosus, rigidus, nodulosus a casu foliorum, fuscus,
ramosus, erectus, spithamaeus et ultra. *Rami* alterni, flexuosi,
apice foliosi, divaricato-patentes. *Folia* in apicibus ramorum
approximata, subpetiolata, erecta, raro deraso glabriuscula,
pollicaria usque bipollicaria. *Pinnae* lineares, obtusae, vix unguiculares. *Capitula* pedunculata. *Pedunculi* ex apice ramorum filiformes, uniflori, palmares.

CCCXXI. HIPPIA.

*Recept. nudum. Pappus o. Semina marginibus la-
tissimis. Cal. hemisphaericus, subimbricatus. Corollulae radii 10, obsoletae, subtrifidae.*

1. H. (*frutescens.*) fruticosa, villosa, foliis pinnatifidis.
Hippia *frutescens. Linn.* Syst. Veg. per *Gmelin* p. 1277.
Mant. p. 291. Suppl. p. 1277. Tanacetum *frutescens. Linn.*
Spec. Plant. p. 1183.

*Crescit ad rivulorum margines infra Winterhoek in Rode Sand
Floret Septembri.*

Caulis fruticosus, teres, totus hirsutus, ramosus, erectus,
pedalis et ultra *Rami* alterni, divaricati, teretes, hirsuti, flexuosi,
ramulosi, subfastigiati *ramulis* similibus, sensim brevioribus.
Folia alterna, pinnata, hirsuta, erecta, pollicaria. *Pinnae* oppositae, lanceolatae, mucronatae, integrae, patentos, unguiculares. *Capitula* paniculata, piso minòra.

CCCCXXII. ERIOCEPHALUS.

Recept. subvillosum. *Pappus* o. *Cal.* 10-*phyllus,*
acqualis. *Radii flosculi* 5.

1. E. (*glaber.*) foliis filiformibus, indivisis, glabris.

Caulis fruticosus, glaber, erectus, ramosissimus, pedalis et ultra.
Rami alterni, divaricati. *Ramuli* sparsi, securdi, frequentes, breves. *Folia* opposita, obtusa, semilineam longa *Ex* axillis foliola
minora. In caule folia adeo approximata, ut fascioulata videantur.
Capitula racemosa.

2. E. (*africanus.*) foliis integris, trifidisque, sericeis.
ERIOCEPHALUS *africanus.* *Linn.* Syst. Veg. per *Gmelin* p.
1277. Spéc. Plant. p. 1310.

3. E. (*racemosus.*) foliis linearibus, sericeis. ERIOCE-
PHALUS racemosus. *Linn.* Syst. Veg. per *Gmelin* p. 1277.
Speo. Plant. p. 1311.

*Crescit in collibus infra Taffelberg, in Swartland copiose.
Floret Junio et sequentibus mensibus. Ex* lana hujus avis quaedam nidum suum artificiose construit.

POLYGAMIA SEGREGATA.

CCCCXXIII. OEDERA.

*Calyces multiflori. Corollulae tubulosae, hermaphro-
ditae: una alterave feminea ligulata. Recept. paleaceum. Pappus paleis pluribus.*

1. O. (*prolifera.*) foliis lanceolatis, serratis, reflexis.
OEDERA *prolifera.* *Linn.* Syst. Veg. per *Gmelin* p. 1279.
Suppl. p. 391. Mant. p. 291. BUPHTHALMUM *capense.* *Linn.*
Spec. Plant. p. 1274. *Berg.* Plant. Cap. p. 297.

Radix fibrosa. *Caulis* frutescens, simplex vel saepius ramosus,
basi decumbens, dein erectus, teres, fuscus, spithamaeus yel paulo
ultra. *Rami* subumbellati, foliis tecti, divaricato-patuli, subfastigiati. *Folia* sessilia, approximata, acuta, ciliato-serrata, glabra,
imbricata, saepius reflexa, rarius erecta, unguioularia. *Capitula*
terminalia, solitaria.

2. O. *(alienata.)* foliis linearibus, ciliatis, subtus tomentosis. Oedera *alienata. Linn.* Syst. Veg. per *Gmelin* p.
1279. Suppl. p. 390.

Radix fusiformis, crassiuscula, lignosa, alte descendens. *Caules*
e radice plures, divaricati basi, dein erecti, fusco-cinerei, ramulosi, palmares usque spithamáei. *Ramuli* purpurascentes, filiformes.
Folia alterna, sessilia, lineari-lanceolata, mucronata, ciliato-hispida
ciliis albis sparsis, margine revoluta; supra viridia, scabrida; subtus
tomentoso-alba, erecto-patentia, unguicularia. *Capitula* terminalia,
solitaria, magnitudine pisi. *Calycis* foliola lanceolata, acuminata,
mucronata, tenuissime serrata et ciliata.

3. O. *(hirta.)* foliis ovatis, integris, hirsutis.

Caulis fruticosus, teres, pubescens, ramosus, erectus, pedalis vel
ultra. *Rami* alterni et subumbellati, erecti, foliis tecti. *Folia* sessilia, acuta, trinervia, utrinque hirsuta et scabrida; imbricata, unguicularia vel ultra. *Capitula* terminalia, solitaria.

CCCCXXIV. SPHAERANTHUS.

*Calyces multiflori. Coroll. tuberosae hermaphroditae
et obsolete femineae. Recept. squamosum. Pappus o.*

S. *(africanus.)* foliis decurrentibus, ovatis, serratis;
pedunculis teretibus. Sphaeranthus *africanus. Linn.* Syst.
Veg. per *Gmelin* p. 1280. Mant. p. 119. Spec. Plant. p.
1314.

CCCCXXV. STOEBE.

*Calyculus 1-florus. Corollae tubulosae, hermaphro-
ditae. Recept. nudum. Pappus plumosus.*

1. S. *(incana.)* foliis mucronatis, filiformibus, lanatis.

Crescit in campis extra urbem.

Caulis fruticosus, cinereus, ramosissimus, erectus, pedalis. *Rami*
et *ramuli* sparsi et aggregato-subumbellati, divaricati, geniculati et
flexuosi, erecti, tomentosi, foliis tecti, virgati. *Folia* sparsa, approximata, tota albo-lanata, reflexa, vix lineam longa. *Capitula*
terminalia, tomentosa, solitaria, magnitudine pisi.

2. S. *(aethiopica.)* foliis mucronatis, subulatis, reflexis;
caule erecto. Stoebe *aethiopica. Linn.* Syst. Veg. per
Gmelin p. 1281. Spec. Pl. p. 1315.

Caulis fruticosus, rigidus, teres, fuscus, inferne glaber, ramosissimus, erectus; pedalis. *Rami* et *ramuli* verticillati, proliferi, villosi, incurvo-erecti, brevissimi. *Folia* approximata, sessilia, trigona, lanceolato-subulata, subtus glabra, convexa; supra concava,
tomentosa, alba; lineam longa. *Capitula* in ramulis terminalia, globosa, magnitudine fere nucis avellanae.

3. S. (*ericoides*.) foliis mucronatis, linearibus, obliquis, reflexis; caule erecto. Stoebe *ericoides*. *Linn.* Syst. Veg. per *Gmelin* p. 1281. Mantiss. p. 574.

Radix fibrosa. *Caulis* frutescens, fuscus, glaber, teres, ramosus, spithamaeus. *Rami* sparsi, aggregati, erecto patuli, virgati, iterum saepe verticillatim ramulosi. *Folia* approximata, sessilia, integra margine sursum revoluto, subtus glabra, supra albo-tomentosa, torta et obliqua, patentia et reflexa, vix lineam longa. *Capitula* in ramis et ramulis terminalia, magnitudine pisi. *An* Genus distinctum ob flores ligulatos.

4. S. (*prostrata*.) foliis mucronatis, lanceolatis, obliquis, reflexis; caule decumbente. Stoebe *prostrata*. *Linn.* Syst. Veg. per *Gmelin* p. 1282. Mant. p 291.

Caulis filiformis, glaber, flexuosus, palmaris, ramosus. *Rami* alterni, *ramulique* subumbellati, filiformes, pubescentes, flexuosi. *Folia* sparsa, sessilia, utrinque attenuata, lanceolato oblonga, supra albo-tomentosa, subtus glabra, patentia et reflexa, lineam longa. *Capitula* terminalia, magnitudine pisi.

5. S. (*phylicoides*.) foliis mucronatis, lanceolatis, erectis; caule erecto.

Caulis fruticosus, teres, ramosus, pedalis et ultra. *Rami* aggregato-subumbellati, filiformes, purpurascentes, superne tomentosi, subsimplices, erecti. *Folia* sparsa, sessilia, basi extus nodosa, integra; supra concava, tomentosa; subtus convexa, glabra; imbricata, erecto-patentia, unguicularia. *Capitula* terminalia, globosa, magnitudine nucis avellanae.

6. S. (*gomphrenoides*.) foliis mucronatis, ovatis, ciliatis. Stoebe *gomphrenoides*. *Linn.* Syst. Veg. per *Gmelin* p. 1282. Suppl. p. 391. *Berg.* Plant. Cap. p. 336.

Caulis frutescens, erectus, parum ramosus. spithamaeus. *Rami* alterni, foliis tecti, tomentosi. *Folia* alterna, sessilia, obtusiuscula, vix mucronata, integra; supra concava, albo-tomentosa; subtus glabra, convexa, rugosa; imbricata, lineam longa. *Capitula* terminalia, globosa, magnitudine nucis avellanae.

7. S. (*gnaphaloides*.) foliis mucronatis, lanceolatis, rugosis; capitulis paniculatis. Stoebe *gnaphaloides*. *Linn.* Syst. Veg. per *Gmelin* p. 1282. Seriphium *corymbiferum*. *Linn.* Mant. p. 119. minime vero Gnaphalium *niveum*. *Burm.* Dec. Pl. afr. t. 77. f. 1.

Crescit in montibus Cannaland. Floret Novembri.
Caulis fruticosus, glaber, erectus, ramosus, pedalis et ultra. *Rami* et *ramuli* umbellati, tres vel quatuor, teretes, filiformes, erecti, fastigiati. *Folia* sparsa, in ramulis approximata, sessilia, integra; supra concava, albo-tomentosa, subtus convexa, (glabra, tenuissime rugosa; imbricata, lineam longa. *Pedunculi* subumbellati. tomentosi, triflori pedicellis brevissimis. *Calyces* tomentosi, cylindrici; *squamis* subulatis, reflexis. *Corollulae* circiter tres. *Pappus* capillaris.

8. S. (*plumosa.*) foliis fasciculatis, subulatis; spicis interruptis. Seriphium *plumosum. Linn.* Syst. Veg. per *Gmelin* p. 374. Mant p. 481. Spec. Plant. p. 1316.

Caulis fruticosus, erectus, ramosissimus, pedalis et ultra. *Rami* aggregato terni, elongati sed lateraliter frequentissime ramulosi, filiformes, tomentosi, flexuoso erecti. *Ramuli* sparsi, frequentes, breves, foliis tecti. *Folia* approximata, subfasciculata ex folio sessili, lanceolato-subulato, mucronato, supra albo - tomentoso vix quartam partem lineae aequante, patenti et aliis foliolis adhuc minutioribus, granulatis, tomentosis ex axillis. *Capitula* in summo ramorum et ramulorum lateralia, sessilia, spicata: spica spithamaea. *Calyx* basi tomentosus, superne flavescens.

9. S. (*fasciculata.*) foliis fasciculatis, trigono - subulatis; spicis distinctis.

Caulis fruticosus, tomentosus, erectus, ramosus, pedalis et ultra. *Rami* sparsi, aggregati, simplices, filiformes, flexuoso-erecti, apice spicigeri. *Folia* e gemmis alternis, lanatis, trigona, mucronata, supra lanata, subtus glabra, patentia, vix semilineam longa. *Capitula* in summitatibus ramorum spicata. *Spica* distichá, apice cernua, digitalis usque palmaris.

10. S. (*disticha.*) foliis fasciculatis, mucronatis, inermibusque; spicâ distichâ. Stoebe *disticha. Linn.* Syst. Veg. per *Gmelin* p. 1281. Suppl. p. 391.

Caulis fruticosus, teres tenuissimus, tomentosus, superne ramosus, erectus, pedalis et ultra. *Rami* alterni, similes, filiformes, simplices, patentes, pollicares vel paulo ultra. *Folia* e gemmis alternis, tomentosis, trigona, supra albo - tomentosa, subtus glabriuscula, plurima inermia, unum vel alterum mucronatum et longius, patentia, vix quartam partem lineae aequantia. *Capitula* in ramis alterna, secunda, spicata. *Spica* pollicaris vel ultra. *Pappus* capillaris, apice plumosus.

11. S. (*reflexa.*) foliis filiformibus, mucronatis, inermibusque; ramis reflexis. Stoebe *reflexa. Linn.* Syst. Veg. per *Gmelin* p. 1282. Suppl. p. 391.

Caulis fruticosus, decumbens, cinereus, glaber, ramosus. *Rami* sparsi, secundi, erecti, apice reflexi, tomentosi. *Folia* sparsa, approximata, lineari - filiformia, quaedam longiora et mucronata, quaedam inermia et breviora, glabra et juniora tomentosa, lineam longa. *Capitula* in apicibus ramorum spicata: spicâ ovatâ.

12. S. (*cinerea.*) foliis lineari subulatis, obliquis; spicâ cylindricâ. Seriphium *cinereum. Linn.* Syst. Veg. per *Gmelin* p. 374. Mant. p. 481.

Caulis fruticosus, teres, hirsutus, erectus, ramosus, bipedalis et ultra. *Rami* per intervalla aggregato - subverticillati. filiformes, hirsuti, ramulis brevissimis paucis ornati, patentes apicibus erectis. *Folia* sparsa, frequentia, sessilia, linearia, mucronata, supra albo - tomentosa, subtus glabra, patentia vel reflexa, lineam longa. *Spicae* in summitate ramorum erectae pollicares usque digitales.

13. S. (scabra.) foliis trigonis, ciliato - scabris. STOEBE
scabra. Linn. Syst. Veg. per Gmelin p. 1282. Suppl.
p. 391.

Crescit in Nordhoek. Floret Aprili.

Caulis fruticosus, teres, purpurascens, pubescens, erectus, ramosissimus, pedalis et ultra. Rami et ramuli similes, per intervalla
aggregato - subumbellati, patentissimi. Folia sparsa, approximata,
lineari - trigona, obtusa, mucronata, supra albo tomentosa, subtus
glabra, setis capitatis scabra, erecto - patentia, semiunguicularia. Capitula in ramulis ultimis subspicata spicis saepissime interruptis.

14. S. (fusca.) foliis linearibus, muticis, tomentosis; capitulis terminalibus. SERIPHIUM fuscum. Linn. Syst Veg.
per Gmelin p. 3·4. Mant p. 481.

Crescit in collibus infra montes prope Cap, et alibi vulgaris.
Floret Majo et sequentibus mensibus.

Caulis fruticosus, erectus, ramosissimus, spithamaeus. Rami alterni, oppositi et terni, divaricati, pubescentes, patentissimi Ramuli aggregati subumbellati, terni, quaterni, divaricati, foliis tecti,
brevissimis. Folia aggregata, filiformia, obtusa, incano - tomentosa,
imbricata, semilineam longa. Capitula ovata.

15. S. (virgata.) foliis linearibus, muticis, tomentosis;
spicis terminalibus.

Caulis fruticosus, erectus, ramosus, pedalis et ultra. Rami et
ramuli sparsi, frequentissimi, tomentosi, virgati, brevissimi, erecti.
Folia subfasciculata, obtusa, inermia, patentia, vix quartam lineae
partem aequantia. Capitula in apicibus ultimorum ramulorum subspicata.

16. S. (aspera.) foliis linearibus, muticis, glabris, reflexis; capitulis lateralibus.

Caulis fruticosus, glaber, erectus, ramosus, spithamaeus et ultra.
Rami sparsi, divaricati, curvato - erecti, virgati, iterum ramulosi.
Folia alterna sub gemmis, acuta, non mucronata, integra margine
revoluto, rarius juniora ton entosa scabriuscula, patentissima, semiunguicularia. Capitula in ramulis lateralibus subterminalia, parvula.

17. S. (rhinocerotis.) foliis filiformibus, muticis, glabris;
ramulis tomentosis. STOEBE rhinocerotis. Linn. Syst. Veg.
per Gmelin p 1282. Suppl. p. 391.

Africanis: Ronnoster-bosches. Crescit ubique fere vulgatissimus frutex.

Caulis fruticosus, albo tomentosus, ramosissimus, erectus, quadripedalis vel ultra. Rami et ramuli sparsi, frequentes, ultimi brevissimi, cernui, virgati. Folia sparsa, sessilia, filiformi - lanceolata,
imbricata, adpressa, vix lineam dimidiam longa. Capitula in apicibus ramulorum inferiorum terminalia, minutissima.

18. S. (cernua.) foliis ovatis, muticis, glabris, imbricatis.

Caulis fruticosus, ramosissimus, erectus, pedalis et ultra. Rami,
terni, erecti. Ramuli sparsi, frequentissimi, foliis tecti, albo - to-

mentosi, erecti, virgati. *Folia* sessilia, obtusa, integra, convexe, adpressa, lineâ dimidia duplo breviora. *Capitula* in ramulis inferioribus terminalia, minutissima.

19. S. (*nivea.*) foliis trigonis, obtusis, adpressis; capitulis terminalibus.

Crescit juxta Verkeerde Valley. Floret Novembri.

Caulis fruticosus, teres, tomentosus, erectus, ramosissimus, spithamaeus. *Rami* et *ramuli* sparsi, breves, densissimi, tomentosi, nivei, foliis tecti, fastigiati. *Folia* sparsa, glabra, vix semilineam longa. *Capitula* in ultimis ramulis. *Calyx* glaber; *squamae* interiores apice nivei. *Pappus* capillaris.

CCCCXXVI. CORYMBIUM.

Cal. diphyllus, uniflorus, prismaticus. Cor. 1 - *petala, regularis. Sem.* 1 *infra corollulam, lanatum.*

1. C. (*scabrum.*) caule scabro; foliis lineari-filiformibus. Corymbium *scabrum.* Linn. Syst. Veg. per *Gmelin* p. 373. Mant. p. 120. Suppl. p. 392. Corymbium *filiforme.* Linn. Syst. Veg. per *Gmelin* p. 374. Suppl. p. 392.

Crescit in lateribus montium prope-Cap.

Radix lanâ densâ involuta. *Folia* radicalia plura, cespitosa, convoluta, filiformia, rugoso-scabrida, erecta, apice reflexa, caule breviora. Caulina alterna, sessilia, lanceolata, pollicaria. *Panicula* terminalis subfastigiata. *Calyces* cylindrici, angulati, scabri.

Obs. Figurae *Plukenetii* t. 272. f. 6. et *Burm.* afr. t. 70. f. 1. conveniunt; sed folia sunt villosa, nec glabra.

2. C. (*glabrum.*) caule laevi; foliis lineari-ensiformibus, glabris. Corymbium *glabrum.* Linn. Syst. Veg. per *Gmelin* p. 374. Suppl. p. 392.

Radix lanâ involuta. *Folia* radicalia plura, linearia, marginata, nervosa, caule breviora. Caulina alterna, similia, sed breviora. *Caulis* teres, glaber, simplex, erectus, vix pedalis. *Panicula* terminalis, fastigiata. *Calyces* cylindrici, subcalyculato-bracteati, glabri.

Obs. Figura *Pluken.* t. 272. f. 4. convenit; sed nodi caulium heic non tomentosi sunt.

3. C. (*nervosum.*) caule laevi; foliis lanceolato-ensiformibus, glabris. *Pluken.* tab. 272. f. 4.

Crescit in summo Taffelberg, in proclivis Taffelberg et Duyvelsberg. Floret Februario.

Radix dense cespitosa, a rudimentis foliorum, lanâ involuta. *Folia* radicalia plura, ensiformia, acuminata, marginata, striata, nervosa, longitudine caulis; caulina sessilia, lanceolata, minora. *Caulis* simplex, teres, glaber, erectus, spithamaeus. *Panicula* terminalis, fastigiata. *Calyces* calyculato-bracteati, glabri, cylindrici.

4. C. (*hirtum.*) caule hirto; foliis ensiformibus, hirsuto-scabris.

Caulis fruticescens, teres, rufescens, simplex, totus pilis brevibus hirtus, erectus, pedalis. *Folia* alterna, sessilia, erecto - patentia, spithamaea, sensim breviora. *Panicula* fastigiata, terminalis. *Calyx* scaber.

5. C. (*villosum.*) caule scabro, piloso; foliis ensiformibus, pilosis. Corymbium *villosum*. *Linn.* Syst. Veg. per *Gmelin* p. 374. Suppl. p. 392.

Caulis simplex, teres, pilis mollibus totus hirsutus et tenuissime simul scabridus, flexuoso - erectus, pedalis. *Folia* alterna, sessilia, acuminata, integra, scabrida et villosa, erecta, caule breviora, inferiora spithamaea, superiora sensim breviora. *Panicula* terminalis, fastigiata. *Cal.* scaber, hirsutus.

Classis XX.

CRYPTOGAMIA.

FILICES.

CCCCXXVII. EQUISETUM.

*Clava ovato-oblonga, multivalvis: Fructificationes pel-
tatae intus dehiscentes.*

1. E. (*giganteum.*) caule frutescente striato, frondibus
simplicibus spicigeris. EQUISETUM *giganteum. Linn.* Syst.
Veg. per *Gmelin* p. 1288. Spec. Plant. p. 1517.

Caulis glaber, ramosus, erectus, bipedalis et ultra. *Rami* verticillati, articulati, simplices, striati. *Spicae* oblongae.

CCCCXXVIII. ONOCLEA.

Spica disticha: fructificationibus 3-5-valvibus.

1. O. (*capensis.*) fronde pinnatâ: pinnis lanceolatis, crenatis; fructificantibus linearibus. OSMUNDA *capensis. Linn.*
Syst. Veg. per *Gmelin* p. 1293. Mant. p. 306.

Crescit in fossis infra montes prope Cap. Floret Junio, Julio.
Stipes semiteres, glaber, superne squamulosus. *Frons* pedalis
et ultra, glabra; *pinnae* alternae, sessiles, basi oblique cordatae, serratae, acuminatae, parallelo-nervosae, spithameae superioribus minoribus. *Fructificantes* alternae, sessiles.

CCCCXXIX. OPHIOGLOSSUM.

*Spica disticha, articulata: articulis transversun dehiscen-
tibus, subglobosis.*

1. O. (*lusitanicum.*) foliis ovatis; fronde lanceolatâ.
OPHIOGLOSSUM *lusitanicum. Linn.* Syst. Veg. per *Gmelin*
p. 1291. Spec. Plant. p. 1518.

Crescit in Leuwestaart latere occidentali. Floret Augusto.
Radix fasciculata. *Folia* radicalia, duo, petiolata, acuta, integra. glabra, unguicularia. *Frons* fructifera petiolata, foliis duplo
longior.

CCCCXXX. O S M U N D A.

Spica ramosa: Fructificationibus subglobosis, sessilibus, transverse dehiscentibus.

1. O. (*barbara.*) fronde bipinnatâ: pinnulis infimis fructificantibus. Acrostichum *barbarum. Linn.* Spec. Plant. p. 1529. Syst. Veg. per *Gmelin* p. 1296.

Stipes subtetragonus, sulcatus. pubescens, erectus, bipedalis et ultra. *Frons* glabra: *Pinnae* apice acuminatae, spithameae, patentes, pinnulatae. *Pinnulae* basi cohaerentes sinubus rotundatis, lanceolatae, obtusae, obsolete serrulatae margine revoluto, parallelo - nervosae, unguiculares vel paulo ultra. *Pinnae* infimae fructiferae, totae.

CCCCXXXI. A C R O S T I C H U M.

Fructificationes discum totum frondis inferius tegentes.

1. A. (*cordatum.*) fronde bipinnatifidâ: pinnulis cordatis.

Crescit in rupibus et fissuris montium capensium.
Radix fibrosa, fasciculata. *Stipites* plures. filiformes, purpurei, inferne glabri, superne squamosi, flexuoso - erecti, palmares. *Frondis* Pinnae alternae, lanceolatae, basi eleganter cordatae, subsessiles, patentes, supra glabrae, subtus squamosae lanugine ferrugineâ, unguiculares. *Pinnulae* rotundatae, crenatae.

CCCCXXXII. P T E R I S.

Fructificationes in lineam digestae subtus cingentem frondis marginem.

1. P. (*cuspidata.*) pinnis lanceolatis, cuspidatis, serratis.

Stipes semiteres, bisulcus, glaber, bipedalis. *Frons* glabra, pinnata: *Pinnae* alternae, brevissime petiolatae, serrulatae, parallelo-nervosae, digitales usque spithamaeae.

2. P. (*tabularis.*) pinnis lanceolatis, sessilibus, summâ trifidâ.

Crescit in summo Taffelberg locis aquosis.
Radix squamis longis, bruneis tecta. *Stipes* semiteres, sulcatus, glaber spithamaeus *Frons* tota glabra, pinnata: *Pinnae* alternae, obverse adnatae, approximatas, parallelo - nervosae costa et margine bruneis, digitales; infimae minores; terminalis trifida, 5 - fida vel septemfida.

3. P. (*cretica.*) pinnis oppositis, lanceolatis, serratis: infimis partitis. Pteris *cretica. Linn.* Syst. Veg. per *Gmelin* p. 1298. Mant. p. 130.

Crescit in Grootvaders Bosch.
Stipes filiformis, glaber, erectus pedalis. *Frons* glabra, pinnata.

Pinnae inferiores saepe bifidae, ultima trifida; reliquae oppositae, lanceolatae, serratae, parallelo nervosae, spithamaeae.

4. P. (*confluens.*) pinnis lanceolatis, pinnatifidis, integri*.

Stipes filiformis, sulcatus, glaber, spithamaeus. *Frons* tota glabra, bipinnatifida; *Pinnae* alternae, sessiles, inciso - pinnatifidae. *Pinnulae* basi coalitae, alternantes, ovatae, obtusae, integrae, apice sensim minores.

5. P. (*incisa.*) pinnulis inferne inciso - dentatis, integrisque.

Crescit in Grootvaders Bosch. Floret Januario.

Stipes glaber, pedalis et ultra. *Frons* tota glabra, bipinnata. *Pinnae* oppositae, multijugae, basi sessilibus pinnulis quatuor cruciatis. *Pinnulae* inferiores oppositae, connatae, lanceolatae, acutae, interdum latere superiori inciso. dentatae, versus apicem integrae; superiores minores, magis ovatae, integrae.

6. P. (*auriculata.*) fronde bipinnatâ: pinnis auriculatis indivisis pinnulatisque.

Stipes semiteres, purpureus, glaber pedalis *Frons* glabra: *Pinnae* oppositae, inferiores pinnatae: *Pinnulae* oppositae, in inferioribus pinnis quinquejugae, in supremis trijugae; *pinnula* terminalis tripartita, longior; laterales ovatae.

7. P. (*capensis.*) pinnulis apice elongatis, infimis pinnatifidis subtus hirsutis.

Crescit vulgaris in lateribus et collibus montium, prope Cap et extra Cap.

Stipes glaber, angulatus, sulcatus, erectus, pedalis, *ramis* scabris, hirsutis. *Frons* supra glabra, sulcata; marginibus revolutis, decomposita. *Pinnulae* oppositae, lanceolatae, pinnatifidae, pinnulis iterum oppositis, inferne apice elongatae. *Similis P esculentae:* differt vero pinnulis oppositis brevioribus et pinnularum laciniis etiam oppositis.

8. P. (*flabellulata.*) pinnulis pinnatifidis serratis.

Crescit in fossa inter Taffelberg et Leuweberg; item in Grootvaders Bosch.

Stipes glaber, angulatus, sulcatus, spithamaeus. *Frons* tota glabra, bipinnatifida. *Pinnae* oppositae, sessiles, oblongae, pinnatifidae. *Pinnulae* oppositae, decurrentes, lanceolatae, sulcatae, acutae. *Fructificatio* ignota.

9. (*hastata.*) frondibus supradecompositis: pinnulis triangulari-hastatis. ADIANTUM *hastatum.* Linn. Syst. Veg. per *Gmelin* p. 1315. Suppl. p. 447.

Crescit in lateribus superne in Taffelberg. Floret ab Aprili ad Julium.

Stipes teres, purpureus, glaber, spithamaeus. *Frons* glabra, tripinnata. *Pinnae* suboppositae. *Pinnulae* alternae, petiolatae; cordatae, obtusae, vix unguiculares.

CCCCXXXIII. SCHIZAEA.

Spicae unilaterales, *flabellatim aggregatae. Capsulae subturbinatae, sessiles, vertice radiatim striatae, poro oblongo latere hiantes. Indusium continuum e margine inflexo spicae formatum.*

1. S. (*pectinata.*) stipite indiviso; fronde compressâ. Acrostichum *pectinatum. Linn.* Syst. Veg. per *Gmelin* p. 1245. Spec. Plant. p. 1524.

Crescit in campis sabulosis inter Cap et Drakensteen, inque summo Taffelberg. Floret Martio et sequentibus mensibus. Radix vestita. Stipes filiformis, sulcatus, flexuoso-erectus, palmaris usque spithamaeus. Frons complicata.

CCCCXXXIV. BLECHNUM.

Fructificationes in lineis 2 costae frondis approximatis, parallelis.

1. B. (*australe.*) pinnis sessilibus, cordato - lanceolatis, mucronatis. Blechnum *australe. Linn.* Syst. Veg. per *Gmelin* p. 1300. Mant. p. 130.

Stipes glaber, flexuoso-erectus, spithamaeus. Frons tota glabra, pinnata. Pinnae cordatae, subhastatae: inferiores ovatae, reflexae; superiores florentes lanceolatae, mucronatae, falcatae; unguiculares.

CCCCXXXV. CAENOPTERIS.

Fructificationes in lineolis submarginalibus lateralibus membranâ exterius dehiscente tectis.

1. C. (*rutaefolia.*) pinnulis incisis: laciniis lanceolatis, integris. Caenopteris *rutaefolia* et *furcata. Berg.* Act. Petiop. 1782. p. 248. t. 7. f. 1. et 2.

Crescit in sylvis Houtniquas, Grootvader's bosch, alibique. Radix squamosa. Stipes glaber, spithamaeus et ultra. Frons tota glabra, tripinnatifida Pinnae alternae, rarius oppositae, breviter petiolatae. Pinnulae alternae: laciniae alternae, obtusae.

CCCCXXXVI. ASPLENIUM.

Fructificationes in lineas rectas subparallelas in pagina inferiori frondis congestae.

1. A. (*falcatum.*) pinnis alternis, falcatis, ovatis, obtusis, crenatis; summis confluentibus.

Crescit in collibus montium capensiam vulgare. Radix fibrosa. Stipites e radice plures, filiformes, glabri, flexuoso-erecti, spithamaei. Frons glabra, lanceolata pinnata: Pin-

nae subsessiles, ovato-oblongae, basi sursum auriculatae, apice parum crenatae, unguiculares; summae minores.

2. A. (*furcatum.*) pinnulis obovatis, incisis, serratis; stipite hirto.

Radix fibrosa. *Stipites* e radice plures, filiformes, inferne purpurascentes, striati, erecti, spithamaei et ultra. *Frons* bipinnatifida: *Pinnae* oppositae, brevissime petiolatae: *Pinnulae* alternae, sessiles, apice confluentes.

CCCCXXXVII. P O L Y P O D I U M.

Fructificationes per inferiorem frondis partem in globulos dispositae.

1. P. (*ensiforme.*) frondibus simplicibus, pinnatifidisque: lobis ensiformibus, erectis, serratis.

Crescit in Grootvader's bosch supra truncos arborum., Floret Januario.

Radix tomento involuta. *Stipites* e radice circiter tres, semiteretes, sulcati, palmares, in frondem ampliati. *Frons* vel simplex, lineari-ensiformis, obtusiuscula, superne obsolete serrata, spithamaea; vel trifida; vel pinnatifida ex eadem radice: *pinnae* alternae, lineariensiformes, obtusiusculae, serrulatae; *sinus* rotundati. *Fructificationes* in punctis rotundis, serie simplici juxta costam mediam utrinque.

2. P. (*lottum.*) pinnis oppositis, lanceolatis, inciso-pinnatifidis.

Stipes semiteres, striatus, glaber, spithamaeus. cum fronde pedalis. *Frons* bipinnatifida, glabra, spithamaea. *Pinnae* acutae, glabrae, digitales. *Lobi* rotundati, integri. margine revoluto, nervosae, unguiculares, versus apicem sensim confluentes.

3. P. (*aculeatum.*) pinnulis alternis, ovatis, setaceo-serratis, basi deorsum subauriculatis. Polypodium *aculeatum*. *Linn.* Syst. Veg. per *Gmelin* p. 1312. Spec. Plant. p. 1552.

Stipes filiformis, latere altero bisulcatus, inferne punctato-scaber, superne squamosus, cum fronde pedalis. *Frons* glabra, bipinnata: *Pinnae* alternae, subsessiles, lanceolatae, pinnatae: *Pinnulae* sessiles, mucronatae, serratae serraturis mucronatis; infima serratura latere inferiori major, dentiformis, subauriculata.

4. P. (*capense.*) fronde tripinnatifidâ: pinnulis basi unifloris. Polypodium *capense. Linn.* Syst. Veg. per *Gmelin* p. 1313. Suppl. p. 4.

Crescit in Grootvader's bosch.

Stipes glaber, superne alatus, cum fronde pedalis et ultra. *Frons* inferne tripinnatifida, superne bipinnata. *Pinnae* alternae, inferiores bipinnatifidae, superiores pinnatae. *Pinnulae* superiores alternae, sessiles, lanceolatae, acutae, inciso-serratae, unguiculares; inferiores alternae, lanceolatae, inciso-pinnatifidae, digitales: *laciniae* sessiles, alternantes, lanceolato-falcatae, serrulatae, unguiculares. *Fructificationes*: puncta in basi pinnularum solitaria.

CCCCXXXVIII. A D I A N T U M.

Fructificationes in maculis ovatis, terminalibus, sub replicato frondis margine.

A. (*auriculatum.*) fronde pinnatâ: pinnis auriculatis, indivisis, pinnatifidisque.

Radix fibrosa. *Stipites* plures c radice, filiformes, purpurei, gla-bri, spithamaei. *Frons* valde varians. *Pinnae* alternae, ovatae, saepius sursum auriculatae; vel indivisae, ut semper terminalis, vel inciso-pinnatifidae, crenulatae.

2. A. (*capense.*) frondibus decompositis: pinnulis ovatis, serratis.

Crescit in montium lateribus et rupibus prope urbem.
Stipes glaber, purpureus, filiformis, palmaris. *Frons* glabra, bi-pinnata: *Pinnae* suboppositae, inferiores bipinnatae, superiores pin-natae. *Pinnae* superiores et pinnulae inferiores sessiles, alternantes, obtusae, unguiculares.

3. A. (*caffrorum.*) frondibus bipinnatis: pinnulis inciso-dentatis villosis. Adiantum *Caffrorum. Linn.* Syst. Veg. per *Gmelin* p. 1316. Suppl. p. 447. Polypodium *Caffrorum. Linn.* Mant. p. 307.

Crescit in montibus et rupibus capensibus inter Sondag's et Visch-rivier alibique.
Padix squamosa. *Stipes* filiformis, piloso-squamosus, flexuoso-erectus, palmaris. *Frons* hirsuta. *Pinnae* alternae, petiolatae, ob-longae, patentes. *Pinnulae* alternae, sessiles, ovatae, inciso-loba-tae et argute serratae. *Fructificationes* marginales, globosae.

4. A. (*pteroides.*) fronde tripinnatâ: pinnulis ovatis cre-natis. Adiantum *pteroides. Linn.* Syst. Veg. per *Gmelin* p. 1317. Mant. p. 130.

Crescit in lateribus Taffelberg. Floret Junio, Julio.
Stipes teres, purpureus, sulcatus, glaber, pedalis. *Frons* glabra: *Pinnae* alternae, inferiores bipinnatae, superiores pinnatae, sum-mae indivisae. *Pinnulae* brevissime petiolatae, oppositae, obtusae, crenulatae.

5. A. (*aethiopicum.*) fronde tripinnatâ: pinnulis rhom-beis, crenulatis. Adiantum *aethiopicum. Linn.* Syst. Veg. per *Gmelin* p. 1317. Spec. Plant. p. 1560.

Africanis: Vrouwe haar. Crescit vulgatissimus in lateribus montium prope Cap, infra frontem et latus orientale Taffel-berg, in fossis Duyvelsberg, prope Faradys, alibique vulgare.
Radix fibrosa. *Stipes* compressus, purpureus, glaber, spitha-maeus. *Frons* glabra: *Pinnae* alternae, petiolatae, petiolis filifor-

mibus: *Petioluli* capillares, alternae. *Pinnulae* rotundato rhombeae, tenuissimae, nervosae, vix unguiculares. *Usum* eundem praestat ac *Capillus veneris* pro syrupo coquendo, qui heic contra tussim propinatur.

CCCCXXXIX. GLEICHENIA.

Sori subrotundi e capsulis 3 s. 4 stellatim positis immersis compositi. Capsulae longitudinaliter hiantes. Indusium nullum.

1. G. (*polypodioides.*) Onoclea *polypodioides. Linn.* Syst. Veg. per *Gmelin* p. 1291. Mant. p. 306.

Stipes filiformis, purpureus, glaber. pedalis. *Frons* glabra, bipinnata: *Pinnae* alternae, sessiles, lineari-lanceolatae, pinnatifidae: *laciniae* alternantes, ovatae, integrae, vix lineam longae.

CCCCXL. HYMENOPHYLLUM.

Sorus marginalis receptaculo cylindraceo insertus. Indusium bivalve, sorum includens.

1. H. (*tunbrigense.*) fronde bipinnata: pinnulis linearibus denticulatis. Trichomanes *tunbrigense. Linn.* Syst. Veg. per *Gmelin* p. 1319. Spec. Plant. p. 1561.

Crescit juxta rivulos in sylvis Houtniquas, in Grootvader's-bosch, Taffelberg et alibi.

Stipes capillaris, glaber, palmaris. *Frons* glabra. *Pinnae* alternae. *Pinnulae* truncatae, serratae, costatae.

CCCCXLI. TRICHOMANES.

Fructificationes solitariae, turbinatae, stilo setaceo terminatae, margini frondis ipsi insertae.

1. T. (*incisum.*) fronde tripinnatâ: pinnulis inciso-bifidis setaceis.

Crescit in Grootvader's bosch.

Stipes filiformis, purpureus, glaber, spithamaeus. *Frons* glabra: *Pinnae* et *Pinnulae* alternae. *Ultimae* pinnulae lineari-setaceae, tenuissimae.

MUSCI.

CCCCXLII. SPHAGNUM.

*Flos masculus? clavatus: antheris planis. Capsulae
in eadem planta operculatae, sessiles sine calyptra
integrâ : ore laevi.*

1. S. (*palustre.*) ramis deflexis.   Sphagnum *palustre.*
Linn. Syst. Veg. per *Gmelin* p. 1323. Spec. Plant. p. 1569.
Crescit in planitie frontis Taffelberg.

CCCCXLIII. JUNGERMANNIA.

*Scyphuli vesiculiferi squamulae gemmiferae laterales
aut capitula pulverulenta. Capsula pedunculata,
nuda, 4 - valvis : seminibus subrotundis.*

1. J. (*convexa.*) frondibus simplicibus, confertis, pro-
stratis; foliis ovatis integris incumbentibus; auriculis subtus
medio minutis, 4 - dentatis.
Crescit in sylvis Houtniquas.
   Frondes confertim 'nascentes, unciales, virentes. *Foliola* utroque
latere surculi oblique incumbentia, parva, convexa, subtus concava
Auriculae minutissimae, sub frondibus medio inter foliola insidentes.
Fructificatio deest.

2. J. (*furcata.*) fronde lineari, ramosâ; extremitatibus
furcatis obtusiusculis.   Jungermannia *furcata.*   *Linn.* Syst.
Veg. per *Gmelin* p. 1353. Spec. Plant. p. 1602.
Crescit in sylvis Houtniquas.

3. J. (*podophylla.*) acaulis; fronde bis bifidâ: laciniis
lanceolatis, integris.
Crescit in Montis Tabularis proclivis aquosis.

CCCCXLIV. FUNARIA.

*Gemmae capsulaeque in eadem planta. Peristoma
internum ciliis 16 membranaceis, planis.*

1. F. (*hygrometrica.*) surculo subsimplici; foliis oblongis, acuminatis; capsulis ovatis, nutantibus; operculis planis.
Mnium *hygrometricum.*   *Linn.* Syst. Veg. per *Gmelin* p.
1327. Spec. Plant. p. 1575.
Crescit in sylvis.

CCCCXLV. D I C R A N U M.

*Gemmae capsulaeqne in diversa planta: illis capitatis,
harum peristomate simplici: peristomatis dentibus 16.*

1. **D.** (*scoparium.*) surculo nervoso; foliis lineati-lanceolatis, recurvis, secundis; capsulis erectis, oblongo-cylindricis; operculis conicis, acuminatis. Mnium *scoparium. Linn.* Syst. Veg. per *Gmelin* p. 1328. Bryum *scoparium. Linn.* Spec. Plant. p. 1582.
Crescit in sylvis.

2. **D.** (*crispum.*) capsulis erectis; calyptrâ 8-fidâ; foliis linearibus, carinatis, apice inflexis.

Caules breves, simpliciter divisi, basi nigrescentes. *Folia* approximata, undique sparsa, longiuscula, patentiuscula, luteo-virentia, carinâ nigricantia; siccata crispa videntur. *Pedanculi* longitudine caulium, terminales, pallidi. *Capsulae* cylindricae, pallidae. *Calyptra* aequalis, subulata, basi 8-fida, *laciniis* retusis. *Operculum* subulatum, erectum, rufum. *Peristoma* simpliciter dentatum: *Dentibus* 16, erectis, linearibus. *Mares* axillares.

3. **D.** (*africanum.*) surculis teretibus, fastigiatis; foliis piliferis; setis terminalibus, reflexis; capsulis nutantibus; operculis obtusis. Dicranum *pulvinatum Prodr.* p. 174. Fissidens *africanum Hedw.*

Crescit in rupibus prope urbem. Floret Augusto.

CCCCXLVI. T R I C H O S T O M U M.

Gemmae in eadem planta cum capsulis, sparsae: peristoma 16-dentatum, simplex.

1. **T.** (*hypnoides.*) surculo ramoso, decumbente; foliis oblongis, apice piliferis; capsulis oblongis; calyptris integris. Bryum *Hypnoides. Linn.* Syst. Veg. per *Gmelin* p. 1332. Spec. Plant. p. 1584.
Crescit in summo Taffelberg in planitie frontis.

CCCCXLVII. T O R T U L A.

Gemmae in eadem planta cum capsulis; peristoma 16-dentatum, praeter dentes ciliis spiraliter convolutis munito.

1. **T.** (*muralis.*) surculo brevissimo, subdiviso; foliis ovatis, acutis, apice piliferis; capsulis oblongis: operculis conicis, acutis. Bryum *murale. Linn.* Syst. Veg per *Gmelin* p. 1333. Spec. Pl. p. 1581.
Crescit in sylvis.

CCCCXLVIII. B R Y U M.

Gemmae saepe axillares nunc, in alia nunc in eadem planta cum capsulis calyptrâ munitis, pedunculo terminali ex tuberculo exeunti insidentibus.

1. B. (*cuspidatnm.*) capsulis nutantibus; pedunculis aggregatis: foliis ovatis, acutis, serratis. Mnium cuspidatum. *Linn.* Syst Veg. per *Gmelin* p. 1330. Mnium serpyllifolium β. *Linn.* Spec. Plant. p. 157.
Crescit in fossis extra urbem et alibi.

2. B. (*argentenm.*) capsulis pendulis; surculis cylindricis, imbricatis, laevibus. Bryum argentenm. *Linn.* Syst. Veg. per *Gmelin* p. 1337. Spec. Plant. p. 1586. *)
Crescit in rupibus Taffelberg.

CCCCIL. N E C K E R A.

Gemmae capsulaeque-in diversa planta. Peristomatis interni cilia apice libera.

1. N. (*curtipendula.*) surculis erectis, ramosis, teretibus, foliosis; foliis oblongo-ovatis, acutis, imbricatis; capsulis nutantibus ovatis: operculis acuminatis. Hypnum curtipendulum. *Linn.* Syst. Veg. per *Gmelin* p. 1340. Spec. Pl. p. 1594.
Crescit in sylvis.

CCCCL. H Y P N U M.

Gemmae in alia ut plurimum planta. Capsulae pedunculo laterali ex perichaetio prodeunti insidentes; peristomate exteriori 16-dentato.

1. H. (*lucens.*) surculis ramosis; frondibus subpinnatis; punctatis. Hypnum lucens. *Linn.* Syst. Veg. per *Gmelin* p. 1342. Spec. Plant. p. 1589.
Crescit in sylvis.

2. H. (*asplenioides.*) fronde subramosâ, erectâ, lineari, apice pedunculiferâ; capsulis incurvis. Hypnum asplenioides. *Linn.* Syst. Veg. per *Gmelin* p. 1339.
Crescit in proclivis Montis Tabularis.

3. H. (*pennaeforme.*) surculis pennatis; ramulis patulis, inaequalibus; foliis subtus trifariis.
Crescit in sylvis Houtniquas.

---

*) Hoc Bryum mucronulatum in Schedula autographa adjecit ill. auctor, nullâ additâ diagnosi, synonymiâ, vel descriptione. *Edit.*

Surculi erectiusculi, plures, biunciales e radice repente, compressi, ad dimidium a foliolis sparsis basique squamulis obtecti. *Ramuli* bifarii, patentes, lineares. *Foliola* pallide virentia, ovato-lanceolata, acuminata, semiamplexicaulia, superne imbricata, *media* dimidio minora, angustiora. *Fructificatio* latet. *Habitus* ad FONDI-NALIDES etiam accedit.

4. H. (*filicinum.*) surculo simpliciter pinnato; foliis oblongis, acuminatis, reflexis, secundis; capsulis subcylindricis; operculis convexis. Hypnum *filicinum*. *Linn.* Syst. Veg. per *Gmelin* p. 1343. Spec. Plant. p. 1590.

_____

A L G A E.

CCCCLI. TARGIONIA.

Cal. 2-*valvis*, *compressus*, *fovens in fundo capsulam subglobosam*, *polyspermam.*

1. T. (*hypophylla.*) calycibus dehiscentibus; fructificationibus solitariis. Targionia *hypophylla.* *Linn.* Syst. Veg. per *Gmelin* p. 1353. Spec. Pl. p. 1603.

CCCCLII. MARCHANTIA.

Capsula sessilis, *campanulata.* *Gemma pellata*, *pedunculata.*

1. M. (*tenella.*) capsulâ hemisphaericâ, apiculatâ: margine lamellis radiato. Marchantia *tenella.* *Linn.* Syst. Veg. per *Gmelin* p. 1354. Spec. Plant. p. 1604. (An?) *An* potius M. *haemisphaerica?*

Crescit in proclivis montium Duyvelsberg et Taffelberg; item in Leuweberg. Floret Januario; Julio, Augusto.

CCCCLIII. LICHEN.

Gemmae vel pulverem subtilissimum, *inorganicum referentes*, *vel receptaculis elevatis nitidis farinae crustae frondisve immixtis contentae.*

1. L. (*albus.*) crustaceus, pulverulentus, albissimus. Lepraria *alba.* *Achar.* Lichenog. Suec. Prodr. p. 7. Lepraria *alba*; crustâ propagulisque albissimis. *Achar. Meth. Lich.* p. 3.

Crescit in summis rupibus montis Tabularis.

2. L. (*pertusus.*) crustaceus, cinereo-virescens; thala-

mis confertis, hemisphaericis, laevigatis, concoloribus, poro
uno alterove pertusis. VERRUCARIA? *pertusa*. *Achar*. Lichenog. Suec Prodr. p. 17. THELOTREMA *pertusum;* crustâ
submembranaceâ, laevigatâ, inaequabili, cinerea; verrucis he-
misphaerico-subglobosis., ostiolo uno alterove nigro, pertuso.
Achar. Meth. Lich. p 131. LICHEN *pertusus. Linn.* Syst.
Veg ,per *Gmelin* p, 1358. Mant. p. 131.

3. L. (*scriptus*.) crustaceus, pallescens; lirellis immersis, pulverulentis, ramosis; ramis divaricatis. LICHEN *scriptus. Linn.* Syst. Veg. per *Gmelin* p. 1357. ' Spec. Plant.
p. 1606. OPEGRAPHA *scripta. Achar.* Lichenog. suecic. Prodr.
p. 25. OPEGRAPHA *scripta;* crustâ tenuissimâ, membranaceâ,
nitidâ, albovirescente, nigro-limitatâ; lirellis nullis, glabris,
linearibus, flexuosis, simplicibus, ramosisque. *Achar. meth.
Lich.* p. 30.

4. L. (*atrovirens.*) crustaceus, rimosus, flavo-virescens,
margine, areolisque immixtis scutelliferis nigris. URCEOLARIA
geographica. Achar. Lichenogr. suecic. Prodr. p. 33. LE-
CIDEA *atrovirens;* crusta effusâ, tenuissime rimosâ, atrâ; verrucis adpressis, minutis, confertis, subrotundis, laevibus, flavescentibus; patellulis planiusculis, immixtis, atris, disco sub-
pulverulento. *Achar. meth. Lich.* p. 45.

Crescit in rupibus Taffelberg et junior et maturus.

5. L. (*excavatus*.) crustaceus, pulverulentus, rimosus, ci-
nereo-albidus; scutellis concavis atris, marginatis. URCEOLARIA
excavata. Achar. Lichenog. suec. Prodr. p. 35. URCEOLA-
RIA *excavata;* crustâ leprosâ, rimosâ, pulverulentâ, cinereo-
albidâ; apotheciis immersis, urceolatis, atris, marginatis.
Achar. meth. Lich. p. 148.

Crescit in Leuwestaart, terrestris in argilla. Floret Junio.
Crusta terrae arctissime fixa, irregularis, oculo nudo vix percep-
tibiliter granulosa, cinereo-albida. *Scutellae* parvae, crustae immer-
sae, excavatae, margine convexo concolori. *Distinctus* a L. *scru-
poso* et *impresso*.

6. L. (*incarnatus*.) crustaceus, granulatus, fuscus; scutellis incarnatis; pruinosis, convexis, flexuosis. PATELLARIA
incarnata. Achar. Lichenogr. suec. Prodr. p. 76. LECIDEA
incarnata; crustâ granulatâ, fuscâ; patellulis incarnatis, pruinosis, demum convexis, flexuosis. *Achar. meth. Lich.* p. 58.

Crescit in Carro infra Bockland, terrestris solo argilloso.
Crusta granulosa, nigrescens, fugax. *Tabercula* scutelliformia,
sessilia, irregularia, plana vel convexiuscula, carnea vel glaucescentia, margine parum undulata, maxima. *Valde* distinctus a L.
ismadophila.

7. L. (*pallido-niger.*) crustaceus, pulverulentus, ferrugineus; scutellis elevatis, planis, atris. PATELLARIA *pallidoni-*

gra. Achar. Lichenogr. suec. Prodr. p. 80. Lecidea *pallidonigra;* crustâ pulverulentâ, dilute ferrugineâ, patellulis elevatis, planis, nigris. *Achar. meth. Lichen.* p. 43.

> *Crescit supra argillam prope urbem, terrestris.*
> *Crusta* tenuissima, globulosa, pallide ferruginea. *Scutellae* parvae, inaequales, parum elevatae, planiusculae, margine subinde undulatae.

8. L. *(helophorus.)* crustaceus; bacillis filiformibus, confertis, tuberculisque subglobosis, glabris, nigris. Calicium *helopherum. Achar.* Lichenogr. suec. Prodr. p. 86.

> *Crescit in foliis et ramulis arborum in sylvis Houtniquas, Grootvader's bosch et aliis.*
> *Totus* ater, glaber, perennis. *Stipites* plures, fasciculati, filiformes, lineam dimidiam vix longi. *Capitulum* clavato-globosum.

9. L. *(tabularis.)* crustaceus, cinereo-pallidus, ramosus ramis divaricatis, apice crassioribus; tuberculis convexis nigris, glabris, terminalibus. Isidium *tabulare Achar.* Lichenogr. suec. Prodr. p. 90. Lichen *verrucosus Linn.* Syst. Veg. per *Gmelin* p. 1364. Suppl. p. 451. Stereocaulon *tabulare;* thallo solido, sublignoso, cespitoso, cinereo, pallido, inaequabili, subrugoso, verrucoso-ramoso; ramis brevibus, divaricatis, tortuosis, implexis, extrorsum crassioribus. *Achar. meth. Lich.* p. 316.

> *Crescit in summo Taffelberg in planitie versus urbem.*
> *Rami* cylindrici, erecti, fragiles, sursum crassiores. *Tubercula* terminalia, convexiuscula, marginata.

10. L. *(rubiginosus.)* crustaceus, imbricatus foliolis granulato-lobatis, cinereo-virescentibus; scutellis rufis, planis: margine subcrenulato, flexuoso, crustae concolore. Parmelia *rubiginosa;* thallo membranaceo, stellato, albo-virescente, subtus atro subfibrilloso; centro granulato, inaequabili; laciniis in ambitu sinuato-lobatis, multifidis, obtusis, crenatis, subpruinosis; scutellis rufis, planis, margine granulato crenato albicante. *Achar. meth. Lich.* p. 212. Psoroma *rubiginosa. Achar.* Lichenog. suec. Prodr. p. 99.

> *Crusta* primum granulosa, cinereo-albida, dein subimbricata, foliolis minutissimis, lobatis, margine candidis. *Scutellae* numerosae, approximatae, crustam tegentes, subirregulares, planiusculae; margine parum elevato crenulato, subinde foliolis lobatis ornato, praecipue in junioribus scutellis.

11. L. *(torulosus.)* crustaceus, imbricatus, subpulvinatus foliolis lineari-laciniatis adscendentibus cinereis margine granulato torulosis. Psoroma *torulosa. Achar.* Lichenogr. suec. Prodr. p. 100. Parmelia *torulosa;* crustâ imbricata, pulvinatâ, albo-cinerascente, lobis ramuloso-laciniatis, con

fertis, adscendentibus, tortuosis, granulato - pulverulentis.
A c h a r. meth. Lich. p. 184.

Crusta cinerea, foliolis, erecta, aggregata, pulvinata. *Foliola*
laciniata laciniis linearibus. *Scutella* non vidi.

12. **L.** (*physodes.*) membranaceus. subimbricatus, glaber, albo glaucescens, subtus fuscus : foliolis multifidis, convexis, apice obtusis, subinflatis; scutellis rubris. PARMELIA
physodes; thallo membranaceo, glabro, albicante, subtus nigro fusco, utrinque nudo, laciniis expansis, subimbricatis, sinuato multifidis, convexiusculis, apice subinflatis, scutellis
rubris, margine inflexo, tenuissimo, integro. *A c h a r. meth.*
Li h. p. 250. IMBRICARIA *physodes, A c h a r.* Lichenog. suec.
Prodr p. 115.

13. **L.** (*centrifugus.*) membranaceus, imbricatus, albo-
virescens, subtus albus; foliolis multifidis, 'lineari-lobatis,
obtusis, scutellis rufo-fuscis. IMBRICARIA *centrifuga, A c h a r.*
Lichenog. suec. Prodr. p. 118. LICHEN *centrifugus: Linn.*
Syst. Veg. per *G m e l i n* p. 1366. Spec. Plant. p. 1609. PAR-
MELIA *centrifuga;* thallo membranaceo, centrifugo, albo-virescente, rugoso, subtus albo, fibrillis cinereo-fuscis, laciniis
convexis in ambitu multifidis, sublinearibus, obtusiusculis;
scutellis periphericis, sparsis, rufo-fuscis, margine inflexo,
subintegro. *A c h a r. meth. Lich. p.* 206.

14. **L.** (*parietinus.*) membranaceus, imbricatus, fulvus
subtus pallidior foliolis rotundato-lobatis, crispis, scutellis
concoloribus. IMBRICARIA *parietina. A c h a r.* Lichenogr. suec.
Prodr. p. 121. PARMELIA *parietina;* thallo membranaceo,
stellato, fulvo, subtus pallidiore, subfibrilloso, laciniis planis
apice dilatatis, rotundato-lobatis, crispis; scutellis concoloribus, margine tenui, integro. *A c h a r. meth. Lich. p.* 213.
LICHEN *parietinus. Linn.* Syst. Veg. per *G m e l i n* p. 1368.
Spec. Plant. p. 1610.

Crescit in arboribus prope urbem.

15. **L.** (*crispus.*) gelatinosus, imbricatus, lobatus, crenu-
latus, foliolis centralibus, crispis, subgranulatis, scutellis planiusculis, badiis sparsis. COLLEMA *crispum. A c h a r.* Lichenograph. suec. Prodr. p. 126. LICHEN *crispus. Linn.* Syst.
Veg. per *G m e l i n* p. 1368. PARMELIA *crispa;* thallo gelatinoso, imbricato, orbiculato, atro-viridi, lobis centralibus,
erectiusculis, subgranulatis, peripheriis depressis, majoribus
obtusis, crenulatis, scutellis centralibus confertis, planiusculis
badiis, margine subintegro. *A c h a r. meth. Lich. p.* 234.

16. **L.** (*fascicularis.*) gelatinosus, imbricatus, foliolis lobato-crenatis plicatis, scutellis marginalibus turbinato-subpe-
dicellatis, fasciculatis. COLLEMA *fasciculare. A c h a r.* Lichenog.

suec. Prodr. p. 130. Lichen *fascicularis. Linn.* Syst. Veg. per *Gmelin* p. 1369. Mant p. 133. Parmelia *fascicularis;* thallo gelatinoso, imbricato, suborbiculato, atro viridi, plicis centralibus, erectis, anastomosantibus; lobis peripherjcis inciso-crenatis, scutellis marginalibus turbinato-pedicellatis, fasciculatis, convexiusculis, obscure rufis. *Achar.* meth. *Lich.* p. 239.

17. L. *(tremelloides.)* gelatinosus, membranaceus, tener, plumbeus; foliolis inciso-lobatis, complicatis, undulatis; scuteltis rubris, sparsis, margine pallido. Collema *tremelloides. Achar.* Lichenog. suec. Prodr. p. 136. Lichen *tremelloides. Linn.* Syst. Veg. per *Gmelin* p. 1371. Suppl. p. 450. Parmelia *tremelloides;* thallo gelatinoso, membranaceo, tenui, plumbeo; lobis inciso-sinuatis, laciniis rotundatis, complicatis, undulatis, integris; scutellis lateralibus subpedicellatis, sparsis, planis, rubris, margine pallido. *Achar.* meth. *Lich.* p. 224.

18. L. *(Thunbergii.)* cartilagineo-crustaceus, peltatus, flavus, subtus niger, thalamis punctisque sparsis, fusco-ferrugineis. Endocarpon *Thunbergii. Achar.* Lichenogr. suec. Prodr. p. 143. Endocarpon *Thunbergii;* thallo foliaceo, cartilagineo, crustaceo, peltato-orbiculari, flavo-viridi, subtus nigro fusco, utrinque nudo; thalamis protuberantibus, ferrugineo-nigris. *Achar.* meth. *Lich.* p. 129. Lichen *viridis. Linn.* Syst. Veg. per *Gmelin* p. 1375. Suppl. p. 451.

Crescit in rupibus juxta Olyfant's Bad in Carro.

Cartilagineus crustâ fragili, rotundatus, diametro circiter pollicari, supra totus luteus, margine parum plicato. *Puncta* minutissima.

19. L. *(pustulatus.)* membranaceus, peltatus, verrucosus, cinereo virescens, subtus laevis, cinereo-fuscus, lacunosus; folio inaequali sublobato; tricis planis, gyrosis. Umbilicaria *pustulata. Achar.* Lichenogr. sueciae Prodr. p. 146. Lichen *pustulatus. Linn.* Syst. Veg. per *Gmelin* p. 1374. Spec. Plant p. 1617. Lecidea *pustulata;* thallo submembranaceo, umbilicato, supra papuloso cinereo-virescente, subtus laevi, lacunoso, aeruginoso, fusco; patellulis subsessilibus, planis, marginatis, atris. *Achar.* meth. *Lich.* p. 85.

Crescit in rupibus altis montium capensium, ut in Leuwe kopp, Taffelberg, aliis.

20. L. *(pulmonarius.)* subcartilagineus, expansus, reticulatus, lacunosus, sinuatus; lobis truncatis, viridi-castaneus, subtus flavo-ferrugineus, hirtus, scutellis submarginalibus totis atro-rubentibus. Lobaria *pulmonaria. Achar.* Lichenog. suec. Prodr. p. 152.153. Lichen *pulmonarius. Linn.* Syst. Veg. per *Gmelin* p. 1370. Spec. Pl. p. 1612. Parmelia *pulmonacea;* thallo subcartilagineo, expanso, glabro, lacunoso-

reticulato, viridi - fusco, subtus flavo, ferrugineo. hirto, sinuato - lobato, laciniis retuso - truncatis; scuteliis submarginalibus, planis, rufo - fuscis, margine integro. *Achar. meth.*
Lich. p. 220.

Crescit in arboribus sylvarum.

21. **L.** (*hottentottns.*) subcoriaceus, expansus, laciniato-
lobatus : lobis inciso - crenatis, cinereo - glaucus, subtus ater,
hirsutus, scutellis elevatis, sparsis, ciliatis. Lobaria *Hotten-*
totta. *Achar.* Lichenog. suec. Prodr. p. 155. Parmelia
hottentotta; thallo subcoriaceo, expanso, laevigato, cinereo -
glauco, virescente, subtus atro, hirsuto, sinuato - lobato; laciniis incisis, subcrenatis, ciliatis; scutellis planiusculis rufo-
fuscis, margine ciliato. *Achar. meth. Lich. p.* 319.

> *Oritur* a centro laciniis plurimis, inaequalibus, indeterminate sub-
> divisis, rigidiusculis, lividis, subtus nigris villosis; deinde latissimus
> evadit, et coriaceus laciniis variis latis, subtus et margine hirsuto-
> ciliatis, nigris apice inordinate lobatis et incisis. *Cilia* aliquot fasci-
> culata in verrucis paginae superioris frondis. *Peltae* magnae, ele-
> vatae nec stipitatae, planae, fuscae, margine plerumque integrae, et
> pilis nigris ciliatae.

22. **L.** (*perforatus.*) submembranaceus, laciniatus, inciso-
lobatus, glaucus; subtus ater villosus; ciliatus scutellis subpedunculatis, infundibuliformibus, perforatis, rufis. Lobaria
perforata. *Achar.* Lichenograph. suec. Prodr. p. 155. Lichen *perforatus.* *Linn.* Syst. Veg. per *Gmelin* p. 1374.
Parmelia *perforata;* thallo submembranaceo, expanso, glauco,
subtus atro villoso, margine inciso - lobato, ciliato; scutellis
infundibuliformibus, disco rufo, demum perforato, margine
integro. *Achar. meth. Lich. p.* 217.

23. **L.** (*gilvus.*) membranaceus, adscendens, gilvus, lacunosus, inciso - lobatus, subcrenulatus; cyphellis flavis, con-
caviusculis; scutellis sparsis, nigris, subtus rufis. Sticta
gilva. *Achar.* Lichenogr. suec. Prodr. p. 157. Sticta *gilva;*
thallo submembranaceo, sublacunoso, glauco - fusco, inciso-
lobato; laciniis oblongis, repando - crenatis, margine nudis,
subtus ferrugineo - fusco, villoso; cyphellis flavis, pulverulentis ; scutellis lateralibus, fusco - atris, margine tenuissimo,
rufo integro. *Ach. meth. Lich. p.* 278.

> *Foliaceus* expansus, laciniatus, fusco - virens, superficie lacunosâ,
> subtus leviter tomentosus, fuscus punctis flavis, interspersis. *Laci-*
> *niae* irregulares apicibus lobatis crenatisque, margine pulverulento-
> flavescentes. *Scutellae* numerosae, in superficie frondis elevatae, sub-
> rotundae, planae, margine extus crenulatae, ferrugineae vel pallidae:
> juniores minutae, margine reflexae, ferrugineae.

24. **L.** (*tomentosus.*) membranaceus, depressus, suborbi-
cularis, glauco - virescens, inciso - lobatus, undulato - crenula-

tus, subtus pallido - hirsutus; cyphellis concavis, pallidis; scutellis sparsis, planiusculis, obscure fuscis : margine pallido. Sticta *tomentosa.* *Achar.* Lichenogr. suec. Prodr. p. 158. Sticta *tomentosa;* thallo membranaceo, depresso, suborbiculari, laevissimo, glauco, inciso, lobato; laciniis bifidis, margine undulato, subcrenato, nudo, subtus fusco villoso; cyphellis concavis, marginatis, albo pallidis; scutellis sparsis, obscure fuscis, margine pallido, integro. *Achar. meth. Lich. p. 279.*

25. L. (*crocatus.*) subcoriaceus, adscendens, luteo - rufescens, sinuato-rotundus, undulato - crenatus, flavo - pulverulentus; cyphellis flavis. Sticta *crocata. Achar.* Lichenogr. suec. Prodr. p. 158. Sticta *crocata;* thallo subcoriaceo, subdepresso, sinuato-rotundato, lobato, lacunoso, glauco - fusco, margine sorediisque citrino pulverulentis, cyphellis citrinis, scutellis fusco - atris, margine thallo concolori. *Achar. meth. Lich. p. 277.* Lichen *crocatus. Linn.* Syst. Veg. per *Gmelin* p. 1371.

26. L. (*fraxineus.*) subcartilagineus, cinereus, rugoso-lacunosus; foliis laciniatis, planis, erectis; scutellis sparsis, lateralibus marginalibusque, pallidis. Physcia *fraxinea. Achar.* Lichenogr. suec. Prodr. p. 175. Lichen *fraxineus. Linn.* Syst. Veg. per *Gmelin* p. 1370. Spec. Plant. p. 1614. Parmelia *fraxinea;* thallo cartilagineo membranaceo, subcespitoso, albo - cinerascente, utrinque glabro, rugoso, lacunoso, laciniis planis, erectis, lineari-lanceolatis, laciniatis; scutellis marginalibus lateralibusque planis pallidis. *Achar. meth. Lich. p. 258.*

27. L. (*fastigiatus.*) subcartilagineus, cinereo-pallidus, lacunosus, laciniato-ramosus: ramis fastigiatis, teretiusculis, sursum incrassatis, ramulosis, attenuatis, subinermibus; scutellis terminalibus, sessilibus, concoloribus. Parmelia *fastigiata;* thallo subcartilagineo, cespitoso, cinerascente, glabro, lineari-lacunoso, subdiviso; laciniis tereti-compressis, sursum incrassatis, fastigiatis; scutellis submarginalibus, sessilibus, concoloribus. *Achar. meth. Lich. p. 260.* Physcia *fastigiata. Achar.* Lichenogr. suecic. Prodr. p. 175. 176.

28. L. (*flammeus.*) cartilagineus, flavescens, erectus, tubulosus, ramosus: scutellis sparsis, convexis, aurantiis. Physcia *flammea. Achar.* Lichenogr. suec. Prodr. p. 182. Parmelia *flammea;* thallo membranaceo, cespitoso, flavescente; laciniis subdivisis, teretiusculis, fistulosis; scutellis convexiusculis, elevatis, sparsis, terminalibusque, flavo - aurantiacis. *Achar. meth. Lich. p. 253.* Lichen *flammeus. Linn.* Syst. Veg. per *Gmelin* p. 1376. Suppl. p. 451.

Crescit in fruticibus in regione Saldanhabay.

Quoad staturam habitum et colorem convenit cum L. *flavicante;*
sed major, tubulosus et obtusus.

29. L. (*capensis*) cartilagineus, flavus, diffusus, teres,
ramosus, fibrillosus: apicibus capillaceis; scutellis concavis,
fulvis, radiatis. Physcia *capensis.* *Achar.* Lichenogr. suec.
Prodr p. 182. Parmelia *capensis;* thallo cartilagineo, cespitoso, flavescente, glabro, ramoso-fibrilloso; laciniis diffusis,
teretibus apice capillaceis; scutellis sparsis, concavis, fulvis,
margine demum ciliato. *Achar. meth. Lich. p.* 269. Lichen *capensis.* *Linn.* Syst. Veg. per *Gmelin* p. 1379. Suppl.
p. 451.

Crescit in ramulis fruticum in Tigerberg et Swartland.
Folia laciniata, ciliata, crispa, subtus glauca, supra aurantiaca.
Peltae minores et majores, magnitudine circiter peltarum Lich. *ju-*
niperi, marginatae, subtus glaucae, supra fulvae, margine radiatae,
radiis flavis. *Distinguitur* 1. a Lich. *juniperi:* α. peltis fulvis et
pulcherrime radiatis. β. foliis minoribus. 2. a Lich. *pranastri,*
quod multo minor et totus glaber.

30. L. (*flavicans.*) cartilagineus, fulvus, diffusus, com-
presso-subangulatus, ramosus, attenuatus: scutellis sessilibus,
planis, concoloribus, integris. Physcia *flavicans.* *Achar.*
Lichenogr. suec Prodr. p. 182. 183. Lichen *flavicans.*
Swartz. Prodr. p. 146. Lichen *flavens.* *Linn.* Syst. Veg.
per *Gmelin* p. 1372. Parmelia *flavicans;* thallo cartilagineo, cespitoso, glabro, fulvo, ramoso: laciniis linearibus,
compressis, subangulosis; flexuosis, diffusis, attenuatis; scutellis sparsis, subsessilibus, planis, aurantiacis; margine tenui,
integro, dilutiore. *Achar. meth. Lich. p.* 268.

Crescit in regionibus Saldanhabay. Floret Septembri, Oc
tobri.

31. L. (*usnea.*) cartilagineus, pallidus, pendulus, compressus, ramosus, attenuatus, laevis; scutellis marginalibus,
planis, subpedunculatis, concoloribus Physcia *usnea.* *Achar.*
Lichen. suecic. Prodr. p. 183. Parmelia *usneoides;* thallo
cartilagineo, glabro, compresso, pallido, filamentoso; lorulis pendulis, subfibrillosis, attenuatis; scutellis marginalibus,
subpedicellatis, plani, concoloribus; margine tenui integro.
Achar. meth. Lich. p. 270. Lichen *usnea.* *Linn.* Syst.
Veg. per *Gmelin* p. 379. Mant. p. 131.

Crescit in arboribus sylvarum.

32. L. (*pyxidatus.*) cartilagineus; foliis subimbricatis lobato-crenatis; bacillis brevibus, obeonicis, cinereis; scyphis
dilatatis, integris, tuberculis marginalibus, fuscis. Scyphophorus *pyxidatus.* *Achar.* Lichenog. suec. Prodr. p. 186. Lichen *pyxidatus.* *Linn.* Syst. Veg. per *Gmelin* p. 1375.
Spec. Plant. p. 1619. Baeomyces *pyxidatus;* thallo cartila-

gineo, lobato; laciniis imbricatis, inciso-crenatis; podetiis
brevibus, obconicis; scyphis dilatatis, cyathiformibus, clausis,
integris; cephalodiis marginalibus, fuscis. *Achar. meth.
Lich. p.* 337.

Crescit in lateribus Taffelberg *et* Leuwekopp. *Floret
Julio.*

33. L. (*fimbriatus.*) cartilagineus; foliis subimbricatis,
lobato-crenatis; bacillis elongatis, cylindricis; scyphis denticulato-crenatis; tuberculis fuscis. Baeomyces *fimbriatus;*
thallo cartilagineo, lobato; laciniis inciso-crenatis; pod·tiis
cylindricis, albis, superne dilatatis in scyphum cyathiformem,
clausum, margine serrato-dentatum; cephalodiis dentium subglobosis, minutis, fuscis. *Achar. meth. Lich.* p. 341. Scyphophorus *fimbriatus.* *Achar.* Lichenogr. suecic. Prodr.
p. 187. Lichen *fimbriatus.* *Linn.* Syst. Veg. per Gmelin
p. 1375. Spec. Plant. p. 1619.

Crescit in summo Taffelberg *in planitie frontis. Floret Augusto, Septembri.*

34. L. (*monocarpus.*) cartilagineus; foliis subimbricatis,
inciso-lobatis; bacillis albis, subdiaphanis, elongatis, cylindricis, utrinque dilatatis; scyphis obsoletis; tuberculo solitario, coccineo. Scyphophorus·*monocarpus.* *Achar.* Lichenog.
suec. Prodr. p. 196. Baeomyces *monocarpus;* thallo cartilagineo lobato, laciniis imbricatis, inciso-crenatis; podetiis elongatis, cylindraceis, basi apiceque dilatatis, albis, subdiaphanis; scyphis obsoletis; cephalodio solitario, coccineo. *Achar.
meth. Lich. p.* 331.

Foliola inciso-olivacea, glabra, laciniis rotundatis. *Stipes*
filiformis, simplex, pulverulentus, erectus, unguicularis. *Tubercula* terminalia in stipitis apice dilatato, planiuscula, coccinea.

35. L. (*rangiferinus.*) cartilagineus; foliis crenulatis, caducis; bacillis tubulosis, albis, ramosis; axillà perforatâ; ramis apice deflexis, tuberculis globosis, fuscis. Cladonia *rangiferina.* *Achar.* Lichenogr. suec. Prodr. p. 201. Lichen
rangiferinus. *Linn.* Syst. Veg. per Gmelin p. 1376. Spec.
Plant. p. 1620. Baeomyces *rangiferinus;* podetiis teretibus,
tubulosis, erectis, ramosissimis, cinerascentibus; axillis perforatis; ramulis apice deflexis; fertilium cephalodiis ternis, quaternisve, globosis, obscure fuscis. *Achar. meth. Mich.* p. 355.

Crescit in summo Taffelberg *in planitie frontis.*

36. L. (*fraglis.*) caulescens; solidus, fruticuloso-ramosus, compressus, albidus; cistellis terminalibus, depressis. *)

---

*) Huic et sequenti specici n. 37. in MS. auctoris τὸ? et: an? in margine adscriptum est. *Editor.*

SPHAEROPHORUS *fragilis*. *Achar*. Lichenogr. suec. Prodr. p.
211. SPHAEROPHORON *compressum;* thallo fruticuloso - cespitoso.
cartilagineo, albo, demum fuscescente; ramis brevibus confertis, plano - compressis, nudis; cistulis subglobosis, supra
depressis, aequabilibus. *Achar*. *meth. Mich*. p. 135. Li-
CHEN *fragilis*. *Linn*. Syst. Veg. per *Gmelin* p. 1377.
Spec. Plant. p. 1621.

37. L. (*roccella.*) caulescens, solidus, filiformis, subdivisus, laevis, cinereo - glaucus; scutellis hemisphaericis, sparsis, nigris. SETARIA *roccella*. *Achar*. Lichenogr. suec.
Prodr. p. 221. LICHEN *roccella*. *Linn*. Syst. Veg. per *Gmelin* p. 1377. Spec. Plant. p. 1622. PARMELIA *Roccella;*
thallo cartilagineo, cinereo-glauco, tereti, subramoso; lorulis erectiusculis, subsimplicibus, filiformibus; scutellis sparsis,
glaucis, pruinosis, demum convexis, glabris, atris; margine
tenui, thallo concolore. *Achar*. *meth*. *Mich*. p. 274. β. *hy-
pomeca;* lorulis longissimis, subsimplicibus, prostratis, pendulis.

Crescit in rupibus collium in Saldanhabay.

38. L. (*barbatus.*) cinereo - virens, pendulus, subdivisus;
loris elongatis, subfiliformibus, fibrillosis: fibrillis patentibus;
scutellis minutis, sparsis, integris, subcarneis, demum convexis, nigricantibus. USNEA *barbata*. *Achar*. Lichenogr. suec.
Prodr. p. 223. USNEA *barbata;* thallo subcrustaceo, filamentoso, tereti, pendulo, albo - virescente; lorulis filiformibus, dichotomo - ramosis, elongatis, subarticulatis, passim fibrillosis;
cephalodiis sparsis, minutis, incarnatis. *Achar*. *meth*. *Mich*.
p. 313. LICHEN *barbatus*. *Linn*. Syst. Veg. per *Gmelin*
p. 1378. Spec. Plant. p. 1622.

Crescit in sylvis.

39. L. (*divaricatus.*) ochroleucus, mollis, angulato - compressus, pendulus; loris divaricatis; scutellis sessilibus, planis, rufescentibus, integris. USNEA *divaricata*. *Achar*. Lichenog. suec.
Prodr. p. 226. PARMELIA *divaricata;* thallo subcrustaceo,
filamentoso, compresso, lacunoso, rugoso, subarticulato, ochro-
leuco; lorulis pendulis, divaricatis; scutellis rubris, margine
crenulato subtusque thallo concoloribus. *Achar*. *meth*. *Mich*.
p. 269. LICHEN *divaricatus*. *Linn*. Syst. Veg. per *Gmelin*
p. 1379.

Crescit in arboribus sylvarum majorum.

CCCCLIV. ULVA.

Gemmae vel Gongyli rotundi, in membrana diaphana.

1. U. (*filosa.*) tubulosa, simplex, filiformis.

Crescit prope Zoutrivier; rejicitur in arena.
Viridis, absque articulis, glabra.

2. U. *(lumbricalis.)* tubulosa, isthmis intercepta. ULVA *lambricalis. Linn.* Syst. Veg. per *Gmelin* p. 1391. Mant. p. 311.

Crescit in rupibus littoris extra urbem.

Radix fibrosa, intertexta. ¿*Caulis* simplex, interdum saepius ramosus, tubulosus, cylindricus, rugosus, palmaris, glaber. *Rami* alterni, subfastigiati, cauli similes, subramulosi. *Capitulum* globosum ex foliis fasciculatis, brevissimis, ad ramificationes.

3. U. *(umbilicalis.)* plana, orbicularis, sessilis, peltata, coriacea. ULVA *umbilicalis? Linn.* Syst. Veg. per *Gmelin* p. 1390. An?

Crescit in littore Taffelberg.

4. U. *(rugosa.)* tubulosa, ramosa, compressa. ULVA *rugosa. Linn.* Syst. Veg. per *Gmelin* p. 1391. Mant. p. 311.

Crescit in rupibus Taffelberg.

5. U. *(linza.)* fronde oblongâ, bullatâ. ULVA *linza. Linn.* Syst. Veg. per *Gmelin* p. 1391. Spec. Plant. p. 1633.

Crescit in rupibus et conchiliis montis Taffelberg.

6. U. *(lactuca.)* palmata, prolifera, membranacea: ramentis inferne angustatis. ULVA *lactuca. Linn.* Syst. Veg. per *Gmelin* p. 1391. Spec Pl. p. 1632.

Crescit in rupibus Taffelberg.

7. U. *(latissima.)* plana, oblonga, undulata, membranacea, viridis. ULVA *latissima. Linn.* Syst. Veg. per *Gmelin* p. 1390. Spec. Pl. p. 1632.

Crescit in rupibus Taffelberg.
Magnitudo spithamaea vel ultra.

CCCCLV. CONFERVA.

Fibrae simplices aut ramosae, intra quas gemmae globulosae.

1. C. *(rupestris.)* filamentis ramosissimis, viridibus. CONFERVA *rupestris. Linn.* Syst. Veg. per *Gmelin* p. 1395. Spec. Plant. p. 1637.

Crescit in rupibus extra urbem.
Conferva articulata, ramosissima, ramis ramulisque elongatis, remotis alternis; ramulis ultimis, simplicibus et ramosis, capillamentis longis, paucis, remotis, setaceis. Articuli alternatim vel decussatim compositi internodiis pallidis, pellucidis: septis saturate viridibus, opacis. *Proxima* CONFERVAE *rupestri;* sed ramosior, ramis ramulisque elongatis etc. Conf. *Dillen.* Tab. 5. fig. 28. et 29.

2. C. (*polymorpha.*) ramis fasciculatis. *Linn.* Syst.
Veg. per *Gmelin* p. 1395.

Crescit in portu Taffelbay.

CCCCLVI. FUCUS.

Globuli carpomorphi, vel *semina graniformia sub
punctis perforatis latentia.*

1. F. (*acinarius.*) caule filiformi, ramoso; foliis linearibus, integris; vesiculis globosis, pedunculatis. Fucus *acinarius. Linn.* Syst. Veg. per *Gmelin* p. 1380. Mant.
p. 508.

*Crescit inter rupes in littore maris aethiopici, ubi sese exonerat
Keerbooms rivier et Pisangrivier.*

2. F. (*inflatus.*) fronde plana, dichotomâ, integrâ, punctatâ, ovato-lanceolatâ, inflata: apice diviso. Fucus *inflatus.
Linn.* Syst. Veg. per *Gmelin* p. 1380. Spec. Plant. p. 1627.

Crescit in littore maris prope urbem.

3. F. (*ceranoides.*) fronde planâ, dichotomâ, integrâ,
punctatâ, lanceolatâ; vesiculis tuberculatis, terminalibus. Fucus *ceranoides. Linn.* Syst. Veg. per *Gmelin* p. 1380.
Spec. Pl. p. 1626.

Crescit inter rupes prope urbem in littore.

4. F. (*pyriferus.*) stipite filiformi, dichotomo; petiolis
turbinatis: apice folio lineari, dentato, rugoso. Fucus *pyriferus. Linn.* Syst. Veg. per *Gmelin* p. 1381. Spec.
Pl. p. 311.

*Crescit copiose cum Fuco buccinali ad littora Promontorii Ca-
pensis et rejicitur ab undis ad littora longissimus, caulibus
valde intricatis saepe. Incolae europaei hunc uti et Fucum buc-
cinalem eodem nomine Bambus denominant.*

Radix ramosa, flexuoso-intertexta. *Folia* in junioribus radicalia, petiolata, plura, linearia, acuta, pedalia, glabra, margine ciliata: ciliis distinctis, filiformibus; in adultioribus petioli alterni, glabri, inflati, pyriformes, aëre distenti, apice
foliiferi. Folium caeteris simile, sed paulo latius, siccatione
rugosum, natans.

5. F. (*siliquosus.*) fronde compressâ, ramosâ; foliis distichis, alternis, integris; vesiculis pedunculatis, oblongis,
mucronatis. Fucus *siliquosus. Linn.* Syst. Veg. per *Gmelin* p. 1381. Spec. Plant. p. 1629.

Crescit in littore extra urbem.

6. F. (*loreus.*) fronde compressâ, dichotomâ, undique
utrinque tuberculatâ. Fucus *loreus. Linn.* Syst. Veg per
Gmelin p. 1382.

7. F. (*pinnatifidus.*) frondibus planis, ramosis: ramis dentato-pinnatifidis, margine callosis. Fucus *pinnatifidus*. *Linn.* Syst. Veg. per *G melin* p. 1385.

Crescit in rupibus extra urbem.

8. F. (*cartilagineus.*) fronde cartilagineâ, compressâ, supradecomposito-pinnatâ: laciniis linearibus. Fucus *cartilagineus. Linn.* Syst. Veg. per *Gmelin* p. 1385. Spec. Plant. p. 1630.

Africanis: Z e e - g e w a s s. *Crescit in mari aethiopico et rejicitur ad littora* R o b b e n e y l a n d *copiosissime.*

Pulchre inter chartae aliquot folia explicatus, peregrinis venditur in C. 13. S.

9. F. (*ciliatus.*) frondibus membranaceis; marginibus foliaceo-ciliatis. Fucus *ciliatus. Linn.* Syst. Veg. per *Gmelin* p. 1387. Mant. p. 131.

Crescit in rupibus et conchiliis in littore T a f f e l b a y *et alibi.*

10. F. (*ornatus.*) frondibus membranaceis, linearibus, vel ovatis, pinnato-ramosis: marginibus foliaceo-ciliatis.

Crescit in littore extra urbem in rupibus.

Radix filamentosa, fibrosa. *Frondes* e centro communi plures, subpetiolatae, ovatae, indivisae, vel versus apicem laciniatae, digitales, glabrae; margo omnis et pagina utraque, instar Erinacei, tecta foliolis erectis, linearibus, et setaceis, obtusis, glabris. *Petioli* brevissimi.

11. F. (*lichenoides.*) cartilagineus, pellucidus, albus; caule superne flexuoso, ramosissimo, ramulis denticulatis, subdichotomis; globulis pellucidis. F. *lichenoides. Linn.* Syst. Veg. per *G melin* p. 1383. *Act. Soc. Hist. nat. Lond.* III. p. 192. *Esp. Fuc.* t. 50.

Crescit in rupibus O c e a n i *ad* C a p, B a y F a l s o.

12. F. (*muricatus.*) Fucus *striatus. Esp. Fuc.* ULVA *papillosa. Linn. Mant.* p. 311. Fucus *muricatus Gmelin Fuc. p.* III. *t.* 6. *f.* 4.

Crescit in rupibus B a y f a l s o, *et alibi.*

13. F. (*Opuntia.*) Act. Societ. Hist. Nat. Londinens Vol. 3. p. 219.

Crescit in rupibus ad B a y f a l s o *et alibi.*

14. F. (*crinitus.*) cartilagineus; caule ramuloso; ramulis denticulatis ; dentibus simplicibus dichotomisque; globulis sparsis. Fucus *crinitus. Linn.* Syst. Veg. per *Gmelin* p. 1387.

Crescit in Oceani rupibus.

15. F. (*venosus.*) fronde planâ, oblongâ, pictâ venis verrucosis. Fucus *venosus. Linn.* Syst. Veg. per *Gmelin* p. 1387. Mant. p. 312.

48 *

16. F. (*buccinalis.*) stirpe fistulosâ; fronde pinnatâ: foliolis linearibus, crispis, integris. Fucus *buccinalis*. *Linn*. Syst. Veg. per *Gmelin* p. 1389. Mant. p. 312.

Africanis et Nautis: T r o m p e t, T r o m p e t g r a s, B a m b u s. Crescit copiosissime in Portu T a f f e l b a y et B a y f a l s o, ubi ad littora rejicitur.

Radix brofisa, fibris ramosis, testaceis et aliis heterogeneis intertexta. *Caules* plerumque plures, ad septem usque, a pedali ad orgyalem altitudinem, teretes, tubulosi; inflati vel infra medium, vel in medio, vel prope folium; apice complanatus in triangulum acutum. *Folium* caulem terminans, pinnatum: *foliola* subpetiolata, coriacea, pedalia et ultra: folia adultiora dentata, longissima. *Complicatus* caulis in formam·stentorii dum efflatur, sonum edit instar stentorii vel buccini. *Navibus* in Oceano obviam natans significat terram Africes non nimium longe·distare. *Aves* in Oceano huic insident lassi.

17. F. (*plicatus.*) capillaris, uniformis, ramosissimus, implicatus, subdiaphanus. Fucus *plicatus*. *Linn*. Syst. Veg. per *Gmelin* p. 1385. *Esp. Fuc.* t. 37.

Crescit in B a y f a l s e.

18. F. (*canaliculatus.*) fronde planâ, dichotomâ, lineari, integrâ, canaliculatâ; vesiculis tuberculatis, bipartitis, obtusis. Fucus *canaliculatus*. *Linn*. Syst. Veg. per *Gmelin* p. 1381.

Crescit in rupibus.

Varietas duplex: α Fucus *canaliculatus* G m e l i n *Fuc.* p. 73. t. 1. A. f. 2.   β. *Esp. Fac.* t 70. 73.   Differt a priori, quod minor, ramis angustioribus, et apicibus bifidis, laciniis acutis, reflexis.

19. F. (*virgatus.*)
Crescit in rupibus.

20. F. (*serrulatus.*)
Crescit in rupibus littoris B a y f a l s o, in portu H o u t n i q u a s, et alibi.

CCCCLVII. A G A R I C U S.

F u n g u s subtus lamellosus.

1. A. (*muscarius.*) pileo sanguineo, verrucis lamellis et stipite albis: hoc basi globoso. Agaricus *muscarius*. *Linn*. Syst. Veg. per *Gmelin* p. 1397. Spec. Plant. p. 1640.

Crescit passim prope urbem inter frutices. Provenit post pluvias mense i|ajo.

2. A. (*campestris.*) pileo convexo, canescente: maculis piloso-squamosis, lamellis inaequalibus, introrsum rotundatis.

rufescentibus, stipite albido. AGARICUS *campestris.* Syst. Veg per *Gmelin* p. 1399. Spec. Plant. p. 1641.

Africanis: Champignon. Crescit in collibus prope urbem. Pro venit Junio, Julio.

CCCCLVIII. M E R U L I U S.

Fungus subtus venosus.

1. M. (*alneus.*) coriaceus, albidus, cano-tomentosus, semiorbicularis margine repando, venis ramosis. MERULIUS *alneus.* *Linn.* Syst. Veg. per *Gmelin* p. 1431.

CCCCLIX. B O L E T U S.

Fungus subtus porosus.

1. B. (*sanguineus.*) submembranaceus; ruber poris impalpabilibus. BOLETUS *sanguineus.* *Linn.* Syst. Veg. per *Gmelin* p. 1436: Spec. Plant. p. 1646.

Crescit in Grootvader's bosch.

2. B. (*versicolor.*) cinereus, fasciis discoloribus, poris albis. BOLETUS *versicolor.* *Linn.* Syst. Veg. per *Gmelin* p. 1437. Spec. Plant. p. 1645.

CCCCLX. C Y A T H U S.

Fungus campanulatus, cylindricusve, capsulas lentiformes intus gerens.

1. C. (*laevis*) campanulatus, externe villosus, intus laevis. CYATHUS *laevis.* *Linn.* Syst. Veg. per *Gmelin* p. 1461. PEZIZA *lentifera.* *Linn.* Spec. Plant. p. 1649.

CCCCLXI. P E Z I Z A.

Fungus saepe concavus, sine capsulis aut seminibus nudo oculo conspicuis.

1. P. (*cupularis.*) globoso-campanulata, lutea, crenata, stipite brevissimo. PEZIZA *cupularis.* *Linn.* Syst. Veg. per *Gmelin* p. 1454. Spec. Plant. p. 1651.

CCCCLXII. C L A V A R I A.

Fungus elongatus, subsolidus, in superficie omni fructificans.

1. C (*capensis.*) simplex bifidaque, teres, rugosa, nigra, apice luteo.

Basis ferrugineo tomento cincta. *Stipes* teres, rugosus, erce tus, simplex vel superne bifidus; apice flavescente, acuto; pollicaris.

2. C. (*muscoides.*) ramis ramulosis, acuminatis, inaequalibus, luteis. Clavaria *muscoides,* L i n n. Syst. Veg. per *Gmelin* p. 1444. Spec. Plant. p. 1652.

CCCCLXIII. L Y C O P E R D O N.

Fungns: Fila seminifera cum thecae parietibus internis connexa.

1. L. (*bovista.*) globosum, lacero-dehiscens, stipite validissimo, clavato-ventricoso, carne albâ, seminibus atris. Lycoperdon *bovista.* L i n n. Syst. Veg. per *Gmelin* p. 1464, Spec. Plant. p 1653.

Crescit in collibus extra urbem. Provenit Junio.

2. L. (*carcinomale.*) clavatum; stipite cylindrico, erecto. Lycoperdon *carcinomale.* L i n n. Syst. Veg. per *Gmelin* p. 1465. Suppl. p. 453.

Crescit in summo apice acervorum Termium *argillacearum.*
    Stipes teres, erectus vel flexuosus; junior mollis, adultior fruticosus, laevis, digitalis, albidus. *Pileus* ovatus, subcylindricus, apice attenuatus, albidus, laevis, longitudine fere stipitis, inferne lacerato-dehiscens. *Semina* farina tenuissima, fusca, ex lanaceo reticulo tenuissimo. *Usus:* Pulvis contra ulcera cancrosa adhiberi dicitur.

CCCCLXIV. S P H A E R I A.

1. S. (*tremelloides.*) subglobosa, solitaria, purpurea, glabra. Tremella *purpurea.* L i n n. Syst.; Veg. XIV. p. 965. Spec. Plant. p. 1626.

2. S. (*hypoxylon.*) pileo ramoso, compresso. Sphaeria *hypoxylon.* L i n n. Syst. Veg. per *Gmelin* p. 1474. Clavaria *hypoxylon,* L i n n. Spec. Plant. p. 1652.

CCCCLXV. M U C O R.

Fungus fugax: Capitula rorida primo diaphana, demum opaca, stipitibus simplicibus ramosisve affixa.

1. M. (*mucedo.*) stipitatus, capsulâ globosâ. Mucor *mucedo.* L i n n. Syst. Veg per *Gmelin* p. 1486. Spec. Plant. p. 1655.

Crescit in plantis, pane.

I n d e x

Generum, Specierum, Synonymorum. *)

*) Synonyma litteris disjunctis et asterisco notata.

49 *

50 *

E r r a t a.

Pag. VIII lin. 19 *ab infra:* lapidosas *lege:* lapidosos.
— XXVII — 13 calidae *lege:* calidi.
— penultima: Mortensia *lege:* Mertensia
— XXVIII — 22 *ab infra:* Cuffoniae *lege:* Cussoniae.
— XXX — 7 Coleoptcra *lege:* Coleoptera.
— XXXV — 6 ventricoulosus *lege:* ventriculosus.
— XXXVII — 4 cuculato- *lege:* cucullato-
— XXXVIII — 19 *ab infra:* subiflori *lege:* subbiflori.
— XL — 11 STILAB *lege:* STILBE.
— LVI — 10 vesicularum *lege:* vesicularem.

Pag. 26 lin. 2 spithamacus *lege:* spithamaeus.
— — — 8 fernicata *lege:* fornicata.
— 35 — 4 *ab infra:* Sisyoidi *lege:* sicyoidi.
— 41 — 7 *ab infra:* vaginanatus *lege:* vaginatus.
— 44 — 19 alternum *lege:* alterum.
— 48 — 21 Cladiolo *lege:* Gladiolo; sic etiam
— 50 — 16 *ab infra:*
— 66 — 1 *Bayfallo* lege: *Bayfalso.*
— 92 — 23 *Invaclaram* lege: *Involacrum.*
— 96 — 7 *ab infra:* plurimâ, *lege:* plurima.
— 101 — 23 *ab infra:* partiales etc. *lege:* partialia.
— 104 — 3 alba *lege:* albâ.
— 110 — 2 *Maja* lege: *Majo.*
— 115 — 17 maee *lege:* me.
— 121 — 19 ab infra: *Frutioulis* lege: Fruticulus.
— 125 — 13 quarterni *lege:* quaterni.
— 127 — 22 laterioribus *lege:* latioribus.
— 132 — 1 uitra *lege:* ultra.
— 135 — 24 *ab infra* involuco *lege:* involucro.
— 147 — 21 villas *lege:* villos.
— 148 — 22 PLANTACO *lege:* PLANTAGO.
— 149 — 17 *Maijo* lege: *Majo.*
— 152 — 13 Fructas *lege:* Fructus.
— 155 — 6 *ab infra:* acuta *lege:* acute.
— 167 — 18 *ab infra:* ANGALLIS *lege:* ANAGALLIS.
— 169 — 5 grabra *lege:* glabra.
— 177 — 2 *Nectarii* lamina *lege: Nectaria* laminae.
— 193 — 16 *ab infra:* semiteres *lege:* semiteretes.
— 196 — 6 pallidioria *lege:* pallidiora.
— 199 — 16 currorum *lege:* curruum.
— 205 — 15 *post* internodiis *dele:* comma.
— 207 — 9 *post* supremi *dele:* comma.
— 213 — 17 *ab infra:* viridia, breviora: *lege :* virides, breviores.
— 221 — 7 -datis *lege:* -tatis.

Pag. 223 lin. 19 *ab infra:* praeterae *lege:* praeterea.
— 225 — 4 *ab infra:* imutica *lege:* mutica.
— 231 — 14 *ab infra:* Ceropesia *lege:* Ceropegia.
— 232 — 13 Echitnes *lege:* Echites.
— 240 — 21 funde *lege:* fundo.
— — — 24 ob *lege:* ab.
— 249 — 25 *ab infra:* Buoleurvm *lege:* Bupleurvm.
— — — 10 ab infra: *Morte-risaoek* lege: *Mortertshoek.*
— 251 — 8 pures *lege:* plures.
— 262 — 8 ab infra: *rosmarinifolius* lege: *rosmarinifolium.*
— 264 — 19 *ab infra:* erecutiusculus *lege:* erectiusculus.
— 273 — ultima: *snbulosis* lege: *sabulosis.*
— 279 — 20 capitalis *deleatur.*
— 291 — 12 *post* occurrunt *dele:* punctum.
— 296 — 14 *ab infra:* emarcidae *lege:* emarcida.
— — — 6 *ab infra:* spinosae aristatae *lege:* spinosis aristatis.
— 299 — 25 carnosi albi *lege:* carnosae, albae.
— 321 — 18 *Kattstartps* lege: *Kattstartjes.*
— 342 — 8 Lim ncum *lege:* Limeum.
— 344 — 17 sanguineis *lege:* sanguinei.
— 349 — 3 *absen* lege: *absin-*
— 367 — 6 *ab infra:* integrà *lege:* integra.
— 382 — 2 *Becca* lege: *Bacca.*
— — — 13 *ab infra;* pupescentibus *lege:* pubescentibus.
— 386 — 15 fordsa *lege:* fors ad.
— 391 — 18 *ab infra:* Eugleae *lege:* Eucaeae.
— 409 — cenvexo- *lege:* convexo-
— 418 — 25 *Taardeberg* lege: *Paardeberg.*
— 419 — 23 *ab infra:* patenti; reflexae *lege:* patenti-reflexae.
— 424 — 6 unquem *lege:* unguem.
— 425 — 13 *ab infra:* subtereti *lege:* subteretia.
— 429 — 9 ab infra: supa *lege:* supra.
— 430 — 22 *Cyrculio* lege: *Curculio.*
— 434 — 13 *ab infra:* rigidibus *lege:* rigidioribus.
— 447 — 18 teniussime *lege:* tenuissime.
— 450 — 18 logiora *lege:* longiora.
— 455 — 17 ab infra: et *lege:* e.
— 475 — 17 *ab infra:* P. scribe: E.
— 476 — *penultimâ* breviora *lege:* breviore.
— 478 — 22 crinoides lege: *crinoides.*
— — — 9 ab infra: *elastico* lege: *elastice.*
— 485 — 9 voliacea *lege:* violacea.
— 490 — 6 L. *lege:* P.
— 499 — 19 *ab infra:* praecipuae *lege:* praecipue.
— — — 8 Shyllanthus lege: Phyllanthus.
— — — 3 S. *lege:* P.
— 504 — 1 ri *lege:* bris.
— 510 — 22 anemoides *lege:* anemonoides.
— 511 — 18 ab infra: *Geraniob.* lege: *Geranibl.*
— 517 — 4 ab infra: *Heret.* lege: *Herit.*
— 527 — 15 *ab infra:* summitales *lege:* summitates.
— 540 — 8 *ab infra:* surpa *lege:* supra.

Pag. 558   lin.   13   ab infra: *micranthus* lege: *micrantha.*
—   —   —   12   *ab infra*: mubronatis *lege*: mucronatis.
—   567   —   16   *ab infra*: unidenta *lege*: unidentata.
—   587   —   22   *micranthus* lege: *micrantha*,
—   598   —   5   INDIGOGERA *lege*: INDIGOFERA.
—   604   —   2.3   accina-ti *lege*: acina-ci.
—   609   —   21   losae *lege*: -losi.
—   615   —   13   sis *lege*: lis.
—   632   —   24   quamis *lege*: squamis.
—   648   —   7   *ab infra*: planta *lege*: plana.
—   649   —   7   tesselato *lege*: tesselato-
—   651   —   7   *ab infra*: intrimis *lege*: intimis
—   —   —   5   *ab infra*: lantis *lege*: lanatis.
—   657   —   10   ab infra: *polyanthos* lege: *multiflorum.*
—   662   —   20   *ab infra*: rparsa *lege*: sparsa.
—   671   —   15   *-nes* lege: *nea.*
—   674   —   3   *ab infra*: erectiusculis pedalus *lege*: erectiusculus pedalis.
—   676   —   19   patecti- *lege*: patenti-
—   689   —   20   *ab infra*: rotundifolium *lege*: rotundifolius.
—   —   —   19   Cadix *lege*: Radix.
—   695   —   10   *ab infra*: digitalies *lege*: digitalis,
—   701   —   17   *ab infra*: serraat *lege*: serrata.
—   706   —   16   *ab infra*: intersparsis *lege*: interspersis.
—   717   —   11   doso *lege*: dosa.
—   732   —   8   *ab infra*: approximatas *lege*: approximatae.
—   735   —   18   *ab infra*: sae *lege*: si.
—   737   —   1   alternae *lege*: alterni.
—   741   —   13   *ab infra*: haemi etc. *lege*: hemi etc.
—   749   —.   4   ab infra: *fraglis* lege: *fragilis.*
—   750   —   5   *Mich.* lege: *Lich.*

Printed in the United States
By Bookmasters